"十三五"国家重点出版物出版规划项目

露天矿用牙轮钻机

萧其林 编著

北 京
冶 金 工 业 出 版 社
2017

内容提要

本书共分14章，主要介绍了露天矿爆破钻孔、牙轮钻机的基本构成与工作原理、牙轮钻头、牙轮钻机结构分析、原动机与动力装置、控制与保障系统、计算机系统、附属装置、设计计算、工艺性与制造、检测与试验、安装调试与使用、生产能力与选型等。本书内容系统、翔实、结构完整、图文并茂、通俗易懂、实用性强。

本书适合大专院校相关专业师生、研究院所和设计单位从事露天矿用牙轮钻机的研究、设计人员使用，也可供露天矿用牙轮钻机制造企业的管理、技术人员和生产工人，以及使用露天矿用牙轮钻机的矿山维修人员和操作者参考与使用。

图书在版编目(CIP)数据

露天矿用牙轮钻机/萧其林编著．—北京：冶金工业出版社，2017.2

"十三五"国家重点出版物出版规划项目

ISBN 978-7-5024-7428-7

Ⅰ.①露…　Ⅱ.①萧…　Ⅲ.①露天开采—采矿机械—牙轮钻机　Ⅳ.①TD422.1

中国版本图书馆CIP数据核字(2017)第016197号

出 版 人　谭学余
地　　址　北京市东城区嵩祝院北巷39号　邮编　100009　电话　(010)64027926
网　　址　www.cnmip.com.cn　电子信箱　yjcbs@cnmip.com.cn
责任编辑　常国平　杨秋奎　美术编辑　杨　帆　版式设计　杨　帆
责任校对　石　静　责任印制　牛晓波
ISBN 978-7-5024-7428-7
冶金工业出版社出版发行；各地新华书店经销；固安华明印业有限公司印刷
2017年2月第1版，2017年2月第1次印刷
787mm×1092mm　1/16；41.5印张；1004千字；647页
150.00元

冶金工业出版社　投稿电话　(010)64027932　投稿信箱　tougao@cnmip.com.cn
冶金工业出版社营销中心　电话　(010)64044283　传真　(010)64027893
冶金书店　地址　北京市东四西大街46号(100010)　电话　(010)65289081(兼传真)
冶金工业出版社天猫旗舰店　yjgycbs.tmall.com

前 言

本书是国内第一部系统地对露天矿用牙轮钻机的结构、设计与应用进行介绍和论述的书籍，内容系统、翔实、结构完整、图文并茂、通俗易懂、实用性强。

近三十年来，国内外露天矿用牙轮钻机的技术与理论发展很快，原有一些文献中的许多内容已不能反映当前的实际情况；与此同时，原来一些文献中没有涉及的新技术、新结构则更需要补充；加之我国许多企业与科研设计单位通过引进与消化国外先进技术，在设计、制造、使用露天矿用牙轮钻机中积累的丰富经验也需要系统地加以总结。本书正是为适应这种新形势的需要而编写的。

本书尽可能不重复一般文献中已经多次介绍的结构与设计方法，而是尽量向读者介绍国内外露天矿用牙轮钻机的新结构、新技术、新设计方法，对露天矿用牙轮钻机各个组成部分以及它的发展、设计、制造、检验、使用与维护都做了比较系统、全面的介绍。

全书共分 14 章。第 1 章介绍了国内外主流牙轮钻机的历史、现状和发展趋势。第 2 章介绍了露天矿山的三大类岩石及其开采中涉及的工艺特性。第 3 章介绍了露天矿爆破钻孔的基本概念和方法的选择。第 4 章介绍了露天矿爆破钻孔作业中常用的牙轮钻头的工作原理及其结构类型。第 5 章对构成牙轮钻机的主要机械构件的功能、类型与结构进行了分析。第 6 章介绍了牙轮钻机的原动机类型、工作原理、基本结构，并对这些原动机和动力装置在牙轮钻机中的应用现状进行了论述。第 7 章对牙轮钻机的电控、液压、气控、润滑、主空压机、除尘、空气增压与净化等系统进行了介绍。第 8 章对计算机在牙轮钻机中的应用进行了介绍。第 9 章对牙轮钻机的主要附属装置进行了介绍。第 10 章介绍了牙轮钻机的设计方法与设计的计算机优化。第 11 章对牙轮钻机的制造及工艺性进行了论述。第 12 章介绍了牙轮钻机的综合性能试验、出厂检验和工业试验。第 13 章对牙轮钻机的安装、调试与使用进行了介绍。第 14 章介绍了牙轮钻机的选型与综合分析。

本书适合高等院校相关专业师生、研究院所和设计单位从事露天矿用牙轮钻机的研究、设计人员使用，也可供露天矿用牙轮钻机制造企业的管理、技术人员和生产工人及使用露天矿用牙轮钻机的矿山维修人员和操作者参考和使用。

本书的编写和出版得到了作者原所属单位中钢集团衡阳重机有限公司领导的大力支持，在编写过程中公司技术中心的多位同仁提供了许多参考资料，特别是公司牙轮钻机首席专家、教授级高工黄惠明先生对本书的编写提出了诸多宝贵意见，在此表示感谢。

本书在编写过程中还得到了行业内有关专家和牙轮钻机生产一线操作者的大力支持；所参阅的国内外有关生产厂商的相关资料和个人发表的相关论文，绝大部分均已在参考文献中予以注明，但也有个别的由于找不到原始出处而无法注出，在此一并表示感谢。

编集诸家之精华，著书一孔之拙见，为作者编著此书之初衷。但由于作者水平所限，书中如有不足之处，敬请各位读者批评、指正。

作 者
2016年10月

目 录

1　牙轮钻机的历史与发展

本章内容提要：本章首先介绍了牙轮钻机的基本类型及应用范围；为了系统地认识牙轮钻机的发展历史，还用一定的篇幅介绍了一个多世纪以来牙轮钻机演变发展的过程。本章的重点是对牙轮钻机在国内使用和研制的各个发展阶段进行了系统的介绍，并分三个阶段详细阐述了国外主流牙轮钻机的历史、现状和发展趋势。

1.1　牙轮钻机的分类与应用

经过100多年的发展，牙轮钻机已经成为世界上露天矿山穿孔作业及其他工程爆破孔穿孔作业中广泛采用的主要钻孔装备。

根据不同的应用领域和结构特性，牙轮钻机有不同的类型和应用范围，本书的研究对象是应用于露天矿山穿孔作业及其他工程露天爆破孔穿孔作业的牙轮钻机，即露天矿用牙轮钻机。

1.1.1　分类

露天矿用牙轮钻机可以按照其物理结构的不同特点，即按照原动力、传动、加压、回转、行走和电力拖动的不同方式进行分类。露天矿用牙轮钻机的分类见表1-1。

表1-1　露天矿用牙轮钻机的分类

原动力	传动形式	加压方式	回转方式	行走方式	电力拖动方式
电动机	电液混合传动	齿轮齿条封闭链加压	顶部回转滑架	履带式行走	交流多级
		齿轮齿条无链加压	底部回转卡盘	轮胎式行走	直流无级
		直流电机钢丝绳加压	底部回转转盘		交流变频
柴油机	全液压传动	液压马达封闭链加压	顶部回转滑架	履带式行走	—
		油缸封闭链加压	底部回转卡盘	轮胎式行走	—
		油缸钢丝绳加压	底部回转转盘		—
混合动力	全液压传动	液压马达封闭链加压	顶部回转滑架	履带式行走	—
		油缸封闭链加压	底部回转卡盘	轮胎式行走	—
		油缸钢丝绳加压	底部回转转盘		—

注：1. 表中所列出的类型为理论上可以组合实现的类型。在露天矿山实际的工业应用中，底部回转卡盘、底部回转转盘和轮胎式行走形式的牙轮钻机现在已经十分罕见。
2. 原动力为混合动力的牙轮钻机主要应用在牙轮钻机/潜孔钻机共用的中型钻机上。

从表1-1中可以看到，按照钻机物理结构的不同特点，可以有以下六种分类方式：

（1）根据原动力的不同，有电动机驱动、柴油机驱动和混合动力驱动三种类型。

（2）根据工作机构传动形式的不同，有电液混合传动、全液压传动两种类型。

（3）根据加压方式的不同，有液压马达封闭链加压、油缸封闭链加压、齿轮齿条封闭链加压、油缸钢丝绳加压、齿轮齿条无链加压、直流电机钢丝绳加压六种类型。

（4）根据回转方式的不同，有顶部回转滑架式、底部回转卡盘式、底部回转转盘式三种类型。

（5）根据行走方式的不同，有履带式行走、轮胎式行走两种类型。

（6）根据电力拖动方式的不同，有交流多级拖动、直流无级拖动、交流变频拖动三种类型。

另一种分类方式是按照其主要技术特征进行分类，即按照其主要技术特征规格的大小分类。表 1-2 为露天矿用牙轮钻机的主要技术特征分类。

表 1-2　露天矿用牙轮钻机的主要技术特征分类

技术特征	小　型	中　型	大　型	特大型
穿孔直径/mm	≤150	≤280	≤380	>400
轴压力/kN	≤225	≤350	≤500	>600

1.1.2　应用范围

露天矿用牙轮钻机是一种以牙轮钻头为工具，在足够大的回转扭矩和垂直向下的轴向压力的作用下，通过旋转、挤压、切削、冲击的方式对岩层进行破碎和穿凿的钻孔设备。根据其工作原理和结构特性，其应用的范围主要适用于以下工程领域和工况：

（1）石油开采油气井的穿凿是露天矿用牙轮钻机最早开始应用的工业领域。如今已经形成了专门用于石油开采油气井穿凿的油气井用牙轮钻机，这不是本书的研究内容。

（2）大中型金属露天矿开采作业中爆破孔的穿凿。

（3）大型、特大型露天煤矿开采作业中爆破孔的穿凿。

（4）大中型非金属、非煤露天矿开采作业中爆破孔的穿凿。

（5）其他需要使用露天矿用牙轮钻机进行穿孔作业的施工建设工程。

1.2　牙轮钻机发展简史

1.2.1　初始的爆破孔钻孔

追溯历史，爆破孔钻孔技术应该是在沿袭了人类钻井技术的基础上产生和发展的，其钻孔方法、使用的钻孔工具和设备无不与钻井技术息息相关。为此，有必要简要地回顾一下国内外钻井技术的发展历史。

1.2.1.1　中国古代钻井技术的发展

钻井最初的目的是为了汲取地下水，在人类历史发展的长河中，钻井大体经历了挖掘井技术、顿钻法钻井技术和旋转钻井技术三个阶段。在前两个阶段中，中国都处于该钻井技术的前列。

A 挖掘井技术

公元前1500年前后，在我国的甲骨文中就已经有了“井”字。春秋战国时期的井深已达50余米，井的直径大约为1.5m，人可以从井筒下到井底。

公元前255～公元前251年，李冰任蜀郡守时，在四川兴修水利，钻凿盐井，带领大家首次掘成一批大口径的盐井和天然气井，这些井多为方形、长方形，属于坑洼式，口径和深度都只有3～10m，是由人下入井内挖掘而成。当地人民用开凿水井的方法开凿了我国第一口井盐——广都盐井（在今成都市双流县境内），揭开了中国井盐生产的序幕，从而被誉为中国井盐生产的开拓者。

公元147～189年以前，在四川邛崃钻出一口天然气井。随着天然气熬盐业的发展，公元557年便把临邛火井所在地命名为“火井镇”。待到公元616年，炀帝杨广更把临邛升为“火井县”。

时至汉代，小口井浅井的掘凿非常流行，其提升装置已属单辘轳型。同时，大口径盐井的开发也很具特色，具代表性的有东汉仁寿的陵井和晋以后的毒狼井以及南陵井。

到了隋唐时期，挖掘技术达到了相当高的水平，井的形状由坑洼式发展为立桶式、束腰式，由方形变为椭圆形和圆形。井径和井深尺寸规格都较大，井壁使用竹子和木材加固，挖掘时全凭许多人在井底手工操作，劳动艰苦，工程浩大，令人叹为观止。

B 顿钻井技术

中国古代钻井技术经过两千年的发展，到北宋的庆历年间，取得了具有划时代意义的突破——顿钻小口井技术。钻井井筒的直径仅有碗口大小，井深可达130m左右，古称卓筒井。对此，英国著名学者李约瑟在他所著的《中国古代科学技术文明史》一书中写道“今天用于开采石油与天然气的深井就是从中国人的这些技术中发展起来的”，并指出“这种技术大约在12世纪以前传到西方各国”。

北宋庆历年间（公元1041～1048年），四川的少数民族发明了卓筒井。据记载，卓筒井的施工时很像古代的舂米，所不同的是，它的锥头下吊着一种特殊的圆锉，里面有一把直刃。圆锉的直径与南方的楠竹相当，因此卓筒井的井孔呈圆形。在人力的作用下，锉不断地被高高吊起，然后依靠自身的重力不断地冲击地下的泥土和岩石。圆锉的每冲击一次之后就换个角度，以便锉内的直刃把井底的岩石击碎。这种钻井方式就称为冲击式顿钻凿井法，如图1-1所示。

北宋庆历年间发明使用的“冲击式顿钻法”，更是开创人类机械钻井技术的先河。这一深井钻凿技术后来传到西方，有力地推动了世界凿井技术的发展。以自流井为代表的中国古代深井钻凿技术，被誉为中国继四大发明之后的第五大发明。具体的操作方式就是设立木质碓架，由人在碓架上一脚一脚地踩动（捣碓），运用杠杆原理，带动锉头上下运动凿进。它是一种利用机械原理，以牲畜作动力，木杆作井架，木制的碓架和地车子为钻机，又以各种形状和规格的“锉”为钻头，而钻出比大口浅井的井径小得多而井深大得多的新型钻井方法。这种方法比用人力掘凿大口浅井的方法要先进得多。它基本类似于近代的顿钻钻井。因此，卓筒井的问世，被称为钻井技术发展史上的第一次技术革命。

卓筒井在顿击钻凿过程中，使用“扇泥筒”捞出捣碎的泥砂，钻至一定深度后，使用“大竹去节，牝牡相衔”以封固井壁，用“麻头油灰”以堵水和加固。由“相井、开井

图 1-1　采用冲击式顿钻凿井法开凿盐井

口、下石圈、抽小眼、刮大口、扇泥、下木竹、锉小口、见功”等钻井工序，即从定井位、安装开钻直至出盐卤或油气，形成了一套同现代钻井相似的钻井工艺流程。

在继承汉唐以来大口径浅井成功经验的基础上，北宋庆历年间，发明了竹篦绳索冲击式钻探法，出现了一宗全新型式的钻井方法。

位于自贡市大安区长堰塘的燊海井，是国家的重点文物保护单位。这口井始凿于公元1835 年（清道光十五年），三年后见功，井深达 1001.42m。这个深度，将燊海井定格在一个光辉的位置——人类钻井史上第一口超千米深井！而燊海井就是用冲击式顿钻凿井法开凿的。

我国古代钻井技术在此时相当成熟，逐渐形成了一整套具有中国特色的深钻井工艺技术。除了盐井之外，天然气开采技术也得到了极大的发展，1855 年，钻成了一口最大的天然气井——磨子井。

《天工开物》初刊于 1637 年（明崇祯十年），是中国古代一部综合性的科学技术著作，有人也称它是一部百科全书式的著作，作者是明朝科学家宋应星。外国学者称它为“中国 17 世纪的工艺百科全书”。该书详细地论述了中国古代采用冲击式顿钻凿井法开凿盐井的过程：“其器冶铁锥，如碓嘴形，其尖使极刚利，向石上舂凿成孔。其身破竹缠绳，夹悬此锥。每舂深入数尺，则又以竹接其身使引而长。初入丈许，或以足踏碓梢，如舂米形。太深则用手捧持顿下。所舂石成碎粉，随以长竹接引，悬铁盏挖之而上。大抵深者半载，浅者月余，乃得一井成就”。这种凿井法所使用的工具如图 1-2 和图 1-3 所示。

C　中国古代钻井技术发展的三个阶段

综上所述，按照生产技术发展水平，中国古代钻井技术（以盐井钻探为代表）的发展大体经历了 3 个阶段：

（1）大口浅井阶段（公元前 3 ~ 11 世纪）。口径大到二三十丈（古长度单位），井身浅，每挖一井投入几百人，凿挖工具都是铲锄等农用工具。自秦汉至南北朝，凿挖的都是上土下石的裸眼井；南北朝至五代，始用木制井筒护壁。

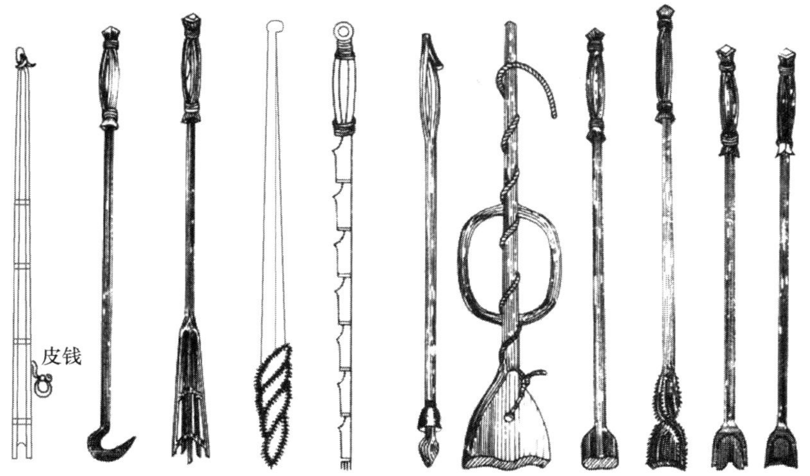

图 1-2　冲击式顿钻凿井法所用的各种工具

图 1-3　使用铁锥冲凿井口

（2）钻探形成阶段（1041～1368 年），又称卓筒井阶段。口径小，一般如碗大（5～9 寸），深度自几十丈到百余丈。到北宋仁宗庆历、皇祐（1041～1054 年）年间已形成较完善的人力冲击式钻井技术。当时共有盐井 728 口，到南宋绍兴二年（1132 年）达到 4900 余口。钻头为铁质圆刃锉，吸卤筒和卓筒（即套管）为凿通节隔的楠竹。这是中国古代钻探技术的形成阶段，也是中国古代深井冲击式钻井技术逐渐传入西方的时期（约 11 世纪）。

（3）深井发展阶段（1369～1911 年）。明宋应星著《天工开物》（1637 年）对钻井工艺有详细的叙述，凿井、打捞、治井工具形式多样。钻井工序分为 6 道：选择井位和初开井口；下石圈（下石制导管）；锉大口；制木竹（制套管）；下木竹（下木或竹套管）；钻小口和见功（钻小井眼和完井）。

1897 年，“福公司”取得了河南焦作优质煤田的开采权，为了勘探地下煤炭资源，20 世纪从英国运来了几台蒸汽钻机，并训练了中国第一批机械岩芯钻探工人，开启了中国机械岩心钻探的序幕。同时，钢绳冲击钻探技术和旋转钻探技术也引进了中国。

1.2.1.2　国外古代钻井技术的发展

在石头上人类钻孔的最早证据在埃及金字塔所做的采石场被发现。提取的石块孔深达 6m，直径 500mm。这些玄武岩和黑曜石的核芯，从一些采石场提取并保持在金字塔，现已保存在一些世界知名的博物馆。这些核芯的长度是高达 500mm。一个艺术家根据有限的证据和估计印象，绘制了其想象的埃及人所使用的钻孔装置示意图，如图 1-4 所示。

图 1-4　公元前 2000 年，埃及人所使用的钻孔装置想象图

《俄罗斯石油技术史》一书记述，18 世纪采油主要来自人工挖的坑，无需井壁支持。1766 年在阿尔汉格尔斯克省的彼尔沙，有人挖坑采油，坑深 2.8m。大致也在那个时候，沙俄的克里木、库班、切列金半岛上也都有人挖坑取油。

1842 年，美国出现了用蒸汽机作为动力，通过传动装置来冲击钻井的顿钻，用于钻凿盐井。这是钻井技术的第一次技术革命。

1859 年，德雷克使用蒸汽动力的绳式顿钻钻机在美国宾夕法尼亚州泰特斯维尔钻出第一口具有商业开采价值的油井。绳式顿钻钻机此后独占主流，直到 1920 年才被旋转钻机所取代。

1895 年，旋转式钻井（转盘钻井）在美国得克萨斯州的 Corsicana 油田应用，世上第一台绞车出现。

1901 年，美国在墨西哥湾的纺锤顶油田运用旋转钻井获得了日产 10 万桶的高产油井。

至此，以机械破岩方式为主的旋转钻井工艺趋于完善，旋转钻井很快形成了一整套工艺和工具，从而取代了冲击钻井用的顿钻，成为基本的钻井手段并在全世界被广泛采用。

1.2.1.3　爆破孔钻孔的出现

在岩石上钻孔，然后将火药填充进孔洞中，这种将钻孔用于爆破的概念最早于 1617 年由马丁·威格尔在德国提出。据说 1623 年卡斯帕在德国小镇 Schemitz 使得这个概念得以成功应用。

关于使用爆破孔爆破用于岩石爆破的最早的文章发表在英国皇家学会 1665 年的哲学会刊上，文章撰写者理查德·莫雷先生描述了岩石钻孔的爆破方法，并附有穿孔和钻杆的插图。他在文章中写道：“……应用锻造的方法锻打一根长度 20 ~ 22in，直径 2.25in 的铁质的穿孔锤，使末端尖锐的穿孔锤能够很容易凿破岩石，操作者把持该工具一点一点地穿凿岩石，直至岩石上的孔洞达到 20 ~ 22in 的深度……”。理查德·莫雷先生随后又解释了使用穿凿的孔和爆破它的方法。

当时，随着矿物质特别是煤炭需求的不断增加，勘探钻孔更深的孔洞已成为必要。许多次煤炭勘探的钻孔深度都超过了6m，为了达到这一深度，采用螺纹连接的方式接长钻杆的方法诞生了。

16世纪，爆破剂开始应用于匈牙利的矿山。为了更好地利用爆发力，矿工们开始在孔洞中充填炸药粉，可以肯定的是早在17世纪德国和斯堪的纳维亚的一些矿山就在钻孔和爆破中使用了炸药，如1635年在拉普兰的Nasafjäll银矿、1644年在挪威的Röros矿的应用等。

1683年，哈特曼（Huthmann）首先提出了使用一根限定位置的钢棒将其提升后冲击落下的想法并率先投入应用。在他的“钻孔机”上通过上下拉动的绳子带动钢棒的提升和落下。巴赫斯（Barhels）和盖世贝格分别于1721年和1803年也开发出了有一些差异的类似的机器。

工业革命开始在欧洲在18世纪后期。在几乎所有领域的活动都在大规模快速发展。许多需求和随之而来的发明、发现等，都直接或间接地影响爆破孔钻探技术。这些影响因素包括：

（1）1829年，摩西·肖尔（Moses Shaw）在纽约发明了电雷管；1831年，威廉姆·贝克弗德（William Bickford）在英格兰发明了保险丝。这两项发明与原有的黑色火药爆破事故频发的早期爆破作用相比，大大降低了爆破作业的危险性。

（2）1847年，硝酸甘油（Nitroglycerin）由都灵大学的化学家索布雷洛（Ascanio Sobrero）发明，它的威力比黑火药更强大也更具毁灭性，即使是轻微的摩擦热也会引起爆炸，非常危险。1866年，瑞典化学家阿尔弗雷德·诺贝尔（Alfred Bernhard Nobel）利用硝酸甘油发明的硝酸甘油炸药（Dynamite）则大大降低了其危险，使用这种炸药使得有可能显著地增加在露天矿山和井下矿山开采的生产效率和速度。

（3）19世纪最初的几十年，多条运河项目建设开始兴建。这些建设项目中需要爆破开挖大量的岩石。

（4）19世纪30年代初，采用压缩空气为隧道通风已经是势在必行。但在隧道中又不可能使用重蒸汽锅炉，而蒸汽又容易迅速地在较长的管道中冷凝，此时利用压缩空气代替蒸汽便被引入用于动力传输。1844年布伦顿（Brunton）建议使用压缩空气提供给动力凿岩机，并把它命名为“风锤”。

所有这些以及其他许多因素使得人类对金属的需求成倍增加。为了应对这些增加的需求，在矿山钻凿更大和更深的爆破孔已经变得必不可少。而此时人们已经充分认识到了手动钻孔的局限性，并认为在开凿爆破孔中引入机械化则是最好的选择。由此，爆破孔钻机的雏形开始显现。

1.2.1.4 爆破孔钻机的问世

早在19世纪60年代就出现了引入便携式大型钻孔机的想法构思，最早的便携机大型钻孔机出现在1867年。据说这台最早的旋转钻孔机是由摩根公司的创始人亨利·凯利提出来的，但是他显然没有申请专利，于是他的这一想法被他人利用。

1871年，第一台可移动式冲击钻孔机由纳尔逊（Nelson）获得专利，如图1-5所示。

19世纪70~80年代，许多开采厂商纷纷配置移动绳式顿钻钻井平台。R. M. 唐尼（R. M. Downie）则是第一个，90年代初由唐尼制造的移动式钻机问世，其示意图如图

1-6 所示。在这台钻机的钻架中内置了带有钻头的钻杆，本来这样的钻机是为钻探油井而开发的，但很快他们就将该钻机用于爆破孔的钻孔。

Spudder 是当时冲击爆破孔钻机的一个很常见的名字。最早的完全钢制的 Spudder 钻机由阿姆斯特朗研制，如图 1-7 所示。Spudder 在第一个大项目中使用是巴拿马运河的建设。它开始于 1904 年，并于 1914 年完成了该项目。该项目的主管部门最初购买了 12 个厂家样品钻机，并最终购买了 218 台由星星钻井公司制造的钻机。在当时其他的 Spudder 制造商们是：阿姆斯特朗（Armstrong）、拱心石（Keystone）、奥斯汀（Austin）和哥伦比亚（Columbia）。

1917 年，由阿姆斯特朗开发的一台早期的轮式自行式的爆破孔冲击钻机面世，其中的一台钻机如图 1-8 所示。

1904 年，本杰明·霍尔特（Benjamin Holt）首次开发出履带行走的农用拖拉机，并可非常成功地在泥泞的地上行走。此后不久，钻机制造商拱心石（Keystone）将该结构形式应用到钻机上，他们将履带安装在钻机的两侧，使之成为在矿山中使用的履带式钻机。他们将其称为履带移动式钻孔机。20 世纪 20 年代后，由钻机制造商拱心石（Keystone）制造的履带移动式钻孔机如图 1-9 所示。

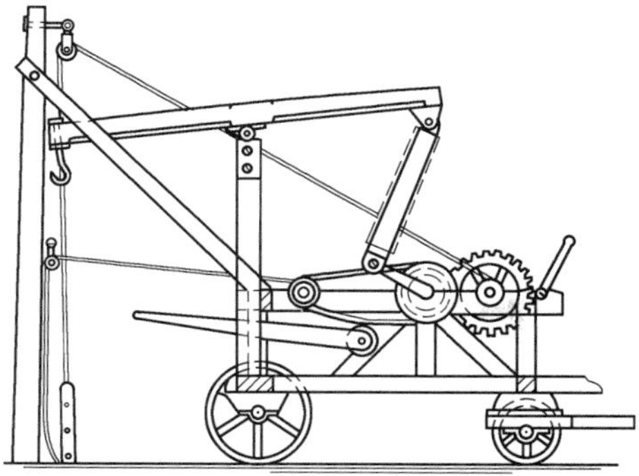

图 1-5　第一台移动式冲击钻孔机（1871 年）

图 1-6　Downie 开发的带 A 形架钻架的移动式钻机（1892 年）

图 1-7　阿姆斯特朗开发的完全钢制的 Spudder 钻机（1915 年）

图 1-8 阿姆斯特朗早期开发的轮式自行式爆破孔冲击钻机（1922 年）

图 1-9 钻机制造商拱心石（Keystone）开发的半履带式钻机（1933 年）

1.2.2 初期的牙轮钻机

1.2.2.1 牙轮钻头的出现

随着采矿规模的扩大，由于受到钻头切削功能和工作效率的限制，原有的移动绳式顿钻冲击钻机和移动式回转钻机的生产效率、穿凿岩石的硬度和穿孔直径已经难以满足矿业市场发展的需要。如何研发制造一种生产效率高、穿凿硬岩和穿孔直径大的新型爆破孔钻机钻头已经成为当时制约采矿业发展的瓶颈。牙轮钻头就是在这种背景下诞生了。

1909 年，霍华德·休斯（Howard Hughes）发明了双牙轮钻头，这是钻头技术的突破。这种牙轮钻头是由当时的夏普-休斯公司（Sharp-Hughes Tool Company）开发的，并取得了美国专利，称为“夏普休斯岩石钻头”，其外形结构如图 1-10 所示。这是一种双牙轮钻头，这种新型钻头由两个带有钢齿并相互啮合的牙轮组成，应用破碎和切削的方式穿凿岩

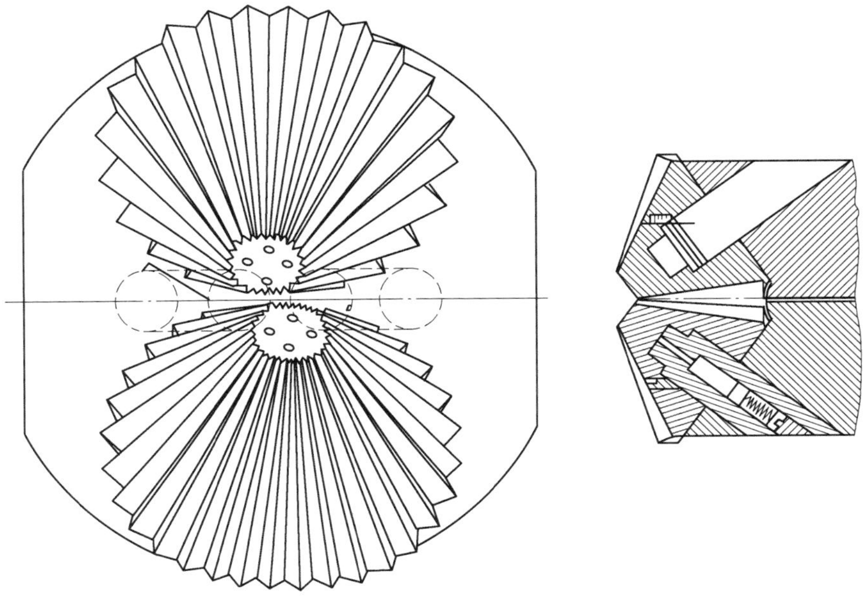

图 1-10 霍华德·休斯发明的双牙轮钻头（1909 年）

石。实践证明，用这种钻头钻的孔比较直、比较圆，而且比旋转钻孔用的鱼尾钻头快好几倍。

1933 年，休斯公司的两位工程师发明了三牙轮钻头，即有三个圆锥滚子配备了钢牙。钻孔时通过垂直向下的加压力量来驱动三牙轮钻头的牙齿旋转钻入孔底，并引导钻具的三个牙轮围绕钻杆旋转，用其牙齿将岩石压碎和剥落。与双牙轮钻头相比，三牙轮钻头不仅工作更平稳，钻速更快，寿命也更长。

在金刚石钻头试验和制造上，弗兰克·克里斯坦森（Frank L. Chnstensen）做出了重要贡献。1946 年，弗兰克主攻金刚石钻头，不久就解决了生产工艺问题。第一只金刚石钻头在科罗拉多州的 Rangely 油田上试用，一举成功。

1952 年，克里斯坦森做出了第一只钻坚硬地层的镶有金刚石的钻头。金刚石钻头的问世，解决了硬地层钻井的快速钻进问题。

1.2.2.2　爆破孔回转钻机

严格地讲，牙轮钻机只是回转钻机类型中的一个分支，因为除了其使用的钻头不一样外，主要的传动方式和运动机构都基本相似，只不过是在 20 世纪 50 年代后，由于其在露天矿山爆破孔的穿孔作业中得到广泛应用，而将其从回转式爆破孔钻机中专门分列成一类。

第一次使用回转式爆破孔钻机是 1865 年。为了加快连接法国和意大利铁路的阿尔卑斯山塞尼隧道（1854 年开工）的掘进速度，法国工程师 Leschot 开发出了能够在坚硬的岩石中钻进的回转式爆破孔钻机，该钻机的钻孔直径为 50 ~ 75mm。

移动式钻机的想法源于 1891 年罗斯的一个专利草图，当时被用于油井钻探设备，其高大的井架采用了一根很长的钻柱，该钻杆在旋转的同时还可以上下移动。这种带有可运动回转头的钻机如图 1-11 所示。19 世纪 90 年代末一些制造商开始生产自行式回转钻机。这些钻机被用来进行勘探钻井。最早的回转钻机是由奥斯汀制造公司制造的，如图 1-12 所示。

图 1-11　带有可运动回转头的钻机（1891 年）

1.2.2.3　爆破孔牙轮钻机

1946 年，沙利文（Sullivan）机械公司的继任者——乔伊（Joy）制造公司，推出了第一款履带式爆破孔牙轮钻机。在这款钻机中使用了三牙轮钻头、凯利钻杆和回转工作台机构；通过链式压下机构使得作用在三牙轮钻头上所需的进给力得以实现；并利用水作为循环介质，用压缩空气冲洗除去及减少孔洞中破碎的岩屑和累积在炮孔底部的水。

1949 年，工作在密歇根石灰石公司矿山上的一台爆破孔钻机的泥浆泵故障，无法修复或更换迅速。该公司尝试用压缩空气代替水的冲洗介质，这种创新可以实现非常快的穿透率，但对牙轮钻头轴承的损伤过大。为此，休斯工具公司加入了钻探工作，发现是由于故障钻头的轴承冷却不足造成的。于是他们很快开发出了三牙轮钻头，其中压缩空气通过围绕轴承的通道通过。根据这个想法，乔伊制造公司在1946年制作了56BH牙轮钻机，如图1-13所示。

图1-12　由奥斯汀制造公司制造的自行式回转钻机（1903年）

图1-13　Joy（乔伊）56BH型牙轮钻机（1946年）

1950年温德尔·里奇开发了由液压马达驱动回转头运动的履带式爆破孔钻机。该钻机的加压和提升机构由液压缸和钢丝绳构成。这种爆破孔钻机，由于采用了压缩空气循环排渣，很受市场青睐，该钻机被用于在硬岩层钻凿150~165mm的炮孔。

1952年，比塞洛斯（Bucyrus）公司成功制造了该公司的第一台重型履带式的大型牙轮钻机50-R并成功投入实际应用，如图1-14所示。

图1-14　Bucyrus（比塞洛斯）的50-R型牙轮钻机（1952年）

1.2.3　逐渐成熟完善

从20世纪50年代开始到80年代，世界露天矿用牙轮钻机的发展步入市场快速发展、机型不断增加、技术逐渐完善的时期。

1.2.3.1　市场快速发展

A　露天矿山的快速发展

20世纪40年代末~50年代初，由于露天开采比地下开采具有不可比拟的优越性，露天开采技术和装备开始快速发展，其重要标志就是露天矿的生产规模不断扩大，劳动生产率不断提高。自20世纪以来，在全世界范围内煤炭、冶金、建材、化工等行业露天开采得到了广泛的发展，大约2/3的矿产资源是用露天开采的。

据统计，到20世纪80年代，全世界共有年产1000万吨以上矿石的各类露天矿80多座，其中年产矿石4000万吨、采剥总量8000万吨以上的特大矿山20多座；全世界包括建材在内的固态矿产年开采总量160亿吨，露天开采的约占80%。据1985年对世界1310座矿山的统计，露天开采在各类矿产中所占比例见表1-3。

表1-3　露天开采在各类矿产中所占比例　　（%）

矿产	磁铁矿	褐铁矿	锰矿	铜矿	铝土矿	镍矿	铀矿
比例	78	84	86	90	91	45	30
矿产	磷酸盐矿	石棉矿	褐煤	沥青	建材	其他	
比例	87.5	75	84	25	约100	40	

而在1981年的统计中，我国露天开采的主要矿产的比例见表1-4。

表1-4　露天开采在我国各类矿产中所占比例　　（%）

矿产	铁矿石	黑色冶金辅料矿石	有色金属矿	化工原料	建筑材料	煤炭
比例	8.4	90.5	49.6	70.7	约100	30

B　露天矿用牙轮钻机的快速发展

追溯露天矿开采的发展历史可以发现，露天矿钻孔设备经历的是活塞冲击钻→钢丝绳冲击钻机→潜孔钻机与旋转钻机→牙轮钻机的发展历程。可以说，露天矿山开采规模的快速发展造就了露天矿用牙轮钻机的快速发展。牙轮钻机的研制在20世纪40年代末~50年代初已经研制成功，50年代开始在美国露天矿山投入应用，但真正在露天矿山得到广泛应用则是进入60年代后。尽管露天矿用牙轮钻机是伴随着露天矿山的快速发展而发展的，但是牙轮钻机的优越性能和穿孔作业效率也是促进牙轮钻机快速发展的关键所在。各类钻机的适用范围及其相应特性见表1-5。

表1-5　各类钻机的适用范围及其相应特性

钻机种类	钻孔直径/mm	用　　途	钻 孔 原 理
凿岩台车	40~100	小型矿山作业、大型矿山辅助作业	冲击式机械破碎
钢丝绳冲击钻	150~250	大中型露天矿山，各种硬度岩石	冲击式机械破碎
潜孔钻机	80~230	中小型矿山，中硬岩石	冲击式机械破碎
旋转钻机	95~180	软岩、中硬岩石	切削式机械破碎
牙轮钻机	150~445	大中型矿山，中硬至坚硬岩石	滚压式机械破碎

由于牙轮钻机结构的改进和牙轮钻头的设计和制造水平的不断提高，牙轮钻机在露天矿山尤其是大型露天矿山的技术优势、生产效率和经济效益则不断显现出来。牙轮钻机不仅在中、软岩石，而且在花岗岩、磁铁石英岩等坚硬矿岩中的应用效果也优于冲击钻和潜孔钻机。到20世纪70年代，美国、苏联、加拿大等国家的露天金属矿山，爆破孔穿孔作业量的80%以上都是由牙轮钻机完成。我国从70年代后期开始在大型金属露天矿和大型露天煤矿广泛引进、推广、使用牙轮钻机后，迅速改变了露天矿山爆破孔穿孔作业的落后

局面，大型露天矿山开始大量采用牙轮钻机。至此，在全世界范围内，牙轮钻机已经成为露天矿爆破孔穿孔作业的主力军。

1.2.3.2 机型不断增加

露天矿用牙轮钻机机型的不断增加主要表现在两方面：

（1）钻机制造商大举进军牙轮钻机市场。比塞洛斯国际（Bucyrus International）公司即BI公司，创建于1880年，从1933年开始进入钻机市场，1952年研制成功并率先在露天矿山投入了第一台商业意义上的大直径电动型牙轮钻机。从此，不断研制和更新牙轮钻机的各种机型，到1990年已经推出了10个机型，迅速占据和扩大了露天矿山的牙轮钻机市场份额，该公司现已归属到Caterpillar旗下。

加德纳-丹佛采矿与建筑公司（Gardner-Denver Mining & Construction）在20世纪90年代前曾经是仅次于BI公司的牙轮钻机制造商。该公司在60年代就推出了GD-60、GD-70和GD-70H三种机型，到70年代则又推出了GD-100、GD-130等四种型号的牙轮钻机。1991年Gardner-Denver公司的牙轮钻机的生产线被Harnischfeger公司购买，并在此基础上投入500万美元，应用最新技术开发研制了新型的P&H系列钻机。2001年，P&H系列钻机的制造商P&H公司脱离母公司Harnischfeger Industries，Inc.，被Joy Global公司收购。

长期服务于建筑和采矿业的英格索兰公司（Ingersoll-Rand）以潜孔冲击器和潜孔钻机闻名于世。该公司1955年在露天矿山推出DM3后，又在市场上陆续推出了DM-25、DM-45E、DM-50E、DM-H和DM-M等型号的全液压牙轮、潜孔两用钻机，其特点是钻机的全部动作由液压驱动，整机动力则任选柴油发动机或电力。该公司已于2004年2月被Atlas Copco集团公司收购，成为Atlas Copco集团公司建筑与矿山工程部门属下的牙轮钻机专业制造公司。

REICHdrill公司创建于1950年，REICHdrill公司开发了第一台采用液压动力顶部驱动的回转钻机并在美国中西部露天煤矿得到广泛应用，1958年REICHdrill公司被芝加哥风动工具公司（Chicago Pneumatic Tool Company）收购，1984年REICHdrill公司脱离芝加哥风动工具公司并获得了芝加哥风动工具公司的牙轮钻机生产线。其设计制造的牙轮钻机机型主要有T-650-DⅡ、T-700-D、T-750-D、C-650-D、C-750-D、C-850-D、C-950-D等型号。

钻孔技术（Driltech）公司创建于1973年，其设计制造的牙轮钻机机型主要有T40KS、T60KS、D50KS、D75KS、D90KS、1190E等型号。该公司1987年10月被Tamrock公司纳入旗下，现在则成为山特维克矿山工程机械集团（SMC）属下的牙轮钻机专业制造商。

矿山技术设备公司（Mining Equipment and Engineering）属于俄罗斯重型机械联合公司（OMZ）即乌拉尔机械-伊若拉集团（Uralmash-Izhora Group）。矿山技术设备公司的牙轮钻机由乌拉尔重型机械厂设计制造，1956年该公司开始制造重型牙轮钻机，其设计制造的牙轮钻机代表机型主要有SBSH-G-250、SBSH-270 IZ、SBSH-270-34等型号。

豪斯赫尔（Hausherr）公司（现更名为BTD Bohrtechnik GmbH公司），是一家德国公司，主要生产HBM系列钻机。该系列钻机具有多种功能，能使用牙轮、回转、潜孔三种钻头穿孔，全部采用液压驱动，履带或轮胎行走，整机动力为电力或柴油。牙轮钻机的基本型号有HBM160、HBM250和HBM300等几种型号。

（2）牙轮钻机的品种和机型迅速增长。自20世纪50年代后，尤其是从70年代开始，原来冲击钻、潜孔钻和旋转钻机的制造商纷纷研制开发牙轮钻机并大举进军牙轮钻机市场，各种结构形式的露天矿用牙轮钻机不断投入世界各地的露天矿山进行爆破孔的穿孔作业，迅速改变了露天矿山爆破孔穿孔作业的落后局面，牙轮钻机已经成为大中型露天矿山穿孔作业的主流设备。表 1-6 列出了 1950～1990 年投入使用的各类牙轮钻机机型。

表 1-6　各国牙轮钻机主要机型（1950～1990 年）

年　份	1950～1960 年	1961～1970 年	1971～1980 年	1981～1990 年
比塞洛斯（美国，属 Caterpillar）	50-R，30-R，40-R	60-R，61-R，45-R	55-R	47-R，35-R，67-R
加德纳-丹佛（美国）		GD-60，GD-70，GD-70H	GD-80，GD-100，GD-120，GD-130	
英格索兰（美国，属 Atals Copco）	DM-3	DM-4，DM-50	DM-45，DM-H，DM-M	DM-L，DM-M，DM-M2
马里昂（美国）		M-3，M-3B，M-4，M-4B	M-5	
Driltech（属山特维克）		T40KS，T60KS，D50KS	D75KS，D90KS，1175E，1190E	
乔伊-罗宾斯（美国）		RR10XHD，RR12E-DC	RR15E	
REICHdrill（美国，属芝加哥风动工具）		C-550-DⅡ，T-650，C-750，T-750，CT-750	C-850，C-950	
豪斯赫尔（德国）		HBM300，HBM420	HBM550	
乌拉尔重型（俄罗斯，属 OMZ Uralmach）		СБШ-200，СБШ-250МН	СБШ-250-55，СБШ-320	СБШ-250К，СБШ-320М
中钢衡重				YZ-35，YZ-55，YZ-12
洛阳矿山机械厂		YZL，ZL-230，KHY-200		
南昌凯马			KY-250，KY-310	KY-200

1.2.3.3　技术逐渐完善

从牙轮钻机开始投入市场应用到成为露天矿山穿孔作业的主流设备的过程，也是牙轮钻机的设计、制造技术逐渐成熟完善的过程。牙轮钻机技术的逐渐完善主要体现在以下方面：

（1）原动力。自 1952 年比塞洛斯公司研制成功的第一台商业意义上的大直径电动型 50-R 牙轮钻机开始，牙轮钻机使用的原动力已经由过去钻机使用蒸汽机开始向电力驱动和柴油机驱动转变。供电方式则开始由初期的直流发电机组向直流可控硅调速和交流变频调速转变。

（2）压缩机。1949 年，密歇根石灰石公司尝试用压缩空气代替水作为冲洗介质清除孔洞内石渣的试验获得成功后，压缩空气迅速开始在牙轮钻机穿孔作业的排渣中得以应用。初期牙轮钻机所使用的空气压缩机为滑片式或活塞式，排气量和风压受到一定的局限，随着技术的进步逐步被螺杆式压缩机取代。

（3）回转动力。驱动钻杆钻进回转的动力形式从初期的纯机械式发展为直流电机驱动、交流电机驱动和液压马达驱动；然后又发展为交流电机的变频驱动；在电机驱动中又由单电机驱动发展为双电机驱动；在回转驱动机构的位置上则由底部回转发展为顶部回转。

（4）加压方式。比塞洛斯公司研制的50-R牙轮钻机初期采用的是通过用电机带动缠绕在卷鼓上的钢丝绳实现牙轮钻机的回转头在钻进过程中的加压进给和回程提升。加压的动力来源除了电力以外，还开发研制了更具优势的液压马达或液压油缸的液力加压。随着牙轮钻机品种和机型的快速增长，出现诸多各具特色的加压方式，包括钢丝绳-齿条-液压马达、封闭链-齿条-液压马达、链轮-链条-液压马达、液压缸-链条、钢丝绳-滑轮组-液压缸、钢丝绳-滑轮组-液压马达、液压马达、齿轮-齿条-直流电机、齿轮-齿条-液压马达等。

（5）控制方式。在1950～1990年这40年间，牙轮钻机的控制方式也发生了很大的变化。在控制方法上，从简单的手动控制发展到主要逻辑电路的自动控制；在控制功能上，从简单控制发展到自动化控制；在控制装置上，从单一的有触点硬接线继电器逻辑控制系统发展到以微处理器为核心的可编程控制器（PLC）系统。

（6）作业范围。1946年乔伊制造公司研制的第一台型号为56BH牙轮钻机还只能打10m深的浅炮眼，到1952年比塞洛斯的50-R牙轮钻机问世后，即可用于穿凿直径为311mm的炮眼钻孔，采用多钻杆连接后，最深度可达39.5m，完全可以满足大型露天矿穿孔作业的要求。

到1990年，市场上牙轮钻机的作业范围已经覆盖了特大型露天矿山的穿孔作业领域。牙轮钻机的制造商已经可以根据用户的需求，分别提供一次钻孔深度从8～20m、钻孔总深度到60m、钻孔直径从152～455mm、钻孔角度从90°～60°的各类牙轮钻机。

1.2.4 全面持续提升

20世纪90年代集成电路和计算机技术的飞速发展在很大程度上推进了牙轮钻机的技术进步。露天矿用牙轮钻机的设计与制造技术也由此进入了全面持续的提升阶段。

1.2.4.1 规格向大型化、高效化发展

规格向大型化、高效化发展的主要趋势是向大孔径、高轴压、大排渣风量、大功率回转和提高主参数发展。

（1）提高钻孔直径。大型露天矿山牙轮钻机的钻孔直径由310mm、380mm已趋向406mm、445mm，目前已发展到559mm。Caterpillar公司的MD6640型钻机钻孔直径达406mm，MD6750型钻机钻孔直径达445mm；P&H公司的120A型钻孔直径达559mm。

（2）提高轴压力。P&H公司的120A型牙轮钻机的轴压达680.38kN，Caterpillar公司的MD6750型钻机的轴压力则达738kN。

（3）提高回转速度和回转功率。从钻机的回转速度看，大型钻机（标准穿孔直径在300mm以上）的最高回转速度为120～150r/min。当然，也有例外，如Atlas Copco公司的DM-M3型、PV351型和Sandvik公司的DR460型的最高回转速度均达到170r/min及以上。从回转扭矩上看，则数Joy Global公司的320XPC最高，竟有33895N·m，其回转功率也达到了278kW。一般而言，同规格的钻机其回转扭矩在20000N·m左右，回转功率在

150kW 左右。在回转头的驱动方式上，国外主流牙轮钻机的绝大多数机型都是采用液压马达驱动，只有少数机型使用直流电机驱动。

（4）加大排渣风量。如 MD6750 型的排渣风量达 101.9m^3/min，Joy Global 的 320XPC 型的排渣风量达 97 ~ 109m^3/min，而 Atlas Copco 公司 Pit Viper351 型排渣风量则达 107.6m^3/min。

（5）改进主参数以提高穿孔效率。提高回转转速，增加回转功率。如 MD6640 的回转转速为 0 ~ 150r/min，原 BI 公司制造的 65（67）-R 钻机为 0 ~ 145r/min，Atlas Copco 公司 Pit Viper351 型钻机为 0 ~ 170r/min；提高钻进速度，如 Pit Viper351 型钻机的最大钻进速度为 36 ~ 48m/min；加大行走速度，如 MD6640 的行走速度已达 1.8km/h。

（6）螺杆式空气压缩机已基本取代滑片式空气压缩机，并且加大排渣风量和风压，以提高排渣效果，延长钻头寿命。高效螺杆式空气压缩机的使用寿命长（大修期长达 25000 ~ 30000h）。为延长空压机使用寿命，在行走或不需要主风期间，电机的卸载特性可减少动力损耗 50% 以上。螺杆式空气压缩机带有可任选、可调节的可变风量控制，允许操作者把输出风量调到额定风量的 50%。

1.2.4.2　现代设计方法的广泛应用

（1）计算机辅助设计方法。运用现代设计法和人机工程学原理设计钻机，以改善司机工作条件，提高设计工作效率和钻机可靠性。随着科学技术的发展。国内外的牙轮钻机制造厂家都开始采用计算机模拟仿真和动力学、运动学分析等计算机辅助设计方法，以提高设计的可靠性和工作效率。钻机本身则不断提高生产能力，提高司机室可靠性，改善工作条件，不断改进结构。尤其是在大型钻机上，使用随机计算机来自动控制钻机主要工作参数以及对钻机主要工作过程进行监控，以提高穿孔效率，降低故障率和生产成本。

为此，制定了专用设计标准，包括：1）钻架在各种定位条件下的钻机稳定性；2）钻机调平能力；3）加压和提升时，钻架和齿轮-齿条加压机构的计算方法；4）辅助提升能力；5）回转减速器齿轮和轴承形式；6）履带板、履带轴和履带的长度；7）爬坡能力和转向方式；8）钻孔倾角；9）梯子、围栏和平台的设计规范等。

应用计算机辅助设计方法提高了钻机的设计质量和设计效率。应用计算机辅助设计，可以快速计算各种机械布置的变化对钻机稳定性的影响，并得出每个装配组件在三维坐标系中的重心位置；对钻架、平台、千斤顶套筒、履带、回转减速箱、加压提升减速箱等关键零部件通过建立精确的有限元模型，对设计寿命目标进行强度校核，可改变结构以满足寿命目标；利用计算机辅助绘图系统能够设计复杂的液压和气动原理图并模拟绘制出三维图形；在零件设计中，使用特殊图纸复制机，将库存的有关图纸进行“剪裁和拼接”，设计成新的零件图，使制图效率明显提高等。

（2）样机生产性模拟试验。值得注意的是，国外在将现代设计法用于钻机设计时，一般都有专门的试验室和试验场地，科研测试手段齐全。每种新产品都经过模型实验和样机生产性模拟试验，从而使设计和制造者了解产品是否达到设计要求以及能否满足现场使用要求。如借助汽车总体设计模型法用于钻机整体设计。根据年维修量最少、原始成本最低、质量最小三项原则，建造整机模块式构型，并在此基础上计算各单个构件的设计参数。为满足人机工程学要求，在建造全泡沫材料的操作室实体模型之后，又建造了胶合板实体模型，从而对操作室的各种性能要求做出全面、科学的评价。

（3）模块化设计与测试技术。同时在钻架设计中还参考了汽车设计的测试技术方法，通过使用应力应变仪监测钻机钻架的结构变形，采集有关设计数据作为设计新钻机钻架的依据，以便确定钻架疲劳寿命和各种工作条件对此产生的影响。

在钻机设计中多采用模块式结构，因而稍加改动就能满足各种用户的要求，如各种钻机都备有多种孔深的钻架供用户选用。这样既缩短了设计周期，又节省了大量的重复劳动。

（4）全液压钻机液压系统的设计优化与匹配。在使用液压机械传动的基础上如何实现钻机各主要传动装置的全液压化是设计优化的关键内容。采用液压机械传动能将电动机功率向各工作机构的传输效率提高0.5～1倍，尤其是有些工作机构如行走机构、钻架起落机构、调平千斤顶等，在其工作制度很不协调的情况下，传输效率的提高将会更多，在保持电动机的装机容量等于或低于市场同类最优产品多电动机传动装置总装机容量的情况下，可使钻机各主要机组的使用寿命提高。

主要液压设备（泵、油马达）及其技术方案的完全标准化，可保证其大修和更换前的使用可与钻机的使用期大致相同，保证钻机各主要机组的主要传动装置的备用功率比同类产品高0.5～1倍，而无需加大钻机的总装机容量和需用功率。

钻机的所有液压传动装置和机组（钻杆的推进和旋转、行走、钻架的起落液压缸、稳车千斤顶等）均由液压泵站和旋转头的液压机械传动装置提供动力。

根据要完成的作业工序在各个系统间重新分配泵站的功率时，依借各个机组传动装置的合理转换可达到同样的效果。这样在不增加液压设备装机容量相应地依靠各主要机组在低于其额定功率下工作时就可提高各系统的效能。

（5）空压机容量与排渣速度匹配设计。钻机优化设计的一个关键环节是空压机容量与排渣速度匹配设计。在钻孔作业中排渣的顺畅与否与钻机的生产效率有着直接的关系，而排渣的顺畅与否又与排渣风量、排渣速度和钻杆与孔壁之间的环形空间间隙密切相关。近年来国外牙轮钻机普遍加大风量、提高排渣速度和风压；但排渣风量和排渣速度也不应过高，否则不但浪费能量，且可能产生喷砂作用，使钻头和钻杆表面加快磨损。因此，在钻机的优化设计中，应根据不同的穿孔直径和钻杆的外径来选择匹配空压机的容量与排渣速度。

1.2.4.3　系统向全自动化、智能化方向发展

（1）采用包括计算机、通讯网络、彩色显示装置和数据输入盘在内的集成网络控制系统。这样，很容易使钻机达到最优的钻进性能。

计算机化控制装置能感知岩层条件变化，并可相应地调节推进和冲击速度。操纵杆控制装置可使得这类钻机更易于使用。而且钻杆的拆卸和更换、钻进方向的找准和炮孔深度的自动控制功能可改善炮孔直线度和岩石破碎效果。

利用计算机或可编程序控制器对钻机主参数进行自动控制。对钻进过程进行监控，诊断各种故障等将越来越广泛。特别是可编程序控制器更适合牙轮钻机的应用。因为这种控制器编写程序简单，只用继电器语言，对环境要求不高，高温、潮湿、噪声、振动和电磁干扰都不影响其性能，不需要空调和保护，不但性能和可靠性提高了，而且成本也大大降低。

以计算机为基础的屏幕显示监视器取代了传统仪表盘，除监视设备作业状态外还有多

种监测和故障诊断功能，通过各种传感器可随时向司机提供作业参数和各种信息，保证钻机无故障作业；由可编程逻辑控制器和显示器组成的 PLC 视屏系统使牙轮钻机的穿孔钻进深度、穿孔速度、钻进参数、故障、空压机风压和油温等在司机室内显示屏显示，并可通过通信线路将数据传输到控制中心。

（2）采用整套高技术电子设备，连续控制轴压力、回转速度和排渣风量，选择最佳钻机工作制度，以最小钻头磨损达到最大的钻孔速度；钻机作业由局部自动化如自动定位、找平，自动化装卸钻杆等逐步向全自动化发展；程序自动钻进和调节、自动调平和润滑、炮孔定位、故障诊断、检测和预防维修可完全监控。

（3）能在最小作业成本的基础上使钻进参数最佳化；为露天矿现代化管理提供信息（矿石品位的精确分布、矿岩可钻性、可爆性和可挖性等），钻孔时能识别矿岩特性；能记录炮孔的方位、倾角等参数，便于以后对每个炮孔进行爆破分析。接杆钻进时自动控制和更换钻杆；钻机自动调平、GPS 卫星定位系统对钻机现场定位导航及障碍探测，为履带行走装置编制控制程序，从而实现炮孔精确定位和调整钻机位置。

（4）能够连续监测显示所有钻孔参数，以便为采矿和爆破设计提供有关信息；能够监测钻孔方向，随时改变轴压力修正偏移量，能够监测、诊断和报警各工作系统的故障；可进行设备完好状态的监视，如故障诊断、检测、趋势分析和预防性维修等。具有这些功能的牙轮钻机司机不用全部时间在钻机上，仅在自动化系统出现故障时再进行操作。

（5）已经趋向于智能化，实现包括物质流、产品信息流在内的控制过程中体力和脑力劳动的自动化，这样就把人从繁重的、危险的劳动中解放出来，并带来巨大的社会效益与经济效益。

（6）采用电力的钻机已开始采用一种新的供电调速方式——静态交流变频调速，它能适应质量较差的矿山电网；电机数字控制调速；提高直流电机抗冲击振动能力采用全数字控制方式；采用交流变频电机变频调速，在宽范围内实现无级调速。

（7）牙轮钻机本机控制的智能化与系统作业的智能化。这方面最显著的变化表现在 Atlas Copco 公司的 Rig Control System（RCS）和 Caterpillar 公司的 Cat® MineStar™ System（矿山之星系统）。

RCS 是 Atlas Copco 公司钻机的第五代控制系统，集成了控制系统、平台管理、监控和所有需要的信息，可靠的集成化模块设计使得钻机的自动化级别得到提升。RCS 系统通过专门的 CAN 总线与控制钻机的五个 I/O 模块、发动机模块、分布在钻机各处的传感器和执行机构相互连接，所有的钻机控制模块和传感器都担负有不同的任务。这些强化了的模块彼此之间通过 CAN 总线连接至钻机的中央电脑。系统具有 GPS 定位、随钻测量、数据收集、自动钻进、远程控制、无线数据传输和内置安全互锁装置，可以辅助、监控和控制钻机并启用本地或远程控制。

Cat® MineStar™ System（矿山之星系统）是一个全集成式综合性、可扩展的智能化采矿作业与设备管理系统。Cat® MineStar™系统以现有 Cat 采矿技术为基础，并新增许多功能。该系统可配置与扩展，因此采矿管理人员可以确定系统的规格与范围，最大程度地满足采矿需求。Cat® MineStar™系统由许多性能套件组成，目前包括 Fleet（车队）、Terrain（地形）、Detect（检测）与 Command（指令）套件。性能套件为全集成式，所以信息可被整个系统共享，用于优化生产作业、增强安全性，提升机器的利用率及工作时间。该系统还可将可行性信息传递到管理人员手中，便于依据事实做出决策。这些技术均集成在一个无缝系统中，性能套件之间可以共享数据，能让关键的决策人员及管理人员一目了然地以大幅画面的形式纵览生产情况。

1.2.4.4 结构向形式多样、结构简化和高可靠性、高适应性发展

（1）牙轮钻机回转和提升加压系统用静态直流电机驱动可控硅调速代替了电动发电机组，扩大了调速范围，增加了提升加压力。新型直流电机具有抗冲击振动能力，整流子有较大导电表面，电流密度低，实现无火花换向。电机寿命长。采用数字式控制，改善了电机控制特性，扩大了保护功能。但直流电机价格较高、维修复杂，因而发展趋势是静态交流电机驱动变频调速，可在宽范围内实现无级调整。由于无换向器和电刷维护比较方便，并能适应较差的矿山电网。

（2）回转加压机构的一体化。对于采用齿条齿轮无链加压提升机构的牙轮钻机，采用回转加压机构一体化的结构是一种最佳选择。由于其加压回转机构的组合一体化，无论加压机构采用的是哪一种驱动源，其总体布置基本上相同，即加压机构位于组合体的上部，回转机构的布置则位于加压机构的下方。

这种新型的齿条齿轮无链加压提升机构是本着加压机构与回转机构组合一体化设计的。加压回转小车是支承加压提升机构和回转机构并使其连同钻具一起沿钻架导轨上下移动的重要部件。因此，除了要精心总体布局外，在组合一体化的加压与回转机构设计中还有两个问题应当予以高度关注：一是在加压回转小车的结构设计中要着重考虑其结构的强度与刚性、运动的平稳性，二是滚轮式导向装置及间隙调整结构的设计。对齿条齿轮无链加压提升机构的牙轮钻机来讲，使用组合一体化的加压与回转机构是非常方便和经济的，但它只适合用在采用高钻架的大型露天矿用牙轮钻机上。由于该系统组合一体化加压回转小车尺寸的限制，并不适合用在中小型的牙轮钻机上。

（3）新型无链齿条加压提升系统和无链液压推进行走系统、封闭式齿轮箱齿轮等新结构，不仅简化了结构，提高了传动效率，并且使钻头负荷趋于平稳，提高了钻头寿命，减少维修和停机次数，具有较高的作业率。由液压马达独立驱动两条履带的行走装置可实现原地转弯，机动性好，缩短辅助作业时间，提高穿孔效率和可靠性。

新式电动无链齿轮齿条加压，克服了顶部回转封闭链条加压断链故障，提高钻头寿命和钻进效率。钻机无链行走可反转液压马达驱动行星齿轮独立履带行走，故障低、动作灵活、原地拐弯、缩短辅助作业时间，且便于微机控制。

目前，牙轮钻机一般均采用封闭链齿轮齿条式的加压方式。这种方式断链频繁，虽然增加链条安全系数可以减少断链事故，但不能彻底消除。而在牙轮钻机采用一种全新的无链推压系统，取消了加压链条和行走链条后，则可以彻底消除断链隐患，工作平稳，钻头载荷稳定，延长了钻头寿命，降低了回转小车的振动和漂移。这种方式将逐步取代传统的封闭链齿条加压方式。

（4）可控的螺杆式空压机排渣装置，根据不同作业条件提供合适的风量，从而提高了寿命。

1.2.4.5 牙轮钻机的本质安全人性化

所谓牙轮钻机的本质安全人性化，就是一切以人为本，在确保作业人员安全的前提

下，采用先进的生产工艺技术，运用先进的安全管理理念和科学的管理模式，建立各项相关的工作标准化，实现作业系统内部的人、设备、环境的安全、和谐，从而使各类事故降到最低，最终实现钻机作业过程零事故的本质安全。

（1）操作向提高舒适性和易维修性方向发展。以人为本，改善工作环境，加强安全防护，运用现代设计法和人机工程学原理设计钻机，以改善司机工作条件，提高设计工作效率和钻机可靠性，用人机工程学设计司机室，符合防倾翻保护系统标准（ROPS），钻机安全、舒适、防尘及减振效果好，噪声低、视野开阔。不但安全，而且舒适、防尘、减振、降低噪声和有利于空调设施，使室内色彩协调、温度适宜、视野开阔、空气新鲜。并在外观和功能方面给司机良好感觉。坐在可调的气垫座椅上心情舒畅，能发挥最大能动性，提高生产效率。钻机结构不断简化、集中润滑等增加了设备易维修性。

（2）钻机总体结构与配置的本质安全主要表现在以下几方面：司机室的人机工程学原理设计；使用安全可靠的无链传动压下系统替代传统的链条传动压下系统，使用的加压提升钢丝绳耐磨损并可防止加压提升链条的断链事故；带有摄像头的摄像系统可以实现对钻机四周360°观察的可见度；操作者可以在司机室内控制高扭矩的液压拆卸钳和工具钳，一体化设计的支撑减少了局部应力集中；使用防滑技术制造平台后甲板，楼梯配有安全扶手（两侧），在行走时楼梯收起，否则 PLC 会通知驾驶员楼梯没有收好。

1.2.5 牙轮钻机发展的三个阶段

牙轮钻机的发展过程概括为三个阶段，即机械化阶段、自动化阶段和智能化阶段。

1.2.5.1 机械化阶段

A 发展过程

机械化阶段是牙轮钻机发展的第一个阶段，该阶段应当从 1946 年，美国乔伊（Joy）制造公司推出的第一款履带式 56BH 型爆破孔牙轮钻机开始。露天矿穿孔作业用的牙轮钻机由此开始以带有钻架、钻杆、三牙轮钻头、链式加压机构、回转机构、空气压缩机和履带式自行行走机械的形象展现在人们面前。在该阶段牙轮钻机经过 20 多年的发展形成了比较完善可靠的机械传动结构、电液气控系统，已经能够满足大型露天矿穿孔作业的基本要求。

B 代表机型

机械化阶段的牙轮钻机代表机型主要包括：B-E 公司的 50-R、40-R、30-R、45-R（见图 1-15）、60-R；G-D 公司的 GD-60、GD-70、GD-100；I-R 公司的 DM-3、DM-50（见图 1-16）、DM-H 等。

C 产品特征

（1）作业范围：钻孔直径 157 ~ 445mm，一次钻孔深度 9.1 ~ 19.8m，钻孔总深度 30 ~ 50m。

（2）传动系统：钢绳-齿条-液压马达，封闭链-齿条-液压马达，齿轮-齿条-液压马达，链条-链轮-液压马达。

（3）动力系统：原动力有电力驱动、柴油机驱动。钻具回转动力源有直流电机、液压马达，空气压缩机有：活塞式、滑片式、螺杆式。

图 1-15 B-E 公司的 45-R 钻机

图 1-16 I-R 公司的 DM-50 钻机

(4) 控制系统：该阶段的控制系统采用的是气控、液压、电气联合控制系统。气动系统通过采用汽缸和操作阀，完成回转机构提升制动、提升-加压离合、行走气胎离合、钻杆架钩锁等动作；液压系统采用操作手柄与按钮结合的方式，操作油缸和液压马达，完成钻架起落、接卸钻杆、液压加压、收入调平千斤顶等动作。电气系统则采用集中按钮控制。

1.2.5.2 自动化阶段

A 发展过程

20 世纪 90 年代集成电路的飞速发展在很大程度上推进了牙轮钻机的技术进步。在这一时期，随着可编程逻辑控制器（PLC）在处理模拟量能力、数字运算能力、人机接口能力和网络能力得到大幅度提高，PLC 进入牙轮钻机作业过程的控制领域，PLC 的成功应用，已经取代了处于统治地位的传统的电气控制系统和电气元件，将牙轮钻机的技术发展推进到自动化阶段。

B 代表机型

自动化阶段的牙轮钻机代表机型主要包括 B-E 公司的 49R、49HR（见图 1-17）、39R、39HR、59R、39HR，Atlas Copco 公司的 DML、DM-M3、PV351、PV271（见图 1-18）等。

C 产品特征

(1) 传动系统：传动系统的主要变化是采用无链加压系统取代了原有的加压系统，新型的无链加压系统主要有钢绳-滑轮组-液压缸、齿轮-齿条-液压马达和齿轮-齿条-电机三种形式。

(2) 动力系统：传动系统的主要变化是空气压缩机的形式，一是淘汰了滑片式空气压缩机，二是经过优化匹配，采用低气压、大排量的双螺杆式空气压缩机或单螺杆式空气压缩机替代了滑片式空气压缩机。

图 1-17　B-E 公司的 49HR 钻机

图 1-18　Atlas Copco 公司的 PV271 钻机

（3）控制系统。与传动系统和动力系统相比较，控制系统是自动化阶段变化最大的部分，主要体现在：

1）通过使用计算机控制技术和 PLC 控制器将专门的钻进过程的控制软件，存储在牙轮钻机的计算机化系统中，通过自动调节进给力、进给速度、旋转速度、加压空气供给等实现最佳方式控制钻孔操作，推进钻机作业由局部自动化如自动定位、找平、自动化装卸钻杆等向全自动化发展。

2）以计算机为基础的屏幕显示监视器取代了传统仪表盘，除监视设备作业状态外还有多种监测和故障诊断功能，通过各种传感器可随时向司机提供作业参数和各种信息，保证钻机无故障作业。

3）由可编程逻辑控制器和显示器组成的 PLC 视屏系统使牙轮钻机的穿孔钻进深度、穿孔速度、钻进参数、故障、空压机风压和油温等在司机室内显示屏显示。

4）采用电力的牙轮钻机开始采用一种静态交流变频调速的供电调速方式，以适应质量较差的矿山电网；采用电机数字控制调速，提高直流电机抗冲击振动能力采用全数字控制方式；采用交流变频电机变频调速，在宽范围内实现无级调速。

5）将无线遥控控制用于牙轮钻机的操作，采用全球定位系统（GPS）用于穿孔作业中牙轮钻机的定位，不仅能够更加准确地定位爆破孔，而且还可以为钻孔作业提供全面的矿山作业系统集成，以提高生产效率。

1.2.5.3　智能化阶段

进入 21 世纪，互联网技术的普遍应用，将计算机技术中的硬件、软件和应用紧密地结合在了一起。与此同时，通过应用传感技术、通信技术和计算机技术使人的感觉器官、神经系统、大脑功能得以高度的延伸与拓展，人类掌控的机器已经具备了对信息进行阅读、传递和处理的能力。在此背景下，现场总线技术（Fieldbus）这项以智能传感、控制、计算机、数字通信等技术为主要内容的综合技术的应用，又推进了数字化矿山的快速发展，牙轮钻机的发展则进入到智能化阶段。

A 发展过程

1998 年，阿特拉斯·科普柯公司推出了钻机控制系统（RCS）技术，彻底改变了采矿业。现在，已发展到第五代 RCS。

这个独创性的以 CAN 总线技术为支柱的 RCS 系统，具有先进的安全功能、可服务性和钻孔精度，能够获取集成控制、平台管理、监控和所有需要的信息，具有灵活性和敏捷性，便于系统的升级和附加组件，以实现其不断追求自动化的目标。RCS 系统通过 CAN 总线连接至钻机的中央电脑直接对牙轮钻机的安全、效率和生产力进行控制。

Cat® MineStar™ System（矿山之星系统）是卡特皮勒公司于 2011 年推出的一个全集成式综合性、可扩展的智能化采矿作业与设备管理系统。新型的以现有 Cat 采矿技术为基础，并新增许多功能，以此打造出综合性的采矿作业与设备管理系统。该系统可配置与扩展，因此采矿管理人员可以确定系统的规格与范围，最大程度地满足采矿需求。

Cat® MineStar™ System 由许多性能套件组成，目前包括 Fleet（车队）、Terrain（地形）、Detect（检测）与 Command（指令）套件。现在已经应用到牙轮钻机上的性能套件主要有 Terrain（地形）与 Command（指令）套件。Command（指令）性能可以改进作业的安全性、生产率及设备利用率。

B 代表机型

智能化阶段的代表机型主要有 Atlas Copco 公司的 PV351 型、PV311 型和 PV271 型，Caterpillar 公司的 MD6540 型、MD6640 型和 MD6750 型等。

C 技术特征

与前两个阶段不同，在智能化阶段，对牙轮钻机的研制与发展重点主要体现在设计平台、试验检测和智能控制上。

a 设计平台

牙轮钻机数字化设计平台以牙轮钻机设备为对象，以产品的数字化信息为核心，以产品虚拟设计、智能设计、计算机协同工作技术等为支撑，对牙轮钻机的三维建模、结构分析、性能优化、参数匹配、人机工程设计等研制环境进行软件开发与现代设计方法的集成，形成牙轮钻机数字化功能样机设计、结构优化及创新设计平台。具体表现在以下方面：

（1）在钻机设计中采用模块式结构设计，因而稍加改动就能满足各种用户的要求，如各种钻机都备有多种孔深的钻架供用户选用。

（2）建立了牙轮钻机数字化功能样机设计分析环境。该设计环境主要包括多体系统可视化建模、多领域统一建模/仿真环境、多学科设计优化等三大功能模块。

（3）采用 CAD 技术和多体系统理论，针对牙轮钻机的机械子系统进行可视化建模和有限元集成的扩展，实现对机械系统中刚柔混合机械系统整体运动学和动力学的可视化仿真分析。

（4）整机有限元计算分析。对牙轮钻机进行整机有限元计算分析，综合考虑履带支架、主平台、钻架、回转机构、主传动机构对各个部件强度的影响。实测典型位置的应力，利用优化的思想，使边界条件的处理符合实际工况。采用拓扑优化的方法，合理分布主平台上的质量，得到满足强度要求且刚度最大、质量最轻的设计方案。

（5）钻进参数智能控制系统。应用计算机技术，建立牙轮钻机专家系统，通过专家系统处理来自传感器的各种反馈参数并发出指令，自动调节和限制钻机轴压力、回转速度、钻进速度、回转扭矩、垂直振动、水平振动、排渣风量和注水量等工作参数，以适应不同的矿岩和地质条件。

（6）故障诊断和电子监控装置。该系统将收集到的数据传送到窗口软件的计算机系统，计算机系统则立即给出有关数值或图形信息，根据这些信息，可以按时对设备的生产情况进行监控。它可以收集牙轮钻机的轴压力、转速、进给速度、扭矩、风量、风压等数据，监控设备的工况，监测如电动机温度、电流、电压、轴承温度等工作参数，得到电能消耗、电力负荷等有关情况。

（7）故障诊断系统的评判专家系统。诊断评判专家系统对计算机采集到的信号进行分析、判断，确定是否处于正常工作状态。若发生故障，则按照故障的级别进行报警，提醒操作者注意；对于特别严重的情况，系统可以采取紧急停车、切断动力等措施，确保人员、设备的安全。

（8）计算机矿岩识别系统。该系统通过对钻机的钻进参数分析处理，识别出炮孔不同深度处的岩层特性，并根据岩层特性自动调整工作参数，达到最佳穿钻作业，它还便于设计爆破装药量与起爆，提高爆破效率。

（9）人机工程与安全本质化设计。从人机工程学要求出发，以人为本，研究司机室布置、操作及视野的舒适度；研究牙轮钻机的本质安全，配置了防倾翻保护（ROPS）和防落物保护（FOPS）装置。全封闭式司机室密封设计防止噪声和粉尘污染，选择合适加热取暖设备和空调设备，使司机室不但安全，而且舒适、防尘、减振、降低噪声，使室内色彩协调、温度适宜、视野开阔、空气新鲜，并在外观和功能方面给司机良好感觉。

该设计平台为大型矿山装备的创意、变更以及工艺优化提供了虚拟的三维环境。设计人员借助这样的虚拟环境可以在产品的设计过程中，对产品进行虚拟设计、加工、装配和评价，避免设计缺陷，缩短产品的开发周期，同时降低产品的开发和制造成本。

b　试验检测

试验检测是智能化阶段牙轮钻的主要技术特征之一。其主要的试验检测内容包括模型实验、试验台试验和样机生产性模拟试验。

牙轮钻机综合试验台是开发高效节能、高可靠性、智能型牙轮钻机的必备条件。在该平台内完成牙轮钻机新结构、新材料和智能控制系统的开发验证，研究牙轮钻头的破岩机理和磨损规律，根据不同岩石特性优化钻孔参数，提高穿孔效率。牙轮钻机综合试验台主要由钢结构框架模拟平台、钻具、回转机构、主传动机构、排渣除尘系统、监测控制系统组成。

实时监测控制系统。监测控制系统通过传感器系统对钻机在钻孔过程中施加在钻头上的轴压力、转速和排渣风量等主要工作参数和钻机的工作机构进行试验和检测，可对钻进压力、回转扭矩、排渣风量、回转速度、进尺深度、钻进速度等钻进参数以及各工作机构的工作状态要素的信息进行精确采集与数据处理；能够完成钻进参数存储、查询、显示、系统故障或事故报警；并生成实时或历史数据报表。

牙轮钻机远程监控及数据传输。通过钻机 PLC 运行图及运行状况等其他数据检测，就可以在远程全面了解钻机运行状况，实时了解钻机工作时的各项数据，对钻机运行程序可以远程修改，方便对故障进行检测及提出解决方案，同时也可以对钻机进行进一步的设计修改，以达到钻机各项数据的完美匹配。同时，通过钻机故障检测及远程监控系统对钻机作业过程进行远程监控和系统调试。

c 智能控制

智能钻进控制系统是一个能够调节钻进机构主要参数的控制系统，该系统能以不超过预定的极限值为依据进行自动调节，使钻机始终保持平稳作业。在钻进过程中智能地进行故障预测、预防、处理及分析，从而实现钻进作业的智能化。

智能钻进控制系统还包括以下内容：钻机控制系统各部分间的通信和钻杆导向、防卡、接卸等实现自动化、模块化的研究，进而确定智能化钻进作业控制系统的软硬件和故障诊断模块的组成，实现钻机作业的智能化。

该系统应当具有 GPS 定位、随钻测量、数据收集、自动钻进、远程控制、无线数据传输和内置安全互锁装置，可以辅助、监控和控制钻机并启用本地或远程控制。

该系统的性能套件为全集成式，信息可被矿山的整个系统共享，用于优化生产作业、增强安全性、提升机器的利用率及工作时间。

系统通过使用全球导航卫星系统提供钻机的三维定位，以确保根据开采工艺所设计的爆破孔布孔图进行穿孔作业。系统将 GPS 系统与钻机计算机系统链接到一起，应用 GPS 技术准确定位钻机位置并自动调平，检测钻机水平高度，从而准确设定钻孔深度，避免过钻和欠钻，并将本孔岩层特性用 GPS 系统输入到整个矿山模型数据库，对模型进行更新。

1.3 国内发展概况

我国牙轮钻机的发展，经历了一个较长的过程。回顾我国牙轮钻机制造的发展历史，可以将其划分为四个阶段，即初始探索研制阶段→自主研制与设备引进阶段→消化仿制吸收阶段→技术创新发展阶段。

1.3.1 初始探索阶段

1.3.1.1 历史背景

新中国成立后的前 20 年，露天矿山的开采规模由于受到落后的工业体系的制约发展缓慢。

据资料统计，1970 年，我国 40 个重点铁矿的铁矿石的露天年采掘量为 5803 万吨，12 家重点有色金属矿的 10 种有色金属矿的露天矿年采掘量为 2155 万吨，而 12 家露天煤矿煤炭的露天矿年采掘量仅为 1322 万吨。

由此可见，当时我国的露天矿规模很小，比较大一点的抚顺露天煤矿和海州露天煤矿的年产量才有 300 万～500 万吨，规模最大的南芬露天铁矿年产矿石也仅为 700 万吨。

20 世纪 50 年代，当牙轮钻机正如火如荼地在国外露天矿山开始大量应用时，我国露天矿使用的还主要是由苏联提供技术国内制造的装备，规格小、效率低。露天矿穿孔都采用 BC-1 型和 BY-20-2 型钢绳冲击式钻机，穿孔效率一般为 4000～6000m/(台·年)，这些钻机比较落后，辅助作业复杂，因此一直是露天矿生产的薄弱环节。60 年代开始在中小型露天矿推广使用 YQ-150 型潜孔钻机，孔径 150mm。70 年代我国已形成孔径 80mm、100mm、150mm、200mm 和 250mm 的各类型潜孔钻机系列，从而使我国成为世界上使用潜孔钻机最多的国家之一。但是牙轮钻机则还没有真正投入工业应用，一直到 70 年代后，才在大型露天矿开始使用牙轮钻机。

1.3.1.2　研制过程

1958 年我国开始在露天矿进行牙轮钻机尝试，1966 年 5 月由洛阳矿山机器厂制造的我国第一台液压卡盘式 YZL-1 型牙轮钻机出厂，发往鞍钢大孤山铁矿进行工业试验，1969 年 11 月正式交付矿山使用。

在此期间，还有一些厂矿也相继研制了几种牙轮钻机。如北京矿业学院（今中国矿业大学（北京））设计、平庄自制的 ZY-64 型，白银有色金属公司自制的 BY-1 型，长沙矿山研究院设计、云南重型机器厂制造的 LYZ-200 型，东鞍山铁矿自行设计制造的 DKZ 型，洛阳矿山机器厂设计、大孤山铁矿自制和沈阳矿山机器厂为眼前山铁矿制造的 ZL-230 型等，这些钻机都是利用 BC-1 型和 BY-20-2 型钢绳冲击式钻机的机体加以改装而成，工作机构都是液压卡盘式，孔径为 160 ~ 200mm。

1969 年 3 月，洛阳矿山机器厂开始设计制造 KHY-200 型油缸钢丝绳加压的滑架式牙轮钻机，于 1972 年 11 月发往大孤山铁矿进行工业试验。

此后，由马鞍山矿山研究院设计、南山铁矿自制了一台马钢-1 型牙轮钻机，其规格型式与 KHY-200 型类似。

由于当时的历史原因，以及“牙轮钻机不适合我国国情”的论调的影响，这些钻机均未成功地得到应用。表 1-7 为国产牙轮钻机在初始探索阶段所设计制造的相关机型情况。

表 1-7　国产牙轮钻机在初始探索阶段所设计制造的相关机型情况

<table>
<tr><th>机　型</th><th>年　份</th><th>设计单位</th><th>制造厂</th><th>使用矿山</th></tr>
<tr><td>YZL-1</td><td>1961 ~ 1969</td><td colspan="2">洛阳矿山机器厂</td><td>大孤山铁矿</td></tr>
<tr><td>ZY-64</td><td>1963 ~ 1966</td><td>北京矿业学院</td><td colspan="2">平庄煤矿</td></tr>
<tr><td>BY-1</td><td>1966</td><td colspan="3">白银有色金属公司</td></tr>
<tr><td>LYZ-200</td><td>1969 ~ 1971</td><td>长沙矿山研究院</td><td>云南重型机器厂</td><td>白银有色金属公司</td></tr>
<tr><td rowspan="2">ZY-230</td><td>1970 ~ 1971</td><td>洛阳矿山机器厂</td><td colspan="2">大孤山铁矿</td></tr>
<tr><td>1971 ~ 1972</td><td>洛阳矿山机器厂</td><td>沈阳矿山机器厂</td><td>眼前山铁矿</td></tr>
<tr><td>DKZ</td><td>1970</td><td colspan="2">东鞍山铁矿</td><td></td></tr>
<tr><td>KHY-200</td><td>1967 ~ 1973</td><td colspan="2">洛阳矿山机器厂</td><td>大孤山铁矿</td></tr>
<tr><td>马钢-1</td><td>1975 ~ 1976</td><td>马鞍山矿山设计院</td><td colspan="2">南山铁矿</td></tr>
</table>

1.3.1.3　产品特点

（1）YZL 型液压卡盘式牙轮钻机。YZL 型液压卡盘式牙轮钻机是我国自行研制的第一台牙轮钻机，后来又设计制造了 ZL-230 型、LYI-200 型等液压卡盘式牙轮钻机。这种牙轮钻机是在石油钻机的基础上发展起来的。其特点是交流电机驱动，通过液压卡盘带动钻杆回转，回转装置固定在钻机的底部，使用两台 $9m^3$ 的活塞式空压机供风排渣，干式除尘。由于液压卡盘式牙轮钻机的钻压较小和推进不连续，能传递的轴压和回转扭矩有限，辅助作业时间长，穿孔效率较低。

（2）钢绳-液压缸式牙轮钻机。KHY-200 型和 ZX-150A 等都属于顶部回转的滑架式液压油缸、钢绳滑轮组式牙轮钻机。其特点是钻具的加压和提升是通过双向作用的油缸、钢丝绳和滑轮组实现的，钻杆的回转依靠安装在钻架顶部的回转电机通过减速箱完成，用转臂式钻杆架机械化接卸钻杆，采用 $20m^3$ 螺杆空压机供风排渣，静压供水的湿式除尘系统。

（3）由于当时国内还没有矿用牙轮钻头，只能用石油钻机的牙轮钻头代替使用，钻头寿命低，货源不足，因此这些钻机都未能在矿山长期使用。

1.3.1.4 技术水平

该系列钻机由于当时未能得到国外较先进的技术资料，因此技术起点和设计水平较低，配套件质量差，钻机的结构缺陷较多，较之同期国外先进钻机的技术水平具有较大的差距，其技术水平大致相当于美国 20 世纪 40 年代末或苏联 60 年代初期水平。

1.3.1.5 历史意义

与发达国家对牙轮钻机的研制相比，我国的起步并不算晚。由于受到当时历史条件的限制，我国自行研制的第一台牙轮钻机以及随后所研制的其他机型均未成功地得到应用。尽管如此，我国在牙轮钻机初始研制阶段已经研制了液压卡盘式牙轮钻机、钢绳-液压缸式牙轮钻机和滑架式的封闭链条-齿轮齿条式牙轮钻机。这些不同类型牙轮钻机的研制和试验，验证了钻机参数、检验了钻机结构，为我国牙轮钻机的进一步研制提供了经验和数据，为我国在牙轮钻机后续的产品引进、仿制消化和创新发展奠定了设计研制和产品试验基础，积累了一定的经验。

1.3.2 自主研制与设备引进阶段

1.3.2.1 历史背景

A 设备引进

20 世纪 70 年代初，在“大打矿山之仗”的国策引导下，我国加大了大型露天金属矿和大型露天煤矿的开发速度和开发规模，陆续从国外发达国家进口了一批露天矿用牙轮钻机、矿用电动挖掘机和矿用电动轮自卸车等露天矿大型设备。

20 世纪 70 年代初我国从美国 B-E 公司引进了 60-R 和 45-R 型牙轮钻机，从 G-D 公司引进了 GD-25C 型牙轮/潜孔两用钻机，从 I-R 公司引进了 DM-25SP、DM-H 和 T4w 型牙轮钻机。表 1-8 为 20 世纪 70～80 年代期间我国引进露天矿用牙轮钻机的情况。

表 1-8 我国引进露天矿用牙轮钻机情况（20 纪纪 70～80 年代）

制造厂家	型　号	钻进方式	钻孔直径/mm	行走方式	引进台数/台	使 用 矿 山
B-E 公司	45-R	牙轮	170～270	履带	45	鞍钢、本钢、武钢等大型露天矿
	60-RⅢ	牙轮	230～380	履带	5	鞍钢、本钢、武钢等大型露天矿
G-D 公司	GD-25C	牙轮/潜孔	150～170	履带	5	霍林河露天煤矿

续表 1-8

制造厂家	型　号	钻进方式	钻孔直径/mm	行走方式	引进台数/台	使 用 矿 山
I-R 公司	DM-25SP	牙轮/潜孔	102 ~ 170	履带	6	安太堡露天煤矿
	DM-H	牙轮/潜孔	229 ~ 311	履带	5	安太堡露天煤矿
	T4w	牙轮/潜孔	150 ~ 170	轮胎	4	水电部

从上表中可以看到，在 20 世纪的 70 ~ 80 年代期间我国的大型金属露天矿山和大型露天煤矿从美国的三大牙轮钻机制造商主要进口了 6 种型号的牙轮钻机和牙轮/潜孔两用型钻机，共计 70 台，钻孔范围为 102 ~ 380mm，其行走方式以履带行走为主。

B　自主研制

为了适应“大打矿山之仗”的需要，引进大型露天矿用牙轮钻机的同时，在初期探索、设计研制牙轮钻机的基础上，我国于 20 世纪 70 年代中期开始了对大型露天矿成套设备中牙轮钻机的研制。通过科研院所、制造企业和高等院校的联合攻关，我国自行研制的牙轮钻机在这个阶段已基本成形，并投入了批量生产和工业应用。表 1-9 为已投入矿山工业应用的国产牙轮钻机，表 1-10 为我国在自主研制阶段的牙轮钻机的设计、制造和应用情况。

表 1-9　已投入矿山应用的国产牙轮钻机（截止到 1983 年）

矿山名称	HYZ-250C	KY-200	KY-250	KY-250A	KY-310	YZ-35
鞍钢弓长岭铁矿					1	
眼前山矿						1
首钢大石河铁矿	7		3			
首钢水厂铁矿	7		2			
包钢白云鄂博铁矿	2		3	2		
马钢南山铁矿	1		2		2	
武钢大冶铁矿					2	
石人沟铁矿			1			
云浮硫铁矿	4		2			
金堆城钼矿	1					1
永平铜铁矿	2		5			
辽宁镁业公司			3			
平庄铁矿			4			
抚顺煤矿			1			
大峰煤矿			1			
铜绿山铜铁矿		1				
合　计	24	1	27	2	5	2

表1-10　我国自主研制阶段牙轮钻机的设计、制造和应用情况

<table>
<tr><th>机　型</th><th>年　份</th><th>设计单位</th><th>制造厂</th><th>使用矿山</th></tr>
<tr><td>HYZ-250</td><td>1971～1975</td><td>鞍山矿山研究院、大孤山铁矿</td><td colspan="2">大孤山铁矿</td></tr>
<tr><td>HYZ-250A</td><td>1972～1975</td><td>沈阳链条厂、鞍矿院、大孤山</td><td>沈阳链条厂</td><td>大孤山铁矿</td></tr>
<tr><td rowspan="2">HYZ-250B</td><td>1972～1976</td><td rowspan="2">沈阳链条厂、
洛阳矿山机械研究所等</td><td>沈阳链条厂</td><td>大孤山等5个铁矿</td></tr>
<tr><td>1973～1982</td><td rowspan="2">洛阳矿山机器厂</td><td>眼前山铁矿</td></tr>
<tr><td>HYZ-250B（改）</td><td>1973～1982</td><td>洛阳矿山机器厂沈阳链条厂等</td><td>大孤山铁矿</td></tr>
<tr><td rowspan="4">HYZ-250C</td><td rowspan="2">1974～1984</td><td rowspan="4">洛阳矿山机械研究所（洛矿所）</td><td>江西采矿机械厂</td><td rowspan="2">大石河铁矿</td></tr>
<tr><td>洛阳矿山机器厂</td></tr>
<tr><td>1977～1984</td><td>沈阳链条厂</td><td>南山、白云鄂博等矿</td></tr>
<tr><td>1977</td><td>太原矿山机器厂</td><td>永平铜矿</td></tr>
<tr><td>KY-250</td><td>1975～1984</td><td>洛矿所、江西采矿机械厂</td><td>江西采矿机械厂</td><td>大石河、平庄、南山</td></tr>
<tr><td rowspan="4">KY-310</td><td>1975～1984</td><td rowspan="2">洛矿所、沈阳链条厂、
东北工学院等</td><td>沈阳链条厂</td><td>弓长岭铁矿</td></tr>
<tr><td>1976～1984</td><td>洛阳矿山机器厂</td><td>南山铁矿</td></tr>
<tr><td rowspan="2">1979～1984</td><td rowspan="2">洛阳矿山机械研究所</td><td>江西采矿机械厂</td><td>大冶铁矿</td></tr>
<tr><td>洛阳矿山机器厂</td><td>南山铁矿</td></tr>
<tr><td>KY-150</td><td>1980～1984</td><td>江西采矿机械厂</td><td rowspan="3">江西采矿机械厂</td><td>万年石灰石矿</td></tr>
<tr><td>KY-200</td><td>1982～1984</td><td>洛阳矿山机械研究所</td><td rowspan="2">铜绿山铜矿</td></tr>
<tr><td>KY-250A</td><td>1983～1984</td><td>洛矿所、江西采矿机械厂</td></tr>
</table>

1.3.2.2　自主研制过程

在我国已有的自行设计研制牙轮钻机的基础上，通过学习借鉴苏联的СБШ-200、СБШ-250МН牙轮钻机的设计结构，从20世纪70年代中期开始，洛阳矿山机械研究所设计（现为洛阳矿山机械工程设计研究院）、洛阳矿山机器厂（现为中信重工机械股份有限公司）、江西采矿机械厂、沈阳链条厂、东北工学院（现为东北大学）、吉林工业大学开始研制钻孔直径为200mm、250mm、310mm三种规格的牙轮钻机，配套的螺杆式空压机由江西空压机厂研制。从1976～1986年的10年期间一共有四种机型的牙轮钻机通过了国家有关部门的鉴定：KY-250牙轮钻机于1976年通过国家鉴定、KY-310牙轮钻机于1982年4月通过国家鉴定、KY-200牙轮钻机于1986年1月通过鉴定、KY-250A牙轮钻机于1986年5月通过鉴定。所研制的样机分别在鞍钢矿山公司大孤山铁矿、武钢大冶铁矿等地开展了多轮试验和完善工作，最终在白云鄂博铁矿完成了KY-250A型工业试验，在大冶铁矿完成了KY-310型牙轮钻机工业试验，达到了试验大纲的指标。通过这一轮研制攻关，我国的KY牙轮钻机系列已基本形成。表1-10为我国自主研制阶段牙轮钻机的设计、制造和应用情况。

A　HYZ-250、HYZ-250A和HYZ-250B牙轮钻机

1971年大孤山铁矿和鞍山矿山研究所，将原有的YZL-1牙轮钻机改造为一台HYZ-250型牙轮钻机。改造后的钻机采用滑架式结构，采用链条-齿条的加压机构，工作稳定，作业效率提高。这是我国第一台长期用于生产的国产牙轮钻机，为今后国产化牙轮钻机的研制奠定了链条、齿条加压，滑架式工作机构的基本形式。

为了使该机型正规生产，在HYZ-250型的基础上沈阳链条厂联合大孤山铁矿、鞍山矿山研究所设计了HYZ-250A型牙轮钻机，样机于1972年3月制造完成，经试验考核3个月后，交付大孤山铁矿使用。

1972年10月，一机部、冶金部等部门组织了对HYZ-250型和HYZ-250A型牙轮钻机的鉴定并初步定型，还决定由沈阳链条厂和洛阳矿山机器厂作为承制厂，通过改进完善将HYZ-250A型改型为HYZ-250B型牙轮钻机。自1973年起，改进后的HYZ-250B型一共生产了14台（沈阳链条厂11台、洛阳矿山机器厂3台），先后在大孤山、东鞍山、齐大山、南芬、歪头山和眼前山6家矿山推广使用。

B　HYZ-250B（改）、HYZ-250C和KY-250牙轮钻机

1973年11月，一机部、冶金部在鞍山召开穿孔设备技术座谈会，制订了牙轮钻机攻关措施。据此，由洛阳矿山机械研究所负责，牵头对HYZ-250B的结构作了重大改进，重点强化了钻架、钻杆架；对加压链条采用独创的液压缸均衡张紧装置，回转减速箱改为单电机驱动。该型样机1974年12月交付大孤山铁矿使用，受到矿山好评。HYZ-250B改型的新结构为后来研制的HYZ-250C、KY-310等钻机的工作机构打下了基础。

1974年洛阳矿山机械研究所完成了HYZ-250C牙轮钻机的设计，该机1975年由江西采矿机械厂制造完成，并从1975年11月开始，在大石河铁矿投入工业试验。随后，由洛阳矿山机器厂、沈阳市链条厂、太原矿山机器厂又生产了9台HYZ-250C牙轮钻机（分别为2台、5台、2台）。1976年9月江西采矿机械厂制造的HYZ-250C牙轮钻机通过了鉴定。

为贯彻一机部《矿山机械产品型号编制方法标准》，1977年将HYZ-250C型改名为KY-250型牙轮钻机。

定型后的KY-250型牙轮钻机由江西采矿机械厂制造。该钻机在大石河铁矿、白云鄂博铁矿、石人沟铁矿、平庄煤矿等矿山的使用效果较好。1978年该型钻机的研制获得了国家科学大会奖和河南省、江西省科学技术成果奖。

C　KY-310牙轮钻机

1975年9月，以洛阳矿山机械研究所和沈阳链条厂为主设计完成了穿孔直径为310mm的KY-310型牙轮钻机。此后，洛阳矿山机器厂和沈阳链条厂分别承担了KY-310型牙轮钻机的试制任务。沈阳链条厂试制的KY-310型牙轮钻机于1977年9月在弓长岭铁矿投入试验和使用，洛阳矿山机器厂试制的KY-310型牙轮钻机于1979年6月在南山铁矿投入使用。这款钻机的成功研制，为我国牙轮钻机又增添了新的品种。

D　KY-310牙轮钻机的改进与定型

以提高KY-310牙轮钻机的可靠性为中心，1980年9月洛阳矿山机械研究所完成了对KY-310牙轮钻机的改进设计，改进设计后的KY-310牙轮钻机分别由江西采矿机械厂和洛阳矿山机器厂制造。

1981年江西采矿机械厂制造了一台矮钻架、机组供电的KY-310牙轮钻机，同年7～10月在大冶铁矿进行了为期3个月的工业试验，1982年4月在大冶铁矿通过了对KY-310牙轮钻机的部级鉴定。

1982年洛阳矿山机器厂制造的一台矮钻架、磁放大器供电的KY-310牙轮钻机在南山

铁矿投入使用。

1.3.2.3 产品特点

在该阶段，我国自行研制的 KY 系列牙轮钻机具有下述主要特点。

（1） KY-200 牙轮钻机是 KY 系列中最小的一种钻机，具有以下特点：

1） 除回转机构采用直流电机驱动外，其他部分如加压提升、行走、调平、钻架起落和钻杆接卸等均采用液压驱动。

2） 采用油缸-链条-链轮组式的加压方式，轴压力可无级调节。

3） 配备有打斜孔装置，可在 70°～90°的范围内任意调整钻孔角度。

4） 履带行走机构采用了工程机械的“四轮一带”标准，配套方便，互换性好。

（2） KY-250A 牙轮钻机具有以下特点：

1） 回转电机采用磁放大器供电，行走机构采用交流电机驱动，如图 1-19 所示。

2） 加压方式为滑差电机-封闭链-齿条式。封闭链条由主动链轮驱动，链条带动回转小车上的大链轮及与大链轮同轴的并与固定在钻架上的齿条啮合的小齿轮沿着钻架上下运动，从而使与回转机构连接在一起的钻杆实现加压和提升。

3） 完善了安全保护措施，配备有小车防坠装置、减振装置和消音装置等。

4） 在主传动机构中，通过两个气胎离合器实现两种不同的加压和提升速度。

液压系统用手动阀操纵，方便、可靠，增加自动润滑，减少了控制环节。

（3） KY-310 牙轮钻机具有以下特点：

1） 具有直流电机顶部驱动的回转机构，通过滑差式调速电动机和直流电动机联合驱动。采用滑差电机-封闭链-齿条的加压方式实现钻具系统的连续进给。

2） 通过采用一体化的主传动机构实现加压、提升和行走等功能，钻机已开始分为低钻架和高钻架两种机型。KY-310A 钻机如图 1-20 所示。

3） 回转机构上装有我国独创的回转机构断链防坠装置，以保证人身及设备的安全。

图 1-19 KY-250A 牙轮钻机

图 1-20 KY-310A 牙轮钻机

4）该机备有干、湿两种除尘系统。干式除尘系统由孔口沉降—旋风除尘器—脉冲布袋除尘器组成；湿式除尘系统采用压缩空气供水，结构简单，易于解决防冻问题。

5）钻杆的接卸、钻架起落和钻进、千斤顶调平、制动器的控制等采用电气、液压和气动联合控制。

6）司机室和机械间设有增加净化装置，司机室采用双层结构并装有空气调节装置。

7）回转及行走电机既可采用直流发电机组供电，也可以采用磁放大器供电。

1.3.2.4　技术水平

该阶段所进口的牙轮钻机属于国际上20世纪60年代研制成功并投入工业应用的机型，在那个时期还是属于流行在国际上大型露天矿的主力机型，具有较高的技术水平和生产效率。

KY系列牙轮钻机的基本参数与同期国外的同类钻机相比基本类似，其结构性能能够满足矿山穿孔作业的要求，其技术水平基本接近当期国外同类钻机的先进水平即国外20世纪60年代末或70年代初期的技术水平。与进口钻机相比，存在的主要问题是整机的可靠性和平均作业效率还有待提高。

1.3.2.5　历史意义

（1）这些钻机的进口和实践应用结果，一方面基本消除了“牙轮钻机不适合我国国情”论调对我国大型露天矿山用户的影响，另一方面又使得有心开发研制露天矿用牙轮钻机的设计院所、生产厂家获得了一次学习牙轮钻机国外先进技术的难得的机会，为我国对牙轮钻机的研制进入仿制消化阶段提供了可以学习借鉴的实物对象，创造了开发研制露天矿用牙轮钻机的必不可少的工程环境和学习条件。

（2）KY系列牙轮钻机的研制成功并批量投入工业应用，推出了我国自行研制的基本形成系列的大型露天矿用牙轮钻机，打破了大型露天矿牙轮钻机被国外设备垄断的格局，为我国大型露天矿用国产牙轮钻机替代进口钻机奠定了一个良好的基础，进一步加快了国内1000万吨级大型露天矿的建设步伐和发展速度，同时还为研制钻机功能更强、作业效率更高、整机可靠性更好的新一代牙轮钻机积累了较为丰富的经验。

1.3.3　消化吸收仿制阶段

1.3.3.1　历史背景

20世纪70年代中期，随着经济建设对能源和原材料的需求越来越迫切，加快矿山开发已成为当务之急，国家发出了“大打矿山之仗”的号召，我国加大了大型露天金属矿和大型露天煤矿即1000万吨级大型露天矿的开发速度和开发规模。1000万吨级大型露天矿成套设备主要包括钻孔直径为250～310mm的矿用牙轮钻机、斗容为8～10m^3的矿用挖掘机、载重量为100/108t的电动轮矿用自卸车，以及8～12t炸药现场混装车、320hp推土机、220hp平地机等辅助设备。当时我国还不具备设计制造大型露天矿用成套开采装备的生产能力。但是，国民经济的快速发展又急需我国的大型露天矿山尽快形成生产规模，因此在“六五”和“七五”期间，我国先后引进了一大批包括大型露天矿用成套装备在内的重大装备和技术。

我国冶金重点矿山陆续引进的国外高效先进的大型采矿设备使我国采矿界和机械制造

界人士耳目一新。为此，原冶金部、燃化部、机械部决定联合组织科研院所、制造企业、重点露天矿企业自行研制大型露天矿成套设备。为了加快大型露天矿成套设备研制，国务院成立了国务院重大技术装备领导小组，由国务院重大办统一组织研制工作。

为了加速研制大型露天矿成套设备，依托将要开发的五大露天煤矿、大型铜矿、铁矿以及大型水电站水利工程施工，先后组织了1000万吨级和2000万吨级大型露天矿成套设备的研制，并纳入了国家重大技术装备研制攻关项目。“大型露天矿成套设备研制”包括两个等级成套设备的研制。1974年开始研制的设备规格相对小一些，主要适用于1000万吨级的大型露天矿，称为“千万吨级大型露天矿成套设备研制”，采用的是自主设计研发的技术路线。20世纪80年代改革开放初期，根据我国大型露天矿开采规模发展的需要，又组织了“2000万吨级大型露天矿成套设备研制”，采用的技术路线是自行开发和技术引进、消化吸收相结合的方式。这两大项目陆续在20世纪80年代到90年代中期完成，为我国开发大型露天煤矿、铁矿、铜矿等提供了大型装备。

“大型露天矿成套设备研制”对提高我国大型露天矿成套装备自主研制的能力和技术水平发挥了不可替代的关键作用。在大型露天矿用成套装备引进的同时，通过技贸结合、合作生产、引进技术的方式，为仿制、消化、吸收国外大型露天矿用成套装备的先进技术构筑了一个产品研制的先进技术平台。我国对国外牙轮钻机设计制造技术的学习、消化、吸收并国产化就是在这个背景下开始实施并展开的。

1.3.3.2 研制过程

A 前期准备

20世纪70年代，冶金工业部为了改变矿山落后面貌，从美国引进一批牙轮钻机，然后组织钻机测绘和主要配套件的研制攻关，其中叶片油泵、油马达等由衡阳冶金机械厂（现为中钢集团衡阳重机有限公司）研制，并在进口钻机上成功应用。

1980年4月，冶金工业部决定，根据使用美国45-R钻机的经验，参考其他钻机的优点，设计具有中国特色的YZ-35型牙轮钻机。指令鞍钢矿山研究所、衡冶厂、长沙矿山研究院等单位组成联合设计组，由鞍钢矿山研究所担任总体设计、衡冶厂主制、吉林冶金电机修造厂研制电气系统、鞍钢眼前山矿负责工业性试验，东北工学院和北京钢铁学院承担设计参数测定、机构验算和减振器的设计等工作。

B YZ-35型牙轮钻机开发研制

在使用45-R钻机的基础上，衡阳有色冶金机械厂联合鞍山矿山研究所、长沙矿山研究院、鞍钢眼前山铁矿、本钢南芬铁矿、东北工学院、北京钢铁学院等单位，从1979年开始，经过消化吸收、试验研究、设计攻关、配套件研制、材料研制、工艺研究等一系列科技攻关工作，第一台YZ-35型牙轮钻机于1980年8月完成设计，开始投料制造，1981年11月完成研制。

在YZ-35型牙轮钻机的研制过程中，衡冶厂攻克了提高整机刚度强度、新钢种冶炼、新钢种焊接、防止“五漏一松”、多种液压和气控元件研制等难关。其中提高整机刚度、强度的技术措施，使钻机结构的稳定性优于美国45-R钻机。

1982年5~10月，样机在鞍山冶金矿山公司眼前山铁矿进行工业试验，完成穿孔1.7万多米，最高月进尺4534m，工作性能良好，超过试验大纲规定的各项指标。1982年11

月，样机通过冶金工业部组织的技术鉴定。鉴定委员会认为：“YZ-35 型牙轮钻机具有国内先进水平，并且达到了国外同类型钻机的水平，同意定型推广，根据用户需要批量生产。”1989 年，YZ-35 型牙轮钻机申请国家优质产品复评时，中国有色金属工业总公司机械产品质量监督检测中心给出“YZ-35 型牙轮钻机主要技术性能指标达到、部分指标超过美国 B-E 公司同类钻机的先进水平”的检测结论。图 1-21 为研制的 YZ-35 型牙轮钻机。

C　YZ-55 型牙轮钻机开发研制

为适应千万吨级以上大型露天矿山的穿孔需要，冶金工业部将 YZ-55 型牙轮钻机的研制列为重点科研项目，组织有关单位进行攻关。1981 年，在衡冶厂先期对进口钻机进行测绘的基础上，冶金工业部组织鞍钢矿山研究所、衡冶厂、长沙矿山研究院、吉林冶金机电修造厂、东北工学院、北京钢铁学院等单位联合设计研制 YZ-55 型牙轮钻机，本钢南芬露天铁矿负责工业性试验。

1984 年 8 月，衡冶厂试制出样机。1985 年 1 ~ 7 月，样机在本钢南芬露天铁矿进行工业试验，6 个月完成穿孔 2.21×10^4m，其中矿石孔 1.11×10^4m，最高月进尺 5552m，提前完成工业试验大纲要求的 2×10^4m 穿孔任务。1985 年 10 月，样机通过冶金工业部组织的技术鉴定。鉴定委员会认为：“YZ-55 型牙轮钻机目前具有国内最先进水平，并且达到国外同类型钻机的先进水平，填补了国内穿凿孔径为 380mm 钻机的空白。同意定型推广，根据用户需要批量生产。”图 1-22 为研制的 YZ-55 型牙轮钻机。

图 1-21　国产研制的 YZ-35 型牙轮钻机

图 1-22　国产研制的 YZ-55 型牙轮钻机

原国家经委副主任林宗棠在 1985 年 12 月大型露天矿成套设备论证会上肯定 YZ-55 型牙轮钻机的成绩时指出：“牙轮钻机在引进、消化国外同类产品的基础上，进行了 25 处改进，质量很好，大家一致认为牙轮钻机今后完全不用进口了。”

D　YZ-12 型牙轮钻机开发研制

1985 年 11 月，由东北工学院、长沙矿山研究院、北京钢铁学院、鞍钢矿山研究所协助，衡冶厂设计、研制的穿凿小孔径的露天矿设备 YZ-12 型牙轮钻机出厂，1987 年6 月通过部级鉴定。

E 形成 YZ 系列牙轮钻机

20 世纪 80 年代，衡冶厂已研制出 YZ-12、YZ-35、YZ-55 系列钻机，钻孔直径 95 ~ 380mm。YZ 系列牙轮钻机作为千万吨级大型露天矿成套设备研制项目获得了国家科技进步奖特等奖。YZ 系列牙轮钻机研制成功，标志着我国大型露天矿穿孔技术已经赶上世界先进水平。

1.3.3.3 产品特点

YZ 系列牙轮钻机是在消化引进设备的基础上，总结了国内外各类钻机的先进经验研制的国产化牙轮钻机，其主要技术特征和性能见表 1-11。YZ 系列牙轮钻机主要具有下述特点：

（1）动力。采用电力拖动，拖动方式主要为直流可控硅静态供电，无级调速，也可用电动一发电机组拖动方式，供用户选择。

（2）加压。采用液压马达驱动双封闭链加压系统，可实现轴压分级恒定，匹配不同的转速，从而达到在不同岩石硬度下自动调节轴压大小，使钻机始终处于最佳工况下工作，以便提高钻机的平均进尺效率和延长钻头寿命。

（3）主传动。采用悬挂式主机构，主机构变速箱行走出轴经三级链传动至行走履带主动轮，机构简单可靠；行走制动采用气胎离合器，体积小，传递扭矩大，结构紧凑，磨损可自动补偿；主机构变速箱集提升、加压、行走传动于一体。

（4）回转。回转机构采用小车式。小车支架由四根方钢作立柱，用橡胶偏心滚轮机构导向，保证了小车运动的平稳性；电动机轴与齿轮轴之间用渐开线花键连接套，保证了变速箱运转平稳；回转空心主轴采用四段滚动轴承，保证了回转精度；主轴下接橡胶弹簧减振器，可降振 30% 左右；小车上装有自动断链保护装置，保证小车安全运行，防止断链后小车下坠。

（5）行走。采用履带式行走机构，钻机对地比压小，行走三级链强度高，末级链采用弯板链，耐磨损，寿命长。

（6）钻架。采用“Π”形桁架结构，四角为方钢管，强度高、刚性好；钻架中装有加压链均衡装置，采用液压缸平衡，易于张紧和更换加压链条。

（7）控制。采用气控、液压、电气联合控制系统，三种控制系统之间设有连锁联动机构。钻机配备有参数自动调节装置，保证轴压、扭矩、转速、排渣风量和风压、振动以及钻进速度等参数的自动调节。

表 1-11 YZ 系列牙轮钻机的主要技术特征

技术特征		YZ-55	YZ-35	YZ-12
基本参数	钻孔直径/mm	310 ~ 380	170 ~ 270	95 ~ 171
	钻孔深度/m	16.5 ~ 18.5	17 ~ 18.5	15 ~ 22.5
	钻孔方向/(°)	90	90	70 ~ 90
加压	加压方式	液压马达-双封闭链-齿条式		
	最大轴压/kN	539	343	118
	加压动力	液压马达	液压马达	液压马达

续表 1-11

技术特征		YZ-55	YZ-35	YZ-12
回转	回转动力	直流电机	直流电机	直流电机
	回转速度/$r \cdot min^{-1}$	0 ~ 120	0 ~ 95	0 ~ 140
	最大回转扭矩/N · m	21099	15288	3998
行走	行走方式	履带式	履带式	履带式
	爬坡能力/%	25	15 ~ 25	30
	行走速度/$km \cdot h^{-1}$	0 ~ 1. 1	0 ~ 1. 3	0 ~ 1. 8
主空压机	空压机类型	滑片式	滑片式	滑片式
	风量/$m^3 \cdot min^{-1}$	34 ~ 48	28	18
	风压/MPa	0. 28	0. 28	0. 28
主要电机功率/kW	主空压机电机	155 ~ 180	135	75
	回转直流电机	95	50	30
	提升/行走电机	95	50	30
	液压油泵电机	30	22	7. 5
总装机容量/kW		442 ~ 467	341	146
变压器容量/kV · A		500	400	200

1. 3. 3. 4　技术水平

YZ-35 型和 YZ-55 型牙轮钻机的技术参数和基本性能与美国 B-E 公司的 45-R 型和 55-R 型牙轮钻机基本相当，主要技术性能指标达到、部分指标超过美国 B-E 公司同类钻机的先进水平，同时还填补了国内穿凿孔径为 380mm 钻机的空白。总体上 YZ-35 型和 YZ-55 型牙轮钻机其技术水平已经达到了国外同类钻机 20 世纪 70 年代中期的先进水平。

1. 3. 3. 5　历史意义

YZ 牙轮钻机在引进、消化国外同类产品的基础上，研制成功并批量投入工业应用，为我国大型露天矿用国产牙轮钻机替代进口钻机提供了性价比高的机型。开创了在引进、消化国外同类产品的基础上，产学研结合自行研制技术先进、质量可靠、生产效率高的国产化的大型露天矿成套设备的先例。为进一步加快国内 1000 万吨级和 2000 万吨级大型露天矿的建设步伐和发展速度提供了穿孔作业的装备保障，同时还为下一步的创新发展，研制性能更好、效率更高、整机更可靠的新一代牙轮钻机积累了丰富的经验并奠定了坚实的基础。

1. 3. 4　创新发展阶段

1. 3. 4. 1　历史背景

我国牙轮钻机的研制在经历了初始探索、自主研制、引进消化吸收三个阶段后，形成了 KY 系列和 YZ 系列两大系列的国产牙轮钻机制造体系，国产化牙轮钻机的市场占有量快速攀升，KY 系列和 YZ 系列牙轮钻机已经基本能够满足国内 1000 万吨级和 2000 万吨级大型露天矿对穿孔设备的需求。

然而，在国产牙轮钻机满足于扩大市场份额并占据了国内大型露天矿牙轮钻机大部分市场的同时，牙轮钻机技术创新的速度却发展缓慢。1985~2000 年这 15 年间，国产牙轮钻机尽管做了各种各样的改进，也出现了一些原型机的改进型，但总体上的技术水平进步不大，基本上还停留在国外同类牙轮钻机 20 世纪 70 年代末到 80 年代初的技术水平上，没有实质性的变化。

与此同时，国外的主流牙轮钻机却发生了较大的变化，一些具有更加先进技术水平的新机型不断涌现并投入市场，如 Bucyrus 公司型号为 59R、59HR、39R、39HR、49R、49HR，Atlas Copco 公司型号为 DML-SP、DM-M3、PV351、PV271、PV235 的牙轮钻机等。

进入 21 世纪后，随着先进设计手段的普及、计算机控制技术的进步与飞速发展，国产牙轮钻机的技术水平也开始有了比较明显的进步，一些新机型陆续投入市场。

1.3.4.2 KY 系列牙轮钻机的创新发展与成果

（1）KY 系列牙轮钻机经过 20 多年发展，在原有四种机型的基础上，开发研制了 KY-200A、KY-200B、KY-250B、KY-250C、KY-250D、KY-310A 和 KY-310B 等多种机型。

（2）行走、回转、加压电机均为交流变频电机，回转、提升/行走、加压交流变频调速系统采用了 DTC（直接转矩）控制方式，可以根据工作需要进行恒转矩无级调速。

（3）钻机具有自诊断功能，其逻辑接口电路采用 PLC 控制；在司机室操作台上装有图形操作终端，可实时显示钻机的运行状态；整个系统由西门子 57-30 为中心控制器，通过 PROFIBUS-DP 总线将 4 台 ACS 800 变频器（提升/行走、回转、加压、水泵）和 TIP 70B 图形操作终端触摸屏相连接。

1.3.4.3 YZ 系列牙轮钻机的创新发展与成果

A YZ-35 型牙轮钻机

YZ-35 型牙轮钻机经过多次改进，逐步更新为 YZ-35A、YZ-35B、YZ-35C 和 YZ-35D 型，各型钻机均有不同的适应性。主要技术特点：穿孔深度一次达 18.5m；回转和提升/行走电机由原 50kW 直流可控硅调速改为 75kW 交流变频调速；加大排渣风量和风压，由滑片空压机改为螺杆空压机；提高控制的自动化程度（自动测深和调平），参数自动调节，人机对话，触摸屏显示，故障诊断；人机工程学设计，司机作业舒适、视野开阔、机房宽敞、便于维护；新型结构设计和新材料的应用提高了主机件的强度和刚度。

B YZ-55 型牙轮钻机

YZ-55 型牙轮钻机经过多次改进，逐步更新为 YZ-55A、YZ-55B、YZ-55D 型，各型钻机均有不同的适应性。主要技术特点：穿孔深度一次达 19m，轴压力可达 600kN；回转驱动为双交流变频电动机（2×75kW），无级调速，取代原单个 95kW 直流电动机；主传动电动机由原 95kW 直流电动机改为 95kW（或 110kW）交流变频电动机无级调速；提高排渣风量和风压，采用螺杆空压机；提高控制自动化程度，人机对话，屏幕显示，故障诊断；新型结构设计，机房宽敞，便于维护检修。

YZ-55B 型牙轮钻机是为适应南美矿山可钻性差的高硬度矿岩（铁矿石品位高达 60%，密度达 4700kg/m^3，普氏硬度 18~20）的有效穿孔和不同于中国供电电源频率要求（矿山供电条件为 4160V、60Hz 交流电）而开发的，具有作业效率高、价格优的市场竞争优势。两台产品在首钢秘鲁铁矿采场与美国全液压钻机在同一台阶面作业，工作效率达到国外钻机水平，于 2009 年 11 月通过首钢秘鲁铁矿验收。经当地媒体宣传，前来参观中钢衡重钻机的人络绎不绝。YZ-55B 型牙轮钻机与国外同类钻机相比，其穿孔效果和作业率与国外先进钻机相当，但国外钻机的价格是 YZ-55B 型牙轮钻机的 3 ~5 倍；与国内同类钻机相比，其产品性能、生产效率和可靠性均处于领先地位。图 1-23 所示为 YZ-55B 牙轮钻机在秘鲁。

C　牙轮钻机电气控制系统

20 世纪 90 年代初曾自主开发研制过牙轮钻机电气控制系统，后因机构调整而中止。

2007 年，自主开发研制过牙轮钻机电气控制系统在为广东云浮铁矿配套的 YZ-35D 牙轮钻机上获得成功。

2009 年为出口首钢秘鲁铁矿的 YZ-55B 型牙轮钻机自主研制了新一代的电气控制系统，实现了恒扭矩或恒功率调速，并加快了更新换代步伐。图 1-24 所示为 YZ-35D 牙轮钻机在利比里亚。

图 1-23　YZ-55B 牙轮钻机在秘鲁

图 1-24　YZ-35D 牙轮钻机在利比里亚

此后，牙轮钻机电气控制系统经过了 4 次较大的更新。第三代电控的控制电路采用模拟量输出和数字控制技术，由相序保护、过流保护、过载保护、断路保护组成的集成块装置形成电流、电压无静差调节系统，使用中可免现场调试。由于电控系统的不断更新换代，使钻机故障率大大降低，调试维护更简便、工作更可靠。新设计的第四代 YZ-35D 钻机，采用变频调速、PLC 及总线控制；自主研发出自动测深、自动给水、自动加压等 5 项专利技术；具有故障检测及显示功能；该系统具有可扩展功能。经用户使用表明：该系统设计合理，操作方便，使用可靠，能够满足牙轮钻机自动控制的要求。

通过延伸开发和持续创新，中钢衡重已经全面掌握牙轮钻机有关机械、电控、液压、气控系统的核心技术。

1999 年，YZ-35C 型牙轮钻机通过国家机械工业局组织的技术鉴定，达到国外同类产品先进水平。2009 年，工厂完成 YZ-55B 型牙轮钻机和 YZ-35D 型牙轮钻机的研发，并通过中国有色金属工业协会组织的技术鉴定，整机技术分别达到国际先进水平和国内先进水平。

D YZ 系列牙轮钻机的穿孔作业效率与出口情况

YZ 系列牙轮钻机广泛应用于国内大中型露天金属矿、非金属矿，还远销巴基斯坦、越南和秘鲁等国家，实现了由依赖进口到国产化再出口的重大转变。

金堆城钼矿使用的 4 台 YZ-35 型牙轮钻机，一直运转正常，生产效率高。1996 年，为赶任务，进行连续 3 班 24h 作业，最高月进尺达 9100m/台。

安太堡煤矿从 1997 年 11 月开始投产的 YZ-35C 型牙轮钻机，仅用 8 个月进尺 9×10^4m，入编《中国企业新纪录》。

巴基斯坦山达克铜矿购买的 4 台 YZ-35 型牙轮钻机，由巴方监控连续 3 天 24h 作业，考核结果令人满意，月进尺达 8714m/台。经过多年的使用，钻机运转正常。

E 科技成果

a YZ-35C 型、YZ-35D 型牙轮钻机

YZ-35C 型牙轮钻机是在 YZ-35 型牙轮钻机基础上研制成功的一种新型高效穿孔设备，适用于露天金属矿和非金属矿以及建筑、水利、交通等工程中的露天矿穿孔作业。钻孔直径 170 ~ 270mm，最大轴压力 350kN，一次连续钻孔深度 18.5m。产品主要特点是：提高了回转速度和压下速度，空压机排量和压力大；采用可控硅静态供电、智能型数字调速系统无级调速；采用电液控制上下多路阀组，使系统更简便；驾驶室的设计符合人机工程学原理，司机视野开阔、操作舒适。经使用表明，该机结构合理、性能稳定、维护方便、穿孔速度快。该机于 1999 年通过了国家机械工业局技术鉴定，产品主要性能指标达到国际同类产品的先进水平，2000 年被评为国家级新产品，并获 2001 年中国机械工业科学技术奖三等奖。此后又开发研制了 YZ-35D 型牙轮钻机，YZ-35D 型牙轮钻机采用主参数自适应智能型控制系统。该项目的主要技术特点：采用变频调速、PLC 及总线控制；开发了自动测深、自动给水、自动加压等五项专利技术；具有故障检测及显示功能；该系统具有可扩展功能。经使用表明：该系统设计合理，操作方便，使用可靠，能够满足牙轮钻机自动控制的要求。经鉴定，整体技术达到国内先进水平。

b YZ-55B 牙轮钻机

YZ-55B 牙轮钻机是专门针对难破碎、复杂地质条件下研制的高效凿岩牙轮钻机。该项目采用大风量、低风压排渣技术，解决了硬岩钻进排渣难题；采用双交流变频电动机驱动回转减速机，解决了双电机同步工作的技术难题，提高了电机过载能力和抗振性能；通过优化钻进轴压、加压速度、回转速度、空压机风量等参数，实现了系统最佳匹配和钻进效果。首次研制的新型钻机设计合理、使用可靠、操作简单、作业效率高，能够适应不同工况条件要求，已在国内外批量销售，经济效益显著。经鉴定，该项目整机技术达到了国际先进水平。2009 年 2 台 YZ-55B 型牙轮钻机出口首钢秘鲁铁矿，与美国先进钻机同台作业，其工作效率与国外钻机相当，随后又出口了第三台。2011 年，难破碎、复杂地质条件下高效凿岩 YZ-55B 牙轮钻机的研制获中国有色金属科学技术一等奖。

c YZ-55D 牙轮钻机

YZ-55D 牙轮钻机是专门针对西藏地区海拔 5500m 的高原环境和特殊的地质条件而研发的。该机采用了先进的电液控制技术、大排量供风系统，攻克了设备因昼夜温差大而易

发生故障等难题。图 1-25 为 YZ-55D 牙轮钻机在西藏驱龙铜多金属矿作业现场。

图 1-25　YZ-55D 牙轮钻机在西藏巨龙铜业的驱龙铜多金属矿穿孔作业

2016 年研制的 YZ-55D 型高原牙轮钻机，经现场技术人员、操作人员完成调试后，一次穿孔成功。完成一个标准孔位穿凿只需 36min，整个穿孔作业过程中排渣顺畅、各项性能指标稳定。这标志着国产首台穿孔直径 310mm 的高原型牙轮钻机研发成功。

1.3.4.4　技术创新点

A　KY 系列牙轮钻机

回转和提升/行走均采用交流变频电机恒扭矩调速，在额定工况下有较大的扭矩。所有控制均为 PLC 程序控制，人-机界面显示，有故障记录和显示，提高了钻机调控性能，确保性能可靠。采用人机工程设计改进机房和司机室结构设计及连接方式，增大了机房内实用空间，方便维护和保养。针对大比重矿岩和松散型岩层，加大排风量和排风压力，自动优化调节排风量和风压，获得最佳排渣性能。钻机具有自诊断功能，在司机室操作台上装有触摸屏图形操作终端，可实时显示钻机的运行状态。

B　YZ 系列牙轮钻机

应用计算机辅助设计与分析技术进行可视化建模和有限元集成的扩展，对钻架、主平台履带支架和司机室进行了优化，新型结构设计和新材料的应用提高了钻机主构件件的强度和刚度。

通过采用可控硅静态供电、智能型数字调速系统和交流变频等先进技术，实现了恒功率或恒扭矩调速，提高了电机过载能力和抗振性能。采用电液控制上下多路阀组，使系统操作更简便，运行更可靠。

通过优化钻进轴压、加压速度、回转速度、空压机风量等参数，实现了系统最佳匹配和钻进效果。

把总线控制及 PLC 控制系统等相关先进技术应用在牙轮钻机电控系统，触摸屏控制、伺服加压、电动调节水量、自动测孔深等技术应用到钻机电控系统。

应用人机工程学原理设计驾驶室，司机作业舒适、视野开阔、机房宽敞、便于维护。

采用大风量、低风压排渣技术，解决了硬岩钻进排渣难题。

研制成功的牙轮钻机故障检测及远程监控数据管理系统，提高了钻机控制的自动化程度（自动测深和调平），参数自动调节，人机对话，触摸屏显示，实现了远程故障诊断。使用户管理者可以通过互联网及时了解钻机的适时工况及参数；节省了现场问题处理的管理成本；提高了钻机的先进控制水平。

建立牙轮钻机远程监控及数据传输后，通过钻机 PLC 运行图及运行状况等其他数据检测，就可以在远程全面了解钻机运行状况，适时了解钻机工作时的各项数据，对钻机运行程序可以远程修改，方便对故障进行检测及提出解决方案，同时也可以对钻机进行进一步的设计修改，以达到钻机各项数据的完美匹配。

1.3.4.5 技术水平

整体上的技术水平达到了国外主流牙轮钻机 20 世纪 80 年代末或 90 年代初的先进技术水平。但是，在国外主流牙轮钻机整机结构已经发生了较大变化的情况下，我国的 KY 系列和 YZ 系列牙轮钻机基本上还是维持着封闭链条-齿条式的加压方式和集行走、提升、进给系统为一体的主机构的结构模式不变，这种长期保持单一结构模式不变的现状已经严重制约了我国牙轮钻机的创新发展和技术进步。

1.3.4.6 历史意义

尽管我国牙轮钻机总体上的技术水平至今仍然停留在国外主流牙轮钻机 20 世纪 80 年代末或 90 年代初的技术水平上，但是国产牙轮钻机的研制在研究方法上已经从过去沿袭了几十年的经典比照法开始发展为使用牙轮钻机数字化设计平台，应用计算机辅助设计分析的实际工况模拟、仿真和优化法；从过去的一般性仿制设计向根据大型露天矿市场的需求集成创新、自行研制发展。从此，牙轮钻机的研制方法和研制思想已经发生了根本性的变化。

参 考 文 献

[1] Bhalchandra V. Gokhale, Rotary Drilling and Blasting in Large Surface Mines [M]. London: CRC, 2011: 64 ~ 74.

[2] Atlas Copco Drilling Solutions LLC, Blasthole Dilling in Open Pit Ming [Z]. 2011: 5 ~ 9.

[3] 宋应星. 图解天工开物 [M]. 海口：南海出版公司，2007：1 ~ 3.

[4] 潘吉星. 天工开物 [M]. 北京：中国国际广播出版社，2011：75.

[5] 王青，史维祥. 采矿学 [M]. 北京：冶金工业出版社，2001：7 ~ 8.

[6] 中国矿业学院. 露天采矿手册·第一册 [M]. 北京：煤炭工业出版社，1986：6 ~ 9.

[7] 中国矿业学院. 露天采矿手册·第二册 [M]. 北京：煤炭工业出版社，1986：43 ~ 45.

[8] 李运龙，贾一凡. 中国钻探技术发展综述 [J]. 中国新技术新产品，2010 (1)：117.

[9] 刘汉杰. 露天采矿理想的穿孔设备 [J]. 矿山机械，1986 (12)：12 ~ 15.

[10] 中国冶金设备总公司. 国际冶金机电设备手册 [M]. 北京：知识出版社，1990：22 ~ 27.

[11]《千万吨级大型露天矿用成套设备研制》编辑委员会. 千万吨级大型露天矿用成套设备研制 [M]. 北京：中国电力出版社，2012：11 ~ 13.

2 岩石分类、特性与分级

本章内容提要：牙轮钻机最主要的用途是用于露天矿爆破孔的钻孔，而钻孔的对象就是各种不同种类的岩石。为了较系统地了解钻孔工作对象的基本情况，本章从露天矿山岩（矿）石的分类谈起，介绍了三大类岩石的成因、构造、结构、主要特征和类型，在此基础上介绍了岩石的主要物理力学特性，并针对露天矿山开采中涉及的开采工艺特性及其分级进行了论述。

2.1 岩石分类

地壳及地幔的上部是由岩石组成的，称为岩石圈。岩石圈的岩石是各种地质作用形成的自然历史产物，是构成地壳的基本组成单位，是由矿物及非晶质组成的，具有一定结构、构造的固态地质体。外观上岩石是多种多样的，但从成因上看，可将所有的岩石归为三大类，即岩浆岩、沉积岩和变质岩，这就是自然界三大类岩石。

这三大类岩石在地壳中是怎样分布的呢？在全球陆地表面，沉积岩覆盖了75%，岩浆岩和变质岩加在一起才只占陆地面积的1/4。但是到了地下深处，沉积岩逐渐变成了“少数民族”。在整个地壳中，沉积岩只占到地壳体积的8%、变质岩占了27%、剩下的65%都是岩浆岩。三大岩石在地壳中的分布如图2-1所示。

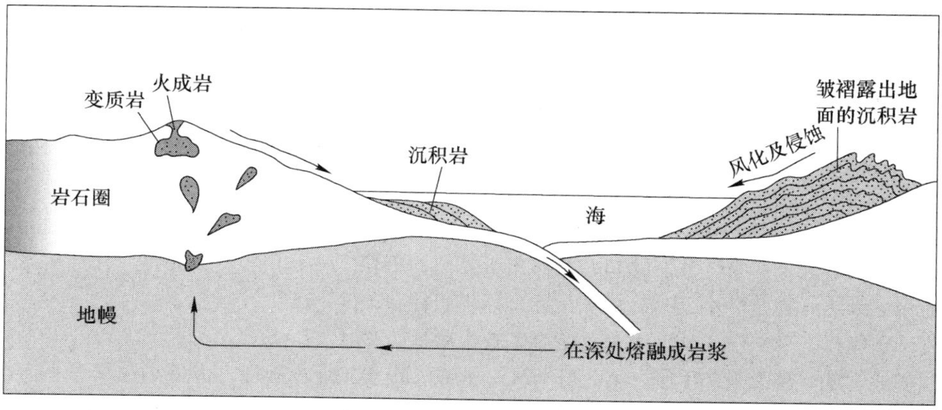

图2-1 三大岩石在地壳中的分布

2.1.1 岩浆岩

岩浆岩指由地球深处的岩浆侵入地壳内或喷出地表后冷凝而形成的岩石。这种由岩浆在地下或喷出地表冷凝形成的岩石也称为火成岩，是组成地壳的主要岩石。形成于不同的地质构造背景下，与许多金属和非金属矿产有密切的成因联系。因此，对岩浆岩的研究在地质学中占有重要的位置。

岩浆来源于地幔或地壳物质熔融部分。按岩浆固结成岩的深度，将岩浆岩分为喷出岩、浅成岩和深成岩。深成岩和浅成岩统称为侵入岩；喷出（或溢出）地表凝结形成的岩石称为喷出岩（火山岩）。岩浆固结成岩后的分布如图2-2所示。

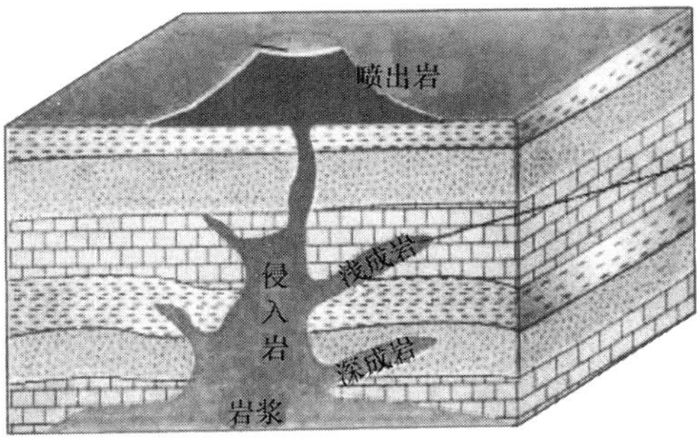

图2-2 岩浆固结成岩后的分布

常见的火山岩有玄武岩、安山岩和流纹岩等。当熔岩上升未达地表而在地壳一定深度凝结而形成的岩石称为侵入岩，按侵入部位不同又分为深成岩和浅成岩。花岗岩、辉长岩、闪长岩是典型的深成岩。花岗斑岩、辉长岩和闪长岩是常见的浅成岩。

火成岩主要由长石、石英、云母、角闪石、辉石和橄榄石等硅酸盐矿物及少量的磁铁矿、钛铁矿、锆石、磷灰石和榍石等组成。这些硅酸盐矿物被称为造岩矿物，是火成岩分类和定名的重要依据。

但有一部分火成岩，特别是部分花岗岩，并不是岩浆冷凝产物，而是在较高温度下，由其他岩石在固态下，经过交代、改造、转变而成。因此，火成岩应理解为具有一般火成岩特征的（包括产状、结构、构造和矿物共生组合）在高温或较高温条件下形成的岩石。

2.1.1.1 岩浆岩的成因

岩浆是在地壳深处或上地幔产生的高温炽热、黏稠、含有挥发分的硅酸盐熔融体，是形成各种岩浆岩和岩浆矿床的母体。岩浆的产生、运移、聚集、变化及冷凝成岩的全部过程，称为岩浆作用。岩浆内部的压力很大，不断向压力低的地方移动，以至冲破地壳深部的岩层，沿着裂缝上升，喷出地表；或者当岩浆内部压力小于上部岩层压力时迫使岩浆停留下，冷凝成岩。岩浆岩是由地壳下面的岩浆沿地壳薄弱地带上升侵入地壳或喷出地表后冷凝而成的。

2.1.1.2 岩浆岩的构造

岩浆岩的构造是指岩石中矿物的空间排列及其填充的方式。岩浆一面流动一面凝固形成许多流纹，做流纹构造。深成岩在地下缓慢结晶，它的颗粒在空间分布比较均匀，形成块状构造，岩石中各种矿物的空间排列方式，即填充空间的形式如下：

（1）气孔构造：岩石上有孔洞或气孔，岩浆冷凝时气体来不及排除。

（2）杏仁构造：岩石上的气孔被外来的矿物部分或全部填充。

（3）流纹状构造：有拉长的条纹和拉长气孔，呈定向排列。

（4）块状构造：矿物无定向排列，而是均匀分布。

2.1.1.3 岩浆岩的结构

岩浆岩由于形成的环境不同，产生了各种不同的结构和构造。岩浆岩的结构是指岩石中矿物的形态、大小和结晶程度以及颗粒之间的关系。了解结构可以了解岩浆岩的形成环境。如喷出岩由于冷却快，来不及结晶，形成玻璃质，称为玻璃质结构。其中一些气体尚未逸散，形成气孔构造。在深处，各种矿物结晶的大小相近，这样的结构称为等粒结构。而浅成岩中由于矿物结晶时间不同，造成先结晶的晶体粗大、后结晶的晶体细小，从而形成斑状结构。

2.1.1.4　岩浆岩的主要特征

岩浆岩中有一些自己特有的结构和构造特征，比如喷出岩是在温度、压力骤然降低的条件下形成的，造成溶解在岩浆中的挥发分以气体形式大量逸出，形成气孔状构造。当气孔十分发育时，岩石会变得很轻，甚至可以漂在水面，形成浮岩。如果这些气孔形成的空洞被后来的物质充填，就形成了杏仁状构造。岩浆喷出到地表，熔岩在流动的过程中其表面常留下流动的痕迹，有时好像几股绳子拧在一起，岩石学家称为流纹构造、绳状构造。如果岩浆在水下喷发，熔岩在水的作用下会形成很多椭球体，称为枕状构造。可见，这些特殊的构造只存在于岩浆岩中。还有块状构造和斑状构造。除了构造以外还有因矿物的结晶程度、集合体形状与组合方式的不同可以有不同的结构，如玻璃质结构、隐晶质结构、显晶质结构。

2.1.1.5　岩浆岩的主要类型

岩浆岩依据矿物组成的差别，可以分为以下四类：

（1）超基性岩类。二氧化硅含量小于45%，多铁、镁而少钾、钠，基本上由暗色矿物组成，主要是橄榄石、辉石，两者含量可以超过70%；其次为角闪石和黑云母；不含石英，长石也很少。这类岩石最常见的侵入岩是橄榄岩类，喷出岩是苦橄岩类。

（2）基性岩类。岩石颜色比超基性岩浅，比重也稍小，一般在3左右。侵入岩很致密，喷出岩常具有气孔状和杏仁状构造。在矿物成分上，铁镁矿物约占40%，而且以辉石为主，其次是橄榄石、角闪石和黑云母。基性岩和超基性岩的另一个区别是出现了大量斜长石。这类岩石的侵入岩是辉长岩，分布较少；而喷出岩是玄武岩，却有大面积分布。

（3）中性岩类。中性岩类岩石颜色较浅，多呈浅灰色，比重比基性岩要小。主要矿物为角闪石与长石，兼有少量石英、辉石、黑云母等。代表性岩石为闪长石、安山岩、正长岩与粗面岩。

（4）酸性岩类。矿物成分的特点是浅色矿物大量出现，主要是石英、碱性长石和酸性斜长石，还有云母。暗色矿物含量很少，大约只占10%。代表性岩石为花岗岩与流纹岩。

岩浆岩的代表性岩石如图2-3所示。

a　b　c　d

图2-3　岩浆岩的代表性岩石

a—花岗岩；b—橄榄岩；c—玄武岩；d—安山岩

2.1.1.6 岩浆岩中的主要矿产

岩浆岩中蕴藏着许多重要的金属和非金属矿产。以火成岩为例，基性超基性岩与亲铁元素，如铬、镍、铂族元素、钛、钒、铁等有关；酸性岩与亲石元素如钨、锡、钼、铍、锂、铌、钽、铀有关；金刚石仅产于金伯利岩和钾镁煌斑岩中；铬铁矿多产于纯橄榄岩中；中国华南燕山早期花岗岩中盛产钨锡矿床；燕山晚期花岗岩中常形成独立的锡矿及铌、钽、铍矿床。

(1) 在超基性的橄榄岩和基性的辉长岩中，常有铬、镍、铜、铁、钒、钛、金刚石、铂及铂族金属等。如内蒙古和甘肃的铬铁矿、河北和四川的钒钛磁铁矿、甘肃和四川的铜镍矿、山东的金刚石矿等，均产于超基性岩或基性岩中。

(2) 在中性的闪长岩或其接触带中，常有铜、铁及稀土元素矿床等。如河北的铜矿床、湖北的铁矿、安徽的铜矿以及四川西南部的稀土元素矿床等，其形成均与闪长岩有关。

(3) 在正长岩、石英正长岩和正长斑岩中，常有稀土元素、磷灰石及磁铁矿等。如东北、河北的磷灰石，江西的稀土元素，四川的磁铁矿等。

(4) 在酸性的花岗岩和中酸性的花岗闪长岩中，常有钨、锡、钼、铋、铜、铅、锌、金、铀、钍及稀土等。如江西的钨矿、云南的锡矿、湖南的铅锌矿、山东的金矿等，均与该地区的花岗岩或花岗闪长岩有成因上的关系。此外，在花岗伟晶岩中巨大的石英、长石和云母晶体，也是很重要的矿产。

(5) 还有一些矿产，如铜、铅、锌、金、银、砷、重晶石、萤石等，虽然有时甚至常常不生在岩浆岩中，但它们在成因上大都与岩浆岩有联系。一般由岩浆冷凝结晶期后所产生的热水溶液，渗入到岩浆岩体附近，甚至距离岩浆岩体很远的岩石裂隙中，结晶沉淀而成。

有的岩浆岩本身就是矿产，如作为铸石原料的玄武岩及辉绿岩，作为膨胀珍珠岩原料的珍珠岩、松脂岩以及作为装饰石料和建筑材料的花岗岩和花岗闪长岩等。

2.1.2 沉积岩

沉积岩系是指暴露在地壳表层成层堆积于陆地或海洋中的碎屑、胶体和有机物等疏松沉积物团结而成的岩石，是在地球发展过程中，由流水、风、冰川等介质，将风化作用产物搬运到江河湖海中沉积，经过压实、团结、胶合及一系列物理或化学变化由沉积作用而形成的岩石。沉积岩是组成地壳岩石圈的三大岩石类之一（另外两种是岩浆岩和变质岩），是一种在地表环境下，遭受各种外力的破坏，破坏产物在原地或者经过搬运沉积下来，再经过复杂的成岩作用而形成的岩石。沉积岩的基本特征是层状构造，常见的有水平岩层、倾斜岩层和褶皱岩层。沉积岩的分类比较复杂，一般可按沉积物质分为母岩风化沉积岩、火山碎屑沉积岩和生物遗体沉积岩。

沉积物指陆地或水盆地中的松散碎屑物，如砾石、砂、黏土、灰泥和生物残骸等，主要是母岩风化的产物，其次是火山喷发物、有机物和宇宙物质等。沉积岩分布在地壳的表层。在陆地上出露的面积约占75%，岩浆和变质岩只有25%。但如果从地球表面到16km深的整个岩石圈算，沉积岩只占5%。沉积岩种类很多，其中最常见的是页岩、砂岩和石灰岩，它们占沉积岩总数的95%。这三种岩石的分配比例随沉积区的地质构造和古地理位置不同而异。总的来讲，页岩最多、其次是砂岩、石灰岩数量最少。在地表常温、常压条件下，由风化物质、火山碎屑、有机物及少量宇宙物质经搬运、沉积和成岩作用形成的层状岩石。按成因可分为碎屑岩、黏土岩和化学岩（包括生物化学岩）。常见的沉积岩有砂岩、凝灰质砂岩、砾岩、黏土岩、页岩、石灰岩、白云岩、硅质岩、铁质岩、磷质岩等。沉积岩占地壳体积的7.9%，但在地壳表层分布则甚广，约占陆地面积的75%，而海底几乎全部为沉积物所覆盖。

沉积岩地层中蕴藏着绝大部分矿产，如能源、非金属、金属和稀有元素矿产等。沉积岩中所含有的矿产，占全部世界矿产蕴藏量的80%。

2.1.2.1　沉积岩的成因

沉积岩的形成过程一般可以分为先成岩石的破坏作用、搬运作用、沉积作用和固结成岩作用四个阶段。但这些作用有时是错综复杂的，如岩石风化为剥蚀创造条件，而风化层被剥蚀后又为新鲜岩石的继续风化提供条件；风化、剥蚀的产物是搬运作用的物质对象，而岩石碎屑在搬运过程中又可作为进行剥蚀的“工具”；物质经搬运而后沉积，而沉积物又可受到剥蚀破坏重新搬运，如此等等。

2.1.2.2　沉积岩的结构

沉积岩结构是指沉积岩颗粒的性质、大小、形态及其相互关系，主要有以下两类结构：

（1）碎屑结构。岩石中的颗粒是机械沉积的碎屑物。碎屑物可以是岩石碎屑、矿物碎屑、石化的有机体或其碎片以及火山喷发的固体产物等。

（2）非碎屑结构。岩石中的颗粒由化学沉积作用或生物沉积作用形成，其中大部分为晶质或隐晶质。

2.1.2.3　沉积岩的构造

（1）沉积岩最典型的构造特征是具有层理。沿垂直方向观察这种层状构造可以发现，由于矿物成分、结构或颜色的不同而表现出成层性。根据纹层排列的特点，层理可以继续细分。如水平层理和平行层理、波状层理、交错层理或斜层理等。沉积岩构成的清晰层理如图2-4所示，其层理构造如图2-5所示。

图2-4　沉积岩构成的清晰层理

（2）沉积岩的另一个重要的构造类型是有层面构造，即在岩层表面有波痕、泥裂、槽模、沟模等机械成因的各种不平坦的沉积构造痕迹；还有因为化学成因的晶体印模、结核以及生物成因的生物遗骸等，这些都是在沉积岩中常见的构造现象。根据成因，波痕分成浪成、水成和风成三种；泥裂在现代沉积中经常见到，是沉积物露出水面后，曝晒干涸形成的收缩裂缝。平面形态呈网格状的龟裂纹，它是沉积面暴露地表的标志；槽模是定向的水流在还没有固结的软泥表面冲刷形成的凹槽，后来被砂质充填形成的。其长轴方向代表水流方向，高起的一端代表上游；沟槽常成组出现，是岩石底面上的一种平行脊状构造，和模槽一样，也是确定古水流方向的标志之一。

图2-5 沉积岩的层理构造

(3) 晶体印模和结核是化学作用形成的构造。晶体印模是原来在松软沉积物表面形成的石盐晶体，后来被熔融掉，留下的印痕被其他物质交代或充填，以假象的形式保留下来；结核是与周围岩石有显著差别的团块状矿物集合体。

(4) 生物成因的构造有生物遗迹构造和生物扰动构造。前者是生物生存期间运动、居住、寻找食物等活动留下的痕迹；底栖生物的活动使沉积物的原始构造受到破坏，形成生物扰动沉积岩。

2.1.2.4 沉积岩的主要特征

沉积岩有两个突出特征：一是具有层次，称为层理构造。层与层的界面称为层面，通常下面的岩层比上面的岩层年龄古老。层理构造显著，富含次生矿物、有机质。二是许多沉积岩中有“石质化”的古代生物的遗体或生存、活动的痕迹——化石，它是判定地质年龄和研究古地理环境的珍贵资料。沉积岩的主要特征包括：

(1) 沉积岩的层理构造特征是大部分沉积岩最重要的外部特征之一。

(2) 沉积岩中常含古代生物遗迹，经石化作用即成化石，即是生物化石。

(3) 具有碎屑结构与非碎屑结构之分，有的具有干裂、孔隙、结核等。通常情况下沉积岩由岩石碎屑、矿物碎屑、火山碎屑及生物碎屑等构成，其中包括砾、砂、粉砂和泥等不同粒级的物质。各粒级沉积物使沉积岩具有砾状结构、砂状结构、粉状结构或泥状结构。

(4) 沉积岩层面呈波状起伏，或残留波痕、雨痕、干裂、槽模、沟模等印模，或层内出现锯齿状缝合线或结核，均属沉积岩的原生构造特征。

2.1.2.5 沉积岩的主要类型

(1) 碎屑岩类主要指母岩风化碎屑经搬运再堆积后胶结而成的岩石，包括砾岩、角砾岩、砂岩和粉砂岩。在砂岩中，砂含量通常大于50%，其余是基质和胶结物。碎屑成分以石英、长石为主，其次为各种岩屑以及云母、绿泥石等矿物碎屑。粉砂岩以石英为主，常含较多的白云母，钾长石和酸性斜长石含量较少，岩屑极少见到，黏土基质含量较高。

(2) 黏土岩类具有泥状结构，由黏土矿物及其他细粒物质组成，硬度低。黏土岩是沉积岩中分布最广的一类岩石。其中，黏土矿物的含量通常大于50%，粒度在0.005～0.0039mm范围以下，主要由高岭石族、多水高岭石族、蒙脱石族、水云母族和绿泥石族矿物组成。在黏土岩中，固结好而无层理的为泥岩，固结较好并有良好层理的为页岩，固结较差的则为黏土。页岩依据胶结物或附加成分又可以分为钙质页岩、铁质页岩、碳质页岩和油页岩等。

（3）生物化学岩类多由化学和生物化学形成物组成并主要见于海相或相沉积物，具显晶或隐晶结构、鲕状或豆状结构、生物结构，包括硅质岩、石灰岩、白云岩等。

沉积岩的代表性岩石如图 2-6 所示。

a　　b　　c　　d

图 2-6　沉积岩的代表性岩石

a—泥质岩；b—砂岩；c—石灰岩；d—油页岩

2.1.2.6　沉积岩中的主要矿产

据统计，沉积岩中的矿产占世界全部矿产总产值的 70%～75%。在我国绝大部分铝矿、磷矿，大多数锰矿、铁矿都蕴藏于沉积岩中或与沉积岩有关，如河南、贵州、山东的铝土矿；四川、湖北、云南、贵州的磷矿；湖南、贵州、河北的锰矿，以及我国著名的宣龙式铁矿、宁乡式铁矿、涪陵式铁矿等，都产于不同时代的沉积岩中。号称工业粮食的煤，全部蕴藏于沉积岩中。被誉为工业血液的石油，全部生成于沉积岩中，而且绝大部分都储存于沉积岩中。盐矿是真溶液沉积的矿产，是钾、钠、钙、镁的卤化物及硫酸盐等矿物所组成的沉积矿产的总称，如江西、四川的岩盐；湖北、山西的石膏；四川西部的芒硝；云南西部的钾盐以及青海、西藏的盐卤等。

除此之外，还有金、钨、锡、金刚石及各种稀有元素矿产，常以砂矿的形式赋存于砂、砾石中。

有的沉积岩本身就是矿产，如作水泥原料和耐火材料的黏土岩；作玻璃和陶瓷原料的石英砂岩；作水泥及冶炼辅助原料的石灰岩和白云岩等。

2.1.3　变质岩

变质岩是指地壳中原有的岩石受构造运动、岩浆活动或地壳内热流变化等内营力影响，使其矿物成分、结构构造发生不同程度的变化，经历过变质作用形成而形成的岩石。变质岩是组成地壳的主要岩石类型之一。在变质作用中，由于温度、压力、应力和具有化学活动性流体的影响，在基本保持固态条件下，原岩的化学成分、矿物成分和结构构造发生不同程度的变化。变质岩是固态原岩因温度、压力及化学活动性流体的作用而导致矿物成分、化学结构与构造的变化，形成的一种新的岩石。变质岩在地壳内分布很广，大陆和洋底都有，在时间上从太古宙至现代均有产出。

2.1.3.1　变质岩的成因

变质岩是指地壳中的原岩（包括岩浆岩、沉积岩和已经生成的变质岩），由于地壳运动、岩浆活动等所造成的物理和化学条件的变化，即在高温、高压和化学性活泼的物质（水气、各种挥发性气体和热水溶液）渗入的作用下，在固体状态下改变了原来岩石的结构、构造甚至矿物成分，发生物质成分的迁移和重结晶，形成新的矿物组合，这种新的岩石称为变质岩。变质岩不仅具有自身独特的特点，而且还保存着原来岩石的某些特征，如普通石灰石由于重结晶变成大理石。

变质岩是组成地壳的主要成分，一般变质岩是在地下深处的高温（要大于150℃）、高压下产生的，后来由于地壳运动而出露地表。图 2-7 为变质岩。

图 2-7 变质岩

2.1.3.2 变质岩的构造

变质岩的构造主要有两大类型：块状构造和定向性构造。

块状构造是指矿物或矿物集合体在岩石中排列无顺序，呈均匀地分布。一般原岩是块状的岩石，如岩浆岩、砂岩、石灰岩变质后仍然保持块状构造。接触变质岩形成的角岩，常由于流体扩散造成局部富集形成斑点构造和瘤状构造，矿物颗粒也在一定程度上呈均匀分布，所以也属于块状构造。

定向性构造是指片状、柱状或者纤维状有延长性的矿物，平行排列形成的一种构造。这种构造有时表现得像一本书，产生一系列近平行或弯曲的面，称为面状构造，也称为面理；有时表现得像一捆铅笔，是呈线状的矿物近乎平行排列形成的线状构造，也称为线理。在变质岩中，面理和线理常常同时出现，如黑云母在纵向上看呈黑黑的一条线，表现为线状构造，但云母片在面上表现为平行排列，因此又是面状构造。

岩石重结晶过程中形成的结晶片理是面状构造的一种类型，受重结晶程度控制。当变质程度不深、重结晶程度不高时，片理面呈绢丝光泽，叶片状矿物则定向排列，称为千枚状构造；如果矿物重结晶比较好，片状、柱状矿物平行排列，粒状矿物也被拉长或压扁，就形成了片状构造；如果粒状矿物和片状、柱状矿物相间排列，因粒状、片状、柱状矿物的颜色和形态不同而呈现出条带，称为条带状构造。这种构造因在片麻岩中比较常见，所以也称为片麻状构造。

2.1.3.3 变质岩的结构

常见的变质岩结构有以下四种类型：

（1）变余结构。变余结构是变质作用不彻底，留下了原来岩石的一些面貌而得名。比如沉积形成的砂砾岩，变质后还保留着砾石和砂粒的外形。有时甚至砾石成分发生了变化，其轮廓仍然很清楚。

（2）变晶结构。变晶结构是一种因变质作用使矿物重结晶所形成的结构。根据变质岩中矿物晶形的完整程度和形状，分出鳞片变晶结构、纤维变晶结构和粒状变晶结构。变晶矿物呈片状，沿一定方向排列形成鳞片变晶结构。只有少数情况矿物的排列不定向，互相碰接形成交叉结构；纤维变晶结构是纤维状、柱状变晶呈定向排列，形成片理；粒状变晶结构是由粒状矿物组成的结构，这些矿物颗粒自形程度和形态不同，比如显微粒状变晶结构，也称为角岩结构，是由显微颗粒组成的；而石英岩、大理岩的变晶颗粒比较大，呈多边形，是典型的粒状变晶结构。

（3）交代结构。交代结构是指矿物或矿物集合体被另外一种矿物或矿物集合体所取代形成的一种结构。矿物之间的取代常常引起物质成分的变化，矿物集合体的取代过程不仅会造成物质成分的改变，还会引起结构的重新组合。

（4）变形结构。变形结构与变形作用有关，分脆性变形和韧性变形两类。

2.1.3.4 变质岩的主要特征

变质岩的主要特征是这类岩石大多数具有结晶结构、定向构造（如片理、片麻理等）和由变质作用形成的特征变质矿物。变质岩是原岩在基本保持固态情况下，通过变质作用完成的。变质作用产生的地质背景不同，不同类型的变质作用，形成不同类型的变质岩。变质作用主要有区域变质、接触变质、动力变质作用。区域变质作用的特点是范围大、温度可以从低温到高温；接触变质多发生在侵入体与围岩接触带，由岩浆活动引起；动力变质作用是与断裂活动有关的变质作用，又可分为正变质岩和副变质岩。

2.1.3.5 变质岩的分类

原岩类型和变质作用性质是变质岩分类的两个主要基础，以变质作用产物的特征（变质岩的矿物组成、含量和结构构造）对变质岩进行分类，将成为今后的主要趋势。

习惯上先按变质作用类型和成因，把变质岩分为下列岩类。区域变质岩类，由区域变质作用所形成；热接触变质岩类，由热接触变质作用所形成；接触交代变质岩类，由接触交代变质作用所形成；动力变质岩类，由动力变质作用所形成；气液变质岩类，由气液变质作用形成；冲击变质岩类，由冲击变质作用所形成。

一般火山岩类的变质都是浅变质，如安山岩-变安山岩、英安岩-变英安岩，属于热变质到接触变质，如花岗质片麻岩（形成太复杂），以及现在比较火的混合岩类，也是变质的花岗岩，但是许多人不承认，有争议。实际工作中常见的变质岩有片岩、片麻岩、大理岩、板岩、变砂岩、变火山岩类。其他的并不多见。

根据变质作用类型的不同，可将变质岩分为5类：动力变质岩、接触变质岩、区域变质岩、混合岩和交代变质岩。变质岩占地壳体积的27.4%。

2.1.3.6 变质岩的主要岩石类型

按照变质岩的构造特点划分，变质岩主要有片理状岩类和块状岩类两种。片理状岩类的代表性岩石如图2-8所示，块状岩类的代表性岩石如图2-9所示。

a

b

图2-8 变质岩中片理状岩类的代表性岩石
a—片岩；b—千枚岩

a

b

图 2-9 变质岩中块状岩类的代表性岩石

a—大理岩；b—石英岩

2.1.3.7 变质岩的主要矿产

变质岩与原岩（变质前的岩石，可以是岩浆岩、沉积岩或变质岩）有继承关系，同时又能形成一些特有的变质矿物。

（1）岩浆岩中的主要矿物（石英、长石、云母、角闪石、辉石等）往往也是变质岩中的主要矿物，但含量不同，如石英在岩浆岩中一般不超过30%~40%，变质岩有时大于90%（如石英岩）。

（2）沉积岩的主要矿物除方解石、白云石和石英等以外，其他（如盐类矿物、黏土矿物）只能在浅变质时以残余矿物出现。

（3）变质岩中所特有，只有在变质岩中才大量出现的矿物。低级变质矿物：绢云母、绿泥石、蛇纹石、红柱石、滑石等；中级变质矿物：云母、硬绿泥石、透闪石、阳起石、绿帘石、蓝晶石；中-高级变质矿物：石榴石、透辉石、斜长石；高级变质矿物：矽线石、紫苏辉石等。

2.1.4 岩石主要特性对比

三大岩石主要特性对比见表2-1。

表 2-1 三大岩石主要特性对比

主要特性	岩浆岩	沉积岩	变质岩
岩石成因	岩浆是形成各种岩浆岩和岩浆矿床的母体。岩浆岩由地壳下面的岩浆沿地壳薄弱地带上升侵入地壳或喷出地表后冷凝形成	地表或接近地表的原岩在外力的作用下，通过错综复杂和互为因果的风化作用和剥蚀作用、搬运作用、沉积作用和硬结成岩作用等一系列地质作用而形成的岩石	由于地壳运动、岩浆活动等所造成的物理和化学条件的变化作用，改变了原来岩石的结构、构造甚至矿物成分，发生物质成分的迁移和重结晶形成新的矿物组合
内部构造	块状构造、带状构造、流纹状构造、斑杂构造、球状构造、流动构造、气孔和杏仁构造	最典型的构造特征是具有层理，另一个重要的构造类型是有层面构造	块状构造：斑点构造、瘤状构造；定向性构造：片状、柱状、线状、千枚状、条带状、片麻状构造

续表 2-1

主要特性	岩　浆　岩	沉　积　岩	变　质　岩
结构形态	喷出岩：玻璃质结构；深成岩：等粒结构；浅成岩：斑状结构；深成侵入岩：全晶质结构；浅成岩与火山岩：半晶质结构	机械沉积碎屑物构成的碎屑结构；化学沉积或生物沉积作用形成的非碎屑结构。岩石中的颗粒大部分为晶质或隐晶质	变余结构：变质作用不彻底；变晶结构：使矿物形成重结晶；交代结构：矿物之间出现取代和变化；变形结构：产生脆性变形和韧性变形
主要特征	是由岩浆直接冷凝形成的岩石，因此，具有反映岩浆冷凝环境和形成过程所留下的特征和痕迹。不论喷出岩，还是侵入岩，大部分岩浆岩都是块状结晶的岩石，只有少数急速冷却形成的岩石，是完全由玻璃质组成的	一是具有层次，称为层理构造。层理构造显著，富含次生矿物、有机质。二是许多沉积岩中有“石质化”的古代生物的遗体或生存、活动的痕迹——化石，它是判定地质年龄和研究古地理环境的珍贵资料	变质岩的主要特征是这类岩石大多数具有结晶结构、定向构造（如片理、片麻理等）和由变质作用形成的特征变质矿物。变质作用主要有区域变质、接触变质、动力变质作用
代表岩石	花岗岩、橄榄岩、玄武岩、安山岩、闪长岩、流纹岩、辉长岩、长石、石英、云母、角闪石、辉石等	泥岩、页岩、砂岩和石灰岩、石英砂岩、砾岩、泥铁岩、白云岩、油页岩、粉砂岩和黏土岩等	大理岩、石英岩、片岩、千枚岩、板岩、片麻岩、云母片岩、变砂岩、变火山岩类
主要矿产	铁矿、铜矿、磁铁矿、铬铁矿、钒钛磁铁矿、铜镍矿、钨矿、锡矿、铅锌矿、金刚石矿等	铝矿、磷矿，大多数锰矿、铁矿、盐矿、岩盐、煤、石油、金、钨、锡、金刚石及各种稀有元素等矿产	石英、长石、云母、角闪石、辉石、方解石、白云石、红柱石、蓝晶石、矽线石、硅灰石、石榴子石、滑石、蛇纹石、石墨等

2.1.5　研究岩石的结构与构造的意义

研究岩石的结构与构造，不仅对划分岩类、正确识别岩石有着实际的意义，而且在露天矿开采工艺中，对于研究岩体稳定、爆破措施及选择穿孔作业设备具有重要的作用。

（1）对露天矿开采影响最大的是岩石颗粒的粗细。对于岩浆岩而言，一般均较硬，绝大多数矿物均成结晶粒状紧密结合，常具块状、流纹状及气孔状结构，原生节理发育。在其他条件相似的条件下，隐晶质、细粒、均粒的岩石比粗粒和斑状的岩石强度大。强度大的岩石虽然较难凿岩，但却容易维护，给开采工作带来很大的方便。沉积岩与岩浆岩相似，但对于碎屑岩，其物理机械性质主要取决于胶结物的成分和性质，泥质胶结比铁质或硅质胶结的岩石硬度小、稳固性差。而变质岩的结构对采掘的影响不太突出。

（2）岩浆岩多具有块状构造。这种构造的最大特点是岩石各个方向的强度相近，从而增加了岩石的稳定性。所以岩浆岩的块状构造，不像沉积岩的层理构造和变质岩的片理构造那样对凿岩、爆破等有明显的影响。值得注意的是，岩浆岩的原生节理（即岩浆岩生成时冷凝收缩所产生的裂隙）发育，如玄武岩的柱状节理、细碧岩的枕状节理等。这些节理的存在，降低了岩石的稳固性，影响了岩石的爆破效果。

（3）沉积岩最大的特点是具有层理构造，这种构造的存在，使岩石在各个方向的强度不同，在其他条件相同或相似的情况下，层理越发育，岩石的稳固性越低，各个方向的强度差异也越大。一般是平行岩石层理方向的抗压和抗剪强度小、抗拉强度大；而垂直于岩石层理方向，则情况正好相反。

（4）变质岩的构造尤其是片理构造对露天矿开采影响更大，其影响同沉积岩的层理构造相似，如千枚岩、片岩及板岩的片理比较发育，岩石沿片理延伸方向结合力较低，故其稳定性极差。一般情况下，岩石的片理越发育，各个方向的强度相差越大，在平行片理的方向抗压和抗剪强度小、抗拉强度大；垂直片理方向则恰好相反。露天矿开采时，因片理所造成的岩石稳定性差，从而影响岩体的边坡稳定，但有时也可以提高爆破效果。

2.2 岩石主要特性

岩石的主要特性是岩石内部组成矿物成分、结构、构造的综合反映，主要包括岩石的物理特性、力学（机械）特性。其中，物理特性是岩石在自然状态下所表现出的特征，而力学（机械）特性则是反映岩石在外力作用下表现出来的变形特征和强度特征，不同的岩石其物理、力学（机械）特性是不同的，即使是同一种性质的岩石，由于其形成过程及赋存环境等多种外界因素的不同，其所表现出的特性也有所差别。

2.2.1 物理特性

2.2.1.1 磁性

岩石的磁性主要取决于组成岩石的矿物的磁性，并受成岩后地质作用过程的影响。一般，橄榄石、辉长石、玄武岩等基性、超基性岩浆岩的磁性最强；变质岩次之；沉积岩最弱。

矿物按其磁性的不同可分为 3 类：反磁性矿物，如石英、磷灰石、闪锌矿、方铅矿等。磁化率为恒量，负值，且较小；顺磁性矿物，大多数纯净矿物都属于此类。磁化率为恒量，正值，也比较小；铁磁性矿物，如磁铁矿等含铁、钴、镍元素的矿物，其磁化率不是恒量，为正值，且相当大，也可认为这是顺磁性矿物中的一种特殊类型。

（1）岩浆岩的磁性取决于岩石中铁磁性矿物的含量。结构构造相同的岩石，铁磁性矿物含量越高，磁化率值越大。

（2）沉积岩的磁性主要也是由铁磁性矿物的含量决定的。分布最广的沉积岩造岩矿物，如石英、方解石、长石、石膏等，为反磁性或弱顺磁性矿物。菱铁矿、钛铁矿、黑云母等矿物之纯净者是顺磁性矿物；含铁磁性矿物杂质者具有强顺磁性。沉积岩的磁化率和天然剩余磁化强度值都比较小。

（3）变质岩的磁性是由其原始成分和变质过程决定的。原岩为沉积岩的变质岩，磁性一般比较弱；原岩为岩浆岩的变质岩在变质作用相同时，其磁性一般比原岩为沉积岩的变质岩强。大理岩和结晶灰岩为反磁性变质岩。岩石变质后，磁性也发生变化。蛇纹石化的岩石磁性比原岩强；云英岩化、黏土化、绢云母化和绿泥石化的岩石，磁性比原岩减弱。

岩石磁性的各向异性是岩石的层状结构造成的。磁化率高，变质程度深的岩石，磁各向异性很明显。褶皱区沉积岩的磁各向异性一般要比地台区的大。

2.2.1.2　弹性波传播速度

矿物中波的传播速度与矿物的密度有关，对于主要造岩矿物，如长石、石英等，波速一般随密度的增加而升高；对于金属矿物和天然金属，波速一般随密度的增加而下降。云母、石墨等矿物弹性波速度的各向异性非常显著。

岩石中的波速取决于其矿物成分和孔隙充填物的弹性。岩浆岩和变质岩的弹性波速度与岩石密度的关系接近于线性关系，密度越大，速度越高。沉积岩中的弹性波速度受孔隙度的影响很大，变化范围很宽。孔隙为油、水所饱和的岩石的波速比干燥岩石的波速大。同一类沉积岩，年龄较老或埋深较大的，其波速也较大。

压力增大时，岩石中的波速增大。

2.2.1.3　热导率

矿物的热导率以金属矿物为最高。喷出岩造岩矿物的热导率低于副矿物的热导率。变质岩的造岩矿物如红柱石、蓝晶石的热导率高于侵入岩造岩矿物的热导率。大多数矿物的热导率都显示各向异性。

岩石的热导率取决于组成岩石的矿物和固体颗粒间的介质如空气、水、石油等的绝热性质。孔隙度增高时热导率下降。当温度和压力升高时，空气的热导率显著增大。

岩浆岩和变质岩的热导率相对于沉积岩变化范围不大，数值较高。侵入岩中，超基性岩的热导率较高，花岗岩次之，中间成分的侵入岩又次之。喷出岩的热导率比相应的侵入岩小，火山熔岩的热导率最小。沉积岩的热导率变化范围大是热导率较低的孔隙充填物造成的。沉积岩中热导率最低的是疏松饱水深海沉积。大陆沉积中的可燃性有机岩如泥煤、褐煤、炭质油页岩等，热导率较低。陆源泥质沉积的热导率也比较低，且随沉积的固结程度而变。致密或结晶的碳酸盐岩类和石英质岩类的热导率较高。砾石-砾岩-粉砂岩-泥岩系列中，组成岩石的颗粒越小，热导率越低。

2.2.1.4　放射性

放射性天然放射性勘探方法所依据的是岩石和矿石中放射性元素成分和含量的差别。放射性矿物如铀矿等的放射性元素含量最高，锆石等稀有副矿物和磁铁矿等金属矿物次之，绝大多数造岩矿物的放射性元素含量都比较低。岩石的放射性元素含量以岩浆岩和变质岩为最高，沉积岩次之。岩浆岩中，按超基性、基性、中性、酸性的顺序，放射性元素含量逐渐增加。

2.2.1.5　密度

岩石的密度是指单位体积岩石的质量，又可分为颗粒密度和块体密度。岩石的颗粒密度是指岩石固体骨架部分的质量与其对应的实体体积之比。它不包括岩石孔隙，其大小取决于组成岩石的矿物密度及其相对含量。

岩石的块体密度分三种，即天然块体密度、块体干密度和块体饱和密度。

一般岩石埋藏越深，岩石的密度越大，其强度和硬度也越大。岩浆岩比沉积岩致密、孔隙度小，因而其密度大，强度和硬度也大。

岩石的密度取决于它的矿物组成、结构构造、孔隙度和它所处的外部条件。

（1）影响岩浆岩的因素对于侵入岩和喷出岩来说是不同的。侵入岩的孔隙度很小，其密度主要由化学成分决定。在金属矿区，岩石中金属矿物的含量增高，岩石的密度就增大。随着从酸性到超基性的过渡，由于硅铝含量减小、铁镁含量增大，喷出岩的密度也逐渐增大。但喷出岩的孔隙度比侵入岩大，其密度也就比相应的侵入岩的密度小。

（2）沉积岩的密度是由组成沉积岩的矿物密度、孔隙度和填充孔隙的气体和液体的密度决定的。沉积岩的孔隙度变化较大，一般为2%~35%，也有高达50%以上的。石灰岩、白云岩、石膏等的孔隙度较小。沉积岩在压力作用下孔隙度变小，其密度常随埋深和成岩作用的加深而增大。

（3）变质岩的密度主要决定于其矿物组成。变质岩的孔隙度很小，一般为0.1%~3%，很少有达5%的。岩石变质后密度的变化取决于变质作用的性质。在区域变质性质中，绿片岩相岩石的密度一般比原岩小，其他深变质相岩石的密度比原岩大。在动力变质中，如构造应力较小，则变质岩的密度小于原岩；如果应力较大因而引起再结晶时，则变质岩的密度等于或大于原岩。

孔隙度较大的岩石即使矿物成分相同，由于其孔隙中所含物质的成分不同，密度可以相差较大。岩石的密度一般随压力的增加而增大。侵入岩在压力作用下密度变化最大的是花岗岩，超基性岩最小。

2.2.1.6 比重

岩石的比重是指单位体积岩石固体部分的质量与同体积水（4℃）的质量之比。岩石的比重取决于组成岩石的矿物比重及其在岩石中的相对含量。常见岩石的比重值参见表2-2。

表2-2 常见岩石的比重值

岩石名称	比 重	岩石名称	比 重	岩石名称	比 重
花岗岩	2.50~2.84	玄武岩	2.50~3.30	煤	1.35
正长岩	2.50~2.90	凝灰岩	2.50~2.70	片麻岩	2.68~3.01
闪长岩	2.60~3.10	砾 岩	2.67~2.71	花岗片麻岩	2.60~2.80
辉长岩	2.70~3.20	砂 岩	2.60~2.75	角闪片麻岩	3.07
橄榄岩	2.90~3.40	细砂岩	2.70	石英片岩	2.60~2.80
斑 岩	2.60~2.80	黏土砂岩	2.68	绿泥石片岩	2.80~2.90
玢 岩	2.60~2.90	砂质页岩	2.72	黏土质片岩	2.40~2.80
辉绿岩	2.60~3.10	页 岩	2.57~2.77	板 岩	2.70~2.90
流纹岩	2.65	石灰岩	2.40~2.80	大理岩	2.70~2.90
粗面岩	2.40~2.70	泥质灰岩	2.70~2.80	石英岩	2.53~2.84
响 岩	2.40~2.70	白云岩	2.70~2.90	蛇纹岩	2.40~2.80
安山岩	2.40~2.80	石 膏	2.20~2.30		

2.2.1.7 容重

岩石的容重是指单位体积岩石的重量。按岩石的含水情况不同，容重也可分为天然容重、干容重和饱和容重，其意义参见岩石密度中的天然密度、干密度和饱和密度。岩石的天然容重取决于组成岩石的矿物成分、孔隙发育程度及其含水情况。大多数岩石的天然容重在23~31kN/m^{3}之间，参见表2-3。

表 2-3　常见岩石的天然容重　（kN/m³）

岩石名称	天然容重	岩石名称	天然容重	岩石名称	天然容重
花岗岩	23～28	致密灰岩	25.0～25.6	凝灰角砾岩	22.0～29.0
正长岩	24～28.5	坚硬致密灰岩	27.0	新花岗片麻岩	29.0～33.0
闪长岩	25.2～29.6	白云质灰岩	28.0	风化片麻岩	23.0～25.0
辉长岩	25.5～29.8	硅质灰岩	28.1～29.0	角闪片麻岩	27.6～30.5
斑　岩	27.0～27.4	页　岩	23.0～26.2	混合片麻岩	24.0～26.3
硅长斑岩	22.0～27.4	砂质钙质页岩	25.0～25.5	片麻岩	23.0～30.0
玢　岩	24.0～28.6	砂质页岩	26.0～27.0	片　岩	29.0～29.2
辉绿岩	25.3～29.7	坚固的页岩	28.0～29.0	特坚硬石英岩	30.0～33.0
粗面岩	23.0～26.7	砂　岩	22.0～27.1	坚硬细石英岩	28.0
安山岩	23.0～27.0	泥质胶结砂岩	22.0～23.6	片状石英岩	28.0～29.0
玄武岩	25.0～31.0	硅质胶结砂岩	25.0～25.7	风化片石英岩	27.0
凝灰岩	22.9～25.0	石英砂岩	26.1～27.0	大理岩	26.0～27.0
火山凝灰岩	16.0～19.5	砾　岩	24.0～26.6	白云岩	21.0～27.0
蛇纹岩	26.0	胶结差的砾岩	22.0～23.3	板　岩	23.1～27.5
灰　岩	23.0～27.7	钙质胶结砾岩	23.0～24.1	蛇纹岩	26.0
泥质灰岩	23.0	岩浆岩卵石砾岩	29.0		

研究岩石的密度、比重、容重对矿山开采来讲，其影响主要表现为能够对岩体的开挖方式进行定性分析。一般来讲，岩石的密度或容重越大，表明其质地越坚硬，因此在选择开采工艺和机械设备时宜采用炮掘或选用功率较大的开挖机械。但该性质并非决定性因素，因为岩体是否容易开挖还取决于其内部节理裂隙的发育程度。

2.2.1.8　孔隙性

岩石的孔隙性是指岩石孔隙性和裂隙性的统称。岩石孔隙性的度量通常有两种：一种用孔隙率（度）来表示，也可以裂隙率（度）来表示；另一种用岩石的孔隙比来表示。岩石的孔隙性对岩石的其他性质有重要影响，如岩石的密度、含水性、透水性、变形性质等。

岩石的孔隙率是指岩石中孔隙体积与岩石总体积之比，以百分率表示。岩石中的孔隙有的与外界相通，有的不相通，孔隙开口有大有小。因此，岩石的孔隙率可以根据孔隙类型分为总孔隙率、总开孔隙率、大开孔隙率、小开孔隙率和闭孔隙率 5 种。

一般工程中所提到的岩石孔隙率是指总孔隙率。岩石因形成条件及其后期经受的变化和埋藏深度不同，孔隙率变化范围很大，可自小于百分之一到百分之几十。新鲜的结晶岩类的孔隙率一般小于 3%；而沉积岩则较高，为 1%～10%，但有些胶结不良的砂砾岩，孔隙率可以达到 10%～20%，甚至更大。常见岩石的孔隙率见表 2-4。

表 2-4　常见岩石的孔隙率

岩石类型	颗粒密度 /g·cm^{-3}	块体密度 /g·cm^{-3}	孔隙率/%	吸水率/%
花岗岩	2.50～2.84	2.30～2.80	0.4～0.5	0.1～4.0
闪长岩	2.60～3.10	2.52～2.96	0.2～0.5	0.3～5.0
辉绿岩	2.60～3.10	2.53～2.97	0.3～5.0	0.8～5.0
辉长岩	2.70～3.20	2.55～2.98	0.3～4.0	0.5～4.0
安山岩	2.40～2.80	2.30～2.70	1.10～4.5	0.3～4.5

续表 2-4

岩石类型	颗粒密度 /g·cm^{-3}	块体密度 /g·cm^{-3}	孔隙率/%	吸水率/%
玢　岩	2.60~2.84	2.40~2.80	2.1~5.0	0.4~1.7
玄武岩	2.60~3.30	2.50~3.10	0.5~7.2	0.3~2.8
凝灰岩	2.56~2.78	2.29~2.50	1.5~7.5	0.5~7.5
砾　岩	2.67~2.71	2.40~2.66	0.4~10.0	0.3~2.4
砂　岩	2.60~2.75	2.20~2.71	1.6~28.0	0.2~9.0
页　岩	2.57~2.77	2.30~2.62	0.4~10.0	0.5~3.2
石灰岩	2.48~2.85	2.30~2.77	0.5~27.0	0.1~4.5
泥灰岩	2.70~2.80	2.10~2.70	1.0~10.0	0.5~3.0
白云岩	2.60~2.90	2.10~2.70	0.3~25.0	0.1~3.0
片麻岩	2.63~3.01	2.30~3.00	0.7~2.2	0.1~0.7
石英片岩	2.60~2.80	2.10~2.70	0.7~3.0	0.1~0.3
绿泥石片岩	2.80~2.90	2.10~2.85	0.8~2.1	0.1~0.6
千枚岩	2.81~2.96	2.71~2.86	0.4~3.6	0.5~1.8
泥质板岩	2.70~2.85	2.30~2.80	0.1~0.5	0.1~0.3
大理岩	2.80~2.85	2.60~2.70	0.1~6.0	0.1~1.0
石英岩	2.53~2.84	2.40~2.80	0.1~8.7	0.1~1.5

2.2.1.9 裂隙性

岩石总是或稀或密、或宽或窄、或长或短地存在着各种裂隙。这些裂隙有的粗糙，有的光滑；有的平直，有的弯曲；有的充填，有的不充填；有的产状规则，有的规律性很差。裂隙的成因多种多样，有岩浆凝固收缩形成的原生节理，有沉积间断形成的层理，有构造应力形成的构造节理，有表生作用形成的卸荷裂隙和风化裂隙，还有变质作用形成的片理、劈理等，在岩石中构成极为多样且非常复杂的裂隙系统。

裂隙性也是岩石的重要物理性质，它对岩石的强度及可钻性都会产生很大影响。岩石按裂隙性的分级见表 2-5。

表 2-5 岩石裂隙性分级

裂隙性级别	岩石的裂隙性程度	岩石裂隙性的估计值		
		成块率/块·m^{-1}	裂隙性指标/个·m^{-1}	岩心采取率/%
Ⅰ	完整的	1~5	≤0.5	100~70
Ⅱ	弱裂隙性的	6~10	0.5~1.0	90~60
Ⅲ	裂隙性的	11~30	1.01~2.0	80~50
Ⅳ	强裂隙性的	31~50	2.01~3.0	70~40
Ⅴ	完全破碎的	≥51	≥8.01	60~30 或更少

2.2.1.10 吸水性

由于岩石中有孔隙存在，水便会浸入岩体，从而使岩石含水。岩石含水的多少取决于孔隙的大小和数量。岩石的含水性一般用湿度或含水率来表示，一般用占干燥岩石质量的百分数来表示，如砂岩为60%、石灰岩为2.5%。

岩石的含水性对岩石的强度有影响，孔隙大的岩石，水浸后其抗压强度降低25%~45%，一般也要降低15%~20%。致密的岩浆岩，由于孔隙度小，其强度降低最少。水中含有表面活性物质，会使岩石的强度降低。因此，在坚硬岩石中钻进可试用软化剂处理。

岩石的吸水性是指岩石在一定试验条件下的吸水性能。它取决于岩石的孔隙数量、大小、开闭程度和分布情况。表征岩石吸水性的指标有吸水率、饱水率和饱水系数。

岩石的吸水率与饱和吸水率之比，定义为饱水系数。它是评价岩石抗冻性的指标。一般来讲，岩石的饱水系数为0.5~0.8。饱水系数越大，说明常压下吸水后留余的空间有限，岩石越容易被冻胀破坏，因而岩石的抗冻性就差。

几种常见岩石的吸水性指标值参见表2-6。

表2-6　几种常见岩石的吸水性指标值

岩石名称	吸水率/%	饱和吸水率/%	饱水系数
花岗岩	0.46	0.84	0.55
石英闪长岩	0.32	0.54	0.59
玄武岩	0.27	0.39	0.69
基性斑岩	0.35	0.42	0.83
云母片岩	0.13	1.31	0.10
砂　岩	7.01	11.99	0.60
石灰岩	0.09	0.25	0.36
白云质灰岩	0.74	0.92	0.80

2.2.1.11　透水性

岩石透水的性能称为透水性。它以单位面积和时间内通过岩石的水量来表示。一般岩石孔隙度越大，透水性越高，岩石的强度和稳定性越低。由于水是一种溶剂，当水透过岩石时，会溶解岩石中的某些成分而形成大孔隙或溶洞。因此，在透水性强的岩石中钻进，还容易发生冲洗液的漏失。某些小孔隙的岩石，在吸收一定水分后，其体积会膨胀，如有的黏土吸水后体积可增加50%，高岭土可增加200%；此时水就不会通过，具有这种性质的岩石称为不透水岩石，钻进时易引起缩径、糊钻或憋泵现象。

岩石的透水性常用渗透系数表示。它的大小取决于孔隙的数量、大小、方向及连通情况。

一般认为，水在岩石中的流动服从达西定律。因此，可用达西渗透仪在室内测定完整岩石试件的渗透系数。常见岩石的渗透系数值参见表2-7。

表2-7　常见岩石渗透系数值

岩石名称	孔隙情况	渗透系数/cm·s^{-1}
花岗岩	较致密、微裂隙	1.1×10^{-12} ~ 9.5×10^{-11}
	含微裂隙	1.1×10^{-11} ~ 2.5×10^{-11}
	微裂隙及部分粗裂隙	2.8×10^{-9} ~ 7×10^{-8}
石灰岩	致密	3×10^{-12} ~ 6×10^{-10}
	微裂隙、孔隙	2×10^{-9} ~ 3×10^{-6}
	孔隙较发育	9×10^{-5} ~ 3×10^{-4}

续表 2-7

岩石名称	孔隙情况	渗透系数/cm · s^{-1}
片麻岩	致密	$<10^{-13}$
	微裂隙	$9\times10^{-8}\sim4\times10^{-7}$
	微裂隙发育	$2\times10^{-6}\sim3\times10^{-5}$
辉绿岩、玄武岩	致密	$<10^{-13}$
砂岩	较致密	$10^{-13}\sim2.5\times10^{-10}$
	孔隙发育	5.5×10^{-6}
页岩	微裂隙发育	$2\times10^{-10}\sim8\times10^{-9}$
片岩	微裂隙发育	$10^{-9}\sim5\times10^{-8}$
石英岩	微裂隙	$1.2\times10^{-10}\sim1.8\times10^{-10}$

2.2.1.12 软化性

岩石遇水之后其强度往往会降低，将岩石浸水后其强度降低的性质称为岩石的软化性。岩石的软化性取决于它的矿物组成及孔隙性。当岩石中含有较多的亲水性矿物以及大开孔隙较多时，则其软化性较强。

常见岩石的软化系数值参见表 2-8。由表可知：岩石的软化系数均小于 1.0，说明岩石都具有不同程度的软化性。

表 2-8 常见岩石的软化系数值

岩石名称	软化系数	岩石名称	软化系数
花岗岩	0.72～0.97	砾岩	0.50～0.96
闪长岩	0.60～0.80	石英砂岩	0.65～0.97
闪长玢岩	0.78～0.81	泥质砂岩	0.21～0.75
辉绿岩	0.33～0.90	粉砂岩	0.21～0.75
流纹岩	0.75～0.95	泥岩	0.40～0.60
安山岩	0.81～0.91	页岩	0.24～0.74
玄武岩	0.30～0.95	石灰岩	0.70～0.94
火山集块岩	0.60～0.80	泥灰岩	0.44～0.54
火山角砾岩	0.57～0.95	片麻岩	0.75～0.97
安山凝灰集块岩	0.61～0.74	石英片岩	0.44～0.84
凝灰岩	0.52～0.86	角闪片岩	0.44～0.84
硅质板岩	0.75～0.79	云母片岩	0.53～0.69
泥质板岩	0.39～0.52	绿泥石片岩	0.53～0.69
石英岩	0.94～0.96	千枚岩	0.67～0.96

岩石的软化性对工程体的稳定性影响很大，在设计中是必须要考虑的。

2.2.1.13 抗冻性

岩石抵抗冻融破坏的性质，称为岩石的抗冻性。岩石浸水后，当水的温度降至0℃以下时，孔隙中的水将冻结体积增大（可达 9%），对岩石产生冻胀力，使其结构和联结遭到破坏。反复冻融后，将使岩石的强度降低。岩石的抗冻性常用抗冻系数和质量损失率两个指标表示。

岩石的抗冻性主要取决于岩石中大开孔隙的发育情况、亲水性和可溶性矿物的含量及矿物颗粒间的联结力。大开孔隙越多、亲水性和可溶性矿物含量越高时，岩石的抗冻性越低；反之越高。一般认为，抗冻系数大于75%、质量损失率小于2%时，为抗冻性好的岩石；吸水率小于5%、软化系数大于0.75以及饱水系数小于0.8的岩石，具有足够的抗冻能力。

2.2.1.14　膨胀性和崩解性

膨胀性和崩解性主要是松软岩石所表现的特征。前者是指软岩浸水后体积增大和相应地引起压力增大的性能。后者是指软岩浸水后，由于其内部亲水性物质分布不均匀，导致吸水后内部局部体积膨胀不均匀，从而形成内部膨胀裂隙，在裂隙发生相互贯通时便导致岩石解体的现象。

岩石的膨胀性和崩解性主要取决于其胶结程度及造岩矿物的亲水性，一般含有大量黏土类矿物（如蒙脱石、高岭土和水云母等）的软岩遇水后极易产生膨胀和崩解。岩石的膨胀性可用膨胀应力和膨胀率来表示。岩石的崩解性是用耐崩解性指标表示，它是指岩石试件在承受干燥和湿润两个标准循环之后，岩样对软化和崩解作用所表现出的抵抗能力。

2.2.1.15　碎胀性和压实性

岩石的碎胀性是指破碎后的岩石较破碎前的岩石其体积增大的性质。岩石的压实性是指岩石破碎后在外力作用下，随着时间的推移能够逐步被重新压实的性质。

2.2.1.16　稳定性

在岩体内钻成钻孔（有自由面）后，岩石不坍塌不崩落的性能称为稳定性。所有的岩石可分为稳定性良好的、稳定性中等的和稳定性差的三类。在稳定性差的岩石中钻进时容易发生孔壁坍塌现象，必须采取措施保护孔壁。

2.2.1.17　松散性、流散性

当岩石从岩体上分开后，岩石碎块的体积比在天然埋藏下原有体积增大的性能称为松散性；松散性也是指岩石结构的致密程度，松散性强的岩石其颗粒之间的连接力弱，钻进时容易破碎，但孔壁易坍塌。

岩石的自由面有极力趋向水平的性能称为流散性。在流散性强的岩石（如流砂）中钻进，孔壁极易陷落、淤塞钻孔，使钻进困难。

2.2.2　力学（机械）特性

岩石在机械外力作用下所表现的性质，称为岩石的力学（机械）特性。与钻进有关的岩石力学（机械）特性有强度、硬度和磨蚀性等。

2.2.2.1　强度

A　岩石强度的概念

岩石的强度是指岩石在各种外力（拉伸、压缩、弯曲或剪切等）作用下，抵抗破碎的能力。岩石的强度有抗压强度、抗拉强度、抗剪强度、抗弯强度等。常用的强度单位为Pa(N/m^2)。

坚固岩石和塑性岩石（如黏土）的强度，主要取决于岩石的内联结力和内摩擦力。松散性岩石的强度主要取决于内摩擦力。

岩石的内联结力主要是矿物颗粒之间的相互作用力，或者是矿物颗粒与胶结物之间的联结力，或者是胶结物与胶结物之间的联结力，一般颗粒之间相互的作用力大于胶结物之间的联结力；而胶结物之间的联结力又大于颗粒与胶结物之间的联结力。

岩石的内摩擦力是颗粒之间的原始接触状态即将被破坏而要产生位移时的摩擦阻力。岩石的内摩擦阻力构成岩石破碎时的附加阻力，且随应力状态而变化。

值得注意的是，岩石的强度对于同种岩石并非一个定值。它与岩石存在的位置、本身的结构和环境有密切的关系。所以，必须对影响岩石强度的各种因素进行研究。

B 影响岩石强度的因素

影响岩石强度的因素是各种各样的。但基本上可分为两种：一种是自然因素，如岩石的矿物成分、结构及构造等；另一种是技术因素，如载荷作用的速度、形变的方式等。

a 自然因素

（1）岩石的力学强度，在很大程度上取决于组成岩石的矿物成分。石英在造岩矿物中具有最高的强度，其强度值可达 300～500MPa。因而在其他条件相同的情况下，岩浆岩中含石英矿物成分越多；则岩石的强度越大。碳酸盐类岩石主要由方解石、白云石组成。方解石的强度是 16MPa，白云石的强度是 20MPa。随着方解石在岩石中的含量由 100% 减至 7% 时，岩石的强度由 160MPa 可增至 300MPa。

（2）由矿物颗粒胶结成的岩石，其强度决定于胶结矿物的成分，有时会遇到组成岩石的矿物本身强度很大，而整个岩石的强度很小；岩石内胶结物所占的比例越大，矿物颗粒本身强度对岩石强度的影响越小。

（3）在相同矿物结构下，组成岩石的矿物颗粒直径的尺寸对岩石的强度也有很大的影响。根据对某些黏土质页岩的试验，其强度值与组成该岩石的颗粒直径成反比。当岩石中直径小于 0.01mm 的颗粒增加时，其强度很快增大；在花岗岩中，也存在同样的现象，粗粒花岗岩的抗压强度是 80～120MPa，而细粒花岗岩的强度则增加到 200～250MPa。

（4）岩石的孔隙度对岩石的强度也有巨大影响。一般岩石的强度随孔隙度的下降而增大。当石灰岩比重由 1.5 增至 2.7 时，其抗压强度就由 5MPa 增至 180MPa；砂岩的比重由 1.87 增至 2.57 时，其抗压强度就由 15MPa 增至 90MPa。同样理由，岩石的孔隙度会随着埋藏深度的增加而减小，如图 2-10 所示，因而岩石的强度随其埋藏深度的增加而增加。

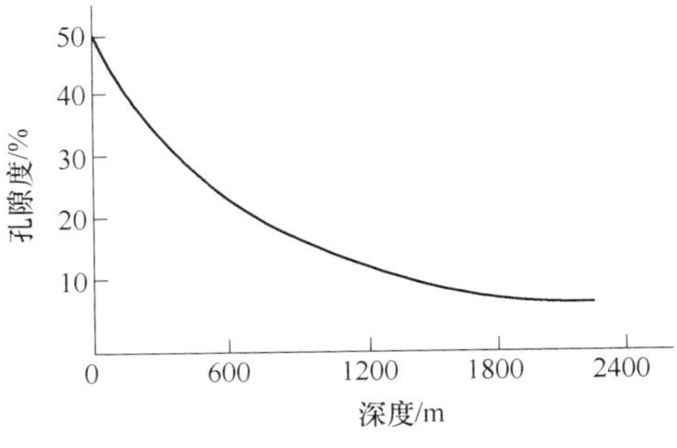

图 2-10 岩石孔隙度和埋藏深度的关系

（5）岩石的层理对强度的影响具有明显的方向性，垂直于层理方向的抗压强度最大，平行层理方向的抗压强度最小，与层理方向成某种角度的抗压强度介于两者之间。其原因是岩石层理面之间的联结力最薄弱，在沿平行于层理方向加压时，岩石易从层理面裂开。据实验资料证明：泥质页岩垂直于层理的强度比平行于层理的强度大 1.05～2.00 倍、砂岩大 1.03～1.20 倍、石灰岩大 1.08～1.35 倍之间，如图 2-11 所示。

另外，岩石结构构造上的缺陷，也对强度有一定影响。在外力作用下，应力会在岩石缺陷处集中，使岩石局部破碎，因而使岩石的强度降低。

b　技术因素

（1）影响岩石强度的技术因素，最明显的是岩石产生变形的形式。据实验，相同的岩石对抗压、抗拉、抗剪、抗弯的变形有很大差别。岩石的抗压强度最大，而抗剪、抗弯和抗拉强度依次减小，抗拉强度仅为抗压强度的10%以下。其表现形式是：抗压 > 抗剪 > 抗弯 > 抗拉。

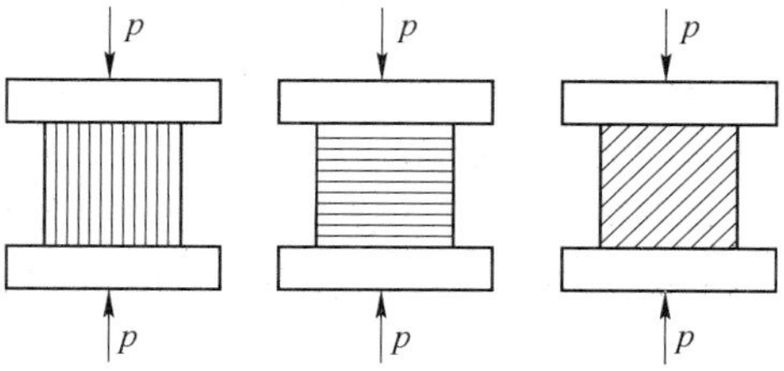

图 2-11　岩石层理对强度的影响

表2-9列出几种岩石对不同变形时强度的实际数据。其中，取单向抗压强度为100%。一些岩石的相对强度极限见表2-9。

表 2-9　不同受载方式下的岩石强度相对值

岩　石	不同受载方式下的岩石强度相对值			
	抗　压	抗　拉	抗　弯	抗　剪
花岗岩	1	0.02～0.04	0.08	0.09
砂　岩	1	0.02～0.05	0.06～0.20	0.10～0.12
石灰岩	1	0.04～0.10	0.08～0.10	0.15

（2）外载作用的速度对岩石的强度也有一定影响。据实验证明，物体（包括岩石在内）的强度与其内部应力增长的速度、外力作用的时间有关。例如，利用花岗岩进行抗压缩试验时，把应力增长的速度由每秒1.9MPa提高到4MPa，其抗压强度由158.8MPa增加到184MPa。在外力瞬时作用下，石灰岩、砂岩、泥质页岩等的强度，均较外力缓慢作用时增加10%～15%，加载速度对塑性岩石的影响要比脆性岩石大。

各种典型的岩石的强度见表2-10。

表 2-10　典型岩石的强度

岩　石	岩石的强度/MPa			岩　石	岩石的强度/MPa		
	抗压强度 σ_c	抗拉强度 σ_t	抗剪强度 σ_s		抗压强度 σ_c	抗拉强度 σ_t	抗剪强度 σ_s
粗粒砂岩	142.0	5.1	—	白云岩	162.0	6.0	11.8
中砂岩	151.0	5.2	—	石灰岩	138.0	9.1	14.5
细粒砂岩	185.0	8.0	—	花岗岩	166.0	12.0	19.8
页　岩	14.0～61.0	1.7～8.0	—	正长岩	215.2	14.3	22.1
泥　岩	18.0	3.2	—	灰长岩	230.0	13.5	24.4
石　膏	17.0	1.9	—	石英岩	305.0	14.4	31.6
含膏灰岩	42.0	2.4	—	灰绿岩	343.0	13.4	34.7
安山岩	98.6	5.8	9.6				

（3）钻进时所用的冲洗介质对岩石强度的影响。在实际生产中绝大多数岩石的破碎，都是在含有各种电解质和有机表面活性物质的液体介质中进行的。大量的电解质和表面活性物质可以被吸附在岩石表面，形成吸附层；吸附层不仅在岩石表面形成，而且也会顺着联结力弱的地方（岩石交界面或细微裂隙）浸入表层的深处。这样，岩石细微裂隙表面，很快被吸附物质的单分子组成的吸附层遮盖住，从而使自由表面能下降，产生所谓楔裂压

力，使岩石在变形过程中保持或扩展其细微裂隙，使岩石的强度降低。必须指出的是，介质对岩石性质的影响，在很大程度上取决于岩石中孔隙和裂缝的存在。孔隙和裂缝都给介质深入岩石深处创造了条件，只有在这种条件下，岩石强度才会受到较为显著的影响。例如，孔隙大的砂岩和灰岩为水所饱和时，其强度减小25%~45%。

（4）岩样的线性尺寸对强度的影响。只在室内对岩样进行破碎实验时，才会对实验结果产生影响。一般情况下，岩石的强度随岩样尺寸的增大而降低，为消除这种线性尺寸的影响，实验用的每批岩石线性尺寸应是一致的。一般做抗压强度试验时，广泛采用5cm×5cm×5cm的试样，或采用长度等于直径的圆柱体试样。

2.2.2.2　硬度

A　岩石硬度的概念

岩石的硬度是指岩石抵抗其他物体侵入的能力。岩石的硬度取决于岩石的构成，即取决于矿物粒度的硬度、形状、大小、晶体结构以及颗粒间胶结物的强度等，硬度越大，凿岩越困难。岩石的硬度在本质上与强度，特别是抗压强度有着密切的关系；但不能把岩石的单向抗压强度作为其硬度的指标。

据纯理论分析，岩石的抗压强度与压入硬度的关系，可由下式表示：

$$P = \sigma(1 + 2\pi)$$

式中　P——压入硬度；

σ——单向抗压强度。

由上式可知，物体的硬度是其单向抗压强度的7倍。但实验证明，岩石的抗压硬度与其单向抗压强度之比在5~20之间。

一般地质上把矿物的硬度分为10级，即莫氏硬度。因岩石是由各种矿物组成的，所以也可间接地以划分矿物硬度的办法来划分岩石。岩石的硬度在一定程度上，直接反映了破碎岩石的难易程度。岩石越硬，切削具越难切入岩石，钻进效率就越低，如燧石、石英岩、矽卡岩等就很硬，页岩、泥岩等就较软。

B　影响岩石硬度的因素

影响岩石硬度的因素与影响强度的因素很相似。但层理对硬度的影响正好与强度相反，垂直层理方向的硬度值最小，而平行层理方向的硬度值最大。实验证明：一般岩石，平行层理的硬度为垂直于层理硬度的1.1~1.8倍。所以，在垂直层理方向上，岩石比较容易破碎。在实际工作中，可以发现钻孔向垂直层理偏斜的现象，据此可以解释孔斜原因和孔斜的规律。

值得提出的是，水浸入岩石后，对岩石的硬度有一定的影响。如当石灰岩含水时，其硬度仅为干燥岩石的70%；如果含有浓度为1%表面活性物质的溶液时，其硬度则降低到33%。另外一种现象是，当岩石含水时，用压模压入破碎时，其压痕面积的尺寸减小。

另外，据生产实践知，岩石在各向压缩状态下，其压力越大则硬度也大。如沉积岩在全压100MPa时的硬度，比在1个大气压（0.1MPa）时增大1.1~3.1倍，岩石硬度越低，增加越快，倍数越大。又据实验说明，岩石随温度的增高而硬度逐渐降低（在低温时某些岩石的硬度有所增加），如对大理岩加热至600℃时，变成粉末。

2.2.2.3　磨蚀性

A　磨蚀性的概念

磨蚀性一般是指岩石表面与工具作用过程中，岩石对工具的磨损。用切削具切削岩石时，它必然与岩石发生摩擦。在摩擦过程中，岩石磨损切削具的能力称为岩石的磨蚀性。通常是用切削具磨损的体积与所消耗的摩擦功之比来表示磨蚀性的大小，其衡量的单位是 m^3/J。

实验证明，脆性物体相对移动时的磨损与摩擦功成正比。磨蚀性越大，对工具的磨损越大，对凿岩工作越不利。硬质合金等切削具，也可以看成脆性体，因而其相对移动时的摩擦功可用下式表示：

$$A = Fd$$

式中　A——产生磨损的摩擦功，J；

F——摩擦力，N；

d——两个物体相对移动的距离，m。

当切削具对岩石进行体积破碎时，切削具加在岩石表面上的正压力正比于岩石的局部抗压强度，在这种情况下：

$$F = \mu pS$$

式中　μ——动摩擦系数；

p——岩石的局部抗压强度，Pa；

S——岩石接触的摩擦面积，m^2。

因而摩擦功可写成：

$$A = \mu pFd$$

B　影响岩石磨蚀性的因素

影响岩石磨蚀性的因素有两方面，即自然因素和技术因素。图 2-12 所示为岩石中石英含量与工具在单位路程内磨损的关系曲线。

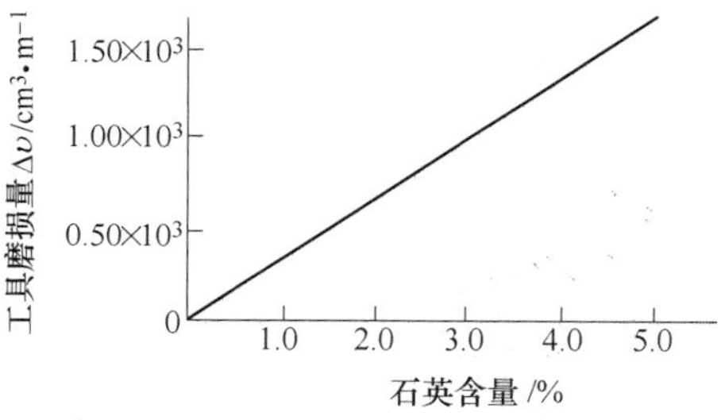

图 2-12　岩石中石英含量与工具单位路程磨损关系曲线

a　自然因素

影响岩石磨蚀性的自然因素主要是岩石的硬度、成分、组成岩石矿物颗粒的大小和形状，以及岩石的裂隙和孔隙度等。

岩石破碎时，首先是在矿物颗粒交界面处产生破碎，多数情况下颗粒本身不破碎。因此，岩石上的矿物颗粒与破碎下来的矿物颗粒，都直接磨损工具，所以矿物颗粒的硬度越大，则磨损作用越大。一般随岩石石英的含量增大而磨蚀性增大，如石英岩、砂岩的磨蚀性较大，而页岩、大理岩的磨蚀性较小。

表 2-11 说明造岩矿物的硬度对岩石磨蚀性的影响，如长石砂岩的磨蚀性只为石英质砂岩的 1/20。

砂岩随其胶结物强度的降低，其磨蚀性增加。胶结物强度越低，则岩石的表面越容易被工具更新，新的锐利矿物颗粒不断裸露出来。对工具的磨损能力就很显著。相反，如果砂岩的胶结物强度很大，新表面不易产生，已裸露出来的表面，由于磨损的结果，矿物颗粒的锐利棱角将被磨平，则磨蚀能力就逐渐降低。

表 2-11 造岩矿物的硬度对岩石磨蚀性的影响

岩 石	体积磨损功（9.8×10^{6}）/$m^{3}\cdot J^{-1}$	单位功磨损体积（$\times10^{-7}$）/$m^{3}\cdot J^{-1}$
砂质页岩	20	0.5
含铁石英岩	6	1.5
长石砂岩	2	5.1
花岗岩	1.6	6.1
石英质砂岩	0.1	102

b 技术因素

影响岩石磨蚀性的技术因素，也就是影响动摩擦系数的各种技术因素如下：

（1）压力。实验证明，当正压力未达到岩石局部抗压入硬度以前，岩石不产生体积破碎，工具与岩石接触表面是以凹凸不平的点接触为主要形式；随着正压力增加，由于工具与岩石弹性变形的结果，使这些点接触的面积增大，接触状态更完善，增大了工具与岩石颗粒之间的黏滞力，因而摩擦系数增大。当压力超过岩石的局部抗压入硬度值时，岩石产生体积破碎，岩石的表面在工具的破碎作用下，不断地被更新，因而使摩擦系数略有降低，或者表现为常数，不再随着正压力的增加而改变。

所以在生产实践中，为了获得较高的生产率，并降低切削具的磨损，应采用大于岩石局部抗压入硬度的压力值。

（2）相对运动速度。相对运动速度是指切削刃具与岩石的相对运动速度。目前，对相对运动速度对动摩擦系数的影响程度还研究得不够。一般情况下，当相对运动速度较低时，随着运动速度的增加，动摩擦系数也增加；但当运动速度达到某一数值时，动摩擦系数就不再增加，反而减小。钻进时，动摩擦系数可由下式近似求得：

$$\mu = \mu_0 \frac{1 + 0.122v}{1 + 0.06v}$$

式中 μ——动摩擦系数；

μ_0——静摩擦系数；

v——工具与岩石的相对运动速度。

（3）介质。介质能改变切削具和岩石间的摩擦特征。如果岩石表面干燥或湿润不好，则摩擦系数增大；如当用泥浆时，摩擦系数减小；当有表面活性溶液或乳状液时，因有润滑作用而使摩擦系数更小。

温度对互相摩擦的物体的摩擦系数也有影响。当温度升高时，磨蚀性则增大。

2.2.2.4 岩土的弹性、塑性和脆性

外力作用于岩石时，岩石发生变形。随后，载荷不断增加，变形也不断发展，最终导致岩石破坏。

岩石的变形可能有两种情况：一种是外力消除后岩石的外形和尺寸完全恢复原状，这种变形称为弹性变形；另一种是外力消除后岩石的外形和尺寸不能完全恢复而产生残留变形，这种变形称为塑性变形。

岩石从变形到破坏可能有三种形式：如破坏前不存在塑性变形，则这种几乎没有残余变形的破坏称为脆性破坏，呈脆性破坏的岩石称为脆性岩石；如破坏前发生大量塑性变形，则这种破坏前具有明显残余变形的破坏称为塑性破坏，呈塑性破坏的岩石称为塑性岩石；如先经弹性变形，然后塑性变形，最终导致破坏，则称为塑脆性破坏，呈塑脆性破坏的岩石称为塑脆性岩石。弹性大的岩石，在凿岩爆破时不易破坏，金属矿山经常遇到的岩石大多数属于脆性岩石。

岩石的变形性质不仅与岩石种类有关，而且与受力条件有关。在三向受压和高温条件下，塑性会显著增加，在常态下呈现脆性的岩石，在上述条件下也可能变成塑性体。在冲击载荷作用下，岩石脆性会显著增加，如岩石在凿岩、爆破等冲击载荷作用下，大多数呈现为脆性破坏。

另一方面，由于岩石的矿物组成和结构比较复杂，所以岩石不是理想的弹性固体，故其变形不可能完全恢复。但在某种变形的情况下，大部分岩石在破坏以前都存在着一段弹性应变，也就是说，岩石通常接近于弹性脆性体。

一般常用弹性模量 E 和泊松比 μ 来表示岩石的弹性。

表 2-12 列出常见岩石的弹性模量 E 和泊松比 μ 值。

表 2-12　常见岩石的弹性模量 E 和泊松比 μ 值

岩石种类	弹性模量 $E(\times 10^4)$/MPa	泊松比 μ	岩石种类	弹性模量 $E(\times 10^4)$/MPa	泊松比 μ
闪长岩	10.1021～11.7565	0.26～0.37	细砂岩	2.7900～4.7622	0.15～0.52
细粒花岗岩	8.1201～8.2065	0.24～0.29	中砂岩	2.5782～4.0308	0.10～0.22
斜长花岗岩	6.1087～7.3984	0.19～0.22	中灰岩	2.4056～3.8296	0.18～0.35
斑状花岗岩	5.4938～5.7537	0.13～0.23	石英岩	1.7946～6.9374	0.12～0.27
花岗闪长岩	5.5605～5.8302	0.20～0.23	板状页岩	1.7319～2.1163	—
石英砂岩	5.3105～5.8685	0.12～0.14	粗砂岩	1.6642～4.0306	0.10～0.45
片麻花岗岩	5.0800～5.4164	0.16～0.18	片麻岩	1.4043～5.5125	0.20～0.34
正长岩	4.8387～5.3104	0.18～0.26	页　岩	1.2503～4.1179	0.09～0.35
片　岩	4.3298～7.0129	0.12～0.25	大理岩	0.9620～7.4827	0.06～0.35
玄武岩	4.1366～9.6206	0.23～0.32	炭质砂岩	0.5482～2.0781	0.08～0.25
安山岩	3.8482～7.6965	0.21～0.32	泥灰岩	0.3658～0.7316	0.30～0.40
绢云母页岩	3.3677	—	石　膏	0.1157～0.7698	0.30
花岗岩	2.9823～6.1087	0.17～0.36			

岩石强度相同时，岩石硬度与其他性能的对比情况，见表 2-13。

表 2-13　岩石强度相同时，岩石硬度与其他性能的对比

岩　石	抗压强度/MPa	抗拉强度/MPa	压入硬度/MPa	塑性系数 K	磨蚀性 α
正长岩-玢岩	150	20	3950	7	15.0
磁铁矿	140	24	3300	1.9	5.7
磁铁矿	150	19	2800	2.1	0.6
凝灰岩	160	21	4140	2.4	19.5
泥质灰岩	144	10	1500	3.5	10.0

常见岩石的力学强度见表2-14。

表2-14 常见岩石的力学强度

岩石名称	抗压强度/MPa	抗拉强度/MPa	剪切强度	
			内摩擦角/(°)	内聚力/MPa
辉长岩	180~300	15~36	50~55	10~50
花岗岩	100~250	7~25	45~60	14~50
流纹岩	180~300	15~30	45~60	10~50
闪长岩	100~250	10~25	53~55	10~50
安山岩	100~250	10~20	45~50	10~40
白云岩	80~250	15~25	35~50	10~50
辉绿岩	200~350	15~35	55~60	25~60
玄武岩	150~300	10~30	48~55	20~60
石英岩	150~350	10~30	50~60	20~60
大理岩	100~250	7~20	35~50	15~30
片麻岩	50~200	5~20	30~50	3~5
灰　岩	20~200	5~20	35~50	10~50
页　岩	10~100	2~10	15~30	3~20
砂　岩	20~200	4~25	35~50	8~40
砾　岩	100~150	2~15	35~50	8~50
板　岩	60~120	7~15	45~60	2~20
千枚岩（片岩）	10~100	1~10	26~65	1~20

2.3 岩石的工业分级

2.3.1 岩石工业分级的意义

矿山工业开采的工作对象和直接环境是岩石。开采工艺的难易、开采过程中的安全性和经济性都取决于岩石的性态和行为。如何有效破碎岩石和防止岩体破坏是矿山工业开采过程中两个必须解决的基本矛盾。

岩石的种类繁多且结构复杂，即便是同种岩石的性质当处于不同的环境时变化也很大，而不同矿山的矿物开采地质环境和工程条件也不尽相同，这就为岩石力学的研究带来了很大的难度。为了对各种不同岩石的坚固性、稳定性、可钻性、可爆性等工艺特性有一个共同的评价尺度，从而形成一种按照各类工程及其工艺要求将各种岩石有机地联系起来进行分级评估的体系，就显得非常必要，也是岩石力学需要解决的基本问题之一。有了岩石分级，科研、设计施工和管理部门对岩石工业特性的评价就有了一个共同尺度，为各种矿山工程的开采工艺提供了方法选择和设计上的依据，以便正确地进行工程设计，合理地选用施工方法、设备、器材，从而制定合理可行的采掘工艺和经济定额。

2.3.2 分级原则

2.3.2.1 一般工程性分级

一般工程性分级指的是《工程岩体分级标准》(GB 50218—2014)。此类分级方法适用于以岩体为工程建筑物或环境，并对岩体进行开挖或加固的工程，包括地下工程岩体、工业与民用建筑地基、大坝基岩、边坡岩体等，主要包括了岩体（石）的坚硬程度、风化程度、完整程度、结合程度、基本质量和自稳能力等分级。

由于该分级与本书中露天矿山开采工程的关联度不大，因此不予以展开。

2.3.2.2　工艺性分级

工艺性分级是按照矿山开采工程中不同的工艺要求所进行的分级，主要包括可钻性分级、爆破性分级、稳定性分级等。

2.3.2.3　综合性分级

综合岩石的各种属性所进行的一种分级，如坚固性分级。该分级概括了岩石的各种属性（如岩石的凿岩性、爆破性、稳定性等）。岩石的坚固性有别于岩石的强度，强度值必定与某种变形方式（单轴压缩、拉伸、剪切）相联系，而坚固性反映的是岩石在几种变形方式的组合作用下抵抗破坏的能力。

2.3.3　坚固性分级

2.3.3.1　矿岩的坚固性

矿岩的坚固性指的是矿岩在外力的作用下抵抗岩体破碎的能力。因为矿石开采过程的本质是改变岩石的聚合状态和空间位置，其改变同岩石的破碎紧密相连，所以评价岩石的坚固性对矿山开采工程具有很大的技术经济意义。

2.3.3.2　普氏岩石坚固性系数

最早进行岩石坚固性研究并取得重要成就的就是前苏联学者普罗特基雅柯诺夫（M. M. Протодъяконов）。1907 年普氏首先用岩石坚固性这一概念表示岩石在采矿作业中破碎或防止破碎的难易程度。他从有效破碎岩石的观点出发，考虑岩石破碎的难易程度，再从防止岩体破坏的观点出发，考虑岩体的稳定性，使这两个方面趋于一致，用一个指标反映出岩石的坚固性。他以岩石的单轴抗压强度（kgf/cm^2）值的百分之一来表征岩石的坚固性，并对此以无量纲数 f 表示，这就是著名的普氏岩石坚固性系数。

这一分级方法是有普氏按照当时采掘工业水平提出的要求，对岩石依据上述原则进行定量分级，并根据岩石坚固性的不同，将岩石划分为 10 级。

2.3.3.3　普氏岩石分级表

普氏的 10 级岩石分级见表 2-15。

表 2-15　普氏岩石 10 级分级表

级别	坚固性程度	岩　　石	普氏岩石坚固性系数 f
Ⅰ	最坚固的岩石	最坚固、最致密的石英岩及玄武岩	20
Ⅱ	很坚固的岩石	很坚固的花岗岩类，石英板岩，硅质片岩；最坚固的砂岩及石灰岩	15
Ⅲ	坚固的岩石	致密的花岗岩，很坚固的砂岩及石灰岩，石英质矿脉，很坚固的铁矿石	10

续表 2-15

级别	坚固性程度	岩石	普氏岩石坚固性系数 f
Ⅲa	坚固的岩石	坚固的石灰岩，不坚固的花岗岩，坚固的砂岩，坚固的大理岩，白云岩，黄铁矿	8
Ⅳ	相当坚固的岩石	一般的砂岩，铁矿石	6
Ⅳa	相当坚固岩石	砂质页岩，泥质砂岩	5
Ⅴ	坚固性中等的岩石	坚固的页岩，不坚固的砂岩及石灰岩，软的砾岩	4
Ⅴa	坚固性中等的岩石	各种不坚固的页岩，致密的泥灰岩	3
Ⅵ	相当软的岩石	软的页岩，很软的石灰岩，白垩，岩盐，石膏，冻土，无烟煤，普通泥灰岩，破碎的砂岩，多石块的土	2
Ⅵa	相当软的岩石	碎石土，结块的卵石，坚硬的烟煤，硬化的黏土	1.5
Ⅶ	软　岩	致密的黏土，软的烟煤，坚固的表土层	1.0
Ⅶa	软　岩	微砾质黏土，黄土，细砾石	0.8
Ⅷ	土质岩石	腐殖土，泥煤，微砾质黏土，湿砂	0.6
Ⅸ	松散岩石	砂，细砾，松土，采下的煤	0.5
Ⅹ	流砾状岩石	流沙，沼泽土壤，包含水的土壤	0.3

2.3.3.4 普氏岩石分级表的特点

普氏坚固性系数是一个综合表征岩石在采矿作业中破碎或防止破碎难易程度的指标。它从多种多样、异常复杂的各种采矿作业中，摒弃了岩石的次要特性，把握了破碎岩石或防止岩石破碎的共同本质。普氏分级不仅作了定性的说明，还给出了一个简单明确的坚固性系数 f，因此得以在采矿业广为应用和流传。

普氏分级的最大优点是分级简单、使用方便，而且在一定程度上反映了岩石的客观性质。但是，由于普氏坚固性系数并没有一个严格的确定方法，存在较大的随意性，因此还存在着一些缺点：

（1）尽管岩石的坚固性概括了岩石的各种属性（如岩石的凿岩性、爆破性、稳定性等），但在有些情况下这些属性并不是完全一致的。

（2）普氏分级法采用实验室测定来代替现场测定，不可避免地带来因应力状态的改变而造成的坚固程度上的误差。

（3）在生产实际应用中，发现它有较大的误差，因为岩体的稳定性或岩石的破碎难易程度与岩石的单向抗压强度不能一一对应。单向抗压强度高的岩石不一定稳定性就高、破碎就困难。

2.3.3.5 矿石硬度的简化分级

由于采矿工业应用上通常以硬度系数 f（也称普氏岩石坚固性系数）来表示岩石或矿石的硬度，f 为岩石或矿石标准试样的单向极限抗压强度（R）的百分之一，即 $f = R/100$。其中，f 值越大，岩石的硬度越大，也就是越难破碎。

根据普氏分级法上述对岩石坚固性度表示方式，选矿工业上参考采矿业使用的普氏岩石分级表将矿石硬度简化为 5 级（见表 2-16）。

表 2-16　矿石硬度等级

硬度等级	硬度系数 f	可碎性	举　　例
很软	<2	很易	石膏、无烟煤、滑石
软	2~4	易	泥灰岩、页岩
中硬	4~8	中等	一般的砂岩、石灰岩、铁矿
硬	8~12	较难	坚固的铁矿、硫化矿、硬砂岩
很硬	>12	很难	含铁石英岩、玄武岩、花岗岩

2.3.4　稳定性分级

2.3.4.1　岩体的稳定性

岩体的稳定性是指采矿工程形成的空间周围岩体保持其固有形态的性能。露天矿边坡的变形，地下采场围岩的移动和冒落、巷道的变形和地压的大小都取决于岩体的稳定性。研究岩石的稳定性对露天矿山边坡的稳定控制和开发利用，对合理制定地下矿山的开采工艺都具有重要意义。影响岩体稳定性的主要因素有岩体的完整性、构成岩体的岩块的坚固性、岩体的含水量和水文状况、岩石风化的难易程度等。常用上述诸因素的综合效果和岩体的质量好坏表征岩体的稳定性。

2.3.4.2　岩石稳定性分级

岩体稳定性分级方法由东北大学提出。该分级方法以岩石的点载荷强度、弹性波速度、巷道围岩位移的稳定时间、岩体结构指标等 4 项指标作为岩石稳定性分级的判据，采用聚类分析原理对围岩的稳定性进行动态分级。表 2-17 为当岩体稳定性分为 7 级时的参考分类。

表 2-17　岩体稳定性分为 7 级时的参考分类

分级编号	分类指标					
	点载荷强度 /MPa	声波速度 $/m\cdot s^{-1}$	位移稳定时间 T/d	块尺寸模数 d/m	巷道稳定程度评价	预测使用支护形式
	分类标准					
Ⅰ	15.5	5700	12	1.3	很稳定	不必支护
Ⅱ	10.0	5300	12	1.3	稳定	不必支护
Ⅲ	9.0	4800	12.5	0.5	稳定性较好	基本不支护
Ⅳ	7.4	3600	18.0	0.4	中等稳定	局部支护
Ⅴ	4.8	3200	24.0	0.3	稳定性较差	喷射混凝土支护
Ⅵ	2.5	2700	80.0	0.1	不稳定	喷锚或喷锚网支护
Ⅶ	1.1	2000	180.0	0.04	很不稳定	

2.3.5　可钻性分级

2.3.5.1　岩石的可钻性

岩石的可钻性是在一定技术条件下钻进岩石的难易程度，也可以说是钻进时岩石抵抗机械破碎能力的量化指标，是表征岩石对钻孔工艺所施加的抗力的属性。抗力越大，可钻性越低；抗力越小，可钻性越高。

岩石可钻性用于预估穿孔的生产能力，制订穿孔定额、设备选型等，是选择钻进方法、钻头结构类型、钻进工艺参数，衡量钻进速度和实行定额管理的主要依据。

岩石的可钻性是已被广泛研究了的一种岩石开采工艺属性。表征岩石可钻性的判据大体上可分为两类。一类是比能耗或钻孔比功，另一类是岩石的强度指标。采用比能耗的判据较为普遍。岩石的可钻性分级主要有以下 3 种方式：按凿碎比功分级；按岩石的 A、B 值分级；按岩石硬度、切削强度和磨蚀性分级。但是，目前切实可用的岩石可钻性分级是冶金部 1980 年 6 月鉴定通过的按凿碎比功法确定的岩石可钻性分级。

在某种规定的常用参数下，测定冲击凿碎单位体积岩石所耗的能，可以表示岩石凿岩破碎的难易。凿碎比能和冲击凿岩有密切的关系，可以得出比较准确的可钻性指标。

凿碎单位体积岩石所耗费的功，称为凿碎比功。它是冲击式凿岩破碎的基础物理量。岩石凿碎比功和冲击功之间的关系如图 2-13 所示。

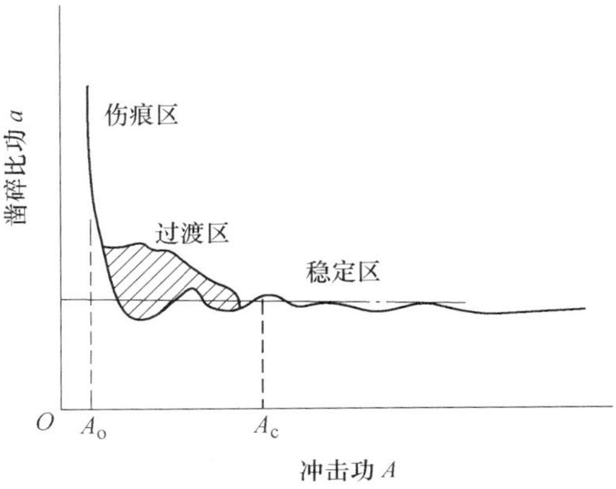

图 2-13 岩石凿碎比功和冲击功之间的关系

目前岩石的可钻性分级除了按凿碎比功分级外，主要还有按岩石的 A、B 值分级和按岩石硬度、切削强度和磨蚀性分级两种方法。

2.3.5.2 影响岩石可钻性的因素

岩石可钻性不是岩石固有的性质，岩石可钻性是岩石在钻进过程中显示出来的综合性指标。它不仅取决于岩石的特性，而且还取决于采用的钻进技术工艺条件等许多因素，其中主要的是岩石的物理力学性质、钻进方法和钻进技术参数等。

（1）岩石的特性。岩石的特性包括岩石的矿物组分、组织结构特征、物理性质和力学性质。其中直接影响因素是岩石的力学性质，而岩石的物理性质、矿物组分和组织结构特征等主要是通过影响其力学性质而间接影响可钻性的。

在影响岩石可钻性的力学性质中，起主要作用的是岩石的硬度、弹塑性和研磨性。岩石硬度影响钻进初始的碎岩难易程度；弹塑性影响凿岩工具作用于岩石的变形和裂纹发展导致破碎的特征；磨蚀性决定了碎岩工具的持久性和机械钻速（纯钻进时间内的单位时间进尺，m/h）的递减速率。一般规律是岩石可钻性随压入硬度和磨蚀性的增大而降低，随塑性系数的增大而提高。

（2）钻进技术工艺条件。钻进技术工艺条件包括钻进切削研磨材料、钻头类型、钻孔设备、钻探冲洗介质、钻进工艺的完善程度，以及钻孔的深度、直径、倾斜度等。

2.3.5.3 岩石的可钻性分级

在一定的技术工艺条件下，岩石按被钻头破碎的难易程度分级。根据钻进方法的不同，岩石可钻性分别有岩心钻探的岩石可钻性、手动回转钻进的岩石可钻性、螺旋钻进的岩石可钻性、钢丝绳冲击钻进的岩石可钻性、冲击振动钻进的岩石可钻性和牙轮钻进的岩石可钻性等。

以凿碎比功为主、钎刃磨钝宽为辅对可钻性进行分级，是目前切实可用的一种岩石可钻性分级方法。岩石的凿碎比功 a 分为 7 级，见表 2-18。钎刃磨钝宽 b 分为 3 类，见表 2-19。

表 2-18　岩石的凿碎比功分级

级　　别	Ⅰ	Ⅱ	Ⅲ	Ⅳ	Ⅴ	Ⅵ	Ⅶ
凿碎比功 a/kg · m · cm^{-2}	≤19	20～29	30～59	40～49	50～59	60～69	>70
可钻性	极易	易	中等	中难	难	很难	极难

表 2-19　岩石钎刃磨钝宽分类

级　别	1	2	3
钎刃磨钝宽 b/mm	≤0.2	0.3～0.6	>0.7
磨蚀性	弱	中	强

岩石可钻性的综合表示：用罗马字表示凿碎比功等级，用阿拉伯数字作下标表示岩石的磨蚀性，如 $Ⅲ_1$ 是中等可钻性的弱磨蚀性岩石，$Ⅵ_3$ 是可钻性很难的强磨蚀性岩石。

原东北工学院提出的岩石可钻性分级法，就是以岩石的凿碎比功 a 作为判据进行岩石可钻性分级的。按凿碎比功的大小，东北工学院 1980 年给出的我国岩石的可钻性分级见表 2-20，表 2-21 为经实际测定后各类代表性岩石的磨蚀性等级。

表 2-20　东北工学院提出的岩石可钻性分级

级别	凿碎比功 a	可钻性	代 表 性 岩 石
Ⅰ	≤19	极软	页岩，煤，凝灰岩
Ⅱ	20～29	软	石灰岩，砂页岩，橄榄岩（金川），绿泥角闪岩（南芬），云母石英片岩（南芬），白云岩（大石桥矿）
Ⅲ	30～39	中等	花岗岩（大孤山），石灰岩（大连甘井子、本溪矿），橄榄岩、片岩，铝土矿（洛阳），混合岩（大孤山、南芬），角闪岩
Ⅳ	40～49	中硬	花岗岩、硅质灰岩，辉长岩（兰尖），玢岩（大孤山），黄铁矿（白银），铝土矿（阳泉），磁铁石英岩（北京），片麻岩（云南苍山），矽卡岩（杨家杖子），大理岩（青城子）
Ⅴ	50～59	硬	假象赤铁矿（姑山、白云鄂博），磁铁石英岩（南芬三层铁、弓长岭），苍山片麻岩，矽卡岩，中细粒花岗岩（湘东钨矿），暗绿角闪岩（南芬）
Ⅵ	60～69	很硬	假象赤铁矿（姑山、白云鄂博富矿），磁铁石英岩（南芬一、二层铁），煌斑岩（青城子），致密矽卡岩（杨家杖子松北矿）
Ⅶ	>70	极硬	假象赤铁矿（姑山、白云鄂博），磁铁石英岩（南芬）

表 2-21　代表性岩石的磨蚀性等级

级 别	钎刃磨钝宽 b	磨蚀性	代 表 性 岩 石
1	≤0.2	弱	页岩、每、凝灰岩、石灰岩、大理岩、角闪岩、橄榄岩、辉绿岩、白云岩、铝土矿、千枚岩、矽卡岩
2	0.3～0.6	中	花岗岩、闪长岩、辉长岩、砂岩、砂页岩、硅质灰岩、硅质大理岩、混合岩、变粒岩、片麻岩、矽卡岩
3	>0.7	强	黄铁矿、假象赤铁矿、磁铁石英岩、石英岩、硬质片麻岩

从表2-20和表2-21中可以看出，代表性岩石的凿碎比功、磨蚀性分级及分布情况。但是，单独按岩石名称，并不能确定它的可钻性。

2.3.6　可爆性分级

2.3.6.1　岩石的可爆性

岩石可爆性（或称爆破性）表示岩石在炸药爆炸作用下发生破碎的难易程度，它是动载作用下岩石物理力学性质的综合体现，通常可将一个或几个指标作为岩石可爆性分级的判据。在爆破工程中，岩石可爆性分级可用于预估炸药消耗量和制定定额，并为爆破设计提供基本参数。

2.3.6.2　岩石可爆性研究的发展

爆破和钻孔两种岩石的破碎机理有着很大区别。炸药爆炸瞬间释放出巨大的能量，在岩体中造成了很大的应变，以波的形式传播着；同时伴随有高速膨胀的气流将岩石推出。爆炸一方面使岩石产生新的裂隙，另一方面使岩体中原有的节理、裂隙等结构面张开，使岩体分裂成岩块。因此，岩石的爆破性和岩石的坚固性、岩体的完整性两者有关。岩石坚固性和岩体完整性的不同，其爆破性的分级也不同。

20世纪的50~60年代，我国一般参照前苏联的普氏岩石坚固性系数f和苏氏分级的单位炸药消耗量作为岩石爆破性分级的依据。70年代以来，国内外对岩石爆破性分级的研究有了很大进展，但并无一个公认的统一方法。

目前常见到的岩石可爆性有以下几种分类指标：（1）炸药单耗；（2）工程地质参数，尤其是岩体完整性指标；（3）岩石的力学参数；（4）弹性波在岩石中的传播参数；（5）破碎岩石所耗费的比功等。

2.3.6.3　影响岩石可爆性的主要因素

岩石的可爆性是岩石自身的物理力学性质和炸药、爆破工艺的综合反映。因此，影响岩石可爆性的因素主要体现在内在因素和外在因素两个方面。

（1）内在因素，即岩石的结构成分和其自身的物理力学性质。表征为岩石的结构、内聚力、裂隙性、容重、孔隙度和碎胀性。岩石的颗粒越细、密度越大，岩石则越坚固，越难爆破破碎；容重越大的岩石越难爆破，因为要耗费很大的炸药能量来克服重力，才能把岩石破裂、移动和抛扔。

（2）外在因素，即炸药的种类、药包形式和质量、装药结构、起爆方式和间隔时间、最小抵抗线与自由面的大小、数量、方向以及自由面与药包的相对位置等。

2.3.6.4　岩石的爆破效果

炸药爆炸对岩石的爆破作用效果表现在两方面：一是克服岩石颗粒之间的内聚力，使岩石的内部结构破裂，产生新的断裂面，其爆破效果取决于岩石自身的坚固程度；二是使岩石原有的裂隙被扩张而破坏，其爆破效果受岩石原有裂隙状态的控制。因此，岩石的坚固性和裂隙性是影响岩石爆破性的最根本的因素。

从岩石的物流力学性能知道：岩石的抗压极限强度（$\sigma_{压}$）最大，抗剪（$\sigma_{剪}$）次之，抗拉（$\sigma_{拉}$）最小。一般有如下关系：$\sigma_{拉}=(1/10\sim1/50)\sigma_{压}$，$\sigma_{剪}=(1/8\sim1/12)\sigma_{压}$。

因此，应尽可能使岩石处于受拉伸或剪切的状态下，以利于爆破破碎，提高爆破效果。

2.3.6.5　岩石可爆性分级

A　苏氏分级

苏氏分级是苏联学者苏哈诺夫在20世纪30年代针对普氏分级而提出的爆破性分级。他用崩落1m³岩石所消耗的炸药量（kg/m³）或单位炮孔长度（m/m³）来表征岩石的爆破性，苏氏分级根据单位炸药消耗量和单位炮孔长度将岩石分为16级，见表2-22。由于炸药单耗是一个常量又是一个变数，影响因素很多，因此苏氏分级方法并不能确切地表征岩石的可爆破性。

表2-22　岩石的普氏分级（坚固性）与苏氏分级（爆破性）对比参考

普氏分级			苏氏分级			代表性岩石
坚固性系数 f	等级	坚固程度	爆破性	等级	炸药单耗 q /kg·m⁻³	
20	Ⅰ	最坚固	最难爆	1	8.3	致密微晶石英岩
				2	6.7	极致密无氨化物石英岩
				3	5.3	最致密石英岩和玄武岩
18 15 12	Ⅱ	很坚固	很难	4	4.2	极致密安山岩和玄武岩
				5	3.8	石英斑岩
				6	3.0	极致密硅质砂岩
10 8	Ⅲ Ⅲa	坚固	难	7	2.4	致密花岗岩、坚固铁矿石
				8	2.0	致密砂岩和石灰岩
6 5	Ⅳ Ⅳa	相当坚固	中上等	9	1.5	砂岩
				10	1.25	砂质页岩
4 3	Ⅴ Ⅴa	中等	中等	11	1.0	不坚固的砂岩和石灰岩
				12	0.8	页岩、致密泥质岩
2 1.5	Ⅵ Ⅵa	相当软弱	中下等	13	0.6	软页岩
				14	0.5	无烟煤
1.0 0.8	Ⅶ Ⅶa	软弱	易爆	15	0.4	致密黏土、软质煤岩
				16	0.3	浮石、凝灰岩
0.6 0.5 0.3	Ⅷ Ⅸ Ⅸ	土质松散 流沙	不用爆	—	—	—

注：炸药的种类为2号硝铵炸药。

B　原东北工学院分级法

有鉴于岩石的结构特征是影响岩石爆破效果的重要因素，爆破效果又与炸药单耗密切相关，原东北工学院依据能量平衡原则以岩石的炸药单位消耗量提出了一种新的可爆性分级，见表2-23。

东北工学院的岩石可爆性分级能够正确地估计岩石爆破的难易，但是由于其分级指数是个无量纲的量，因此不能直接与给定的爆破结果的炸药量相联系，还不能作为直接用于爆破工艺的技术经济依据。

表 2-23 原东北工学院提出的岩石爆破性分级

级别		爆破性指数 N	爆破性程度	代表性岩石
Ⅰ	$Ⅰ_1$	<29	极易爆	千枚岩、破碎性砂岩、泥质板岩、破碎性白云岩
	$Ⅰ_2$	29.001~38		
Ⅱ	$Ⅱ_1$	38.001~46	易爆	角砾岩、绿泥岩、米黄色白云岩
	$Ⅱ_2$	46.001~53		
Ⅲ	$Ⅲ_1$	53.001~60	中等	阳起石石英岩、煌斑岩、大理岩、灰白色白云岩
	$Ⅲ_2$	60.001~68		
Ⅳ	$Ⅳ_1$	68.001~74	难爆	磁铁石英岩、角闪岩、长片麻岩
	$Ⅳ_2$	74.001~81		
Ⅴ	$Ⅴ_1$	81.001~86	极难爆	矽卡岩、花岗岩、浅色砂岩
	$Ⅴ_2$	>86		

C 可爆性的其他分级方法

如前苏联学者 B. B. 里热夫斯基的强度分级法：因不同岩石的抗压、抗拉、抗剪三种强度的大小对岩石爆破性的影响相同，故以三者的平均值作为岩石的爆破性指标，并辅以岩石的裂隙性制定的爆破性分级。

另外还有苏联 A. H. 哈努卡耶夫（1969）、加拿大 L. C. 兰（1971）、美国 C. D. 布洛德本特（1976）等先后以岩石的纵波速度为依据，或辅以其他岩石特征，制定了各自的爆破性分级，如美国 C. W. 利文斯顿制定的爆破漏斗岩石分级方法、前苏联 B. K. 鲁勃佐夫依据岩体的块度和爆破块度的炸药单耗制定的爆破性分级等。

参 考 文 献

[1] 牛成俊. 现代露天开采理论与实践［M］. 北京：科学出版社，1990：50~56.

[2] 王青，史维祥. 采矿学［M］. 北京：冶金工业出版社，2001：57~60.

[3] 中国矿业学院. 露天采矿手册·第一册［M］. 北京：煤炭工业出版社，1986：287~290，310~312.

[4] 东北工学院岩石破碎研究室. 岩石凿碎比功的可钻性分级［J］. 探矿工程（岩土钻掘工程），1981（5）：47.

3 露天矿爆破钻孔

本章内容提要：牙轮钻机主要用于露天矿爆破孔的钻孔，而穿凿炮孔的唯一目的是为了用炸药填充炮孔并爆炸它们，使爆炸产生的冲击波和爆破孔爆炸后放出的热量将岩体破碎。本章首先从露天矿山开采的基本概念谈起，进而对用于爆破孔爆破的炸药的性能、特征、种类和起爆方法进行了介绍，并在此基础上论述了露天矿爆破钻孔的基本概念和露天矿爆破钻孔方法的选择，在本章的最后对露天矿典型的爆破钻孔工艺进行了简要的介绍。

3.1 露天矿开采的基本概念

3.1.1 露天开采概念

露天开采是直接揭露出矿体进行开采。因此，通常要把它的上覆表土岩层和部分围岩搬移。随着开采过程的推移，将逐渐改变地表的形状。露天开采是指搬移土岩（剥离物及采出矿石）的总称。搬移土岩的生产过程称为剥离，开采矿石的生产过程称为采矿。露天矿山是指暴露在地表或埋藏不深的矿床，由于矿床的埋藏条件和地形条件不同，依据露天开采境界地表封闭圈，可将露天矿山分为山坡露天矿和深凹露天矿（也叫凹陷露天矿）。开采水平位于露天开采地表封闭圈以上的称为山坡露天矿，位于露天开采地表封闭圈以下的称为深凹露天矿。对露天矿山的开采一般都采用露天开采方法。

露天矿开采的主要方式可以分为机械开采和水力开采两类。机械开采主要是对坚硬矿岩而言，采用穿孔爆破、采装、运输等机械开采。水力开采主要是开采疏松土岩、砂矿和土状矿床，利用高压水流直接冲采和输送。

3.1.2 露天采场的构成

露天开采所形成的采坑、台阶和露天沟道的总和称为露天采场。露天采场是指用矿山设备进行剥离和采矿的场所。

3.1.2.1 台阶及其构成要素

台阶也称为阶段，是指开采过程中为适应采掘设备和运输设备的正常作业要求，将覆盖层、围岩及矿体划分成的一定高度的水平分层，自上而下逐层开采，在开采过程中，这些工作水平分层在空间上构成了阶梯状，每一个阶梯就是一个台阶，台阶是构成露天采场的基本要素。构成台阶的基本要素如图 3-1 所示。

台阶上下水平面称为工作平台或工作平盘；台阶朝向采空区一侧的倾斜面称为台阶坡面；台阶坡面与水平面的夹角称为台阶坡面角；台阶上部平台与台阶坡面的交线称为台阶坡

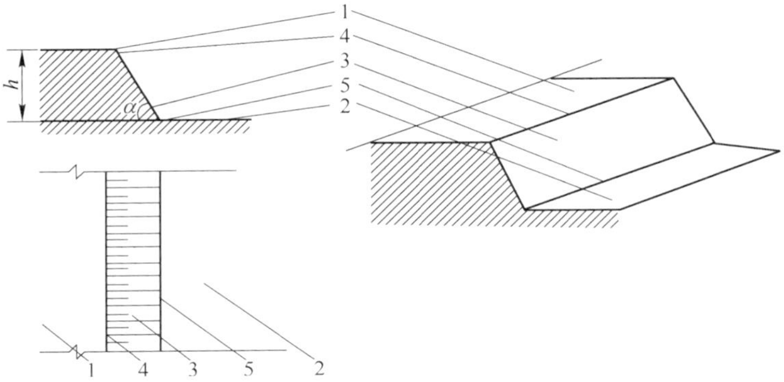

图 3-1　构成台阶的基本要素

1—上水平面；2—下水平面；3—台阶坡面；4—台阶坡顶线；5—台阶坡底线；
h—台阶高度；α—台阶坡面角

顶线；台阶下部平面与台阶坡面称为台阶坡底线；上下平台之间的垂直间距称为台阶高度。

台阶上部平盘和下部平盘是相对的，一个台阶的上部平盘同时又是上一个台阶的下部平盘；台阶的命名，通常以开采台阶的下部平盘的标高为依据，故把台阶称为某某水平。

3.1.2.2　工作平盘及其类型

工作平盘是指工作台阶上的平盘。平台是指非工作台阶上的平盘，它分为以下几种类型：

安全平台是指为保持采场最终边帮的稳定性和阻截滚石下落而设置的平台，同时还可用作减缓最终边坡角以保证下部平台的安全。其宽度约为台阶高度的1/3。

清扫平台是非工作帮清扫设备和清除落石的平台，每2～3个台阶设置一个，其宽度依据所用设备而定。清扫平台也具有安全平台的作用。

运输平台是工作台阶与出入沟间供运输联系的平台，其宽度根据运输方式和线路数目而定。

3.1.2.3　采区和采掘带

露天开采时，通常将工作台阶划分为若干条带顺序开采，每一个条带称为采掘带。其宽度为挖掘机一次采掘实际岩体宽度，该宽度由挖掘机的挖掘半径和卸载半径以及爆破参数确定。

如果采掘带有足够的长度，开采工艺又必要，则可沿长度方向划分为若干区段，分别配置独立的采掘运输设备进行开采，这样的区段称为采区。采区的长度是一台电铲所占的采掘工作线长度。采区和采掘带的示意图如图3-2所示。

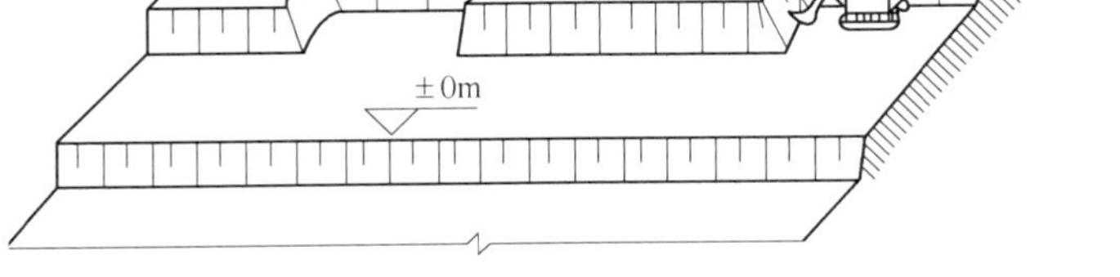

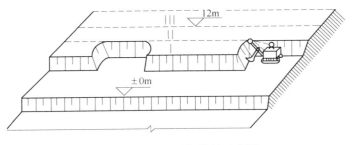

图 3-2　采区和采掘带的示意图

3.1.2.4　露天采场的构成要素

露天采场的构成要素如图3-3所示，包括有：

（1）露天采场的边帮，即露天采场的四周表面，由台阶坡面、倾斜干线的坡面和平台所组成的表面总体。位于矿体顶盘的称为顶帮，位于矿体底盘的称为底帮，位于矿体走向两端的称为端帮。

（2）露天采场的工作帮（*CF*），是正在进行开采和将要进行开采的工作台阶组成的边帮或边帮的一部分。工作帮的位置不是固定的，它随着开采作业的进行而不断的移动。

（3）工作帮坡面（*DE*），是通过工作帮坡面最上和最下一个台阶的坡底线所作的假想平面。

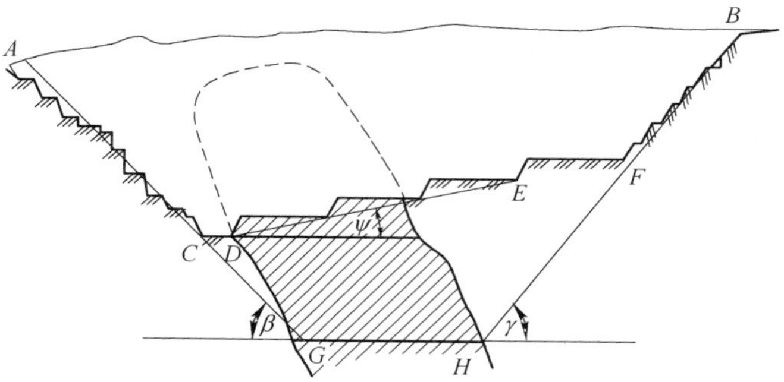

图3-3　露天采场的构成要素

（4）工作帮坡角（ψ）。工作帮坡面与水平面的夹角。

（5）露天采场非工作帮（*AC*及*BF*）。由已经结束开采工作的非工作台阶组成边帮或边帮的一部分。非工作帮的位置是固定不动的。

（6）非工作帮坡面（*AC*及*BF*）。通过露天采场非工作帮最上一个台阶的坡顶线和最下一个台阶的坡底线所作的假想平面，它代表露天采场的最终位置，所以必须保持稳定。

（7）露天采场最终边坡角（β及γ）。非工作帮坡面与水平面的夹角。

（8）上部最终境界线（*A*及*B*）。开采结束时，非工作帮面与地表相交的闭合线。

（9）下部最终境界线（*G*及*H*）。开采结束时，非工作帮坡面与露天矿底平面相交的闭合线。

（10）露天矿最终境界。露天矿开采结束时，有其上下部最终境界所限定的位置。

3.1.3　露天矿的开采特点与工艺分类

3.1.3.1　露天矿的开采特征

（1）优点：

1）生产规模大，劳动效率高，露天矿开采的劳动生产率是地下开采的5~10倍。

2）资源采出率高。一般可达90%以上，还可对伴生矿产综合开发。

3）开采成本低。露天开采成本的高低与所选择的工艺、矿岩运距、开采单位矿量所需剥离的土岩数量有关。

4）开采强度大，基本不受开采空间限制，可用大型机械设备。

5）建设速度快，生产安全，劳动条件好。

（2）缺点：

1）需要把大量的剥离物运往排土场抛弃，排土占地面积大，开采过程及排土时粉尘较大，污染环境。

2）露天开采后的复垦作业需耗费相当数量的时间和资金。

3）受气候影响大。酷暑、暴雨、严寒和冰雪等恶劣天气都会影响开采。

4）对矿床赋存条件要求严格。覆盖层太厚或埋藏较深的矿床还不能采用露天开采。

3.1.3.2 露天矿开采的过程

露天开采过程分为主要生产环节和辅助生产环节两部分。

主要生产环节包括有穿孔爆破、采装、运输、排土和卸矿四个环节。

（1）穿孔爆破。为了给采掘设备提供有利的工作条件，对于一些坚硬的岩石和矿石需要进行穿孔和爆破作业；而对于岩体上的某些覆盖物或土岩则需要进行翻松等准备工作。

（2）采装。在机械开采的条件下，使用采掘设备将剥离物或矿石铲挖并装入运输设备的生产过程。但在倒堆开采工艺过程中，则只有“铲挖”而没有“装载”过程，它将剥离物直接卸到内排土场。

（3）运输。将采出的剥离物和矿石，按一定的目的分别运到不同的卸载点，即将剥离物运至排土场、矿石运至选矿厂或卸矿站。在倒堆开采工艺中，运输则是由采掘设备一体完成的。

（4）排土和卸矿。将剥离物有计划地按照一定的程序排弃在指定的排土场内，或将采出的矿石运至指定的选矿厂或卸矿站。

辅助环节有动力供应、疏干及防排水、设备维修、工作面平整及线路维护、滑坡清理及防治等。

3.1.3.3 露天矿开采工艺分类

露天采剥工艺，根据采掘、运输、排土三个主要生产环节所采用设备的工作特点，在机械开采工艺中，由于运输方式的不同，开采工艺可分为四类：

（1）间断式开采工艺。这种开采工艺的特点是各环节开采设备对矿岩的有效作业（采装、运输和排土）具有周期性的间断。主要设备有单斗挖掘机和容器式运输设备（矿用自卸汽车和铁路机车车辆等），也可采用铲运机和前装机等设备来完成采装、运输和排土三个工艺环节。间断式开采工艺适用于各类岩层。

（2）连续式开采工艺。在采装、运输和排弃（或储存）的生产过程中，剥离物和矿石物流的输送是连续不断的。主要设备是多斗挖掘机（轮斗挖掘机、链斗挖掘机等）、带式输送机和排土机等。连续式开采工艺适用于松散或松软的岩层。

（3）半连续式开采工艺。半连续式开采工艺是介于间断式和连续式之间的一种开采工艺。整个生产过程中一部分生产环节是连续式的，另一部分生产环节是间断式的。主要设备是单斗挖掘机、破碎机、带式输送机和排土机的组合，或者是多斗挖掘机、铁道机车车辆或矿用自卸汽车的组合等。半连续式开采工艺适用于中等强度的岩层，特别适用于采深大及矿岩运距远的露天矿山。

（4）倒堆式开采工艺。剥离物的铲挖、运输和排弃的整个生产过程由一台设备来完成。主要设备是拉斗铲或大型剥离机械铲等。这些设备将采出的剥离物直接倒至采空区，形成排土场。

综上所述，各种机械开采工艺各有其适用条件和优点，主要是：间断式开采工艺适应于各种硬度的矿和赋存条件，已在露天矿得到广泛应用。而连续式开采工艺生产能力高，是露天开采工艺的发展方向，但对岩性有严格要求，一般适用于开采松软土岩。

3.2　炸药与起爆

露天矿用牙轮钻机穿凿炮孔的唯一目的是为了用炸药填充炮孔并爆炸它们，使爆炸产生的冲击波和爆破孔爆炸后放出的热量将岩体破碎。因此，研究露天矿的爆破孔钻孔，首先对用于爆破孔爆破的炸药的性能、特征、种类和起爆方法有所了解。

3.2.1　炸药与爆炸的特征

什么是炸药，爆炸的主要特点是什么，常用的矿用炸药有哪些种类，如何使用和起爆炸药，这些问题都是本节需要了解的内容。

3.2.1.1　炸药

通常认为，在外能作用下，快速产生化学反应，能在瞬间产生大量气体并释放出大量能量的物质称为炸药。炸药爆炸的实质是固体状态的物质，经过短时剧烈的反应，骤然变成气态，放出高能量。炸药就是在一定的外界能量的作用下，由自身能量发生爆炸的物质。

一般情况下，炸药的化学及物理性质稳定，但不论环境是否密封，药量多少，甚至在外界零供氧的情况下，只要有较强的能量（起爆药提供）激发，炸药就会对外界进行稳定的爆轰式做功。炸药爆炸时，能释放出大量的热能并产生高温高压气体，对周围物质起破坏、抛掷、压缩等作用。

3.2.1.2　爆炸

爆炸是物质的一种非常急剧的物理、化学变化，在变化的过程中，伴有物质所含能量的快速转变。由化学（物理）变化引起的爆炸称为化学（物理）爆炸。

3.2.1.3　爆炸的特点

炸药爆炸是一种化学反应，其反应过程同时具有三个特点：

（1）爆炸反应的一个突出点是反应的高速性，爆炸反应在十万分之几秒至百分之几秒内完成，比一般化学反应快千万倍。由于反应的高速性，反应所产生的热量在极短的瞬间来不及扩散，形成的高温高压气体产物，使炸药产生很高的能量。反之，如果反应进行缓慢，生成的热和气体逐渐扩散到周围介质中，就无法形成爆炸。

（2）反应过程的放热性为爆炸反应的必要条件，只有放热反应才能使反应自行延续，才能使反应具有爆炸性。只靠外界供给热量以维持其反应的物质是不可能发生爆炸的。爆炸反应过程中，单位质量炸药在一定条件下（如在某一装药密度下）所放出的热量称为爆热。

（3）反应过程中产生大量气体，炸药爆炸时产生气体体积为爆炸前体积的数百至数千倍。在爆炸的瞬间大量气体被强烈地压缩在近乎原有的体积之内，因而产生数十万个大气压的高压，再加上反应的放热性，高温高压气体迅速对周围介质膨胀做功。炸药是在适当的外界能量作用下，能够发生快速的化学反应，并生成大量的热和气体产物的物质。

3.2.1.4 炸药的基本性能

炸药的基本性能有感度、威力、猛度、殉爆、安定性等。

（1）感度是指炸药在外界能量（如热能、电能、光能、机械能及爆能等）的作用下发生爆炸变化的难易程度，是衡量爆炸稳定性大小的一个重要标志。通常以引起爆炸变化的最小外界能量来表示，这个最小的外界能量习惯上称为引爆冲能。很显然，所需的引爆冲能越小，其感度越高；反之，则越低。

（2）威力是指炸药爆炸时做功的能力，即对周围介质的破坏能力。爆炸产生的热量越大，气态产物生成物越多，爆温越高，其威力也就越大。

（3）猛度是炸药在爆炸后爆轰产物对周围物体破坏的猛烈程度，用来衡量炸药的局部破坏能力。猛度越大，则表示该炸药对周围介质的粉碎破坏程度越大。

（4）殉爆是指当一个炸药药包爆炸时，可以使位于一定距离处，与其没有什么联系的另一个炸药药包也发生爆炸的现象。起始爆炸的药包称为主发药包，受它爆炸影响而爆炸的药包称为被发药包。因主发药包爆炸而能引起被发药包爆炸的最大距离，称为殉爆距离。引起殉爆的主要原因是主发药包爆炸而引起的冲击波的传播作用。离药包的爆炸点越近，冲击波的强度越高；反之，则冲击波的强度越弱。

（5）安定性是指炸药在一定储存期间内不改变其物理性质、化学性质和爆炸性质的能力。

3.2.1.5 炸药的分类

（1）按照炸药的用途，可以将炸药分为起爆药、猛炸药和发射药几大类。

（2）按照炸药组成的成分，可以将炸药分为单一化学成分的单质炸药和多种化学成分组成的混合炸药两大类。爆破工程中大量使用的是猛炸药，尤其混合猛炸药，起爆器材中使用的是起爆药和高威力的单质猛炸药。按炸药成分可分为硝酸铵类炸药、硝化甘油类炸药、水胶炸药、乳化炸药等。

（3）按使用条件，可以将工业炸药分为三类。

1）第一类，准许在地下和露天爆破工程中使用的炸药，包括有沼气和矿尘爆炸危险的作业面。

2）第二类，准许在地下和露天爆破工程中使用的炸药，但不包括有沼气和矿尘爆炸危险的作业面。

3）第三类，只准许在露天爆破工程中使用的炸药。

第一类属于安全炸药，又称为煤矿许用炸药。第二类和第三类属于非安全炸药。第一类和第二类炸药每千克炸药爆炸时所产生的有毒气体不能超过安全规程所允许的量。同时，第一类炸药爆炸时还必须保证不会引起瓦斯或矿尘爆炸。

3.2.2 矿用炸药

矿用炸药，泛指各类矿山井巷工程掘进及矿山采剥作业爆破岩石所应用的各种炸药。矿用炸药的发展历史综合起来，就是由黑色火药→硝化甘油→硝酸铵发展的过程。现在矿山上大量使用的都是硝铵类炸药。硝铵类炸药的主要品种有铵梯炸药、铵油炸药、浆状炸药、水胶炸药、乳化炸药等。

3.2.2.1　矿用炸药的特点

矿用炸药按其组成成分属于混合炸药，要求安全性好、威力高、材料来源广、成本低、加工工艺简单、便于机械化装药，还要求爆炸生成的有害气体符合安全规程。因此矿用炸药应当具备以下的基本特点：

（1）爆炸性能好，具有足够的爆破威力。

（2）安全性能好，炸药的危险感度低，即其火焰感度、热感度、静电感度和机械感度低。

（3）具有合适的起爆感度，能用雷管或起爆药柱顺利起爆，使用时安全可靠。

（4）对人体无毒害，爆炸后生成的有毒、有害气体能够控制在国家规定的范围以内。

（5）性能稳定，在一定储存期间，不易变质和失效。

（6）原料来源广泛，加工简单易行，成本低廉。

3.2.2.2　矿用炸药的分类

采矿工业广泛应用硝铵类炸药。按使用条件分为普通矿用炸药和煤矿安全炸药。前者适用于露天矿和无瓦斯或煤尘爆炸危险的矿井。其中有的炸药品种只能用于露天矿。后者含有一定量的消焰剂，适用于有瓦斯或煤尘爆炸危险的矿井。进行爆破作业时，必须严格按照矿井瓦斯涌出量等级和其他开采条件，选择炸药品种。我国矿山使用的炸药主要有铵梯炸药、铵油炸药、铵松蜡炸药、浆状炸药（水胶炸药）、乳化炸药、硝化甘油炸药等。此外，还有液体炸药。

根据炸药的组成，我国矿用炸药的分类见表3-1。

表3-1　我国矿用炸药的分类

<table>
<tr><td rowspan="8">硝酸铵炸药</td><td rowspan="3">铵梯炸药</td><td>露天硝铵炸药</td></tr>
<tr><td>岩石硝铵炸药</td></tr>
<tr><td>煤矿硝铵炸药</td></tr>
<tr><td rowspan="3">廉价炸药</td><td>铵油炸药</td></tr>
<tr><td>铵沥蜡炸药</td></tr>
<tr><td>铵松蜡炸药</td></tr>
<tr><td rowspan="2">粉状高威力炸药</td><td>铵梯黑高威力炸药</td></tr>
<tr><td>铵梯铝高威力炸药</td></tr>
<tr><td rowspan="4">含水炸药</td><td rowspan="2">浆状炸药</td><td>露天浆状炸药</td></tr>
<tr><td>小直径浆状炸药</td></tr>
<tr><td colspan="2">水胶炸药</td></tr>
<tr><td colspan="2">乳化炸药</td></tr>
<tr><td rowspan="2">硝化甘油炸药</td><td colspan="2">普通硝化甘油炸药</td></tr>
<tr><td colspan="2">耐冻硝化甘油炸药</td></tr>
</table>

3.2.2.3　露天矿用炸药的种类与特点

露天矿用炸药主要有以下五类：

（1）铵梯药（岩石炸药）。以硝酸铵为氧化剂、梯恩梯为敏化剂、木粉作可燃剂组成的一类混合炸药。有六七种类别，常用2号岩石铵锑炸药（又称2号岩石炸药）的组分为硝酸铵约85%、梯恩梯11%、木粉4%，浅黄色、粉状，密度约1g/cm^3，化学性质较安定；易吸湿，失水后又易结块而降低爆炸性能，甚至拒爆，但结块碾碎仍可使用；对冲击、摩擦与火花的感度不高，而施以强机械能时也可引爆；抗水能力差，含水率一般在0.3%以下，若超过0.5%就必须经烘干后碾碎使用。若在其中添加少量石蜡及沥青后，可制成抗水性炸药。适于中硬岩石，除沼气与煤尘爆炸危险区外可在一切露天与井下使用。

（2）铵油炸药。铵油炸药指由硝酸铵和燃料组成的一种粉状或粒状爆炸性混合物。产品包括粉状铵油炸药、多孔粒状铵油炸药、重铵油炸药、改性铵油炸药、粒状黏性炸药、增黏粒状铵油炸药。粉状铵油炸药指以粉状硝酸铵为主要成分，与柴油和木粉（或不加木粉）制成的铵油炸药。产品包括1~3号粉状铵油炸药。多孔粒状铵油炸药指由多孔粒状硝酸铵和柴油制成的铵油炸药。重铵油炸药指在铵油炸药中加入乳胶体的铵油炸药，具有密度大、体积威力大和抗水性好等优点，适用于含水炮孔中使用，又称乳化铵油炸药。为减少炸药的结块硬化现象，可加适量的木粉作疏松剂。铵油炸药是露天矿用量较大的炸药，它具有原料来源广、价格低廉、加工工艺简单、便于矿山自行混制、使用安全等优点。铵油炸药同样具有吸湿结块性，不能用于水孔爆破。此外，铵油炸药易燃烧，在密闭条件下燃烧易转变成爆炸，故在生产、运输、库存和使用过程中，应严格防火。主要适用于露天及无沼气和矿尘爆炸危险的爆破工程。

（3）浆状炸药。浆状炸药是由硝酸铵的饱和水溶液与悬浮在溶液中的其他固体成分颗粒所组成的浆状物。浆状炸药具有炸药密度高、体积威力大、可塑性、抗水性强的特点。可沉入水中爆破，使用安全。缺点是感度低，需用加强药包才能起爆，理化安定性较差。

浆状炸药属硝铵类炸药中含水抗水炸药的一种，因其外观似糨糊状而得名。其组分以硝酸铵为氧化剂占45%~70%，因配比不同，另加10%硝酸钠起溶化稳定作用，水分占10%~20%，起“以水抗水”作用。浆状炸药的抗水性强、爆破威力大，为铵油炸药的1.5~2.5倍。其感度低、安全性好，且易机械化装药，但在生产方法、安定性和贮存等方面还需改进。由于多种原因已被乳化炸药取代。适用于中硬以上岩石，露天深孔爆破使用广泛。

（4）水胶炸药。水胶炸药是在浆状炸药基础上发展起来的一种抗水炸药，它的组分有氧化剂、可燃剂、敏化剂、胶凝剂、交联剂、表面活性剂和水。与浆状炸药的主要差别在于它所采用的敏化剂为水溶性的硝酸甲胺和硝酸三甲胺等，这样的敏化剂分散均匀，提高了药卷的起爆感度和降低了爆轰的临界直径，从而可制成小直径的雷管敏感的药卷。其制造工艺与浆状炸药基本相似。

水胶炸药有抗水性强、爆破性能较好、可塑性好、使用安全的特点，且具有工业雷管感度，但价格较贵，生成有害气体比岩石炸药多。

水胶炸药是采用硝酸甲胺为主的水溶性敏化剂和密度调节剂，保证其在小直径条件下具有雷管感度的含水炸药。其组成和结构与浆状炸药大致相同，外观也呈凝胶状。所以有的国家将其归属于浆状炸药。水胶炸药作为各种矿山的爆破用药，适应于无沼气和（或）矿尘爆炸危险的爆破工程，已逐渐取代硝化甘油系炸药和铵梯炸药而成为工业炸药的重要品种之一。

（5）乳化炸药。乳化炸药是在水胶炸药和铵油炸药基础上发展起来的一种新型抗水炸药，泛指一类用乳化技术制备的使氧化剂盐类水溶液的微滴，均匀分散在含有分散气泡或空心玻璃微珠等多孔物质的油相连续介质中，形成一种油包水型（W/O）的乳胶状含水工业炸药。乳化炸药是含水炸药的一种。乳化炸药抗水性强、爆轰感度和爆炸性能好、原料来源广、制造工艺简单，它通常不采用火炸药为敏化剂，生产使用安全，污染少。

乳化炸药的品种很多，有用于露天矿的露天型乳化炸药、用于中硬岩石爆破的岩石型乳化炸药和用于煤矿井下的许用型乳化炸药，还有用于光面爆破的小直径低爆速的乳化炸药。乳化炸药现已广泛应用于各种民用爆破工作中，在有水和潮湿的爆破场合更显示其优越性。但其贮存稳定性和质量稳定性还较差，需进一步研究改善。

表3-2列出的是露天矿用主要炸药的成分（或组分）与爆破特性。

表3-2　露天矿用主要炸药的成分（或组分）与爆破特性

炸药种类	主要成分（或组分）	爆破特性与适用领域
铵梯药（岩石炸药）	由硝酸铵、梯恩梯和少量木粉组成	化学性质较安定；对冲击、摩擦与火花的感度不高，具有爆炸性能好、威力较大、原料来源广、加工工艺简单、成本低廉等优点。但其缺点为吸湿性强、吸湿后结块硬化、爆炸性能降低等。一般适用于中硬矿岩无水孔的爆破，除沼气与煤尘爆炸危险区外可在一切露天与井下使用
铵油炸药	硝酸铵、柴油（为减少炸药的结块硬化现象，可加少量木粉）	具有原料来源广、价格低廉、加工工艺简单、便于矿山自行混制、使用安全等优点。铵油炸药同样具有吸湿结块性，不能用于水孔爆破。此外，铵油炸药易燃烧，在密闭条件下燃烧易转变成爆炸。主要适用于无水条件下的露天爆破工程
浆状炸药	由硝酸铵的饱和水溶液与悬浮在溶液中的其他固体成分颗粒所组成	具有炸药密度高，体积威力大，可塑性、抗水性强的特点。可沉入水中爆破，使用安全。缺点是感度低，需用加强药包才能起爆，理化安定性较差。适用于中硬以上岩石，露天深孔爆破使用广泛
水胶炸药	组分有氧化剂、可燃剂、敏化剂、胶凝剂、交联剂、表面活性剂和水	具有抗水性强、爆破性能较好、可塑性好、使用安全的特点，且具有工业雷管感度，但价格较贵，生成有害气体比岩石炸药多。作为各种矿山的爆破用药，适应于无沼气和（或）矿尘爆炸危险的爆破工程
乳化炸药	组分有氧化剂、可燃剂、乳化剂、敏化剂和发泡剂（或称密度控制剂）、稳定剂等	具有抗水性强，爆轰感度和爆炸性能好，原料来源广，制造工艺简单，生产、使用安全，成本低于水胶炸药等优点。缺点是贮存稳定性和质量稳定性还较差。主要适用于中硬岩石的露天矿山和井下矿山爆破工程

3.2.3　炸药的起爆方法

由炸药的定义可知，炸药需要在外能作用下才会起爆和产生爆炸效应。

3.2.3.1　炸药起爆

利用起爆器材和一定的工艺方法去引爆炸药的过程，称为起爆。起爆的目的是使炸药按照预先设定好的爆破顺序准确，可靠地发生爆炸效应，从而合理有效地利用炸药效能，使其达到预定的爆破效果。

3.2.3.2 常用起爆方法

在工程爆破中，为了使炸药起爆，必须由外界给炸药局部施加一定的能量，根据施加能量点燃雷管方法的不同，有各种不同的起爆方法。起爆方法通常是根据所采用的起爆器材和工艺特点来命名的。选用起爆方法时，要根据炸药的品种、工程规模、工艺特点、爆破效果和现场条件等因素决定。

起爆方法不仅要求安全、可靠，而且应使炸药的能量得到充分的利用，并满足爆破工艺设计的要求。爆破作业中的起爆方法直接关系到装药爆破的可靠性、起爆效果、爆破质量、作业安全和经济效益等方面的问题。

常用的起爆方法大致可分为三类：电力起爆法、非电起爆法和无线起爆法。

3.2.3.3 电力起爆法

电力起爆法是采用电能点燃雷管来起爆炸药发生爆炸的起爆方法，在工程爆破中广泛使用的是各种电雷管的起爆方法。电力起爆法是由电雷管、导线和电源三部分组成的起爆网络来实施的。

电力起爆法的优点是：从雷管选择到连接起爆网路都可用仪表检查，起爆可靠；能在安全隐蔽地点远距离一次点火；延时精度较高，可准确控制起爆时间；可同时起爆大量雷管。同时，不产生噪声及有害气体。缺点是：电爆网路计算较复杂；普通雷管受雷电、静电和杂散电流的影响，有可能引起意外起爆；因网路问题，有可能造成个别炮孔拒爆，如遗留在带电设备作业的工作面未被发现，将是很大的隐患。

电力起爆法较多应用在露天和地下爆破工程中，从安全角度出发，将限制它在某些条件下使用。

3.2.3.4 非电起爆法

非电起爆法是采用非电的能量点燃雷管来起爆炸药发生爆炸的起爆方法，主要包括导爆索起爆法和导爆管起爆法。

A 导爆索起爆法

导爆索起爆法是利用捆绑在导爆索一端的雷管爆炸引爆导爆索，然后由导爆索传递爆轰波，利用导爆索爆炸时产生的能量直接引爆炸药的起爆方法。

a 导爆索起爆法的优缺点

导爆索起爆法能使大量炸药同时起爆，具有操作简单、容易掌握、节省雷管、不怕雷电和杂电影响、可在炮孔内分段装药爆破等优点，因而在爆破工程中广泛用于深孔、药室和分段装药的爆破作业。缺点是成本较高，在起爆前不能用仪表检查起爆网路连接的质量，在露天爆破时，噪声较大。

由于该方法在爆破作业中，从装药、堵塞到连线等施工工序上都没有雷管，而是在一切准备就绪，实施爆破前才接上引爆导爆索的雷管，因此，施工的安全性要比其他方法好。

b 导爆索之间的常用连接方法

导爆索常用连接方法为搭结法、水手结法、T字形结法三种（见图3-4）。因搭结法最简单，所以被广泛使用。搭结长度一般为15~20cm，不得小于15cm，搭接部分用胶布捆扎。水手结较牢固，多用于炮孔内导爆索之间的连接。

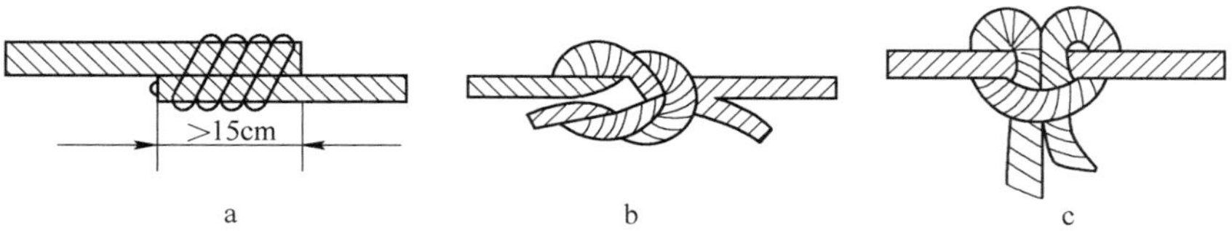

图 3-4　导爆索的连接形式
a—搭结；b—水手结；c—T 字形结

c　导爆索起爆网路连接方式

导爆索起爆网路常用连接方式有普通分段并联、微差分段并联、双向分段并联和簇并联。导爆索起爆网路主要连接方式与特点见表 3-3。

表 3-3　导爆索起爆网路主要连接方式与特点

连接方式	主要起爆器材	特　点
普通分段并联	雷管、主起爆索、支起爆索、药包	在炮孔或药室外敷一条主导爆索，将各炮孔（或药室）中引出的支导爆索分别依次与主导爆索相连。此方式导爆索消耗少，适应性强，应用广泛
微差分段并联	雷管、主起爆索、支起爆索、继爆管、药包	其特点与普通分段并联基本相同，所不同的是为了实现微差爆破，在连接网路中安装了继爆管
双向分段并联	雷管、主起爆索、支起爆索、继爆管、药包	这种网路的各个炮孔（或药室）中引出的支导爆索可以同时接受两个方向传来的爆炸能作用，起爆非常可靠。但由于其采用 T 形或三角连接，导爆索消耗量大
簇并联	雷管、主起爆索、支起爆索、药包	将所有炮孔中引出的支导爆索的末端捆扎在一起再与主导爆索连接。此方式可使各炮孔几乎同时起爆，但导爆索消耗量大，常用于炮孔少又集中的场合

B　导爆管起爆法

导爆管起爆法类似导爆索起爆法，导爆管与导爆索一样，也是起着传递爆轰波的作用，不过导爆管传递的是一种低爆速的弱爆轰波，因此它本身不能直接起爆炸药，而只能起爆炮孔中的雷管，再由雷管的爆炸引爆炮孔或药室内的炸药。

导爆管起爆法的主体是塑料导爆管。起爆网路由击发元件、传爆元件、连接元件和起爆元件组成。

a　导爆管起爆法的优缺点

导爆管起爆法的优点是安全性能好、不受外来电的影响、操作简单、起爆方便、网路敷设容易；能使成组炮孔或药室同时起爆，并能实现各种方式的微差爆破。缺点是起爆前不能用仪表检查起爆网路连接的质量；爆区太长或延期段数太多时，空气冲击波或地震波可能会破坏起爆网络；在高寒地区，由于塑料管的硬化，可能会恶化导爆管的传爆性能。

导爆管起爆法的应用范围广泛，除了在有沼气的地方和矿尘的危险环境中不能采用以外，几乎在各种条件下都可以应用。

b　导爆管起爆网路的基本连接方式

导爆管起爆网路由塑料导爆管通过连接元件组合而成，连接方法采用胶布捆扎、橡皮筋捆扎、塑料连接块和导爆四通连接。导爆四通是导爆管起爆网路中使用的微差延期导爆装置。导爆管起爆网路的基本形式有簇联法、串联法、并联法等、分别如图 3-5 ~ 图 3-7

所示。

3.2.3.5 无线起爆法

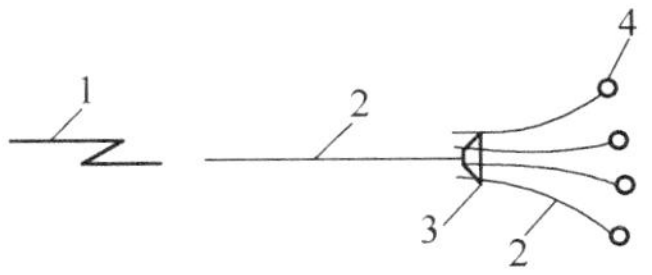

图 3-5 导爆管簇联起爆网路
1—击发；2—导爆管；
3—分流传爆元件；4—药包

除了上述两种起爆方法以外的其他起爆方法，还有电磁波起爆法、电磁感应起爆法和水下超声波起爆法等无线起爆法。

（1）电磁波起爆法。用电磁感应原理制成遥控装置起爆的方法。在炮孔口设有起爆元件接收感应线圈，当发射天线发射交变磁场时在接收线圈内感应而形成电势，经整流变直流向电容器充电达到额定值停止，电子开关闭合时将电容器与电雷管接通引爆。此法多用于水下爆破。

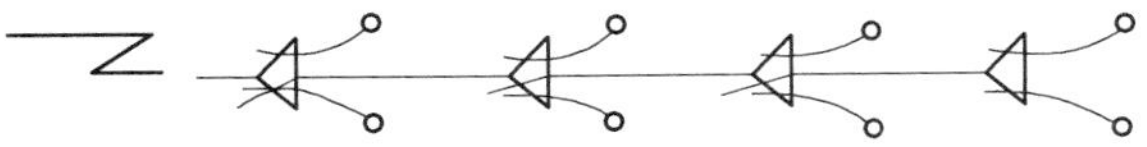
图 3-6 导爆管串联起爆网路

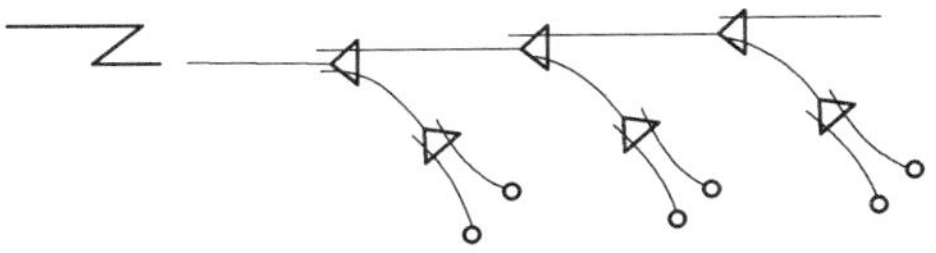
图 3-7 导爆管并联起爆网路

（2）电磁感应起爆法。应用电流互感器原理的起爆方法。起爆器与电爆网路中主线相接，不与雷管脚线接通，脚线上装小型磁环，当起爆器输出高频脉冲电流时，流经母线使电雷管上短接的环形磁环，产生数伏感应电压引爆电雷管。可抗外界杂电干扰，在水中及有干扰电条件下使用。

（3）水下超声波起爆法。由于水对电磁波的吸收能力很强，因此电磁波在水中传播时衰减很快，传播距离不远。然而水对声波的传递能力却要强得多。因此，现代水下爆破倾向于声波起爆。其起爆原理是由水面的声波发射器通过伸入水中的送波器向水中发射超声波，水下炮孔口的接收器接收到超声波后，接通起爆装置的电源实施起爆。

3.2.4 起爆器材

起爆器材又分为起爆材料和传爆材料两大类。雷管是爆破工程的主要起爆材料，导爆管属于传爆材料；继爆管、导爆索既有起爆作用，又有传爆作用，是两者的综合。常用的起爆器材有电雷管、导爆索、导爆管、继爆管、起爆器等。

3.2.4.1 电雷管

由电流产生热量引发爆炸的雷管称为电雷管，电雷管是工业雷管，通常由一个电点火装置和一个火雷管组合构成。电雷管的装药部分与火雷管相同，不同之处在于其管内装有由脚线、桥丝和引火药头组成的电点火装置。

常用的电雷管按作用不同可以分为普通瞬发电雷管和普通延期电雷管两种。延期电雷管又可分为秒延期电雷管和毫秒延期电雷管两种。此外，还有具有抗静电性能的抗静电电雷管和煤矿许用电雷管等特殊用途雷管。

A 瞬发电雷管

瞬发电雷管是在起爆电流足够大的情况下激发后瞬时爆炸的电雷管，又称即发电雷管，实际上是一个火雷管与电力点火装置的结合体。

按点火装置的不同，瞬发电雷管分为直插式和药头式两种。瞬发电雷管的结构如图

3-8 所示。直插式瞬发电雷管的点火装置的桥丝直接插入起爆药中，没有加强帽，起爆药是松装的，这种结构不利于雷管的起爆，因此往往需要增大起爆药的药量；而药头式瞬发电雷管的桥丝周围涂有引火药并制成圆珠状，桥丝在电流作用下发热引起点火头燃烧，火焰穿过加强帽中心孔，激发起爆药爆炸。

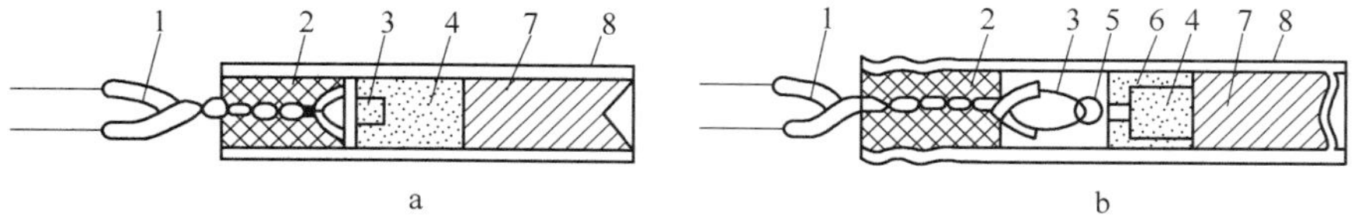

图 3-8　瞬发电雷管的结构

a—直插式；b—药头式

1—脚线；2—密封塞；3—桥丝；4—起爆药；5—引火药头；6—加强帽；7—加强药；8—管壳

B　延期电雷管

延期电雷管是通以足够电流之后，还要经过一定时间才能爆炸的电雷管。其作用原理是：电雷管通电后，桥丝电阻产生热量点燃引火药头，引火药头迸发出的火焰引燃延期元件（或延期药），延期元件（或延期药）按确定的速度燃烧，并在延迟一定时间后将雷管引爆。延期电雷管按时间间隔的长短可分为秒延期电雷管、半秒延期电雷管和毫秒延期电雷管。

a　秒（或半秒）延期电雷管

秒（或半秒）延期电雷管的结构如图 3-9 所示。电引火元件与起爆药之间的延期装置是用精制导火索段或在延期体壳内压入延期药构成的。延期时间由延期药的装药长度、药量和配比来调节。索式结构的秒（或半秒）延期电雷管的管壳上钻有两个起防潮作用的排气孔，排出延期装置燃烧时产生的气体，通电后引火头发火，引起延期装置燃烧，延迟一段时间后雷管爆炸。

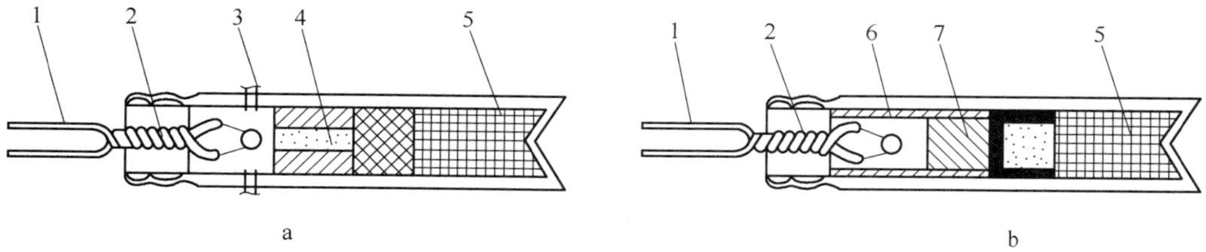

图 3-9　秒（或半秒）延期电雷管的结构

a—索式结构；b—装配结构

1—脚线；2—电引火线；3—排气孔；4—精制导火索；5—火雷管；6—延期体壳；7—延期药

秒延期电雷管由于延期时间间隔较长，一般不采用延期药作延时剂，为了便于生产加工、简化结构和工艺，均以缓燃导火索作为延期装置；半秒延期电雷管其电引火装置、电发火参数与毫秒延期电雷管相同。因其秒量间隔为 0.55s。延期药燃速较慢，采用秒级延期药，延期装置结构与毫秒延期电雷管没有很大差别，其延期装置有装配式和直填式两种。秒（或半秒）延期电雷管一般用于秒差分段或地面半秒微差分段爆破工程，起爆炸药、导爆索等。

b 毫秒延期电雷管

毫秒延期电雷管简称毫秒雷管，是在秒延期电雷管的基础上产生的一种短延期电雷管。毫秒延期电雷管有等间隔和非等间隔之分。段与段之间的间隔时间相等的称为等间隔；间隔时间不相等的称为非等间隔。毫秒延期电雷管的段间隔为十几毫秒至数百毫秒。其结构形式按延期药的装配关系可分为装配式和直填式，装配式又有管式、索式和多芯式等。

毫秒延期电雷管的组成基本上与秒延期电雷管相同，不同点在于延期装置的延期药常用硅铁（还原剂）和铅丹（氧化剂）的混合物，并掺入适量的硫化锑，以调节药剂的反应速度。为了便于装配，常用酒精、虫胶等作黏合剂造粒。

毫秒延期电雷管中还装有延期内管，以固定和保护延期药，并作为延期药反应时气体生成物的容纳空间，使得延期时间内的压力平稳。

图 3-10 为毫秒延期电雷管的两种主要结构示意图。

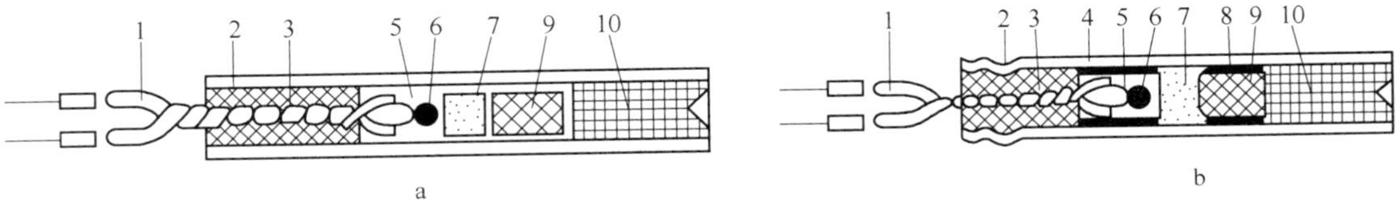

图 3-10 毫秒延期电雷管的两种主要结构示意图

a—装配式；b—直填式

1—脚线；2—管壳；3—密封塞；4—内管；5—气室；6—引火头；7—延期药；8—加强帽；9—起爆药；10—加强药

毫秒延期电雷管主要用于微差分段爆破作用，起爆各种炸药。使用毫秒爆破可以一次起爆多个装药，并且可以有效地操控每个装药的起爆按次和工夫，减轻地震波，减少二次爆破，提高爆破效率。该产品广泛用于矿山爆破工程。

C 特殊用途电雷管

（1）抗静电电雷管。这是一种工程爆破雷管，具体地说是一种抗静电工程电雷管。它由管壳、炸药、起爆药、加强帽、灼热丝、引火药、脚线和塞栓等组成。

其特征是采用了导电体制作塞栓，使脚线和塞栓之间成为导体，形成静电及各种杂电冲击时的泄放通道，可以有效地防止静电及各种杂电给电雷管带来的意外爆炸现象。在需要该雷管作用时，由于采用了定位套，使电极塞上的复合引火药能够可靠地点燃起爆药和炸药，形成爆轰。

（2）煤矿许用电雷管。煤矿许用电雷管是为有瓦斯、煤尘或可燃矿尘爆炸危险场所的爆破作业设计的一种专用起爆器材。由含有特殊的阻燃物质的炸药作为雷管的装药，具有一定的防止瓦斯、煤尘或可燃矿尘燃烧爆炸的效果，有利于提高作业过程的安全性。当前我国允许使用的有煤矿许用瞬发电雷管、煤矿许用毫秒延期电雷管（1 ~5 段）。也可用于一般采矿、开凿隧道、筑路修桥、兴建水利等爆破作业。具有安全性好、可靠性高、防潮能力强等特点，能够实现大面积微差爆破的效果。

（3）无桥丝抗杂散电流毫秒电雷管。无桥丝抗杂散电流毫秒电雷管与普通毫秒电雷管的主要区别是，通过在引火药中加入了适量的导电物质如乙炔、石墨和炭黑，做成具有导电性的引火头，取代了电桥丝，而这种引火头的电阻大小取决于导电物质的含量及其颗粒间的接触状况。当外界电压达到一定值时，导电物质因电压和电流热效应的作用产生发热膨胀，导致电阻下降而使引火药发火。这种引火头的电阻随着外加电压和电流的变化而变化的点火特征使得该雷管具有一定的抗杂散电流的能力。图 3-11 为无桥丝抗杂散电流毫秒电雷管的结构示意图。

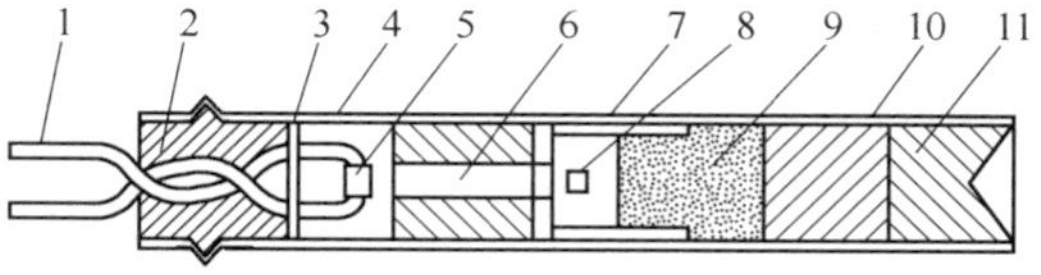

图 3-11　无桥丝抗杂散电流毫秒电雷管结构示意图

1—脚线；2—密封塞；3—纸垫；4—管壳；5—引火头；6—延期装置；7—加强帽；8—点火药；9—正起爆药；10—副起爆药；11—钝化黑索今

（4）无起爆药毫秒电雷管。无起爆药毫秒电雷管在整个雷管中用一种对冲击和摩擦感度比常用正起爆药低的单一猛炸药或混合炸药代替常用的正起爆药。这种雷管的性能是：一切电性能和爆炸威力与普通毫秒雷管相同，冲击感度低于普通雷管，耐火性能比普通雷管要好。由于这种雷管取消了起爆药，因而使生产过程非常安全，减少了制造、贮存、运输和使用过程中安全事故的发生。图 3-12 为无起爆药毫秒电雷管的结构示意图。

3.2.4.2　非电雷管

非电雷管有别于火雷管和电雷管，它既不使用火雷管所采用的导火索产生火焰直接引爆，也不采用电雷管使用的电点火装置，而是采用一个与塑料导爆管相连接的塑料连接套，由塑料导爆管的爆炸波实现引爆功能的雷管。非电雷管主要有非电瞬发雷管和非电毫秒雷管等。非电毫秒雷管的结构示意图如图 3-13 所示。

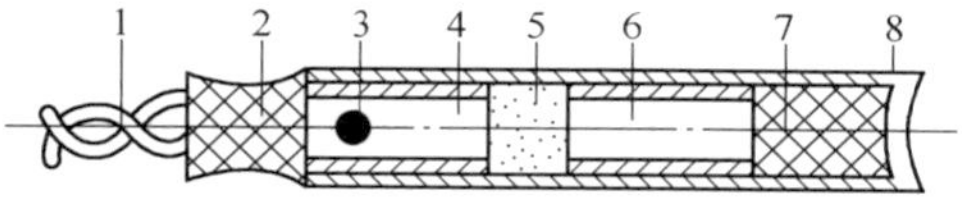

图 3-12　无起爆药毫秒电雷管的结构示意图

1—脚线；2—塑料塞；3—点火间；4—延期管；5—延期药；6—起爆元件；7—黑索今；8—管壳

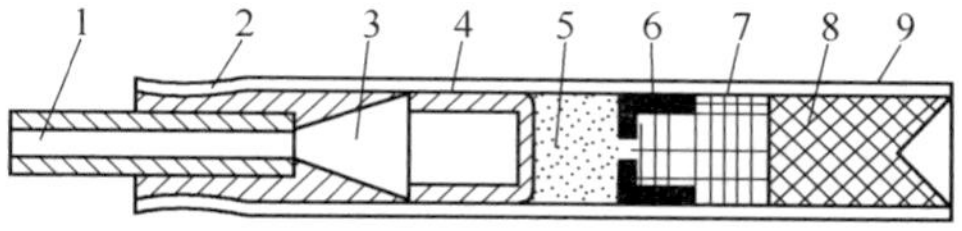

图 3-13　非电毫秒雷管的结构示意图

1—塑料导爆管；2—塑料连接套；3—消爆空腔；4—空信帽；5—延期药；6—加强帽；7—正起爆药；8—副起爆药；9—管壳

3.2.4.3　导爆索

导爆索又称传爆线，是以猛炸药为索芯，猛性炸药可用肽胺或特屈儿和雷汞的混合物等，猛炸药和心线的外部用棉线或麻线包缠，并将防潮剂涂在表面而制成。

导爆索是一种能够传递爆轰波的索状起爆材料，常用于同时起爆多个装药的绳索。可用来传递爆轰波并直接引爆炸药或与之相连的另一根导爆索。导爆索的本身需要使用雷管引爆，爆速一般在 6000 ~ 7000m/s 之间。其结构如图 3-14 所示。

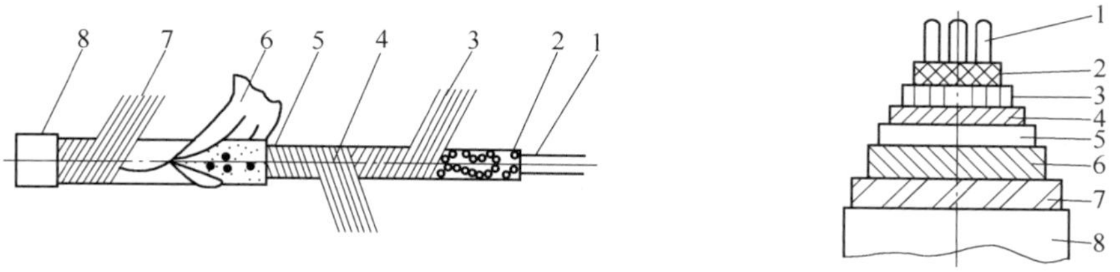

图 3-14　导爆索结构示意图

1—药线；2—药芯；3—内层线；4—中层线；5—防潮层；6—纸条；7—外层线；8—涂料层

根据使用条件不同，导爆索有普通导爆索、震源导爆索、煤矿导爆索、油井导爆索、金属导爆索、切割索和低能导爆索等多种类型。常用的是普通导爆索和煤矿许用导爆索（又称安全导爆索）。

导爆索的抗水性能强，两端密封，浸入水中24h以上，仍能完全爆炸。导爆索能使大量炸药同时起爆，广泛用于深孔、药室和分段装药的爆破中，缺点是成本较高。

3.2.4.4　导火索与导爆索的区别

早期使用的起爆材料中曾经有一种导火索，导火索与导爆索的外部尽管非常相似，但其作用和起爆反应方式却完全不同，导火索与火雷管均已禁止使用。导火索与导爆索的区别见表3-4。

表3-4　导火索与导爆索的区别

性能指标	导火索	导爆索
外观	外径5.2~5.8mm，白色	外径5.7~6.2mm，红色或花红色
药芯	黑火药，颜色呈黑色	黑索今，颜色呈白色
反应方式与速度	燃烧，燃速100~125s/m	爆炸，爆速6000~7000m/s
防水性能	基本上不防水	可用于水下爆破作业
作用	传递燃烧，引爆火雷管	传递爆炸，引爆炸药
有效期	2年	2年

3.2.4.5　导爆管及连通元件

A　导爆管

导爆管是一种非电起爆器材，其本身不能直接引爆一般工业炸药，只能传递爆轰波起爆雷管，由雷管引爆炸药。导爆管也不能用于有瓦斯或矿尘爆炸危险的作业场所。

导爆管的全称应为塑料导爆管-非电雷管起爆系统，常被简称为导爆管，由塑料导爆管和非电雷管组成。图3-15为塑料导爆管示意图。

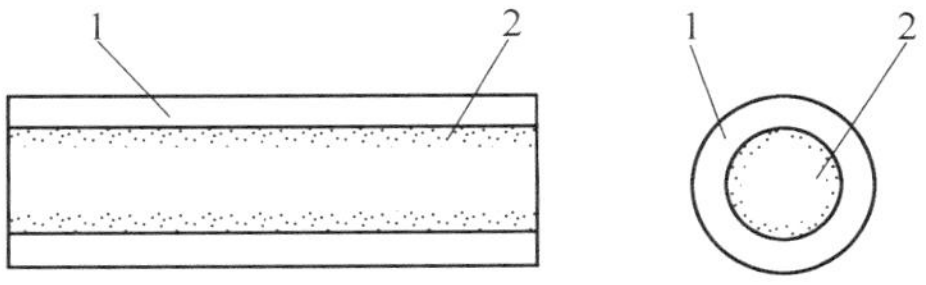

图3-15　塑料导爆管示意图
1—塑料管；2—炸药粉末

塑料软管由内径1.5mm、外径3mm左右的高压聚乙烯材料制成，塑料导爆管内涂有黑索今高能炸药与铝粉等混合组成的炸药与金属粉混合物，涂层药量14~16mg/m。可由各种雷管、导爆索、击发枪、专用激发枪及引火头等击发元件引发。引发后管内形成一种特殊的爆轰，爆炸反应释放出的热量及时不断地补充给沿导爆管内传播的爆轰波，从而使爆轰波以恒速传播。由于导爆管内壁的炸药量很少，形成的爆轰能量不大，不能直接引爆炸药，而只能引爆雷管或非电延期雷管，然后再由雷管起爆工业炸药。

导爆管具有良好的抗电性、抗爆性、抗冲击性和抗水性，遇火燃烧而不被激发。导爆管性能稳定良好，传播性能好，且具一定强度，可以一次引爆千米而不必中间接力，甚至在导爆管中间打任何扭结、拉细变形、对折等，均不影响正常传爆。正因为导爆管具有传爆可靠性高、使用方便、安全性能好、成本低等优点，而且可以作为非危险品运输，所以以其为主组成的非电起爆系统，受到国内外的广泛重视，得到普遍使用。

导爆管线路的接续应使用专用连接元件或用雷管分级起爆的方法实施。

B　导爆管连通元件

导爆管常用的连通元件有连通块和连通管。连通元件的功能是实现导爆管与导爆管之间的冲击波传播，起到连续传爆或分流传爆的作用。

a　连接块

连接块（又称导爆四通），是一种用来固定击发雷管（或传爆雷管）和被爆导爆管的连通元件。连接块通常用普通塑料制成，其结构如图3-16所示。

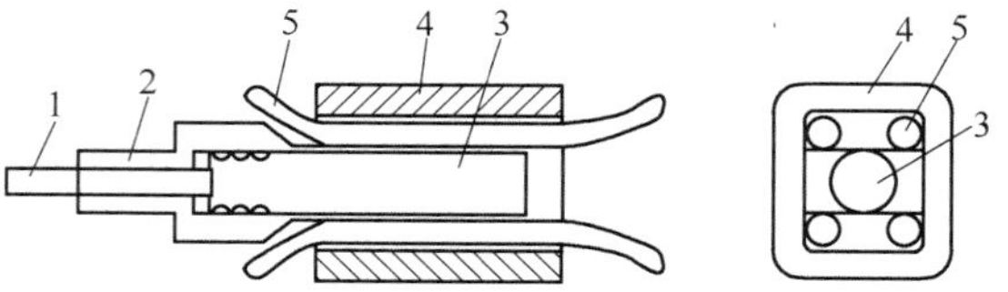

图3-16　连接块结构示意图

1—主发导爆管；2—塑料连接塞；3—传爆雷管；4—卡箍；5—被发导爆管

连接块有方形和圆形两种。不同的连接块，一次可传爆的导爆管数目不同。一般一次可传爆4～20根被爆导爆管。

b　连通管

连通管是一种不带传爆雷管的、直接把主爆导爆管和被爆导爆管连通导爆的连接元件。连通管一般采用高压聚乙烯压铸而成。集束式连通管有三通、四通和五通三种，其结构如图3-17所示。

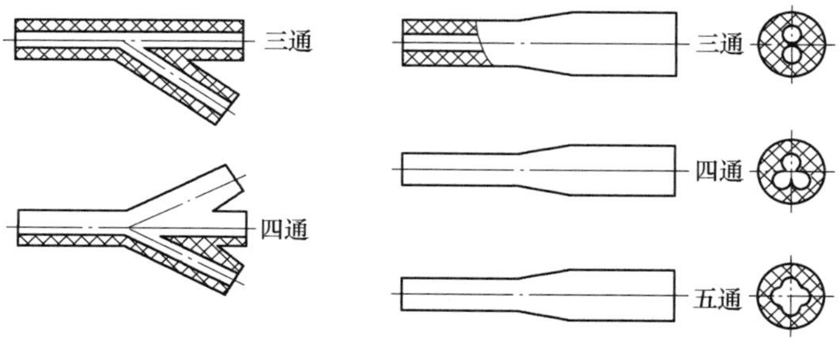

图3-17　连通管结构示意图

连通管之所以不用传爆雷管就可以把主导爆管的爆轰波分流给所连接的被爆导爆管，主要是由于导爆管自身的传爆特性所致。即导爆管传爆过程中若有不大于15mm的断药时，仍然能继续传爆。

采用连通管连接导爆管起爆网路时，所有空孔都应插入导爆管。如果遇到空头也应堵死或多插一段空爆的导爆管，以减少主导爆管的能量损失，从而提高传爆的可靠性。

3.2.4.6　继爆管

继爆管是一种专门与导爆索配合使用的延期起爆器材，借助于继爆管的微差延期继爆作用与导爆索一起实现微差爆破。在导爆索网路中的适当位置接入继爆管，可以起到延长传爆时间和接力传爆的作用。继爆管的特点是延期时间准确、精度高、起爆可靠、施工操作简便，易于掌握。继爆管由不带点火装置的毫秒延期雷管和消爆管组成，可以分为单向毫秒继爆管及双向毫秒继爆管，分别如图3-18和图3-19所示。

继爆管有单向和双向两种。单向的只能向一个方向传爆，使用时首尾不能颠倒，否则将不能传爆。双向的两个方向都能传爆，使用方便，但成本稍高。

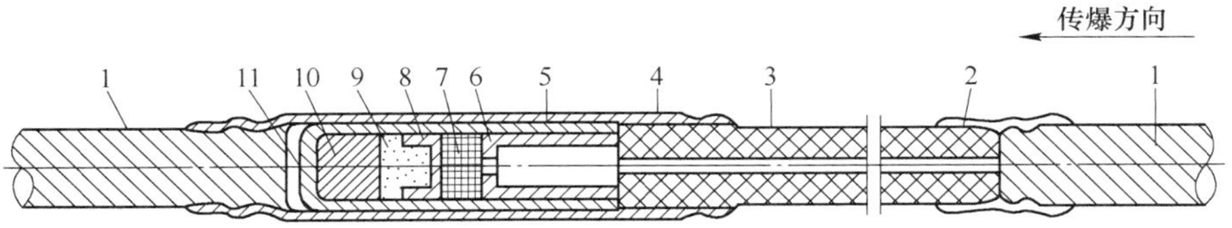

图 3-18 单向毫秒继爆管

1—导爆索；2—连接管；3—消爆管；4—外套管；5—大内管；6—纸垫；7—延期药；8—加强帽；9—起爆药；10—加强药；11—雷管壳

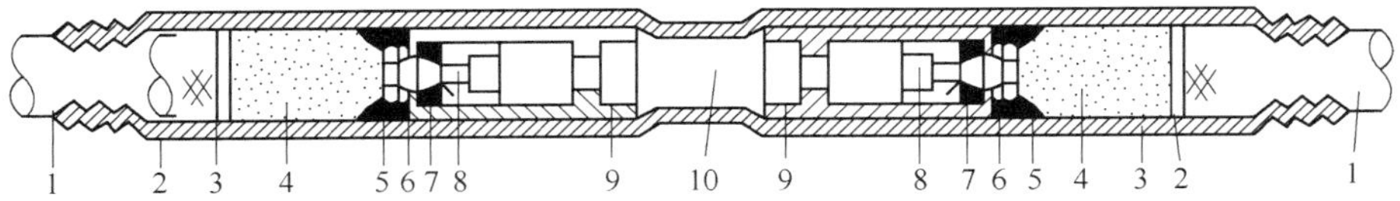

图 3-19 双向毫秒继爆管

1—导爆索；2—外套管；3—雷管体；4—二硝基重氮酚；5—加强帽；6—内管；7—延期药；8—小帽；9—阻闸帽；10—缩孔

3.2.5 岩石的爆炸破碎

岩石的爆炸破碎是露天矿山开采中量大面广的重要作业内容，露天矿爆破工作是要把矿岩从岩体上崩落下来，并按照工程要求破碎成一定块度、抛掷成一定形状，以便为随之而来的采装工作提供适宜的挖掘物。面对各种各样的岩石类型和地质结构，如何选择不同的开采工艺方法，关键取决于岩石爆炸破碎可能产生的效果。在本节中并不打算详细对岩石爆炸破碎机理进行阐述，而仅对可能与露天矿用牙轮钻机穿孔作业中相关的内容予以讨论。

3.2.5.1 *岩石爆炸破碎机理的主要理论*

炸药的爆炸是一个在瞬间完成的高温高压和高速的复杂变化过程，而岩石又是一种千变万化的非均质介质。因此，在解释岩石爆破破碎机理时出现了各种各样的学说。目前公认的岩石爆破破碎机理主要有三种理论：爆生气体膨胀作用理论；爆炸应力波反射拉伸理论；爆生气体和应力波综合作用理论。

A 爆生气体膨胀作用理论

这种理论认为岩石被破碎的主要因素是由于爆轰气体产物膨胀压力作用引起的。

也就是说，炸药爆炸后爆轰气体迅速膨胀，作用于岩体，则在岩体中产生压缩应力场，岩石质点产生径向位移，这种径向位移产生环向的切向拉应力，当切向拉应力大于该点处岩石的抗拉强度时，则岩石发生破坏，产生径向裂隙。

该理论认为炸药爆炸引起岩石的破碎，主要是由于气体膨胀做功的结果。所以其破坏发展的方向是由药室引向自由面。图 3-20 为爆生气体的膨胀作用示意图。

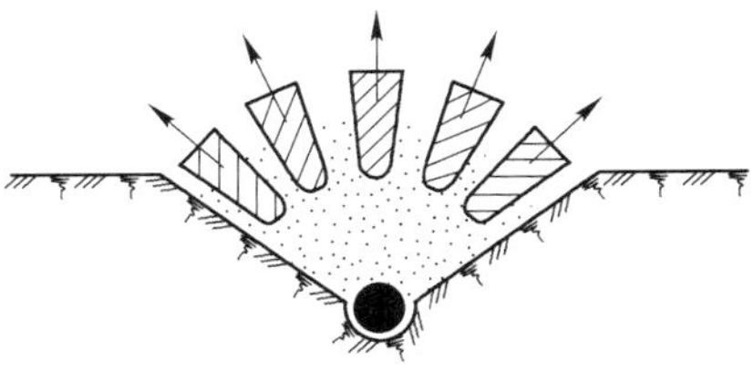

图 3-20 爆生气体的膨胀作用示意图

爆轰气体膨胀除了破碎岩石外，还推动被破碎的岩块做径向抛掷运动。

总而言之，岩石的破坏是由爆轰气体产物的膨胀压力作用引起的。

B　爆炸应力波反射拉伸理论

拉伸应力波破坏炸药在岩石中爆炸产生的应力波传到自由面后，反射成拉伸波，由于岩石抗拉强度低，因此从自由面开始，由外向里使岩石产生片状断裂，是岩石破碎的主要原因。

这种理论的主要依据是：岩体的破碎过程由自由面开始，爆轰波波头的压力大于爆轰产物的膨胀压力，岩体中的应力主要由爆轰波压力引起的，岩石的抗拉强度远远小于抗压强度，应力波遇自由面反射后形成拉伸波使岩石破坏（持这种观点的人不太多）。

C　爆生气体和应力波综合作用理论

爆生气体和应力波综合作用理论认为，岩石爆破破碎是爆生气体膨胀和爆炸应力波综合作用的结果。在爆炸的瞬间，应力波作用在药室周壁上产生初始的径向裂隙，而爆生气体则挤入这些裂隙内并使它扩张和延伸，直至岩石完全破碎。岩石破碎是应力波和爆生气体膨胀压共同作用的结果。这一学说越来越为人们所认同。

前苏联学者哈努卡耶夫认为：不同的岩石，两者各起的作用不同，当岩石的波阻抗较高、岩石坚硬致密时，应力波破坏占主要原因；当岩石的波阻抗较低、岩石较松软时，则爆轰气体的膨胀压力占主要原因。波阻抗在两者之间都起重要作用。他把岩石按波阻抗值分为三类，见表3-5。

表3-5　岩石的波阻抗值分类

岩石类别	波阻抗值/g·(cm^2·s)$^{-1}$	破　坏　作　用
高阻抗岩石	$15\times10^5\sim25\times10^5$	主要取决于应力波，包括入射波和反射波
中阻抗岩石	$5\times10^5\sim15\times10^5$	入射应力波和爆生气体的综合作用
低阻抗岩石	$<5\times10^5$	以爆生气体形成的破坏为主

综合作用理论的实质是：岩体内最初裂隙的形成是有冲击波或应力波造成的，随后爆生气体渗入裂隙并在准静态压力作用下，使应力波形成的裂隙进一步扩展，即为炸药爆炸的动作用和静作用在爆破破碎岩石过程中的综合体现。

3.2.5.2　*岩石爆破破碎的作用分析*

岩石的爆破破碎作用分为爆破的内部作用和爆破的外部作用。

A　爆破的内部作用

岩石内装药中心至自由面的垂直距离称为最小抵抗线，通常用 W 表述。对于一定的装药量，若最小抵抗线 W 超过某一临界值时，可以认为药包处于无限岩体中。此时当药包爆炸后，在自由面上不会看到地表隆起的迹象。也就是说，爆炸作用只发生在岩石内部，未能达到自由面。药包的这种作用，称为爆破的内部作用。

爆破后，由于爆破的内部作用的影响，使其在炸药爆炸后对岩石的破坏范围很小，根据炸药能量的大小、岩石可爆性的难易和炸药在岩体内的相对位置，岩体的破坏作用可分为近、中、远三个部分，即压缩区、破裂区和震动区三个区域。爆破的内部作用示意图如图3-21所示。

（1）压缩区。炸药爆炸后，释放出高温高压的气体，冲击波的压力远远超过岩石的动抗压强度，再加上非常高的温度，使得岩石被压得粉碎，特别是紧挨着药包的岩石会产生塑性流动，岩石被压缩成一个空腔，这个空腔又称压缩区（粉碎区）。

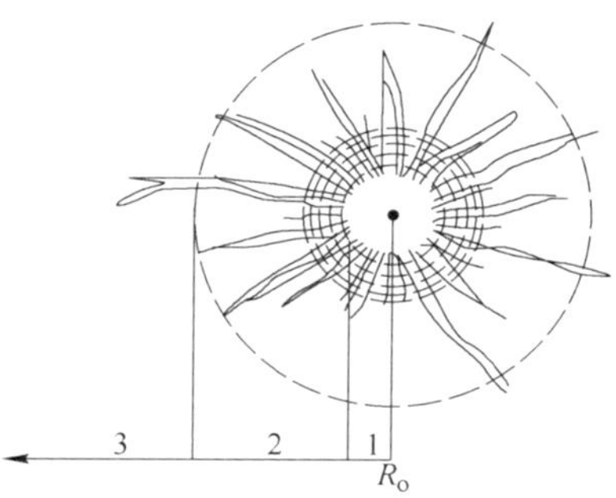

图 3-21　爆破的内部作用示意图

1—压缩区；2—破裂区；3—震动区；R_o—药包半径

（2）破裂区。由于冲击波迅速衰减，压应力迅速下降，在压缩区之外，压应力小于岩石的动抗压强度，这时岩石就不能被压碎，然而在这个范围内，会产生径向裂隙和环状裂隙，引起岩石破坏，所以这个范围又称破碎区。径向裂隙是由于岩石质点在应力波作用下产生径向位移，从而产生切向拉应力，因而产生径向裂隙。环状裂隙，岩石受压缩后，储存一部分弹性变形能，冲击压力消失后，这部分能量会释放出来，而引起岩石质点向药包中心的位移，从而引起径向拉应力，引起环状裂隙。从环状裂隙和径向裂隙的产生，可以说岩石的破坏不仅是由于冲击波和应力波的作用的结果，爆轰气体的膨胀可促使裂隙的发展。

破坏区范围也不太大，一般是 2 倍到几十倍的药包半径。破裂区形成的裂隙所产生的应力作用示意图如图 3-22 所示。

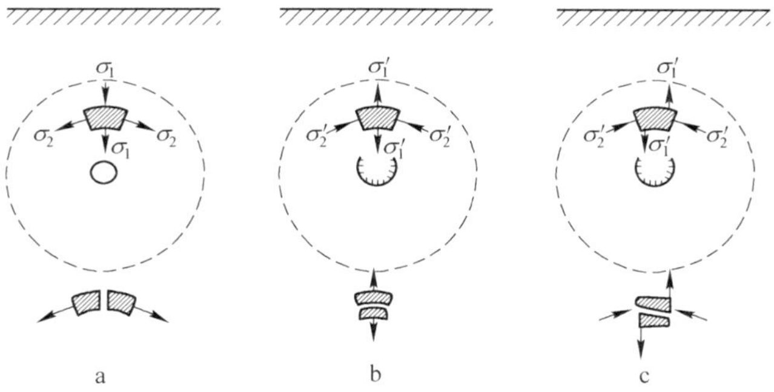

图 3-22　破裂区形成的裂隙所产生的应力作用示意图

a—径向裂隙；b—环向裂隙；c—剪切裂隙

σ_1—径向压应力；σ_2—切向拉应力；σ_1'—径向拉应力；σ_2'—切向压应力

（3）震动区。在破坏区范围之外的岩体中，应力波进一步衰减，不能引起岩石的破坏，而只能引起岩石质点的弹性震动，这个范围要大得多，一般可达到几十倍至上百倍的药包直径。

B　爆破的外部作用

当岩石内装药中心至自由面（地表）的垂直距离最小抵抗线 W 小于临界抵抗线 W_C 时，也就是说，当药包埋置靠近地表时，炸药爆炸后，爆破作用不仅发生在岩体内部，还会达到自由面即地表附近。在自由面附近，岩石的破坏范围将显著增加，形成鼓包、片落或漏斗。这种作用就称为爆破的外部作用。

根据应力波反射原理，当药包爆炸以后，在爆破的外部作用下，压缩应力波到达自由面时，便从自由面反射回来，变为性质和方向完全相反的拉伸应力波，这种反射拉伸波将岩石从自由面上一层一层破坏，引起岩石“片落”和引起径向裂隙的扩展，破碎的岩石形成从药包中心到自由面的一个漏斗形破坏空间。

总而言之，由于自由面的存在，改变了岩石中的应力状态，使得岩石处在更容易破坏的应力状态中，使得岩石破坏范围增大（与在无限岩体中相比）。

3.2.5.3　爆破漏斗及常见漏斗形式

A　爆破漏斗的形成

当药包在地表附近爆炸时，大量的爆生气体急剧膨胀，将最小抵抗线方向自由面的岩石鼓起、破碎、抛掷，最终在地表形成一个爆破凹坑，这个凹坑称为爆破漏斗。而爆破漏斗的形成与药包埋置深度是密切相关的。

在岩石性质与装药量相同的条件下，区别岩体中装药爆破的内部作用和外部作用主要是看药包的埋置深度。如果将漏斗体积设为 V，最小抵抗线设为 W，临界抵抗线设为 W_C，装药的埋置系数为 Δ，设 Δ 为最小抵抗线与临界抵抗线之比值。那么则有 $\Delta = W/W_C$，V 的大小与装药的埋置系数 Δ 相关。图 3-23 为药包埋置深度变化时的爆破作用示意图。

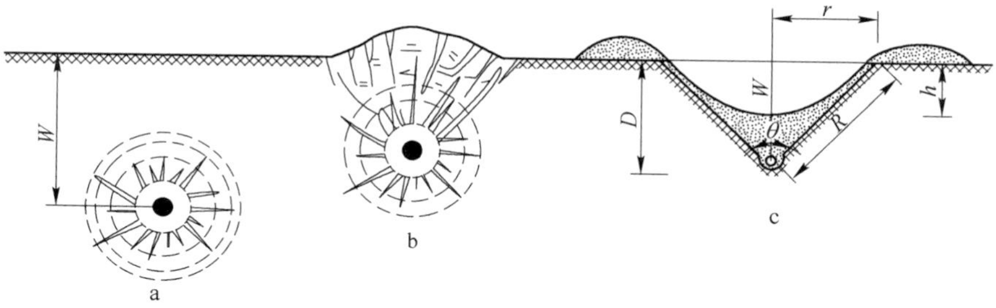

图 3-23　药包埋置深度变化时的爆破作用示意图

这样，当 $\Delta \geqslant 1$ 时，即最小抵抗线大于或等于临界抵抗线时，装药爆破只产生内部作用，此时漏斗体积 $V=0$，如图 3-23a 所示；当 $\Delta < 1$ 时，即最小抵抗线小于临界抵抗线，装药爆破同时产生了内部作用和外部作用，除了在装药下方的岩体内形成粉碎区、破裂区和震动区外，装药区上方的岩石将被破碎并形成爆破漏斗，如图 3-23b、3-23c 所示。

B　爆破漏斗的构成要素

爆破漏斗由 7 个要素构成，如图 3-24 所示。

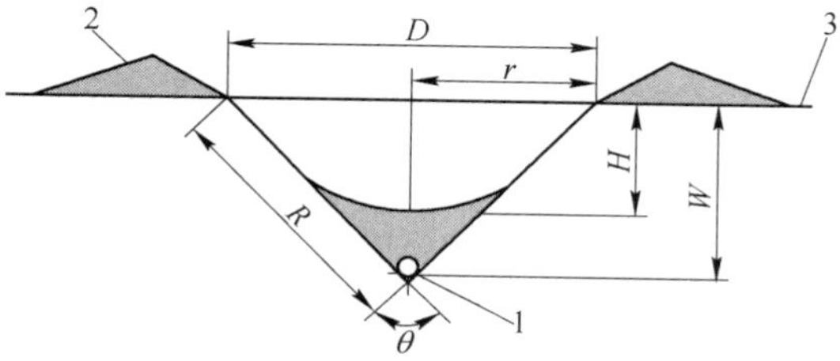

图 3-24　爆破漏斗的构成要素示意图

1—药包；2—爆堆；3—自由面

（1）自由面。指同空气接触的岩石表面，又称临空面。自由面在爆破当中起着重要的作用。由于自由面的存在，改变了岩石中的应力状态，使岩石处在更容易破坏的应力状态下，爆破时岩石才能向自由方向发生破裂、破碎和移动。人们还发现，自由面越大越多，爆破体积越大，爆破效果越好。

（2）最小抵抗线（W）。药包中心或重心到最近自由面的最短距离称为最小抵抗线，它是爆破作用和岩石移动的主导方向。事实上最小抵抗线是爆破时岩石阻力最小的方向，在这个方向上岩石运动速度最高，爆破作用也最集中。因而最小抵抗线是爆破作用的主导方向，也是抛掷作用的主导方向。为了控制岩石爆破与抛掷方向，常常在药包附近人为地创造自由面，改变最小抵抗线的方向。

（3）爆破漏斗底圆半径。靠近自由面的药包爆破时通常在自由面处形成一个圆形缺口，这就是爆破漏斗底圆，它的半径用 r 表示。它反映了漏斗口的阔度。

（4）爆破作用半径（R）。R 指从药包中心到漏斗底圆圆周上任意一点的距离。

（5）爆破漏斗深度。爆破漏斗顶点之自由面的最短距离，用 D 来表示。

（6）爆破漏斗可见深度。爆破漏斗爆破后，岩石被抛出去，部分岩石回落回来，自爆破漏斗中岩堆表面最低洼点到自由面的最短距离，用 h 来表示。

（7）爆破漏斗展开角，即爆破漏斗顶角 θ。

以上爆破漏斗的 7 个要素，反映了爆破漏斗的形状和大小。其中，最重要的要素是最小抵抗线和底圆半径。

C　爆破作用指数

既然底圆半径和最小抵抗线确定了爆破漏斗体积大小和形状，那么再把这两个要素合成为一个，将它称为爆破作用指数，用 n 来表示，即爆破作用指数为爆破漏斗底圆半径 r 与最小抵抗线 W 的比值。爆破漏斗与爆破作用指数的关系如图 3-25 所示。

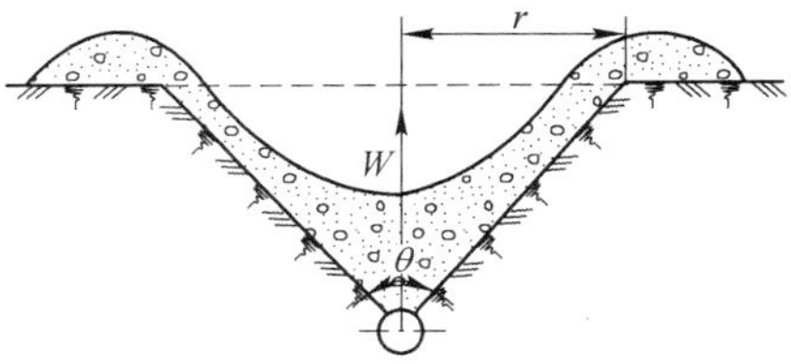

爆破作用指数 $n=\frac{r}{W}$

图 3-25　爆破漏斗与爆破作用指数的关系

n 值的大小反映了 r 和 W 之间的相对关系，即反映了爆破漏斗的形状，n 值越大，r 越大，W 越小，漏斗展开角 θ 越大，漏斗越浅，抛掷作用越强；n 值越小，r 越小，W 越大，漏斗角 θ 越小，漏斗越深，抛掷作用越强。

若 $n\to\infty$，相当于药包在岩石表面爆炸。

若 $n\to 0$，相当于药包在无限岩体中爆炸。

爆破作用指数是爆破工程中经常使用的一个极为重要的指数，在进行爆破设计以及药量计算时都要用到它。在工程爆破中，根据爆破作用指数 n 值的不同对爆破漏斗进行分类。

（1）$n=1$，称为标准抛掷爆破漏斗。此时 $W=r$、$\theta=90°$。这时的爆破称为标准抛掷爆破。

（2）$n>1$，称为加强抛掷爆破漏斗，此时 $r>W$、$\theta>90°$。岩石的破碎和抛掷作用都比 $n=1$ 时加强。这时的爆破称为加强抛掷爆破。

（3）$0.25<n<1$，称为减弱抛掷大爆破漏斗或加强松动爆破漏斗，此时，$r<W$、$\theta<90°$，岩石被破坏而抛掷作用减弱。这时爆破称为减弱抛掷爆破或加强松动爆破。

（4）$0<n\leqslant 0.75$，称为松动爆破漏斗，爆破成为松动爆破，这时岩石产生松动破裂和破碎而没有抛掷作用。从外表看，没有明显的可见漏斗出现。这时爆破称为松动爆破。

D　爆破漏斗的基本形式

爆破漏斗是爆破工程中最普遍、最基本的形式。根据爆破指数 n 值的大小，常见的爆破漏斗一共有 4 种基本形式，如图 3-26 所示。爆破漏斗基本形式的特点见表 3-6。

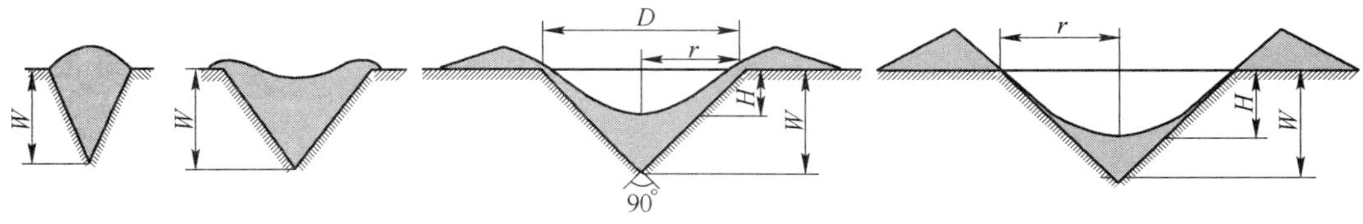

图 3-26　爆破漏斗的 4 种基本形式

a—松动型；b—减弱抛掷型（或加强松动型）；c—标准抛掷型；d—加强抛掷型

表 3-6　爆破漏斗基本形式的特点

爆破漏斗形式	爆破指数	漏斗展开角	表现形式与适应范围
松动型	$0 < n \leqslant 0.75$	$\theta < 90°$	岩石发生松动破裂和破碎而没有抛掷作用。爆破后岩渣基本不飞散，只在原地松动。从外表看，没有明显可见的爆破漏斗出现。自由面稍有隆起。工程爆破中常用于扩孔（扩壶）等控制爆破
减弱抛掷型	$0.25 < n < 1$	$\theta < 90°$	岩石被破坏但抛掷作用减弱，爆破后只有极少岩渣被抛出，大部分岩石只是有所松动，这种爆破称为减弱抛掷爆破。自由面稍有凹陷，形成减弱抛掷漏斗。它是井巷爆破的常用形式
标准抛掷型	$n = 1$	$\theta = 90°$	岩石发生松动破裂和连续破坏，爆炸后破碎岩石被从药包中心抛掷出地表，大部分岩渣被抛出漏斗处，自由面形成标准爆破漏斗
加强抛掷型	$n > 1$	$\theta > 90°$	岩石发生松动破裂和连续破坏，爆炸后大部分或全部岩渣被抛出漏斗处，一部分爆能用来使岩块抛掷，工程中 $1 < n < 3$，是露天抛掷大爆破或定向抛掷爆破的常用形式。自由面形成大阔度爆破漏斗

从爆破漏斗的形状、体积大小可以反映出岩石爆破的一些基本规律，爆破漏斗是工程爆破当中最简单、最基本的一种爆破形式，所以研究爆破漏斗可以得出爆破的一些基本规律。

E　利文斯顿的岩石爆破漏斗理论

美国学者利文斯顿（C. W. Livingston）提出了一套以能量平衡为基础的岩石爆破破碎的爆破漏斗理论，他根据药包的埋置深度不同，或者炸药爆炸能量作用效果不同，将爆破分为四种类型：

（1）弹性变形。当药包埋在地表以下很深的位置时（无限岩体）能量全部被岩石吸收，用于粉碎区、破碎区和地震区的弹性变形，地表岩石不发生破坏。

（2）冲击破坏。如果药包质量不变，缩小埋深，则地表岩石将破坏，产生爆破漏斗，随着埋深的减小，爆破漏斗体积增大，药包埋深减小到一定值时，爆破漏斗体积达到最大值，这时的埋深，称为最适宜深度或最佳埋深。

（3）碎化破坏。若药包质量不变，埋深继续缩小，则地表岩石损坏严重，然而漏斗体积变小，这主要是由于爆炸时有很大一部分能量释放到空气中的缘故。这时抛掷作用增强。

（4）空气中爆炸。当药包的埋深很小时，爆炸能量的大部分释放到空气中，产生空气冲击波，岩石很小部分破碎，这就相当于在空气中爆炸。

在以上四种形态中，除弹性变形外，其他形态都有爆破漏斗的形成。

该理论不局限于爆破漏斗几何形状的确定，而着重于爆破最大、最小体积时爆破漏斗的有关参数（临界深度、最佳深度等）的确定，并提出了一系列定量关系式，为优化设计提供了依据，在实践中获得了较好的应用效果。

3.3　露天矿爆破钻孔

3.3.1　露天矿爆破钻孔简介

人工破坏岩体的最有效和最通常采用的方法就是爆破。这是一种通过将原有的物体迅速破坏并将其分裂成若干小块的常用的工程方法。

爆炸时，爆破作用会在瞬间（几毫秒的很短的时间）产生非常大体积的气体和巨大的热量场。爆破发生时，这种方式产生的气体和非常高的压力被施加在周围的环境。在同一时间，周围的材料强度也由于爆破作用而大幅度降低。当气体产生的位置受到限制时，气体无法逸出到大气中，压力增加的强度将达到相当高的水平，并导致最大的破坏。

要使爆炸对周围材料产生最有效的破坏，需要先钻一个具有相当深度的孔，钻孔完成后，再使用一定的方法将炸药充填入孔中。将一个雷管，由两个铜线连接，装入钻好的孔内同时把炸药填满，然后从顶部密封。一旦所有的预防措施得以验证完成后，将电流通过导线传送。电流加热金属丝将雷管起爆后，这种爆炸则造成进一步引爆填充在孔内的炸药。以这种方式填充炸药的孔被称为炮眼，即炮孔。钻凿这种孔的过程称为炮孔或爆破孔钻进。用于钻孔的机器被称为爆破孔钻孔（或穿孔）设备。

露天钻孔爆破就是在露天条件下，采用钻孔设备，对被爆破体以一定方式、一定尺寸布置炮孔。将炸药置在恰当位置，然后按照一定的起爆顺序进行爆破，实现破碎、抛掷等目标。

除了像在现场爆破一块巨石仅钻凿一个或几个炮孔外的情况外，露天矿山的开采钻孔的炮孔数量都达到上百个以上。目前，许多矿山每次爆破5~10排、200~300个炮孔，一次爆破矿岩量多达30万~50万吨。为了使爆炸后的岩石碎片的体积小，则需要对爆破孔的数量、深度和孔位根据爆破工艺的要求进行设计。这需要通过仔细的设计和优化来确定孔的直径、深度和斜度，并且还布置和空穴的其他相关参数。

旋转钻孔是当前用于露天矿爆破钻凿炮眼的两种主要方法之一，另一种方法是所谓的旋转式冲击钻。本书讨论的是旋转钻孔即牙轮钻机的回转式爆破孔钻进。

3.3.1.1　爆破孔钻孔基本概念

在爆破孔钻进的实际操作中，钻进的功能是通过使用一个下部连接有钻头的钻杆来实现的，如图3-27所示。在爆破孔钻进过程中，为了保持钻进的连续性，需要把破碎后的岩渣排出孔外。此时就需要应用压缩空气等介质通过钻杆的内孔向下压入炮孔内，然后经由已经成型的炮孔内壁与钻杆外径之间的空隙用压缩空气将已经破碎的岩渣向上排出炮孔外。

在钻进过程中，钻头与岩石相互作用。钻杆能使钻头持续供应能量，当能量以某种形式被从钻头的岩石裂隙传递到岩石上时，岩石的破裂则继续以渐进的方式进入到岩石深处。

由于钻头与岩石互动并打破它，从而导致岩屑形成。这些钻屑被通过钻杆中心孔中经由钻头的循环流体的移开。当循环流体从钻头处逃逸，并开始向上移动至地表面通过环形空间时，就将它们（岩屑或岩渣）带出炮孔并沉积在炮孔周边的地面上，如此循环往复。因此，钻头始终保持在破岩钻进的新鲜位置。

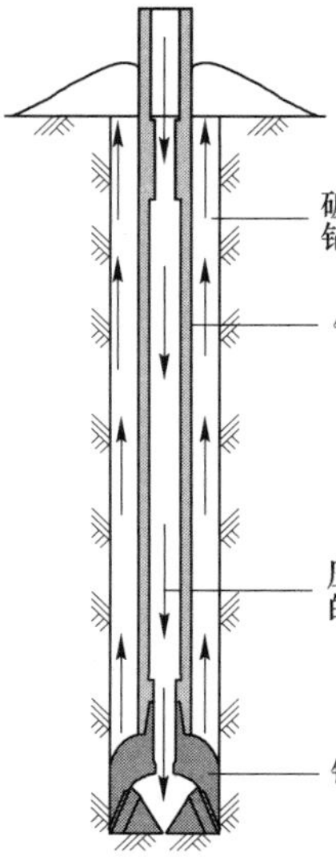
破碎后的岩渣气流顺孔壁和钻杆外壁向上运动被排出
钻杆
压缩空气通过钻杆内径的中心向下运动排渣
钻头

图 3-27　爆破孔钻孔示意图

钻具通过旋转运动使钻头旋转时，其切割点覆盖为一个完整的圆形横截面面积，以形成一个圆柱形炮眼。

只有实现以下基本的技术要求时钻孔过程才能得以完成：

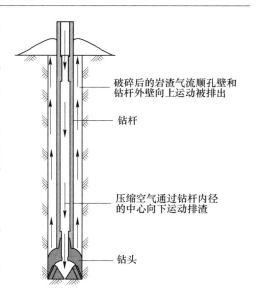

（1）要钻透岩石，钻孔所使用的钻头必须具有足够的硬度、耐热性、强度、韧性并具有较长的使用寿命。

（2）必须有持续不断的动力提供给钻头以使岩石破碎。

（3）穿凿岩石的钻头必须能够稳定地旋转，以确保钻进能形成一个圆孔。

（4）组合的钻具必须具有特定的属性，以有效地传递进给力和旋转扭矩，能够在强大的冲击力的作用下不会过度变形。

（5）穿孔钻进的过程中所产生的岩屑必须尽快同步排出孔外，这些岩屑不会在孔内被再次粉碎，避免浪费能源。

（6）钻头应当能够通过钻杆组件获得足够的能量给钻头，以使被钻凿的岩层破裂。

（7）钻头的钻刃方向必须保持与钻孔的预定方向一致。

（8）钻孔所形成的孔壁，不得从其内壁塌陷。

（9）在获得期望的钻孔深度后，必须有可能撤出钻头、钻杆及其他配件组成的钻杆。

为满足上述这些基本要求，能够组合产生出不同的钻孔方法。

除了上述技术要求外，还需要满足其他一些环境和经济发展的需要，包括：

（1）应当防止钻孔过程中所产生的粉尘与大气中的空气混合后所造成的污染。

（2）在钻孔的过程中，应当保持以最佳的速度穿凿岩层，并将操作的成本降至最低限度。

（3）由钻孔设备生成的噪声必须保持在一个可接受的低的水平。

从理论上讲，有许多形式的能量已经在实验室中被应用到岩体的解体，但是在当前实践中还仅有机械能被应用。

3.3.1.2　爆破孔钻孔的基本方法

现今在露天矿山爆破孔穿孔作业中主要使用的是两种形式的机械能，即应用冲击和旋转的机械方式钻凿炮孔。在这两种形式的钻孔作业中钻杆和钻头都需要旋转。因此，将该钻孔方法称为旋转冲击钻进和旋转钻进。这两种钻孔方法的示意图如图 3-28 所示。

旋转冲击钻进的钻头产生的能量用于反复击打，就像那些使用手工用锤子捶打钎杆的形式。这些冲击钻杆产生冲击波，该传递到钻头的冲击波通过切削刃或钻头的柱齿传递到岩体。其结果是，在岩体上形成裂纹后使之破裂并导致形成的细碎的岩石切屑。

而旋转钻进的方式则是在钻头上施加非常大的压力，该压力通过钻头作用在岩体上，当这个非常大的钻进压力通过钻头的切削点传递到岩体上时，就导致了岩体裂缝发展和岩石碎片的形成。

无论是旋转钻进还是旋转冲击钻进，都需要将钻进过程中在炮孔内形成的岩石碎屑通过循环往复的压缩空气或液体介质，从炮孔的底部排出到顶部的孔外。

A 旋转冲击钻进

旋转冲击钻用于产生冲击的组件被称为冲击锤。冲击锤有两种类型，即位于顶部的顶锤和底部的孔锤。图 3-29 所示为使用这两种方式冲击锤的顶锤式钻机和潜孔钻机。所谓的顶锤式钻机，是因为冲击锤总是保持在钻杆的顶部，钻孔时顶锤做功将钻杆和钻头冲击至孔内。它通过上下往复的活塞运动实现冲击钻进。此外，它也可以通过在其内的电动机产生旋转运动。顶锤式钻机的活塞运动或旋转运动由液压油或压缩空气完成。

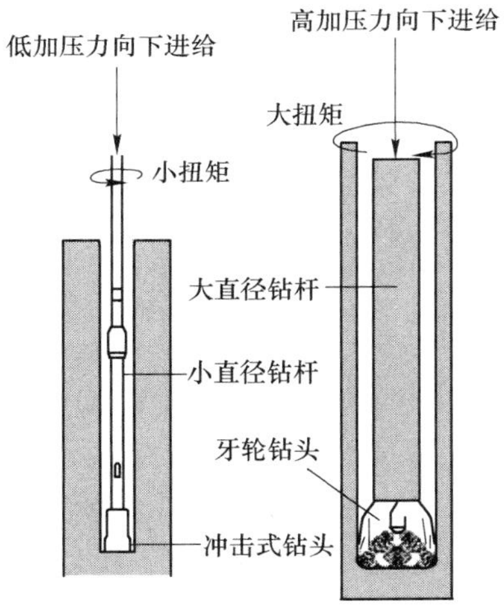

图 3-28 旋转冲击钻进和旋转钻进钻孔方法示意图

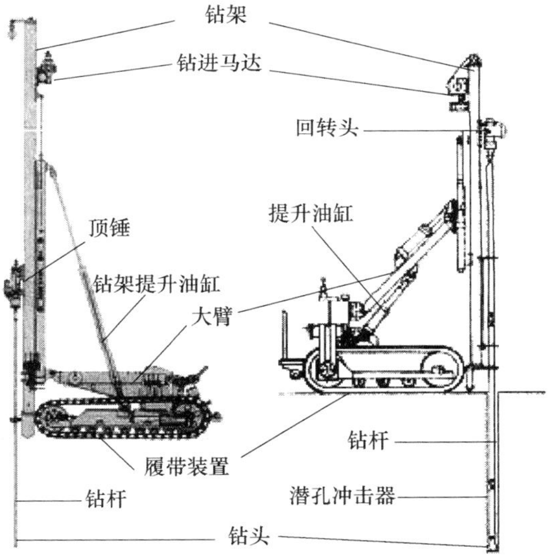

图 3-29 顶锤式与潜孔式钻机示意图

顶锤式钻机在坚硬的岩石钻进中具有很快的穿透率，大多用于建筑工地的钻孔，也有用于小型露天矿山、采石场和地下矿井不同目的的作业。顶锤式钻机穿孔的直径通常为 38 ~152mm。随着越来越多的钻杆被添加以达到更大的钻孔深度，会使得顶锤钻进效率迅速降低。因为所连接的钻杆损耗了钻头的能量，所以顶锤式钻机的钻孔深度一般不会大于 30m。通过使用特殊的钻杆组件，某些顶锤式钻机的钻孔深度可以达到 50m。

所谓的下孔锤通常简称为潜孔钻，是因为其冲击器被安装在钻杆的底部。钻头则附连到潜孔钻冲击器的下端。潜孔钻机的冲击器总是伴随着钻头进入洞内。活塞在潜孔冲击器中的运动是由压缩空气引起的。在露天矿爆破孔的钻进过程中，潜孔钻机用钻杆带动风动冲击器和钻头一起旋转，同时利用风动冲击器的活塞冲击钻头破碎矿岩。

潜孔钻机在坚硬的岩石中的穿透率也很高。它们还用于建筑工地露天矿山，采石场和地下矿井不同的爆破孔钻进。潜孔钻机的钻孔直径与 DTH 的直径相关，通常用在中小型矿山中的钻孔直径为 80 ~ 250mm。

顶锤式钻机或潜孔钻机使用的钻头大体上分为两类：一种是刃片型钻头，另一种是柱齿型钻头。刃片型钻头所使用的刀片过去有合金钢制成的，刀片被用一种合适的钎焊合金通过钎焊装置固定在钻头本体上的预加工槽内，刀片排列成十字形或 X 形；顶锤钻进的钻头上带有内螺纹，使它们能够与钻杆连接。现在的刃片型钻头则是在其工作面镶嵌硬质合金刀片。这种钻头修磨较易，但硬质合金刀片在整个工作面上的分布不合理，边缘部分刃口负荷重、磨损快，影响钻进速度，降低了钻进的作业效率。这种钻头应用较早，曾在穿孔直径 100 ~ 150mm 的钻机中用得较多。柱齿型钻头从 20 世纪 60 年代后迅速发展，现在普遍使用的就是柱齿型钻头。

由于在旋转冲击钻进过程中，钻头是传递冲击能量、直接破碎岩石的工具。在钻孔过程中，钻头上端承受活塞的冲击，下端打击在岩石上，同时还承受轴压、扭矩和岩渣的磨蚀作用，受力状态极其复杂。因此，要求钻头材料具有较高的动载荷强度和优良的耐磨性；结构上应利于压缩空气进入孔底以冷却钻头和排除岩渣；形状简单，易于制造；钻头重量与冲击活塞之比应尽可能接近于 1，以提高冲击能量的传递效率。

图 3-30 和图 3-31 所示分别为顶锤冲击和潜孔冲击钻孔中使用的主要钻头类型。

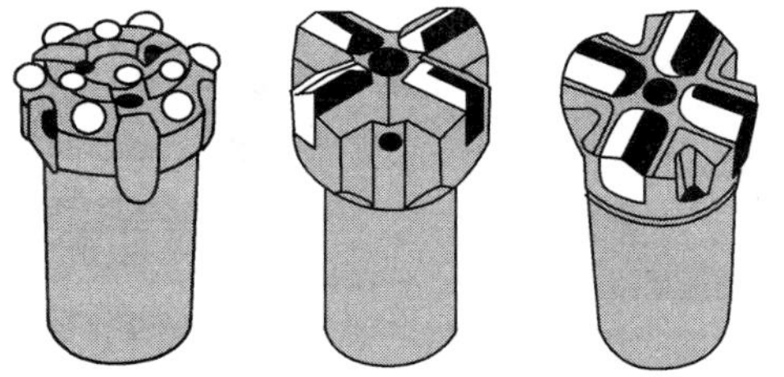

a　　　b　　　c

图 3-30　顶锤冲击钻进使用的钻头

a—柱齿式；b—十字刃刃式；c—X 型刃刃式

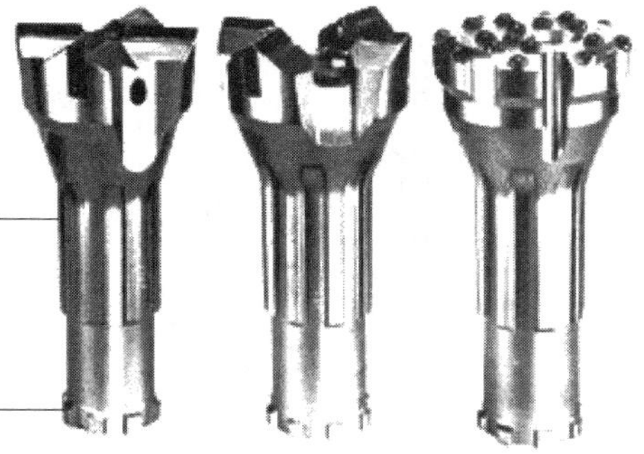

a　　　b　　　c

图 3-31　潜孔冲击钻进使用的钻头

a—十字刃刃式；b—X 型刃刃式；c—柱齿式

B　旋转钻进（或旋转牙轮钻进）

旋转钻进炮孔的旋转运动是在钻机顶部通过液压或电动马达产生的。回转头部通过进给机构向下施加必要的进给力。用于旋转钻进的牙轮钻机的压下力是非常大的，因为只有通过钻杆对钻头施加非常大的进给力和很大的扭矩才能实现牙轮钻头在坚硬岩层中的钻进。履带式的下部行走装置很适合安装又高又重的牙轮钻机，并适用于在粗糙的地面行驶。

它是通过钻机的回转和推压机构使钻杆带动钻头连续转动，同时对钻头施加轴向压力，以回转动压和强大的静压使钻头与接触的岩石相互作用。加压施加到牙轮钻头上的重力，传递给钻头的旋转圆锥体上的柱齿并穿入岩体，随着沉重的扭矩作用，岩体被压裂粉碎。同时钻机通过钻杆与钻头中的送风孔向炮孔底部注入压缩空气，利用压缩空气将破碎的岩渣和岩屑排出孔外，从而形成炮孔。图 3-32 所示为牙轮钻机的外部构造和钻具的主要构件。

旋转钻进通常使用的钻头类型如图 3-33 所示。在软岩钻进时可以使用刀刃式的钻头，在中软岩层钻进时则可使用柱爪式钻头，而在穿凿坚硬的岩层时则必须使用三牙轮的牙轮钻头。所有这三种类型的钻头采用的硬质合金刀片或柱齿都是通过热装、钎焊或机械销或卡簧装配在钻头本体上。牙轮钻头则还必须通过滚子轴承和球轴承固定在牙掌（牙腿）的三个旋转锥体中。这一点与旋转冲击式的钻头截然不同。

图 3-32 牙轮钻机的外部构造和钻具的主要构件

旋转牙轮钻孔或旋转冲击钻孔方法用于爆破孔钻孔，习惯上使用压缩空气替代钻孔液，因为它是迄今为止相比水或其他钻孔液效率更高的一种将破碎后形成的岩渣和钻屑排出孔外的介质。

3.3.1.3 爆破孔钻孔的特殊性

相对于其他用途的钻机，如石油钻机、岩芯钻机、水文地质调查与水井钻机、工程地质勘查钻机等，露天矿爆破孔的钻孔具有一定的特殊性。

a b c

图 3-33 牙轮钻机旋转钻进通常使用的钻头

a—刀刃式；b—柱爪式；c—三牙轮式

（1）在同一区域或位置进行爆破孔穿孔作业。一个大规模露天矿山的开采区域，有可能需要在数平方千米以致数十平方千米的区域内进行爆破孔的穿孔爆破作业，需要穿凿钻上万个的爆破孔。大多数这样的采矿项目需要历时几十年以上。而用于其他用途的钻孔，如石油钻机或水井钻机只有几个孔钻在同一个位置。钻井作业仅持续数周或数月。下一次钻孔的位置，可能会距离遥远，甚至数千公里。

（2）爆破孔的间距彼此非常接近。在露天采矿作业中几百个爆破孔钻在同一个台阶面上。炮孔之间的距离通常是 3 ~ 12m。而在地下采矿或隧道作业的情况下，爆破孔之间的距离可以低至半米甚至较小。在爆破后形成的岩石表面，炮孔具有一个非常特定的模式，也就是或多或少与以前相同。

（3）爆破孔的钻孔深度浅。由于露天矿开采工艺的原因，露天矿的爆破孔深度一般在10～50m的范围内变化，具体情况取决于开采方法和所使用的穿孔作业设备。而用于其他用途的钻孔，如石油钻机或水井钻机的钻孔深度一般都有几百米。特别是油井的钻探，孔深可以是1～7km，甚至更深，最深的超过10km。

（4）爆破孔钻进的岩石块具有均匀性。一般来讲，露天开采的爆破孔都钻在一个比较一致的岩体上。该岩体可能会分层，但岩层的特性变化不会很大。但在地下开采中，特别是在隧道钻进中，从一个地方到另一个地方，岩体特性则可能发生极大的变化。

（5）炮眼钻在相同的环境。在露天矿或地下开采以及隧道的钻进中，所需穿凿的爆破孔的深度和周围环境几乎都是一样的。而用于其他目的的钻孔，两个孔可以是在完全不同的环境。例如，水井的钻孔可能是一个靠近港口繁忙的地方，而下一个则可能会钻在一座小山上。

（6）爆破孔钻孔中不需要进行测试。由于爆破孔钻进的目的就是在炮孔穿凿成型后用来填装炸药而后爆破，在爆破孔钻孔的过程中，不需要进行任何检测。但个别情况下除外，如钻机准备移动到下一个钻孔位置之前，可能必须对爆破孔进行一些测试。这样的测试完成之后，钻机才会移动到下一个钻孔位置。而对于其他用途的钻孔，很多“中孔”的测试则可能需要在钻井过程的中间进行。对于孔的路径取向进行检测和渗透测试，用于检测测量等专用工具必须被置放到孔中才能检测所钻的孔是否符合设定的工艺要求。

（7）爆破孔总是直的。除非出现不可避免的偏差，露天矿山的爆破孔（无论是垂直孔还是斜孔）都是在一条直线上。而其他用途的钻孔，孔可以故意偏离等或钻成一个弯曲的孔径。

3.3.2　露天矿爆破孔钻孔方法的选择

露天矿爆破孔的穿孔作业是露天矿开采的第一个工序，其目的是为随后的爆破工序提供装放炸药的炮孔。在整个露天矿开采的过程中，穿孔费用占生产总费用的10%～15%。穿孔质量的好坏、效率的高低，将对后续的爆破、采装等工序产生很大的影响。特别是对于矿岩坚硬、穿孔技术不够完善的露天矿山，往往成为露天开采的薄弱环节，制约矿山的生产与发展。因此选择合适的爆破孔钻孔方法，对于改善穿孔作业，提供生产效率和经济效益，强化露天矿山的开采，具有重要的意义。

3.3.2.1　爆破孔钻孔方法比较

旋转冲击和旋转牙轮钻进方法比较见表3-7。其比较的技术基础是从爆破孔钻进的角度来考虑的。

表3-7　爆破孔钻孔方法对比

对比内容	爆破孔旋转冲击钻进		爆破孔旋转牙轮钻进
	顶锤式冲击钻进	潜孔式冲击钻进	
实现爆破孔钻进的方法	通过置放在钻机顶部的重锤落下冲击	通过冲击器往复冲击置于孔内的钻头	通过地面钻机所施加的静压进给力加压钻头

续表 3-7

对比内容	爆破孔旋转冲击钻进		爆破孔旋转牙轮钻进
	顶锤式冲击钻进	潜孔式冲击钻进	
钻杆的类型	钻杆比较细长，需要通过套筒连接在一起	相对刚性较好，钻杆的端部带有连接用的外螺纹或内螺纹，大直径的钻杆无需套筒连接	刚性好，钻杆直径更大，钻杆的端部带有连接用的外螺纹或内螺纹，钻杆无需套筒连接
冲击和旋转运动的传递	两者均通过钻杆传递	仅旋转运动通过钻杆传递，冲击器将冲击运动传递给钻头	很大的静压加压力将冲击和旋转运动通过钻杆传递给钻头
实际钻孔的直径范围	38 ~ 150mm	89 ~ 250mm	150 ~ 445mm
钻孔的深度范围及钻孔偏离的敏感性	0 ~ 18m，由于钻杆的长径比较高，钻深孔时孔的偏离度较大	0 ~ 100m，钻深孔的偏离度较小，因为其钻杆的长径比较小	0 ~ 60m，钻深孔的偏离度小，因为其钻杆的长径比较小
钻角度孔的可能性	这种轻型钻机不可以钻斜孔	这种中型钻机钻斜孔比钻垂直孔要困难	这种重型钻机可以钻角度不大的斜孔
钻孔穿透率的效果	受钻杆的影响，穿透率随着钻孔深度的增加而大幅下降	随着钻孔深度的增加，穿透率没有明显的损失，因为没有能量传递的损失	穿透率不受钻孔深度的增加的影响，因为不使用冲击能量
孔洞内岩渣的去除方法	通过使用压缩空气装置作用于钻杆去除，有时也使用水作为循环介质	通过使用压缩空气装置循环作用于钻杆去除	通过使用压缩空气装置循环作用于钻杆去除
作用在钻具上的进给力的大小	保持必不可少的压力作用在钻头上，以确保其在岩层中的钻进	保持必不可少的压力作用在钻头上，以确保其在岩层中的钻进	有非常大的进给压力作用在钻头上，以确保钻头在岩层中的钻进，并将其压碾碎
极端寒冷天气的影响	由于油的黏度变化很大，给作为动力传输介质的液压油带来很大的困难	由于使用压缩空气作为动力的传输介质，较容易克服寒冷天气带来的困难	电动钻机的运行令人满意，但液压钻机由于油的黏度变化的原因，也给运行带来困难

表 3-8 给出了顶锤式（TH）冲击钻进和潜孔式（DTH）冲击钻进的典型钻进方法之间的定性比较。

表 3-8　顶锤式（TH）冲击钻进和潜孔式（DTH）冲击钻进方法之间的定性比较

对比所用的判据	TH 钻进	DTH 钻进
爆破孔直径范围/mm	75 ~ 127	127 ~ 300
钻孔实现穿透率的程度	▲▲▲▲	▲▲▲
所钻爆破孔的直线度	▲▲▲	▲▲▲▲▲
钻进深孔的适应能力	▲▲▲	▲▲▲▲▲
生产方式的转变能力	▲▲▲▲	▲▲▲
低燃料消耗水平	▲▲▲▲▲	▲▲▲

续表 3-8

对比所用的判据	TH 钻进	DTH 钻进
钻进用钢丝绳的经济使用寿命	▲▲▲	▲▲▲▲
困难条件下钻孔的适应性	▲▲▲	▲▲▲▲
良好条件下的适应性	▲▲▲▲▲	▲▲▲▲
操作使用的简易性	▲▲▲▲	▲▲▲▲▲

具有高效的穿透率是最重要的钻孔方法评价标准之一。图 3-34 显示了在三种不同硬度岩石中，通过使用顶锤式冲击钻进（Drifter）、潜孔式（DTH）冲击钻进和旋转牙轮钻进（Rotary）三种钻进方法穿凿 150mm 炮孔的穿透率的变化情况。

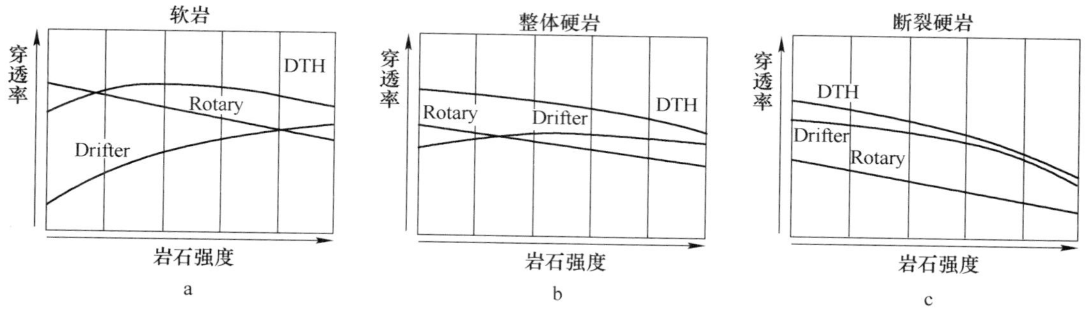

图 3-34　采用三种钻进方法在三种典型岩石中的钻孔穿透率曲线

必须清楚的是，当被钻的岩石不同，特别是当孔的直径或大或小发生变化时，图 3-34 中所示的钻孔穿透率的趋势都不会改变。

3. 3. 2. 2　爆破孔钻孔方法的选择

露天矿开采在确定了采用爆破开采的工艺之后，首当其冲面临的问题是：如何选择爆破孔的钻孔方法？

影响钻孔方法的选择的主要因素有：

（1）开采所持续的时间；

（2）孔的直径；

（3）孔的深度；

（4）钻孔所面对的地层特性。

影响爆破孔钻孔方法选择的最重要的因素是爆破孔穿孔作业的连续性。对于一般土石方工程而言，与露天矿山的开采相比所需要钻凿的爆破孔数量很小。土石方工程承包商可能很少有需要在一个地点连续进行爆破孔钻孔超过两年。

因此，对于一般的承包商，明智的选择是使用很多更小的钻机，而不是采用少数大型钻机为他的土石工程项目服务，因为该项目建成后，小型钻机可以在许多不同的小的土石方工程中继续使用。

土石工程的爆破孔钻孔的直径很少超过 127mm，几乎从来没有超过 200mm 的。爆破孔的深度也仅限于 20m 左右。因此，土石方工程公司通常选择穿孔直径较小的顶锤式冲击钻，对于较大直径的爆破孔钻进则选择采用潜孔钻。

而露天矿采矿的爆破孔钻孔作业则需要持续几十年，因此，在露天矿采矿的爆破孔钻孔作业开始之前选择一种与露天矿的开采规模、开采周期和地质特性相适应的钻孔方法是非常关键的。不正确的选择爆破孔钻孔方法可能会随之带来一系列的问题，并导致灾难性的后果。

当需要在露天煤矿的软沉积覆盖岩层之间进行爆破孔的穿孔作业时，合适的穿孔直径范围是 152～381mm，孔的深度范围介于 15～55m。而适合在软厚煤层中的爆破孔直径为 152～200mm，孔的深度范围介于 10～20m 之间。软岩地层的爆破孔钻孔方法选择如图 3-35所示。

而在许多露天金属矿山中，岩层坚硬且硬度的变化是在一个很宽的范围内。这里既有的覆盖层和所开采的矿石需要通过使用电铲和矿用自卸车中采装移除。在这一类矿山进行钻孔作业的合适的穿孔直径范围是 100～445mm，孔的深度范围介于 10～20m。

在上述这些情况下，爆破孔钻孔方法选择的范围，可以在图 3-36 的基础上进行选择。

对地下煤矿或金属矿而言，爆破孔的直径范围为 51～100mm，某些情况下可高达 152mm，炮孔的深度可以介于 2～30m。

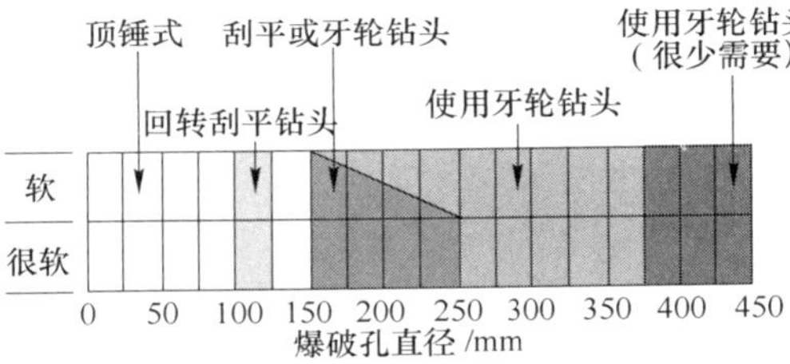

图 3-35　软岩中钻孔方法的选择

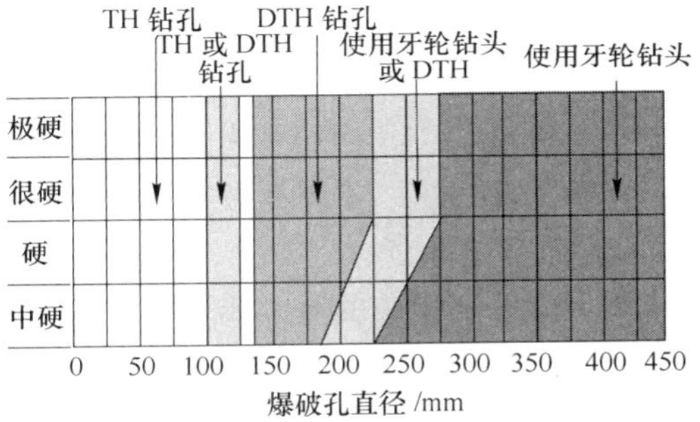

图 3-36　硬岩中钻孔方法的选择

在煤矿采用旋转刮削钻头钻进是非常普遍的，而在硬煤地层则通常采用顶锤式钻机钻凿炮孔。在一些金属矿，当需要穿凿直径 152mm、深度 30m 的孔时，潜孔钻进是最常见的选择，因为用于潜孔钻进的钻机的尺寸比较小。

而在隧道中或凿井作业，炮眼直径通常是 38～64mm，炮孔的深度，在极少数情况下，可高达 25m，但在大多数情况下，深度介于 2～6m 之间。顶锤冲击钻几乎全部用在所有这样的操作。

如何选择合适的爆破孔钻孔方法有两点非常重要。一是旋转牙轮钻进需要在钻杆向下的方向施加很重的进给力。因此，钻进的轴压力是非常重的。如果没有足够大的轴压力，钻进大直径炮孔的能力就非常有限，对此必须谨慎选择。二是对旋转冲击钻进来讲，不必对钻头施加重大的加压进给力，但是如果向上钻孔时，由于重力作用的影响，活塞的重量作用会造成不利的冲击能量。在选择冲击钻进方法时，必须考虑这个事实。

炮孔钻进设备的性能可以通过执行某些实验室的检查手段来判断。然而，由于诸多因素的影响，也不能完全依赖。面临如何选择爆破孔钻进方法的这个重要问题时，在做出最后决定之前，通过对拟选用设备采取合适的炮眼钻孔方法进行现场试验是一个更好的选择，即使需要昂贵的试验费用。

在本节中对两种主要的钻进方法即旋转冲击钻进和旋转牙轮钻进方法作了简要介绍。由于本书研究的对象是爆破孔牙轮钻机，在随后展开的所有章节的所有阐释都会基于爆破孔牙轮钻机这个主题。

3.4 露天矿钻孔爆破方法

露天钻孔爆破就是在露天条件下，采用钻孔设备，对被爆破体以一定方式、一定尺寸布置炮孔。将炸药置在恰当位置，然后按照一定的起爆顺序进行爆破，实现破碎、抛掷等目标。

露天矿开采过程中的爆破作业可分为三种：基建期的剥离爆破、生产期正常采掘的台阶爆破和生产后期的靠帮（或并段）控制爆破。露天矿生产期正常采掘的台阶爆破中常用的爆破方法有深孔爆破、浅孔爆破、硐室爆破等。

3.4.1 露天矿爆破的目的、特点和要求

要了解、熟悉和选择露天矿的钻孔爆破方法，首先应当对露天矿爆破的目的、特点和露天开采对爆破的要求有所了解。

露天矿爆破工作是把矿岩从整体上崩落下来，并按工程要求破碎成一定块度，抛掷堆积成一定的形状，其目的是为随后的采装工作提供适宜的挖掘物。露天矿爆破的主要特点是：台阶作业线长、工作面较宽、开采机械化程度高、强度大，一般具有两个或更多的自由面。

露天开采对爆破的基本要求是：

（1）有足够的爆破储备量，保证采装工作的连续进行。一般要求每次爆破的矿岩量应能满足挖掘机 5～10 昼夜的采装要求。

（2）要有合理的矿岩块度，爆破后的块度应满足后续工作的要求，以提高后续工序的作业效率，使开采成本最低。具体来讲，爆破后的矿岩块度应小于挖掘设备铲斗所允许的最大块度和粗破碎机入口所允许的最大块度。

（3）要有规整的爆堆和台阶。爆堆过高，会影响挖掘机安全作业；爆堆过低，影响采装的作业效率。爆堆的堆积形态好，前冲量适宜；无上翻，无根底；爆堆集中且有一定的松散度，以利于提高铲装设备的作业效率；在复杂的矿体中不破坏矿层层位，以利于选别开采。爆破后台阶的工作面也要规整，不允许出现根底、伞檐等凹凸不平现象。

（4）无爆破危害，由爆破所产生的地震、飞石、噪声等危害均应控制在许可的范围内，同时尽量控制爆破后带来的后冲、后裂和侧裂现象。

（5）要安全经济。在爆破设计中，要充分考虑爆破对周围人员、设备和建筑（构筑）物的危害，保证作业安全和爆破的经济合理。

3.4.2 露天矿常用的爆破方法

露天矿开采过程中的爆破作业可分为三种类型：基建期的剥离爆破、生产期正常采掘的台阶爆破和生产后期的靠帮（或并段）控制爆破。表 3-9 从爆破特点、炮孔与装药方式、适用范围等方面对露天矿开采过程中常用的爆破方法作了简要的介绍。

表 3-9　露天矿常用的爆破方法

爆破方法	爆 破 特 点	炮孔与装药方式	适 用 范 围
基建剥离爆破	按爆破后岩石的破碎程度和堆积状态，基建剥离爆破分为破碎松动爆破和抛掷爆破两种方式。前者爆破后仅有少量位移，而后者会发生较大位移，并在装药硐室处形成爆破漏斗	剥离爆破采用开凿地下硐室进行集中装药爆破	用于剥离覆盖在矿体上部或侧向较厚的岩层，平整作业场地，开挖公路或铁路运输通道
外覆爆破	将炸药包装在岩块的表面，主要利用炸药爆炸时的冲击波能量从外部作用来破碎岩石。它在清扫地基的破碎大孤石和对爆下的大块石作二次爆破等工作方面，具有独特作用	不需钻孔，直接将一定量的炸药贴装在岩石表面，然后将堵塞材料覆盖在药包上面	矿山主要用它来破碎岩石的大块，不钻孔进行大块的二次爆破或根底处理，仍然是常用的有效方法
浅孔台阶爆破	所使用的钻孔机械操作简单，使用方便灵活。易于通过调整炮眼位置及装药量的方法，控制爆破岩石块度和破坏范围。台阶式浅眼爆破的特点是有两个自由面，炸药单耗低，爆破效果好。每一次爆破规模较小，装药量少，对周围环境所产生的爆破有害效应较小	一般使用的爆破孔径25 ~ 50mm，孔深 3 ~ 5m。在岩矿等开挖、二次破碎大块时采用的炮孔直径小于 75mm、深度不大于 5m	主要应用于小型露天矿的爆破作业和大中型矿山的辅助爆破作业。场地平整、路堑爆破、沟槽开挖、剥离、二次破碎大块等爆破方量较小的场合
深孔台阶爆破	机械化程度高、爆破规模大、施工速度快、工程质量高；相对于浅孔爆破来说，其作业效率高、爆破块度均匀、大块率低；相对于硐室爆破来讲，产生的爆破有害效应可得到控制，对基岩和边坡的破坏影响小；爆破危害性小。根据起爆顺序的不同，分为齐发爆破、毫秒迟发爆破和微差爆破等	孔径 75 ~ 300mm，孔深10 ~ 15m。炮孔形式一般分为垂直孔、倾斜孔和水平孔 3 种。炮孔布置形式有三角形、正方形和矩形布置。通常采用多排孔齐发或多排孔间隔起爆的方式	深孔爆破法是露天矿台阶正常采掘爆破最常用的方法。依据预爆台阶前是否留有部分渣堆，也可用于台阶采掘爆破中的清渣或压渣。部分小型矿山也有应用
预裂爆破	在主爆区爆破之前于主爆孔与被保护岩体之间预先炸出一条裂隙，以缓冲、反射开挖爆破的振动波，控制其对保留岩体的破坏影响，使之获得较平整的开挖轮廓。岩石新壁面平整、光滑、超欠挖较少；围岩较完整、稳定；由于有预裂面（缝），在爆破过程中，应力波在预裂面发生反射，使传到围岩的应力减弱，从而减少了围岩的破坏	炮孔直径：60 ~ 120mm。炮孔间距：8 ~ 12 倍的炮孔直径。炮孔深度：通常超深 0.5 ~ 1.0m。当露天梯段高度或开挖深度较小时，选用 38 ~ 45mm 的小直径钻具为宜。较大时，采用 60 ~ 100mm 的直径，效果较好	广泛地应用于边坡开挖、交通路堑与船坞码头的施工，以及隧道施工、岩塞爆破，等
缓冲爆破	以前排孔到末排孔的排距、超深逐步减小，在边坡境界线的末排孔较密。使装药量逐步递减，且分布更加均匀，使爆破震动降低。缓冲爆破是与主爆炮孔同时起爆，由于装药量的减少，减轻了爆破震动破坏	在开挖边界上钻平行炮孔，装药直径小于孔径，间隔装药，且在药包与孔壁间充填惰性物	曾作为预裂爆破方法使用。可大为降低对孔壁和应力波传播的作用。除少数需保护的要害部位外，现已很少采用

续表 3-9

爆破方法	爆破特点	炮孔与装药方式	适用范围
光面爆破	开挖至边坡线或轮廓线时，预留一层厚度为炮孔间距1.2倍左右的岩层，在炮孔中装入低威力的小药卷，使药卷与孔壁间保持一定的空隙，爆破后能在孔壁面上留下半个炮孔痕迹。爆破开挖面符合设计要求，且平整、光滑，不超、欠挖；节约装运费用，使回填、支护等工程量和费用降低。对围岩的破坏较小。炮孔多，凿岩质量要求较高	炮孔角度与爆破后要形成的光爆面平行，孔深超深，为孔径的10～15倍，孔距为主爆孔孔距的0.4～0.6倍，孔距坚硬岩石取大值，一般岩石取小值。孔径不宜过大，可取70～100mm；浅孔爆破取38～42mm	用于露天堑壕、边坡、基坑、隧道和地下工程、硐室的开挖。使边坡形成比较陡峻的表面；使地下开挖的坑道面形成预计的断面轮廓线，避免超挖或欠挖，并能保持围岩的稳定
挤压爆破	在自由面前覆盖有松散矿岩块的条件下进行爆破，使矿岩受到挤压，提高爆破能量利用率，矿岩破碎质量提高，矿岩在挤压过程中发生冲撞，减轻二次破碎工作量；减少非生产时间，提高工时利用率，提高一次爆破矿岩量，降低了爆破频率	当台阶高度为15m左右，如果采用3～4m的挖掘机铲装，则渣高不可超过20m。如果台阶高度大于20m，而铲装设备容量小时，则应尽量减小堆渣厚度	一般认为挤压爆破用于较低的台阶爆破中。是露天和地下深孔爆破中常用的方法

3.4.3　露天矿的深孔台阶爆破特点与要素

表3-9对露天矿开采过程中常用的爆破方法作了简要的介绍。从中可以看到，露天矿的深孔台阶爆破是生产期正常采掘中应用范围最广、使用时间最多并且与穿孔作业直接相关的一种爆破方式。

3.4.3.1　露天矿生产台阶的深孔爆破特点

露天矿的生产爆破，即露天矿生产台阶的深孔爆破。深孔台阶爆破的特点：钻孔机械化，孔径可达250～450mm，孔深可达10～30m；施工速度快；工程质量高；对基岩和边坡的破坏影响小；爆破危害性小。

随着采装和运输设备的大型化、高效率和露天矿生产能力的急剧增大，要求台阶深孔爆破的每次爆破量也越来越多。为此，国内外露天开采中，广泛使用多排孔微差爆破、微差抗挤压爆破及高台阶爆破等大规模的爆破方法。表3-10列举的国内外大型露天矿的爆破规模，明显地反映了这一趋势。

表3-10　国内外大型露天矿台阶深孔爆破规模

矿山名称	排数	孔数	一次爆破量/万吨
雷塞夫铁矿（美国）	8～10	250	40
明塔克铁矿（美国）	4	100～200	50
克里沃罗格南部露天矿（前苏联）	3～11		867000m^3
大孤山铁矿	10	206	33.5
齐大山铁矿	9～14	296	30.3

续表 3-10

矿山名称	排数	孔数	一次爆破量/万吨
东鞍山铁矿	4	196	21
大冶铁矿	—	154	34
南芬铁矿	—	229	43
大连石灰石矿	5	125	33.5
朱家包包铁矿	4	260	34.8
南山铁矿	3	118	24

3.4.3.2 台阶爆破与要素

台阶爆破定义：也称梯段爆破。通常在一个是先修好的台阶上进行，每个台阶有水平和倾斜两个自由面，在水平面上进行钻孔、装药等爆破作业，爆破岩石是朝着倾斜自由面的方向崩落，形成新的倾斜自由面。

深孔台阶爆破的台阶要素如图 3-37 所示。

为达到良好的爆破效果，必须正确确定上述各项台阶要素。

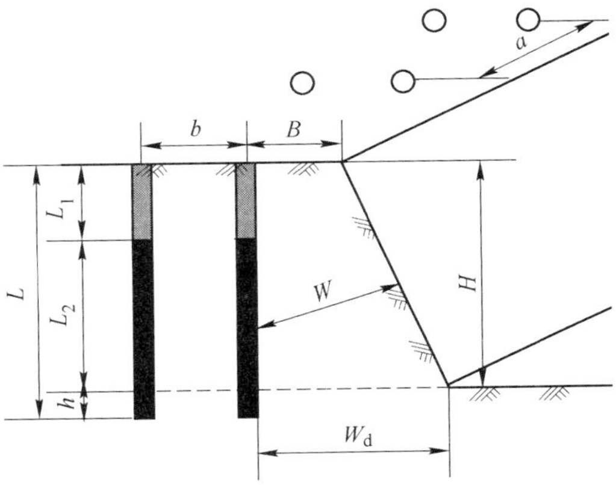

图 3-37 深孔台阶爆破的台阶要素

H—台阶高度；h—超深；W_d—前排钻孔的底盘抵抗线；L—钻孔深度；L_1—堵塞长度；L_2—装药长度；a—孔距；b—排距；W—炮孔的最小抵抗线；B—台阶上边缘线至前排孔口的距离

3.4.3.3 钻孔形式

深孔爆破钻孔形式一般分为垂直钻孔和倾斜钻孔两种。图 3-38 为垂直钻孔与倾斜钻孔比较示意图。表 3-11 为垂直钻孔与倾斜钻孔优缺点的比较。

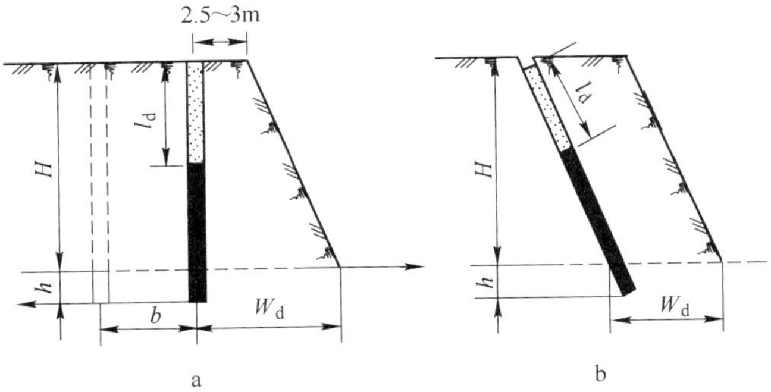

图 3-38 垂直钻孔与倾斜钻孔比较示意图

a—垂直钻孔；b—倾斜钻孔

H—台阶高度；h—超深；l_d—堵塞长度；b—排距；W_d—前排钻孔的底盘抵抗线

3.4.3.4 布孔方式

布孔方式有单排布孔及多排布孔两种。多排布孔又分方形、矩形及三角形（或称梅花形）三种。其布孔方式如图 3-39 所示。

表 3-11　垂直钻孔与倾斜钻孔优缺点的比较

钻孔形式	优　点	缺　点
垂直钻孔	（1）适用于各种地质条件的钻孔爆破； （2）钻垂直孔的操作技术比钻倾斜孔简单； （3）钻孔速度比较快； （4）适用范围广，可在开采工程中大量采用	（1）爆破后大块率比较高，常留有根底； （2）台阶顶部经常发生裂缝，台阶面稳固性较差
倾斜钻孔	（1）抵抗线比较小且分布均匀，爆破破碎的岩石不易产生大块和残留根底； （2）易于控制爆堆的高度和宽度，有利于提高采装效率； （3）台阶比较稳固，易于保持台阶坡面角和坡面的平整，减少凸悬部分和裂纹，对下一台阶面破坏小； （4）爆破软岩时，能取得较高的效率，爆破后的岩堆形状较好； （5）钻孔设备与台阶坡顶线之间的距离较大，人员和设备比较安全	（1）钻凿倾斜孔的操作技术比较复杂，容易发生夹钻事故； （2）钻孔长度比垂直钻孔长，钻孔速度比垂直孔慢； （3）装药过程易发生堵孔； （4）不宜在坚硬岩石中采用

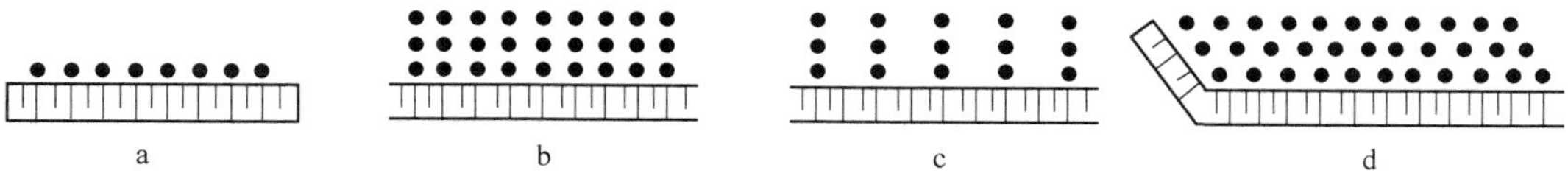

图 3-39　深孔布孔方式

a—单排布孔；b—方形布孔；c—矩形布孔；d—三角形布孔

从能量均匀分布的观点看，以等边三角形布孔最为理想，所以许多矿山多采用三角形布孔，方形或矩形布孔多用于挖沟爆破。

目前为了增加一次爆破量广泛推广大区多排孔微差爆破技术，不仅可以改善爆破质量而且可增大爆破规模以满足大规模开挖的需要。

3.4.4　深孔台阶爆破参数的选择与优化

露天深孔台阶爆破参数包括炮孔直径、台阶高度、底盘抵抗线、孔距、排距、超深、堵塞长度、单位炸药消耗量和每孔装药量等。为了达到良好的深孔爆破效果，必须对露天深孔台阶爆破参数进行合理选择、确定和优化，以满足技术经济的合理性，从而达到高效、经济的目的。

3.4.4.1　钻孔孔径的选择

钻孔孔径主要取决于钻机类型、台阶高度和岩石性质。当采用潜孔钻机时，孔径通常为 100～200m，当采用牙轮钻机时，经常使用的孔径为 250～310mm，也有达 500mm 的大直径钻孔。一般在钻机选型确定后，其钻孔直径已固定下来，因此炮孔直径的选择余地不大。

炮孔直径决定着抵抗线的大小。孔径越大，炮孔的孔网度就越大，从爆破经济效果和装药施工来说，无疑钻头直径越大越好，每米孔爆破方量按钻孔直径增加值的平方增加，孔径越大，装药越方便，越不易发生堵孔现象。

在采剥量大且使用大型装运和破碎设备时，只要对爆破的地震效应无严格要求，岩体没有被大间距的裂隙分割成很大的结构体或岩体不是特别难爆时，采用大直径炮孔爆破是适宜的。但对爆破效果来讲，炮孔孔径小，则炸药在岩体中分布更均匀，效果更好。所以在强风化或中风化的岩石以及覆盖层剥离时可采用大钻头（钻头直径 100 ~ 165mm），而在中硬和坚硬岩石中钻孔以小钻头（钻头直径 75 ~ 100mm）为宜。

国内通常采用的深孔孔径有 80mm、90mm、100mm、150mm、170mm、200mm、250mm、310mm 几种。

3.4.4.2 台阶高度的确定

台阶高度是深孔爆破的重要技术参数之一，其选取合理与否，直接影响到爆破的效果和碎石装运效率以及挖掘机械的安全。台阶高度主要考虑为钻孔、爆破和铲装创造安全和高效率的作业条件，一般按铲装设备选型和矿岩开挖技术条件来确定。

因此，确定台阶高度必须满足下列要求：（1）给机械设备（挖掘机、自卸车等）创造高效率的工作条件；（2）保证辅助工作量最小；（3）能否达到最好的技术经济指标；（4）满足安全工作的要求。

从国内外资料看，普遍认为台阶高度不宜过高。在采矿部门取 10 ~ 15m 为宜；在铁路施工中，根据施工特点和采用钻机及挖掘机械的技术水平，一般取 8 ~ 12m 较为合适。台阶高度还与钻孔孔径有着密切的联系，不同钻孔孔径有不同的台阶高度适用范围。在实际应用中，多采用 10 ~ 12m 的台阶高度，也有采用 15 ~ 20m 的高台阶。经济的台阶高度取决于所选用的采装设备规格大小。

台阶高度过小，爆落方量少，钻孔成本高；台阶高度过大，不仅钻孔困难，而且爆破后堆积过高，对挖掘机安全作业不利。台阶的坡面角最好在 60° ~ 75°之间。

若岩石坚硬，采取单排爆破或多排分段起爆时，坡面角可大一些。如果岩石松软，多炮孔同时起爆，坡面角宜缓一些，坡面角太大（$\alpha > 75°$）或上部岩石坚硬，爆破后容易出现大块；坡面角太小或下部岩石坚硬，易留根坎。

随着钻机等施工机械的发展，国内外已有向高台阶发展的趋势。

3.4.4.3 底盘抵抗线的确定

底盘抵抗线是指由第一排装药孔中心到台阶坡脚的最短距离，它是影响爆破效果的一个重要参数。过大的底盘抵抗线，会造成残留根底多、大块率高、冲击作用大；过小则不仅浪费炸药，增大钻孔工作量，而且岩块易抛散和产生飞石、震动、噪声等有害效应。

底盘抵抗线与炸药威力、岩石可爆性、岩石破碎要求、钻孔直径和台阶高度以及坡面角等因素有关。这些因素及其相互影响程度的复杂性，很难用一个数学公式表示，需依据具体条件，通过工程类比计算，在实践中不断调整底盘抵抗线，以便达到最佳的爆破效果。

在露天深孔爆破中，为避免残留根底和克服底盘的最大阻力，一般采用底盘抵抗线代替最小抵抗线，底盘抵抗线是影响深孔爆破效果的重要参数。

底盘抵抗线可以通过以下方式确定。

（1）根据钻孔作业安全条件确定：

$$W_d \geqslant H(\cot\alpha - \cot\beta) + C$$

式中　W_d——底盘抵抗线，m；

H——台阶高度，m；

α——台阶坡面角，一般为 60°～75°；

β——炮孔倾角，垂直孔为 90°；

C——前排孔的中心至台阶坡顶线的安全距离，一般为 2～3m。

（2）按照体积法（即药包重量与爆落岩石成正比）反推计算：

$$W_d = d\sqrt{\frac{7.85\Delta\tau L}{mqH}}$$

式中　d——炮孔直径，dm；

Δ——装药密度，kg/dm^3；

τ——装药长度系数，当台阶高度 $H<10m$ 时，$\tau=0.6$；当 $H=10\sim15m$ 时，$\tau=0.5$；$H=15\sim20m$ 时，$\tau=0.4$；$H>20m$ 时，$\tau=0.35$；

L——钻孔深度，m；

q——单位耗药量，kg/m^3；

m——炮孔密集系数，一般 $m=0.8\sim1.2$，当岩石坚固性系数 f 高，要求爆下的块度小，台阶高度越小时，可取较小 m 值，反之可取较大 m 值。

（3）按台阶高度 H(m) 确定：

$$W_d=(0.6\sim0.9)H$$

岩石坚硬，系数取小值；反之，系数取大值。

（4）按炮孔直径确定：

$$W_d=(25\sim45)d$$

我国露天矿山深孔爆破的底盘抵抗线一般为孔径的 20～50 倍。

表 3-12 所列为清渣爆破和挤压爆破中底盘抵抗线常用的取值范围。

表 3-12　清渣爆破和挤压爆破中底盘抵抗线常用的取值范围

爆破方式	炮孔直径/mm	底盘抵抗线/m
清渣爆破	200	6～10
	250	7～12
	310	11～13
挤压爆破	200	4.5～7.5
	250	5～11
	310	7～12

3.4.4.4　孔距

孔距 a 是指同排的相邻两个炮孔中心线间的距离，孔距按下式求得：

（1）采用浅孔爆破时

$$a=mW_d$$

式中　m——炮孔密集系数，一般 $m=1.2\sim1.4$；当采用微差爆破后矿岩块度较小时，取 $m=1.8\sim2.0$；极坚硬难爆的岩层或要求爆破后形成较大块度的岩石时，取 $m=0.8\sim1.0$。

（2）采用深孔爆破时，孔距可按下式计算：

$$a = Q/(HW'q)$$

式中 Q——炮孔装药量，kg；

W'——抵抗线，m，前排孔按底盘抵抗线，后排孔按排距计算；

q——单位炸药消耗量，kg/m^3。

3.4.4.5 排距

排距 b 是指平行于台阶坡顶线相邻两排炮孔之间的垂直距离。在按排顺序起爆的情况下，排距就是后排孔的抵抗线，即是第一排孔以后各排孔的底盘抵抗线值。因此确定排距的方法应按确定最小抵抗线的原则考虑，排距与孔距的关系为：

（1）采用浅孔爆破时，$b=(0.95\sim0.98)W_d$；

（2）采用深孔爆破时，$b=(0.8\sim0.9)W_d$。

后排炮孔由于岩石夹制作用，排距应适当减小。

两者确定的合理与否，均对爆破效果产生重要的影响。

3.4.4.6 炮孔密集系数

炮孔密集系数 m 是指炮孔间距 a 与抵抗线 W 的比值，即 $m=a/W$。当 W_d 和 b 确定后，则 $a=mW_d$ 或 $a=mb$。

炮孔密集系数的 m 值通常大于 1.0，在宽孔距爆破中则为 3～4 或更大。但是第一排孔往往由于底盘抵抗线过大，应选用较小的密集系数，以克服底盘的阻力。

根据一些难爆岩体的爆破经验，保证最优爆破效果的孔网面积（$a\times b$）是孔径截面积（$\pi d^2/4$）的函数，两者之间比值是一个常数，其值为 1300～1350。

在露天台阶深孔爆破中，炮孔密集系数 m 是一个很重要的参数。一般取 $m=0.8\sim1.4$。

然而，随着岩石爆破机理的不断研究和实践经验的不断丰富，宽孔距爆破技术发展迅速，即在孔网面积不变的情况下，适当减小底盘抵抗线或排距而增大孔距，可以改善爆破效果。在国内，炮孔密集系数值已增大到 4～6 或更大；在国外，炮孔密集系数甚至提高到 8 以上。

3.4.4.7 超深

超深 h 是指钻孔超出台阶高度的那一段孔深。超钻深的目的是为了降低装药中心位置，以有效地克服底盘抵抗线的阻力，使爆破后不留根底。过小的超深，起不到爆除根底的作用，将会在爆破后留有根底或抬高底板的标高，而且影响装运工作；过大的超深，将增加穿孔量，造成炸药和设备的浪费，爆破后还破坏了下一个台阶顶板，给下次钻孔造成困难，增大地震波的强度。

超钻与岩石的坚硬程度、炮孔直径、底盘抵抗线有关。超深值可按 $h=(0.15\sim0.35)W_d$ 确定。岩石松软、层理发达时取小值，岩石坚硬时则取大值。也有按孔径的 8～12 倍来确定超深值的。倾斜钻孔的超深 $h=(0.3\sim0.5)W$。

深孔爆破常用确定超深的公式为：

$$h=(1.2\sim1.6)W_d/\sqrt{Q_1}$$

式中 Q_1——炮孔每米装药量，kg/m，当采用倾斜孔时，计算值减少 20%。

另外，也可以用底盘抵抗线 W_d 和孔径 d 确定超深值：

$$h = (0.15 \sim 0.35) W_d$$

或

$$h = (10 \sim 15) d$$

超深计算时参数的选取，应参照普氏岩石坚固性系数 f 值选取，见表 3-13。

表 3-13　炮孔直径为 150mm 时的超深 h 值　（m）

台阶高度 H/m	岩石 f 值			
	1 ~ 3	3 ~ 6	6 ~ 8	10 ~ 20
7	0.60	0.70	0.85	1.00
10	0.70	0.85	1.00	1.25
15	0.85	1.00	1.25	1.50
20	1.00	1.25	1.50	1.75
25	1.25	1.50	1.75	2.00

在选取超深值时还应注意以下问题：

（1）当岩石松软时取小值，岩石坚硬时取大值，如果采用组合装药，底部使用高威力炸药时可以适当降低超深。

（2）国内也有的矿山按孔径的倍数确定超深值，一般取 8 ~ 12 倍的炮孔直径。

（3）矿山的超深值一般波动在 0.5 ~ 3.6m 之间。

（4）在某些情况下，如底盘有天然分离面或底盘岩石需要保护，则可不留超深或留下一定厚度的保护层。

（5）进行多排孔爆破时，第二排以后的各排炮孔超深可取大值（加大 0.3 ~ 0.5m）。

（6）当台阶底部岩石较软时可以不用超深。

（7）表 3-13 所列数值适用于钻孔直径为 150mm 的情形。如果钻孔直径不是 150mm，则将表中的数值乘以 $d/150$ 即可。

3.4.4.8　单孔装药量

在深孔爆破中，单位耗药量 q 值一般根据岩石的坚固性、炸药种类、施工技术和自由面数量等因素综合确定。在两个自由面的边界条件下同时爆破，深孔装药时单位耗药量可按表 3-14 选取。

表 3-14　单位耗药量 q 值

f	0.8 ~ 2	3 ~ 4	5	6	8	10	12	14	16	20
q/kg · m^{-3}	0.40	0.43	0.46	0.50	0.53	0.56	0.60	0.64	0.67	0.70

注：表中数据以 2 号岩石铵梯炸药为准。

（1）单排孔爆破（或第一排炮孔）每孔装药量按下式计算：

正常情况下：

$$Q = qaW_dH$$

式中　q——单位耗药量，kg/m^3；

a——孔距，m；

H——台阶高度，m；

W_d——底盘抵抗线，m。

当 $a > W_d$ 时，以底盘抵抗线代替孔距：

$$Q = qW_d^2H$$

当坡面角小于55°时，应将底盘抵抗线用最小抵抗线代替：

$$Q = qaWH$$

（2）多排孔爆破时装药量的计算。

多排孔爆破时，第一排孔装药量同上，从第二排起，各排孔的装药量可按下式计算：

$$Q_1 = kqabH$$

式中 Q_1——第二排以后的各排每孔的装药量，kg；

k——岩石阻力夹制系数，采用微差爆破时，取 $k = 1.0 \sim 1.2$，采用齐发爆破时，取 $k = 1.2 \sim 1.5$，第二排孔取下限，最后一排孔取上限。

（3）倾斜台阶深孔装药量计算：

$$Q' = qWaL$$

式中 Q'——倾斜孔每孔装药量，kg；

q——炸药单耗；

L——斜孔（不包括超深）长度，m。

倾斜深孔，超深部分药量应单独计算：

$$Q_c = ph$$

式中 Q_c——超深部分炮孔装药量，kg；

p——每米炮孔的装药量，kg/m；

h——超深。

3.4.4.9 堵塞长度的确定

堵塞长度是指装药后剩余炮孔作为填塞物充填的长度。堵塞长度与最小抵抗线、钻孔直径和爆区环境有关。当不允许有飞石时，堵塞长度取钻孔直径的30~35倍；允许有飞石时，取钻孔直径的20~25倍。合理的堵塞长度和良好的堵塞质量，对改善爆破效果和提高炸药能量利用率具有重要作用。

要求堵塞长度应能降低爆炸气体能量损失和尽可能增加钻孔装药量。堵塞过长，将会降低延米爆破量，增加钻孔费用，并造成台阶上部岩石破碎不佳；堵塞过短，则炸药能量损失大，将产生较强的空气冲击波、噪声和飞石危害，并影响钻孔下部破碎效果。爆破安全规程中规定禁止无堵塞爆破。

露天深孔爆破的堵塞长度一般为5~8m。堵塞材料多为就地取材，以钻孔时排出的岩渣做堵塞材料。一般来讲，炮孔的堵塞长度不小于底盘抵抗线的0.75倍，或取20~40倍炮孔直径，最好不小于20倍孔径。即

$$L_s \geqslant 0.75W_d \quad 或 \quad L_s = (20 \sim 40)d$$

式中 L_s——堵塞长度，m；

W_d——底盘抵抗线，m；

d——炮孔直径，mm。

3.4.4.10 装药结构

A 装药

a 装药前的准备

炮眼装药前应认真做好准备工作。首先要对炮眼参数进行检查验收，测量炮眼位置、炮眼深度是否符合设计要求。然后对钻好的炮眼进行清渣和排水。

b　装药

装药方法有人工装药和机械装药，提倡采用后者。装药时一定要严格按照预先计算好的每个炮眼装药量装填。在干燥的炮眼内可采用耦合散装药，在放入起爆药包之前，用木制炮棍压紧，以增加炮眼的装药密度。在有水或潮湿的炮眼中，应采取防水措施或改用防水性能好的炸药。

c　起爆药包位置

起爆药包位置有三种形式：其一是孔口起爆，即起爆药包放置在孔口正向起爆；其二是孔底起爆，即起爆药包放在孔底反向起爆；其三是将起爆药包放在炮孔装药部位中间。

起爆药包的位置一般安排在离药包顶面或底面 1/3 处。起爆药包的聚能穴应指向主药包方向。装药长度较大时可安排上下两个起爆体。在使用电雷管起爆网路时，要注意雷管脚线与孔内连接线接头的绝缘和防水处理。

注：放入起爆药包后，不可用猛力去冲捣起爆药包。

d　装药结构

装药结构主要有两种，即连续装药和间隔装药（分段装药）。当炸药充满炮孔时，称为耦合装药；当炸药与孔壁间有一定间隙时，称为不耦合装药。间隔装药一般用空气或填塞料（炮泥）分隔，前者一般用于中硬以下的矿岩中，间隔装药可以根据炮孔参数和所穿过岩层的情况，调节装药长度和局部爆破能量，以达到较好的爆破效果。图 3-40 为装药结构示意图。

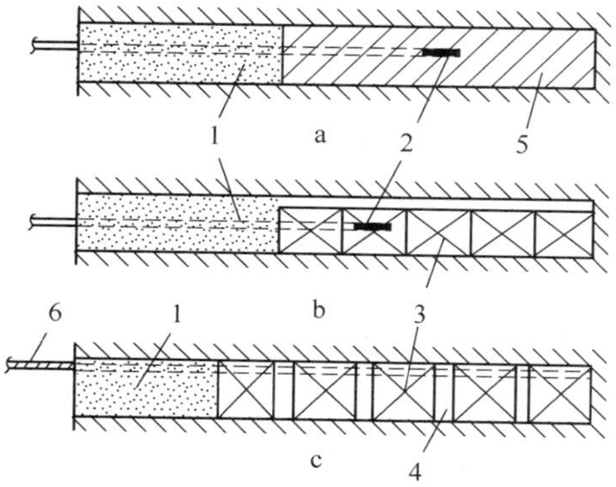

图 3-40　装药结构示意图

a—耦合连续装药；b—不耦合连续装药；c—间隔装药

1—炮泥；2—雷管；3—药卷；4—药卷间隔；5—散装药；6—导爆索

装药结构是影响爆破效果的主要因素之一。深孔爆破采用的装药结构主要有连续装药结构、间隔装药结构和混合装药结构。

一般采用单一连续的装药结构，即孔内连续装入同一品种和密度的炸药。当底盘夹制作用较大时，则宜采用组合装药结构，即孔底采用威力较高的炸药，而上部采用威力较低的普通炸药。图 3-41 为分段装药与空气间隔装药结构示意图。

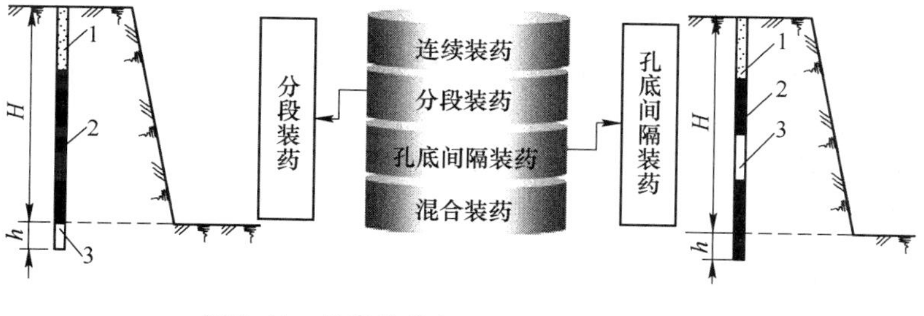

图 3-41　分段装药与间隔装药结构示意图

1—炮泥；2—炸药；3—空气间隔

e 装药方法与装药机械

深孔装药方法分为手工操作和机械装药两种。手工操作主要用炮棍和炮锤装药。任何情况下都严禁使用铁器制作炮锤、炮棍或炮棍头。

装药开始前先核对孔深、水深，再核对每孔的炸药品种、数量，然后清理孔口附近的浮渣、石块。打开孔口作好装药准备，再次核对雷管段别后，即可进行装药。

对深孔而言，炮棍的作用主要是保证炸药能顺利装入孔内，尤其是防止散装炸药中的结块药堵孔，同时炮棍还可以控制堵塞长度。

装药机械主要有粉状粒状炸药装药机和含水炸药混装车。其中含水炸药混装车（乳化炸药或浆状炸药混装车）的应用是爆破工程的一项重大技术进步。它集制药、运输、贮存和向炮孔内装填炸药于一体，可以连续进行 32h 以上的装药施工，大大提高了爆破效率，减轻了劳动强度。这种装药车已在南芬露天矿、德兴铜矿、平朔露天矿及三峡工地投入使用，取得了显著的经济效益。

B 堵塞

炮孔装药后孔口未装药部分应该用堵塞物进行堵塞。良好的堵塞可以提高炸药的爆轰性能，使炮孔内的炸药反应完全而产生较高的爆轰压力，还能阻止爆轰气体产物过早地从炮孔口冲出，提高爆炸能量的利用率。图 3-42 所示为正确和错误堵塞炮孔的 3 种不同效果。

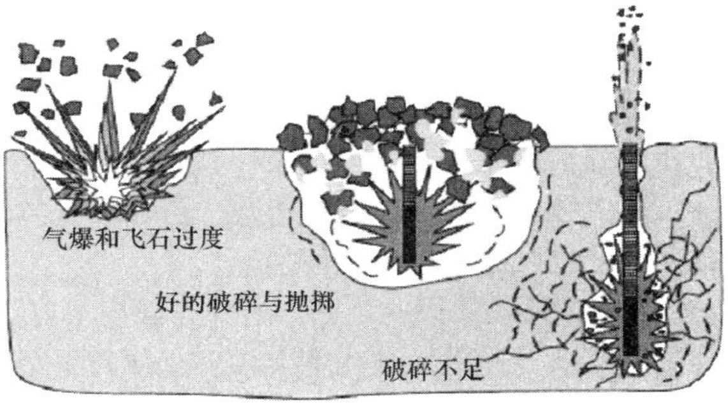

图 3-42 正确和错误堵塞炮孔的 3 种不同效果

常用的堵塞材料有砂子、黏土、岩粉等。小直径炮孔则常用炮泥堵塞。炮泥是用砂子和黏土混合配制而成的，其质量比为 3:1 再加上 20% 的水。混合均匀后再揉成直径稍小于炮眼孔直径的炮泥段。

堵塞时要注意保护和雷管脚线和起爆药包。间隔装药时还应注意间隔堵塞长度。堵塞工作在完成装药工作后进行。

堵塞材料可用泥土或钻孔时排出的岩粉，但其中不得混有大于 30mm 的岩块和土块。堵塞时，不得将雷管的脚线、导爆索或导爆管拉得过紧，以防被堵塞材料损坏。堵塞过程要不断检查起爆线路，防止因堵塞损坏起爆线路而引起瞎炮。

3.4.4.11 爆破孔钻孔主要事项

A 孔位布置

布孔应从台阶边缘开始，边孔与台阶边缘要保留一定距离，以保证钻机安全工作。孔位应根据设计要求在工地测量确定，遇到孔位处于岩石破碎、节理发育或岩性变化较大的地方，可以调整孔位位置，但应注意最小抵抗线、排距和孔距之间的关系。

一般情况下，应保证最小抵抗线（或排距）和孔距及它们的乘积在调整前后相差不超过 10%。在周围环境许可时，对前排孔最小抵抗线采取宁小勿大的原则，可以减少大块率，并保证后几排炮孔的爆破效果。

布孔时还要注意：

（1）开挖工作面不平整时，选择工作面的凸坡或缓坡处布孔，以防止在这些地方因抵抗线过大而产生大块。

（2）在底盘抵抗线过大处要在坡脚布孔，或加大超深，以防止产生根坎和大块。

（3）地形复杂时，应注意钻孔整个长度上的抵抗线变化，特别要防止因抵抗线过小而出现飞石现象。

B 钻孔作业

钻孔作业要严格按设计孔位、深度、倾角钻孔。钻孔时要随时将孔口的岩渣和碎石清除干净并平整，防止掉入孔内，结束后及时将岩粉吹干净，并封好孔。钻孔误差不大于孔深的1%。钻孔完毕，注意封口。

从安全角度考虑，孔位要避免布在岩石震动松动圈内及节理发育或岩性变化较大的地方。钻孔时，还应注意地面标高的变化，要调整炮孔深度以使下部平台的标高基本相同。

C 钻孔检查及处理

炮孔检查主要指检查孔深和孔距。孔距一般都能按设计参数控制。孔深的检查可分为三级检查负责制，即打完孔后钻孔操作人员检查、接班人或班长检查、专职检查人员验收。检查的方法可用软绳（或测绳）系上重锤进行测量并做好记录。装药前的孔深检查应包括孔内的水深检查和数据记录。

对发生堵塞的钻孔应进行清孔，可用高压风管吹排，或用钻机重新钻凿。如果堵孔部位在上部，也可用炮棍或钢筋捅开。

排水一般用高压风吹出法。这种方法简单有效。使用的高压风管管径与钻孔孔径有关，过细吹不上来，过粗易被孔壁卡住。操作时要小心，防止将孔壁吹塌或风管飞起伤人。

D 堵孔的原因及预防

在深孔爆破，尤其是在台阶深孔爆破中，受上一台阶超钻部分炸药爆破的影响作用，钻孔作业常发生钻孔被堵现象。

钻孔被堵原因主要有：岩体破碎导致孔壁在炮眼钻好后塌落；岩粉顺岩体内贯通裂隙沉积到相邻炮孔内，造成邻孔堵孔；钻孔时造成喇叭形孔口，成孔后孔口塌落堵塞钻孔；成孔后没有及时封盖孔口或封盖无效，造成地面岩粉或石渣掉入孔中；雨水冲积造成孔内泥土淤塞。

钻孔被堵导致一些炮孔深度发生变化，给装药带来很大的困难，甚至造成炮孔报废。若是炮孔被堵部分为孔底，则因装不够药而造成爆后留根；或者由于炮孔被堵深浅不一，造成底盘高低不平；若局部炮孔全堵，将影响整体爆破效果。

可采取以下措施预防堵孔：避免将孔口打成喇叭状；岩石破碎易塌落时，要用泥浆固壁封缝；及时清除孔口岩渣及碎石；加工专用木塞封堵孔口或用木板将孔口封严；雨天用岩渣在孔口做一小围堰，防止雨水灌入孔内。

3.4.5 深孔台阶爆破的典型工艺

常规深孔台阶爆破以微差（毫秒）爆破为主，常用的爆破方式有齐发爆破、微差爆破、微差顺序爆破、小抵抗线宽孔距爆破、微差挤压爆破等。

3.4.5.1 *微差爆破*

微差爆破是一种延期爆破，也称微差控制爆破，国际上惯称为毫秒延期爆破。它是指在爆破施工中采用一种特制的毫秒延期雷管，以毫秒级时差顺序起爆各个（组）药包的爆破技术。微差爆破能有效地控制爆破冲击波、震动、噪声和飞石；使各药包造成能量场相互影响而产生一系列良好的爆破效果；操作简单、安全、迅速；可近火爆破而不造成伤害；破碎程度好，可提高爆破效率和技术经济效益。

微差爆破关键点：延期间隔时间控制在几毫秒到几十毫秒；能量场相互影响。微差爆破常用于露天台阶深孔爆破、掘进爆破和地下深孔崩矿之中。特别是大区多排孔微差爆破方法已成为露天矿爆破开采工程的一种主要方法。

A 微差爆破作用原理

微差爆破的主要作用原理是先爆孔为后爆孔增加新的自由面，应力波的相互叠加作用和岩块之间的碰撞作用使被爆岩体获得良好的破碎，并相应提高了炸药能量的利用率。具体表现在以下几方面：

以单孔顺序起爆方法为例，其破岩作用过程如下：

（1）改善自由面作用。先行爆破的深孔在爆破作用下形成单孔爆破漏斗，使这部分岩体破碎并与原岩分离，同时在漏斗体外相邻孔的岩体中产生应力场与微裂隙。随着自由面数的增加和夹制性的减小，爆破能量可充分利用于破碎矿岩，矿岩块度降低，有利于改善爆破效果。

（2）补充破碎作用。后爆破的相邻深孔，因先爆孔已为其增加了新的自由面，改善了爆破作用条件，减弱了岩体的夹制性和对爆破的阻力，从而得到良好的破碎；后爆孔爆破后分离出来的岩石的运动速度比先爆孔大，相邻孔之间的岩体在破碎过程中岩块间发生互相碰撞，减弱了岩体的夹制性和对爆破的阻力，从而得到良好的破碎。

（3）爆炸气体的预应力作用。先爆孔药包的爆炸气体使岩体处于准静压应力状态，使岩体产生应力场，后爆孔药包起爆，可利用岩体内较大的应力场来加强对岩石的破碎作用，增强了破碎效果。

（4）应力波的叠加作用。先爆孔药包在岩体内形成应力场，在其应力作用未消失之前，后爆孔药包立即起爆，形成应力波的互相叠加，从而增强了爆破效果。

（5）降低爆破地震作用。由于微差爆破可使爆破地震波的主震相在时间上和空间上错开（分散），从而减弱了地震波的破坏作用，大大降低了地震效应。

B 微差爆破的特点

（1）地震效应低（指在等药量的前提下），减少爆破对边坡和建筑物的危害。

（2）一次爆破量大（同震级条件下），故可减少爆破次数，装运工作效率提高。

（3）提高爆破质量，改善爆破效果。爆下的矿岩块度均匀，大块率低。

（4）爆堆整齐、集中，有利于提高铲装效率。

（5）能将飞石、空气冲击波危害减少。

（6）可扩大孔网参数，降低炸药单耗，提高每米炮孔崩矿量。

C 多排孔微差爆破

多排孔微差爆破，是指排数在 4 排以上、孔深大于 6m 的微差爆破。这种爆破方法一次爆破量大，它具有降震、控制爆破方向、充分利用爆炸能量和改善爆破质量等优点。因此，目前国内外绝大多数露天矿的台阶生产爆破中，已普遍采用多孔微差爆破。近年来，由于我国起爆器材的不断发展，毫秒雷管段数的不断增加，质量的不断提高，特别是以塑料导爆管为主体、辅之以非电导爆分路器（又称导爆四通）的非电起爆系统，为多排孔微差爆破技术的发展和应用提供了更加有利的条件，并使等间隔多排微差爆破技术得以实现。许多矿山推广和应用了非电起爆系统，在经济和安全方面已取得显著效果。

D　多排孔微差爆破的起爆方案

随着露天开采规模的不断扩大，大区多排微差爆破更加显示出其优越性。为保证达到良好的爆破质量，必须正确选择起爆方案。起爆方案是与深孔布置方式和起爆顺序紧密结合在一起的，需要根据岩石性质、裂隙发育程度、构造特点、爆堆要求和破碎程度等因素进行选择。目前，多采用三角形布孔对角起爆或V形起爆方案，以形成小抵抗线宽距爆破，使深孔实际的密集系数增大到3～8，以保证岩石的破碎质量。

（1）方形（或矩形）布孔，排间顺序微差起爆，如图3-43a所示。

（2）三角形布孔，孔间顺序微差起爆，同排孔中相邻炮孔间错开分成两组，用两段起爆，如图3-43b所示。

（3）方形（或矩形）布孔，波浪式微差起爆，如图3-43c所示。

（4）方形（或矩形）布孔，V形微差起爆，如图3-43d所示。

（5）方形（或矩形）布孔，梯形微差起爆，如图3-43e所示。

（6）方形（或矩形）布孔，对角线（斜线）微差起爆，如图3-43f所示。

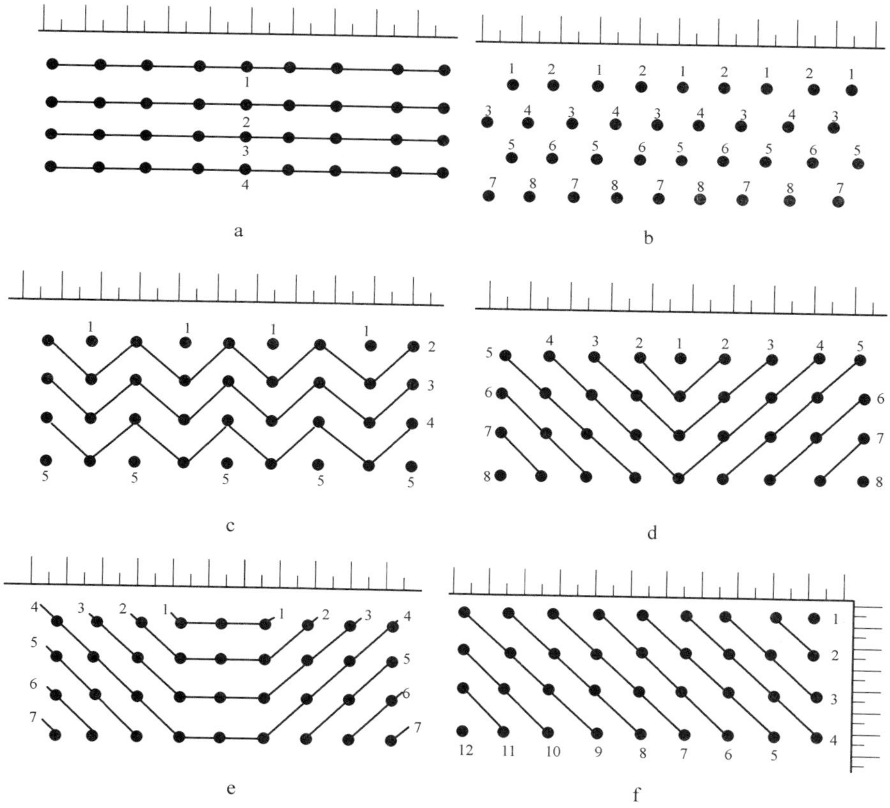

图3-43　常用的多排孔微差爆破起爆方案

E 微差爆破间隔时间的确定

生产实践中，微差时间通常是依据生产爆破积累的经验来合理选择，很多计算微差时间的公式只作为参考。

一般矿山爆破工作中实际上采用的微差间隔时间为 15 ~ 75ms，通常用 15 ~ 30ms，有时在 20 ~ 50ms 之间选择。

鞍山本溪矿区的爆破经验：排间微差爆破时，$\Delta t = 25 \sim 75$ms 为宜。松动爆破、自由面暴露充分、孔网参数小时，取小值；反之，取最大值。

F 分段间隔装药

在台阶高度小于 15m 时，一般以两段装药为宜，中间用空气或填塞料隔开。分段过多，装药和起爆网路则过于复杂。孔内下部一段装药量为装药总量的 17%~35%，矿岩坚固时取大值。

3.4.5.2 多排孔微差挤压爆破

挤压爆破也称留渣爆破，就是在爆区自由面前方人为预留矿石（岩渣），即不将上次爆破下来的矿石放出或采装完毕，就进行下一次爆破，当下一次爆破起爆后，被爆岩石在沿自由面方向向前移动中遇到了渣堆的阻挡而产生了挤压作用，从而提高炸药能量利用率和改善破碎质量的一种控制爆破方法。图 3-44 为露天台阶挤压爆破示意图。

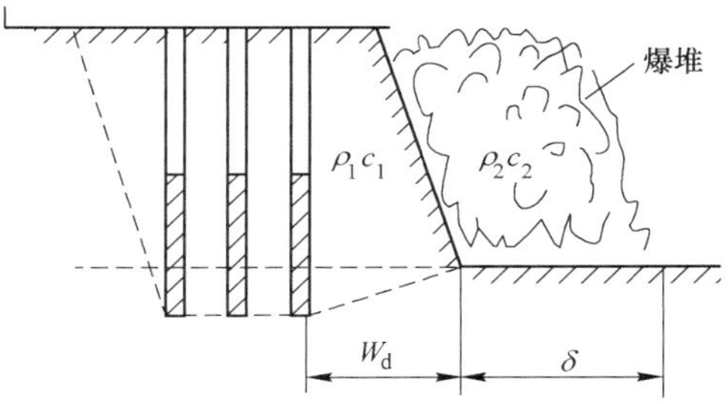

图 3-44 露天台阶挤压爆破示意图

ρc—波阻抗；δ—压渣厚度；W_d—底盘抵抗线

在自由面前覆盖有松散矿岩块的条件下进行爆破，使矿岩受到挤压进一步破碎，是露天和地下深孔爆破中常用的方法。挤压作用受到一次爆破排数的限制，如排数多，前边松散矿岩块将越压越实，空隙越来越小，对后排深孔爆破起不到挤压作用。当松散系数达 1.1 时为极限值。若调整好一次爆破排数，不失为降低大块率的有效方法。

A 挤压爆破作用原理

挤压爆破的原理在于爆区自由面前方松散矿石的波阻抗大于空气波阻抗，因而反射波能量减小而透射波能量增大。增大的透射波可形成对这些松散矿石的补充破碎；虽然反射波能量小了，但由于自由面前面的松散介质的阻挡作用延长了高压爆炸气体产物膨胀做功的时间，有利于裂隙的发展和充分利用爆炸能量。

B 多排孔微差挤压爆破的特点

露天矿多排孔微差挤压爆破的爆堆集中整齐，根底很少；块度较小，爆破质量好；个别飞石飞散距离小；能贮存大量已爆矿岩，有利于均衡生产，减轻了二次破碎工作量；减少了非生产时间，提高了工时利用率，提高了一次爆破矿岩量，提高了爆破能量利用率，降低了爆破频率。

具体表现在以下方面：

（1）利用渣堆阻力延缓岩体的运动和内部裂缝张开的时间，从而延长爆炸气体的静压作用时间；提高爆破能量利用率，利用矿岩在挤压过程中发生的碰撞作用，使动能转化为破碎功，进行辅助破碎，使矿岩破碎质量提高，减轻了二次破碎工作量。

（2）能贮存大量已爆矿岩，有利于均衡生产，减少了非生产时间，提高了工时利用率，提高了一次爆破矿岩量，降低了爆破频率。

（3）能采用大型机械装载，不怕过度挤压，只要破碎均匀，块度适当，就不影响装载效率。有的矿山采用挤压爆破，爆破排数多、爆破量大，爆破后岩石仅仅发生微动，补偿系数只有5%~10%。大大减少了等待爆破的停产时间，以及转移、保护设备和建筑物的工作量。

（4）露天台阶爆破不存在补偿空间的限制，一次爆破面积大、深孔数目多，有利于合理排列深孔，尽量利用排与排之间爆破碎块的相互挤压作用。

（5）在露天台阶挤压爆破中常常采用过度挤压，因此需要适当增加炸药单位消耗量，加强径向裂隙和挤压作用。

（6）露天台阶挤压爆破用作挤压的矿（岩）有两种：一种是在自由面上留有松散的爆破碎块；另一种是利用掏槽孔先炸出一排孔的破碎区。

C　布孔与起爆方式

多排孔微差挤压爆破多采用三角形布孔、斜线起爆和方形（矩形）布孔、V形起爆的布孔起爆两种方式。其布孔与起爆方式如图3-45所示。

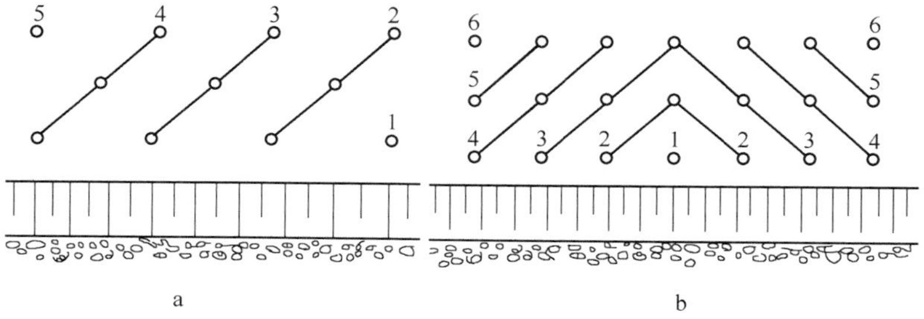

图3-45　多排孔微差挤压爆破布孔与起爆方式
a—三角形布孔、斜线起爆；b—方形（矩形）布孔、V形起爆

D　挤压爆破参数的选择

露天台阶多排孔挤压爆破参数的选择与一般的露天台阶爆破基本相同，但也有区别，主要有以下几方面：

（1）留渣厚度。2~4m减少炸药单耗；4~6m减少第一排孔大块率；10~20m全面提高技术经济效果。

（2）为提高爆破效果，一般不采用单排孔留渣爆破。一次爆破的排数以不少于3~4排，不大于7排为宜。

生产实践表明，露天台阶挤压爆破一次应不少于3~4排，通常采用4~7排，不大于7排为宜。

（3）实践证明，由于留渣的存在，第1排炮孔爆破的好坏很关键。应适当减小，并相应增大超深值，以装入更多的药量。第一排炮孔的抵抗线适当减小，并相应增大超深。

（4）微差间隔时间比自由空间爆破的微差间隔时间增加30%~60%。

（5）各排孔药量递增系数。第一排炮孔比普通微差爆破可增加药量10%~20%，中间各排可不必一次增加药量，最后一排可增加药量10%~20%。

（6）在进行露天台阶微差挤压爆破时，要特别注意爆堆厚度与高度对爆破质量的影响。

当台阶高度为15m左右，如果采用3~4m^3的挖掘机铲装，则渣高不可超过20m。如果台阶高度大于20m，而铲装设备容量小时，则应尽量减小堆渣厚度。一般认为挤压爆破用于较低的台阶爆破中。

3.4.5.3 不良爆破现象产生的原因及处理方法

（1）爆破后冲现象。

原因：前排孔底盘抵抗线过大；装药时填充高度过小或充填质量差，q过大；一次爆破的排数过多。

措施：加强爆前清底工作，$W_d < H$；合理布孔，控制装药高度，保证填塞质量；采用微差爆破；采用倾斜深孔爆破。

（2）爆破根底现象。

原因：底盘抵抗线过大，超深不足，台阶坡面角太小。

措施：适当增加钻孔超深或深孔底部装入威力较高的炸药；控制台阶坡面角60°~75°。

（3）爆破大块及伞檐。

原因：由于炸药在岩体内分布不均匀，炸药集中在台阶底部，爆破后往往使台阶上部矿岩破碎不良、块度较大。尤其是上部岩层较坚硬时，更易出现。

措施：分段装药，微差间隔起爆。计算每段药量。最上部装药保证有足够的填塞长度。

（4）爆堆形状。单排孔齐发爆破的正常爆堆高度为台阶高度的0.5~0.55倍；爆堆宽度为台阶高度的1.5~1.8倍。

参 考 文 献

[1] 牛成俊．现代露天开采理论与实践［M］．北京：科学出版社，1990：46~56.

[2] 王青，史维祥．采矿学［M］．北京：冶金工业出版社，2001：118~122.

[3] 中国矿业学院．露天采矿手册·第二册［M］．北京：煤炭工业出版社，1986：119.

[4] 肖汉甫，吴立．实用爆破技术［M］．武汉：中国地质大学出版社，2009：53~60.

[5] 高永涛，吴顺川．露天采矿学［M］．长沙：中南大学出版社，2010：136~138.

[6] 陈国山．采矿技术［M］．北京：冶金工业出版社，2011：33~43.

[7] 徐忠义，杜前进．采矿知识问答［M］．北京：冶金工业出版社，1997：65~75.

[8] Bhalchandra V. Gokhale, Rotary Drilling and Blasting in Large Surface Mines［M］. London: CRC, 2011: 16~29.

[9] Atlas Copco Drilling Solutions LLC. Blasthole Dilling in Open Pit Ming［Z］. 2011: 59.

4 牙轮钻头

本章内容提要：牙轮钻头是牙轮钻机得以完成穿孔作业的最重要的工具。本章详细介绍了露天矿爆破钻孔作业中常用的牙轮钻头类型及其结构，并对其工作原理进行了较系统的阐述。

4.1 牙轮钻头的工作原理

牙轮钻头是露天矿山使用最广泛的一种钻孔钻头。牙轮钻头在轴压力和钻杆旋转扭矩的作用下，切削齿交替接触孔底，压碎并咬入岩石，同时产生一定的滑动而剪切岩石。当牙轮在炮孔底部滚动时，牙轮上的牙齿依次冲击、压入地层，这个作用可以将孔底岩石压碎一部分，同时靠牙轮滑动带来的剪切作用削掉牙齿间残留的另一部分岩石，使孔底岩石全面破碎，炮孔得以延伸。牙轮钻头的切削齿与孔底的接触面积小、比压高，易于咬入地层；工作刃总长度大，因而磨损相对较少。牙轮钻头能够适应从软到坚硬的多种地层。

4.1.1 工作原理

为了了解牙轮钻头的工作原理，需要先对牙轮钻头的工作形式和工作环境有所了解。

通过图4-1所示的牙轮钻机钻孔示意图可以知道：其工作形式是牙轮钻头钻进所需要的轴压力 P_y 和回转力矩 M 通过钻杆2传递给牙轮钻头3。其工作环境则是，压缩空气通过回转压气机构1将压缩空气经钻杆2送至牙轮钻头的通风孔道，牙轮钻头在钻进过程中由于岩石碎裂所产生的岩石渣屑在压缩空气的冲洗下，沿着已经成形的炮孔内壁和钻杆之间的环状间隙排出孔外。

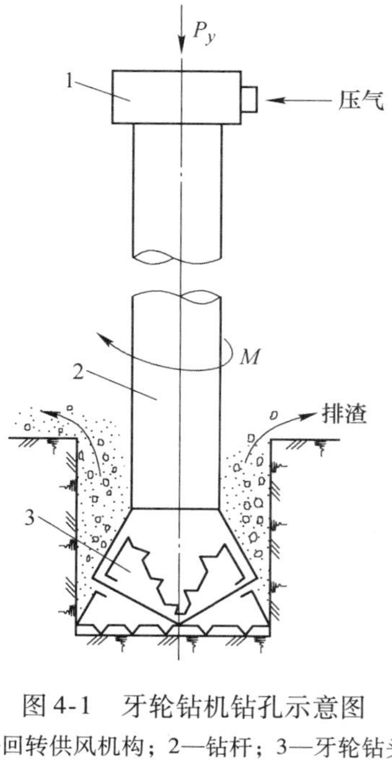

图4-1 牙轮钻机钻孔示意图

1—回转供风机构；2—钻杆；3—牙轮钻头；P_y—轴压力；M—回转力矩

钻进中牙轮钻头在炮孔底部的运动及破岩机理取决于钻头的结构、钻进参数配合、炮孔底部状态等多方面的因素。为了能够根据不同地层岩性，合理选择与使用钻头，就必须了解牙轮钻头在炮孔底部的运动及破岩机理。

4.1.1.1 牙轮钻头在炮孔底部的运动形式

在牙轮钻机的钻进过程中，牙轮钻头在炮孔底部的运动主要包括：牙齿随牙轮绕钻头轴线旋转；牙齿绕牙轮轴线旋转；牙轮滚动引起牙轮及钻头产生纵向振动。在牙轮滚动过程中，牙齿交替地以单齿或双齿接触孔底，使牙轮轴线在垂直孔底方向上做上下的纵向振动。

牙轮钻头在炮孔底部的运动，决定着牙轮与牙齿的运动，从而直接决定了牙齿对地层岩石的破岩作用。牙轮钻头在炮孔底部运动的同时，牙轮的运动主要有公转、自转、纵振、滑动。除此之外，还有横向振动和扭转振动。

（1）钻头的公转。钻头绕自身轴线（即炮孔轴线）做顺时针方向旋转的运动称为公转。其转速就是牙轮钻机钻具的旋转速度。钻头公转时，牙轮也绕钻头轴线旋转，牙轮上各排牙齿绕钻头轴线旋转的线速度不同，牙轮体上外排齿的线速度最大。

（2）钻头的自转。钻头旋转时，牙轮绕牙掌轴所做的与钻头旋转方向相反的旋转运动称为牙轮的自转。牙轮自转转速取决于公转转速、钻头结构、齿面结构、钻进参数和岩石的性质等；并与牙齿对孔底的作用有关。牙轮的转动是岩石对牙齿咬入破碎作用产生阻力作用的结果。一般情况下，牙轮的自转速度要比公转速度快得多。在纯滚动条件下，牙轮自转的转速是钻头公转转速的 D/d 倍。

（3）钻头的纵振（轴向振动）。钻进中钻头工作时，对一个牙轮而言，牙齿与孔底的接触是单齿、双齿交替进行，单齿触底时，牙轮的轮心处于最高位置，双齿触底时则轮心下降。这样，轮心位置的变化使钻头沿钻杆的轴向做上下往复运动，从而形成牙轮的纵向振动。其纵振振幅就是轮心的垂直位移。振幅的大小与齿高、齿距等钻头结构参数和岩石性质有关。在软地层，牙齿咬入深、振幅小，而在硬地层则振幅较大，振动严重，危害较大。牙轮纵向振动的振动频率与齿数和牙轮转速成正比；振动的振幅与牙轮的半径成正比，与齿数成反比；振动的冲击速度与牙轮的半径及转速成正比，与齿数成反比。在旋转钻孔中，牙轮钻头的纵向振动频率一般为 100 ~ 500 次/min。图 4-2 所示为钻头纵振时牙轮轮心垂直位移示意图。

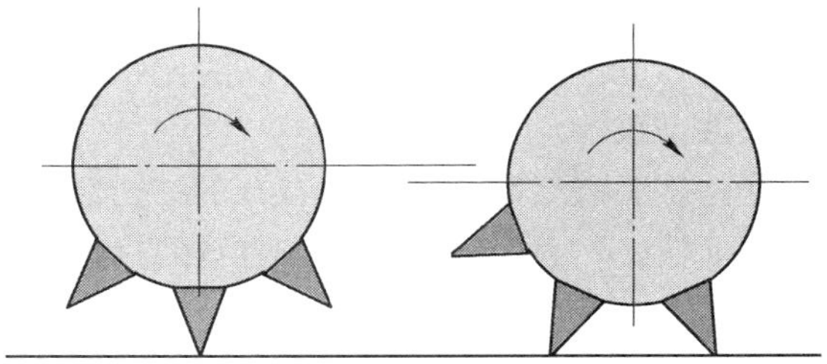

图 4-2　钻头纵振时牙轮轮心垂直位移示意图

实际上，在钻孔过程中，除了牙轮的单齿、双齿交替与孔底接触导致的纵振外，还会因孔底不平造成振幅较大的低频振动。低频振动的振幅就是孔底凹凸部分的高度差，一般为 10mm 左右，频率低于 50 次/min。在硬地层中，低频纵振会造成钻头跳钻，是一种不利因素。

牙轮钻头纵振是上述两种振动之和，其产生的冲击压迫作用使得牙轮钻头冲击破碎岩石的功能得以实现。

（4）钻头的滑动。为了适应破碎不同的岩石的需要，在钻头工作时，使其产生一定的滑动。钻头的滑动就是牙轮的滑动。破碎不同类型的岩石，要求钻头有不同的滑动量，该滑动量可通过设计钻头时采用不同的结构和参数获得。

对于一个牙轮而言，不同位置的齿圈的滑动方向各不相同。外排齿及靠近外排齿的齿圈，一般是正向滑动（假设钻头旋转，而牙轮不自转时，牙齿在孔底的滑动为正向滑动）；牙轮锥体顶部的齿圈及靠近牙轮锥体顶部的齿圈一般是负向滑动；而外排齿圈与牙轮锥体顶部齿圈之间的某个中间齿圈或虚拟齿圈则做纯滚动。

通常情况下，软地层钻进时钻头具有较大的滑动量；在硬地层及高研磨性地层钻进时，所用钻头的滑动量要尽量减小，以避免牙齿的迅速磨损。但实际钻孔中，即使设计的纯滚动钻头仍然存在着滑动。

（5）钻头的横向振动。所谓钻头的横向振动，就是沿着垂直于钻头即钻杆轴线方向的振动。导致钻头横向振动的因素很多，主要有钻进过程中钻头与岩石间的相互作用、钻杆的弯曲变形、钻杆的偏心选择、钻具的质量分布不均匀、地层倾角及岩石的性质差异等。钻头的横向振动是造成钻头使用寿命降低的重要原因之一。

（6）钻头的扭转振动。钻头的周期性运动会导致钻进中的扭矩呈周期性变化，即引起钻头的周期性扭转振动。钻头的扭转振动主要是由钻头的黏滑运动造成的，即钻头旋转速度变化很大，在某一瞬间钻头可能静止不动，过一段时间后便以数倍于平均转速的速度旋转，这样就会引起钻头的失效，也可能引起钻杆的早期疲劳破坏。因此应尽量避免钻头扭转振动的出现。

牙轮钻头在孔底工作时，上述几种运动同时产生，钻头的运动是上述几种运动的复合运动。

4.1.1.2　*冲击破碎与剪切破碎*

牙轮钻头在轴压力作用下破碎岩石是靠冲击压碎和滑动剪切的复合作用来完成的。

（1）冲击压碎作用。牙轮钻头在炮孔底部工作时，由钻头纵向振动所产生的轮齿对岩石的冲击压碎作用是牙轮钻头破碎岩石的主要方式。旋转钻头时，牙齿以一定的速度冲击压入岩石，牙齿压入岩石需要足够的比压与接触时间。牙齿作用在岩石上的轴向载荷包括静压及冲击载荷。

牙轮钻头破岩时，牙齿对岩石的冲击载荷越大、冲击次数越多，钻头破岩效率越高。但转速太快必然大大缩短牙齿与岩石的接触时间，要保证接触时间大于岩石破碎所需的时间，才能有效破碎岩石。

图4-3为牙轮钻头滚压钻孔过程示意图。在钻孔时，牙轮钻头在轴压力 P 和回转扭矩 M 的作用下，牙轮是以一个齿到两个齿又到一个齿的循环交替地滚压冲击岩石，使牙轮的轮心上下振动。从而引起钻杆周期性地弹性伸缩，钻杆的弹性能不断地作用于牙轮，并通过牙轮上的牙齿传递给岩石，引起作用处岩石破碎，同时钻杆振动引起的冲击又加强了牙轮轮齿对岩石的破碎。滚压作用后的岩屑在钻头上喷嘴喷出的压缩空气作用下被排出孔外。这种滚压（压入和冲击）—排渣的动作持续循环进行，直到炮孔的钻孔过程完成。

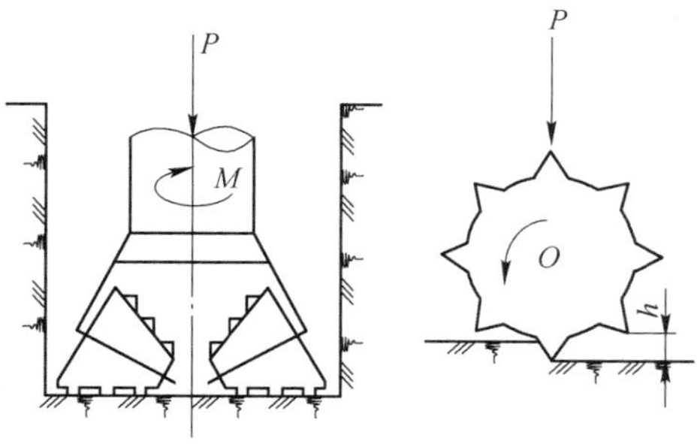

图4-3　牙轮钻头滚压钻孔过程示意图

（2）滑动剪切作用。牙轮钻头工作时，由于钻头的结构和岩层摩擦阻力的影响使其在炮孔底部产生滑动，而且转速越快，滑动量越大，对岩石的剪切破碎作用越大。此外，牙齿在轴向压力作用下吃入地层，转动钻头时随着牙齿的移动而使已破碎的岩石剔出，这一压入破碎其实质是剪切破碎。

牙轮在孔底的滑动使孔底岩石产生剪切破碎。由于岩石的抗剪切的强度小于抗压强度，因而牙轮滑动的破岩效率较高。

在软地层及中硬地层中钻进，要求牙轮钻头具有更大的滑动量以提高破岩效率。在设计制造牙轮钻头时，通常采用具有超顶、复锥、移轴结构的牙轮钻头，使牙轮锥顶不与钻头轴线重合，以增大钻头在炮孔底部工作时的滑动量和提高钻进效率。

（3）复合作用破碎。根据岩石的不同性质，牙轮上装有不同形状、不同齿高、齿距以及布齿方式的钢制或硬质合金的牙齿。牙轮可绕牙掌轴颈自转并同时随着钻杆的回转而绕钻杆轴线公转。牙轮在旋转过程中依靠轴压压入和冲击破碎岩石，同时又由于牙轮体的复锥形状、超顶和移轴等因素作用，使牙轮在孔底工作时产生一定量的滑动并对岩石产生剪切破坏。因此，牙轮钻头破碎岩石的机理实际上是冲击、压入和剪切的复合作用。在牙轮钻头钻进的同时，由压缩空气的一部分将破碎的岩渣屑经由孔壁和钻杆之间的环状空间排至地表，而另一部分压缩空气则通过挡渣管和牙掌的风道进入牙轮钻头中轴承的各部分，用以降低轴承内的热量，清洗和防止异物进入轴承内腔。

4.1.1.3 牙轮轴线相对钻头轴线的位置

牙轮的形状和牙轮相对于钻头轴线的位置是影响牙轮破岩的主要因素。单锥牙轮相对于钻头轴线的位置有三种基本布置方式。图 4-4 为牙轮安装的三种基本布置示意图。

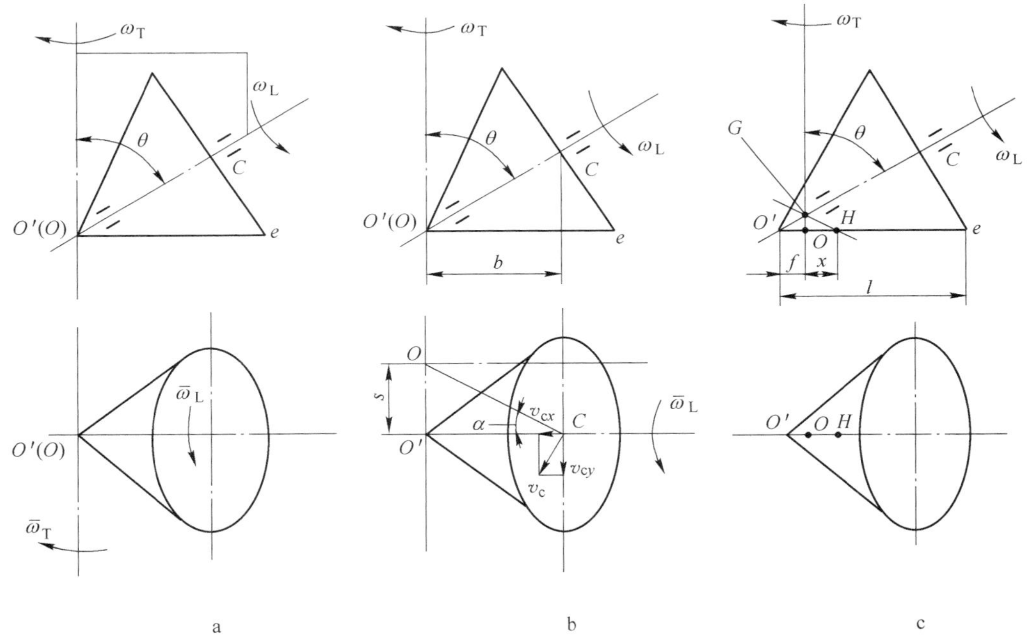

图 4-4 牙轮安装的三种基本布置示意图

a—不超顶、不移轴布置；b—移轴布置；c—超顶布置

（1）不超顶、不移轴布置。所谓的不超顶、不移轴布置，指的是三个牙轮锥体的轴线相交于钻头中心，即牙轮圆锥顶点 O' 与钻头回转中心 O 相重合，如图 4-4a 所示。显然，$O(O')$ 点的速度恒为零，因此，牙轮做定点运动，故牙轮在孔底的运动是纯滚动。这样，在任一瞬间都存在一条通过定点 O 的瞬轴，此瞬轴即为牙轮与孔底的接触线 Oe。

图中的 ω_L表示牙轮绕自身轴线转动的相对角速度，ω_T表示牙轮绕钻头轴线转动的牵连角速度。

（2）移轴布置。所谓移轴布置指的是，三个牙轮锥体的轴线不交于钻头中心，向钻头旋转方向平移一段距离，而交成一个三角形，即为牙轮的移轴结构，如图 4-4b 所示。所交三角形的内切圆半径就是牙轮轴线的平移距离，称为移轴距。移轴距越大，钻头的滑动剪切作用也越大。在这种移轴布置中，牙轮在滚动过程中要同时引起滑动，这种滑动的方向是沿着牙轮与孔底接触的母线，向钻头中心的滑动，称为牙轮的轴向滑动，偏移值越大，轴向滑动也越大。

（3）超顶布置。所谓牙轮钻头的超顶是指三个牙轮锥体的顶点超过钻头的中心，牙轮锥顶超过钻头中心的距离称为超顶距，牙轮锥体的这种布置方式即为超顶布置，如图 4-4c 所示。在这种布置中，由于牙轮的锥顶超过钻头中心，超顶牙轮的牙齿在孔底会产生切向滑动，切向滑动的速度随超顶距的增加而增大。所超出的距离越大，钻头的滑动剪切作用也越大。

（4）牙轮锥体的复锥作用。值得注意的是，当牙轮锥体具有两个或两个以上的复锥体时，牙轮也产生切向滑动。所谓牙轮锥体的复锥，其含义是在牙轮体上除了主锥面和背锥面之外，还有 1 个或 2 个副锥。牙轮锥体上各部的锥面名称和形式如图 4-5 所示。

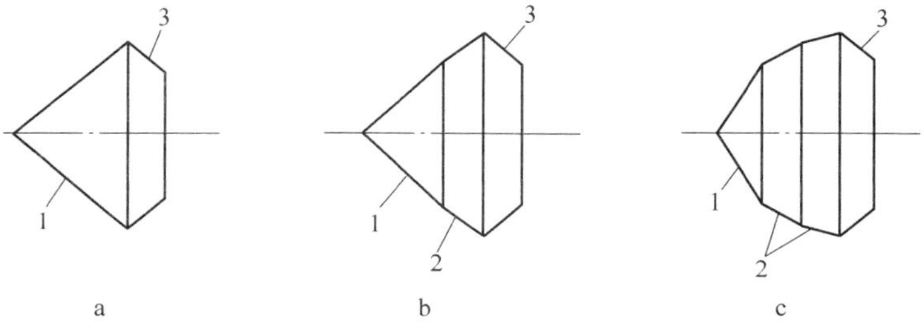

图 4-5　牙轮体各部锥面名称和形式

a—单锥；b—复锥（单副锥）；c— 复锥（双副锥）

1—主锥；2—副锥；3—背锥

复锥牙轮的副锥顶（延伸线）是超顶的，主副锥顶间的距离称为锥顶距。锥顶距越大或两个锥顶角的差值越大，钻头工作时牙轮在炮孔底部产生的滑动量也越大。复锥牙轮产生滑动的原因是复锥牙轮绕轴线转动时线速度呈折线分布，其与钻头公转时的合成速度不为零，从而产生滑动。牙轮的超顶和移轴作用示意图如图 4-6 所示。

移轴产生的轴向滑动可以剪切破碎孔底齿痕圈之间的岩石，超顶和复锥产生的切向滑动可以剪切破碎孔底同一齿痕圈上相邻破碎坑之间的岩石。

从图 4-6 中可看到，超顶和复锥会引起周向滑动，而移轴则会引起径向（轴向）滑动。

牙齿钻头在岩层钻进时，牙齿间易积存岩屑产生泥包，影响钻进效率。为此，出现了自洗式钻头，所谓自洗式钻头，即这类钻头上各牙轮的牙齿互相啮合，一个牙轮的牙齿间积存的岩屑由另一个牙轮的牙齿剔除。按照非自洗式钻头或自洗式钻头的形式，牙轮锥体的三种不同的布置方案与特征见表 4-1。

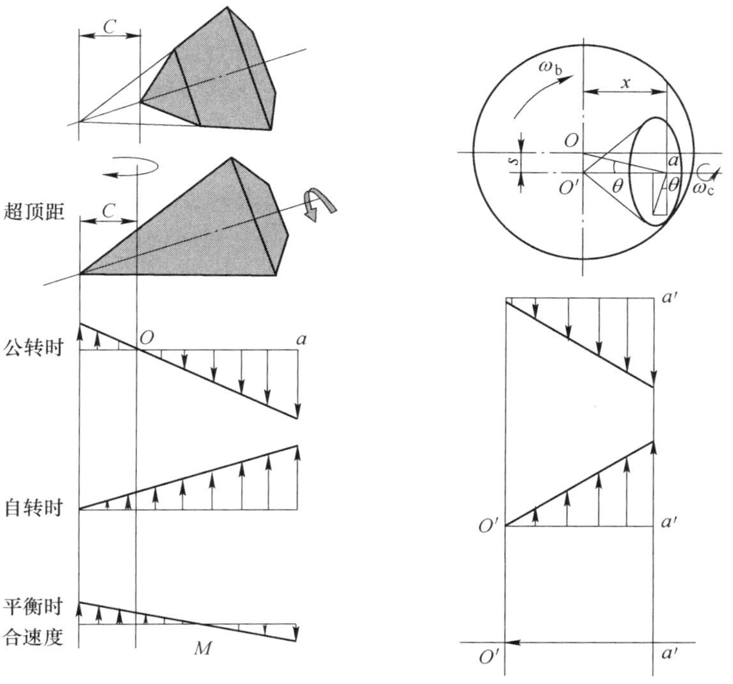

图 4-6　牙轮的超顶和移轴作用示意图

a—牙轮复锥的超顶作用；b—牙轮的移轴作用

表 4-1　牙轮锥体的三种不同的布置方案与特征

特征内容		非自洗不移轴布置	自洗不移轴布置	自洗移轴布置
牙轮锥体布置形式	牙轮锥体投影	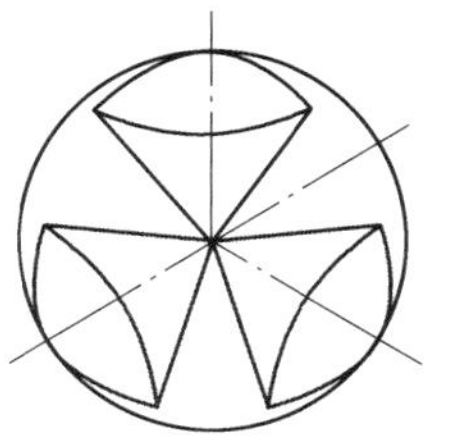	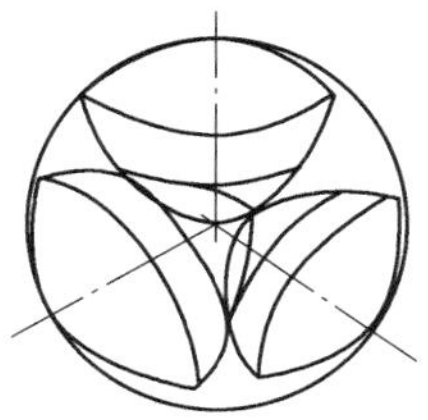	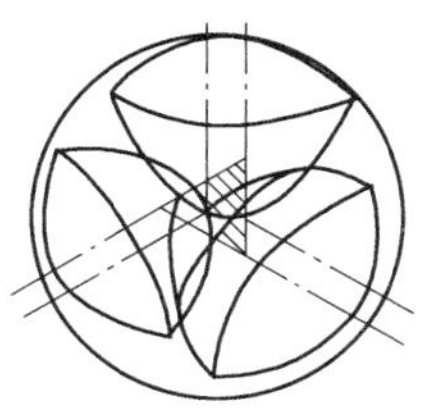
	牙轮锥体外形			
布置特征		齿圈不啮合； 不超顶、不移轴； 单锥	齿圈相互啮合； 超顶、不移轴； 有副锥	齿圈啮合； 超顶、移轴； 有副锥
适用岩层		硬岩	中硬岩	软岩

4.1.1.4　牙轮钻头钻进的特点

综上所述，可以看到牙轮钻头的钻进具有以下特点：

（1）牙轮在孔底绕钻孔轴线和绕牙轮轴滚动时，对岩石起压入、压碎、剪切作用的同时，带有一定频率的冲击。在几种破碎方式联合作用下碎岩，提高了碎岩效果。

（2）牙轮靠滚动和滑动，回转时转矩小，消耗的功率小。

（3）轴心载荷均匀分布在碎岩牙轮上，在牙齿与岩石不大的接触面积上；造成很高的比压，提高了碎岩效果。

（4）牙轮沿孔底滚动时，牙齿与岩石的接触传递为瞬时的，接触时间短，减少了牙齿的磨损，延长牙齿的寿命。

（5）牙齿与岩石接触的时间短，因接触摩擦而产生的热量少，此热量在牙轮回转一周中可由冲洗介质完全带走，因此不会因过热而降低牙齿的力学性能。

4.1.2　排渣方式

在本书的4.1.1节牙轮钻头的工作原理时曾经谈到，压缩空气通过回转压气机构将压缩空气经钻杆的内孔送至牙轮钻头的通风孔道，牙轮钻头在钻进过程中由于岩石碎裂所产生的岩石渣屑在压缩空气的冲洗下，沿着已经成形的炮孔内壁和钻杆之间的环状间隙排出孔外。这种岩渣的排除方式根据吹气排渣风道布置位置的不同而主要有两种，即中央吹风排渣和旁侧吹风排渣，如图4-7所示。

4.1.2.1　中央吹风排渣

中央吹风排渣是压气通过钻头的中央孔道直径喷射到牙轮和孔底。压气在孔底的流动方向如图4-8中的箭头所示。

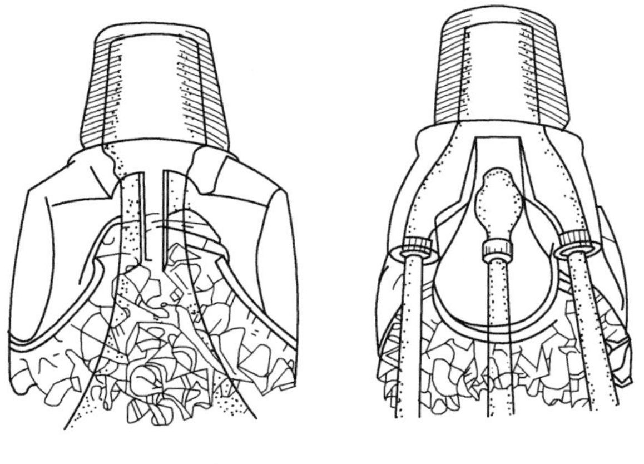

a　　　　b

图4-7　牙轮钻头的排渣方式
a—中央吹风排渣；b—旁侧吹风排渣

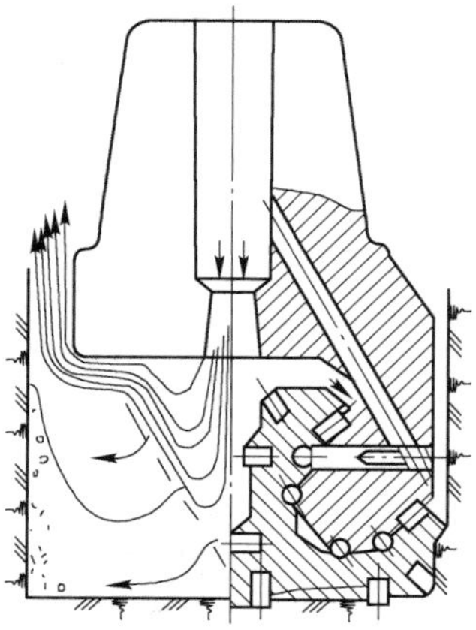

图4-8　中央吹风排渣孔底气流方向

压气从中央孔道喷出后开始膨胀并且运动速度减慢，当压气继续向孔底流动时，为三个牙轮所阻挡，而被滞留在孔底。此时压气的主气流则会通过牙掌之间的较大空间流向钻杆与炮孔内壁所构成的环形空间；只有一小部分压气，通过相邻的轮齿之间的缝隙吹向孔底清洗岩渣。由于吹洗孔底的压气量较少，给这种排渣方式带来了两大问题：其一，由于压气不能充分吹洗孔底，导致破碎下来的岩渣被重复破碎，增加了能量消耗，降低了穿孔速度：其二，中央喷射出来的压气，将岩渣由孔底中央吹向周边，并在炮孔的边角处转向钻杆的外空间，使得牙轮尖部受到带有腐蚀性的岩渣的喷射而磨损，并使牙掌爪尖和掌背的磨损增加，从而降低了钻头的使用寿命。

中央吹风排渣的一个较大的优点就是钻头的内腔较大，可以比较容易地安装各种形式的逆止阀，用以防止钻机停止供气时的瞬间，返回的气流将岩屑带入到轴承中而使轴承被岩粉堵塞而提前报废。

4.1.2.2 旁侧吹气排渣

旁侧吹气排渣的压气是通过布置在牙轮钻头周边的三个侧向喷嘴喷射到钻孔的周边，并通过相邻牙轮之间的间隙从孔壁向中心冲洗孔底，从而将岩渣从牙轮上和孔底吹走。这种方式避免了牙轮尖部的过早磨损，并能较好的清除孔底岩渣，使钻进速度提高。其缺点是牙掌的掌背和爪尖磨损较快。目前国产的矿用压气型牙轮钻头，大都采用的是旁侧吹气排渣方式。当然，旁侧吹气排渣方式的牙轮钻头，由于其喷嘴直径大小、位置和角度的不同，其排渣效果也不尽相同。目前生产的钻头，其喷嘴都是可以更换的，实际应用过程中，应根据所钻凿岩石的不同而选用不同直径的喷嘴，以获取较好的排渣效果。

4.1.3 牙轮钻头的几何形状与主要参数的选择

4.1.3.1 牙轮的几何形状尺寸

牙轮的几何形状应能在有限的空间内尽量加大牙轮的体积。这样可以加大轴承的尺寸，使轴承有较大的工作能力，并保证轮壳有足够的厚度，以免断裂；在牙轮的外表面也可以布置更多的牙齿，以延长切削部分的使用寿命。从破碎岩石角度考虑，对硬地层使用单锥牙轮，使牙轮在井底为纯滚动而无滑动；而对软到中硬地层则采用复锥牙轮，使牙轮产生切向滑动以利破碎岩石。复锥牙轮还可增大牙轮的体积，有时为了加大轴承尺寸也使用复锥牙轮（虽然从破碎岩石考虑并不一定需要复锥牙轮）。

牙轮的几何形状尺寸包括主锥角（2φ）、副锥角（2θ）、牙轮总高（H）、牙轮最大外径（d）、背锥角（2γ）。牙轮钻头几何形状尺寸的主要参数如图4-9所示，其主要参数的解释见表4-2。

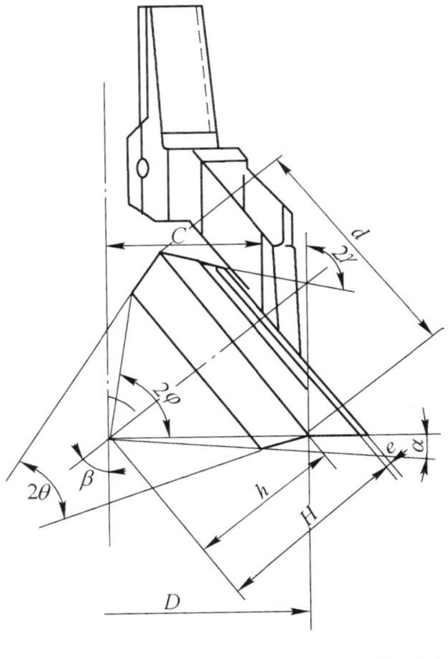

图4-9 牙轮钻头几何形状尺寸的主要参数

表4-2 牙轮钻头的几何形状尺寸的主要参数表述

序 号	名 称	代 码	参 数 含 义
1	钻头直径	D	牙轮钻头组合体中最大外径处，等于钻孔的公称直径
2	轴倾角	β	牙轮中心线与钻头中心线之间的夹角
3	孔底角	α	牙轮锥体母线与孔底的夹角

续表 4-2

序号	名称	代码	参数含义
4	主锥角	2φ	牙轮锥体上主工作锥面的夹角
5	副锥角	2θ	牙轮锥体上副工作锥面的夹角
6	背锥角	2γ	牙轮锥体上背锥面的夹角
7	牙轮总高	H	牙轮锥体底平面距锥顶的垂直距离
8	牙轮工作面高度	h	牙轮体底端工作锥平面距锥顶的垂直距离
9	牙轮直径	d	牙轮锥体上的最大直径
10	牙轮最大轴线距	C	牙轮体底端轴线与钻头中心轴线间的距离

4.1.3.2　牙轮钻头的主要结构参数选择

（1）钻头直径 D。取决于矿山对钻凿炮孔直径的要求，一般都在 250 ~ 310mm 之间。

（2）轴倾角 β。对于矿用牙轮钻头，β 的取值在 50° ~ 55°之间。一般来讲，β 值随凿岩硬度的提高而减小，以满足在钻凿硬岩的轴压力提高时，不至于使牙轮轴承的径向负荷增加太大而降低轴承寿命。

（3）孔底角 α。α 的取值一般为 7° ~ 9°，α 加大，则轴压增大。

（4）牙轮轴线偏移值 S。钻凿硬岩时，主要靠冲击压碎作用破碎岩石，所以取 $S=0$ 较为合适；当在中硬以下的岩石中穿孔作业时，可使 $S\neq0$。

（5）决定牙轮布置的主要参数是偏移值 S、超顶距 C、β 角和背锥角 2γ。

4.2　牙轮钻头的类型与牙齿

牙轮钻头按照钻头所具有的牙轮数目分，有单牙轮钻头、双牙轮钻头、三牙轮钻头、多牙轮钻头等，其中使用最多的是三牙轮钻头，它的三个牙轮锥体按 120°夹角对称分布；按照钻头牙齿所采用的齿形分，有本体铣齿钻头和镶嵌硬质合金的柱齿钻头；按牙轮锥体中心轴线的相对位置分，有转轴式、扭轴式和移轴式钻头；牙轮钻头还可分为全面钻进牙轮钻头、取芯牙轮钻头、滚动轴承牙轮钻头、滑动轴承牙轮钻头等。

4.2.1　牙轮数目

图 4-10 所示为按照牙轮数目分的钻头类型。单牙轮钻头和双牙轮钻头多用于炮孔直径 150mm 以下的软岩石钻进。多牙轮钻头一般不用于炮孔的钻凿，而是用于岩石的取芯钻进。使用最多的是三牙轮钻头。三牙轮钻头又可分为压缩空气排渣风冷式及储油密封式两种。

压缩空气排渣风冷式牙轮钻头（简称压气式钻头）是使用压缩空气排除岩渣的。露天矿山的炮孔穿孔作业使用的就是这种钻头，其适用的钻凿炮孔直径为 150 ~ 445mm，孔深在 20m 以下。储油密封式牙轮钻头适用于石油钻孔和地质勘探钻孔，因此本书不予阐述。

4.2.2　牙齿形状

牙轮钻头的牙齿可分为铣齿和镶齿（硬质合金齿）两种。

a b c d

图 4-10 按照牙轮数目分的钻头类型

a—单牙轮钻头；b—双牙轮钻头；c—三牙轮钻头；d—多牙轮钻头

4.2.2.1 铣齿牙轮钻头

铣齿牙轮钻头主要采用的齿形为楔形齿。根据岩石硬软不同，楔形齿的高度、齿数、齿圈距等都不相同。岩石越硬，楔形齿的高度越低，齿数越多，齿圈越密；反之则相反。牙轮外排齿采用的是“T”形齿或“Π”形齿。

铣齿牙轮钻头的牙齿与牙轮壳体成一体，由牙轮毛坯经过铣削加工形成。为了提高牙齿的耐磨性，在齿面上敷焊硬质合金粉。

铣齿牙轮钻头的牙齿主要是楔形，不同类型钻头铣齿的有关参数（包括齿高、齿距、齿尖角等）不同。楔形齿的齿形如图 4-11 所示。

铣齿的主要参数有齿尖角 α、齿刃宽 a、齿高 H。齿尖角 α 和齿刃宽 a 较大时，钻凿岩石的硬度也较大。铣齿钻头适用于在硬度系数为 f 为 5 ~7 的岩石中钻孔。图 4-12 为铣齿牙轮钻头牙齿的外形。

铣齿牙轮钻头的牙齿，其齿形受到加工的限制基本都是楔形的。牙齿的材料受到牙轮材料的限制，虽经敷焊硬质合金粉，但其耐磨性仍不能满足要求，特别是在坚硬、研磨性强的地层，钻进效率很低。

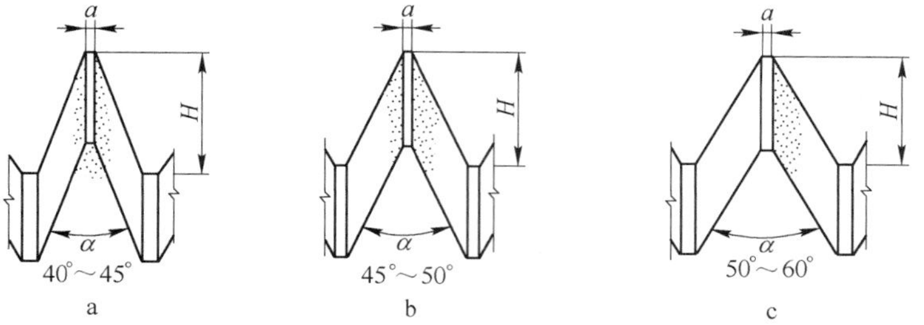

图 4-11　楔形齿的齿形

a—适用于软岩的铣齿；b—适用于中硬岩的铣齿；c—适用于硬岩的铣齿

图 4-12　铣齿牙轮钻头牙齿的外形

4.2.2.2　镶齿牙轮钻头

硬质合金齿的体部都是圆柱体，它是镶进牙轮壳体的齿孔部分。通常所说的齿形是指露出在牙轮壳体外面部分的形状及高度。实践证明，硬质合金齿的齿形对钻头的进尺和机械钻速有很大的影响。确定齿形的依据是岩性，同时也要考虑齿本身的强度、材料性质以镶装的要求等。所钻地层不同，钻头齿形应该不同，而在同一个钻头上不同部位的齿圈，有时也用不同的齿形。目前国内外常用的硬质合金齿齿形大致有以下几种，如图 4-13 所示。

镶齿牙轮钻头的镶齿是硬质合金齿，主要用于坚硬岩层，也用于中硬和软岩层。镶嵌在牙轮锥体内的硬质合金齿的体部都是圆柱体，其下端有 16°～18°的倒角，便于镶装时能顺利压人即镶进牙轮壳体的齿孔部分。通常所说的齿形是指露出在牙轮壳体外面那部分的形状及高度。实践证明，硬质合金齿的齿形对钻头的进尺和机械钻速有很大的影响。确定齿形的依据是岩性，同时也要考虑牙齿本身的强度、材料性质以镶装的要求等。

露出牙轮锥体表面的牙齿外形主要有楔形齿、锥形齿、球形齿、平顶齿等几种。

楔形齿适用于塑性小的中硬及硬的研磨性岩层；锥形齿适用于坚硬的和研磨性大的岩层；球形齿则适用于高研磨性的坚硬岩层。所钻地层不同，钻头齿形应该不同，为了提高钻进速度和效果，经常会在同一个牙轮钻头上不同部位的齿圈部位，如内排齿、外

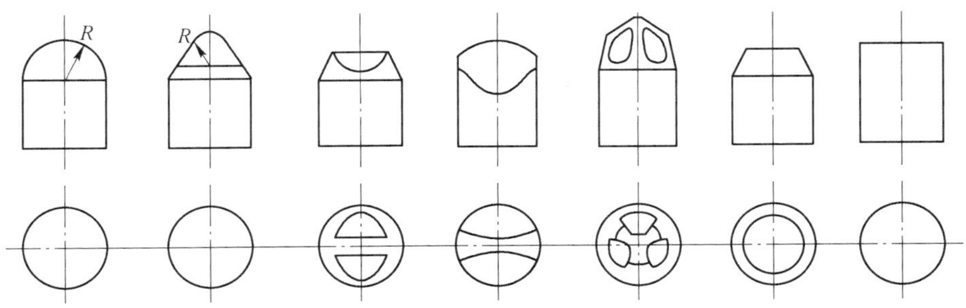

a b c d e f g

图 4-13 镶齿牙轮钻头常用的硬质合金齿齿形

a—球形齿；b—锥球齿；c—凿形齿；d—楔形齿；e—棱柱齿；f—短锥齿；g—平顶齿

排齿和背齿齿圈中采用不同的齿形。图 4-14 为适用于不同岩石硬度的牙轮钻头的齿部外形。

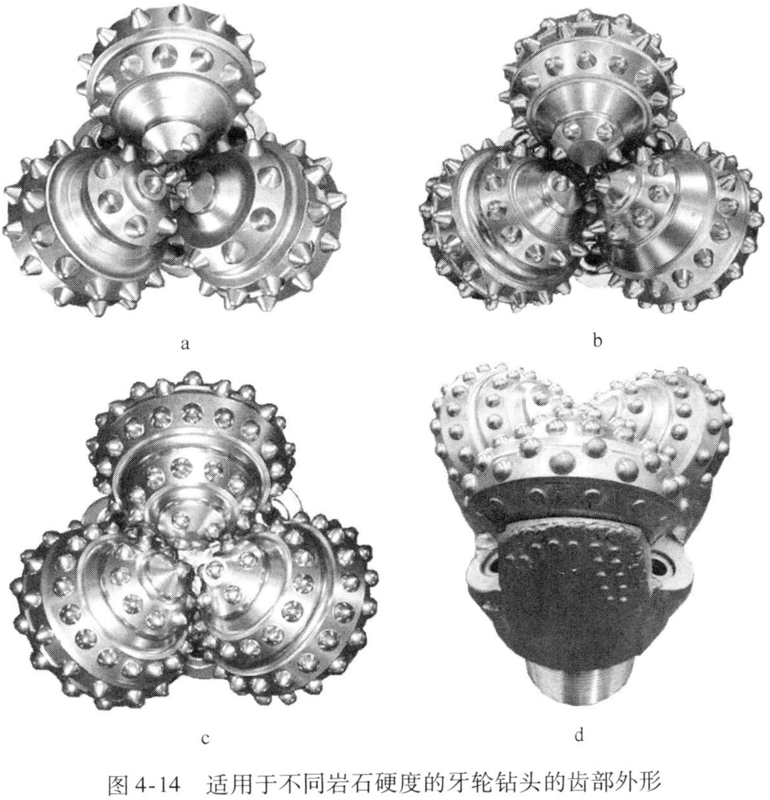

a b c d

图 4-14 适用于不同岩石硬度的牙轮钻头的齿部外形

a—软岩型；b—中硬岩型；c—硬岩型；d—极硬岩型

在牙轮钻头的钻进过程中，岩石破碎所需压力只与齿端的接触面积有关，而与齿尖角无直接关系（但齿尖角对压入深度有一定影响）。所以上述的齿形基本上可归纳为两类：一类端部为球面形的如球齿、锥形齿及抛射体形齿（但球面体的半径不同），这类牙齿压入岩石时与球体压入岩石相似。这种齿从压入岩层到离开岩层，牙齿能在井底压痕中旋转，齿受到的侧向负荷较轻。球面半径大小影响到压入时的接触面积的大小。半径大时，接触面积大，需要的破碎压力也大，但齿耐磨；半径小时，则相反。另一类楔形齿的齿刃是圆弧形，在破碎岩石时相当于圆柱体沿母线压入岩石，岩石破碎所需压力与圆弧半径大小和齿刃长度（齿宽）有关。牙齿的齿尖角或锥角，除在极软岩层对吃入深度有影响外，对于中、中硬以上岩石均对破碎压力无影响。因为脆性（塑性系数很小）岩石齿的吃入量是很小的，所以齿尖角、锥角主要与牙齿的强度有关。

实践证明，牙轮钻头牙齿的形状、大小、数量、长短取决于岩层的硬度。岩层越软，则牙齿越大、越尖、数量越少；反之，岩层越硬，则牙齿越小、越短、数量越多。

表 4-3 就牙轮钻头的主要类型的特点、使用寿命和适用范围进行了划分。

表 4-3　牙轮钻头的主要类型划分

类型		特点与使用寿命	适用范围
按钻头的牙轮数目分	单牙轮	主要依靠牙轮齿相对岩石表面产生的滑动来刮削岩石，牙轮上的牙齿较少，负荷系数较高，牙齿寿命较短；钻头的轴承尺寸较大，能够承受高轴压力，轴承寿命较高	可适用于硬岩
	双牙轮	相对于三牙轮钻头而言，在同样的轴压力下，每个牙轮承受的载荷较大，所以钻孔速度较快，由于同样的原因，使得其轴承的寿命相对较低	应用不多，仅适用于钻凿塑性软岩
	三牙轮	当钻头直径相同时，三牙轮钻头的单个牙轮体积比多牙轮钻头的单个牙轮体积大，而又不小于双牙轮钻头的单个牙轮体积，因此，三牙轮钻头的轴承能够承受较大的载荷，且分布均匀	为当前露天矿牙轮钻机钻孔使用的主要钻头类型
	多牙轮	多牙轮钻头（指钻头的牙轮体为 4 个或 4 个以上的牙轮钻头）的单个牙轮体积小于三牙轮钻头的单个牙轮体积，因而单个轴承的承载能力相对较小，且外载荷分布不均匀	仅适用于钻凿中硬以下的岩石和用于地质勘探中钻取岩芯
按凿岩刃具的齿形分	铣齿钻头	其凿岩刃具是用铣刀在牙轮锥体上铣削出来的楔形齿，在铣齿刃部表面堆焊有碳化钨硬质合金	适用于钻凿硬度系数 $f=5\sim7$ 的岩石
	柱齿钻头	其凿岩刃具是镶嵌在牙轮上的硬质合金柱，由于钻凿岩石的硬度不同，所镶嵌的硬质合金柱的齿形也不相同	适用于除了极软岩石以外的所有岩石
按牙轮锥体中心轴线的相对位置分	转轴式	牙轮锥体的锥顶点落在钻头的中心轴线上，牙轮的齿圈不嵌合，钻头工作时，牙轮锥体沿孔底做纯滚动，而牙轮锥体的中心轴线只能绕钻头中心轴线做定点转动	适用于中硬和坚硬的岩石
	扭轴式	牙轮锥体的锥顶点超出钻头的中心轴线，牙轮的齿圈相互嵌合，钻头工作时，牙轮锥体沿孔底做相对移动和滑动，牙轮的锥顶点超出钻头的中心轴线的顶距越大，钻头的滑动剪切作用也越大	适用于中硬岩石
	移轴式	牙轮锥体的锥顶点沿钻头的中心轴线水平方向移动一个距离，三个牙轮的轴线不交于钻头中心，而交成一个三角形，牙轮的齿圈相互嵌合，钻头工作时，牙轮锥体沿孔底做相对移动和滑动	适用于中软岩石

4.3　牙轮钻头的结构

本节介绍的牙轮钻头的结构的对象是露天矿穿孔作业中使用的矿用三牙轮钻头，压气式三牙轮钻头是当前露天矿用牙轮钻机使用的主要类型钻头。

4.3.1　总成

钻头体上部加工有螺纹用于连接钻杆，下部带有牙掌，钻头体上镶装喷嘴。根据钻头体与牙掌的装配形式，牙轮钻头可分为整体式和分体式两类，如图 4-15 所示。

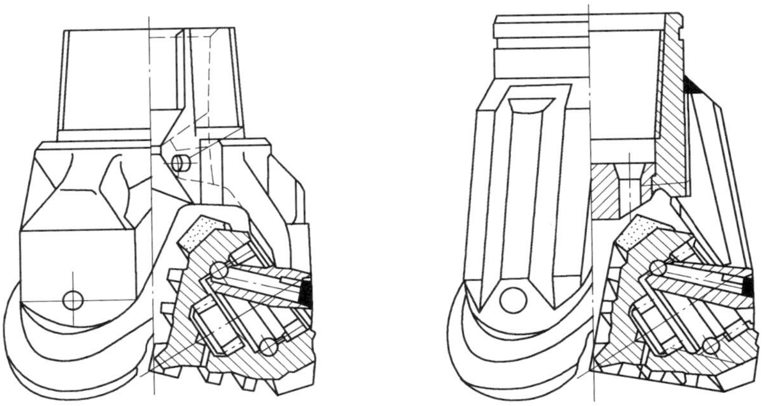
a　b

图 4-15　整体式钻头和分体式钻头示意图
a—整体式钻头；b—分体式钻头

钻头体与牙掌分别制造，然后将牙掌焊接在钻头体下方的称为分体式钻头，这种钻头的上部螺纹均为内螺纹，钻头直径一般在 346mm 以上。牙掌与三分之一钻头体做成一体，然后将三部分组合焊在一起的称为整体式钻头。整体式钻头的上部螺纹绝大多数为外螺纹，钻头直径一般在 311mm 以下。

当前露天矿用牙轮钻机经常使用的三牙轮钻头为整体式钻头，其结构如图 4-16 所示，主要由牙掌、牙轮和轴承等组成。轴承安装在牙掌的轴颈上，三个牙轮分别套在三个牙掌的轴颈上，将三个牙掌组焊成一体，然后再车出钻头上端的连接螺纹。

4.3.2　牙掌

牙掌是牙轮钻头的主要零件，牙掌的构造如图 4-17 所示。牙掌是一个形状复杂的锻造零件，主要由各部轴承的轴颈 2 ~4、掌背 9 和与钻杆连接的螺纹 8 等组成。牙掌轴颈轴线与钻头轴线的夹角为轴倾角，一般在 50° ~59°之间。牙掌与孔壁的接触部分称为掌背。掌背的下端为爪尖，它是牙掌的薄弱部位。为了减小掌背的磨损，在掌背与孔壁之间有一个 3° ~5°的夹角，并在爪尖的外表面处堆焊有一层硬质合金粉，且镶嵌一些平头的硬质合金柱。牙掌的上部为与稳杆器连接的螺纹部分。

牙掌轴颈是钻头轴承的内滚道。其中滚珠轴承起着将牙轮锁紧在牙掌轴颈上的作用。

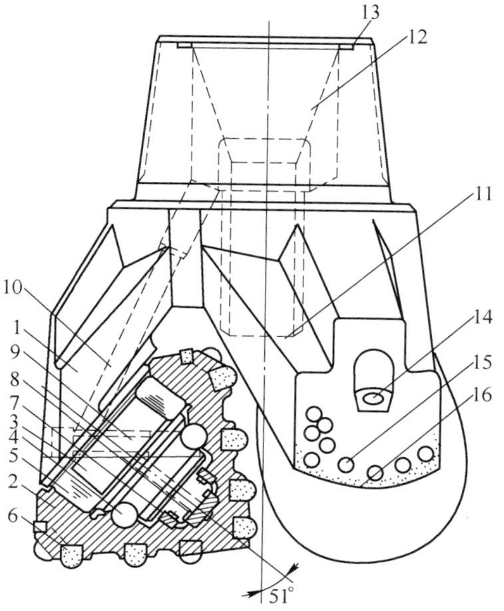

图 4-16　三牙轮整体式钻头结构

1—牙掌；2—牙轮；3—轴颈；4—滚珠；5—滚柱；6—硬质合金柱齿；7—轴套；8—止推块；9—塞销；10—轴承冷却风道；11—喷管；12—挡渣网；13—压圈；14—加工定位孔；15—掌背合金柱；16—爪尖硬质合金堆焊层

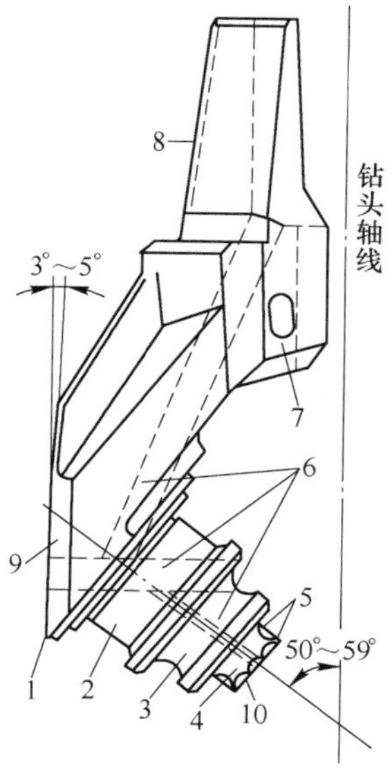

图 4-17　牙掌的构造

1—爪尖；2—滚柱轴承轴颈；3—滚珠轴承轴颈；4—滑动轴承轴颈；5—硬质合金堆焊层；6—轴承冷却风道；7—定位销；8—螺纹；9—掌背；10—小轴端面

当滚柱、滑动轴套及止推块放入牙轮内并套在牙掌的轴颈上以后，从牙掌背上的塞销孔将滚珠放入滚珠轴承的滚道内，当装满滚珠后，将塞销插入塞销孔内，并将塞销端部焊死在牙掌背上，以防止滚珠掉出。

4.3.3　牙轮

牙轮是一个外面带有牙齿、内腔加工成与轴颈相对应的滚动体滚道或滑动摩擦面的不完整的复合圆锥体，分单锥与多锥两种结构，其具体结构如图 4-18 所示。

在牙轮的外表面上钻有若干排齿孔，并用冷压的方法将硬质合金柱压入齿孔内，为了使柱齿牢固地镶嵌在齿孔内，柱齿的直径应稍大于齿孔的直径，其过盈量一般为 0.08 ~ 0.16mm。牙轮上每一排柱齿都构成一个齿圈。考虑到各牙轮之间的啮合以及排渣，在各齿圈之间都加工出一定宽度和深度的沟槽，即齿槽。

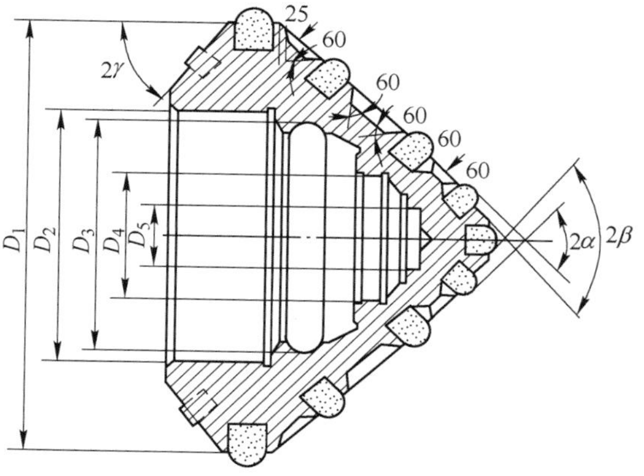

图 4-18　镶齿牙轮的结构

2α—牙轮主锥角；2β—牙轮副锥角；2γ—牙轮背锥角；D_1—牙轮直径；D_2—滚柱滚道直径；D_3—滚珠滚道直径；D_4—滑套直径；D_5—止推块孔直径

牙轮内腔由径向轴承滚道和止推块孔

腔构成。当牙轮钻头为具有两道止推轴承结构时，则在牙轮内腔还有两道止推端面。为了保护牙轮的背锥，防止被孔壁过度磨损，在背锥上镶嵌有平头硬质合金柱，与外齿圈上的柱齿相间排列，其数目与外齿圈上的柱齿相等。牙轮的内腔和牙轮外表面的齿槽均经过渗碳和淬火处理，以增加其表面硬度，提高牙轮的使用寿命。

4.3.4 轴承

轴承是牙轮钻头的重要部件。其作用是使牙轮灵活地转动，并将钻机施加在钻头上的轴压力和回转力矩传递给牙轮，以使其牙齿有效地破碎岩石。

钻头轴承有三种：滚动轴承、滑动轴承、卡簧滑动轴承。这三种轴承的结构形式如图4-19所示。卡簧滑动轴承主要为国外厂家产品，国内牙轮钻头的轴承绝大多数只有滚动轴承和滑动轴承两种。

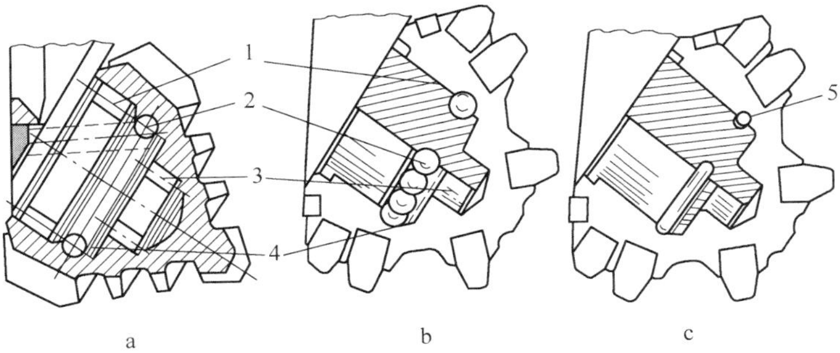

图4-19 牙轮钻头的轴承结构形式

a—滚动轴承；b—滑动轴承；c—卡簧滑动轴承

1—大轴承；2—中轴承；3—小轴承；4—止推轴承；5—卡簧

4.3.4.1 轴承的具体结构

尽管牙轮钻头的轴承有多种形式，但目前在矿用牙轮钻头中使用最多的轴承结构是滚柱-滚珠-滑动衬套所构成的轴承组，见图4-19。该轴承组中的滑动衬套是以冷压的方法装配的。滚柱轴承和滑动衬套只承受径向载荷。牙轮上的轴向载荷由牙掌小轴颈端面与止推块所构成的第一道止推轴承所承受。止推块压装在牙轮上，也有采用动配合装配的，后者有助于使止推块端面更好的接触。有些钻头为了提高轴承承载能力，在牙掌轴颈的小台阶处增设了第二道止推轴承。在止推块上和第二道止推端面上镶嵌有直径5~6mm的黄铜或银锰合金片，而在牙掌上相对应的第一道和第二道止推端面处堆焊有钴基或铁基耐磨合金，其目的是为了提高止推轴承滑动面之间的抗咬合能力和耐磨性。牙轮钻头的滚珠轴承主要起着锁固作用，固定牙轮和牙掌轴颈的相对位置，使牙轮不能脱落，同时也承受少量的径向力和轴向力。

由图4-19可以看出，轴承的总体结构由牙轮内腔、牙掌轴颈、轴承滚道、锁紧元件组成，每个牙轮有大、中、小和止推四副轴承。大轴承主要承受由轴压引起的径向载荷；小轴承起扶正及承受少量径向载荷的作用，中间的滚珠轴承主要起锁紧和定位作用，它将牙轮及牙掌轴颈锁在一起并承受部分轴向载荷；止推轴承则承受轴向载荷。

4.3.4.2　常用的轴承结构形式

常用的滚动轴承结构有滚柱轴承-滚珠轴承-滑动轴承和滚柱轴承-滚珠轴承-滚柱轴承两种。前种结构多用在直径 152～244mm 的小尺寸钻头中，后一种结构多用在直径244mm以上的大尺寸钻头中。

滑动轴承钻头主要是指滑动轴承取代大轴滚柱轴承的牙轮钻头。其结构为滑动轴承-滚珠轴承-滑动轴承。滑动轴承把牙轮轴颈与滚柱的线接触改变成滑动摩擦面间的面接触，承压面积大大增加，比压大大减小。同时，不存在滚柱对轴颈的冲击作用。由于去掉了滚柱就可以把轴颈尺寸加大、牙轮壳体增厚，这样提高了整个轴承的强度，从而有利于增大钻压，大大提高了钻头的工作寿命。

常用的滑动轴承有轴颈轴承、带固定衬套的滑动轴承和带浮动式衬套的滑动轴承以及简易滑动轴承。滑动轴承的结构有两种形式，即滑动-滚珠-滑动-止推型和滑动-卡簧-滑动-止推型。而根据钻头的轴承密封与否，可分为密封轴承和非密封轴承。

4.3.5　轴承的冷却

为了防止轴承工作时过热和被岩粉堵塞，矿用牙轮钻头采用了压气冷却和吹洗轴承。当钻机工作时，送入钻头的压缩空气除一部分吹洗孔底排渣外，还有一部分则通过过滤器、通风孔道进入轴承各滑动表面来冷却轴承，还可以将进入轴承中的岩粉冲洗出去。牙轮钻头轴承的冷却风道结构示意图如图 4-20 所示。

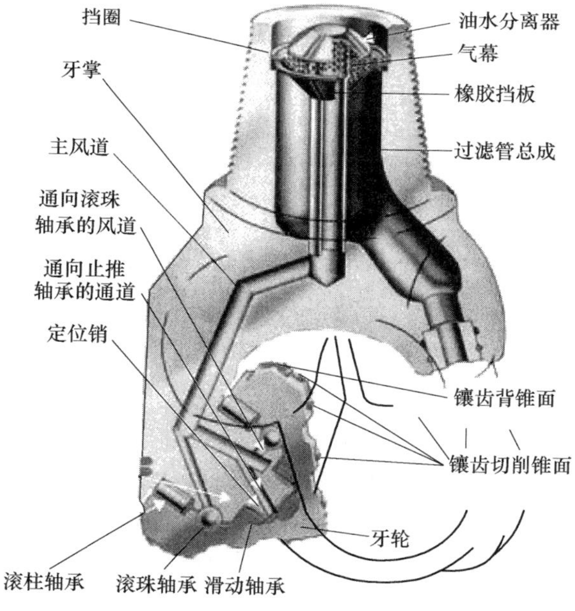

图 4-20　牙轮钻头轴承的冷却风道结构示意图

压气式风冷牙轮钻头有两种类型，即常规循环冷却型和喷射循环冷却型，如图 4-21 和图 4-22 所示。

在常规的循环冷却牙轮钻头中，设置了三个通向三个牙轮体上轴承的压气风道，为空气循环压缩空气通过钻头的中心孔对轴承进行冷却。

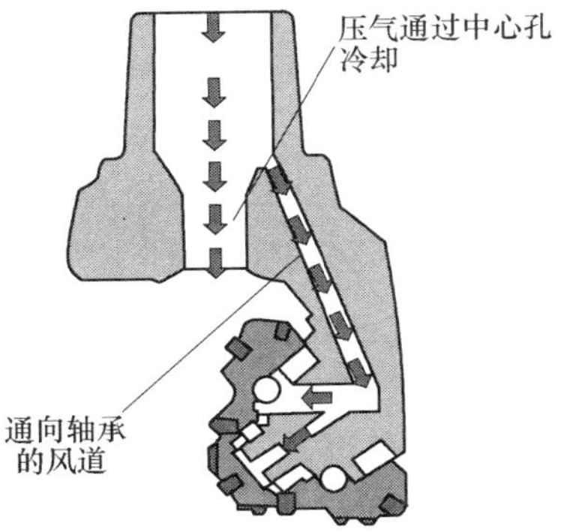

图 4-21　钻头的常规循环冷却

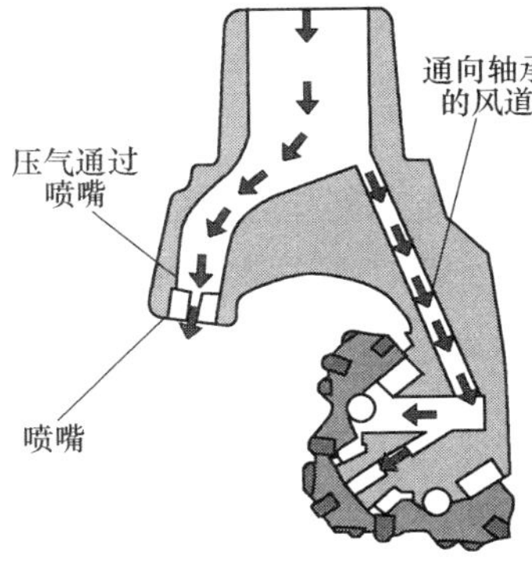

图 4-22　钻头的喷射循环冷却

在喷射循环三牙轮钻头中，除了提供 3 个压气风道对三个牙轮中的轴承循环冷却之外，更主要的冷却气流则是通过设置在钻头三个牙掌上的喷嘴对轴承进行冷却。

作为一般准则，理想的是至少有总压缩空气流量的 30% 提供给钻头轴承，使轴承得到充分冷却。冷却风道直径的大小的选择，以轴承能得到最佳的适当的尺寸为原则。

实践证明，冷却风道直径的大小、部位以及进入轴承压气量的多少都会影响轴承的冷却和吹洗效果。所以，在设计钻头时必须对冷却轴承的孔道给以足够的重视。近年来，国外矿用牙轮钻头在冷却轴承和通风孔道以及风流分配系统上进行了不少改进，使更多的压气能够直接通到轴承各相对运动的表面进行冷却和吹洗。冷却轴承所用的压气消耗量占总风量的 20%~35%。

4.4　牙轮钻头型号命名

牙轮钻头的型号命名方法有多种，在本节中，仅就国家标准 GB/T 13343—2008 对矿用三牙轮钻头的命名方法和国际钻井承包商协会（IADC）的命名方法进行介绍。

4.4.1　GB/T 13343—2008 对矿用三牙轮钻头的命名方法

4.4.1.1　牙轮钻头型号命名方法

GB/T 13343—2008 对矿用三牙轮钻头的命名方法如下所示：

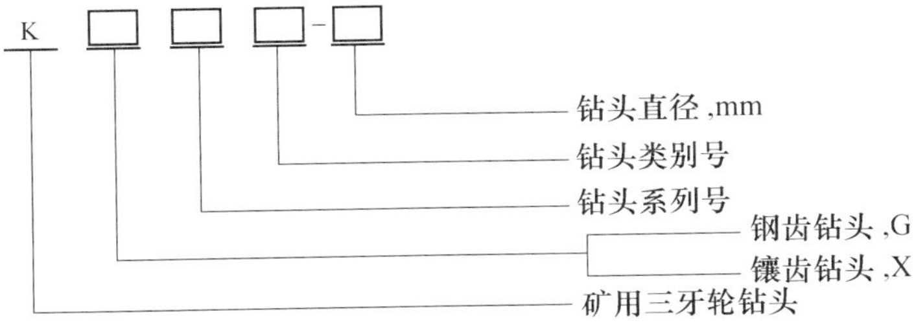

4.4.1.2　牙轮钻头使用范围的系列

牙轮钻头使用范围的系列见表 4-4。

表 4-4　牙轮钻头使用范围的系列

钻头名称	系列号	适用岩石普氏硬度系数 f	每厘米钻头直径推荐轴压/N	推荐转速 /r · min^{-1}	适　用　矿　岩
钢齿钻头	1	1 ~ 4	1960 ~ 3920	90 ~ 120	页岩、疏松砂岩、软石灰岩
	2	3 ~ 5	1960 ~ 4900	90 ~ 120	硬页岩、砂岩、白云岩等
	3	5 ~ 7	2940 ~ 6870	90 ~ 120	石灰岩、石英砂岩、硬白云岩
	4	6 ~ 8	3430 ~ 7850	90 ~ 120	待发展系列
镶齿钻头	5	8 ~ 10	3920 ~ 8340	80 ~ 120	砂岩、石灰岩、白云岩、褐铁矿
	6	10 ~ 12	4900 ~ 8830	60 ~ 100	硬页岩、硬白云岩、花岗岩等
	7	12 ~ 16	5880 ~ 11770	50 ~ 80	花岗岩、玄武岩、磁（赤）铁矿
	8	16 ~ 20	6870 ~ 14710	50 ~ 80	石英花岗岩、致密磁铁矿等

4.4.1.3　牙轮钻头的磨蚀性类别

牙轮钻头的磨蚀性类别如下：

钻头类别	1	2	3	4
岩石的磨蚀性	弱——————————————→强			

4.4.2　IADC 的三牙轮钻头的命名方法

IADC 是国际钻井承包商协会的缩写，英文全称为 International Association of Drilling Contractors。

近年来国际上趋向于采用国际钻井承包商协会 IADC 的牙轮钻头分类标准和编号，以便于识别和选用。钻头根据地层分为软、中、硬、极硬 4 类，而每一类又分为 4 个等级，根据钻头结构特征分为 9 类，根据钻头附加结构分为 11 类。

4.4.2.1　IADC 的牙轮钻头型号命名方法

IADC 对三牙轮钻头的命名方法如下所示：

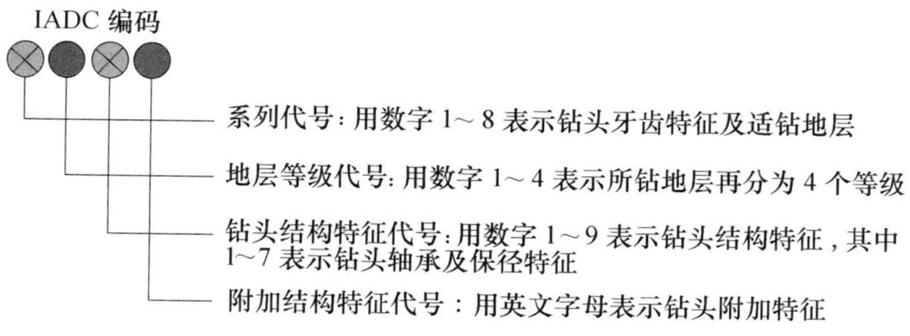

IADC 编码
系列代号：用数字 1～8 表示钻头牙齿特征及适钻地层
地层等级代号：用数字 1～4 表示所钻地层再分为 4 个等级
钻头结构特征代号：用数字 1～9 表示钻头结构特征，其中 1～7 表示钻头轴承及保径特征
附加结构特征代号：用英文字母表示钻头附加特征

例如：341S 表示适用于中等研磨性或研磨性硬岩层、4 级、非密封滚动轴承、标准铣齿钻头。537C 表示适用于低抗压强度的软到中硬、3 级岩层、滑动密封轴承保径、带中心喷嘴钻头。

4.4.2.2 IADC 编码中四位代码的具体含义

在 IADC 编码中，每一种钻头都用四位字码进行分类及编号，四位代码分别具有其各自所代表的内容。

（1）首位字码。第一位字码为系列代号（共有 8 个系列），表示钻头牙齿特征及所适应的地层，见表 4-5。

表 4-5 IADC 编码首位数字的含义

钻头系列代号	牙齿特征	所适用的岩层
1	铣 齿	软岩层（低抗压强度，高可钻性）
2		中-中硬岩层（高抗压强度）
3		硬、研磨性或半研磨性岩层
4	镶 齿	软岩层（低抗压强度，高可钻性）
5		软-中硬岩层（低抗压强度）
6		中硬岩层（高抗压强度）
7		硬、研磨性或中等研磨性岩层
8		极硬（高研磨性岩层）

（2）第 2 位字码。第 2 位字码为岩石级别代号，表示在第 1 位数码表示的所钻地层中再依次从软到硬分成 1、2、3、4 共 4 个等级，见表 4-6。

表 4-6 IADC 编码第 2 位数字的含义

岩石级别代号	岩层硬度特性
1	软 岩
2	中硬岩
3	硬 岩
4	极硬岩

（3）第 3 位字码。第 3 位字码为钻头结构特征代号，用 9 个数字表示，其中 1 ~7 表示钻头轴承及保径特征，8 与 9 留待未来的新结构钻头用，见表 4-7。

表 4-7 IADC 编码第 3 位数字的含义

结构特征代号	钻头轴承类型及保径特征
1	非密封滚动轴承
2	空气清洗、冷却，滚动轴承
3	滚动轴承，保径
4	滚动密封轴承
5	滚动密封轴承，保径
6	滑动、密封轴承
7	滑动、密封轴承，保径
8	留待未来的新结构钻头用
9	留待未来的新结构钻头用

注：保径特征是指该钻头具有在钻头磨损后，仍然能保持钻孔直径不变的结构特征，多用于石油钻井。

（4）第 4 位字码。第 4 位字码为钻头附加结构特征代号，用以表示前面 3 位数字无法表达的特征，用英文字母表示。目前 IADC 已定义了 11 个特征，见表 4-8。

表 4-8　IADC 编码第 4 位数字的含义

附加特征代号	钻头附加结构特征
A	空气冷却
C	单-中心喷嘴
D	定向钻进
E	加长喷嘴
G	附加保径/钻头体保护
J	喷嘴偏射
R	加强焊缝
S	标准铣齿
X	楔形镶齿
Y	圆锥形镶齿
Z	其他形状镶齿

注：有些钻头其结构可能兼有多种附加结构特征，则应选择一个主要的特征符号表示。

4.5　牙轮钻头的设计制造与选型

4.5.1　牙轮钻头的设计概要

4.5.1.1　设计特点摘要

图 4-23 从基本参数设计、切削结构设计、强度和材料热处理等方面给出了牙轮钻头设计特点的定性总结。该条形图指示的不同参数在 0～10 之间的是可变的。当然，所有的变化程度是相对的而不是绝对的。同样地由图中所表示的岩层的硬度也是相对的，而不是任何特定的比例。

4.5.1.2　钻头负载和牙轮钻头的旋转速度选择

在牙轮钻头牙齿的切削过程中，显然，有很大的周向力作用在牙轮钻头上，并且在切削过程中对所切削的岩层形成压裂作用。自然，此时牙轮钻头则在进行低转速、高扭矩的旋转。随着进给力的扭矩要求上升，为了避免增加在切削过程中由牙齿所产生的冲击，需要将旋转速度降低。

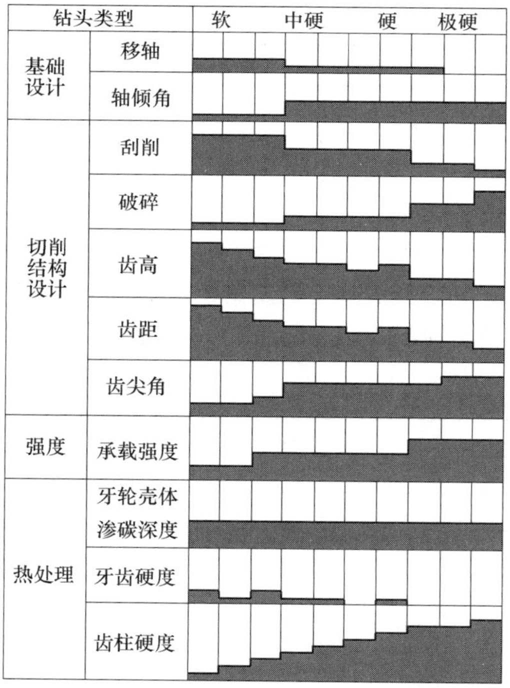

图 4-23　牙轮钻头设计特点的定性示意图

在三牙轮钻头钻孔中正常使用的钻头载荷和旋转速度见表 4-9。对于直径较大的钻头，应选择表下方的低回转速度和更高的钻头负载。

表 4-9 三牙轮钻头所推荐的常规钻头负荷和旋转速度

IADC 编码	钻头载荷/kN · mm^{-1}	回转速度/r · min^{-1}
	钢 齿 钻 头	
112 ~ 142	0.175 ~ 0.525	70 ~ 120
212 ~ 242	0.525 ~ 0.875	60 ~ 100
312 ~ 342	0.700 ~ 1.225	50 ~ 80
	镶 齿 钻 头	
412 ~ 442	0.175 ~ 0.875	50 ~ 150
512 ~ 542	0.525 ~ 1.137	50 ~ 150
612 ~ 642	0.700 ~ 1.225	50 ~ 120
712 ~ 742	0.700 ~ 1.400	50 ~ 90
812 ~ 842	1.050 ~ 1.575	40 ~ 80

有文献提出了一个用于计算作用在牙轮钻头上最佳轴压的经验方程的如下：

$$W_o = \sigma_c D/2$$

式中 W_o——最佳轴压，kN；

σ_c——岩石的抗压强度，MPa；

D——牙轮钻头的直径，cm。

4.5.2 牙轮钻头的连接形式与参数

4.5.2.1 牙轮钻头顶部连接螺纹的标准

在钻进过程中，牙轮钻头与钻杆之间是通过圆锥管螺纹进行连接的，该螺纹普遍采用的是美国石油学会（American Petroleum Institute，API）的 API 螺纹标准。根据 GB/T 13343—2008《矿用三牙轮钻头》标准的规定，采用的是 API 螺纹标准中的 REG（Regular Style Connection Threads）正规型螺纹形式。表 4-10 为常用三牙轮钻头螺纹连接规格及其质量。

表 4-10 常用三牙轮钻头螺纹连接规格与质量

钻头公称直径		上部连接螺纹	钻头质量/kg
mm	in		
143	5 5/8	3. 1/2″API（REG 正规型）	10
152	6	3. 1/2″API（REG 正规型）	13.6
159	6 1/4	3. 1/2″ API（REG 正规型）	15.9
171	6 3/4	4. 1/2″ API（REG 正规型）	21.8
187	7 3/8	4. 1/2″API（REG 正规型）	22.7
200	7 7/8	4. 1/2″API（REG 正规型）	33
229	9	4. 1/2″API（REG 正规型）	43
251	9 7/8	6. 5/8″API（REG 正规型）	62

续表 4-10

钻头公称直径		上部连接螺纹	钻头质量/kg
mm	in		
279	11	6.5/8″API（REG 正规型）	75
311	12 1/4	6.5/8″API（REG 正规型）	100
349	13 1/4	7.5/8″API（REG 正规型）	125
381	15	8.5/8″API（REG 正规型）	160
406	16	8.5/8″API（REG 正规型）	180
445	17 1/2	8.5/8″API（REG 正规型）	210

4.5.2.2 国内普遍采用的连接螺纹参数

在穿孔作业中，应根据已确定的牙轮钻头直径参数和牙轮钻机的实际工作功率大小以及穿凿岩石的硬度情况选取不同规格和形式的螺纹链式方式。牙轮钻头的连接螺纹已基本上标准化，只需根据需要选取即可。目前国内普遍采用的 API 标准连接螺纹部分的主要参数见表 4-11。

表 4-11　目前国内普遍采用的 API 标准连接螺纹部分的主要参数

螺纹规格	牙数/in	锥　度	螺纹基面直径	螺纹大端直径	螺纹长度
3 1/2	5	1:4	3.2398	3.50	3 3/4
4 1/2	5	1:4	4.3648	4.625	4 1/4
5 1/2	4	1:4	5.2340	5.520	4 3/4
6 5/8	4	1:6	5.7578	5.992	5

4.5.3 牙轮钻头的材料、热处理与制造公差

材料和热处理在三牙轮钻头的制造中具有非常重要的作用。一个三牙轮钻头的重要组成部分，即牙掌和牙轮，是由锻钢制成。机械加工后，还需要进行表面硬化、消除应力、细化晶粒等热处理工艺。

4.5.3.1 牙轮钻头的材料

一个三牙轮钻头的制造第一步骤是选择钻头各种部件的合适材料。由于三牙轮钻头在工作中需要承受很大的应力，选择钻头制造材料的化合物的范围是非常窄的。通常用于牙轮钻头主要零件的材料性能和化学成分要求见表 4-12。对用于制造牙轮和牙爪的材料的力学性能和有害杂质的要求见表 4-13。

表 4-12　用于牙轮钻头主要零件的材料性能和化学成分的要求

零件名称	所需材料性能	材料牌号	主要化学成分
牙　轮	耐磨性和耐冲击性	ANSI 4817	C，Si，Mn，Ni，Mo，S，P
牙　掌	可焊性、高耐冲击性、表面耐疲劳性	ANSI 8720	C，Si，Mn，Ni，Cr，Mo，S，P
滚柱与滚珠轴承	高强度、耐冲击性	ANSI S2	C，Si，Mn，Mo

续表 4-12

零件名称	所需材料性能	材料牌号	主要化学成分
滑动轴承	耐磨性	ANSI 431	C，Si，Mn，Ni，Cr
止推轴承	耐磨性	ANSI M2	C，W，Cr，Mo，Va
轴承堆焊	耐磨性	铬钴合金	Co，Cr，C，W，Ni
齿面堆焊	极端的耐磨性	碳化钨	W，C，Co

表 4-13 制造牙轮和牙爪主要零件材料的力学性能和有害杂质的要求

主要零件性能参数		代 号	对力学性能和有害杂质含量的要求
镶齿钻头 牙轮 牙爪	抗拉强度	σ_b	≥882MPa
	冲击韧性	α_k	≥78.4J/cm^2
	有害杂质含量		S<0.04%，P<0.04%，Cu<0.35%
钢齿钻头 牙轮 牙爪	抗拉强度	σ_b	≥784MPa
	冲击韧性	α_k	≥58.8J/cm^2
	有害杂质含量		S<0.04%，P<0.04%

4.5.3.2 材料热处理

在牙轮钻头的制造工艺中，热处理是一个关键的过程，因为它将使所选用的材料基本属性落实到牙轮钻头的每一个组件。在三牙轮钻头组件的制造过程中有许多复杂的热处理工艺需要进行调整。下面以牙轮锥体和牙掌的表面渗碳工艺处理为例予以说明。

表面渗碳处理：将含碳 0.1%~0.25% 的钢放到碳势高的环境介质中，通过让活性高的碳原子扩散到钢的内部，形成一定厚度的碳含量较高的渗碳层，再经过淬火/回火，使工件的表面形成碳含量高的表层，而芯部因碳含量保持原始浓度而仍然保持为碳含量低的组织。渗碳处理的表面硬度主要与其碳含量有关，故经渗碳处理和后续热处理可使工件获得外硬内韧的性能。

表面渗碳一般情况下用于低碳钢的处理，处理后零件表面的硬度高、耐磨性好。但这只是先前的工艺性能，现在国外的工业强国，已发展到可以将高碳钢、合金钢等材料进行表面渗碳和真空热处理，处理后，材料内部的组织性能基本不变，外部的硬度和耐磨性也得到了极大的提高。

为了增加牙轮锥体表面的耐磨损性同时又要保证其芯部的韧性，就需要进行表面渗碳。渗碳是将待处理的零件放在含碳化合物的一个封闭的盒子内，并在炉中高达约 925℃ 的温度下加热，渗碳化合物释放出一氧化碳（CO）气体。该气体穿过合金钢构件的表面后，通过扩散的过程并溶解。其结果是，该零件的表面变得非常硬且耐磨。这种的硬质表面的厚度在 1.7 ~3.3mm 之间，具体厚度取决于对其被保持在所述碳基气氛的成分和时间。在零件的中央部分，碳分子没有被吸收，仍然保持其坚韧性。表面材料的碳含量在 0.7%~1.2% 之间。图 4-24a 展示出了牙轮体在经历了渗碳处理后的状况。图中较深颜色处为渗碳表面，较浅颜色处为未渗碳的芯部，可以很容易地区分。渗碳所采用的含碳化合物有固态的，也有气态的。当采用气态的含碳化合物时，可以直接使用 CO 气体。以这种方式取得的硬度水平是 63 ~65HRC 洛氏硬度。

表面的某些部分是不需要被渗碳的，因为它们必须被进一步加工。在这种情况下，渗碳处理之前，需要将涂层涂覆到该不需要渗碳的部分。该涂层不允许碳分子在其下方的表面上吸收。这种类型的选择性渗碳也可以通过使用适当尺寸和形状的高强度氧乙炔火焰加热部件来实施。图 4-24b 显示了牙掌渗碳处理的状况。

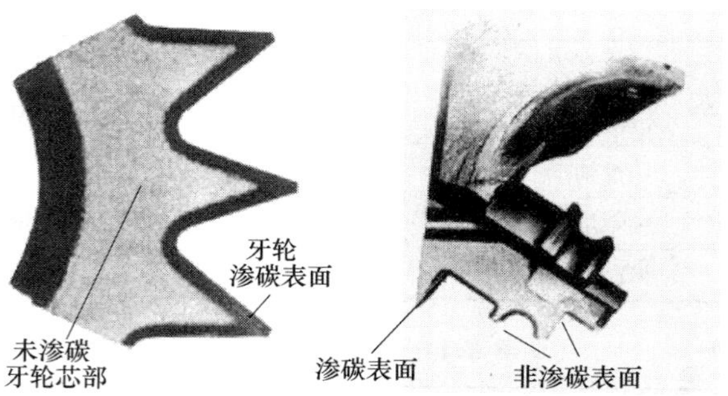

图 4-24　热处理渗碳淬火示意图
a—牙轮体的渗碳处理；b—牙掌的选择性渗碳处理

4.5.3.3　牙轮钻头的公差要求

牙轮钻头制造的公差要求见表 4-14。

表 4-14　牙轮钻头制造的公差要求

牙轮钻头直径/mm	95 ~ 120	150 ~ 270	280 ~ 445	508 ~ 660
牙轮背与螺纹连接中心轴线的同轴度公差/mm	≤1.5	≤2.0	≤2.5	≤3.0
牙轮钻头高度公差/mm	≤1.0	≤1.2	≤1.5	≤2.0

4.5.4　牙轮钻头的选用

合理的选用钻头对于提高穿孔效率，延长钻头的使用寿命，降低消耗至关重要。往往由于钻头选用不适当，使得钻孔成本高、速度慢。正确的选择钻头，要对现有钻头的结构、特点、作用原理有所了解，同时对所要钻凿岩层的性质，如岩层岩性、硬度、塑性系数、抗压强度以及覆盖压力、孔隙压力、渗透性等有充分的认识。历史已有或周边已有的钻头使用情况（如钻头记录、磨损情况、钻井成本等），都是选用钻头的重要资料。通常钻头厂已对某类型钻头适用于什么岩层有详细说明。所以在了解了所要钻的岩层的岩性后，可选用相应的钻头。表 4-15 为不同岩层的钢齿牙轮钻头参数选用示例，表 4-16 为不同岩层的镶齿牙轮钻头参数与结构选用示例。

表 4-15　不同岩层的钢齿牙轮钻头参数选用示例

主要指标	软岩型普通钢齿	中硬岩型普通钢齿	硬岩型普通钢齿	硬岩型密封滑动钢齿
IADC 代号	131	241	311	311
普氏硬度系数 f	<2	3 ~ 5	5 ~ 8	3 ~ 6
推荐轴压 /kN · mm^{-1}	0.196 ~ 0.343	0.196 ~ 0.617	0.539 ~ 0.882	0.196 ~ 0.490
回转速度/r · min^{-1}	80 ~ 150	70 ~ 80	50 ~ 80	40 ~ 60
适用岩层	低抗压强度的软岩层：黏土、石膏、页岩、软石灰岩、盐	低抗压强度的硬砂岩、坚硬页岩、硬石膏、软石灰岩	高抗压强度的硬砂岩、花岗岩、石英岩、研磨性页岩	硬砂岩、花岗岩、石英岩、研磨性页岩

表 4-16 不同岩层的镶齿牙轮钻头参数与结构选用示例

主要指标与结构		软岩型	中硬岩型	硬岩型	极硬岩型
IADC 代号		412～545	612～645	712～745	812～845
切削结构	内排齿	锥形齿	锥形齿	锥球齿	球头齿
	外排齿	楔形齿	卵圆形齿	球头齿	球头齿
	背齿	圆形齿	圆形齿	圆形齿	圆形齿
轴承结构		滚柱-滚珠-滚柱-止推块/密封	滚柱-滚珠-滚柱-止推块/密封	滚柱-滚珠-滚柱-止推块/密封	滚柱-滚珠-滚柱-止推块/密封
牙掌保护		掌背镶嵌硬质合金齿，掌背掌尖堆焊耐磨硬质合金	掌背镶嵌硬质合金齿，掌背掌尖堆焊耐磨硬质合金	掌背镶嵌硬质合金齿，掌背掌尖堆焊耐磨硬质合金	掌背镶嵌硬质合金齿，掌背掌尖堆焊耐磨硬质合金
连接螺纹 API		3 1/2，4 1/2，6 5/8	4 1/2，6 5/8	4 1/2，6 5/8	4 1/2，6 5/8
钻头直径/mm		159～270	171～311	159～311	200～311
钻头重量/kg		15.9～75	21.8～100	15.9～100	33～100
轴压/kN · mm^{-1}		0.175～1.137	0.700～1.225	0.700～1.400	1.050～1.575
回转速度/r · min^{-1}		50～150	50～150	50～90	40～80
排渣循环方式		喷气式	喷气式	喷气式	喷气式
结构特点		采用不同尖角、齿突出高的楔形硬质合金齿，利用较宽的齿尖刀，在较小钻压下压入岩石，获取高穿孔速度。这类钻头牙轮齿槽宽且深，布齿较稀，孔底排渣效果好	牙轮的牙齿采用球形硬质合金齿，保持足够的齿突出高度。这类钻头比软岩钻头的穿孔速度有所降低，但对中硬岩的适应性大为增强	设计采用抗断能力强的球形硬质合金齿，保持较高的齿突出高度。轴承部位设计耐压、强度高。穿凿硬岩速度快、寿命高	这类牙轮钻头球形硬质合金齿的突出高度较低，牙齿密布，专门适应上述极硬矿岩。这类钻头的主要特征是：具有承受高钻压牙齿和轴承以及可靠的牙掌爪尖保护
适用范围		适用于抗低压强度和高可钻性的极软岩，如矿山表层剥离、泥岩、页岩、疏松砂岩、软石灰岩以及铜矿、钼矿、煤矿等有色金属、黑色金属矿山软岩地带的穿孔	适用于抗高压强度、中硬和研磨性高的岩层，如铁矿山剥离及有色、黑色金属矿山采剥中硬矿岩，如硬页岩、砂岩、石灰岩、白云岩等	适用于穿凿磨蚀性和半磨蚀性硬岩、如矽质石灰岩、石英砂岩、硬白云岩、花岗岩、铁燧石等	适用于抗高压强度、高硬度和研磨性高的岩层，如磁铁石英岩、石英岩、花岗岩、玄武岩、磁铁矿、铁燧石等

选用的钻头对所要钻的岩层是否适合，要通过实践的检验才能下结论。对同一岩层使用了几种类型钻头，如何对比分析它们的效率高低，以什么指标为标准，不能单纯地用进尺最多或机械钻速最快来衡量，因为所钻岩层深浅、钻头成本多少以及设备使用费等都有关系。评论所选钻头是否合适，可以用“每米成本”来衡量。

在地壳中处于不同位置的岩石，其岩石的机械性质变化很大。埋藏较深的岩石，处于多向压缩应力状态，使岩石孔隙减小、强度增加。采场岩层的上部阶段一般岩石胶结松散、质软，牙轮钻头转速高、钻压低。而下部阶段则一般岩石质硬、研磨性大，牙轮钻头转速低、钻压高、使用时间长。根据收集的阶段位置及每米岩性钻时记录，分析岩层岩石的硬度、塑性、脆性、研磨性和可钻性特点，对照牙轮钻头的失效形式，确认矿用三牙轮钻头选型及使用是否合适。

参考文献

[1] 汤铭奇. 露天采掘装载机械 [M]. 北京：冶金工业出版社，1993：9 ~ 13.

[2] 舒代吉. YZ 系列牙轮钻机 [M]. 长沙：湖南大学出版社，1989：194 ~ 197.

[3] Bhalchandra V. Gokhale. Rotary Drilling and Blasting in Large Surface Mines [M]. London：CRC，2011：93 ~ 105.

5　牙轮钻机机械结构分析

本章内容提要： 系统地介绍牙轮钻机构成各部分的功能、类型、特点是本章的重点。为了清楚地了解牙轮钻机的结构，本章在分析了牙轮钻机的工作原理及其基本构成的基础上，从总成、钻架装置、回转机构、提升加压机构、行走机构、主平台、走台、千斤顶、司机室与机房等方面对构成牙轮钻机的主要机械构件进行了功能和结构分析。

5.1　牙轮钻机的工作原理与基本构成

5.1.1　工作原理

牙轮钻机钻孔，破岩和排渣是两个重要环节。钻孔时，钻机的回转加压机构通过钻杆对钻头提供足够大的轴压力和回转扭矩，牙轮钻头在岩石上同时钻进和回转，对岩石产生静压力和冲击动压力作用，使牙轮在孔底滚动中连续挤压、切削、冲击破碎岩石。与此同时，具有一定压力、流量、流速的压缩空气，经钻杆内腔从钻头喷嘴喷出，将岩渣从孔底沿钻杆和孔壁的环形空间不断地吹至孔外，直至形成所需孔深的钻孔。当一个炮孔钻凿完成之后，钻机将钻具提升出孔外，自行转移到下一个孔位继续穿孔作业。其工作原理如图4-1 所示。

5.1.2　基本构成

纵观国内外牙轮钻机的历史，经过六十多年的发展，形成了种类繁多的机型。尽管如此，由于其钻孔基本功能的原因，牙轮钻机的总体构造基本上是相似的。其基本构成主要有工作装置、行走装置、辅助装置、动力装置和控制与保障系统，如图 5-1 所示。

图 5-1　牙轮钻机的基本构成

1—工作装置；2—控制与保障装置；
3—下部行走装置；4—动力装置；5—辅助装置

工作装置即直接实现钻孔的装置，包括钻具系统、回转机构、加压提升机构、钻架总成和压气排渣系统等。

行走装置即用于使钻机行走并支承钻机全部重量的装置，包括履带行走机构、千斤顶总成、主平台等。

辅助装置即用于保证钻机正常作用、安全稳定运行的装置，包括司机室、机房、空气净化调节装置、除尘系统、液压系统、空气压缩系统和润滑系统。

动力装置即为钻机各组成部件提供动力的装置，包括电动（或柴油机）驱动系统、变压器、高压开关柜和电气控制屏等。

控制与保障系统即用于控制和保障钻机正常作业的各种装置，包括计算机系统、操作控制系统、故障检测系统、各种控制操作元件。

5.2　总体布置

本节拟就牙轮钻机的几种经典整机的平面布置进行介绍，以便在对牙轮钻机构成的各部分结构分析时有一个整体的轮廓概念。

5.2.1　总体布置的基本类型

总体布置主要可分为以下几种基本类型：按照驱动动力来源，典型的牙轮钻机可分为两种类型，即电动机驱动型和柴油机驱动型；按照主要动力装置在钻机平台上的分布形式，可分为条状布置型和块状布置型；按照司机室与机房的结构形式，可分为整体型和分体型。

对露天矿用牙轮钻机来讲，除了极个别特殊的情况需要之外，无论是哪种布置类型，其行走装置均为履带式行走装置。当然，其驱动方式有的使用机械传动元件驱动，也有的使用液压传动元件驱动，视其主机的类型不同而异。在本节中不予讨论。

牙轮钻机总体布置中基本类型的特点见表5-1。

表5-1　牙轮钻机总体布置中基本类型的特点

类　　型	基本特征	平面布置的主要特点
电力驱动型	原动力为电动机	一般使用矿山配电系统提供的6kV和3kV电源，配置有主变压器，主空压机均为电力驱动，钻机传动的驱动使用电动机或通过电动机转变为液压驱动，采用链条加压的机型有的设置有主传动机构
柴油驱动型	原动力为柴油机	采用柴油发动机驱动主空压机和液压油泵系统实现钻机的其他传动。一般而言，钻机的各部传动为液压传动。柴油机的驱动形式决定其必须配备相应的辅助工作系统。该机型一般不需要设置机房
条状布置	动力装置呈串联布置	主空压机组和电气（力）控制柜均为条形布置，其他辅助装置分布于两端。机房活动空间较规则，便于维护
块状布置	动力装置呈并联布置	以主空压机组为核心，电气（力）控制柜和其他辅助装置在其周边均匀分布。机房活动空间不规则，不便维护
对称布置型	主要模块均匀分布	钻机的主要动力装置、传动模块、辅助装置在平台上均匀分布
偏置分布型	主要模块单边分布	钻机的主要动力装置呈条状偏置布置在平台一侧
整体型	司机室与机房整体布置	司机室与机房连成一体
分体型	司机室与机房分体布置	司机室单独设置，不与机房连接。分体式的司机室的布置位置有背对钻机前部的，也有面朝钻机前部的

根据以上的基本类型的区分，下面对其典型整机的平面布置进行分析。

5.2.2 典型整机的平面布置与特点

5.2.2.1 电动机驱动型

电力驱动型牙轮钻机主要应用于各类大中型露天矿开采中的穿孔作业，这种类型的钻机要求矿山的电力配套系统完备，能提供满足电力驱动型牙轮钻机需要的电压等级的电源。

图 5-2 是当今一种典型的电力驱动型牙轮钻机的平面布置。从钻机工作装置的传动形式来看，该类型的钻机主要有两种：一种使用的是无链加压提升工作机构，另一种是则使用有链加压提升工作机构。在平面布置上的区别在于：使用无链加压提升工作机构的钻机，加压提升机构和行走机构分别有各自的传动系统；而使用有链加压提升工作机构的钻机，其加压提升机构和行走机构共用一套电动机驱动的传动系统，因此在平面布置上需要设计有主传动机构的位置和空间。目前国产的牙轮钻机的主流机型都是这种结构，但是在国外的主流机型中已经基本不使用这种机型。

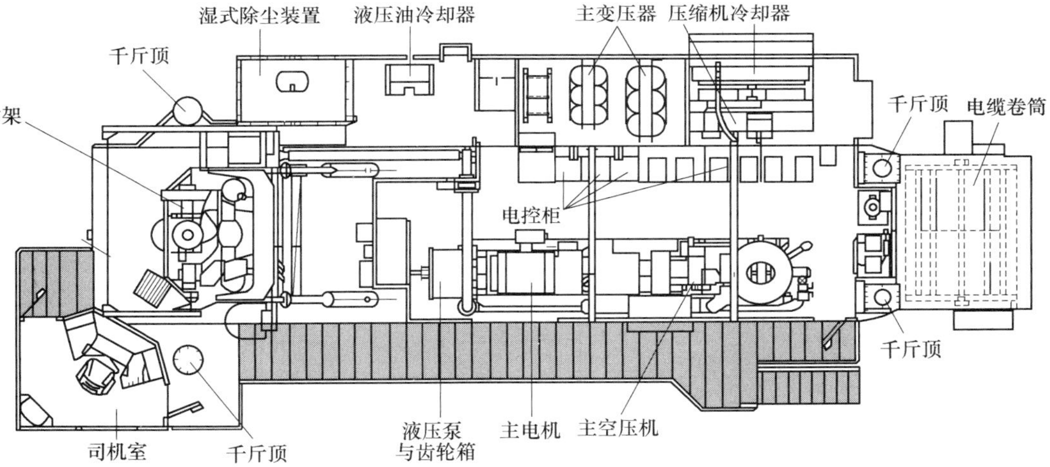

图 5-2 电力驱动型牙轮钻机（49R）

由于钻机使用的是矿山电力系统提供的6kV 或 3kV 的高压电源，因此在平面布置上需要专门配置有电力变压器，以便将高压电源转换为电动机使用的工作电源，同时还需要配备与电力驱动相关的高压开关柜、电缆卷筒等。

5.2.2.2 柴油机驱动型

典型的柴油发动机驱动的牙轮钻机如图 5-3 所示。该类型钻机采用柴油发动机驱动主空压机和液压油泵系统实现钻机的其他传动，使用灵活，应用范围广泛，不受矿山电力供应环境的限制。一般而言，钻机的各部传动为液压传动。柴油机的驱动形式决定其必须配备相应的辅助工作系统，如空气滤清器、润滑油滤清器、消声器和冷却系统等，因此在平面布置设计时，要在工作主平台上合理布置。柴油机驱动型牙轮钻机的工作机构和行走机构一般都采用液压传动，但也有例外，如美国 B-E 公司早期所生产的 45-R 钻机。

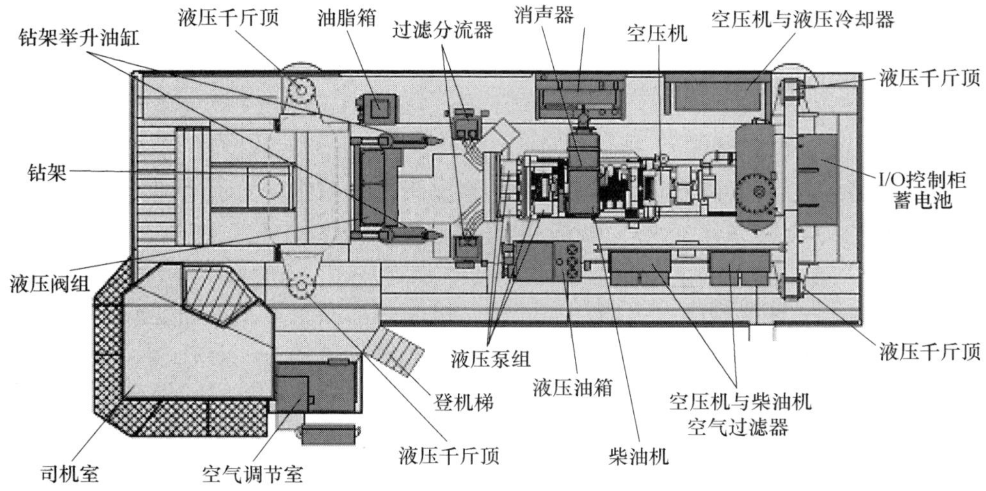

图 5-3　柴油发动机驱动型牙轮钻机（250XPC）

美国 B-E 公司早期所生产的 45-R 钻机其平面布置如图 5-4 所示。原动力为柴油机驱动，但其他各部的传动机构采用的是电动机驱动的机械传动而不是液压传动。其主机构变速箱集提升、加压、行走传动于一体，采用的是齿条封闭链式加压方式。因此，在平面布置设计时需要同时考虑柴油机、电动机及其配套系统的布置，在现代主流牙轮钻机的机型中已经基本不采用这种柴、电组合驱动的形式。

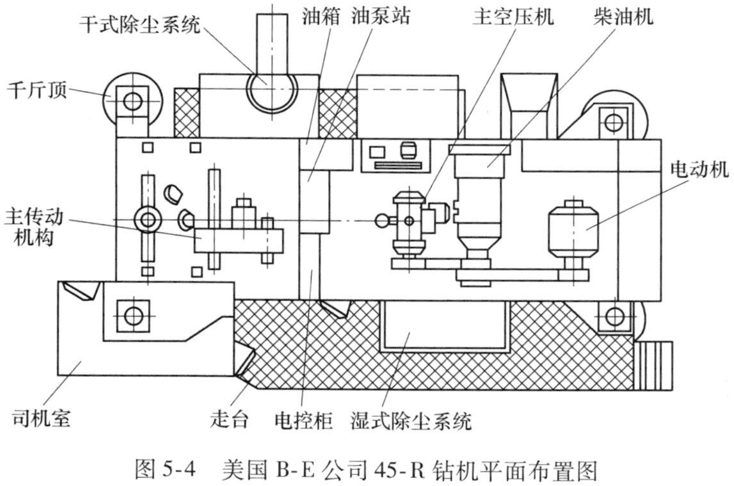

图 5-4　美国 B-E 公司 45-R 钻机平面布置图

5.2.2.3　条状布置型

条状布置型在平面布置上其功能区的划分显得很清楚，其电控、液压、压气管线的走线布置都很规整、清爽，可用于维护修理的空间和通道都比较宽松，有利于维护操作。在各国的现代主流牙轮钻机的机型中，无论是电力驱动机型还是柴油驱动机型，大多数采用的是图 5-5 这种布置方式。

5.2.2.4　块状布置型

图 5-6 所示为块状布置型牙轮钻机。从图中可以看到，整个平面布置显得较拥挤，可

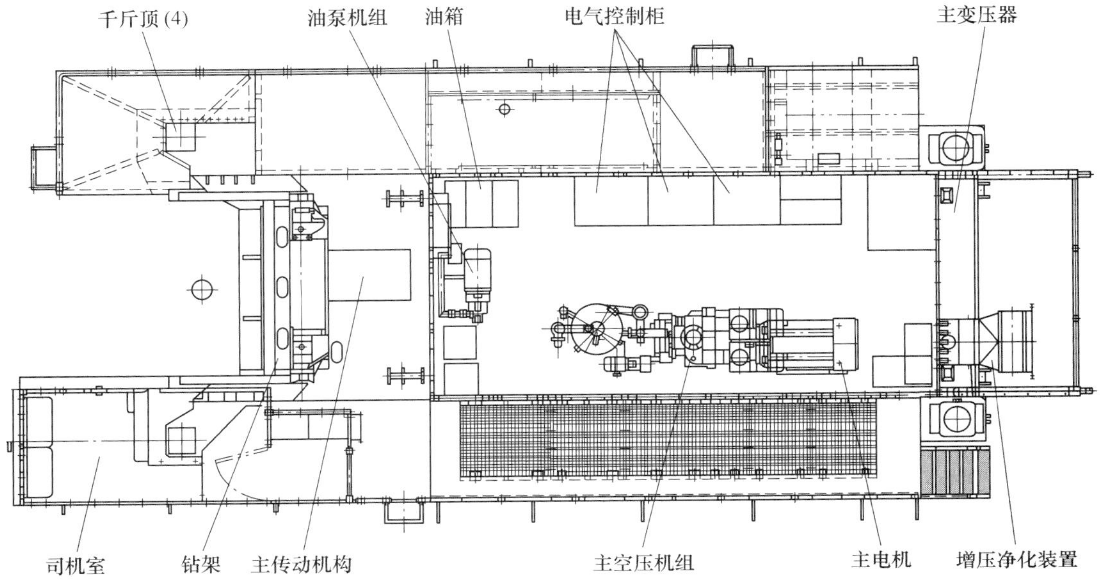

图 5-5 条状布置型牙轮钻机（YZ-55D）

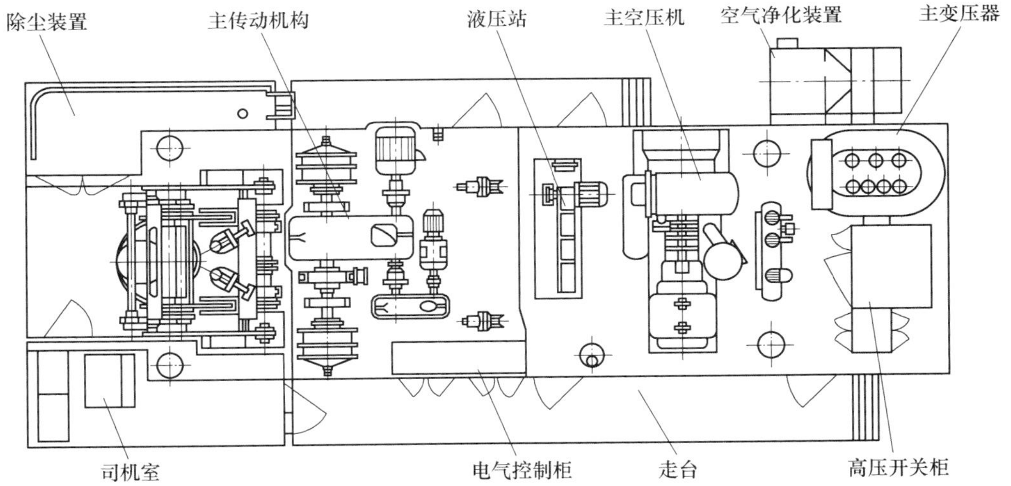

图 5-6 块状布置型牙轮钻机（KY-250）

用于维护操作的作业空间和通道被各功能模块切割成若干个碎片。特别是对于采用了主传动机构布置的钻机，就更显得维护操作的作业空间和通道太拥挤了。这种平面布置一般都用于国内较老的机型。现代主流牙轮钻机的机型中已经基本不采用这种形式。

5.2.2.5 对称布置型

所谓的对称布置型，是以主平台的中心轴线为平面布置的轴线，钻机的各功能模块均匀布置在 4 个调平千斤顶构成的承重框架之内和轴线上或轴线的两侧，如图 5-7 所示。这种布置方式可以使钻机的重心聚集在钻机轴线的附近而不至于偏置较远。

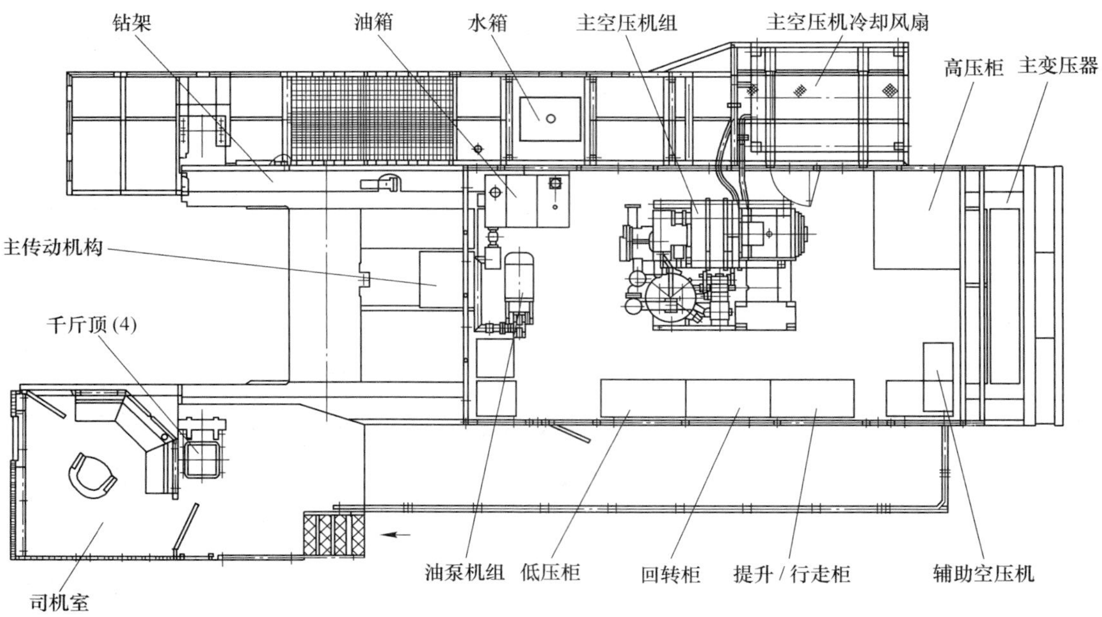

图 5-7　对称布置型牙轮钻机（YZ-35D）

5.2.2.6　单边布置型

图 5-8 为一种典型的单边布置型钻机。钻机所有的动力装置模块串联呈条状集中布置在钻机的一侧，偏置在 4 个调平千斤顶构成的承重框架之外；而其他的模块均布置在另一侧。这种布置方式一般应用于柴油发动机驱动的牙轮钻机，对动力模块的维护检修非常方便。但对于这种集中偏置的布置，在设计中需要慎重选择配置其重心位置。

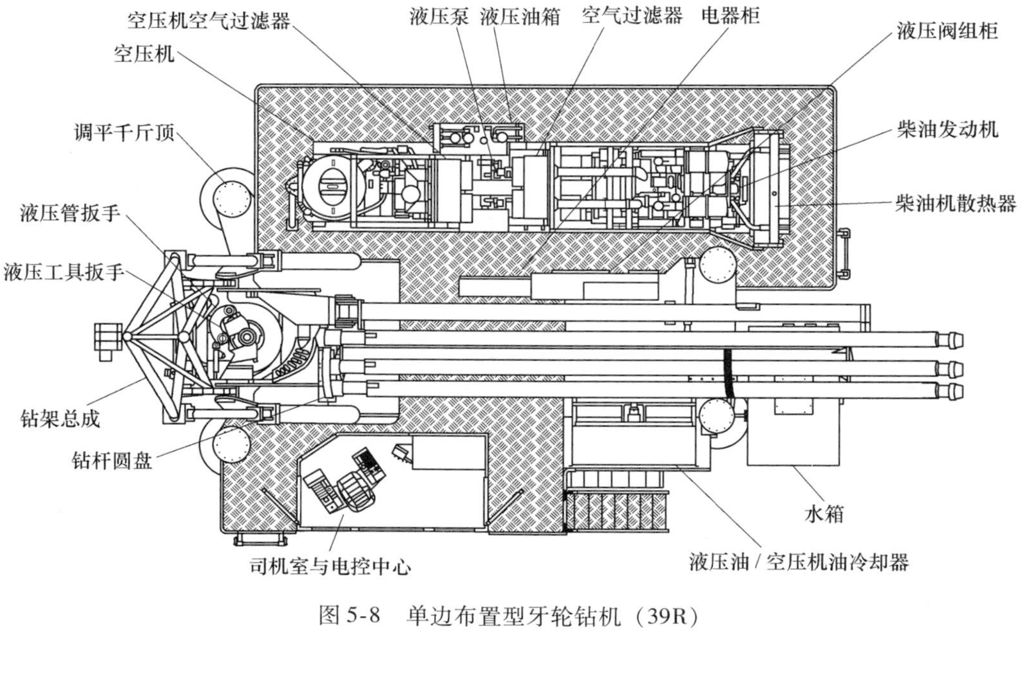

图 5-8　单边布置型牙轮钻机（39R）

5.2.3 钻机总成的分布

钻机的总成可分为三个主要部分，即上部总成、下部总成和钻架总成，如图 5-9 所示。

上部总成指的是被放置在底部机架以上的重要的部件，包括主平台、调平千斤顶、原动机、空气压缩机、驾驶室、走台、液压系统、除尘系统、机房（如果有的话）等。图 5-10 所示为一种柴油驱动型牙轮钻机安装在主平台上的主要部件的布置。

图 5-9　钻机总成的分布

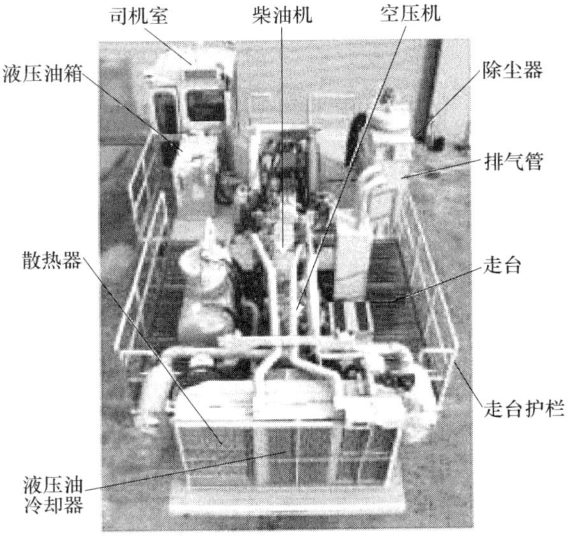

图 5-10　上部总成布置在主平台的部件布置

下部总成指的是钻机的最下部分。它包括地面支持组件，即履带行走装置、连接履带支架和上部主平台的底部机架装置等。带有回转型底部机架的下部总成构成如图 5-11 所示。

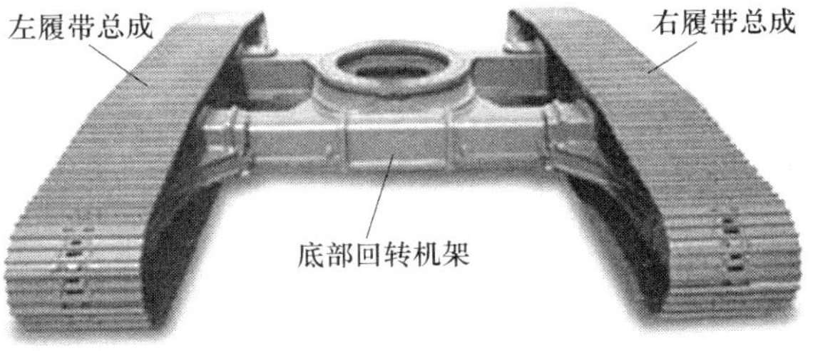

图 5-11　带有回转型底部机架的下部总成构成

钻架总成是支承在主平台框架上的装置，为塔状结构。钻架总成由钻架本体、回转机构、加压提升机构、钻杆架、用于装卸钻杆的换管装置、角度钻孔调整装置、钻架起落装置和辅助绞车等。

5.3 钻架总成

钻架总成由钻架本体、钻杆存储装卸装置、钻架起落装置、钻架角度调整装置、钻架与平台的固定装置和人梯辅助装置等构成。图 5-12 为钻架总成结构示意图。

从图 5-12 中可以看到，钻架为型钢焊接的“Π”式结构空间桁架，前后立柱的断面

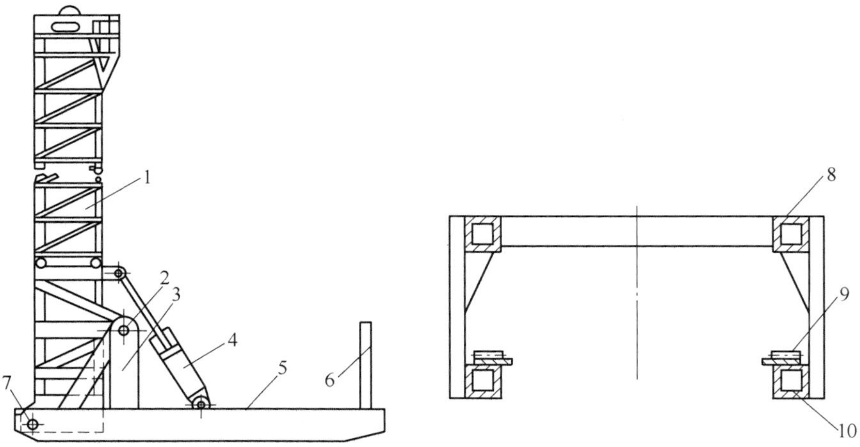

图 5-12　钻架总成结构示意图

1—钻架；2—钻架回转轴；3—A 形架；4—钻架起落油缸；5—主平台；6—托架；
7—定位销轴；8—后立柱；9—齿条；10—前立柱

均为方形。两根前立柱及焊在其上面的齿条，是回转小车上、下运行的轨道和加压提升系统的支撑。钻架内装有钻杆架、液压卡头、加压链条（或钢丝绳）、加压张紧装置和加压油缸等部件。钻架通过 A 形架被固定在钻机的主平台上，钻架需要起落时，在钻架起落油缸的作用下，可以绕安装在 A 形架上的回转轴回转。当钻架起架竖立之后，需要用两根定位销轴将其固定在机架上，以增加钻架工作时的稳定性。钻机在长距离行走时，则需要将钻架落下放在托架（又称龙门架）上。

5.3.1　主要功能

5.3.1.1　工作载荷的承接功能

穿孔作业时牙轮钻机必须承受工作中的回转扭矩和轴向载荷（轴压力和提升力），该工作载荷的主要承受载体就是钻架本体。因此，对钻架本体的结构、所选用的材料都具有很高的要求。

5.3.1.2　钻杆存放更换功能

钻杆存放更换装置的功能主要包括钻杆的存放与提取、钻头的装卸与更换、稳杆器等辅助钻具的装卸与更换。

5.3.1.3　钻架调整功能

为了保证牙轮钻机的正常作业，钻架必须具备以下的调整功能：一是钻架的起落，钻机在穿孔作业时，钻架应处于竖立的状态，而钻机在转场时，钻架则需要落下，呈水平状态；二是钻机在打斜孔时，需要根据不同的钻孔角度的要求，对钻架的倾斜角度进行调整。

5.3.1.4　辅助起重功能

辅助起重的功能主要有是用来对一些使用人力不便转移和移动的钻具、维修工具等进行起吊。

5.3.2 基本类型与结构特点

5.3.2.1 钻架本体

钻架本体的作用是支承钻机的工作机构，一般都布置在钻机的后部，以便在台阶边缘进行穿孔作业，并有利于钻架落下后减少钻机的长度。在钻机本体上安装有钻机的回转机构、加压提升机构、钻杆存储装卸装置、钻架角度调整装置和辅助提升装置。

一般来讲，钻架本体是由金属管件焊接而成的空间桁架或半桁架、半箱型的“Π”式结构，是承受轴压和转矩等载荷的重要部件。因此，它必须具有足够的整体强度和刚度，同时它还是回转工作头上下移动的导向装置，所以还必须具有足够的高度，以满足钻进工作行程和接卸钻具的需要。从结构上和功能上钻架本体可分为以下几种类型：

（1）“Π”式结构。“Π”式结构的钻架是正方形或长方形钢管制成的立柱结构。其横截面的形状如图 5-13 所示。不同的是如果钻架采用圆形管，则需要轮廓切割，而采用方形或长方形的矩形管材则需求平面切割和焊接，这种结构的工艺性较好。经典的“Π”式结构的钻架横截面为矩形，但也有一些钻机采用了梯形或三角形的钻架。

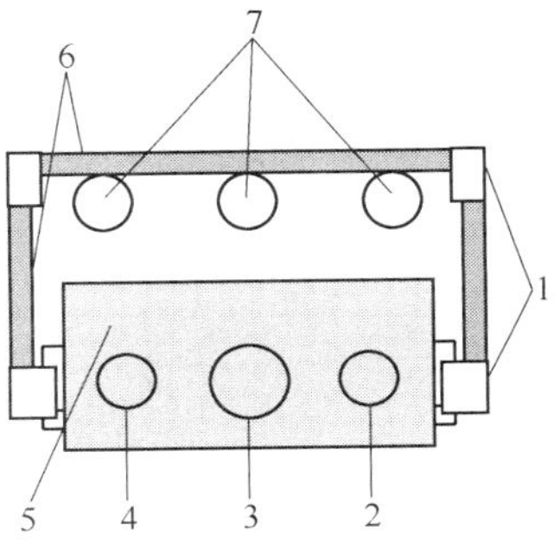

图 5-13 “Π”式结构钻架的横截面示意图

1—方钢管和矩形钢管；2，4—液压马达或电动机；3—回转主轴；5—回转齿轮箱；6—桁架构件；7—钻杆架位置

“Π”式结构的钻架，多为敞口结构，这样有利于存放钻杆和维修布置在钻架内的各种装置。

“Π”式结构钻架的基本部分为四根立柱，如图 5-14 所示。如果采用的是齿轮齿条加压方式，则在其开口侧的立柱面的主滑道上焊接有加压齿条，作为回转加压小车上下移动和加压的导向与承力构件。由于负载较大，钻架本体通常采用强度高、刚性好的轧制方形（长方形）钢管制作立柱。

为了提高钻架本体的强度和刚性，有的钻机采用了半桁架和半箱体的板架式结构，即在钻架下半段的方钢管立柱外面敷焊钢板，构成这种“Π”式箱体或是半桁架与半箱体组合的板架式结构钻架本体。这种结构的钻架本体如图 5-15 所示。如 60RⅢ钻机，与过去采用的桁架式钻架相比，采用了这种板架式结构后，尽管钻机的质量增加了 2.7t，但刚度却增加了 10 倍，可承受的转矩增大了 10 倍。

（2）三角形结构。上面已经提到，在经典的“Π”式结构中的钻架横截面为矩形，但也有一些钻机采用了梯形或三角形的钻架。三角形结构在桁架结构中使用得比较普遍，但在矿用牙轮钻机中却使用得较少。美国 Bucyrus 公司在 1996 年一改传统的钻架结构，推出的 39R 系列牙轮钻机的钻架就是使用的这种结构。该公司在 39R 钻机的钻架上对钻架这一关键部件采用了独特的设计，使钻架同时具备了结构轻和强度高的性能。这种经计算机分析设计的三角形管式构造钻架的外形如图 5-16 所示。这种品格式构造的三角形钻架具有其他形状结构钻架难以比拟的优越性，其结构的优点使之允许在钻孔过程中尽可能地接近矿床的高边坡进行钻孔作业。

与传统的矩形截面相比，三角形截面提供更高抗弯曲能力，三角形截面的强度和硬度使钻架无需额外维修。图 5-17 为传统矩形截面钻架与三弦杆式钻架的对比。

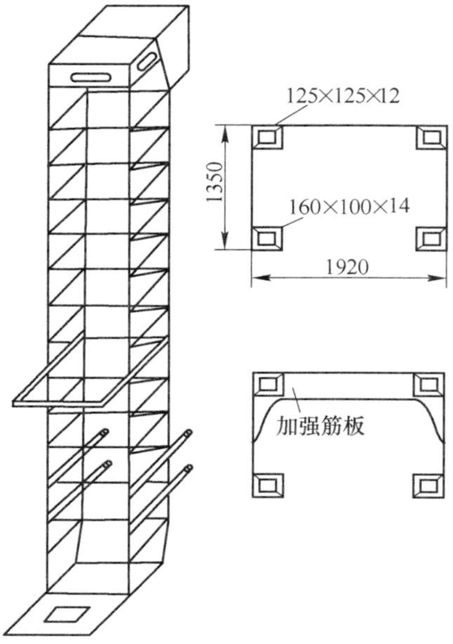

图 5-14　“Π”式结构钻架结构示意图

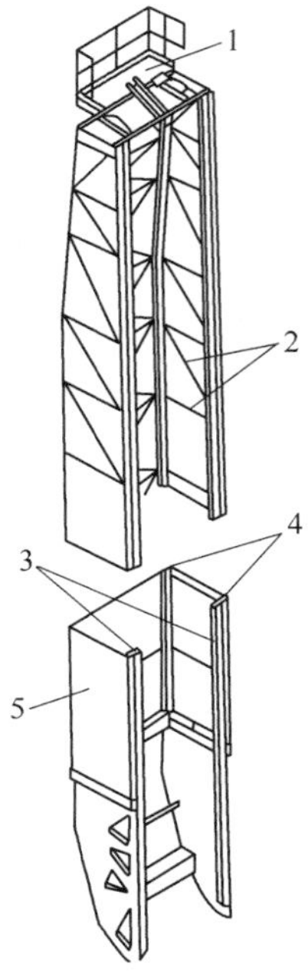

图 5-15　板架式钻架示意图

1—顶部平台；2—桁架构件；3—齿条；4—方钢管；5—钢板

图 5-16　品格式构造的三角形钻架

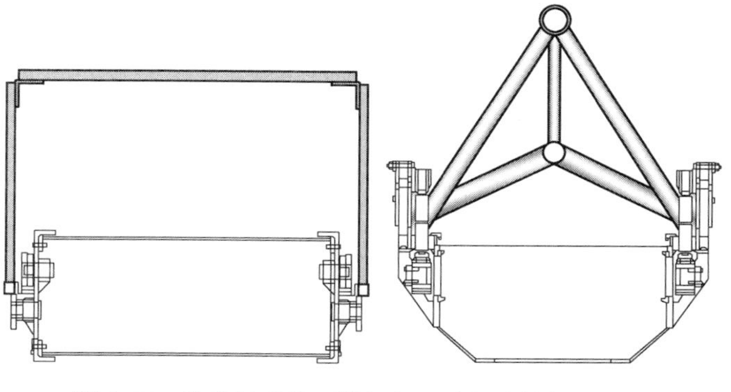

图 5-17　传统矩形截面钻架与三弦杆式钻架的比较

（3）经典“Π”式结构的改进。为了增强钻架的刚性，BI 公司在 49HR 钻机的钻架上采用了一种扭力箱结构，即钻架上每隔 1524mm（5ft）在水平桁架上增加一个扭力箱结构，从而增强了钻架在极端情况下和钻角度孔时的组合性和强度。图 5-18a 为采用了扭力箱结构的新型钻架结构；图 5-18b 中的下方为传统的晶格式钻架结构。

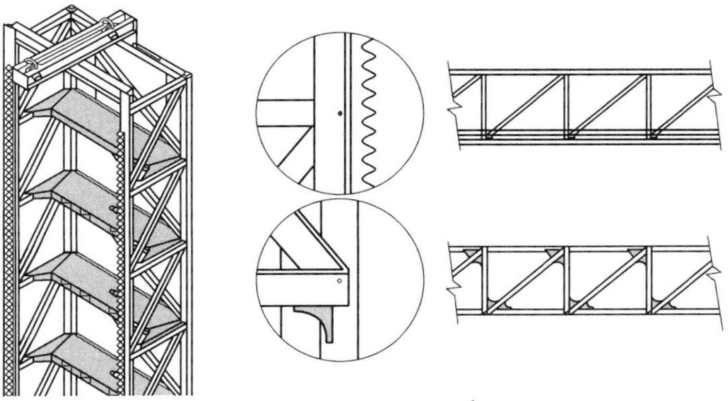

a b

图 5-18 扭力箱结构的新型钻架

在 59R 钻机上，为了能承受最大为 63t 的钻头负荷，BI 公司设计了一种无缝钢管钻架结构，并采用了减少夹角处应力集中的结构形式。此种结构为有限元计算机模型设计，并经 49R 型多年应用获得的数据验证。钻架立柱截面大小由 49RⅡ型的 101mm × 101mm 增大到 101mm × 152mm。扭力箱内部加强板使钻机在垂直钻孔和 30°倾角钻孔时，都有足够的强度和平稳的负载。经火焰切割和表面淬火处理过的加压齿条，其齿宽而厚，能适应 59R 型增大的负荷。

在以前的设计中，钻架上两侧用来安装齿条的弦杆通常是用 T 形钢和角钢组合焊接而成，新型结构的弦杆则由一对成品管构成。与 T 形钢和角钢组合焊接而成的弦杆相比，成品管结构的弦杆具有明显的优势，因为在同等单位质量的条件下，成品管结构的抗弯强度是 T 形钢和角钢组合焊接结构的两倍。图 5-19a 为传统的焊接组合的方形管钻架结构，图 5-19b 为现行的轧制方形管的钻架结构。

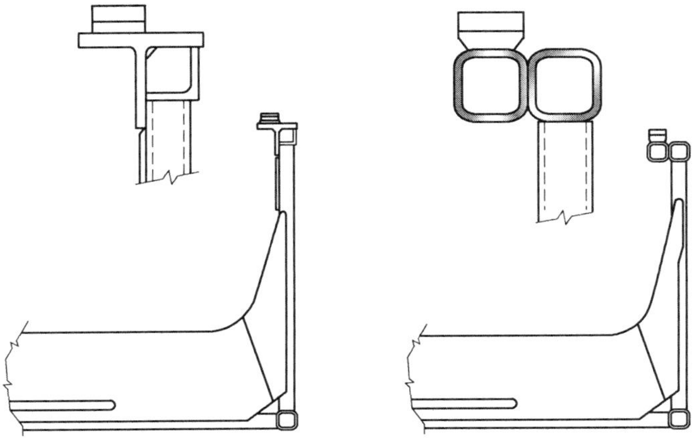

a b

图 5-19 钻架弦杆设计结构对比

（4）标准钻架。所谓标准钻架指的是在正常的台阶高度的穿孔作业中每钻凿一个炮孔，均需要接卸杆一次，即需要使用两根钻杆才能钻凿到炮孔所需要的深度的钻机。标准钻架设计中，配有一主一副两根钻杆，两根钻杆的长度一样。标准钻架及其配套钻杆的选择需要根据穿孔作业的台阶高度而定。在一般的穿孔工艺和工况中普遍采用的是标准钻架钻机。

（5）高钻架。高钻架钻机在钻孔中一个台阶的穿孔作业面上只需要接卸一根钻杆，一次钻孔即可达到所要求的炮孔深度。这种钻机由于减少了接卸钻杆的辅助时间，避免了频繁的接卸杆操作，使操作程序得以简化，降低了司机的劳动强度，还可减少钻杆架的检修维护工作量和回转机构的故障频次，提高了钻进效率。

因此，当钻孔深度在20m以下时，采用高钻架、单钻杆具有一定的优势，在钻孔过程中无需接卸钻杆，相对标准钻架而言，取消了每个孔都需要接卸一次钻杆的辅助时间，增加了钻孔时间。

高钻架钻机主要有两种形式：一种是在同类标准钻架机型的基础上，将钻架的高度提高到一次穿孔作业所需要的高度，使用的钻杆与标准钻架的一样，钻机的其他结构没有大的改变，这种高钻架使用的较为普遍，适用范围较广；另一种是专门针对软岩层采用特殊设计的高钻架钻机，这种钻机的钻架、轴压、动力配置都是轻型的，不设钻杆更换装置，钻孔作业只使用一根钻杆，但这种高钻架钻机使用得很少。

高钻架的不足之处是：高钻架使整个钻机的重心升高，稳定性降低，钻架摆幅增大，通过钻架支撑传递给后部龙门架立柱上的负荷也相应增大了很多。

（6）矮钻架。当爆破孔的深度大于1～2个台阶的高度或更深（孔深30m以上）时，无论是使用标准钻架或高钻架的钻机都无法满足其工艺要求，此时则应选用多杆结构的矮钻架钻机。矮钻架钻机配备的钻杆的数量一般有4～6根，其钻架高度为所配钻杆长度的1.4～1.5倍。在钻架一侧装备一个能贮多根钻杆的回转式转盘的钻杆库，并用使用液压扳手或换杆机械手来实现机械化接卸钻杆。

5.3.2.2　钻杆存放更换装置

钻杆存放更换装置由钻杆架和钻杆更换装置两大部分构成。

A　钻杆架

钻杆架是存放钻杆和接卸钻杆时运送钻杆的装置，供钻凿炮孔时接卸钻具使用。固定式钻杆架如图5-20所示。一般，钻杆架有2～3个，都固定安装在钻架内，其安装位置在以钻孔为中心的圆周上。多数机型的钻杆架与钻架同时起落，也有个别机型由于钻杆架的所配备的钻杆数量较多且直径较大，则固定放置在主平台上，不与钻架同时起落，如39R就是如此。

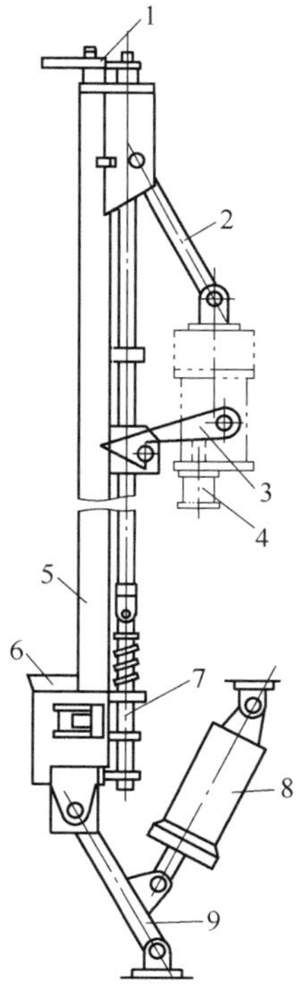

图5-20　固定式钻杆架

1—抱爪；2—上连杆；3—锁钩；4—汽缸；5—钻杆架；6—钻杆插座；7—拉杆；8—送杆油缸；9—下连杆

每个钻杆架单独存放一节钻杆。钻杆架的下放和升起由同一个液压缸来实现。钻杆架的送杆机构是一个四连杆机构，由上连杆、下连杆、钻杆架和钻架4个杆件构成，它可以在收送钻杆架时使其始终保持垂直状态。该机构结构简单紧凑、动作平稳可靠。

存杆装置的下部为存放钻杆的杯状存杆座，其上部为抱杆器，可防止钻杆外倾。上部的抱杆器由抱爪1、推杆2、3和拉杆4构成，如图5-21所示。

钻杆卸下后放入存杆座5内后压在弯杆8上，钻杆的重力使弯杆压下，并将拉杆4拉下，弹簧6压缩；拉杆带动推杆张开使抱爪抱住钻杆。当钻杆被吊离钻杆架时，弯杆不受重力作用，弹簧使拉杆返回原位，推杆收拢并打开抱爪，此时送出的钻杆架可收回。反转卸杆时，卡块7可阻止钻杆旋转。

图5-22和图5-23分别所示为平台固定式钻杆架的立面图和平面图。

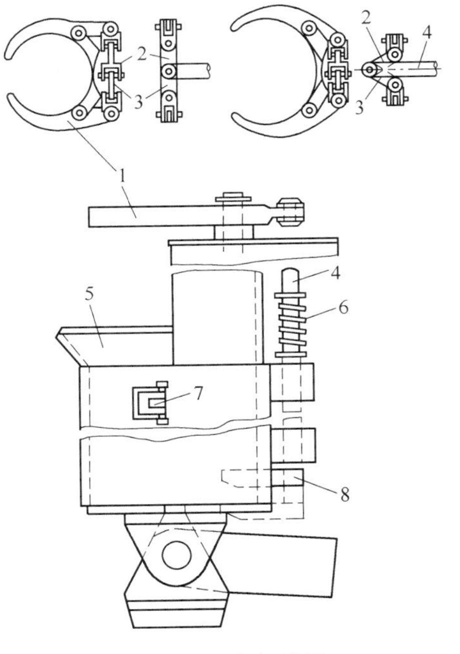

图5-21 存杆装置

1—抱爪；2，3—推杆；4—拉杆；5—存杆座；6—弹簧；7—卡块；8—弯杆

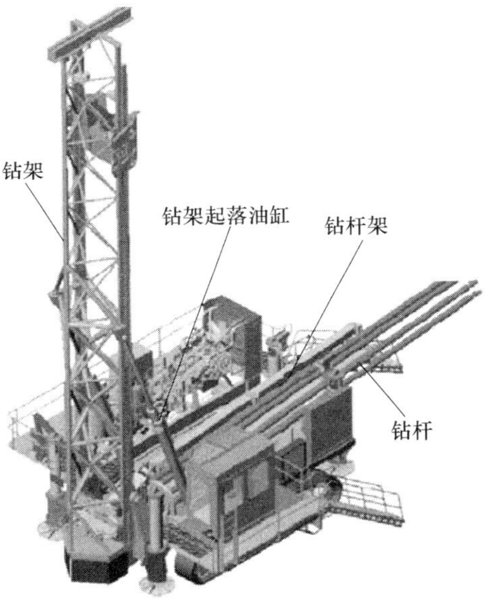

图5-22 平台固定式钻杆架立面图

B 转盘式换杆装置

转盘式换杆装置在中小型牙轮钻机上使用得较多，大型的牙轮钻机也有使用。转盘式换杆装置经常被固定在钻架内或钻架的一侧，作为钻架总成的一个主要部件。存储在转盘换杆装置中钻杆的数量取决于钻杆的直径，但在大多数情况下，一般有3~6根钻杆。

换杆工作在司机室内操作完成。液压驱动卡钳通过有限的冲击就能松开钻杆丝扣。钻杆储存在一个能容纳4根钻杆的圆盘式储杆器内。液压油缸将圆盘式储杆器转入或者转出位于回转头下方的钻杆安装位置。钻机配备的“免冲击”换杆保护功能能够在储杆器没有转出到换杆位置时能控制回转头的进给压力，钻杆和钻具拆装通过使用标准配备的辅助卷扬来完成。图5-24为回转盘式换杆装置钻杆更换位置示意图。

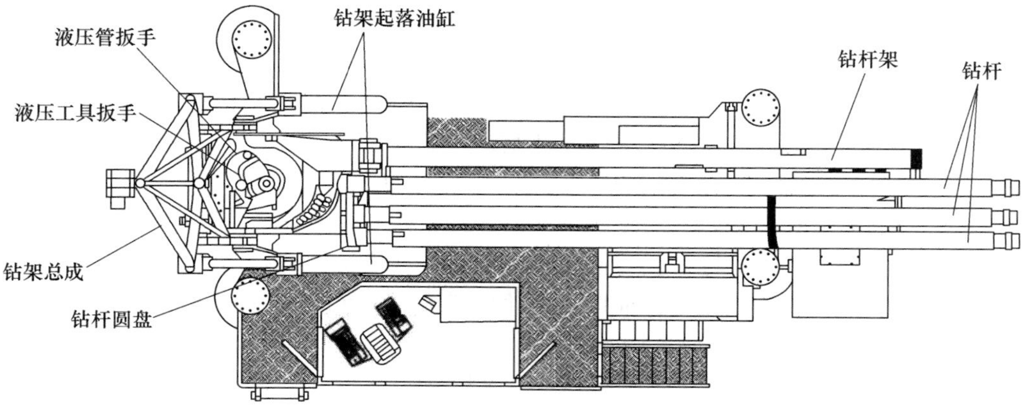

图 5-23　平台固定式钻杆架平面图

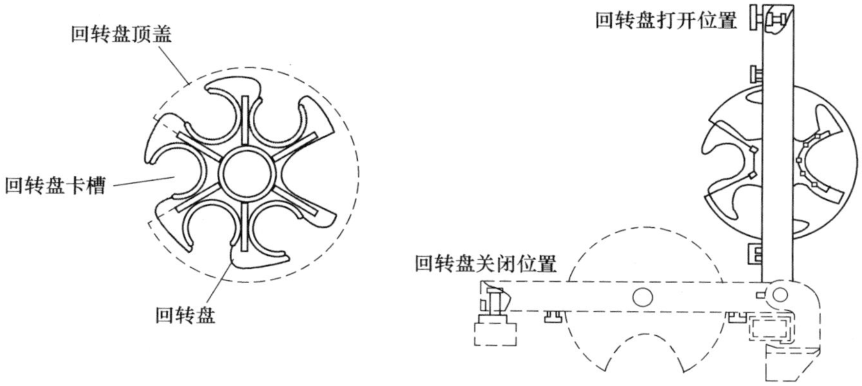

图 5-24　回转盘式钻杆更换位置示意图

转盘式换杆装置的钻杆被存储在一个机架中，它包括一个中心轴、具有一个底部和两个顶板的储杆架，如图 5-25 所示。转盘式换杆装置的底板具有钻杆插座（又称为杯口）以容纳钻杆的下端。钻杆的上端被包含在两块顶板中的一个窄槽内。当钻杆处于下降位置时，它由上部顶板限制其运动。它不能落入槽内，因为槽的开口尺寸比钻杆直径小。因此，该钻杆在其下部位置被锁定。顶板的上部具有从顶部的开口，钻杆可以通过这个开口解除锁定。当在上升位置时，钻杆上的小直径处与底板上的卡槽开口对齐，在该位置上的钻杆则被解锁，此时钻杆则可以自由地从转盘的钻杆插座和卡槽中取出。

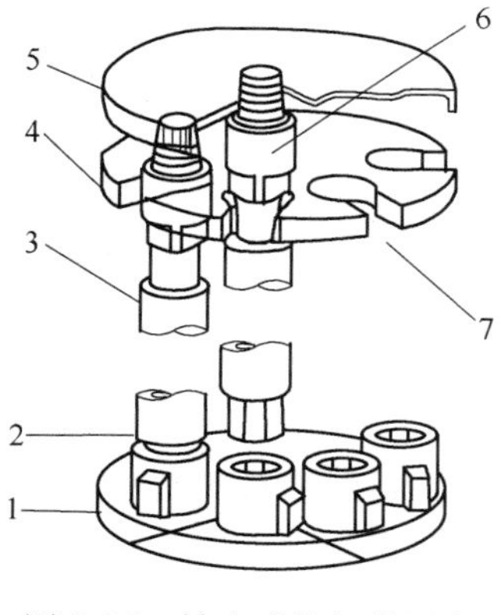

图 5-25　转盘式换杆装置中钻杆的锁定与取出

1—底盘；2—钻杆插座；3—锁定在管架的钻杆；4—下顶板；5—上顶板；6—钻杆的取出；7—卡槽

使用转盘式换杆装置更换钻杆的示意图如图 5-26 所示。

转盘式换杆装置更换钻杆的具体步骤如下：

（1）当一根钻杆的钻孔完成后，需要添加一根钻杆，扳手在钻架的底部被推出后将钻杆的上端平稳地卡住，如图 5-27 所示。

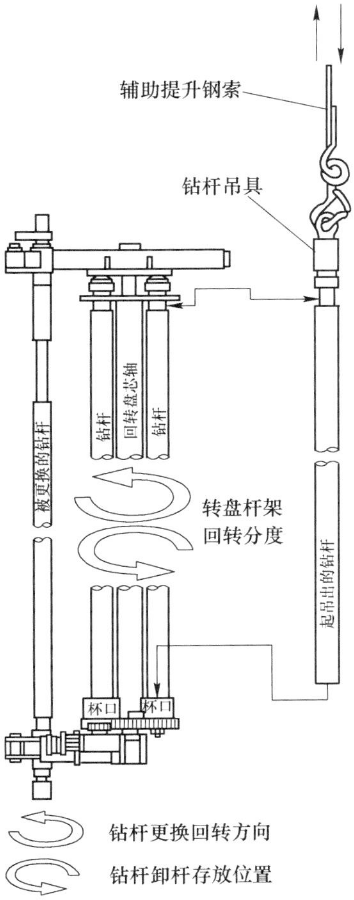

图 5-26　转盘式换杆装置更换钻杆示意图

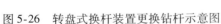

图 5-27　底部扳手
1—钻杆；2—保护接头；3—回转头；
4—扳手；5—转盘换杆装置

（2）钻机的回转头反向旋转，以便钻杆从回转头中脱开。在大多数的情况下，钻杆脱开是通过液压操作工具扳手夹着保护接头在接头下端略微转动时松开的。保护接头松动后，钻杆脱开保护接头。

（3）回转头移动到保护接头上钻架的顶部位置。

（4）转盘式换杆装置从它的正常位置即顶部板上部开口处正下方保护接头的液压缸装置移动到钻架的中心。

（5）液压系统对转盘式换杆装置的分度机构进行换杆分度，通过转动顶板和底板的方式，使一根钻杆对准保护接头，钻杆在钻架底部由扳手卡住不动。

（6）钻机的回转头向下移动并转动保护接头至正确的位置，以使钻杆在转盘中连接到保护接头。

（7）然后，钻机的回转头向上移动略微使钻杆在转盘向上移动并达到一个位置，使它可以从钻杆插座（杯口）中出来，此时转盘下顶板的开口和钻杆上的卡位应对齐。

（8）此时，转盘向回移动到钻架上左侧的原始位置。因此，新添加的钻杆保持对准在钻孔中心，而转盘式换杆装置已远离开钻杆。当需要钻倾斜炮孔时，可能有必要通过另一个臂来保持新添加的钻杆对准。

（9）回转头在新装上钻杆后，即可向下移动，通过正确地旋转回转头使新添加的钻杆与由扳手保持在炮孔中的钻杆连接在一起。

（10）上述操作完成后，扳手收回，以保证钻杆在钻孔作业时的自由旋转。

每当再接长一根钻杆，需要反复执行上述步骤。这种机构似乎很简单，但要使它准确地工作，要求必须设计得非常仔细，因为即使很小的变形都可能会造成问题。这样的问题会导致增加接长后的钻杆偏置在一个倾斜的方向而钻出角度孔。

回转盘式换杆装置的优点是：在穿孔作业中它可以使用多根钻杆而钻凿出很深的炮孔。

C　单杆换杆装置

单杆换杆装置主要应用于一些大型和特大型的牙轮钻机的钻杆更换。这是因为单杆换杆装置的结构坚固而不很重，因此很适合于大直径、长钻杆的更换。

现代牙轮钻机中可以有存储多达四根钻杆的单杆换杆装置，如图 5-28 所示。

单杆换杆装置中每根钻杆的更换是完全相互独立的并且是分别操作。

在第一根钻杆完成了钻进后，如前面的转盘式换杆装置中的说明一样，它被用扳手保持在炮孔中的适当位置。回转头脱离钻杆后向上移动，就如转盘式换杆装置上述步骤（1）和（2）中说明的方式一样。

当钻杆被单杆换杆装置定位在锁定位置后，借助于底部及顶部上的门型卡座的方式将钻杆锁定。除此之外，为了确保钻杆换杆时的安全，还要通过使用其他装置来锁定钻杆。

通过延伸在管架底部的液压缸，如图 5-29 所示。钻杆被定位在与由扳手在钻架的底部保持在炮孔钻进的中心线上。然后打开闸板，以便钻杆与回转头相连接，如在上述步骤（5）和（6）中所描述的一样。

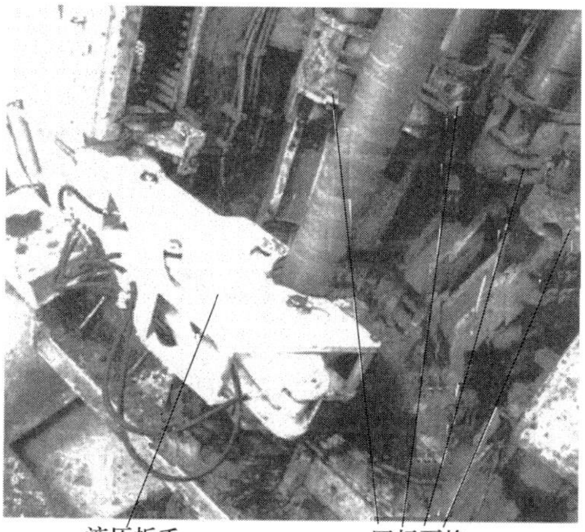

图 5-28　单杆换杆装置与液压扳手

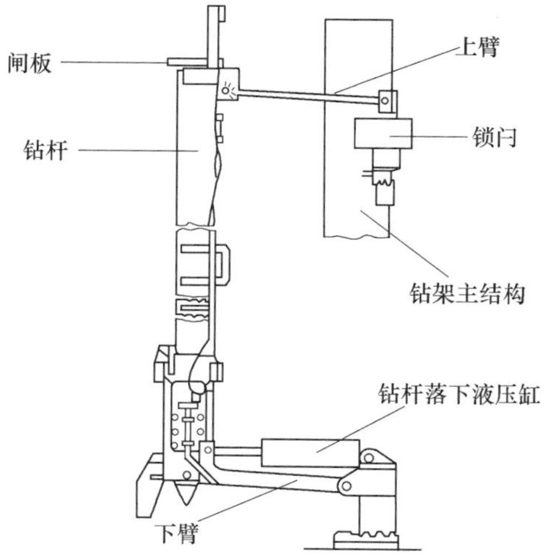

图 5-29　单杆换杆装置操作示意图

一旦钻杆连接至旋转头，钻杆扶正器摆动到位并将钻杆保持在钻架下端的一定距离，在扶正的同时将钻杆与回转头连接到一起。而对于钻角度孔时的钻杆连接，扶正显得尤为必要，此时，因为在这个位置上，钻杆已经被安全、可靠地固定保持好，其他的锁定结构则可通过缩回液压缸解除锁定。同时，单管更换器移回到其原始位置。而钻杆可以在扶正器中上下自由滑动和转动，它是由回转头带动旋转并且连接到由卡爪保持在钻架的底部炮孔中的钻杆。钻机在扶正器收回和卡爪松开后，则可以继续进行钻孔作业。

5.3.2.3 钻头更换器

除了需要更换钻杆之外，还需要对已磨损失效的钻头进行更换。图 5-30 为 Bucyrus 公司所开发研制的回转式钻头更换器和叉形管钳，这种装置应用在 49R 系列的钻机上。

图 5-30 回转式钻头更换装置

该钻头转换器最多可以容纳 4 个牙轮钻头。用于更换钻头操作的叉形管钳位于钻杆上钻头的正上方。更换钻头时，操作夹住钻杆扳手旋转，在此过程中钻杆与钻头连接的螺纹接头松动。松开后的钻头落入回转式钻头更换器转盘内的钻头位置，通过逆转上述操作程序则可将新的钻头连接到钻杆上。

上述所有的这些操作都是由司机在司机室内控制自动进行的，即使是助理也不必去钻孔平台。钻头更换器更换钻头的操作过程具有很好的安全可靠性，更重要的是钻头更换器减少了用于更换钻头的时间。进行相同的换钻头的操作，传统手工更换钻头所需要的时间是 60min，而三牙轮钻头转盘则缩短到约 10min。

5.3.2.4 钻杆接卸装置

钻杆接卸装置是接卸钻杆的专用工具，一般都固定在钻架下方的操作平台上。钻杆接卸装置的类型较多，一般都采用液压缸作为接卸钻杆的操作动力单元。以下介绍的是几种常用的钻杆接卸装置。

A 卡头油缸与液压吊钳

在传统的大型牙轮钻机中卡头油缸与液压吊钳是一种使用较多的钻杆接卸装置。其结构示意如图 5-31 所示。卡头油缸的卡头用来装卸钻杆时卡住钻杆，而液压吊钳的作用是用来卸钻杆时转动钻杆。

B 高扭矩快速扳钳

高扭矩快速扳钳的应用进一步提高了钻机作业的工作效率和质量。这种钻机的高扭矩快速扳钳为新型的双油缸双爪设计，扳钳为液压驱动，并辅之以弹簧快速啮合，这种结构使钻杆和台架上的钻杆导套变形很小，同时对钻杆的磨损予以自动补偿。其外形结构如图 5-32 所示。

高扭矩快速扳钳分别由液压拆卸钳（见图 5-33a）和卡头工具钳（见图 5-33b）组成。双缸设计的高扭矩液压拆卸钳被完全置放在钻架内，推压缸和回拉缸位于液压拆卸钳两

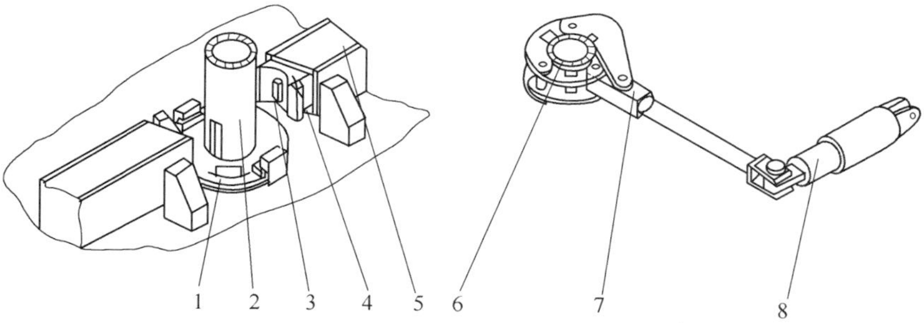

a　　b

图 5-31　卡头油缸与液压吊钳结构示意图

a—卡头油缸；b—液压吊钳

1—钻杆导套；2—钻杆；3—卡爪；4—卡头油缸；5—卡头油缸护套；6—钻杆；7—吊钳；8—吊钳油缸

图 5-32　高扭矩快速扳钳

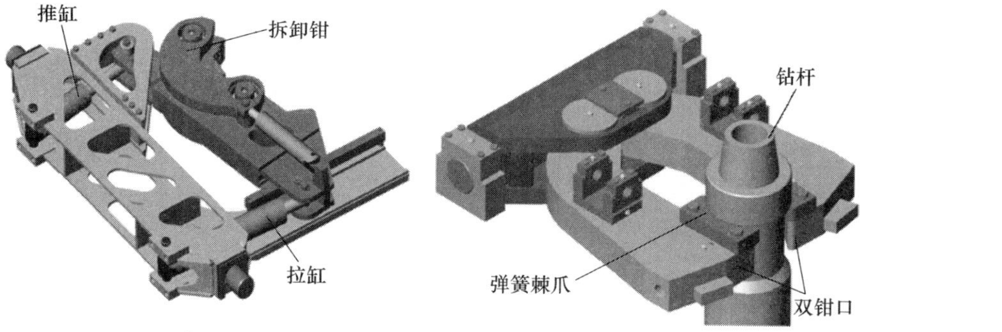

a　　b

图 5-33　高扭矩快速扳钳分解图

a—液压拆卸钳；b—卡头工具钳

侧，减小了对钻杆和套筒的侧向弯曲扭矩，自锁的夹钳口设计补偿了钻管的磨损，显著减少了钻杆放置到管架的时间；工具钳所设计的弹簧可更换式样棘爪保证在回转运动时，啮合正确，使得抓取安装钻杆时无需停下回转运动。因此，司机完全可以在驾驶室操作使用这种高扭矩的液压拆卸钳和工具钳装卸钻杆。

C HOBO 快速装卸液压扳钳

Reedrill 公司则在其钻机上应用了一种获得专利的 HOBO 液压扳钳且取得了令人满意的效果。该 HOBO 液压扳钳具有可调夹持钻杆直径的范围，能适用于不同直径钻杆的装卸，且不需要手工操作，通过液压扳钳的四缸液压系统，实现液压扳钳的摆动—调整—旋转—卡紧—松开的全部操作程序，在司机室内即可完成钻杆的装卸，提高了作业的安全性和生产效率。图 5-34 分别为该液压扳钳夹紧和松开的外形结构图。

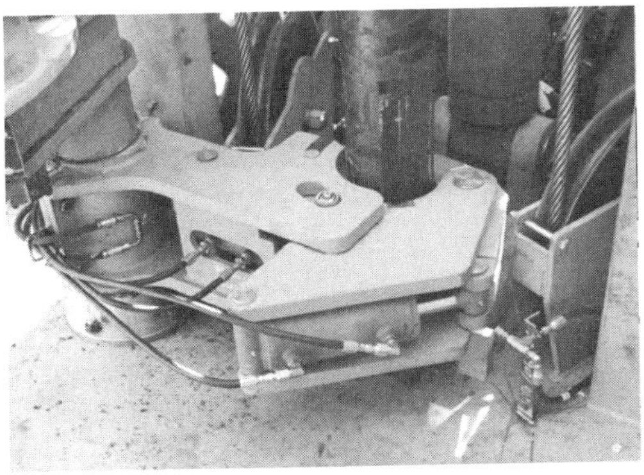

a

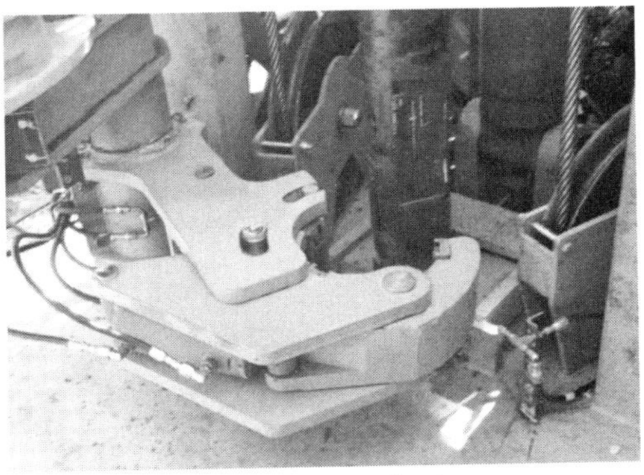

b

图 5-34 HOBO 液压扳钳夹紧（a）和松开（b）的外形结构图

5.3.2.5 钻架起落装置

钻架起落装置包括两部分：一个是钻架的支撑举升系统，另一个是钻架撑杆装置。前者的主要功能是钻架起落过程的升降，后者的功能是提高钻架竖起并固定后的稳定性。钻架起落装置如图 5-35 所示。

图 5-35 钻架起落装置示意图

A 钻架支撑举升系统

在穿孔作业中，如果需要从一个作业面转移至另一个作业面，由于移动的距离较长，则需要将钻机的钻架落下到水平位置，以使钻机的重心达到其最低位置和保证移动过程的安全。而在同一个台阶面上从一个炮孔移动到下一个待钻凿的炮孔，钻架则仍然保持原有穿孔作业的垂直位置不需要落下，以节省时间。

钻架的提升通过两个液压缸的装置来完成，通常使用的是单行程油缸，如图 5-36a 所示。但也有例外，如 SKL 的钻架支撑举升系统就是由两个多节伸缩油缸构成，如图 5-36b 所示，从而提高了油缸的行程和支撑高度。

a　　　　b

图 5-36　钻架支撑举升油缸的形式

a—单行程油缸；b—多节伸缩油缸

B　钻架撑杆装置

有些牙轮钻机具有很高的钻架，以容纳长的钻杆，以便于使用长钻杆一次性完成炮孔的钻凿。在这种结构的钻机进行穿孔作业时，高大的钻架上的应力和振动被放大。因此，一个高大的钻架需要由两个钻架支撑杆提供额外的支持，如图 5-37 所示。钻架支撑往往需要使用液压和机械锁定，因此较长的钻架固定支撑长度使钻架的刚性得到了必要的提高。这就减少了钻机工作中钻架产生振摆的长度，提高了钻架的稳定性。否则必须将钻架液压举升油缸的高度升得更高。对于需要钻凿倾斜角度孔的钻机，其钻架支撑还需要配有带有角度分度的额外的定位点。

5.3.2.6　钻架角度调整装置

牙轮钻机的穿孔作业的主要对象是钻凿垂直的炮孔，但在有些情况下垂直炮孔的钻凿满足不了开采工艺的要求，如在台阶的边坡就需要钻凿倾斜的炮孔或倾斜的预裂孔，为了适应这种工况，就要求钻机具有钻凿倾斜孔的功能。

在大多数情况下，倾斜炮孔的角度范围为 5°～30°。尽管使用起落钻架的液压油缸可以将钻架调整到这样的角度，但却不能用于钻凿倾斜孔的调整。钻架的起落油缸的作用仅在于将钻架起架到垂直位置和落架到水平位置，其结构强度难以满足钻凿倾斜孔的工作要

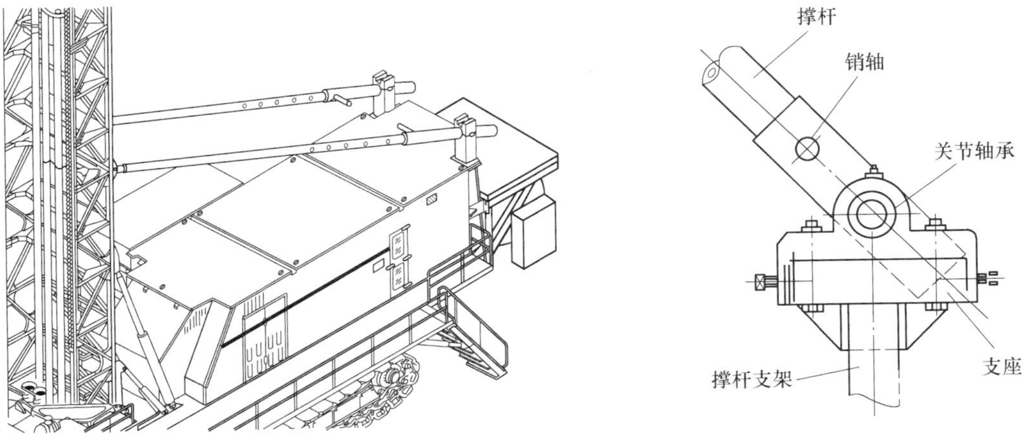

图 5-37 钻架撑杆装置

求。另外，由于起落油缸的长度比较短，支持不了钻架很长的高度，在钻进中会导致钻架发生非常剧烈振动，如果发生谐振则可能会导致事故的发生。

因此，为了使钻架保持固定在所需的角度，并使得无支撑的钻架长度到最低限度，必须采取专门的措施进行角度孔调整。这就是钻架角度调整装置。

大多数钻机的角度调整装置，是按照每次5°的增量调整达到30°，有的钻机的最大倾斜角则只有20°。有些钻机的角度可以实现从垂直到最大倾角范围内进行无级调整。唯一不同的是，Bucyrus 的 39R 钻机，除了30°的无级调整方式的正常倾斜外，还可以进行15°反向倾斜调整，如图5-38所示。

图 5-38 可以进行15°反向倾斜调整的39R钻机

按照钻架角度调整装置布置的位置，本书将其分为上置型和下置型两大类。角度调整和定位装置布置在主平台设备安装面之上的为上置型，反之为下置型。钻架角度调整装置主要有以下几种类型。

A 支撑杆分度型

支撑杆分度型是一种应用比较广泛的传统角度调整类型，主要应用于钻架较高的大型钻机，属于上置型钻架角度调整装置。其特点是按照每5°钻一个定位销孔的形式，在支撑杆上钻有所需要调整角度范围内的定位销孔，如图5-39所示。调整钻孔角度时，首先使用起落架油缸将钻架调整到所需角度，然后用固定销轴将支撑杆固定好即可。这种方式的调整方法简单，但不方便操作，支撑杆的调整和锁紧定位操作需要操作者手动完成，劳动强度较大。为了减轻操作者的劳动强度，后续开发了带有液压缸的支撑杆分度型。

这种角度调整装置，在它的支撑杆中带有可伸缩调整的液压缸，在调整过程中，首先

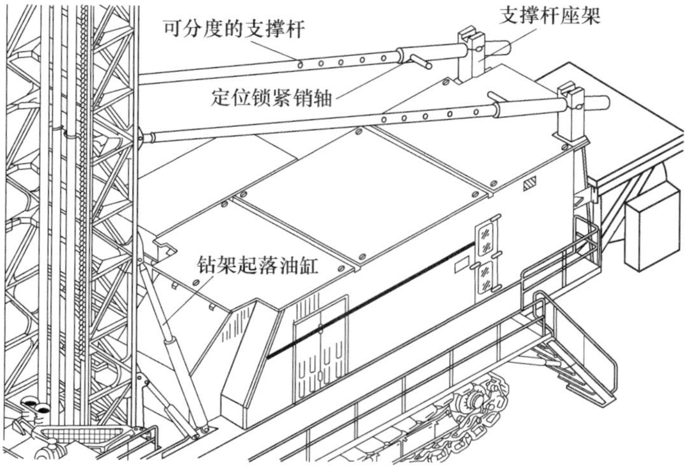

图 5-39　支撑杆分度型角度调整装置

由钻架主起落油缸将钻架上升到垂直位置，然后再用支撑杆中的液压缸将钻架调整降低到所需的倾斜角度后锁紧。当钻机平台处于水平位置时，所需要的倾斜角可以实现自动调整，从而减轻了钻机操作者的劳动强度。这种类型具有可以在两个范围内对钻架的角度进行无级调整，具有很大的优势，很有吸引力。其外形结构如图 5-40 所示。

图 5-40　支撑杆液压分度型角度调整装置外形结构

B　支架滑套杆式分度型

支架滑套杆式分度型是一种支架结构与滑套杆式分度组成的钻架角度调整装置。为了便于调整，这种装置一般都布置在主平台上，通常与固定钻架的 A 形架合为一体。调整方法与支撑杆分度型的调整相似，也是按照每 5°一个定位孔的形式，在支架的滑套分度杆上钻有所需要调整角度范围内的定位孔，滑套上有用于定位锁紧的液压缸，如图 5-41 所示。调整钻孔角度时，首先使用起落架油缸将钻架调整到所需角度，然后再使用固定在支架滑套上的液压锁紧装置将角度定位销轴锁定。这种结构的能够适用的范围较广。与支撑杆分度型相比，它的刚性和稳固性更好，操作调整也比较方便，大中型的牙轮钻机上都可以应

图 5-41　支架滑套杆式分度型角度调整装置

用。钻架用支撑销轴固定在主平台之上。伸缩式的斜梁锁定在一个刚性的位置，锁定销为液压、遥控操作动作。伸缩式斜梁内管上有一排孔，分别对应钻架每次5°的调整量。

这种设计允许钻架围绕主平台上的枢轴转动，从而确保永远在防尘罩内钻孔，以利于减少钻孔的偏斜。

C　底部滑靴分度型

底部滑靴分度型属于下置型钻架角度调整装置。这种类型的角度调整装置固定在钻架底部的主框架上，与钻架本体合为一体，如图 5-42 所示。图中显示了该装置的锁紧结构形式和处于不同状态的外形。在进行角度调整时，首先由钻架起落油缸将钻架调整到所需要的角度，然后将其通过该装置上的液压油缸将定位锁紧装置牢固地固定在钻架底部的靴型角度调整主框架上。

a　b

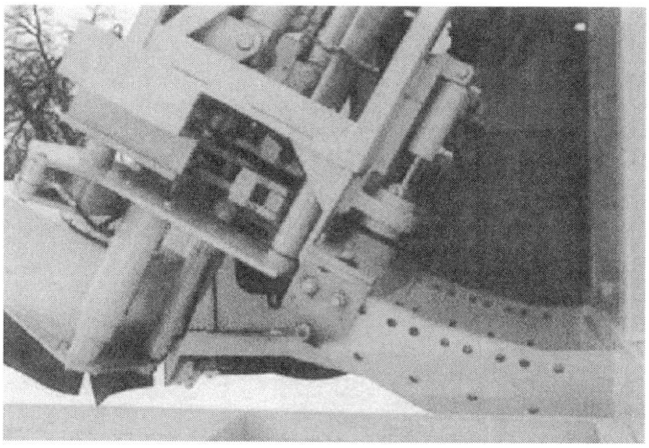

c

图 5-42　底部滑靴分度型角度调整装置

a—钻架落架后的外形；b—位于平台上方的外形；c—分度锁紧装置

底部滑靴分度型方式主要适用于钻架起落油缸的行程和支撑高度的距离不是很长的低矮型钻架的钻机，一般作为中小型牙轮钻机的钻架角度调整装置。

D　弧板分度型角度调整装置

弧板分度型角度调整装置属于上置型钻架角度调整装置。它被布置在主平台上，与钻架连接为一体，调整方式与支架滑套杆式分度相似。其外形结构如图 5-43 所示。角度调整的分度构件是一个钻有 5°分度孔的圆弧状板式框架，锁紧定位采用液压定位锁紧装置。

a

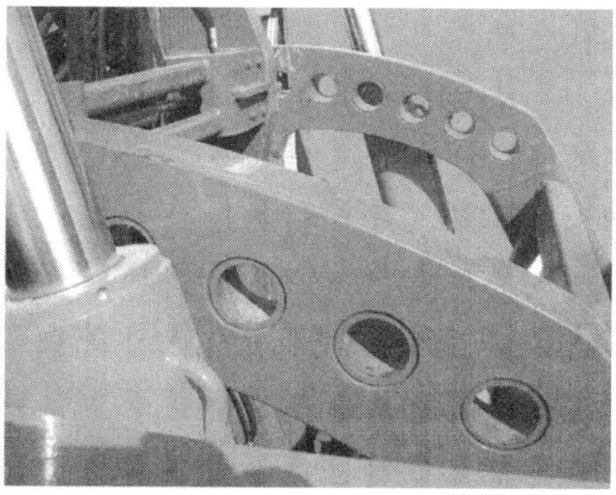

b

图 5-43　弧板分度型角度调整装置

a—弧板分度装置在平台上的位置；b—弧板分度装置的局部放大

弧板分度型角度调整装置的刚性不如支架滑套杆式，因此主要用作中小型牙轮钻机的角度调整装置。

5.3.2.7　钻架与平台的固定装置

A 形架是钻架的支承构件，钻机在穿孔作业中钻架通过 A 形架与钻机紧固地连接在一起，钻架起落时，钻架以 A 形架的枢轴为中心回转起落到垂直位置或水平位置。对于采用齿条封闭链条传动提升加压的机型，A 形架除了是钻架的支承构件外，还是加压提升主传动机构的支承构件。严格地讲 A 形架应该属于主平台的一部分。

一般，牙轮钻机的钻架都是通过 A 形架固定在钻机的主平台上。用于钻架固定的 A 形架主要有两种形式：一种是固定式 A 形架，另一种是可变式 A 形架。

A 固定式 A 形架

所谓固定式 A 形架，指的是 A 形架的主机架结构与主平台采用焊接结构的方式连接在一起。这种结构的 A 形架在牙轮钻机中使用得很普遍。在采用齿条封闭链条传动提升加压机型的 A 形架的主体上，除了要安装钻架之外，还需要安装提升加压和履带行走的主传动机构的减速箱，这种机型的固定式 A 形架的外形结构如图 5-44 所示。图 5-45 为两种不同形式的固定式 A 形架示意图，一种安装了主传动机构减速箱，另一种则没有。

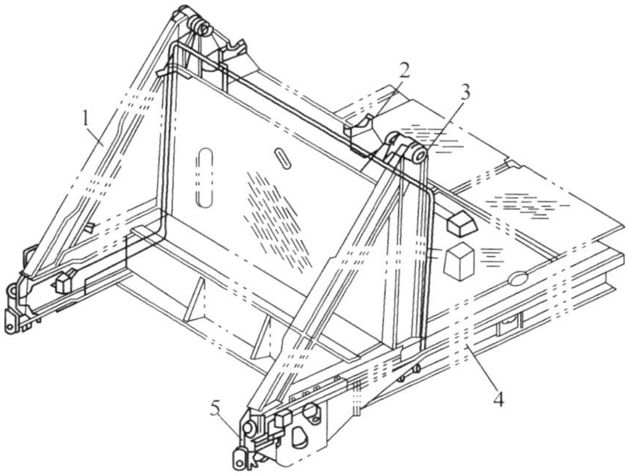

图 5-44 A 形架外形结构

1—A 形架主体；2—主机构支座；3—支承耳座；4—主平台；5—液压缸

B 可变式 A 形架

可变式 A 形架指的是 A 形架的主机架结构中的竖梁与斜梁之间的夹角可以变化调整。Atlas Copco 公司的大多数牙轮钻机都是采用这种可变式 A 形架的专利结构。图 5-46 所示为可变式 A 形架竖梁和斜梁之间夹角的变化情况。

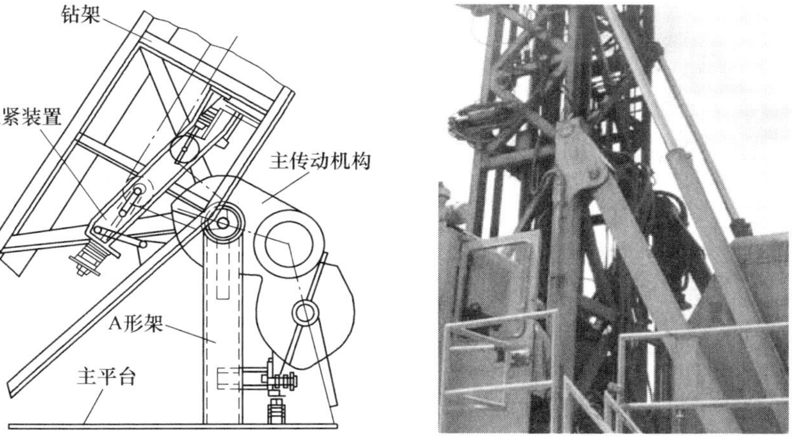

a b

图 5-45 两种不同形式的固定式 A 形架

a—安装了主传动机构减速箱的固定式 A 形架；b—没有安装主传动机构减速箱的固定式 A 形架

可变式 A 形架将钻架的支撑销轴固定在主机架之上，伸缩可调式的斜梁可以使用液压缸将其锁定在一个刚性的位置，伸缩式斜梁的内管上钻有一排孔，分别对应钻架每次 5°的调整量。可变式 A 形架与钻架连接后外形如图 5-47 所示。

5.3.2.8 钻架辅助装置

钻架辅助装置主要有辅助绞车和钻架登步梯等。

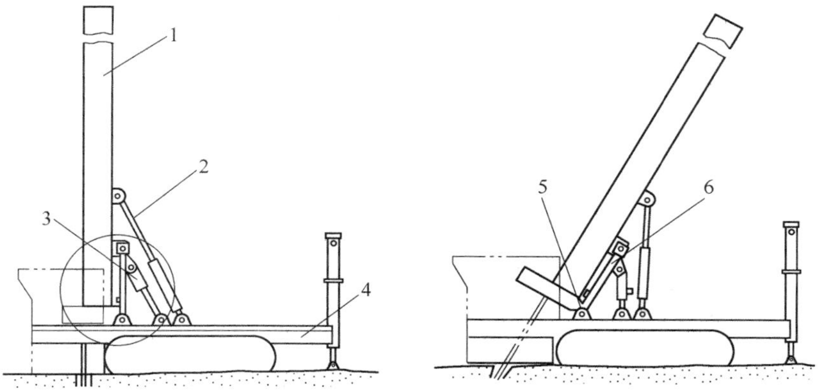

图 5-46　可变式 A 形架竖梁和斜梁之间夹角的变化情况示意图
1—钻架；2—起落油缸；3—A 形架斜梁（可调滑套）；4—主平台；5—钻架回转枢轴；6— A 形架竖梁

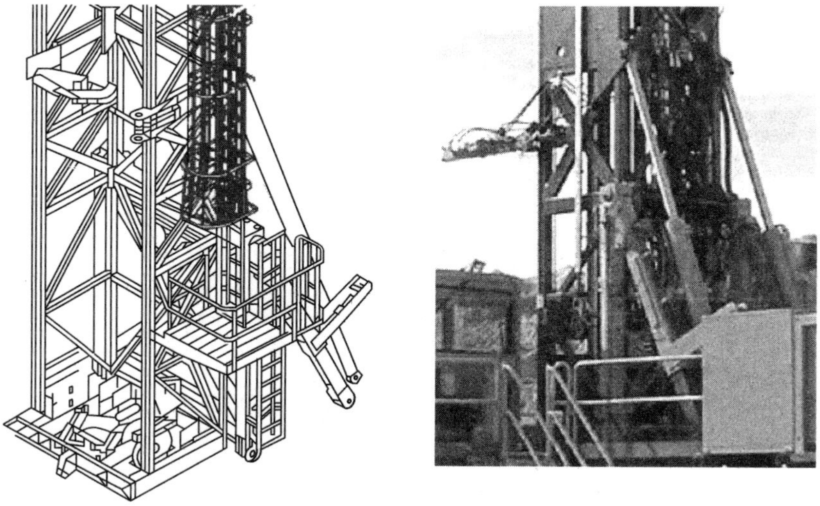

图 5-47　可变式 A 形架与钻架连接后外形图

A　辅助绞车

牙轮钻机的钻具都很重，无法手动搬移。因此，辅助绞车装置成为钻机必备的辅助装置。辅助绞车又称为辅助卷扬机，固定安装在钻架上，主要由绞车、起重臂和钢丝绳等装置构成。绞车是由一个由液压或电动马达驱动的行星式减速齿轮箱和卷鼓等构成，绞车可以安装在主框架或靠近钻架的下端，有的钻机在钻架的顶部右边或左边还安装有一个可由油缸调整起重位置的摆式起重臂。起重臂的运动是由两个液压缸驱动，其中之一控制起重臂的伸缩进出，另一个则对臂架的横向移动进行控制。辅助绞车装置的结构如图 5-48 所示。

辅助绞车的规格取决于钻机规格的大小，并与它使用的钻具的重量匹配。一般来讲，辅助绞车的额定起重能力范围在 15 ~ 50kN 之间。绞车卷鼓的直径和宽度取决于钢丝绳的直径和长度，这反过来又依赖于该绞车提升用钢丝绳的最大单线拉力和钻架的高度。

a

b

图 5-48 辅助绞车装置

a—绞车结构；b—摆式起重臂

绞车上的钢丝绳是从钻架的顶部通过固定在摆式起重臂上的一组定滑轮向下来起吊提升重物的。对于具有角度调整功能的钻架，绞车除了用于钻具的起吊外，在起吊负载允许的情况下，还可用于主平台上维修更换件的起吊。

B 钻架的其他辅助装置

在钻架上还有其他一些辅助装置有：钻架顶部用于检修的顶部平台；钻架一侧安装的带有半圆形防护格栅或防护圈的登步安全梯，该安全梯直通到钻架的顶部平台；与钻架底部连接在一起用于安装液压扳手或吊钳的操作平台；操作平台下部装有的捕尘围裙等。

5.4 回转机构

回转机构是牙轮钻机的工作装置的重要组成部分，也是牙轮钻机的主要工作机构之一。牙轮钻机的回转机构由回转驱动电动机（或液压马达）、减速器、钻杆连接器、风水接头和回转小车等部件组成。图 5-49 为 YZ-35D 牙轮钻机回转机构示意图。

5.4.1 主要功能

牙轮钻机的回转机构应当具备以下功能：

(1) 驱动钻具回转的功能。原动机（电动机或液压马达）通过回转机构的减速器把产生的扭矩和转速转换为钻机钻孔所需要的扭矩和转速，驱动钻具回转。

(2) 配合钻具更换装置的功能。当采用钻杆更换装置对钻具进行更换时，回转头配合钻杆更换装置进行钻头、钻杆及稳杆器等钻具的接卸和更换。

(3) 压缩空气输送功能。通过安装在回转机构上的引风接头将压缩空气引入，然后再经回转头的中空主轴、钻杆和钻头进入炮孔，以进行排渣和冷却钻头。

5.4.2 基本类型

根据回转机构工作位置的不同、使用的原动机的不同和加压方式的不同，牙轮钻机的回转机构分为以下 3 种基本类型。

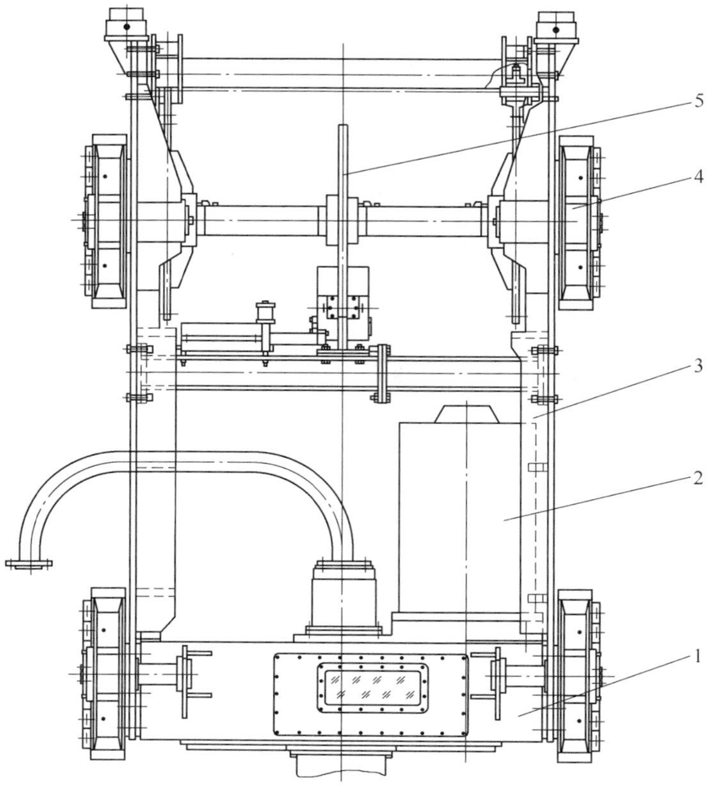

图 5-49　YZ-35D 牙轮钻机回转机构示意图

1—减速器；2—电动机；3—回转小车；4—滚轮装置；5—气液盘式防坠装置

5.4.2.1　顶部型和底部型

所谓的顶部型和底部型指的是回转机构的顶部回转和底部回转。这两种回转形式的应用与钻机的基本结构形式有关。滑架式牙轮钻机的回转机构基本上都是采用顶部回转，回转机构安装在钻架的滑轨上，可以在钻架中上下移动；而转盘式牙轮钻机则是底部回转，回转机构被固定在主平台上。转盘式牙轮钻机是由石油钻机演变而来，所以沿用了其回转机构的原有结构形式。在现代露天矿用牙轮钻机中已难觅转盘式牙轮钻机的踪迹，而滑架式牙轮钻机已经完全占据了露天矿用牙轮钻机的市场。顶部回转机构如图 5-50 所示。

5.4.2.2　电动型与液压型

直接驱使回转机构运动的原动机有两种：一种是电动机，另一种是液压马达。使用不同的原动机，回转机构的设计结构则有所不同。图 5-51 显示的是这两种不同的回转机构。

根据钻机需要的驱动力大小的不同，原动机的数量的选择也有所不同。电动型回转机构所配置的电动机数量有单电动机驱动的，也有双电动机驱动的。液压型的回转机构所配置的液压马达一般都采用双液压马达的形式。

5.4.2.3　有链型和无链型

牙轮钻机在进行穿孔作业的过程中，回转和加压是紧密地联系在一起的。通常牙轮钻机的加压机构和回转机构安装在回转加压小车上，所选择的加压方式不同，则回转加压小

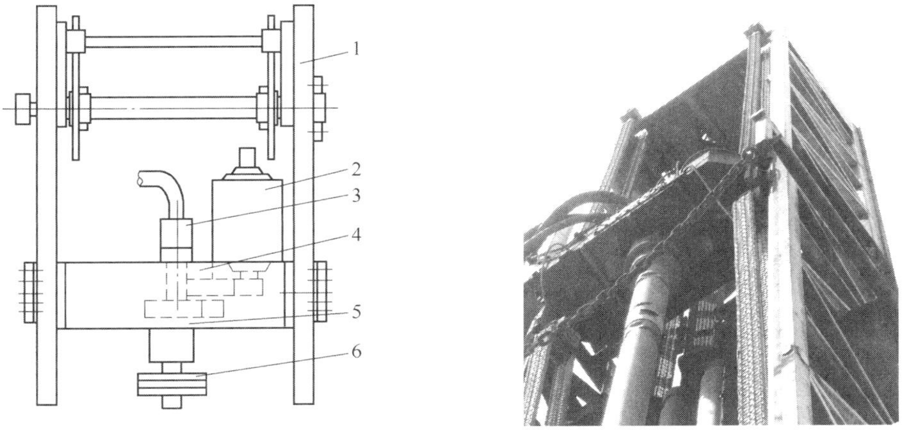

图 5-50 顶部回转机构
1—钻架；2—原动机；3—引风接头；4—减速器；5—中空主轴；6—钻杆接头

a b

图 5-51 两种不同原动机的回转机构
a—电动机驱动型；b—液压驱动型

车的结构也不同，因此也就有了回转机构的有链型和无链型之分。

牙轮钻机回转机构的有链型和无链型的主要区别在于所使用的回转小车的结构不同。有链型的回转小车由于采用的是链条加压，在结构上必须安装有相关的加压链条装置；而无链型则没有。图 5-52 和图 5-53 分别为有链型和无链型回转机构总成。

5.4.3 技术特点与结构分析

5.4.3.1 回转驱动原动机

回转驱动的原动机有两类：

（1）一类是由电力驱动的电动机，有滑差电动机、直流电动机、变频电动机等。随着技术进步，变频电动机的诸多优势已经在很大程度上取代了其他类型的电动机，成为电力

a

b

图 5-52　有链型回转机构总成

a—电动有链型；b—液压有链型

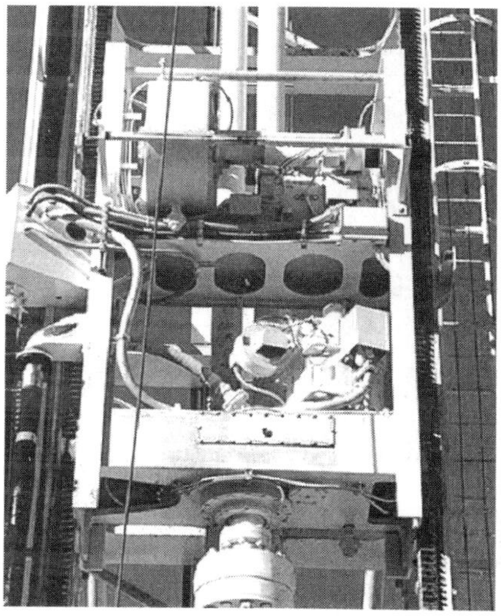

a

b

图 5-53　无链型回转机构总成

a—电动无链型；b—液压无链型

驱动回转机构的基本配置。一般规格的牙轮钻机都是单电动机驱动，某些有特殊要求的钻机上则选择使用双电动机驱动的配置方式。但在特大型牙轮钻机上，所使用的电动机则是直流电动机，因为其具有效率高、运行成本低的特点，和液压马达比较，其维护要求较低。大型和特大型牙轮钻机的主轴旋转速度一般在 0 ~ 125r/min 之间，可无级调速。其外形如图 5-51a 所示。

（2）中小型牙轮钻机的回转机构的原动机则以选择液力驱动为主。液力驱动的元件是液压马达，一般都是配置两个液压马达，钻机主轴的转速范围一般在 0 ~ 200r/min 之间，可无级调速。有些钻机则有双速液压马达使低速高扭矩或高速低扭矩选项可以选择所需。液压马达使钻杆的转速能够得到更精准的控制。其外形如图 5-51b 所示。

5.4.3.2 回转减速箱

回转减速箱的结构与所采用的原动机有一定的关系，相对来讲，电动机驱动型的回转减速箱结构要比液压驱动型的复杂一些。

回转减速器一般都采用二级圆柱齿轮传动。减速箱的箱体为封闭式的。回转减速器的传动轴布置和箱体形式主要有两种：一种传动轴呈直线式布置，采用矩形的上开箱式箱体的结构形式，另一种则为传动轴呈三角式布置，采用圆形上开式箱体的结构形式。其示意图如图 5-54 所示。

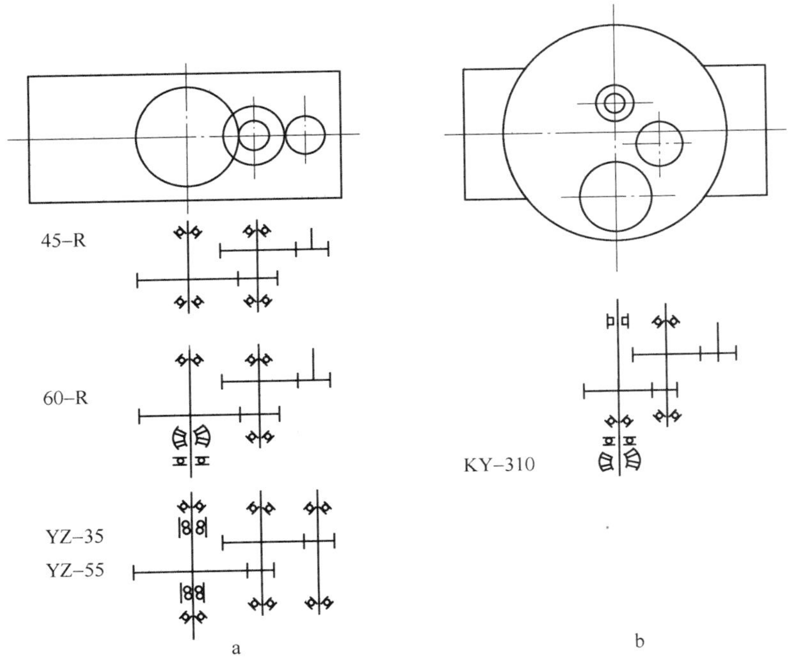

图 5-54 回转减速器传动轴布置图

a—传动轴直线布置；b—三角形布置

图 5-55 为电动机驱动型的回转减速器结构，均为二级齿轮传动，第一轴有悬臂式和简支式结构，简支式改善了轴的受力和齿轮接触情况，减少故障。空心主轴上下部推力轴承分别承受提升时的提升力和加压时的轴压力，多轴承的空心主轴增加了径向定心，并承受由于钻杆的冲击和偏摆引起较大的径向载荷，改善了推力轴承的受力。双电动机传动的回转减速器，两个二轴齿对称地与空心主轴齿轮啮合，加强了空心主轴的径向稳定和受力状况。

从图 5-55 中可以看到，回转机构的减速器由回转电动机 1 驱动，经过 3 ~ 6 的传动齿轮二级减速后将动力传给减速器的中空主轴 7，再通过钻杆连接器 8 带动所有的钻具回转，钻机从而获得钻孔所需要的转矩和转速。穿孔作业过程中所需要的压缩空气则是经由引风管和引风接头 2 引入回转机构，经中空轴、钻杆和钻头进入所钻凿的炮孔底部排出岩渣和冷却钻头。

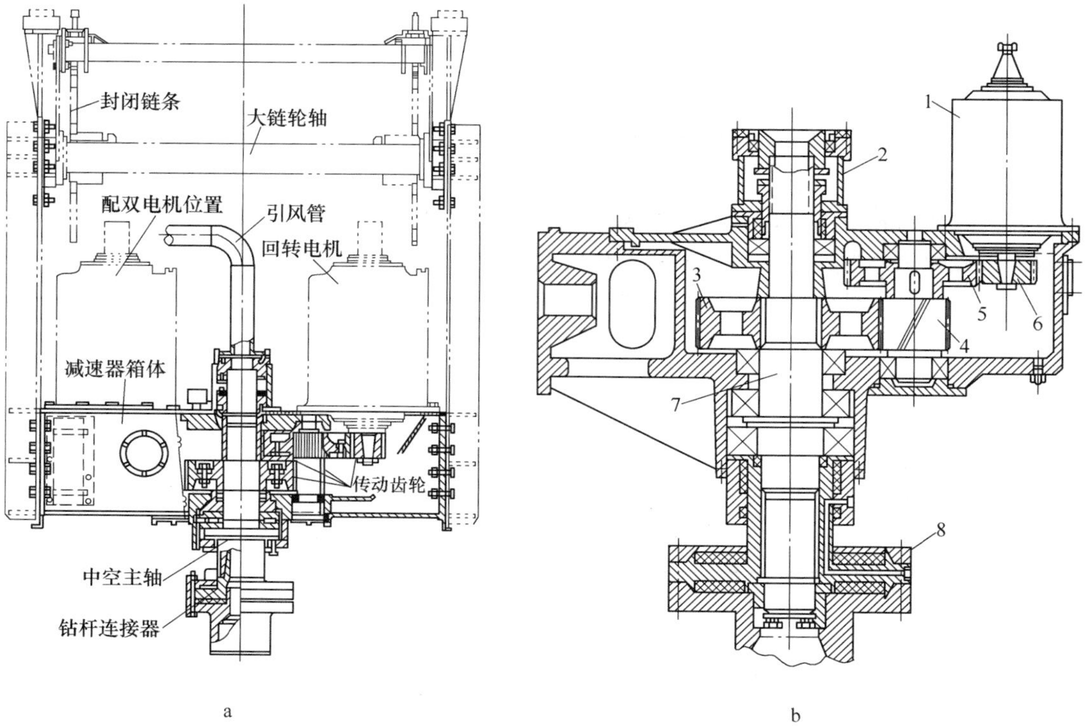

图 5-55　电动机驱动型的回转减速器结构

a—双电动机驱动型；b—单电动机驱动型

1—回转电动机；2—引风接头；3～6—传动齿轮；7—中空主轴；8—钻杆连接器

5.4.3.3　回转主轴和引风接头

A　回转主轴

回转主轴有多种结构形式，图 5-56 是一种具有一定代表性的常见结构形式。

从图 5-56 中可以看到，中空轴 6 通过左旋螺母 8 将齿轮 5（z4），轴承 13、14、16、17 和隔套 15 串联成一体，安装在箱体 7 上。轴承 14、16 为径向调心轴承，以保证主轴中心线不会偏斜。轴承 13、17 为推力调心轴承，由于分别承受提升力和钻孔加压时的轴压力，又被称之为提升轴承和加压轴承，安装时通过调整螺母 8 的预紧力，来消除轴承内部的轴向间隙。

齿轮 5 与中空主轴 6 为定心花键连接，为防止齿轮 5 运转时的轴向窜动，隔套 15 与轴承 14 间的轴向间隙应控制在 2mm 左右。

中空主轴的下部与上连接器 2 相连，通过螺栓 20 与下连接器 1 联成一体，钻杆通过螺纹与下连接器 1 相连，主轴扭矩通过 1、2 之间的凹凸爪传递给钻具。为减少钻孔时的振动冲击，在钻杆连接器中设有吸振橡胶垫 19。止动键 3 的作用是用来防止拆卸钻杆主轴反向旋转时主轴 6 与上连接器 2 之间的螺纹松动。橡胶密封 18 的作用是用来防止回转减速箱的漏油。

B　引风接头

在主轴的上部装有引风接头，其功能是用以将排渣的压缩空气引入主轴的中空孔内，其结构如图 5-57 所示。

排渣风从引风管 5、引风压盖 4 进入主轴 12 的中空孔，在引风压盖上有一段长导风管伸入主轴内部可减少风的泄漏，因主风压力为 0.22 ~ 0.45MPa，周围为大气压力，因此在引风管和引风压盖的周边产生了一负压区，促使形成往主轴孔内抽风。固定环 2、进风口 3 随主轴旋转，进风口上部平面与静环 7 的下平面产生滑动平面密封，防止堵钻时排渣风逆向流动泄漏；静环材质为耐磨损塑料，进风口上平面经热处理提高硬度耐磨损，滑动面的磨损通过弹簧 6 将静环向下压以补偿磨损量而确保密封。

当螺母 1 预紧后，安装带键的固定环 2，可防止主轴反向旋转时，螺母的松动。

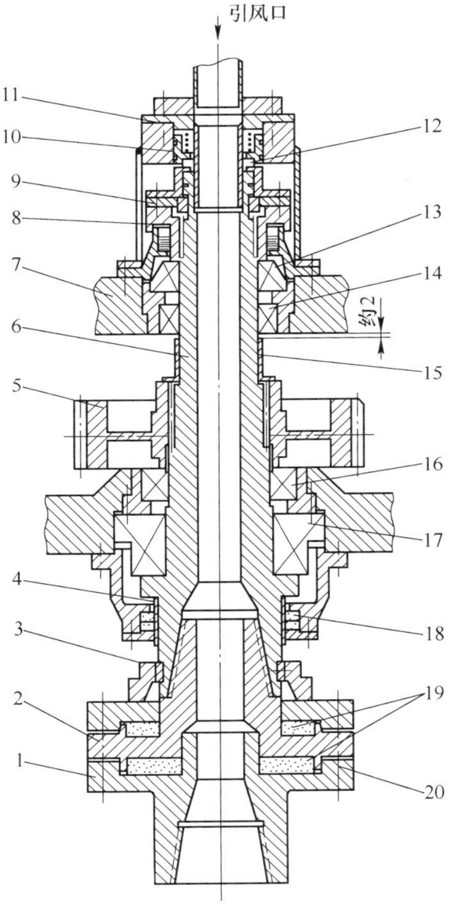

图 5-56 回转主轴装配图

1—钻杆连接器（下）；2—钻杆连接器（上）；3—止动键；4—套；5—齿轮（z4）；6—中空轴；7—箱体；8—螺母；9—固定环；10—弹簧；11—引风压盖；12—静环；13—提升轴承；14，16—轴承；15—隔套；17—加压轴承；18—橡胶密封；19—橡胶垫；20—螺栓

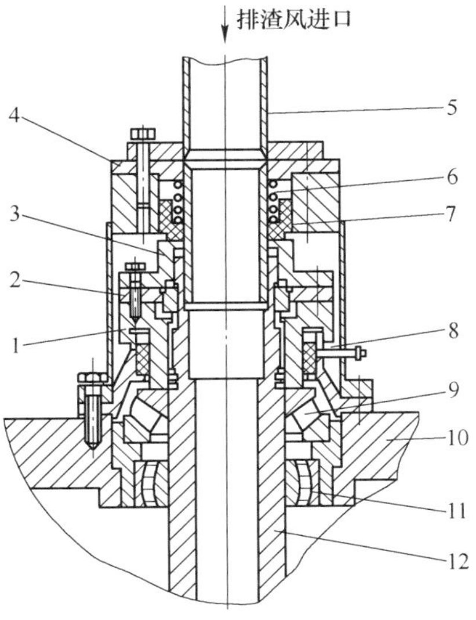

图 5-57 引风接头结构示意图

1—螺母；2—固定环；3—进风口；4—引风压盖；5—引风管；6—弹簧；7—静环；8—密封件；9—提升轴承；10—箱体；11—径向调心轴承；12—中空主轴

5.4.3.4　回转小车总成结构

牙轮钻机的回转机构一般都是小车式结构。回转小车主要具有以下两方面的功能：承载回转减速箱运动；沿固定在钻架上的轨道上下移动。

在穿孔作业中，钻杆的回转和进给是密不可分的关联运动。所谓回转小车，则由于往往与加压提升机构联系在一起，也被称为回转加压小车。因此回转小车的结构就因加压方式的不同而异。牙轮钻机中常用的回转小车的结构形式主要有封闭链加压型电动回转小车、钢丝绳加压型回转小车、齿轮齿条加压型回转小车等类型。

A　封闭链加压型电动回转小车

a　回转小车结构

回转小车由四根方钢作立柱，把回转减速箱与加压链条的传动大链轮连成一体，从而构成一个六面体构架，图 5-58 和图 5-59 为两种不同结构形式的回转小车。

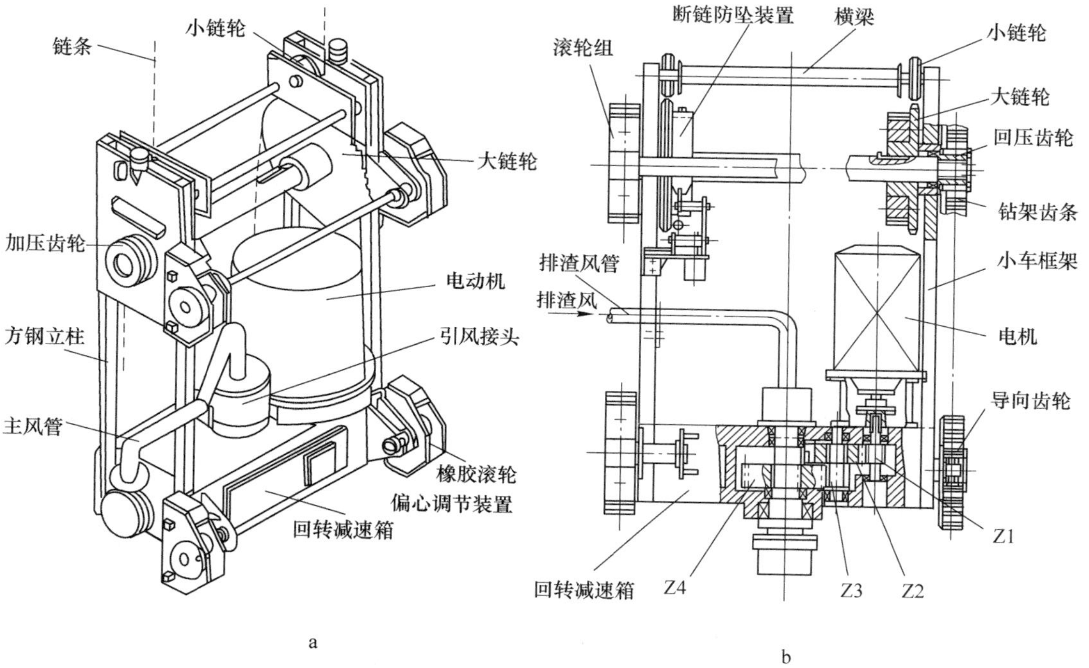

图 5-58　YZ 系列钻机回转小车结构示意图
a—外形示意图；b—结构示意图

从图 5-58 中可以看到，回转小车构架的侧面在回转减速箱和加压大链轮轴的两端面分别有四个小齿轮与钻架齿条相啮合，带动回转机构上下运动，其中加压轴两端的齿轮为主动轮，减速箱两端的齿轮为导向空转齿轮。四个齿轮相应处有四组偏心调节的滚轮装置，用于压紧钻架齿条方钢管的另一面，以保证齿轮与齿条的正常啮合精度，回转小车与钻架间为滚动摩擦运动，其具体结构与偏心调节原理如图 5-60 所示。小车上部的小链轮安装在靠近大链轮处，是为了防止链条跳链。

b　滚轮偏心调节装置

偏心调节参见图 5-60a。通过转动偏心套，即调整偏心量的方向，如需调大偏心使橡

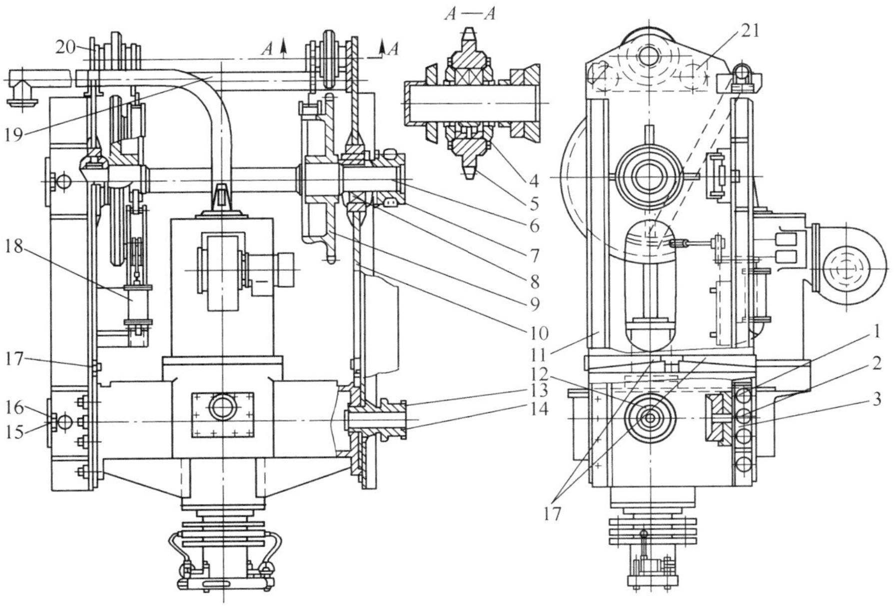

图 5-59　KY-310 牙轮钻机回转小车结构示意图

1—导向滑板；2—调整螺钉；3—碟形弹簧；4，8—轴承；5—小齿轮；6—小车驱动轴；7—加压齿轮；9—大链轮；10，11—左、右立板；12—导向轮轴；13—导向轮；14—轴套；15—防松架；16—螺栓；17—切向键装置；18—防坠制动装置；19，21—连接轴；20—导向齿轮架

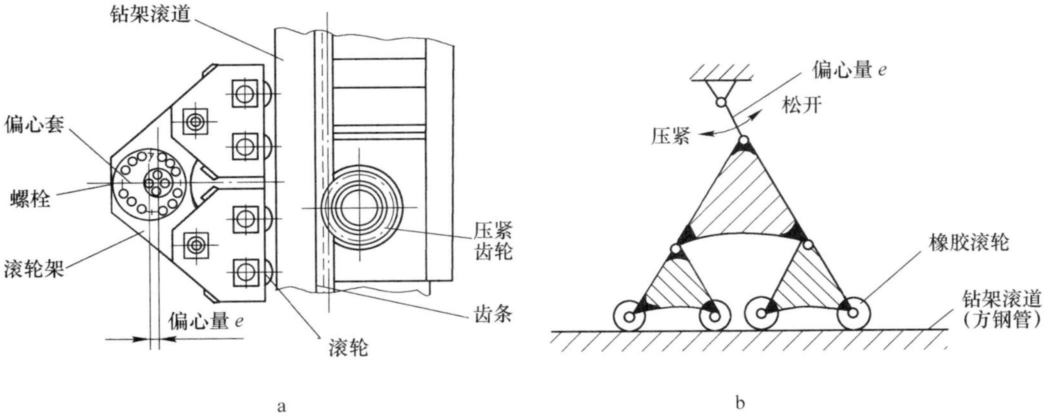

图 5-60　回转小车滚轮偏心调节装置

a—小车滚轮和滚道的相对位置（侧视）；b—偏心调节原理

胶滚轮处于压紧钻架滚道即方钢的一面，此时小齿轮与钻架齿条正常啮合，达到回转小车在钻架滚道上的运动为无间隙运动，且为滚动摩擦。调紧程度为当滚轮处于稍压缩变形即可。

偏心距 $e=10$mm，即调节量为 $2e=20$mm，为使装配小车进入钻架时方便，大调节量可使齿条与齿轮的啮合全部脱开。

滚轮调节装置的偏心调节原理如图 5-60b 所示。

c　断链防坠装置

为防止因链条断裂引起小车坠落设有防坠装置，防坠装置有汽缸闸带轮式制动型和气液增压盘式制动型。断链防坠装置的结构示意图如图 5-61 所示。

在加压大链轮轴上装有三套断链防坠装置，防坠装置的制动轮与大链轮连成一体，结构如图 5-61a 所示。

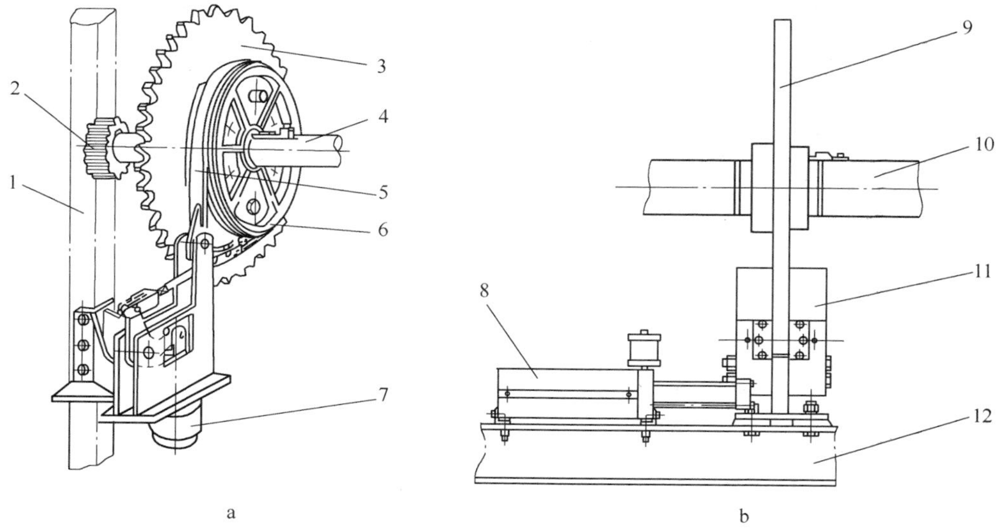

图 5-61　断链防坠装置的结构示意图

a—轮式制动型；b—盘式制动型

1—小车架；2—加压齿轮；3—大链轮；4，10—加压轴；5—闸带；6—制动轮；7—汽缸；8—气液增压器；9—制动盘；11—盘式制动器；12—支承架

该装置是由活塞汽缸、杠杆系统、制动轮、制动闸带等组成的弹簧气动双作用汽缸与制动轮联合制动系统。

由于断链防坠装置仅在加压提升链条断链时才动作，平时很少使用。如图 5-61b 是近年新研制的一种断链防坠装置，它与轮式制动型的区别主要在于所采用的制动元件为制动盘和盘式制动器，而不是制动轮和闸带。

B　链条加压液压型回转小车

由于没有采用封闭链条的加压方式和滚轮偏心调节装置，回转小车在钻架上的上下移动采用的是滑板式而不是滚动式，因此链条加压液压型回转小车的结构相对简单了许多，如图 5-62 所示。

从图 5-62 中可以看到，链条加压液压型的回转小车与回转减速箱是一体化的结构，回转减速箱的两侧为可以在钻架滑轨上滑动的滑座，加压链条分别固定连接在滑座上下两端，体积小、结构简单。

C　钢丝绳加压型回转小车

由于钢丝绳加压型属于无链加压，一般都是液压驱动回转，不需要设置链轮加压装置，因此其回转小车的结构与链条加压液压型回转小车的结构类似，其不同之处是连接回转小车滑座上下两端的不是链条，而是钢丝绳。图 5-63 为两种不同结构形式的钢丝绳加

图 5-62 链条加压液压型回转小车

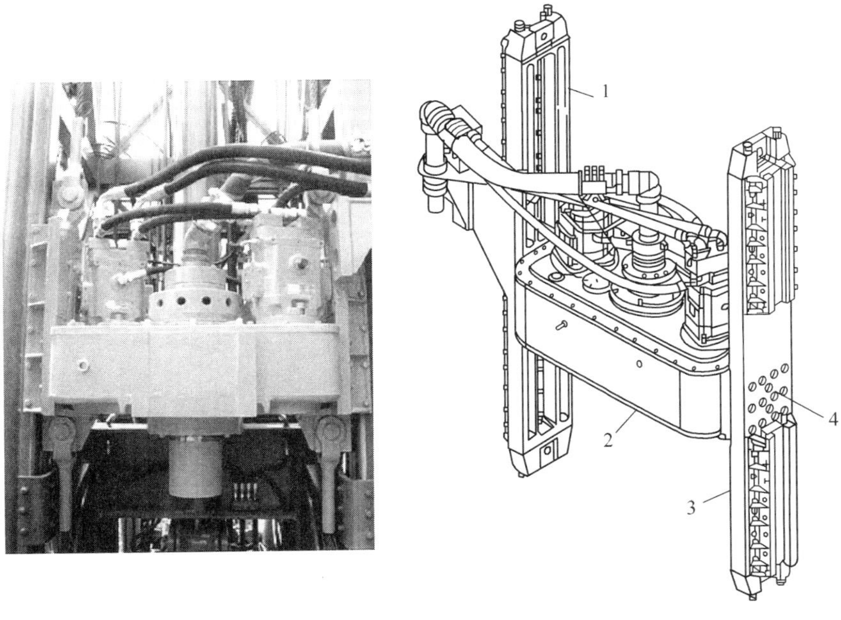

图 5-63 两种不同结构形式的钢丝绳加压型回转小车

1—左滑座；2—回转减速箱；3—右滑座；4—导向销轴

压型回转小车。

D 齿轮齿条无链加压型回转小车

齿轮齿条无链加压型的回转小车由于将加压机构和回转机构都集成在回转小车上，形成回转加压一体化的结构，因此其回转小车的结构也比较复杂。

齿轮齿条无链加压型回转小车有两种结构形式，即电动回转型和液压回转型，分别以 BI 公司的 49R 钻机和 39R 钻机为代表。

a 电动回转型齿轮齿条无链加压回转小车

应该说电动回转型齿轮齿条无链加压回转小车的结构是在封闭链加压电动型回转小车

的基础上发展起来的。其不同之处，一是无链加压，小车上没有链条加压机构；二是回转加压一体化，将回转机构和加压提升机构都集成在回转小车上。正因为如此，其回转小车体量较大，所占用钻架的长度空间多，仅适合在大、重型钻机中使用。其结构与外形如图 5-64 所示。

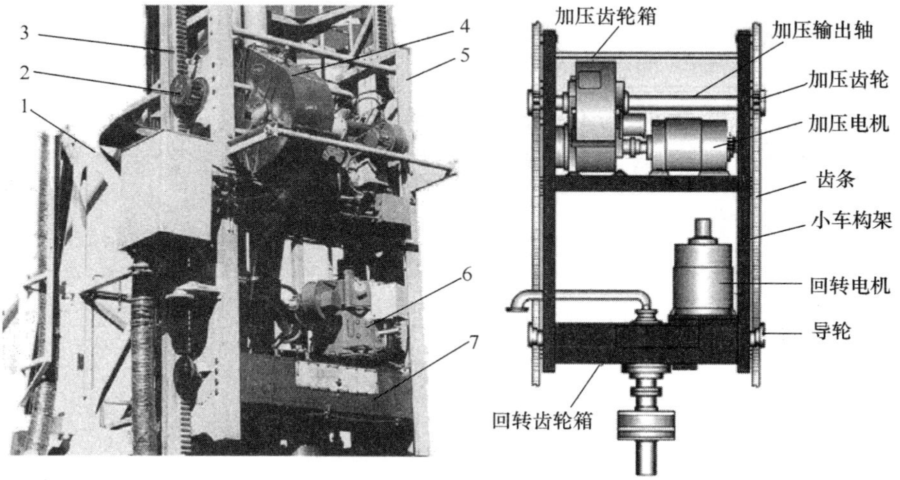

图 5-64　电动回转型齿轮齿条无链加压回转小车

1—钻架；2—加压齿轮；3—齿条；4—加压减速箱；5—小车构架；6—回转电动机；7—回转减速箱

b　液压回转型齿轮齿条无链加压回转小车

相对而言，液压回转型齿轮齿条无链加压回转小车由于没有体积庞大的电动回转加压机构，回转小车的体量和所占用的钻架的长度空间则减少了很多。图 5-65 为液压回转型齿轮齿条无链加压回转小车。

图 5-65　液压回转型齿轮齿条无链加压回转小车

1—减速箱；2—液压马达；3—液压马达与制动器；4—钻架；5—齿条；6—小车构架；
7—加压齿轮；8—滚轮导架

5.4.3.5　钻杆连接器

钻杆连接器用来连接钻杆和回转减速箱的中空轴，以减少钻具在钻孔中传来的冲击振动，起弹性联轴器的作用。

回转机构与钻杆连接采用钻杆连接器，钻杆连接器有多种的结构形式，其典型结构如图5-66所示。为了吸收钻孔时钻杆的轴向和径向振动，使钻机工作平衡，提高钻头寿命，现多采用带有减振器的钻杆连接器，其结构如图5-67所示。

现在的减振器固定在主轴下端，几乎已经成为一个标准项目。减振器将在第9章中详细叙述。

5.4.3.6 回转机构的主参数与技术特点

在国外主流牙轮钻机回转驱动主参数中（见表5-2），从钻杆的回转速度看，大型钻机（标准穿孔直径在300mm以上）的最高回转速度大致上在120～150r/min之间。当然也有例外，如Atlas Copco公司的DM-M3型、PV351型和Sandvik公司的DR460型的最高回转速度均达到170r/min及以上。从回转扭矩上看则数Joy Global公司的320XPC最高，竟有33895N · m，其回转功率也达到了278kW。一般而言，同规格的钻机其回转扭矩大致上在20000N · m左右，回转功率在150kW左右。在回转头的驱动方式上，国外主流牙轮钻机的绝大多数机型都是采用液压马达驱动，只有少数大型钻机的机型使用直流电动机驱动。

从具体结构上看，Atlas Copco公司钻机的回转动力是由两台变量轴向柱塞液压马达提供的，每台马达通过二级直齿圆柱齿轮减速器来驱动主轴。图5-68为Atlas Copco公司钻机的回转动力头的外形。

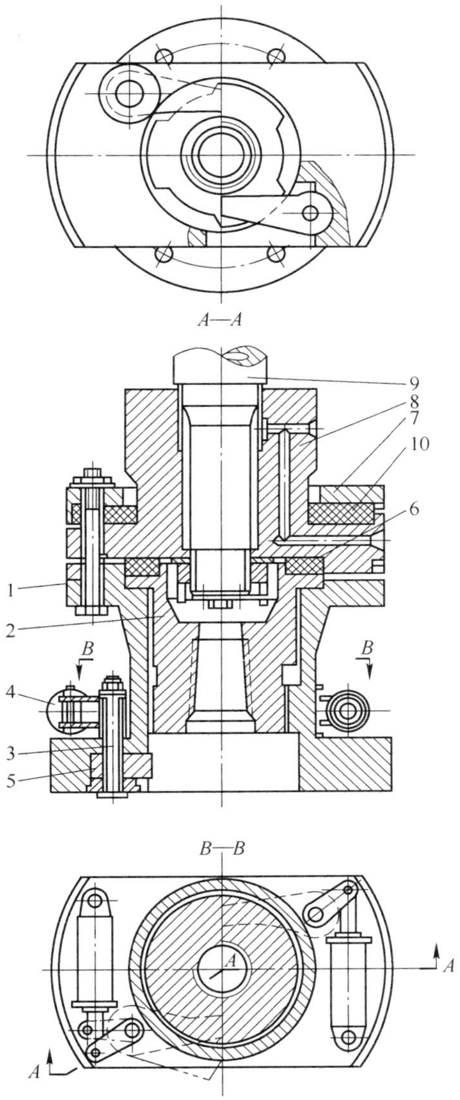

图5-66 钻杆连接器典型结构

1—下对轮；2—接头；3—销轴；4—汽缸；5—卡爪；6，10—橡胶垫；7—压环；8—上对轮；9—中空主轴

Caterpilar公司的MD6640、MD6750电动型钻机的回转头如图5-69所示，Sandvik公司的“S”系列钻机都装备有动力强大的回转头（见图5-70），通过回转头转速和扭矩良好的匹配可获得更高的生产效率。回转头通过轴向的单柱塞马达和行星传动，结构简单，可靠性高。

OMZ Uralmash公司钻机回转头的传动装置也由液压机械传动装置传动，通过液压机械传动装置将所需的功率从电动机输送给输出万向轴，后者与活动固定在靠近钻架底部的主机架轴上的直角传动装置（回转台）相接。

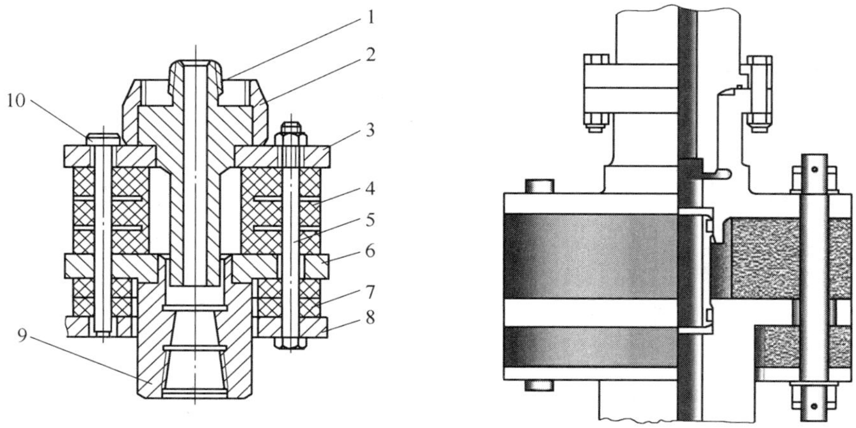

图 5-67　钻杆连接器减振器结构示意图

1—上接头；2—防松法兰；3—上连接板；4—主橡胶弹簧；5—螺栓；6—中间连接板；7—副橡胶弹簧；8—下连接板；9—下接头；10—销钉

表 5-2　国内外主流牙轮钻机回转驱动主参数

钻机型号	回转速度 /r · min^{-1}	扭矩/N · m	回转功率/kW	驱动形式
Atlas Copco				
PV235	0 ~ 160	11100	800①	液压马达
DML-SP	0 ~ 100	10200	800①	液压马达
PV271	0 ~ 150	11800	800①	液压马达
PV275	0 ~ 150	11800	800①	液压马达
PV311	0 ~ 140	17500	1125①	液压马达
DM-M3	0 ~ 200	13800	950①	液压马达
PV351	0 ~ 170	25700	1650①	液压马达
Caterpillar				
MD6240	0 ~ 220	12880	139	液压马达
MD6290	0 ~ 220	12880	139	液压马达
MD6420	0 ~ 150	15185	216	液压马达
MD6540	0 ~ 150	17219	271	液压马达
MD6640	0 ~ 125	14602	145	直流电动机
MD6750	0 ~ 120	20793	153	直流电动机
Joy Global				
250XPC	0 ~ 130	16270	180	液压马达
320XPC	0 ~ 119	33895	278	直流电动机

续表 5-2

钻机型号	回转速度 /r · min^{-1}	扭矩/N · m	回转功率/kW	驱动形式
Sandvik				
160D	0 ~ 90	5000	295①	液压马达
D245S	0 ~ 114	8282	475①	液压马达
D50KS	0 ~ 126	9934	475①	液压马达
D55SP	0 ~ 131	9934	800①	液压马达
D75KS	0 ~ 94	14236	800①	液压马达
1175E	0 ~ 94	11782	139	液压马达
DR460	0 ~ 175	10462	142/194（多杆）	液压马达
D90KS	0 ~ 97	16900	1125①	液压马达
1190E	0 ~ 131	16900	671/746②（60Hz）	液压马达
OMZ Uralmash				
SBSH-G-250	1 ~ 150	10000	125	直流电动机
SBSH-270 IZ	0 ~ 120	13000	105	直流电动机
SBSH-270-34	0 ~ 120	13000	125	直流电动机
中钢衡重				
YZ-35D	0 ~ 120	9200	75	交流变频电动机
YZ-55	0 ~ 120	9000	95	直流电动机
YZ-55A	0 ~ 90/150	11500	75 × 2	双直流电动机
YZ-55B	0 ~ 125	14800	75 × 2	双变频电动机
南昌凯马				
KY-250	0 ~ 115	6550	50	直流电动机
KY-250B	0 ~ 100	15000	100	直流电动机
KY-250D	0 ~ 88	9405	60	交流变频电动机
KY-310A	0 ~ 100	8477	60	交流变频电动机

①为钻机动力源柴油机的功率（hp）。

②为钻机动力源电动机的功率。

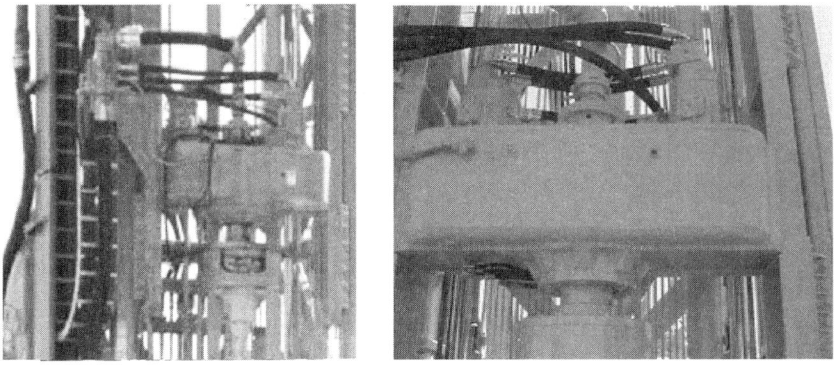

图 5-68 Atlas Copco 公司钻机的回转动力头外形

图 5-69　Caterpilar 公司的钻机回转头

图 5-70　Sandvik 公司的“S”系列钻机回转头

5.4.3.7　回转机构的技术特征分析

国外大中型牙轮钻机过去主要用直流电动机驱动钻具回转，小型钻机则多用液压马达。但近十年来采用交流电动机变频调速的钻机不断增加。另外美国英格索兰和德国豪斯赫尔公司的大型钻机（孔径 160 ~ 445mm）也都采用液压马达驱动钻具回转。

A　高强度与高刚性

随着钻机规格大型化的发展，回转齿轮箱的结构设计也向高强度和高刚性方向发展，如美国 BI 公司的 59R 钻机的回转齿轮箱，在 63.5mm 厚的齿轮箱底板上，装有一个整体式下轮毂，以支承特大型轴承；50.8mm 的顶板和 19mm 厚的侧板构成一个刚性支承。使变速箱在临界传动时变形最小；给钻具传递力的传动装置经过了表面淬火和打磨；弹簧、电控刹车机构代替了辅助空压系统；垂直安装的 153kW 直流电动机，可以与提升/加压电动机互换；并有抗振的特殊设计，还配备了特别的卧式风扇电动机。图 5-71 为该回转齿轮箱的结构示意图。

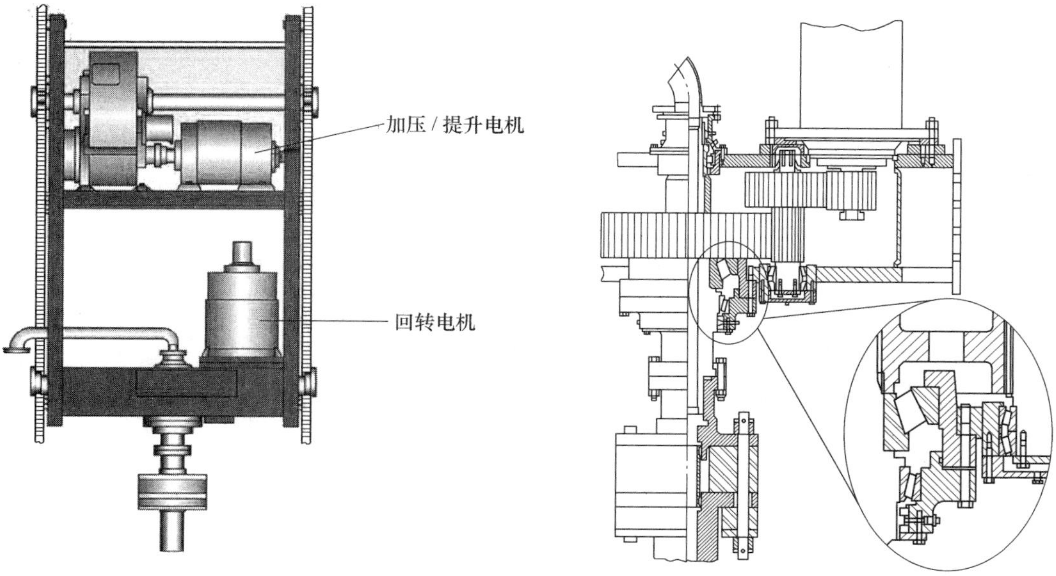

图 5-71　高刚性的回转齿轮箱结构示意图

B 高转速与高功率

由于回转转速的提高，为了克服卡钻，国外钻机的回转功率也相应增加，如 BI 公司钻机 39R 的回转功率为 156kW ，49RⅢ的回转功率为 153kW，59R 的回转功率为 153kW，Sadnvik 公司 1190E 钻机的回转功率为 172kW，而 I-R 公司 PV351 型钻机的回转功率竟达到 242kW。DC 数控回转电动机和推进电动机相同，具有功率大、抗冲击振动、温度稳定性好；电动机整流子导电表面积大，电流密度小；电刷大且数目多，在电流变化速度快的情况下实现无火花整流；电动机发热量小，寿命长的优点。

Atlas Copco 公司钻机回转齿轮箱的动力是由两台变量轴向柱塞液压马达提供的，每台马达通过二级直齿圆柱齿轮减速器来驱动主轴。这两台马达的排量可通过改变“旋转斜盘”的间距加以改变。其转速范围 0 ~ 150r/min，当转速为 80r/min 时最大扭矩为 13560N · m。

齿轮箱运动方向由双向导轮控制以保证定心准确；静力驱动 DC 控制系统调速范围广，回转驱动扭矩按实际需要进行调节，从而使扭矩范围和能耗趋于合理。

C 传动与制动

俄罗斯 OMZ 矿山技术公司主要机型的回转齿轮箱的传动由液压机械传动装置传动，该装置由行星齿轮减速器和连接在减速器齿轮上的以制动方式（油泵）或以油马达方式工作的可调的制动液压机械组成。通过液压机械传动装置将所需的功率从电动机输送给输出万向轴，后者与活动固定在靠近钻架底部的主机架轴上的直角传动装置（回转台）相接。回转台有一联轴节，它将回转台与一异形轴相接，而异形轴则固定在钻架的轴承中和将力矩传输给沿钻架前板移动的回转头减速器。

回转齿轮箱的输出轴为中空主轴，它通过具有减振功能的弹性联轴节和异径接头与选定直径的钻杆相接。回转齿轮箱的传动方式是要使其安装在钻架前板上的支座中的回转减速器在穿孔或接卸钻杆时不会产生反作用力矩。

回转头利用两个液压缸和形成倍程的滑轮装置的钢绳沿钻架推进。在使用伸缩式钻架的钻机上，这两个推进液压缸也可用于展开钻架。

表 5-3 为国外主要机型回转机构的技术特征。

表 5-3 国外主要机型回转机构的技术特征

型 号	穿孔直径 /mm	钻具转速 /r · min⁻¹	回转驱动机构		型 号	回转机构位置
			形 式	功 率		
35-R	152 ~ 229	130	液压马达	400hp①	液压调速	顶部回转
39R	228 ~ 311	130（200）	液压马达	210hp	液压调速	顶部回转
49HR	251 ~ 406	125	直流电动机	153kW	静态直流调速	顶部回转
59R	273 ~ 444	120	直流电动机	153 kW	静态直流调速	顶部回转
250XP	230 ~ 310		液压马达		液压调速	顶部回转
100XP	250 ~ 349		直流电动机		静态直流调速	顶部回转
120A	270 ~ 559		直流电动机		静态直流调速	顶部回转
DM-45E	130 ~ 200	200	液压马达	425/525hp①	液压调速	顶部回转
DM-50E	200 ~ 251	130	液压马达	425/525hp①	液压调速	顶部回转
DM-H	251 ~ 381	150	液压马达	600/950hp①	液压调速	顶部回转
T60KS	228 ~ 269	106/160	液压马达	121hp	液压调速	顶部回转

续表 5-3

型　号	穿孔直径 /mm	钻具转速 /r · min^{-1}	回转驱动机构		型　号	回转机构位置
			形　式	功　率		
D50KS	152 ~ 229	130/150	液压马达	180hp	液压调速	顶部回转
D90KS	229 ~ 311	97/175	液压马达	230hp	液压调速	顶部回转
1190E	229 ~ 381	97/175	液压马达	230hp	液压调速	顶部回转
SKF	152 ~ 270	220	液压马达	450hp①	液压调速	顶部回转
SBSH-G-250	250	150	直流电动机	125kW	可控硅调速	顶部回转
SBSH-270 IZ	250/270	120	直流电动机	105kW	可控硅调速	顶部回转
SBSH-270-34	270	120	直流电动机	125kW	可控硅调速	顶部回转

①为该钻机柴油机的总功率，1hp≈0. 75kW。

5. 5　加压提升机构

加压提升机构是露天矿用牙轮钻机的主要工作机构，其作用是：在穿孔作业的钻进过程中，为钻具提供足够大的轴压力，且在回转机构的配合下实现破碎岩石完成钻孔工作，用来提升和下放钻具。

5. 5. 1　主要功能

基于牙轮钻机的上述作用要求，加压提升机构应该具备以下主要功能：

（1）为钻具提供能够破碎穿孔作业岩石的足够大的沿钻杆轴线垂直向下的轴压力。

（2）轴向的进给压力与回转机构的转矩随动合成形成破碎岩石的滚动碾压。

（3）穿孔作业的进给速度和回程的提升速度根据作业工况的要求可以自动调整。

（4）穿孔作业完成后和需要更换钻具时可快速将钻具提升出炮孔孔外的规定位置。

（5）作业过程中根据工作需要可以随时停止加压提升并制动。

5. 5. 2　基本类型

加压提升机构主要有以下四种类型：链条链轮式加压提升机构、齿条齿轮-封闭链条式加压提升机构、液压油缸与钢丝绳加压提升机构、齿轮-齿条式加压提升机构。后两种类型即通常所说的无链加压类型。

5. 5. 2. 1　链条链轮式加压提升机构

链条链轮式加压提升机构是一种传统牙轮钻机的加压提升机构，此类机型在当今国内外露天矿山的开采作业的中等规格的钻机中仍然占据有相当数量。其示意图如图 5-72 所示。

链条链轮式加压提升机构主要由原动机、减速装置、链轮组、链条组、张紧装置、制动装置和加压小车等构成。

驱动加压提升的原动机有液压马达、电动机或液压油缸三种类型，在现有机型中主要以液压马达为主，使用液压缸作为链条链轮式加压提升机构动力源的很少，仅在小型钻机上有所应用。

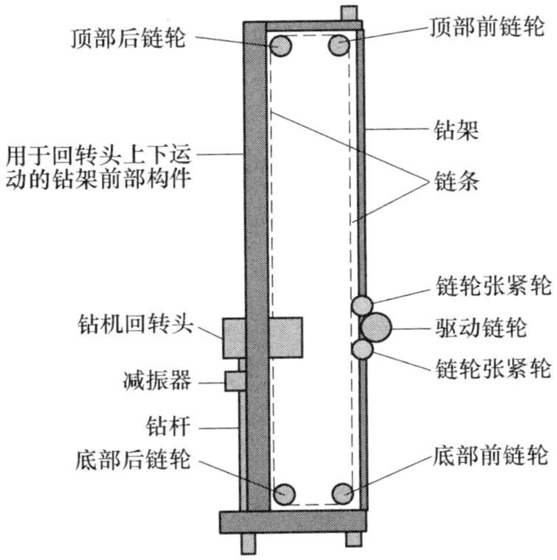

a

b

图 5-72 链条链轮式加压提升机构示意图

a—结构示意图；b—外形示意图

5.5.2.2 齿条齿轮-封闭链条式加压提升机构

20 世纪 60 ~ 80 年代，原美国 B-E 公司牙轮钻机的主力机型 45-R 和 60-R 采用的就是齿条齿轮-封闭链条式加压提升机构。而到目前为止，国内所研制的主流机型中的 YZ 系列牙轮钻机和 KY 系列牙轮钻机所采用的加压提升机构仍然是齿条齿轮-封闭链条式。

齿条齿轮-封闭链条式加压提升机构的结构简图如图 5-73 所示。

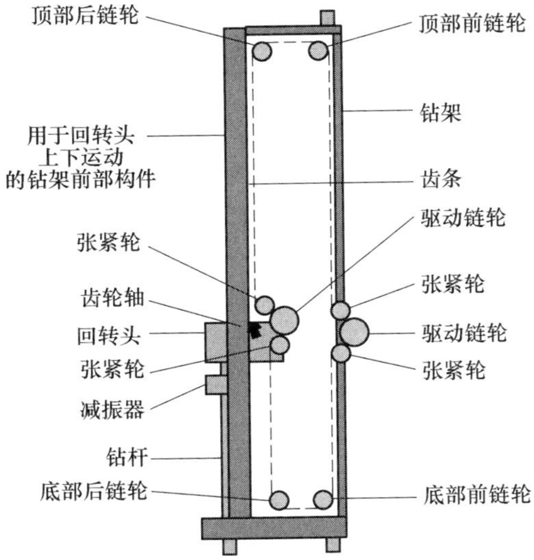

a

b

图 5-73 齿条齿轮-封闭链条加压提升机构示意图

a—结构示意图；b—外形示意图

5.5.2.3　液压油缸与钢丝绳加压提升机构

随着技术水平的提高和成熟，液压油缸与钢丝绳加压提升机构在现代主流牙轮钻机的应用趋势不断扩大。

液压油缸与钢丝绳加压提升机构主要由液压油缸、滑轮组、钢丝绳、钢丝绳自动张紧与磨损检测装置等构成。根据其组合结构的不同，在油缸的应用数量上有单油缸、双油缸之分；在控制方式上有开式、闭式之分；在油缸的固定方式上有缸定杆动、杆定缸动之分等多种形式。图5-74为一种典型的液压油缸 + 滑轮组 + 钢丝绳加压提升机构。

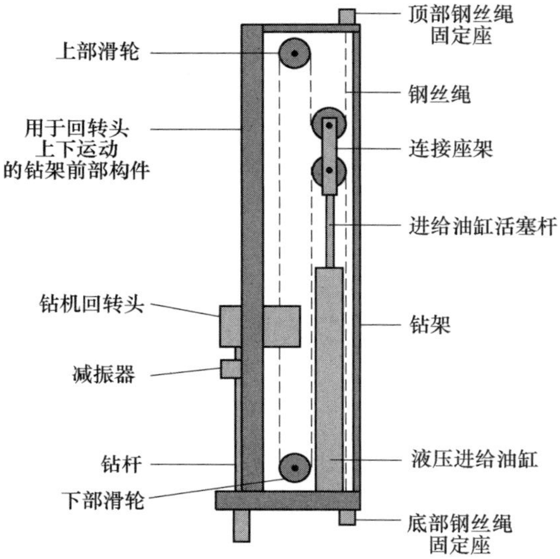

a

b

图5-74　液压油缸 + 滑轮组 + 钢丝绳加压提升机构示意图
a— 结构示意图；b—外形示意图

5.5.2.4　齿轮-齿条式无链加压提升机构

在现代大型露天矿山所采用的高钻架大型牙轮钻机中已基本取消了传统的封闭链条式的主传动机构，而采用齿轮-齿条式无链加压提升系统。这种钻机的加压提升机构和回转机构均安装在回转加压小车上。由一台调速范围较宽的直流电动机（或液压马达）驱动加压提升减速器，带动加压齿轮沿齿条上下运动。加压提升减速器安装在原来的大链轮轴的位置。

由于齿轮-齿条式无链加压提升机构取消了板式传动链、张紧装置、均衡油缸和主传动机构等零部件和传动环节，因此不仅简化了结构、减少了故障源、提高了可靠性，而且改进了力的传递方式，提高了传动效率，并能使钻头负荷平衡，增加了钻头寿命，减少了回转机构振动，增加了轴压力，提高了穿孔速度和提升速度，降低了停机维护时间，钻孔效率明显增加。

典型的齿轮-齿条式无链加压提升机构如图5-75所示。图5-76所示为齿轮齿条 + 电动机加压和齿轮齿条 + 液压马达加压两种形式的齿轮-齿条式无链加压提升机构。图5-76中可以清楚地看到，齿轮-齿条式无链加压提升机构的加压动力装置和固定安装在钻架上的加压齿轮-齿条传动装置。

图 5-75 齿轮-齿条式无链加压提升机构示意图

图 5-76 齿轮-齿条式无链加压提升机构的典型结构形式

a—齿轮齿条 + 电动机加压形式；b—齿轮齿条 + 液压马达加压形式

齿轮-齿条式无链加压提升机构与传统的封闭链条式齿轮-齿条加压提升结构有两点明显的不同之处：一是将加压提升的减速装置与回转减速装置一同装在回转加压小车上，构成了回转加压一体化的小车结构；二是将传递加压轴压的传动形式由链轮-链条的柔性传动改变为齿轮-齿条的刚性传动，不需要张紧机构。

5.5.3 技术特点与结构分析

5.5.3.1 链条-链轮式加压提升机构的结构分析

链条-链轮式加压提升机构的结构简图如图 5-77 所示。

图 5-77　链轮-链条式加压提升机构的结构简图

A　链条-链轮式加压提升机构的结构特点

链条-链轮式加压提升机构位于钻架中的左右两边。每一组由上下链轮、从动链轮、驱动链轮和一根链条组成。

每根链条的两端分别从底部和顶部连接到钻机的回转头。链轮传动轴常见的两种驱动形式则是通过一台电动机或液压马达驱动，经过减速齿轮箱后，链轮带动链条向上或向下使得钻机回转头跟随链条上下移动，从而完成牙轮钻机作业过程中的加压和提升。图 5-78、图 5-79 分别展示了 Sandvik 公司主流钻机中链条-链轮式加压提升机构与钻机回转头和钻架底部连接的照片。

图 5-78　Sandvik 公司主流钻机中链条-链轮式加压提升机构链条与回转头的连接

链条-链轮式加压提升机构的特点是用一台电动机或能保持压力平衡的（可变量的）慢速给进泵来为钻头提供恒定的和预置的加压力，并使其与岩石或矿石的可钻性变化相适应。配有连续钻进钻架的标准底座的钻机由设置在钻架两侧的液压缸来驱动重负荷的链条给进系统。

图5-79 Sandvik公司主流钻机中链条-链轮式加压提升机构链条与钻架底部的连接

在大多数情况下，使用单股链即可满足加压动力传输的要求并且易于维修，但在特殊的情况下则会选择使用多股链传动，以提高其可靠性。

电动机或液压马达、减速齿轮箱、驱动轴和驱动链轮的装配位置通常被设计在靠近钻架的底部，以便于维护和降低重心。这种结构可以用于长钻杆钻进的高钻架钻机，如图5-80所示。

图5-80 由液压马达驱动的加压装置

B 链条链轮+油缸式加压提升机构的结构特点

在链条-链轮式加压提升机构的类型中有一种链条-链轮与液压缸组合的结构形式，在这种结构中的加压动力源采用的是油缸而不是电动机或液压马达，从而使传动结构得以简化，并为其向无链传动转变创造了条件。实际上，现今较流行的钢丝绳+滑轮+油缸式无链加压提升机构就是由这种封闭链条+油缸式加压提升机构演变而来的。

Sandvik公司认为：超重型的滚子链条传动加压机构的使用寿命长、无磨损、无弯曲疲劳，该结构能保持恒定的钻头负载，由于超重型的滚子链条的结构刚性，在其加压提升过程中的振荡很小。

链轮链条+油缸式加压提升机构结构的另一个特点是其加压提升的驱动力是独立的动力源，而不是像下面谈到的齿条齿轮-封闭链条式加压提升机构那样与行走机构共用一个动力源的主机构。

5.5.3.2　齿条齿轮-封闭链条式加压提升机构的结构分析

齿条齿轮-封闭链条式加压提升机构由封闭链-齿条传动装置和主传动机构两部分构成，现就其相关结构予以分析。

A　加压提升机构链条的缠绕

齿条齿轮-封闭链条式加压提升机构中的链条缠绕方式如图5-81所示。从图中可以看出，YZ系列和KY系列钻机的封闭链条的缠绕方式基本相同。由于齿条齿轮-封闭链条式加压提升机构的动力都源自于主机构减速器的输出，因此对于采用齿条齿轮-封闭链条式加压提升机构的牙轮钻机来讲，其封闭链条的作用就是将主机构减速器输出的动力传递给回转加压小车，再经过加压齿轮齿条沿钻架的上下运动而对钻具施加压下力或提升力。

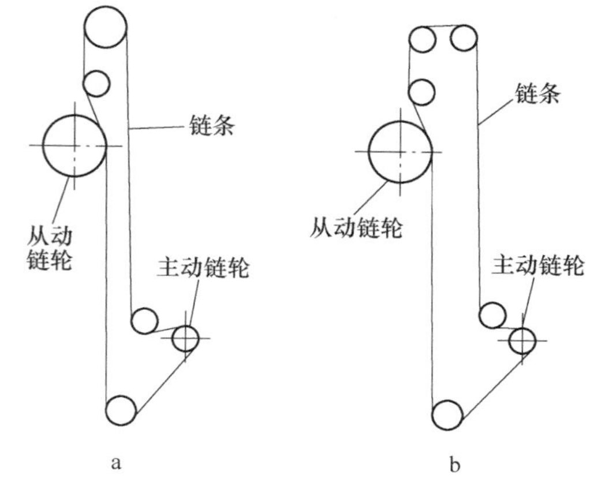

图5-81　齿条齿轮-封闭链条加压提升机构链条的缠绕方式
a—YZ系列；b—KY系列

B　加压提升机构运动的传递

齿条齿轮-封闭链条加压提升机构的传动路线如图5-82所示。

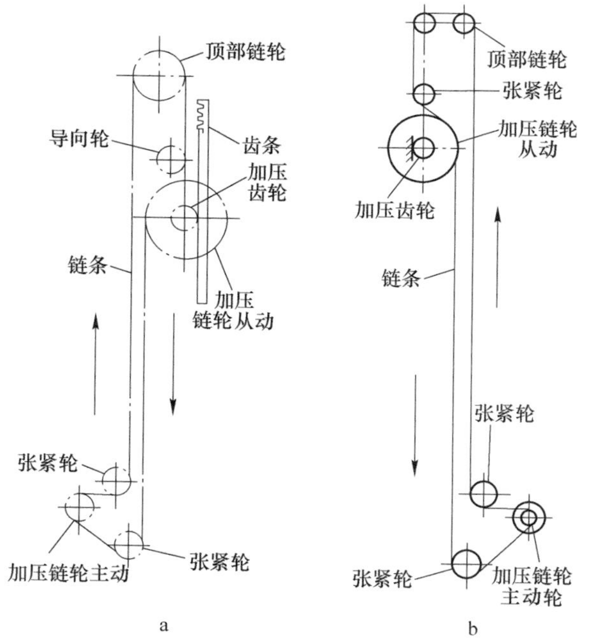

图5-82　齿条齿轮-封闭链条加压提升机构的传动路线
a—YZ系列；b—KY系列

YZ系列和KY系列钻机的封闭链条的传递路线基本相同，都是在主动链轮、张紧轮、顶部链轮、导向轮、从动链轮、张紧轮之间形成一条封闭的传动链。当主动链轮转动时，运动和动力沿着链条传递给从动链轮，使同轴安装的加压齿轮在钻机上的齿条滚动，从而带动加压小车沿钻架上下移动，实现对钻具的加压提升。

C 加压提升机构的链条均衡张紧装置

封闭链条在传递轴压力或提升力的过程中，由于受力后的弹性伸长、磨损和变形等原因，会使得两条封闭链条的长度和受力不可能完全相同。这样在工作中链条必然会出现不均衡、不平稳的现象，严重时将发生跳链，影响加压回转小车的安全运行。因此必须在加压提升机构的每条链条上设置链条均衡张紧装置，从而保证两条封闭链条的松边和紧边的自动张紧和张紧拉力的基本均衡。图 5-83 为三种不同形式的封闭链条均衡张紧装置示意图。

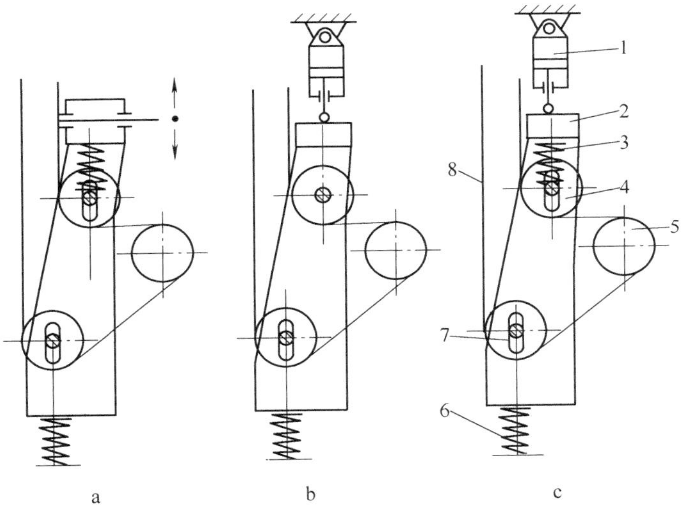

图 5-83 三种不同形式的封闭链条均衡张紧装置示意图
a—45-R；b—KY-250、YZ-35、YZ-55、60-R；c—KY-310
1—油缸；2—均衡架；3—上弹簧；4，7—张紧链轮；
5—主动链轮；6—下弹簧；8—链条

封闭链条的均衡装置可以确保两条链条受力均匀、回转加压小车运行平稳。图 5-84 为三种不同结构形式的封闭链条均衡装置。图 5-84a 为并联双油缸式，可使每个均衡架上的推力保持一致；图 5-84b 的油缸安装在均衡梁的中间，为油缸平衡梁式，当两条链条受力不均衡时，则作用力大的一侧使均衡梁上移，而另一侧下降，直到两侧受力平衡为止，因此通过均衡梁作用在两个均衡架上的推力也是相等的；图 5-84c 是一种三角形曲柄板的平衡梁式，两块三角形曲柄板分别通过三点铰接在钻架、横梁和均衡架上，利用三角形曲柄板和横梁之间的相互作用来实现均衡调整，从而使两条封闭链条所受的张紧力相等。图中的前两种结构形式既可以准确地使链条受力均衡，又能够在较大的范围内实现张紧，所以应用较多。后一种结构简单、动作灵活可靠，但受其结构限制，调整范围较小。

D 加压提升机构的主传动装置与 A 形架轴

前面已经谈到，齿条齿轮-封闭链条式加压提升机构与行走机构共用一个主机构作为加压提升机构的传动机构。

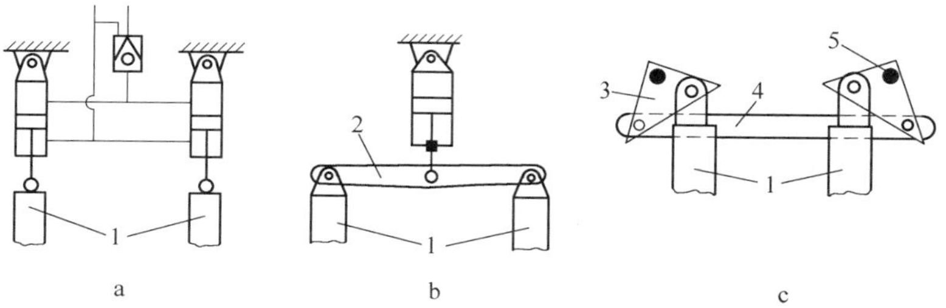

图 5-84　三种不同结构形式的封闭链条均衡装置

a—KY-310、YZ 系列；b—60-RⅢ；c—45-R

1—均衡架；2—均衡梁；3—曲柄板；4—横梁；5—固定铰支点

在采用齿条齿轮-封闭链条式加压提升机构的大中型牙轮钻机上，主传动机构大多数是采用两台原动机驱动、共用一台主减速器的集中传动形式，通过加压离合器、主离合器、主制动器以及行走离合器和制动器控制相关动作，实现加压提升和行走运动。其典型的主传动机构如图 5-85 所示。

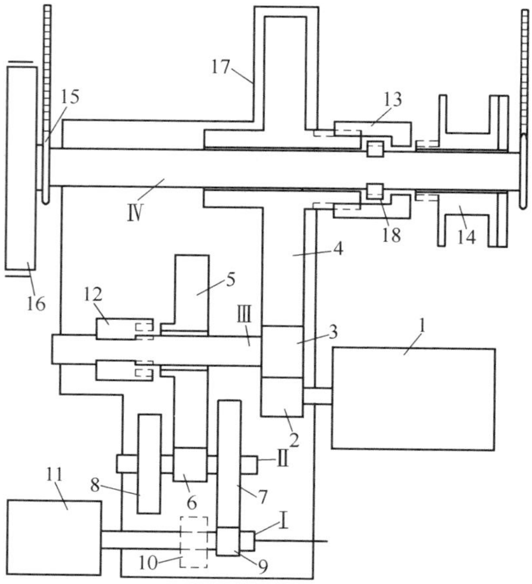

图 5-85　加压提升机构主传动机构示意图

1—提升行走电动机；2～10—直齿圆柱齿轮；11—加压油马达；12—加压牙嵌离合器；13—主离合器；14—辅助卷筒；15—加压提升主动链轮；16—主制动器；17—齿轮箱体；18—主离合器从动件

Ⅰ～Ⅳ—传动轴

主减速器结构形式有卧式和悬挂式两种。卧式主减速器的特点是直接安装在主平台上，结构简单，制造、安装方便，维修条件好；但是结构布置不紧凑，齿轮传动容易受到平台变形的影响。卧式主减速器的外形结构如图 5-86 所示。

悬挂式主减速器的特点是减速器的输出轴即为 A 形架轴，减速器悬挂在 A 形架轴上，省掉了一级传动链条；减速器下部的垂直和水平弹簧起到承重和缓冲的作用。悬挂式主减速器的机构简单、结构紧凑，齿轮传动的准确性和平稳性不受平台变形的影响，抗振性好；但是，其制造、装配较复杂，维修不便。悬挂式减速器的外形结构如图 5-87 所示。

A 形架是加压提升主传动机构的支承构件，同时也是钻架的支承构件，用作加压提升主传动机构支承构件的 A 形架属于固定型 A 形架，A 形架的主机架结构与主平台采用焊接结构的方式连接在一起，详细结构介绍见本书的 5. 2. 3. 7 节。而 A 形架轴为安装在 A 形架上的主机构至封闭链条的中间传动轴，A 形架轴与钻架起落的旋转销轴为同一中心轴线，因此，钻架的起落并不影响封闭链条长度的变化。

YZ 系列钻机的 A 形架轴结构如图 5-88 所示。

YZ 系列钻机的 A 形架轴由主减速器末级齿轮 4 驱动；主制动器 1 和主离合器 6 及辅

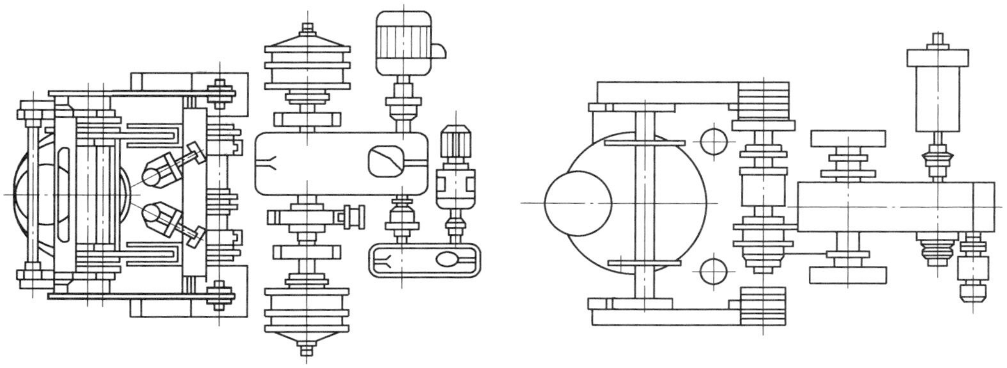

图 5-86 主机构卧式主减速器的外形结构

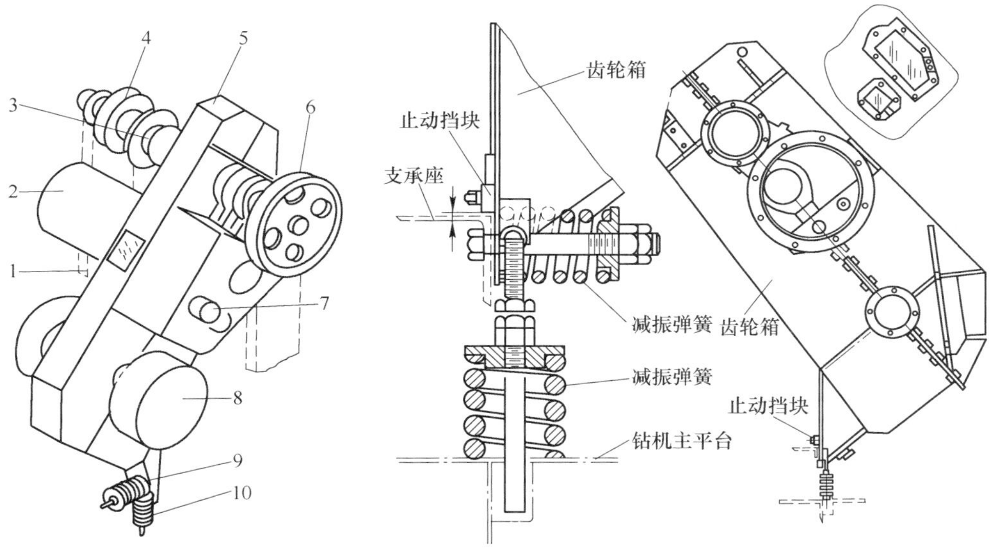

图 5-87 主机构悬挂式主减速器的外形结构

1—A 形架；2—电动机；3—提升离合器；4—副提升卷箱；5—悬挂式减速箱；6—制动轮；7—油马达；8—行走离合器；9—水平减振弹簧；10—垂直减振弹簧

助卷筒 7 的结构形式与 KY 系列的基本相同，只是 A 形架轴上的安装布置有所不同。

KY 系列钻机的 A 形架轴装置由 A 形架轴、封闭链主动链轮、轴承支座、主离合器、主制动器等零部件组成。动力由从动链轮 6 传入，从动链轮与 A 形架轴用两个滚动轴承支承，与主离合器之间采用花键连接。当主离合器 4 内花键套右移时，齿式离合器接合，A 形架轴转动，实现加压或提升、下放动作；当内花键套左移时，牙嵌离合器接合，进行辅助提升；当内花键套处于中位时，主制动器和辅助制动器均为制动状态，此时从动链轮 6 空转。

KY 系列钻机的 A 形架轴结构如图 5-89 所示。

E 加压小车的导向装置

采用加压小车导向装置的目的是为了保证加压齿轮在齿条上滚动时与齿面紧密接触，

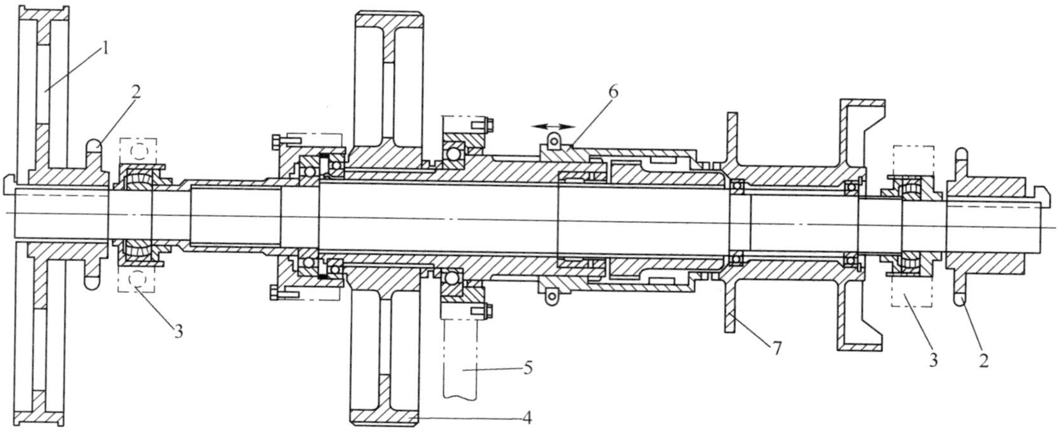

图 5-88　YZ 系列钻机的 A 形架轴结构

1—主制动器；2—主动链轮；3—轴承支座；4—主减速器末级齿轮；5—主减速箱体；6—主离合器；7—辅助卷筒

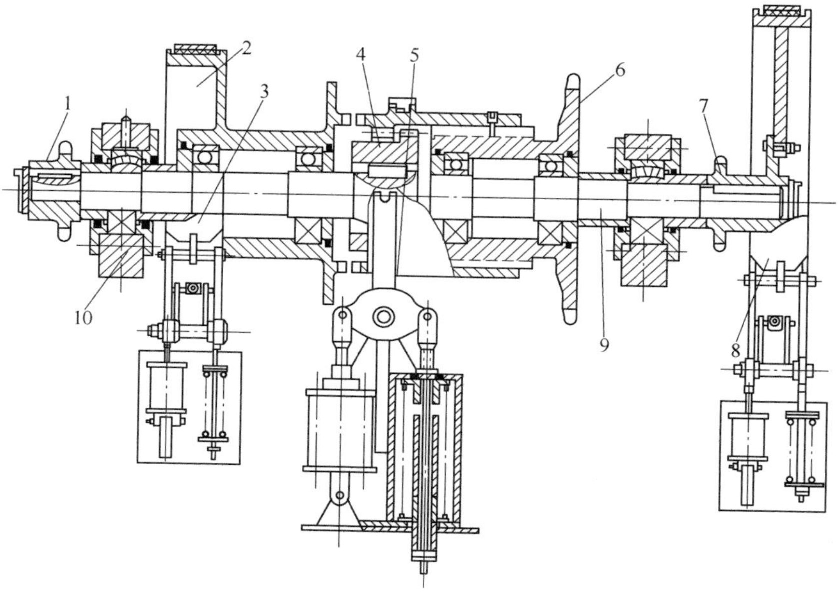

图 5-89　KY 系列钻机的 A 形架轴结构

1，7—封闭链主动链轮；2—辅助卷筒；3—辅助提升制动器；4—主离合器；5—主离合器拨叉；6—从动链轮；8—主制动器；9—A 形架轴；10—轴承支座

使得小车上下移动时运行平稳。加压小车的导向装置一般有两种形式，即滑板导向型和滚轮导向型。图 5-90 和图 5-91 分别为这两种导向结构的示意图。

从图 5-90 和图 5-91 中可以看到：滑板导向型的结构简单、导向平稳、调节容易，但易磨损。滚轮导向型的滚轮由于是采用耐压聚酯橡胶制成，所以可以减少小车运行的振动，滚轮架为偏心套可调式结构，因此可以调整滚轮与滚道的压紧力以及加压齿轮与齿条的间隙。由于滚动摩擦力较小，降低了能耗，因此滚轮式导向装置的使用效果较好。

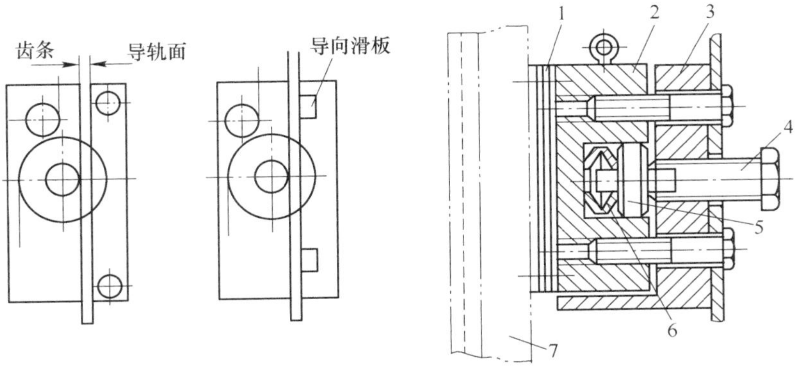

图 5-90 钻机加压小车的滑板导向装置

1—尼龙滑板；2—滑板座；3—小车体；4—调节螺栓；5—弹簧座；
6—弹簧；7—钻架前立柱（滑板导轨）

图 5-91 钻机加压小车的滚轮导向装置

F 加压提升机构的基本结构与特性

从图 5-92 ~ 图 5-96 所示的一组 YZ-35D 的图片中可以更加直观、清楚地了解齿条齿轮-封闭链条式加压提升机构的基本结构。可以看到，齿条齿轮-封闭链条式加压提升机构具有以下基本特性：

（1）齿条齿轮-封闭链条式加压提升机构没有设置独立的动力来源，而是与行走机构共用一个主机构，其运动要通过气动离合器进行切换。

（2）为了防止由于封闭链条的断链下坠事故，在加压机构的从动大链轮轴上必须设置专门的防坠制动装置。

（3）齿条齿轮-封闭链条式加压提升机构在每条链条上需要设置封闭链均衡张紧装置，弹簧张紧、油缸均衡。

图 5-92 加压小车与回转头

图 5-93　钻架与加压小车

图 5-94　齿条齿轮-封闭链条加压提升机构的主传动端与均衡框架

图 5-95　左、右从动大链轮与断链制动器

图 5-96　加压小车的滚轮导向装置与加压齿轮齿条

5.5.3.3　液压油缸与钢丝绳加压提升机构的结构分析

A　液压油缸与钢丝绳加压提升机构的基本原理

图 5-97 所示为一种双活塞杆液压缸、双滑轮组的钢丝绳加压提升机构的基本原理。

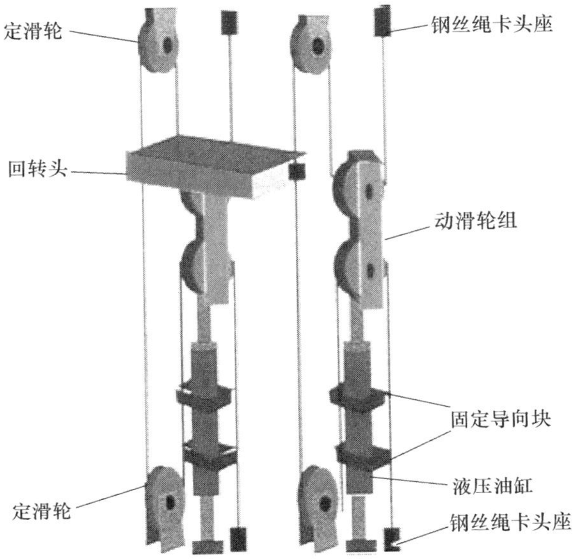

图 5-97　油缸 + 钢丝绳 + 滑轮组结构的加压系统原理

这种采用双滑轮组结构的加压系统的工作原理是：将一个双滑轮组架的滑动用于进给系统，双滑轮组架的上部和下部均被用钢绳连接在液压缸的双活塞杆上，高强度钢丝绳穿过上下两个滑架的滑轮组通过钻架中部的一个调整锚固点将回转头连接起来。当滑轮组上下移动时，回转头也在钻架内以相同方向但是两倍于滑轮组的速度运动。这种设计方案意味着：钻机钻孔时所产生的应力集中在钻架下部，从而降低了钻架有效弯曲载荷，其结果可以减少钻机的重量，增加了钻机穿孔能力。此设计采用后，可增加全部机械和液压功效 85%~90%。

B　液压油缸与钢丝绳加压提升机构的典型结构

在国内外露天矿用牙轮钻机的市场中，技术发展成熟和应用领域较广的液压油缸与钢丝绳加压提升的牙轮钻机主要由 Atlas Copco 公司和 Caterpillar 公司制造。总的来讲，这两家钢丝绳加压机构的技术水平相当，其基本结构大致相同，但又各具有特色。

a　Atlas Copco 公司

在 Atlas Copco 公司牙轮钻机的主要机型上普遍应用了图 5-98 这种具有专利技术的液压缸 + 钢丝绳 + 滑轮加压机构取代了所收购的原 I-R 公司（英格索兰）老式的封闭链条式加压机构。表 5-4 展现了收购前后牙轮钻机主流机型加压提升机构的变化情况。

从表 5-4 中可以看到，在 Atlas Copco 公司收购 I-R 公司之前，I-R 公司主流机型的加压机构形式基本上都是液压缸 + 链条 + 链轮，收购之后其主流机型的加压结构形式则都升级变更为液压缸 + 钢丝绳 + 滑轮，包括沿用了以前 I-R 公司型号的 DM-3 机型也是如此。

图 5-98　Atlas Copco 公司钻机的液压缸 + 钢丝绳 + 滑轮加压机构

表 5-4　Atlas Copco 公司收购 I-R 公司前后牙轮钻机加压提升结构的变化

项　目	原 I-R 公司主流机型				现 Atlas Copco 公司主流机型			
机　型	DM-50E	DM-M2	DM-M3	DM-H	PV235	DM-M3	PV311	PV351
穿孔直径/mm	200-251	229-270	251-311	251-381	152-270	251-311	229-311	270-406
最大轴压/kN	227	340	408	499	267	400	445	534
加压机构	油缸 + 链条	油缸 + 链条	油缸 + 链条	油缸 + 链条	油缸 + 钢丝绳	油缸 + 钢丝绳	油缸 + 钢丝绳	油缸 + 钢丝绳
钻进速度 /m · min^{-1}	31	25.6	31	31.4	42 ~ 60	43.9	36	36 ~ 48
提升速度 /m · min^{-1}	48	25.6	36	36	42 ~ 60	42.1	36	36 ~ 48

注：表中加压机构的油缸链条 = 液压缸 + 链条 + 链轮，油缸钢绳 = 液压缸 + 钢丝绳 + 滑轮。

这种液压缸 + 钢丝绳 + 滑轮形式的加压提升机构是一种已取得专利的进给系统，它是一个高强度的钢丝绳传动闭环液压进给系统，主要由自动钢丝绳张紧系统和液压双活塞杆进给油缸构成。液压缸 + 钢丝绳 + 滑轮形式的加压提升机构与链条或齿轮齿条的进给机构相比在机械方面具有两个优势：一是由于其结构特点使之减少了加压提升机构在钻架上的重量和维护量；二是其配备的钢丝绳自动张紧装置使得对钢丝绳磨损的检测更容易和更方便。自动钢丝绳张紧系统可确保精确的头对齐，提高钢丝绳的使用寿命，并降低停机后锚索的张紧力。图 5-99a 为这种张紧装置的液压自动张紧系统，图 5-99b 为该装置的螺旋起重器。

双活塞杆液压缸的使用进一步扩展了该系统的独特之处。传统的液压系统使用单杆缸，而在 DM-M3 机型上采用带有两个独立的活塞杆和活塞的复合式油缸。

双活塞杆液压缸加压提升机构确保钻机回转头可以平稳地通过双活塞杆液压缸对钢丝绳进行下拉和回调。另外大直径滑轮的使用则进一步提高了钢丝绳的使用寿命，加压提升机构的双活塞杆液压油缸具有的最佳高速压下和提升速度能够较好地适应钻孔作业中额定的压下力和提升力，因此减少了辅助时间并提供了钻孔作业效率。这种钢丝绳和液压缸的

a　　b

图 5-99 钢丝绳自动张紧装置

a—液压自动张紧系统；b—螺旋起重器

组合所提供的连续钻进使得钻孔更流畅更有力，并有助于提高钻头寿命。

b Caterpillar 公司

在 Caterpillar 公司的产品系列中，原来并没有露天矿用牙轮钻机。但是在其整体收购了 BUSYRUS 公司之后，露天矿用牙轮钻机则成其穿孔作业设备中的一大系列产品，其中就包括了原来由 BUSYRUS 公司所收购的 Reedrill 公司的“SK”系列的加压提升机构为液压缸 + 钢丝绳 + 滑轮形式的牙轮钻机。

“SK”系列的加压提升机构为液压缸 + 钢丝绳 + 滑轮形式的牙轮钻机在 Caterpillar 公司的产品系列中被重新给定了“MD6 × × ×”的产品系列号，其主要参数见表 5-5。

表 5-5 Caterpillar 牙轮钻机液压缸钢丝绳组合加压系统

型　号	MD6240	MD6290	MD6420	MD6540
额定压下力/kN	222	267	383	489
额定提升力/kN	222	210	157	383
钻进速度/提升速度/m · min^{-1}	0 ~ 38.1	0 ~ 43/0 ~ 45	0 ~ 19/0 ~ 33.5	0 ~ 37.5
加压类型	油缸、闭式 杆定、缸动	油缸、开式 缸定、杆动	油缸、开式 缸定、杆动	油缸、闭式 杆定、缸动
液压缸数量	1	1	2	1
加压缸行程/m	7.27/12m 钻架	6.25/11m 钻架	9.14/16m 钻架	—
回转头行程/m	14.54/12m 钻架	12.5/11m 钻架	18.3/16m 钻架	—
液压缸内径/mm	165	178	165	222
液压缸活塞杆直径/mm	102	127	127	121
钢丝绳规格及型号	25mm (Dyform 8)	25mm (Dyform 8)	29mm (Dyform 8)	29mm (Dyform 8)
动滑轮（液压缸）外径/mm	406	406	457	559（节径）
定滑轮（顶部与底部）外径/mm	508	559	457	610（节径）
滑轮防护	标准底部 防护板	标准底部 防护板	标准底部 防护板	标准底部 防护板
可调整的回转头导向装置	带有可更换 尼龙块的滑座	带有可更换 尼龙块的滑座	带有可更换 尼龙块的滑座	带有可更换 尼龙块的滑座

Caterpillar 公司钻机的液压缸 + 钢丝绳 + 滑轮加压形式（见图 5-100 和图 5-101）配有加压和提升的钢丝绳（直径 2.85cm）Dyform 8 型，钢丝绳是可以互换的（左右）。可以在钢丝绳的两端通过带有螺纹的螺栓和螺母进行人工调整。自动张力系统采用液压油缸保持压下和提升钢丝绳的恒定张力，该系统的显著特点是能使钢丝绳得到最大使用寿命和最少的维护。该系统吸收了冲击载荷，并且比链式系统更安全。

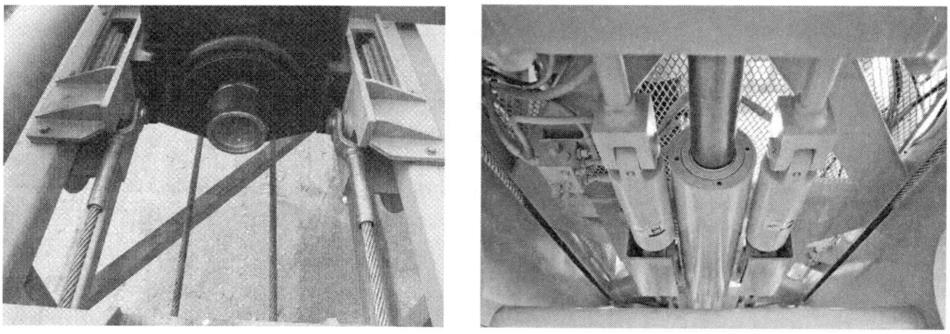

a　　b

图 5-100　Caterpillar 公司钻机的液压缸 + 钢丝绳 + 滑轮单油缸加压形式

a—靠近回转头一端；b—靠近钻架底部一端

a　　b

图 5-101　Caterpillar 公司钻机的液压缸 + 钢丝绳 + 滑轮加压形式

a—钻架顶部钢丝绳滑轮的定位；b—钻架底部钢丝绳滑轮的定位

5.5.3.4　齿轮-齿条式无链加压提升机构的结构分析

A　齿轮-齿条式无链加压提升机构的结构特点

在现代大型露天矿山所采用的高钻架大型牙轮钻机中已基本取消了传统的封闭链条式的主传动机构，而采用齿轮-齿条式无链加压提升系统。这种钻机的加压提升机构和回转机构均安装在回转加压小车上。由一台调速范围较宽的直流电动机驱动加压提升减速器，带动加压齿轮沿齿条上下运动。加压提升减速器安装在原来的大链轮轴的位置。

由于齿轮-齿条式无链加压提升机构取消了板式传动链、张紧装置、加压液压马达、均衡油缸和主传动机构等零部件和传动环节，因此不仅简化了结构、减少了故障源、提高了可靠性，而且改进了力的传递方式，提高了传动效率，并能使钻头负荷平衡，增加钻头寿命，减少了回转机构振动，增加了轴压力，提高了穿孔速度和提升速度，降低了停机维护时间，钻孔效率明显增加。

B 典型的齿轮-齿条式无链加压提升机构

典型的齿轮-齿条式无链加压提升机构如图5-102所示。从图中可以清楚地看到，齿轮-齿条式无链加压提升机构的加压动力装置和固定安装在钻架上的加压齿轮-齿条传动装置。

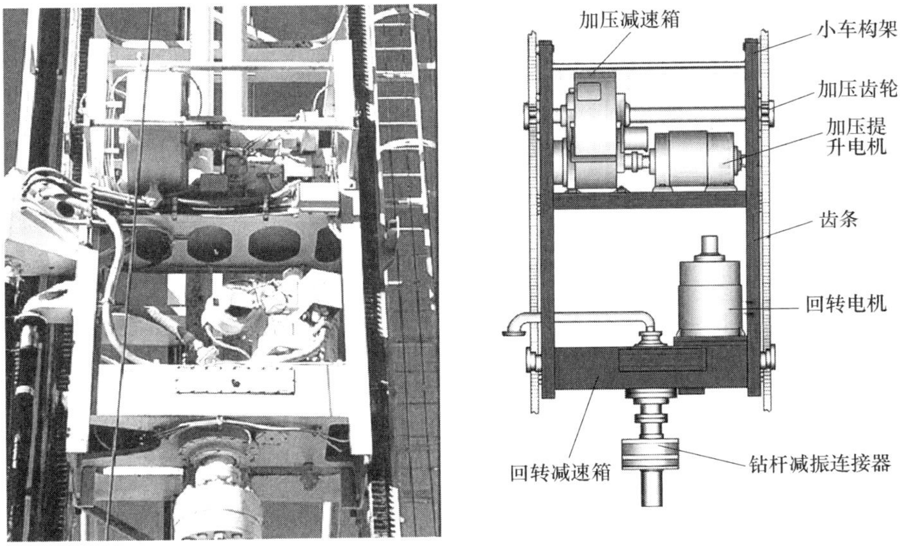

图5-102 典型的齿轮-齿条式无链加压提升机构

在采用齿轮-齿条式无链加压提升机构的牙轮钻机中有一种采用了独特钻架结构的机型，这就是原Bucyrus公司的39R钻机。与其他众多机型不同的是，其钻架的横截面为一种三角管状构架结构。图5-103为原Bucyrus公司39R牙轮钻机的齿轮-齿条式无链加压提升机构的结构示意图，在该机构中的加压和提升的驱动使用的是两台液压马达。

除了Caterpillar公司以外，Joy Global公司牙轮钻机的加压提升机构也采用了新型的电传动无链齿轮-齿条传动推进系统，该系统由安装在加压回转齿轮箱上部的大功率电动机提供动力的齿条-齿轮传动机构完成加压提升功能。系统取消了加压链条、链条均衡张紧装置、链轮和液压马达。齿条安装在钻架正面，与由输出轴驱动的小齿轮啮合。加压回转齿轮箱沿钻架上下运动，齿轮箱的运动方向由双联导向滚轮控制与导向，以保持精确校整。

C 主要机型相关的加压提升参数

表5-6所列出的是在现代大型露天矿山中采用齿轮-齿条式无链加压提升机构的大型牙轮钻机的主要机型与加压提升相关的参数。

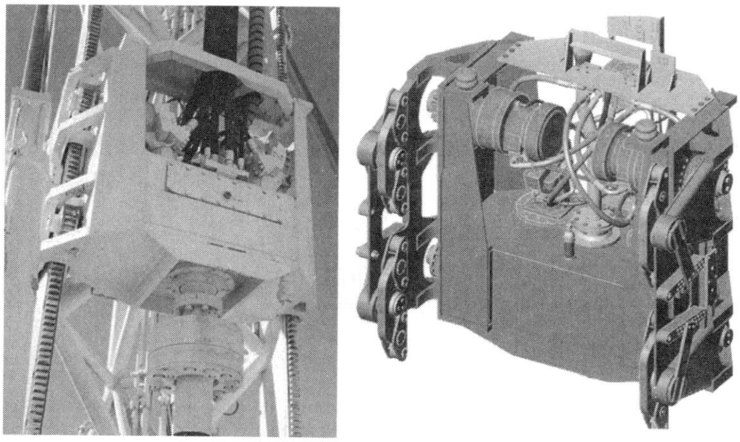

a　　　　b

图 5-103　原 Bucyrus 公司 39R 钻机的齿轮-齿条式无链加压提升机构结构示意图

a—加压机构外形；b—加压机构的三维图

表 5-6　采齿轮-齿条式无链加压提升机构的大型牙轮钻机的主要机型与加压提升相关参数

指标 \ 机型	Caterpillar 公司		Joy Global 公司		原 Bucyrus 公司
	MD6640	MD6750	250XPC	320XPC	39R
穿孔直径/mm	244 ~ 406	273 ~ 444	200 ~ 349	270 ~ 444	228 ~ 349
压下力/kN	631	738	400	667	550
钻进速度 /m · min^{-1}	7.6	7.6	13.72	4.9	10.67 ~ 28.5
提升速度 /m · min^{-1}	22.8	30.48	27.43	37	51.8
加压动力源	电动机	电动机	液压马达	电动机	液压马达
加压传动形式	齿轮-齿条	齿轮-齿条	齿轮-齿条	齿轮-齿条	齿轮-齿条

5.5.4　链条传动加压提升与无链传动加压提升的对比

5.5.4.1　主流牙轮钻机加压提升机构的相关主要参数对比

表 5-7 列出了国内外主流牙轮钻机加压提升机构的主要参数。从表中可以清楚地看到，国际上除了瑞典的 Sandvik 公司以外，在其主流机型中都是采用的无链传动加压提升。目前，主流牙轮钻机采用的无链加压提升机构的主要形式有液压缸 + 钢丝绳 + 滑轮、齿轮齿条 + 电动机、齿轮齿条 + 液压马达这三种类型。

表 5-7　国内外主流牙轮钻机加压提升机构的相关主要参数

钻机型号	压下力/kN	提升力/kN	钻进速度 /m · min^{-1}	提升速度 /m · min^{-1}	加　压　形　式
Atlas Copco					
PV235	267	120	42 ~ 60	42 ~ 60	液压缸 + 钢丝绳 + 滑轮
DML-SP	240	240	60	60	液压缸 + 链条

续表 5-7

钻机型号	压下力/kN	提升力/kN	钻进速度 /m·min^{-1}	提升速度 /m·min^{-1}	加 压 形 式
Atlas Copco					
PV271	311	156	36	36	液压缸+钢丝绳+滑轮
PV275	311	156	36	36	液压缸+钢丝绳+滑轮
PV311	445	222	—	—	液压缸+钢丝绳+滑轮
DM-M3	400	185	42	42	液压缸+钢丝绳+滑轮
PV351	534	267	36~48	36~48	液压缸+钢丝绳+滑轮
Caterpillar					
MD6240	222	222	38	38	液压缸+钢丝绳+滑轮
MD6290	267	210	43	45	液压缸+钢丝绳+滑轮
MD6420	383	157	19	33.5	液压缸+钢丝绳+滑轮
MD6540	489	383	37.5	37.5	液压缸+钢丝绳+滑轮
MD6640	631	—	7.6	22.8	齿轮齿条+电动机
MD6750	738	—	7.6	30.48	齿轮齿条+电动机
Joy Global					
250XPC	400	—	13.72	27.43	齿轮齿条+液压马达
320XPC	667	—	4.9	37	齿轮齿条+电动机
Sandvik					
160D	133	65	20.8	44.8	液压缸+链条
D245S	185	—	32	68.3	液压缸+链条
D50KS	222	—	38	49	液压缸+链条
D55SP	200	—	35.4	61.6	液压缸+链条
D75KS	334	193	27	34.8	液压缸+链条
1175E	334	193	27	34.8	液压缸+链条
DR460	356	—	—	—	液压缸+链条
D90KS	400	—	21.6	36.6	液压缸+链条
1190E	400	—	17	17	液压缸+链条
OMZ Uralmash					
SBSH-G-250	300	180	6	12	液压缸+钢丝绳+滑轮
SBSH-270 IZ	450	180	6	16	直流电动机+钢丝绳+滑轮
SBSH-270-34	350	180	6	16	直流电动机+钢丝绳+滑轮
中钢衡重					
YZ-35D	350	230	2.2	37	液压马达封闭链条-齿条式
YZ-55	550	440	1.98	30	液压马达封闭链条-齿条式
YZ-55A	600	440	3.3	30	液压马达封闭链条-齿条式
YZ-55B	600	440	2.0	30	液压马达封闭链条-齿条式

续表 5-7

钻机型号	压下力/kN	提升力/kN	钻进速度 /m · min^{-1}	提升速度 /m · min^{-1}	加　压　形　式
			南昌凯马		
KY-200B	160	70	1.2	20	液压缸 + 链条
KY-250	412	—	2.34	10	封闭链条-齿条式
KY-250B	580	—	2.0	26	封闭链条-齿条式
KY-250D	370	—	2.1	21	封闭链条-齿条式
KY-310A	490	212	4.5	20	封闭链条-齿条式

但是，在国内的牙轮钻机主要生产厂家中，无论是中钢衡重，还是南昌凯马生产销售的钻机仍然还是采用的齿条齿轮-封闭链条加压提升机构，也就是说国内的这两家主机厂在牙轮钻机加压提升的技术上仍然停滞在国外 20 世纪 80 年代的水平。

5.5.4.2　结构性能对比

表 5-8 对链式传动加压提升与无链传动加压提升的结构与性能进行了简要的对比。

表 5-8　链式传动加压提升与无链传动加压提升的结构与性能对比

	链式传动加压提升		无链传动加压提升	
加压传动结构形式	 液压缸 + 链条	 封闭链条-齿条式	 液压缸 + 钢丝绳 + 滑轮	 无链式齿轮-齿条
加压动力源	油缸 + 恒变量泵	电动机或液压马达	液压油缸	电动机或液压马达
张紧方式	—	油缸弹簧均衡张紧	自动张紧	—
有无导向辊轮	无	有	无	有
加压行程	受油缸限制	无限	受油缸限制	无限
传动效率	低	较高	高	高
运行稳定性	良	较好	好	好
冲击载荷	大	较大	小	小
维护工作量	大	较大	较低	低
维护费用	高	较高	较低	低
工作效率	较低	较高	高	高
钻头使用寿命	较短	较长	长	长

由以上分析可以得出以下结论：

（1）齿轮–齿条式无链加压提升牙轮钻机使用整体小车式回转、加压、提升装置取代了封闭链条–齿条式回转加压系统，简化了系统结构，既可以提高提升速度，又可利用增加小车的重量来增大轴压力，提高钻孔速度，其钻进效率可比封闭链条–齿条式钻机提高20%。

（2）液压油缸与钢丝绳式无链加压提升牙轮钻机取消了链条加压装置，可减小由于链条摆动引起的小车振动和漂移，加压方式工作平稳，钻头载荷稳定，提高了钻头的寿命。

（3）由于取消了封闭链条，消除了由链条断裂造成的停机维护时间及坠车等人身事故，故障率可降低50%，减少了链条的维护工作，大大降低了劳动强度。

（4）由于受到油缸行程的限制，采用液压缸+钢丝绳+滑轮加压机构的牙轮钻机一般用于对作业钻进行程不太长的大中型钻机；而对于作业钻进行程很长的工况，则以选用无链式齿轮–齿条加压机构的牙轮钻机更为经济、合适。

5.6 行走机构

5.6.1 主要功能

露天矿用牙轮钻机的行走机构应该具备下述主要功能：

（1）适用于在各类露天矿环境下的整机行走和在规定范围内的爬坡功能。

（2）承载钻机主平台及其所负载的钻机各部构件重量与负荷的承载功能。

（3）车载式钻机的行走机构应具有适应公路上正常行走的功能。

（4）采用挖掘机底盘的机型其底盘应具有驱动主平台及其附属在平台上各部构件的回转功能。

5.6.2 基本类型

按照行走方式，行走机构可分为履带式行走机构和轮胎式行走机构；按照传动形式，行走机构可分为非独立式传动型（主机构链式集中传动）和独立式传动型（液压马达驱动的独立传动）；按照底盘结构形式可分为均衡量支点结构型、挖掘机底盘型和汽车底盘型。

5.6.2.1 履带式行走型

一般情况下，在大、中型牙轮钻机上都采用履带式行走装置。履带式行走装置承载能力大、对各种道路适应性强，但是在行走和转弯时功率消耗较轮胎式大，故效率低、构造也比较复杂、制造费用高，而且有些零件容易磨损，必须经常更换，尽管如此，履带式行走装置仍然是露天矿用牙轮钻机行走装置的基本形式。图5-104为采用履带式行走装置的牙轮钻机。

5.6.2.2 轮胎式行走型

在20世纪70年代和80年代，出于多种原因的考虑，有些矿山采用了车载式的牙轮钻机用于矿山地表的爆破孔钻孔作业，但使用效果并不理想。如今很少有人还选用车载式的牙轮钻机用于露天矿山开采的穿孔作业。图5-105为采用轮胎式行走装置的牙轮钻机。

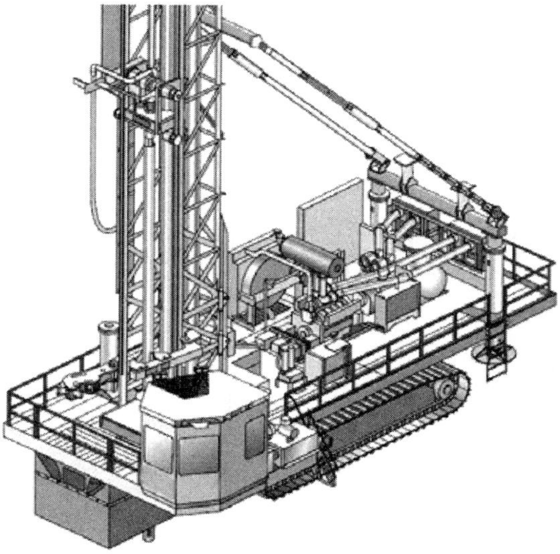

图 5-104　采用履带式行走装置的牙轮钻机

图 5-105　采用轮胎式行走装置的牙轮钻机

实际上，这种车载式钻机非常适合水井的开凿钻孔，因为水井的开凿彼此之间通常位于较远的距离。因此，钻机的非道路移动性是最重要的。当然在本质上，这种钻机也可用于爆破孔的穿孔作业。但由于受到道路行驶的限制，这种钻机的规格都比较小，它们可用于直径在 170mm 左右爆破孔的钻凿。

选择车载底盘应用于钻机的首要目标是要能够在公路上行驶，并能在公路上高速行驶。使用履带式底盘的钻机是永远不会被认为可以在公路上行驶的，一是其行驶速度缓慢，二是其履带式的行走装置会破坏道路的柏油路面。表 5-9 对履带行走式与轮胎行走式牙轮钻机各自的特点进行了较详细的对比。

表 5-9　履带行走式与轮胎行走式牙轮钻机的特点对比

项　目	履带行走式	轮胎行走式
道路适应性	几乎为零，由于大尺寸，大重量和履带式底盘的速度慢	设计考虑到适当的重量分布对车桥等基本特征上，大部分在铺装道路行驶
长途行驶能力	行驶速度非常低，往往是低于 4km/h，很差	行驶速度高，行驶速度范围为 50 ~ 70km/h，非常好
动力源	柴油或电力功率源	只能柴油驱动。电力不能使用
宽　度	小型钻机通常在 3m 左右，特大型钻机可到 8.5m	很窄，一般情况下宽度小于 2.4m，宽度大于 3 m 的钻机须于规定铺设道路行驶
质量范围	小型钻机到特大型钻机之间的质量范围为 25 ~ 184t	最大的钻机限于约 60t，按照公路的通常设计，轴重必须限制在 20t
越野能力	优秀。由于履带式底盘的履带之间的间距较大，与地面的接触面积大，接地比压仅为 $100kN/m^2$	不良。由于轮式底盘的轮胎之间的宽度较窄，与地面的接触面积小，接地比压高达 $600kN/m^2$
进给力	由于钻机自身结构的限制，可以发挥非常高的进给力，钻机通常的进给力范围是 110 ~ 600kN	由于钻机自身结构的限制，不能发挥出高的进给力，钻机通常的进给力范围 80 ~ 300kN

续表 5-9

项　目	履带行走式	轮胎行走式
钻架高度	钻架可以设置得很高。在特定的情况下，重大型钻机钻架的高度可达到 27m	钻架不能高。高度通常限于 12m
钻杆长度	多数情况下，大中型钻机使用的长钻杆约为 18m 长，但在超大型钻机中钻杆可以长达 21m	钻杆短。在几乎所有的钻机中限制在约 7.5m
除　尘	使用干式或湿式除尘器都很容易实现	可以注水除尘，但难以安装吸尘器
稳定性	优良，因为钻机的重量在下部和上部。可以在粗糙的台阶表面稳定地竖起钻架	由于受到有限的重量和宽度的限制，在粗糙不平的台阶面上竖起钻架比较危险
维护成本	维护成本相对较低，大部分机器都配备了自动润滑系统	维护成本相对较高，机器通常不能配有自动润滑系统

5.6.2.3　非独立式传动型

所谓非独立式传动型，指的是履带行走装置没有设置单独，而是要和其他的机构共同使用一套动力传动系统的传动系统。在牙轮钻机的履带行走装置中典型的非独立式传动型就是所采用的主机构链式集中传动系统。

主机构链式集中传动系统多采用两台原动机驱动、共用一台主减速器的集中传动形式，通过加压离合器、主离合器、主制动器以及行走离合器和制动器的相互作用和控制，来实现加压、提升和行走运动。在本书的 5.5 节提升加压机构的图 5-85 中已经对该主传动机构进行了介绍。图 5-106 为采用主机构链式集中传动系统的履带行走装置。

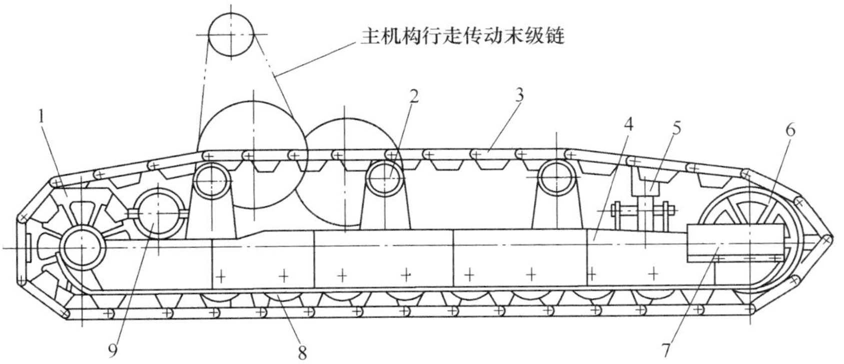

图 5-106　采用主机构链式集中传动系统的履带行走装置

1—主动轮；2—托轮；3—履带链；4—履带支架；5—后梁；6—张紧轮；7—履带张紧装置；8—支承轮；9—前梁

5.6.2.4　独立式传动型

相对于非独立式传动型而言，独立式传动型则是履带行走装置具有专门为其设置的传动系统，对现代牙轮钻机来讲就是由液压马达驱动的独立传动系统。

这种液压马达传动的履带行走系统取消了从机架上把动力传给履带的链条，将两台液压马达分别安装在两个履带架上，通过齿轮传动履带行走，取消了离合器，每条履带都有自己的动力，可实现原地转弯，可在条件不好的工作面上把钻机置于合适位置，取消链传动系统和离合器减少了维修和故障，提高了可靠性。这种系统已成为现代大型牙轮钻机制造厂家普遍采用的履带行走系统。图 5-107 为采用液压马达驱动的独立传动系统的履带传动总成。

5.6.2.5　均衡梁支点结构型

在牙轮钻机的底架类型中均衡梁支点底架属于结构经典、历史悠久的一种结构形式。均衡梁支点结构型的底架特别适用于大型牙轮钻机。

所谓均衡梁支点结构型行走机构的底架指的是由均衡梁的中间与主平台的中心位置连接，后梁的两端与主平台两根主梁连接，形成与主平台的三点连接，这样可以使得钻机在不平的路面行走时，使主平台始终保持呈水平状态，且不易变形。图 5-108 为连接了履带行走装置后的均衡梁支点结构底架示意图。

图 5-107　采用液压马达驱动的独立传动系统的履带传动总成

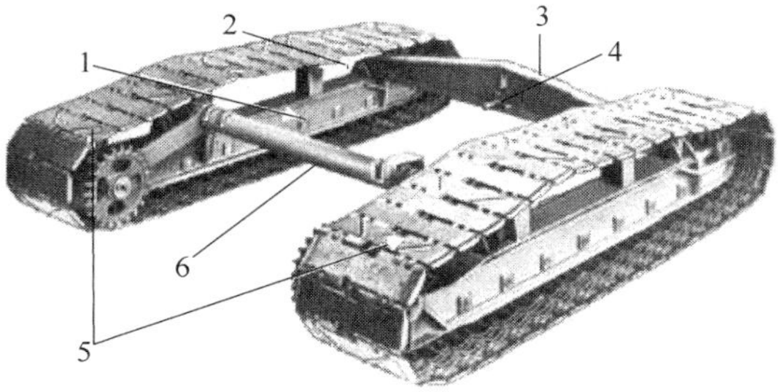

图 5-108　连接履带行走装置后的均衡梁支点结构底架示意图

1—履带支架；2—履带支架连接销轴；3—均衡梁；4—主平台连接中枢轴；5—左右履带；6—后轴（梁）

5.6.2.6　挖掘机底盘结构型

挖掘机底盘结构型底架的典型回转底盘系统如图 5-11 所示，其中刚性十字框架清晰可见。在横框的中心是一个大直径的圆形滚子轴承。在上框架上安装此轴承。采用这种结构的底架可以使钻机的主平台等上部构造相对于下部行走机构做 360°的回转运动。

在某些情况下，这种机动性使钻机不需要移动就可以完成两个炮眼的穿孔。除此之外，这种回转式的履带底盘系统在钻机处于一个狭窄的露天矿台阶上时，在每一行钻凿更多炮眼方面都具有很好的优势。图 5-109 为回转式底盘与固定式底盘钻孔位置关系的对比。

图 5-109a 显示了具有回转底盘钻机的位置。图中所示的箭头是钻机行进的方向，也代表该钻机的重心的移动。钻机重心距台阶边缘的距离为 D。而均衡梁支点结构型的钻机在此方式行驶在图 5-109b 中的位置 B。然而，在这种情况下，钻机的重心距离工作面台阶边缘的距离为仅为 d，非常接近台阶边缘。这就大大增加了在台阶边坡钻孔作业的危险。为此，均衡梁支点结构型的钻机必须放置在图 5-109b 中位置 C 所示的位置。

回转履带式行走装置具有一定的优势，但是并不很大，仅体现在钻凿第一行孔中。当钻凿第二行的炮眼时，均衡梁支点结构型的钻机则可以放在位置 B，因为在这种情况下，距离 D 恰好是足够大的。

回转底盘系统尽管有上述优点，但是，几乎所有的牙轮钻机制造商现在生产的机型都是均衡梁支点结构型的钻机，这种底架结构的钻机与回转底架的钻机相比具有以下优势，

（1）回转底架型钻机必须能够在液压千斤顶之间的空间内旋转。此规定限制了履带尺寸和钻机的稳定性。

（2）回转底架型钻机设计比较困难，设计者必须考虑在不同回转位置的稳定性。

（3）回转底架型钻机必须在钻机上部和下部的交界处之间使用特殊的液压回转装置，以便液压油在所有的旋转位置流动到履带行走装置中的行走马达。这样回转底架大大妨碍了在钻机主平台上的使用空间。

（4）回转底架型钻机的维护工作量大于均衡梁支点结构型的钻机所必需的维护工作量。

（5）回转底架型钻机的履带是刚性的，接地比压的均匀性不如均衡梁支点结构型钻机。

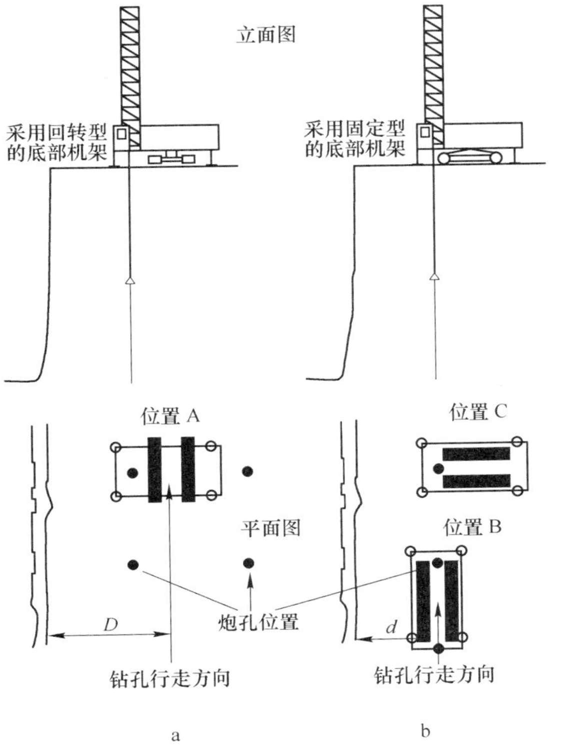

图 5-109 回转式底盘与固定式底盘钻孔位置关系对比

5.6.2.7 汽车底盘结构型

用于车载式牙轮钻机的底盘一般都使用类似普通三轴或四轴载重货车的底盘。

但是，正常的重型卡车、重型汽车制造商生产的底盘，一般不适合作为牙轮钻机的底架。这是因为这些卡车的框架的刚性不太好，难以承受在钻孔作业中所产生的应力。因此钻机生产厂家需要按照自己的设计来生产制造钻机的底架装置。图 5-110 为车载式钻机的汽车底盘。

图 5-110 车载式钻机汽车底盘

5.6.3　履带行走装置的技术特点与结构分析

5.6.3.1　整体结构

露天矿用牙轮钻机履带行走装置的整体结构主要有两种类型：一种采用的是链传动形式，一种采用的是液压马达驱动的传动形式。由于液压马达驱动的传动形式与液压挖掘机的履带行走装置的整体结构基本相同，本书对此不作重点介绍。

A　采用链传动形式的履带行走装置的整体结构

采用链传动形式的履带行走装置的整体结构如图5-111所示。履带行走装置主要由均衡梁8、后轴4、左右履带支架7、履带2、驱动轮1、张紧轮11等组成。每个履带支架上部都装有三个托轮6，用于托住上部履带板，下面装有10个左右的支承轮，用于支承履带支架。履带支架的前端由张紧轮11装配，可以在履带支架上前后移动，调整张紧轮在履带支架上的位置，便可以使履带张紧。履带由若干块履带板组成，并用销轴（或螺栓）连接而成。支承轮13、托轮6和张紧轮11，可以在履带板的凸缘之间形成的轨道上滚动。

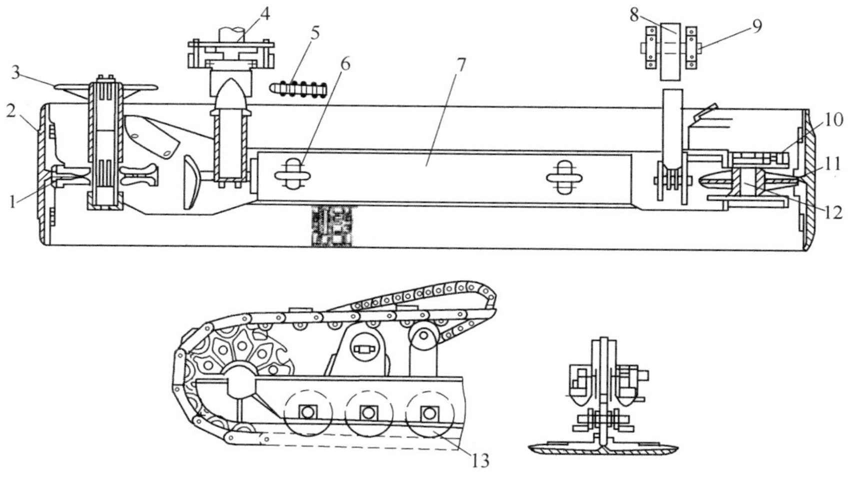

图5-111　链传动履带行走装置的整体结构

1—驱动轮；2—履带；3—主动链轮；4—后轴（梁）；5—传动链条；6—托轮；7—履带支架；8—均衡梁；9—均衡梁连接销轴；10—调整垫片；11—张紧轮；12—张紧轮轴；13—支承轮

B　均衡梁支点结构型底架

底架是钻机履带行走装置的重要构件，并承担将钻机载荷传递到履带装置的功能。它与履带支架相连，构成钻机的下部总成。

均衡梁支点结构型底架的结构简图如图5-112所示。其特点是采用了三点式的连接结构，即在均衡梁的两端通过连接销轴与左右履带支架连接在一起，均衡梁的中间有一根中心枢轴与主平台的中心位置连接在一起，而后轴（梁）的两端与主平台两根主梁连接，从而形成与主平台的三点连接，这样可以使得钻机在不平的路面行走时，主平台始终保持呈水平状态，且不易变形。图5-113为固定底架的均衡梁结构简图。

这种结构的底架与履带架按一定的静定方式呈三点支承连接在一起。靠钻架侧由一个粗大横轴通过两个滑动轴承与两个履带架相连；机架另一侧，通过机架纵轴方向的铰链和两条履带架横轴方向的铰链由一个均衡梁连接起来。这样能保证钻机行走时不会在机架和钻架金属结构中产生疲劳裂纹。

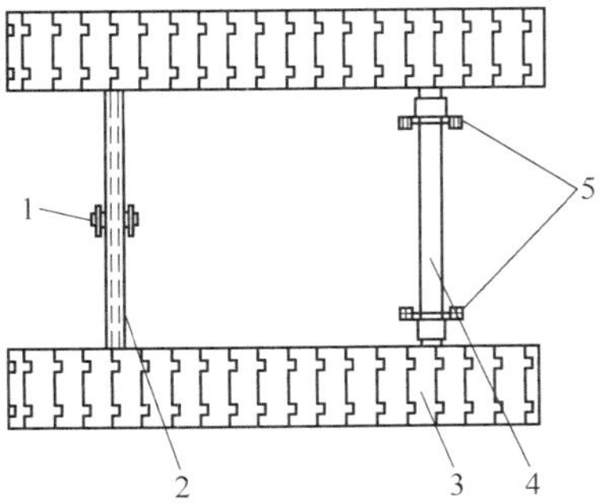

图 5-112　均衡梁支点结构型底架的结构简图
1—均衡梁平台连接中心枢轴；2—均衡梁；
3—左右履带；4—后轴（梁）；5—平台连接螺栓

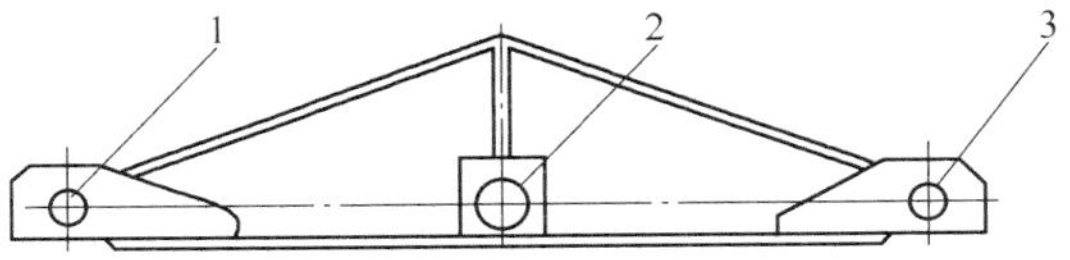

图 5-113　固定底架的均衡梁结构简图
1—与左履带支架连接销轴孔；2—与主平台连接中心枢轴孔；3—与右履带支架连接销轴孔

5.6.3.2　行走机构的链条传动

采用链传动形式的履带行走装置均采用了三级链传动，并在传动系统中设有链条张紧装置，如图 5-114 所示。

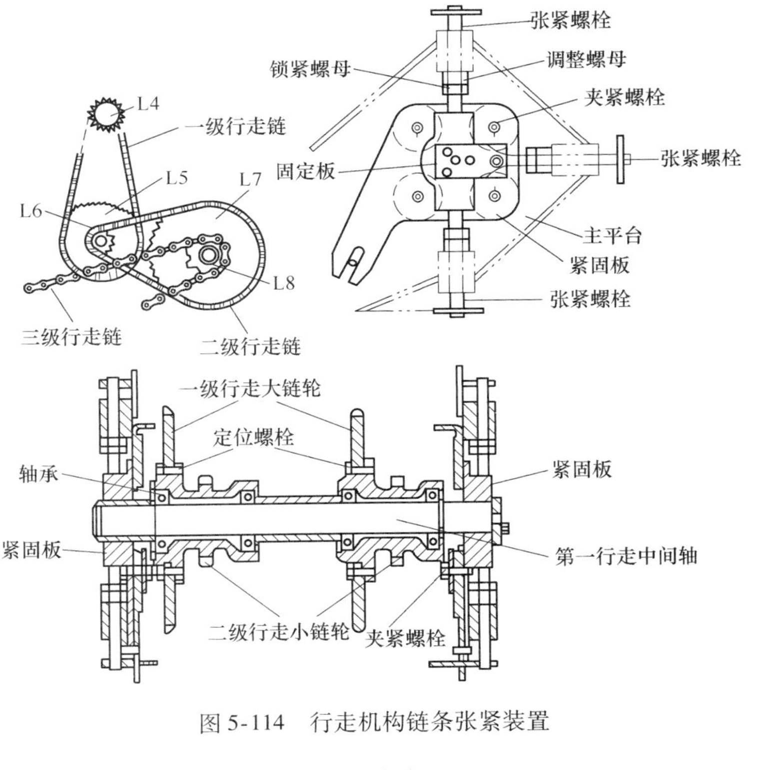

图 5-114　行走机构链条张紧装置

A　第一行走中间轴和一、二级链条的张紧

第一行走中间轴两端由紧固板和夹紧螺栓紧固在主平台上，第一、二级行走链轮通过定位螺栓连成一体，与轴承一起活套在第一行走中间轴上。为防止轴转动，采用固定板将

轴及紧固板连接在一起。

第一、二级链条的张紧由三个张紧螺栓和紧固板调节。紧固板与第一行走中间轴固定，张紧螺栓从垂直和水平方向顶在紧固板上。调整张紧螺栓即可使紧固板位移，如果下移可以张紧第一级链条，后移可以张紧第二级链条，也可以同时调整两级链条的松紧。为了保证第一行走中间轴的对中性，要求左右两端紧固板的移动量相等。

B　末级链的张紧

末级链的张紧方法与一、二级不同，需要用四个支撑千斤顶将钻机顶起，使履带离开地面，然后松开 U 形螺栓，卸下挡板销轴并将后轴（梁）前面的调整片取下，再用轻便手动千斤顶顶住后轴，使其相对主平台向后移动，松紧调整适度后，再将调整片放到后轴前面顶出的间隙中，以保持调好的位置，最后将 U 形螺栓锁紧。后轴左右两端放入的垫片厚度必须相同。行走机构末级链条的调整装置如图 5-115 所示。

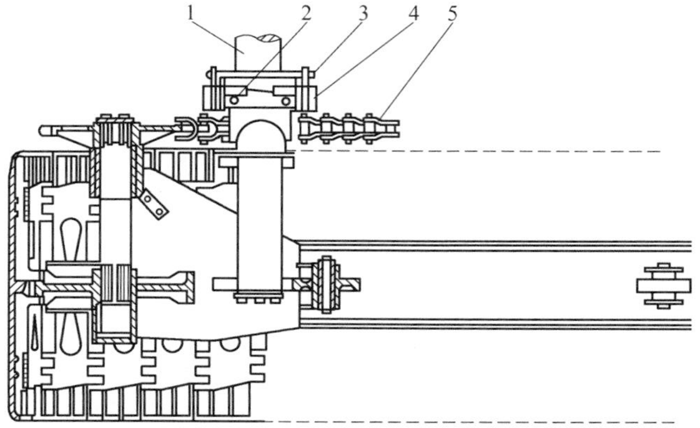

图 5-115　行走机构末级链条的调整装置

1—后轴；2—U 形螺栓螺母；3—挡板销轴；4—轻便千斤顶；5—链条

C　第二行走中间轴的结构

第二行走中间轴分为左、右轴，均在主平台内，其结构如图 5-116 所示。

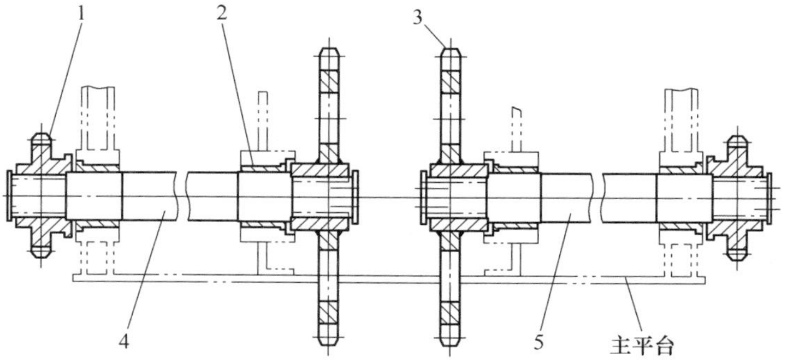

图 5-116　第二行走中间轴的结构

1—末级行走小链轮；2—轴套；3—第二级行走大链轮；4，5—第二级行走左、右中间轴

左、右中间轴通过轴套支承在主平台上，轴的两端分别装有末级行走传动小链轮和第二级行走传动大链轮。链轮与轴为花键连接，链轮的轴向允许有少量的调节间隙，其调节

范围由两端的端盖控制。

D 驱动轮轴的结构

采用链传动形式的履带行走装置驱动轮轴装配结构如图 5-117 所示。驱动轮 3、末级大链轮 6 与驱动轮轴 4 之间用花键连接。驱动轮轴装配在履带支架上，该轴与末级大链轮的轴向固定通过两端的压盖和螺栓压紧。

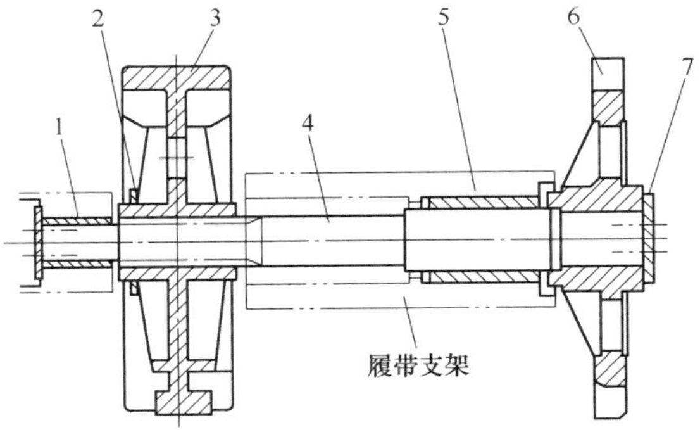

图 5-117 驱动轮轴装配结构

1，5—轴套；2—挡圈；3—驱动轮；4—驱动轮轴；6—末级大链轮；7—压盖

5.6.3.3 行走机构的液压传动

用于牙轮钻机行走机构的液压传动主要有液压马达驱动定轴齿轮减速传动和液压马达驱动行星齿轮减速传动两种形式。

A 液压马达驱动定轴齿轮减速传动

液压马达驱动定轴齿轮减速传动的结构形式如图 5-118 所示。图 5-118a 为多级定轴齿轮减速的一种传动形式，安装在履带支架上的驱动轮与齿轮减速器中末级轴上的大齿轮连接为一个整体，当图中的高转矩的双速液压马达 1 通过驱动定轴齿轮减速器的齿轮传动链后，末级轴上的大齿轮带动驱动轮驱使履带行走。液压马达驱动定轴齿轮减速传动的结构形式还有一种低速大转矩液压马达和一级定轴减速机构的传动方式，如图 5-118b 所示。在这种传动中，一级定轴齿轮减速器安装在履带支架上，大齿轮和驱动轮装在同一轴上，小齿轮和行走液压马达装在同一轴上。这种传动的优点是结构简单；缺点是这种液压马达的径向尺寸大、成本较高、使用寿命一般低于高速马达，其应用受到一定限制。

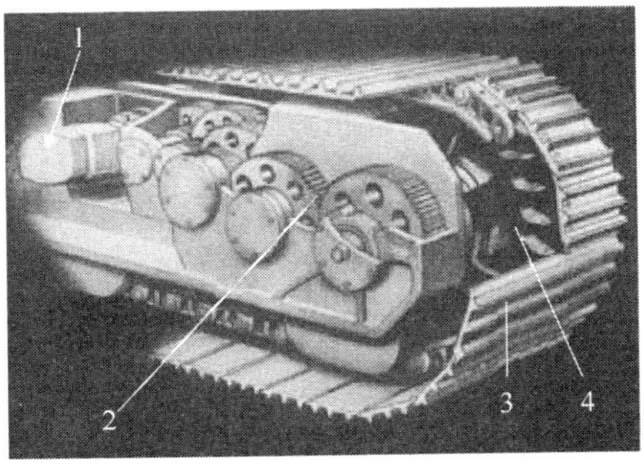

a

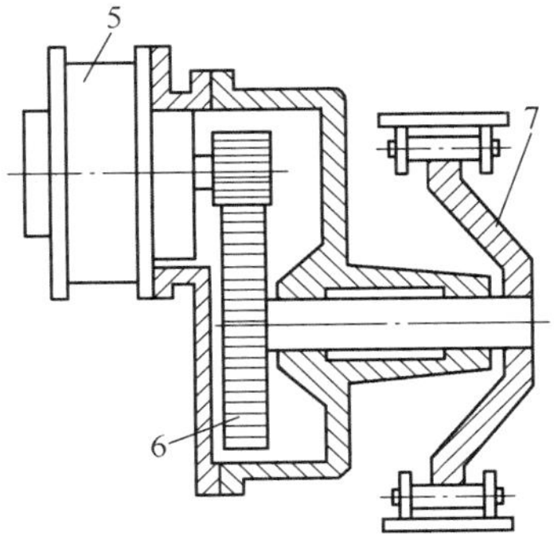

b

图 5-118 液压马达驱动定轴齿轮减速传动结构形式

a—多级定轴齿轮减速传动；b—单级定轴齿轮减速传动

1—双速液压马达；2—齿轮传动链；3—履带；4，7—驱动轮；5—低速大转矩液压马达；6—一级定轴齿轮传动

B 液压马达驱动行星齿轮传动的履带行走系统

可反转的液压马达驱动行星齿轮传动的履带行走系统已普遍采用。这种液压马达传动

的履带行走系统取消了从机架上将动力传递到履带的链条，将两台液压马达分别安装在两个履带架上，通过齿轮传动履带行走，取消了离合器，每条履带都有自己的动力，可实现原地转弯，可在条件不好的工作面上把钻机置于合适位置。这种系统已成为现代大型牙轮钻机制造厂家普遍采用的系统，特别是近二十年来国外所制造的牙轮钻机都采用这种行走方式。图 5-119 即为液压马达驱动行星齿轮传动的履带行走系统。

图 5-119　液压马达驱动行星齿轮传动的履带行走系统

这种采用液压马达驱动行星齿轮传动的独立式履带行走装置由于取消了链传动和离合器，从而减少了故障和维修，提高了可靠性。每条履带独立运转的履带行走装置，可实现原地转弯，可在恶劣条件的工作面上把钻机停放在合适的位置。钻机动作灵敏，便于微调控制，反向行驶和转弯机动性好。缩短了更换孔位和非作业行走时间，一般移动孔位时间只占总作业时间的 8%~10%。在采用高钻架时，极限行走速度为 1. 6km/h。

随着技术的发展和市场需求的增加，牙轮钻机的履带行走装置也开始采用液压挖掘机的液压马达和行星齿轮减速装置。该传动机构一般都采用斜盘式轴向柱塞马达和双行星排齿轮减速机构。双行星排具有较大的传动比，省去了定轴齿轮传动，结构非常紧凑，其外形如图 5-120 所示。行星减速器的输出为带有法兰盘的壳体，可以与驱动轮直接用螺栓安装在一起。

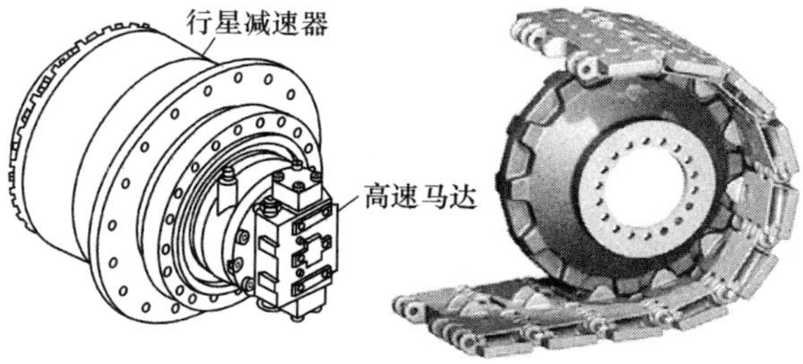

图 5-120　液压马达与双行星齿轮传动装置

新的行走系统采用液压马达驱动的行星齿轮传动独立式行走装置，将两台液压马达分别安装在两个履带架上，通过齿轮传动履带行走，取消了离合器，在液压马达和行星齿轮变速箱之间用行走离合器连接，每条履带上安装的行走制动器以弹簧制动，液压松闸。履带板采用整体铸造箱式结构，在行走时能够承受扭转作用，并具有较大的横向抗弯强度。钻机行走双行星排减速器的内部结构如图 5-121 所示。

减速器外壳体 17 和法兰盘 18 用螺栓 16 连接在一起，并通过两个球轴承 19 支承在内壳体 21 上，驱动轮（图中未画出）通过螺纹孔 c 用螺栓固定在法兰盘 18 上。外壳体内部为两行星排共用的齿圈，随驱动轮一起转动。内壳体通过螺纹孔 a 用螺栓固定在履带支架上，内外壳体之间用浮动油封 20 密封。斜盘式轴向柱塞马达安装在内壳体内部，并通过螺纹孔 b 用螺栓紧固。一级太阳轮 12 上的花键轴插在马达输出轴的花键孔内，因此马达的输出轴直径驱动一级太阳轮 12 转动。一级行星轮 11 通过滚针轴承 8 支承在一级行星轮轴 9 上。第一行星排的太阳轮 12 通过行星轮 11 驱动一级行星架 15 转动，该行星架通过齿形花键与二级太阳轮 14 连接在一起，而二级太阳轮通过滑动轴承支承在一级太阳轮 12

上。二级行星架 1 通过齿形花键与内壳体连为一体，因此固定不动。二级行星轮 5 通过滚珠轴承 4 支承在二级行星轮轴 3 上。由于二级行星架固定不动，所以二级太阳轮通过二级行星轮 5 驱动齿圈转动，最终带动外壳体及驱动轮一起转动，实现钻机履带行走系统的行走驱动。斜盘式轴向柱塞行走液压马达的内部带有液压制动阀和排量转换机构，用来实现行走制动和行走速度转换。

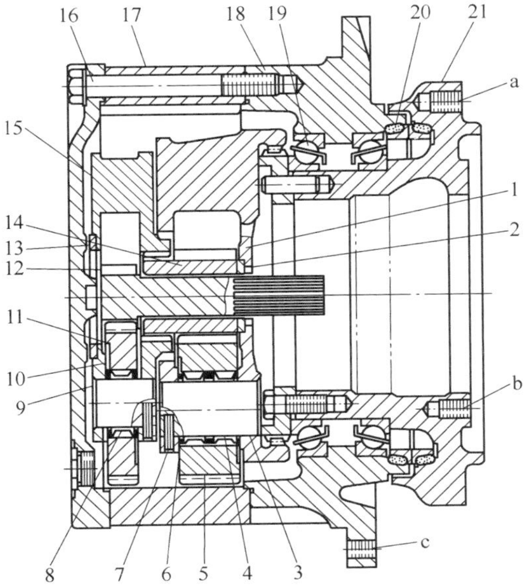

图 5-121　钻机行走双行星排减速器的内部结构

1—二级行星架；2，6，10—垫圈；3—二级行星轮轴；4—滚珠轴承；5—二级行星轮；7—定位销；8—滚针轴承；9—一级行星轮轴；11—一级行星轮；12—一级太阳轮；13—隔离垫圈；14—二级太阳轮；15—一级行星架；16—螺栓；17—外壳体；18—法兰盘；19—球轴承；20—浮动油封；21—内壳体

5.6.3.4　履带支架

履带支架的作用是把底架传递过来的载荷传给支承轮。行走装置的驱动轮、导向轮与支承轮都被安装在履带支架的相关位置上，张紧装置也装在履带支架上。履带支架的结构有开式和闭式两种结构。

A　反 U 形开式结构

反 U 形开式结构的履带支架是一种经典的牙轮钻机履带支架结构，其结构简图如图 5-122 所示。传统的 45-R、60-R 牙轮钻机的履带支架就是这种结构，如图 5-123 所示。

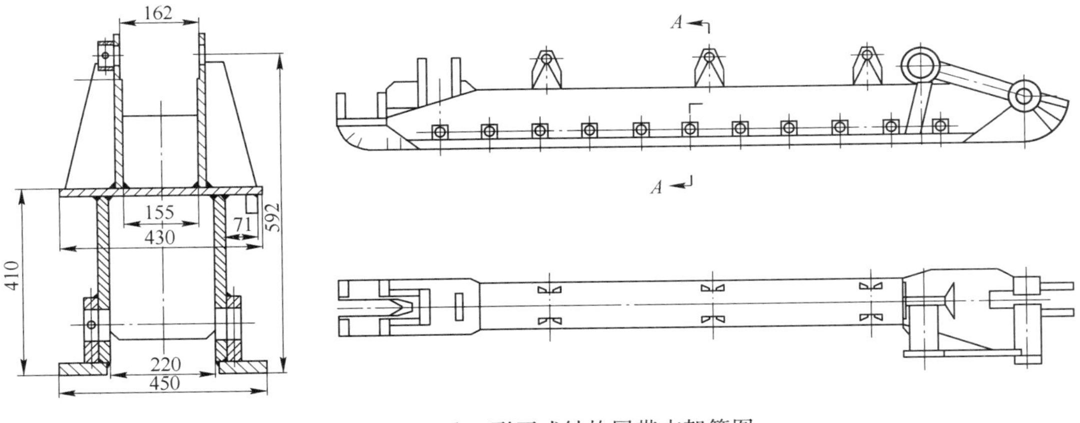

图 5-122　反 U 形开式结构履带支架简图

图 5-123　原 B-E 公司牙轮钻机老式的反 U 形开式结构履带支架

由图 5-122 中的剖面图可以清楚地看到，这种结构构造简单、制造工艺性好、组装方便。但由于该型结构的下部为开口式，托轮间有垂直的立板，因此在此区间形成了高应力区，结构的强度和刚度并不理想。随着液压挖掘机箱型履带支架结构的出现，牙轮钻机的履带支架即开始使用闭式的扭力箱结构取代了老式的反 U 形开式结构。

B　扭力箱闭式结构

新型的封闭的扭力箱结构，取消了托轮间垂直的立板，减少高应力区对履带支架的影响，从而提高履带支架的强度和刚度，延长使用寿命，减少维护工作量。图 5-124 为用于液压挖掘机的箱型闭式结构的履带支架总成的外形图，图 5-125 为 B-E 公司改进后的扭力箱闭式结构履带行走机构示意图。

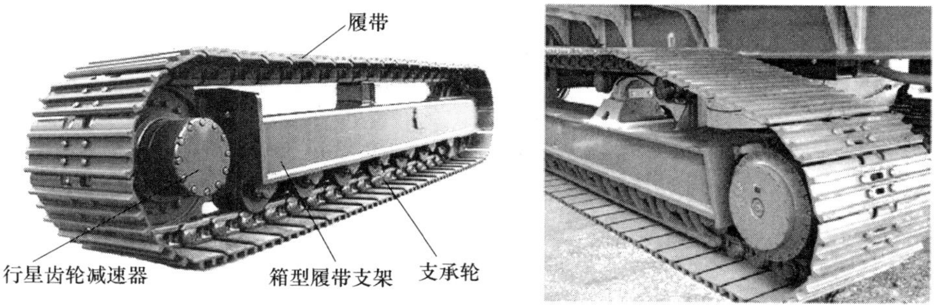

图 5-124　扭箱型闭式结构的履带支架总成

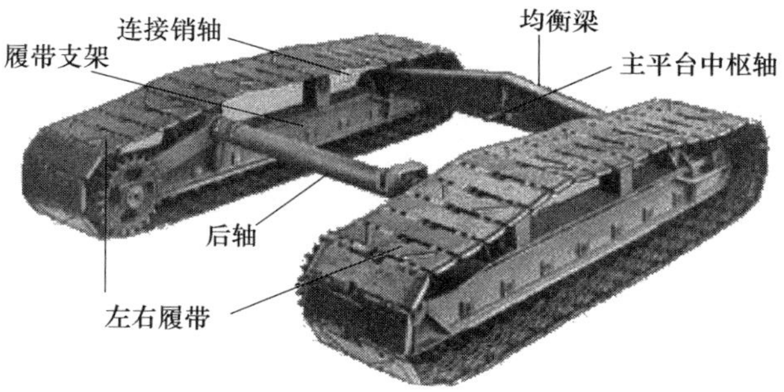

图 5-125　B-E 公司改进后的扭力箱闭式结构履带行走机构示意图

C　新老两种履带支架结构的对比

新老两种履带支架结构的对比如图 5-126 所示。该图中的履带行走机构是一种多支点的履带行走装置，每条履带都支撑构成多支承系统履带轮上，各由一台轴向柱塞式可调排量的液压马达通过中间轴和履带旁侧的行星齿轮轮减速箱驱动。所采用的履带支架是闭式的扭力箱结构，抗弯扭能力很强，其强度和刚度与同规格的反 U 形开式结构的履带支架相比，具有明显的技术优势。因此，现代牙轮钻机的履带支架已经基本为这种新型的履带支架结构所取代。

5.6.3.5　履带与履带板

履带是由履带板和销轴构成的封闭式传动链。相邻的两块履带板用销轴连接，销轴用开口销或螺栓固定。牙轮钻机使用的履带有整体式和组合式两种。整体式履带是指履带板

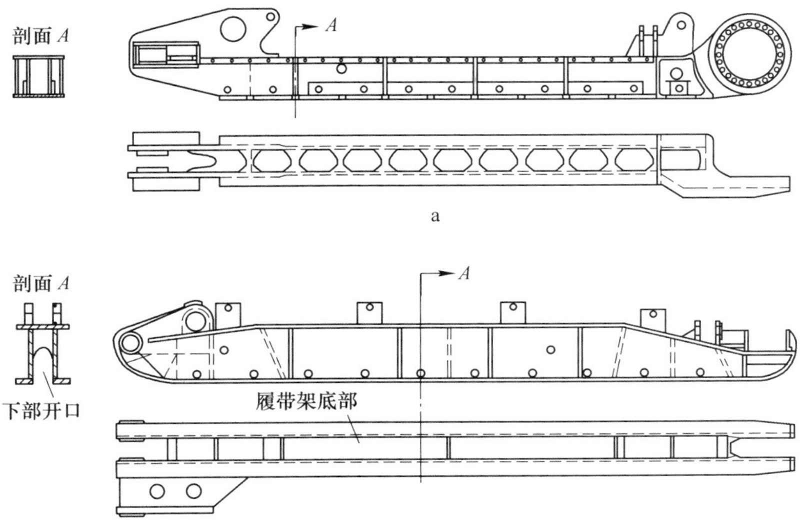

图 5-126 新老两种履带支架结构的对比
a—新型扭力箱结构；b—反 U 形老设计结构

上带有啮合齿，履带直接与驱动轮啮合，履带板本身即为支承轮的滚动轨道。整体式履带制造方便，连接履带板的销轴容易拆装。

履带板的主要功能是构成行走轮的滚动轨道并承受将钻机工作时的载荷传给地面。履带板承受的载荷很大，工作环境恶劣，磨损剧烈。对应于整体式履带和组合式履带，履带板也分为整体式履带板和组合式履带板两种。

整体式履带板：履带板整体制造，制造拆装简单，成本低，低速行走功率损耗小。

组合式履带板：节距小，绕转性好，行走速度快。使用寿命长。所用履带板的材料多是重量轻、强度高、结构简单和价格便宜的轧制板。有单筋、双筋、三筋等数种。

A 整体式履带

整体式履带是指履带板上带有啮合齿，履带直接与驱动轮啮合，使履带板本身成为支承轮等轮子的滚动轨道。图 5-127 为整体式履带示意图。履带板相互之间用销轴连接，销

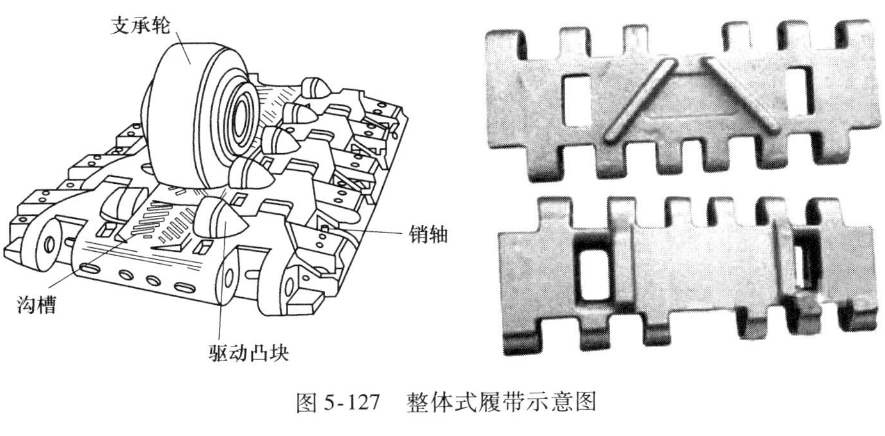

图 5-127 整体式履带示意图

轴与销孔之间有 0.5 ~ 1.5mm 的空隙，这种履带一般在大型牙轮钻机上应用得很普遍。整体式履带的优点是制造方便，连接履带板的销轴容易拆装；缺点是泥沙等污物易进入销孔中，使履带零件磨损加快，影响使用寿命。

B　组合式履带

组合式履带由履带轨链、履带板、销轴、衬套和履带螺栓等组成，如图 5-128 所示。

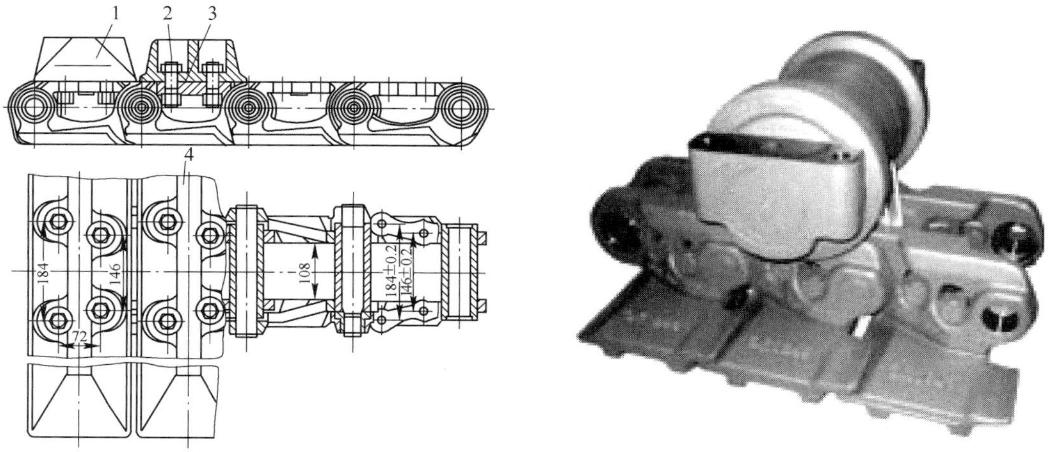

图 5-128　组合式履带示意图

1—履带板；2—履带连接螺栓；3—螺母；4—轨链总成

组合式履带的优点是：轨链销轴和衬套的密封较好，泥沙等污物不易进入，由于销轴和衬套的硬度要求较高，连接处耐磨损性能较好，因此使用寿命较长；履带轨链节距小、绕转性好，不会因履带板损坏、衬套开裂或连接螺栓间断而终止行走。与整体式履带相比，组合式履带零部件的标准化和通用化程度很高，易损件容易购置，维修、更换都很方便，制造成本较低。缺点是连接履带板和轨链的螺栓容易折断，由于轨链销轴和衬套之间是过盈配合，所以拆装困难，需要使用专门的工装进行拆装。

图 5-129 所示为组合式履带的详细结构。轨链销轴和衬套之间的配合为 0.15 ~ 0.45mm 的过盈配合。组合式履带组装时，将履带板与已经组装好的轨链总成用螺栓连接。使用组合式履带的牙轮钻机一般为中小型钻机，随着“四轮一带”技术水平的发展，组合式履带在大型牙轮钻机的应用范围已开始日见显现。

C　整体式履带板

从结构上分，整体式履带板有敞开式、封闭（箱型）式和半闭（半箱型）式三种形式，牙轮钻机上多采用半闭式，如图 5-130 所示。整体式履带板的材质一般为铸钢件。在履带板的内侧铸有若干个凹凸处，使泥土容易脱落，接地部分为无履刺的平滑形状。履带板与驱动轮的啮合爪可制成单块和多块式，使啮合过程能自动清除污物。这种铸造结构的履带板节距较大，强度也比组合式履带板大。大型和重型牙轮钻机使用的履带板多为整体式履带板。

D　组合式履带板

之所以称之为组合式履带板，一是对应于组合式履带而言；二是从结构上来讲，组合

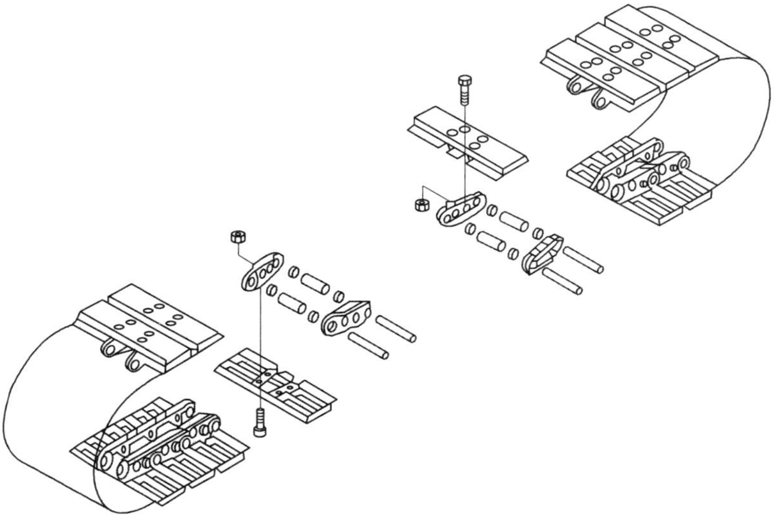

图 5-129 组合式履带的结构

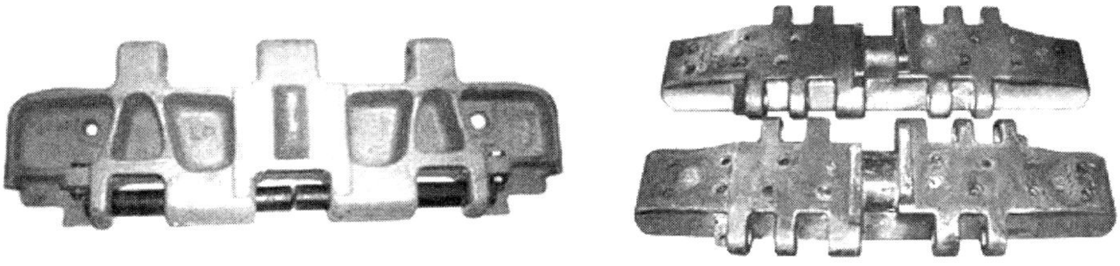

图 5-130 整体式履带板

式履带板必须与轨链组合后才能使用，离开与之连接的轨链，组合式履带板无法承受钻机工作时的载荷并将其传给地面，更无法行走。组合式履带板按其接地形状可分为单筋、双筋和三筋三种形式，也有平底、三角形或其他特殊断面的履带板。

单筋履带板的筋较高，易于插入土壤，产生较大的附着力，但弯曲强度较低；双筋履带板的转向方便，且履带板的刚度较大；三筋履带板的高度小，使履带板的强度和刚度提高，承载能力大，使履带运行平稳、噪声小。对牙轮钻机来讲，履带的强度和刚度更为重要，因此在牙轮钻机中所使用的组合式履带多采用三筋履带板。

履带板上一般有四个轨链连接孔，中间还有两个清泥孔，轨链绕过驱动轮时可借助轮齿自动清除黏附在轨链节上的泥土。相近的两块履带板之间有搭接的部分，防止履带板之间夹进石块而造成履带板的异常损坏。

图 5-131 为常见的几种类型的组合式履带板和与之相连接的轨链总成。

5.6.3.6 驱动轮、导向轮、支承轮与托轮

牙轮钻机的履带行走装置通常由后轮驱动，驱动轮（也称为主动轮）的形状取决于所采用的啮合方式和履带的结构形式。采用整体式履带的驱动轮，其形状可以是多边形的或近似圆形的，如图 5-132 所示。钻机行走时，动力通过传动链或液压马达传给驱动轮，从而驱动轮的齿形与履带板上的凸块啮合带动履带转动。驱动轮的形式也分为整体式和分体

图 5-131　常见的几种组合式履带板和与之相连的轨链总成

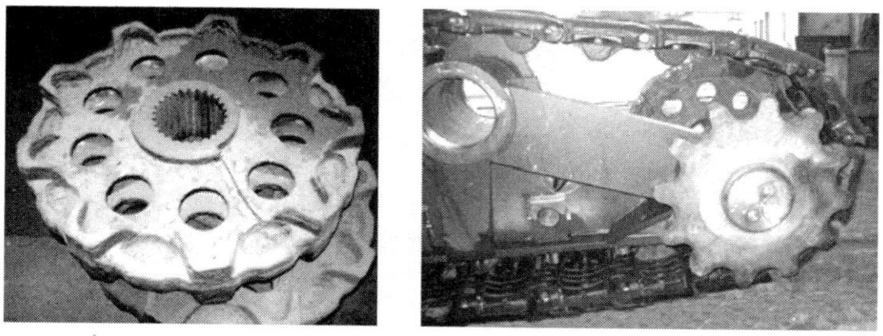

图 5-132　整体式履带的驱动轮

式两种，其结构分别对于整体式履带传动和组合式履带传动两种形式。对于采用组合式履带传动形式的钻机而言，其驱动轮为分体式，通常是与行星减速器的输出端带有法兰盘的壳体连接紧固在一起，由于需要与轨链啮合传动，其齿形一般为链齿形，如图 5-133 所示。

图 5-133　组合式履带的驱动轮

导向轮（又称张紧轮）在履带架的前端，它是张紧机构的一个组成部分，在调整履带张力时，借助于导向轮拆装履带或调节履带的张紧度。导向轮的作用是引导履带运动的方向。轮缘结构视履带板的结构而定，只要不使履带脱开导向轮即可，同时应当在行走转弯时履带不致脱落。图 5-134 分别为组合式履带导向轮和整体式履带导向轮的结构。

支承轮（又称支重轮）的作用是使钻机沿着履带轨道移动，支承整机的重量并将其传给地面。支承轮装在履带支架的下面或侧面，每边的数量相同。由于在不平的路面上行驶时支承轮会受地面冲击力，因此支承轮承受的载荷大，工作条件恶劣，经常处于尘土中，有时还浸泡在泥水中，所以要求有良好的密封，多采用滑动轴承支撑，并用浮动油封防尘。

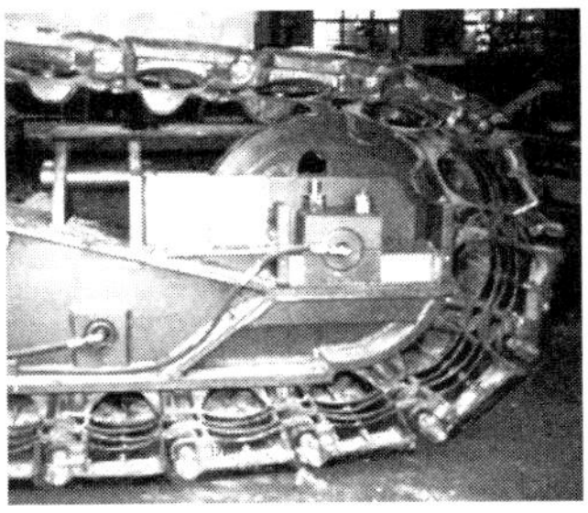

a b

图 5-134 导向轮的结构

a—组合式履带导向轮；b—整体式履带导向轮

整体式履带和组合式履带因传动形式的不同，其支承轮的结构有所不同。整体式履带使用的支承轮的结构较为简单。图 5-135 为组合式履带的支承轮。

图 5-135 组合式履带的支承轮

托轮的作用是向上托住履带，防止其过度下垂，托轮的结构与支承轮的结构相似，但其所承受的载荷要比支承轮小得多，使履带有一定的张紧度。图 5-136 所示为采用组合式履带的托轮等零部件。

图 5-136 采用组合式履带的托轮等零部件

5.6.3.7 履带张紧装置

履带装置经过一段时间的使用，由于驱动轮与履带滚道或轨链的磨损，造成了履带板或轨链节距的伸长，使履带不能保持原始的张紧度而有所松弛下挠。此时，会出现摩擦履带支架、脱轨和掉链等情况，影响履带行走装置的正常运行。为此，在履带行走装置中设置了履带张紧装置，以保证履带始终具有维持正常运行的张力。

履带张紧装置是通过导向轮即张紧轮来实现履带的张紧的。履带张紧装置主要有机械张紧和液压张紧两种方式。

（1）机械张紧。图 5-137 表现的是一种老式的机械张紧方式。从图中可以看到，张紧轮 1 通过轴套 2 滑套在轴 3 上，轴 3 用滑动轴承座 5、螺栓 6 夹紧并安装在履带支架上。当调整履带张紧度时，松开调整块 4、7 和轴承座螺栓 6，此时轴承座 5 随螺栓 6 可在履带支架的长形孔内移动，张紧度调整好后，拧紧螺栓 6，并将调整块 4 和 7 固定。轴 2 的轴向定位由螺栓 6 卡住轴上的凹槽来实现。图 5-138 为该履带张紧装置在履带总成中位置的外形图。

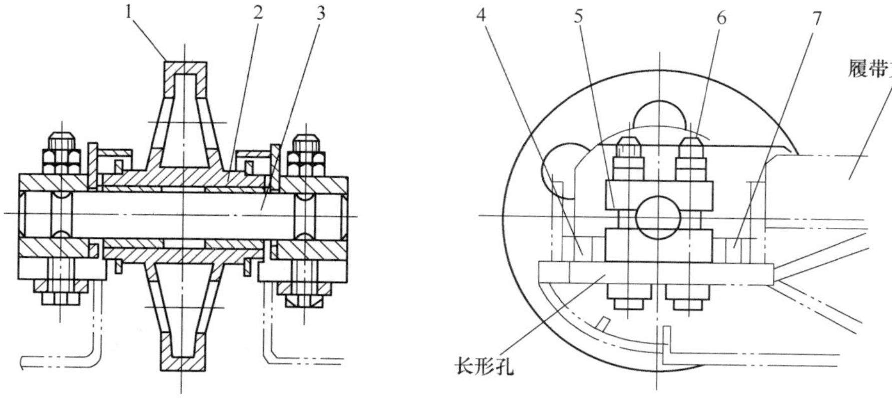

图 5-137　张紧轮轴装配示意图

1—张紧轮；2—轴套；3—张紧轮轴；4，7—调整块；5—轴承座；6—螺栓

使用机械张紧方式调整履带张紧度时，需要将两个小千斤顶向前顶轴承座，并在轴承座的后面嵌入适当厚度的垫片。

（2）液压张紧。在牙轮钻机的履带张紧装置中，由于液压张紧装置调整方便、可靠，液压张紧装置的使用已经越来越广泛。这种张紧装置通过手摇泵对张紧装置压注黄油，由油缸和柱塞对导向轮位置进行调节来实现履带的张紧。图 5-139 为液压张紧装置示意图。

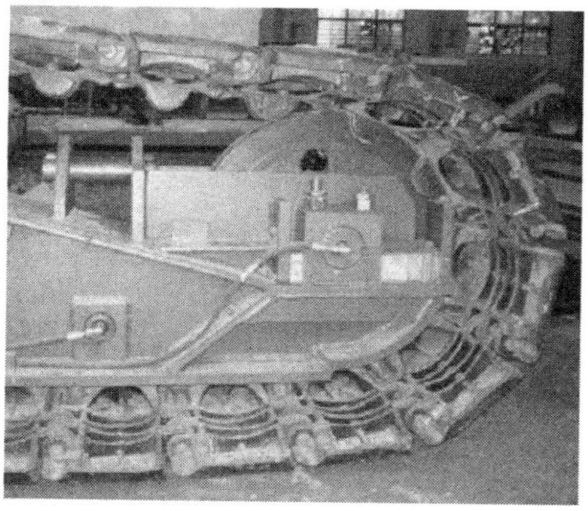

图 5-138　机械式履带张紧装置

图 5-139a 为液压缸活塞直接顶弹簧的形式，这种结构虽然简单但外形尺寸较长，图 5-139b 为液压缸活塞置于弹簧中间的形式，这种结构的特点是缩短了外形尺寸，但零件稍多。常见的液压张紧装置的结构形式如图 5-140 所示。张紧装置的弹簧，在预紧后应用适当起缓冲作用的行程，以便当石块等硬物卡夹与轨链、导向轮、驱动轮之间产生过大的张紧力时，迫使导向轮向驱动轮方向移动，并压缩弹簧，起到保护装置的作用。如果履带太紧而要放松，则可拧松注油嘴，从缸筒中放出一些黄油。

5.6.3.8　行走离合器与行走制动器

采用链传动形式的履带行走装置的行走离合器与行走制动器与采用液压传动形式的履

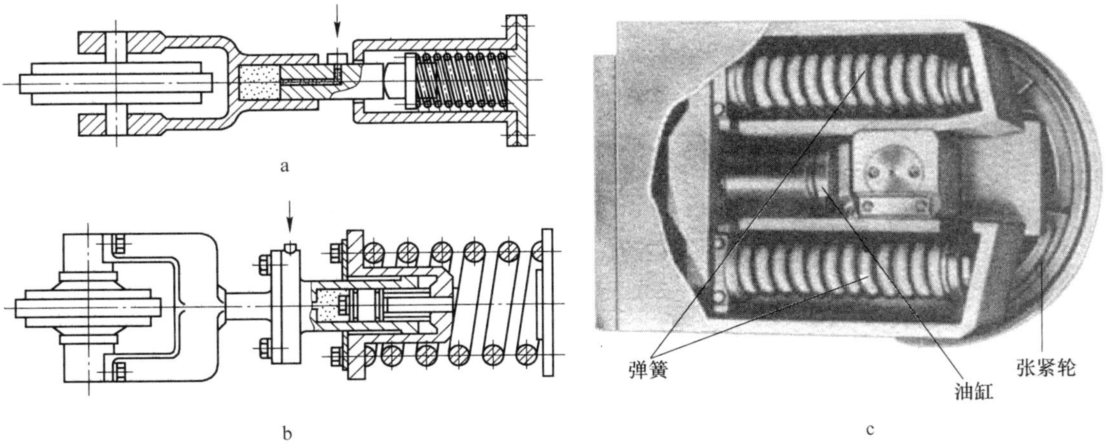

图 5-139　液压张紧装置示意图

a—液压缸活塞直接顶弹簧形式；b—液压缸活塞置于弹簧中间形式；c—外形图

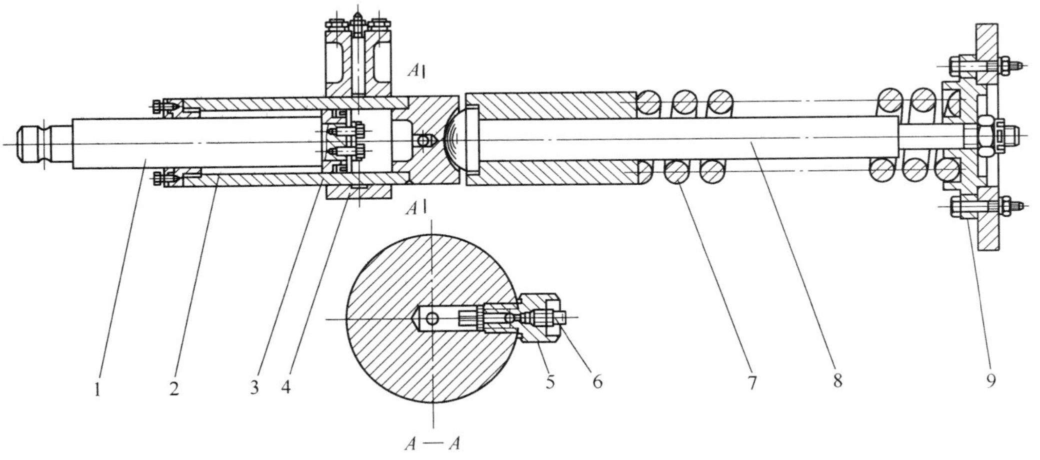

图 5-140　常见的液压张紧装置结构形式

1—活塞杆；2—缸筒；3—活塞；4—支架；5—螺塞；6—油塞；7—弹簧；8—调整杆；9—支座

带行走装置的行走离合器与行走制动器有所不同，前者的离合、制动装置是安装在主机构的行走轴上，后者是在履带支架上。

A　链传动形式的行走离合器与行走制动器

链传动形式履带行走装置的 YZ 系列钻机的行走轴的结构如图 5-141a 所示。在行走轴 2 上装有行走齿轮 1、离合器内轮 3、轮壳 4 和主动链轮 6。行走齿轮 1 装在主机构变速箱内，并在油中运转。主动链轮 6 和轮壳 4 之间用平键连接。离合器内轮 3 与行走轴 2 之间也用平键连接。行走轴 2 通过两个滚动轴承支承在主机构变速箱箱体上。

链传动形式履带行走装置采用的气胎离合器结构，如图 5-141b 所示。气胎离合器主要由气胎 7，胎罩 8、9，摩擦块 10，弹簧 11 和传力杆 12 等零件组成。胎罩用螺栓连接在离合器的内轮上，当压气进入气胎时，气胎膨胀，迫使摩擦块紧压在轮壳的内表面上，借助摩擦力传递扭矩，于是动力通过传力杆和摩擦块而传给离合器的轮壳。当气胎内的压气

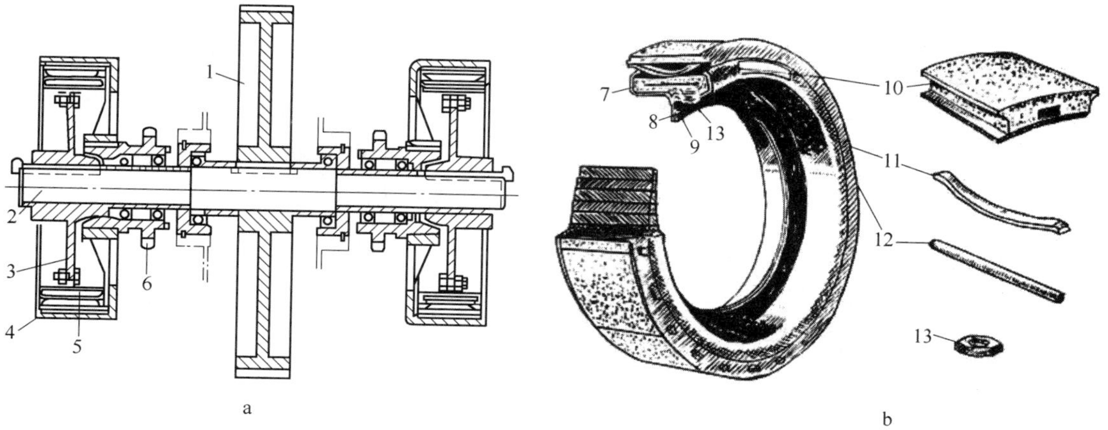

图 5-141　YZ 系列钻机行走轴和气胎离合器的结构
a—行走轴离合器传动结构；b—气胎离合器结构
1—行走齿轮；2—行走轴；3—离合器内轮；4—轮壳；5，7—气胎；6—主动链轮；8—胎罩；
9—开孔胎罩；10—摩擦块；11—弹簧；12—传力杆；13—螺母

消失后，弹簧复位，摩擦块也随之与轮壳脱开。

KY 系列钻机行走气胎离合器的结构如图 5-142 所示。

这种气胎离合器也为外涨式。当动力传递到轴 1 后，通过键带动传动轮 4 转动，当向气胎 8 充气时，气胎外涨，推动压块 9 使摩擦片 10 压在制动轮 12 内侧，由于摩擦力的作用，使轴 1 与制动轮 12 一同转动，从而使链轮 13 转动并传递动力。当气胎放气时，弹簧 11 将压块收回且使摩擦片与制动轮脱开，动力不再传递给链轮，同时制动轮由行走带式制动器制动。一般用电磁气阀同时控制气胎离合器和行走带式制动器，即当气胎充气时闸带松开，气胎放气时闸带制动。

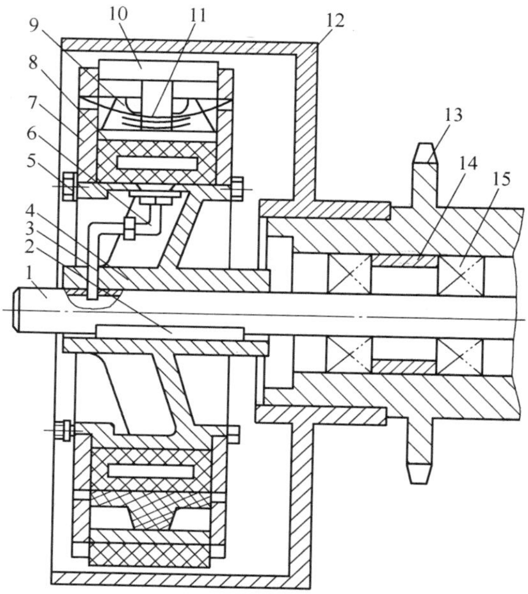

图 5-142　KY 系列钻机气胎离合器的结构
1—减速器轴；2—键；3—风管；4—传递轮；
5—螺栓；6—气嘴；7—挡盘；8—气胎；
9—压块；10—摩擦片；11—弹簧；12—制动轮；
13—链轮；14—套；15—轴承

牙轮钻机行走机构的制动器一般为常闭带式制动器，靠弹簧制动、压气松闸，与行走气胎离合器协调动作。图 5-143 为 YZ 钻机的行走制动器，其制动轮就是行走离合器的轮壳。制动装置由闸带 1、连杆 3、推杆 5、制动弹簧 8、汽缸 9 等组成。制动弹簧 8 封装在套管 7 内。当压气进入活塞汽缸 9 时，迫使推杆 5 推动连杆 3，实现松闸。当汽缸内的压气消失时，制动弹簧使推杆 5 返回实现制动。制动时，套管的前端面与垫圈之间应有 9.5～13mm 的间隙。

B 液压传动形式的行走离合器与行走制动器

由于钻机的液压行走系统采用了液压马达驱动的行星齿轮传动独立式行走装置，将两台液压马达分别安装在两个履带架上，每条履带都成为独立运转的履带行走装置，可实现原地转弯，可在恶劣条件的工作面上把钻机停放在合适的位置。

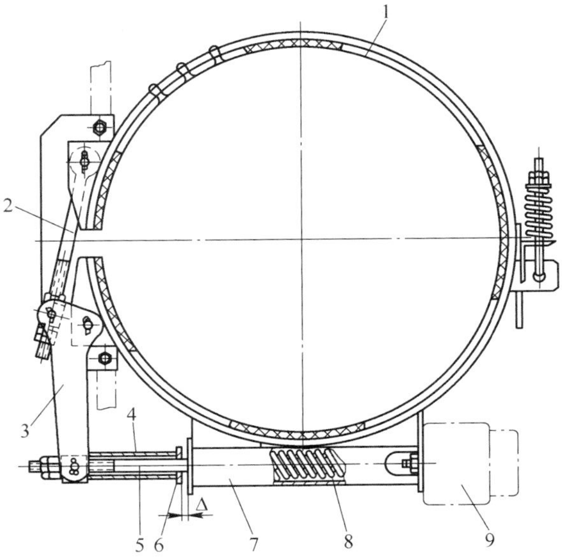

图 5-143 YZ 钻机行走制动器

1—闸带；2—有孔螺栓；3—连杆；4—套筒；5—推杆；6—垫圈；7—套管；8—弹簧；9—制动汽缸

随着技术的发展和市场需求的增加，各钻机生产厂家纷纷采用液压传动形式的液压行走系统，这种系统一般都采用斜盘式轴向柱塞和双行星排齿轮减速机构。这种传动方式不仅取消了经由主机构的链条传动方式，自然也取消了离合器，而履带行走的制动功能则由斜盘式轴向柱塞行走液压马达和减速器内部所带有的液压制动阀和制动器予以实现，就不需要另外单独行走制动器了。这种履带液压行走马达由高速液压马达、制动器、行星减速器、阀组等组成，为外壳传动，可直接与履带驱动轮相连接，工作可靠、效率高。

表 5-10 所列的为国外牙轮钻机主要机型行走机构的重要技术特征。

表 5-10 国外牙轮钻机主要机型行走机构的重要技术特征

型 号	穿孔直径 /mm	整机工作质量/t	行走驱动机构		最大爬坡能力/%	行走速度 /km · h⁻¹
			动 力 类 型	功率		
35-R	152 ~ 229	38.500	液压马达		50	3.2
39R	228 ~ 311	122.500	液压传动行星齿轮箱		25	3.22
49HR	251 ~ 406	154.224	液压传动行星齿轮箱	250hp		1.45
59R	273 ~ 444	183.673	液压传动行星齿轮箱	250hp		1.45
250XP	230 ~ 310	113.500	液压传动行星齿轮箱			
100XP	250 ~ 349	129.250	液压传动行星齿轮箱			
120A	270 ~ 559	165.564	液压传动行星齿轮箱			
DM-45E	130 ~ 200	31.800	液压传动行星齿轮箱			3.4
DM-50E	200 ~ 251	34.700	液压传动行星齿轮箱			3.4
DM-H	251 ~ 381	136.069	液压传动行星齿轮箱			1.6
T60KS	228 ~ 269	46.762	柴油机，轮式行走	370hp		
D50KS	152 ~ 229	47.727	液压传动行星齿轮箱	189hp	66	3.2

续表 5-10

型　号	穿孔直径 /mm	整机工作质量/t	行走驱动机构		最大爬坡能力/%	行走速度 /km · h^{-1}
			动 力 类 型	功率		
D90KS	229 ~ 311	127. 120	液压传动行星齿轮箱	180hp	60	1. 2
1190E	229 ~ 381	140. 740	液压传动行星齿轮箱	134kW	60	1. 3
SKF	152 ~ 270	50. 350	液压传动行星齿轮箱			
SBSH-G-250	250	90. 00	直流电动机单独驱动	2 × 65kW	12°坡度	2
SBSH-270 IZ	250/270	136. 00	直流电动机单独驱动	2 × 65kW	12° 坡度	1. 6
SBSH-270-34	270	141. 00	直流电动机单独驱动	2 × 65kW	12° 坡度	1. 6
YZ-35D	170 ~ 270	95	交流变频电动机集中驱动	75hp	25	1. 5
YZ-55	310 ~ 380	140	直流电动机集中驱动	90hp	25	1. 1
YZ-55B	310 ~ 380	150	交流变频电动机集中驱动	110hp	25	1. 14
KY-250	220 ~ 250	86	滑差电动机集中驱动	50hp	21	0. 72
KY-250D	250	105	交流变频电动机集中驱动	100hp	21	1. 0
KY-310	250 ~ 310	150	滑差电动机集中驱动	75hp	21	0. 6

注：1hp = 735W。

5.7　主平台、走台、支撑千斤顶

5.7.1　主平台

5.7.1.1　主要功能

牙轮钻机的主平台是安装各个部件和配套设备的核心构件，它需要承受钻孔过程中变化频繁的各种较大的外力和产生的强烈振动，因此要求具有较高的强度和刚度，要求在设计使用寿命周期内不变形、不开裂。它应当具备以下功能：

（1）集合平台功能。在主平台上安装了钻机的原动机、动力装置、控制系统、操作系统、各类机电液配套系统。

（2）承力平台功能。承受安装在主平台上下方所有部件的重力，支撑千斤顶的支撑力、钻机工作运行中的各种交变应力等外力。

（3）连接平台功能。各主要部件的连接和过渡，如钻架装置、履带行走装置、走台、司机室。图 5-144 为安装在履带总成上的主平台结构示意图。

5.7.1.2　主要类型

（1）按照有无机房覆盖主平台，分为覆盖式和敞开式。一般，采用电动机为原动机的机型，使用的是带有机房覆盖的主平台；而采用柴油机的为原动机的机型，其主平台则为敞开型的，不使用机房覆盖。

（2）按照主平台相对于下部的履带行走装置是否可以旋转，分为固定式和回转式。固定式的主平台下部采用的是与均衡梁及后轴的三点连接，主平台不能旋转；而回转式的主平台的下部通过回转轴承与履带支架上的回转式底架连接，所以可以旋转。

图 5-144 安装在履带总成上的主平台结构示意图
1—司机室；2—A 形架；3—履带总成；4—主平台横梁；5—主平台纵梁；6—支撑千斤顶支撑

（3）按照主平台的结构形式，分为框架梁式和组合扭力箱式。框架梁式结构的主平台为在工字钢构成的平面框架上加焊钢板而构成半箱状的网格结构；而组合扭力箱结构则是由等高的纵向箱形主梁和三个横向的扭力箱结构连接而成。

5.7.1.3 结构特点分析

A 框架梁半箱式结构

主平台的框架梁半箱式结构是牙轮钻机的一种传统结构。YZ 系列钻机主平台的这种结构的示意图分别如图 5-145 所示。主平台为在工字钢构成的平面框架上加焊钢板而构成半箱状的网格结构，主梁采用 610mm × 230mm 规格的 70kg 级低合金高强度 H 型钢，上下横板的厚度 16mm，主平台盖板厚度 12mm，为了增强刚性，在其开口面还加焊了斜拉筋，因此具有较好的强度和刚度。

在主平台的两侧分别装有走台，用来加宽主平台，和主平台构成一个大平面，共同起作用。平台的四角装有四个支撑千斤顶，穿孔作业时用以支承钻机。在钻孔时履带支架不受力，而在钻机行走时，则需要将支撑千斤顶收回，使履带支架受力。

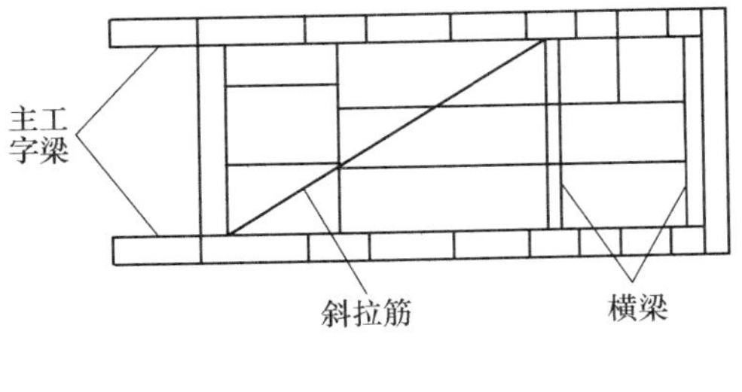

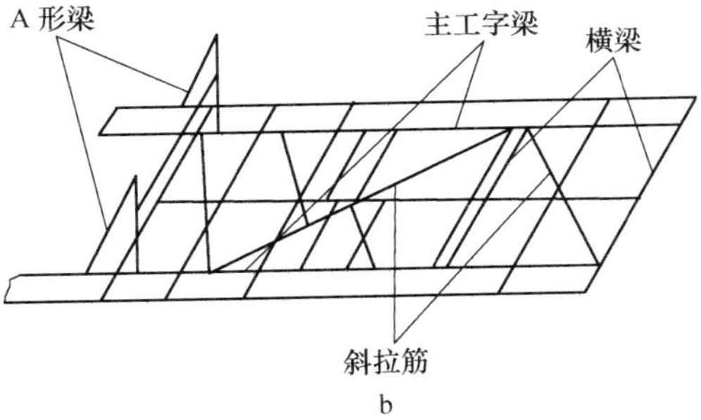

图 5-145 YZ 系列钻机框架梁半箱式的主平台结构示意图
a—YZ-35 主平台；b—YZ-55 主平台

B 组合扭力箱式结构

采用高强度的钢结构是国外新型钻机主平台的一个特点。主平台的主要承力构件由全长板厚均为 19mm 的钢板构成等高的纵向箱形主梁和三个横向的扭力箱结构连接而成，而前部用于调平的支撑千斤顶套管和主立板则为单独的构件单元。图 5-146 为该主平台的结构示意图。这种结构与原有老机型的工字钢构造的主平台框架梁结构相比，其刚度增强了许多，也坚固得多。以 BI 公司的 49HR 钻机为例，在同等条件下检测其挠度仅为 9.5mm（0.375in），而老式设计的工字钢框架结构的挠度则多达 254mm（10in）。

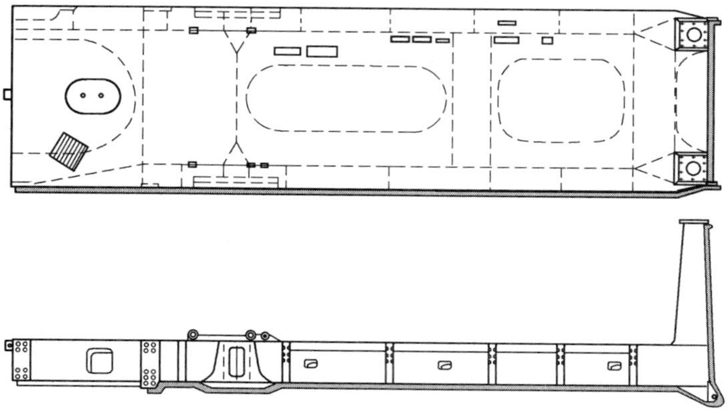

图 5-146　组合扭力箱式结构的主平台示意图

而 59R 型的主梁也是以多扭力箱设计为特征，它所增加的强度能承受最大的整车长度上的负荷，并可减少振动，其剖面模数比 49RⅡ型上升了 85%、比 60-R 型上升了 200%。

C　上述两种结构形式的对比

图 5-147 为上述两种结构的钻机主平台的横断面对比。从图中可以清楚地看到，图中上方的组合扭力箱结构的主平台由于采用了多个等高的纵向箱形主梁和三个横向的扭力箱

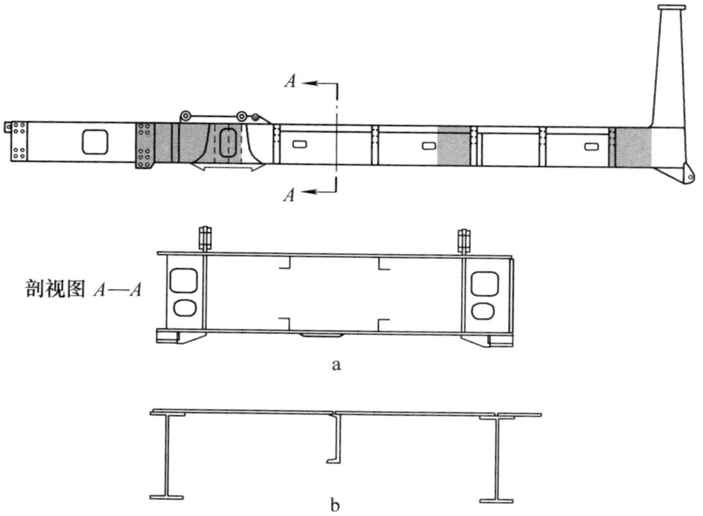

图 5-147　两种钻机主平台的结构断面对比

a—组合扭力箱结构；b—工字梁半箱形框架结构

结构连接而成了闭合式断面的扭力箱结构，其强度和刚性明显比下方开口式的工字钢构造的框架梁半箱形主平台要好。

D 主平台的箱式底座结构

与上述通过均衡梁式底架与履带行走装置连接的主平台不同，箱式底座结构主平台将主平台和底架融合为一体，成为一种主平台底架一体化的结构。这种结构可以和履带结构进行刚性连接，一体化的横向的中心板允许履带直接安装在底盘上，增加稳定性。其结构如图 5-148 所示，原美国 BI 公司 39HR 钻机的主平台即为这种结构。

图 5-148 39HR 主平台的箱式底座结构

E 主平台的回转式结构

上述的主平台设计都是属于固定式的，而有的钻机则参考挖掘机的工作方式，在钻机上采用回转式的主平台结构，如 Atlas 公司的钻机，有的机型就具有一个可向履带两侧转动 180°的主工作平台。这种带有回转平台的钻机在用户使用时有两大好处：一是可以实现钻机沿开采台阶坡顶线平行移动来完成钻孔，既可使移孔位时间减少一半以上，又可以保证在钻凿开采台阶头排孔时的钻机安全，即便是行走失控也不会发生钻机降段事故；二是在钻孔孔网参数允许范围内，可以实现一次稳车后钻凿 2 ~ 3 个炮孔。不过，这种带有回转式主平台的设计结构，一般只能用在中小型牙轮钻机上。

F 主平台上主要负载的浮动联结

为了减少安装在主平台上的主要部件因刚性连接对主平台的影响，应将安装在主工作平台上的主要负载由过去的刚性联结改为浮动联结，这样既可以减少工作过程中的振动，也可以防止主工作平台的变形。有些公司，对其所有钻机的内燃机、液压泵和空压机都采用浮动安装，以防止刚性槽钢底座变形。这样，即使钻机底盘在钻进或运动中产生形变或弯曲，也可保持动力部件完好无损。

5.7.2 走台

在主平台的两侧安装有两条走台，安装走台的目的，一是在尽可能少增加重量的前提下，扩大主平台的有效使用面积，用来安装电控柜、水箱等设施，二是为司机和维护人员提供人行通道。对于需要经常行走的走台，其走道踏面应采用具有防滑功能的钢格板或钢板网构成。走台与主平台之间通过斜臂式的支架采用高强度螺栓紧固连接。对于置于机房外的走台，在其周边应设置防护栏杆。走台与主平台连接结构如图 5-149 所示。

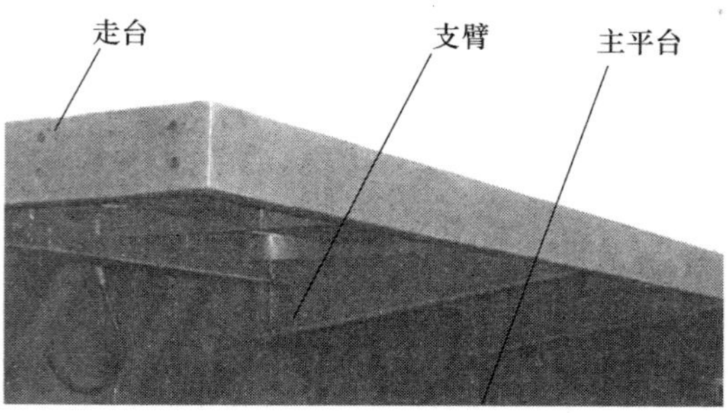

图 5-149　走台与主平台的连接结构

5.7.3　支撑千斤顶

5.7.3.1　支撑千斤顶的功能

支撑千斤顶主要具有两大功能：一是在穿孔作业之前将钻机调平，使钻机在穿孔时始终处于水平状态；二是支承钻机的全部重量，承受穿孔作业过程中钻机经由主平台作用在支撑千斤顶上的各种外力，使钻机有一个稳定的工作基础，增加和保持钻机的稳定性。

5.7.3.2　支撑千斤顶的类型

（1）按照钻机配置支撑千斤顶的数量，可分为四点分布型和三点分布型两种。一般而言，钻机配置的支撑千斤顶数量以 4 个的居多。配置 3 个支撑千斤顶的钻机机型不多，且多用于规格较小的钻机，其配置方式为：钻机后部（靠司机室一端）2 个、前部 1 个。

（2）按照支撑千斤顶在主平台上安装位置的布置方式，可分为矩形布置、梯形布置和三角布置三种布置方式。前两种方式是针对配置 4 个支撑千斤顶的钻机而言，前、后两对支撑千斤顶之间的间距基本相等的为矩形布置，前支撑千斤顶之间的间距明显小于后支撑千斤顶间距的为梯形布置。三角布置则是用于配置 3 个支撑千斤顶的钻机，前支撑千斤顶只有 1 个，而后支撑千斤顶则为 2 个。图 5-150 是一种典型的梯形布置四点式过渡连接型的支撑千斤顶布置。

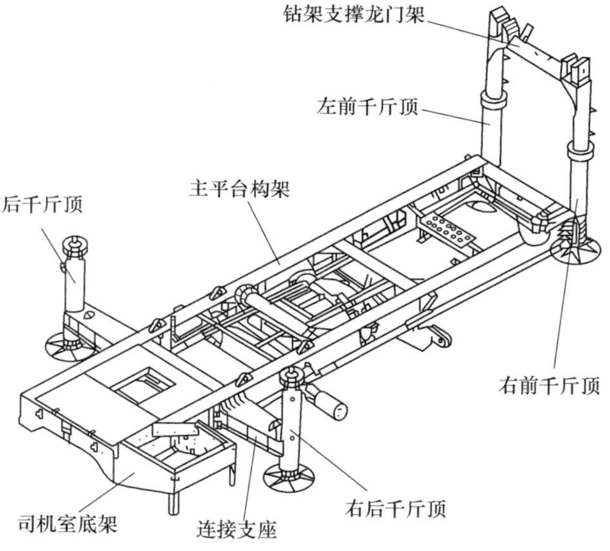

图 5-150　典型的梯形布置四点式过渡连接型的支撑千斤顶布置

（3）按照支撑千斤顶与主平台的连接方式，分为直接连固型和过渡连接型。所谓直接连固型指的是在支撑千斤顶的壳体上带有与主平台连接固定的法兰，不需要使用中间支座过渡，而过渡连接型则需要使用中间支座过渡与主平台连接。

5.7.3.3 结构特点分析

A 支撑千斤顶的布置形式

支撑千斤顶的矩形布置和梯形布置的作用基本相同，两个后支撑千斤顶为独立的，而两个前支撑千斤顶的外壳则用横梁焊成一体。对于以电力为动力来源的钻机，具备两个前支撑千斤顶通常是必不可少的，以便容纳电缆卷筒。一般而言，支撑千斤顶采用梯形布置形式时，后支撑千斤顶之间的间距往往要大于前支撑千斤顶，特别是对于大型或重型的钻机来说，更是如此，因为它们必须承受更大的轴压力，要求钻机具有更好的稳定性。

当支撑千斤顶采用三角布置时，其分布形式一般都是前1后2的布置，即前支撑千斤顶1个、后支撑千斤顶2个，如Atlas Copco公司的多个型号的钻机都是如此。反之，如果采取前2后1的形式，往往由于钻杆的轴压力过大而将钻机前部抬起，使布置在钻机前部的2个支撑千斤顶离开地面，容易使钻机沿纵向轴线倾斜。

B 支撑千斤顶总成的结构与连接特点

支撑千斤顶的构造和连接方式如图5-151所示。支撑千斤顶总成由油缸、支承盘和护罩等组成，如图5-151a所示。为了能在不平整的地面上保持千斤顶的正常工作，油缸与支承盘间用球铰或十字铰连接，两者的作用相同。支承盘与地面接触的表面，有光滑的、有带筋条的，后者在同地面的啮合情况及加强支承盘的刚性方面要优于前者。

支撑千斤顶的工作特点是：当高压油进入缸体下腔后，迫使缸体6、内套5和支承盘1一起向下移动，当支承盘与地面接触后如继续进油，则钻机就被抬起。当缸体下腔回油时，则钻机落下。

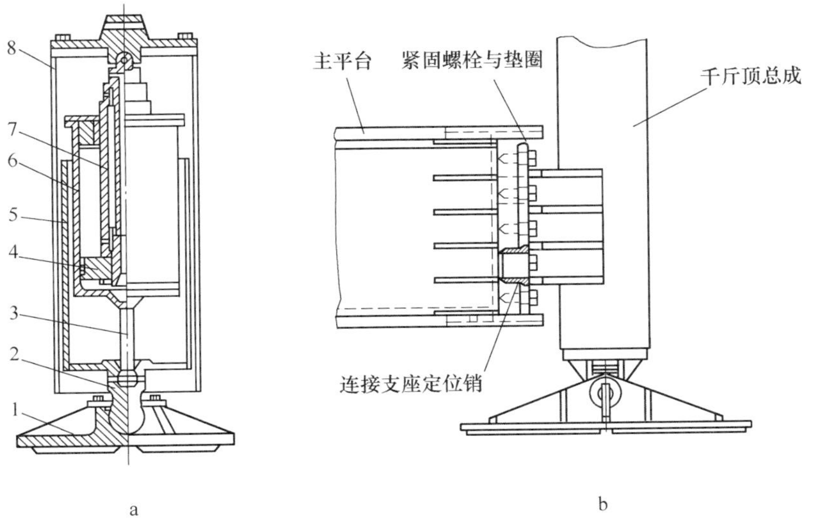

图5-151 支撑千斤顶结构与连接示意图

a—支撑千斤顶结构；b—支撑千斤顶与主平台连接

1—支承盘；2—下支铰；3—缸体支铰；4—活塞；5—内套；6—缸体；7—活塞杆；8—护罩

C　支撑千斤顶的连接方式

两个前支撑千斤顶的外壳用横梁焊成一体。支撑千斤顶与主平台的装配，采用防松螺栓连接，其连接形式如图 5-151b 所示。

有时，由于受到主平台尺寸规格的限制，支撑千斤顶与主平台的连接则通过加装中间支座过渡的形式进行连接。图 5-152 为加装了中间支座过渡连接的方式。

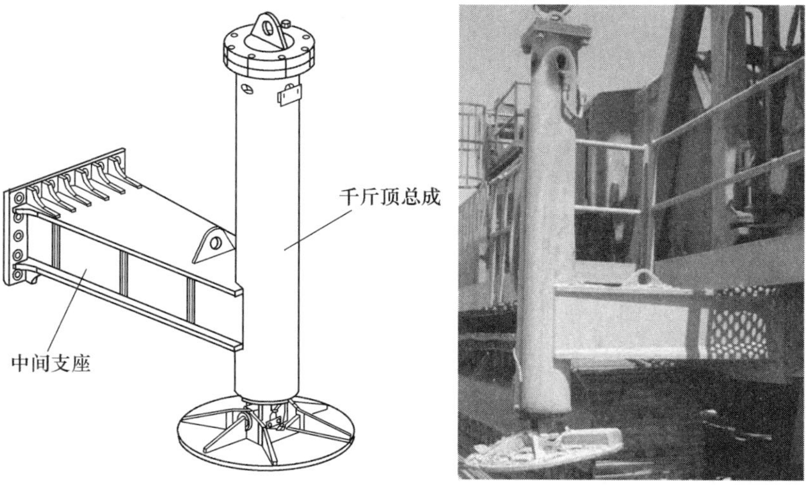

图 5-152　支撑千斤顶加装中间支座的过渡连接

5.8　司机室与机房

5.8.1　司机室

牙轮钻机的司机室是钻机司机在矿山从事开采作业的主要工作场所，是牙轮钻机的主要操作控制中心，因此在对人机工程的功能和环境上都有很高的要求。

5.8.1.1　司机室的功能

牙轮钻机的司机室应当具备以下基本功能：

（1）操纵管控功能。司机室是牙轮钻机的操纵管控中心，为此应当具备与操纵管控相关的钻机操作控制装置、便于操作的活动空间和便于操纵管控的工作环境。

（2）观察检测功能。在穿孔作业和转场移动等运动过程中，钻机的操作者必须能清楚地观看到钻机的各相关工作运动情况，为此司机室在各相关方向和位置应当对地面和周围空间具有明亮、宽敞的视野；钻机工作状态的检测和调整、故障诊断等系统则应当集中布置在钻机的操作台上，使司机能通过仪表、显示屏进行查看。

（3）汇集信息数据功能。牙轮钻机工作过程中的信息数据都聚集在司机室，司机室就是钻机的信息数据中心。除了钻机自身作业的数据外，根据钻机的配置和矿山管理的需求，有的钻机还需要保持与矿山管控中心和钻机制造商的卫星、网络通讯。

（4）安全防护功能。安全防护功能是钻机必备的基本功能，司机室除了应当给操作者提供一种舒适、无尘、无噪声、无振动、有空调的作业环境外，还需要具备防落物（FOPS）和防倾翻（ROPS）的功能，即当有落物飞溅到司机室或钻机倾翻到下一个台阶时，司机室能保护司机不受伤害。

（5）休息生活功能。长期在野外的矿山工作，对钻机的操作者来讲，司机室具备基本的休息生活功能是很受欢迎的。根据用户的需要，钻机应可安装常用的生活服务设施，如微波炉、电炉、立体音响、桌椅、电冰箱、饮用水装置以及化学厕所等，在可能的情况下，应当在有限范围内扩大司机室的空间，以满足司机的现代生活需要。

5.8.1.2　司机室的类型

（1）按照司机室与机房的关系，分为一体式和分体式。图5-153所示分别为一体式和分体式司机室。由图5-153a可见，司机室与钻机的机房是一个整体，而在图5-153b中，司机室与机房是分开的。

a

b

图5-153　一体式和分体式司机室
a—一体式；b—分体式

一体式的司机室是指司机室没有单独设立，而是与机房构筑为一体。这种结构形式虽然结构设计简单，但由于司机室与机房合为一体，司机室的操作环境效果较差，现在已经很少采用。而独立分体式的司机室则由于单独设计，可以创造较好的操作环境。

（2）按照司机室布置在主平台上观察钻孔的位置，分为前置式和后置式。这种类型的分别的参照物是钻机钻进工作的位置，也就是钻架的开口方向和钻机的前后方向（驱动轮端为前方、导向轮即张紧轮端为后方）作为判断司机室属于前置式还是后置式的。当司机室布置的位置在钻孔位置的后位即钻架开口的后方时为后置式，反之为前置式。在牙轮钻机的平面布置中，一般都属于后置式布置，前置式布置的较少。司机室的前置式和后置式的具体平面布置图如图5-154所示。

（3）按照司机室是否具备防落物（FOPS）和防倾翻（ROPS）功能，分为常规型和安全型。常规型的司机室在设计上不具备防落物（FOPS）和防倾翻（ROPS）功能，尽管有的司机室选用了钢化玻璃作为钻孔操作面窗户的挡风玻璃，但从其本质安全上来讲仍然属于常规型的司机室。安全型的司机室则不然，从设计和制造上都选择了具备防落物（FOPS）和防倾翻（ROPS）功能的设计结构和材料。图5-155a为没有具备防落物（FOPS）和防倾翻（ROPS）功能的常规型司机室，而图5-155b则为具备防落物（FOPS）和防倾翻（ROPS）功能的安全型司机室。

（4）按照司机室的操控系统的布置形式，分为台式操作型和椅式操作型。司机室操控

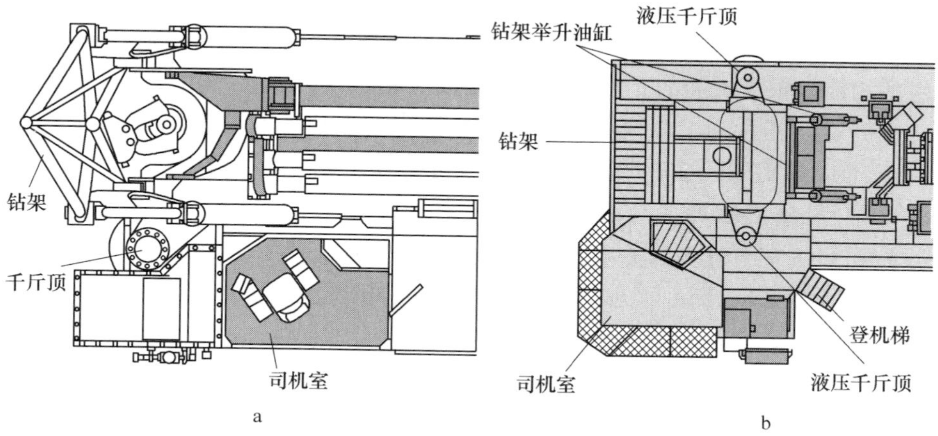

图 5-154　前置式和后置式的司机室平面布置图
a—前置式；b—后置式

图 5-155　常规型和安全型的司机室
a—常规型；b—安全型

系统的布置形式指的是司机室内部布置的操控面板、仪表、触摸显示屏、按钮开关等主要操控元件的总体布置方式。采用操作台的形式布置在司机室面对钻孔方向窗户下方的为台式操作型，钻机操作的主要手柄、按钮、仪表和显示屏主要布置在操作控制台上，如图5-156a所示；而上述操作元件主要布置在司机室操作座椅扶手两侧的则为椅式操作型，如图 5-156b 所示。

（5）按照司机室的操控系统是否使用计算机控制系统，分为传统操控型和现代操控型。传统钻机的操作控制系统，主要是靠手柄、转换开关和各种指针式仪表对钻机进行操作控制，而现代钻机除了常用的手柄和转换开关外，更多的是通过计算机对钻机进行管控。在计算机中除了钻机自身的相关数据、操作程序、作业管理、状态监测、故障诊断以外，还要具备炮孔的卫星通讯定位和环境监测的功能。图 5-157 为传统操控型和现代操控型司机室的内部布置情况。

5.8.1.3　结构特点分析

对钻机的司机室来讲，除了给操作者提供操纵机器所需要的装置外，更重要的是给操作者提供一种舒适、无尘、无噪声、无振动、有空调的作业环境。司机坐在松软的座椅

a

b

图 5-156　台式操作型和椅式操作型的司机室
a—台式操作型；b—椅式操作型

a

b

图 5-157　传统操控型和现代操控型的司机室
a—传统操控型；b—现代操控型

中，心情格外高兴，工作激情高，能发挥出最大能动性，提高机器作业效率。目前国外牙轮钻机制造厂都应用人机工程学改进司机室的设计，为司机创造一个舒适的作业环境，发挥操作者的主观能动性使其操纵的机器产生最高生产效率。根据相关的强制安全标准，各制造厂需要按照防落物（FOPS）和防倾翻（ROPS）的标准要求来设计司机室，即当有落物飞溅到司机室或钻机倾翻到下一个台阶时，司机室能保护司机不受伤害。近年来司机室的设计改进主要表现在以下几方面：

（1）司机室布置的改进。改进操作室布置，使司机位于以最佳视角观察钻孔的座位上；其次，控制台全部为电子控制装置，主要由 PLC、运行状态及报警显示器、用作计量显示的矩形仪表盘等组成。其排列顺序满足人机工程学要求，减少了正常操作过程中司机无法避免的无用的动作，减轻疲劳，提高操作效率。出于安全考虑，特意将行走控制装置的位置安装成使司机必须站起来操作，以便对地面和周围空间具有较大的视野。

（2）提高司机室密封性。为了降低粉尘和噪声，将液压和气动管路从操作室内移至室外；在平台和操作室连接部位安装减振垫装置以减轻通过平台传播的振动和噪声；室内壁板采用能够吸取噪声的隔音板材料，有助于将噪声水平降低到 80dB 以下，并且便于清扫。整体框架式操作室门，门边镶有密封橡胶，并像冰箱门一样具有磁性，门闩为可调式碰块。这些措施保证使操作室门关严，既隔绝外界噪声，又防止粉尘进入。

（3）司机室的安全保障。司机室的安全保障与人性化是牙轮钻机本质安全人性化的关键。所有操作功能和配置都要充分体现出人、设备和环境的安全和谐统一。

运用现代设计法和人机工程学原理设计钻机，以改善司机工作条件，提高设计工作效率和钻机可靠性，用人机工程学设计司机室，符合防落物（FOPS）和防倾翻（ROPS）的标准要求，钻机安全、舒适、防尘及减振效果好，噪声低、视野开阔。不但安全，而且舒适、防尘、减振、降低噪声和有利于空调设施，使室内色彩协调、温度适宜、视野开阔、空气新鲜，并在外观和功能方面给司机良好感觉。

图 5-158 所示的 Atlas Copco 公司钻机司机室就是如此。隔热和加压的司机室配备有双安全玻璃和有一个符合人体工程学的座椅与安全带；其钻孔控制台具有良好的操作可视性、环绕式的钻机控制台的控制器和操作手柄触手可及；司机室的噪声不大于 80dBA；一个完整的 360°人行通道延伸到整个钻机，包括司机室。

图 5-158　实现了安全保障与人性化的司机室

（4）操作环境的人性化司机室。除了仍然采用增压、过滤装置外，还增设了空调设备，司机座椅设计成舒适、安全可调气动式。操作室为间隔对角式，用户可根据需要安装生活服务设施，如微波炉、电炉、立体声响、桌椅、电冰箱、饮用水装置以及化学厕所，可以在有限范围内扩大操作室空间，以满足司机的现代生活需要。司机室楼梯的位置布置得很方便，两侧配有安全扶手，楼梯在行走时收起；否则 PLC 会通知驾驶员楼梯没有收好。图 5-159 为原 BI 公司 39HR 钻机司机室的外形和实现了操作环境人性化的司机室内的操作台。

（5）司机室的机械结构。司机室的机械结构是司机室不可忽视的一个重要内容，除了司机室的活动空间和自身的安全结构外，主要还应当包括与主平台的连接、支承、固定结构，门窗的密封结构，座椅和操控装置的防振结构，登机梯与安全通道结构，防火、隔热、保温、采暖通风结构等。

其中司机室与主平台的连接、支承、固定结构非常重要，其结构既要求具有很好的强度和刚性，又要能够经受住钻孔作业中强烈的振动，还要求具备较好的减振效果。在条件允许的情况下，司机室最好具有与主平台连接为一体的底座，这种结构的强度和刚性最好如图 5-160 所示。其次为截面较大的立板底架结构或板架混合结构，仅有斜撑的角钢支撑的司机室的强度和刚度的效果不及前两种结构，立板底架结构和斜撑的角钢支撑的司机室如图 5-161 所示。

当不可能设置与主平台连接为一体的底座时，可采用三角形的立板底架结构作为司机

图 5-159 操作环境人性化的司机室外形和操作台

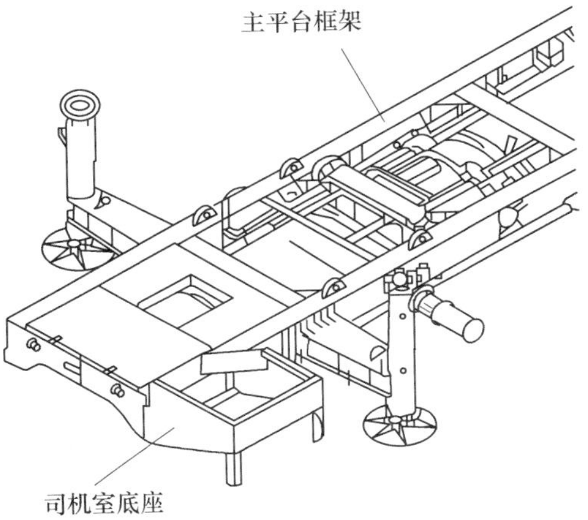

图 5-160 司机室与主平台的底座式连接结构

a

b

图 5-161 司机室与主平台的板架式连接（a）和斜角钢支撑结构（b）

室的底部支撑，必要时加少许角钢作为辅助支撑，如图 5-161a 所示。当缺少安装位置，既不可能为司机室设置底座，又不可能用板架结构作为司机室的底部支撑时，则只有利用右走台的框架和右后千斤顶的外壳安装司机室的框架底板，并在千斤顶的外壳体上通过多根斜撑的角钢支撑司机室，如图 5-161b 所示，这种结构尽管采用框架结构的底板紧固在走台的框架上，但其效果则无法与前两种结构相比。

5.8.2　机房

机房是用来保护钻机主平台上的各类机电设备的封闭结构的容器，对于以电力为动力源的钻机尤为重要。图 5-162 为钻机机房的内部结构。

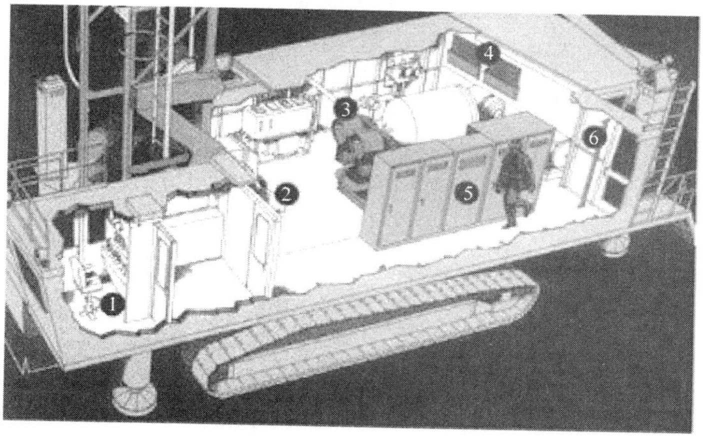

图 5-162　钻机机房的内部结构

1—司机室；2—机房；3—主空压机；4—空气滤清器；5—电控柜；6—机房门

5.8.2.1　机房的功能

牙轮钻机的机房应当具备以下主要功能：

(1) 覆盖保护安装在主平台上的各类机电设备，能够预防雨雪的侵蚀和粉尘的破坏。

(2) 能够形成密闭的空间，对进入机房的空气有增压过滤功能。

(3) 机房的顶部具有可以活动的顶棚，便于设备检修时的拆装。

(4) 机房内部具有便于维护检修的门与通道。

(5) 具有用于采光、通风换气所必需的窗户。

5.8.2.2　机房的类型

钻机的机房主要有以下几种类型：

(1) 整体增压过滤型。整体增压过滤型机房主要应用于以电动机为原动机的钻机，为这种钻机配套的机电设备的防护等级要求较高，需要有较好的工作环境，如图 5-163 所示。

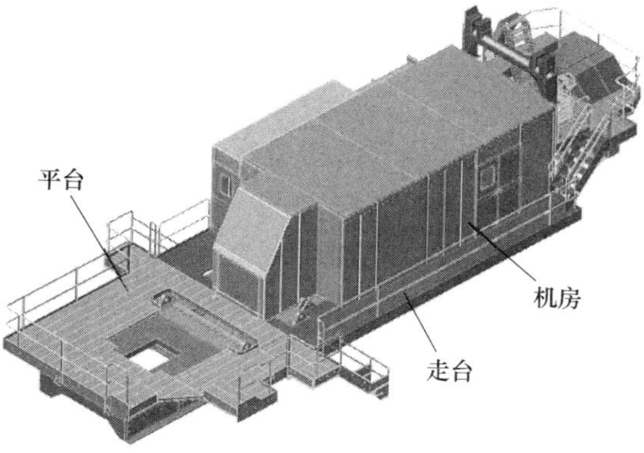

图 5-163　整体增压过滤型机房

(2) 分体覆盖型。分体覆盖型机房主要应用于以柴油机为原动机的钻机。一般这种钻机可以不设置机房，如图 5-164 所示。但是当有某些特殊要求时，则可设置一些分体式的覆盖件。这种类型的机房不需要对进入机房的空气进行增压过滤，如图5-165所示。

图 5-164 钻机的无机房设计

图 5-165 分体覆盖型机房

（3）内走廊型。内走廊型机房是指钻机的走台被覆盖在机房内部，在机房的外部看不见钻机的左右走台。

（4）外走廊型。外走廊型机房是指钻机的走台不被机房覆盖，形成钻机外走廊，钻机的左右走台都在钻机机房的外部。

5.8.2.3 结构特点分析

钻机的机房是用方钢管做骨架，在骨架的外部敷设单层或双层冷轧钢板的壁板、顶板和必需的门窗构成。在机房的顶部，设有一个或多个活动顶棚，供检修使用。

电动型钻机的整个机房，其内部是密闭的，设置有增压过滤器。钻机开机时，增压风机先反吹风，把过滤器上的灰尘排出去，然后停机再正转。经过过滤的空气对钻机电控柜内的开关元件都有好处。机房内形成正压，外部的灰尘无法从机房的缝隙中进去。

为了使钻机在北方寒冷的冬季易于启动，机房设置有加热器，在钻机启动前进行预热。同时在机房的顶棚上加有绝热保温层，以降低机房在夏季的温度，冬季则起保温作用。

为了保证安全，主变压器不设置在机房内，而是设置为一个单独的隔间，门朝前开。为了便于变压器散热，其门板采用通风良好的钢板网。

参 考 文 献

[1] 汤铭奇. 露天采掘装载机械［M］. 北京：冶金工业出版社，1993：37～44.

[2] 舒代吉. YZ 系列牙轮钻机［M］. 长沙：湖南大学出版社，1989：39～50.

[3] Bhalchandra V. Gokhale. Rotary Drilling and Blasting in Large Surface Mines［M］. London：CRC，2011：168～174.

[4] 王智明，马宝松，等. 钻孔与非开挖机械［M］. 北京：化学工业出版社，2006：200～207.

[5] 孔德文，赵克利，等. 液压挖掘机［M］. 北京：化学工业出版社，2007：44～51.

[6] 王运敏. 中国采矿设备手册（上册）［M］. 北京：科学出版社，2007：13～17.

[7] 萧其林. 现代牙轮钻机的设计与结构特点（一、二）［J］. 矿山机械，2007（2，3）.

[8] 萧其林. 露天矿用牙轮钻机加压提升机构分析与设计（一、二）［J］. 矿山机械，2014（9，10）.

[9] 萧其林. 国外牙轮钻机的技术特点与新发展（一、二）［J］. 矿业装备，2014（3，4）.

[10] Atlas Copco Drilling Solutions LLC，Blasthole Dilling in Open Pit Ming［Z］，2012.

6 原动机与动力装置

本章内容提要：本章重点介绍了牙轮钻机的原动机中电动机、液压马达、柴油机和主空气压缩机的类型、工作原理、特点及基本结构。并介绍了这些原动机和动力装置在牙轮钻机的应用现状。

6.1 原动机的类型、特点与应用

6.1.1 原动机的类型

原动机泛指利用能源产生原动力的一切机械。按照利用的能源种类区分，有热力发动机、水力发动机、风力发动机和电动机等，是现代生产、生活领域中所需动力的主要来源。

6.1.1.1 一次能源与二次能源

能源是指能提供能量的自然资源，它可以为人类提供所需要的电能、热能、机械能、光能、声能等。这些能源包括煤炭、石油、水力、风力、太阳能、原子能、氢能等。能源以它的形成条件可以分为一次能源和二次能源两大类。

在自然界已经存在，可以用一定技术开发取得，没有经过加工改变其性质和转换的能源，称为一次能源，如采出的原煤、原油、油页岩、天然气、核能、水能、太阳能、风能、生物质能、地热能、潮汐能、海洋能等都是一次能源。

由一次能源经过加工、转换成另一种形式的能源，称为二次能源，如电力、蒸汽、石油制品（煤气、汽油、煤油、柴油、重油、液化石油气）、焦炭、人工煤气、水煤炭、甲醇、乙醇、氢气、沼气等都是二次能源。

一次能源转换成二次能源时，总会有转换损失，但二次能源比一次能源有较高的终端利用效率，也更清洁和便于利用。例如：为满足各种用油设备的需求，把原油加工成汽油、煤油、柴油等各种石油制品；为提高劳动生产率，需要使用各种电动设备，所以要把煤、油等燃料转换成电。一次能源无论经过几次转换所得到的另一种能源产品，都称为二次能源。

6.1.1.2 原动机的种类

原动机的种类很多，按照使用能源性质的不同，可分为一次原动机和二次原动机两大类。一次原动机能够直接将自然界的能源转变为机械能，如风力机、水轮机、燃汽轮机等；二次原动机则需要使用已经过一次能量转换的二次能源，如电力、介质动力和压力等，此类原动机主要包括内燃机、电动机、液压马达等。

如再细分，内燃机可分为汽油机、柴油机等；电动机可分为交流电动机、交流变频电动机和直流电动机；液压马达可分为径向柱塞马达、轴向柱塞马达、斜盘式柱塞马达、斜轴式柱塞马达、双斜盘式柱塞马达、叶片马达、齿轮液压马达等。

6.1.2　原动机的特点与适用范围

原动机的特点与应用范围见表6-1。

表6-1　原动机的特点与应用范围

原动机类型		能源介质	特　点	应　用
一类原动机	汽轮机	蒸汽	启动转矩大，转速高，变速范围较大，运转平稳，寿命长。设备复杂，制造技术要求高，初始成本高	适用于大功率高速驱动，如压缩机、泵和风机
	燃气轮机	石油制品或天然气	燃气轮机体积小、占地面积小，当用于车、船等运输机械时，既可节省空间，也可装备功率更大的燃气轮机以提高车、船速度。燃气轮机的主要缺点是效率不够高，在部分负荷下效率下降快，空载时的燃料消耗量高	主要用于大功率高速驱动，如机车、飞机、发电等，也可直接驱动各种泵、风机、压缩机和船舶螺旋桨等
	汽油机	汽油	结构紧凑，质量轻，便于移动，转速高。燃料成本高、易燃、废气排放会造成大气污染	多用于汽车
	柴油机	柴油	工作可靠，寿命长，维护简便，运转费用低，燃料较安全。初始成本较高，废气排放会造成大气污染	应用范围广，如各种车辆、船舶、矿山机械、农业机械、压缩机等
二类原动机	电动机	电力	驱动效率高，有良好的调速性能，使用和控制非常方便，具有自启动、加速、制动、反转等能力，能满足各种运行要求；电动机的工作效率较高，又没有烟尘、气味，不污染环境，噪声也较小。与传动系统连接方便，作为一般传动，功率范围很广。必须提供电源才能使用	在工农业生产、交通运输、国防、商业及家用电器、医疗电器设备等各方面广泛应用。在工业方面，用于拖动中小型轧钢设备、各种金属切削机床、轻工机械、矿山机械等
	液压马达	液压油	可获得很大的动力或转矩，可通过改变液压流量进行无级调速，实现快速响应，操作控制简单。必须有高压油供应系统，液压系统的制造装配要求高	主要应用于注塑机械、船舶、卷扬机、工程机械、建筑机械、煤矿机械、矿山机械、冶金机械、船舶机械、石油化工、港口机械等
	气动马达	压缩空气	工作介质易于获取且成本低廉，易远距离输送，能适应恶劣环境，动作迅速、反应快。工作稳定性差、噪声大，输出扭矩不大	适用于小型轻载的工作机械

6.1.3　原动机的选择

机械系统通常由原动机、传动装置、工作机和控制操纵部件及其他辅助零部件组成。工作机是机械系统中的执行部分，原动机是机械系统中的驱动部分，传动装置则是把原动机和工作机有机联系起来，实现能量传递和运动形式转换不可缺少的部分。

原动机选择得是否恰当，对整个机械的性能及成本、对机械传动系统的组成及其繁简程度将有直接影响。

6.1.3.1 选择原动机应考虑的基本要素

（1）动力与负载要素。原动机输出的力（或力矩）及运动规律（线速度、转速）满足（或通过机械传动系统来满足）机械系统负载和运动的要求。

（2）机械特性匹配要素。原动机的输出功率与工作机对功率的要求相适应，即原动机的机械特性和工作机的负载特性匹配。所谓匹配是指原动机、传动装置和工作机在机械特性上的协调，使工作机处于最佳的工作状态。图6-1为常用的几种原动机的特性曲线。

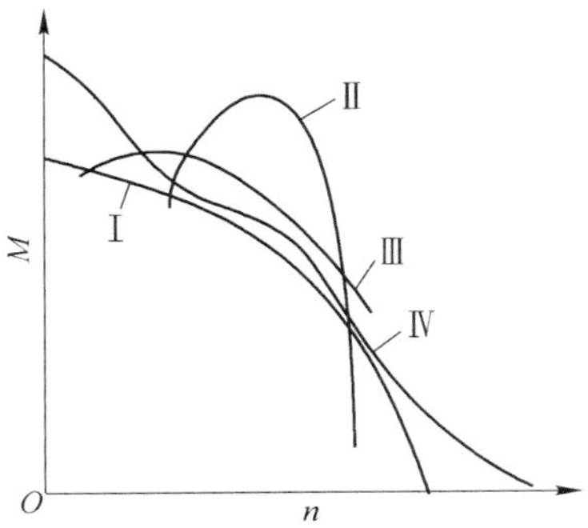

图6-1 常用的几种原动机的特性曲线

Ⅰ—直流电动机；Ⅱ—交流电动机；Ⅲ—内燃机；Ⅳ—柴油机-液力变矩器系统

（3）运动形式要素。原动机的运动形式主要是回转运动、往复摆动和往复直线运动等。当采用电动机、液压马达、气动马达和内燃机等原动机时，原动件作连续回转运动；液压马达和气动马达也可做往复摆动；当采用油缸、汽缸或直线电动机等原动机时，原动件作往复直线运动。有时也用重锤、发条、电磁铁等作原动机。

6.1.3.2 原动机类型的选择

（1）首先应考虑能源供应及环境要求，如能源供应，降低噪声和环境保护等，选择确定原动机的种类。

（2）再根据驱动效率、运动精度、负载大小、过载能力、调速要求、结构尺寸等因素，分析原动机的机械特性和工作制度是否与机械系统的负载特性（包括功率、转矩、转速等）相匹配，以保证机械系统有稳定的运行状态。

（3）综合考虑工作机的工况和原动机的特点，具体分析原动机是否满足工作机启动、制动、过载能力和发热的要求；是否满足机械系统整体布置的需要；是否具有较高的性能价格比、运行可靠、经济性指标合理，以选得合适的类型。

6.1.4 原动机在牙轮钻机中的应用

牙轮钻机常用的原动机，按动力种类可分为内燃机驱动、电力驱动及复合驱动；按整机所用原动机的数目可分为单机驱动和多机驱动；按原动机的特性可分为具有固定特性的驱动和具有可变特性的驱动。

牙轮钻机中除了主空压机需要使用原动机以外，在工作机构需要应用原动机的机构还有回转机构、加压提升机构、行走机构。本书将驱动钻机主空压机的原动机称为一级原动机，驱动工作机构的原动机称为二级原动机。

6.1.4.1 牙轮钻机的驱动形式

原动机的应用形式与牙轮钻机的驱动方式密切相关，牙轮钻机的驱动形式有内燃机驱动、电动机驱动、复合驱动、单发动机驱动和多发动机驱动等多种形式。

（1）内燃机驱动。从理论上讲，内燃机都可以应用于牙轮钻机的驱动。但实践证明，在牙轮钻机上只有柴油机驱动才是经济可行的选择。其主要优点是钻机移动不受外界能源的限制，随时随地可以启动；效率高、体积小、重量轻、造价低。其主要缺点是不能有载启动，转速不能大幅度地调整；过载性能差，要根据机构的最大力矩来选择和确定功率，使用效率低，不能逆转；要求工人使用、操纵、维护技术水平较高。另外，柴油机工作的振动噪声大，冬季冷车时启动困难。

（2）电动机驱动。电动机驱动是牙轮钻机上应用得比较普遍的一种形式。其主要特点是使用方便，不污染环境，工作稳定性好，易于实现调速和逆转，可以采用多台电动机驱动，传动系统简单。电动机驱动主要有交流电动机驱动和直流电动机驱动两种方式。

（3）复合驱动。复合驱动有两种形式：柴油机-电动机驱动，主要用于缺少电力的场所，这种驱动方式的特性与电动机一样，一般用在大、中型钻机上；柴油机（电动机）-液压传动，是一种发展较快的驱动形式，在中、小型钻机上应用较多。

（4）单发动机驱动。由一个发动机驱动多个工作机构的动作；各机构的动力接换，靠传动系统中的分动箱和各种离合器、制动器来实现。如果采用电力传动，其逆转靠电动机反转来实现。

（5）多发动机驱动。各主要工作机构都由自己独立的原动机驱动。这种驱动方式使传动系统简化，减少传动链长度，省掉了逆转器及离合器等部件。多发动机驱动的传动系统应用于大、中型钻机上，动力主要是电力。

由上述分析可知：电力驱动多应用于钻机工作地点比较固定、电源易于得到的地方。柴油机驱动一般多应用于流动性较大的钻机上。

6.1.4.2　原动机在牙轮钻机中应用的发展

牙轮钻机使用的原动力已经由过去使用蒸汽机发展为电力驱动和柴油机驱动。驱动钻杆钻进回转的原动机发展为直流电动机驱动、交流电动机驱动和液压马达驱动；而后又发展为交流电动机的变频驱动；在电动机驱动中又由单电动机驱动发展为双电动机驱动；牙轮钻机初期采用的是通过用交流电动机带动缠绕在卷鼓上的钢丝绳实现回转头在钻进过程中的加压进给和回程提升，现在加压的原动机除了电动机以外，还开发研制了更具优势的液压马达或液压油缸的液力加压。

牙轮钻机中原动机的应用取决于矿山所提供和选择的动力类型、钻机自身动力装置的组合方式。当矿山采场配备有稳定的动力电源时，钻机的原动机以选择电动机为主，因为电动机有较高的驱动效率和运动精度，其类型和型号繁多，能满足不同类型工作机的要求，而且还具有良好的调速、启动和反向功能，因此可作为首选类型。反之，则以选择柴油机为主。表6-2为原动机在牙轮钻机中应用的主要形式。

表6-2　原动机在牙轮钻机中应用的主要形式

<table>
<tr><th colspan="2">原动机类型及应用</th><th>电力驱动</th><th>柴油驱动</th></tr>
<tr><td rowspan="2">一级原动机</td><td rowspan="2">主空压机</td><td>电动机</td><td>柴油机</td></tr>
<tr><td>电动机 + 液压复合驱动</td><td>柴油机 + 液压复合驱动</td></tr>
<tr><td rowspan="6">二级原动机</td><td rowspan="2">回转驱动</td><td>直流电动机</td><td rowspan="2">液压马达</td></tr>
<tr><td>交流变频电动机</td></tr>
<tr><td rowspan="2">加压提升</td><td>直流或交流变频电动机</td><td rowspan="2">液压马达、液压油缸</td></tr>
<tr><td>液压马达、液压油缸</td></tr>
<tr><td rowspan="2">行走驱动</td><td>直流或交流变频电动机</td><td rowspan="2">液压马达</td></tr>
<tr><td>液压马达</td></tr>
</table>

6.2 电动机

电动机驱动在牙轮钻机上普遍使用。其主要特点是使用电能比较经济、方便，易于实现调速和逆转，可以采用多台电动机驱动，简化了传动系统。牙轮钻机中经常使用的驱动方式有交流电动机驱动、交流变频电动机驱动和直流电动机驱动。

6.2.1 交流电动机

交流电动机具有结构简单、制造方便、价格便宜、维护费用低、对环境要求低的优点。因此，交流电动机自问世以来，就在各个领域得到了广泛的应用。以下交流电动机的讨论，将以三相异步电动机为主。三相异步电动机是靠同时接入 380V 三相交流电源（相位差 120°）供电的一类电动机，由于三相异步电动机的转子与定子旋转磁场以相同的方向、不同的转速旋转，存在转差率，所以称为三相异步电动机。

6.2.1.1 交流电动机的原理

以三相异步电动机为例，它的工作原理是通过一种旋转磁场与这种旋转磁场通过感应作用在转子绕组内所感生的电流相互作用，产生电磁转矩，从而实现拖动作用，如图 6-2 所示。

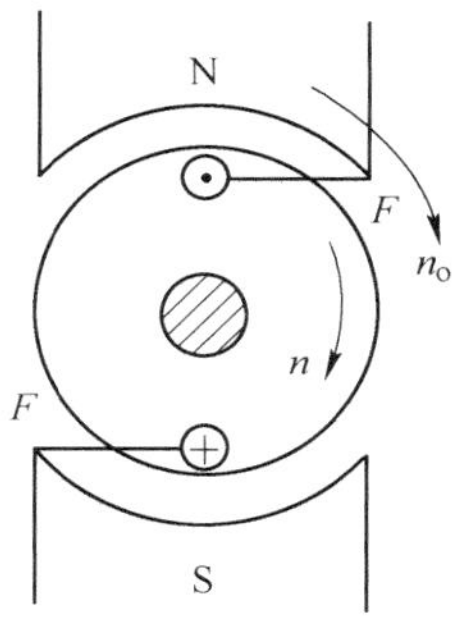

图 6-2 异步电动机的工作原理

三相异步电动机是感应电动机，定子通入电流以后，部分磁通穿过短路环，并在其中产生感应电流。短路环中的电流阻碍磁通的变化，致使有短路环部分和没有短路环部分产生的磁通有了相位差，从而形成旋转磁场。通电启动后，转子绕组因与磁场间存在着相对运动而感生电动势和电流，即旋转磁场与转子存在相对转速，并与磁场相互作用产生电磁转矩，使转子转起来，实现能量变换。

理论分析和实践表明，在对称三相绕组中流过对称三相电流就会产生旋转磁场。对于极对数为 p 的异步电动机，当交流电源频率为 f_1 时，旋转磁场的转速 n_o(r/s) 可由下公式计算：

$$n_o = f_1/p$$

我们知道，三相异步电动机的定子铁芯上嵌有对称三相绕组，而转子铁芯上又有均匀分布的导条，导条两端由铜环连通。当对称三相绕组接通对称三相电源以后，异步电动机即在其定子、转子之间的气隙内产生以同步转速 n_0 旋转的磁场。转子导条在这种旋转磁场的磁力线切割下，将产生感应电动势。由于转子导条已构成闭合环路，因此导条内将有电流流过，导条也因此受到电磁力的作用。转子上导条受到的电磁合力，将产生一个与旋转磁场同向的电磁转矩，使转子跟着旋转磁场旋转，克服负载转矩做功，从而实现能量的转换。这就是三相异步电动机的工作原理。

6.2.1.2 交流电动机的结构

三相异步电动机的结构主要由静止的定子部分和转动的转子部分组成，定子和转子之间存在一个较小的气隙。其中定子部分由定子铁芯、定子绕组和机座组成，转子部分由转子铁芯、转子绕组和转轴组成。图 6-3 和图 6-4 分别为绕线转子三相异步电动机转子和笼型转子三相异步电动机的结构。

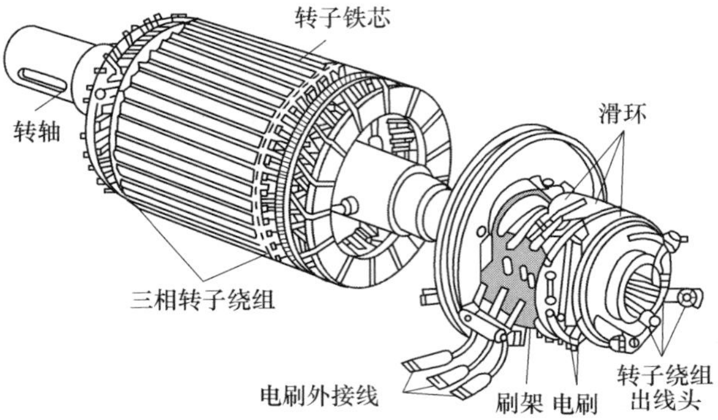

图 6-3　绕线式三相异步电动机转子结构

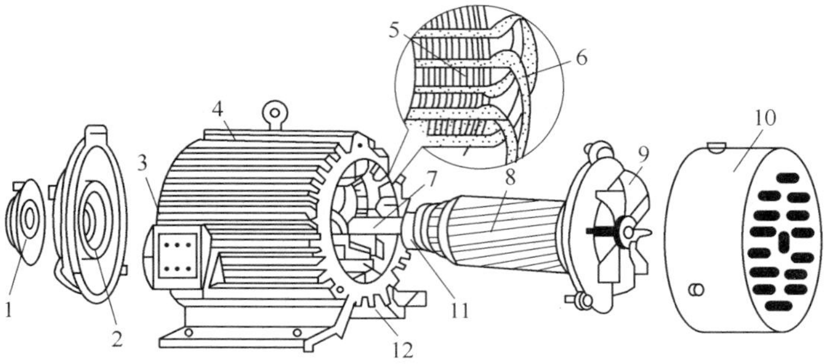

图 6-4　笼型转子三相异步电动机结构

1—轴承盖；2—端盖；3—接线盒；4—散热笼；5—定子铁芯；
6—定子绕组；7—转轴；8—转子；9—风扇；10—罩壳

现就三相异步电动机的具体结构介绍如下：

（1）定子铁芯。定子铁芯是异步电动机主磁通磁路的一部分，一般由导磁性能较好的0.5mm 硅钢片冲压叠制而成。定子铁芯的槽型通常有三种：半闭口槽、半开口槽和开口槽。从提高异步电动机的效率和功率因数看，半闭口槽最好。

（2）定子绕组。定子绕组是异步电动机定子部分的电路，由许多线圈按一定规律连接而成，置于定子铁芯槽内。根据定子绕组在槽内的布置情况，定子绕组有单层绕组和双层绕组两种基本形式。容量较大的异步电动机采用双层绕组，较小的则用单层绕组。

（3）机座。机座的作用主要用来固定和支撑定子铁芯。对小型异步电动机，一般采用铸铁机座，而对大中型异步电动机，常采用钢板焊接的机座。

（4）转子铁芯。作为异步电动机主磁通磁路的一部分，转子铁芯一般也由导磁性能较好的0.5mm 硅钢片冲压叠制而成，固定在转轴或转子支架上。整个转子铁芯的外表面呈圆柱形。

（5）转子绕组。转子绕组分为笼形绕组和绕线绕组两种。

笼形绕组的各相均由单根导条组成。如果去掉铁芯，整个绕组的外形就像一个关松鼠的笼子，笼形绕组由此得名。具有这种笼形绕组的转子，称为笼形转子。

与定子绕组一样，绕线绕组也是一种对称三相绕组。这个对称三相绕组接成星形，并接到转轴上的三个集电环，再通过电刷使转子绕组与外电路接通。这种转子的特点，是转子回路通过接入附加电阻或其他控制形式，改善异步电动机的启动性能和调速特性。

（6）气隙。异步电动机定子、转子之间的气隙一般为0.2～2mm。气隙的大小直接影响异步电动机的性能。气隙越大，磁阻越大。磁阻大时，产生同样大小的磁场需要的励磁电流就大。由于励磁电流是无功电流，该电流增大将使异步电动机的功率因数变差。当然，事物的作用都有其两面性。磁阻大了，可以减少气隙磁场的谐波分量，从而减少附加损耗，改善启动性能。气隙过小，将增加装配的难度，也使运转不安全。

6.2.1.3 交流电动机的种类

根据交流电动机的转速与电网频率的关系，交流电动机又可分异步电动机和同步电动机两类。同步电动机的转速与所接电网频率之间存在一种严格不变的关系，而异步电动机则没有。异步电动机又可分为带换向器和不带换向器两种，习惯上所说的异步电动机是不带换向器的异步电动机（又称感应电动机）。这种异步电动机接上电源后，由电源提供励磁电流，建立相应的磁场，通过电磁感应，使转子绕组感生电流，产生电磁转矩，以实现机电能量转换。而异步电动机还可分为单相异步电动机和三相异步电动机两种。

按转子结构的不同，三相异步电动机可分为笼式和绕线式两种。笼式转子的异步电动机结构简单、运行可靠、重量轻、价格便宜，得到了广泛的应用，其主要缺点是调速困难。绕线式三相异步电动机的转子和定子一样也设置了三相绕组并通过滑环、电刷与外部变阻器连接。调节变阻器电阻可以改善电动机的启动性能和调节电动机的转速。

6.2.1.4 交流电动机的技术参数和工作特性

交流电动机的技术参数包括额定功率、额定转速和功率因数、额定电压、额定电流、绝缘等级、允许温升等。

交流电动机的工作特性是指在额定电压和额定频率情况下，交流电动机的转速、定子电流、功率因数、电磁转矩、效率等和输出功率的关系，主要包括转速特性、定子电流特性、功率因数特性、电磁转矩特性和效率特性。其相互之间的关系曲线即交流电动机的工作特性曲线如图6-5所示。

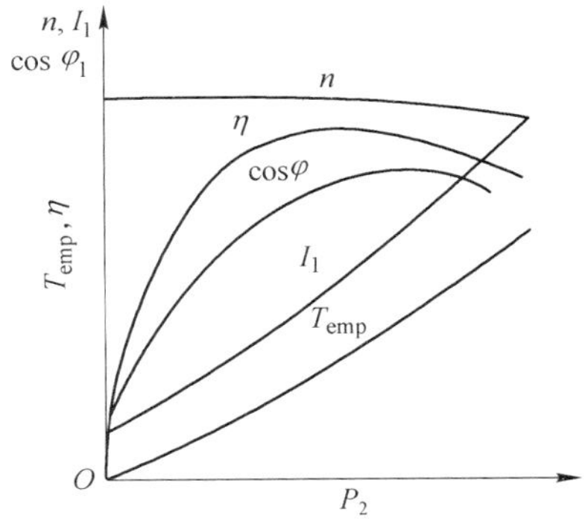

图6-5 交流电动机的工作特性曲线

（1）转速特性。在额定功率和额定频率下，异步电动机的转速特性曲线如图6-5所示。由图可以看出，这是一条稍向下倾斜的曲线。电动机空载时，输出功率约为零，此时转速接近同步转速 n_o；随着负载的增大，P_2 也增大，转速稍有下降。

（2）定子电流特性。根据异步电动机定子电流的磁通势平衡方程式：

$$i_1 = i_m + (-i2)$$

上式表明，空载时电流很小，随着负载电流增大，电动机的输入电流增大。随着负载增大，转子转速下降，转子电流增大，定子电流及磁通势随之增大。事实上，定子电流几乎随 P_2 按正比例增加。

（3）功率因数特性。对电源来讲，异步电动机相当于一个感性阻抗，其功率因数总是滞后一个角度。空载时，定子电流基本上用来产生主磁通，有功功率很小，功率因数也很低；随着负载电流增大，输入电流中的有功分量也增大，功率因数逐渐升高；在额定功率附近，功率因数达到最大值。如果负载继续增大，则导致转子漏电抗增大（漏电抗与频率正比），从而引起功率因数下降。

（4）电磁转矩特性。稳态运行时，异步电动机的转矩平衡方程式为：

$$T_{em} = T_o + T_2$$

又

$$P_2 = T_2\Omega$$

所以

$$T_{em} = T_o + P_2/\Omega$$

当异步电动机的负载不超过额定值时，转速和角速度变化很小，从空载到满载，转速略有下降，而空载转矩基本不变，电磁转矩特性曲线为一个上翘的曲线，近似一条斜率为 $1/\Omega$ 的直线。

（5）效率特性。异步电动机的效率由下式表征：

$$\eta = 1 - \Sigma P/P_1 = P_2/(P_2 + P_{Cu1} + P_{Fe} + P_{Cu2} + P_{mec} + P_{\Delta})$$

其中铜耗随着负载的变化而变化（与负载电流的平方正比）；铁耗和机械损耗近似不变；效率曲线有最大值，可变损耗等于不变损耗时，电动机达到最大效率。

异步电动机额定效率在74%~94%之间；最大效率发生在0.7 ~1.0倍的额定效率处。

6.2.1.5　交流电动机在牙轮钻机中的应用

交流电动机在初期的牙轮钻机中应用得较为普遍，交流电动机拖动系统结构简单、成本低，易于维修，却不能无级调速。即使通过改变磁极对数，采用多速电动机进行有级调速，也难满足钻孔工艺的要求，因此，随后电动机在钻机上的应用，大多数被直流电动机所取代。直到交流变频调速技术的出现后才改变了这种局面。

6.2.2　直流电动机

直流电动机是依靠直流电驱动的电动机。直流电动机具有调速性能好、启动转矩大等优点，但也存在生产成本高、制造工艺复杂、维护困难等缺点，适用于对调速性能和启动性能都要求较高的场合。

直流电动机的技术参数主要包括额定功率、额定转速、额定电压、额定电流、绝缘等级、温升、启动电流和启动转矩、最大转矩等。

6.2.2.1　直流电动机的原理

为了阐述直流电动机的工作原理，先分析载流线圈在磁场中的受力情况。如图6-6a所示，如果磁场的感应强度为 B，线圈的 a 边和 x 边的有效长度为 L，线圈从 a 边入、x 边出，通入直流电流 i，那么，对每个有效的线圈边，即 a 边和 x 边，所受的电磁力 $f = BiL$。根据左手定则所确定的电磁力方向，这一对电磁力将产生一个电磁转矩，使线圈（也即直流电动机的电枢）沿逆时针方向转动。但当电枢转过180°时，如果此时电枢电流方向仍不改变，此时电枢受到的转矩将是一个顺时针的转矩，迫使电枢反方向转动。这种交变转矩的作用结果只能使电枢来回摆动，无法连续旋转。解决办法就是增加一个换向器，如图

6-6b 所示。换向器由互相绝缘的铜片构成，装在轴上与电枢一起旋转但与电枢绝缘。换向器又与一对固定的石墨电刷 A、B 相通。当直流电压加于电刷端时，直流电流经电刷流过电枢线圈，产生的电磁转矩使电枢开始旋转。此时，由于换向器配合电刷对电流的换向作用，使电枢线圈边只要处于 N 极下，其中通过的电流方向总是由电刷 A 流入的方向，而在 S 极下时，电流方向总是沿电刷 B 流出，从而保证每个极下线圈边中流过的电流方向相同，使直流电动机最终能连续运转。

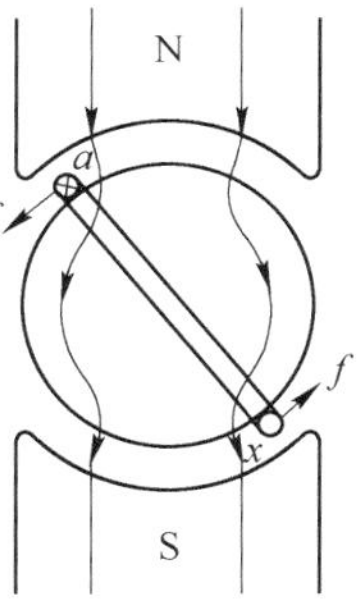

a

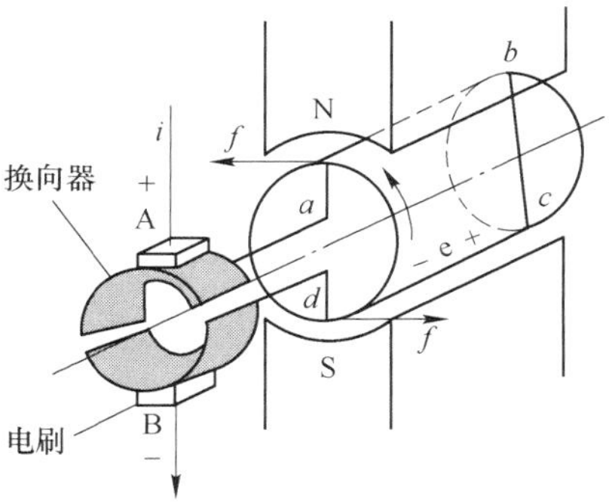

b

图 6-6　直流电动机的工作原理

以上所述，即为直流电动机的工作原理。简单地讲，就是带换向器的交流发电动机。无非是把电枢线圈中靠感应产生的交变电动势，在换向器配合电刷的换向作用下，使之从电刷端引出，变为直流电动势。

6.2.2.2　直流电动机的结构

直流电动机的结构（见图 6-7）包括两大部分：静止部分和转动部分。其中静止部分又可分为主磁极、换向极、机座和电刷装置等。而转动部分则可分为电枢铁芯、电枢绕组和换向器。下面将对照图 6-7，对各部分进行简单介绍。

主磁极是一种电磁铁。其铁芯由钢板冲压而成，绕制好的励磁绕组套在铁芯外边。为了使主磁通在气隙中分布更为合理，铁芯下部一般略宽于绕组套的部分。

换向极又称附加极，主要用于改善换向，由铁芯和绕组构成，其绕组与电枢绕组串联。

机座用来固定主磁极、换向极和端盖，同时作为磁路的一部分。

电枢铁芯由硅钢片冲压而成，用来嵌放电枢绕组，同时也是主磁路的主要部分。

电枢绕组由许多按一定规律连接的线圈组成，是通过电流和感应实现机电能量转化的关键性部件。

换向器将电刷上所通过的直流电流转化为绕组内的交变电流，它也是直流电动机的重要部件，由许多换向片组成，各换向片间用云母绝缘。

6.2.2.3　直流电动机的种类及励磁方式

在直流电动机中，主磁场是由电动机磁极的励磁磁通势建立，因此也称为励磁磁场。励磁方式是指对励磁绕组如何供电、产生励磁磁通势而建立主磁场的问题。按励磁方式不

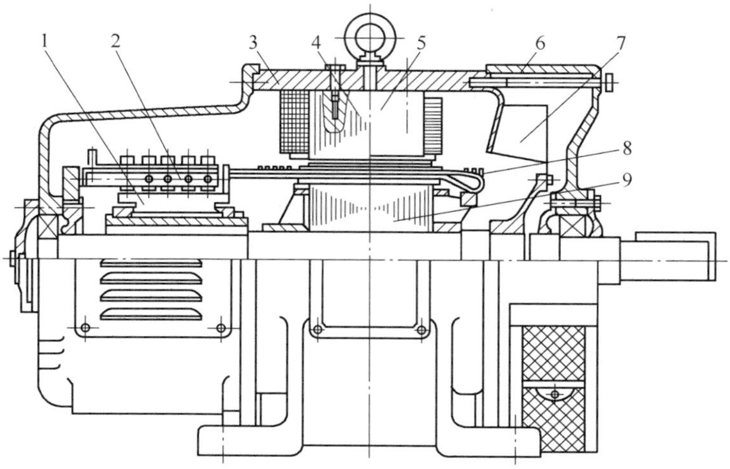

图 6-7　直流电动机的结构

1—换向器；2—电刷装置；3—机座；4—主磁极；5—换向极；6—端盖；7—风扇；8—电枢绕组；9—电枢铁芯

同，直流电动机可分为：

（1）他励直流电动机。他励直流电动机是一种励磁绕组与电枢绕组无连接关系，而由其他直流电源对励磁组供电的电动机，如图 6-8a 所示。从这种意义上说，永磁直流电动机也可看做他励直流电动机，因其主磁场与电枢电流无关。

（2）并励直流电动机。并励直流电动机的励磁绕组与电枢绕组并联，如图 6-8b 所示。这种直流电动机的励磁绕组上所加的电压就是电枢电路两端的电压。

（3）串励直流电动机。串励直流电动机的励磁绕组与电枢绕组串联，如图 6-8c 所示。这种直流电动机的励磁电流就是电枢电流，若有调节电阻与励磁绕组并联，则为电枢电流的一部分。

（4）复励直流电动机。这种直流电动机的主磁极上装有两个励磁绕组，一个与电枢电路并联（称为并励绕组），然后再和另一个励磁绕组（串励绕组）串联，如图 6-8d 所示。若串励绕组产生的磁通势与并励绕组产生的磁通势方向相同称为积复励，反之，则称为差复励。

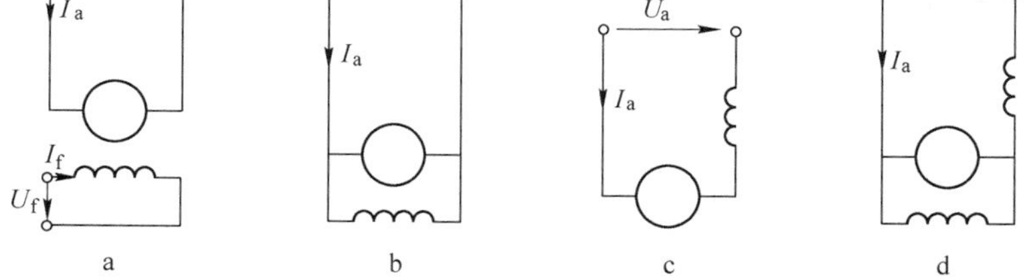

图 6-8　直流电动机的励磁方式

a—他励；b—并励；c—串励；d—复励

直流电动机的运行特性随着励磁方式的不同而有很大差别。电动机的励磁方式前述四种均可采用。直流发电动机的主要励磁方式是他励式、并励式和复励式。对于直流电动机，它的工作特性是指其端电压为额定电压、电枢回路无外加电阻、额定励磁电流情况下，电动机转速、电磁转矩、效率三者与输出功率之间的关系。表示为：

$$n、T_{em}、\eta = f(P_2)$$

另外，还有起制动特性、调速特性，这些统称为直流电动机的运行特性。

6.2.2.4 直流电动机拖动系统

直流电动机的调速方案一般有下列3种方式：改变电枢电压调速；改变激磁绕组电压调速；改变电枢回路电阻调速。最常用的是调压调速系统，即改变电枢电压。

直流电动机拖动方式在牙轮钻机中的应用，经历了电动机-发电动机组供电调速、磁放大器供电调速、可控硅供电调速的发展过程。

(1) 电动机-发电动机组供电调速。这是比较成熟的电控方式，可以满足钻孔工艺要求，并易于维修，但效率低、设备重、占地面积大、维护工作量也大。

(2) 磁放大器供电调速，它具有可靠性好、适应环境能力和过载能力强及效率高等优点。根据国内外实践表明，磁放大器供电调速装置非常适用于有强烈振动、温差变化大、粉尘多的露天条件下作业的牙轮钻机。

(3) 可控硅供电调速。这种供电调速系统具有可调性好、效率高、占地面积小等优点，但所用原件较多、线路复杂、抗干扰能力差、故障不易排除，要求维护人员具有较高的技术水平。

近年来，随着大规模集成电路技术以及计算机技术的飞速发展，采用大功率半导体器件的直流电动机脉宽调速方法使直流电动机调速系统的精度、动态性能、可靠性有了更大的提高。电力电子技术中IGBT等大功率器件的发展正在取代晶闸管，已经出现了性能更好的直流调速系统。

6.2.2.5 直流电动机在牙轮钻机中的应用

在交流电动机开始应用于牙轮钻机之后，由于其不能无级调速，即使通过改变磁极对数，采用多速电动机进行有级调速，也难满足钻孔工艺的要求，同时直流电动机又具有交流电动机不具备的低转速、大力矩的特点。在这种背景下，直流电动机开始取代交流电动机在牙轮钻机中的应用，特别是在穿孔直径大、轴压力大的大型牙轮钻机上更是如此。

6.2.3 交流变频电动机

交流变频电动机，是变频器驱动的电动机的统称。变频电动机由传统的鼠笼式电动机发展而来。实际上，是一种为使用变频器设计的可以在变频器的驱动下实现不同的转速与扭矩、适应负载的需求变化、有独立风机、电动机绕组的绝缘性能高的专用电动机。

6.2.3.1 交流变频电动机的工作原理

变频器是利用电力半导体器件的通断作用将工频电源变换为另一频率的电能控制装置。现在使用的变频器主要采用交-直-交方式（VVVF变频或矢量控制变频），先把工频交流电源通过整流器转换成直流电源，然后再把直流电源转换成频率、电压均可控制的交流电源以供给电动机。变频器的电路一般由整流、中间直流环节、逆变和控制4个部分组成。整流部分为三相桥式不可控整流器，逆变部分为 IGBT 三相桥式逆变器，且输出为 PWM 波形，中间直流环节为滤波、直流储能和缓冲无功功率。

交流电动机的同步转速表达式为：

$$n = 60f(1-s)/p$$

式中　n——异步电动机的转速；

f——异步电动机的频率；

s——电动机转差率；

p——电动机极对数。

由上式可知，转速 n 与频率 f 成正比，只要改变频率 f 即可改变电动机的转速，当频率 f 在 0 ~ 50Hz 的范围内变化时，电动机转速调节范围非常宽。变频器就是通过改变电动机电源频率实现速度调节的，是一种理想的高效率、高性能的调速手段。图 6-9 为变频电动机速度控制闭环系统的框图。

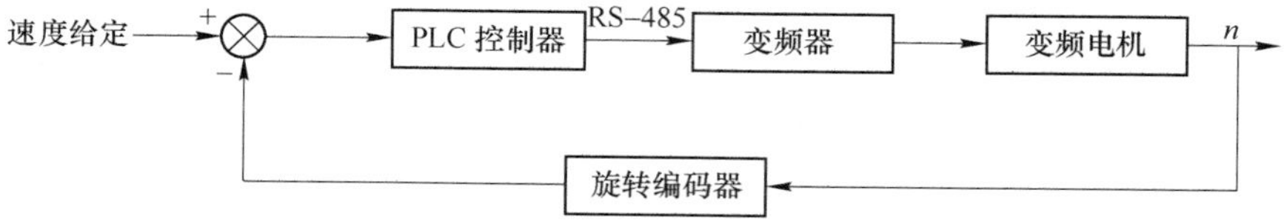

图 6-9　变频电动机速度控制闭环系统框图

6.2.3.2　交流变频电动机的结构

变频电动机的主磁路一般设计成不饱和状态，一是考虑高次谐波会加深磁路饱和，二是考虑在低频时，为了提高输出转矩而适当提高变频器的输出电压，所以在其电磁设计上有所不同。

交流变频电动机的物理结构与传统的鼠笼式电动机的物理结构并没有本质上的区别，但是变频电动机在其工作中要面临着与普通电动机不同的效率和温升、绝缘强度、谐波电磁噪声与振动、频繁启动、制动的适应能力、低转速时的冷却等问题。因此，在其结构上则需要从以下几个方面进行的专用设计，以使电动机在变频器的驱动下可以实现不同的转速与扭矩，适应负载变化的需求。

（1）绝缘等级，一般为 F 级或更高，加强对地绝缘和线匝绝缘强度，特别要考虑绝缘耐冲击电压的能力。

（2）对电动机的振动、噪声问题，要充分考虑电动机构件及整体的刚性，尽力提高其固有频率，以避开与各次力波产生共振现象。

（3）冷却方式。一般采用强迫通风冷却，即主电动机散热风扇采用独立的电动机驱动。

（4）防止轴电流措施，对容量超过 160kW 的电动机应采用轴承绝缘措施，主要是因为易产生磁路不对称，也会产生轴电流，当其他高频分量所产生的电流结合一起作用时，轴电流将大为增加，从而导致轴承损坏，所以一般要采取绝缘措施。

（5）对恒功率变频电动机，当转速超过 3000r/min 时，应采用耐高温的特殊润滑脂，以补偿轴承的温度升高。

6.2.3.3 变频电动机与变频器的种类

根据用途和使用环境的不同，变频电动机可分为以下类型：在运转频率区域内低噪声、低振动的变频电动机；在低频区内提高连续容许转矩的变频电动机；高速传动变频电动机；适用于闭环控制的带测速发电动机的变频电动机；矢量控制用变频电动机。

按照变频器的主电路工作方式分类，可以分为电压型变频器和电流型变频器；按照开关方式分类，可以分为 PAM 控制变频器、PWM 控制变频器和高载频 PWM 控制变频器；按照工作原理分类，可以分为 V/f 控制变频器、转差频率控制变频器和矢量控制变频器等；按照用途分类，可以分为通用变频器、高性能专用变频器、高频变频器、单相变频器和三相变频器等。

6.2.3.4 变频调速的基本方法

变频调速是通过改变电动机定子电源的频率，改变其同步转速，从而成功实现交流电动机大范围的无级平滑调速的调速方法。变频调速在运行过程中能随时根据电动机的负载情况，使电动机始终处于最佳运行状态，在整个调速范围内均有很高的效率。调速变频调速系统主要设备是提供变频电源的变频器，变频器可分成交流-直流-交流变频器和交流-交流变频器两大类，目前国内大都使用交-直-交变频器。

变频调速器是把工频电源（50Hz 或 60Hz）变换成各种频率的交流电源，以实现电动机的变速运行的设备，其中控制电路完成对主电路的控制，整流电路将交流电变换成直流电，直流中间电路对整流电路的输出进行平滑滤波，逆变电路将直流电再逆成交流电。

变频调速的基本方法分为基频以下调速和基频以上调速，基频以下调速属于恒转矩调速方式，基频以上调速属于恒功率调速方式。其工作特性曲线如图 6-10 所示。

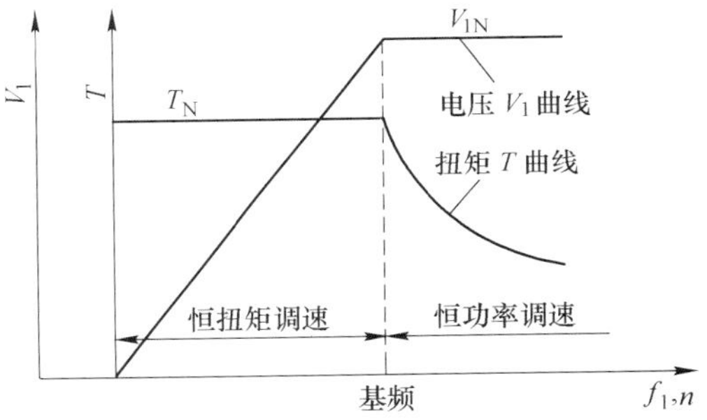

图 6-10 变频电动机的恒转矩调速与恒功率调速工作特性曲线

6.2.3.5 交流变频电动机在牙轮钻机中的应用

很长一段时间来，由于牙轮钻机机所采用的晶闸管直流调速控制系统其线路复杂，电气元器件较多，电气故障率较高；直流电动机在恶劣的工作条件下经常损坏，维修保养工作量大、成本高，同时也影响了设备运转率。因此采用坚固耐用的交流鼠笼型电动机代替直流电动机，用变频调速装置代替直流调速装置，就成为人们公认的牙轮钻机电气传动的发展方向。

变频调速在牙轮钻机中的应用始于美国 B-E 公司在 55-R 型牙轮钻机上的应用。国内首先于 2004 年开始在 YZ-35D 钻机采用变频调速，2009 年 YZ-55B 钻机的双回转电动机变频调速取得成功，至此 YZ 系列钻机已全部采用了交流变频电动机调速技术。随后 KY 系列钻机也在牙轮钻机中应用了交流变频电动机调速技术。交流变频电动机在国产牙轮钻机中的应用情况见表 6-3。

表 6-3　交流变频电动机在国产牙轮钻机中的应用情况

钻机型号	YZ-35C	YZ-35D	YZ-55B	YZ-55D	KY-250D	KY-310
穿孔直径/mm	170～270	170～270	310～380	310～380	250	250～310
轴压力/kN	0～350	0～350	0～550	0～600	0～370	0～490
回转速度/r·min^{-1}	0～90	0～120	0～120	0～120	0～88	0～100
回转/kW	75	75	75×2	75×2	60	60
加压/提升/kW	75	75	110	110	7.5/75	15/75
行走/kW	75	75	110	110	75	75

6.3　液压马达

液压马达习惯上是指输出连续旋转运动的，将液压泵提供的液压能转变为机械能的能量转换装置。液压马达的内部构造与液压泵类似，差别仅在于液压泵的旋转是由电动机所带动，输出的是液压油；液压马达则是输入液压油，输出的是转矩和转速。因此，液压马达和液压泵在细部结构上存在一定的差别。

液压马达可以实现无级调速，同时还具有体积小、质量轻、承载能力大的优点，因此在牙轮钻机的回转、加压提升和行走机构上应用较多。

6.3.1　主要类型

液压马达按额定转速分为高速和低速两大类。额定转速高于 500r/min 的属于高速液压马达，额定转速低于 500r/min 的属于低速液压马达。按照其排量能否调节分为定量液压马达和变量液压马达；按照其作用方式可分为单作用液压马达和多作用液压马达；按照其结构类型分为齿轮式、叶片式、螺杆式、柱塞式和其他形式。具体分类见表 6-4。

表 6-4　液压马达的分类

<table>
<tr><td rowspan="15">液压马达</td><td rowspan="9">高速马达</td><td rowspan="5">定量马达</td><td colspan="2">齿轮式</td></tr>
<tr><td colspan="2">叶片式</td></tr>
<tr><td colspan="2">径向柱塞式</td></tr>
<tr><td rowspan="2">轴向柱塞式</td><td>斜轴式</td></tr>
<tr><td>斜盘式</td></tr>
<tr><td rowspan="4">变量马达</td><td colspan="2">叶片式</td></tr>
<tr><td colspan="2">径向柱塞式</td></tr>
<tr><td rowspan="2">轴向柱塞式</td><td>斜轴式</td></tr>
<tr><td>斜盘式</td></tr>
<tr><td rowspan="6">低速马达</td><td rowspan="3">单作用马达</td><td rowspan="2">径向柱塞式</td><td>连杆式</td></tr>
<tr><td>无连杆式</td></tr>
<tr><td>轴向柱塞式</td><td>双斜盘式</td></tr>
<tr><td rowspan="3">多作用式马达</td><td rowspan="3">柱塞传力式</td><td>柱塞轮式</td></tr>
<tr><td>钢球柱塞式</td></tr>
<tr><td>滚子柱塞式</td></tr>
</table>

6.3.1.1 高速液压马达与低速液压马达

额定转速高于500r/min的马达属于高速马达。高速液压马达的基本形式有齿轮式、螺杆式、叶片式和轴向柱塞式等。它们的主要特点是转速较高、转动惯量小、便于启动和制动、调节（调速及换向）灵敏度高。通常高速液压马达输出转矩不大所以又称为高速小转矩液压马达。

转速低于500r/min的液压马达属于低速液压马达。它的基本形式是径向柱塞式，此外在轴向柱塞式、叶片式和齿轮式中也有低速的结构形式，低速液压马达的主要特点是排量大、体积大、转速低（有时可达每分钟几转甚至零点几转）。因此可直接与工作机构连接；不需要减速装置，使传动机构大为简化，通常低速液压马达输出转矩较大，可达几千到几万牛·米，因此又称为低速大扭矩液压马达。

6.3.1.2 定量液压马达和变量液压马达

定量马达是指每转的理论输出排量不变的液压马达，具有噪声低、效率高、体积小、重量轻、寿命长、变量形式齐全、耗能少、可适应于多种液压介质等一系列特点。

所谓变量马达，指的是理论输出排量可变的马达。比如一般的轴向柱塞马达，改变其马达的斜盘倾角即可改变马达排量，一般认为当排量变小时，转速变高（同等输入流量的前提下）。但排量不可变的马达不能成为变量马达，如齿轮马达。

6.3.1.3 单作用液压马达和多作用液压马达

单作用液压马达，转子旋转一周，每个柱塞往复工作一次，所有径向柱塞式单作用液压马达的主轴是偏心轴。多作用液压马达设有导轨曲线，曲线的数目就是作用次数。转子旋转一周，每个柱塞往复工作多次。根据柱塞副的不同结构，径向式马达又分成柱塞式、球塞式和叶片式多种。

上述各类典型液压马达的主要技术特性的比较见表6-5。

表6-5 各类典型液压马达主要技术特性的比较

参数	高速马达			低速马达
	齿轮式	叶片式	柱塞式	径向柱塞式
额定压力/MPa	21	17.5	35	35
排量/mL·r^{-1}	4~300	25~300	10~1000	125~38000
转速/r·min^{-1}	300~5000	400~3000	10~5000	1~500
总效率/%	75~90	75~90	85~95	80~92
堵转效率/%	50~85	70~80	80~90	75~85
堵转泄漏	大	大	小	小
油液污染敏感度	较高	很高	高	较高
变量能力	不能	困难	可	可

6.3.2 工作原理

液压马达的种类繁多，见表6-4。因篇幅所限，本节仅就常用的齿轮式马达、叶片式马达和柱塞式马达的工作原理予以介绍。

6.3.2.1　齿轮液压马达

图6-11为外啮合齿轮马达的工作原理。图中Ⅰ为输出扭矩的齿轮，Ⅱ为空转齿轮，当高压油输入马达高压腔时，处于高压腔的所有齿轮均受到压力油的作用（如图中箭头所示，凡是齿轮两侧面受力平衡的部分均未画出），其中互相啮合的两个齿的齿面，只有一部分处于高压腔。设啮合点 c 到两个齿轮齿根的距离分别为 a 和 b，由于 a 和 b 均小于齿高 h，因此两个齿轮上就各作用一个使它们产生转矩的作用力 $pB(h-a)$ 和 $pB(h-b)$。这里 p 代表输入油压力；B 代表齿宽。在这两个力的作用下，两个齿轮按图示方向旋转，由扭矩输出轴输出扭矩。随着齿轮的旋转，油液被带到低压腔排出。齿轮马达的结构与齿轮泵相似，但是内于马达的使用要求与泵不同，两者是有区别的。例如：为适应正反转要求，马达内部结构以及进出油道都具有对称性，并且有单独的泄漏油管，将轴承部分泄漏的油液引到壳体外面去，而不能向泵那样由内部引入低压腔。这是因为马达低压腔油液是由齿轮挤出来的，所以低压腔压力稍高于大气压。若将泄漏油液由马达内部引到低压腔，则所有与泄漏油道相连部分均承受回油压力，而使轴端密封容易损坏。

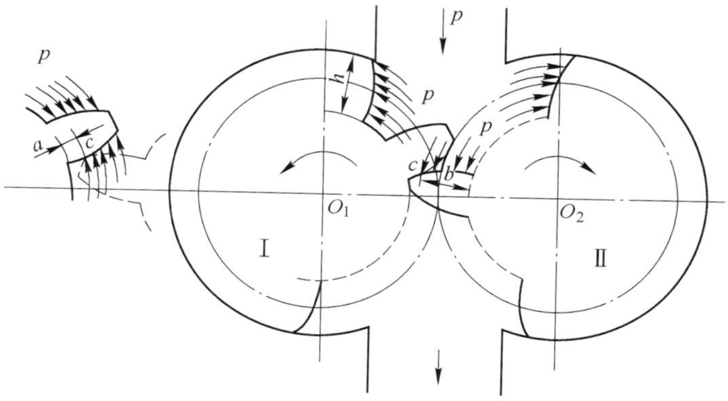

图6-11　齿轮马达工作原理图

6.3.2.2　叶片式液压马达

图6-12为叶片马达的工作原理。当压力为 p 的液压油从进油口进入叶片1和叶片3之间时，叶片2因两面均受液压油的作用，所以不产生转矩。叶片1和叶片3的一侧作用高压油，另一侧作用低压油。由于叶片3伸出的面积大于叶片1伸出的面积，因此液体作用于叶片3上的作用力大于作用在叶片1上的作用力，因此使转子产生逆时针方向的转矩。同样，当压力油进入叶片5和叶片7之间时，叶片7伸出面积大于叶片5伸出的面积，也产生逆时针方向的转矩，从而把油液的压力能转换成机械能，这就是叶片马达的工作原理。为保证叶片在转子转动前就要紧密地与定子内表面接触，通常是在叶片根

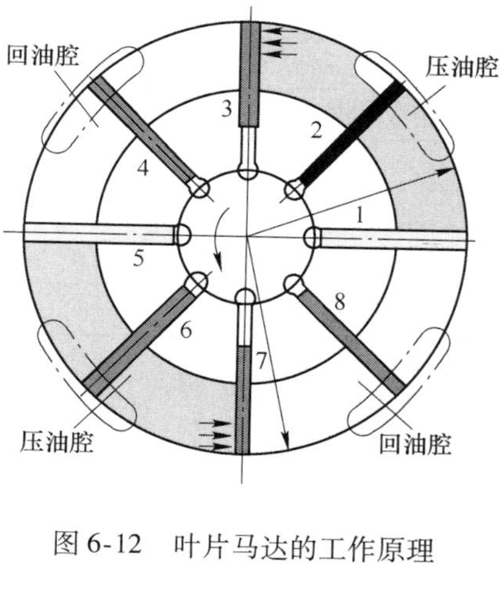

图6-12　叶片马达的工作原理

部加装弹簧，弹簧的作用力使叶片压紧在定子内表面上。叶片马达一般均设置单向阀为叶片根部配油。为适应正反转的要求，叶片沿转子径向安置。叶片式液压马达体积小、转动惯量小、动作灵敏，适用于换向频率较高的场合；但其泄漏量较大，低速工作时不稳定。

6.3.2.3 轴向柱塞马达

轴向柱塞泵中的柱塞是轴向排列的。当缸体轴线和传动轴轴线重合时，称为斜盘式轴向柱塞泵；当缸体轴线和传动轴轴线不在一条直线上，而成一个夹角 γ 时，称为斜轴式轴向柱塞泵。轴向柱塞马达包括斜轴式和斜盘式两类。由于轴向柱塞马达和轴向柱塞泵的结构基本相同，工作原理是可逆的，大部分产品既可作为泵使用，又可以作为液压马达使用。

轴向柱塞泵具有结构紧凑、工作压力高、容易实现变量等优点。

A 斜轴式轴向柱塞马达

图 6-13 为斜轴式轴向柱塞马达的工作原理。

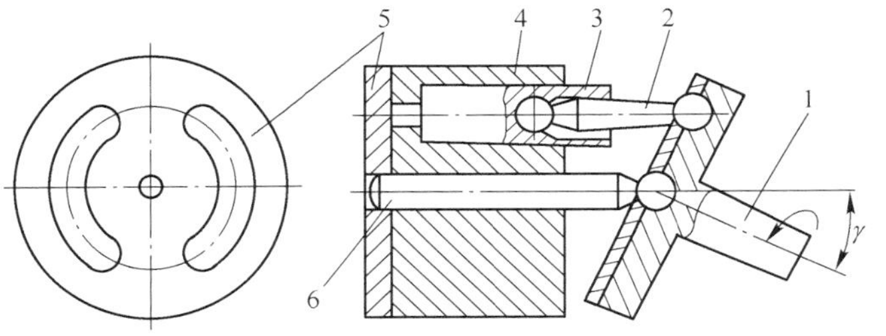

图 6-13 斜轴式轴向柱塞马达的工作原理
1—马达轴；2—连杆；3—柱塞；4—缸体；5—配流盘；6—芯轴

由图 6-13 可以看到，斜轴式轴向柱塞式液压马达的缸体轴线与马达轴不在一条直线上。马达轴 1 与柱塞 3 通过连杆 2 连接，马达轴通过连杆拨动缸体旋转，强制带动柱塞在缸体孔内做往复运动。当高压油从马达的进油口通过配流盘高压窗口进入缸体柱塞孔内时，推动柱塞运动，由于缸体轴线与主轴轴线成一夹角，液压力通过连杆作用于主轴上，产生一个切向力，推动主轴旋转，输出扭矩。同时工作过的油液借助于缸体的惯性旋转，被挤出柱塞孔，通过配油盘的低压窗口，从马达排油口排出。

B 斜盘式轴向柱塞马达

图 6-14 为斜盘式轴向柱塞马达的工作原理。

斜盘 1 和配油盘 4 固定不动，缸体 2 和马达轴 5 相连接，并可一起旋转。当压力油经配油盘 4 的窗口进入缸体 2 的柱塞孔时，柱塞 3 在压力油作用下外伸，紧贴斜盘 1，斜盘 1 对柱塞 3 产生一个法向反力 F，此力可分解为轴向分力 F_x 及和径向分力 F_y。F_x 与柱塞上液压力相平衡，而 F_y 则使柱塞对缸体中心产生一个转矩，带动马达轴逆时针方向旋转。轴向柱塞马达产生的瞬时总转矩是脉动的。若改变马达压力油输入方向，则马达轴 5 按顺时针方向旋转。斜盘倾角 α 的改变，即排量的变化，不仅影响马达的转矩，而且影响它的转速和转向。斜盘倾角越大，产生转矩越大，转速越低。

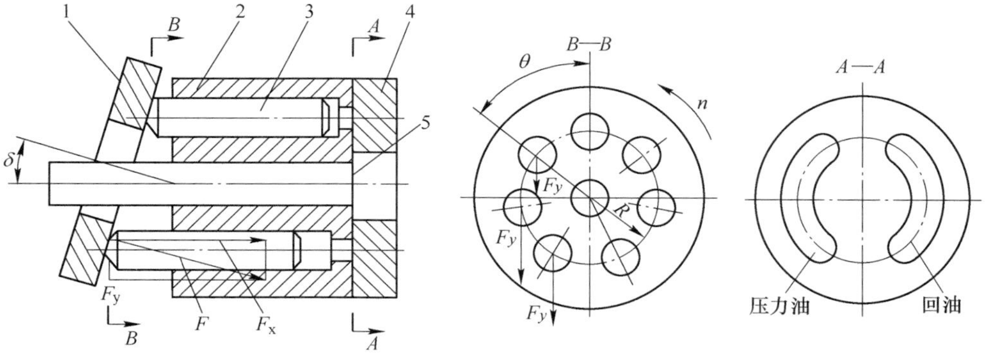

图 6-14　斜盘式轴向柱塞马达的工作原理
1—斜盘；2—缸体；3—柱塞；4—配油盘；5—马达轴

6.3.2.4　径向柱塞式液压马达

低速大扭矩马达多采用径向柱塞式的结构。图 6-15 为采用轴配流方式的径向柱塞马达工作原理图。在转子（即柱塞缸体）2 上径向均匀排列着柱塞孔，孔中装有柱塞 1，柱塞可在柱塞孔中自由滑动。衬套 3 固定在转子孔内并随转子一起旋转。配流轴 5 固定不动，配流轴的中心与定子中心有偏心 e，定子能左右移动。

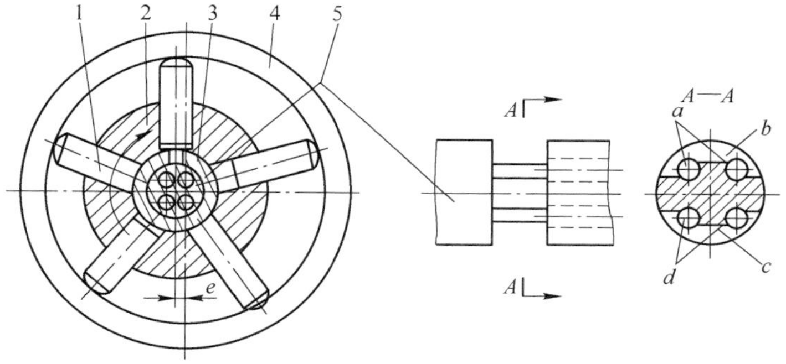

图 6-15　轴配流式径向柱塞马达工作原理
1—柱塞；2—转子；3—衬套；4—定子；5—配流轴

转子顺时针方向转动时，柱塞在离心力（或低压油）的作用下压紧在定子 4 的内壁上，当柱塞转到上半周，柱塞向外伸出，径向孔内的密封工作容积不断增大，产生局部真空，将油箱中的油液经配流轴上的 a 孔进入 b 腔；当柱塞转到下半周时，柱塞被定子内壁的表面向力推入，密封工作容积不断减小，将 c 腔的油从配流轴上的 d 孔向外压出。转子每转一转，柱塞在每个径向孔内吸、排油各一次。改变定子与转子偏心量 e 的大小，就可以改变马达的排量；改变偏心量 e 的方向（即使偏心量 e 从正值变为负值时），马达的吸、排油方向也发生变化，也就是改变了马达的旋转方向。

6.3.3　结构分析

6.3.3.1　齿轮式液压马达

齿轮马达与齿轮泵的结构基本相同（见图 6-16），区别在于轴向压力场不同；此外，齿轮马达油泄油口，用于改变旋转方向。从图6-16中可以看到，流入液压马达的高压流体P作用于马达的齿轮，扭矩通过马达轴输出。齿轮马达的转速大于500r/min，属于高速马达。

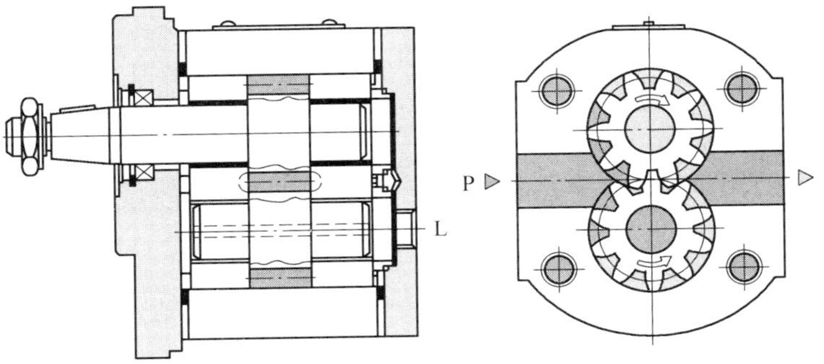

图6-16 齿轮马达结构示意图

齿轮马达的结构特征是：

（1）进、回油通道采用对称布置，孔径相同，以使马达正反转时性能相同。

（2）齿轮马达采用单独的外泄油孔，以便将轴承部分的泄漏油引出壳体外。

（3）为适应齿轮马达正反转的工作要求，浮动侧板、卸荷槽等必须对称布置。

（4）为了减少启动摩擦力矩，齿轮马达多采用滚动轴承，改善其启动性能。

（5）为了减少转矩脉动，齿轮马达的齿数比齿轮泵的齿数多。

齿轮液压马达由于密封性差、容积效率较低、输入油压力不能过高、不能产生较大转矩，并且瞬间转速和转矩随着啮合点的位置变化而变化，因此齿轮液压马达仅适合于高速小转矩的场合。齿轮马达具有体积小、重量轻、结构简单、工艺性好、对环境不敏感、耐冲击、惯性小等优点，因此，在矿山、工程机械及农业机械上广泛使用。但由于压力油作用在液压马达齿轮上的作用面积小，输出转矩较小，一般都用于高转速、低转矩和对转矩均匀性要求不高的机械设备上。图6-17所示为中压齿轮马达的结构。

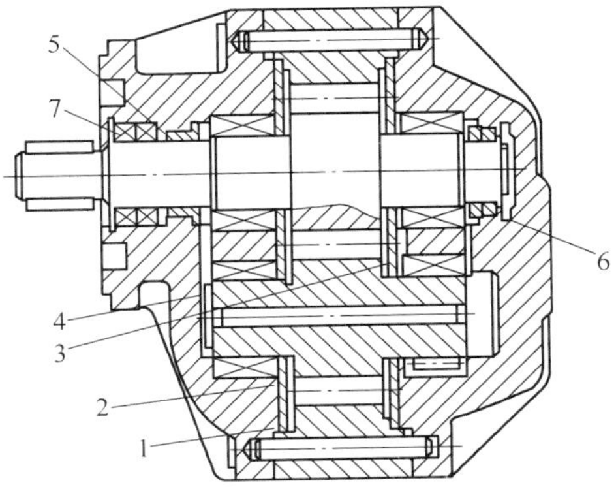

图6-17 中压齿轮马达的结构

1，2—密封圈；3，4—侧板；5，6—密封环；7—轴封

按照齿轮的啮合形式，齿轮液压马达有外啮合和内啮合两种不同啮合形式的结构。图6-18所示为这两种不同啮合形式的齿轮液压马达。

6.3.3.2 叶片式液压马达

图6-19为叶片马达的典型结构。由于压力油作用，受力不平衡使转子产生转矩。叶片式液压马达的输出转矩与液压马达的排量和液压马达进出油口之间的压力差有关，其转速由输入液压马达的流量大小来决定。叶片式液压马达的特点是：马达叶片用底部的弹簧

a

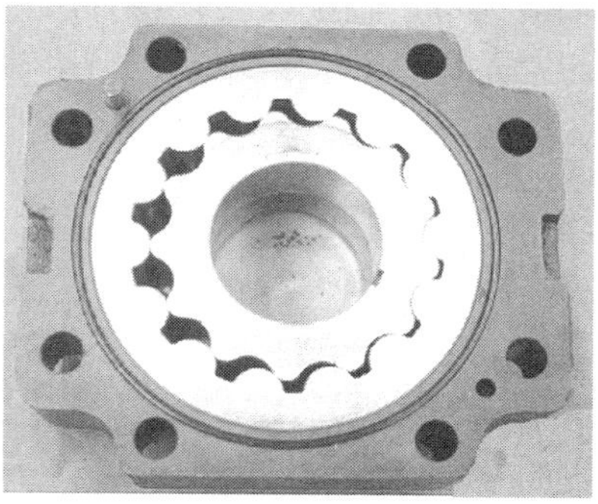

b

图 6-18　两种不同啮合形式的齿轮液压马达

a—外啮合齿轮马达；b—内啮合齿轮马达

将其弹出，保证在初始条件下叶片贴紧内表面，形成密封容积，以防启动时造成高低压油串通；为了适应正反转的要求，叶片顶部对此倒角，安放角度 $\theta = 0°$；叶片底部通有高压油，将叶片压向定子以保证可靠接触。为保证叶片底部在正反转时均通高压油，在马达壳体内装有两个单向阀。进、回油腔的压力经单向阀后在进入叶片底部。为了保证马达能够正反旋转，需要在转子的径向开设叶片槽。

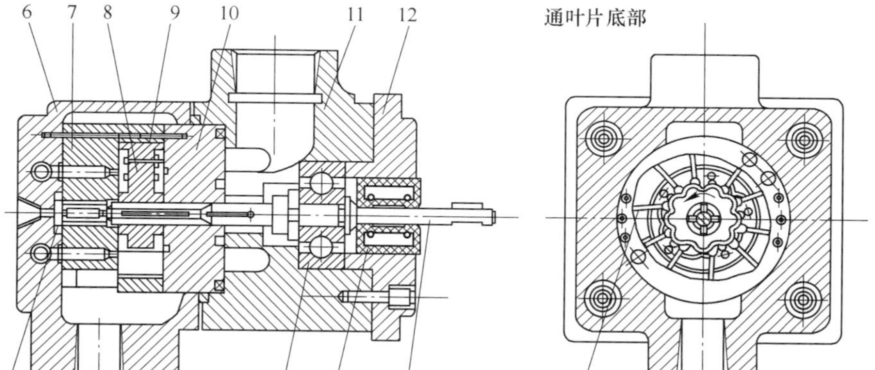

图 6-19　叶片马达的典型结构

1—叶片；2—主轴；3—密封防尘圈；4，5—轴承；6—前壳体；7，10—配流盘；8—转子；9—定子；11—后壳体；12—端盖

叶片式液压马达体积小、转动惯量小、动作灵敏、可适用于换向频率较高的场合；但泄漏量较大、低速工作时不稳定。因此叶片式液压马达一般用于转速高、转矩小和动作要求灵敏的场合。

6.3.3.3　斜轴式轴向柱塞马达

斜轴式柱塞马达是轴向柱塞式马达的一种，其结构特征是其主轴与缸体旋转轴线不在同一条直线上，而是形成一个夹角 α，如图 6-20 所示。从外形上看是斜的，或者是弯的。

斜轴式柱塞马达主要由主轴、轴承组、连杆柱塞副、缸体、壳体、配流盘和后盖组成。主轴支承在轴承组上，该轴承组既能承受较大的轴向力，也能承受一定的径向力，保证主轴稳定地高速旋转且具有较长的使用寿命。主轴的轴伸有平键和花键之分，连杆柱塞副是由连杆和柱塞两种零件经滚压而连接在一起。连杆大球头由回程板压在主轴的球窝里，连杆的小球头与柱塞里的球窝相配合，柱塞在缸体内做直线往复运动。缸体与配流盘之间采用球面配流，并且由套在芯轴上的碟形弹簧将缸体压在配流盘上，因而缸体在旋转时有很好的自位性，并具有较高的容积效率。芯轴支承在主轴中心球窝和配流盘的中心孔直径，它能保证缸体很好地绕着芯轴回转。

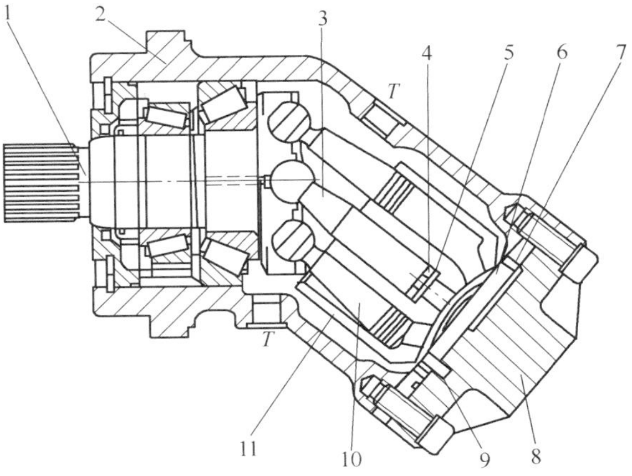

图 6-20 定量斜轴式柱塞马达结构

1—主轴；2—壳体；3—芯轴；4—碟簧；5—弹簧座；6—配流盘；7—O 形密封圈；8—后盖；9—定位销；10—柱塞；11—缸体

斜轴式柱塞马达的柱塞受力状态比斜盘式要好，强度较高，可通过增大摆角来增大流量，变量范围较大，并且耐冲击、寿命长。其不足之处是外形尺寸较大，结构较斜盘式柱塞马达复杂。

图 6-20 是一种比较典型的斜轴式柱塞马达变量斜轴式柱塞马达的结构。目前，作为变量马达使用的大多数是轴向柱塞式。变量式轴向柱塞马达的基本结构是在定量式轴向柱塞马达结构的基础上，增加了专门的用于调整排量的机构，控制和调整马达轴每回转一周的密封容积几何尺寸变化量的大小。变量式轴向柱塞马达也分为斜轴式与斜盘式两种。与斜轴式相比，斜盘式体积小、重量轻、具有良好的排量控制响应性能，所以在各种液压泵中的应用日益扩大。

图 6-21 为变量斜轴式柱塞马达的基本结构。

6.3.3.4 斜盘式轴向柱塞马达

斜盘式轴向柱塞马达的主轴中心线与缸体中心线重合，故又称为直轴式轴向柱塞马达。在图中，柱塞压紧在与主轴倾斜的斜盘上，通过配流盘上的腰形孔进油和排油，在进入柱塞腔的高压油的作用下，柱塞在缸体内做往复运动，变成驱动主轴旋转的转矩，从而驱动主轴旋转。斜盘式轴向柱塞马达结构如图 6-22 所示。

斜盘式轴向柱塞马达的种类很多，工程机械中使用得最多的是端面配流的斜盘式轴向柱塞马达。端面配流的斜盘式轴向柱塞马达结构简单，适用于转速不大于 1500r/min 的中高速马达。在柱塞与斜盘的配合结构上，分为点接触式和滑履式。点接触式的柱塞头部为球面，与装在斜盘上的推力轴承平面是点接触，接触应力很高，启动转矩小，一般只在中低压和小排量的马达中使用；而滑履式结构采用的是静压轴承，利用柱塞缸内的高压油平衡轴向力，压力可达 20MPa 以上，使用范围广泛。可以手动调节排量的变量斜盘式轴向柱塞马达结构如图 6-23 所示。从图中可以看到，在其后部配置了专门用于调节马达排量的变量调整机构。

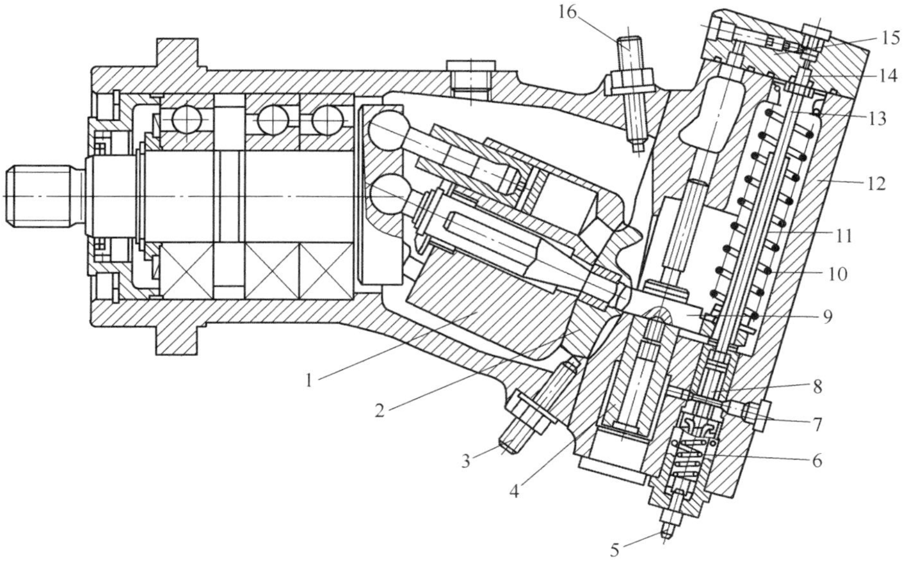

图 6-21　变量斜轴式柱塞马达的结构

1—缸体；2—配油盘；3—最大摆角限位螺钉；4—变量活塞；5—调节螺钉；6—调节弹簧；7—阀套；8—控制阀芯；9—拨销；10—大弹簧；11—小弹簧；12—后盖；13—导杆；14—先导活塞；15—喷嘴；16—最小摆角限位螺钉

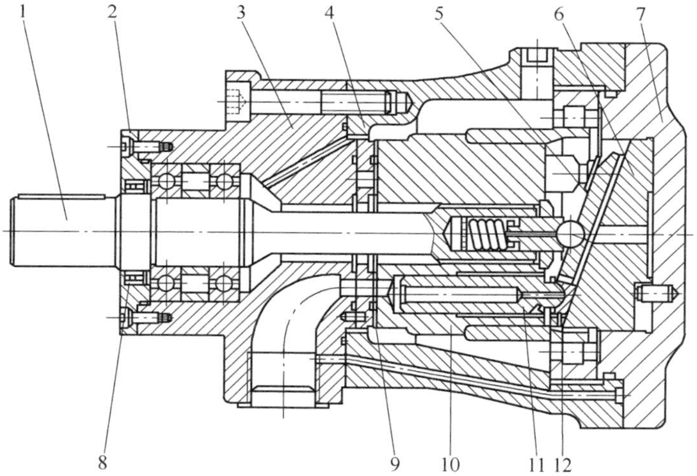

图 6-22　斜盘式轴向柱塞马达结构

1—主轴；2—法兰盘；3—本体；4—外壳；5—回程盘；6—斜盘；7—端盖；8—骨架油封；9—配流盘；10—缸体；11—柱塞；12—滑靴

6.3.3.5　低速大扭矩液压马达

通常这类马达在结构形式上多为径向柱塞式，其特点是：最低转速低，在 5～10r/min 之间；输出扭矩大，可达几万牛 · 米；径向尺寸大，转动惯量大。由于上述特点，它可以直接与工作机构直接连接，不需要减速装置，使传动结构大为简化。低速大扭矩液压马达广泛用于起重、运输、建筑、矿山和船舶等机械上。

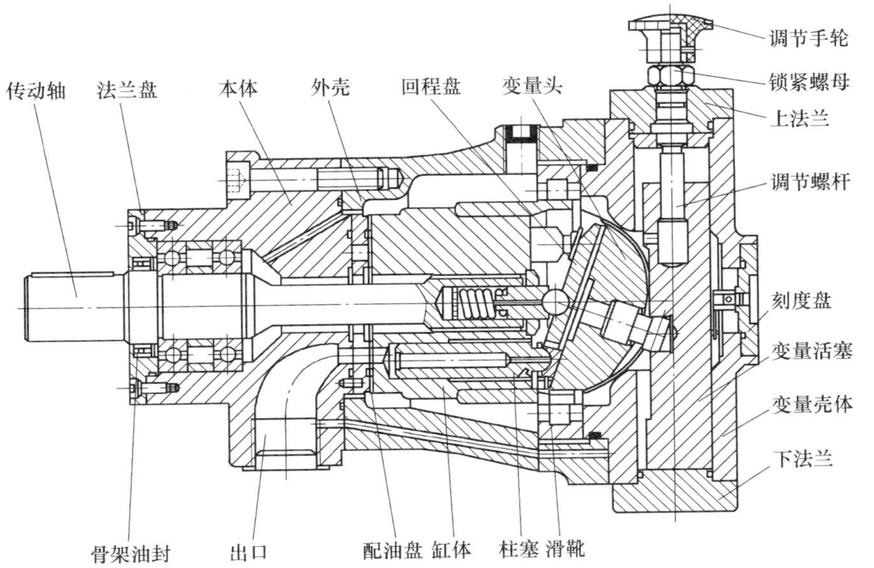

图 6-23 变量斜盘式轴向柱塞马达结构

低速大扭矩液压马达的基本形式有三种，分别是曲轴连杆式径向柱塞马达、静力平衡马达和多作用内曲线马达。

A 曲轴连杆式径向柱塞马达

曲轴连杆式径向柱塞马达主要有采用轴配流的定量径向柱塞马达、变量径向柱塞马达、内曲线马达和采用滑阀配流的曲轴变量径向柱塞式马达等结构形式。其优点是结构简单、工作可靠；缺点是体积大、重量大、转矩脉动、低速稳定性较差。

图 6-24 所示为单作用曲轴连杆式定量径向柱塞马达的结构，该马达采用轴配流。马

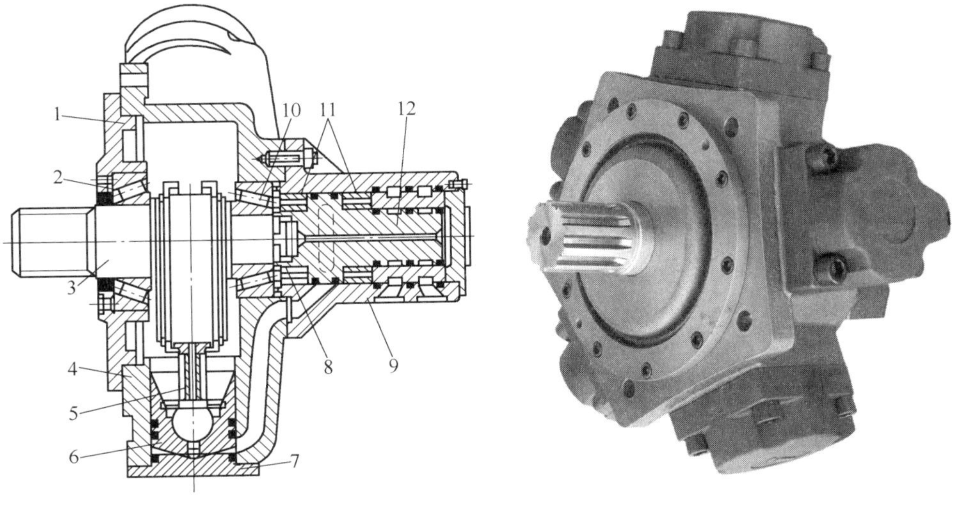

图 6-24 单作用曲轴连杆式定量径向柱塞马达结构

1—前盖；2，10—滚动轴承；3—曲轴；4—壳体；5—连杆；6—柱塞；7—缸盖；8—十字形联轴器；9—集流器；11—滚针轴承；12—配流轴（配流转阀）

达的星形壳体 4 上有径向布置的圆柱形孔，孔端由缸盖 7 封闭。柱塞 6 通过连杆 5 作用在曲轴（与偏心轮做成一体）3 上。曲轴安装在滚动轴承 2 和 10 上，并且通过十字形联轴器 8 带动配流轴 12 旋转。配流轴安装在集流器 9 内，并由滚针轴承 11 支承。连杆 5 的球头部分以及连杆与曲轴接触的支承面为液体静压轴承的形式，压力油由柱塞缸经小孔进入静压轴承。此结构可减小承载最大的重要部件处的摩擦损失。当高压油经集流器 9 和配流轴进入马达的柱塞缸时，柱塞通过连杆将力作用在曲轴上并使其旋转，从而驱动与马达连接的工作机构。此种马达有单排和双排两种，每排有 5 个或 7 个柱塞。

图 6-25 所示为单作用曲轴连杆式变量径向柱塞马达结构。通过改变偏心距使马达变量。在曲轴上装有小柱塞 2 和大柱塞 3。当小柱塞腔通入控制油、大柱塞腔通回油时，小柱塞通过压力油的作用向上运动将偏心环 1 推至最大偏心位置，此时马达排量和输出转矩最大，转速最低。若通过换向阀改变位置，使大柱塞腔通入控制油、小柱塞腔通回油时，大柱塞通过压力油的作用向下运动将偏心环推至最小偏心位置，此时马达为小排量，在供油量相同的情况下，输出转速提高，而输出扭矩相应降低。偏心距的改变可在马达运转中平稳进行；可利用马达本身压力油作控制油，省去了控制油源；这种马达可以和定量泵组合构成容积调速回路，有效地实现恒功率调速。特别适合用于牵引绞车或驱动车辆的车轮。

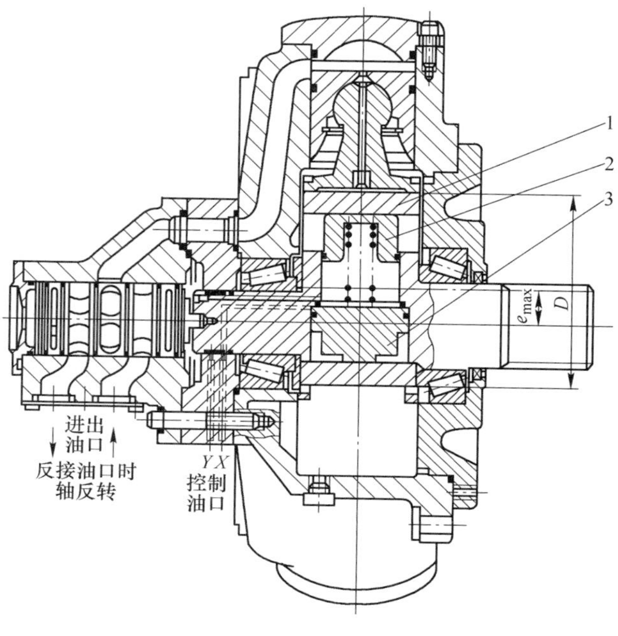

图 6-25　单作用曲轴连杆式变量径向柱塞马达结构
1—偏心环；2—小柱塞；3—大柱塞

图 6-26 所示为采用滑阀配流的单作用曲轴连杆式变量径向柱塞式马达结构。马达的每个柱塞都用一个单独的配流滑阀 1 进行配流，并利用辅助偏心凸轮 2 使滑阀移动。调速缸 3、拉杆 4 和顶杆 5 组成排量调节机构。当调速缸的活塞移动时，就带动拉杆向左或向右滑动，使顶杆向下或向上推。变更偏心环 6 的位置，即可改变偏心距，实现

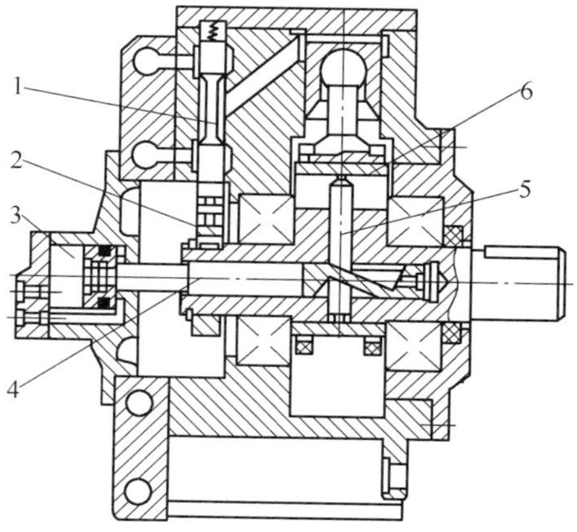

图 6-26　滑阀配流的曲轴连杆式变量径向柱塞式马达结构
1—配流滑阀；2—辅助偏心凸轮；3—调速缸；4—拉杆；5—顶杆；6—偏心环

排量的调节。

B 摆缸式径向柱塞马达

图 6-27 所示为采用端面配流的摆缸式径向柱塞马达结构。压力油从耳轴 13 进入柱塞缸内，工作中缸体绕耳轴摆动。柱塞 12 与摆缸之间无侧向力作用，其间几乎没有磨损。柱塞底部设计成静压平衡，柱塞与曲轴 3 之间通过滚动轴承 11 传力，这些措施都减小了传力过程中的摩擦损失，因而提高了马达的机械效率。这种马达的液压机械效率，特别是启动状态，其液压机械效率可达 0.90，因此，启动转矩很大。此外，因采用端面配流技术，故大大减小了泄漏，提高了可靠性；活塞与摆缸之间采用塑料活塞环密封，能达到几乎无泄漏，从而也大大提高了容积效率。此种马达的低速稳定性特别好，能在很低的转速下（小于 1r/min）平稳运转。调速范围也很大，速度调节比（最高与最低稳定转速之比）可达 1000。由于这种马达结构简单、设计合理、采用了负荷能力大的轴承，因而具有体积小、重量轻、工作可靠、寿命长和噪声低等优点，应用日益广泛。

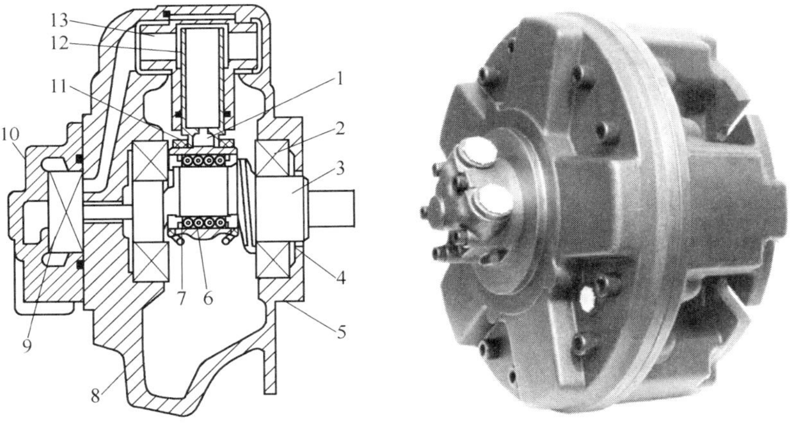

图 6-27 摆缸式径向柱塞式马达结构

1—静压腔；2—轴承；3—曲轴；4—轴封；5—本体；6—球形柱塞支承；7—柱塞压环；8—壳体；9—配流器；10—端盖；11—滚动轴承；12—柱塞；13—摆缸耳轴

C 静力平衡马达

静压平衡径向柱塞马达此种马达也称静力平衡马达，属于无连杆式马达，图 6-28 所示为其结构。

在该马达的壳体 4 上有五个沿径向均布的柱塞缸（编号为 Ⅰ ~ Ⅴ），五个柱塞 2 分别装在壳体的柱塞缸内。这种马达取消了连杆，由套装在曲轴 6 的偏心轮 1 上的五星轮 5 起连杆作用。五星轮的五个径向孔各嵌有一个压力环 7，压力环的上端面与柱塞都开有对应的中间通孔。曲轴 6 由一对圆锥滚子轴承 8 支承，其一端为外伸输出轴，另一端开有两个环形槽（C、D）分别与集流器 10 上进、回油口 A、B 相通，在曲轴中间的偏心轮上加工出两个切槽，两切槽分别通过曲轴上的轴向孔及环形槽而与进出油口 A、B 相通。

静压平衡径向柱塞马达具有以下特点：偏心轮既具有传递动力的功能，又起配流轴的作用，缩小了马达的轴向尺寸；用五星轮取代了连杆，减少了径向尺寸，但取消连杆后，却增大了柱塞与缸孔间的侧向力，五星轮作平移时与柱塞底面间以及五星轮与偏心轮滑动

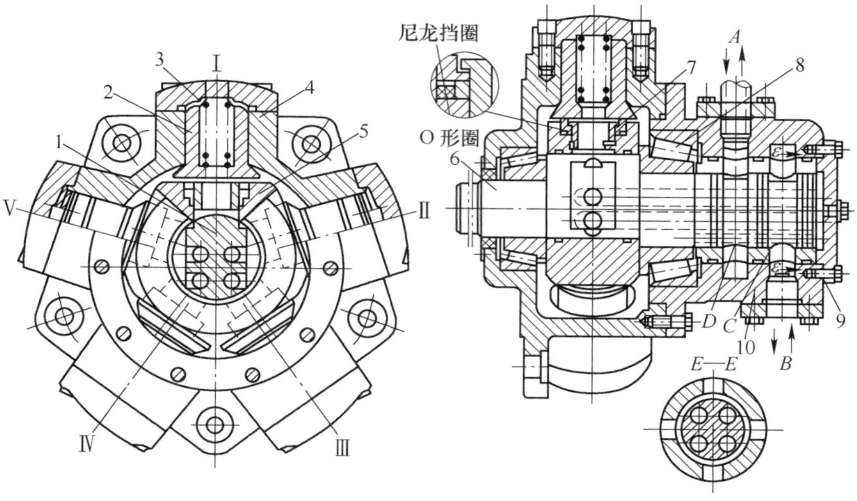

图 6-28　静压平衡径向柱塞马达

1—偏心轮；2—柱塞；3—弹簧；4—壳体；5—五星轮；6—曲轴；
7—压力环；8—圆锥滚子轴承；9—配流套；10—集流器；
A，B—进、回油口；C，D—环形槽

表面间的相对运动摩擦损失大，降低了马达的机械效率。压力油直接作用于曲轴的偏心轮形成转矩驱使曲轴旋转，此时柱塞、压力环和五星轮上的液压力接近于静压平衡，因此在工作中，马达的柱塞、压力环和五星轮只起不使压力油泄漏的密封作用，故称为静压平衡马达。

D　多作用内曲线马达

内曲线径向柱塞式液压马达是一种低速大转矩液压马达。它具有转矩大、转矩脉动小、结构紧凑、径向力平衡、启动效率高、低速稳定性好等优点。它能在很低的转速下无脉动地运转，在工程机械、矿山机械、起重运输机械、船舶等行业得到应用。图 6-29 是

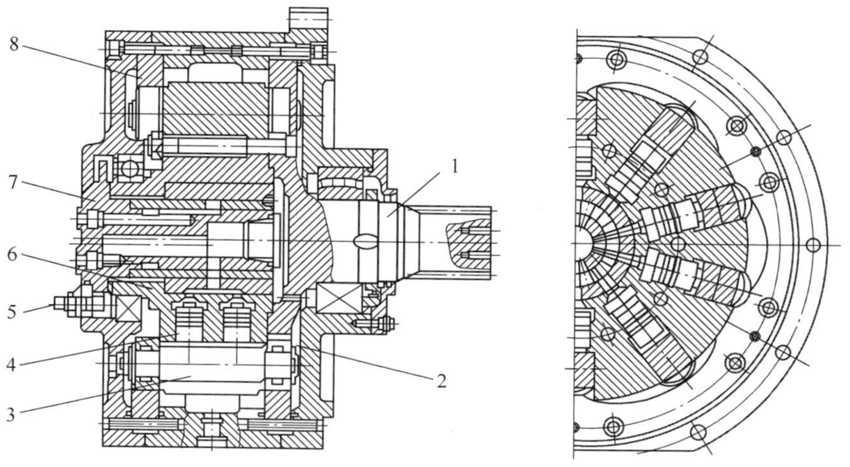

图 6-29　横梁传力的内曲线径向柱塞马达结构

1—主轴；2—滚轮；3—横梁；4—柱塞；5—微调螺钉；6—缸体；7—配油器；8—曲线导轨

典型的横梁传力的内曲线径向柱塞式液压马达的结构。

该马达由主轴1、滚轮2、横梁3、柱塞4、微调螺钉5、缸体6、配油器7和曲线导轨8等组成。这种马达的内曲线导轨应选取转动脉动小，甚至无脉动的曲线作为导轨的内曲线，使曲线部分承受的应力均匀，以提高马达的使用寿命。符合这些要求的曲线有余弦加速率曲线、等接触应力曲线、等加速率曲线等。由于当量柱塞数增加，在同样工作压力下，输出扭矩相应增加，扭矩脉动率减小。因此有时这种马达可做成多排柱塞，使柱塞数更多，输出扭矩进一步增加，扭矩脉动率进一步减小。

多作用内曲线液压马达的结构形式很多，就使用方式而言，有轴转、壳转与直接装在车轮的轮毂中的车轮式液压马达等形式。而从内部的结构来看，根据不同的传力方式，尽管柱塞部件有多种结构形式，但是，液压马达的主要工作过程是相同的。除了图6-29所示横梁传力结构之外，其传力形式还有滚轮传力、滚柱传力和球塞式传力等几种结构。

6.3.4 液压马达在牙轮钻机中的应用

液压马达在牙轮钻机中的应用范围非常广泛，除了不能作为一级原动机使用之外，牙轮钻机的所有工作机构均可以使用液压马达作为原动机。

6.3.4.1 回转机构

现代的牙轮钻机采用的是顶部回转形式，由于低速大扭矩的液压马达的体积和重量都较大，在全液压牙轮钻机的回转机构中应用较多的液压马达类型是斜盘式轴向柱塞马达。一般都选用两台变量液压马达通过两级齿轮减速器来驱动钻机的回转主轴，也有各采用一台变量和一台定量马达的形式。

6.3.4.2 加压提升机构

液压在加压提升机构中的应用有多种形式。例如，在以电动机为原动机的YZ系列的牙轮钻机中，采用的是液压马达驱动的双封闭链加压系统，通过用一台叶片式液压马达与双油泵供油的方式组成了其双封闭链加压系统；而在原I-R公司的DM-H型牙轮钻机上则是采用了由位于钻架底部两侧的径向柱塞式液压马达进行钻机的加压和提升，如图6-30所示。

图6-30 加压提升机构使用的径向柱塞式液压马达

6.3.4.3 行走机构

牙轮钻机无论是采用柴油机驱动、电力驱动还是复合驱动，液压马达在行走机构中的应用都很普遍。所应用的液压马达类型包括了排量可调的斜盘式轴向柱塞马达、斜轴式轴向柱塞马达和径向柱塞式液压马达。当使用轴向柱塞式液压马达时，一般都与行星齿轮减速箱组合在一起应用。

6.4　柴油机

柴油机是将柴油直接喷射入汽缸与空气混合燃烧得到热能，并将热能转变为机械能的热力发动机。其主要优点是：热效率较高，其有效热效率可达46%，是所有热机中热效率最高的一种；功率范围广，单机功率可从零点几千瓦到上万千瓦；结构紧凑、比质量较小、便于移动；启动迅速、操作方便，并能在启动后很快达到全负荷运行。

由于柴油机的上述优点，其作为牙轮钻机所使用的两大一级原动机之一，已经得到广泛应用，尤其是在中、小型牙轮钻机上的应用更加普遍。

6.4.1　主要类型

柴油机根据活塞的运动方式可分为往复活塞式和旋转活塞式两种。由于旋转活塞式柴油机还存在不少问题，所以目前还没有得到普遍应用。柴油发电动机组、汽车、工程机械和矿山机械多以往复活塞式柴油机为动力。往复活塞式柴油机分类方法如下：

（1）按一个工作循环的行程数分类，有四冲程和二冲程两种。

（2）按冷却方式分类，有水冷式和风冷式两种。

（3）按进气方式分类，有非增压（自然吸气）式和增压式两种。

（4）按汽缸数目分类，有单缸、双缸和多缸柴油机。

（5）按汽缸排列分类，有直列式、V形和水平对置式等，如图6-31所示。

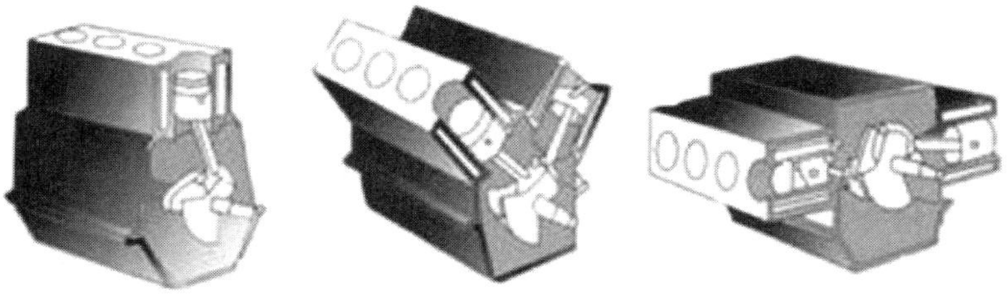

a　　b　　c

图6-31　汽缸的布置形式

a—直列式；b—V形；c—水平对置式

（6）按柴油机转速或活塞平均速度分类，有高速（标定转速高于1000r/min或活塞平均速度高于9m/s）、中速（标定转速为600～1000r/mm或活塞平均速度为6～9m/s）和低速（标定转速低于600r/min或活塞平均速度低于6m/s）柴油机。

（7）按功率分类，有小功率高速柴油机、大中功率高速柴油机、大功率中速柴油机、大功率低速柴油机等。

（8）按用途分类，有发电用、汽车用、工程机械用、矿山机械用、拖拉机用、铁路机车用、船舶用、农业机械用、坦克用和摩托车用等柴油机。

6.4.2 基本工作原理与典型工作过程

为了便于介绍柴油机的基本工作原理与典型工作过程，首先需要了解有关柴油机的基本结构和基本术语。

6.4.2.1 基本结构

单缸往复式柴油机的基本结构如图6-32所示。

单缸往复活塞式柴油机其主要由排气门1、进气门2、汽缸盖3、汽缸4、活塞5、活塞销6、连杆7和曲轴8等组成。汽缸4内装有活塞5，活塞通过活塞销6、连杆7与曲轴8相连接。活塞在汽缸内做上下往复运动，通过连杆推动曲轴转动。为了吸入新鲜空气和排出废气，在汽缸盖上设有进气门2和排气门1。

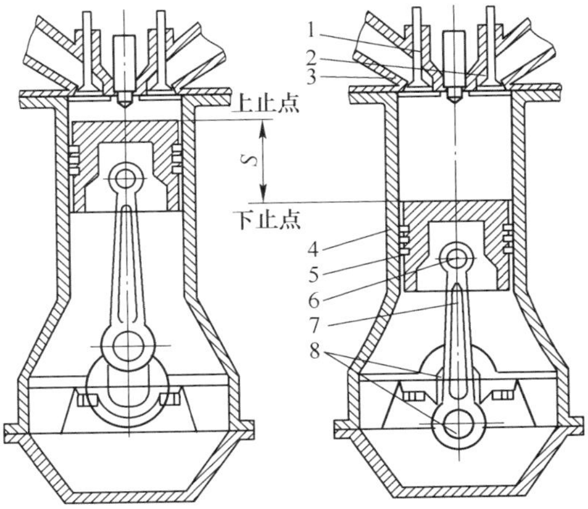

图6-32 单缸往复式柴油机的基本结构

1—排气门；2—进气门；3—汽缸盖；4—汽缸；5—活塞；6—活塞销；7—连杆；8—曲轴

6.4.2.2 基本术语

图6-33为柴油机的基本术语示意图。

图6-33中的基本术语解释如下：

（1）上止点。活塞离曲轴中心最大距离的位置。

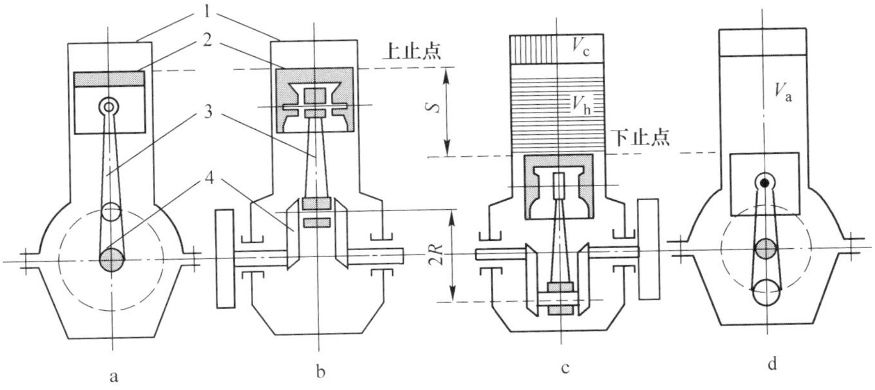

图6-33 柴油机基本术语示意图

a—进气行程；b—压缩行程；c—做功行程；d—排气行程

1—汽缸；2—活塞；3—连杆；4—曲轴

（2）下止点。活塞离曲轴中心最小距离的位置。

（3）活塞行程（冲程）。上止点与下止点间的距离，用符号 S 表示，单位为mm。

（4）曲柄半径。曲轴旋转中心到曲柄销中心的距离，用符号 r 表示，单位为mm。由图6-32可见，活塞行程 S 等于曲柄半径 r 的两倍，即：

$$S = 2r$$

（5）汽缸工作容积。在一个汽缸中，活塞从上止点到下止点所扫过的汽缸容积，用符号 V_h 表示，单位为 L，则：

$$V_h = \pi/4 \times D^2 \times S \times 10^{-6}$$

式中　D——汽缸直径，mm；

S——活塞行程，mm。

（6）柴油机排量。柴油机排量表示柴油机的做功能力，在其他参数相同的前提下，柴油机排量越大，则其所发出的功率就越大。柴油机所有汽缸工作容积的总和称为柴油机排量，用 V_H 表示，如果柴油机有 n 个汽缸，则柴油机排量为：

$$V_H = n \times \pi/4 \times D^2 \times S \times 10^{-6}$$

（7）燃烧室容积。当活塞在上止点时，活塞上方的汽缸容积，用符号 V_c 表示。

（8）汽缸总容积。当活塞在下止点时，活塞上方的汽缸容积，用符号 V_a 表示。它等于燃烧室容积 V_c 与汽缸工作容积 V_h 之和，即：

$$V_a = V_c + V_h$$

（9）压缩比。汽缸总容积与燃烧室容积之比。用符号 ε 表示，则：

$$\varepsilon = V_a/V_c = (V_c + V_h)/V_c = 1 + V_h/V_c$$

压缩比 ε 表示汽缸中的气体被压缩后体积缩小的倍数，也表明气体被压缩的程度，通常柴油机的压缩比 $\varepsilon = 12 \sim 22$。压缩比越大，活塞运动时，气体被压缩的越厉害，气体的温度和压力就越高，柴油机的效率也越高。

（10）工作循环。柴油机中热能与机械能的转化，是通过活塞在汽缸内工作，连续进行进气、压缩、做功、排气四个行程来完成的。每进行这样一个过程称为一个工作循环。如柴油机活塞走完四个冲程（曲轴旋转两周）完成一个工作循环，称该机为四冲程柴油机；如活塞走完两个冲程（曲轴旋转一周）完成一个工作循环，称该机为二冲程柴油机。

6.4.2.3　基本工作原理

柴油发动机的工作原理其实跟汽油发动机一样的，每个工作循环也经历进气、压缩、做功、排气四个行程。但由于柴油机用的燃料是柴油，其黏度比汽油大、不易蒸发，而其自燃温度却较汽油低，因此可燃混合气的形成及点火方式都与汽油机不同。

柴油机在进气行程中吸入的是纯空气。在压缩行程接近终了时，柴油经喷油泵将油压提高到10MPa以上，通过喷油器喷入汽缸，在很短时间内与压缩后的高温空气混合，形成可燃混合气。由于柴油机压缩比高（一般为16～22），所以压缩终了时汽缸内空气压力可达3.5～4.5MPa，同时温度高达750～1000K（而汽油机在此时的混合气压力为0.6～1.2MPa，温度达600～700K），大大超过柴油的自燃温度。因此柴油在喷入汽缸后，在很短时间内与空气混合后便立即自行发火燃烧。汽缸内的气压急速上升到6～9MPa，温度也升高到2000～2500K。在高压气体推动下，活塞向下运动并带动曲轴旋转而做功，废气同样经排气管排入大气中。

图6-34为四冲程柴油机在一个工作循环中所经历的进气、压缩、做功、排气四个工作行程的示意图。现分别介绍如下：

（1）吸气行程。活塞在曲轴的带动下由上止点移至下止点。此时排气门关闭，进气门开启。在活塞移动过程中，汽缸容积逐渐增大，汽缸内形成一定的真空度。空气通过进气门被吸入汽缸。由于进气系统存在阻力，使进气终了汽缸内的气体压力低于大气压力 p_0（约 78 ~ 91kPa）、温度为 320 ~ 340K。

（2）压缩行程。进气行程结束后，曲轴继续带动活塞由下止点移至上止点。这时，进、排气门均关闭。随着活塞移动，汽缸容积不断减小，汽缸内的混合气被压缩，其压力和温度同时升高。压缩终了时气体压力可达 3 ~ 5MPa、温度高达 750 ~ 1000K，为喷入汽缸内的柴油蒸发、混合和燃烧创造条件。

（3）做功行程。压缩行程接近结束时（上止点前 20°左右及喷油提前角），喷油嘴喷入燃油，边喷油边燃烧（柴油机扩散燃烧）。燃烧气体的体积急剧膨胀，压力和温度迅速升高。在气体压力的作用下，活塞由上止点移至下止点，并通过连杆推动曲轴旋转做功。这时，进、排气门仍旧关闭。燃烧气体的最大压力可达 6 ~ 9MPa，最高温度可达 1800 ~ 2000K。高压气体膨胀推动活塞由上止点向下止点移动，从而使曲轴旋转做功。由于喷油和燃烧要持续一段时间，因此虽然活塞开始下移，但此时还有喷入的燃料继续燃烧放热，汽缸内的压力并没有明显下降，随着活塞下移，汽缸内的温度和压力才逐渐下降。做功行程结束时，压力为 0.2 ~ 0.5MPa。

（4）排气行程。排气行程开始，排气门开启，进气门仍然关闭，曲轴通过连杆带动活塞由下止点移至上止点，此时膨胀过后的燃烧气体（或称废气）在其自身剩余压力和在活塞的推动下，经排气门排出汽缸之外。当活塞到达上止点时，排气行程结束，排气门关闭。由于排气系统有阻力，因此排气终了时，汽缸内废气压力略高于大气压力。汽缸内残余废气的压力约为 0.105 ~ 0.12MPa，温度约为 700 ~ 900K。

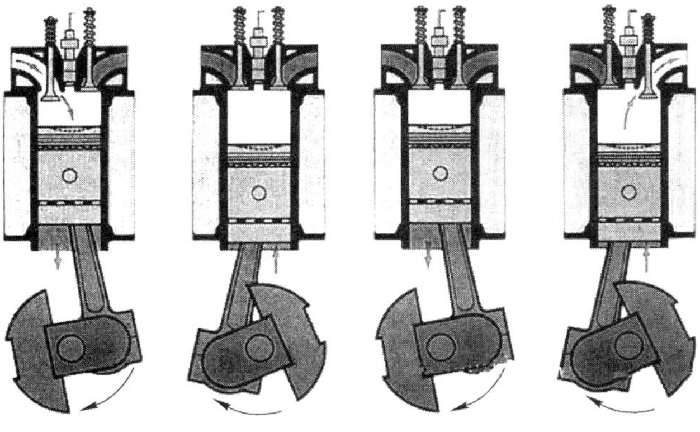

图 6-34 柴油机工作循环中的四个工作行程

a—吸气行程；b—压缩行程；c—做功行程；d—排气行程

活塞经过上述四个连续行程后，便完成了一个工作循环。当排气行程结束后，柴油机曲轴依靠飞轮转动的惯性作用仍继续旋转，上述四个行程又重复进行。如此周而复始地进行一个又一个的工作循环，使柴油机连续不断地运转起来，并带动工作机械做功。

6.4.2.4 二冲程柴油机工作原理

图 6-35 为带有扫气泵的气门气孔式二冲程柴油机工作过程示意图。这种类型的二冲程柴油机无进气门。汽缸（汽缸套）壁上有一组进气孔 3，由活塞的上、下运动控制进气

孔的开、闭，汽缸盖上设有排气门5。空气由扫气泵1提高压力以后，经汽缸外部的空气室2和汽缸壁上的进气孔3进入汽缸，完成进气和扫气过程。燃烧后的废气由汽缸盖上的排气门排出。

其工作过程如下：

（1）第一行程。第一行程也称换气-压缩过程。曲轴带动活塞由下止点向上运动，这时进气孔和排气门均打开，如图6-35a所示。新鲜空气由扫气泵以高于大气压力的压力值送入汽缸中，并把汽缸中的残余废气从排气门扫除。这种进、排气同时进行的过程称为扫气过程。活塞继续向上运动，当活塞越过进气孔后，进气孔被活塞关闭的同时配气机构也使排气门关闭，于是汽缸内的新鲜空气被压缩，如图6-35b所示，一直进行到上止点。

（2）第二行程。第二行程也称膨胀-换气过程。活塞接近上止点时，喷油器开始喷油，如图6-35c所示，被喷油器喷成的雾状柴油与高温压缩空气相遇便迅速燃烧。由于燃气压力的作用，推动活塞向下止点运动，经连杆带动曲轴旋转而输出动力。当活塞下行至某一时刻时排气门打开，如图6-35d所示，做功后的废气由排气门排出。活塞继续向下运动，随后进气孔打开，新鲜空气被扫气泵再次压入汽缸，开始扫气过程。活塞一直运动到下止点，完成第二个工作行程。

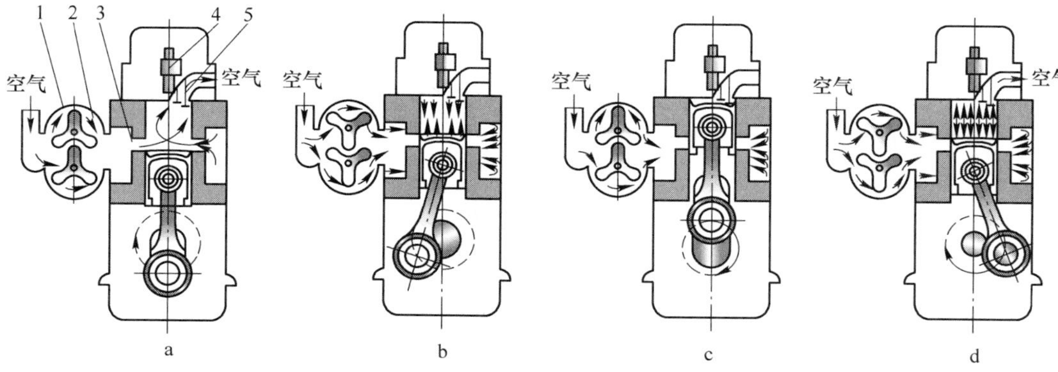

图6-35 带有扫气泵的气门气孔式二冲程柴油机的工作过程示意图

a—换气；b—压缩；c—做功；d—排气

1—扫气泵；2—空气室；3—进气孔；4—喷油器；5—排气门

6.4.2.5 二冲程与四冲程柴油机的比较

与四冲程柴油机比较，二冲程柴油机有以下主要特点：

（1）曲轴每转一周就有一个做功过程，因此，当二冲程柴油机工作容积和转速与四冲程柴油机相同时，在理论上其功率应为四冲程柴油机功率的两倍。与四冲程发动机相比，转速相同时功率大。但由于结构上的关系，二冲程柴油机废气排除不彻底，并且换气过程减小了有效工作行程。因而在同样的工作容积和曲轴转速下，二冲程柴油机的功率为四冲程柴油机的1.5～1.7倍。

（2）二冲程柴油机因其曲轴每转一周就有一个做功行程，在相同转速下工作循环次数多，往复运动产生的惯性力小、振动小、噪声低。故输出转矩均匀，运转平稳。

（3）大多数二冲程柴油机部分或全部采用气孔换气，不需要气门，零部件少，配气机构简单。所以，二冲程柴油机结构简单、质量轻、使用维修方便。

（4）进气排气过程的时间短，所以燃油损失大、换气时间短，并需要借助新鲜空气来清扫废气，换气效果相对较差；慢速不稳定，润滑油消耗多。

（5）在汽缸壁的一侧有气口，活塞环接触到这里易于磨损。由于排气口在汽缸上，易于过热。

6.4.3 结构分析

柴油机在工作过程中能输出动力，除了直接将燃料的热能转变为机械能的燃烧室和曲柄连杆机构外，还必须具有相应的机构和系统予以保证，并且这些机构和系统是互相联系和协调工作的。不同类型和用途的柴油机，其机构和系统的形式不同，但其功用基本一致。柴油机主要由机体组件与曲柄连杆机构、配气机构与进排气系统、燃油供给与调速系统、润滑系统、冷却系统、启动系统等组成。图 6-36 为六缸柴油机的总体结构图。

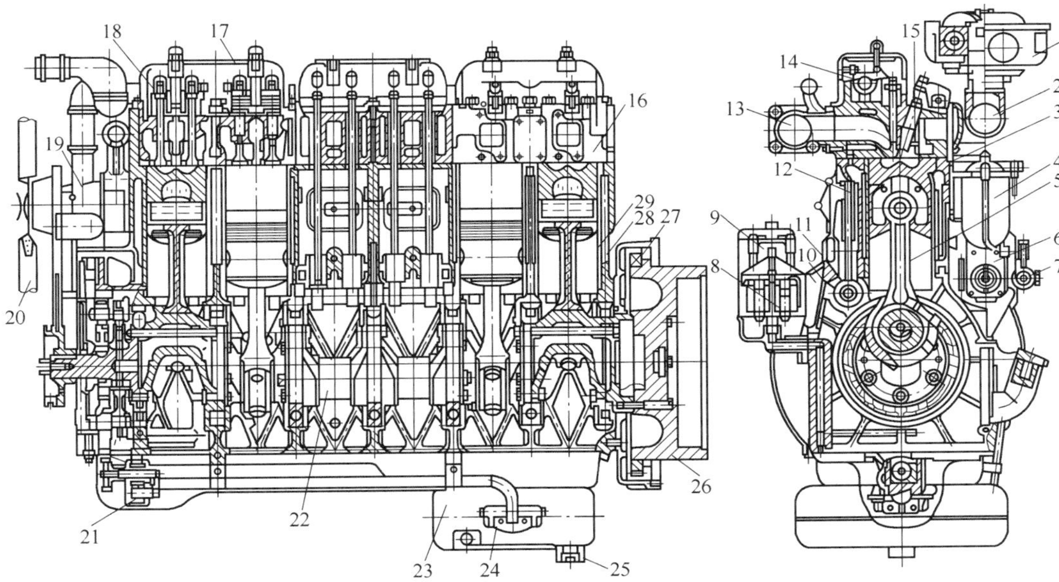

图 6-36 六缸柴油机的总体结构图

1—空气滤清器；2—进气管；3—活塞；4—柴油滤清器；5—连杆；6—喷油泵；7—输油泵；8—机油粗滤器；9—机油精滤器；10—凸轮轴；11—挺柱；12—推杆；13—排气管；14—摇臂；15—喷油器；16—缸盖；17—气门室罩；18—气门；19—水泵；20—风扇；21—机油泵；22—曲轴；23—油底壳；24—机油集滤器；25—放油塞；26—飞轮；27—齿圈；28—缸体；29—缸套

6.4.3.1 机体组件

机体组件为固定部件，主要包括汽缸体、汽缸套、汽缸盖、曲轴箱和油底壳等。它是柴油机运动机构和各系统的装配基体，而且其本身的许多部位又分别是柴油机曲柄连杆机构、配气机构与进排气系统、燃油供给与调速系统、润滑系统和冷却系统的组成部分。例如，汽缸盖与活塞顶共同形成燃烧室空间，不少零件、进排气道和油道也布置在它上面。

柴油机的机体组件分布如图 6-37 所示。

A　机体与曲轴箱

机体是构成发动机的骨架，是发动机各机构和各系统的安装基础，其内、外安装着发动机的所有主要零件和附件，承受各种载荷。因此，机体必须要有足够的强度和刚度。机体组主要由汽缸体、曲轴箱、汽缸盖和汽缸垫等零件组成。

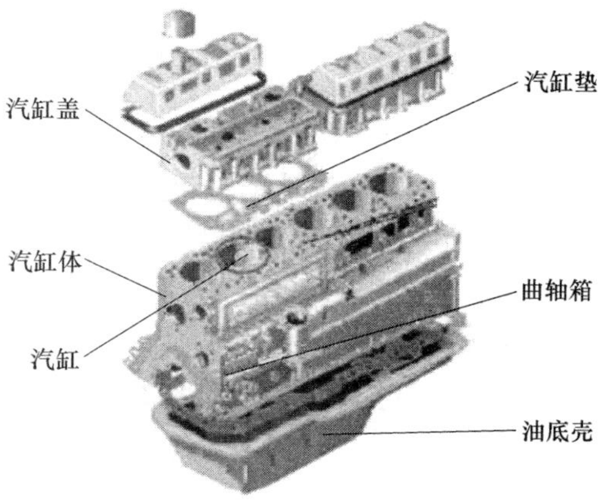

图 6-37　柴油机的机体组件分布

为了能够使汽缸内表面在高温下正常工作，必须对汽缸和汽缸盖进行适当的冷却。冷却方法有两种：一种是水冷，另一种是风冷。水冷发动机的汽缸周围和汽缸盖中都加工有冷却水套，并且汽缸体和汽缸盖冷却水套相通，冷却水在水套内不断循环，带走部分热量，对汽缸和汽缸盖起冷却作用。

水冷发动机的汽缸体和上曲轴箱通常是铸为一体，一般用灰口铸铁铸成，汽缸体上部的圆柱形空腔称为汽缸，下半部为支承曲轴的曲轴箱，其内腔为曲轴运动的空间。在汽缸体内部铸有许多加强筋，挺柱腔、冷却水套和润滑油道、冷却水道都布置在机体上。图 6-38 为汽缸体与曲轴箱的结构示意图。

图 6-38　汽缸体与曲轴箱的结构示意图

B　汽缸体

汽缸体是发动机的主体，它将各个汽缸和曲轴箱连成一体，是安装活塞、曲轴以及其他零件和附件的支承骨架。汽缸体的工作条件十分恶劣。它要承受燃烧过程中压力和温度的急剧变化以及活塞运动的强烈摩擦。其结构如图 6-39 所示。

a　汽缸体的性能

汽缸体应具有以下性能：

（1）有足够的强度和刚度，变形小，保证各运动零件位置正确，运转正常，振动噪声小。

（2）有良好的冷却性能，在缸筒的四周有冷却水套，以便让冷却水带走热量。

（3）耐磨，以保证汽缸体有足够的使用寿命。

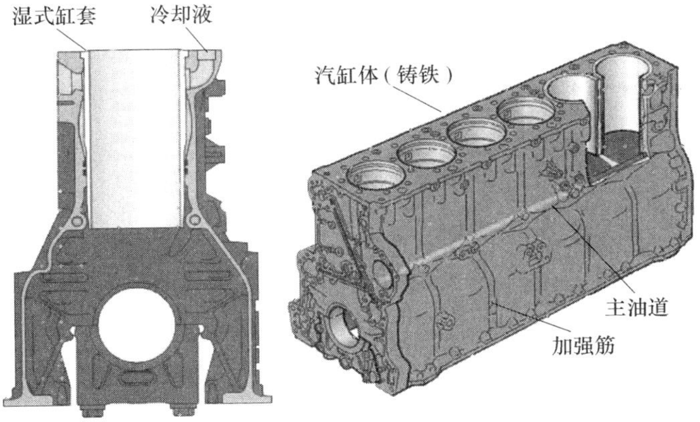

图 6-39 汽缸体结构示意图

b 汽缸体的结构类型

根据汽缸体与油底壳安装平面的位置不同，通常把汽缸体分为以下三种形式，即平分式曲轴箱机体、龙门式曲轴箱机体和隧道式曲轴箱机体。其结构如图 6-40 所示。

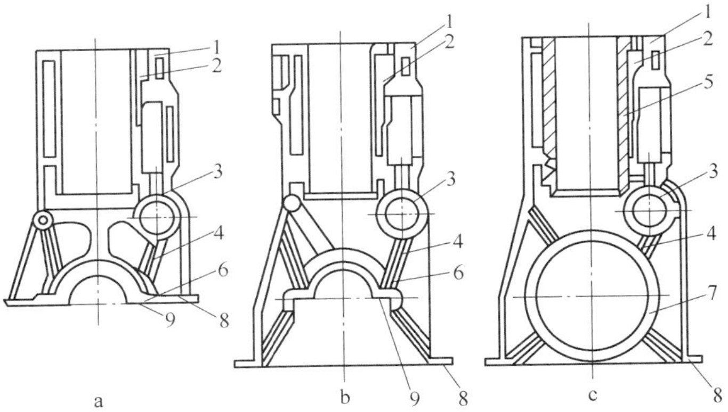

图 6-40 汽缸体的结构类型

a—平分式；b—龙门式；c—隧道式

1—汽缸体；2—水套；3—凸轮轴孔座；4—加强筋；5—湿缸套；6—主轴承座；
7—主轴承座孔；8—油底壳安装面；9—主轴承盖安装面

（1）平分式汽缸体。其特点是油底壳安装平面和曲轴旋转中心在同一高度。这种汽缸体的优点是机体高度小、重量轻、结构紧凑、便于加工、曲轴拆装方便；但其缺点是刚度和强度较差。

（2）龙门式汽缸体。其特点是油底壳安装平面低于曲轴的旋转中心。它的优点是强度和刚度都好，能承受较大的机械负荷；但其缺点是工艺性较差、结构笨重、加工较困难。

（3）隧道式汽缸体。这种结构形式汽缸体的曲轴的主轴承孔为整体式，采用滚动轴承，主轴承孔较大，曲轴从汽缸体后部装入。其优点是结构紧凑、刚度和强度好，但其缺点是加工精度要求高、工艺性较差、曲轴拆装不方便。

C　汽缸盖

汽缸盖用来封闭机体上部，与活塞、汽缸套构成燃烧室空间并保证柴油机进、排气过程的顺利进行，其基本结构如图6-41所示。为了散热，汽缸盖的内部铸有水套。冷却液在水泵的压力作用下从水箱（或散热器）进入汽缸体水套，然后经过汽缸垫出水孔进入汽缸盖内部水套，再从汽缸盖端面的排气门座排出，进入汽缸盖出水管，最后回到水箱。汽缸盖的结构有多种多样的形式，一般采用铸铁或铝合金铸造。

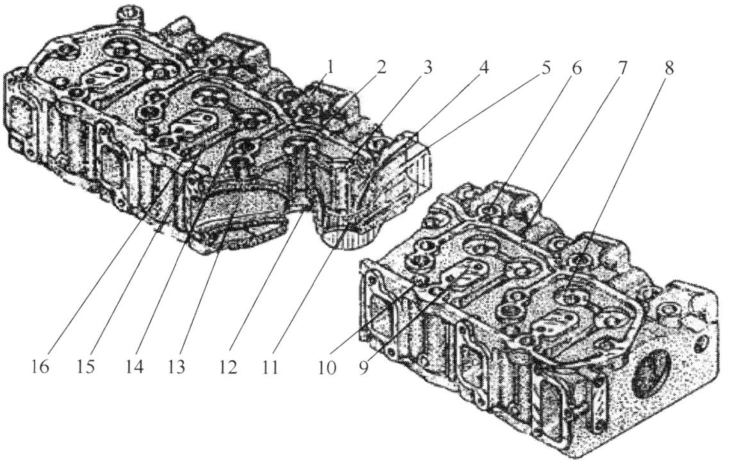

图6-41　汽缸盖结构示意图

1—汽缸盖；2—排气门导管孔；3—进气门导管孔；4—冷却水腔；5—进气道；6—缸盖螺栓孔；7—喷油器安装螺孔；8—排气门弹簧座孔；9—摇臂支座；10—排气门推杆孔；11—进气门座孔；12—排气门座孔；13—排气道；14—进气门弹簧座孔；15—缸盖回油槽；16—进气门推杆孔

D　汽缸套

汽缸孔直接加工在汽缸体上的称为整体式汽缸，整体式汽缸强度和刚度都好，能承受较大的载荷，这种汽缸对材料要求高、成本高。如果将汽缸制造成单独的圆筒形零件（即汽缸套），然后再装到汽缸体内。这样，汽缸套采用耐磨的优质材料制成，汽缸体可用价格较低的一般材料制造，从而降低了制造成本。同时，汽缸套可以从汽缸体中取出，因而便于修理和更换，并可大大延长汽缸体的使用寿命。汽缸套有干式汽缸套和湿式汽缸套两种。

干式汽缸套的特点是汽缸套装入汽缸体后，其外壁不直接与冷却水接触，而和汽缸体的壁面直接接触，壁厚较薄，一般为1～3mm。它具有整体式汽缸体的优点，强度和刚度都较好，但加工比较复杂，内、外表面都需要进行精加工，拆装不方便，散热不良。

湿式汽缸套的特点是汽缸套装入汽缸体后，其外壁直接与冷却水接触，汽缸套仅在上、下各有一圆环地带和汽缸体接触，壁厚一般为5～9mm。它散热良好，冷却均匀，加工容易，通常只需要精加工内表面，而与水接触的外表面不需要加工，拆装方便；但缺点是强度、刚度都不如干式汽缸套好，而且容易产生漏水现象，应该采取一些防漏措施。

E　汽缸垫

汽缸垫用来保证汽缸体与汽缸盖的密封，防止漏气、漏水。它是发动机上最重要的一种垫片。汽缸垫应满足以下要求：

（1）在高温、高压燃气作用下能保持足够的强度，不易损坏；在高温高压燃气或有压力的机油和冷却水的作用下，不烧损和不变质；具有一定的弹性，能补偿结合面的不平度，确保密封；拆装方便，重复使用，寿命长。

（2）柴油机多采用钢皮（或铜皮）-石棉型汽缸垫，如图 6-42 所示。采用金属板（低碳钢或铝）做的汽缸垫则有较高的交变弯曲强度，寿命较长，但其对汽缸盖和汽缸体结合面的平整度和刚度要求较高。

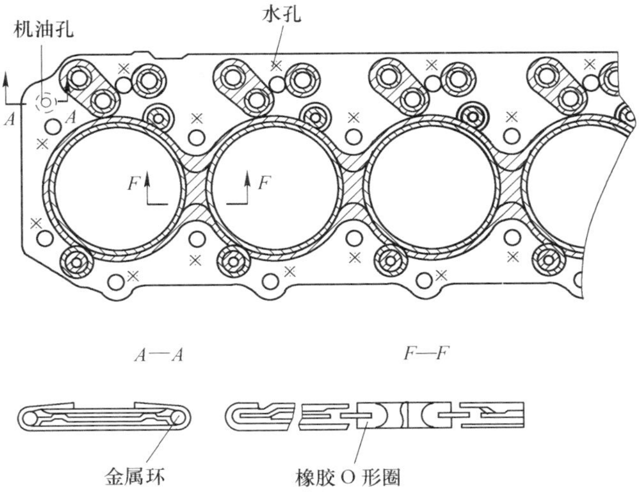

图 6-42 钢皮（或铜皮）-石棉型汽缸垫

F 油底壳

油底壳位于柴油发动机下部，可拆装。由于油底壳是曲轴箱的下半部分，又称为下曲轴箱。油底壳的作用是封闭曲轴箱作为储油槽的外壳，防止杂质进入，并收集和储存由柴油机各摩擦表面流回的润滑油，散去部分热量，防止润滑油氧化。油底壳多由薄钢板冲压而成，形状较为复杂的一般采用铸铁或铝合金浇铸成型，有些铝合金油底壳还带有散热片。

油底壳的最低处设有放油塞，以便放出润滑油。有的放油塞还带有磁性，可以吸附润滑油中的铁屑，以减少发动机的磨损。为了防止发动机振动时油底壳油面产生较大的波动，在其内部装有稳油挡板，以避免柴油机颠簸时造成的油面震荡激溅，有利于润滑油杂质的沉淀，侧面装有量油尺，用来检查油量。曲轴箱与油底壳之间为了防止漏油，其间装有软木垫片。油底壳的结构如图 6-43 所示。

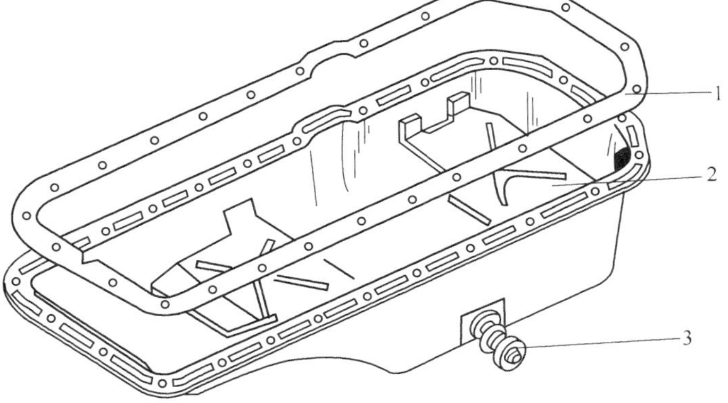

图 6-43 油底壳结构示意图

1—衬垫；2—稳油挡板；3—放油塞

6.4.3.2 曲柄连杆机构

曲柄连杆机构的作用是提供燃烧场所，把燃料燃烧后气体作用在活塞顶上的膨胀压力转变为曲轴旋转的转矩，不断输出动力。曲柄连杆机构是柴油机实现工作循环、完成能量转换的主要运动件，其结构如图6-44所示。在做功冲程，它将燃料燃烧产生的热能驱使活塞往复运动，并将活塞的往复直线运动转变为曲轴的旋转运动，从而将热能转变为机械能，对外输出动力；在其他冲程，则依靠曲柄和飞轮的转动惯性、通过连杆带动活塞上下运动，为下一轮做功创造条件。

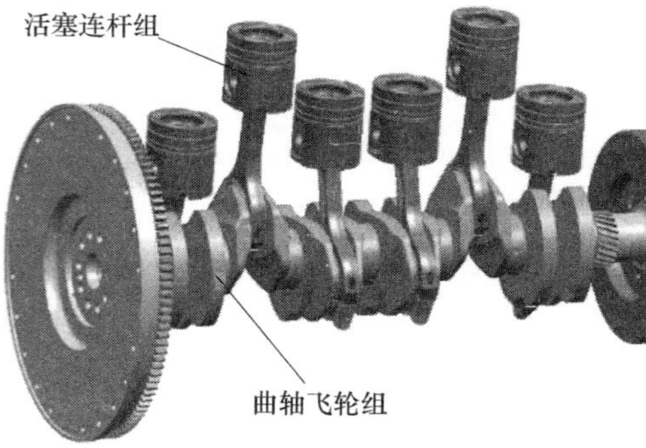

图6-44 曲柄连杆机构的结构示意图

曲柄连杆机构由活塞连杆组和曲轴飞轮组两部分运动构件组成，并被安装在柴油机机体中的各相关位置，形成柴油机的主机构造。曲柄连杆机构的活塞连杆组和曲轴飞轮组两部分运动构件组成如图6-45所示。

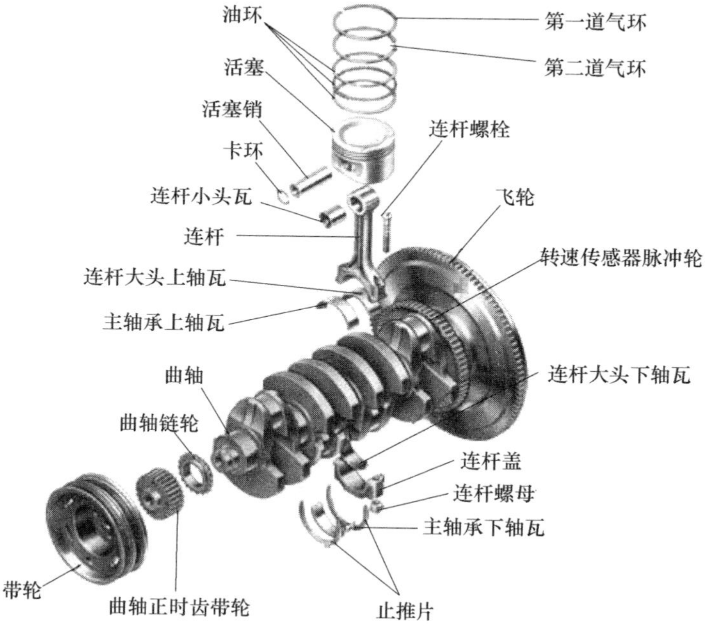

图6-45 曲柄连杆机构的活塞连杆组和曲轴飞轮组的运动构件组成

A 活塞连杆组

活塞连杆组由活塞、活塞环、活塞销、连杆、连杆轴瓦等组成。

a 活塞、活塞环槽、活塞环与活塞销

活塞的作用是与汽缸盖、汽缸壁等共同组成燃烧室，并承受汽缸中气体压力，通过活塞销将作用力传给连杆，以推动曲轴旋转。活塞可分为头部、环槽部和裙部三部分。活塞头部活塞是燃烧室的组成部分，其形状取决于燃烧室的形式。常见的活塞头部形状有平顶式、凹顶式和凸顶式。

活塞环槽用于活塞环的安装。柴油机一般有 3 道环槽。上面 1 ~2 道用来安装气环，实现汽缸的密封；最下面的一道用来安装油环。在油环槽底面上钻有许多径向回油孔，当活塞向下运动时，油环把汽缸壁上多余的机油刮下来经回油孔流回油底壳。若温度过高，第一道环则容易产生积碳，出现过热卡死现象。

活塞环安装在活塞环槽内，用来密封活塞与汽缸壁之间的间隙，防止窜气，同时使活塞往复运动便捷。活塞环分为气环和油环两种。

活塞销的作用是连接活塞和连杆小头，并将活塞所受的气体作用力传给连杆。活塞销通常为空心圆柱体，有时也按等强度要求做成截面管状体结构。

活塞销与活塞销座孔和连杆小头衬套孔的连接采用全浮式和半浮式连接。采用全浮式连接，活塞销可以在孔内自由转动；采用半浮式连接，销与连杆小头之间为过盈配合，工作中不发生相对转动；销与活塞销座孔之间为间隙配合。

b 连杆与连杆轴瓦

连杆的作用是将活塞承受的力传给曲轴，并使活塞的往复运动转变为曲轴的旋转运动。

连杆由连杆体、连杆盖、连杆螺栓和连杆轴瓦等零件组成，连杆体与连杆盖分为连杆小头、杆身和连杆大头。

连杆小头用来安装活塞销，以连接活塞。杆身通常做成“工”或“H”形断面，以求在满足强度和刚度要求的前提下减少质量。

连杆大头与曲轴的连杆轴颈相连，一般做成剖分式，被分开的部分称为连杆盖，两者靠连杆螺栓连接为一体。连杆大头与连杆盖是组合在一起加工的。

连杆轴瓦安装在连杆大头孔座中，与曲轴上的连杆轴颈组合在一起，是发动机中最重要的配合副之一。常用的减磨合金主要有白合金、铜铅合金和铝基合金。

B 曲轴飞轮组

曲轴飞轮组主要由曲轴、飞轮和一些附件组成。

(1) 曲轴是发动机最重要的机件之一。其作用是将活塞连杆组传来的气体作用力转变成曲轴的旋转力矩对外输出，并驱动发动机的配气机构及其他辅助装置工作。曲轴各部的结构与油道分布如图 6-46 所示。

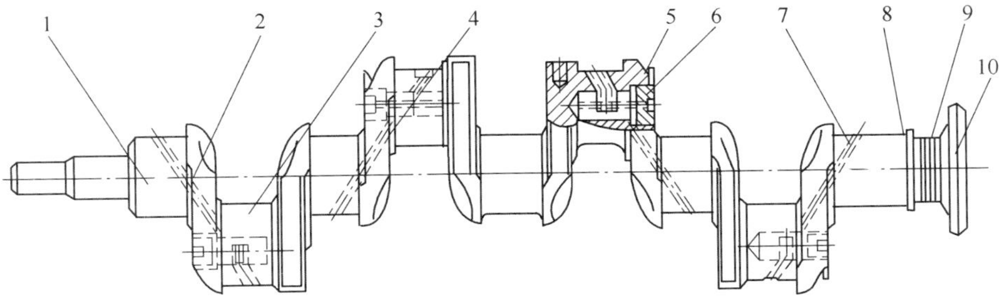

图 6-46 曲轴各部的结构与油道分布

1—主轴颈；2—轴柄；3—连杆轴颈；4—油管；5—开口销；6—螺塞；7—油道；8—挡油盘；9—回油螺纹；10—凸缘盘

曲轴前端主要用来驱动配气机构、水泵和风扇等附属机构，前端轴上安装有正时齿轮（或同步带轮）、风扇与水泵的带轮、扭转减振器以及启动爪等。曲轴后端采用凸缘结构，用来安装飞轮。曲轴的前端与后端结构示意图如图 6-47 所示。

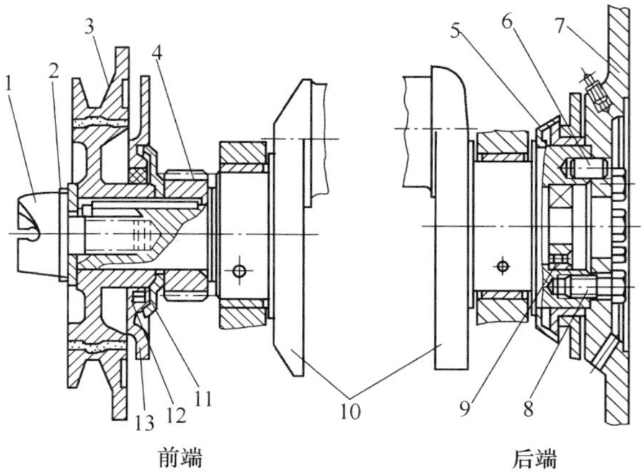

图 6-47　曲轴的前端与后端结构示意图

1—启动爪；2—垫片；3—皮带轮及减振器；4—正时齿轮；5，11—甩油盘；6—定位销；7—飞轮；8—飞轮螺栓；9—轴承；10—曲轴；12—油封；13—齿轮室盖

主轴颈和连杆轴颈是发动机中关键的滑动配合副，一般均进行表面淬火，轴颈过渡圆角处还须进行滚压强化等化学工艺，以提高其抗疲劳强度。

曲轴的轴向定位一般采用止推片或翻边轴瓦，定位装置装在前端第一道主轴承处或中部某轴承处。曲轴一般选用强度高、耐冲击韧度和耐磨性能好的优质中碳结构钢、优质中碳合金钢或高强度球墨铸铁来锻造或铸造。曲轴在装配前必须经过动平衡校验，对不平衡的曲轴，常在其偏重的一侧平衡重或曲柄上钻去一部分质量，以达到平衡的要求。

（2）飞轮是一个转动惯量很大的圆盘，外缘上压有一个齿圈，与启动机的驱动齿轮啮合，供启动机发动机时使用。

飞轮上通常还刻有第一缸点火正时记号，以便校准点火时刻。

多缸发动机的飞轮应与曲轴一起进行动平衡试验。为了保证在拆装过程中不破坏飞轮与曲轴间的装配关系，采用定位销或不对称螺栓布置方式，安装时应加以注意。

6.4.3.3　配气机构

配气机构的作用是按照柴油机各缸工作过程的需要，定时地开启和关闭进、排气门，使新鲜空气得以及时进入汽缸，废气得以及时排出汽缸，保证柴油机换气过程顺利进行。

配气机构由气门组（进气门、排气门、气门导管、气门座和气门弹簧等）及传动组（挺柱、挺杆、摇臂、摇臂轴、凸轮轴和正时齿轮等）组成。配气机构的结构示意图如图 6-48 所示。

根据凸轮轴的位置不同，配气机构可分为下置式、中置式和上置式三种形式。目前工程机械和矿山机械用柴油机的配气机构多采用顶置式气门。它的气门倒装在汽缸盖上，凸轮轴安装在上曲轴箱上，如图 6-49 所示，主要包括凸轮轴正时齿轮 1、凸轮轴 2、气门挺柱 3、推杆 4、调整螺钉 7、摇臂 8 及摇臂轴 6、气门 11、气门弹簧 13、气门导管 14、气门座 15 等。

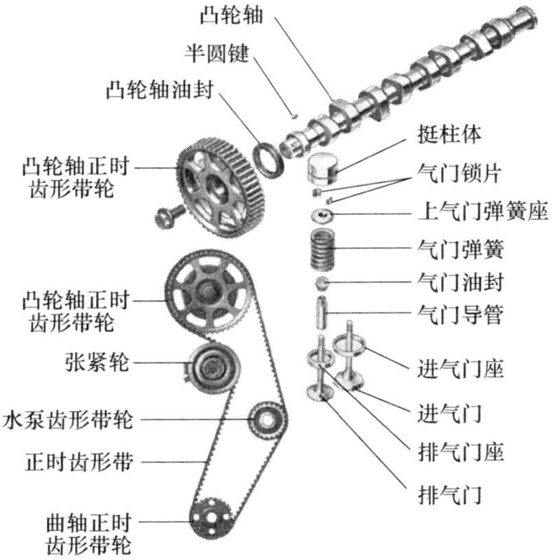

图 6-48 配气机构的结构示意图

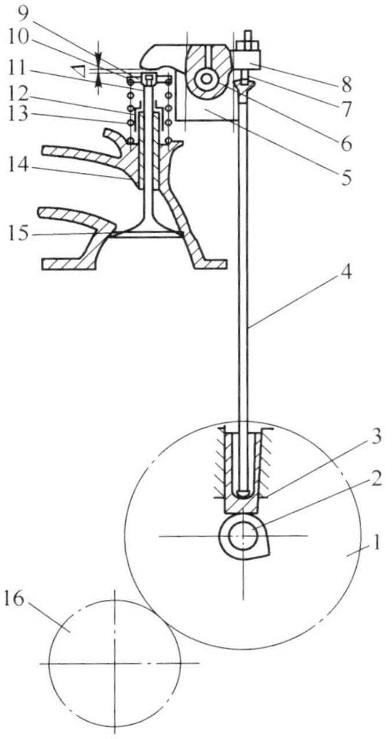

图 6-49 顶置式气门结构示意图

1—凸轮轴正时齿轮；2—凸轮轴；3—气门挺柱；4—推杆；5—摇臂轴支架；6—摇臂轴；7—调整螺钉；8—摇臂；9—气门锁片；10—气门弹簧座；11—气门；12—防油罩；13—气门弹簧；14—气门导管；15—气门座；16—曲轴正时齿轮；Δ—气门间隙

6.4.3.4 进气和排气系统

发动机进、排气系统的性能对发动机的动力性、经济性和排放性能有直径影响。进、排气系统是柴油机最重要的系统之一。其作用是为柴油机供给新鲜空气，并将其燃烧后的废气排至大气。柴油机和汽油机的排气系统基本相同，但由于供油方式不同，因而造成进气系统的结构形式不同。

发动机的进气系统主要由空气滤清器、进气歧管和进气管组成；排气系统主要由排气歧管、排气管和排气消声器组成。对于增压柴油机，还装有进气增压装置。柴油机的进气和排气系统如图 6-50 所示。

6.4.3.5 燃油供给系统

柴油机燃油供给系统的作用是完成燃料的贮存、滤清和输送功能，按照柴油机的不同工况，将一定量的柴油，在一定的时间内，以一定的压力喷入燃烧室与空气混合，使其与空气迅速混合燃烧，最后将废气排入大气。传统的柴油机燃油喷射系统，又称为泵-管-嘴系统。

柴油机燃料供给系由燃料供给装置、空气供给装置、混合气形成及废气排出装置等构成。根据结构特点的不同，柴油机燃料供给装置又可分为柱塞式喷油泵燃料供给装置、分配式喷油泵燃料供给装置、泵-喷嘴式燃料供给装置和 PT 燃油系统。其中，柱塞式喷油泵燃料供给装置是传统式供油装置，它具有结构简单，工艺成熟，供油可靠，维修、调整方

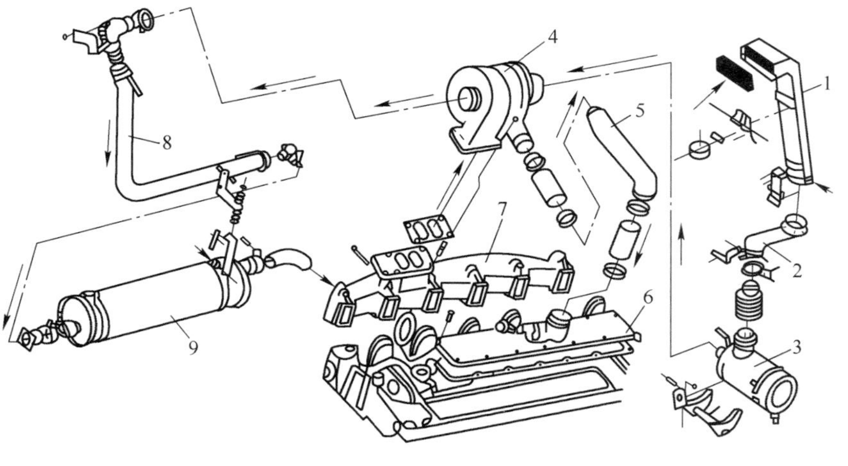

图 6-50　柴油机的进气和排气系统

1—进气管总成；2—进气管接头；3—空气滤清器总成；4—涡流增压器；5—进气歧管；6—进气管；7—排气歧管；8—消声器排气歧管总成；9—消声器总成

便，使用寿命长等优点。图 6-51 为直列柱塞泵燃料供给系统示意图。

柴油机供给系统的部件可以分为供给燃油的燃油箱、燃油滤清器、输油泵、带调速器的喷油泵（高压油泵）和喷油器；供给空气的空气滤清器和进气管；排出废气的排气管和消声器。由于柴油机的燃油喷射系统较汽油机复杂，因此高压油泵需要一套驱动机构来驱动，并要带一套调速机构。

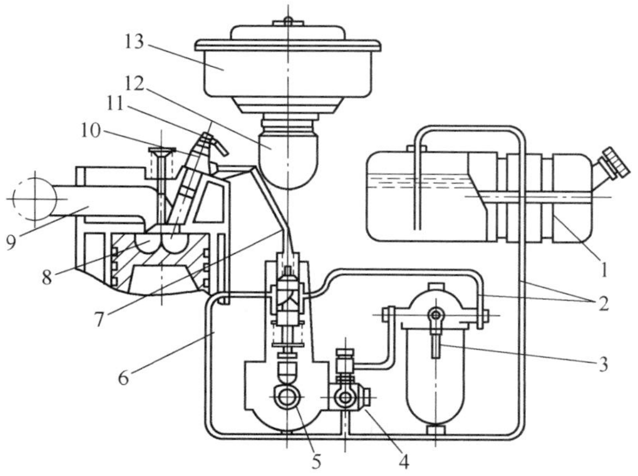

图 6-51　直列柱塞泵燃油供给系统示意图

1—燃油箱；2—低压油管；3—柴油滤清器；4—输油泵；5—喷油泵；6—直列柱塞泵回油管；7—高压油管；8—燃烧室；9—排气管；10—喷油器；11—喷油器回油管；12—进气管；13—空气滤清器

柴油机燃料供给系统的工作过程如图 6-51 所示，空气经空气滤清器 13 和进气管 12 被吸入汽缸；燃油箱 1 中的燃油经油管 2 被吸入输油泵 4，并以 0. 049MPa 的压力被压出，经燃油滤清器 3 滤清后进入喷油泵 5，喷油泵以高压（16. 17MPa）将燃油经高压油管 7 送往喷油器 10，最后经喷油器喷入燃烧室 8。

6. 4. 3. 6　润滑系统

润滑系统的功用是将润滑油送到柴油机各运动件的摩擦表面，在各摩擦零件的表面，形成一层油膜，将互相摩擦的零件分隔开，起到减摩、冷却、净化、密封和防锈等作用，以减小摩擦阻力和磨损，并带走摩擦产生的热量，从而保证柴油机正常工作。它主要由机油泵、机油滤清器、机油散热器、各种阀门及润滑油道等组成。

图 6-52 为柴油机润滑油路示意图。油底壳中的机油经集滤器、机油泵、机油滤清器、机油散热器进入主油道。主油道中的机油通过各支油道分别流向增压器（若柴油机为自然吸气式则无增压器）、压气机、喷油泵，经推杆到摇臂轴、凸轮轴轴颈、曲轴主轴颈和连杆轴颈等处进行压力润滑。

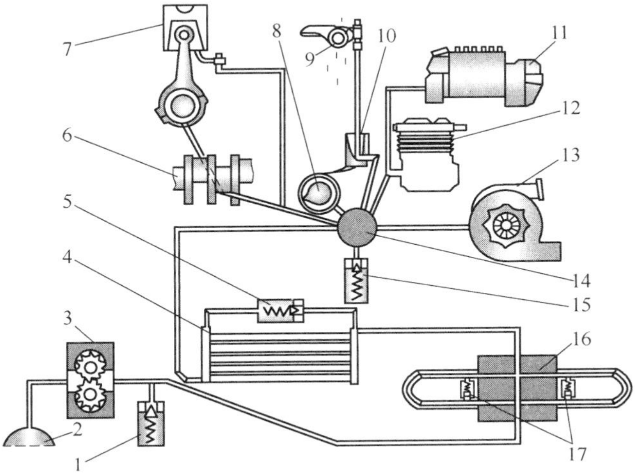

图 6-52 柴油机润滑油路示意图

1—机油限压阀；2—集滤器；3—机油泵；4—机油散热器；5—机油散热器限压阀；6—曲轴；7—连杆小头；8—凸轮轴；9—摇臂轴；10—挺柱；11—喷油泵；12—压气机；13—增压器；14—主油道；15—限压阀；16—机油滤清器；17—滤清器旁通阀

为了保证活塞的冷却，对应各缸处有机油喷嘴，来自于主油道的机油直接喷到活塞内腔。图 6-53 更系统地说明了典型的柴油机润滑油路的系统结构。

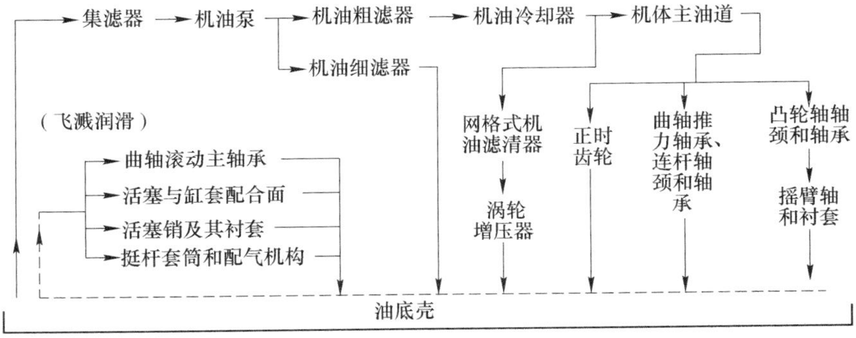

图 6-53 典型的柴油机润滑油路系统结构

6.4.3.7 冷却系统

柴油机在工作过程中，汽缸内燃烧气体的稳度高达 1800～2200℃，与高温接触的发动机零件受到强烈的加热。因此，在发动机上必须配备冷却系统，对发动机的高温机件进行强制冷却，以保证发动机的正常工作。柴油机冷却系统的功能就是使发动机得到适度的冷却，从而保持其在最适宜的温度范围内工作。

冷却系统的功用是将柴油机受热零件的热量传出，以保持柴油机在最适宜的温度状态下工作，以获得良好的经济性、动力性和耐久性。冷却系统分为水冷系统和风冷系统两种。多数柴油机采用水冷系统，它是以水作为冷却介质。也有少数柴油机采用风冷系。风冷却方式又称空气冷却方式，它是以空气作冷却介质，将柴油机受热零部件的热量传送出去。这种冷却方式由风扇和导风罩等组成，为了增加散热面积，通常在汽缸盖和汽缸体上铸有散热片。风冷系统由于冷却效果差、噪声大、功耗大等问题，主要用于小排量及军用工程机械上。目前在工程机械和矿山机械中使用较多的还是水冷系统的柴油发动机。它利用水泵将冷却液的压力提高，使其在发动机冷却系统中循环流动而完成对发动机的冷却。图 6-54 为发动机强制循环水冷却系统的示意图。

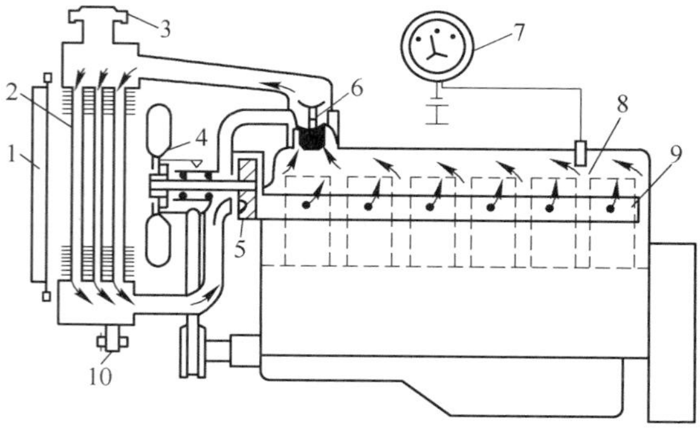

图 6-54　发动机强制循环水冷系统示意图
1—百叶窗；2—散热器；3—散热器盖；
4—风扇；5—水泵；6—节温器；7—水温表；
8—水套；9—分水管；10—防水阀

柴油机水冷系统的主要部件包括散热器、膨胀水箱、水泵、风扇、水套、风扇离合器、节温器、百叶窗等。

水冷发动机的汽缸盖与汽缸体中都铸有贮水的、连通的夹层空间，称为水套，使冷却水得以接近受热零件，并可在其中循环流动。水泵安装在发动机缸体前端面或侧面，由曲轴通过 V 带驱动。水泵的出水孔通过分水管与水套相连。散热器一般安装在发动机前方的支架上，上端通过橡胶水管与发动机缸盖出水孔相连，下端与水泵进水口相连，节温器位于汽缸盖出水管内或水泵进水口处，可以根据发动机的工作湿度，自动控制冷却液的循环路线，实现冷却强度的调节。在散热器后面装有轴流式风扇，由曲轴或电动机驱动，能产生强大的抽吸力，增大通过散热器的空气流量和流速，加强散热器的散热效果。为了使发动机的工作温度维持在正常范围内，风扇与曲轴之间通常用风扇离合器连接，可根据发动机温度改变风扇的旋转速度，即改变散热器的散热效果。在散热器的前面还装有百叶窗，可操纵其开口度来控制通过散热器的空气量，也可实现冷却强度的调节。此外，水冷系中，还没有水温表，使操作者能够掌握冷却系的工作情况。

通常冷却液在冷却系内的循环流动有两种情况：一是水温高时，汽缸盖出水孔的冷却液流经散热器再经水泵流回水套，称为大循环；二是水温低时，发动机出水孔的冷却液不经过散热器而直接流回水套，称为小循环。水冷系统循环示意图如图 6-55 所示。

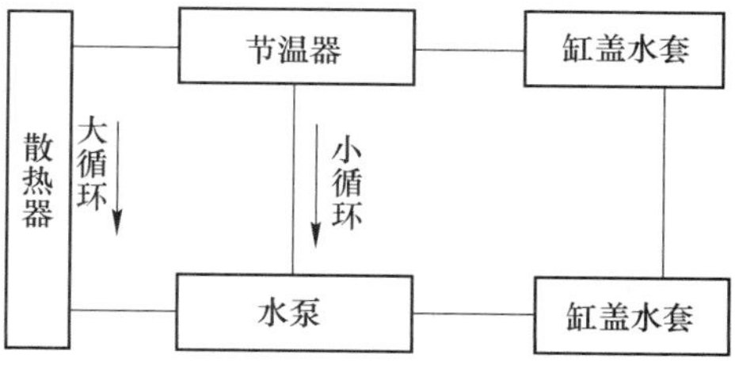

图 6-55　水冷系统循环示意图

6.4.3.8 启动装置

柴油机由静止状态转入运转状态的过程，称为柴油机的启动。柴油机不能自行启动，必须借助外力才能使之运转着火燃烧，使柴油机转速达到最低稳定转速以上才可使其达到自行运转状态。启动系统的组成和启动机的组成如图 6-56 所示。

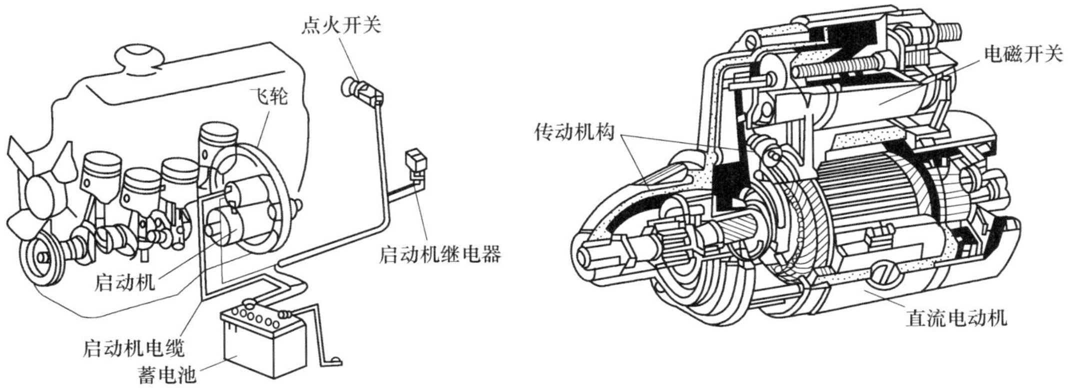

图 6-56 启动系统的组成和启动机的组成

启动系统的功用是借助外力（人力或其他动力）带动曲轴旋转，并使其达到一定的转速，使柴油机实现第一次着火、燃烧，由静止状态转入工作状态。启动系统根据柴油机所采用的启动方式不同，其组成零件也不一样。电动马达启动系统是由启动电动机、继电器、蓄电池和启动按钮等部件组成；气动马达启动系统则是由气动马达、分水滤清器、油雾器、继电器、总旋阀和启动按钮等部件组成；压缩空气启动系统是由贮气瓶、空气分配器、启动控制阀和启动活门等组成。

柴油机上设置的电启动系统，除蓄电池和控制电路外，主要是启动机。启动机固定于发动机缸体一侧，其驱动齿轮位于发动机飞轮壳内，飞轮外缘安装有齿圈。平时，齿轮与齿圈互相脱开；启动时，启动机电枢轴旋转，将齿轮与齿圈啮合，带动飞轮和曲轴旋转而启动。

6.4.4 牙轮钻机所使用的柴油机

牙轮钻机所使用的柴油机与发电动机组用、车用发动机的工作性能是有较大差异的。发电动机组用发动机工作时要求噪声低，工作转速一般在 1500r/min 左右；车用发动机主要用以实现车辆不同的行驶速度，发动机工作转速范围大（从怠速到最高转速），且其标定的额定功率为瞬时功率。而牙轮钻机所使用的柴油发动机更注重输出转矩，因而要求发动机的转矩储备大，工作转速一般比车用发动机要低，且标定的额定功率是持续功率。

露天矿用牙轮钻机所使用的柴油机应当满足以下基本要求：（1）能够在一台柴油机上同时驱动主空压机和液压泵系统；（2）具有满足钻机穿孔直径范围内的足够大的输出转矩和转矩储备；（3）全负荷下的额定转速范围为 1800～2100r/min。

表 6-6 列出了现役的国外牙轮钻机主要代表性机型的柴油机配置型号与功率。

表 6-6　现役的国外牙轮钻机主要机型柴油机配置型号与功率

型　号	钻孔直径 /mm	最大轴压力 /kN	主空压机 /m^3 · (min · bar)$^{-1}$	柴油机型号	功率/hp
Atlas Copco 公司					
PV235	152 ~ 270	267	53. 8 ~ 7. 6	C18/C27/QSX15/QSK19	630/800/600/755
PV271	171 ~ 270	311	53. 8 ~ 7. 6	C27/C32/QSK19	800/950/755
DM-M3	251 ~ 311	400	73. 6 ~ 7. 6	C32/QST30	950/950
PV311	229 ~ 311	445	84. 9 ~ 7. 6	C32/QSK38/16V2000	1125/1260/1205
PV351	270 ~ 406	534	107. 6 ~ 7. 6	3512/QSK45	1650/1500
Caterpillar 公司					
MD6240	152 ~ 270	24072kg	48 ~ 6. 9	C27/QST30	800/1050
MD6290	152 ~ 270	28268kg	30 ~ 8. 6	C15/C27/QSK19	540/800/750
MD6420	229 ~ 311	41900kg	30 ~ 8. 6	C15/C27/QSK19	540/800/750
Sandvik 公司、P&H 公司					
DR460	251 ~ 311	444	56. 6 ~ 6. 9	C27/QST30/QST23	875/1000/950
D90KS	229 ~ 349	400	84. 9 ~ 5. 5	C32	1125
250XPC	200 ~ 349	47627kg	85 ~ 4. 58	QST30/D 系列 4000	1050/1600

注：表中柴油机型号与功率的表示方法：

（1）表中型号与功率中列为首位的是该机型的标准配置，此后为柴油机可以选配所对应的型号与功率；

（2）表中柴油机型号中的 C15、C18、C27、C32、3512 的制造商为 Caterpillar 公司，QSX15、QSK19、QST23、QST30、QSK38、QSK45 的制造商为 Cummins 公司；

（3）表中柴油机型号中的 16V200、D 系列 4000 的制造商为 MTU 公司。

6.5　主空压机

空气压缩机是机械工业的基础产品，广泛应用于各个行业。空气压缩机是将原动机（电动机或柴油机）输出的旋转机械能转换为气体压力能，为气动系统（或气力吹扫点）提供动力的核心设备，是压缩空气的气压发生装置。

6.5.1　主要类型

空气压缩机（以下简称空压机）的类型可按照以下方式进行划分：按压缩气体发生的形式，可分为容积式和动力式两种；按工作原理的不同，可分为往复式、回转式、离心式、轴流式、混流式五类；按结构的不同，可分为活塞式、膜片式、滑片式、螺杆式、转子式、涡旋式、罗茨式、水环式、水平剖分式、垂直剖分式、等温压缩式、纯轴流式、轴流-离心式等多种；按工作压力等级，可分为低压（供气压力不大于 1. 3MPa）、中压（供气压力 1. 3 ~ 4. 0MPa）、高压（供气压力 4. 0 ~ 40MPa 及以上）三类；按气体压缩过程是否与润滑油混合，可分为有油润滑和无油润滑两种；按使用过程是否需要移动，分为固定式和移动式，移动式根据原动机的类型可分为柴油机驱动和电动机驱动两种。常用的空压机分类见表 6-7。

表 6-7 常用的空压机的分类

分类方法	空压机的类型				
工作原理	容积式空压机		动力式空压机		
运动部件结构	往复式	回转式	离心式	轴流式	混流式
	活塞式、膜片式	滑片式、螺杆式、转子式、涡旋式、罗茨式、水环式	水平式、垂直式、等温式	纯轴流式、轴流-离心式	
排气压力	低压（≤1.3MPa）、中压（1.3～4.0MPa）、高压（4.0～40MPa 及以上）				
压缩级数	单级压缩（气体通过一次工作腔或叶轮压缩）	两级压缩（气体通过两次工作腔或叶轮压缩）	多级压缩（气体通过三次以上工作腔或叶轮压缩）		

6.5.2 工作原理与结构特点

本节就常见的空压机主要机型的工作原理、基本构成和主要技术特点予以介绍。

6.5.2.1 活塞式空压机

活塞式空压机是容积型往复式压缩机的一种。活塞式压缩机的种类很多，从每分钟只有几升排气量的小型压缩机到每分钟可达 500m^3 的大型压缩机，活塞式压缩机能满足各种气量和气压的需求，主要应用于使用、化工、采矿、冶金、机械、建筑等行业。

A 活塞式空压机的工作原理

当活塞式压缩机的曲轴旋转时，通过连杆的传动，活塞便做往复运动，由汽缸内壁、汽缸盖和活塞顶面所构成的工作容积则会发生周期性变化。活塞式压缩机的活塞从汽缸盖处开始运动时，汽缸内的工作容积逐渐增大，这时，气体即沿着进气管，推开进气阀而进入汽缸，直到工作容积变到最大时为止，进气阀关闭，这个过程称为压缩过程。活塞式压缩机的活塞反向运动时，汽缸内工作容积缩小、气体压力升高，当汽缸内压力达到并略高于排气压力时，排气阀打开，气体排出汽缸，这个过程称为排气过程。直到活塞运动到极限位置为止，排气阀关闭。当活塞式压缩机的活塞再次反向运动时，上述过程重复出现。活塞的往复运动是由电动机带动的曲柄滑块机构形成的。曲柄的旋转运动转换为滑动-活塞的往复运动。

总之，活塞式压缩机的曲轴旋转一周，活塞往复一次，汽缸内相继实现进气、压缩、排气的过程，即完成一个工作循环。图 6-57 为活塞式压缩机的工作原理。

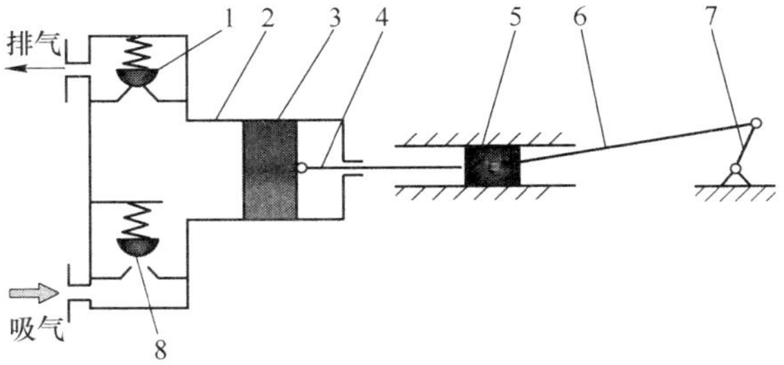

图 6-57 活塞式空压机工作原理
1—排气阀；2—汽缸；3—活塞；4—活塞杆；5—滑块；6—连杆；7—曲柄；8—吸气阀

B 活塞式空压机的构成

活塞式空气压缩机由传动系统、压缩系统、冷却系统、润滑系统、调节系统及安全保护系统组成。压缩机及电动机用螺栓紧固在机座上，机座用地脚螺栓固定在基础上。工作时电动机通过联轴器直接驱动曲轴，带动连杆、十字头与活塞杆，使活塞在压缩机的汽缸内做往复运动，完成吸入、压缩、排出等过程。

C　活塞式空压机的技术特点

活塞压缩机的适用压力范围广，不论流量大小，从低压到超高压均能达到所需压力；热效率高，单位耗电量少；适应性强，即排气范围较广，且不受压力高低影响，能适应较广的压力范围和制冷量要求；对材料要求低，多用普通钢铁材料，加工较容易，造价也较低廉；技术上较为成熟，生产使用上积累了丰富的经验；活塞压缩机的装置系统比较简单。

但活塞式空压机的转速不高，机器尺寸和质量较大；结构复杂，易损件多，维修量大；排气不连续，造成气流脉动；运转时有较大的振动。

图 6-58 为活塞式空压机的结构示意图。

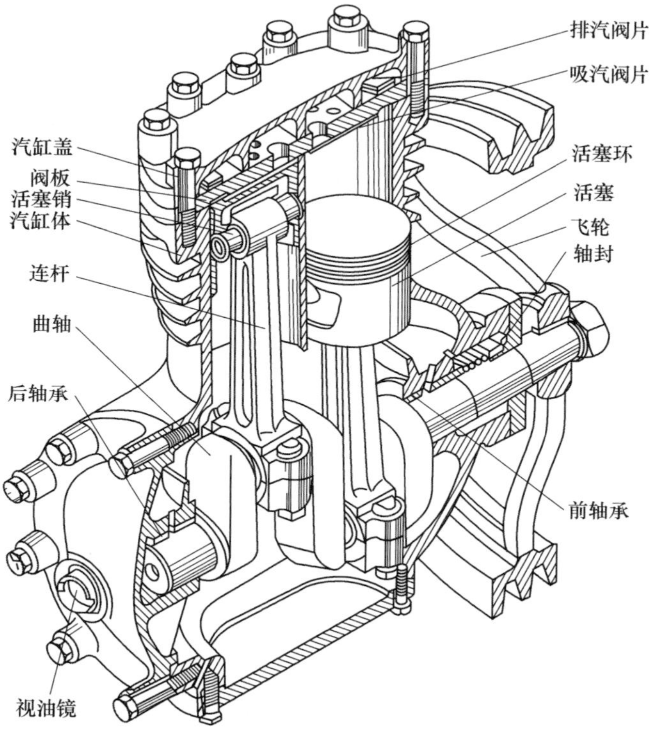

图 6-58　活塞式空压机结构示意图

6.5.2.2　滑片式空压机

滑片式空气压缩机属于容积式压缩机，同活塞式空压机相比，它没有吸、排气阀和曲轴连杆机构，转速较高，因此能同原动机直接相连并直接进行驱动，结构简单，制造容易，操作、维修、保养方便，售价也便宜，同时由于滑片式空压机是回转式容积压缩机，所以，它工作比较平静，振动小；又由于转速较高，能连续供气，所以气流脉冲较小。因此在喷油螺杆空压机技术成熟及普及之前，动力用的移动式空压机上几乎都用滑片式空压机来取代活塞式空压机。

A 滑片式空压机的工作原理

工作模式是：压缩机腔体中偏心放置一个转子，在这个转子上有 4 ~ 6 片可以沿着转子中心轴向滑动的滑片，滑片底部有弹簧，控制滑片一直和腔体接触。

由于运动转子在腔体内偏心放置，因此不同位置的滑片弹出的距离不一样，所以两个滑片所组成的腔体容量和滑片弹出的长短有关。

转子是其唯一连续运行的部件，上面有若干个沿长度方向切割的槽，其中插有可在油膜上滑动的滑片。转子在汽缸的定子中旋转。在旋转期间，离心力将滑片从槽中甩出，形成一个个单独的压缩室。旋转使压缩室的体积不断减小，空气压力不断增大，通过注入加压油来控制压缩产生的热量。高压空气从排气口排出，其中残留的油通过最终的油分离器予以清除。

因此在滑片弹出最长的位置设置一个进气口，此时这两个滑片中进入的空气压力和外界基本一致，但当转子运动时，滑片被腔体内壁持续向内压缩，滑片之间的空间会不断变小，则气体也被不断压缩，当滑片被腔体压倒最短时，设置排气口，被压缩的空气将从这里排出，完成空气压缩的过程；然后滑片进入下一个工作过程。该工作原理如图 6-59 所示。

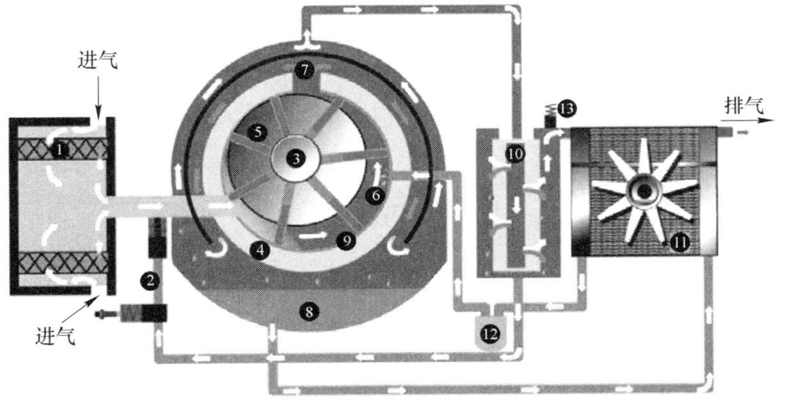

图 6-59 滑片式空压机的工作原理

1—空气过滤器；2—吸气调节器；3—转子；4—定子；5—滑片；6—压缩腔；7—压缩空气；8—油系统；9—油膜；10—油气分离器；11—冷却器；12—油滤清器；13—最小压力阀

B 滑片式空压机的构成

滑片式空压机的典型结构如图 6-60 所示。根据滑片式空压机的分类，主要有单工作腔、双工作腔和贯穿式三种结构形式，如图 6-61 所示。现将其结构特点分别介绍如下。

(1) 单工作腔滑片压缩机：主要由机体（又称汽缸）、转子及滑片等三部分组成。转子外表面与汽缸内表面均呈圆形，转子偏心的安装在汽缸内，使两者在几何上相切（在实际结构中，切点处保持一定的间隙），在汽缸内壁与转子外表面间形成一个月牙形空间。转子上开有若干纵向凹槽（滑片槽），在每个凹槽中都装有能沿径向自由活动的滑片，转子旋转时，滑片受离心力的作用从槽中甩出，其端部紧贴在汽缸内表面上，把月牙形的空间隔成若干扇形小室，称为基元。随着转子的连续旋转，基元容积从小到大周而复始地变化，如图 6-61a 所示。

（2）双工作腔滑片压缩机：它由汽缸、转子、滑片、两端盖、进排气孔及排气阀等组成。圆形转子 2 同心安装在扁圆形汽缸 1 内，形成两个月牙形工作腔。转子上开有若干槽，滑片 3 置于其中并能来回滑动，当原动机带动转子转动时，由于离心力的作用，滑片被甩出，紧贴在汽缸内表面上，形成压缩机的工作基元。每个基元在转子一转中完成两个工作过程，如图 6-61b 所示。

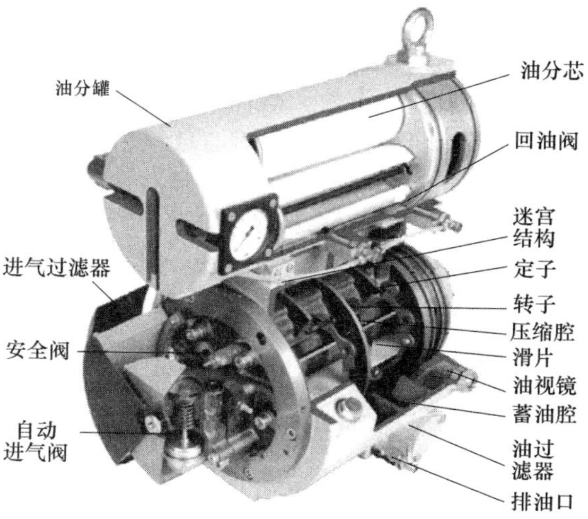

图 6-60　滑片式空压机的典型结构

（3）贯穿滑片压缩机：转子上的滑片槽是贯通的，整体滑片放在通槽中。滑片两端与汽缸保持接触，转子转动时，带动滑片运动，其两端始终沿汽缸内壁滑动。由于滑片的运动始终受到汽缸内壁的约束，因此汽缸型线不再是圆或椭圆，而是根据滑片运动机理生成的曲线（面），如图 6-61c 所示。贯穿滑片压缩机除具有传统滑片压缩机的特点外，由于其滑片端部是靠受到汽缸内壁的约束来实现该部位密封的，且其间存在完整或部分油膜，因此既保证滑片端部密封又大大地减轻了该部位的摩擦损失。这是贯穿滑片压缩机的最大优点。

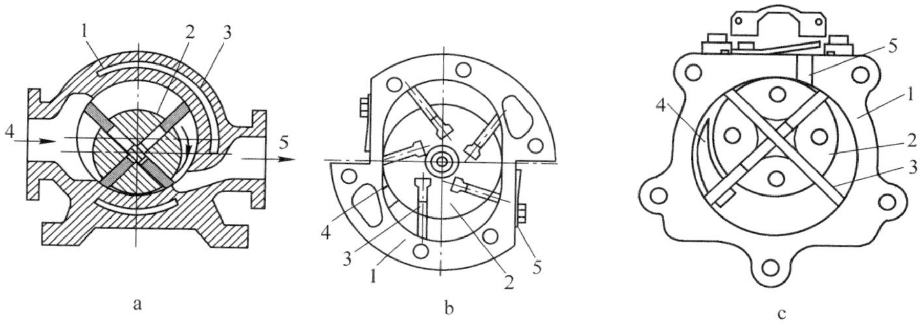

图 6-61　滑片式空压机的三种典型结构
a—单工作腔式；b—双工作腔式；c—贯穿式
1—缸体；2—转子；3—滑片；4—进气口；5—排气口

C　滑片式空压机的技术特点

滑片式空压机的构造优势主要有以下几点：无需负责的外围控制管路；无轴向推力，无需更换轴承；合金滑片运转时，靠离心力滑出，与汽缸之间永无间隙产生，故运转效率始终如一；压缩机可以由原动机通过挠性联轴器直接驱动，无一般皮带在传动中产生偏向拉力、打滑、断裂的缺点；主马达同时驱动压缩机与冷却风扇，滑片空压机的转速低，大约是螺杆式空压机转速的 1/3。但是，由于滑片空压机的转速低，因此排气量、压力等都受到了一定的限制，在一些需要大量压缩气体的场合不适用，这也是其一直得不到广泛使用的主要原因。

6.5.2.3 螺杆式空压机

螺杆式空压机为单级压缩空压机，分为单螺杆式空气压缩机及双螺杆式空气压缩机两种。原动机采用带轮（或联轴器）传动，驱动空压机主机转动后进行空气压缩；通过喷油对主机内的压缩空气进行冷却，主机排出的空气和油混合气体经过粗、精两道分离，将压缩空气中的油分离出来，最后得到洁净的压缩空气。

螺杆式空压机属于容积式压缩机中的一种，空气的压缩是靠装置于机壳内互相平行啮合的阴阳转子的齿槽的容积变化而达到。转子副在与它精密配合的机壳内转动使转子齿槽之间的气体不断地产生周期性的容积变化而沿着转子轴线，由吸入侧推向排出侧，完成吸入、压缩、排气三个工作过程。它具有优良的可靠性能、振动小、噪声低、操作方便、易损件少、运行效率高是其最大的优点。其工作原理如图 6-62 所示。

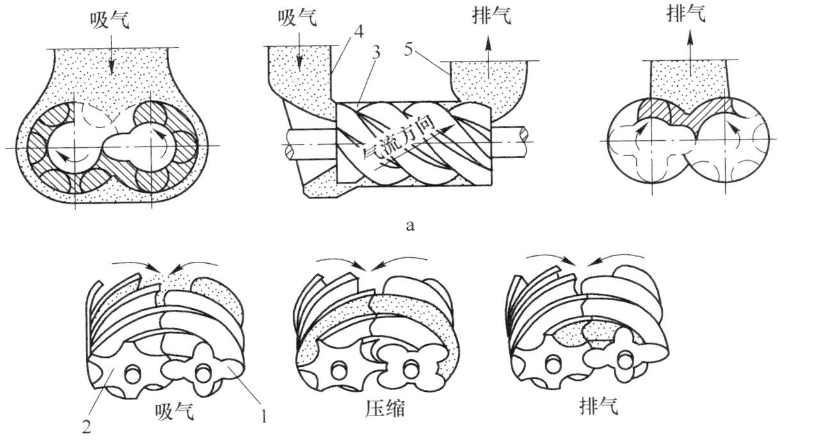

图 6-62 螺杆空压机工作原理

a—轴向视图；b—径向立体图

1—阳转子；2—阴转子；3—缸体；4—吸气侧；5—排气侧

A 工作原理

螺杆压缩机的工作循环可分为进气、压缩和排气三个过程。随着转子旋转，每对相互啮合的齿相继完成相同的工作循环。螺杆空压机的工作循环流程示意图如图 6-63 所示。

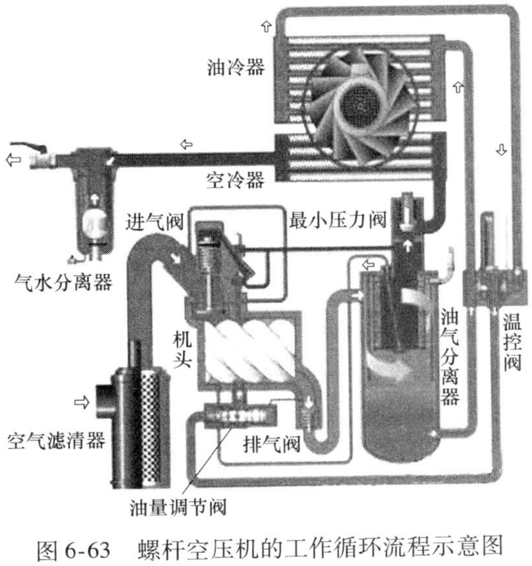

图 6-63 螺杆空压机的工作循环流程示意图

进气过程：转子转动时，阴阳转子的齿槽空间在转至进气端壁开口时，其空间最大，此时转子齿槽空间与进气口相通，因在排气时齿槽的气体被完全排出，排气完成时，齿槽处于真空状态，当转至进气口时，外界气体即被吸入，沿轴向进入阴阳转子的齿槽内。当气体充满整个齿槽时，转子进气侧端面旋转离开机壳进气口，在齿槽的气体即被封闭。

压缩过程：阴阳转子在吸气结束时，其阴阳转子齿尖会与机壳封闭，此时气体在齿槽内不再外流。其啮合面逐渐向排气端移动。啮合面与排气口之间的齿槽空间渐渐减小，齿槽内的气体被压缩，压力提高。

排气过程：当转子的啮合端面转至与机壳排气口相通时，被压缩的气体开始排出，直至齿尖与齿槽啮合面移至排气端面，此时阴阳转子的啮合面与机壳排气口的齿槽空间为零，即完成排气过程，在此同时，转子的啮合面与机壳进气口之间的齿槽长度又达到最长，进气过程又再进行。

B　单螺杆式空压机基本结构

单螺杆式空压机是一种单轴容积型回转式压缩机，又称为蜗杆压缩机。其啮合副是由一根蜗杆和两个对称平面布置的星轮所组成，由其蜗杆齿槽和星轮齿面及机壳内壁形成封闭的基元容积。单螺杆式空压机的工作过程如图 6-64 所示。

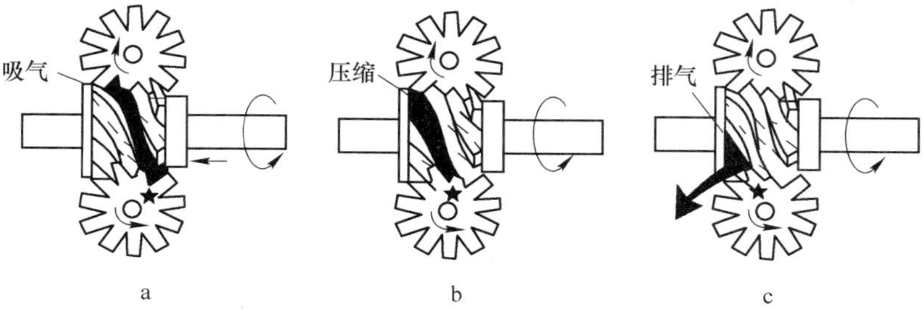

图 6-64　单螺杆式空压机的工作过程

a—吸气；b—压缩；c—排气

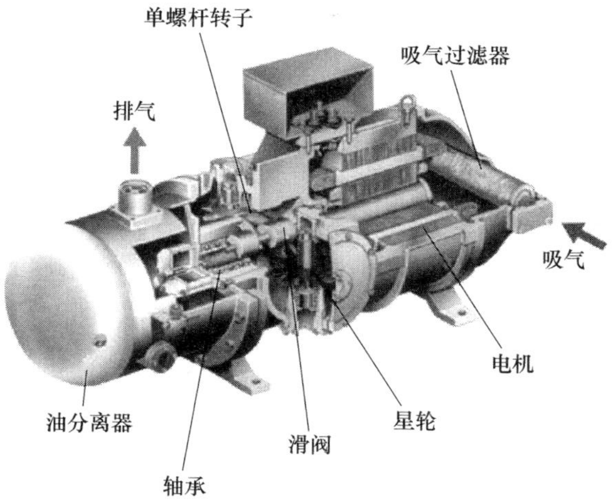

图 6-65　单螺杆空压机结构示意图

单螺杆空压机是由一个螺杆与两个星轮组成啮合副，装在机壳内，其基本结构如图6-65 所示。螺杆的齿槽、机壳内腔（汽缸）和星轮齿顶面构成工作容积。运转时，动力传到螺杆轴上，由螺杆带动星轮旋转。气体由吸气腔进入齿槽内，经压缩后通过汽缸上的排气孔口由排气腔排出。机壳上开有喷液孔，将油、水或制冷液喷入工作容积内，起密封、冷却和润滑作用。螺杆通常有 6 个齿槽，每个星轮齿将它分隔成上、下两个空间，各自实现压缩机的工作过程。因星轮对称安装，螺杆受力完全平衡，振动小、噪声低。由于有两个星轮，因此单螺杆压缩机相当于一台六缸双作用的活塞式压缩机。

C 双螺杆式空压机的基本结构

双螺杆式空压机是一种双轴容积型回转式压缩机，其主要是主（阳）副（阴）两根转子配合，组成啮合副，主副转子齿形外部同机壳内壁构成封闭的基元容积。

螺杆压缩机的基本结构如图 6-66 所示。在压缩机的机体中，平行地配置着一对相互啮合的螺旋形转子。通常把节圆外具有凸齿的转子，称为阳转子或阳螺杆；把节圆内具有凹齿的转子，称为阴转子或阴螺杆。一般阳转子与原动机连接，由阳转子带动阴转子转动。因此，阳转子又称为主动转子，阴转子又称为从动转子。转子上的球轴承使转子实现轴向定位，并承受压缩机中的轴向力。同样，转子两端的圆柱滚子轴承使转子实现径向定位，并承受压缩机中的径向力。在压缩机机体的两端，分别开设一定形状和大小的孔口。一个供吸气用，称作吸气孔口；另一个供排气用，称作排气孔口。

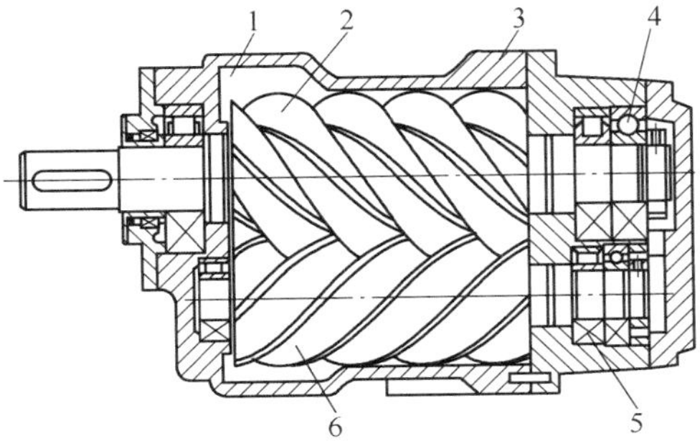

图 6-66 双螺杆式空压机的基本结构
1—吸气口；2—阳转子；3—机（缸）体；4—球轴承；5—圆柱滚子轴承；6—阴转子

螺杆式空压机可分为湿式（喷油或喷液式）螺杆空压机和干式（无油润滑）螺杆空压机两类。湿式（喷油或喷液式）螺杆空压机主要用于一般动力用空气压缩机与制冷压缩机；干式（无油润滑）螺杆空压机适用于压缩不允许被油污染的气体。

螺杆压缩机的结构形式一般可分为机体部件、转子部件、滑阀部件、轴封部件、联轴器部件等。机体部件又称为固定构件，主要由机体、吸气端座（盖）、排气端座（盖）及轴封压盖等零件组成；转子部件由主动转子（阳转子）、从动转子（阴转子）主轴承、止推轴承、轴承压盖、平衡活塞及容量调节装置等零件组成。

a 喷油式螺杆空压机

喷油式螺杆空压机，是一种双轴容积型回转式压缩机。一对高精度主（阳）、副（阴）转子水平且平行安装于机体内部。主转子直径较大且齿数少，副转子直径较小且齿数多。齿形呈螺旋状，环绕于转子外缘，两者齿形相互啮合。主、副转子两端分别由轴承支承，进气端各有一只滚柱轴承，排气端各有两只对称安装的锥形滚柱轴承。

喷油式螺杆空压机在两个螺杆转动过程中，由阳转子直径驱动阴转子，不设同步齿轮，依靠油膜的密封作用取代油封。所以，其结构较为简单。同时，喷入机体的大量润滑油起润滑、密封盒降低噪声的作用。

喷油螺杆空气压缩机分为固定式和移动式两类。固定式的使用场所不变，用电动机驱动，具有较好的消声措施，主要为各种气动工具及气控仪表提供压缩空气。移动式适合于在野外流动作业场所，采用内燃机或电动机驱动。

喷油式螺杆空压机的驱动形式主要有两种：其一为直接传动式，即通过联轴器将原动机和空压机主机体连接在一起，在经一组高精度增速齿将主转子的转速提高；其二为皮带传动式，这种形式没有增速齿轮，而是由两个依速度比例匹配的皮带轮将原动机的动力经由皮带传动给空压机。

动力用的喷油螺杆空气压缩机已系列化，一般都是在大气压力下吸入气体，单级排气压力有 1.1MPa 和 1.4MPa 等不同形式。少数用于驱动大型风钻的两级压缩机，排气压力可达到 2.6MPa。喷油螺杆空气压缩机目前的容积流量范围为 0.2 ~ 100m^3/min。

喷油式螺杆空压机结构示意图如图 6-67 所示。

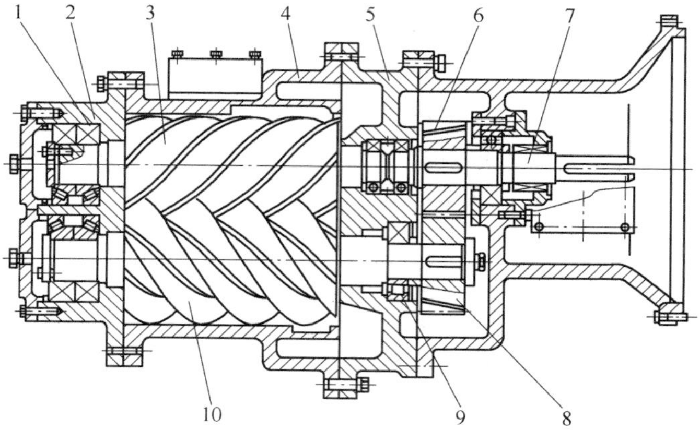

图 6-67　喷油式螺杆空压机结构示意图

1—圆锥滚子轴承；2—排气端盖；3—阴转子；4—汽缸体；5—吸气端盖；6，8—增速齿轮；7—驱动轴；9—圆柱滚子轴承；10—阳转子

b　干式螺杆空压机

干式螺杆压缩机可作为空气压缩机或工艺压缩机，压缩过程中没有液体内冷却和润滑。干式螺杆压缩机转速往往很高，对轴承和轴封的要求较高，而且排气温度也较高，单级压比小。目前一般干式螺杆压缩机的单级压比为 1.5 ~ 3.5，双级压比可达 8 ~ 10，排气压力通常小于 2.5MPa，容积流量为 3 ~ 500m^3/min。

在干式（无油润滑）螺杆压缩机中，气体在压缩时不与润滑油接触。图 6-68 为无油螺杆压缩机的结构示意图。无油螺杆压缩机的转子并不直接接触，相互间存在一定的间隙。阳转子通过同步齿轮带动阴转子高速旋转，同步齿轮在传输运动和动力的同时，还确保了转子间的间隙。需要指出的是：所谓“无油”，指的是气体在被压缩过程中，完全不与油接触，即压缩机的压缩腔或转子之间没有油润滑。但压缩机中的轴承、齿轮等零部件，仍是用普通润滑方式进行润滑的，只是在这些润滑部位和压缩腔之间，采取了有效的隔离轴封。干式螺杆压缩机的汽缸上带有冷却水套，用来冷却被压缩的气体。其基本结构包括汽缸体、阴转子、阳转子、同步齿轮、轴承、密封装置等部件组成。

D　螺杆压缩机的特点

就气体压力提高的原理而言，螺杆压缩机与活塞压缩机相同，都属容积式压缩机。就主要部件的运动形式而言，又与离心压缩机相似。所以，螺杆压缩机同时具有上述两类压缩机的特点。

螺杆压缩机的优点：可靠性高，螺杆压缩机零部件少，没有易损件，因而它运转可靠，寿命长，大修间隔期可达（4 ~ 8）×10^4h；操作维护方便，操作人员不必经过专业培训，可实现无人值守运转；动力平衡性好，螺杆压缩机没有不平衡惯性力，机器可平稳地

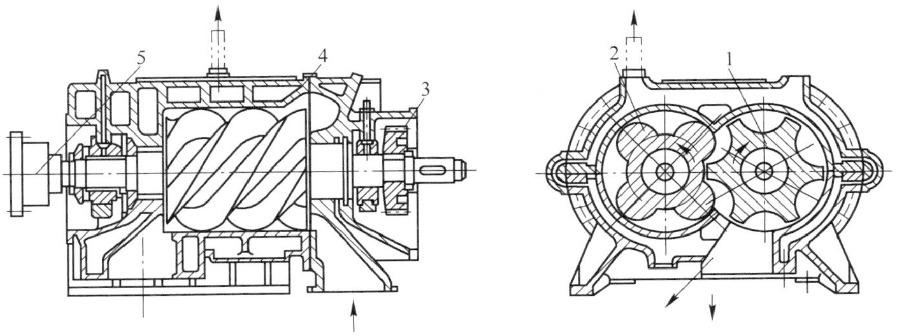

图 6-68 无油式螺杆空压机结构示意图
1—阴转子；2—阳转子；3—齿轮；4—机体；5—联轴节

高速工作，可实现无基础运转；适应性强，螺杆压缩机具有强制输气的特点，排气量几乎不受排气压力的影响，在宽广范围内能保证较高的效率；多相混输，螺杆压缩机的转子齿面实际上留有间隙，因而能耐液体冲击，可压送含液气体、含粉尘气体、易聚合气体等。

螺杆压缩机的缺点：造价高，螺杆压缩机的转子齿面是一空间曲面，需利用特制的刀具，在价格昂贵的专用设备上进行加工，对螺杆压缩机汽缸的加工精度也有较高的要求；不适合高压场合，由于受到转子刚度和轴承寿命等方面的限制，螺杆压缩机只能适用于中、低压范围，排气压力一般不能超过 3.0MPa；不能制成微型压缩机，螺杆压缩机依靠间隙密封气体，一般只有在容积流量大于 0.2m^3/min 时，螺杆压缩机才具有优越的性能。

6.5.2.4 离心式空压机

离心式压缩机又称透平式压缩机，主要用来压缩和输送气体。离心式压缩机主要由转子和定子两部分组成。转子包括叶轮和叶轮轴，叶轮上有叶片、平衡盘和一部分轴封；定子的主体是汽缸，还有扩压器、弯道、回流器、进气管、排气管等装置。

A 工作原理

离心式压缩机的工作原理：气体进入离心式压缩机的叶轮后，在叶轮叶片的作用下，一边跟着叶轮高速旋转，一边在旋转离心力的作用下向叶轮出口流动，并受到叶轮的扩压作用。其压力能和动能均得到提高，气体进入扩压器后，动能又进一步转化为压力能。当叶轮高速旋转时，气体随着旋转，在离心力作用下，气体被甩到后面的扩压器中去，而在叶轮处形成真空地带，这时外界的新鲜气体进入叶轮。叶轮不断旋转，气体不断地吸入并甩出，从而保持了气体的连续流动。如果一个工作叶轮得到的压力还不够，可通过使多级叶轮串联起来工作的办法来达到对出口压力的要求。级间的串联通过弯道，回流器来实现。气体在通过弯道、回流器流入下一级叶轮进一步压缩，使气体的压力和速度提高，从而使气体压力达到工艺所要求的工作压力。离心式压缩机的工作原理如图 6-69 所示。

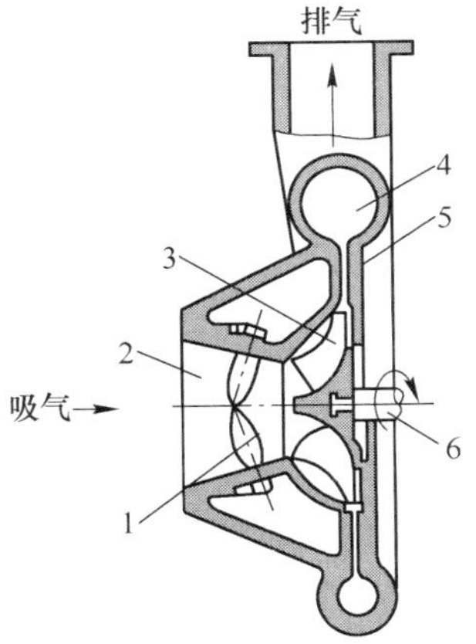

图 6-69 离心式压缩机的工作原理
1—导叶；2—扩压器；3—叶轮；4—扩压室；5—蜗壳；6—驱动轴

离心式压缩机用于压缩气体的主要部件是高速旋转的叶轮和通流面积逐渐增加的扩压器。简而言之，离心式压缩机的工作原理是通过叶轮对气体做功，在叶轮和扩压器的流道内，利用离心升压作用和降速扩压作用，将机械能转换为气体的压力能。

更通俗地说，气体在流过离心式压缩机的叶轮时，高速运转的叶轮使气体在离心力的作用下，一方面压力有所提高，另一方面速度也极大增加，即离心式压缩机通过叶轮首先将原动机的机械能转变为气体的静压能和动能。此后，气体在流经扩压器的通道时，流道截面逐渐增大，前面的气体分子流速降低，后面的气体分子不断涌流向前，使气体的绝大部分动能又转变为静压能，也就是进一步起到增压的作用。显然，叶轮对气体做功是气体得以升高压力的根本原因，而叶轮在单位时间内对单位质量气体做功的多少是与叶轮外缘的圆周速度密切相关的，圆周速度越大，叶轮对气体所做的功就越大。

B　离心压缩机的类型

按照结构形式分类，一般可分为水平剖分式、筒式和多轴式三类。

水平剖分式压缩机有一水平中分面将汽缸分为上下两半，在中分面出用螺栓连接。此种结构拆装方便，适用于中、低压力场合。

筒式压缩机有内、外两层汽缸，外汽缸为一筒形，两端有端盖。汽缸垂直剖分，将其组装好后再推入外汽缸中。此种结构缸体强度高、密封性好、刚性好，但安装困难、检修不便，适用于高压力或要求密封性好的场合。

多轴式压缩机是在一个齿轮箱中由一个大齿轮驱动几个小齿轮轴，每个轴的一端或两端安装有一级叶轮，叶轮轴向进气，径向排出，通过管道将各级叶轮连接。此种结构简单、体积小，适用于中、低压力的空气、蒸汽或惰性气体的压缩。

C　离心压缩机的基本结构

离心式压缩机由转子及定子两大部分组成，其基本结构如图 6-70 所示。转子包括转轴，固定在轴上的叶轮、轴套、平衡盘、推力盘及联轴节等零部件。定子则由汽缸、定位于缸体上的各种隔板以及轴承等零部件。在转子与定子之间需要密封气体之处还设有密封元件。密封按其位置可分为 4 种：轮盖密封、级间密封、平衡盘密封和（前、后）轴封。密封的形式通常采用梳齿式的迷宫密封，此外还可采用石墨环密封、固定套筒液膜密封、浮动环密封以及机械密封等。

D　主要特点

与往复式压缩机比较，离心式压缩机具有下述优点：结构紧凑，尺寸小，重量轻；排气连续、均匀，不需要中间罐等装置；振动小，易损件少，不需要庞大而笨重的基础件；除轴承外，机器内部不需润滑，省油，且不污染被压缩的气体；转速高；维修量小，调节方便；气量大，结构简单紧凑，重量轻，机组尺寸小，占地面积小；运转平衡，操作可靠，运转率高，摩擦件少，易损零件少，因此备件需用量少、维护费用及人员少；压缩气体不与油接触，可省去油分离器，对化工介质可以做到绝对无油的压缩过程；离心式压缩机为一种回转运动的机器，适宜于工业汽轮机或燃汽轮机直接拖动。

离心式压缩机的缺点是：离心式压缩机因流动损失大，目前还不适用于气量太小及压比过高的场合；稳定工况区较窄，叶轮气道窄，制造困难；其气量调节虽较方便，但经济性较差；压缩机的效率一般比活塞式压缩机低。

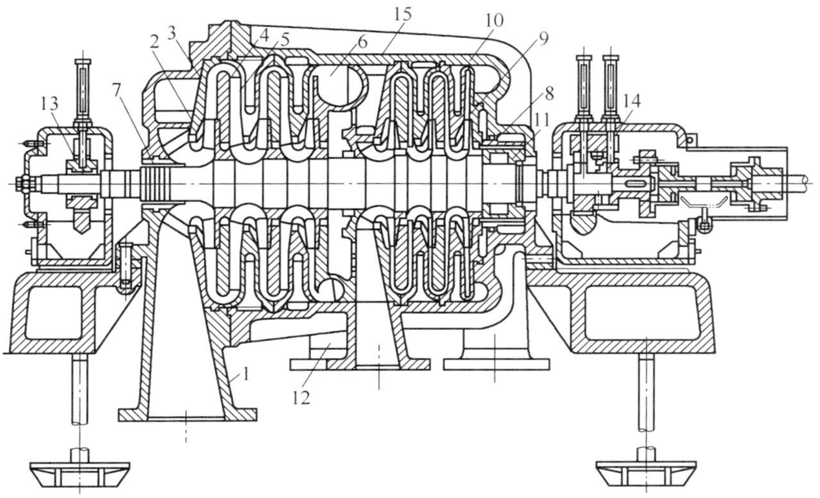

图 6-70 离心压缩机的基本结构

1—吸入室；2—叶轮；3—扩压器；4—弯道；5—回流器；6—蜗壳；
7—前轴封；8—后轴封；9—级间密封；10—叶轮进口密封；11—平衡盘；
12—排出管；13—径向轴封；14—径向推力轴承；15—机壳

6.5.2.5 轴流式空压机

轴流式压缩机属于速度型压缩机，又称为透平式压缩机。速度型压缩机的含义是指它们都是依赖叶片对气体做功，并先使气体的流动速度得以极大提高，然后再将动能转变为压力能。透平式压缩机是指它具有高速旋转的叶片，也就是叶片式的压缩机械。由于气体在压缩机中的流动是沿轴向的，因此轴流式压缩机的最大特点在于：单位面积的气体通流能力大，在相同加工气体量的前提条件下，径向尺寸小，特别适用于要求大流量的场合。

A 轴流式空压机工作原理

轴流式压缩机由转子和定子组成，动叶是轴流式压缩机对气体做功的唯一元件，一列动叶和后面的静叶的组合构成轴流式压缩机的一个级，气体沿着压缩机的轴向运动。当气体以一定的速度和方向进入动叶后，由于转子高速旋转使气体产生很高的流速，使叶片对气体做功，当气体流过依次串联排列着的动叶片和静叶时，速度逐渐减慢，气体得到压缩，其动压转变为静压能，压力逐渐提高，流出动叶的气体通过静叶的作用一方面将气体动能尽量转换成压力的提高，另一方面使气流按一定的方向和速度进入下一级继续进行压缩。这样，气体经多级压缩后，压力逐渐提高，从而达到输送气体并增压直至符合要求的目的。

B 轴流式空压机的分类

轴流式压缩机按照其末级是否配置离心叶轮可分为两类，即纯轴流式压缩机和轴流-离心混合式压缩机。纯轴流式压缩机的末级未配置离心叶轮；轴流-离心混合式压缩机的末级配置有离心叶轮，故能防止已压缩介质在末级中轴向膨胀，避免了转子动叶中发生附加高动力负荷，增加了操作的安全可靠性。

C　轴流式空压机的基本结构

图6-71为轴流式压缩机的结构示意图。在压缩机主轴上安装有多级动叶片，整个通道由收敛器、进口导流叶片、各级工作叶片（动叶）和导流叶片（静叶）、扩压器等组成。气体由进口法兰流经收敛器，使进入进口导流叶片的气流均匀，并得到初步的加速。气流流经进口导流叶片间的流道，使气流整理成轴向流动，并使气体压力有少许提高。转子由原动机拖动作高速旋转，由动叶（工作叶片）将气流推动，使之大大加速，这是气体接受外界供给的机械能转变为气体动能的过程。高速气流流经静叶（导流叶片）构成的流道（相当于扩压管），在其中降低流速而使气体压缩，这是靠减少气流动能来使气体压缩的升压过程。一列工作叶片（动叶）与一列导流叶片（静叶）构成一个工作级。气体连续流经压缩机的各级，逐级压缩升压。最后经整流装置将气流整理成轴向，流经扩压器，在扩压器中气流速度降低、压力升高，最后汇入蜗壳，经出口法兰排出压缩机。

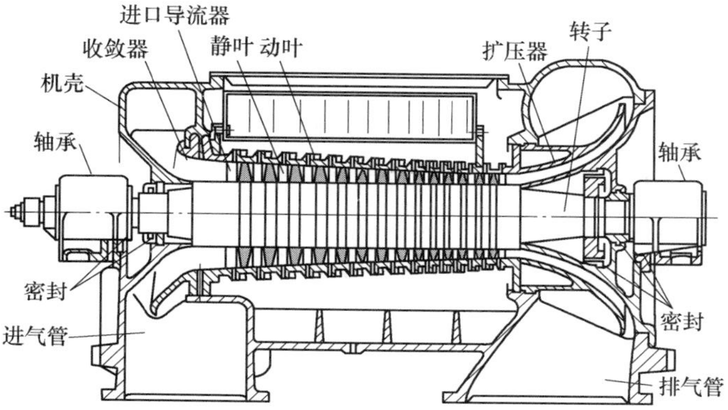

图6-71　轴流式空压机的结构示意图

D　轴流式空压机的主要特点

轴流式压缩机每级的增压比不大，为1.15~1.25，若要获得较高压力，需要较多的级。例如，压比为4的空气压缩机，一般需要十几级。

轴流式压缩机的优点：在设计工况下效率较高，绝热效率能提高5%~10%，可达86%~90%；静叶可调时流量调节范围宽；流量大、重量轻、体积较小；结构简单，运行、维护方便；在同样操作参数下，价格便宜。

轴流式压缩机的缺点：单级压力比较低；等转速时稳定工况范围较窄，性能曲线较陡，变工况性能较差，容易发生喘振工况；操作不当时，有可能出现阻塞工况及逆流工况；对工质中的杂质敏感，叶片易受磨损，必须设置入口空气过滤器；动叶片，尤其是前两级比较容易损坏；控制系统较复杂，要求高。

6.5.2.6　常用类型空压机特性的对比

表6-8为常用类型空压机特性的对比。

表 6-8 常用类型空气压缩机的特性对比

压缩机形式		特 性	优 点	缺 点
容积型压缩机	活塞式压缩机	气量调节时，排气压力几乎不发生改变	气流速度低，损失小，效率较高；从低压到高压，适用压力范围广；同一台压缩机可压缩不同的气体	往复惯性力无法彻底平衡；排气脉动性大；产气效率较差，不适用于大流量场合；维修工作量较大
	螺杆式压缩机	具有低压和流量较大的操作特性；转子的长度和直径，决定了压缩机的压力和流量；没有不平衡惯性力，机器可平稳地高速工作，可实现无基础运转	没有往复式压缩机的气流脉动和离心式压缩机的喘振现象；零部件少，结构紧凑，寿命长，维护简单；对气体含带液体要求无严格要求，设备产气效率高。由于是强制输气的，因此其排气量受排气压力的影响很小，在宽广范围内能保证较高的效率	转子型线复杂，加工要求高，对材料要求也较高，价格相对也要较贵；噪声较大，需要设置一套润滑油分离、冷却、过滤和加压的辅助设备，造成机组体积过大
	滑片式压缩机	运行原理十分简单，转子是唯一连续运行的部件；可靠性高，低速直接驱动，运转时只有单纯的回转运动，主轴轴向不受力，不需使用复杂的滚子轴承	受力最小，无轴承，无金属替代部件，能持续不断稳定运行，运转时本身油温和排气温度低，转速低、磨损小、寿命长、残留值高；无需复杂的外围控制管路	由于转速低，排气量、压力等都受到了一定的限制，因此在一些需要大量压缩气体的场合不适用
速度型压缩机	离心式压缩机	流量和出口压力的变化由性能曲线决定。出口压力过高，将导致机组发生喘振	排气量均匀，无脉动；外形尺寸及重量较小，结构较简单，易损件少，设备维护、检修量较小	气流速度高，损失较大，小流量机组效率低；不适用在小流量、超高压的范围使用
	轴流式压缩机	流量和出口压力的变化由性能曲线决定。特性曲线较陡，压力变化时，流量变化较小；出口压力过高，将导致机组发生喘振；流量超过一定限度，流道发生气流阻塞，性能遭到破坏	结构简单、运行维护方便，单位面积的气体通流能力大，在相同加工气体量的前提条件下，径向尺寸小，特别适用于要求大流量的场合；气流流动摩擦损耗较离心压缩机小，效率较高；可通过调整定子叶片和转子叶片的角度改变流量	叶片型线复杂，制造工艺要求高，以及稳定工况区较窄、在定转速下流量调节范围小等方面则明显不及离心式压缩机，稳定工作范围较窄；出口压力较低；对灰尘污染敏感；空气动力的振动易造成叶片的损坏

6.5.3 在牙轮钻机中的应用

自从美国乔伊制造公司在 1949 年制作了使用压缩空气循环排渣的牙轮钻机以来，空气压缩机已经开始成为牙轮钻机必不可少的动力装置。60 多年来，空压机在牙轮钻机中已经得到了广泛的应用。

6.5.3.1 空压机用于牙轮钻机的发展过程

作为牙轮钻机用于排出炮孔内岩渣的关键设备，从开始应用到设备配套技术完善并不断成熟发展，空压机在牙轮钻机中的应用经历了活塞式—滑片式—螺杆式的发展过程。

如在 20 世纪 50 ~ 60 年代，主要采用的是活塞式空压机，排量都较小（$20m^3/min$ 以下）。早期的典型牙轮钻机排渣系统使用的是两个活塞式压缩机，每个压缩机的风量额定值为 $18.4m^3/min$，自由式空气除尘。

60 ~ 70 年代，开始用滑片式空压机取代了活塞式空压机，其排量有所增加（$40m^3/min$ 以下）。

70 年代末，由于螺杆空气压缩机没有滑片式空压机叶片的磨损，并减少了压缩机油量的损耗，牙轮钻机排渣系统开始普遍使用喷油螺杆空气压缩机。牙轮钻机早期所采用的喷油螺杆空气压缩机的风量额定值范围为 $45.3 \sim 59.4m^3/min$，风压为 414kPa。

80 年代后期，牙轮钻机所采用的喷油螺杆空气压缩机则发展到风量额定值范围为 $73.6 \sim 84.9m^3/min$，风压为 448kPa。到了 20 世纪 90 年代后期及进入 21 世纪后，在穿孔直径达 381 ~ 559mm 的大型牙轮钻机上，所用的喷油螺杆空气压缩机已发展到风量额定值范围为 $101.9 \sim 113.2m^3/min$，风压则发展到 448 ~ 483kPa 之间。

6.5.3.2　空压机在牙轮钻机中的应用现状

牙轮钻机使用的空气压缩机可分为两类：一级压缩的低压空压机和两级压缩的高压空压机。低压空压机多用于大型钻机，高压空压机多用于中小型钻机（潜孔钻机）。

为了提高穿孔速度和钻头寿命，近年来国外牙轮钻机普遍加大风量、提高排渣速度和风压，且基本上已改用螺杆式空压机。目前，国外 250mm 以上的大中型钻机，排渣风量大都为 $40 \sim 100m^3/min$，风压则多为 0.387 ~ 0.448MPa。当然，排渣风量和排渣速度也不应过高，否则不但浪费能量，且可能产生喷砂作用，使钻头和钻杆表面加快磨损。

在牙轮钻机的空气压缩机系统中采用大风量、高效率的螺杆空压机，实现快速排渣，提高穿孔率是当今国外主流牙轮钻机的一个显著特点。如 Caterpillar 公司的 MD6750 钻机采用了 A-C 压缩机公司制造的 KS40LU 型溢流螺杆空压机，高效、使用寿命长（大修期长达 25000 ~ 30000h）；该空压机由一个 522kW 交流电动机驱动，风量为 $102m^3/min$，压力为 2.55MPa。为延长空压机使用寿命，在行走或不需要主风期间，电动机的卸载特性可减少动力损耗 50% 以上。可任选、可调节的可变风量控制，允许操作者把输出风量调到额定风量的 50%。其独立的直接注油泵可提供强制润滑，这种措施也延长了空压机寿命。

Atlas Copco 公司采用的空压机则是由英格索兰公司制造的喷油、单级非对称螺杆型，标准的设备包括有一个单独的二级进气过滤器、一个碟式进口调节阀以及全部仪器操作装置。空压机润滑系统包括油冷却器、过滤器、泵、综合式油分离器、油箱和空气气包等。PV351 钻机空压机的工作范围档次为 $84.9m^3/min$、$90.6m^3/min$、$107.6m^3/min$，其对应的工作压力均为 0.76MPa，但也有资料显示其对应的工作压力为 1.595MPa。

Sandvik 公司的空压机由美国 Sullair 公司提供，蓄油池有一个大容量的油箱以确保压缩机油用最少转动的进行循环以控制油的恒温仅有很少的波动，并有足够的时间使存留在油中的空气得以充分的释放和冷却，从而在运转中获取压缩机最大的使用寿命。该空压机装备有一个闭式的入口系统以减轻启动时空压机的负荷，使得运转时所耗费的单位功率最小。

6.5.3.3　空压机用于牙轮钻机的主要参数

国内外主流牙轮钻机所使用的空压机主参数见表 6-9。

表 6-9 国内外主流牙轮钻机所使用的空压机主参数

钻机型号	穿孔直径/mm	风量/$m^3 \cdot min^{-1}$	风压/kPa	功率/kW	空压机形式
Atlas Copco					
PV235	152 ~ 270	45.0 ~ 53.8	760	800hp①	螺杆
DML-SP	152 ~ 251	34 ~ 45	760	800hp①	螺杆
PV271	171 ~ 270	53.8 ~ 73.6	760	800hp①	螺杆
PV275	171 ~ 270	53.8 ~ 73.6	760	800hp①	螺杆
PV311	229 ~ 311	85 ~ 107.6	760	800hp①	螺杆
DM-M3	251 ~ 311	73.6	760	950hp①	螺杆
PV351	270 ~ 406	107.6	760	1650hp①	螺杆
Caterpillar					
MD6240	152 ~ 270	48	690	597	单级螺杆
MD6290	152 ~ 270	30	860	403	单级螺杆
MD6420	229 ~ 311	56.6	690	597	单级螺杆
MD6540	229 ~ 381	102	690	899	单级螺杆
MD6640	244 ~ 406	85/108	450	448/597	螺杆
MD6750	273 ~ 444	101.9	2552	522 ~ 746	螺杆
Joy Global					
250XPC	200 ~ 349	85/97/102	448	783	螺杆
285XDC	229 ~ 349	97	448	783	螺杆
320XPC	270 ~ 444	97/109	448	746	螺杆
Sandvik					
160D	127 ~ 171	17	686	295	螺杆
D245S	127 ~ 203	25.5/34.7	690	354	螺杆
D50KS	152 ~ 229	29.7/34.7	690	354	螺杆
D55SP	172 ~ 254	45.3/56.6	690	597	螺杆
D75KS	229 ~ 279	45.3/56.6	690	597	螺杆
1175E	229 ~ 279	44.5	690	630	单级螺杆
DR460	251 ~ 311	56.6	690	652	螺杆
D90KS	229 ~ 349	74	550	839	螺杆
1190E	229 ~ 349	80	410	671	螺杆
中钢衡重					
YZ-35D	170 ~ 270	36/40	450 ~ 500	135	螺杆
YZ-55	310 ~ 380	40	450	155	螺杆
南昌凯马					
KY-250D	250	36	500	—	螺杆
KY-310	250 ~ 310	40	350	—	螺杆

①为该钻机动力源主柴油机的总功率。

参考文献

[1] 雷天觉，杨尔庄，等. 新编液压工程手册［M］. 北京：北京理工大学出版社，1998.

[2] 程居山，宋志安. 矿山机械液压传动［M］. 徐州：中国矿业大学出版社，2003.

[3] Bhalchandra V. Gokhale. Rotary Drilling and Blasting in Large Surface Mines［M］. London：CRC，2011：248～250.

[4] 王晓敏，段正忠. 电动机与拖动［M］. 郑州：黄河水利出版社，2008.

[5] 赵捷，郑宏军. 工程机械柴油机构造与维修［M］. 北京：中国人民大学出版社，2012.

[6] 王运敏. 中国采矿设备手册（上册）［M］. 北京：中国科学出版社，2007：13～17.

[7] 周国良. 压缩机维修手册［M］. 北京：化学工业出版社，2010.

[8] 王福利，田吉新，等. 石油化工厂设备检修手册·压缩机组［M］. 北京：中国石化出版社，2007.

[9] 王少军. 工程机械用柴油机的选型和应用［J］. 工程机械，2006，37（2）：39～40.

[10] 萧其林. 国外牙轮钻机的技术特点与新发展（二）［J］. 矿业装备，2014（4）：102～106.

7 控制与保障系统

本章内容提要： 控制与保障系统是保证牙轮钻机正常运行的重要组成部分，本章系统地对牙轮钻机的电控系统、液压系统、气控系统、润滑系统、主空压机系统、除尘系统、空气增压与净化系统进行了介绍。

7.1 电控系统

牙轮钻机电控系统主要包括回转系统、提升/行走系统和加压系统。在我国，牙轮钻机生产厂不同，电气控制系统所采用的控制方式也不尽相同，钻机的工作性能也有所不同。

KY 系列钻机中，KY-250A 型和 KY-250C 型钻机回转机构采用直流电动机拖动、电位计控制自饱和磁放大器系统供电，提升/行走机构采用交流电动机拖动；KY-310 型钻机回转机构和提升/行走机构全部采用直流电动机拖动、磁放大器控制发电机变流机组 F-D 系统供电；KY-310A 型钻机回转机构和提升/行走机构同样采用直流电动机拖动、全数字控制系统供电。KY 系列钻机加压系统全部采用滑差励磁机控制。

现有的 YZ 系列牙轮钻机全部采用电力驱动，有 6kV 和 3kV 两种电压等级可供选择，特殊情况下可供 10kV 电压下使用。YZ-35 型钻机回转机构和提升/行走机构采用的是直流电动机拖动、模拟数字电路控制三相全控桥式可控硅整流电路供电，加压系统采用的是液压马达加压。电力传动方式主要有两种，即初期的静态直流传动和后期的静态交流变频传动（YZ-35D）。

由于全液压钻机的控制系统是以液压系统为主，因此本章中对电控系统的介绍是针对电力驱动的牙轮钻机而言。为了便于介绍，其基本内容以 YZ 系列钻机的电控系统为主。

7.1.1 静态直流传动

初期的 YZ 系列牙轮钻机采用静态直流传动，可控硅静态供电、智能型数字调速系统无级调速；电液控制的上下多路阀组，使系统更简便；静态直流供电调速，扩大了调速范围，增加了钻机的提升和推进压力；改变系统的传动比可以使回转力矩满足钻进的要求，实现最大的经济效益；新的直流电机系统具有更好的抗冲击、抗振动和温度稳定性，增强了保护功能；该系统采用数字控制代替了模拟控制，改善了电机及整机的控制特性。

钻机的回转机构和提升/行走机构均采用可控硅——直流电动机传动系统（即 SCK-D 系统），其余均为交流传动。

7.1.1.1 直流电机及控制系统的优点

直流电机及控制系统的优点：调速性能好、调速范围广，易于平滑调节；启动、制动转矩大，易于快速启动、停车；过载能力强、能承受较频繁的冲击负荷；线路简单、控制方便；电控系统总体造价（包括直流电机及其配套的直流调速装置）相对较低，设计、制造、调试周期短；国内外控制方案成熟、工程应用广泛。

7.1.1.2　直流电机及控制系统的不足之处

直流电动机的结构复杂，消耗较多的有色金属，运行中维修比较麻烦，运行成本较高，其换向问题更制约着电动机性能的发挥。由于采用相控整流技术，在晶闸管换向时会产生谐波，污染电网，须对谐波进行治理；在低速启动时，因为晶闸管导通角 α，导致功率因数较低，无功分量较大，须对功率因数进行补偿；与同容量、转速的交流电机相比，直流电机的造价高、体积大、质量大、转动惯量大；日常维护量大，须定期检查、更换炭刷、整流子表面保养。

7.1.2　静态交流变频传动

为了更好地适应质量较差的矿山电网，采用静态交流变频调速作为电力的钻机供电调速方式，该方式能较好地适应矿山的供电条件，利于实现钻机的稳定运行。交流电动机变频调速具有启动转矩高、调速范围广、平滑性好、机械特性硬度较大等优点，可以保证拖动系统的稳定运转。

交流电动机则具有结构简单、制造方便、坚固耐用、成本低、效率高和运行可靠等一系列优点。而且，交流电动机变频调速近年来也得到了很大发展，变频调速从调速范围、平滑性和调速前后电动机的性能都有很多无可比拟的优点，由于晶闸管变流技术的发展及其控制系统的集成化，促进了变频调速的应用。

7.1.2.1　交流变频电机及控制系统的优点

随着自动控制理论的发展，特别是矢量控制技术在工程上的成熟应用，为改善交流传动系统的性能提供了一种新的、有效的控制方法，采用矢量控制的交流调速装置，其控制性能可与晶闸管直流调速系统相媲美，它具有以下特点：

交流电机结构简单，便于日常维护；交流电机坚固耐用、质量小、GD^2（惯性转矩）小，需要动态响应高的场合（精密、高速控制）时优势显著；调速的动态性能好，经济可靠；功率因数高、谐波小；电机效率高、节能效果好（相比直流综合节电率在 15%～25%）。

7.1.2.2　交流变频电机及控制系统的不足之处

线路复杂，控制难度大；交流变频调速装置初期投入成本略高。

7.1.3　YZ 系列牙轮钻机电气控制系统的特点

7.1.3.1　电气系统的供电

YZ 系列牙轮钻机的电气系统，是由三相 50Hz、6kV 交流电网供电，允许电源波动范围为 85%～105%，即 5.1～6.3kV，通过矿用高压电缆将三相高压电流从采场隔离开关引到钻机的高压陶瓷保险开关箱，再由此引到高压开关柜内，然后分为两路，一路通过高压柜的交流高压真空接触器引到主电力变压器，经降压为 400V，供给钻机上的所有三相电气设备。另一路通过熔断器到单相照明变压器，经降压为 230V，供给照明和交流操作回路及单相负载。

7.1.3.2 总的装机容量

YZ-55 钻机总的装机容量为 465kW，YZ-35 钻机总的装机容量为 335kW。在冬季夜晚，钻机作业时设备同时利用系数最大，可达 0.82。这时 YZ-35 钻机所需最大功率为 275kW，YZ-55 钻机所需最大功率为 380kW。在其他情况下，钻机作业时的设备同时利用系数最大值为 0.7 左右，此时，YZ-35 钻机所需最大功率为 235kW，YZ-55 钻机为 325kW。

YZ-35 钻机各工作机构使用的主要电气设备及其电气负荷分配见表 7-1。

表 7-1 YZ-35 钻机各工作机构主要电气设备及其电气负荷分配

序号	代号	名 称	型号及规格	电源种类	额定电压 /V	额定容量 /kW
1	KYD	空压机电动机	JS115-4	三相交流	380	135
2	HZD	回转直流电动机	ZYZ-50/15	直流	400	50/75①
3	TXD	提升/行走直流电动机	ZYZ-50/15	直流	400	50/75①
4	YBD	油泵电动机	y180L-4	三相交流	380	22
5	FFD	机房增压风扇电动机	y132M-4	三相交流	380	7.5
6	FKYD	辅助空压机电动机	y132S_2-2	三相交流	380	7.5
7	KLD	空压机冷却水泵电动机	y131S-4	三相交流	380	5.5
8	KSD	空压机冷却水泵电动机	y90S-2	三相交流	380	1.5
9	YLD	油冷却风扇电动机	JL0-22-4	三相交流	380	0.4
10	KRD	空压机稀油润滑电动机	A0633-4	三相交流	380	0.37
11	HFD	回转柜风扇电动机	JW-5622	三相交流	380	0.18
12	TFD	提升/行走柜风扇电动机	JW-5622	三相交流	380	0.18
13	DFD	低压柜风扇电动机	JW-5622	三相交流	380	0.18
14	FDR	机房电热器	NHJ 型（4.5kW，4 台）	三相交流	380	18
15	STDR	司机室低部电热器	NHJ 型（4.5kW，1 台）	三相交流	380	4.5
16	SXDR	水箱加热器	GYYz-220/10（4 台）	单相交流	220	4
17	YXDR	油箱加热器	GYYz-220/1.0	单相交流	220	1
18	KYDR	空压机稀油润滑油箱加热器	GYYz-220/1.0	单相交流	220	1
19	SYBD	油箱加油泵电动机	y90S-4	三相交流	380	1.1
20	ZM	钻机照明		单相交流	220	2.6
21	JRK	集中润滑控制盘				0.5
22	HZK	回转控制装置				1.5
23	TXK	提升/行走控制装置				1.5
24	JK	交流控制装置				1
25	DHJ	电焊机	BX3-300-2	单相交流	380	18.5

①早期用增压空压机的 YZ-35 钻机是 50kW 电机，现在已经将 50kW 改为 75kW。

7.1.3.3 电气控制系统

A 基本特点

YZ 系列钻机有一个安全可靠的、技术上合理的供电系统；回转和提升行走驱动为直流电动机或交流变频电动机，可控硅供电无级调速或交流变频调速；空压机和其他辅助设备都有一个操作简便、保护齐全的电控装置；钻机上设置有取暖和加热装置和空调器，使钻机在寒冬或炎夏季节作业时，有一个舒适的工作环境，保证钻机的油、水系统工作正常，避免发生冷凝和水冻；钻机上装有足够高度的照明系统，并由单独的照明变压器供电，使钻机照明不受动力变压器故障的影响；为保证钻机运行部件有良好的润滑，设置有电气集中自动润滑控制装置；司机室操作面板上，装有钻机调平、测孔深的数字显示仪，供司机及时掌握钻具位置，准确确定钻孔深度，减少不必要的超深和避免发生过提事故，以及在钻机调平时，提高调平精度；司机室操作面板上还装有必要的仪表和信号报警装置，以供司机了解和掌握钻机的钻进状况和有关设备的运行情况，实现正确操作等。

YZ-35 钻机的电气供电系统如图 7-1 所示，图中代号的含义见表 7-1。

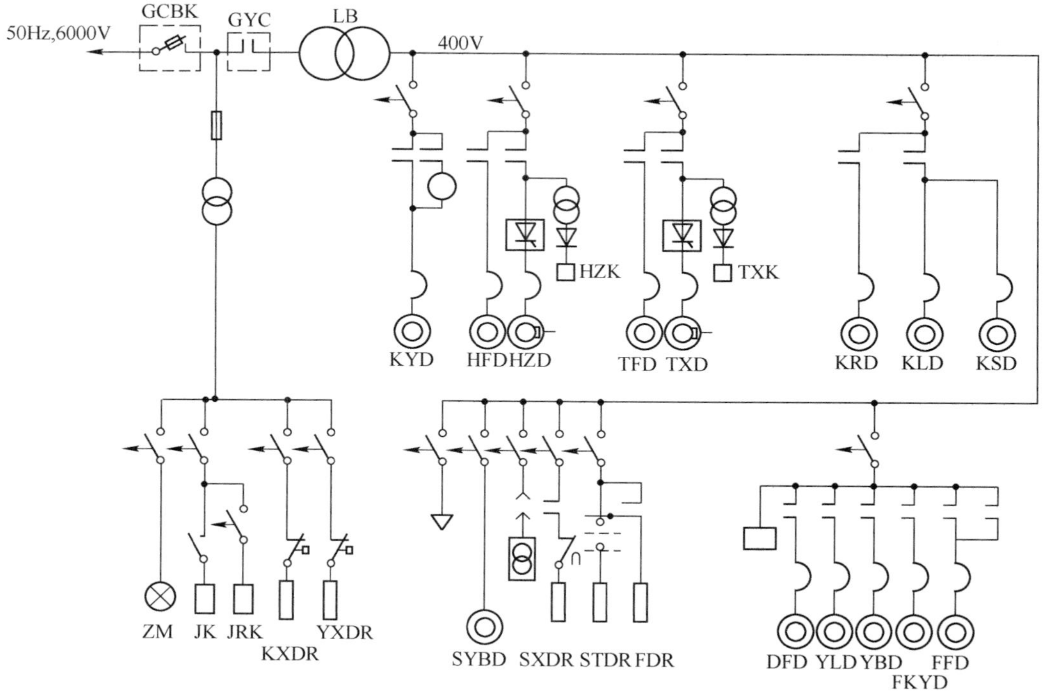

图 7-1　YZ-35 钻机电气供电系统

B　可控硅静态供电、智能型数字调速系统

YZ 系列钻机第三代电控系统的控制电路采用模拟量输出和数字控制技术，由相序保护、过流保护、过载保护、断路保护组成的集成块装置形成电流、电压无静差调节系统，使用中可免现场调试。回转机构实现 0 ~ 120r/min 范围内无级调速，使钻机能根据矿岩的物理机械特性选择合理的转速。其提升-行走机构实现无级调速使钻机能根据情况调节提升或行走速度；采用可控硅静态供电、智能型数字调速系统无级调速，扩大了调速范围，增加了钻机的提升和推进压力；采用电液控制上下多路阀组，使系统更简便；由于电控系统的不断更新换代，使钻机故障率大大降低，调试维护更简便、工作更可靠。

C 变频调速、PLC 及总线控制系统

新设计的第四代 YZ-35D 钻机，采用变频调速、PLC 及总线控制；具有自动测深、自动给水、自动加压、故障检测及显示功能；系统具有可扩展功能，该系统设计合理，操作方便，使用可靠，能够满足牙轮钻机自动控制的要求；回转和提升/行走机构采用交流变频控制，维护简单、运行可靠；控制系统核心采用可编程控制器，并应用 PROFIBUS 总线通讯技术，简化系统结构和相互之间的连线，提高系统的可靠性；采用触摸屏作为系统的辅助控制及显示，监控系统工作流程，显示故障信息，故障判断一目了然，并可对各种参数进行采集，打印输出台班计量；采用编码器测量孔深，在触摸屏上实时跟踪显示钻进深度，并可设定欲达到的深度，实现自动孔深控制；钻机实现自动调平；注水阀改为电动调节阀控制；利用钻机回转扭矩、振动和排渣风压等钻进参数自动调节钻机轴压，可使钻机在允许范围内达到较佳的钻进状态；通过 PLC，用模式识别技术分析钻进参数，实现钻进自动化。图 7-2 为 YZ 系列钻机变频调速控制系统的电气原理。

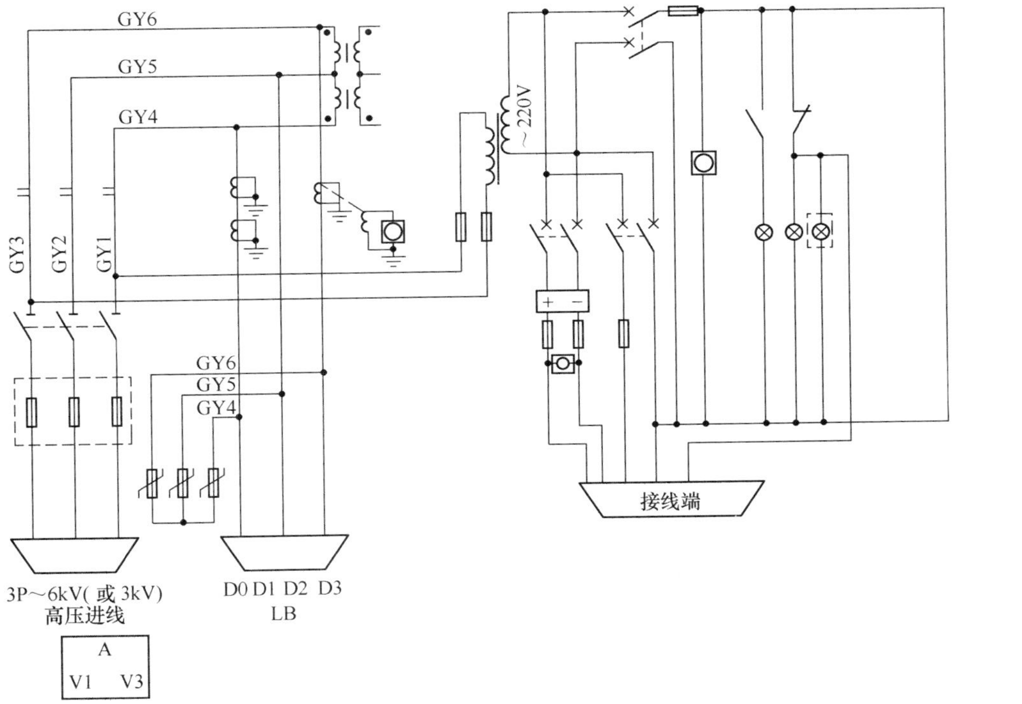

图 7-2 YZ 系列钻机变频调速控制系统电气原理

7.1.4 构成电控系统的子系统及其功能

电力驱动的牙轮钻机的电控系统主要由电力变压器、高压开关柜、主空压机控制、回转电机控制、提升与行走控制、电源相序及断相保护器、干油集中润滑系统、其他辅助设备控制等子系统构成。

7.1.4.1 电力变压器

一般来讲，电力驱动的牙轮钻机所使用的电源都是由露天矿采矿场提供的。通常露天矿采矿场和排土场的终端变电站位于配电线路的终端，接近负荷点，经降压后直接为大型采掘设备供电，其高压电力网的配电电压一般为 6kV 或 10kV。而牙轮钻机工作机构的电动机的工作电压等级为 380V，因此牙轮钻机必须配备有能够将 6kV 或 10kV 的配电电压转变为 380V 的电力变压器，为工作机构提供电力。

YZ 系列牙轮钻机的电气系统，是由三相 50HZ、6kV（或 3kV）交流电网供电，其主变压器为容量 400kV · A 的三相油浸自冷式铜线电力变压器，并加有防振措施。变压器接线形式为 Y/Y-12 接法。高压侧设有三档无载调压分接开关，电压可调 ±5%。照明变压器 ZMB 为单相干式自冷铜线变压器，容量为 10kV · A，额定电压为 6000/230V。

7.1.4.2　高压开关柜

为了确保钻机电气设备和人身安全，在钻机上设置有高压开关柜和高压陶瓷保险开关箱。高压开关柜电气系统原理如图 7-3 所示。

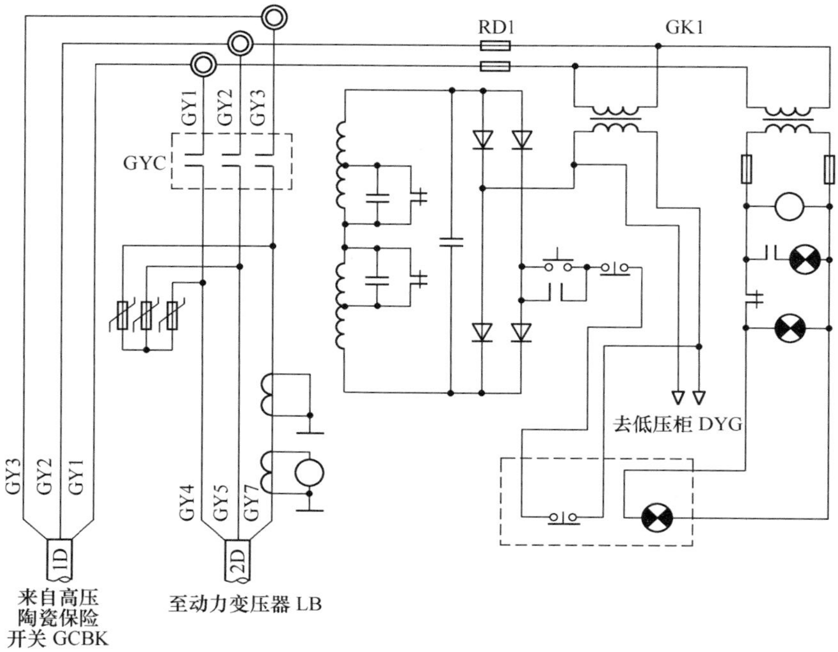

图 7-3　高压开关柜电气系统原理

三相 6000V 高压电源从高压供电点通过高压电缆引到高压陶瓷保险开关箱，再引到高压开关柜内。

三相高压电源通过母线分两路：一路将三相电源引到交流高压真空接触器主触头，再通过高压电缆引到柜外电力变压器，在高压线之间，接有高压电流互感器，其副侧接有电流表（安装在高压柜前），以指示电力变压器高压侧电流，并接有过电流继电器，作为过电流保护。在高压线之间接有 Y 连接高压压敏电阻器，以吸收线路上的过电压冲击。另一路将单相电源通过高压熔断器引到高压电压互感器和照明变压器，在高压电压互感器副侧通过低压熔断器接电压表和指示灯，用以指示高压侧电压值和交流高压真空接触器的接通和断开（即动力变压器的接通或断开电源）。交流高压真空接触器的通断是由其直流电磁线圈的通断来控制的。

高压开关柜的启动按钮在高压开关柜内，而停止按钮则分别在高压开关柜上和司机室操作台的控制面板上。

7.1.4.3 主空压机控制

A 滑片式空压机

由于主空压机的传动电动机功率较大（YZ-35 钻机为 135kW、YZ-55 钻机为 155kW），直接启动困难，因此主空压机的传动电动机采用了降压启动。主空压机电气控制系统原理如图 7-4 所示。

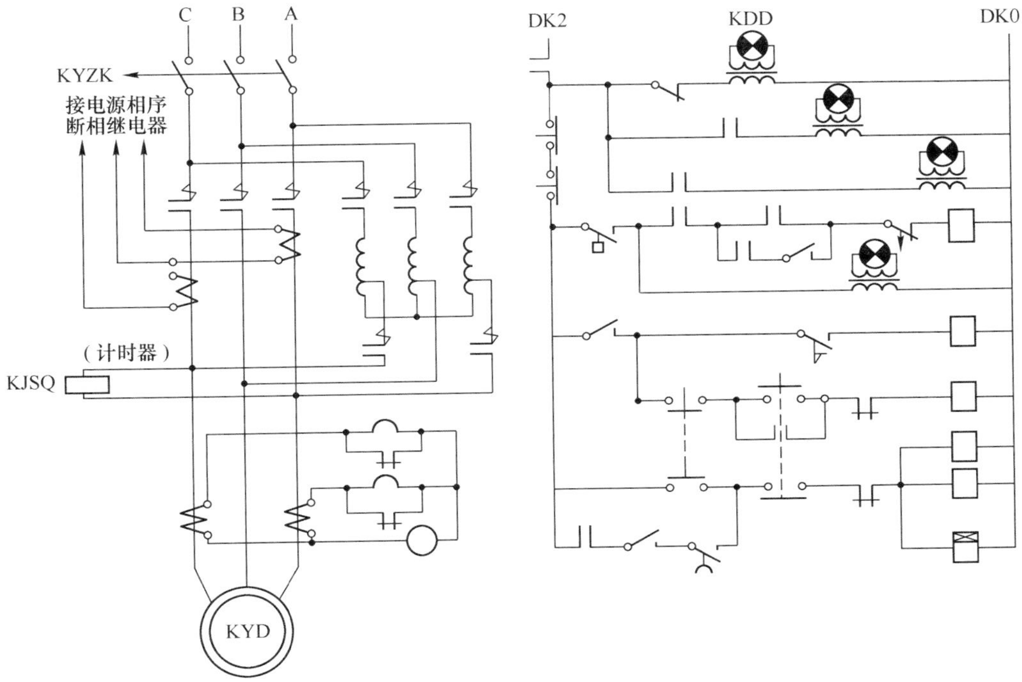

图 7-4 主空压机电气控制系统原理

主空压机的传动电机采用自耦变压器降压启动，为了保证空压机空载启动，要求辅助空压机的风压在整定范围之内，同时机械方面有关的气体部件好用，而且给风阀在停风位置。主空压机的启动过程如下：

合上自动空气开关，电源指示灯亮，将冷却风扇控制开关手柄扳向顺时针 30°位置时，空压机的冷却风扇及冷却水泵投入运行（若在寒冷天气空压机启动时因冷却水温低不需要开启冷却风扇时，应将冷却风扇控制开关手柄扳向逆时针 30°位置，冷却风扇不工作）。在冷却水不超过 63℃时，冷却水温继电器常接点闭合，空压机冷却水温指示灯亮。按下启动按钮，接触器吸合，空压机电机降压启动。此时中间继电器吸合，使主空压机稀油润滑接触器吸合，稀油润滑电机投入运行。此时电源指示灯灭，主空压机启动指示灯亮。电流表指示空压机电机启动运行电流，随着电机转速升高，电流下降。当电流降到电机额定电流以下时，再按下工作按钮，则释放切除自耦变压器，同时工作接触器吸合，主空压机电机投入正常运行。此时启动指示灯灭，工作指示灯亮，KYC 常闭辅助触头断开，将热继电器投入工作。如需要停机时，可按下起动机上或司机室操作面板上的停止按钮。

为了保护主空压机及其电机，系统采取了以下保护措施：线路中设有电源相序及断相保护，防止电机反转而损坏空压机；空压机采用空载启动连锁保护，避免空压机遭受反转冲击；采用启动时间限制保护，避免自耦变压器长期接入而烧坏；采用高风温温度继电器保护，风温过高（≥180℃）时，空压机停止运行；空压机冷却水温过高保护；系统运行连锁保护，冷却水泵、冷却风扇和稀油润滑电机没有投入正常运行时，空压机不能投入正常运转；采用热继电器和自动空气开关来实现空压机电机的过载保护和短路保护。

B　螺杆空压机压缩机

由 380V、220kW 交流异步电动机拖动，电控柜根据用户需要配置或由用户自备，所有控制电器都装在电控柜内，并装有排气超温、排气超压保护装置、相序保护装置、手动和自动减荷装置，详细说明如下：

（1）螺杆压缩机不允许电机反转，控制线路设有手动型复位相序保护继电器。它有 8 个接线柱，1、2、3 按顺序接电源的 A、B、C 三相；4 为空脚；5、6 为常开接点，用于控制电动机的启动；7、8 为常闭输出接点，用于相序不正确指示。在安装调试过程中应使相序保护继电器的相序接线符合电动机的正确转向。此后便可保证在电源相序变换时电机不能启动，此时，指示灯还能提醒操作者相序连接不对。

（2）线路设有排气超温，超压保护装置，当发生这类故障时能自主停机并发出灯光报警信号。当排除故障后，须先按清除按钮，解除故障信号，才能重新启动电机。

（3）线路中设有自动减荷环节，当压力超过整定值时，压力控制器动作，接通电磁阀进行自动减荷，只要对压力控制器进行正确的整定，就能达到自动减荷的目的。另外，还设置了主令开关以便进行手动减荷。

（4）主电动机采用自耦变压器降压启动方式，启动时间由时间继电器自动控制，其整定值一般要求不超过 15s，时间过长容易损坏自耦变压器。如果采用手动启动，要特别注意启动电流的变化及时按下切换按钮，避免烧坏自耦变压器。

为了操作方便，在主机仪表板上装有风机开、主机开、总停按钮以及主机运转指示灯。

7.1.4.4　回转电机控制

牙轮钻机中的回转电机控制类型现投入使用的有可控硅静态供电、全数字直流调速和交流变频调速三种传动控制方式。

（1）可控硅静态供电。直流传动的钻机回转机构采用可控硅——直流电动机传动系统（即 SCR-D 系统）。回转电机由可控硅供电调速装置供电调速。通过改变可控硅的起通角来改变三相全控桥的直流输出电压，实现回转电机 0 ~ 1500r/min（弱磁时 0 ~ 1800r/min）无级调速。

当采用可控硅供电调速时，YZ 系列钻机的可控硅供电调速装置的主要技术参数见表 7-2。

表 7-2 YZ 系列钻机可控硅供电调速装置的主要技术参数

名 称	YZ-55	YZ-35
输入电压/V	380	380
直流输出电压/V	420 ~ 450	420 ~ 450
直流输出电压调节范围/V	0 ~ 500	0 ~ 500
额定输出功率/kW	100	60
工作方式	连续	连续
励磁输出	220V，6A	220V，5A
最大直流输出电流/A	1000	400
系统总效率/%	95	95

牙轮钻机回转机构可控硅调速装置与提升/行走机构的可控硅调速装置基本相同，其方框图如图 7-5 所示。三相交流电源经过可控硅整流后供给直流电动机。可控硅供电调速装置的主电路为三相全控桥式整流电路。将 50Hz、380V 的三相交流电压经过可控硅整流为直流电压供给直流电动机同步信号加到磁放大器工作绕组上，产生的移相脉冲通过整形放大后去触发可控硅，通过脉冲移相改变可控硅的起通角，从而改变三相全控桥的输出电压，以达到改变电机转速，实现电机无级调速的目的。

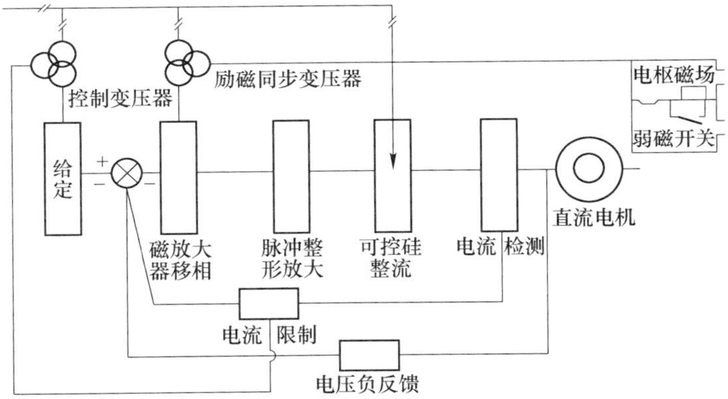

图 7-5 直流传动的回转机构可控硅调速装置

为了增加机械特性硬度，在系统中设有电压负反馈环节。为了限制钻具在卡钻或堵转时，以及其他原因引起的大电流，使系统具有“挖土机特性”，在电路中设有电流限制环节。为了防止电机长期过负荷运转，在系统中加了热过负荷保护。

电动机的正转和反转是通过改变电机他激磁场的方式来控制的。为满足在穿凿软岩时高转数和低扭矩的要求，系统中设有一级弱磁调速（提升/行走系统无此环节）。

（2）全数字直流调速。全数字化直流调速控制传动是指由三相交流电源直接供电，用于直流电机电枢和励磁供电，完成调速任务。其中单象限工作装置的电枢整流回路为三相桥式全控电路；四象限工作装置的电枢整流回路为反并联三相桥式全控电路。励磁整流回路采用单相半控桥，所有的控制、调节、监控及附加功能都由微处理器来实现，且全部控制过程在 VLS（I 极大规模集成电路）技术和微机化硬件环境下以程序软件实现，系统内部信息交换以数字方式进行。全数字化的应用解决了模拟系统中电子元器件参数性能受环境因素影响的问题，特别是温度漂移问题，从而使系统精度的不可控影响因素得以消除，控制精度仅受微处理器字长、检测元件精度的影响，从而达到极高品质的控制功能和水平。

全数字化直流调速控制传动其特点是，针对传统的模拟双闭环调速系统而言，所有的控制均由软件来完成，系统具有优良的性能，能提供两象限（单向）、四象限（可逆）运行控制。系统具有多变的功能，一些输入输出端子及各自由功能块可按要求灵活地组态。系统内具有特殊的功能模块，可作传统的调速系统，也可组态为复杂的过程控制传动系统。系统的给定可用模拟量，也可用上位机、PLC 或其他数字操作单元提供数字量给定，反馈用测速机、编码器或同时使用作为复合反馈，从而得到最佳的系统动态性能和稳态精度。

而牙轮钻机电控的核心部分是直流调速系统，即回转控制系统和提升/行走系统。针对这两个直流调速系统，以前国内绝大多数钻机使用的是磁放大器控制，也有少部分改为模拟量控制，技术水平有所提高。对模拟量的控制而言，直流系统的主要参数及功能由调整电位器来完成。但由于钻机为移动工作性质，振动大，户外运作，由于受工作环境的影响，电位器的整定值经常变化，需要不定期调整；且系统接插件多、故障点多、控制精度也不高，影响钻机的运行，而且维修工作量很大。

由于牙轮钻机工艺运行的特点，为了防止钻具卡钻或堵钻以及其他原因引起的电机电流过大，回转系统和提升行走系统电动机的运行必须满足图 7-6 所示的挖掘机特性曲线的要求。原控制系统采用磁放大器移相触发三相可控硅整流系统，挖掘机特性是通过在系统中增加了电流截止负反馈来实现的。

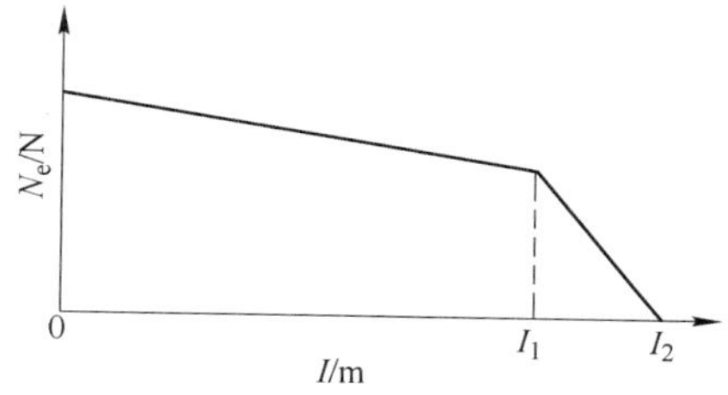

图 7-6　挖掘机特性曲线

原磁大器控制系统和模拟量控制系统是通过在系统中增加电流截止负反馈来实现的。而全数字化直流调速控制传动则是通过软件来实现所有控制环节，因此其功能及参数的调整精度高、稳定性好，这就避免了由于电位器等硬件原因产生的故障，抗干扰能力也大大提高。由于采用软件控制，利用提供的自由软件功能块进行组态编程，实现挖掘机特性及各项保护非常方便，其控制框图如图 7-7 所示。

正常调节时，I_1点以前为传统的双闭环调节系统，*ST* 的 *P*、*I* 值为调整好的参数，系统工作在正常的区域内。当电流达到 I_1点并超过时，通过功能块及数字输入、输出口的转换，设置 *ST* 的 *P*、*I* 值，实现挖土机特性。此时 LT 也正常工作，使电机特性具有一定的硬度，避免电机由于频繁的堵转而跳闸，以提高钻取效率。当电机电流达到 I_2点并经过一段延时（时间依电机参数、现场工况及 I_2值的大小可灵活调节）后，进行堵转跳闸，对电机进行保护。这样调节避免了系统的振荡，使电机在整个过程都能平稳地运行。

磁场控制环节为恒流源控制且自动弱磁，解决了恒压源励磁的缺点，使电机在弱磁前能在满磁下工作，电机出力正常。弱磁为自动控制，可实现平滑的弱磁调速。

运用全数字直流调速技术使回转或提升/行走系统的保护功能更加齐全，除原老系统的功能外还具有以下保护功能：三相电源故障、电流互感器故障、配置板故障、磁场失

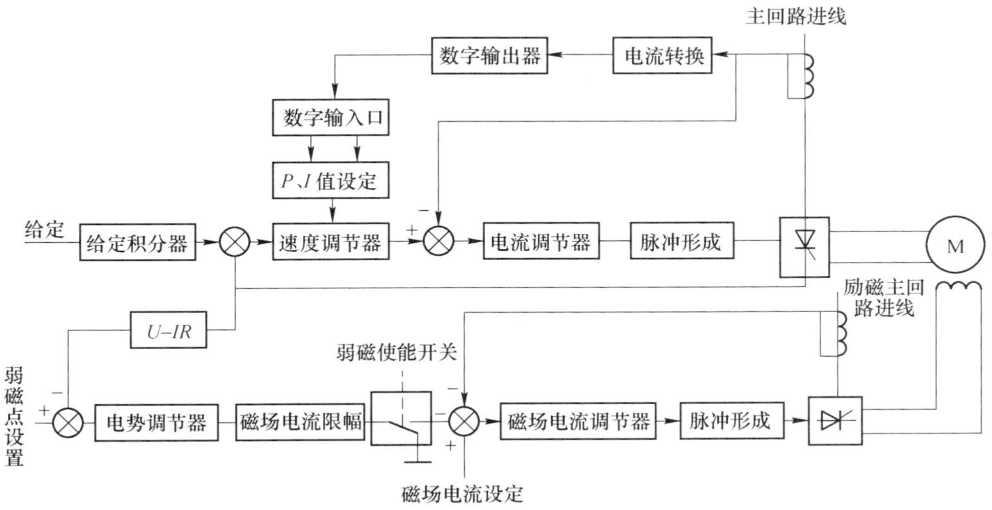

图 7-7 全数字化直流调速控制框图

效、磁场过流保护、桥堆散热器过热、脉冲丢失、电枢过流保护、电枢过压保护、堵转跳闸、欠压保护、可控硅通断检测、监控、系统自诊断、速度环、电流环检测等。

YZ 系列牙轮钻机的全数字直流调速控制系统，线路简单，外部接线少；控制环节的功能和参数的调整通过软件来实现，精度高、稳定性好，大幅提高了牙轮钻机电控系统的技术水平，故障率极低；与原系统相比，维修成本及工作量明显减少，钻取效率提高两倍，堵转特性优越。

（3）交流变频调速。为了进一步提高牙轮钻机运行的可靠性，提升钻机的技术水平，近年来，YZ 系列钻机的交流变频调速控制系统采用了回转和提升/行走两套分别独立的控制系统，用交流变频电动机替代原来的直流电机。为了增加回转电动机的富余度，YZ-35D 的回转和提升/行走系统都采用了功率为 75kW 的交流变频电机，YZ-55B 的回转采用了功率为 2×95kW 的交流变频电机，提升/行走系统采用了功率为 110kW 的交流变频电机，从而大幅提高了 YZ 系列钻机的钻孔速度和运行可靠性。

交流变频调速控制系统软件采用模块化设计，结合人工操作完成系统运行。通过调速手轮可实现电机的快、慢转调节，如回转系统卸杆控制过程，当回转的正、反转控制万能转换开关打到反转时，如果变频器正常，外部系统正常，PLC 会给变频器一个反转指令，并且给变频器一个采用第二加速时间命令，第二加速时间短、加速快，能实现卸杆功能。当外部系统有故障或变频器有故障，通过输入点输入到 PLC，PLC 根据程序运行结果，输出一个停止运行或复位信号给变频器，变频器就会停止运行，PLC 同时输出报警信号。图 7-8 为交流变频调速控制系统的原理框图。

YZ 系列钻机的交流变频控制系统应用了 PROFIBUS 总线通讯技术，主要由回转变频器、提升/行走变频器、可编程控制器（PLC）、低压控制柜、分布式 I/O 操控台和触摸屏等部分构成，其系统框图如图 7-9 所示。

控制系统为 PROFIBUS-DP 网结构，可编程控制器（PLC）装在低压柜中，设备间的连锁由 PLC 控制，操作台上的开关、按钮、调速电位器等都接入远程 IO，主机与远程 IO、

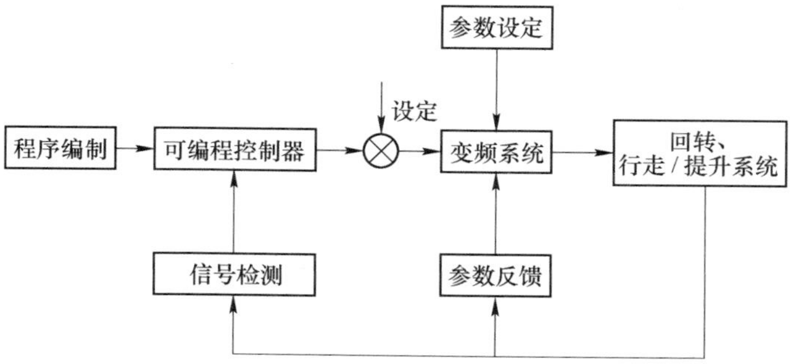

图 7-8　交流变频调速控制系统原理框图

变频器及触摸屏之间通过 PROFIBUS-DP 网连接，外部连线和元器件都大为减少，系统的可靠性得到提高。

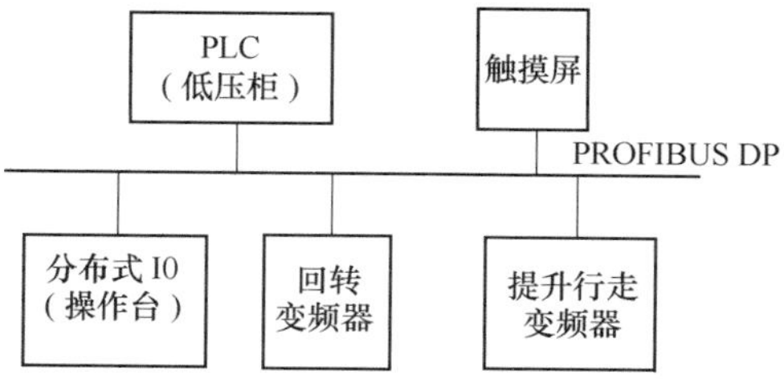

图 7-9　YZ 系列钻机交流变频控制系统框图

该系统与原来的系统相比，钻机的性能有了较大的改进，技术水平得以提升，主要表现在：钻孔进度提高 35%~45%；调速特性大为改善，并有较宽的调速范围，对钻机钻孔定位、接杆、接钻头等操作带来很大方便；可减少加减速过程对钻机带来的冲击；变频器有低速力矩补偿功能，采用矢量控制，有良好的启动特性；PLC 和变频器控制功能集合，可方便实现断链保护、低空气压力保护、卸杆功能、行走下坡防下滑功能；通过变频参数设置，可以实现缺相保护、三相不平衡保护、过电压保护、过电流和过载等保护功能；系统运行模块化设计结构清楚、故障低、维修方便；采用矢量变频调速系统，具有启动转矩高、电机控制平稳、调速宽度大、制动定位准确，适合牙轮钻机运用；交流变频调速系统，电机控制平稳，调速宽度大，比原电机节电 20%~25%；在变频调速系统中使用了 PLC，使该设备具备了通讯接口，通过网络系统可将设备运行资料传送到企业管理网平台，为企业管理升级打下基础。

图 7-10 所示为 YZ 钻机回转机构的交流变频调速控制系统原理。

7.1.4.5　提升与行走控制

牙轮钻机的提升与行走机构与回转机构一样，其控制类型也有可控硅静态供电、全数字直流调速和交流变频调速三种传动控制方式。

（1）可控硅静态供电。钻机的提升与行走机构，所采用可控硅——直流电动机传动系统（即 SCR-D 系统）与回转机构基本相同，不同之处在于在该回路中没有一级弱磁调速。提升与行走电机由可控硅供电调速装置供电调速。通过改变可控硅的起通角来改变三相全控桥的直流输出电压，实现提升与行走电机 0 ~ 1500r/min 无级调速。

（2）全数字直流调速。与回转机构的全数字直流调速控制系统一样，提升/行走机构的直流调速控制系统所有的控制均由软件来完成，系统具有优良的性能，可提供两象限（单向）、四象限（可逆）运行控制。系统具有多变的功能，一些输入/输出端子及各自由功能块可按要求灵活组态。系统内还有特殊的功能模块，既可作传统的调速系统，也可组态为复杂的过程控制传动系统。

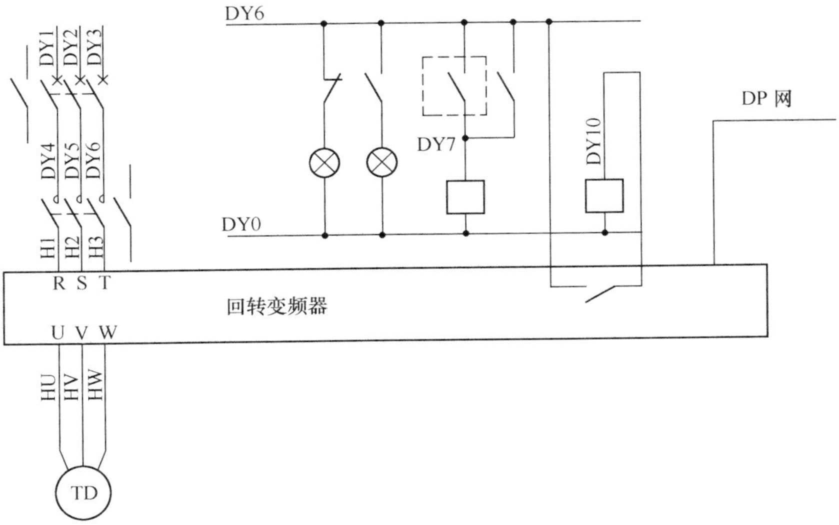

图 7-10 YZ 钻机回转机构交流变频调速控制系统原理

系统提供了一个可控硅控制的调压器作为励磁控制，磁场控制模式可以是恒压、恒流及自动弱磁升速（恒功率）控制。弱磁控制方式可将电机转速、电枢电流拐点与磁场强度相对应。

报警、运行状态和参数设定的综合诊断及监视信息，可以清晰地、格式连续地显示在液晶显示器上，任何使驱动装置停车的故障信号被立即锁定并显示出来，从而使操作员即刻予以确认并纠正。所有诊断、工作参数及设定信息同样可通过串行口获取，以便在远距离进行分析。

该系统具有 10 多种保护功能，主要有内部器件及网络、过流（瞬时及反时限）、速度反馈丢失、可控硅模块超温、零速检测连锁、堵转保护、失磁、电机超温、可控硅触发失败、静态逻辑。

（3）交流变频调速。YZ 系列钻机采用的是液压加压方式，因此其交流变频调速控制系统仅用于原来的主机构传动即提升/行走机构。提升/行走机构的交流变频调速控制系统原理如图 7-11 所示。与回转机构的交流变频调速控制系统不同的是，提升/行走机构的交流变频调速控制系统增加了制动单元控制。

7.1.4.6 电源相序及断相保护器

牙轮钻机经常因工作地点的转移而改换供电点，在电源重新接线时，难免发生相序接反而导致转动设备的反转，从而造成只允许单方向旋转的设备（如空压机、油泵等）的损坏。所以，要求有相序保护措施。其次，采场上的高压线供电点的熔断器经常因风吹雨打、冰冻等，容易造成电机和变压器的单相事故而烧毁。因此，需要设置相序和断相保护措施。

电源相序及断相保护器的基本结构由两部分组成：（1）电流传感环节，由电流传感器、倍压整流、限压延时电路和前置放大电路构成；（2）电压传感环节，由电压传感器、整流电路、触发器、执行电路构成。电源相序及断相保护器的框图如 7-12 所示。

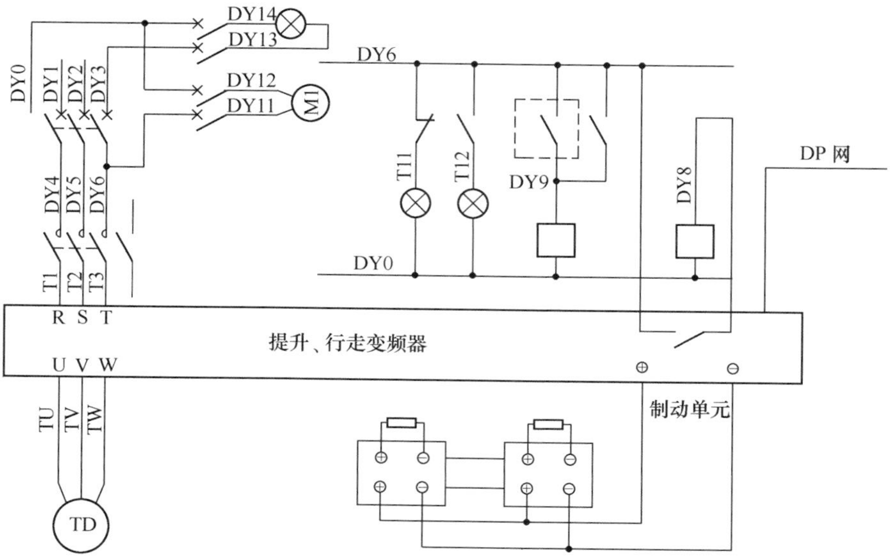

图 7-11　提升/行走机构的交流变频调速控制系统原理

电源相序及断相保护器的工作原理：

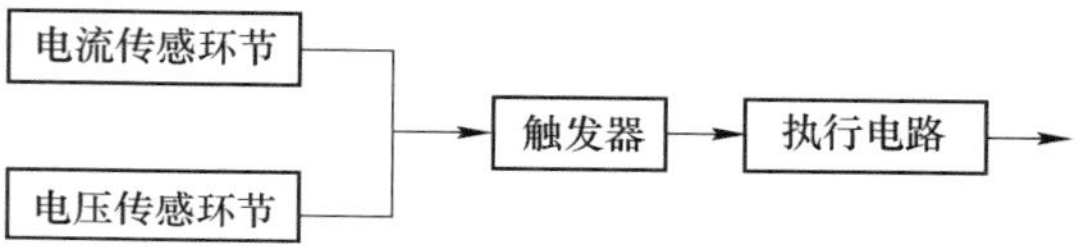

图 7-12　电源相序及断相保护器框图

（1）电压传感环节。它的功能是鉴别三相交流电源的相序是否正确，以及在静态（即转动设备没有运行时）情况下，电源是否有断相故障。

在电源相序正确（正相序）和无断相故障时，它没有电压信号输出；而在相序接反（反相序）或电源有断相故障时，则有电压信号输出。

（2）电流传感环节。在有转动负载（如电动机）的情况下，电源出现单相故障，由于电动机有反电动势的存在，电压传感器不能有效地监视故障状态，这就要靠电流传感器来监视。

电源相序及断相保护器的工作原理如图 7-13 所示。

7.1.4.7　干油集中润滑系统

为了保证钻机在行走和钻进时各运动部件有良好的润滑，必顺及时地向行走机构轴承和其他要润滑的部件注入润滑干油，为此钻机设置了集中干油润滑箱。YZ 系列钻机的干油集中润滑系统的电气原理如图 7-14 所示。

控制系统工作程序如下：合上低压柜内的自动空气开关，当钻机行走操作气阀手柄离开中间位置时，行走压力继电器接点闭合，电源指示灯亮，电磁气阀通过时间继电器的常闭接点，中间继电器常闭接点、强制润滑按钮和时间继电器的常闭接点接通电源动作，电磁气阀打开，压缩空气进入干油泵风马达、使风马达带动干油泵注油润滑。黄色指示灯亮（分别在润滑控制箱和司机操作面板上），表示正在润滑。这时，限制注油时间的时间继电器接通电源吸合，开始计时，通常其时间整定值大于润滑油注满所需的时间，也就是说，其常开接点尚未闭合前，润滑干油的压力达到预先的整定值，压力开关的常开接点闭合，

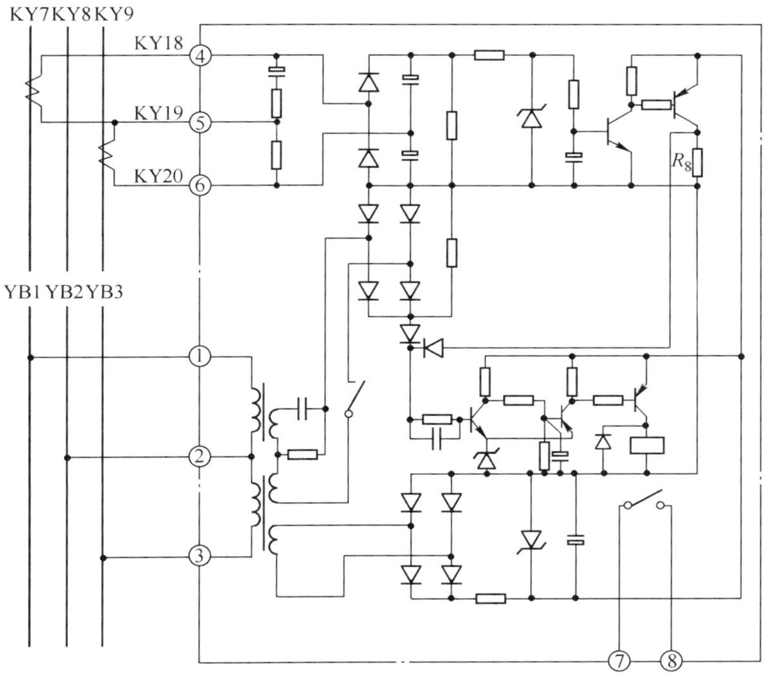

图 7-13 电源相序及断相保护器的工作原理

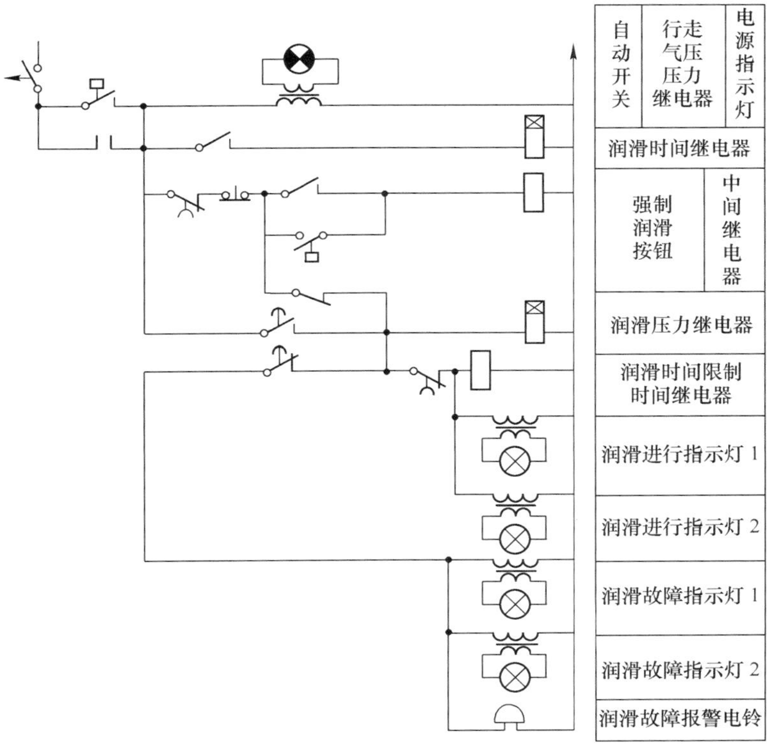

图 7-14 YZ 系列钻机干油集中润滑系统的电气原理

使中间继电器吸合并自保。其常闭接点打开，切断电磁气阀电源，停止注油。同时中间继电器的常开触头闭合，控制自动注油润滑周期时间继电器通电吸合，其常闭接点延时打开、中间继电器断电，由于中间继电器断电，其触头打开，切断时间继电器电源，其常闭接点复位闭合，电磁气阀重又通电吸合，开始第二个注油周期。调整时间继电器的延时时间，就可以确定自动润滑周期时间。

如果润滑管路泄漏或由于其他事故使润滑失效，压力开关不能在时间继电器的整定时间内闭合，则时间继电器常开接点延时闭合，红色指示灯（润滑控制箱上和司机室操作面板上）亮，电铃接通电源，发出报警音响和指示信号，告诉司机干油润滑失效，以便司机及时处理，同时常闭接点打开，断开电磁气阀的电源。

如果司机认为在一个润滑周期完毕后，需继续注入干油，只要按下强制润滑按钮便可实现，而不受润滑周期时间继电器的控制。

7.1.4.8　辅助设备控制

YZ-35 牙轮钻机上除了回转电动机和提升/行走电动机是直流电动机外，其余驱动电动机均为三相交流鼠笼异步电动机。这些电机除主空压机电动机采用自耦变压器降压启动，并单独设置有启动柜外，其他电动机均采用直接启动。

油泵电动机、辅助空压机电动机、机房增压风扇电动机、液压油冷却风扇电动机和低压柜增压风扇电动机均由自动空气开关来控制和实现其短路保护。上述辅助电机的控制原理如图 7-15 所示，交流变频传动型 YZ 系列钻机的辅助电动机控制系统如图 7-16 所示。

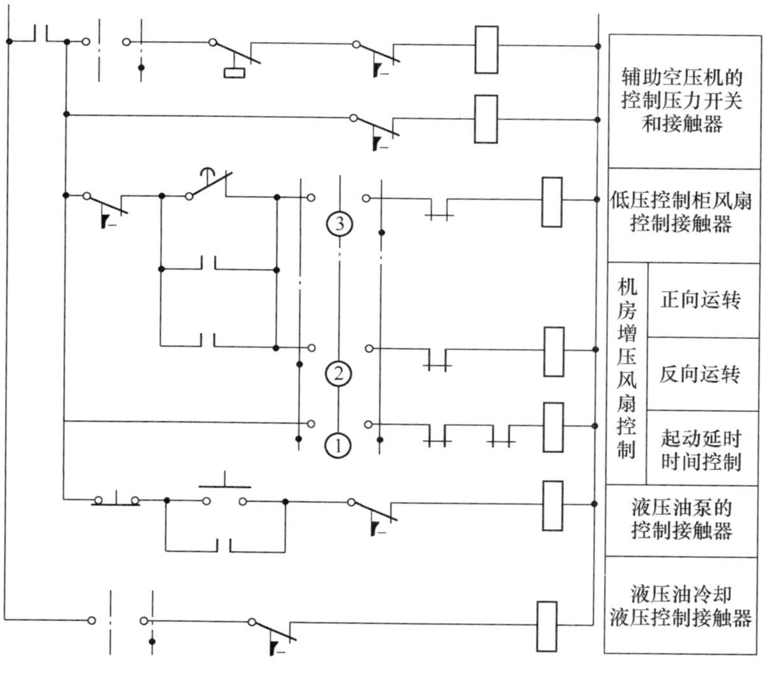

图 7-15　直流传动 YZ 系列钻机辅助电动机控制系统原理

（1）油泵电动机的控制。油泵电动机的启动与停止，是由接触器、启动按钮和停止按钮来控制，电动机的过载保护由热继电器来执行。

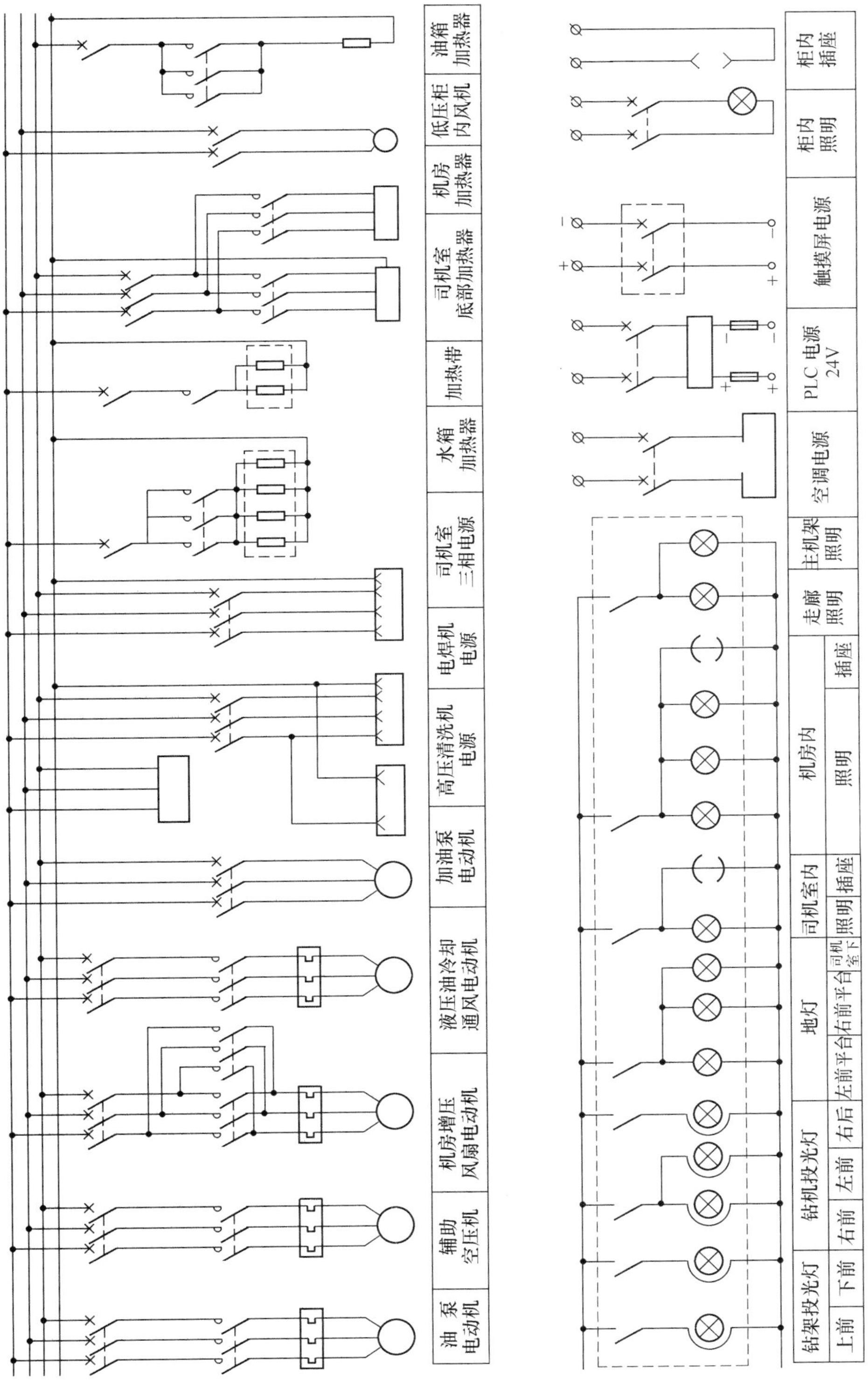

图 7-16 交流变频传动型 YZ 系列钻机的辅助电动机控制系统

（2）辅助空压机电动机的控制。辅助空压机电动机由转换开关和接触器来控制，由热继电器作为电动机的过载保护。

控制电路中的压力继电器是控制辅助空压机压气的压力在需要的范围内的，当压力达到上限值（1MPa）时，接点断开，辅助空压机自动停止工作。当压力低于下限值（0.85MPa）时，接点复位，重新启动辅助空压机，并使其压力维持在需要的范围内。

（3）机房增压风扇电动机的控制。机房增压风扇电动机由转换开关控制，当扳向反向30°位置时，反向接触器吸合，电动机反向运转，向机房外鼓风，将吸附在过滤网罩上的粉尘污物吹掉。运转一段时间后，就可将转换开关扳向正向30°位置，正向接触器吸合，电动机正向运转，向机房内鼓风。电动机的过载保护由热继电器来实现。

当转换开关扳向正向30°或反向30°时，电动机要经过时间继电器的延时时间才能启动，这是为了防止转换开关突然由正向扳到反向或由反向突然扳到正向，使电机因强烈地反接制动而损坏或其他机械部件损坏。

（4）液压油冷却风扇电动机的控制。液压油冷却风扇电动机由转换开关和接触器控制，由热继电器作为电动机的过载保护。

（5）低压柜增压风扇电动机的控制。低压柜增压风扇电动机由接触器控制，由热继电作为电动机的过载保护，当自动空气开关合上时，其辅助常开连锁触头器闭合，交流接触器带电吸合，电动机启动，向柜内鼓风。

（6）空压机冷却风扇电动机、冷却水泵电动机和稀油润滑电动机由自动空气开关控制和实现短路保护。

当自动空气开关合上，其接点闭合，扳动转换开关至正向30°，这时接触器带电吸合，空压机冷却风扇电动机及冷却水泵电动机便启动运转，热继电器是冷却水泵电动机的过载保护，热继电器是冷却风扇电动机的过载保护。

上述这些辅助电动机的控制转换开关按钮均安装在司机室操作面板上。

（7）为了便于钻机上各部件的检修，钻机上备有一台电焊机，其电源电压为交流380V，由自动空气开关来控制，并作为短路保护。在靠近水箱处的机棚壁板上，装设有一供电焊机用的电源插座。使用时将电焊机电源插头插入电源插座，并操作自动空气开关（在低压柜内）；不用时，断开自动空气开关，并拔下电焊机电源插头即可。

7.2　液压系统

液压传动系统是保障牙轮钻机运行的关键系统。对现役的牙轮钻机来讲，无论是全液压钻机还是电动型钻机，液压传动系统都是必不可少的基本配置。

按照油液循环的方式来区分，牙轮钻机的液压传动系统分为开式液压系统和闭式液压系统。一般而言，电动型钻机的液压传动系统为开式液压系统；全液压钻机的液压传动系统为闭式液压系统。

7.2.1　开式液压系统与闭式液压系统

7.2.1.1　开式液压系统

开式系统是指液压泵直接从油箱吸油，油经各种控制阀后，驱动液压执行元件，回油再经过换向阀回油箱。这种系统结构较为简单、成本较低。系统启动以后在没有动作的情况下系统为低压，在应用中，开式系统的压力损失较大、冲击力大、工作噪声也大。该系统的油箱大、油泵自吸性能好，可以发挥油箱的散热、沉淀杂质作用，油温稍低，油液清洁度好，但因油液常与空气接触，使空气易于渗入系统，工作压力不高，导致机构运动平稳性较低等后果。

开式液压系统的特点主要有：

（1）一般采用双泵或三泵供油，先导油由单独的先导泵提供。有些液压执行元件所需功率大，需要合流供油，合流有两种方式：1）阀内合流。一般有双泵合流供给一个阀杆，再由该阀杆控制供油给所需合流的液压执行元件。该合流方式阀杆的孔径设计需要考虑多泵供油所需的流通面积。2）阀外合流。双泵分别通过各自阀杆，通过两阀杆联动操纵，在阀杆外合流供油给所需合流的液压执行元件。虽然操纵结构相对复杂、体积较大，但由于流经阀杆的是单泵流量，阀杆孔径相对较小，而且有可能与其他阀杆通用。

（2）多路阀通常进行分块且分泵供油，每一阀组根据实际需要可利用直通供油道和并联供油道两种油道。前者可实现优先供油，即上游阀杆动作时，压力油就供给该阀杆操纵的液压元件，而下游阀杆操纵的液压元件则不能动作。后者可实现并联供油。

（3）为满足多种作业工况及复合动作要求，一般采用简单的通断型二位二通阀和插装阀，把油从某一油路直接引到另一油路，并往往采用单向阀防止油回流，构成单向通道。通断阀操纵有以下方式：采用先导操纵油联动操纵，先导操纵油在控制操纵阀杆移动的同时，联动操纵通断阀；采用操纵阀中增加一条油道作为控制通断阀的油道，这样在操纵操纵阀的同时，也操纵了通断阀的开闭。

开式油路的缺点是：当一个泵供多个执行器同时动作时，因液压油首先向负载轻的执行器流动，导致高负载的执行器动作困难，因此，需要对负载轻的执行器控制阀杆进行节流。

7.2.1.2 闭式液压系统

闭式系统中，液压泵的进油管直接与执行元件的回油管相连，工作液体在系统的管路中进行封闭循环。闭式系统中的液压油经过执行机构（马达或油缸）后不回油箱而直接去泵的进油口。因系统存在泄露，为补偿系统中的泄漏，通常需要在主油泵上串联一个小流量的补油泵和油箱，此外还需要冲洗阀、安全阀。闭式系统结构紧凑、效率高，与空气接触机会少，空气不易渗入系统，故传动较平稳。

闭式系统工作机构的变速和换向靠调节泵或马达的变量机构实现，避免了开式系统换向过程中所出现的液压冲击和能量损失。但闭式系统较开式系统复杂，因无油箱，油液的散热和过滤条件较差。

闭式系统在启动后，系统就形成工作压力。工作压力大，且压力损失小，换向冲击小，工作相对安静，液压油用量小，但油温稍高。

闭式液压系统具有以下优点：

（1）目前闭式系统变量泵均为集成式结构，补油泵及补油、溢流、控制等功能阀组集成于液压泵上，使管路连接变得简单，不仅缩小了安装空间，而且减少了由管路连接造成的泄漏和管道振动，提高了系统的可靠性，简化了操作过程。

（2）补油系统不仅能在主泵的排量发生变化时保证容积式传动的响应、提高系统的动作频率，还能增加主泵进油口处压力，防止大流量时产生气蚀，可有效提高泵的转速和防止泵吸空，提高工作寿命；补油系统中装有过滤器，提高传动装置的可靠性和使用寿命；另外，补油泵还能方便地为一些低压辅助机构提供动力。

（3）由于仅有少量油液从油箱中吸取，减少了油箱的损耗。

7.2.2　YZ 钻机的液压系统的主油路和控制油路

YZ 系列牙轮钻机的液压系统为开式液压系统，其液压系统由下述的主回路和控制回路构成。

7.2.2.1　液压系统的主油路

YZ 系列牙轮钻机液压系统的主回路由压力油路和回油路构成。

压力油路：油泵→换向阀之间；回油路：换向阀→油箱之间。

（1）供油方式：交流电机驱动两台并联的双作用单级叶片泵（双作用含义：油泵每转一周进行两次进、排油工作）。

单泵：$n=1500\text{r/min}$ 时，$Q=0.034\text{m}^3/\text{min}$。

低压大流量供油：系统压力 $p<6.18\text{MPa}$ 时，两泵并联供油。2 号泵油→分流阀→单向阀→与 1 号泵汇合供油。

高压低流量供油：系统压力 $p>6.18\text{MPa}$ 时，溢流阀打开（调定压力 $p=6.18\text{MPa}$），2 号泵油→溢流阀→回油箱。只有 1 号泵供油。

（2）卸荷。液压系统不工作时，油泵应该在无负载状态下运行，节能、降温。卸荷时，各换向阀处于中位，接通旁通油路，卸荷油路。

卸荷油路：2 号泵油→分流阀→单向阀→与 1 号泵汇合→散热器→过滤器→油箱。

如果散热器堵塞，则油路→单向阀→过滤器→油箱。

（3）安全限压。采用安全溢流阀，防止系统突然过载；以达到更安全目的。

（4）调速。

1）容积调速。用阀控制 1 号泵、2 号泵油，根据系统供油压力大小来控制。

单泵供油——高压小流量（1 号泵）。

双泵供油——低压大流量。

2）手动换向阀节流调速。通过手动换向阀位移量调节通油面积和流量大小实现调速。

7.2.2.2　液压系统的控制油路

（1）钻架起落油缸控制油路。钻架升起：进、排油路；钻架下落：进、排油路。

特点：单向节流阀，回油节流调速，控制钻架下放速度，防止突然下落，操作平稳。

（2）加压油马达控制油路。

系统用可调溢流阀和节流阀调节油马达速度。当可调溢流阀调于某定值时，在某一硬度的岩石上钻孔，马达为某一定值转速（岩石硬度 f、马达工作压力 p 和转速 n（与马达流量对应）相对平衡）。若硬度变软，马达的负载变小，而输入油压仍较高，则马达转矩较大，必使马达转速上升，故使马达排量增大，由于回油路上节流阀作用，使马达背压上升，又使马达进、出口压差减小，这样就使马达转速自动下降，从而适应排渣能力要求。

否则，加压速度过快，岩渣排不彻底，易于埋住钻头，降低其寿命，甚至卡钻。若节流阀不能使马达速度降下来，则要司机调低可调溢流阀的压力值，缩小进、出口压差。若钻坚硬岩石，钻孔阻力大，马达转速下降，但是转矩不足时，应该调大可调溢流阀的压力。

液力提升采用过载保护（6.86MPa），防止液力提升时油压过高，提升过快。

（3）稳车千斤顶控制油路。两个前千斤顶各由一个换向阀控制；两个后千斤顶由一个换向阀控制。油缸无杆腔由液压锁回路（单向阀 + 先导顺序阀）组成，使无杆腔油在高压下不泄漏，起到稳车作用。

1）千斤顶支起：

第一阶段：履带着地，千斤顶支承盘收于悬空状态。无杆腔进油→缸体→支承盘下移→支承盘着地后缸体下移停止。

第二阶段：无杆腔继续进油→缸体不动→活塞活塞杆向上运动→支起钻机平台→履带随平台支起而离开地面。

2）千斤顶下落：

第一阶段：千斤顶支承地面，履带悬空状态。有杆腔进油→油压先将先导阀打开→无杆腔的油从先导阀排除→平台重量压下活塞→履带随着落下直到着地活塞停止下移。

第二阶段：有杆腔继续进油→缸体→支承盘收起→直到要求的悬空高度为止。

（4）液压卡头控制油路。用两个液控单向阀控制两个液压卡头油缸。只有在较高油压下才能开启单向阀。

（5）摆动油缸控制油路。提升行走电机为双定子交流电机，其中的可动定子由摆动油缸控制，实现无级调速。另外，钻杆架油缸（钻架中心位置一个，左侧位一个）分为液压吊钳油缸、捕尘罩油缸。

7.2.3 YZ 钻机液压系统的子系统

为了便于叙述，将 YZ 钻机的整个液压传动分割为简单的子系统回路分别予以介绍，包括泵站子系统、多路换向阀子系统、加压油马达子系统、千斤顶油缸子系统、撑架油缸子系统、均衡油缸子系统、卡头油缸子系统和其他油缸控制。现以 YZ 系列钻机的液压系统为例，就上述子系统的主要功能、构成特点、基本回路予以阐述。

7.2.3.1 泵站子系统

泵站子系统的功能是为钻机的液压系统提供压力油源。泵站由底座、一台双伸轴电机（功率 22kW、转速 1450r/min）和一台双联叶片油泵（$Q = 37.5$L/min、$p = 17.5$MPa）所组成向系统供送压力油。泵站回路原理如图 7-17 所示。

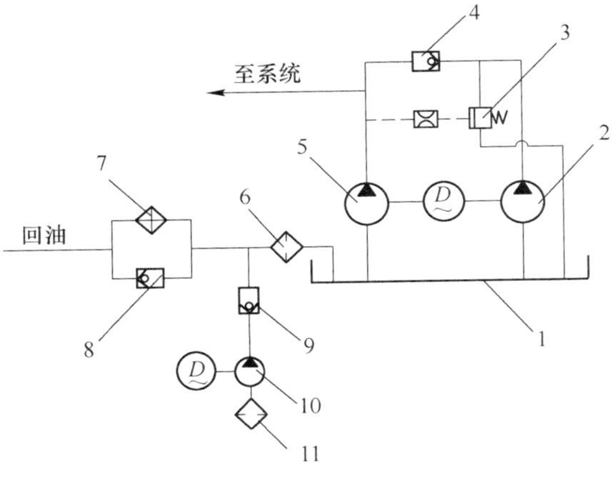

图 7-17 泵站回路原理

1—油箱；2，5—油泵；3—卸荷阀；4，8，9—单向阀；6—回油滤油器；7—油冷却器；10—齿轮油泵；11—过滤器

卸荷阀 3 安置在油箱盖板上并将其卸荷压力调整值为 8.5MPa。

当系统压力低于 8.5MPa 时，从两油泵排出的压力油全部输送到系统中，当系统压力高于 8.5MPa 时，从油泵 5 输出的压力油作用于单向阀 4 使其闭塞，同时压力油通过管路进入卸荷阀 3 的遥控口推动阀芯，使油泵 2 的压力油通过卸荷阀 3 返回油箱，此时，系统只由油泵 5 供油。这种装置给系统提供了低压大流量（两泵同时供油，油缸快速运动）和高压小流量（一台泵供油，油缸慢速运动）的工作液压油。

系统中所有油缸的回油都是通过主回油管返回油箱再循环。为降低系统油温和分离出油内含有的杂质，在主回油管上装有油冷却器 7、单向阀 8 和滤油器 6。冷却器 7 与单向阀 8 呈并联形式，它们之间相互影响，能够使油液在不同温度流经不同管路返回油箱。冷却器 7 是一个风扇冷却装置，类似汽车用的水散热器。油液通过垂直的冷却散热管，这些垂直散热管使油液流动速度变得缓慢而得到适当冷却。如油液过冷、黏度相对高些，通过冷却器 7 的阻力也增大，当阻力大于 0.4MPa 时，油液把单向阀 8 顶开形成通路，待油温升高，油液黏度变低而阻力也相应降低，单向阀 8 关闭，使油液沿着阻力较小的通路即冷却器 7 经回油滤油器 6 至油箱。

为保证向油箱添加的液压油的清洁度，在系统回油回路设置加油装置（加油装置由单向阀 9、齿轮油泵 10 和滤油器 11 组成）。

7.2.3.2　多路换向阀子系统

YZ 系列钻机液压系统的多路换向阀有手动拉杆滑阀和电液控制滑阀两种结构。前者手感性强，阀芯的开口可手动控制；后者动作反应快。这两种方式在 YZ 系列钻机中都有应用。

多路换向阀组的作用是改变流体的流动方向从而使油缸等执行元件动作发生变化，以达到控制油马达的转向和油缸伸缩的目的，它具有工作压力高、结构紧凑、不易外漏等特点。

钻机采用的多路换向阀组子系统由上阀组、下阀组、系统限压溢流阀、油马达提升限压溢流阀、回油座、均衡油缸限压溢流阀构成。其系统原理如图 7-18 所示。

多路换向阀组有手动多路换向阀组和电动多路换向阀组两种形式。在该子系统中，上阀组控制的对象是：油马达、前后右千斤顶油缸、左右千斤顶油缸；下阀组控制的对象是：捕尘油缸、吊钳油缸、左钻杆架油缸、均衡油缸、卡头油缸、中钻杆架油缸、撑架油缸。

上、下换向阀组主要由进油阀、换向阀和回油阀三部分组成，并用双头螺栓组装在一起。除上阀组第一片换向阀采用弹簧钢珠定位外，其余的换向阀均采用弹簧自动复位。

各阀的工作原理：

（1）进油阀。上阀组的进油阀有压力油进口 P 和回油口 O，在压力油通道与回油通道之间装有一个安全阀以防止过载，其整定压力为 16MPa，如图 7-19 所示。

（2）安全阀。安全阀的结构如图 7-20 所示，其工作原理是：工作时压力油从 P 腔通过滑阀 1 和锥阀 3 之间的间隙进入 a 腔，压力低于调定调定压力时，提动阀 6 关闭，锥阀 3 在弹簧 4 及油压作用下压紧在阀套 2 上，阀套和 P 腔靠 O 形圈密封，将工作腔 P 和回油腔 b 隔开。当 P 腔油压超过调定压力时，提动阀 6 开启，油流经过滑阀 1 和锥阀 3 之间的间隙，此时在 P 腔和 a 腔间产生压差，滑阀在压差作用下向右移动直到与 6 靠紧，并推动

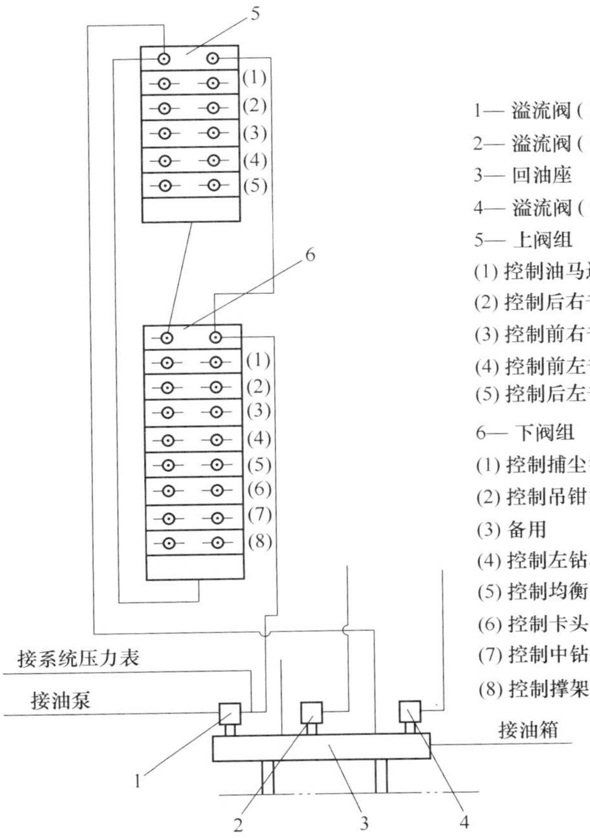

1— 溢流阀（系统限压）
2— 溢流阀（油马达提升限压）
3— 回油座
4— 溢流阀（均衡油缸限压）
5— 上阀组
(1) 控制油马达
(2) 控制后右千斤顶油缸
(3) 控制前右千斤顶油缸
(4) 控制前左千斤顶油缸
(5) 控制后左千斤顶油缸
6— 下阀组
(1) 控制捕尘油缸
(2) 控制吊钳油缸
(3) 备用
(4) 控制左钻杆架油缸
(5) 控制均衡油缸
(6) 控制卡头油缸
(7) 控制中钻杆架油缸
(8) 控制撑架油缸

图 7-18　多路换向阀回路原理

提动阀，使提动阀进一步打开，随之锥阀 3 在 P 与 a 腔压差作用下迅速开启，起到溢流作用。

(3) 换向阀。换向阀主要由阀体和滑阀芯组成，阀体均为并联型，阀体内有一个压力油口、一个回油口、两个工作油口和两个旁通油口，滑阀芯可以处于“进”位、“中”位和“出”位，因此称为三位六通换向阀。

除上阀组第一片换向阀的滑阀机能为“y”形外，其余的换向阀的滑阀机能均为“O”形机能。

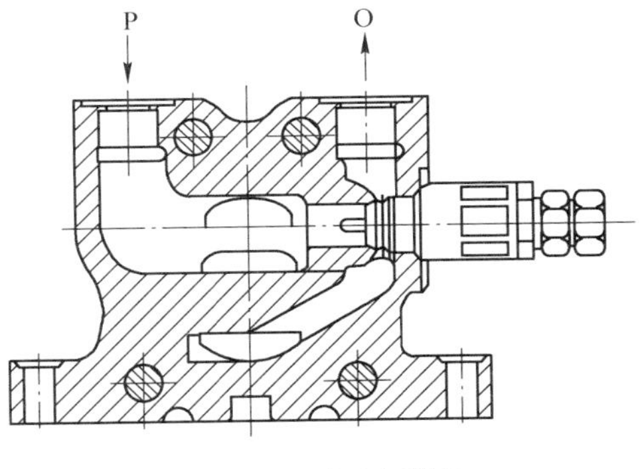

图 7-19　进油阀结构

“y”形机能换向阀示意图如图 7-21 所示。

该滑阀用于控制油马达作正向或反向旋转。当滑阀芯处于“中”位时，两个工作油口（与油马达油口连接）与回油口（至油箱）连通，压力油断，旁通路开，这时油马达进、出油口压力油通过“y”形滑阀芯连通并回至油箱，油马达立即可停止旋转。当滑阀处于“进”、“出”位时，两个工作油口分别与压力油通道或回油通道连通，旁通路闭塞，油马达作逆时针或顺时针旋转。

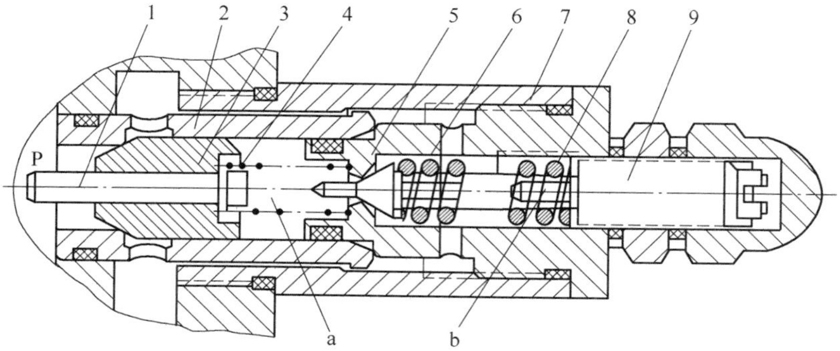

图 7-20　安全阀结构示意图

1—滑阀；2—阀套；3—锥阀；4—弹簧；5—提动阀座；6—提动阀；7—螺纹接套；8—调压弹簧；9—调节螺灯

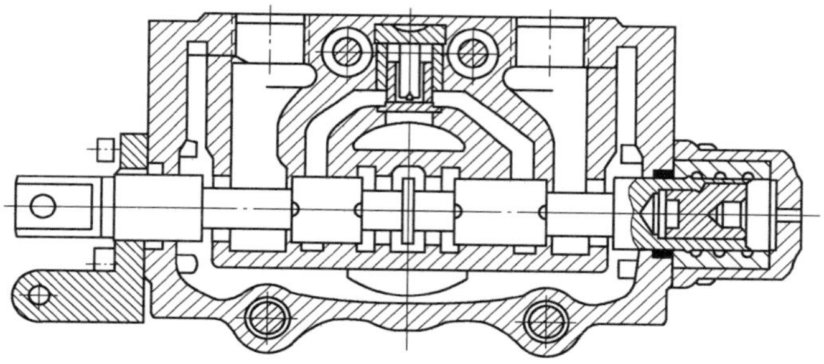

图 7-21　“y”形机能换向阀示意图

“O”形机能换向阀示意图如图 7-22 所示。其特点是滑阀处于“中”位，旁通路打开，其余的油口通道全部关闭，从而使油缸的油路完全封闭，以防止油缸窜动。当滑阀芯处于“进”或“出”的位置，压力油经滑阀芯的缺口流向油缸的一腔，而油缸的另一腔的液压油通过滑阀芯的缺口和阀体内部油道流回油箱，实现油缸伸缩目的。

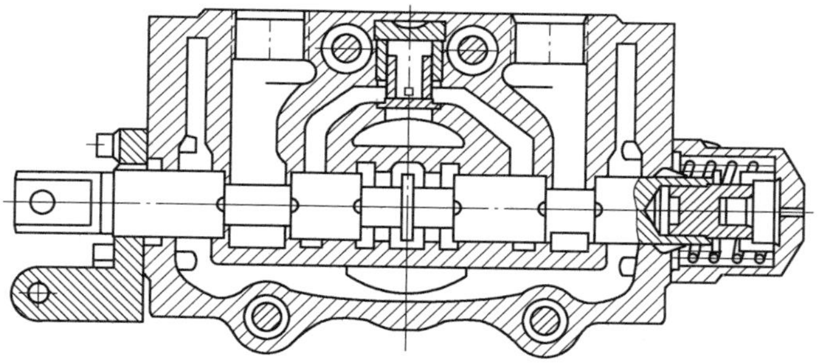

图 7-22　“O”形机能换向阀示意图

7.2.3.3　加压油马达子系统

（1）油马达参数：排量 $G = 25\text{mL/r}$，压力 $p = 17\text{MPa}$，扭矩 $M = 68\text{N} \cdot \text{m}$，最高转速 $n = 3600\text{r/min}$。

（2）调压元件安装位置。加压调压阀安装在司机室操作台上，提升压力安全阀安装在回油座上（见图7-18）。

（3）工作原理。加压油马达子系统的工作原理如图7-23所示。

控制加压油马达的为图中上阀组第一片“y”形机能的换向阀，用于向加压机构提供轴压或液压提升钻杆。连接油马达的两条油管路上分别装有加压调压阀和提升压力安全阀，推动操作手柄换向阀的滑阀阀芯处于“进”的位置，压力油使油马达旋转，通过加压机构钻杆得到所需要的轴压，司机可以根据工作进给情况调节加压调压阀，使钻机保持最佳进给速度。

当拉动操作手柄，使滑阀阀芯处于“出”的位置时，油马达反向旋转，实现液压提升钻杆。提升压力安全阀整定值为7MPa。该阀的作用是限制油马达的提升力，以避免强行提升损坏钻架和加压链条。

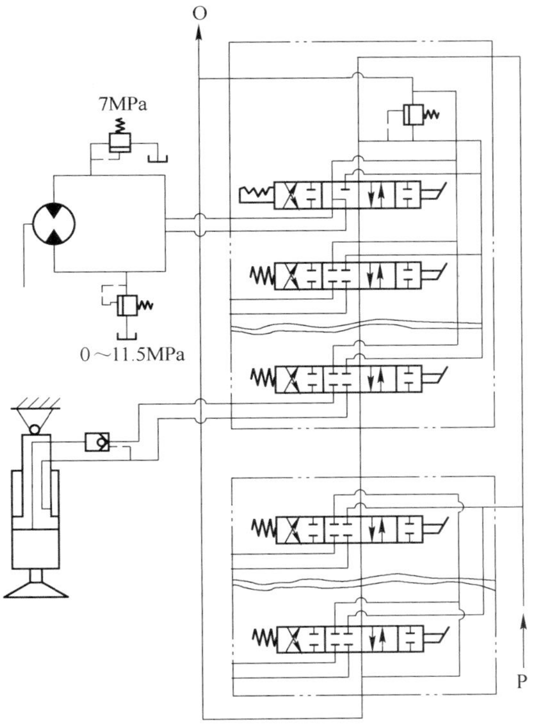

图7-23 加压油马达子系统工作原理

与油马达连接的另一根油管是将油马达内渗的液压油排回油箱。

7.2.3.4 千斤顶油缸子系统

如图7-18所示，除上阀组除第一片换向阀外，其余四片换向阀分别控制四个调平千斤顶油缸，每个千斤顶油缸的活塞端面处（进出油口）都装有液控阀。

滑阀芯处于“中”间位置，换向阀切断油源，并完全封闭油缸两腔，若油缸处于图示状态（即钻机处于调平状态），则整机的重量分别作用四个千斤顶油缸的活塞杆上，活塞杆上的活塞作用于无杆腔内的液压油，产生压力油通过管道作用于液控阀内的锥阀芯上部，封闭锥阀座口，确保油缸无杆腔内的压力油无处向外渗流，以达到防止千斤顶油缸下沉。

拉动操纵杆，滑阀芯处于“出”的位置，压力油经油管推开液控阀的锥阀芯进入油缸无杆腔，油缸伸出。推动操纵杆，滑阀芯处于进的位置，压力油经油管和液控阀油道进入油缸有杆腔，同时压力油推动液控阀的阀芯打开阀座器，无杆腔内的液压油经锥阀座口、换向阀内的油道回油箱，油缸缩回。

7.2.3.5 撑架油缸子系统

图7-24为撑架油缸控制回路原理，由下阀组第八片换向阀控制其两个撑架油缸，两个撑架油缸与换向阀之间采用并联形式连接。

A 立钻架油缸受力分析

图7-25为钻架撑架油缸受力分析。压力油进入油缸的无杆腔，活塞杆伸出，钻架以 A

为支点徐徐升起，当钻架升至与平台夹角为70°左右时，突然加速向前倾倒，拉着活塞杆伸出，就在这一瞬间，活塞杆上的阻力突变为负值，油缸有杆腔内的液压油受到压缩产生很高压力而无杆腔内却产生负压，若管路中没有采取相应措施，势必会损坏油管甚至使整机造成不可设想的恶果。为此，在YZ钻机的液压系统中采用了平衡阀来解决上述问题。

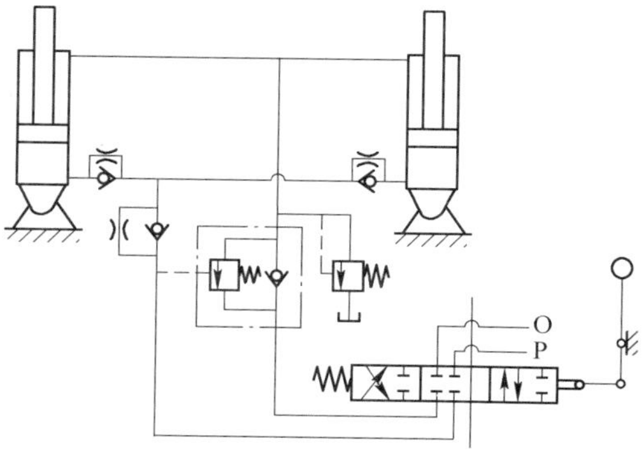

图7-24　撑架油缸回路原理

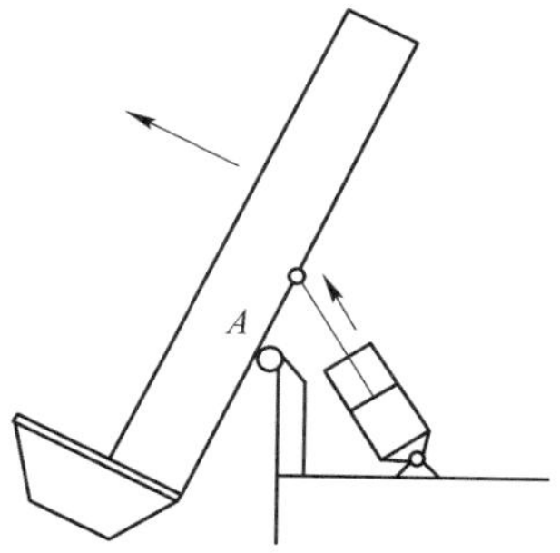

图7-25　钻架撑架油缸受力分析

B　平衡阀

液压系统工作时，当油缸活塞杆上的阻力急剧减少甚至阻力变成负值时，平衡阀使回油路上建立背压，防止油缸在负载作用下运动过速，也可防止因油管破裂而使重物自由下落造成严重事故。平衡阀的结构示意图如图7-26所示。

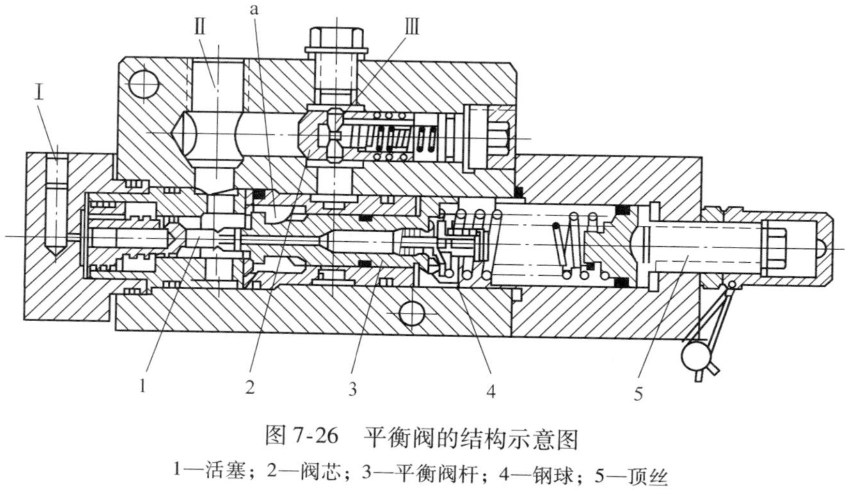

图7-26　平衡阀的结构示意图

1—活塞；2—阀芯；3—平衡阀杆；4—钢球；5—顶丝

平衡阀的工作原理：

（1）平衡阀串联在压力油管路中时。Ⅱ腔为进油口，Ⅲ腔为出油口，压力油自Ⅱ腔进入，顶开阀芯2，顺利从Ⅲ腔流出，这时平衡阀仅起油流过道作用。

（2）平衡阀串联在回油管路中时。Ⅱ腔为出油口，Ⅲ腔为进油口，系统工作时，压力油进入遥控器Ⅰ腔，推动活塞1、平衡阀杆3，回油自Ⅲ腔进入，经a腔从Ⅱ腔流出，一旦遥控器Ⅰ腔压力减少，平衡阀杆3在弹簧作用下关闭a腔油道，此时回油管路与Ⅱ腔油流切断并建立背压，油缸运动停止。

C 单向阻尼阀

单向阻尼阀结构示意图如图 7-27 所示，串联在管路中使油流从一个方向上能顺利通过，而反向时则受到阻尼作用。

液压油从 *A* 油口进入，扳开阀芯 2 顺利从 *B* 油口流出；反之，液压油自 *B* 油口进入，只能从阀芯 2 的小孔流过，以限制执行元件的运动速度。

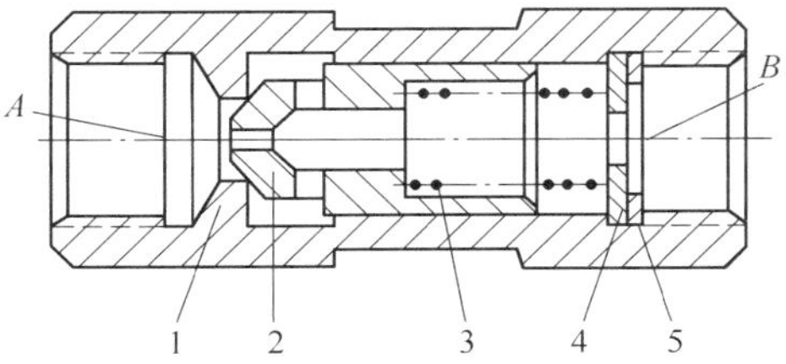

图 7-27 单向阻尼阀结构示意图
1—阀体；2—阀芯；3—弹簧；4—挡圈；5—卡簧

D 控制回路原理

拉动操纵杆，换向阀的滑阀芯处于“进”的位置，压力油分别进入平衡阀的遥控口Ⅰ和通过单向阻尼阀进入油缸的无杆腔。进入平衡阀遥控口Ⅰ的压力油推动活塞、平衡阀杆使Ⅲ、a、Ⅱ腔连通，油缸有杆腔的回油进入平衡阀Ⅲ腔穿过 a 腔，经Ⅱ腔油口、换向阀油道流回油箱，油缸伸出并逐渐举起钻架。当钻架与平台夹角处于 70°左右时，钻架向前倾倒拉着活塞杆伸出，就在这一瞬间，油缸的无杆腔和平衡阀遥控器Ⅰ腔压力均出现负压，平衡阀杆在弹簧作用下关闭 a 腔油器，油缸有杆腔回油油路切断，管内压力急剧增高，一旦压力高于 17.5MPa，液压油经远程调压阀溢流回油箱，当油缸无杆腔和平衡阀遥控器Ⅰ腔压力恢复正常，将继续举起钻架。由于管路中设置了平衡阀和远程调压阀，这样既可防止因压力急剧增高破坏油管，又可因负载突变限制油缸速度。

推动操纵杆，换向阀的滑阀芯处于“出”的位置，压力油经平衡阀Ⅰ腔穿过Ⅰ腔进入油缸有杆腔，而无杆腔的回油在单向阻尼阀作用下限制过流油量，使钻架慢慢平稳地下落。

7.2.3.6 均衡油缸子系统

当钻机施加压力或提升力时，必须保持两条加压——提升链条都处于张紧和均衡状态，采用两个均衡油缸同时伸出使两条链条的张紧力得到均衡是最简单的张紧装置。下阀组第五片换向阀是控制均衡油缸；均衡油缸子系统（见图 7-28）在其控制回路中设置了液控单向阀，溢流阀和压力表目的是确保钻孔过程均衡油缸的无杆腔内始终有一定油压，以避免链条产生松弛现象。

液控单向阀原理如图 7-29 所示。

压力油进入液控单向阀Ⅰ腔，顶开锥阀经Ⅱ腔流出，反之流动必须有压力油进入液控Ⅲ腔推动阀芯顶开锥阀，压力油自Ⅱ腔进至Ⅰ腔出。

控制回路原理：

推动操纵手柄，换向阀的滑阀芯处于“出”的位置，压力油通过换向阀经液控单向阀Ⅰ至Ⅱ腔进入油缸无杆腔，缸体和张紧链轮向下移动，达到均衡张紧加压——提升链条目的，通过压力表可读出油缸的张紧油压力，当油压力超过溢流阀调定值 4MPa 时，使其溢流，从而限制链条所受到的张紧力。

操纵手柄推力消失，滑阀芯自动处于“中”位，压力油源切断，由于液控单向阀逆止作用，油缸无杆腔、液控单向阀、压力表和连接油管之间形成一个带压力的封闭油路，以保证钻孔过程中，链条所需要的张紧力。

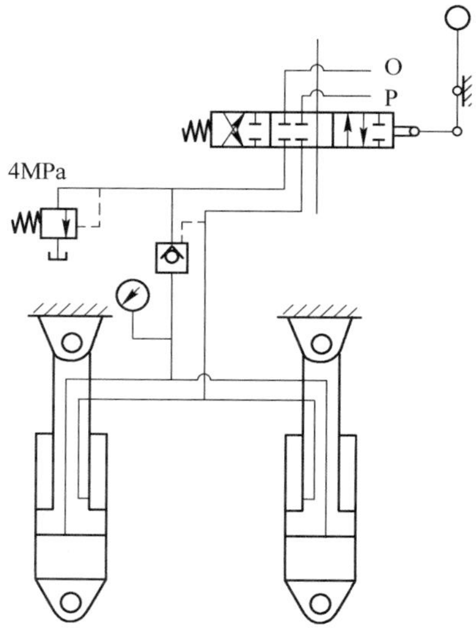

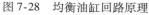

图 7-28　均衡油缸回路原理

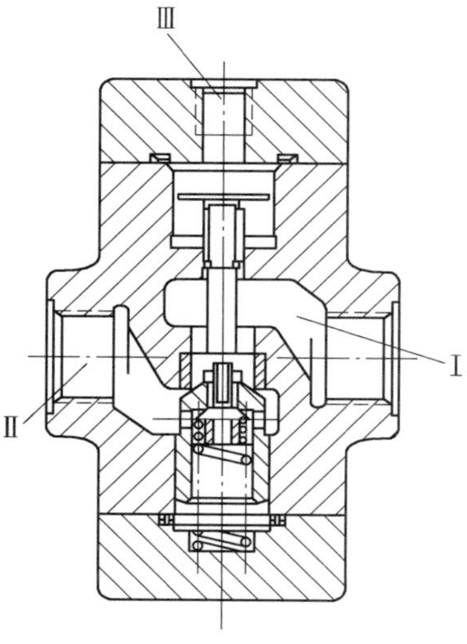

图 7-29　液控单向阀原理

拉动操纵手柄，滑阀芯处于“进”的位置，压力油分别进入油缸有杆腔和液控单向阀的遥控器Ⅲ腔，压力油作用于液控单向阀的阀芯并推动锥阀使Ⅰ、Ⅱ腔连通，油缸无杆腔内的油经自液控单向阀Ⅱ腔进、经Ⅰ腔出，换向阀流回油箱，油缸缸体和张紧链轮向上移动，链条张紧力消失。

7.2.3.7　卡头油缸子系统

当拆卸钻杆或更换钻头时，工具卡头油缸将承受较大的冲击力，为确保油缸工作可靠性，在管路中串联双向液压锁（见图 7-30）以防油缸工作时窜动。卡头油缸子系统由下阀组中的第 6 片换向阀控制。

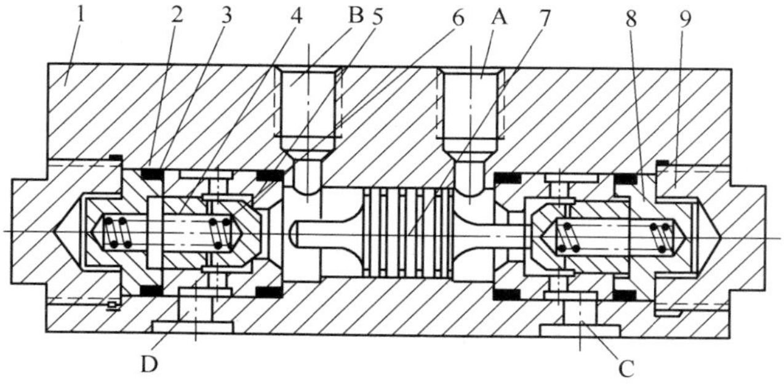

图 7-30　双向液压锁结构示意图

1—阀体；2—挡圈；3—O 形圈；4—阀芯；5—阀座；
6—弹簧；7—柱塞；8—密封压盖；9—螺丝堵

双向液压锁原理：

压力油进入双向液压锁 B 腔，推开阀芯 4 与 D 腔连通（形成压力油通道），同时又推动柱塞 7 顶开阀芯使 A、C 腔连通（形成回油通道），而油液反向流动，A、C 腔形成压力油通道，B、C 腔形成回油通道。

卡头油缸子系统控制回路原理如图 7-31 所示。

拉动操纵手柄，换向阀的滑阀芯处于“进”的位置，压力油进入双向液压锁 A 腔，分别推动阀芯 4 和柱塞 7，经 C 腔、油管流进油缸无杆腔。而有杆腔内油液沿管路经双向液压锁 D、B 腔和换向阀回油，此时两油缸同时伸出卡住钻头（或钻杆）。当滑阀芯处于“中”位时，由于双向液压锁的作用封住油缸内的液压油，避免在负荷影响下而发生窜动。推动操作阀，滑阀芯处于“出”的位置，双向液压锁 B、D 腔是压力油通道，A、C 腔是回油通道，两油缸同时缩回，松开钻头（或钻杆）

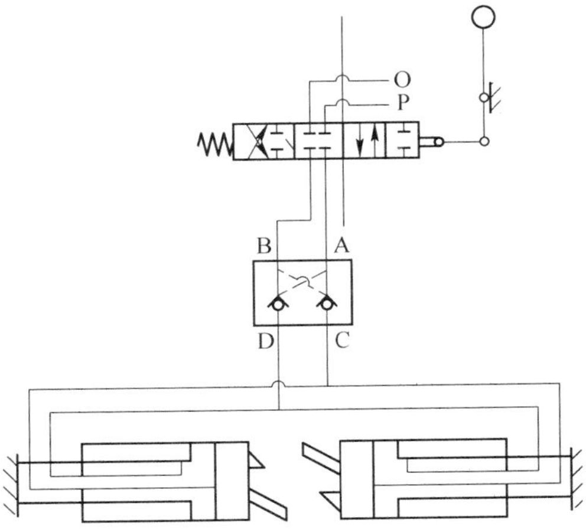

图 7-31 卡头油缸子系统控制回路原理

7.2.3.8 其他油缸控制

下阀组其他换向阀分别控制吊钳油缸、左中钻杆架油缸和扑尘油缸。这些均属标准双作用单活塞杆油缸，除扑尘油缸的管路上串联节流阀外，其他油缸管路中不设置任何控制元件。

拉动或推动操纵杆，油缸伸出或缩回，当换向阀的滑阀芯处于“中”位时，油缸则停止不动。

7.2.4 钻机的闭式液压系统

在大中型钻机的设计中，开式系统的方案有以下缺点：开式泵效率低；所需主阀数量多，价格高；系统的压力等级不会超过 35MPa，整车的爬坡性能受影响；油箱较大，占用机身体积较大；系统的元件较多，不利于维修时的排查故障。使用闭式系统的方案，不仅拥有闭式系统的优点，而且能省去主要回路的主阀的成本，相比开式系统，在大中型钻机上应用，具有很强的竞争优势。

一般来讲，全液压钻机的液压系统都为闭式系统。本节以国外某公司的全液压牙轮钻机为例对闭式液压系统予以介绍。图 7-32 为国外其牙轮钻机的闭式液压系统原理示意图。

7.2.4.1 牙轮钻机闭式系统方案的主要内容

大中型的牙轮钻机行走在恶劣环境中，对行走驱动系统提出苛刻的要求。使用两台闭式泵和两台定量马达构建双边驱动方案，最大系统压力可达到 45MPa，满足恶劣的履带行走工况需求。由于钻机在行走时不工作，工作时不行走，可以在回路中增加换向阀，切换行走工况和工作工况下的油源：第一台闭式泵在行走工况，与左行走马达构成闭式回路，驱动左行走履带；在工作工况，切换驱动回转马达，构成新的闭式回路；第二台闭式泵在行走工况驱动右行走马达，在工作工况，切换到钻杆的加压钻进和提升退回的工况，构成新的闭式回路。

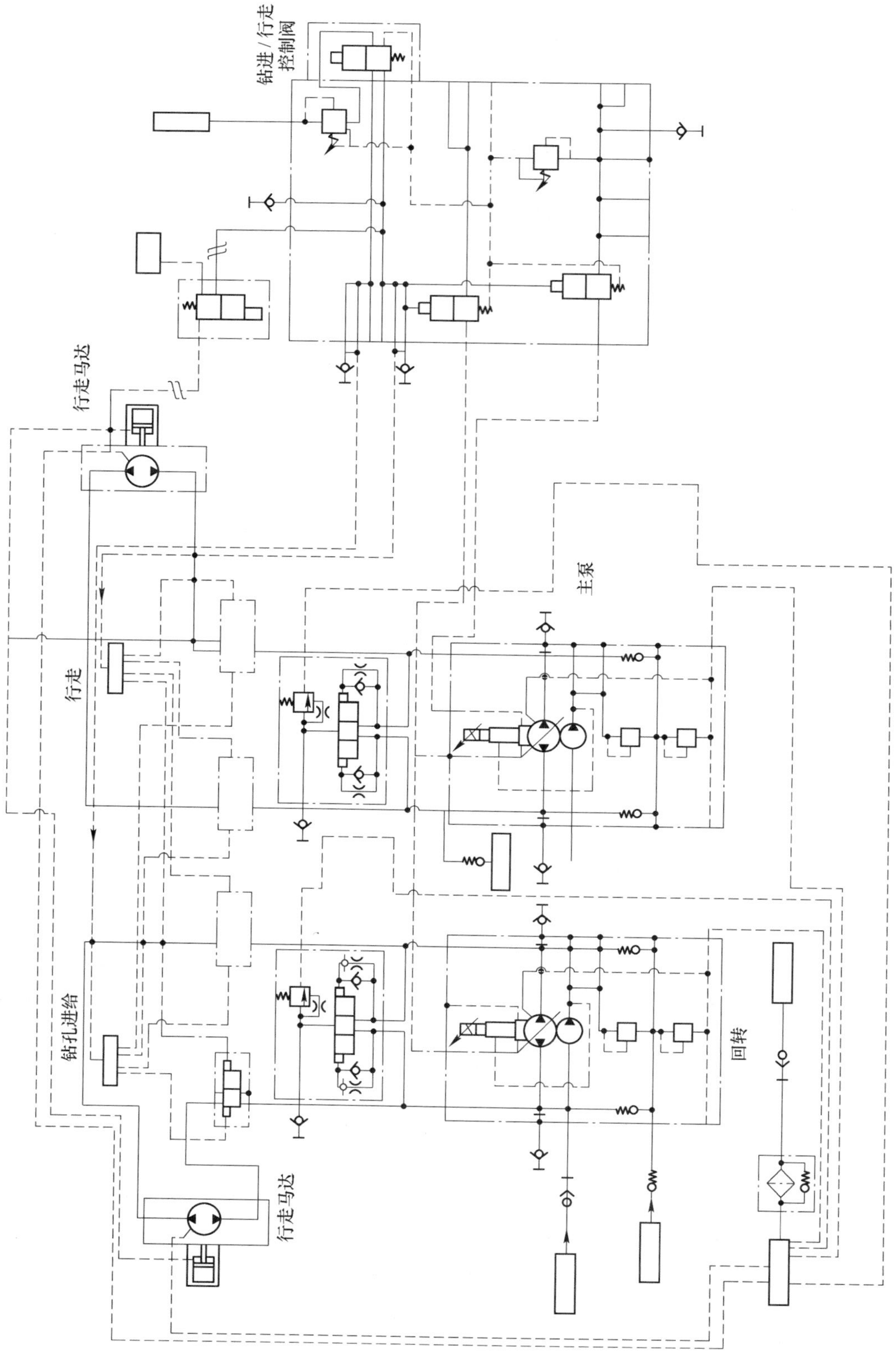

图 7-32　国外某公司牙轮钻机液压系统原理

系统中的其他辅助动作，由于所需压力不高，流量不是很大，可以通过小排量的开式泵和小流量的 PVG 阀来实现；系统的先导控制油和风扇冷却可以充分利用开式系统的油源，以便保持系统的最佳性价比。

7.2.4.2 闭式系统的牙轮钻机液压子回路

牙轮钻机闭式系统的液压子系统可分为以下四部分：驱动子系统、推进子系统、回转子系统、辅助子系统。

A 驱动子系统

使用两台闭式泵和两台插装马达（定量或变量）构建经典双边驱动系统。泵用电比例排量控制，变量马达用两位电控或液控，一般在牙轮钻机的应用中，行走不是主要的工况，可以使用定量马达来实现，缺点是最大车速较低。设定系统最大压力 45MPa，提高系统的爬坡性能。驱动子系统的液压原理如图 7-33 所示。

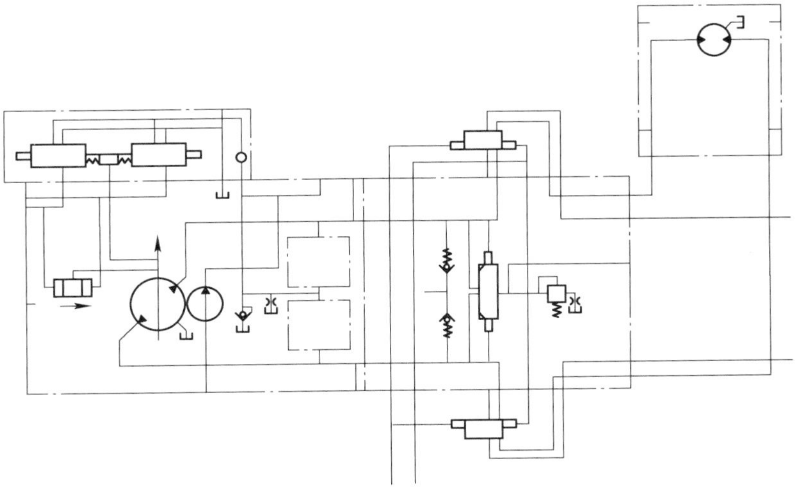

图 7-33 驱动子系统的液压原理

在闭式系统中，必须引入冲洗流量来解决系统的发热。可以在行走马达上增加冲洗阀，或者如图 7-33 所示，在系统回路里面增加冲洗阀。两种冲洗方式不要同时共存于一个回路。

B 推进子系统

在牙轮钻机的加压钻进和提升退回工况，需要使用液压缸来执行钻杆的动作。通过换向阀，将其中一台闭式泵的油源从行走工况切换到推进工况，与推进液压缸构成新的闭式系统。推进子系统液压原理如图 7-34 所示。

由闭式泵与液压缸构成的闭式系统是实现牙轮钻机方案的难点。在钻杆加压钻进和提升回退工况，无杆腔进油，有杆腔出油。

由于两腔的面积不同，流入与流出液压缸的油液体积不同，需要在有杆腔侧补充油液（补油）。在钻杆回撤工况，有杆腔进油少于无杆腔的出油，需要将无杆腔多余的油液从溢流阀排出，流回油箱。该液压缸需要带特殊平衡阀，维持低压侧的背压，避免在向下推进过程中，钻杆受重力作用而损坏钻杆钻具的现象。图 7-35 所示为阿特拉斯某机型所用的液压缸平衡阀原理。B_1、B_2口接推进液压缸的无杆腔，A_1、A_2口接有杆腔。

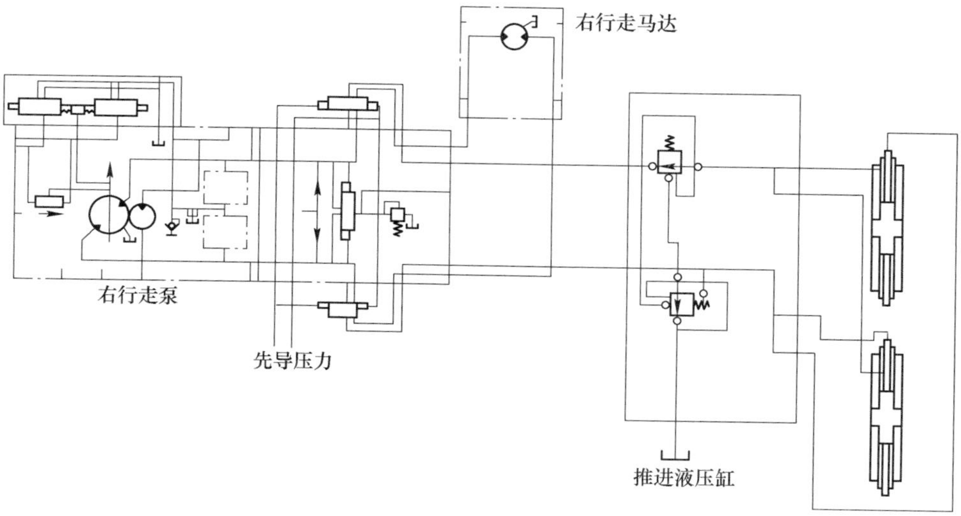

图 7-34　推进子系统原理

根据不同的钻进工况，钻杆需要增加快进的功能。一种简单实用的方式是将有杆腔流出的油，一部分引入无杆腔，实现液压缸的快速进给工况，其原理如图 7-36 所示。

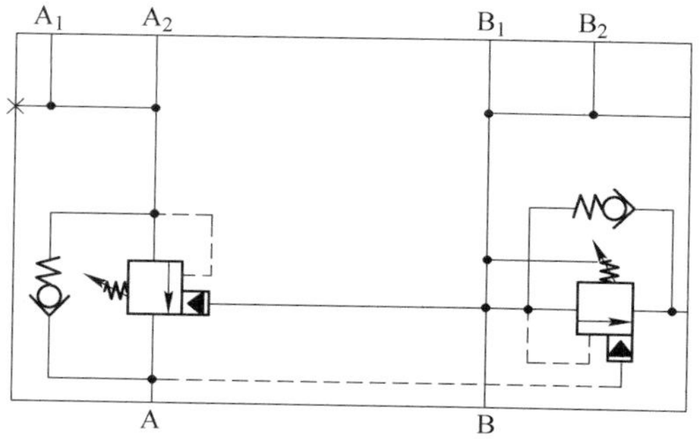

图 7-35　阿特拉斯某机型所用的液压缸平衡阀原理

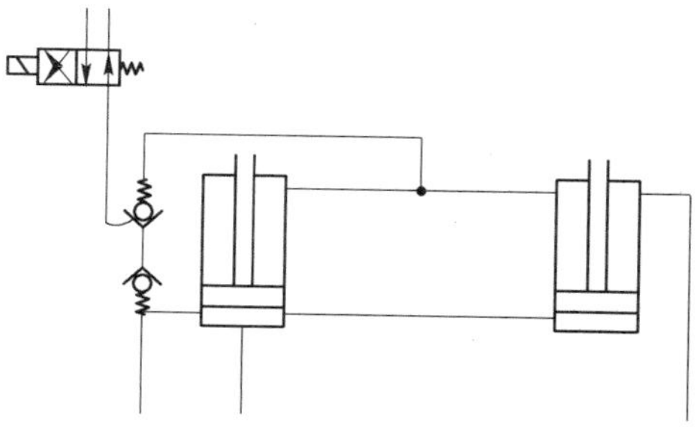

图 7-36　液压缸的快速进给工况原理图

C　回转子系统

两台马达和减速箱可以实现动力头的回转工况。回转马达所需的油源来自另一台闭式泵，与推进工况类似，需要换向阀来切换。回转子系统原理如图 7-37 所示。

D　辅助子系统

辅助功能子系统执行除旋转和钻头进给实际钻井过程以外所有相关的任务。这些任务是钻架起落、千斤顶调平操作、注水、除尘、辅助起重、装卸钻杆、油和空气冷却等。同时，还需提供主要工作回路的控制油，如换向阀的切换、刹车阀的松开等控制油路；系统所需的风扇冷却回路可以由开式泵提供，也可以独立出风扇冷却系统回路。

牙轮钻机闭式系统的辅助子系统由双联泵回路、6 路操作阀组回路和 9 路操作阀组回路构成。辅助功能子系统的部件是双联叶片泵、马达、油缸、液压阀、冷却器和过滤器等，这些组件构成了辅助功能子系统的双联叶片泵回路、6 路操作阀组回路和 9 路操作阀组回路。

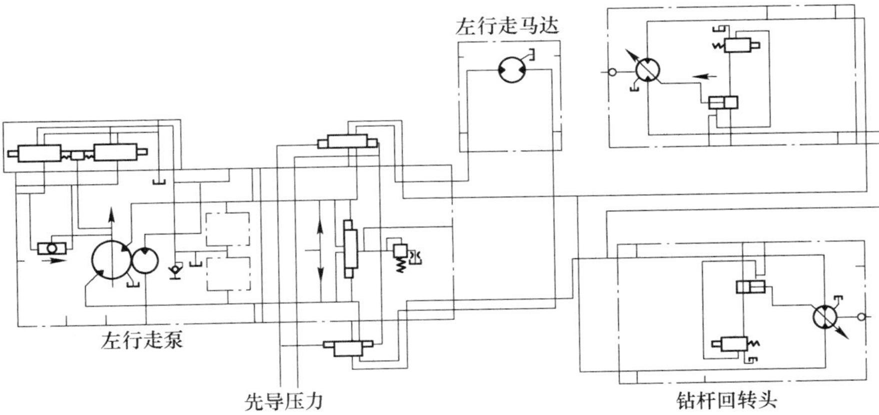

图 7-37 回转子系统原理

a 双联泵回路

双联泵是一个固定排量的叶片泵。在壳体内的两个抽吸元件有一个共同的入口和两个单独的出口，其原理如图 7-38 所示。

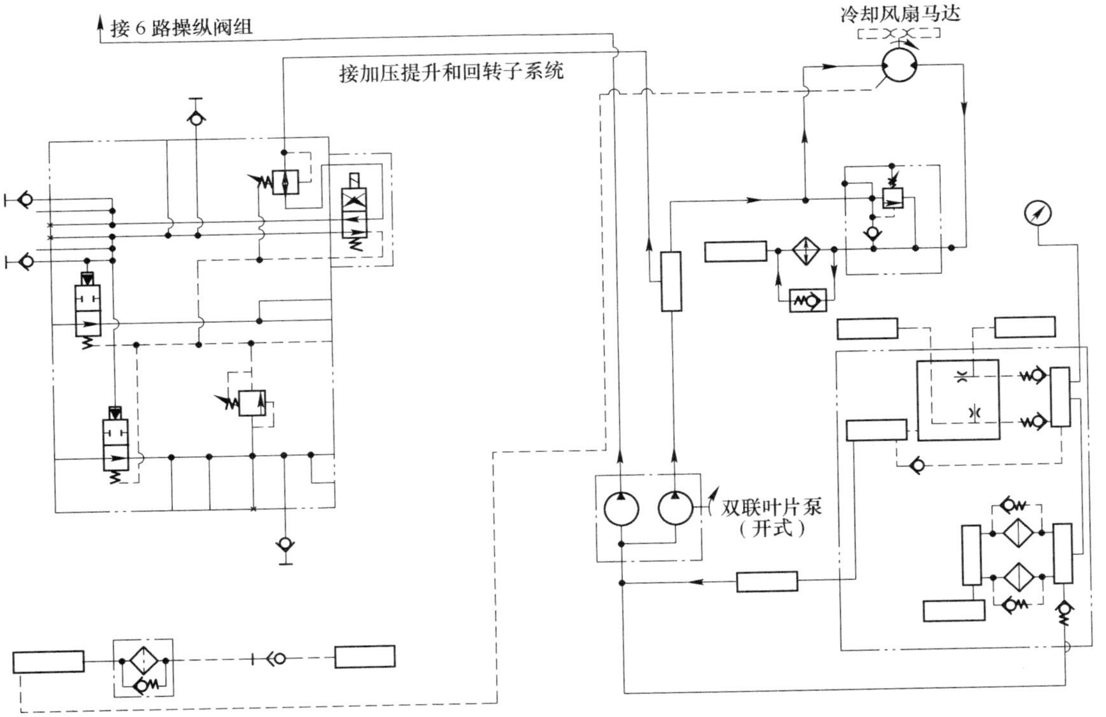

图 7-38 双联泵回路原理

双联泵的 P_1 泵为大泵、P_2 泵为小泵。

P_1 泵回路：所有液压回路液压油的供应均来自液压油箱，通过一个过滤器、一个截流阀和吸油管，双联泵的两个部分均通过进油管吸油。双联泵的每个部分为功能不同的供油回路供油。双联泵的 P_1 部分除了驱动油冷却器的风扇马达和发动机散热器的风扇马达外，还为行走、钻头进给和旋转回路，以及钻杆的支撑功能先导供油。

同时，P_1回路的液压油还被用于驱动液压马达，通过油冷却器和系统过滤器后，供应到增压总回路中的其他回路使用。

P_2泵回路：双联泵的P_2部分提供了钻机系统的其余部分的流量需求。P_2提供的液压油被送入6路操作滑阀组。当6路操作滑阀组不用油时，通过6路操作滑阀组的阀芯将液压油提供给9路滑阀组。所有的P_2回路的液压油混合以返回集管，并进入系统主过滤器，在那里它被引导到增压回路中的钻机进给、旋转和行走回路。

b　6路操纵阀回路（见图7-39）。

换向阀是借助阀芯与阀体之间的相对运动来改变连接在阀体上个油道的通断关系的阀类。而多路换向阀则是由两个以上换向阀为主体组合为一体的组合阀，用以操纵多个执行元件的运动。它可根据不同的液压系统的要求，把安全阀、溢流阀、补油阀、分流阀、制动阀、单向阀等组合在一起，所以其结构紧凑、管路简单、压力损失小、滑阀移动阻力不大，具有多位功能、寿命长、安装制造简单等优点，因此在工程机械、运输机械和其他要求操纵多个执行元件运动的行走机械中得到广泛应用。

多路换向阀有整体式和分片式（组合式）两种；按照油路连接方式，多路阀可分为并联、串联、串并联及复合油路；卸载方式有中位卸载和安全阀卸载两种方式。

6路操作滑阀组是由6个三位四通电比例换向阀构成的总成，阀组有一个共同的入口和出口。三位四通电比例换向阀集中电动操作，控制比例阀与负载感应能力和压力补偿。有单独的端口安全阀。6路操作滑阀组中各路滑阀的功能与作用见表7-3。

表7-3　6路操作滑阀组中各路滑阀的功能与作用

在阀组中的编号	控制的执行元件	主要功能与作用
1	液压马达	辅助起重
2	液压缸（2）	钻架的竖立与落下
3	液压缸	除尘器一侧（左后）千斤顶调平
4	液压缸	钻机前部千斤顶调平
5	液压缸	司机室一侧（右后）千斤顶调平
6	液压马达（2）	除尘器除尘与注水

压力补偿器决定各路换向阀能得到多少油。当它收到一个自身排出油量多少的信号后会将补偿器打开，液压油即可以自由流动。换向阀改变方向时，补偿器收到第二个信号，告知哪个工作腔收到该油量。当这个信号达到工作压力后，补偿器收到信号并立即关闭。补偿器通过节流的油量变化来响应上述两个压力信号，并精确地供给换向阀所需要操作的油量。如果并行回路中的压力高于负载需要压力，压力补偿器就会保持压差使得换向阀保持在工作压力上。

各换向阀通常是由弹簧保持在其中心（闭合）位置。阀的两端的由液压压力控制，它是通过施加电流信号，以成比例的电偏移来实现的。压力控制从入口部分接收的导入的油的压力控制接收的电信号，将它转换为比例先导压力的水平成比例的电信号。产生的压力推压它的定心弹簧阀芯移动，因此其流量与定位的压力成正比。

c　9路操纵阀回路

9路操作滑阀组的原理如图7-40所示。9路操作滑阀组与6路操作滑阀组相似，但它

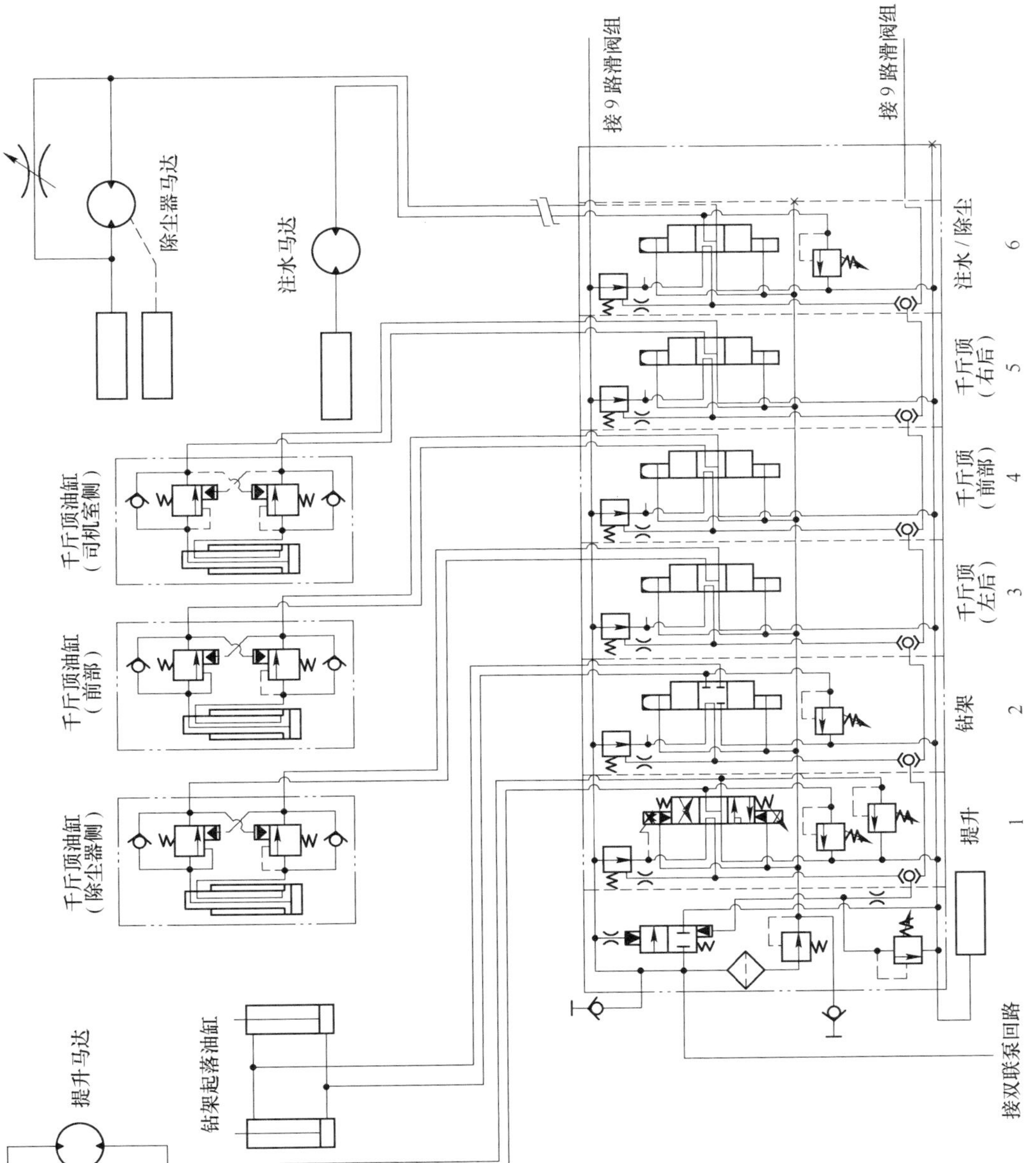

图 7-39　6路操作滑阀组原理

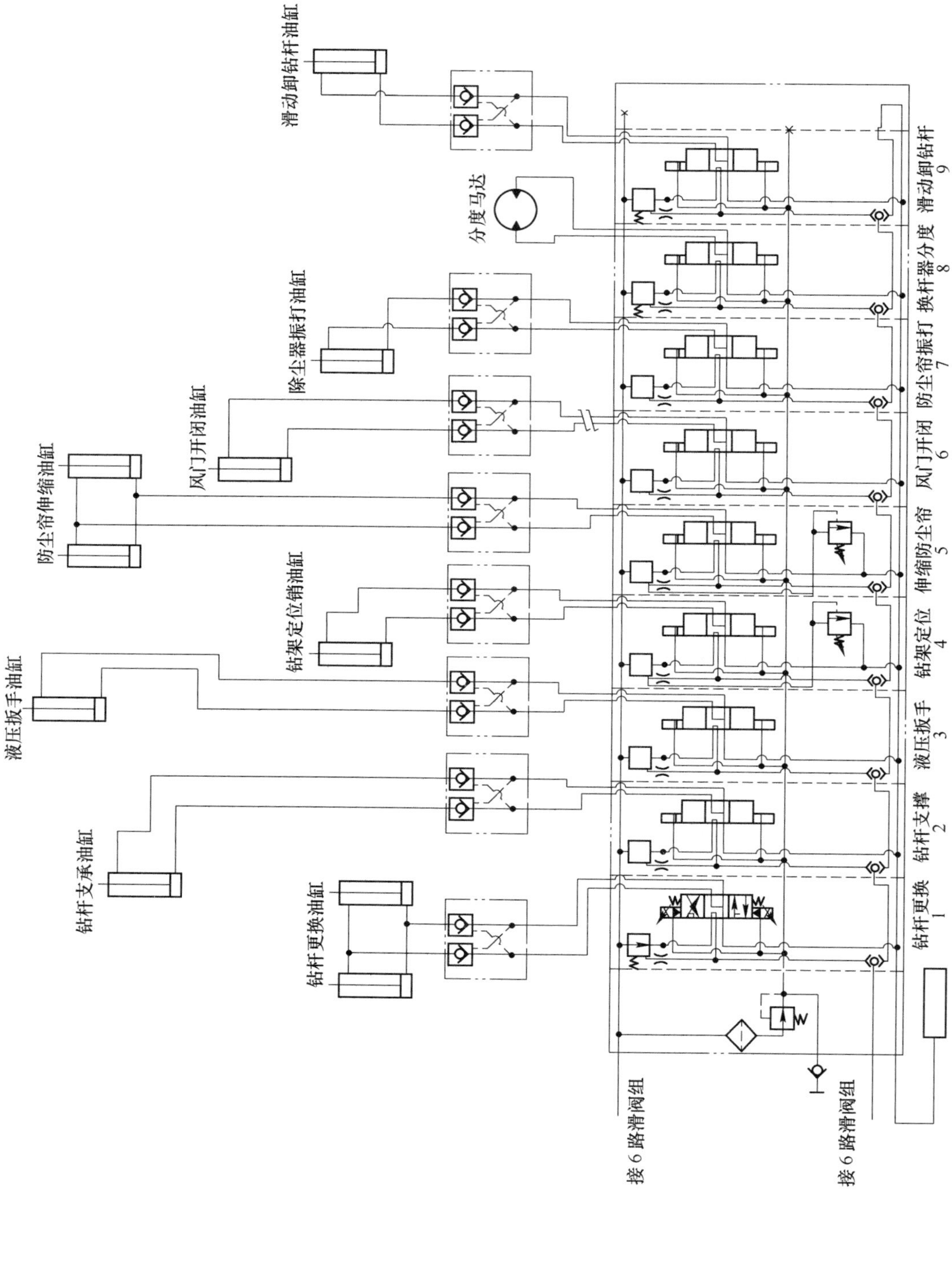

图 7-40　9 路操作滑阀组原理图

不具有入口溢流阀与安全阀。装置内的最高荷载传感信号供6柱塞阀卸载器使用，便于维持两装置内操作压力在21MPa以下。另一个不同之处是，9路操作滑阀组的限压部件不是端口安全阀。在某些9路操作滑阀组内的“普通限压器”规定了“载荷传感”压力，一台信号装置控制一段的两个工作端口。像6路操作滑阀组一样，9路操作滑阀组入口也有一个过滤器和减压阀，以实现其电液控制。9路操作滑阀组中各路滑阀的功能与作用见表7-4。

表7-4 9路操作滑阀组中各路滑阀的功能与作用

在阀组中的编号	控制的执行元件	主要功能与作用
1	液压缸（2）	圆盘式钻杆更换装置中钻杆的更换
2	液压缸	角度钻孔时钻杆的支撑
3	液压缸	用于钻杆更换的液压扳手
4	液压缸	角度钻孔时钻架角度调整的定位
5	液压缸（2）	除尘器防尘帘的伸缩调整
6	液压缸	空压机通往排渣风道的开启与关闭（用于高压机型）
7	液压缸	除尘器布袋灰尘消除的振打
8	液压马达	圆盘式钻杆更换装置的分度
9	液压缸	装卸钻杆的叉型卡爪的滑动

d 回转操作

供给6路操作滑阀组和9路操作滑阀组的油在阀回路中使用，来执行油缸和马达操作。

多路操作滑阀组是压力补偿、载荷传感部件。其操作不同于常规的多路操作滑阀组，是因为泵的工作压力不由最低载荷决定。在常规系统里，操作另一个有较低流阻的滑阀组能够中断油流向高载荷马达或油缸。此外载荷传感阀将尝试在同一时间满足重载荷和轻载荷的要求。为了达到这个目的，使用一个滑阀组压力补偿器限制轻载荷的流量来弥补工作压力的差值。阀装置唯一不能满足所有载荷要求的情况是：所有启动多路滑阀组所需的总流量超过了可使用的泵流量时。

油在使用之后，返回到回流集管。单一的换向阀由操作者控制比例或开/关电控器启动。比例控制器能精确定位多路滑阀组，也能调整最大油流值来限制单一换向阀的最大流量值。

7.2.4.3 远程调压控制

在钻机的工作工况，钻杆的回转和推进的动作对系统压力提出了一定的要求。在回转工况，如果系统压力过高，遇到卡钻层，很容易让钻头或钻具损坏；在推进工况，如果推进压力过高，也易使钻具损坏。另外，钻杆的回转和推进使用的是行走的泵，该泵在行走工况系统压力设定较高，在工作工况必须调整系统的最高压力。所以，在闭式系统中，加入远程调压阀，满足钻机的实际工作需求。同时，在该远程调压阀前，应增加2位2通阀，在行走工况时，该阀切断远程调压阀的控制。远程调压控制原理如图7-41所示。

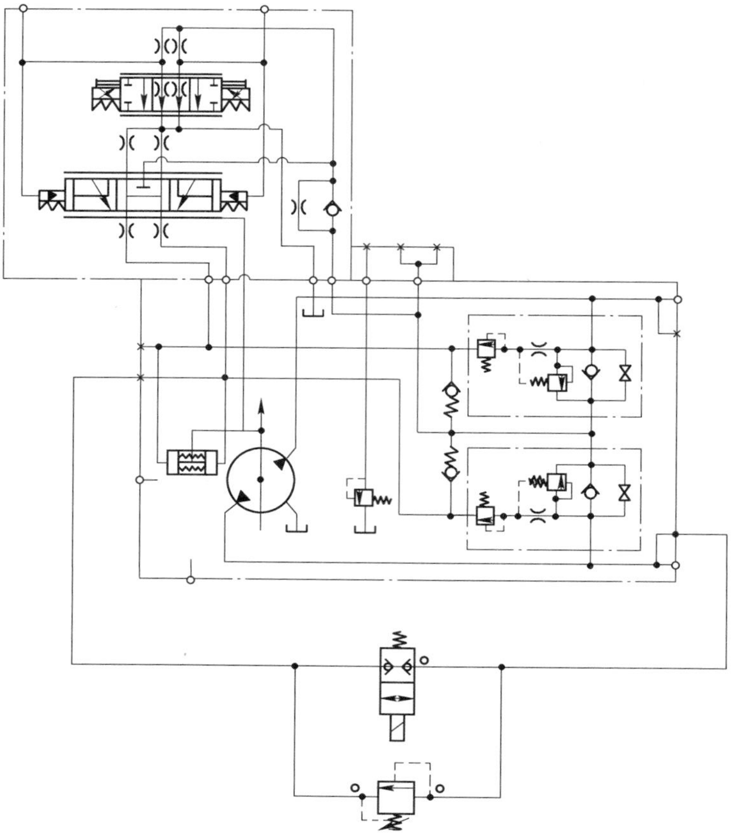

图 7-41　远程调压控制原理图

要理解远程遥控的原理，还需了解先导式溢流阀的结构。先导式溢流阀的主阀芯两端都通高压油，但在两端之间有个阻尼孔，远程溢流阀接在阻尼孔的下游那一端，当系统压力达到远程阀的压力时，它开始溢流，阻尼孔两端产生压差，这个压差反馈到主阀芯两端，当压差大于主阀芯的弹簧力时，主阀芯打开溢流。

远程调压阀实际上是一个独立的压力先导阀，旁接在先导溢流阀遥控口起远程调压作用，其调定压力必须低于先导阀的调定压力。无论哪个起作用，泵的溢流量始终经由主阀阀口返回油箱。

7.3　气控系统

7.3.1　气动及其系统组成

气动是气压传动及控制的简称，也称为气动技术。它是以压缩空气为动力源来驱动和控制各种机械设备的一种技术。它主要包含两方面的内容：气压传动和气动控制。它与液压传动和控制是同一科学，两者统称为流体传动和控制。气动以压缩空气作为传递动力和信号的介质，通过汽缸和气马达得到工作机所需要的直线运动和回转运动。作为一种控制技术，气动控制系统可以利用各种气动控制元件组成控制回路或装置以达到生产过程中自动控制的目的。

7.3.1.1 气动系统的组成

气动系统中往往总是包含着传动与控制两部分，一般包括：

(1) 气压发生装置，即获得压缩空气的装置，如空气压缩机。

(2) 气动执行元件，以压缩空气为工作介质产生机械运动的装置，如做直线运动的汽缸或做回转气动的气马达。

(3) 气动控制元件，通过它能改变工作介质的压力、流量或流动方向来实现执行元件所规定的运动，如各种压力、流量、方向控制阀。

(4) 气动传感元件，受气压作用并将转换电信号，如压力控制器。

(5) 气动辅件，为压缩空气的净化、元件的润滑、元件间的连接等所需要的辅助装置。

7.3.1.2 气压传动的优点

由于气动具有一些独特的优点，故能得到广泛的应用。其主要特点有：

(1) 以空气为工作介质获得比较容易，工作压力较低（一般在 0.3 ~ 0.8MPa），便于实现过载自动保护，用后的空气排入大气中，处理方便，不会对环境产生污染。

(2) 工作环境适应性好，特别在易燃、易爆、多尘埃、振动等恶劣环境下安全、可靠地进行正常工作。

(3) 便于集中供应、远距离输送、维护简单、管道不易堵塞，不存在介质变质、更换、补充的问题。

(4) 气动元件易于通用化、标准化和系列化，便于推广应用。

7.3.1.3 气压传动的缺点

与其他技术相比，气压传动也存在以下缺点：

(1) 气动元件的信号传递速度比电子慢。

(2) 由于空气具有可压缩性，难以得到固定不变的速度。

(3) 气压传动效率较低、工作压力低，故气压装置总推力一般不可能很大。

7.3.2 YZ 系列钻机的气动控制系统

与全液压钻机不同，YZ 系列现有的牙轮钻机采用的是气控、液压、电气联合控制系统。气控系统采用薄膜汽缸，动作灵敏、可靠；液压系统采用手柄与按钮操作，可靠性高；电气系统采用集中按钮操作，方便自如。三种控制系统之间设有连锁联动机构，动作安全、准确。

YZ 系列牙轮钻机气动控制系统原理如图 7-42 所示。为便于介绍，下面将对系统内各气动控制回路的工作原理分别进行叙述。

YZ 系列牙轮钻机的气控系统主要由气压发生装置（气泵站）、气动执行元件（薄膜汽缸）、气动控制元件（相关气动阀）和辅助装置等部分构成。气控系统的具体构成及功能见表 7-5。

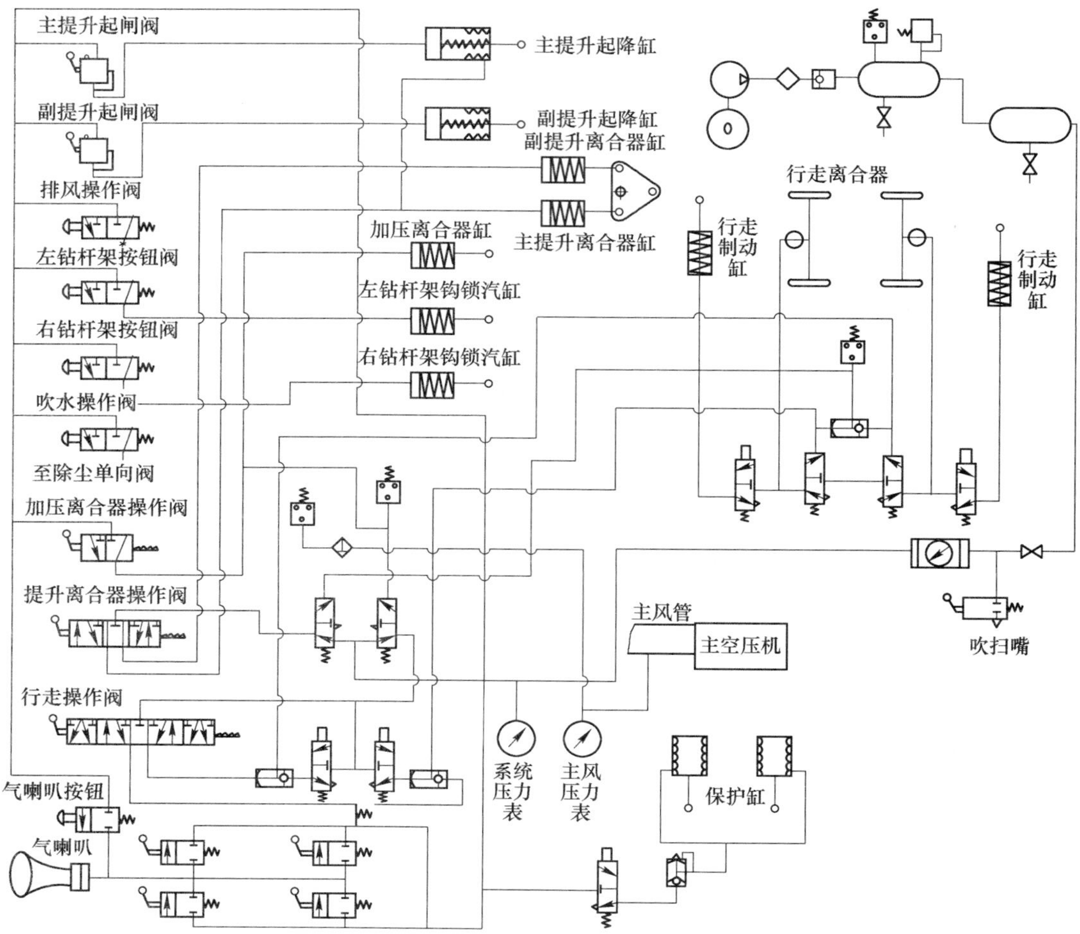

图 7-42　YZ 系列牙轮钻机气动控制系统原理

表 7-5　YZ 系列牙轮钻机气控系统构成及功能

控制对象	系 统 功 能	主要构成内容
泵　站	为系统提供气源	辅助空压机、机械卸荷阀、防冻器、单向阀、风包
主、副提升制动器	钻机提升轴的制动	手动操纵阀、电磁气阀、薄膜汽缸
提升离合器	提升轴离合器的闭合与脱开	手动操纵阀、活塞汽缸、气动二位三通阀
加压离合器	加压轴离合器的闭合与脱开	手动三位四通阀、薄膜汽缸、气电开关
行走气胎离合器	左右履带的行走与制动	手动操纵阀、电磁气阀、气胎离合器、薄膜汽缸等
主风压	主风压的供风与停风	手动操纵阀、吸排气阀、汽缸、电磁阀、油雾器等
钻杆架	左右钻杆架的锁定与打开	手动操纵阀、薄膜汽缸
气喇叭	气喇叭的开启与关闭	滤清器、减压阀、油雾器、电磁气阀、卸荷阀
除尘器	湿式除尘器注水	滤清器、减压阀、油雾器、电磁气阀
钻　杆	吹除钻杆内积存的余水	手动操纵阀、辅助风压表、滤清器、吹扫气嘴

7.3.3 YZ 系列钻机的气动系统的主要回路的工作原理

YZ 系列钻机气控系统中各主要回路的工作原理如下。

7.3.3.1 辅助空压机站

辅助空压机站的活塞式空压机由一台功率为 7.5kW 的交流电动机带动，空压机有机械卸荷阀，保证空载启动空压机。空压机和风包之间有酒精防冻器和单向阀，防冻器供冬季防冻用，单向阀把空压机与风包隔开。风包是一个储能器，也可分离压气中的油和水，在空压机运转充气的时候可以减少压力波动幅度，风包上有压力开关、安全阀和放水阀，压力开关的调整值为 588 ~ 784kPa。辅助空压机站的工作原理如图 7-43 所示。

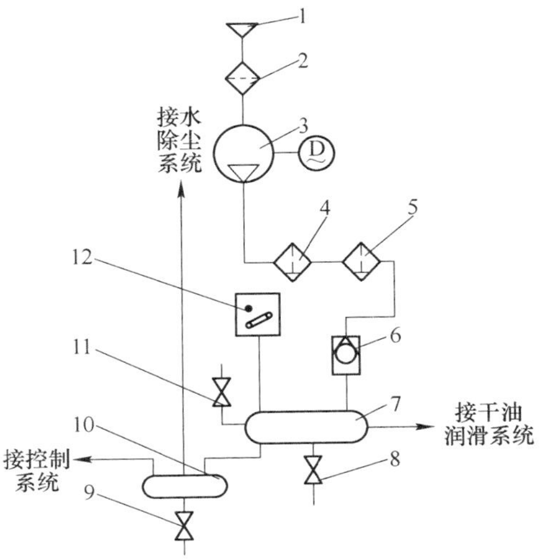

图 7-43 辅助空压机站的工作原理

1，2—空气过滤装置；3—电动机与空压机；4—分水滤清器；5—防冻器；6—单向阀；7—大风包；8，9—截止阀；10—小风包；11—安全阀；12—压力调节器

空气通过过滤器进入空压机，经两级压缩后排出压气由管路经防冻器、单向阀进到风包。防冻器用于寒冬季节加注酒精随气流进入系统，融解管路中的冰冻，单向阀用于防止压气倒流。每当空压机停止运转时，装在空压机内的卸荷阀打开，使空压机内及空压机到单向阀的管路内的压气排除，确保空压机空载启动。由风包输出的压气分两路；一路由管路通到压力控制器和压力表，以便控制空压机启停，压力控制器整定值 0.85 ~ 1MPa。另一条管路与球阀连接进入系统。辅助泵站有大、小两个风包，气控系统的压气均来自小风包，一路为控制系统供风，另一路为除尘器和钻杆供风。大风包的压气仅用于干油润滑系统。

7.3.3.2 除尘、吹水控制回路

（1）除尘控制回路。钻机采用湿式除尘系统来消除矿渣灰尘飞扬。钻机作业前，主空压机启动，主风管的压气建立，通过管路气压经压力表、分水过滤器进入压力控制器。压力控制器发出电信号使电磁换向阀打开，来自风包的气压经油雾器、减压阀、电磁换向阀进入水箱内的静压筒。静压筒内的水在气压作用下，沿管路经过滤器、单向阀、水量阀、水量显示器进入钻杆，与来自主空压机的压风混合成雾状达到除尘的目的。

（2）吹水控制回路。寒冬季节钻机停止作业，若不及时排除钻杆内积存的余水，冰冻后势必要影响设备正常工作，按下吹水手动阀，气压经单向阀、水量阀、水量显示器进入钻杆，吹尽钻杆内的余水。

7.3.3.3 主风压系统控制回路

来自系统的气压经主风阀分别进入吸气阀、给气阀以及旁通阀的汽缸控制主风压系统“供风”或“停风”（详见 7.5 节的主风压系统部分）。

7.3.3.4　提升轴制动控制回路

（1）主提升轴制动控制回路。提升轴的制动既可以通过汽缸由气压制动，也可以由汽缸内的主弹簧实现制动。当按下总控制“启动”按钮时，电磁阀打开，气压进入制动汽缸的前腔压腔主弹簧。这时，因为主提升操作阀的手柄处于“制动”位置，所以气压也通过主提升操作阀沿管路进入到汽缸的后腔，因此实现气压制动；当主提升操作阀的手柄扳到松闸时，汽缸后腔的气压从操作阀排入大气，但汽缸前腔仍充有气压，因而制动器松闸，若按下总控制“停止”按钮，或一旦停电时，电磁阀即关闭，汽缸前腔的气压通过电磁阀排入大气，实现弹簧制动。

（2）辅助卷筒制动控制回路。辅助卷筒制动器的动作原理和主提升制动器完全相同。扳动副提升手动阀的手柄，即可由制动汽缸实现辅助卷筒的松闸和制动。

7.3.3.5　加压离合器控制回路

当把操作阀的手柄扳到“合”的位置时，管路气压有三条通路：一路沿着管路进入加压离合器的控制汽缸，使离合器合上；另一路进到压力控制器，将提升-行走电机的电路切断，使提升-行走电机不能启动；再一路是通到气控换向阀，把行走操作阀的气源切断，使气压不能进入操作阀和行走离合器，从而防止油马达带动行走。

若把阀扳到“分”的位置，则汽缸、压力控制器，气控换向阀的气压经管路通过操作阀排入大气，这时，由于汽缸弹簧的作用，使离合器复位，而提升-行走电机和行走操作即可进行工作。

7.3.3.6　行走气胎离合器和制动装置控制回路

当加压离合操作阀的手柄处于“分”的位置时，因气控换向阀的控制管内没有气压而复位，接通行走操作阀的气源。扳动行走操作阀的手柄使气压沿管路经梭阀和管路进入气控换向阀的控制口使阀关闭，切断主副提升离合操作阀的气源。使主副提升的离合器不能接合，因而钻机在行走时不能提升。另一种气压沿管路进入气控换向阀的控制口使阀打开接通气压，经气控换向阀进入行走制动汽缸，使制动闸带松开，气压进入气胎离合器使离合器接合，于是钻机即可直线行走或转弯。

电磁换向阀作为安全保护装置，在钻机行走过程中，一旦停电，电磁阀断电打开，行走制动汽缸的气压经电磁阀排入大气，闸带在弹簧作用下实现制动。

此外，钻机还设有车下行走操纵装置，通过操纵电磁阀实现钻机行走。当两个电磁换向阀同时接通气压时，钻机直线行走；如果仅操纵一个电磁阀，钻机则转弯。

无论在司机室内或司机室外操纵钻机行走时，只要通往行走气胎离合器的管路被接通，气压经梭阀进入压力控制器并发出信号，电磁阀控制风动干油泵的风动马达便与气压接通，从而把润滑油脂送至各润滑点，实现自动润滑。

7.3.3.7　提升离合器控制回路

当行走手动阀处于中间位置时，气控换向阀的控制口内压力消失阀复位，接通主副提升离合器手动阀的气源。扳动手动阀的手柄至“主提升”位置时，气压进入到主提升离合器汽缸，使离合器与主提升轴上的齿轮啮合。若扳动手动阀的手柄至“副提升”位置，气压便进入辅助卷筒离合器汽缸，使离合器与辅助卷筒啮合；如果手动阀的手柄处于中间位，则汽缸的气压经手动阀排入大气，在弹簧作用下，离合器处于中位。

7.3.3.8 左、右钻杆架锁钩控制回路

用手按下按钮手动阀管路气压接通，进入锁钩汽缸，将锁钩装置打开，这时通过钻杆架油缸就可将钻杆架移至钻孔中心位置。若放开手动阀的按钮，管路气压切断，汽缸及管路中的气压通过手动阀排入大气，于是锁钩装置复位。

7.3.4 对气控系统的连锁要求

对气控系统的连锁要求如下：

(1) 加压时不允许提升和行走。当加压离合器操纵手柄推至“合”位时，此时管路通压气，则压力继电器常闭接点断开，提升行走电机电路切断，不能电力提升和行走；气动操纵阀切断行走操纵阀气源管路，不能实现任何形式的行走。

(2) 行走时不能加压和提升。当行走手动操纵阀手柄推离“中间”位置后，压气沿管路经两个梭阀，使气动操纵阀切断提升离合器手动操纵阀的气源管路，提升离合器只能处于中间位置，不能实现提升或加压，另外还有上述的气电连锁。

(3) 停电时实现提升制动。停电后提升电磁阀断电，切断主、副提升抱闸控制气路使抱闸汽缸排气，主弹簧使抱闸制动。主、副提升抱闸气路中各有一个导气阀，它们由提升离合器控制中的机械碰撞换向，也就是说，只有主提升离合器已合上，才能操作手柄打开主提升抱闸，进行提升和下放回转小车。对副提升也是如此。

(4) 停电时实现行走制动。两个行走电磁阀分别控制左、右行走抱闸汽缸气路。停电后，它们分别切断左、右行走抱闸气路，左、右行走抱闸实现制动。

(5) 只有钻杆架钩锁打开才能操纵钻杆架油缸。它由气控顺序阀来控制气控油阀而达到气液连锁操作。

7.4 润滑系统

采取润滑措施是因为摩擦存在于相对运动副中。一般来讲，在摩擦副之间加入某种物质，用来控制摩擦、降低磨损，以达到延长使用寿命的措施称为润滑。能起到减小接触面间的摩擦阻力的物质称为润滑剂。

润滑对机械设备的正常运转起着主要的作用，主要是降低摩擦系数、减少磨损、降低温度、防止腐蚀保护金属表面和密封作用。

7.4.1 牙轮钻机的润滑方法和润滑油脂种类

牙轮钻机的润滑方法和润滑油脂种类如下：

(1) 稀油集中润滑。稀油集中手控润滑系统由一个气动稀油泵供油，由卸荷阀、安全阀、压力开关、电磁阀、单阀给油器、可调节流阀、喷油嘴等共同组成。稀油集中润滑的对象分别为两条加压提升链条和六条行走链条，两部分的转换是由气电压力开关来实现的。稀油集中润滑在 YZ-35、YZ-55 钻机的链条润滑中都有应用。

(2) 干油集中润滑。干油集中润滑的部位有履带总成中的托轮、张紧轮及主动轮；第

一、第二行走中间轴上的轴承或轴套；提升离合器的拨叉环、平衡梁的中间销轴、调平千斤顶导套采用气动干油泵的间接润滑系统。油筒冬天加1号压延机润滑脂、夏天加2号压延机润滑脂。

（3）溅油与油池润滑。活塞式辅助空压机采用此法润滑。曲轴箱冬天加13号空压机油、夏天加19号空压机油。

（4）油雾润滑。干油泵的气马达、主空压机吸气、排气的控制阀用此法润滑。向油雾器中加空压机油。

（5）油池润滑。回转减速箱和主机构减速箱用此法。减速箱中冬天加20号机油、夏天加30号机油。

（6）干油枪手工加油润滑。润滑注油的部位有钻架上的链轮、钻杆架上下摇臂、液压卡头、捕尘罩绳轮、回转机构、提升主轴、承架油缸销轴、吊钳等各部位油嘴。冬天加1号压延机润滑脂、夏天加2号压延机润滑脂。

（7）油壶手工加油润滑。一个油壶给各机构的活动关节、链条、钢丝绳等上油（10号机械油），另一个油壶给油雾器及主空压机集中润滑的真空瓶中补油（空压机油）。

（8）毛刷手工加油润滑。给钻机上的加压齿条及钻杆接头刷石墨钙基润滑脂。

7.4.2 牙轮钻机的干油集中润滑

牙轮钻机在工作过程中要受到重载荷和冲击载荷的作用，粉尘的污染也很严重，作业条件十分恶劣。因此，重视润滑工作是保证钻机正常运转、减少检修时间、延长设备寿命的主要途径之一。

牙轮钻机采用单管线供脂集中自动干油润滑系统。单管线集中自动润滑的特点是、管路简化、结构紧凑、体积小；在钻机工作过程中，各润滑点的润滑是自动进行的，润滑可靠，注油量可以通过注油器进行调节，而且安装维护、检修也十分方便。牙轮钻机的集中自动干油润滑系统原理如图7-44所示。

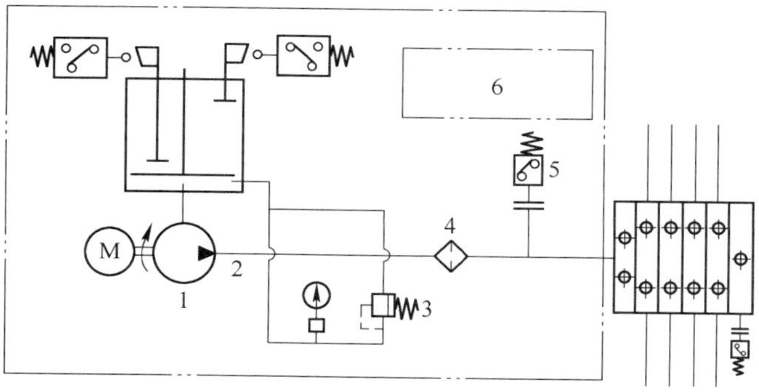

图7-44 牙轮钻机集中自动干油润滑系统原理
1—电动润滑泵；2—干油输送管；3—溢流阀；4—干油过滤器；5—压力继电器；6—电控箱

7.4.2.1 YZ钻机干油集中润滑系统的构成与工作原理

YZ系列牙轮钻机的干油集中润滑系统由一个气动泵供油，系统由卸荷阀、安全阀、压力开关、电磁阀、单向阀、单阀给油器等共同组成，对车上和车下两大部分进行干油集中自动润滑，车上和车下自动润滑的转换是由气电压力开关通过电器转换来控制电磁阀实现的。其系统构成如图7-45所示。

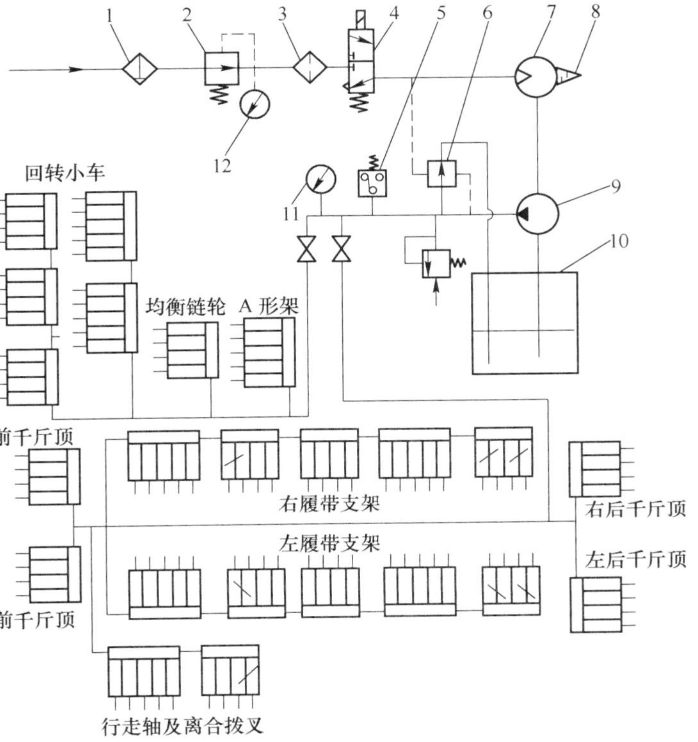

图7-45 YZ系列牙轮钻机干油集中润滑系统构成

1—滤清器；2—调压阀；3—油雾器；4—二位三通电磁气阀；5—压力继电器；6—溢流阀；7—风马达；8—消声器；9—干油泵；10—干油箱；11，12—压力表

YZ系列牙轮钻机的干油集中润滑系统的工作原理是：动力源为气动马达带动往复运动，干油泵把干油送到各单给油器，通过给油器给各润滑点注入定量干油。当钻机行走时，行走操作气路中充满压气，气电开关合上，电磁气阀的线圈通电动作，气功马达带动干油泵工作，油泵中的油压逐渐上升，压力油顶开给油器中的活塞，打通油路进入定量腔，待所有给油器定量腔全部储满油后，油路中的油压继续上升，当达到系统中压力开关的整定值时，卸荷阀打开，管中的高压油卸回油箱，给油器中定量干油在弹簧力作用下，从定量腔进入给油腔，当进行下一循环时，给油腔中的定量干油被注到润滑部位。

气动马达的工作压力为440～588kPa，气源来自辅助空压机，系统中压力开关动作压力为10.8～11.76MPa，自动润滑周期为3～6min；另外设有手动强制给油按钮，可以随时进行人工注油。

7.4.2.2 风动干油泵的工作原理

干油集中润滑系统的风动干油泵是以压缩空气驱动的往复式柱塞泵，利用活塞上下端面积差，而获得高压流体输出，活塞驱动气体端是低压、大面积，液体活塞端因面积小而获得高压。液体输出压力取决于活塞两端面积比及驱动气体的压力。活塞两端面积比定义为泵的比率，并标示在泵的型号中。在泵的压力范围内，调节压力调节器从而调节输入气压，输出液压相应得到无级调整。

风动干油泵用于输送高黏度润滑脂，最高黏度可达一百万厘泊；具有优良的防爆性能，体积小、重量轻、安装简单、维护方便。通过调整供气压力，可以调整泵的输出压力和流量，并具有在一定的压力负载下自动停机的功能；不同的出口压力及扬程要求可选择不同压力比的柱塞泵，轻而易举满足生产工艺的要求；通过配置不同长度的进油泵管，可以适合高低不同的油脂桶；泵的输出压力可达 49MPa 以上，实现远距离集中供油。

风动干油泵工作原理：当连接风动干油泵的风流进风管接通时，压缩空气经溢流阀上端的三通接头分成两路：一路经风马达供风管进入风马达带动活塞往复运动，并通过活塞连接杆带动柱塞油泵的柱塞完成吸油和压油动作，经供油管向系统供送压力油脂；另一路压缩空气经溢流阀上腔关闭针阀，使油泵压出的油脂只供送系统，而不经针阀返回油筒。

当系统所有注油器动作完毕后，主管路的压力逐渐升高，当升高到某一预定值时，压力控制器发出信号切断风动干油泵的气源，油泵停止工作，同时溢流阀中的针阀因气压消失而在油压作用下打开。系统主油管的压力油脂经供油管、溢流阀内的针阀、溢油管返回油筒。

7.4.2.3　风动干油泵主要元件的结构

风动干油泵是以压缩空气为动力的柱塞式干油泵，风动马达和油泵连成一体，油泵插在装有润滑脂的油筒里，润滑脂上被随动盖压载。风动干油泵由风马达、柱塞油泵、溢流阀、油筒等主要部件组成，如图 7-46 所示。下面分别介绍风动干油泵主要元件的结构。

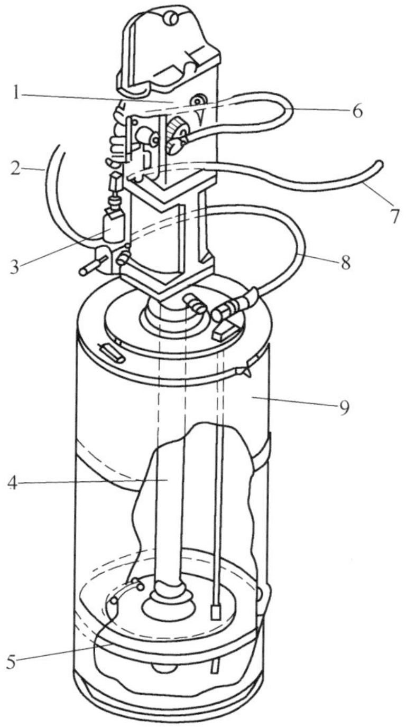

图 7-46　风动干油泵结构示意图

1—风动马达；2—供油管；3—溢流阀；4—柱塞油泵；5—随动盖；6—风动马达供风管；7—进气管；8—溢油管；9—油筒

A　风动马达

风马达的结构分为两部分：工作机构和配气机构。工作机构包括汽缸、活塞和活塞杆等，配气机构包括配气板、配气塞、先导阀和配气阀等。

B　柱塞油泵

柱塞油泵结构示意图如图 7-47 所示。其工作原理如下：

风动马达的活塞杆与柱塞 4 连接，当风动马达的活塞上行时，拉动 3 个柱塞一起上行。由于柱塞 7 的直径比柱塞 12 的直径大，在压油腔内产生负压，在压差作用下两逆止球关闭，逆止阀打开，吸油塞将润滑脂带入压油腔内。当风动马达下行时，风动马达的活塞杆推动3个柱塞一起下移，逆止阀10关闭，压油腔内形成正压润滑脂沿柱塞7的内油道顶开逆止球进入排油腔，在油脂压力作用顶开逆止球，经溢流阀排至系统主管路，与此同时吸油腔形成负压，油筒内的润滑脂经油孔进入吸油腔，为下次上行作准备。

C 注油器

润滑系统采用单线注油器，用以注送黏度较小的润滑脂，其结构示意图如图7-48所示。在该图中，注油器分为正常位置（见图7-48a）、储油和排油位置（见图7-48b）、储油和排油结束位置（见图7-48c）、排油室充油位置（见图7-48d）四种位置。

正常位置：当注油器的活塞处于正常位置时（非工作状态），排油室中充满前一循环的润滑脂。在油泵供送的润滑脂的推动下，滑阀已接近打开通往活塞上方的储油室的通道。

储油和排油位置：当滑阀在油泵供送压力润滑脂作用下移动到打开通道位置时，润滑脂经通道进入活塞的储油室，这时排油室里的润滑脂被活塞压出排油口。

储油和排油结束位置：当活塞的行程结束时，滑阀被推过通道，切断润滑脂通往储油室的通道。这时，活塞和滑阀仍然保持在这个位置，直到将润滑脂挤进供油管。系统中所有的注油器完成该动作后，主管路内的压力升高到调定值，切断风马达气源，油泵停止工作。

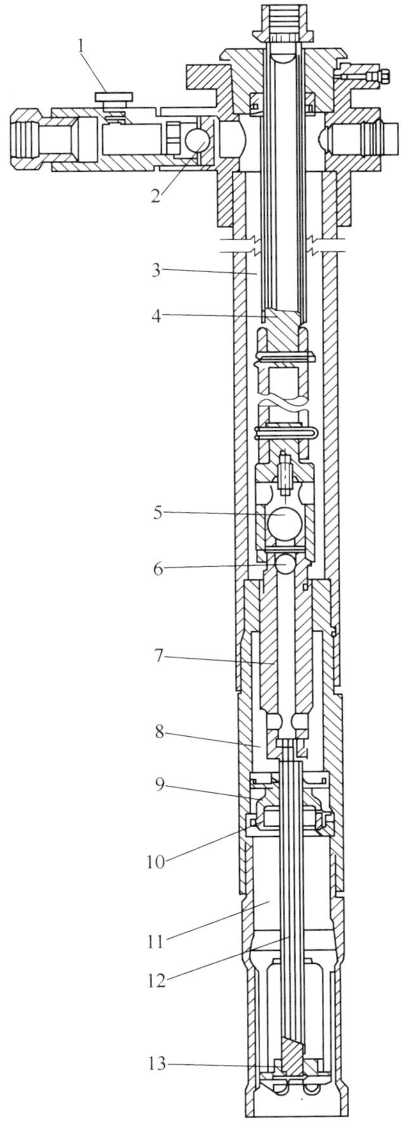

图7-47 柱塞油泵结构示意图
1—排气塞；2，5，6—逆止球；3—排油腔；4，7，12—柱塞；8—压油腔；9—柱塞套；10—逆止阀；11—吸油腔；13—吸油塞

排油室充油位置：油泵停止工作后，系统主管路中的压力油脂经溢流阀内的针阀返回油筒，供油口的压力趋近于零，在弹簧的作用下分别使滑阀、活塞移动，滑阀复位使通道和排油室沟通，储油室内的润滑脂在活塞的推移下沿通道、滑阀的内孔流入排油室，将排油室重新填满，储备下一次油量。

注油器的注油量可以在它的允许范围内进行调整。调整方法：把注油器上端的调整杆向右拧低，就会缩短活塞的行程，排油量便减少；反之，把调整杆向左拧高，则排油量增加。

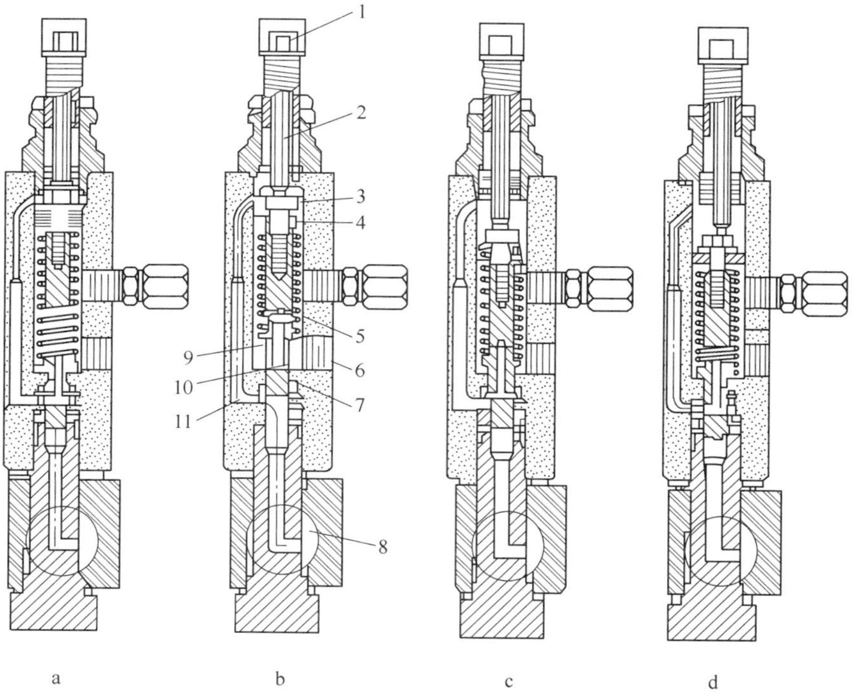

图 7-48　注油器结构示意图

a—正常位置；b—储油和排油位置；c—储油和排油结束位置；d—排油室充油位置
1—调整杆；2—指示杆；3—储油室；4—活塞；5—弹簧；6—排油口；7—滑阀；
8—供油口；9—排油室；10—阀孔；11—通道

7.5　主空压机系统

牙轮钻机采用压气排渣，压缩空气通过主风管、回转中空轴、钻杆、稳杆器、牙轮钻头向炮孔底部喷射，将岩渣沿钻杆与炮孔壁间的环形空间吹出孔外。

作为牙轮钻机用于排出炮孔内岩渣的关键设备，主空压机是牙轮钻机的主要工作机构之一。主空压机系统由主机和电机系统、润滑和冷却系统、油气分离系统、气路系统、控制系统以及保护系统组成。

用于牙轮钻机的主空压机系统主要有两类：一类为滑片式空压机系统，另一类为螺杆式空压机系统。目前在国内外服役的主流机型中，使用的主空压机基本上都是螺杆式空压机系统。

7.5.1　滑片式空压机系统

滑片式空气压缩机属于容积式压缩机，转速较高，能同原动机直接相连并直接进行驱动，结构简单，制造容易，操作、维修、保养方便，售价也便宜。滑片式空压机工作比较平静，振动小，能连续供气，气流脉冲较小。因此在螺杆空压机技术尚未成熟普及之前，滑片式空气压缩机是牙轮钻机主空压机的主选机型。

7.5.1.1　YZ 系列钻机的滑片式空压机系统

YZ 系列牙轮钻机主空压机采用的是大风量、低风压的滑片式空压机，风量分别为

$18m^3/min$、$28m^3/min$、$37m^3/min$、$40m^3/min$，风压为274kPa。主空压机拖动电机为交流电动机。主空压机系统包括主空压机及管阀系统、冷却系统、润滑系统等，如图7-49所示。

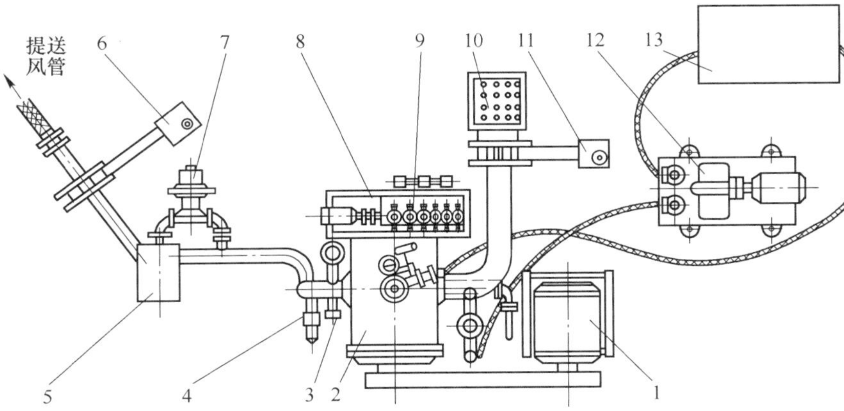

图7-49 主空压机系统示意图

1—主空压机电动机；2—主空压机；3—高风温开关；4—安全阀；5—消声器；6—排气阀；7—旁通阀；8—稀油润滑装置；9—高水温开关；10—空气滤清器；11—吸气阀；12—冷却水泵装置；13—冷却水箱装置

(1) 吸气与排气。吸气过滤器采用两级过滤，第一级为多管旋流器，第二级为纸芯过滤器，纸芯应进行定期清洗和更换。吸气阀装在过滤器的后面，为板阀结构，吸气时打开，闭气时靠弹簧关闭后，外圈还有一窄小的环形空间，仍能吸进少量空气，用来冷却空压机，这些气体由排气管经旁通阀、消声器排入空气中。吸气阀的开启量是可调的，调好后，固定不再动，排气阀装在钻架的主风管上，构造和吸气阀一样，只是直径小一些，它和吸气阀同时开闭，而旁通阀正好相反。它们都是由一个操作阀操作，旁通阀安装在主空压机排气口与排气阀之间，是一个由薄膜阀操纵的二位二通阀。

(2) 主空压机冷却。主空压机冷却水的循环由一台旋片（滑片）真空泵来实现，冷却水箱置于钻机右侧面。冷却水箱的三通管路上安有一个水温调节阀，以调节水温在37～43℃之间，出口水温度最高不许超过63℃。主空压机的排气温度不许超过180℃，由高风温开关控制。主空压机的排气压力不许超过345kPa，由排气管路上的安全阀控制。冷却水系统如图7-50所示。

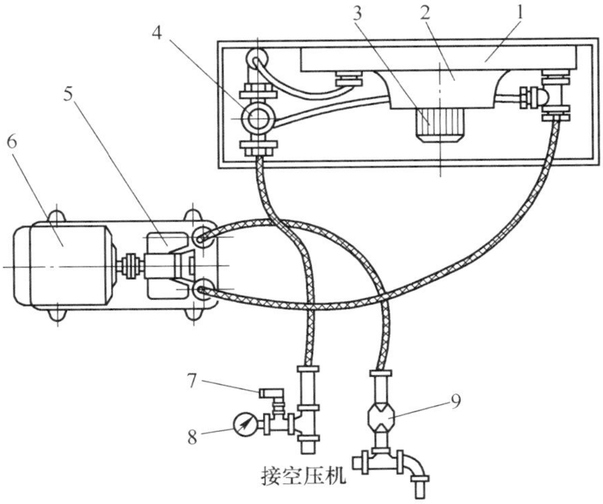

图7-50 主空压机冷却水系统

1—冷却水箱；2—轴流风扇；3—电动机；4—水温调节阀；5—冷却水泵；6—电动机；7—高水温开关；8—排水温度计；9—流量指示计

（3）主空压机的润滑。由七组中压注油器分别供给七个润滑点，滴油量可调，润滑油箱内有温度开关，当油温达到21℃时，温度开关动作，加热器自动断电。主空压机润滑系统如图7-51所示。

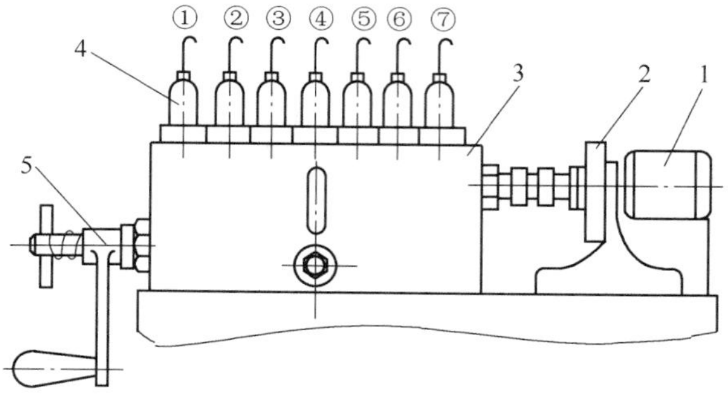

图7-51　主空压机润滑系统

1—电动机；2—减速箱；3—油箱；4—注油器；5—主凸轮轴及手柄机构

滴油管分配：①轴承；②，③，⑤，⑥汽缸；④入口；⑦轴承

另外，靠近主空压机排气口处，采用不锈钢波纹管，钻架上采用耐热耐压的蒸汽胶管，以保证使用寿命和正常送风。

7.5.1.2　YZ系列钻机的滑片式空压机系统工作原理

YZ系列钻机的滑片式空压机系统工作原理如图7-52所示。

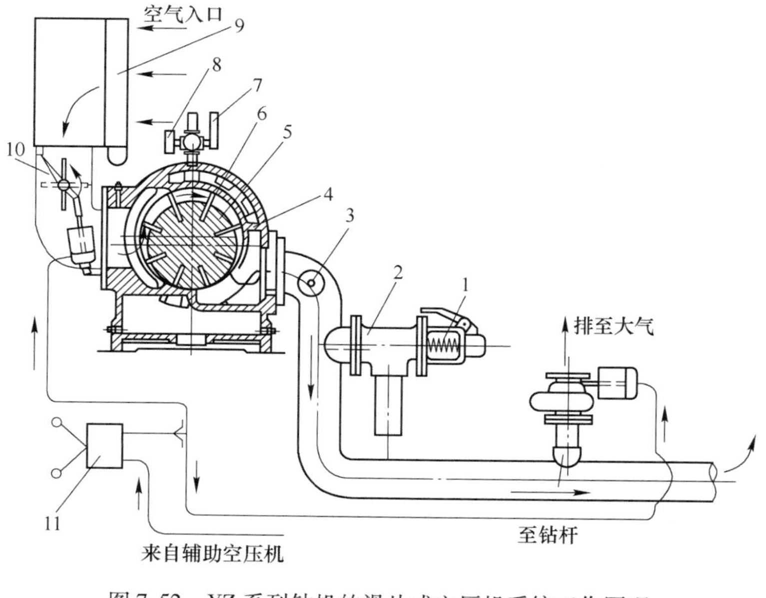

图7-52　YZ系列钻机的滑片式空压机系统工作原理

1—旁通阀（弹簧关闭，压气打开）；2—安全阀；3—高风温开关；4—缸体；5—转子；6—叶片；7—水温计；8—高水温开关；9—空气过滤器；10—进气阀（压气关闭，弹簧打开）；11—主压气操纵阀

滑片式空压机的转子由轴承支承在缸盖上，它比汽缸孔小，并且与汽缸孔不同心。在

转子的径向槽内装有叶片，叶片可以在径向槽内自由滑动。转子的外径与汽缸体内壁之间形一月牙状气室，由转子上的滑片把月牙状气室分成若干个小气室。当转子转动时，滑片在离心力的作用下，在转子槽内向外紧贴在汽缸体的内壁上，形成封闭气室，每个小气室开始从转子与缸体之间闭合间隙的最小容量增加到最大容量，再减小到最小容量，此时正好转一周。当小气室的容量增大时，空气通过入口进入气室即吸气；当气室的容量减小时，空气被均匀压缩，当达到闭合间隙被压缩的空气与排气口相通时，便通过排气口被全部排出，即排气。由于离心力迫使叶片紧贴着汽缸的孔壁，因此可以阻止已被压缩的空气倒流。

由于转子槽里的滑片在离心力的作用下紧贴在缸壁上滑动，因此滑片会与缸壁产生摩擦，滑片材质是布浸酚醛树脂，因磨损而导致滑片的消耗量较大。

7.5.1.3 滑片式空压机存在的问题

HY-28/2.8 型滑片式空压机系统由供风、冷却、润滑等多个系统组成。其结构较复杂，控制环节的元件过多，运行操作、维护要求高，在实际应用中主要存在以下问题：

（1）滑片式空压机对冷却系统要求较高。水温必须保持在 38 ~43℃之间，过高或过低均会影响主空压机正常工作，特别是冬季，水泵及循环冷却水系统经常出现管路冻结、漏水或冻裂现象，其都会导致滑片式空压机不能正常运转甚至炸缸。

（2）滑片式空压机对润滑要求严格。一旦润滑系统达不到额定的注油压力和流量，或调节不当使滑片式空压机压力油量分配失调，将会导致滑片式空压机轴承烧毁、滑片磨损加剧等。

（3）滑片式空压机供风系统的“供风”或“停风”工作，由辅助空压机系统通过进气阀、给气阀及旁通阀控制。在启动空压机之前，如果主风阀操作手柄处在“供风”位置，而此时司机又按下了总控制“启动”按钮，则滑片式空压机为带负荷启动，将引起钻机的误操作。当“供风”阀的操作手柄处在“停风”位置时，压气分别通过汽缸关闭进气阀和给气阀，这时应打开旁通阀，主机排出的压气由旁通阀经消声器排入大气。此时如果旁通阀发生故障而打不开，极易发生超负荷运转，损坏机器设备。

（4）从孔中排出的岩渣粒度过小，多数成粉状。这是因为供风压力不足，岩渣一时排不净而在孔中被重复破碎，加大了能量消耗，降低了钻孔速度，使钻头轴承及牙爪掌背过早磨损，情况严重时还会造成夹钻事故。

（5）滑片式空压机电器系统烦琐。主空压机采用自耦变压器降压启动，线路中设有电源相序、断相保护、高水温保护、高风温保护和指示、启动时间限制、电机过载及短路保护、空载启动联琐及其他联琐保护。

（6）滑片式空压机系统对检修人员素质要求较高。滑片式空压机各部件、零件配合精度、配合间隙要求严，且电器故障点多。空压机滑片易磨损、价格贵，且备件采购困难。

7.5.2 螺杆式空压机系统

螺杆压缩机具有结构简单、运行平稳、噪声低、工作效率高、没有易损件和使用寿命长等特点，不需要辅助空压机供气来控制停风或供风。螺杆式空压机排气温度低于 90℃，对钻头轴承冷却有好处，也不需要专门的冷却、润滑系统，控制简单可靠，操作维护方便，操作人员不必经过专业培训。

7.5.2.1　螺杆式空压机系统的基本构成

螺杆压缩机主要由电动机、主机、油气分离器、油冷却器等部件和相关控制阀件等部分构成。图7-53所示为牙轮钻机中使用的英格索兰M200螺杆空压机的结构示意图。

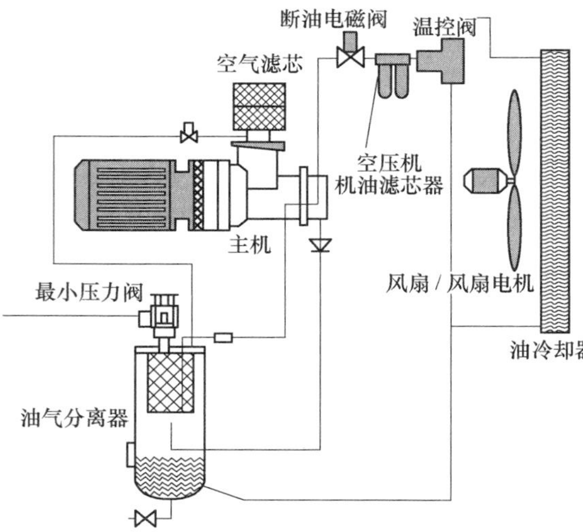

图7-53　牙轮钻机中使用的英格索兰M200型螺杆空压机结构示意图

7.5.2.2　螺杆式空压机系统的工作原理

螺杆空压机工作原理是：外界空气经空气过滤器，过滤掉空气中的粉尘，经减荷阀进入螺杆空压机的压缩腔，被压缩的空气从排气腔经单向阀进入油气分离器进行第一次分离，在离心力的作用下，大部分油从空气中分离出来，分离出的油沿筒壁流回油箱，经第一次过滤的气体进入分离器的横筒体内的羊毛绒进行二次分离，经二次分离后的压缩空气经最小压气阀进入主风管。LGF31-40/4型螺杆空压机的工作原理如图7-54所示。

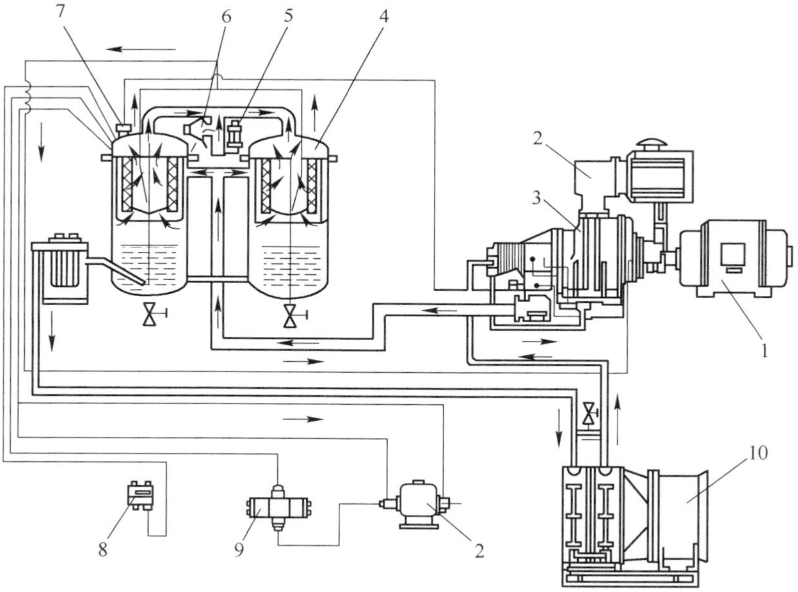

图7-54　LGF31-40/4型螺杆空压机工作原理

1—电动机；2—减荷阀；3—主机；4—油气分离器；5—安全阀；6—最小压力阀；7—自动放空阀；8—压力控制器；9—电磁阀；10—油冷却器

螺杆式压缩机主要由气管路、油管路、控制管路、排污管路、电气线路组成，每种管路和附属于它的零部件起着不同的作用，它们的互相协调，完成了压缩机的良好运转。下面分别对压缩机的不同部分进行说明。

（1）气管路。外部的空气经过空气过滤器过滤后，通过进气阀进入主机，与油管路喷入的压缩机油混合，经内部双螺杆转子的压缩后，排到油分筒体内，进行油气的初步分离，然后流经油分滤芯进行压缩空气与雾态油的分离。高温洁净的压缩空气经最小压力阀进入油冷却器进行冷却，将低温洁净的压缩空气排放到用气管道中。压缩机油储存到油分筒体的底部。

（2）油管路。储存在油分筒体内的压缩机油在内部压力的作用下，进入温控阀。为了保证最佳的供油温度，温控阀迫使部分或全部的压缩机油进入油冷却器进行冷却（根据油的温度，由温控阀调节进入油冷却器的流量）。冷却后的低温油与直接过来的高温油混合，达到最佳喷油温度，然后进入油过滤器，经过滤后，洁净的压缩机油喷入到主机中，与内部的空气混合，进行压缩。

对于没有温控阀的机型，由风扇的自动启停控制压缩机油的温度。风扇的开启、停止温度在电脑中设定。

压缩机油在螺杆式压缩机中主要起以下几种作用：

1）润滑作用。作为机械运动部件的螺杆式压缩机，无论是转子、轴承，还是密封都需要油的润滑。因此，压缩机油很好的承担起了此项工作。

2）密封作用。无论是螺杆式压缩机中的转子之间、转子与机体之间和转子与吸、排气端轴承座之间都存在着不同的间隙。此间隙是高压空气内部泄漏的主要通道，使用性能良好的回转式压缩机润滑油，能很好地填补此间隙，起到密封的作用。

3）冷却作用。空气在压缩的过程中会产生大量的压缩热，此热量只靠通过壳体与外界的辐射换热是难以散发掉的。喷入压缩机的润滑油在参与压缩的过程中，与被压缩的空气充分接触，带走了大量的热量，致使排出主机的空气温度较低。

4）吸收噪声。由于在相对运动部件之间形成了一定厚度的油膜，隔离了相对的运动件，把相对运动件的接触运动，变为了运动件与油膜间的接触运动，因此大大降低了摩擦噪声。同时，油本身是声音的不良导体，阻止了声音的向外传递，降低了运转噪声。

（3）控制管路。螺杆式压缩机分启动、加载、减荷、放气和停机几个工作过程。为了使压缩机达到自动控制的目的，在螺杆式压缩机以上两种管路的基础上又增加了控制管路。

压力开关（或压力传感器）将用气管道上采集到变化的压力信号发给电脑控制器，由电脑控制器根据预先设定的加载压力、卸荷压力等条件进行判断，然后发出指令给电磁阀等执行元件，最后把信号传递到进气阀等部件，实现以上各项功能的传递，以达到自动控制的目的。

（4）排污管路。压缩空气与油雾的混合气体在经过油分滤芯进行精分离时，会有大量的油雾被油分滤芯的滤材吸收，在滤材内部聚集成颗粒较大的油滴流到油分滤芯的底部，此部分油如果不被即时排除，会被流经此处的高压空气吸走，对洁净的高压空气造成二次污染，使排出到管道中的高压空气的含油量过高，压缩机的耗油量增大。

因此，增加排污管路把油分滤芯底部的油经过滤吸收到主机的低压端，既保证了设备的良好运行，又使用气设备获取到更加洁净的空气。

7.5.2.3　螺杆式空压机系统的结构

螺杆压缩机是容积式气体压缩机械，由一对相互啮合的阴阳转子（即螺杆）、机壳和适当配置在两端的进排气口组成压缩气体的工作腔，通过逐渐减小工作容积来提高气体压力。阴阳转子采用端面为单边的弧摆和非对称型线，这种齿形的啮合线是连续的，能将吸入腔和压缩腔完全隔开，阳转子4个齿，阴转子6个齿，速比为3:2。

主机在工作时，从机壳下部向工作腔内喷入大量的润滑油润滑转子的齿面，使阳转子得以直接带动阴转子，省掉了一对同步齿轮。润滑油还密封了转子与转子、转子与机壳之间的间隙，减少泄漏，加强了压缩效果；另外，润滑油带走了大量的压缩热，大大降低了排气温度。由于润滑油与空气进行了充分的混合，主机设置了高效率的油气分离装置，将油从空气中分离出来，循环使用。

A　螺杆空压机的主机结构

螺杆空压机的主机主要由阴阳转子、机身、进排气座组成，电动机通过弹性联轴节驱动阳转子，阴阳转子啮合转动完成吸气、压缩、排气。进排气座除起进排气作用外，还起轴承座作用，为了使吸气更充分，机壳进气口的方位上有螺旋形径向进气腔，与进气口成对角的排气座上开有蝶形排气口。图7-55为螺杆空压机主机结构简图。

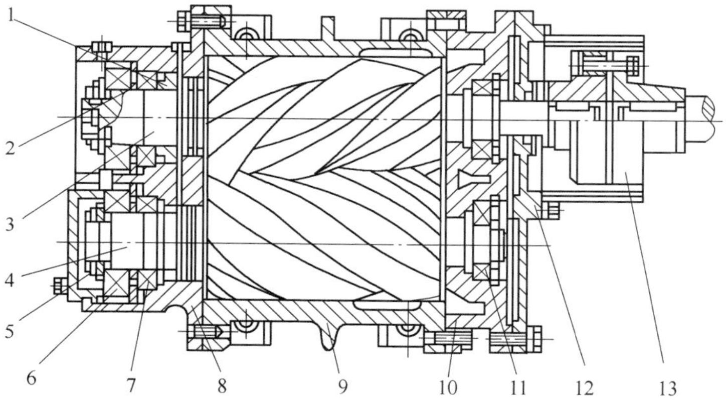

图7-55　螺杆空压机主机结构简图

1—油平衡活塞；2—调整垫圈；3—主动转子；4—从动转子；5—压紧螺母；
6—四点接触球轴承；7—短圆柱滚子轴承；8—排气座；9—机身；
10—进气座；11—短圆柱滚子轴承；12—盖；13—联轴节；

采用集中供油的方式向主机各运动部件供油，油室在机器下部，进排气侧轴承及压缩腔内部有油孔与油室相通，排气侧的轴承回油则通过主机外的一根油管流回进气腔。

B　气路系统

大气经空气过滤器来除去吸入空气中的尘埃，经吸气调节阀和减荷阀进入压缩机中的压缩腔（汽缸）。经压缩后的空气从排气口排出，经止回阀至排气管道进入油分离器的竖立筒内作初步分离（一次分离，在此使强烈的气流在竖立筒做旋转运动，混合在空气中的油滴在离心力作用下从空气中分离出），初步分离后的压缩空气又再次经油气分离器中滤芯进行二次分离，二次分离结构为锦涤复合纤维，这样，压缩空气经过两次分离后，压缩空气就很清洁了。

当油气分离器的压力低于0.15MPa时，油气分离器的效果会显著恶化，油随气体排出，这样会增加油的损耗，为此，本机在油气分离器出口管道处装有一只最小压力阀（见图7-56），这样即使在排气闸阀完全打开的情况下也能保持油气分离的压力不低于0.15MPa。

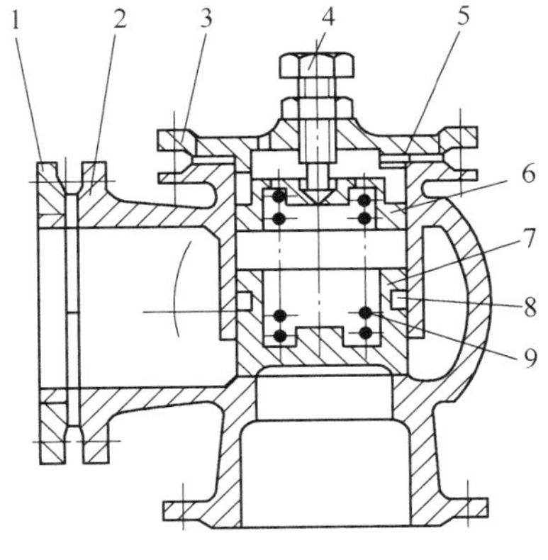

图7-56　最小压力阀结构简图
1—法兰；2—阀体；3—阀盖；4—调整螺钉；5—垫；6—弹簧座；7—阀芯；8—O形密封圈；9—弹簧

压缩机停车后，止回阀之前的排气腔中的压缩空气迅速通过两转子之间以及转子与机壳之间泄漏到吸气口，从而作用到自动放空阀阀芯上面背压降到零，油气分离器内的压缩空气将阀芯顶开，油气分离器的压缩空气通过放空阀放出。

空气滤清器结构为干式纸质过滤。滤芯设有安全滤芯，其主要功能是过滤空气中的尘埃。

C　油路系统

油路系统主要由油气分离器（兼油箱）、油过滤器、油冷却器、油泵等部分组成。油气分离器也起储油作用，压缩空气经油气分离器竖筒体内，经过离心旋转，其中大部分油滴回到竖筒底部，剩下的油随压缩空气进入滤芯，进行再次分离，滤芯内备有一个回油管，油在自身压力作用下流回主机内，从而使滤芯内不积油。油过滤器分两次过滤，一次过滤为网式过滤（粗过滤），二次过滤为线隙式滤芯过滤。当油压下降到0.15MPa后，应清洗油过滤器的滤芯，清洗时不能用钢刷刷滤芯，以免损坏滤芯。

在油路系统中，还设有一旁通装置，便于主机启动时能快速供油，当气温在零下5℃时，主机启动前必须先将旁通阀（球阀）打开，使部分润滑油不经过油冷却器而直接进入主机。当主机进入正常运转时，应及时关闭旁通阀，防止油压过高和排气温度超温而发生故障。

减荷状态运行时，油压低于0.15MPa，属正常现象。

油冷却器是风冷结构，冷却器盖板下部的旋塞起放油作用，检修时可以将其中的油放干净。同时，应特别注意在冬季如停车时间较长，一定应将油冷却器中的油放干净，并定期检查油冷却器内的油质状况。

D　风量调节系统

风量调节系统由减荷阀、电磁阀、压力调节器等组成，通过间歇关闭减荷阀，实现钻机用气量的增减。减荷阀的内部结构如图7-57所示。

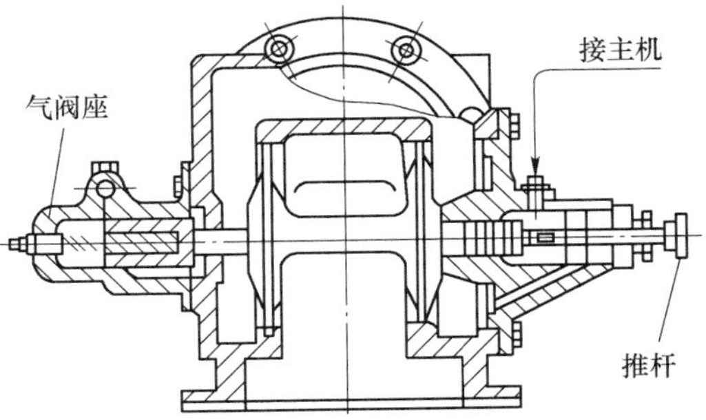

图7-57　减荷阀的内部结构

当油气分离器中的压力达到预定压力时，压力调节器微动开关接通，电磁阀通电，压缩空气经电磁阀到减荷阀，作用到减荷阀气活塞上，推动气门，关闭进气口，停止吸气。当油气分离器中压力下降到一定值时，压力调节器微动开关断开，电磁阀断电，电磁阀阀芯回到原来位置，减荷阀气活塞上压缩空气通过电磁阀泄漏，减荷阀气门在气压作用下回到原来位置，恢复进气。

出厂时调节值为在油气分离器压力为0.5～0.52MPa时减荷阀关闭、0.4～0.43MPa时减荷阀开启，用户可根据需要在0.35～0.52MPa范围内通过调节压力调节器上的螺栓进行调节。

在有的螺杆空压机上采用了无级减荷装置，其原理如图7-58所示。

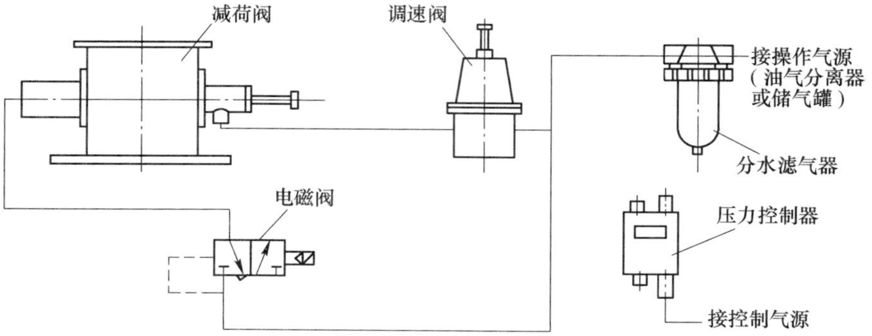

图7-58　无级减荷装置原理

螺杆空压机的无级减荷由减荷阀、调速阀、分水滤气器、电磁阀、压力控制器组成。压缩机启动前，减荷阀体处于关闭状态。当压缩机投入运转后，压缩机外部的空气经减荷阀体与滤芯的间隙被吸入到主机压缩腔内，随着被吸入气体的不断增加，压力不断上升，当储气罐内压力升至0.1MPa时，压缩空气经分水滤气器再次过滤后，通过调速阀进入减荷阀的气阀座内，推动阀芯开启，当储气罐内压力达到0.25MPa时，阀芯被推到全开位置，压缩机开始全吸气负荷运转，储气罐的气压逐渐升高到额定压力0.5MPa时，压缩机处于满负荷状态，压力控制器动作使电磁阀得电开启，压缩空气进入减荷阀的弹簧座，再次用高压推阀芯关闭，从而实现了螺杆空压机的无级减荷。

螺杆空压机的安全阀为全启式安全阀（见图7-59），开启压力不高于0.55MPa、关闭压力不低于0.47MPa。螺杆空压机在出厂前，安全阀已调整好并加以铅封，在一般情况下不得任意启封。

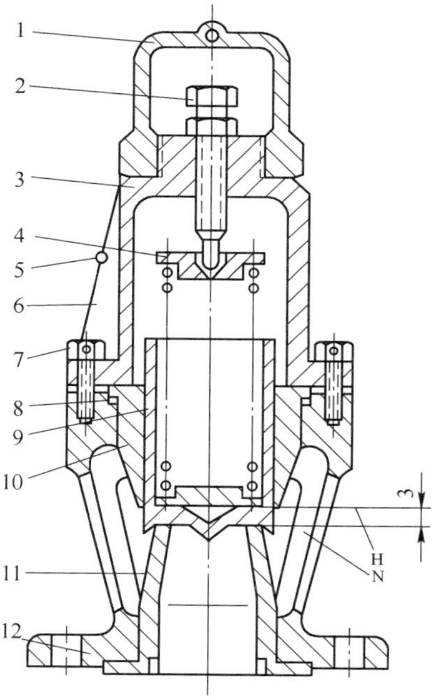

图7-59　全启式安全阀结构示意图

1—盖；2，7—螺钉；3—套筒；4—弹簧座；5—铅封；6—铁丝；8—垫；9—阀瓣；10—阀套；11—阀座；12—阀体

7.5.2.4　关键部件的作用

（1）进气阀（内设止逆阀）：根据用气量的多少，调节本身阀芯的开启度，增减进气量，使压缩机在加载、减荷之间变化。在停机时，逆止阀板关闭，保证系统内的压缩机油不会从进气口喷出。

（2）最小压力阀：为了保证压缩机的良好供油，

保证系统的最低压力。同时，阻止外部的高压气体倒流回压缩机的系统中，给压缩机的二次启动带来困难。

（3）温控阀：调节润滑油的供油温度，保证最佳的喷油温度。避免系统中产生过多的凝结水，造成压缩机油的乳化，破坏润滑油的润滑性能。

（4）压力开关（压力传感器）：取得压缩机外部系统中变化的压力信号，为压缩机功能的自动调节提供条件。

（5）电磁阀：指挥进气阀等控制元件，对压缩机的功能进行自动调节。

（6）温控器（温度传感器）：为了保护油能正常地工作，不发生变质，必须控制油的工作温度。使用高灵敏度的控制器监视压缩机的温度变化，发生高温时报警、停机。

（7）进气过滤器：除去吸入空气中的浮游粒子，使压缩机吸入洁净的空气，过滤精度10μm。

（8）油过滤器：除去润滑油内的杂质，过滤精度10μm。

（9）油分滤芯：除去高压空气中的雾态油，使排出的空气更加洁净。

7.6 除尘系统

牙轮钻机是大中型露天开采矿山的重要穿孔设备之一。钻机在作业过程中会产生大量粉尘，沉积到机器运动部件上，会加速金属磨损，影响钻机正常工作，缩短其使用寿命。穿孔作业过程中，产生大量的粉尘飞扬在工作场地的周围，严重污染工作环境。如果对粉尘不加以控制和处理，让其自由散发，就会对作业现场及周边环境造成较大污染，危害职工的健康。牙轮钻机的除尘就是把钻孔过程中排到炮孔外的矿岩粉尘捕集起来后进行处理，使其不至于污染大气环境。

牙轮钻机的除尘方式主要有两种，即湿式除尘和干式除尘。

7.6.1 湿式除尘系统

7.6.1.1 湿式除尘系统工作原理

湿式除尘分为孔底湿式除尘和孔口湿式除尘两种方式。孔底湿式除尘是利用风水混合物作为除尘介质，利用这种方法，首先在孔底把岩粉湿化，然后再将其排出孔外。孔口湿式除尘是指将排到孔口的干散岩粉进行喷湿和球化，以达到除尘目的的一种方法，这种方法兼有干式除尘及孔底湿式除尘两种方法的优点，且除尘设施也必将简单。

湿式除尘通常利用辅助空压机的压气进入水箱的双筒水罐内压气排水，与主风管排渣压气混合形成水雾压气，将岩渣中灰尘润湿后，随大颗粒岩渣排出孔外。也可以使用水箱中的潜水泵加压供水的湿式除尘系统进行湿式除尘，水泵将水从水箱抽出后，通过风水接头形成风水混合物通过向主风管排水的方式除尘。

湿式除尘系统由带保温层的水箱和水量调节阀、止回阀、风包、进气管、排水管等组成。水泵由电机驱动经截止阀从水箱内抽水，电动机是变频控制转数，以达到控制水量及压力的大小的目的。为更好地控制进入管道的水量，在管路上还安装了一个手动调节流量计。操作水泵开关，调节流量计和水泵电机控制电位器，水箱内的水由排水口排出，经水量调节阀、止回阀进入主风管，并随排渣压缩空气一起排出进行除尘。

湿式除尘应很好地掌握用水量。试验证明，用水量的大小不但影响除尘效果，而且影响钻进速度，因为用水量过小时除尘不充分，过大则孔底岩粉会变成岩浆，一旦孔底出现岩浆，就会严重阻碍排粉，并会黏满孔壁，甚至可以把钻头喷嘴堵死。一般来讲，用水量应控制在润湿岩粉为限，即从孔口排出的岩粉既不太湿也不飞扬。冬季停钻时间较长时，应引入压气将水管吹净，以防结冻。

湿式除尘所采用的风水混合除尘方式，除尘效果较好，但这种方式会降低穿孔速度和钻头使用寿命。但是，只要掌握好适当的供水量和在钻头上采用送止阀防止泥浆堵塞或进入轴承的风沟，则可不影响穿孔速度和钻头的使用寿命。牙轮钻机湿式除尘系统的工作原理如图 7-60 所示。

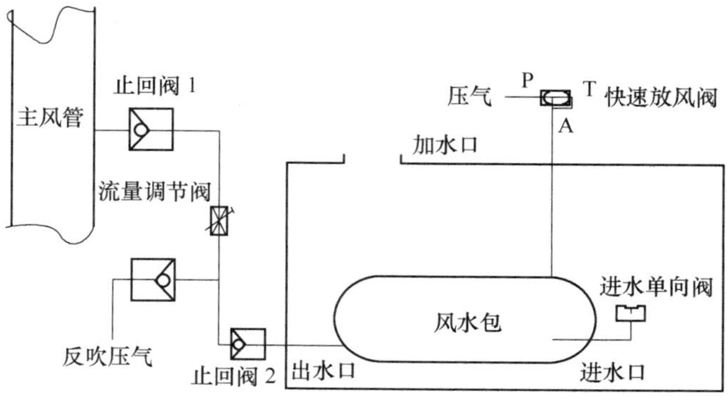

图 7-60　牙轮钻机湿式除尘系统工作原理

7.6.1.2　YZ 钻机的湿式除尘系统的结构

YZ 系列牙轮钻机湿式除尘系统采用的是静压脉冲供水系统，其系统工作原理如图 7-61 所示。系统由水箱，双静压脉冲供水筒，角形阀，滤水器，单向阀，水量调节阀，流量指示器和管路系统组成。静压动力由辅助空压机提供 340 ~ 490kPa 的压气供给。

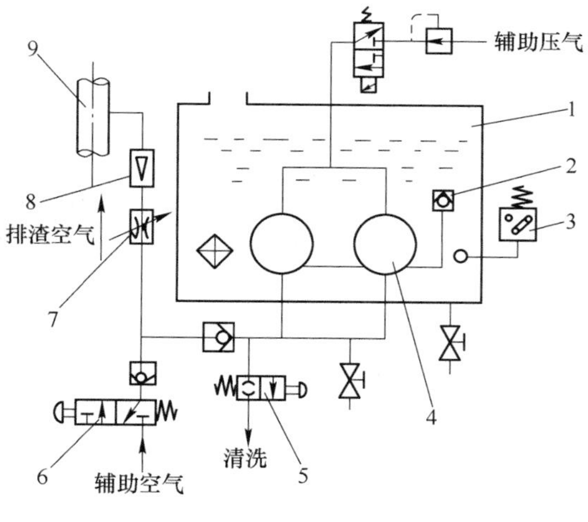

图 7-61　YZ-35 型牙轮钻机湿式除尘系统工作原理

1—水箱；2—进水单向阀；3—水位阀；4—静压筒；5—清洗阀；6—吹扫阀；7—水量调节阀；8—水流计；9—排渣主风管

除尘用水箱是用钢板焊接而成的方形容器，容积 2.7m³，安装在钻机平台的右侧，水箱下部装有静压泵，水箱底部凸出部分装有水温加热器，它能保持水温，防止冬季水冰冻。压气静压泵由两个静压筒焊接在水箱的下部，中间有一根连通管，使两个静压筒相互连通，静压筒的一端装有进水单向阀，它由阀盖、阀座、阀片、密封圈、防松螺丝等组合而成。为了进水单向阀正常、可靠地动作，静压泵的进水端装有滤网，以防将泥砂、杂质带入泵内，保证泵的正常工作。

7.6.1.3 YZ 钻机的湿式除尘系统的工作原理

静压脉冲供水湿式除尘系统，由辅助空压机提供 0.45MPa 的压缩空气作为静压动力。

静压泵在非工作状态时，其进水单向阀是自动打开的，只要水箱中的水面高于进水单向阀，不需借用任何动力，水就可利用其自身静压流入静压筒，2～4min 后，静压筒就处于水满状态。当钻机在钻进中给主风时，气电开关的常开接点闭合，电磁气阀线圈通电，阀动作，压气进入静压筒，关闭进水单向阀，压力水沿出口经角形阀、滤水器、单向阀、软管到水量调节阀、流量指示器、软管，进入主风管，水风混合产生雾化，雾化水随主风进入孔底，将粉尘湿润。在粉尘从孔底排出的过程中，水粉凝结成颗粒，由主风吹送到孔口，在重力的作用下沉降在孔口周围，从而达到除尘的目的。当主风停止给风时，气电开关接点断开，电磁气阀线圈断电，静压泵排气充水，2～4min 后，静压筒又处于水满状态，又可扬水除尘。

静压泵是间断地进行工作的，当钻机穿孔作业时，它供水除尘；当钻机迁移孔位时，它排气充水。静压泵从排气到充满水需要 2～4min，而钻机迁移孔位的时间最少也需要 4～5min 以上。所以，利用钻机移位的时间来充水，完全可以满足钻机穿孔作业的要求。

为了防止冬季水管中的水在停机后结冰，系统设计有吹水回路，司机操作吹水阀的按钮，压气经单向阀进入管路，把水管中的水吹进主风管排至孔底。

7.6.2 干式除尘系统

7.6.2.1 各种干式除尘装置及其特点

目前有旋风除尘、重力除尘、惯性除尘、静电除尘、声波除尘、布袋式除尘等干式除尘装置。这些除尘装置在使用中各有不同效果和特点：

（1）重力除尘装置。除尘效果小于 50%，适应的粉尘粒径大于 50μm。

（2）惯性除尘装置。除尘效果 50%～70%，适应的粉尘粒径 20～50μm。其中，旋风除尘效果 60%～70%，适应的粉尘粒径 5～30μm。

（3）静电除尘装置。除尘效果 90%～95%，适应的粉尘粒径 0.5～1μm；但其结构复杂、设备庞大、投入较高。

（4）声波除尘装置。除尘效果 80%～90%，适应的粉尘粒径 0.5～100μm。其在使用过程中会产生很大噪声，且耗能较大。

（5）布袋除尘装置。除尘效果高达 99.9%，适应的粉尘粒径 0.1～1000μm。其具有结构简单、前期投入成本低、除尘效果高、运行性能稳定可靠、对运行负荷适应性好、运行费用低、使用中维修方便等特点。

据以上各干式除尘特点及性能等综合分析比较，布袋除尘是目前应用最广泛的一种除尘装置。

牙轮钻机的干式除尘以布袋过滤的捕尘系统为最好。国内外的主流钻机都用布袋除尘系统代替了单纯用重力及离心力除尘的除尘系统。这种除尘系统的优点在于不影响牙轮钻机的穿孔速度和钻头寿命，而其缺点是设备较多，运转维护麻烦，除尘不彻底，由除尘器捕回的岩粉仍要排放到炮孔附近，遇到刮风、爆破、电铲挖掘等情况，岩尘仍会到处飞扬，成为二次灰源，影响采场工作人员的身体健康；而且，当遇到高黏度粉尘和在潮湿空气中捕尘时，布袋捕尘器会因难以清洗而失去作用，这种干式除尘装置的除尘效率高，但是当钻孔中有水时就不能使用了，以免湿灰糊住布袋。

7.6.2.2　干式布袋除尘系统的工作原理与结构

干式除尘系统的工作原理如图7-62所示。干式除尘系统的主要动力是离心式通风机，当岩粉排出孔口后，首先在捕尘罩中被捕集，大颗粒岩渣落在孔口周围，接着含尘气流进入沉降箱中进行沉降，粗粒岩渣落入箱中，然后含尘气流进入旋风除尘器，在这里进行粉尘的离心分离和沉降，最后粉尘在脉冲布袋除尘器中被过滤。过滤后的粉尘被阻留在除尘器内，而含有微量粉尘的气流由离心通风机排至大气。脉冲布袋中的粉尘用螺旋清灰器排出。在脉冲布袋除尘器和旋风除尘器的底部设有格式阀，当电机开动后，螺旋清灰器开始清灰，同时格式阀旋转，粉尘通过格式阀、放灰胶管自动落到地面上。脉冲布袋除尘器的动作由脉冲阀及喷吹控制器控制。

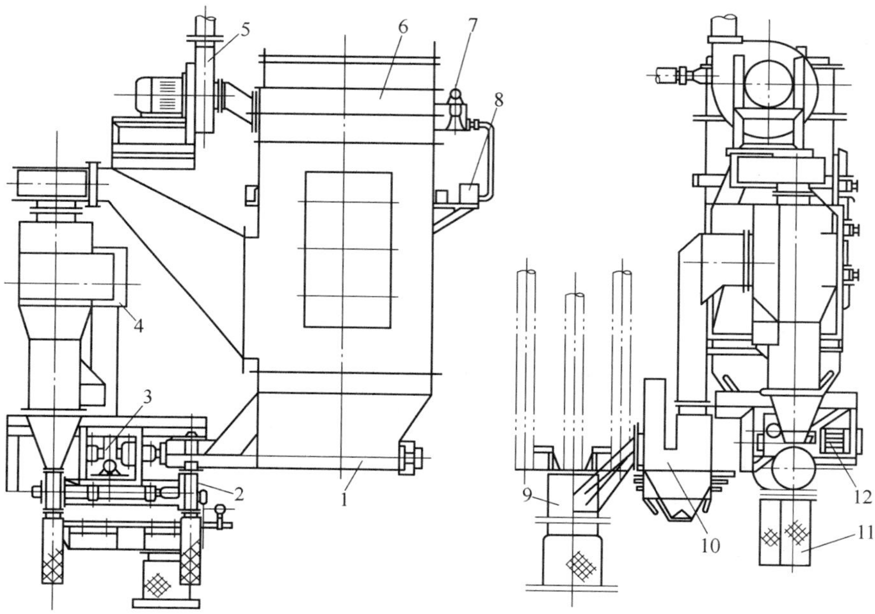

图7-62　干式除尘系统的工作原理

1—螺旋清灰器；2—格式阀；3—减速器；4—旁室旋风除尘器；
5—离心通风机；6—脉冲布袋除尘器；7—脉冲阀；8—喷吹控制器；
9—捕尘罩；10—沉降箱；11—放灰胶管；12—电动机

干式布袋除尘系统的主要结构如图7-63所示。钻机干式除尘系统由沉降、旋流和过滤三级除尘组成，利用沉降器、旋流器和过滤器等装置通过孔口沉降、旋风除尘和脉冲布袋除尘三级除尘将含尘气流中的岩粉捕集起来并除掉。在每排滤袋上方敷设一根喷吹管，该管的喷孔对准喇叭管。喷吹管端部的脉冲阀按脉冲控制仪的程序和时间间隔，向喷吹管供氩气进行喷吹。当喷吹气流通过喇叭管时，诱导了数倍于一次气流的空气量进入布袋，在一瞬间，布袋急剧膨胀，抖落了灰尘层。灰斗中的积灰，在一个炮孔钻完后，定期放到地面。

7.6.2.3 旋风除尘器原理与结构

旋风除尘器作为一、二级除尘装置，该装置由旋风筒体、集灰斗和蜗壳（或集风帽）三部分组成。旋风除尘器工作时气流从上部沿切线方向进入除尘器（见图7-64）中做旋转运动，尘粒在离心力的作用下被抛向除尘器圆筒部分的内壁上降落到集尘室。

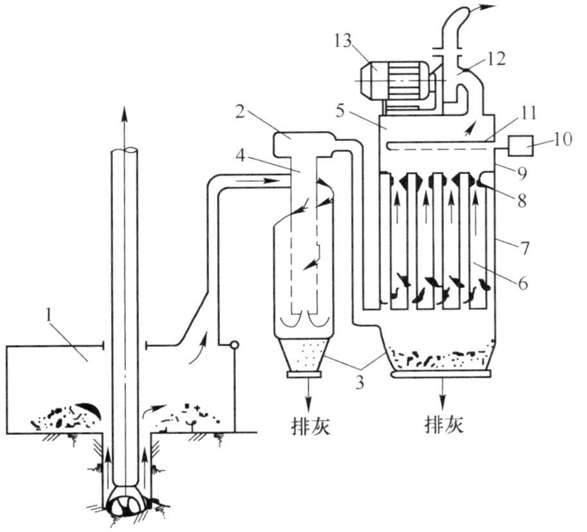

图7-63 干式布袋除尘系统的主要结构

1—孔口沉降室；2—旋风除尘器；3—灰斗；4—中心管；5—脉冲布袋除尘器；6—布袋；7—中箱；8—喇叭管；9—上箱；10—脉冲阀；11—喷吹管；12—离心通风机；13—电动机

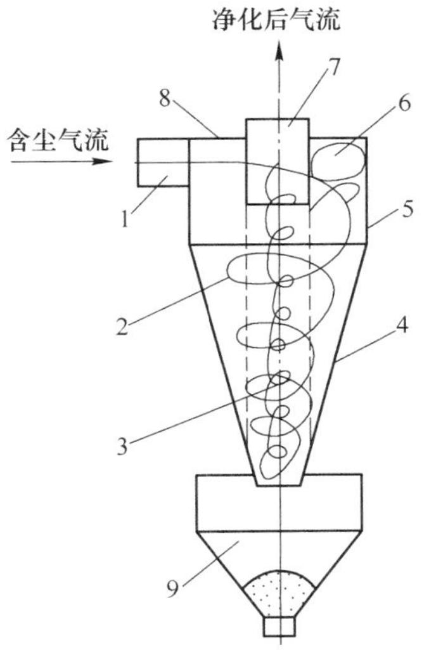

图7-64 旋风除尘器原理与结构

1—进口管；2—外涡旋；3—内涡旋；4—圆锥体；5—筒体；6—上涡旋；7—出口管；8—上顶盖；9—灰斗

旋风除尘器根据单筒旋风气流对尘粒和空气所产生惯性离心力大小的不同，使尘粒和气流进行分离。含尘气流由进气管以12～25m/s的速度沿切线方向进入圆筒体，在外圆筒和中央排气管之间向下做螺旋运动。在旋转过程中产生惯性离心力。尘粒一方面受气流运动的影响，在其中旋转下降；另一方面则受离心力的作用，逐渐向外扩散接近筒壁。最终与外圆筒的内壁相碰，沿内壁旋转滑下，被收集在中间底部的排灰口，并由此排出。气体则因质量小，受离心力作用很小，随着圆锥体的收缩转向除尘器的中心，并受底部阻力作用，转而上升，形成一股上升旋流，从排气管上端排出，实现除尘作用或进入第三级除尘装置——脉冲布袋除尘器的过滤除尘。

旋风除尘器的特点：阻力小，除尘效率高，处理风量大，性能稳定，占地面积小，结构简单，实用廉价；适用于钻机干式除尘系统中的粉尘粗、中级净化。

7.6.2.4 布袋除尘器原理与结构

布袋除尘器是一种干式除尘装置，它适用于捕集细小、干燥非纤维性粉尘。滤袋采用纺织的滤布或非纺织的毡制成，利用纤维织物的过滤作用对含尘气体进行过滤，当含尘气体进入布袋除尘器时，颗粒大、比重大的粉尘，由于重力的作用沉降下来，落入灰斗，含有较细小粉尘的气体在通过滤料时，粉尘被阻留，使气体得到净化。

布袋除尘器结构主要由上部箱体、中部箱体、下部箱体（灰斗）、清灰系统和排灰机构等部分组成。布袋除尘器性能的好坏，除了与正确选择滤袋材料有关外，清灰系统对布袋除尘器性能也起着决定性的作用。为此，清灰方法是区分布袋除尘器的特性之一，也是布袋除尘器运行中重要的一环。

7.6.2.5　脉冲布袋除尘器原理与结构

脉冲布袋除尘器是通过脉冲方式清灰的布袋除尘器，由灰斗、上箱体、中箱体、下箱体等部分组成。上、中、下箱体为分室结构。脉冲布袋除尘器的工作原理与结构如图 7-65 所示。

脉冲布袋除尘器的清灰系统由脉冲阀、喷吹管、贮气包和脉冲控制仪等几部分组成，分室除尘器另外加有汽缸。脉冲阀一端连接压缩空气包，另一端连接喷吹管，脉冲阀背压室接控制阀，脉冲控制仪控制着控制阀及脉冲阀的开启。

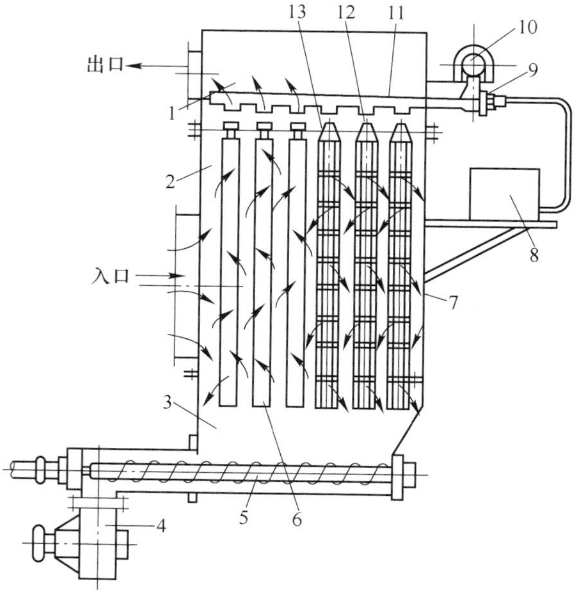

图 7-65　脉冲布袋除尘器工作原理与结构

1—喷吹箱；2—滤尘箱；3—积尘箱；4—格式阀；5—螺旋清灰器；6—滤袋；7—滤袋架；8—脉冲控制器；9—脉冲阀；10—风包；11—喷吹管；12—喷嘴；13—花板

脉冲布袋除尘器工作时，含尘气体由进风道进入灰斗，粗尘粒直接落入灰斗底部，细尘粒随气流转折向上进入中、下箱体，粉尘积附在滤袋外表面，过滤后的气体进入上箱体至净气集合管排风道，经排风机排至大气。清灰过程是先切断该室的净气出口风道，使该室的布袋处于无气流通过的状态（分室停风清灰）。然后开启脉冲阀用压缩空气进行脉冲喷吹清灰，切断阀关闭时间足以保证在喷吹后从滤袋上剥离的粉尘沉降至灰斗，避免了粉尘在脱离滤袋表面后又随气流附集到相邻滤袋表面的现象，使滤袋清灰彻底，并由可编程序控制器对排气阀、脉冲阀及卸灰阀等进行全自动控制。

当控制器无信号输出时，控制阀的排气口被关闭，脉冲阀喷口处于关闭状态，当控制器发出信号时，控制阀排气口被打开，脉冲阀背压室外的气体泄掉，压力降低，膜片两面产生压差，膜片因压差作用而产生移位，脉冲阀喷吹打开，此时压缩空气从气包通过脉冲阀经喷吹管小孔喷出（从喷吹管喷出的气体为一次风）。当高速气流通过文氏管诱导器诱导了数倍于一次风的周围空气进入脉冲布袋除尘器滤袋，造成滤袋内瞬时正压，实现脉冲清灰。

7.6.3　牙轮钻机的湿式除尘与干式除尘对比

目前在国内外牙轮钻机的主流机型中，使用湿式除尘和干式除尘的都有，两者各自具有不同的特点，也都有各自的不足。

牙轮钻机湿式除尘系统与干式除尘系统的详细对比见表 7-6。

表 7-6 牙轮钻机湿式除尘系统与干式除尘系统的详细对比

对比项目	湿式除尘系统	干式除尘系统
工作原理	压气进入水箱的双筒水罐内压气排水，与主风管排渣压气混合形成水雾压气，将岩渣中灰尘润湿后，随大颗粒岩渣排出孔外，或水泵将水从水箱抽出后，通过风水接头形成风水混合物通过向主风管排水的方式除尘	工作流程由沉降、旋流和过滤三级除尘组成。含尘气体由进风道进入灰斗，粗尘粒直接落入灰斗底部，细尘粒随气流转折向上进入中、下箱体，粉尘积附在滤袋外表面，过滤后的气体进入上箱体至净气集合管排风道，经排风机排至大气
除尘器类型	静压双筒水罐内压气排水除尘，潜水泵加压供水形成风水混合物排水除尘	旋风除尘、重力除尘、惯性除尘、静电除尘、声波除尘、布袋式除尘等
系统结构	系统由水箱、双静压脉冲供水筒、角形阀、滤水器、单向阀、水量调节阀、流量指示器和管路等组成	系统由螺旋清灰器、格式阀、旋风除尘器、离心通风机、脉冲布袋除尘器、脉冲阀、喷吹控制器、捕尘罩、沉降箱等组成
关键设备	双静压脉冲供水筒	旋风除尘器、脉冲布袋除尘器、脉冲控制器
除尘介质	水和压气	空气
系统特点	结构简单，初期投资较低，风水混合除尘方式的净化效率较高，在除尘的同时，还能吸收含尘气体中的其他有害成分，能够处理相对湿度高、有腐蚀性的含尘气体。其缺点是：湿式除尘在使用中需要水作为除尘水质，排出的含尘污水必须设置污水处理设施进行二级处理，总体能耗较高。湿式除尘使用受到限制，除尘效率不高。除尘效果较好，但这种方式的排渣效率不高，会降低穿孔速度和钻头使用寿命	不影响牙轮钻机的穿孔速度和钻头寿命，不需要水作为除尘水质，大多数除尘对象都可以应用，使用范围广，占所有除尘系统的95%以上。粉尘排出的状态为干粉状，有利于集中处理和综合利用。其缺点是：设备较多，运转维护麻烦；不能去除气体中的有毒、有害成分，处理不当时容易造成二次扬尘；在空气湿度大的环境中作业，当遇到高黏度粉尘和在潮湿空气中捕尘时，受潮湿粉尘结露、积聚和糊袋的影响，布袋除尘器的效率有所降低

湿式除尘器构造较简单，初期投资较低，净化效率较高，在除尘的同时，还能吸收含尘气体中的其他有害成分，并使气体温度降低，能够处理相对湿度高、有腐蚀性的含尘气体。其缺点是：湿式除尘在使用中需要水作为除尘水质，使用中还要定期加水，耗水量大；排出的含尘污水必须设置污水处理设施进行二级处理，总体能耗较高，这样不仅消耗了大量的水资源，还增加了劳动强度；特别是在严寒气候环境或寒冷地区，水容易结冰，湿式除尘使用受到限制，除尘效率不高。

干式除尘不需要水作为除尘水质，不会受到气候环境的限制，大多数除尘对象都可以使用干式除尘器，使用范围广，占所有除尘系统的95%以上。特别是对于大型集中除尘系统，粉尘排出的状态为干粉状，有利于集中处理和综合利用。其缺点是：不能去除气体中的有毒、有害成分，且处理不当时容易造成二次扬尘；在空气湿度大的环境中作业，受潮湿粉尘结露、积聚和糊袋的影响，布袋除尘器的效率有所降低。

7.7 空气增压与净化系统

为了确保钻机司机的身体健康和机电设备的安全运行，在牙轮钻机上还配备有空气增压净化装置。空气净化调节系统用以净化司机室的空气，为司机提供一个安全、健康、舒适的操作空间；空气增压隔热系统为安装在机房内的机电设备提供一个适宜的工作环境。

7.7.1　空气增压系统

与柴油型牙轮钻机不同，电动型牙轮钻机的机电设备通常都安装在封闭的机房内。整个机房是密闭的，为此设置了增压过滤器，增压电机在钻机开机时反吹风3min，把过滤器上的灰尘吸出去，然后停机、再正转，为机房内提供经过过滤的空气。经过过滤的空气为主辅空压机和安装在机房内的电气控制柜提供了干净的气源，夏天还可以降低机房内的温度。同时在机房内形成正压，外界空气中的灰尘不能从机房的缝隙中进去。为了在北方寒冷的冬季机器易于启动，机房内设置了加热器，对机器启动前进行预热。总之，机房的空气增压系统为电动型的牙轮钻机提供了良好的工作环境，从而提高了钻机的作业效率。

7.7.2　空气调节系统

司机室空气增压净化装置一般安装在司机室的顶部，该系统由通风机、水平直进旋流器组、高效过滤器等组成，如图7-66所示。

近年来，在牙轮钻机上所采用的顶置式空调器已经具有制冷、制热、通风、除湿、滤尘等功能和抗振动、抗冲击和可靠性高的特点。

顶置式空调器可用于调节钻机司机室内的温度、湿度、空气洁净度，给司机提供舒适的环境及新鲜空气，从而提高工作效率，提高机器的使用效率和操作舒适性。

该顶置式空调与一般房间空调器的工作原理和结构基本一样，一方面是靠制冷剂的特性（吸收并带走热量的媒介）在系统内循环工作取得制冷效果，在其压力下降时，吸收通过蒸发器外表面空气的热量，达到降低气温的目的，从而使室内温度降低；另一方面是靠来自发动机的冷却水循环来取暖，空调在制热时，热量由通过蒸发器中的发动机循环水产生，蒸发风机的运转使室内冷空气经过表面温度较高的蒸发器时被加热，再从出风口吹出，如此反复，使室内温度升高。图7-67为顶置式空调气流运行示意图，图7-68为顶置式空调安装图。

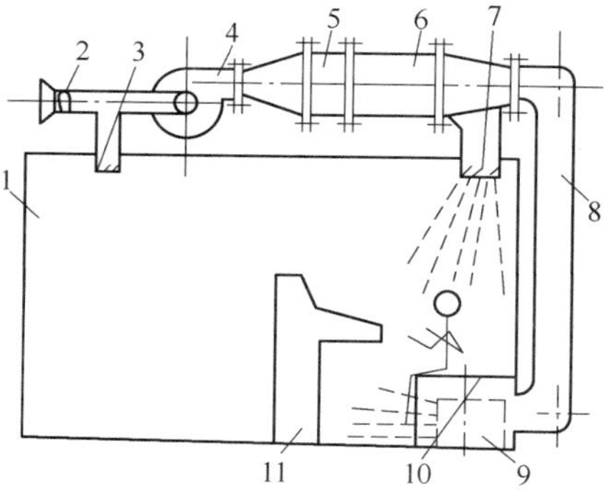

图7-66　司机室空气增压净化装置

1—司机室；2—室外进风阀门；3—室内循环百叶窗；4—通风机；5—水平直进旋流器组；6—高效过滤器；7—顶部吹风百叶窗；8—净化管；9—电热器；10—座椅；11—操纵台

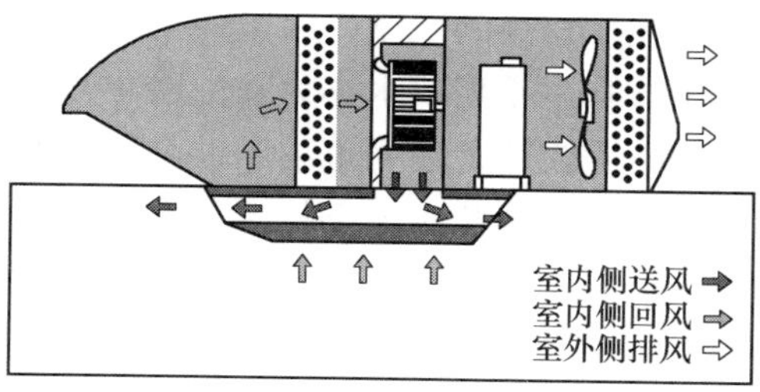

图7-67　顶置式空调气流的运行示意图

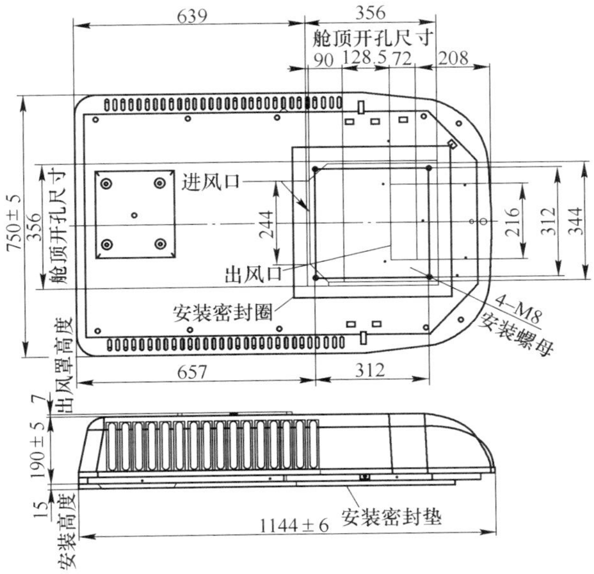

图 7-68 钻机用顶置式空调安装图

空调器的制冷部分包括压缩机、冷凝器、储液罐、膨胀阀、蒸发器、风扇及各电子温度传感器；制热部分包括热水阀、热交换器及各电子温度传感器。两者公用的部分由操作面板、鼓风机、风向阀门、线路总成等。

参 考 文 献

[1] 舒代吉．YZ 系列牙轮钻机［M］．长沙：湖南大学出版社，1989：50～61.
[2] 王运敏．中国采矿设备手册（上册）［M］．北京：科学出版社，2007：80～83.
[3] Atlas Copco. Operating Safety and Maintenance Manual，Model：DM45/DM50/DML，CPN57675076，10/2005：7.217～7.229.
[4] 魏丽君．牙轮钻机变频调速［J］．辽宁工程技术大学学报，2006，25（2）：242.
[5] 李占生．全数字直流调速技术在牙轮钻机上的应用［J］．矿山机械，2000（6）：26.
[6] 霍进刚．牙轮钻机的液压系统在闭式回路中的应用［J］．液压气动与密封，2011（11）：36～38.
[7] 孙向英．KY-310A 型牙轮钻机润滑方式的改进［J］．矿山机械，2011，39（4）：127.
[8] 谢有根．YZ-35D 型牙轮钻机主空压机常见故障分析与处理［J］．采矿技术，2011，11（6）：75.
[9] 徐兆国．YZ-35 型牙轮钻机主空压机系统换型改造的探讨［J］．中国钼业，2005，29（2）：50～51.
[10] 赵建国．KY-310B 型牙轮钻机湿式除尘系统改进［J］．包钢科技，2014，40（6）：86～87.
[11] 王瑞龙．HMC-58 干式除尘在 DMH 型进口钻机上的应用［J］．采矿技术，2014，14（1）：63.

8 计算机系统

本章内容提要： 随着计算机应用的发展，牙轮钻机的控制系统向全自动化、智能化方向发展的速度不断加快，特别是围绕着迅速发展的“数字化矿山”，牙轮钻机本机控制的智能化与系统作业的智能化更是如火如荼。本章重点从钻孔作业与监测、监控与故障诊断、系统控制智能化三方面对计算机在牙轮钻机中的应用进行了介绍。

8.1 计算机控制系统概述

为了便于介绍计算机在牙轮钻机的应用，首先就计算机控制系统做简要介绍。

8.1.1 计算机控制系统

8.1.1.1 控制系统的一般形式

控制系统的基本功能是信号的传递、加工和比较。由检测变送装置、控制器和执行装置来完成。图 8-1 所示为控制系统的一般形式的框图。

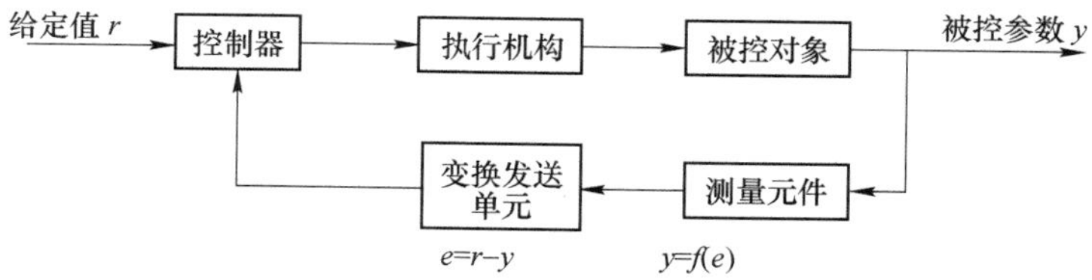

图 8-1 控制系统的一般形式框图

计算机控制系统（computer control system，CCS）是应用计算机参与控制并借助一些辅助部件与被控对象相联系，以获得一定控制目的而构成的系统。这里的计算机通常指数字计算机，可以有各种规模，如从微型到大型的通用或专用计算机。辅助部件主要指输入输出接口、检测装置和执行装置等。与被控对象的联系和部件间的联系，可以是有线方式，如通过电缆的模拟信号或数字信号进行联系；也可以是无线方式，如用红外线、微波、无线电波、光波等进行联系。

被控对象的范围很广，包括各行各业的生产过程、机械装置、交通工具、机器人、实验装置、仪器仪表、家庭生活设施、家用电器和儿童玩具等。控制目的可以是使被控对象的状态或运动过程达到某种要求，也可以是达到某种最优化目标。

8.1.1.2 计算机控制系统的工作原理

而在计算机控制系统中，则计算机代替控制器；增加 A/D、D/A 转换器；控制规律由程序实现。其控制过程主要包括以下三部分：

（1）实时数据采集，对来自测量变送装置的被控量的瞬时值进行检测和输入。

（2）实时控制决策，对采集到的被控量进行分析和处理，并按已定的控制规律，决定将要采取的控制行为。

（3）实时控制输出，根据控制决策，适时地对执行机构发出控制信号，完成控制任务。

在这里实时的含义就是及时和快速。

根据控制对象和控制目的的不同，计算机控制系统可分别采用在线方式和离线方式。计算机控制系统的工作原理如图 8-2 所示。

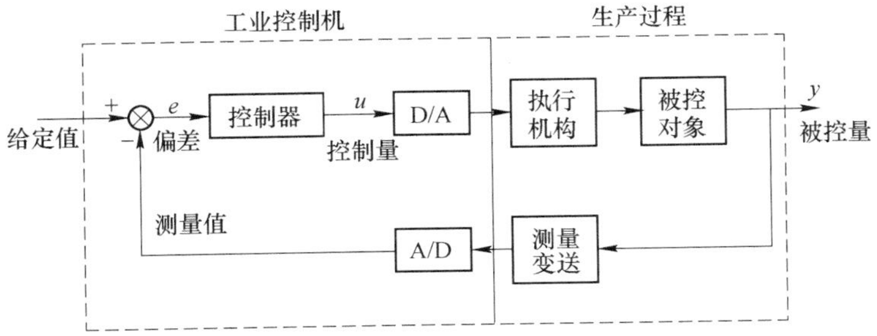

图 8-2 计算机控制系统的工作原理

8.1.2 计算机控制系统的组成

计算机控制系统通常具有精度高、速度快、存储容量大和有逻辑判断功能等特点，因此可以实现高级复杂的控制方法，获得快速精密的控制效果。计算机技术的发展已使整个人类社会发生了可观的变化，自然也应用到工业生产和企业管理中。而且，计算机所具有的信息处理能力，能够进一步把过程控制和生产管理有机地结合起来（如 CIMS），从而实现工厂、企业的全面自动化管理。图 8-3 所示为计算机控制系统框图。

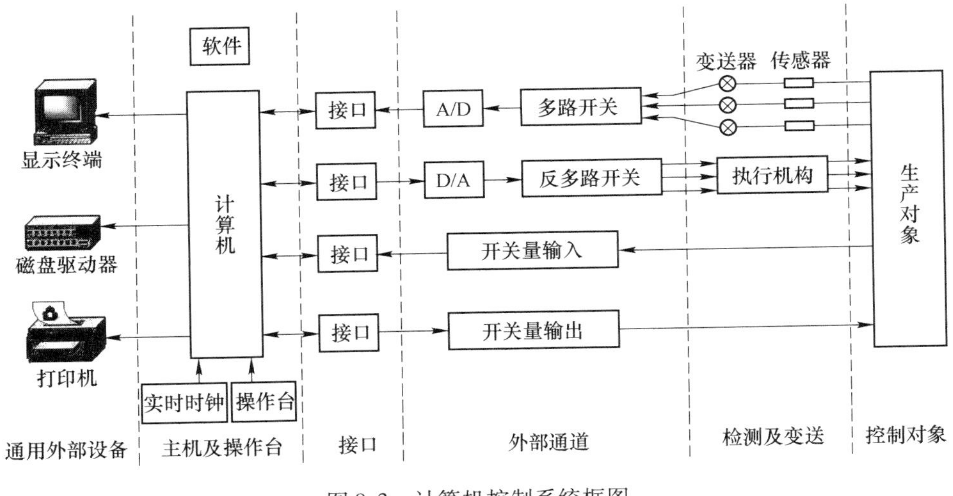

图 8-3 计算机控制系统框图

计算机控制系统就是利用计算机（通常称为工业控制计算机）来实现工业过程自动控制的系统。在计算机控制系统中，由于工业控制机的输入和输出是数字信号，而现场采集到的信号或送到执行机构的信号大多是模拟信号，因此与常规的按偏差控制的闭环负反馈系统相比，计算机控制系统需要有数/模转换器和模/数转换器这两个环节。

8.1.2.1　计算机控制系统的硬件

计算机控制系统由工业控制机和生产过程两大部分组成，如图 8-4 所示。工业控制机硬件指计算机本身及外围设备。硬件包括计算机、过程输入输出接口、人机接口、外部存储器等。软件系统是能完成各种功能计算机程序的总和，通常包括系统软件和应用软件。

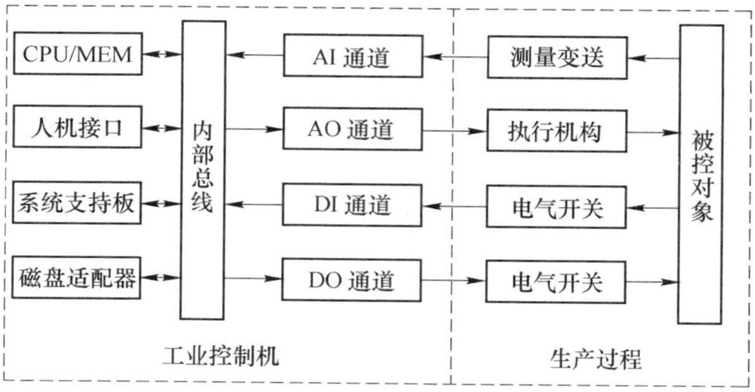

图 8-4　计算机控制系统的组成框图

8.1.2.2　计算机控制系统的软件

计算机控制系统软件包括系统软件和应用软件，如图 8-5 所示。系统软件一般包括操作系统、语言处理程序和服务性程序等，它们通常由计算机制造厂为用户配套，有一定的通用性。应用软件是为实现特定控制目的而编制的专用程序，如数据采集程序、控制决策程序、输出处理程序和报警处理程序等。它们涉及被控对象的自身特征和控制策略等，由实施控制系统的专业人员自行编制。

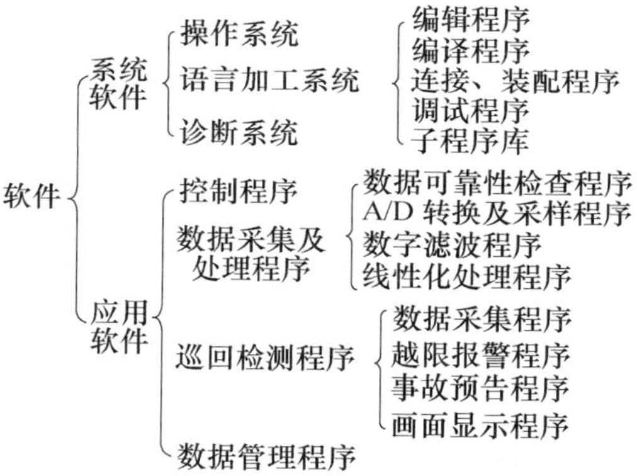

图 8-5　计算机控制系统软件的构成

计算机控制系统由控制部分和被控对象组成，其控制部分包括硬件部分和软件部分，这不同于模拟控制器构成的系统只由硬件组成。

计算机把通过测量元件、变送单元和模数转换器送来的数字信号，直接反馈到输入端与设定值进行比较，然后根据要求按偏差进行运算，所得到数字量输出信号经过数模转换器送到执行机构，对被控对象进行控制，使被控变量稳定在设定值上，这种系统称为闭环控制系统。这时计算机要不断采集被控对象的各种状态信息，按照一定的控制策略处理后，输出控制信息直接影响被控对象。图 8-6 所示为计算机闭环控制系统框图。

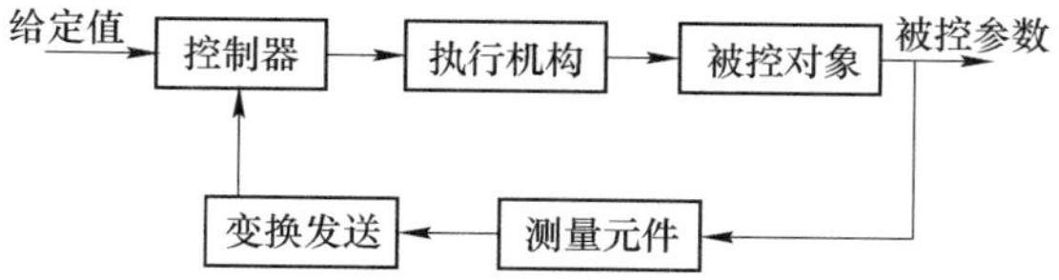

图 8-6　计算机闭环控制系统框图

当然，计算机控制系统也可以是开环的，开环控制系统有两种方式：一种是计算机只按时间顺序或某种给定的规则影响被控对象；另一种是计算机将来自被控对象的信息处理后，只向操作人员提供操作指导信息，然后由人工去影响被控对象。图 8-7 所示为计算机开环控制系统框图。

图 8-7 计算机开环控制系统框图

8.1.3 计算机控制系统的应用类型

计算机控制系统的典型应用形式主要包括有：操作指导控制系统（OGC）、直接数字控制系统（DDC）、监督控制系统（SCC）、分散型控制系统（DCS）、现场总线控制系统（FCS）5 种，其中的监督控制系统（SCC）由于结构复杂、投资高已经淘汰。在本节中主要对与牙轮钻机相关度较高的数据采集系统和计算机控制系统的典型应用形式中的直接数字控制系统（DDC）、分散型控制系统（DCS）和现场总线控制系统（FCS）进行了简要介绍。

8.1.3.1 数据采集系统

数据采集是一种从数据源收集、识别和选取数据的过程。对于计算机控制系统来讲就是从传感器和其他待测设备等模拟和数字被测单元中自动采集信息的过程。也就是说数据采集系统是结合基于计算机的测量软硬件产品来实现灵活的、用户自定义的测量系统。图 8-8 所示为计算机数据采集管理系统的典型结构框图。在这种应用中，计算机只承担数据的采集和处理工作，而不直接参与控制。它对生产过程各种工艺变量进行巡回检测、处理、记录及变量的超限报警，同时对这些变量进行累计分析和实时分析，得出各种趋势分析，为操作人员提供参考。

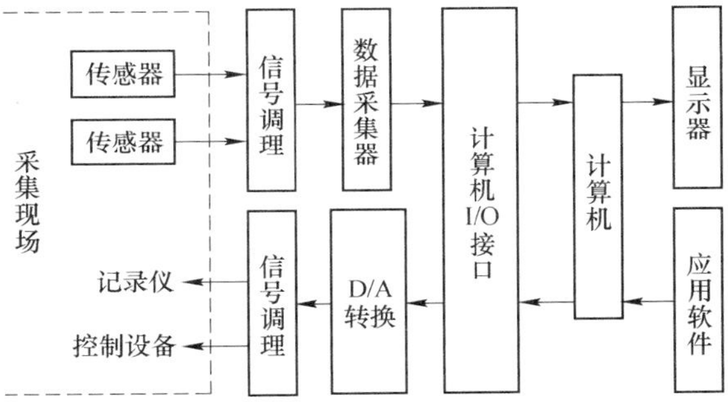

图 8-8 计算机数据采集管理系统的典型结构框图

8.1.3.2 直接数字控制系统

直接数字控制（direct digit control，DDC）系统，是用一台计算机对被控参数进行检测，再根据设定值和控制算法进行运算，然后输出到执行机构对生产进行控制，使被控参数稳定在给定值上。利用计算机的分时处理功能直接对多个控制回路实现多种形式控制的多功能数字控制系统。在这类系统中，计算机的输出直接作用于控制对象，故称为直接数字控制。其系统框图如图 8-9 所示。

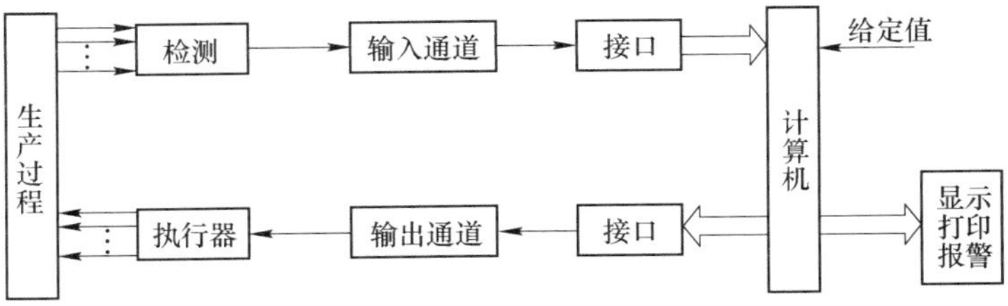

图 8-9 计算机直接控制系统框图

计算机根据控制规律进行运算，然后将结果经过过程输出通道，作用到被控对象，从而使被控变量符合要求的性能指标。与模拟系统不同之处在于，在模拟系统中，信号的传送不需要数字化；而数字系统必须先进行模数转换，输出控制信号也必须进行数模转换，然后才能驱动执行机构。因为计算机有较强的计算能力，所以控制算法的改变很方便。

由于计算机直接承担控制任务，要求实时性要好、可靠性高和适应性强。

8.1.3.3　分散型控制系统（DCS）

DCS 是一个由过程控制级和过程监控级组成的以通信网络为纽带的多级计算机系统，综合了计算机（computer）、通讯（communication）、显示（CRT）和控制（control）等4C 技术，其基本思想是分散控制、集中操作、分级管理、配置灵活、组态方便。采用合适的冗余配置和诊断至模件级的自诊断功能，具有高度的可靠性。图 8-10 为分散型控制系统的框图。系统主要由现场控制站（I/O 站）、数据通讯系统、人机接口单元（操作员站 OPS、工程师站 ENS）、机柜、电源等组成。系统具备开放的体系结构，可以提供多层开放数据接口。

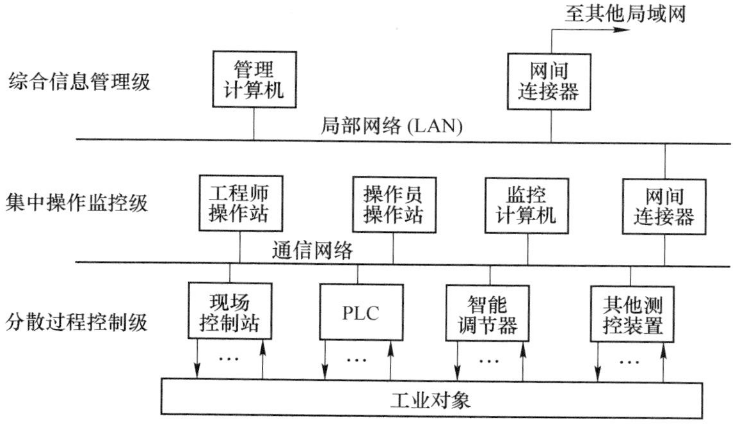

图 8-10　分散型控制系统框图

8.1.3.4　现场总线控制系统（FCS）

FCS 是继 DCS 之后的又一种新型工业控制系统，它的出现带来了工业控制领域的一场深刻革命。现场总线代表一种突破意义的控制思想，改进了 DCS 系统成本高、各厂商的产品通信标准不统一而造成不能互联的弱点；改变了原有控制体系结构，使模拟与数字混合的 DCS 更新换代为全数字现场总线控制系统，真正做到危险分散、控制分散、集中监控和全数字化。现场总线控制系统的框图如图 8-11 所示。

FCS 的全数字化通信使过程控制具有更高可靠性，从传感器、变送器到调节器，均为数字信号，这就使得复杂、精确的信号处理得以实现。因采用数字总线式通信线路代替 DCS 一对一的 I/O 连线，对于大规模 I/O 系统，减少了由连线带来的不可靠，同时也降低了布线成本。此外 FCS 还具有互操作性、分散性、EIC（电气传动、仪表、计算机）一体化等优点。在由现场总线构成的 FCS 中，仪表实际上已成为具有综合功能的智能仪表。EIC 一体化结构恰恰是工业自动化用得较多而又急需的控制系统结构。

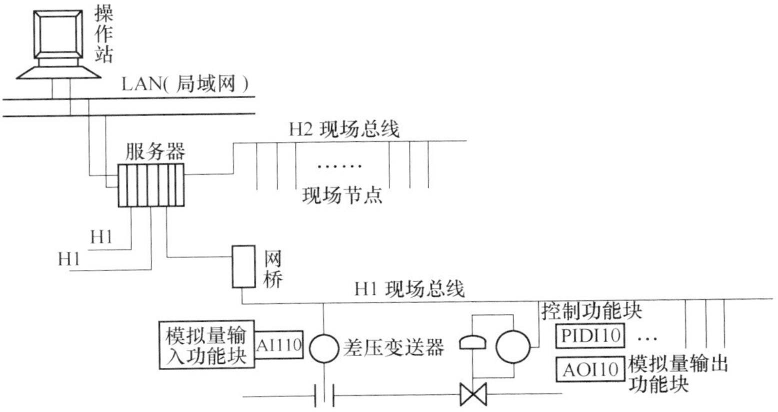

图 8-11 现场总线控制系统框图

从上述的介绍中，可以对数据采集系统、直接数字控制系统（DDC）、分散型控制系统（DCS）和现场总线控制系统（FCS）基本概念和控制框图有了初步认识。表 8-1 为计算机控制系统的数据采集与典型应用形式的系统特点。

表 8-1 计算机控制系统的数据采集与典型应用形式的系统特点

典型形式	系统特点
数据采集系统（OGC）	在这种应用中，计算机只承担数据的采集跟处理工作，从传感器和其他待测设备等模拟和数字被测单元中自动采集信息，不直接参与控制。它对生产过程各种工艺变量进行巡回检测、处理、记录及变量的超限报警，同时对这些变量进行累计分析和实时分析，得出各种趋势分析。数据采集系统是结合基于计算机的测量软硬件产品来实现灵活的、用户自定义的测量系统
直接数字控制系统（DDC）	计算机参与闭环控制过程；能够实现自动控制、多回路控制，能够灵活地把各种算法施加于生产过程，实时性好、可靠性高和适应性强；结构复杂、投资高
集散型控制系统（DCS）	分散控制，集中管理；任务分散，响应速度快，结构模块化，系统扩展、缩小方便；子系统独立性强，故障时影响小，能共享资源；系统庞大，结构复杂
现场总线控制系统（FCS）	使模拟与数字混合的 DCS 更新换代为全数字现场总线控制系统，真正做到危险分散、控制分散、集中监控和全数字化；降低成本，提高可靠性，可实现真正的开放式互连系统结构

8.2 牙轮钻机计算机控制系统基础

8.2.1 钻进操作的工作循环

炮眼钻孔的一个工作循环周期包括了 4 个主要的活动过程。这些活动过程有移孔位、调水平、钻孔、接换钻杆。这 4 个活动过程的完成为一个工作循环。该工作循环重复应用于成千上万个炮孔中每一个炮孔的钻进。

8.2.1.1 移孔位

在开始钻孔和炮眼钻进完成后钻孔时钻机都需要移动到下一个待钻孔的位置，钻机移孔位时，所有的钻杆都必须已经从炮孔中退出，以准备移动到下一个炮眼。

在此活动期间，钻机的调平千斤顶缩回，然后将钻机实际上转移到下一个炮眼的位置。在某些情况下，钻机可能需要往复来回运动，以保证所钻的炮眼将被精确地定位在其预定的位置，并精确对准钻孔。如果要钻倾斜的炮孔，操作者的判断一定要非常精确。

在钻某些炮眼时，有必要从钻具组件中移除所有的钻杆，并将它们存储在钻杆架中，然后在移位之前，将钻机回转头移动到钻架上的最低位置，当回转头处于钻架的最低位置时，钻机才具有足够的稳定性，这样做对精确定位爆破孔新炮眼的位置是有很大帮助的。保持钻机适度的快速移孔位速度是重要的，因为要移动的距离仅 10 ~ 12m，在大多数情况下，移动的时间需要 2 ~ 3min。

8.2.1.2　调水平

一旦炮眼钻头被精确定位到期望的位置后，必须将钻机调整水平，以为钻孔操作获得一个坚实的基础。钻机的水平调整是通过调整千斤顶支撑系统来完成的。

在较老的牙轮钻机上调水平是由司机手动操作来完成的，而许多现代牙轮钻机已使用自动调平系统来完成钻机水平的调整。

水平调整是钻机司机通过与站在钻机外面的助手所给的指示信号和安置在司机室的水平仪来进行的。通常钻机的水平调整时间约需要 1min。

8.2.1.3　钻孔

钻孔和钻杆的处理是按顺序完成的，在两者之间需要稍作停顿。

刚开始钻进时，钻杆以低进给力和慢速旋转，所供给得压缩空气也较少。此时，开始精确对准炮眼，以尽可能地大大降低孔位的偏差。实际钻进前的 2m 左右的这个阶段被称为开孔。

开孔好之后，钻机使用最合适的进给力、进给速度和旋转速度进行全负荷钻进。

当炮眼钻孔的最大深度已达到第一根钻杆的钻进深度，并且有必要继续钻进更深时，则钻孔暂停，以便接装一根钻杆。因此，钻孔暂停，接装加长钻杆的操作开始。

8.2.1.4　接装加长钻杆

为增加一个新的钻杆到钻杆组，先将第一根现有钻杆由底部扳手在钻架的底部夹紧，然后将钻杆扳手即液压分离扳手松开连接到钻机回转头的主轴下或其下面附属的钻杆减振器底部的钻杆。钻杆的进一步松动是在液压扳手松开之后。

当钻机回转头从钻杆上分离后，钻机回转头移动至钻架的顶部。

钻杆架的动作可确保新接钻杆与原有钻具组的精确对准。然后钻机回转头转动至钻杆上方并与其连接，然后由扳手保持与第一根钻杆的连接。扳手缩回后允许钻进操作循环重新开始。

上述活动可能不得不被重复 3 ~ 4 次，直到满足炮眼钻进的所需深度为止。

当钻孔作业最终完成后，上述接装的钻杆则被收回，从钻具组中分离并储存在钻杆架中，直到钻头返回到地面之上。

增加一根新的钻杆，包括钻机回转头运动的时间，通常是 1.25 ~ 2min。松动和卸下钻杆，将其存储回钻杆储存架，向下移动所述钻机回转头和开始收回下部的钻杆需要花费 1.5 ~ 2.5min。

通常一次钻孔作业的时间耗费的范围变化很大，根据作业环境的不同，时间短的只要15min，而时间长的甚至需要2h。

当钻机移孔位时，需要从地面上将液压千斤顶收回至其行走履带之上。牙轮钻机使用调平千斤顶支撑系统调平钻机需要约1min。

一般而言，一个钻孔工作周期所需的全部时间范围为0.25～1.5h。

8.2.2 牙轮钻机的计算机基础平台

牙轮钻机的计算机基础平台通常由4个子系统组成：钻孔知识系统、钻机自动化系统、钻机导航系统、综合采矿系统。

在上述的子系统中，除了综合采矿系统例外，每个子系统都具有独自的优势和特定的目标，并通过使用特定的组件将钻孔知识系统、钻机自动化系统和钻机导航系统组合在一起于钻机中使用。不同类型的计算机化钻孔系统所需要配置的项目内容见表8-2。

表8-2 不同类型的计算机化钻孔系统所需要配置的项目内容

项 目 内 容	如果需要以下系统		
	钻孔知识库	自动钻孔	钻孔位置
传感器对钻机回转头位置的测量	√	√	
回转速度	√	√	
回转扭矩	√	√	
主空压机压力	√	√	
主空压机流量	√	√	
钻机轴线垂直振动	√	√	
钻机轴线水平振动	√	√	
钻架的垂直振动	√	√	
钻架的水平振动	√	√	
钻机调平	√	√	
垂直方向的钻架角度	√	√	
钻进知识数据库显示系统单元配备	√	√	
自动钻孔软件		√	
钻孔定位软件			√
显示器	√		√
系统的手动输入装置	√	√	√
控制单元柜		√	√
无线电发射机		√	√
计算机和网络布线			√
GPS发射机			√
GPS地面站			√

8.2.2.1 计算机基础平台子系统的目标

（1）钻孔知识系统。钻孔知识系统的目标，简而言之，就是要获取有关钻机作业和被钻孔材料的数据。

（2）钻孔自动化系统。钻孔自动化系统的目的是在钻孔循环作业中采用自动化进行各种各样的钻孔作业活动。在钻杆的操作、调平和钻孔作业中采用自动化操纵方法已经存在了很长一段时间。

（3）钻机导航系统。钻机的导航系统的目的旨在钻孔过程的孔位转移中实现自动化循环。

（4）综合采矿系统。综合采矿系统要实现控制矿山中使用设备的所有操作的最终目的。为了实现这一目标，有必要将钻孔作业过程的相关信息输出，实现与其他采矿设备信息的互通。当上述任何一个子系统装在牙轮钻机上时，有必要在钻机中配置相关的配套组件。正如表 8-2 中所列出的内容那样。

8.2.2.2　牙轮钻机子系统之间的通信

为了实现目标和正常工作，必须通过电脑建立各种组件之间的通信。以实现爆破孔的计算机化的优化钻孔和爆破，所述各子系统组件之间的通信是通过图 8-12 所示的数据流框图来实现的。

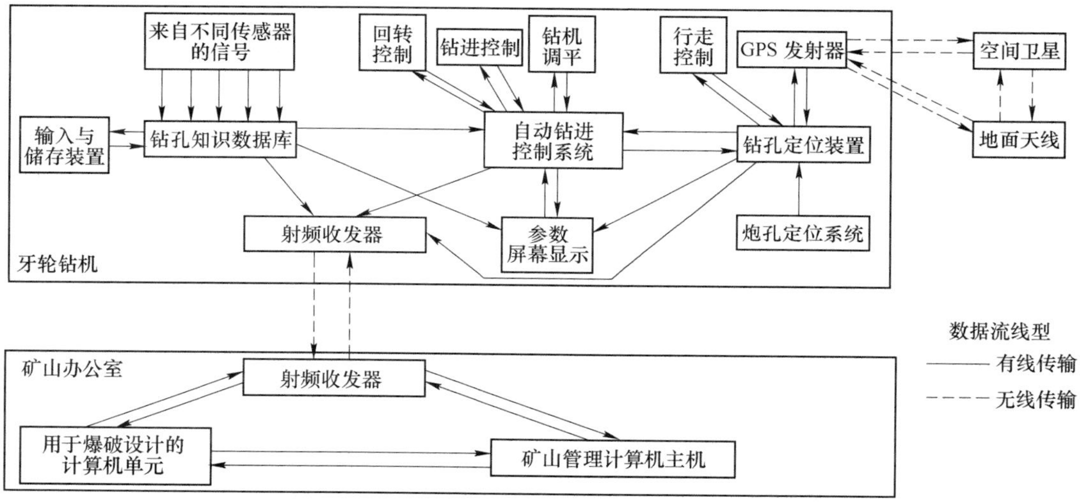

图 8-12　牙轮钻机数据流框图

8.2.2.3　钻孔知识数据库的构成

A　钻孔知识数据库的主要参数

在炮眼钻孔过程中，引进自动化设备，需要知道很多关于爆破孔的工作参数。这些参数可以被分为两类：材料和位置。一类是与钻孔对象材料相关的参数，一类是与所钻炮孔位置相关的参数。表 8-3 所列为钻孔参数，表 8-4 所列为钻孔定位参数。

表 8-3　钻孔参数

钻进数据		参数所依据的测定方法
项目	符号	
时间计数器	T	计算机自身的时间计数器
所需的爆破孔深度	L	预先设置的长度

续表 8-3

钻进数据		参数所依据的测定方法
项目	符号	
实际钻进深度	L_1	从旋转头到钻杆的预定位置的距离 + 钻杆的长度
其余待钻进深度	L_2	$L_2 = L - L_1$
在一次移动中累积钻进的深度	L_C	在一次移位中所有炮眼钻进 L_1 最终值的总和
瞬间时间钻孔穿透率	P_1	$P_1 = \Delta L_1 / \Delta T$
炮眼的整体穿透率	P_O	$P_O = L_1/T_H$，T_H 为所需的炮眼长度的钻孔时间
一次移位的整体穿透率	P_S	$P_S = L_C/T_S$，T_S 为一次移位钻进炮孔的所有时间
施加的进给力	F	液压加压或电动加压或机械力测量装置检测的进给压力
轴压（钻头上的重量）	W	$W = F + W_H$，W_H 为回转头的重量和钻杆组件的重量
回转速度	R	可以通过一个转数计数器和计算机的时间计数器来测量
回转扭矩	T	由液压回转回路的压力或进给电机回转形成的力矩测量
在回转头上的水平振动级别	V_H	通过使用传感器在旋转钻机回转头沿水平方向进行测量
在回转头上的垂直振动级别	V_V	通过使用传感器在旋转钻机回转头沿垂直方向进行测量
主空压机在回转头上的压力	PR_C	可以通过使用压力传感器在压缩空气流路来测量
主空压机在钻头上的压力	PR_B	$PR_B = PR_C - PR_S$，PR_S 为预先计算的钻杆上的压力损失

表 8-4 钻孔定位参数

钻孔数据	使用的方式
时间计数器	计算机自身的时间计数器
爆破孔识别号码	预先设置
炮眼位置的 X 向坐标	预先设置
炮眼位置的 Y 向坐标	预先设置
垂直方向炮孔的倾斜角	预先设置
是否已经处于适当的钻孔位置并调平？	依靠 GPS 系统进行检测
是否已将钻杆完全从炮眼撤出，并可安全移位？	依靠 GPS 系统进行检测
尚未钻孔的炮眼	预先设置

仅测量这些参数是不够的，要实现钻孔过程的自动控制的最终目标，还需要对这些数据进行大量的计算。

B 钻孔知识数据库的特点

这个系统使重要的数据信息在钻机对岩层钻孔时进行检索。此外，数据被存储在数据库系统中，审查存储的数据可以有利于下面的相关工作。

例如，通过钻机知识数据库系统可以间接查看到钻机司机及其助手的工作状况，并通过对数据库中的数据分析，及时纠正操作中存在的不足和问题，以进一步提高钻机司机及其助手钻孔作业的技术水平和工作效率。

在钻机的知识数据库中以文字、表格、图表等形式储存和记录了钻孔作业中的各种相关数据和参数，通过审查存储的数据可以提供有关钻孔作业相关的不同参数的许多信息，如图 8-13 所示的穿透率和扭矩、振动、钻头负载和旋转速度之间保持恒定的对应关系等。这在钻机设计和设计爆破方案时是非常有用的。

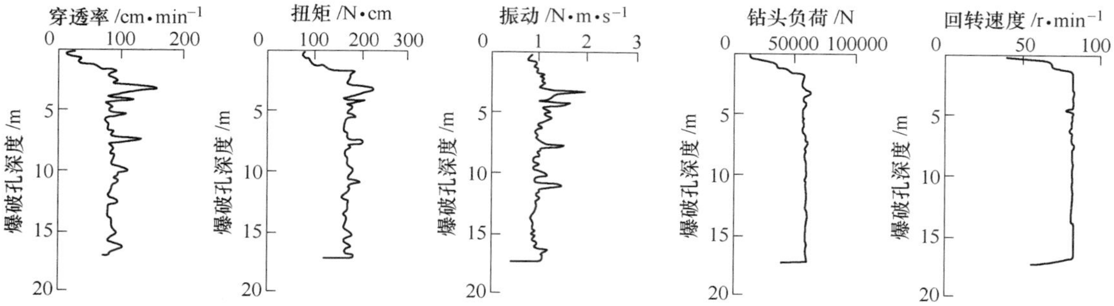

图 8-13　穿透率与扭矩、振动、钻头负荷和回转速度之间的对应关系

在钻孔作业中，穿透率是一个非常重要的参数。如果其他钻孔参数，如钻头负载和用于钻孔的转矩不改变，以达到渗透速率正比于岩层的强度，那么，在计算机系统上记录的瞬时穿透率的基础上，即可推断和绘制出岩层的强度变化。

8.2.2.4　全球卫星定位系统（GPS）

GPS（global positioning system）即全球定位系统。是由卫星导航的定位系统，利用该系统，用户可以在全球范围内实现全天候、连续、实时的三维导航定位和测速；另外，利用该系统，用户还能够进行高精度的时间传递和高精度的精密定位。现实生活中，GPS 定位主要是用于对移动的人、宠物、车及设备进行远程实时定位监控的一门技术。

全球定位系统的工作原理就是利用地球同步卫星网络、太空中的卫星、地面上的控制站来确保卫星相对于地球的中心，并且由用户输入的信息的精确定位，从而确定目标的位置及速度。

全球的四大卫星导航系统：

（1）美国全球定位系统（GPS），由 24 颗卫星组成，分布在 6 条交点互隔 60°的轨道面上，精度约为 10m。

（2）俄罗斯“格洛纳斯”系统，由 24 颗卫星组成，精度在 10m 左右。

（3）欧洲“伽利略”系统，由 30 颗卫星组成，定位误差不超过 1m。

（4）中国“北斗”系统，由 5 颗静止轨道卫星和 30 颗非静止轨道卫星组成，定位精度 10m。

全球定位系统由空间部分（太空部分）、控制部分（监控部分）和用户部分（地面部分）构成，以上这三部分共同组成了一个完整的 GPS 系统。

（1）空间部分（太空部分）。GPS 的空间部分是由 24 颗 GPS 工作卫星所组成，这些 GPS 工作卫星共同组成了 GPS 卫星星座，其中 21 颗为可用于导航的卫星，3 颗为活动的备用卫星。这 24 颗卫星分布在 6 个倾角为 55°的轨道上绕地球运行。卫星的运行周期约为 12 恒星时。每颗 GPS 工作卫星都发出用于导航定位的信号，GPS 用户正是利用这些信号来进行工作的。

（2）控制部分（监控部分）。GPS 的控制部分由分布在全球的由若干个跟踪站所组成的监控系统所构成，根据其作用的不同，这些跟踪站又被分为主控站、监控站和注入站。

(3) 用户部分（地面部分）。GPS 的用户部分由 GPS 接收机、数据处理软件及相应的用户设备如计算机气象仪器等所组成。它的作用是接收 GPS 卫星所发出的信号，利用这些信号进行导航定位等工作。

8.2.2.5 使用 GPS 控制牙轮钻机移孔位

通过应用 GPS 可以精确地和明确地测定钻机的纬度、经度和高度。

在矿山的台阶上每个炮眼的位置都是预先定义好的。如果其标识的炮眼位置被输入安置在钻机的计算机中，它可以显示在计算机的屏幕上。同样，牙轮钻机自身的位置也是通过 GPS 确定的，也可以被叠加在屏幕上。图 8-14 所示为 GPS 管控的牙轮钻机位移与炮孔定位示意图。在其所显示的屏幕上，这些都可以看出。由于从一个炮眼到其他的位置钻机动作的顺序已经预先在计算机中定义，因此，可以在司机室看着屏幕将钻机的钻头移动到预先确定的钻孔位置，而不是依靠在地面上通过做标志来标识下一个炮孔位置。

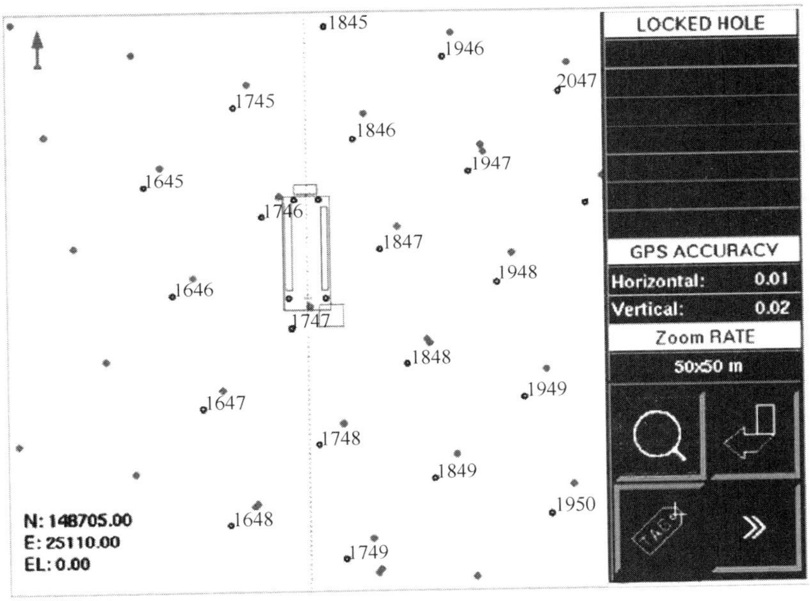

图 8-14 GPS 管控的牙轮钻机位移与炮孔定位示意图

当钻机在屏幕上移动时钻头的图像也在移动，因为卫星连续跟踪着钻头的运动。当钻头接近新的爆破孔，屏幕图像被自动放大，以便司机可以更精确地定位钻孔。最后，当钻机已经移动到预先定位的公差范围之内的新炮眼时，计算机则会发出信号通知该钻头已经精确移动到新的炮眼，于是便可以在钻机水平调整完成后开始下一个钻孔循环周期的钻孔作业。

钻孔的精度取决于所用设备的类型，当 GPS 的定位精度可高达 5cm 时，则意味着牙轮钻机的钻头可以精确定位在 5cm 公差范围内的位置。

8.2.3 钻孔数据库系统的自动检测与数据采集

尽管现代牙轮钻机所开发应用的计算机自动钻孔系统因制造商的不同而不同，其结构和精度各有所异，但是都必须具有一个完整的计算机自动钻孔系统。这就是大型的牙轮钻机必须包括有完全电脑化的钻孔知识系统、自动调平系统、自动钻进系统和 GPS 定位系统的基本内容。进一步的完整的系统则还应该包括一个计算机化的综合采矿系统，它不仅控制炮眼钻机的操作，还与矿山采掘其他配套的设备的控制系统集成在一起。

配置了钻孔知识系统、自动调平系统、自动钻进系统、GPS 定位系统和综合采矿系统的牙轮钻机的计算机自动钻孔系统被安置在钻机司机室的计算机中，通常还要与位于矿山管理系统的计算机主机联系在一起，以便统一集中管控。图 8-15 所示为安装在牙轮钻机中的 GPS 各组件的位置。

图 8-15 安装在牙轮钻机中的 GPS 各组件的位置

8.2.3.1 在线数据采集与检测

由于一个钻孔知识数据库系统所需的数据，是在钻孔操作过程中采集获取的，因此它通常被称为在线检测（measurements while drilling，MWD）。

该 MWD 模块可以对爆破孔的钻进过程的相关数据检测和采集的同时，将所采集到的相关数据进行存储。

表 8-5 所列为某型钻机的一次钻孔在线检测（MWD）的数据采集表。

表 8-5 某型钻机的一次钻孔在线检测（MWD）数据采集表

开始时间	炮孔深度 /m	回转速度 /r · min^{-1}	钻头负荷 /kN	回转扭矩 /N · cm	钻孔穿透率 /cm · min^{-1}	压缩空气压力 /kPa	振动幅度 /N · m · s^{-1}	可爆性指数
05/10:36	0.2	27.9	138.23	20.1	18.1	193.1	0.51	30
05/10:36	0.4	32.8	47.20	51.2	18.6	316.5	0.72	19.1
05/10:36	0.6	49.6	43.32	55.6	18.3	317.6	1.09	27
05/10:36	0.8	47.1	82.65	77.8	13.4	319.1	1.09	47.2
05/10:36	1.0	46.9	125.8	90.6	6.9	320	1.15	84
05/10:36	1.2	46.4	140.21	88.4	4.4	320.5	0.96	176.2
05/10:36	1.4	46.1	148.85	77.1	2.9	321	1.89	279.1
05/10:36	1.6	46.8	145.11	75.9	3.8	320.7	0.95	183.3
05/10:36	1.8	53.3	151.23	83.2	4.9	320.4	0.85	113
05/10:36	2.0	64.3	384.85	116.3	11.3	320.2	1.14	45.7

8.2.3.2 基本参数

在钻孔知识数据库中有一些基本参数，它们是预先设计或设定好的，或是由运营商控制的，这种基本参数被称为独立参数。而其他的一些相关参数，则经由这些独立参数计算而得。钻孔知识数据库的基本参数已列于表 8-3，现就该表中的基本参数分别阐述如下：

（1）时间（T）。对于大多数的计算，时间这个基本参数是必不可少的。在钻孔知识数据库系统中，1/100s 的时钟精度即可满足要求。

因此，通常在该系统中使用计算机自带的时钟就足够了。对时间的测量自然包括日期，作为日期应考虑有一定的时间间隔，另外就是基本测量单位的指定。

（2）炮孔深度（L）。在钻孔知识数据库中，炮孔深度始终是通过测量钻机回转头的行程获得的。当然，这种测量的长度并非是完全垂直的炮眼长度。在大多数情况下，1 ~ 100m 的测量长度范围已经足够。

实际测量所钻炮孔深度的运动，是通过光学式编码器的检测来实现的。光学式编码器被固定在滑轮轴或与回转头连接在一起的链条（钢丝绳）上，当钻机的回转头沿钻架移动时则钻头行进。光学编码器通过检测滑轮或轴的旋转运动后，并将其转换成钻机回转头行进的距离，也就是炮孔的深度。

（3）转速（R）。钻杆的旋转速度可以通过一个固定在钻机回转头上的光学编码器进行检测，或通过测量用于驱动钻机回转头旋转的液压或电动马达的旋转速度，并使用该回转头的齿轮减速比予以精确地测量计算。

一般来讲，每台牙轮钻机都有一个内置的系统来测量回转头的转速，无论哪一种钻孔知识数据库都是如此，相关的测量信号只是被钻孔知识数据库系统简单地予以采集和使用而已。在大多数情况下，1 ~ 200r/min 的转速检测范围已经足够了。

（4）钻头载荷（轴压 W）。每台钻机都有一个根据作用在钻头上的进给力检测钻头载荷（轴压力）的系统。

在计算机系统中，这些测量值被采集，并通过将钻机回转头部和其他钻具组部件的重量叠加后，更精确地测量作用在钻头的载荷。

（5）扭矩（T）。扭矩是指旋转钻头和钻杆所需要的力。该参数是测定穿透率和岩石硬度的良好指标。

（6）振动（V）。在钻进过程中，钻杆的振动会经由钻机回转头最终传递到钻架上。安装在钻架上的振动传感器可以很容易地检测到钻架上的这种明显振动。振动传感器需要同时测量横向振动的幅度与频率和纵向（垂直方向上）的振动。对钻机自动钻孔系统而言，振动传感器所检测的数据是特别重要的，因为振动是降低钻机回转头和钻架的疲劳寿命的原因。

从理论上说，在极为罕见的情况下，钻杆的振动频率可能会与钻架吻合，并由此产生谐振。在这种情况下的振动振幅增大到造成钻机损坏的程度。

因此，当振动参数开始超过设定的极限时，自动钻探系统则应对钻机的旋转速度和进给力进行调整，以减少振动的振幅和频率。

（7）压缩空气压力（P）。该参数应持续不断地测量并经由在司机室的压力计显示给司机。钻孔知识数据库系统对压缩空气的压力参数的输入，是经由安装在压缩空气流动导管上合适位置的压力传感器采集获取的。

8.2.3.3　与基本参数关联的计算参数

某些计算参数对于牙轮钻机的生产率和运行经济效益以至于整个矿山作业的运行都是息息相关的，因此必须通过基本参数计算获取这些相关的计算参数。

（1）穿透率。对牙轮钻机钻孔作业来讲，穿透率是最重要的一个参数。实际上它是通过计算钻孔时钻机回转头行进的距离与所耗费的时间之间的关系得到的。

如表8-3所述，瞬时穿透率为 $P_S = \Delta L/\Delta T$ 。在大多数的钻孔知识数据库系统中，距离间隔 ΔL 可以被设置为一个固定的距离，从而计算得到单位时间的平均穿透率。

（2）可爆性指数。可爆性指数对于钻孔作业之后的操作，如爆破、铲装、拖运、破碎等是一个非常重要的参数。不同于穿透率，可爆性指数不能直接通过从钻孔知识数据库系统中单独获得的数据计算出来，而是需要对岩层进行大量的标定和校准，并应用关联的钻孔知识与现实的可爆性指数所采集的数据，通过MWD系统中检索到的数据（见表8-5，可以以图形或表格形式来查看），使用专门的方法和建立相关的数学公式来进行计算。

8.2.4　牙轮钻机的钻孔作业的自动控制系统

牙轮钻机钻孔作业的自动控制系统可以由一个或者由多个自动化系统构成，它们包括自动灭火系统、自动润滑系统、自动调平系统、自动钻孔系统。

前面的两个自动系统是独立于自动钻孔系统之外的系统，可以讲，牙轮钻机钻孔作业的自动控制系统实际上就是包括了自动调平系统在内的自动钻孔作业控制系统。

8.2.4.1　钻孔作业自动控制系统的重要参数

钻孔作业自动控制系统的三个重要参数分别是钻头载荷（轴压力）、钻杆的旋转速度和通过钻杆进入炮眼的压缩空气的流量和压力。

当上述三个参数发生超出其正常范围内的情况时，则可能造成牙轮钻头或钻杆组件的损坏，或者造成钻孔作业的停止和中断。因此自动钻孔系统此时的主要目标，就是保证钻机的钻具组件不会发生任何形式的损坏和钻孔作业过程的中止。

8.2.4.2　自动钻孔系统主要参数的调整

在实际的钻孔作业过程中，作业对象和作业环境是经常变化的。为实现上述目标，应当在允许的范围内对牙轮钻机自动控制系统的主要参数进行调整。其变化可以依据下述参数的改变而调整。

这些可能变化的参数是炮眼直径、炮孔倾角、钻杆直径、炮孔深度、岩石性质、作业海拔高度、注水等。

因此，牙轮钻机的自动钻孔系统的主要参数不可能固化为一成不变的三个参数。在正常范围内，每一种自动钻孔系统都应该能够在钻机预期工作的工作场所对特定的炮孔钻进的重要参数进行校准和调整。图8-16为某型牙轮钻机自动钻孔系统的自动化流程。

当然，通常都是在新采场开始钻孔作业时进行一次校准，而没有必要在同一地点再次对主参数进行调整，除非该地层的性质会有急剧不同的变化。

8.2.5　牙轮钻机计算机化的硬件与软件

牙轮钻机计算机化的系统由系统单元、显示监视器、输入设备、无线发射器、GPS天

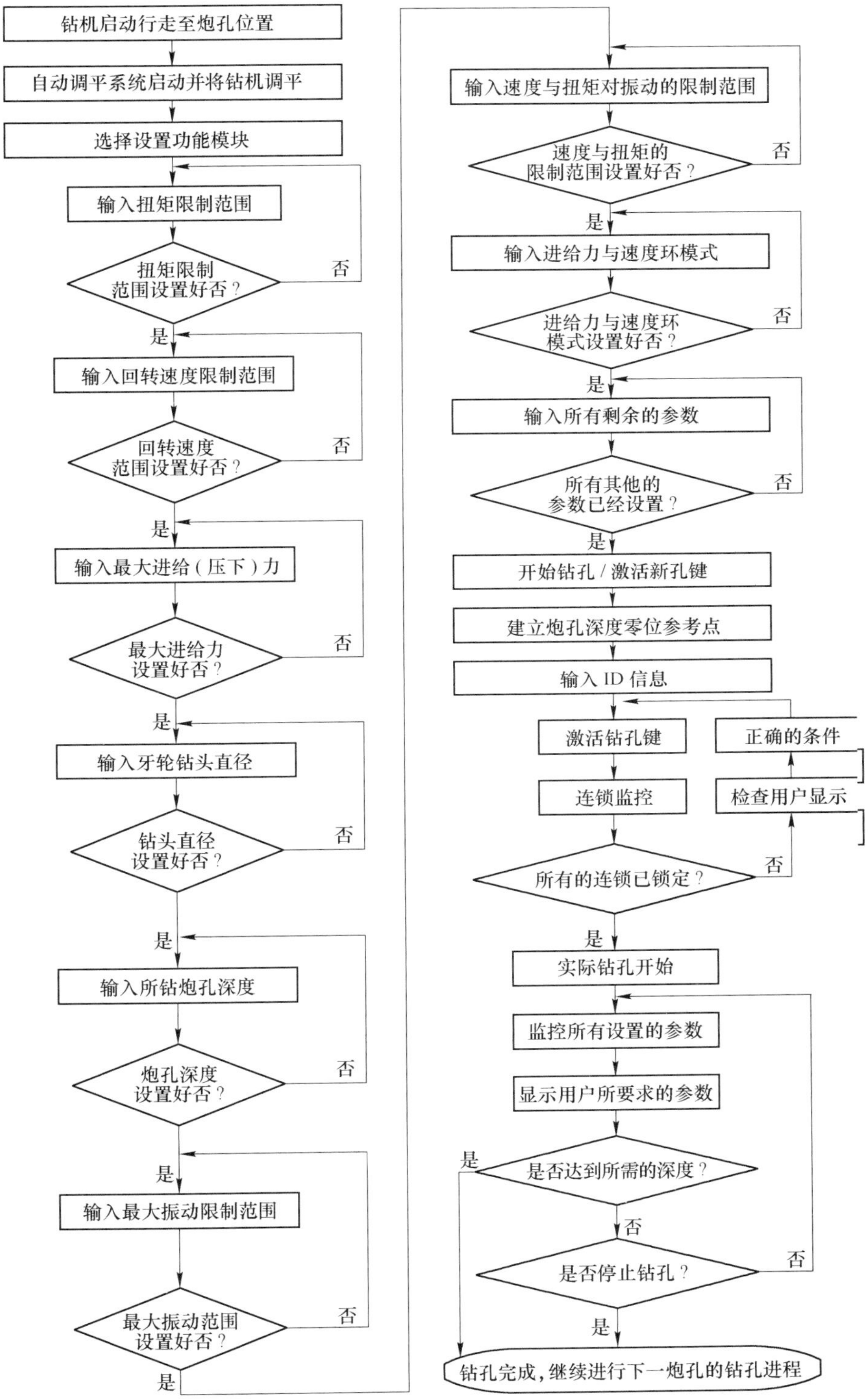

图8-16　某牙轮钻机自动钻孔系统的自动化流程

线、GPS 接收器、放大器、不同类型的传感器、电源单元和软件构成。

8.2.5.1　系统单元（主机）

用于钻机计算机化的系统单元结构和操作是很类似于个人计算机的系统单元。牙轮钻机计算机化系统典型的主机和显示监视器如图 8-17 所示。

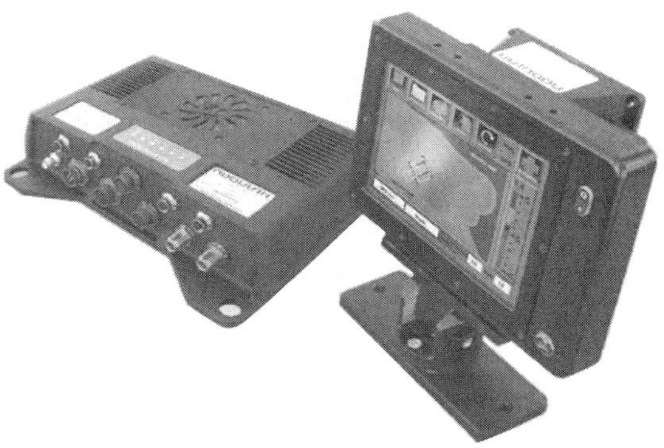

图 8-17　牙轮钻机计算机系统典型的主机与显示器

但是，不同的钻进制造商的系统单元的差别很大，下面是通常的系统单元的基本构成：

（1）系统单元具有一个专门的主板和一个或多个专用处理器，提供了主板上的 ROM 用于存储永久使用说明书，RAM 是用于存储临时数据。硬盘还用于海量存储数据。

（2）主板具有多个通信端口和一个系统总线，以接收数据或将数据发送到各种其他部件，如电液控制阀、无线电收发器、GPS 天线、传感器等。

（3）在系统单元中的处理器的运算速度必须尽可能快，因为它处于实时工作状态，这意味着该处理器应能分析所有的信号，并完成所有的计算，而不需要等待任何装置提供的数据。

8.2.5.2　其他硬件

由于在驾驶室的显示画面必须是在明亮的日光下仍清晰可见，因此显示器应当为彩色等离子显示类型。这种单元占据的空间小得多，可以放置在司机室方便的位置上，通常大小为 200mm×250mm 就足够了。

有的制造商提供了触摸屏进行显示。这些屏幕允许在屏幕上或一个区域选择由手指触摸，而不是鼠标点击输入。所选择的显示器应当能够适应钻机现场恶劣的环境条件。

在许多情况下，数据必须被输入到钻机的计算机系统，如每个炮眼、炮眼数量、钻杆构件数量、所需的炮孔深度等的坐标等。触摸屏类型的显示器也可以作为输入设备。然而，如果没有这样的触摸屏类型的输入装置，类似个人电脑的键盘就变得必不可少。

8.2.5.3　软件

牙轮钻机计算机化的系统，如果没有软件就不能正常工作。位于矿区办公室的电脑运行使用的是像微软 Windows 那样常用的操作系统软件。但作为牙轮钻机使用的软件却是特殊的，常用的操作系统如 Windows 或 Linux 等，不能用于牙轮钻机计算机化的系统。

在司机室的系统单元都配有特制的专用复活软件。复活软件通常存储在某些永久存储设备中，如光盘或硬盘。该软件允许：从触摸屏接收输入；从钻井知识系统的传感器接收输入；与显示单元通信；通过无线电收发信机通信；通过 GPS 接收机和 GPS 天线通信。

8.3　牙轮钻机控制系统的自动化与智能化

在本书 7.1 节介绍电气控制系统时，曾经就 PLC 及总线控制系统在 YZ-35D 牙轮钻机中的应用作了简单的介绍，该钻机的控制系统核心采用可编程控制器，并应用 PROFIBUS

现场总线技术，简化系统结构和相互之间的连线，提高了系统的可靠性；采用触摸屏作为系统的辅助控制及显示，监控系统工作流程，显示故障信息，故障判断一目了然，并可对各种参数进行采集，打印输出台班计量；采用编码器测量孔深，在触摸屏上实时跟踪显示钻进深度，并可设定欲达到的深度，实现自动孔深控制；钻机实现自动调平；注水阀改为电动调节阀控制；利用钻机回转扭矩、振动和排渣风压等钻进参数自动调节钻机轴压，可使钻机在允许范围内达到较佳的自动钻进状态；通过 PLC 用模式识别技术分析钻进参数，从而实现钻进自动化。

由此可见，可编程控制器（PLC）和现场总线控制系统技术具有原有的继电器控制或通用计算机所无法比拟的特点，是实现牙轮钻机控制系统自动化与智能化不可或缺的控制装置和技术。

8.3.1　可编程控制器和现场总线控制技术

8.3.1.1　可编程控制器及其特点

PLC 即可编程控制器（programmable logic controller），是指以计算机技术为基础的新型工业控制装置。可编程控制器（PLC）是专为工业环境应用而设计的计算机，它是将传统的继电器技术、计算机技术和通信技术相融合而发展起来的一种新型的控制装置。

在 1987 年国际电工委员会（International Electrical Committee）颁布的 PLC 标准草案中对 PLC 做了如下定义："PLC 是一种专门为在工业环境下应用而设计的数字运算操作的电子装置。它采用可以编制程序的存储器，用来在其内部存储执行逻辑运算、顺序运算、计时、计数和算术运算等操作的指令，并能通过数字式或模拟式的输入和输出，控制各种类型的机械或生产过程。PLC 及其有关的外围设备都应该按易于与工业控制系统形成一个整体，易于扩展其功能的原则而设计。"

PLC 在工业生产中主要用于过程的顺序控制和逻辑控制。现在新型的 PLC 已具备模拟量输入/输出接口和 PID 控制算法，可以用于生产过程的闭环控制。

可编程控制器是传统的继电器技术和计算机技术相结合的产物，由于其可靠性高、应用灵活、使用方便、易于安装调试维修、网络功能强，因此具有继电器控制或通用计算机所无法比拟的特点。实际上，可编程控制器（PLC）早已突破纯粹开关量控制的局限而进入到过程控制、位置控制、故障诊断、通信网络、图形工作站等领域，成为机电设备控制及过程控制不可缺少的核心控制部件。

PLC 的特点：可靠性高、抗干扰能力强、高可靠性是电气控制设备的关键性能。PLC 由于采用现代大规模集成电路技术，采用严格的生产工艺制造，内部电路采取了先进的抗干扰技术，具有很高的可靠性。PLC 平均无故障时间高达 30×10^4h，一些使用冗余 CPU 的 PLC 的平均无故障工作时间则更长。从 PLC 的机外电路来讲，使用 PLC 构成控制系统，与同等规模的继电接触器系统相比，电气接线及开关接点已减少到数百甚至数千分之一，故障也就大大降低。此外，PLC 带有硬件故障自我检测功能，出现故障时可及时发出警报信息。在应用软件中，应用者还可以编入外围器件的故障自诊断程序，使系统中除 PLC 以外的电路及设备也获得故障自诊断保护。

8.3.1.2　现场总线控制系统及其特点

现场总线系统（fieldbus）是近年来迅速发展起来的一种工业数据总线，它主要解决工业现场的智能化仪器仪表、控制器、执行机构等现场设备间的数字通信以及这些现场控制设备和高级控制系统之间的信息传递问题。

它不仅是一个基层网络，而且还是一种开放式、新型全分布控制系统，是一项以智能传感、控制、计算机、数字通信等技术为主要内容的综合技术。一般把现场总线系统称为第五代控制系统，也称为 FCS——现场总线控制系统。

现场总线控制系统具有以下特点：

（1）系统的开放性。开放系统是指通信协议公开，各不同厂家的设备之间可进行互连并实现信息交换。现场总线开发者就是要致力于建立统一的工厂底层网络的开放系统。这里的开放是指对相关标准的一致、公开性，强调对标准的共识与遵从。一个开放系统，它可以与任何遵守相同标准的其他设备或系统相连。一个具有总线功能的现场总线网络系统必须是开放的，开放系统把系统集成的权利交给了用户，用户可按自己的需要和对象把来自不同供应商的产品组成大小随意的系统。

（2）互可操作性与互用性。这里的互可操作性，是指实现互联设备间、系统间的信息传送与沟通，可实行点对点、一点对多点的数字通信。而互用性则意味着不同生产厂家的性能类似的设备可进行互换而实现互用。

（3）现场设备的智能化与功能自治性。它将传感测量、补偿计算、工程量处理与控制等功能分散到现场设备中完成，仅靠现场设备即可完成自动控制的基本功能，并可随时诊断设备的运行状态。

（4）系统结构的高度分散性。由于现场设备本身已可完成自动控制的基本功能，使得现场总线已构成一种新的全分布式控制系统的体系结构。从根本上改变了现有 DCS 集中与分散相结合的集散控制系统体系，简化了系统结构，提高了可靠性。

（5）对现场环境的适应性。工作在现场设备前端，作为工厂网络底层的现场总线，是专为在现场环境工作而设计的，它可支持双绞线、同轴电缆、光缆、射频、红外线、电力线等，具有较强的抗干扰能力，能采用两线制实现送电与通信，并可满足本质安全防爆要求等。

综上所述，应用计算机控制技术将可编程控制器（PLC）和现场总线系统（fieldbus）有机地结合在一起将促使牙轮钻机实现钻孔作业的自动化和智能化。

8.3.2　钻孔作业的自动化

8.3.2.1　钻进作业自动化的显示与传感器

系统采用内置微机及其屏幕显示监视器（LCD）取代了老式钻机的仪表盘，改善了普通仪表盘监视设备运行和显示数据的功能局限性。该监视器的功能较普通仪表盘丰富，不仅具备监视设备工作状态的功能，还具备多种监测和诊断功能，并可即时提供钻机作业性能的报告，具有人机对话的功能。它通过安装在钻机相关位置上的各种传感器把一系列信息传递给钻机操作人员，如钻机的回转转速、回转扭矩、加压压力、钻进速度、钻孔深度、钻头排渣空气压力等参数数据。另外，该监测器还可提供各参数的极限值，并可通过指令改变极值的设定，写入可编程序控制器内存。钻进作业自动化的显示与传感器能为钻机操作人员的正确操作提供依据，对实现自动钻孔作业、使钻机保持较高作业效率和无故障运行具有重要意义。

8.3.2.2　钻进作业自动化的发展

微电子技术快速发展，促进了计算机技术和可编程序控制器技术的发展，在性能和可靠性方面获得快速提高的同时成本大幅下降。采用微机、可编程序控制器等设备来实现对钻机主参数的自动控制，同时还可以对钻进过程进行监控，诊断钻机运行过程中出现的故障尤其是可编程序控制器能很好地应用于牙轮机，因为这种控制器程序编写简单、对环境要求不高，高温、潮湿、噪声、振动和电磁干扰都不影响其性能，不需要空调和保护。

钻进作业自动化的发展首先是从实现钻机自动化找平功能、自动接卸钻杆功能、自动润滑功能等局部自动化开始的，再逐步发展成钻机作业的整体自动化。初期钻进作业的自动化主要是控制钻杆回转速度和扭矩，轴压力和钻进速度及排渣风量，以不超过预定的极限值为依据的自动调节，垂直和水平以及扭曲振动不超过预先设定值，保持钻机平稳作业。

8.3.2.3　传感器技术和数据转换技术的应用

随着微电子技术和传感器技术的发展，以微机和传感器为基础的自动化系统催生了新一代钻机自动化系统的发展。其中最大的变化是：通过各种传感器将各种参数的模拟信号经过模/数转换后导入微机系统，这些参数数据与事先在微机中设定的整定值进行比较，当某参数超过预定值时，微机自动发出指令，再经过数/模转换变成模拟信号，将获得的信息经过相应处理后，依据控制器内设定的程序对执行机构进行控制，来操纵执行器自动调节完成钻孔作业的各种动作，使钻机实现自动化作业。但是这种自动化钻机还远未达到性能最优化，还不能很好地处理最佳平衡钻进速度与钻头寿命之间的关系。

8.3.2.4　实现钻进作业参数的最优化

为此，牙轮钻机还需要开发性能最佳化的自动化系统，以最小的成本实现钻进参数最优化。钻进作业中主要成本参数都用定量分析的方法写进成本方程，对其中每一参数都建立时间函数。系统应用的数据库与钻进速度、轴压力测定值相关，并结合矿岩的特性，推导出钻进速度和钻头寿命，从而确定最优工作制度参数的合理配合。

8.3.3　钻孔作业的智能化

8.3.3.1　自动钻孔作业的智能化控制程序

在钻孔过程中对钻孔深度应随时检测，并根据原定的开孔深度、注水深度和钻孔总深度，通过钻孔控制模块给执行装置发出开孔结束信号、停止注水信号和提钻信号，以实现按钻孔深度对整个钻孔过程的程序控制。钻机自动钻孔作业的智能化控制程序如图8-18所示。

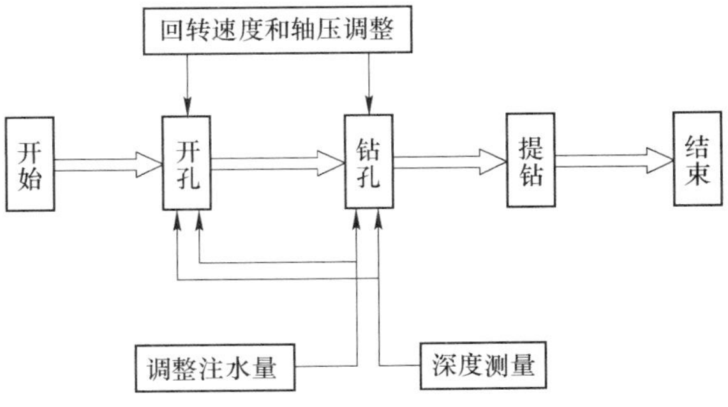

图8-18　钻机自动钻孔作业的智能化控制程序

（1）钻具回转机构和推进机构关联控制。根据钻孔过程中的各种指令信号，钻进系统能自动调节钻具的推进压力，以满足开孔、正常钻孔和提钻的要求。同时，若因岩层情况变化而导致回转压力和钻具垂直振动超过正常值时，能自动进行调节。

岩石的性质不同，钻机正常钻进的压力和临界压力就不一样，其值的大小要根据经验来设定。为了使钻机能在不同的性质的岩石中钻孔，并获得理想的钻孔效果，要求牙轮钻机钻孔参数能有一个可调的范围，以便能根据不同的地质条件对回转速度和轴压力进行调整，达到最佳的效果。

（2）注水控制。采用风水混合除尘方式时，控制系统能根据通气流量来自动控制注水量，从而使风水混合比保持在合适的范围。

（3）纵向振动监控。钻孔时，牙轮绕本身轴线旋转滚动，交替地由两个齿着地变为一个齿着地，齿圈重心则周而复始地运动在最高位置和最低位置之间，使整个钻进部分做纵向振动。一旦振动频率达到或接近钻具的固有频率，就会发生共振。纵向振动频率是由牙轮钻头的滚动速度决定的，检测钻头的滚动速度就能准确地反映钻进部分的纵向振动情况。

（4）自动保护。钻孔工作过程中如出现过电流、过电压、电源断相、推进加压力和回转压力过大等异常情况，系统应及时发出报警信号，并采取相应的有效保护措施，以避免造成不必要的损失。

（5）故障的辨识与处理。当钻机钻孔时，控制系统通过传感器不断采集各种信号，并对采集的信号进行判断，看是否有故障发生。如果判断有故障发生时，向主控制器发送显示故障类型的信息，同时发出报警信号，对于必须采取紧急处理措施的故障，钻进控制系统会即刻做出反应，自动切断钻机的供电电源。智能钻进控制模块还可以对采集的数据进行处理，得到比例阀的控制信息，并将其发到主控制器，由主控制器完成对智能钻进液压系统的控制。当智能钻进控制模块判断故障排除时，对主控制器发出恢复正常钻进的信息。

8.3.3.2　智能钻进控制系统的组成

依据上述控制模型，可采用两级 PLC 系统，实现对钻孔过程的自动控制。第一级负责运行参数显示、信号综合、停机故障诊断等功能，第二级负责数据检测和钻进过程控制。所选择的可编程控制器应具有较高的可靠性，抗干扰能力强；采用密封、防尘、抗振的外壳封装结构，可适应恶劣的工作环境，而且功能完善、使用灵活、实用性强、维护方便、占用空间小；具有较好的接口扩展功能，容易实现人机对话，且支持 FIELDBUS 或 CAN 等工业总线控制系统。图 8-19 所示为牙轮钻机智能钻进控制系统的组成。

为了使整个系统更加清晰紧凑，减少 PLC 间不必要的数据交换，提高系统的工作效率，牙轮钻机智能钻进控制系统运用模块化设计，把复杂系统分解成故障诊断和钻进控制两个功能块，既相互独立又可实时进行必要通讯，降低了设计难度，更好地保证功能实现的可靠性。同时又方便以后系统的改进和扩展，且能更快地找到和处理故障，减小了维修人员的工作量。最主要的是每个模块都可以实现一个单独的功能，大大减小了与主控制器之间的数据交换，从而减少了主机处理的任务，提高了整个系统的工作效率。

8.3.3.3　智能钻进控制系统的信号采集

牙轮钻机智能钻进控制模块在钻孔时主要是通过采集位移、压力、流量等信号，对

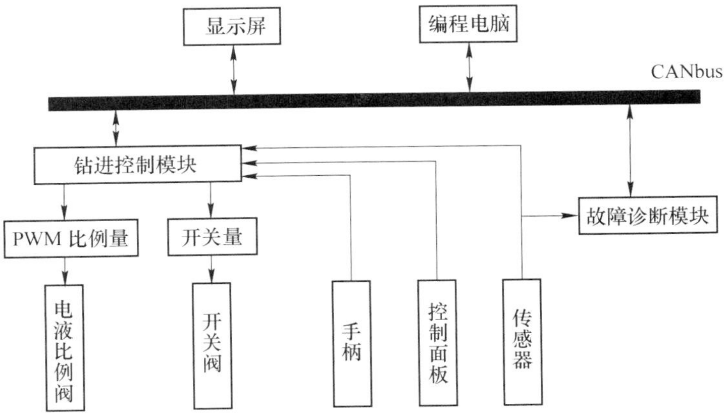

图 8-19 牙轮钻机智能钻进控制系统的组成

钻进过程进行控制。在钻孔时首先通过显示屏设定钻孔深度、注水流量、正常钻进的推进和回转压力以及振动允许的最大位移量，并在钻孔过程中连续对以上参数进行测量，所得数据从传感器不断地送入钻进控制模块进行处理，对比预订的值，如超过时模块就要做出相应的调整，以满足正常钻进的要求。达到钻孔总深度时，控制模块给执行装置发出开孔结束信号、注水停止信号和提钻信号。图 8-20 为钻进控制模块的组成。

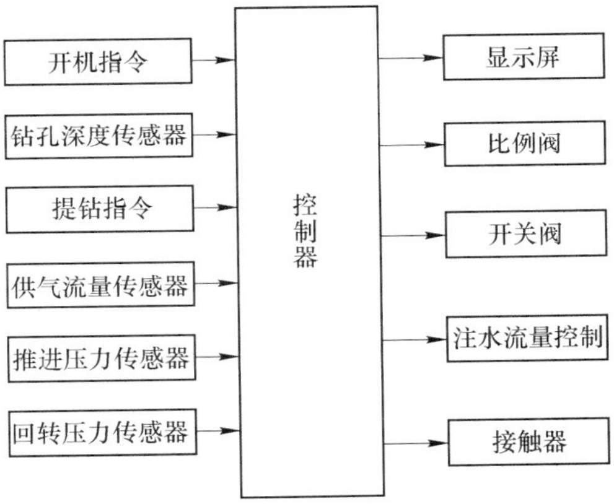

图 8-20 钻进控制模块的组成

8.3.4 牙轮钻机的故障诊断与远程监控

8.3.4.1 设置智能故障诊断模块的目的

牙轮钻机在钻孔工作过程中可能会现卡钻、钻孔偏斜、回转超速、轴压过大、过电流、过电压等异常情况，应及时判断出故障类型并发出预警信号，根据事故类型采取停机、切断电源等相应有效保护措施，以防止事故进一步扩大。

智能故障诊断模块的设置就是为了能快速准确地发现故障，并及时进行处理。当智能钻进控制系统工作时，通讯模块通过传感器不断采集压力信号，并对采集的信号进行判断，看是否有故障发生。如果判断有故障发生时，向主控制器发送显示故障类型的信息。同时，智能自动钻进控制模块对采集的数据进行处理，得到比例阀的控制信息，并将其发到主控制器，由主控制器完成对智能钻进液压系统的控制。当智能钻进控制模块判断故障排除时，对主控制器发出恢复正常钻进的信息。

诊断模块通过采集电压、电流、相序、推进压力和回转压力等信号，对所采集的数据进行处理分析，从而实现水平振动检测、自动保护和故障辨识与处理等功能。故障诊断模块的组成如图 8-21 所示。

8.3.4.2　智能故障诊断模块的主要功能

故障诊断模块的功能主要包括水平、垂直振动监控、自动保护功能和故障识别与处理。根据接收到的传感器的信号，按照原有的判别模型对数据进行处理、分析，通过显示屏给出相应的故障类型并报警。同时通过工业总线控制系统和钻进控制模块进行通讯，为钻进控制提供一些必要的信息。如对卡钻的识别过程，当智能钻进系统工作时，工业总线控制系统智能故障诊断模块通过传感器不断采集回转压力和推进压力信号，并对采集的信号进行处理，判断是否存在卡钻。如果判断有卡钻发生时，向主控制器发送显示卡钻信息。同时，故障诊断模块对采集数据进行处理，得到比例阀的控制信息，并将其发到钻进控制模块，由其完成对钻机钻进过程的控制。当智能钻进工业总线控制系统控制模块判断恢复正常钻进时，对钻进模块发出恢复正常钻进的信息。

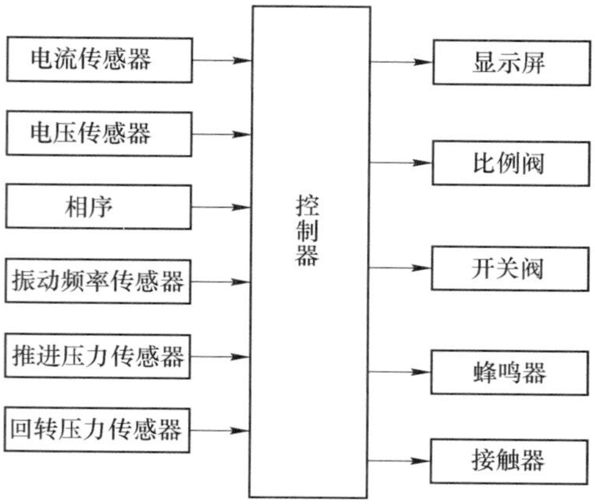

图 8-21　故障诊断模块的组成

8.3.4.3　故障检测及远程监控系统数据传输的特点

系统把总线控制及 PLC 控制系统等相关先进技术应用在牙轮钻机电控系统中，建立牙轮钻机远程监控及数据传输后，通过钻机 PLC 运行图及运行状况等其他数据检测，就可以全面了解钻机运行状况，适时了解钻机工作时的各项数据，对钻机运行程序可以远程修改，方便对故障进行检测及提出解决方案，此系统在钻机上安装一套带 3G 手机上网卡的发射系统，连接在电控系统的 CPU 上；用户端计算机上安装一套远程控制软件等相应软件系统，就可以通过有线或 3G 无线网络通过授权访问各自钻机的数据，此项目可以实现将分配权限给各相关管理层及用户，通过笔记本、平板电脑、智能手机，对设备现场进行远程在线监控、相关生产数据读取、故障检测诊断。使用户管理者可以通过互联网及时了解钻机的适时工况及参数；节省了现场问题处理的管理成本；提高了钻机的先进控制水平。

系统自动进行故障诊断和远程通讯：系统通过计算机中存有的诊断模型软件，能自动地提供故障诊断，并根据其存储的维修所需要的各种信息，为维修计划编制提供参考。此外，该系统还可以实现与矿山办公室进行无线通讯传输数据，将钻进过程的各种参数、设备状态及检测诊断信息提供给操作者，同时也可以传输操作者的各种指令。

8.3.4.4　故障诊断系统总体方案

数字故障诊断系统由故障信号采集系统和故障诊断监控系统两个子系统构成。

故障信号采集系统主要是将牙轮钻机中回转电机、提升电机、油泵系统和空压机系统的相关信号采集到控制器当中；故障诊断系统则是通过采集来的故障信号进行诊断，给出故障原因以提示现场工作人员和维护人员采取相应措施，及时排除故障。故障信号采集系统和故障诊断系统通过 PROFIBUS 总线实现两个系统之间数据通信。数字故障诊断系统的总体结构如图 8-22 所示。

8.3.4.5 故障信号采集系统

故障信号采集系统主要是将回转电机、提升电机、油泵系统和空压机系统的相关信息采集到控制器当中。其中，故障信号采集器使用西门子 S7-300PLC，可扩展不同功能模块，各种性能的模块可以非常好地满足和适应自动化控制任务；简单实用的分布式结构和多界面网络能力，使得应用十分灵活；当控制任务增加时，可自由扩展；大量的集成功能使其功能非常强劲。故障信号采集系统结构如图 8-23 所示，S7-300PLC 的硬件组态如图 8-24 所示。

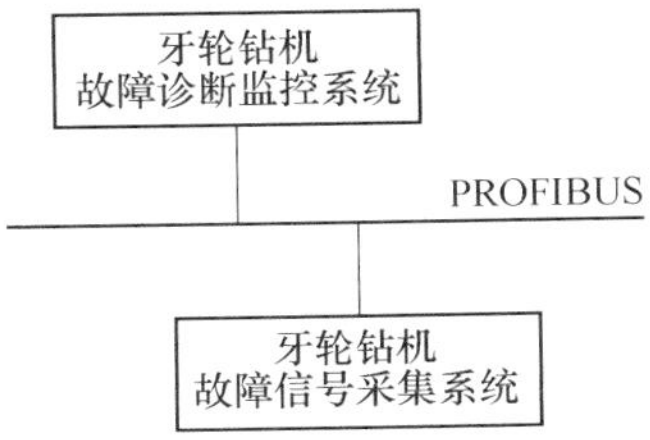

图 8-22 数字故障诊断系统的总体结构

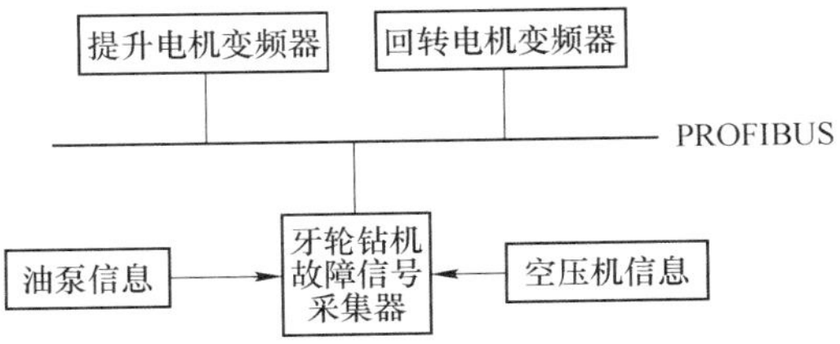

图 8-23 故障信号采集系统结构

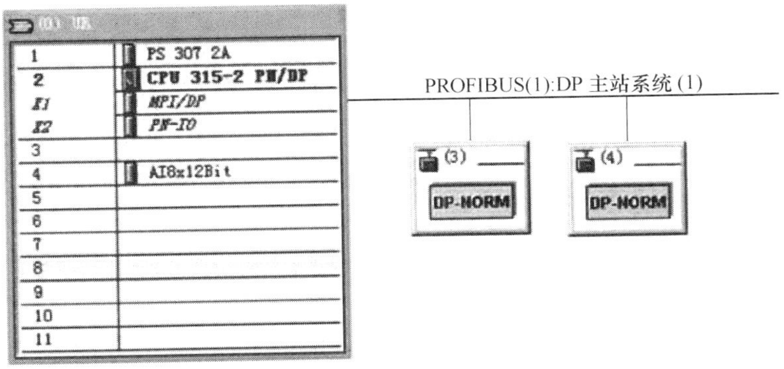

图 8-24 S7-300PLC 的硬件组态

提升电机和回转电机在工作时是根据工作需要进行变频运转，则将其变频器中的主要故障信息分别通过 PROFIBUS 总线传送到控制器当中；油泵系统中油泵工作时的电流变化对牙轮钻机工作影响比较大，因此，油泵的三相电流通过 3 个电流互感器和 1 个三相交流电流变送器转化成 4 ~ 20mA 送到 PLC 的模拟量输入模块中；而空压机工作时的储气温度和出气温度对牙轮钻机的工作影响非常大，因此，将这两个测量温度的热电偶电压信号直接送入到 PLC 的模拟量输入模块中。

8.3.4.6 数字故障诊断监控系统

牙轮钻机露天作业时，由于露天环境条件的恶劣，牙轮钻机中各个机构装置的冲击和振动较大，因此牙轮钻机会时常出现机构装置的各种故障，而且故障率比较高、故障诊断与排除的周期比较长、工作效率比较低。牙轮钻机的数字故障诊断系统就是针对回转机构、提升机构、油泵系统和空压机系统可能出现的故障而设计的。当牙轮钻机中提升电机、回转电机、油泵和空压机系统出现故障时，故障诊断系统能够及时准确地向钻机司机显示故障及其排除故障的方法，因此有效地提高了牙轮钻机的可靠性和工作效率。

同时，在牙轮钻机钻孔作业中，为了获得最好的经济效益，需要牙轮钻机在钻孔作业过程中采用最佳的钻孔参数，包括钻具的转速、轴压和排渣风压等主要参数的合理选择与组合。为使牙轮钻机在多种岩性变化的岩层中始终能获得最佳的钻进速度，需要对钻机的回转机构与提升行走机构进行实时的速度调节。特别是牙轮钻机的回转机构，在钻孔过程中由于岩性的变化回转电机的负载变化较为频繁。因此，需要对牙轮钻机的回转、提升/行走及加压交流变频调速系统进行实时可靠的监控调节。

故障诊断监控系统由故障诊断监控模块和触摸屏组成，通过软件对监控系统进行组态画面的设计。该系统具有系统相关信息显示功能，如电动机的回转速度、输出电流、电机运行频率、空压机系统压力和出气温度等信息，图 8-25 中给出了提升电机与回转电机的相关参数的显示画面；具有故障信息显示功能，系统试验中提升电机与回转电机的故障信息显示画面如图 8-26 所示。除了系统信息显示和故障信息显示功能外，系统还具有故障诊断功能，系统给出了相关的帮助文件以提供故障产生的原因和排除故障的相关措施。

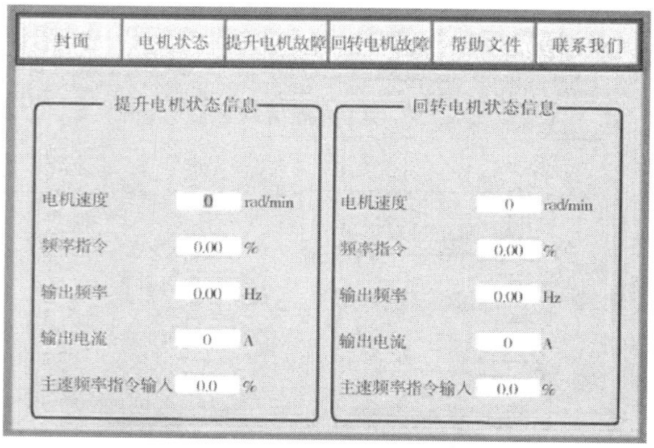

图 8-25　提升电机与回转电机的相关参数的显示画面

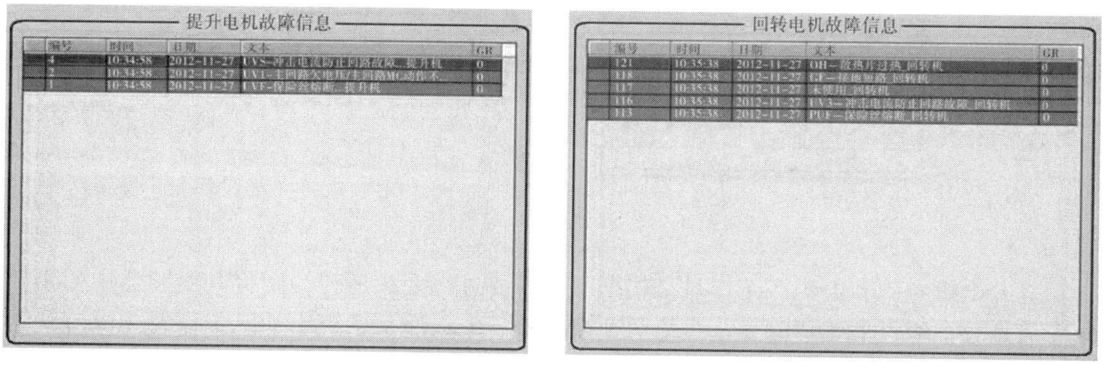

图 8-26　提升电机与回转电机的故障信息显示画面

8.4　现代主流牙轮钻机的计算机控制系统

8.4.1　国外主流牙轮钻机控制系统的主要特点

国外主流牙轮钻机的控制系统基本都具有不同形式的触摸视屏显示系统，工作过程中的主要数据和工作状态均能得以显示和查看；在控制系统上则是在 PLC 和触摸屏的基础上变幻出各种不同的控制系统，但是万变不离其宗——自动化作业控制。在监测系统上，围绕着状态监测、故障诊断、远程通信、GPS 定位和无线遥控各牙轮钻机制造厂家也是做足了文章，如图8-27的Atlas Copco的钻机监测系统（IRDMS）、图8-28的Caterpillar的Cat® MineStar™系统和图8-29的Joy Global的Command™控制系统、图8-30的Sandvik的EDC系统等。表8-6列出了国外主流牙轮钻机控制系统的主要特点。

图8-27　Atlas Copco的RCS自动钻进系统和钻机监测系统（IRDMS）

图8-28　Caterpillar公司的MineStar™作业系统与钻孔可编程控制系统（Hole pro）

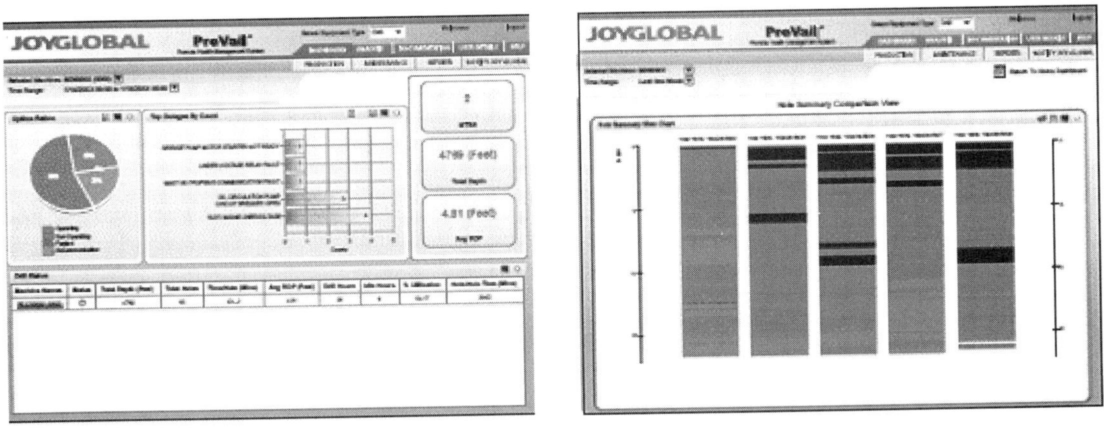

图8-29　Joy Global公司的钻机Command™控制系统界面

图 8-30　Sandvik 公司的 EDC 控制系统

表 8-6　国外主流牙轮钻机控制系统的主要特点

制造商	显示系统	控制系统	监测系统
Atlas Copco	彩色触摸屏显示 视频摄像系统	钻机控制系统（RCS）提供计算机化控制系统平台，提供自动钻孔功能和内置安全连锁装置。其任选的 RCS 系统还具有自动调平、GPS 导航定位钻孔、钻机远程访问与通信、无线遥控等功能。 电子空气调节系统（EARS）可实现变风量控制，保持恒定的空气压力	钻机监测系统（IRDMS），通过该系统，司机就能从司机室的控制台监视钻进参数：钻进速度、孔深、总进尺以及已钻出的孔数；也可以诊断出与机械和系统功能有关的故障；关键件的温度、压力以及过滤器状况。并能把数据传输给钻机外的计算机，或者与矿山无线系统联网
Caterpillar	PLC-视屏系统提高了钻机的工作性能和可靠性，自动控制轴压力，在孔深程序控制下，使炮孔深度准确无误，从而减少了二次爆破，改善爆破质量，提高综合采矿效率	钻孔可编程控制系统（Hole pro 系统）。它由可编程逻辑控制器和显示器组成的 PLC-视屏系统，可随时向司机提供运转的各种性能参数。所有重要的钻进功能都由 PLC 管理，具备可调节的变风量控制	钻机监控系统包括诊断功能和可下载的记忆功能。 用于钻机的 Cat MineStar 系统。通过采用制导技术，Terrain（地形）套件能使机器生产率更高，并为操作员提供实时反馈，改进效率
Joy Global	设有由计算机系统控制的彩色图形显示器，有司机的控制组件以及外围转换器、传感器及执行器	Command™ 控制装置，用以控制钻进深度、穿孔速度、作业参数、故障显示以及压缩空气和油的临界温度等。它把钻机上全部控制和显示功能集合成一体	它控制钻机上所有系统，即自动钻进、自动找平、主压缩空气供应、自动润滑、液压系统和马达动作、回转动作和传动、提升运动和传动以及行走运动等
Sandvik	计算机化的带有钻孔深度传感器的钻机效率指示系统	采用其研制的 EDC 系统。EDC 系统是一种计算机化的带有钻孔深度传感器的钻机效率指示系统，它包括穿透率、生产效率的变换、孔底距离和钻杆的防护系统	当钻机司机的作业超出设定范围时系统机会向操作者报警，该监视系统被安装在司机室内的控制台上

续表 8-6

制造商	显示系统	控制系统	监测系统
OMZ Uralmash	主要的钻探技术参数均显示于彩色线性标度盘和数字指标器上（包括钻探深度、钻探系统旋转频率、进给力、旋转电机载荷、钻探速度）	钻机可按液压传动装置的比例控制原理配合自动化（可编程的）钻进系统，还可以配有自动润滑、诊断以及消防系统等	

（1）Atlas Copco：Atlas Copco PV 系列钻机装备的钻机计算机平台控制系统（RCS）。RCS 基于高度可靠、行之有效的 CAN 总线（控制器区域网络）系统，通过使用一根专门的主缆与钻机的一个系列模块互相连接，控制钻机的传感器和执行机构。这个简单的模块化设计使得钻机的自动化级别得到提升，并减少了钻机的停机时间。触摸屏显示 RCS 选择数据，包括所有相关的钻进信息。系统具有 GPS 定位、随钻测量、数据收集功能，自动钻进，远程控制，无线数据传输和内置安全互锁装置，可以辅助、监控和控制钻机并启用本地或远程控制。该系统还可记录状态、事件和错误信息，以便之后分析使用。

（2）Caterpillar 公司。近年来 Caterpillar 公司应用现代计算机技术更新了原已实现的自动化，图 8-28 为新推出的 Cat® MineStar™ 系统（矿山之星系统）和钻孔可编程控制系统（Hole pro）。通过采用制导技术，Cat® MineStar™ 系统的钻机地形套件能够适时精确管理矿山作业系统中的钻孔作业，能让管理信息应用于整个采矿作业中，并通过指导司机优化和提高操作技能而全面改进和提升钻机的生产效率。钻孔可编程控制系统则是由可编程逻辑控制器和显示器组成的 PLC-视屏系统，钻机钻孔过程中可随时向司机提供运转的各种性能参数。所有重要的钻进功能都由 PLC 管理，通过频繁地调节回转和加压参数可得到理想的振动极限和适当的清渣风压，单键钻进编程控制可取得最佳穿孔速率，从而保证了高生产率。

分离的控制台配有触摸屏界面以显示钻机的数据和监控系统。“一键自动调平”和“一键单程钻进”功能均包括在内。钻机监控系统包括诊断功能和可以下载的记忆功能。自动钻进系统配有 GPS 系统/轨迹记录或者全部的管理系统/带有插入点的优化系统。

（3）Joy Global 公司。Joy Global 公司的钻机都装有 Command™ 控制装置，用以控制钻进深度、穿孔速度、作业参数、故障显示以及压缩空气和油的临界温度等。它把钻机上全部控制和显示功能集合成一体，其控制界面如图 8-29 所示。

它配置有由计算机系统控制的彩色图形显示器，司机的控制组件以及外围转换器、传感器及执行器。它控制了钻机上所有系统，即自动钻进、自动找平、主压缩空气供应、自动润滑、液压系统和马达动作、回转动作和传动、提升运动和传动以及行走运动等。整个系统设计旨在管理钻进作业和全部功能控制。

（4）Sandvik 公司。而 Sandvik 公司控制系统的特点是采用其研制的 EDC 系统。图 8-30 的 EDC 系统是一种计算机化的带有钻孔深度传感器的钻机效率指示系统，它包括穿透率、生产效率的变换、孔底距离和钻杆的防护系统。当钻机司机的作业超出设定范围时系统机会向操作者报警，该监视系统被安装在司机室内的控制台上。

8.4.2　牙轮钻机本机控制的智能化与系统作业的智能化

国外主流牙轮钻机在本机控制智能化与系统作业智能化方面最具代表性的控制系统是 Atlas Copco 公司的 Rig Control System（RCS）和 Caterpillar 公司的 Cat® MineStar™ System（矿山之星系统）。

8.4.2.1　Atlas Copco 公司的钻机计算机控制系统（RCS）

Atlas Copco 公司的 Rig Control System（RCS）即钻机计算机控制系统作为现代主流钻机本机控制的智能化的代表具有其与众不同的特点。图 8-31 所示为 RCS 系统的操作界面。

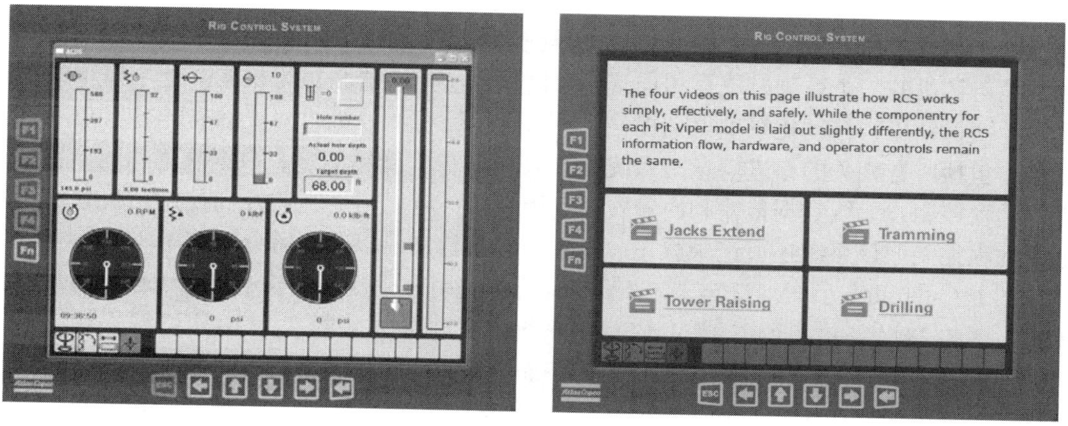

图 8-31　RCS 系统的操作界面

RCS 是 Atlas Copco 公司钻机的第五代控制系统，集成了控制系统、平台管理、监控和远程控制与无线通信的所有需要的信息，可靠的集成化模块设计使得钻机的自动化级别得到提升。系统可显示所有的钻进数据和信息。RCS 系统的构成如图 8-32 所示。

图 8-32　RCS 系统的构成

RCS 系统通过专门的 CAN 总线与控制钻机的 5 个 I/O 模块、发动机模块、分布在钻机各处的传感器和执行机构相互连接，所有的钻机控制模块和传感器都担负有不同的任务。这些强化了的模块彼此之间通过 CAN 总线连接至钻机的中央电脑。图 8-33 所示为 RCS 的远程控制与无线通信示意图。该系统具有 GPS 定位、随钻测量、数据收集、自动钻进、远程控制、无线数据传输和内置安全互锁装置，可以辅助、监控和控制钻机并启用本地或远程控制。

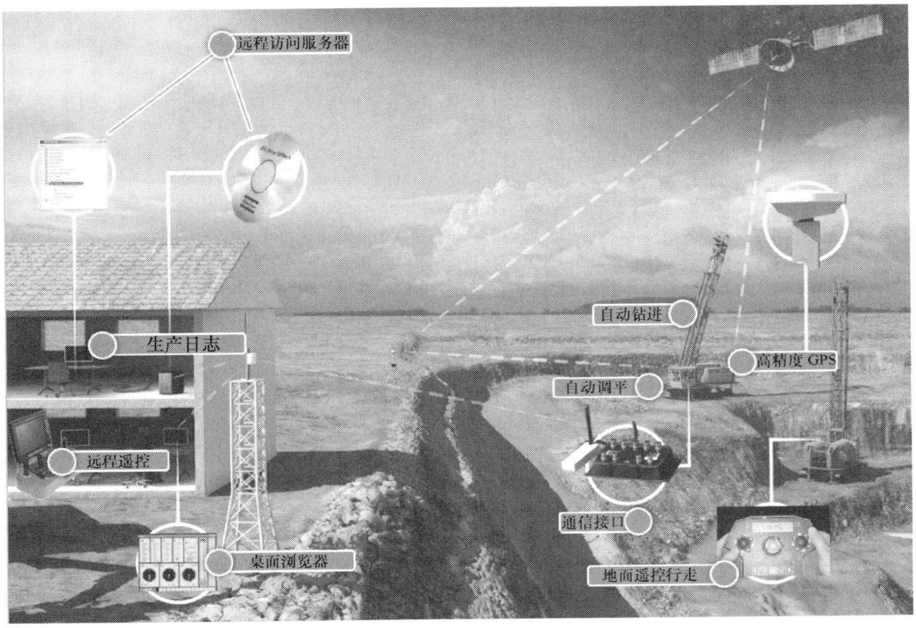

图 8-33 RCS 的远程控制与无线通信示意图

8.4.2.2 Caterpillar 公司的 Cat® MineStar™ System（矿山之星系统）

Cat® MineStar™ System（矿山之星系统）是一个全集成式综合性、可扩展的智能化采矿作业与设备管理系统。

Cat® MineStar™ 系统以现有 Cat 采矿技术为基础，并新增许多功能。该系统可配置与扩展，因此采矿管理人员可以确定系统的规格与范围，最大程度地满足采矿需求。Cat® MineStar™ 系统由许多性能套件组成，目前包括 Fleet（车队）、Terrain（地形）、Detect（检测）与 Command（指令）套件。性能套件为全集成式，所以信息可被整个系统共享，用于优化生产作业、增强安全性、提升机器的利用率及工作时间。该系统还可将可行性信息传递到管理人员手中，便于依据事实做出决策。这些技术均集成在一个无缝系统中，性能套件之间可以共享数据，能让关键的决策人员及管理人员一目了然地以大幅画面的形式纵览生产情况。

在上述 Cat® MineStar™ System 集成的 5 个套件中目前用于牙轮钻机的主要是 Terrain（地形）套件。通过使用该组功能套件能够实现使高精度钻进管理，对提高效率实时反馈，从而提高钻机作业的生产力。该组功能套件能够在钻进过程中准确指导司机，并允许远程、实时钻进和监督爆破的计划。图 8-34 所示为安装在钻机司机室内的 Cat® MineStar™ System。

图 8-34　安装在钻机司机室内的 Cat® MineStar™ System

图 8-35 为司机室 Cat® MineStar™ System 中 Terrain（地形）套件的操作界面。其主要特点有：

（1）提高钻机的生产能力、精度、效率和安全性。

（2）提高钻孔深度的准确性，及时反馈工作台面地质情况的变化，并保证了司机在司机室中的安全性和效率。

（3）记录和测量多次钻孔的参数并使钻机工作利用率最优化，改善钻探和爆破操作的整体效率。

（4）使用全球导航卫星系统（GNSS）为钻头提供的三维定位，确保所钻的孔完全按照设计的孔位钻孔。

（5）提供了大量的选项，如办公软件、生产监控、地层识别、钻孔指导等，使用户能够识别和选择所需要的其他功能，然后通过调整系统来满足钻机作业指定的需求。

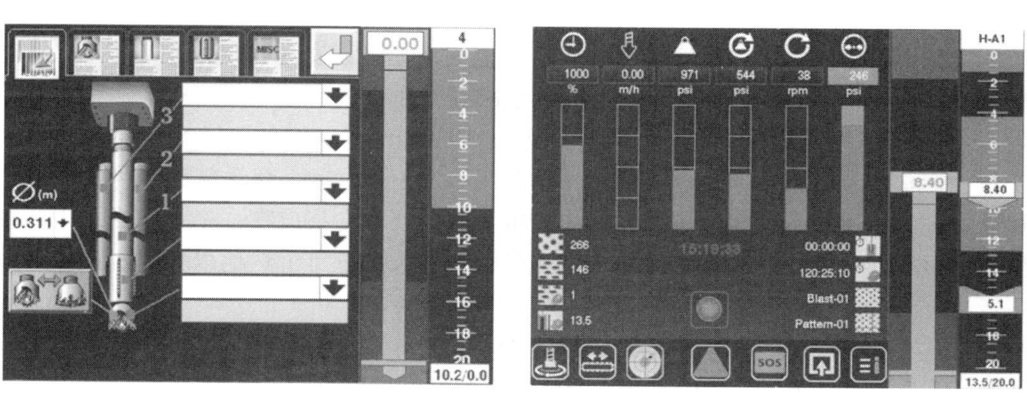

图 8-35　司机室 Cat® MineStar™ System 中 Terrain（地形）套件的操作界面

参 考 文 献

[1] 任彦硕. 自动控制系统［M］. 2版. 北京：北京邮电大学出版社，2007：289～302.
[2] 张要贺. YZ-35D牙轮钻机数字故障诊断系统设计［C］//中国矿业科技文汇，2014：370～371.
[3] 杨勇. 基于PLC的全液压牙轮钻机智能钻进控制系统研究［D］. 长沙：长沙矿山研究院，2011.
[4] Gokhale B V. Rotary Drilling and Blasting in Large Surface Mines［M］. London：CRC，2011：346～361.
[5] Atlas Copco Drilling Solutions LLC，Blasthole Dilling in Open Pit Ming［Z］. 2012：29～34.
[6] 萧其林. 国外牙轮钻机的技术特点与新发展（一、二）［J］. 矿业装备，2014（3，4）.

9 牙轮钻机的附属装置

本章内容提要： 牙轮钻机的附属装置是其完成正常穿孔作业的不可或缺的重要组成部分，附属装置的作业效率、工作可靠性和使用寿命直接关系到牙轮钻机的穿孔作业的效率、成本、安全和稳定性。本章分别对牙轮钻机附属装置中的钻杆、稳杆器、减振器和安全装置从功能、类型、特点和结构等方面做了系统介绍。

按照功能定义，牙轮钻机的钻具组件属于钻机的工作装置，是牙轮钻机的重要附属装置。除了牙轮钻头之外，最佳的牙轮钻机的钻具组件的组合应该包括钻杆、减振器、稳杆器和钻杆导套。牙轮钻机的钻具组件在钻机上的工作位置如图 9-1 所示。

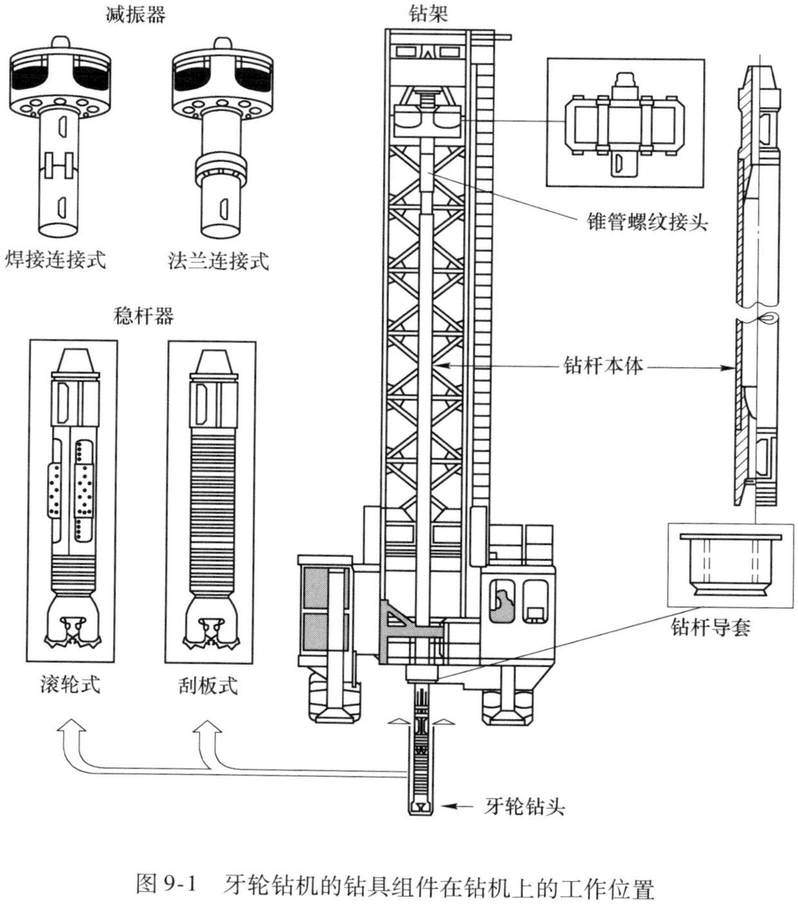

图 9-1 牙轮钻机的钻具组件在钻机上的工作位置

9.1 钻杆

9.1.1 功能

钻杆的作用是把轴压和回转力矩传递给钻头，并将压气从钻杆内孔送至孔底进行排渣和冷却钻头轴承。钻杆一般是由低碳合金钢无缝钢管和两端的接头焊接而成的中空杆件，它由上钻杆和下钻杆组成，钻杆的结构如图 9-2 所示。

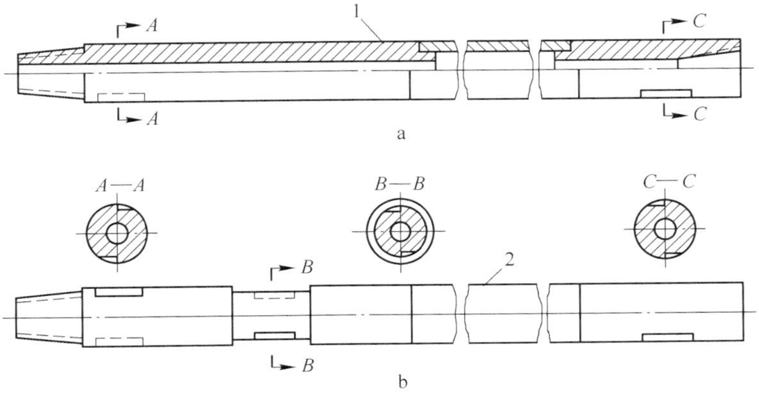

图 9-2　钻杆示意图

a—上钻杆；b—下钻杆

1—接头；2—钢管

下钻杆的下端圆锥管螺纹与稳杆器或钻头相连接，上端的圆锥管螺纹与上钻杆或回转机构的钻杆连接器连接；而上钻杆的上端只与钻杆连接器连接。下钻杆上接头的圆柱面上车有细颈，铣出卡槽，下接头的圆柱面上只有卡槽。细颈和卡槽便于接卸钻具。钻杆内孔径应能够通过足够的风量，壁厚在 25mm 左右。钻杆外径与钻孔直径的匹配要适当，应保证留有合理的环形空间，以形成合理的排渣回风速度。

钻杆的长度有不同规格。采用普通钻架时，每根钻杆长度为 9.2m、9.9m。采用高钻架时，考虑到下部钻杆磨损较快，依然采用 2 ~ 3 节短钻杆，以便上下两根钻杆交替使用，以使得两根钻杆均匀磨损。

9.1.2 钻杆的类型与结构特点

钻杆是钻具的一个非常重要的组成部分。在牙轮钻机上，钻杆被存储在一个安装固定在钻架上的钻杆更换装置中，根据钻孔作业工序的需要，通过机械或液压装置将钻杆连接到钻机的回转头上实施钻孔作业；在钻孔作业完成后钻杆被卸下并存储到钻杆更换装置中。当使用一根钻杆不能满足钻孔深度的要求时，则需要在第一根钻杆提升出炮孔后与后续使用的钻杆连接加长。这意味着在钻凿同一直径的炮孔中，钻杆的外径是相同的，并需要通过内外锥管螺纹的连接方式将上钻杆与下钻杆予以连接。钻杆上用于连接的扳手位置一般都在钻杆的两端附近，以方便钻杆的装卸。钻杆的各部分结构示意图如图 9-3 所示。

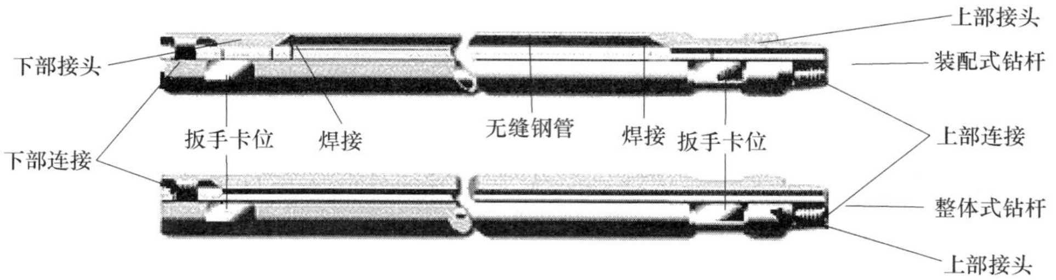

图 9-3　钻杆各部分结构示意图

9.1.2.1　整体式钻杆

整体式钻杆是由一根整体的合金钢棒材经过机加工和表面热处理后制成的。它们具有均匀直径的中心孔，压缩空气通过该中心孔流入到钻头。由于整体式钻杆的壁厚较大，钻杆显得非常沉重和坚固。相对于制造钻杆，整体钻杆是昂贵的，但其使用寿命较长。一般单根整体式钻杆的长度约 12m。

9.1.2.2　装配式钻杆

装配式钻杆由三部分构成，即上钻杆接头、无缝管、下钻杆接头，通过焊接将这三部分组合在一起。上部和下部钻具接头是由合金钢制成，中间的无缝管由标准碳钢制成。当然，也有一些制造商使用与上、下钻杆接头相同材质的合金钢管制作上、下钻杆接头和中间的钻杆，以便使用同一种表面热处理工艺对钻杆整体进行热处理。

用于制造钻杆的长度通常仅限于约 12m。也有一些爆破孔钻机需要长度 13.71 ~ 21.3m 长度不等的较长钻杆。在这种情况下，许多厂家使用特殊焊接技术焊接两管首尾相连，然后用钢管将两端的工具接头加长，对于经常要使用长钻杆的钻机，这个办法比使用两个短钻杆永久地连接在一起更好。

9.1.2.3　钻杆接头的连接螺纹

钻杆接头，即钻杆端部的连接形式，通常是使用按照 API 或 BECO 的锥管螺纹制作的接头来进行连接。这两种标准的钻杆接头的连接螺纹形式如图 9-4 所示。

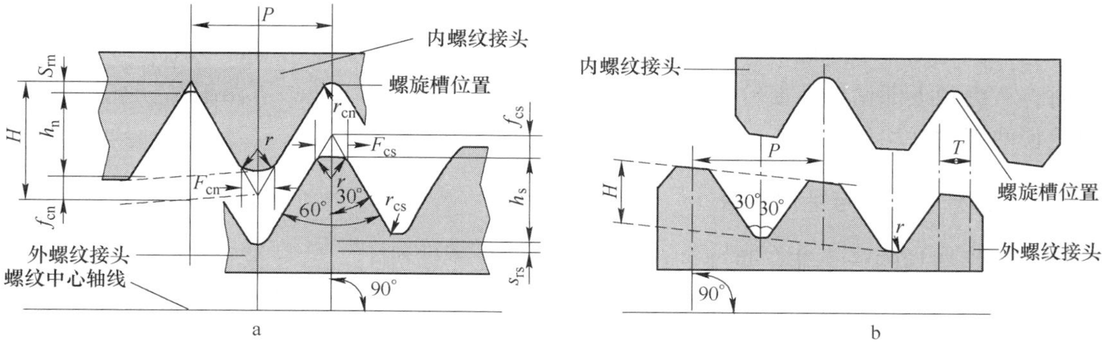

图 9-4　钻杆接头的连接螺纹形式

a—API 螺纹；b—BECO 螺纹

图 9-4 的 API 螺纹中字母符号的含义如下：P—螺距；H—螺纹三角牙高度；h—螺纹牙顶高；S_{rn}—螺纹弧牙底削平高度；f_{cn}—螺纹牙顶削平高度；F_{cn}，F_{cs}—内、外螺纹牙顶宽度；r—圆弧半径；r_{cn}，r_{cs}—内、外螺纹牙底圆弧半径。

BECO 螺纹中字母符号的含义如下：P—螺距；H—螺纹牙顶高度；T—螺纹牙顶宽度；r—圆弧半径。

API 标准是美国石油学会的英文缩写（简称 API 标准）。牙轮钻机钻杆的 API 标准接头源于石油钻井勘探行业。长期以来，API 标准接头成功地用于油井钻探的长旋转钻杆。当开始使用牙轮钻机钻凿爆破孔时，从一开始就将 API 的标准接头用于牙轮钻机爆破钻孔的短钻杆上了。API 的石油钻杆接头螺纹有数字型（NC）、内平型（IF）、贯眼型（FH）和正规型（REG）4 种。牙轮钻机常用的 API 石油钻杆接头螺纹为正规型（REG）。

而 BECO 标准则是美国原 Bucyrus Erie Company（比塞洛斯 · 伊利公司）的缩写。在 20 世纪 50 年代末比塞洛斯 · 伊利公司开发出了 BECO 钻杆接头，这种接头采用了粗牙螺纹的结构形式。API 和 BECO 工具接头螺纹形式剖面如图 9-5 所示，两种螺纹内部结构的详细尺寸分别列于表 9-1 和表 9-2。

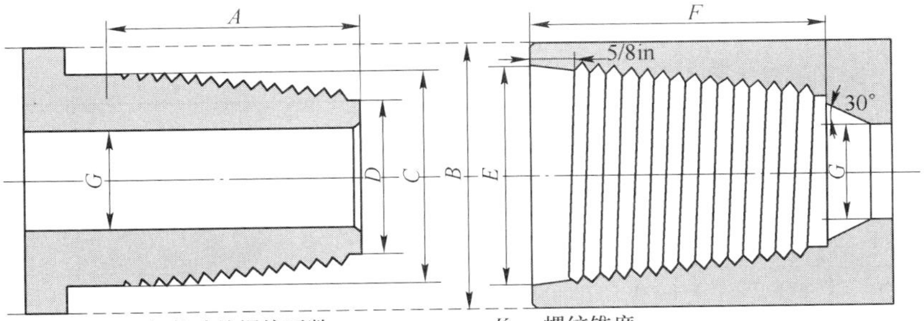

图 9-5 API 接头和 BECO 接头的螺纹剖面

表 9-1 API 工具接头螺纹的详细尺寸

螺纹形式	锥度/%	H	$h_n = h_s$	$s_{rn} = s_{rs}$	$f_{cn} = f_{cs}$	$F_{cn} = F_{cs}$	$r_{cn} = r_{cs}$	r
		mm						
V-0.040	25	4.38	2.99	0.51	0.88	1.02	0.51	0.38
V-0.050	25	5.47	3.74	0.63	1.09	1.27	0.63	0.38

表 9-2 BECO 工具接头螺纹的详细尺寸

螺纹形式	锥度/%	螺纹牙顶高度 H/mm	螺距 P/mm	牙顶宽度 T/mm	牙底圆弧半径 r/mm
BECO	25	7.366	12.7	2.7686 ±0.0508	1.1938

API 螺纹是基于深井钻孔流体循环的观点提出来的。因为，它们是细螺纹，所以外螺纹和内螺纹之间槽的顶点之间所形成的螺旋间隙的横截面非常小，这样当循环液以非常高的压力下流动时不会有任何显著泄漏。而牙轮钻机所使用的压缩空气的压力较低，针对此，在爆破孔的钻进中，BECO 接头标准所选用的粗牙螺纹，尽管其外螺纹和内螺纹之间槽的顶点之间形成了更大的横截面，但在接头之间的螺纹间隙间压缩空气的泄漏仍然较少。

牙轮钻机常用的 API 和 BECO 工具接头规格与螺纹尺寸则分别见表 9-3 和表 9-4。表 9-3 中除 H（每英寸螺纹牙数）、K（螺纹锥度）外，其余单位都为 in（英寸）。

表 9-3　常用的 API 工具接头与螺纹尺寸规格

API 接头尺寸 /in	A /in	B /in	C /in	D /in	E /in	F /in	G /in	H	K	螺纹形式
2-3/8	3	3-1/8	2-5/8	1-7/8	2-11/16	3-3/8	1	5	3	V-0.040
2-7/8	3-1/2	3-3/4	3	2-1/8	3-1/16	3-7/8	1-1/4	5	3	V-0.040
3-1/2	3-3/4	4-1/4	3-1/2	2-9/16	3-9/16	4-1/8	1-1/2	5	3	V-0.040
4-1/2	4-1/4	5-1/2	4-5/8	3-9/16	4-11/16	4-5/8	2-1/4	5	3	V-0.040
5-1/2	4-3/4	6-3/4	5-33/64	4-21/64	5-37/64	5-1/8	2-3/4	4	3	V-0.050
6-5/8	5	7-3/4	6	5-5/32	6-1/16	5-3/8	3-1/2	4	2	V-0.050
7-5/8	5-1/4	8-7/8	7	5-11/16	7-1/16	5-5/8	4	4	3	V-0.050
8-5/8	5-3/8	10	7-61/64	6-19/64	8-1/64	5-3/4	4-3/4	4	3	V-0.050

表 9-4　常用 BECO 工具接头与螺纹尺寸规格

BECO 接头尺寸	A /mm	B /mm	C /mm	D /mm	E /mm	F /mm	G /mm	H	K	螺纹形式
3″	80	4-1/2″	85.70	51.00	92.00	111.00	38.00	2	3	BECO
3-1/2″	83	5″	98.43	60.33	104.80	114.00	38.00	2	3	BECO
4″	90	5-1/2″	111.00	73.00	117.50	120.00	57.00	2	3	BECO
4-1/2″	93	6-1/4″	123.80	84.00	130.20	124.00	57.00	2	3	BECO
5-1/4″	109	7-1/2″	142.80	98.50	149.00	140.00	76.00	2	3	BECO
6″	112	8-5/8″	162.80	117.50	168.30	140.00	102.00	2	3	BECO
8″	115	10-3/4″	212.70	167.00	219.00	146.00	120.00	2	3	BECO
10″	166	13-3/8″	263.50	205.00	270.00	194.00	120.00	2	3	BECO
11″	179	15″	289.00	255.50	295.00	206.50	120.00	2	3	BECO

相对于 API 工具接头来讲，粗牙螺纹的 BECO 工具接头具有以下优点：在钻孔作业中需要频繁装卸钻杆时很方便；较好的刚性连接减少了振动；螺纹间隙中填满的润滑脂有利于防止压缩空气的泄漏；对装卸钻杆操作的精细程度要求不高；具有很高的额定扭矩的承受能力。表 9-5 分别列出了 BECO 工具接头和 API 工具接头的最大额定扭矩。

表 9-5　BECO 和 API 工具接头的最大额定扭矩

钻杆直径		BECO 工具接头			API 常规工具接头		
		接头名称	最大额定扭矩		接头名称	最大额定扭矩	
in	mm		lb · ft	N · m		lb · ft	N · m
5.000	127	3-1/2BECO	18000	24405	3-1/2APIR	9500	12880
5.500	139.7	3-1/2BECO	18000	24405	4-1/2APIR	16000	21693
6.000	152.4	3-1/2BECO	18000	24405	4-1/2APIR	16000	21693
6.250	158.75	4-1/2BECO	24300	32946	4-1/2APIR	16000	21693
6.500	165.1	4-1/2BECO	24300	32946	4-1/2APIR	16000	21693

续表 9-5

钻杆直径		BECO 工具接头			API 常规工具接头		
		接头名称	最大额定扭矩		接头名称	最大额定扭矩	
in	mm		lb·ft	N·m		lb·ft	N·m
6.625	168.275	4-1/2BECO	24300	32946	5-1/2APIR	32000	43386
7.000	177.8	5-1/4BECO	36300	49216	5-1/2APIR	32000	43386
7.625	193.675	5-1/4BECO	36300	49216	5-1/2APIR	32000	43386
8.625	219.075	6BECO	55600	75383	6-5/8APIR	44000	59656
9.250	234.95	6BECO	55600	75383	6-5/8APIR	44000	59656
9.625	244.475	7BECO	88000	119312	6-5/8APIR	44000	59656
10.750	273.05	8BECO	120000	162698	6-5/8APIR	44000	59656
11.750	298.45	8BECO	120000	162698	6-5/8APIR	44000	59656
12.750	323.85	8BECO	120000	162698	6-5/8APIR	44000	59656
13.375	339.72	10BECO	120000	222100	7-5/8APIR	70000	94907
15.000	381	12BECO			8-5/8APIR	98000	132870

由于 BECO 工具接头具有上述优点，因此 BECO 型的螺纹连接方式已经受到诸多牙轮钻机用户的欢迎。

但是许多人并不知道在石油钻探工业中使用的钻杆和那些在炮眼钻孔作业中使用的钻杆之间的差别。而随意将用于石油钻井的廉价钻杆用于爆破孔的钻孔却有可能造成意想不到的损失。实际上，用于石油钻井的钻杆和用于爆破孔钻进的钻杆，除了连接螺纹不同之外，还有很多的不同点，表 9-6 分别列出了用于石油钻井的钻杆和爆破孔钻孔的钻杆各自不同的要求和特点。

表 9-6 对石油钻井的钻杆和爆破孔钻孔的钻杆的要求

项 目	石油钻井的钻杆	爆破孔钻孔的钻杆
尺寸精度	由于不需要专门的钻杆存放装置，钻杆就堆放在钻架侧旁，对钻杆的尺寸精度要求不高	由于使用专门的钻杆存放更换装置，对钻杆的尺寸精度要求较高
钻杆长度	长度中等，一般为 9m 定尺，通常 3 根连接在一起堆放	长度较长，多数超过 9m，通常长度达 18～21m，要单独在钻杆存储器中存放
钢管壁厚	钻孔时的压应力很低，对抗压强度要求不高，主要承受拉伸应力，因此钻杆的壁厚较薄	因为钻孔的压应力很大，对抗压强度要求高，因此钻杆的壁厚较厚，以防止钻杆弯曲变形
钻杆重量	由于钻杆存放在地面，对其重量要求不高	对重量要求高，因其存放在钻杆架上，影响到钻机的稳定性
磨损要求	冲洗水流速低，颗粒小，钻杆的磨损不严重，因此对钻杆的表面硬度要求不高	因岩屑高速通过钻杆与孔壁之间的环形空间冲刷钻杆，因此钻杆的表面硬化处理非常重要
螺纹形式	钻杆与孔壁之间的环形带差别很大，为保持管道孔内部的压力，螺纹密封非常重要，因此对螺纹的节距和间隙要求很小	钻杆与孔壁之间的环形带基本相同，因此对螺纹的密封性能要求不是很高

9.1.2.4　钻杆的主要参数与选择

为了有效地提高牙轮钻机钻孔作业时的穿透率，选择最合适的钻杆是非常重要的。钻杆选择最主要的依据就是爆破孔的直径。决定炮眼直径的相关要求和生产因素很多，如爆破方法、爆破参数以及有关装载和拖运的矿用设备等。这些内容在本书的其他相关章节中已有叙述。除此之外，选择钻杆时需要考虑的因素还有钻杆尺寸参数、钻杆壁厚、钻杆重量、钻杆表面处理、钻进时炮孔中排出岩屑的尺寸和形状、排渣速度、钻孔时可能承受的最大扭矩等。

选择钻杆时，可根据牙轮钻机钻孔作业的穿孔直径，参照表 9-6 ~ 表 9-8 选择最合适的钻杆。

表 9-7　国外常用钻杆的尺寸参数

钻杆直径		钻杆壁厚		钻杆截面积		钻杆本体单位质量	
in	mm	in	mm	in^2	mm^2	lb/ft	kg/m
4	101.6	0.5	12.7	5.498	3546.9	18.71	27.87
4.5	114.3	0.5	12.7	6.283	4053.7	21.38	31.85
5	127	0.75	19.05	10.014	6460.5	34.08	50.76
5.5	139.7	0.5	12.7	7.854	5067.1	26.73	39.81
5.5	139.7	0.75	19.05	11.192	7220.6	38.08	56.73
6	152.4	0.75	19.05	12.37	7980.6	42.09	62.7
6.25	158.75	0.75	19.05	12.959	8360.7	44.1	65.69
6.25	158.75	1	25.4	16.493	10640.9	56.12	83.6
6.5	165.1	0.75	19.05	13.548	8740.7	46.1	68.67
6.625	168.28	0.864	21.946	15.637	10088.5	53.21	79.26
6.75	171.45	0.75	19.05	14.137	9120.7	48.11	71.66
7	177.8	0.75	19.05	14.726	9500.8	50.11	74.64
7	177.8	1	25.4	18.85	12161	64.14	95.55
7.5	190.5	1	25.4	20.42	13174.4	69.49	103.51
7.625	193.68	0.75	19.05	16.199	10450.8	55.12	82.11
7.625	193.68	0.875	22.225	18.555	11971	63.14	94.05
7.625	193.68	1	25.4	20.813	13427.7	70.82	105.5
8.625	219.08	0.906	23.012	21.97	14174.5	74.76	111.37
8.625	219.08	1	25.4	23.955	15454.6	81.51	121.42
8.625	219.08	1.5	38.1	33.576	21661.7	114.25	170.19
9.25	234.95	0.75	19.05	20.028	12921	68.15	101.52
9.25	234.95	1	25.4	25.918	16721.3	88.19	131.38
9.25	234.95	1.5	38.1	36.521	23561.9	124.27	185.12
9.625	244.48	1.5	38.1	38.288	24702	130.29	194.08
10.75	273.05	1	25.4	30.631	19761.6	104.23	155.26

续表 9-7

钻杆直径		钻杆壁厚		钻杆截面积		钻杆本体单位质量	
in	mm	in	mm	in^2	mm^2	lb/ft	kg/m
10. 75	273. 05	1. 25	31. 75	37. 306	24068. 6	126. 94	189. 1
10. 75	273. 05	1. 5	38. 1	43. 59	28122. 2	148. 33	220. 95
10. 75	273. 05	2	50. 8	54. 978	35469. 5	187. 08	278. 68
11. 75	298. 45	1. 25	31. 75	41. 233	26602. 1	140. 31	209. 01
12. 25	311. 15	1	25. 4	35. 343	22801. 8	120. 26	179. 15
12. 75	323. 85	1	25. 4	36. 914	23815. 2	125. 61	187. 11
13. 375	339. 73	1	25. 4	38. 877	25082	132. 29	197. 06
13. 375	339. 73	1. 25	31. 75	47. 615	30719. 1	162. 02	241. 35
13. 375	339. 73	1. 5	38. 1	55. 96	36102. 9	190. 42	283. 65
14	355. 6	1. 5	38. 1	58. 905	38003	200. 44	298. 58
14	355. 6	2	50. 8	75. 398	48643. 9	256. 56	382. 18
14. 375	365. 13	1. 5	38. 1	60. 672	39143. 1	206. 45	307. 54
14. 375	365. 13	2	50. 8	77. 754	50164	264. 58	394. 13
15	381	1. 25	31. 75	53. 996	34836. 1	183. 74	273. 7

表 9-8　国内常用钻杆的尺寸参数

钻头直径/mm	钻杆直径/mm	钻杆壁厚/mm	钻杆质量/kg · m^{-1}
118	97	9. 5	20. 4
118	102	12. 7	28. 3
150	114	12. 7	32. 7
150	121	19. 1	34. 2
170	140	19. 1	59. 5
190	159	19. 1	65. 5
215	159	19. 1	65. 5
215	168	19. 1	71. 4
225	194	19. 1	83. 3
250	219	25. 4	122. 0
310	273	25. 4	154. 8
350	273	38. 1	220. 2
380	324	25. 4	187. 5
380	330	25. 4	190. 5
380	330	38. 1	273. 8
380	349	38. 1	290. 3

9.2　稳杆器

9.2.1　功能与作用

由于牙轮钻机钻进作业的对象即岩层的特性并非是均匀的，岩层中不同深度的空隙、裂纹和抗压强度等均不相同，且在钻进过程中不断变化，因此在钻进过程中会使炮孔偏离预先设定的方向。为此，就需要采用稳杆器来解决这个问题。

9.2.1.1　基本功能

稳杆器的基本功能是减轻钻杆、钻头在钻孔时的摆动，防止炮孔偏斜，形成光滑孔壁，延长钻头使用寿命。稳杆器一般都固定安装在钻头上方与钻杆的下部接头之间，稳杆器的上部和钻杆的下部接头连接，稳杆器的下部与钻头的锥管接头连接。稳杆器的外径比钻头的直径略小一点，两者之间的连接采用的是紧密配合，以延长钻杆抵抗偏斜的长度。依靠稳杆器的导向作用，将迫使钻头围绕自己的中心轴线旋转，因而钻具工作平稳、振动小，能把钻进能量最有效地传递给钻头。

9.2.1.2　稳杆器的作用

为提高钻头使用寿命，减少钻头在孔底的摆动与偏磨，国内外牙轮钻机已广泛使用稳杆器。稳杆器主要有下列作用：

（1）稳杆器可提高钻头使用寿命。使用稳杆器可以确保钻头围绕自身的轴线旋转，可以使施加到钻头上的能量和作用力最有效地作用在轴线方向上。同时，它还能限制钻头的侧向移动。由于合理地利用了作用在钻头上的轴压力，所以，不仅提高了钻头的使用寿命而且提高了钻孔速度。

（2）稳杆器可提高钻杆使用寿命。使用稳杆器可防止炮孔倾斜，提高钻杆的使用寿命。钻孔时，钻头钻进方向取决于钻机的调平程度如何，但钻机调平后还存在着许多因素可使炮孔发生倾斜，如岩层发生变化、导套磨损过限、稳杆器磨损到限等。

如使用稳杆器，当炮孔将要开始倾斜时，稳杆器外径即将和炮孔壁相接触，防止炮孔的倾斜，从而保证了炮孔的垂直性。

使用稳杆器可减少和防止钻杆在炮孔内的摆动和与孔壁的碰撞，增加了回转机构的稳定性。使回转机构产生的功可以全部作用到岩石上，使钻杆与孔壁的摩擦减少到最低程度，提高了钻杆的使用寿命。

表 9-9 对牙轮钻机在使用稳杆器和不使用稳杆器的情况下，钻头的消耗和平均寿命进行了对比。

表 9-9　钻具使用情况对比

钻具类型	穿孔量/m	钻头消耗/只	钻头平均寿命/m·只$^{-1}$	穿孔钻头成本/元·m^{-1}
使用稳杆器	132741	343	387	14.47
不使用稳杆器	127101	486	262	21.37

注：1. 该表数据系根据某铜矿穿爆报表统计；
2. 统计期钻头的成本为 5600 元/只。

（3）稳杆器对孔壁的光整作用。使用稳杆器对孔壁有光整作用。在实际生产中钻头钻出的炮孔壁是很不光整的，而且随着牙轮钻头的逐渐磨损以及岩层硬度的不断变化，孔壁的光整程度上下是不一样的。稳杆器可起到孔壁的修整作用。与此同时，可起到防止和减少由于钻杆和孔壁的摩擦所造成的孔壁矿岩的滑塌，从而防止卡钻等事故的发生。而且孔壁光整后，在光滑的炮孔中装填炸药时既容易又比较均匀，既节约了炸药，又提高了爆破效果。

实践证明，在钻孔作业中使用稳杆器可以提高钻头和钻杆的使用寿命，并可减少卡钻、炮孔滑塌等事故，从而保证炮孔的质量，提高钻孔速度。而这些都有利于降低牙轮钻机的穿孔成本，提高企业的经济效益。由此可见，稳杆器是牙轮钻机钻具中一个主要的部件。

9.2.2 稳杆器的类型

牙轮钻机使用的稳杆器主要有以下4种类型：轴套可换式稳杆器、焊接辐条式稳杆器、整体式辐条稳杆器、滚轮式稳杆器。现就这4种稳杆器予以阐述。

9.2.2.1 轴套可换式稳杆器

这种类型的稳杆器主要由芯轴和一个可更换的套筒构成。该套筒与芯轴采用螺纹进行连接。芯轴的内螺纹与三牙轮钻头的锥管螺纹接头连接，如图9-6所示。该套筒的外表面具有四根筋，如图9-7中稳杆器的轴套截面图所示。在这些突出的筋条表面嵌入了硬质合金刮片。在钻进过程中，由这些插入炮孔中的稳杆器上的硬质合金刮片来与炮眼壁刮研，以防止钻杆的其他部分磨损。这种类型的稳杆器的轴套在明显磨损后可以进行更换。

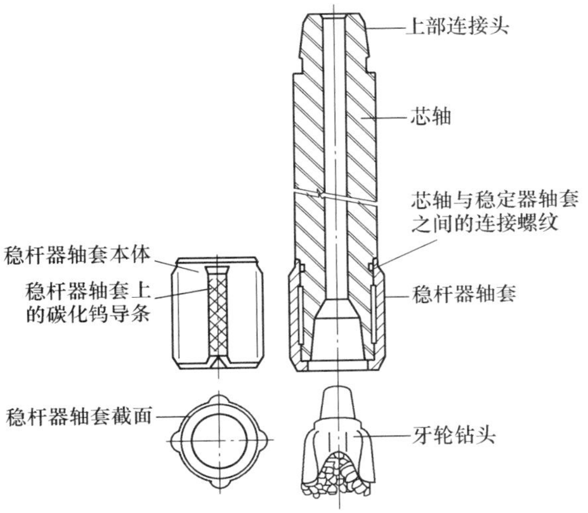

图9-6 轴套可换式稳杆器结构示意图

在牙轮钻机上轴套可换式稳杆器现在已经很少使用，主要是因为以下的原因：对工具和原材料的要求较高，其价格也较高；这种结构形式的稳杆器抵抗偏斜的能力非常有限；将轴套和稳杆器的芯轴组装为一体所耗费的时间较长。

9.2.2.2 焊接辐条式稳杆器

焊接辐条式的稳杆器很容易制造，因此其价格相对比较便宜。这种结构形式的稳杆器上突出的筋条有直条形和螺旋形两种，如图9-7所示。在这些辐条的表面都镶嵌有硬质合金刀片或在它们的外围堆焊了硬质合金。从技术结构上看，焊接辐条式稳杆器比轴套可换式稳杆器更好，因为它们能够在较长的长度上防止钻杆的偏斜。另外，也可

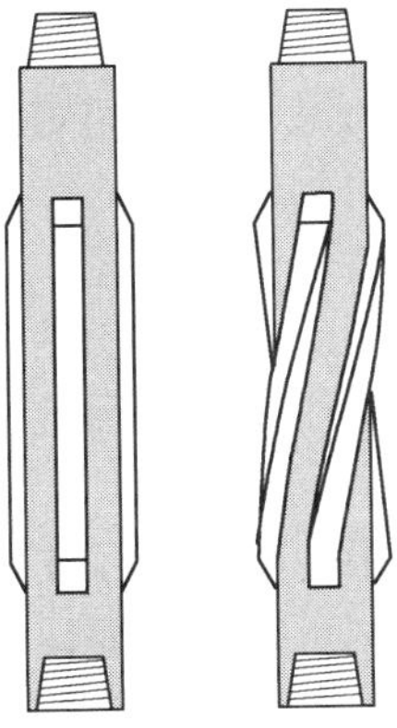

图9-7 焊接辐条式稳杆器外形结构示意图

以使用廉价的焊接和研磨设备对稳杆器进行返修或翻新。

9.2.2.3　整体式辐条稳杆器

整体式辐条稳杆器在它们的形状和外观上与焊接辐条式稳杆器非常相似，不同之处在于它们的辐条与稳杆器的本体成为一体，而不是后来焊接或镶嵌上去的。直线辐条和螺旋辐条组成的整体式辐条稳杆器如图 9-8 所示。辐条稳杆器使用耐磨材料焊在稳杆器 4 根辐条上，也有采用在辐条上镶嵌硬质合金柱齿的方式。辐条稳杆器适用于岩石普氏系数 $f<16$ 的中等磨蚀性的矿岩，但不宜用于钻凿倾斜炮孔。

9.2.2.4　滚轮式稳杆器

滚轮式稳杆器指的是在稳杆器的本体上装有三个或更多的表面镶嵌有硬质合金的滚轮。由于滚轮摩擦阻力小，故滚轮式稳杆器使用寿命长，适用于岩石硬度高和磨蚀性强的矿岩，特别适用于斜炮孔钻进。就技术结构而言，滚轮式稳杆器是比其他类型的更好，因为它们需要比其他较小的转矩。图 9-9 所示为滚轮式稳杆器的外形结构。

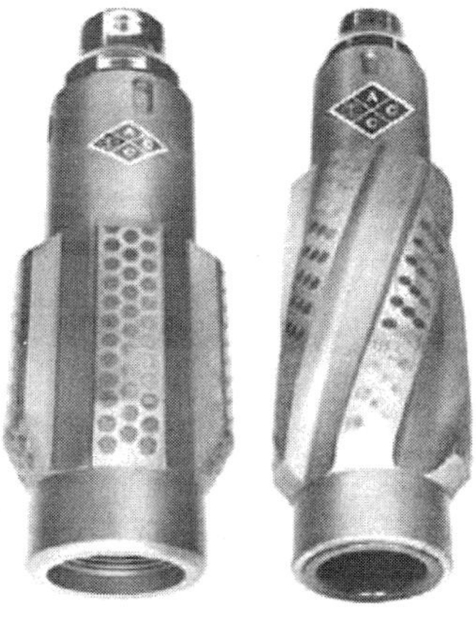

图 9-8　直线辐条和螺旋辐条组成的整体式辐条稳杆器外形结构

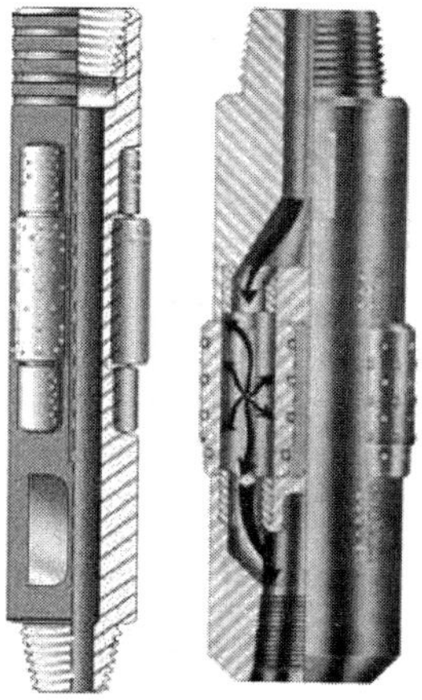

图 9-9　滚轮式稳杆器的外形结构

滚轮式稳杆器中的每个滚轮均可在稳杆器本体的凹槽中自由旋转，轴承部件上备有与钻杆中心相连的通道，以便输入空气进入润滑，并作为滚轮与轴承之间的缓冲气垫。这种稳杆器可减少所需扭矩，因为滚轮与钻孔壁摩擦是滚动摩擦，摩擦力小，滚轮上的镶嵌硬质合金磨损慢。

通常使用的滚轮式稳杆器为 3 个滚轮，但在非常坚硬和磨蚀性的岩层中稳杆器甚至已经使用了 6 个滚轮。钻孔直径越大，滚轮式稳杆器的优点就越加突出。因此，滚轮式稳杆器特别适用在大直径炮孔的钻进作业中使用。其不足之处是价格比其他类型的稳杆器要更贵一些。

如果炮眼的直径非常大，在 381mm 以上，同时被钻的孔壁与钻杆之间具有大的环状空间，则可能不需要使用稳杆器，因为所钻孔产生偏差的可能性非常低。

9.2.3　稳杆器的结构特点

前面已经对常用的稳杆器的结构形式和特点进行了简单的介绍，下面进一步对滚轮式稳杆器、整体式直辐条刮片稳杆器和螺旋辐条整体式稳杆器的工作特点进行阐述。

9.2.3.1 滚轮式稳杆器

滚轮式稳杆器的典型结构是由三个嵌有硬质合金柱齿的滚轮和稳杆器的本体构成。其内部结构如图9-10所示。

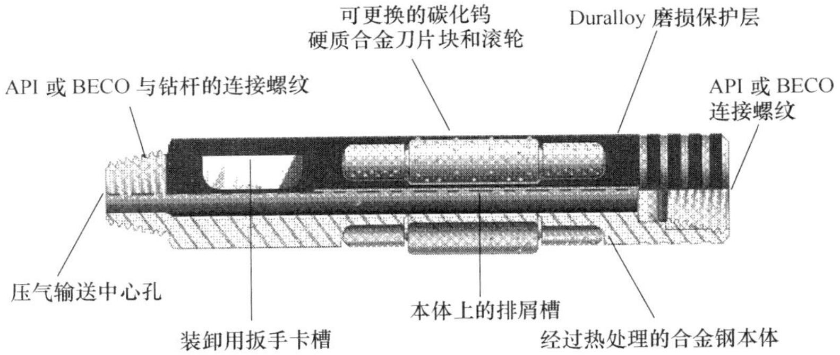

图9-10 滚轮式稳杆器的内部结构

滚轮每隔120°分布安装在稳杆器本体的凹槽内，这种结构在理论上是较合理的，如果在工艺制造质量得到保证的前提下，其使用寿命往往较长。但是，这种结构制造成本高、价格昂贵。有时因加工工艺质量问题，导致过早损坏；其次，此稳杆器使用后，M 面容易磨损（见图9-11），当 M 面磨穿后，使滚轮不稳定，并易进入泥浆而使其卡死；再次，轴承内径磨损超过一定值后，滚轮摇摆，钻硬岩时，矿浆中的大颗粒岩屑容易使轴承端面（$N—N$ 面）卡死。上述原因使滚轮无法旋转，滚动摩擦成为滑动摩擦，滚轮与孔壁的接触成为线接触，致使滚轮其他部位的硬质合金起不到作用，浪费太大。

9.2.3.2 整体式直辐条刮片稳杆器

这种稳杆器通常采用三条刮片，刮片与稳杆器体是一个整体，每条刮片上均嵌有许多硬质合金齿。由于嵌入合金齿，延长了刮片的使用寿命，使稳杆器能较长久地保持良好的稳定性。但是，这种稳杆器在加工、嵌齿工艺上都比较复杂，故成本较高。直辐条刮片稳杆器的刮片受力分析如图9-12所示，稳杆器在旋转过程中受到圆周力 F'_t 与径向力 F'_r 作用，其合力为 F'_n。

$$F'_t = 2T_1/d_1 \tag{9-1}$$

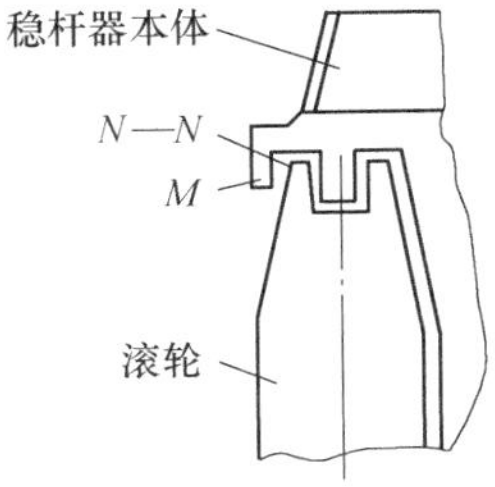

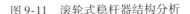

图9-11 滚轮式稳杆器结构分析

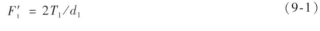

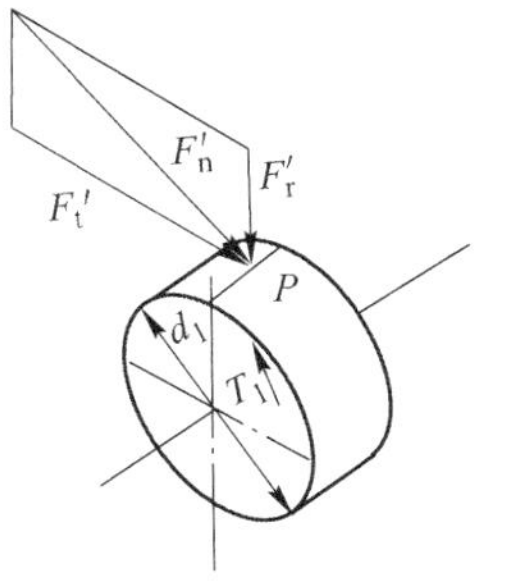

图9-12 直辐条刮片稳杆器的刮片受力分析

钻机正常穿孔作业时，钻具一般是以 80 ~ 140r/min 的速度旋转，正常情况下转速大约在 100r/min 左右。根据排渣情况分析，孔底形成的岩屑是呈螺旋式上升，直至抵达到孔口。而直辐条式稳杆器是强行地将岩渣沿着稳杆器的直导向槽向上运动，当风压偏低时，容易造成排渣不畅，会使一些岩屑再次掉入孔底，形成反复碾磨，从而加大了钻头的磨损，降低了穿孔效率。

9.2.3.3　螺旋辐条整体式稳杆器

螺旋辐条整体式稳杆器与直辐条整体式稳杆器基本上相同，不同之处在于它的辐条为螺旋线形状（见图 9-8），并焊接在稳杆器本体上。当刮片磨损到一定程度时，可以进行更换。从受力分析上看（见图 9-13），稳杆器在旋转时，刮片受到合力 F_n 的作用，F_n 分解成 F'，F' 又可分解为 F_t 和 F_y，所以

$$F' = F_t/\cos\beta = 2T_1/d_1\cos\beta \qquad (9\text{-}2)$$

因为 $45° > \beta > 0°$，$\frac{\sqrt{2}}{2} < \cos\beta < 1$，比较式（9-1）、式（9-2），得知 $F' > F'_t$，说明螺旋辐条整体式稳杆器抗剪强度大于直辐条叶片稳杆器。

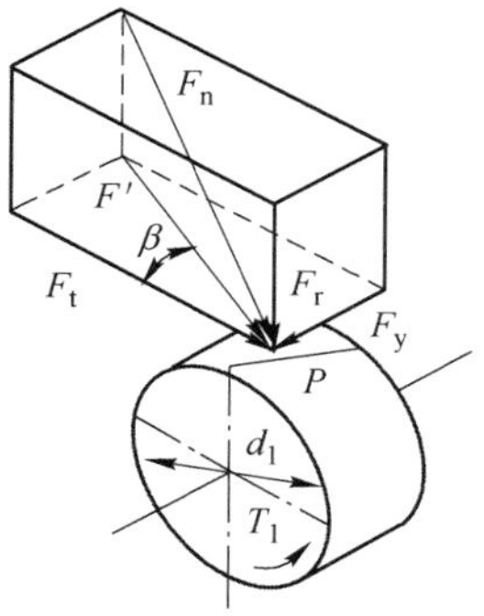

图 9-13　螺旋辐条整体式稳杆器受力分析

因螺旋辐条的螺旋线与岩屑运动方向相同，故在钻孔时，自然形成了与岩屑运动方向基本一致的螺旋导向槽，有利于排泄孔底岩屑，排渣畅通，减少了重复碾磨的数量，同时也减少了阻钻现象，因此提高了钻进效率。

从以上分析得知，螺旋辐条整体式稳杆器的排渣效果和强度更好，表 9-10 所列的三种不同结构形式的稳杆器实际使用效果的数据也佐证了这一结论。

9.2.3.4　不同结构形式的稳杆器使用效果对比

国内某露天铜矿，将其所使用的 3 种不同结构形式的稳杆器使用效果进行了对比，其结果见表 9-10。

表 9-10　国内某露天铜矿所使用的 3 种不同结构形式的稳杆器使用效果对比

稳杆器形式	穿孔量/m	钻头消耗/只	钻头平均寿命/m · 只$^{-1}$
滚轮式	8190	1	8190
整体直辐条式	90113	10	9011.3
螺旋辐条可更换式	42628	3	14209

注：该表数据系根据某铜矿穿爆报表统计。

9.2.3.5　常用稳杆器的技术规格

国内牙轮钻机常用稳杆器的技术规格见表 9-11。

表 9-11　国内牙轮钻机常用稳杆器的技术规格

钻孔直径/mm	稳杆器长度/mm	稳杆器本体直径/mm	稳杆器质量/kg
152	673	150	59
171	673	169	75
200	673	198	100

续表 9-11

钻孔直径/mm	稳杆器长度/mm	稳杆器本体直径/mm	稳杆器质量/kg
229	724	226	132
250	780	246	181
270	780	266	209
280	780	276	230
310	780	307	295
350	1040	347	454
380	1040	376	590

9.2.3.6 稳杆器与钻头、钻杆的磨耗及价格对比

稳杆器与钻头、钻杆之间的磨耗及价格的对应见表 9-12。如果将稳杆器的磨耗和价格的比值定义为 1，从表 9-12 中可以看到，正常钻孔作业时磨耗最多的是钻头、其次是稳杆器、钻杆的磨耗最少。

表 9-12 稳杆器与钻头、钻杆之间的磨耗及价格对比

钻具名称	单价/元	使用寿命/m	磨耗比	价格比
稳杆器	8000	7000	1	1
钻　头	1850	750	9.3	4.3
钻　杆	10000	14600	0.48	0.4

9.2.3.7 滚轮式扩孔器

滚轮式扩孔器又称锥形铰具，相当于是一种在功能上扩展、结构上变形的稳杆器。它也是安装钻杆和钻头之间，其作用是：将钻头所钻的孔扩大；在钻进过程中随钻头的进给自行钻进；在钻孔时紧贴在炮孔壁上，具有稳杆器的作业，减少了钻机的振动，提高了钻具的使用寿命。图 9-14 为滚轮式扩孔器的结构示意图。

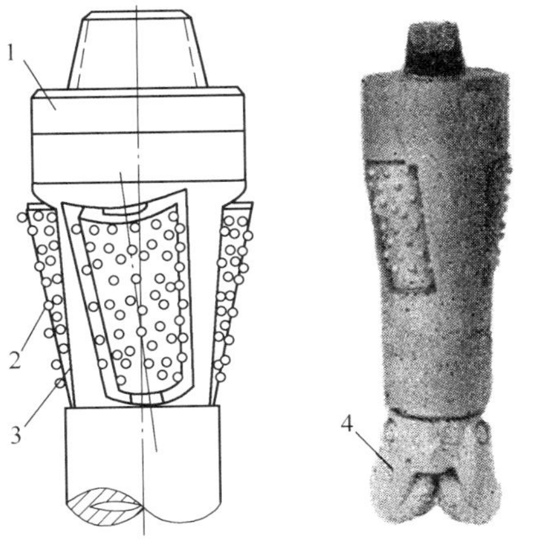

图 9-14 滚轮式扩孔器结构示意图
1—本体；2—硬质合金齿；3—滚轮；4—牙轮钻头

滚轮式扩孔器的结构与滚轮式稳杆器基本相似，主要由本体和滚轮组成。所不同的是其本体为锥形，本体上 120°均匀布置安装了 3 个滚轮，滚轮的轴线相对于本体轴线倾斜一定角度，在滚轮上镶有圆形的硬质合金齿，即扩孔器的切削刃具。

使用滚轮式扩孔器的优点是：

(1) 可以扩大矿山现有牙轮钻机的使用范围。

(2) 钻孔成本低。由于使用扩孔器先钻小孔后扩大孔，节省了能量。

(3) 减轻了钻机的振动，提高了加压提升机构和钻头的使用寿命。

(4) 扩孔器代替了稳杆器，使钻头寿命明显提高。

(5) 在相同的轴压之下，增加了钻孔效率。

9.3 减振器

9.3.1 减振器的功能与作用

9.3.1.1 减振器的功能

减振器的主要功能与作用是：吸收钻头工作时产生的钻杆纵向和横向振动，传递钻进过程中钻机所施加轴压和转矩，使钻机工作平稳，提高钻头使用寿命。利用减振器可使司机能更好地控制钻机的轴压和转速，从而提高钻进速度，减少因振动和冲击力引起的结构裂纹和对钻机各部件的损坏，减少钻机的故障，缩短维修时间。

9.3.1.2 减振器的基本结构

减振器一般安装在回转头减速器的中空轴和钻杆之间。减振器通常是靠橡胶弹簧来减少和吸收钻杆的纵向和横向振动，其结构与外形如图 9-15 所示。在减振器的上下接头中间有主、副橡胶弹簧，其相互之间的靠螺栓和销轴连接并固定，防松套的作用是防止反转时钻杆松脱。

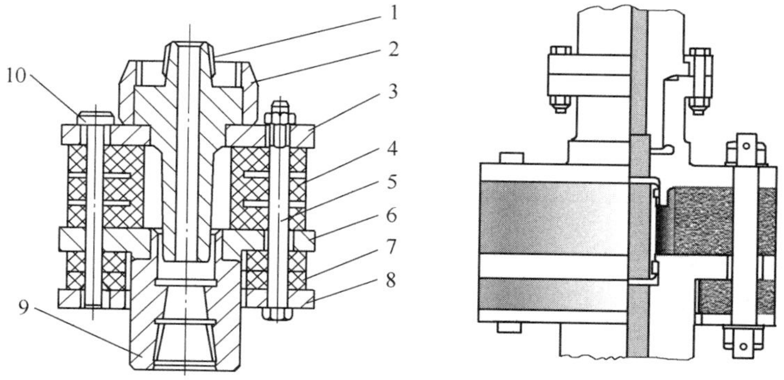

图 9-15　橡胶减振器的结构与外形

1—上接头；2—防松法兰；3—上连接板；4—主橡胶弹簧；5—螺栓；6—中间连接板；7—副橡胶弹簧；8—下连接板；9—下接头；10—销钉

9.3.2 减振器的工作原理

牙轮钻机钻孔时，依靠加压、回转机构通过钻杆对钻头传递很大的轴压力和回转转矩。牙轮钻头在岩石中同时钻进和旋转，牙轮在孔底滚动中连续地挤压、切削冲击破碎岩石，对岩石产生静压力和冲击动压力作用。

这种在钻进过程中产生的连续且不稳定的运动所形成的振动，经由牙轮钻头从多个作用方向传递到钻杆上，并对钻机的回转机构和钻架造成很大冲击。

9.3.2.1 钻进过程的钻杆的振动模型

在钻进过程中，钻杆所承受的振动冲击大体上有 4 种类型，即在钻杆的轴线方向（垂直振动）、在爆破孔的长度方向（纵向振动）、在爆破孔的宽度方向（横向振动）、在钻杆的旋转方向（回转振动）的振动冲击。钻杆的振动模型示意图如图 9-16 所示。

9.3.2.2 钻进过程的振动分析

现就钻进过程中所产生的4种冲击振动类型的原因予以分析：

（1）当钻头上的一个切削齿完成岩石的粉碎后，岩屑被位移，尽管此时牙齿只是会产生微小的轴向下拉力和旋转，但是却导致了压缩力的突然降低和重建，并通过钻杆传递旋转扭矩的增加。这就形成了从钻头传递到钻机的回转头并传递到钻杆组件的垂直和圆形冲击波。

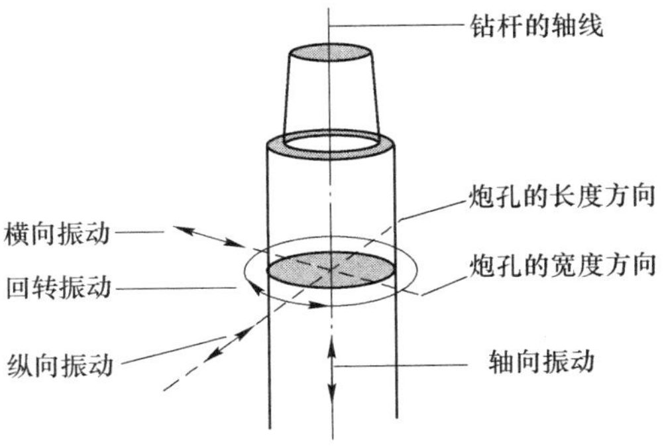

图9-16 钻杆的振动模型示意图

（2）由于所有的钻杆组件在其轴心线、螺纹导程、材料等都存在有一些允许的制造偏差，因此，在钻杆的每一个尺寸和方向上都可能产生一定的偏差。此外，构成钻杆的材料分布也可能因为所发生的惯性变化而改变轴心线的位置。因此，钻杆在垂直于其的轴线上会产生一个径向平面内的振动。

（3）从本质上讲，所有的岩石都是由结合在一起的小颗粒组成。它们组成的构造不是理想和均匀的。在钻进破碎的过程中，就可能产生上述所有的4种类型的冲击波。

通常情况下，在钻孔过程中，当一些尺寸较大的岩石碎片没有突破阻力被压缩空气排出孔外时，它们会在极力地抵制旋转运动的瞬间被卡在炮孔的环状空间，而当卡阻力突然发生释放时，岩屑的碎片就被分裂解体，这也造成在径向和钻杆轴线的圆形方向的冲击波。

上述所有4种类型的冲击从很大程度上降低了牙轮钻机的疲劳寿命。而在钻杆的轴向方向上的冲击是特别有害的。

减振器就为降低振动冲击对牙轮钻机的回转头和钻机其他部件的影响而使用的一种减振装置。

9.3.3 减振器的结构类型与特点

9.3.3.1 减振器的类型

现在的外部减振器，固定在回转头主轴下端，这几乎已经成为一种标准配置。

按照减振器安装的位置，可分为外部减振器和孔内（随钻）减振器两种。露天矿用牙轮钻机使用的减振器主要是外部减振器；孔内（随钻）减振器主要用于石油钻井作业，这种减振器仅吸收轴向振动，很少在爆破孔钻进中使用。

按照减振器减振元件的材质，可分为橡胶弹簧减振器、碟形弹簧减振器、复合弹簧减振器等。另外，还有采用液体或气体作为弹簧元件的减振器，但鲜见使用。

9.3.3.2 橡胶弹簧减振器

橡胶弹簧减振器的典型结构如图9-17所示。

加压机构的轴压力通过上接头传给主橡胶弹簧，然后再依次传给下接头、钻杆和钻头而破碎岩石。同样，回转机构的扭矩也是通过上接头和销钉传给主橡胶弹簧，然后再传给下接头、钻杆和钻头。这样在钻孔过程中钻头产生的纵向振动和扭转振动就被主橡胶弹簧吸收了一部分。

减振器安装在回转减速箱与钻杆之间，它既能缓冲回转冲击载荷，又能缓冲垂直冲击载荷，从而起到了保护钻机和钻头、提高钻机作业率和延长钻头寿命的作用，并允许在恶劣岩层中对钻头施加较大的轴压与回转速度。

减振器的橡胶弹簧具有可变的弹性刚度，能够产生一定的偏移量。可变刚度可保持轴压恒定，同时吸收振动。这种减振器对岩石硬度的变化反应快，能够使钻头保持与孔底的接触。

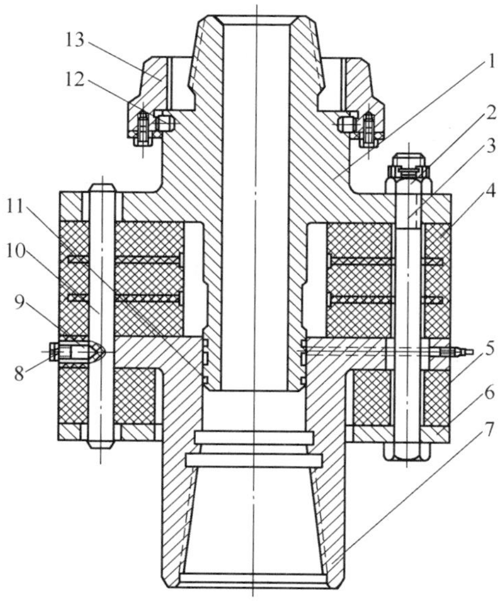

图 9-17　橡胶弹簧减振器的典型结构

1—上接头；2—螺母；3—螺栓；4—主橡胶弹簧；5—副橡胶弹簧；6—压板；7—下接头；8—螺钉；9，10—圆柱销；11—O 形圈；12—定位销；13—防松套

9.3.3.3　碟形弹簧减振器

与橡胶弹簧减振器不同，碟形弹簧减振器是由一组碟形薄簧呈复合式组合作为主弹簧，承受垂直方向的轴向振动，而由缓冲胶块承受扭转振动。

根据介绍国内某铁矿首创使用的 DJ-1 型碟簧减振器，由于碟簧的强度大、刚度大，比橡胶减振器的性能好、工作可靠、使用寿命长、减振效果显著。据测试，回转减速箱处振幅比未装减振器的减小 50%~68%，司机室和主机房振幅减小 15%~29%。

该减振器最大轴压 400kN，通用性好，可与穿孔直径 250mm 的牙轮钻机配套使用。

9.3.3.4　Duraquest 橡胶弹簧减振器

Atlas Copco 公司钻机上的配备了这种 Duraquest 的减振器，该减振器的上下两个夹板之间夹着具有减振功能的橡胶元件。上下两块夹板通过紧固螺栓穿过橡胶元件，并将它们组合在一起。夹板中的橡胶元件吸收了所有四种类型的冲击。Duraquest 减振器的减振效果非常明显，经检测，这种减振器可以将传递到钻杆上的轴向振动降低 79%、纵向振动降低 10%、横向振动则可降低 39%。图 9-18 所示为 Duraquest 橡胶弹簧减振器的外形和内部结构，其详细结构如图 9-19 所示。

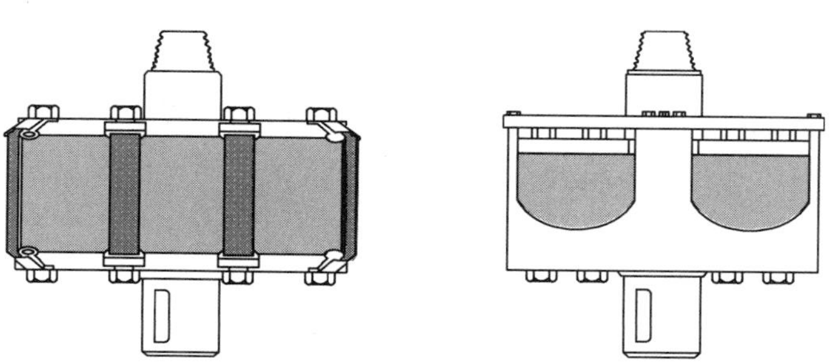

图 9-18　Duraquest 橡胶弹簧减振器的外形和内部结构

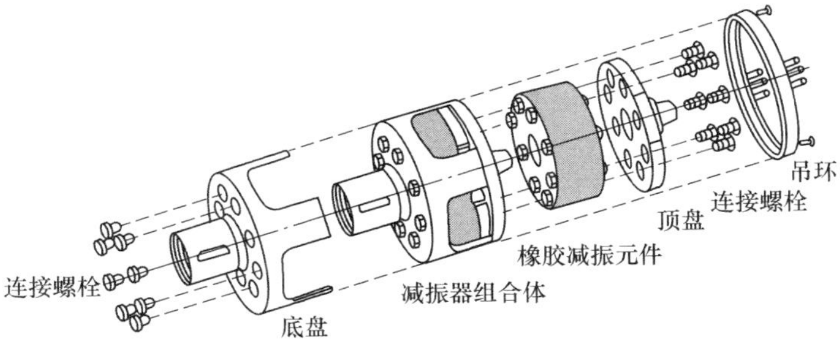

图 9-19 Duraquest 橡胶弹簧减振器的组合分解示意图

9.3.3.5 MTI 复合橡胶弹簧减振器

与传统结构的橡胶减振器不同的是，在现代的主流牙轮钻机中所使用的减振器的基本设计已经发生了很大的变化，这一变化的关键就在于其减振元件使用了复合橡胶减振元件。

图 9-20 所示为一个由国际采矿技术公司研发制造的 MTI 复合橡胶弹簧减振器的结构。图中的左边为该减振器的总成结构，右图为该减振器中的一组复合橡胶减振元件。

在这种结构类型的减振器中，其轴向冲击所产生的剪切应力和应变由被夹在两个 L 形的减振凸耳之间的橡胶元件所吸收。而作用在钻杆轴向的垂直冲击的压缩应力和应变则通过橡胶元件的平面移动被吸收。

MTI 减振器的减振元件的结构是由多组减振单元构成的，如果一个或者两个橡胶元件出现故障，其他元件仍然能够将减振器所承受的进给力和旋转运动负荷继续传递给钻杆。在钻进作业完成之后再去更换损坏了的减振元件。

9.3.3.6 常用减振器的规格与参数

在牙轮钻机钻进作业中经常使用到的 Duraquest 橡胶弹簧减振器和 MTI 复合橡胶弹簧减振器的规格与参数如下：

（1）Duraquest 橡胶弹簧减振器的规格与参数分别见图 9-21 和表 9-13。

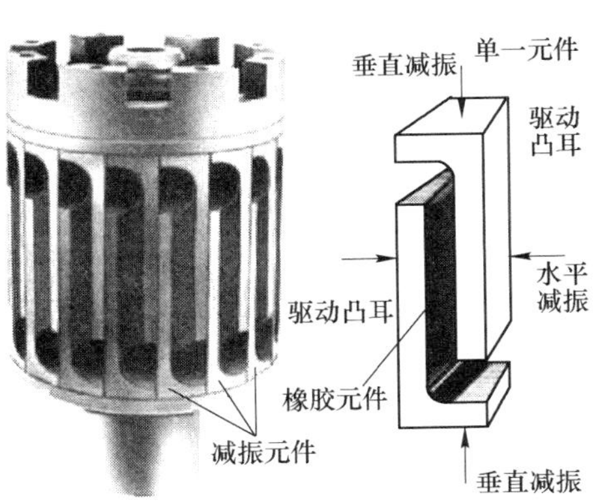

图 9-20 MTI 复合橡胶弹簧减振器的结构

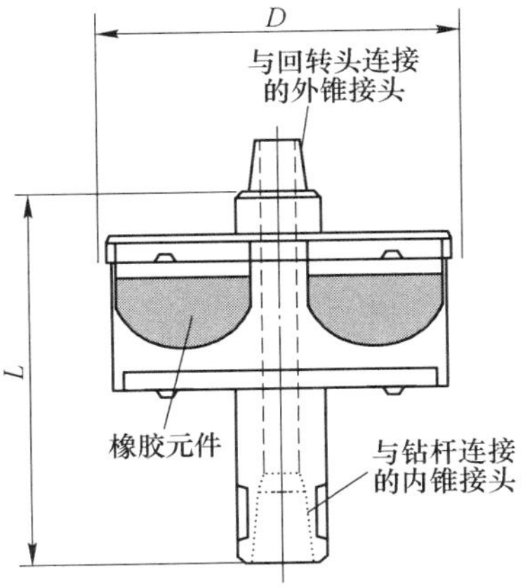

图 9-21 Duraquest 橡胶弹簧减振器的规格

表 9-13 Duraquest 橡胶弹簧减振器的参数

型　号	最大轴压/kN	直径 D/mm	长度 L/mm	总成质量/kg
28	680	963.6	914.4	1044
22	385	685.8	762.0	578.5
18	272	558.8	711.2	379
15	158	508.0	711.2	295

（2）MTI 复合橡胶弹簧减振器的规格与参数分别见图 9-22 和表 9-14。

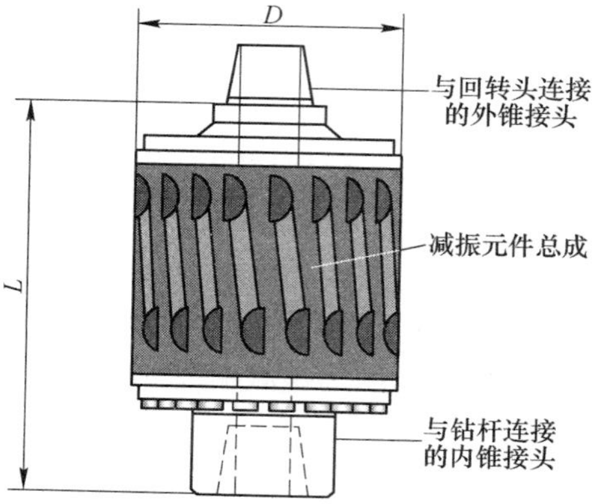

图 9-22 MTI 复合橡胶弹簧减振器的规格

表 9-14 MTI 公司复合橡胶弹簧减振器的参数

型　号	最大轴压/kN	直径 D/mm	长度 L/mm	总成质量/kg
130	453 ~ 680	660.4	927.1	953
100	362 ~ 453	609.6	863.6	850
75	317 ~ 362	457.2	812.8	644
50	226 ~ 317	457.2	838.2	508
40	158 ~ 226	457.2	762.0	363

9.3.3.7 减振器连接螺纹的保护

减振器在钻进作业中需要承受各种冲击和振动，其工作环境是很恶劣的，因此需要对减振器与回转头之间的连接螺纹予以保护，以延长减振器和钻杆的使用寿命。通常采取的螺纹保护措施如图 9-23 所示。

9.3.3.8 在钻具组中安装减振器的优点

在钻具组中安装减振器的优点：减少了冲击振动，延长了钻头组件的使用寿命；有利于提升穿透率；减少钻具组的维护；增加了钻杆和钻头寿命；加大了在钻头上施加更大的轴压和转速的可能性；由于减少了钻具组件的振动元件之间的金属与金属的直接接触，从而降低了其噪声水平。

9.3.3.9 孔内式减振器

孔内式减振器又称为随钻减振器。该减振器安装在钻杆底部和钻头顶部之间，因其在钻进过程中位于所钻凿的孔内而得名。这种类型的减振器如图9-24所示。

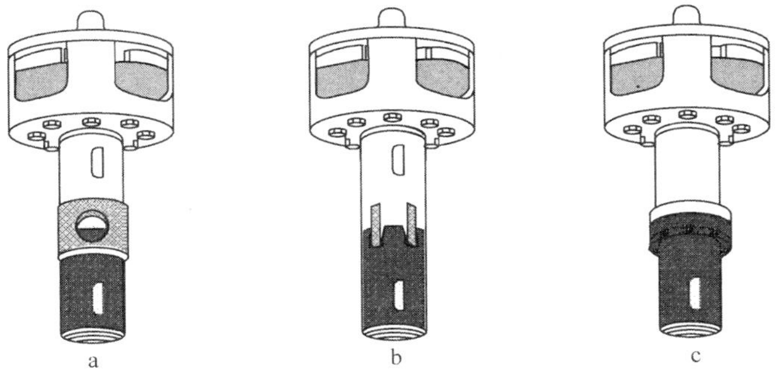

图9-23 减振器连接螺纹的保护方式

a—焊接护罩保护；b—焊带保护；c—法兰保护

图9-24 孔内减振器

该类型减振器通过其内部的两个元件之间的机械弹簧来吸收冲击。钻杆的旋转运动和扭矩，通过减振器内相互啮合的两个元件的花键得以传输。

孔内式减振器主要应用于油井钻探行业，并且被设计为仅吸收轴向冲击的振动。它们也可以用来在水平定向钻孔中使用，但很少用于爆破孔的钻进。

9.3.3.10 爆破孔钻进使用外部减振器的原因

在牙轮钻机的钻进作业中所使用的减振器几乎都是外部减振器，很少使用孔内减振器，主要是基于以下原因：

(1) 外部减振器能吸收所有类型的冲击，而孔内减振器只吸收轴向冲击。

(2) 钻进过程中，由于传输到钻具组元件的冲击强度非常高。因此，钻机的回转头被非常牢固地固定在牙轮钻机上。此外，钻杆的长度很短且要承受很重的压缩力。

(3) 在爆破孔的钻进中，如果使用孔内减振器，会连续地遇到钻进所产生的岩屑与压缩空气流过时形成的苛刻的喷砂处理，因此孔内减振器会磨损得非常快。而外部减振器则不存在这个问题。

(4) 在炮眼钻进中，如果外部减振器发生故障，还可以采取补救措施，但不会出现孔内减振器的故障所造成的严重后果。配合钻机回转头的夹具装置，减振器有多种固定方式。但是，应选择能够承受最大额定轴压的减振器，因为最大轴压有可能在钻孔的过程中偶然地被施加。

9.4 其他装置

9.4.1 定心与缓冲装置

9.4.1.1 钻杆回转定心导套

使用钻杆回转定心导套的主要目的是为钻杆提供一种在钻机平台上水平稳定的工作

状态。

在钻机上通常使用的定心导套是固定不动的，只是一种非旋转的衬套。这种简易的滑动摩擦轴承对钻杆旋转需要额外增加回转功率和更高的扭矩，而且会快速磨损，还需要进行润滑。

为此，许多钻机配件的制造商开发这种回转定心衬套。使用具有回转功能的钻杆定心导套则能够避免上述问题。在这种衬套的内部有两排或更多排的滚动轴承，允许内衬套管随同钻杆一起旋转。这种回转定心衬套的剖面如图 9-25 所示。

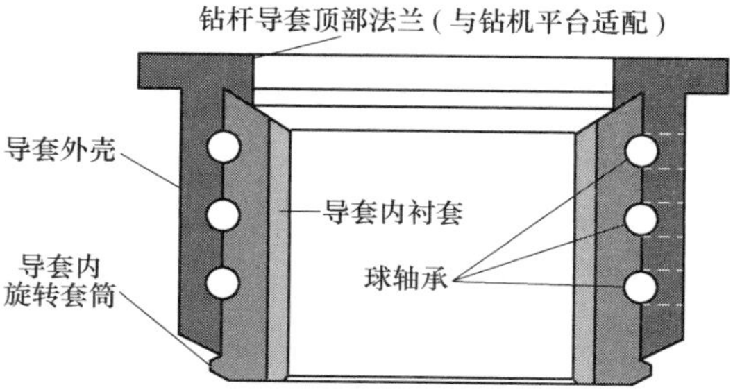

图 9-25　钻杆回转定心导套剖面

当钻杆旋转并接触到内衬套筒时，由于径向的振动运动，内套筒也随着一起旋转。这样就降低了增加转矩的需求并减少了钻杆的磨损。

由于花费在克服摩擦上的扭矩较小，钻头能获得更大的扭矩并提高了穿透率。在结构设计上，这种衬套也相对便宜和可以更换。

9.4.1.2　钻杆缓冲定心装置

为了减少钻机作业过程中钻杆振动的影响，美国某公司设计了一种泡沫缓冲垫定心器，用来防止将钻杆的振动传到钻架上，消除金属和金属的直接接触。图 9-26 为这种泡沫缓冲垫定心器的示意图。这种装置将钻杆定心用的回转定心导套和泡沫缓冲装置结合在一起，使其同时具备了回转定位和减缓钻杆振动冲击的功能。采用了该装置后，钻杆适宜的回转速度可维持在 125r/min 以上。

9.4.1.3　钻头止动装置

钻杆上通常有槽和均匀的直径，因此，可以通过用扳手旋转钻杆或专用的钻杆扳手装卸连接钻杆。但是，当一个钻头需要从钻杆分离时，扳手或钻杆扳手是没有用的，因为钻头上并没有卡槽或均匀的直径。所以需要使用专门的钻头止动器来拆卸连接在钻杆上的钻头，钻头止动器如图 9-27 所示。框架状的钻头止动器能够限制钻头的旋转，使用时，将钻

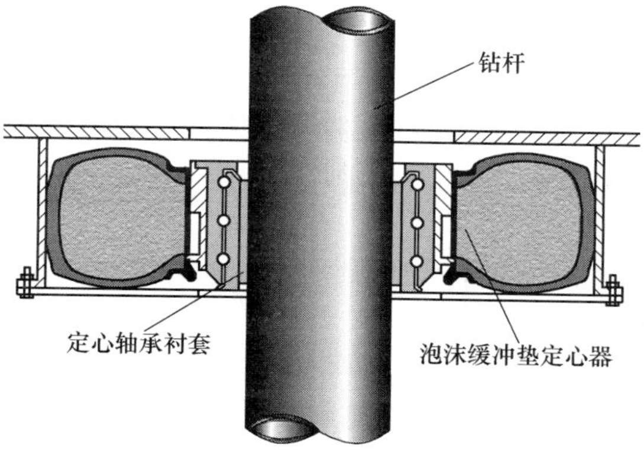

图 9-26　泡沫缓冲垫定心器

图 9-27　套在钻头上的钻头止动器

头制动器从钻头的底部反向套在钻头上，并将钻头制动器固定好，此时钻头已不能旋转。因此，该钻头可以通过反向旋转的钻杆或使用钻杆扳手将其卸下。

9.4.2 炮孔保护装置

9.4.2.1 螺纹保护器

螺纹保护器有许多品种，材质采用尼龙或类似的硬质材料。其功能是保护运输和装卸过程中的钻杆或其他钻具组件的螺纹。螺纹保护器有螺杆型和螺孔型之分，如图 9-28 所示。

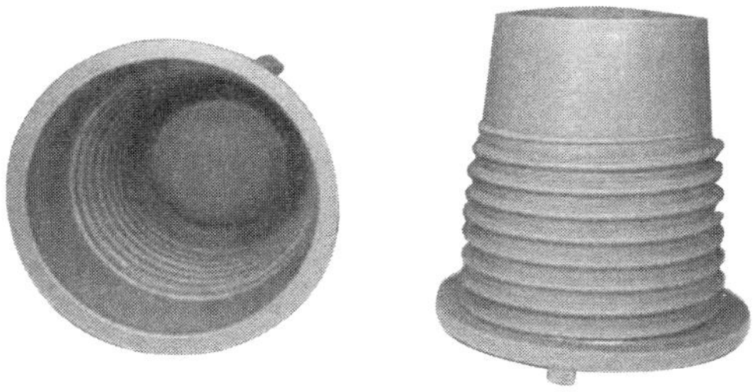

图 9-28 螺纹保护器
a—螺杆型；b—螺孔型

9.4.2.2 钻具吊装工具

在组装钻具组件时，经常需要使用各种配套的钻具吊装工具，吊装工具的主要功能是设计用于方便从地面上将重型螺纹钻杆进行吊装，这种带有锥管螺纹的吊装工具由铸钢件制成，形式上有外螺纹和内螺纹之分，以确保在装卸过程中不会损坏钻杆的外锥头和内锥孔，这些吊装工具如图 9-29 所示。而吊装插头是为了从孔中提起钻柱。在这种工具中装有轴承，以使在起重过程中，不会因为钻杆组件的旋转而造成起吊的钢丝绳的旋转，且有利于方便连接在一起的钻杆组件的脱开。但这种吊装插头很少在牙轮钻机中使用。

9.4.2.3 爆破孔堵头

炮孔，特别是那些大直径的炮孔，如果始终敞开是很危险的。因为可能会导致某些时候人或动物无意中踩到后，从孔的周围滑下来被孔口边割伤，因此而造成严重伤害甚至死亡的事故。对于非常大的炮孔，如果有人掉进炮孔的底部，后果更是不堪设想。

此外，也可能会由于人从旁边经过时，不小心而将孔口周边松散的岩屑又重新填充到已经钻好的炮孔中。防止此类事件的最好方法是将炮孔口的顶部使用专门的堵头塞住。炮孔的塑料塞堵头如图 9-30 所示。它们是由塑料制成的，并有多种尺寸，以符合炮眼的直径。

图 9-29 钻具吊装工具

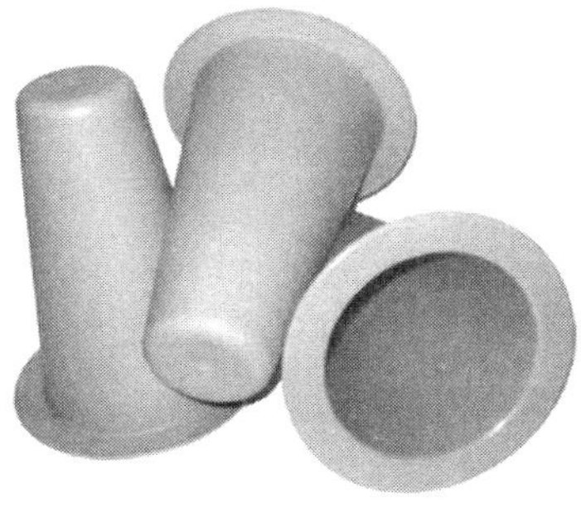

图 9-30 炮孔的塑料塞堵头

参 考 文 献

[1] 汤铭奇. 露天采掘装载机械 [M]. 北京：冶金工业出版社，1993：14 ~ 17.

[2] Gokhale B V. Rotary Drilling and Blasting in Large Surface Mines [M]. London：CRC，2011：117 ~ 134.

[3] Atlas Copco Secoroc AB，Rock Drilling Tools Product catalogue-Rotary products [Z]. 2009. 04：3 ~ 5.

[4] Atlas Copco. Drilling Solutions LLC，Blasthole Dilling in Open Pit Ming [Z]. 2012：48.

[5] 王运敏. 中国采矿设备手册（上册）[M]. 北京：科学出版社，2007：12.

[6] 郑立红. 牙轮钻机稳杆器的结构及其应用 [J]. 金属矿山，1997（2）：45 ~ 47.

[7] 胡定飞，黄建新. 牙轮钻机稳杆器的使用与修复 [J]. 中国钼业，1987（3）：39 ~ 40.

10　设计计算

本章内容提要：设计计算是本书的关键内容。在牙轮钻机的设计中，首先要确定的是牙轮钻机总体性能与参数的选择，在此基础上确定重点要素的设计原则。本章在阐述现代化设计与优化方法在牙轮钻机设计中应用的基础上，侧重从牙轮钻机的工作系统性上进行各部分的设计计算。随着技术进步和社会发展，基于人、机、环境之间重要性的日益显现，为实现人、机、环境系统总体性能的最优化，本章专门就牙轮钻机的安全设计和人机工程设计进行了介绍。

10.1　基本设计原则

10.1.1　必备条件

根据露天矿爆破孔钻孔工艺的基本要求，牙轮钻机的设计首先应当满足以下条件：

（1）将动力和能量传递到钻头，使之能够压裂地层。

（2）为钻机提供足够的循环介质，以使切削压裂破碎后的岩屑能够从炮孔中排出孔外。

（3）使用旋转的牙轮钻头，以确保整个炮孔的横截面构造组织形成断裂。

（4）能够将足够大的轴压力施加到钻头上，以有效地将岩石构造形成碎片。

（5）通过钻杆向钻孔的前进方向直线传递往复运动，以使钻头在钻进过程中直线进展。

（6）具有足够的提升力，以确保在钻凿最大深度炮孔时，可以将所有的钻具组件提升至孔外，该提升力应具有足够的裕度，以应付卡钻等意外情况的发生。

（7）钻杆上的钻头能够向后直线运动退出炮孔，以便钻头可以移动到下一个炮孔的位置。

（8）钻进具有足够的稳定性，能够顺利地移动到下一个炮孔的位置。

（9）钻头定位具有很好的稳定性。

（10）能收集形成在钻进过程中形成的非常细的岩屑颗粒，并防止它们与空气的混合。

（11）降低在钻头上产生的噪声，减少噪声对环境的污染。

10.1.2　尺寸与重量

10.1.2.1　牙轮钻机的尺寸

一般来讲，由于牙轮钻机只是在露天矿山从事钻孔作业，因此，对于钻机的长度、高度、宽度和重量并没有特别的限制。

但是基于牙轮钻机与其他采掘设备配套协调和转移采场的因素，在钻机的尺寸方面还是应当有所限制，牙轮钻机的外形轮廓可以控制在长度 30m、宽度 10m、高度 30m 的范围。

除非有特殊的需求（它可能在极少数的情况发生），露天矿用牙轮钻机的平台都置放在其下部的履带行走装置上。

当钻机从一个工作台阶行走到另一个工作台台阶时，由于钻机行进在斜坡上，因此牙轮钻机的钻架必须在落下后的降低位置，以便保持重心在最低水平，从而达到较高的稳定性。

10.1.2.2　牙轮钻机的爬坡能力

由于露天矿的道路设计的最大坡度为 10%，按照 2 倍的安全系数，牙轮钻机应该具有能够在 20% 坡度的道路上正常行走的能力。不仅钻机必须满足在这种条件下稳定行走的要求，而且从发动机功率的观点来看这种概念也是非常重要的。履带行走装置的履带自然长度和合适的履带之间的宽度，也是在此基础上确定的。需要注意的是，尽管一台钻机具备了可以在 20% 坡度上行走的稳定性，但在行走途中这种能力有可能会下降，甚至降到 15%。

牙轮钻机在工作台阶穿孔作业时，所需要移动的范围在 10 ~ 20m，而从一个工作台阶移动到另一个工作台阶，所移动的速度应限制在 2 ~ 3km/h。更高的速度是没有用的，实际上可以证明适得其反，因为在炮孔的精确位置钻机的精确定位只能靠较低的行进速度来实现。

10.1.2.3　牙轮钻机的重量与受力分布

在牙轮钻机的工作台阶面上，其表面并没有铺平，因此在地面和履带之间的接触压力不应超过 100kPa。

尽管矿区在经历强降雨后，地上可能变得湿滑，与履带接触的地面也可能会因此而轻微下沉。在这种情况下的接触压力不应超过 70kPa。

根据上述两个概念可以确定钻机每条履带的宽度。

至于钻机的重量，则与其所钻凿炮孔的最大直径存在对应的关系。

牙轮钻机的重量分布及其受力平衡分析如图 10-1 所示。

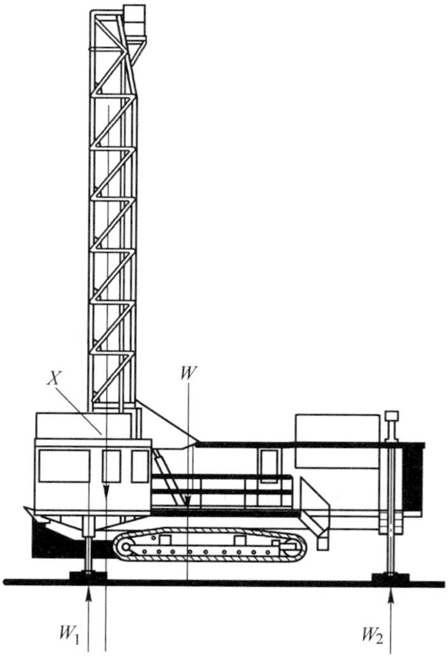

图 10-1　牙轮钻机的重量分布及其受力平衡分析

假定作用在牙轮钻机钻头上的最大负载为 X，所钻的倾斜炮孔的倾角为 30°，则 X 的垂直分力 X_v 为 $0.866X$、X 的水平分力 X_h 为 $0.5X$。

当没有负载被施加在钻头上时，牙轮钻机的总重量 W，被作用在钻机后端的 W_1 和作用在钻机前端的 W_2 反作用力所平衡。

必须明白的是，作用在钻头上的负载包括钻机回转头和钻具组的重量，以及牙轮钻机加压机构所施加的进给轴向力。

大多数牙轮钻机的垂直炮孔位置的轴线是在由四个调平千斤顶组成的支撑系统形成的矩形内。在许多情况下，钻杆是非常靠近后千斤顶的位置，也可以说，作用在牙轮钻机钻头上的最大负载 X 所形成的重力完全是由位于钻机后侧垂直平面上的钻机重量的反作用力 W_1 所承担。毫无疑问，$W_1 > X$。

考虑到钻机制造称重的不准确性及其他不确定因素，W_1 应等于 $1.2X$。钻机在这种情况下调平的时候，不会有任何一个千斤顶悬空，钻机也不会向一侧倾斜。

基于上述原因和所有的实际目的，在牙轮钻机的设计方法中，应当使：

$W_1 = 0.5W \sim 0.6W$。因此，W 应是钻头最大负载 X 的 2～2.4 倍。

另一个要考虑的问题是，在钻斜炮孔时，抵抗作用在钻头上轴压力的水平分力比较大。在这里，尽管没有特定的规则，但是可以说，在雨季调平千斤顶的支撑垫和地面之间的摩擦系数可能会小到 0.4。因此，由支撑千斤顶在地面施加的负载必须足以抵抗钻头负荷反力的水平分量的 X_h，以确保牙轮钻机的前侧不会打滑。

对于一个 30°倾斜炮孔 X 均有效到 $0.5X$。

鉴于以上各点，有：

$$X_h = 0.4(W - X_v)$$

或

$$0.5X = 0.4(W - 0.866X) \tag{10-1}$$

即 $W = 0.5X/0.4 + 0.866X = 2.116X$。

综上所述，在设计时，牙轮钻机的重量应大于 2.116～2.4 倍的钻头上的最大负载 X，以保证钻机在钻进过程中最大进给力的实现。

10.1.3 回转速度与扭矩

10.1.3.1 回转速度

在任何给定的牙轮钻头上加载，当钻头的旋转速度增大时，许多数量的齿穿透地面，进一步形成裂缝。随着旋转速度的增加导致更快的穿透速率。然而，随着具有旋转速度的提高和参与破碎齿数量的增加，所产生的热量也会增加至不可接受的水平。同时，钻头也因此会引起钻杆的振动进一步加剧。所有这些因素限制了钻机的最大回转速度，超过所限制的最大回转速度则会降低钻机的性能。

在较软地层中牙轮钻头可以使用较高的回转速度，但在硬地层的钻凿时则应降低牙轮钻头的回转速度。

考虑到上述因素，牙轮钻头的制造商给出了使用其钻头钻凿不同硬度的岩层时，钻杆的回转速度的建议值。这些在不同硬度的岩层钻凿不同直径的爆破孔时的理想回转速度建议值见表 10-1。

表 10-1 不同直径的爆破孔所推荐的回转速度 (r/min)

爆破孔直径/mm	表示硬度的 IADC 代码				
	软-412	中硬-512	硬-612	很硬-712	超硬-812
152	150	140	130	120	100
250	125	110	100	95	80
349	100	90	80	64	60
445	80	72	64	52	40

当炮孔钻头被设计为施加一定的钻头负载后，它可以成为适合于在非常硬的岩层钻凿的某一直径炮孔的钻头，但同时它也可以适用于采用较大直径钻杆在较软的地层钻进直径更大的炮孔。因此，通过仔细认真的研究，可以从上述推荐表中适当的速度范围选择所对应钻孔直径的牙轮钻头。

10.1.3.2　回转扭矩的确定

由于用于牙轮钻机的牙轮钻头需要承载很高的负荷，需要克服钻头与孔底、钻头和钻杆与孔壁的摩擦力、钻头轴承的摩擦力以及回转减速器内旋转件的摩擦阻力，因此它们需要非常高的回转扭矩。

在这方面，经过钻孔实践和研究已经发展为不同的计算公式，用于确定牙轮钻机回转机构所需要的最大扭矩。美国休斯公司在实验室大量试验的基础上，提出一个经验公式：

$$T = 9360KD(F/10)^{1.5} \tag{10-2}$$

式中　T——钻机回转头所需的扭矩，N·m；

D——钻头直径，cm；

F——轴压力，kN；

K——岩石的特性系数，按下列情况选取：最软岩石 $K=14\times10^{-5}$；软岩 $K=12\times10^{-5}$；中软岩石 $K=10\times10^{-5}$；软岩石 $K=14\times10^{-5}$；中硬岩石 $K=8\times10^{-5}$；硬岩 $K=6\times10^{-5}$；最硬岩石 $K=4\times10^{-5}$。

式（10-2）并没有考虑在炮孔钻孔中为防止钻孔倾斜，所使用的稳杆器增加的附加转矩。因此，用该公式计算出的扭矩值还应乘以1.1。

式（10-2）比较简单，很多显然会影响扭矩变化的变量并没有与其关联。在此基础上，原苏联的费奥多罗夫研究提出了一个更为准确的回转扭矩计算公式，即：

$$N = \alpha\gamma Ld^2n^{1.7} + 0.7854N_o d^2 + 8\times10^{-7}F_b n \tag{10-3}$$

式中　N——钻孔的回转功率，kW；

d——钻孔直径，cm；

n——钻杆转速，r/min；

γ——冲洗介质的密度，kg/m³；

L——孔的深度，m；

N_o——在炮孔的底部横截面面积破碎岩层所耗费的功率，kW/cm²；

F_b——钻头上的负载，N；

α——系数，取决于孔的倾斜度。它的值可以从图10-2中查到。

N_o的取值范围为0.1～0.15kW/cm²，其取值的大小取决于岩层的硬度值。较低的值适用于软岩层，而较高值则适用于硬岩层。

使用上述公式可以计算钻孔的回转功率，然后在知道回转速度后即可确定回转扭矩。

表10-2给出了当 $\alpha=4.7\times10^{-8}$、$\gamma=1.2252$、$L=30$m 时对扭矩的要求，计算中 $n=100$r/min、$N_o=0.135$ 为表10-3计算的相同基础。

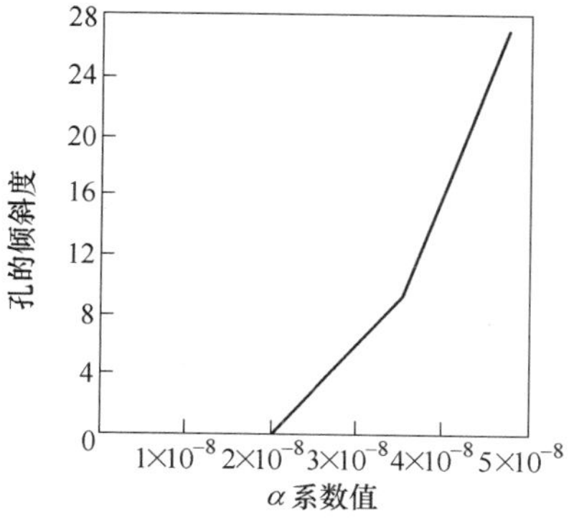

图10-2　α系数值与炮孔倾斜度的关系

表 10-2　不同的钻头直径费奥多罗夫公式计算所需的扭矩

钻头直径		钻头载荷		回转扭矩	
in	mm	lb	N	lb · ft	N · m
6	152.4	48000	213514	2432	3297
9	228.6	72000	320271	5315	7206
12	304.8	96000	427029	10731	14549
16	406.4	128000	569372	16347	22164

表 10-3 列出了对应所钻的炮孔直径，一些知名厂家生产的不同型号的牙轮钻机根据休斯公司及费奥多罗夫这两种公式得到的计算扭矩和实际应用在钻机回转机构的扭矩。

表 10-3　国外牙轮钻机主要机型的计算扭矩和实际应用扭矩

钻机型号	最大推荐孔径		F	K	回转速度	所需扭矩/N · m		实际扭矩
	in	mm	计算值	预计值	/r · min^{-1}	费奥多罗夫公式	休斯公司公式	/N · m
DM30	6.75	171.45	4.444	13.00	100	4181	1027	7321
DM50	10	254	5.000	13.00	107	8317	3273	10575
PV275	10.625	269.875	7.059	13.00	150	8259	6388	12202
PV351	16	406.4	7.813	13.00	87	24322	20699	25761
MD6290	10.625	269.875	5.854	13.00	220	6264	4825	17354
MD6420	12.25	311.15	6.858	13.00	125	11697	8732	15185
MD6540	15	381	7.333	13.00	125	17488	16020	20880
MD6640	16	406.4	8.813	13.00	125	20446	24798	14602
MD6750	17.5	444.5	9.429	13.00	120	24736	34335	20793
250XP-DL	13.75	349.25	7.636	13.00	100	17150	13695	17219
320XPC	17.5	444.5	8.571	13.00	101	26292	29761	33895
D50KS	9	228.6	6.667	13.00	126	6620	2872	9934
D75KS	11	279.4	8.364	13.00	94	12082	8986	14236
DR460	12.25	311.15	8.163	13.00	175	10009	11340	10461
1190E	13.75	349.25	8.582	13.00	97	18144	16315	16900

注：表中的实际应用扭矩是指作用在钻机回转头的实际扭矩。

使用休斯公司的公式计算 F 值时，是通过炮孔的直径除以钻头的最大负载计算所得。由于露天矿用牙轮钻机往往在软岩层如露天煤矿中使用，K 值取为 13.00。

而在使用费奥多罗夫公式计算的情况下，α、γ、L 和 N_o 值分别被设定为 4.7×10^{-8}、1.2252、30 和 0.135。

表 10-3 中还列出每种牙轮钻机的实际扭矩输出。

从根据休斯公司和费奥多罗夫的公式所计算的结果和表 10-3 中给出的钻头实际可用的转矩所需值的比较，可以得出结论，费奥多罗夫的计算公式与实际转矩值要更加匹配一些。因此有人建议通过使用费奥多罗夫公式应用于实际设计。

必须注意的是，电动机用于驱动钻头具有很高的过载能力，通常可以达到 1.5 甚至更高。因此，电动机是可以很容易地为最大额定钻孔直径产生足够的扭矩。

10.1.4　轴压力和钻进速度

牙轮钻机在钻进过程中是依靠牙轮钻头对岩层进行破碎的，岩层破碎的位置在牙轮钻头的三个锥体轴的径向线接触的地方。此时在钻头上所施加的压力即进给力可定义为钻头单位直径上的载荷。当三个牙轮钻头的锥体旋转时，这些与所破碎的岩层接触的径向线也随之旋转，并覆盖炮孔的整个横截面。

所钻的岩层的构造往往是异构的，也就是说，在一个相对较软岩层中遇到一个非常坚硬的岩石层这种情况并不少见。因此，钻机所能施加在钻头上的最大进给力，应该能够适应这种软中带硬的岩层构造，即在所希望直径的钻孔中，如果遇到了一种非常坚硬，但较薄的岩层时也能正常钻进。

在钻凿较小直径的炮孔时需要使用较小直径的钻杆。这是一种细长的钻杆，为了避免钻杆的弯曲及其倾斜后与孔壁接触的后果，则应选用小型的牙轮钻机，较小轴压力和进给力。表 10-4 给出了基于进给力范围的所能钻凿最大炮孔直径的牙轮钻机能力。

表 10-4　牙轮钻机进给力的选择范围

钻机的钻孔直径范围		预期最大的钻头载荷	
in	mm	lb/in	kN/mm
6 ~ 7.785	152 ~ 200	4000	0.700
8 ~ 10.625	203 ~ 270	6000	1.050
10.75 ~ 13.75	273 ~ 349	8000	1.400
13.75 ~ 17.5	350 ~ 445	9000	1.575

当然，在表 10-4 中所列的与钻孔直径范围对应的最大进给力，并非是所有的厂商都应当接受和遵守的标准，它只不过为钻机的选择提供了一个可以参考的空间。

当所钻凿的炮孔为垂直炮孔时，钻杆和回转头的重量之和就是施加在钻头上的载荷。然而，当钻凿倾斜的炮孔时，作用在钻头上的载荷则和因倾斜所减少的角度成余弦值的比例关系。

如果一台牙轮钻机能够发挥所期望的进给力，但它的进给速度却很低，那么它在钻进作业中就不可能具有比进给速度高的穿透率。

牙轮钻机钻进的最大穿透速率，即使在软地层中也仅为约 2m/min，而在硬地层的穿透率为 0.3 ~ 1.22m/min。

因此，一台牙轮钻机所设计的进给速度至少应为 2.5m/min，而最大进给力则应通过钻机的加压机构施加。该机构所施加给钻头的进给力应能使得钻进速度得到非常精细的调整。

10.1.5　提升力与提升速度

钻孔完成后钻杆需要从炮孔中退出。这就需要由进给机构即加压提升机构对钻杆和回转头的重量予以提升。提升的重量包括基于钻杆更换器上的全部钻杆、通过钻杆底座连接的稳杆器和位于最深孔处所有钻杆长度上的重量，钻机回转头的重量也可以精确地计算出。

在设计计算提升力时，还需要考虑钻杆组件被卡在炮孔孔壁石头中的情况。当出现这种情况时，采用常规的提升力要将它提升出来是非常困难的。因此，设计需要确定在卡钻时松开钻杆所需要的力。一般来讲，采用超过最长的钻杆和回转头上述的组合重量约 2.5 倍的安全系数即可满足要求。

通常的提升速度在大于 30m/min 的范围时是可以接受的。要满足提升力的要求就必须达到这个速度，并且这个提升力也必须作用在钻杆上。

现在许多牙轮钻机的加压提升机构采用液压缸用于钻杆组的进给和提升。在这种情况下，必须特别注意提升力大小和方向的选取，因为活塞式油缸两侧的有效工作面积是不相同的。液压缸中无活塞杆腔的一侧，可以产生足够的进给力，但有活塞杆腔的一侧则可能无法产生足够的提升力来提升钻杆。

10.1.6 接卸杆力矩

当钻杆通过螺纹接头连接到钻杆组中钻杆的下部时，这个动作称为接杆。这个动作总是通过从钻杆到回转头所传递的旋转运动来实现的。在钻机的回转机构即回转头上对钻杆施加转矩后，钻杆被拧紧，但回转头只能发挥有限的钻杆扭矩，由于钻杆的振动，钻杆被拉紧，以至于即使回转头是可逆的，也不能松开上部钻杆。

出于这个原因，当钻杆被放松时，下钻杆通过使用扳手将钻杆卡在钻杆的扳手插槽内以防止上部钻杆的旋转。这种特殊的液压扳手一前一后地握住钻杆的外表面后施加非常强劲的扭矩作用于钻杆，使其从钻杆接头上松脱。这种操作所使用的转矩称为拆卸扭矩。

拆卸扭矩通常比从回转头的转矩要高，但肯定要比所使用的 BECO 工具接头的最大可用扭矩要低。因此，该拆卸扳手应按照 BECO 工具接头设计其最大额定扭矩。

所设计的用于拆卸钻杆的最大额定扭矩只要能够将钻杆松开即可，而不能对钻机造成任何的损害。

10.1.7 液压千斤顶调平与地面承重

与配置三个千斤顶调平支撑系统的露天矿用牙轮钻机相比，配置了四个千斤顶的调平支撑系统的钻机具有卓越的稳定性。因此，除非有非常令人信服的理由存在，牙轮钻机必须配备四个液压千斤顶。这对于一台牙轮钻机来讲尤为重要，因为它有一个非常沉重的钻架，钻杆更换器和回转头。对于顶部传动形式的牙轮钻机来讲，上述的所有组件需要钻机的重心向更高的位置发展。

四个千斤顶中每个千斤顶的起重能力应当是钻机的估计重量的 75% 以上。

当钻斜炮孔时，除了垂直力，水平力也施加在钻架上，并最终传递到液压千斤顶。因为钻炮孔的倾斜角被限制为 30°，最大水平力以 0.5 倍的钻头载荷由四个千斤顶一起共同承载。当最大进给力被施加时，后千斤顶将该负载转移传递到地面，以使得作用在千斤顶上的水平分力降到最低。因此，为保持 2 倍的安全系数，每个千斤顶的设计都应当能够承载 100% 的总水平力。

在大多数情况下，所述液压千斤顶的活塞杆不足以抵抗这种重力。然而，如采用了图 10-3 所示结构形式的千斤顶，那么通过固定在钻机平台上可以伸缩的圆筒状或方筒状的千斤顶外套则能够抵御这种重力。

当牙轮钻机的钻架竖立工作时，钻机在地面上应当调平，而行走时千斤顶则应收回。对于轮胎式的钻机，即使地面有所松动，其行走也没有太大的困难。这是由于其施加在地面上的压力约为 500kPa。另外，轮胎式钻机的重心也非常低，不容易出现地面下的轮胎不均匀沉降。

因此，在设计调平千斤顶球铰下面支承盘的直径时，应使得它们的接触压力不超过约 100kPa。

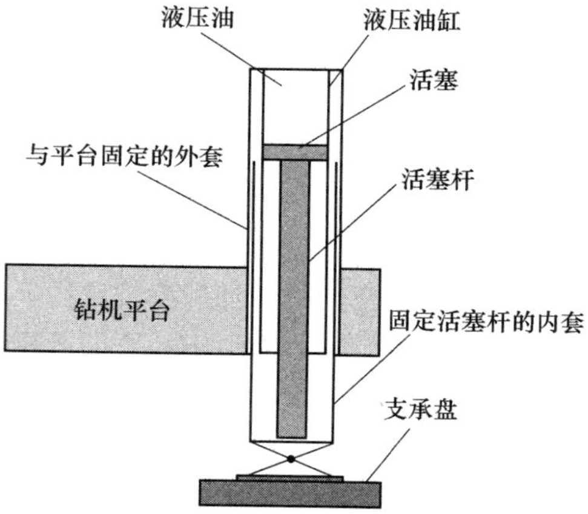

图 10-3　调平千斤顶结构

在确定液压千斤顶下面支承盘的压力值时，可按照 300kPa 取值。而在设计中，由于结构上的原因对支承盘直径尺寸会有所限制。但在钻机调平操作的过程中，为了把钻机的水平调整，在支承盘下面稍垫高一点还是允许的。

10.1.8　主空压机的排气量与排气压力

对牙轮钻机的工作性能和钻孔效率而言，所配备的主空压机的排气量和排气压力是极其重要的。

排气量即排渣风量的大小，直接影响钻孔速度和钻头寿命。只有保证了足够的风量才能更好地清洗孔底排出岩渣及冷却钻头的轴承，足够的排渣风量为提高轴压力和钻头转速、使钻机保持在合理的工作制度下工作创造了条件。

排气压力对钻孔速度的影响也很大，随着排气压力的增加，孔底的剩渣量急剧减少，钻孔速度显著增加。

因此在钻机的设计中，要根据钻孔时所需要的排气量和排气压力选择主空压机。目前国内外的牙轮钻机多采用低风压、大风量的压气进行排渣，一般的压气压力为 0.41 ~ 0.76MPa，排气量则与钻机的规格、钻孔直径和钻杆直径的大小有关，一般为 25 ~ 108m^3/min。

10.1.9　原动力

在牙轮钻机的作业过程中，需要完成包括行走、调平、装（卸）、更换钻杆、钻孔和收回钻杆等程序，而为了完成这些程序需要进行很多操作。每个操作都需要动力予以支持，而为完成这些操作所需要的功率可以根据机械工程的原理来进行计算。

以柴油机为原动机的钻机的功率由一个功率足够大的柴油机所提供，而电动型牙轮钻机则是从矿山的电网或采场附近的变电站将电力直接引入钻机的驱动电机，通过某些操作可以将电力转换成进行液压操作的动力。

表 10-5 列出了牙轮钻机上除了钻架升降以外的所有的操作及其占用总功率的百分比。该表清楚地列明了哪些操作是在不同的作业内容中得以执行。

表 10-5 钻孔作业过程中需要同时进行的操作及其占用总功率的百分比

所需要进行的作业内容的功率在钻机总功率中所占用的百分比	不同的钻孔作业内容				
	行进	调平	取钻杆	钻孔	钻杆退出
行走马达运行（30%~50%）	√				
伸展调平千斤顶（10%~20%）		√			
回转马达运行（15%~20%）				√	缓慢
进给马达运行（2%~4%）				√	√
空压机满负荷工作（45%~55%）				√	
空压机空载（25%~30%）			√		
司机室空调运行（0.5%~1%）	√	√	√	√	√
司机室增压运行（0.5%~1%）	√	√	√	√	√
司机室加热运行（0.5%~1%）	√	√	√	√	√
电缆卷筒马达运行（0.5%~1%）	√				
机房空调运行（1.5%~2%）					
机房增压运行（1%~2%）					
注水泵运行（1%~2%）				√	
辅助卷扬运行（3%~4%）			√		
换杆装置运行（2%~3%）			√		
除尘器运行（3%~5%）			√	√	
照明（2%~3%）	√	√	√	√	√

牙轮钻机上几乎所有的操作都需要使用动力，所实施的操作内容越多，需要的动力则越多，从表 10-5 钻机的各种操作所占用总功率的百分比中可以看出，发动机的额定功率是在钻孔作业的基础上确定的。

如果进行仔细分析各种单项作业在钻机总功率中所需的百分比，就会发现钻孔作业时占据了钻机总功率的绝大部分（69.5%~92%），其他作业内容在钻机总功率中所需的占比依次为行进、空压机空载、取钻杆、调平和钻杆收回。

10.2 整机性能指标

10.2.1 整机性能指标

牙轮钻机在使用过程中表现出来的性能称为钻机的整机性能，整机性能是评价钻机水平和质量的主要依据。钻孔机械的整机性能通常包括钻孔技术性能、经济技术性能、总体技术性能和一般技术性能。因此，在设计钻机时，首先必须对钻机的性能提出明确的要求，并使这些要求在钻机的总体设计和部件设计中得到实现。

钻孔技术性能是指钻机所适应的作业条件和所能发挥出来的最大工作效能，如所适应的岩石范围、钻孔直径、钻孔深度、钻孔方向和所具备的轴压力、推进速度、回转扭矩、回转速度与排渣风量等。

总体技术性能是指钻机总体的规格和性能，如质量、重心坐标、总功率、总体尺寸、稳定性、对地比压、爬坡能力与行走速度等。

经济技术性能是指钻机发挥了最大工作效率时的钻孔生产率和钻孔成本等。

一般技术性能是指钻机工作的可靠性、司机工作的舒适性、制造的工艺性及维护保养和修理的方便性等。

设计钻机，首先要确定它的整机性能指标，即整机参数。这需要参考国内外已有的同类钻机，并结合参数的计算、国内的技术水平和客户的具体要求加以确定。

表 10-6 综合归纳了国内外较典型牙轮钻机的整机性能参数，可作为设计钻机时选择参数和技术指标的参考。

表 10-6　国内外典型牙轮钻机的整机性能参数

技术参数		钻孔直径范围/mm				
		150 ~ 200	201 ~ 250	251 ~ 310	311 ~ 380	381 ~ 445
轴压力/kN		150 ~ 250	250 ~ 350	350 ~ 500	500 ~ 600	600 ~ 750
钻具转速/r · min^{-1}		140 ~ 220	120 ~ 150	115 ~ 150	110 ~ 140	120 ~ 125
钻具扭矩/kN · m		8 ~ 12.8	10.5 ~ 14.5	11.5 ~ 17.5	15.5 ~ 20.5	18.5 ~ 25.5
排渣风量/m^3 · min^{-1}		20 ~ 35	35 ~ 55	55 ~ 75	75 ~ 105	95 ~ 110
总安装功率/kW		260 ~ 320	320 ~ 380	380 ~ 480	480 ~ 580	580 ~ 680
钻机质量/t		30 ~ 40	40 ~ 85	85 ~ 115	115 ~ 130	130 ~ 160
钻架竖立时的外形尺寸/m	长	8 ~ 10	10 ~ 11.5	11.5 ~ 12.5	12.5 ~ 14.5	> 14.5
	宽	3.3 ~ 4.5	4.5 ~ 5.8	5.8 ~ 7	7 ~ 7.6	> 7.6
	高	13.5 ~ 14	14 ~ 24.5	24.5 ~ 26.5	26.5 ~ 27.5	> 27.5

设计钻机时，首先根据岩石的种类、性质和采矿工艺的要求，由上级或使用部门提出的设计任务书确定钻机的用途和使用范围，即规定出该钻机所钻凿岩石的坚固性系数、钻孔直径、钻孔深度和钻孔方向。这几个参数是决定钻机主体结构、整机性能和钻机质量的主要因素，因此称其为钻机的原始设计参数。目前，国内外牙轮钻机一般在中硬（$f > 6$）及中硬以上的岩石中钻孔，其钻孔直径多为 130 ~ 380mm、钻孔深度多为 14 ~ 18m、钻孔倾角多为 60°~ 90°。

10.2.2　主要工作参数及其确定

牙轮钻机的工作参数、是指钻机工作时钻具作用在炮孔底部岩石上的轴压力、钻孔速度、钻头转速、回转扭矩和排渣风量。正确地选择这些参数，特别是其中的轴压力、钻头转速和排渣风量，不仅可以提高钻孔效率、延长钻具使用寿命，而且还可以降低钻孔成本。因此，牙轮钻机的工作参数是设计钻机的主要依据，也是合理地使用钻机的依据。

为了使设计的钻机能在各种不同性质的岩石中钻孔，并获得理想的钻孔效果，要求所设计钻机的工作参数能有一个可调的适用范围，以便根据不同的地质条件进行人工或自动调整，以便获得最佳的钻孔工作制度和最优的工作效率。

国内外现代主流牙轮钻机现在普遍采用高轴压、低转速的工作制度，轴压力的取值范围为 300 ~ 600kN、转速范围在 150r/min 左右。牙轮钻机多年来的实践和新型钻机的应用已经证明高轴压、低转速和大风量排渣是露天矿用牙轮钻机的高效率的强力钻孔工作制度。

10.2.2.1　轴压力

轴压力是钻机通过牙轮钻头施加在岩石上的用以使岩层发生破碎的力。实践证明，轴压力既不能太小也不能过大，而有一个使岩石发生体积破碎的合理值。它取决于岩石的坚固性系数、钻头的直径和作用在钻头上的负载。选取合适的轴压力能使钻机达到较高的钻孔速度、较长的钻头寿命和较低的钻孔成本。

图 10-4 为钻头轴压力与钻孔速度的关系曲线。图中Ⅰ区称为表面破碎区，轴压力很小，钻头作用在岩石上的压力小于岩石的抗压入强度，此时靠表面磨损破坏岩石，其钻孔速度很低，随着轴压力的增加，钻孔速度也是直线地增加。Ⅱ区称为疲劳破碎区，当钻头压力增加到一定值而又未达到岩石的抗压入强度极限时，在牙轮的多次作用下，岩石开始破碎，并且钻孔速度提高的比率大于轴压力增加的比率（成幂指数关系）。Ⅲ区称为体积破碎区，轴压力增加，牙轮与岩石接触所产生的压力等于或大于岩石的抗压入强度极限，则岩石产生大颗粒的体积破碎。岩石破碎得快，钻孔速度与轴压力成直线增加。

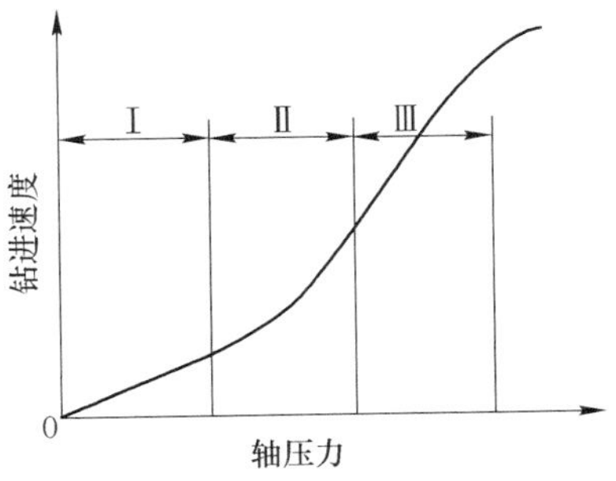

图 10-4　轴压力与钻孔速度的关系曲线
Ⅰ—表面破碎区；Ⅱ—疲劳破碎区；
Ⅲ—体积破碎区

轴压力过大时，不但钻头寿命降低，而且由于牙轮体与岩石接触、排渣条件不利等原因，也不能使钻孔速度再增加。从曲线的变化可知，最合理的轴压力应能使岩石形成体积破碎。设计钻机所选用的轴压力，应保证钻孔工作在体积破碎区。

应用广泛又比较符合实际的轴压力计算方法有以下两种：

（1）理论计算法。把岩石视为一个均质弹性体，当钻头上的一个硬质合金柱齿以 p 力作用在岩石上时，在岩石内一小单元体上就要产生相应的应力，如图 10-5 所示。

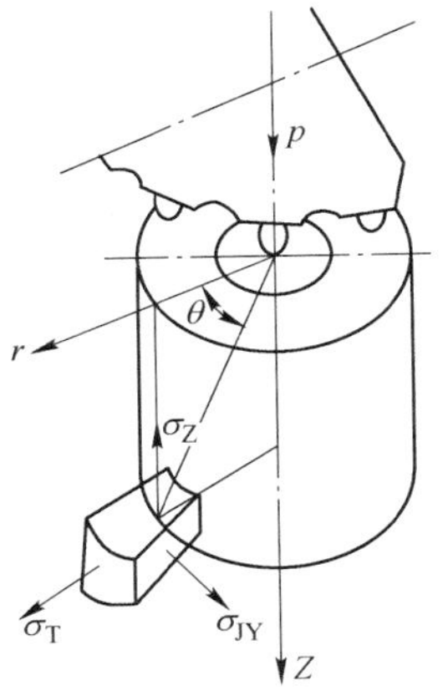

图 10-5　在硬质合金柱齿作用下岩石单元体的应力状态

根据弹性力学可知：

$$\sigma_Z = -(3p/2\pi)Z^3(r^2+Z^2)^{-\frac{5}{2}} \quad (\mathrm{Pa}) \qquad (10\text{-}4)$$

式中　p——一个合金柱齿作用在岩石上的力，p 与破碎的岩石体积成正比，N；

r——破碎半径，m；

Z——破碎深度，m。

当轴向应力 σ_Z 大于所钻岩石的抗压强度极限 σ_{JY} 时，岩石即被从整体上破碎下来。解式（10-4）得平行于边界条件的破碎半径 r：

$$r^2 = (3p/2\pi\sigma_{JY}Z^3)^{\frac{2}{5}} - Z^2$$

将 $r=0$、$Z=Z_0$ 代入上式得破碎深度 Z_0 为：

$$Z_0 = (3p/2\pi\sigma_{JY})^{\frac{1}{2}} \qquad (10\text{-}5)$$

一个合金柱齿所破碎岩石的体积为：

$$V_1 = \int_0^{Z_0} \pi r^2 \mathrm{d}Z = \int_0^{Z_0} \pi\left[\left(\frac{3p}{2\pi\sigma_{JY}}Z^3\right)^{\frac{2}{5}} - Z^2\right]\mathrm{d}Z = \frac{4\pi}{33}\left(\frac{3p}{2\pi\sigma_{JY}}\right)^{\frac{3}{2}} \tag{10-6}$$

在试验中得到 p 与钻机轴压力 P 成正比、与炮孔直径 D 成反比，即：

$$p = k_0 \frac{P}{D}$$

式中　k_0——比例系数，$k_0 = 57 \sim 67$。

将 p 代入式（10-6），可得：

$$V_1 = \frac{4\pi}{33}\left(\frac{3k_0 \dfrac{P}{D}}{2\pi\sigma_{JY}}\right)^{\frac{3}{2}}$$

$$P = \left(\frac{33V_1}{4\pi}\right)^{\frac{2}{3}} \frac{2\pi}{3k_0}\sigma_{JY} D$$

设计中 V_1 值不能太小，V_1 值太小，则说明钻头不是在破碎岩石，而是在“研磨”岩石。实际破岩中 V_1 应大于某一许可值，即不能小于 $1\mathrm{cm}^3$。如取 $V_1 = 1\mathrm{cm}^3$，σ_{JY}（用岩石坚固性系数 f 表示，$\sigma_{JY} = 10^7 f$），代入上式后整理得到钻机的轴压力（单位：N）为：

$$P = (59.5 \sim 70.2)Df \tag{10-7}$$

前苏联的资料中也曾介绍，对于露天矿用牙轮钻机的轴压力可近似计算为：

$$P = (60 \sim 70)Df \tag{10-8}$$

式中　f——普氏岩石坚固性系数；

　　D——钻孔直径。

（2）经验计算法。大量实验表明，当作用在岩石上的压力超过岩石的抗压强度极限30%~50%时，岩石即可顺利从原岩体中被破碎下来。对于不同直径的钻头，其轴压力 P（单位：kN）和钻头直径 D 的关系可用以下的经验公式表示：

$$P = fk\frac{D}{D_0} \tag{10-9}$$

式中　f——普氏岩石坚固性系数；

　　k——经验系数，$k = 13 \sim 15$，一般取 $k = 14$；

　　D——设计选用的钻头直径；

　　D_0——试验用钻头直径，$D_0 = 214\mathrm{mm}$。

牙轮钻机多年来的实践表明，当 $f \leqslant 16$ 时，式（10-7）~式（10-9）的计算结果相近，且与钻孔实践相符。但对硬岩，轴压力稍显偏低。因此，我国提出在硬岩中钻孔的轴压力 P 的计算公式为：

$$P = (1.3 \sim 1.5)D \tag{10-10}$$

式中　D——设计选用的钻头直径，mm。

10.2.2.2　钻孔速度

牙轮钻机的钻孔速度是表征钻机是否先进的重要性能指标，也是钻孔工作制度是否合理的主要标志。它是由钻机的其他主要参数决定的。

A 理论计算法

可按照在静压和动载作用下牙轮钻头破碎岩石的体积，从理论上计算牙轮钻机的钻孔速度。若牙轮钻头每分钟的转数为 n_T、钻头旋转一周破碎的岩石厚度为 h，则钻孔速度 v 为：

$$v = n_T h$$

如前所述，在轴压力作用下，单个合金柱齿可破碎的岩石体积 V_1 为：

$$V_1 = \frac{4\pi}{33}\left(\frac{3p}{2\pi\sigma_{JY}}\right)^{\frac{3}{2}} \tag{10-11}$$

令

$$A = \frac{4\pi}{33}\left(\frac{3}{2\pi\sigma_{JY}}\right)^{\frac{3}{2}}$$

则

$$V_1 = Ap^{\frac{3}{2}}$$

钻孔时，如果钻杆作用在钻头上方的力为 F，则 F 主要由轴压力 P 和动载荷 T（冲击载荷）两部分组成，即：

$$F = P + T$$

该力通过钻杆分别传给钻头上的 3 个牙轮，平均每个牙轮所受的力为：

$$F_1 = F_2 = F_3 = \frac{F}{3} = \frac{1}{3}(P + T) \tag{10-12}$$

假定瞬间（以第一牙轮为例）有 k 个齿与岩石同时接触，在这一时刻，破碎的岩石体积为：

$$\Delta V_1 = A\left(\frac{F_1}{k_1}\right)^{\frac{3}{2}} k_1$$

那么，一个牙轮自转一周所能破碎岩石的体积应该为：

$$V_1 = \sum \Delta V_1 = \sum_{i=1}^{m_1} A\left(\frac{F_1}{k_1}\right)^{\frac{3}{2}} k_1 = \sum_{i=1}^{m_1} AF_1^{\frac{3}{2}} k_1^{-\frac{1}{2}} \tag{10-13}$$

而 3 个牙轮自转一周所能破碎的岩石体积应该为：

$$\begin{aligned} V_L &= V_1 + V_2 + V_3 = AF_1^{\frac{3}{2}} \sum_{i=1}^{m_1} k_1^{-\frac{1}{2}} + AF_2^{\frac{3}{2}} \sum_{i=1}^{m_1} k_1^{-\frac{1}{2}} + AF_3^{\frac{3}{2}} \sum_{i=1}^{m_1} k_1^{-\frac{1}{2}} \\ &= A\left(\frac{F}{3}\right)^{\frac{3}{2}}\left(\sum_{i=1}^{m_1} k_1^{-\frac{1}{2}} + \sum_{i=1}^{m_2} k_1^{-\frac{1}{2}} + \sum_{i=1}^{m_3} k_1^{-\frac{1}{2}}\right) \\ &= A\left(\frac{F}{3}\right)^{\frac{3}{2}}(N_1 + N_2 + N_3) = AN\left(\frac{F}{3}\right)^{\frac{3}{2}} \end{aligned} \tag{10-14}$$

式中 N——当量合金齿数和。

$$N = N_1 + N_2 + N_3 \tag{10-15}$$

$$N_1 = \sum_{i=1}^{m_1} k_1^{-\frac{1}{2}} = \frac{1}{\sqrt{k_1}} + \frac{1}{\sqrt{k_2}} + \cdots + \frac{1}{\sqrt{k_{m1}}}$$

$$N_2 = \sum_{i=1}^{m_2} k_1^{-\frac{1}{2}} = \frac{1}{\sqrt{k_1}} + \frac{1}{\sqrt{k_2}} + \cdots + \frac{1}{\sqrt{k_{m_2}}}$$

$$N_3 = \sum_{i=1}^{m_3} k_1^{-\frac{1}{2}} = \frac{1}{\sqrt{k_1}} + \frac{1}{\sqrt{k_2}} + \cdots + \frac{1}{\sqrt{k_{m_3}}}$$

式中　m_1，m_2，m_3——牙轮上布齿的母线数。

现以国产 9 号牙轮钻头（ϕ215mm）第一牙轮为例，其布齿规律如图 10-6 所示，其当量齿数 N_1 计算如下：

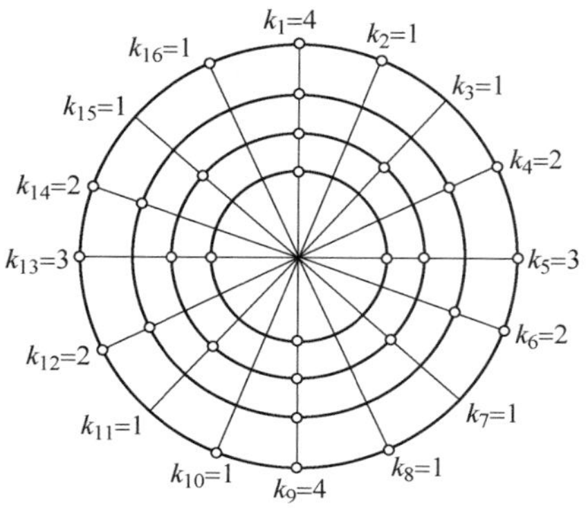

图 10-6　牙轮钻头的合金柱齿布置图

$$N_1 = \frac{1}{\sqrt{4}} + \frac{1}{\sqrt{1}} + \frac{1}{\sqrt{1}} + \frac{1}{\sqrt{2}} + \frac{1}{\sqrt{3}} + \frac{1}{\sqrt{2}} + \frac{1}{\sqrt{1}} + \frac{1}{\sqrt{1}} + \frac{1}{\sqrt{4}} + \frac{1}{\sqrt{1}} + \frac{1}{\sqrt{1}} + \frac{1}{\sqrt{2}} + \frac{1}{\sqrt{3}} + \frac{1}{\sqrt{2}} + \frac{1}{\sqrt{1}} + \frac{1}{\sqrt{1}} = 12.982$$

要求出钻头旋转一周所能破碎的岩石体积，就要找出牙轮与钻头的转速关系，由牙轮转速 n_L 与钻头转速 n_T 之比等于钻头直径 D 与牙轮大端直径 d 之比，对于孔底角 $\alpha=0$ 的钻头有：

$$\sin\phi = d/D$$

所以

$$n_L = n_T/\sin\phi$$

$$n_{L1} = l/\sin\phi$$

式中　ϕ——牙轮主锥角的一半，(°)

D——钻头直径，mm；

d——牙轮直径，mm；

n_L——牙轮转速，r/s；

n_T——钻头转速，r/s；

n_{L1}——当钻头回转一周时，牙轮旋转速度，r/s。

钻头回转一周时，破碎的岩石体积 V_T 为：

$$V_T = V_L n_{L1} = AN\left(\frac{F}{3}\right)^{\frac{3}{2}}\frac{1}{\sin\phi}$$

钻头回转一周时所破碎的岩石厚度 h 为：

$$h = V_T \Big/ \frac{\pi D^2}{4} = \frac{4V_T}{\pi D^2}$$

所以，牙轮钻头的钻机速度 v 为：

$$v = n_T h = \frac{4V_T}{\pi D^2} n_T = \frac{4ANn_T}{\pi D^2 \sin\phi}\left[\frac{1}{3}(P+T)\right]^{\frac{3}{2}} \tag{10-16}$$

B　经验计算法

前苏联勒·阿·捷宾格尔对露天矿用牙轮钻机的钻孔工作制度进行了试验研究，整理出下面的钻孔速度 v 的经验公式：

$$v = 0.375\frac{Pn_T}{Df} \tag{10-17}$$

式中　P——钻具的轴压力，kN；

n_T——钻头转速，r/min；

D——钻头直径，cm；

f——普氏岩石坚固性系数（无量纲）。

其中，v 的单位为 cm/min。

根据美国以直径 250mm 钻头在固定转速 $n_T=60$r/min 的条件下进行工业实验得到的经验公式，经过单位换算，则可得出任意转速下的简化钻孔速度公式为：

$$v = 0.0052n_T\left(\frac{10^4}{\sigma_{JY}} \times \frac{P}{D}\right)^K \tag{10-18}$$

式中 n_T——钻头转速，r/min；

P——钻具的轴压力，N；

D——钻孔直径，cm；

σ_{JY}——岩石抗压强度极限，Pa；

K——计算常数，当岩石硬度为 15000～50000lb/in 时，$K=1.4～1.75$。

其中，v 的单位为 m/min。

式（10-17）、式（10-18）的结构形式相似，它们简单明确，比较全面地反映了钻孔速度与钻机几个主要参数的一般关系，其计算结果比较接近实际。但事实上，影响钻孔速度的因素还有很多，如排渣介质、排渣风速、钻头形式与新旧程度、岩石可钻性等。因此，只有深入实际，全面了解影响钻孔速度的因素后，才能准确地估算钻孔速度。

10.2.2.3 钻头转速

实验表明，在一定转速范围（200r/min）内，钻进过程中钻孔速度与钻头转速成正比，提高钻头转速 n_T，可以使钻孔速度 v 提高，但钻头转速 n_T 过高，会给钻机带来强烈的振动，这样会使钻进速度降低，且钻头的使用寿命将急剧下降，破坏了合理的钻进参数。实践证明，钻头的转速不能超过 3.33r/s。

前苏联恩·莫·比留科夫对合金齿破碎岩石进行了研究，认为岩石的破碎有一个过程，需要一定的时间。而牙轮钻头破碎岩石的效果与合金齿和岩石的接触时间有关，这个接触时间不能小于 0.02～0.03s。否则，就不能发挥牙轮滚压破碎岩石的作用。据此可以求出牙轮钻头的最高转速 n_T。因已知：

$$n_T = n_L\frac{d}{D} = \frac{v_L}{\pi D} \quad (\text{r/s}) \tag{10-19}$$

则

$$v_L = \pi D n_T \quad (\text{m/s})$$

式中 v_L——牙轮大端（直径为 d 处）的线速度，m/s。

由于牙轮在孔底工作时不完全是纯滚动，速度有所降低，因而：

$$v_L = \pi D n_T k \quad (\text{m/s})$$

式中 k——速度损失系数（实验得到 $k=0.95$）。

如牙轮大端嵌有 Z 个合金齿，则其齿间的弧长 L 为：

$$L = \frac{\pi d}{Z} \quad (\text{m})$$

每个合金齿与岩石的接触时间为：

$$t = \frac{L}{v_L} \quad (\text{s})$$

根据牙轮的速度公式，最后得到：

$$n_T = \frac{d}{tkZD} = (35.08 \sim 52.7)\frac{d}{ZD} \quad (r/s) \tag{10-20}$$

式中 d——牙轮大端直径，m；

D——钻头直径，m；

Z——牙轮大端的合金齿数。

10.2.2.4 回转扭矩

回转机构输出的功率主要用在牙轮滚动和滑动破碎岩石，克服钻头与孔底、钻头和钻杆与孔壁的摩擦力以及克服钻头轴承的摩擦力上。然而这些因素都与岩石性质、钻孔直径、回转速度、轴压力、钻头的结构形式及新旧程度、孔底排渣状况等有关。足够的回转扭矩是保证钻孔工作连续进行所必须的条件。其计算方法有：

（1）理论计算法。在牙轮钻头钻孔时，钻杆传递的回转扭矩主要用来克服挤压与剪切岩石的总阻力 F：

$$F = h\frac{D}{2}\sigma Z \tag{10-21}$$

式中 h——牙轮齿压入岩石的深度（岩屑厚度）；

D——钻头直径；

Z——钻头上牙轮的数目；

σ——岩石的强度极限，钻进时考虑挤压与剪切同时作用时，岩石的强度极限可按下式计算：

$$\sigma = 0.5(\sigma_{JY} + \tau_J) \tag{10-22}$$

σ_{JY}——岩石抗挤压强度极限；

τ_J——岩石抗剪切强度极限。

各种岩石的 σ_{JY}、τ_J 及 σ 值见表 10-7。

表 10-7　岩石的密度、岩石坚固性系数和强度极限

岩石名称	密度 ρ/t·m^{-3}	岩石坚固性系数 f	岩石强度极限/MPa		
			σ_{JY}	τ_J	σ
白垩、岩盐、石膏、泥灰岩、石灰岩	2.28 ~ 2.65	2 ~ 4	34 ~ 80	2.4 ~ 23	18.2 ~ 51.5
普通砂岩、砾岩、坚硬泥灰岩、石灰岩	2.65 ~ 2.72	4 ~ 6	80 ~ 100	23 ~ 25	51.5 ~ 62.5
铁矿石、砂页岩、片状砂岩、坚硬砂岩	2.72 ~ 2.84	6 ~ 10	100 ~ 140	25 ~ 32	62.5 ~ 86
花岗岩、大理岩、白云岩、黄铁矿	2.84 ~ 2.89	10 ~ 12	140 ~ 180	32 ~ 44	86 ~ 112
硬花岗岩、角岩	2.89 ~ 2.95	12 ~ 14	180 ~ 243	44 ~ 50	112 ~ 146
很坚硬的花岗岩、石英、砂岩和石灰岩	2.95 ~ 3.00	14 ~ 16	243 ~ 272	50 ~ 52	146 ~ 162
玄武岩、辉绿岩、非常硬的岩石	3.00 ~ 3.21	16 ~ 20	272 ~ 343	52 ~ 53	162 ~ 198

牙轮切入岩石的深度 h 可按下式计算：

$$h = \frac{v}{kZn_T} \tag{10-23}$$

式中 v——牙轮钻机的钻孔速度；

k——考虑由于齿间未完全破碎对钻孔速度的影响系数，$k = 0.5$；

n_T——钻头转速；

Z——牙轮钻头的齿数。

由于牙轮传递到孔底的作用力具有三角形的分布形式，回转的总阻力 F 作用于钻头半径的三分之二处，钻头旋转所需的力矩 M 为：

$$M = F\frac{D}{3}k = \frac{1}{3}k\frac{D^2}{n_T}v\sigma \tag{10-24}$$

式中 k——考虑牙轮轴承和钻具对孔壁的摩擦系数，$k=1.12$。

（2）经验计算法。美国休斯公司在实验室大量试验的基础上，经过分析得出了回转扭矩 M 和回转功率 N 的经验公式：

$$M = 9360kD\left(\frac{P}{10}\right)^{1.5} \tag{10-25}$$

$$N = 0.96knD\left(\frac{P}{10}\right)^{1.5} \tag{10-26}$$

式中 D——钻头直径，cm；

P——轴压力，N；

n——钻头转速，r/min；

k——岩石的硬度系数，见表 10-8。

表 10-8 岩石的硬度系数

岩石性质	岩石抗压强度/MPa	k	岩石性质	岩石抗压强度/MPa	k
最软	—	14×10^{-5}	中	56.0	8×10^{-5}
软	35	12×10^{-5}	硬	210	6×10^{-5}
中软	17.5	10×10^{-5}	很硬	475	4×10^{-5}

10.2.2.5 排渣风量

排渣风量的大小对钻进速度、钻头的使用寿命都有很大影响。只有保证足够大的风量才能更好地清洗孔底、排除岩渣、冷却钻头轴承、减少牙掌掌背的过早磨损、提高钻进速度，从而延长钻头的使用寿命，使钻机在最优的工作环境下工作。此外，排渣干净还能增加有效孔深、减少超钻深度，进而提高钻进的利用率。

因此，排渣风量是牙轮钻机的关键的工作参数。设计钻机时，必须正确地选择确定空压机的风量。常用的排渣风量的计算方法有两种：

（1）认为排渣情况的好坏，主要取决于排渣风量。足够的排渣风量为提高轴压力和钻头转速、保持在合理钻孔制度下工作创造了条件。前苏联提出了表示炮孔清洗情况的指标 q，应按炮孔清洗指标确定排渣风量 Q。

$$q = \frac{Q}{W_{max}n_{max}} \approx 2\times10^{-5}$$

$$Q = qW_{max}n_{max} \tag{10-27}$$

式中 Q——排渣风量，m^3/min；

W_{max}——钻头单位直径上的轴压力，N/cm；

n_{max}——钻头转速，r/min。

从式（10-27）可以看出：如果排渣风量不变，增加单位轴压力 W_{max} 和钻头转速 n_{max}，

q 值就降低，表示炮孔清洗不佳，影响钻进速度。因此，为保证 q 值不变，只有增加排渣风量，才能允许轴压力和转速的增加。

（2）认为合理的排渣风量取决于钻杆与孔壁之间环形空间内有足够的回风速度，以便及时地将孔底岩渣排出孔外。这个回风速度必须大于最大颗粒岩渣在孔内空气中的悬浮速度（即临界沉降速度）。根据国外的经验，认为回风速度大约为 25.4m/s，最低不小于 15.3m/s，对于比重较大的某些铁矿，回风速度甚至超过 45.7m/s。一般可按下式计算所需的回风速度 v 和排渣风量 Q。

$$v = 4.7\,(d\rho)^{\frac{1}{2}} \tag{10-28}$$

式中　d——所排岩渣的最大粒度；

ρ——岩石的密度。

$$Q = 15\pi(D_0^2 - d_0^2)v\alpha \tag{10-29}$$

式中　D_0——钻孔直径，m；

d_0——钻杆外径，m；

α——漏风系数，$\alpha = 1.1 \sim 1.5$。

用于冷却钻头轴承的风量，一般占总风量的 20%~35%。根据排渣要求，从钻头喷出的风压不应低于 0.2MPa。因此，主空压机的工作压力不应低于 0.28MPa。在选择风量上，一般只考虑排渣风量就行了。目前，国内外牙轮钻机多采用低风压、大风量的压气排渣，通常压气的牙轮为 0.4 ~0.7MPa。

在本章的 10.1.8 节中曾经指出，排气压力对钻孔速度的影响也很大，随着排气压力的增加，孔底的剩渣量急剧减少，钻孔速度显著增加，如图 10-7 所示。从图 10-7 中可以看到，排渣风压大于 0.075MPa 时，孔底的岩渣几乎排净，钻进速度也保持稳定，不再受风压影响。

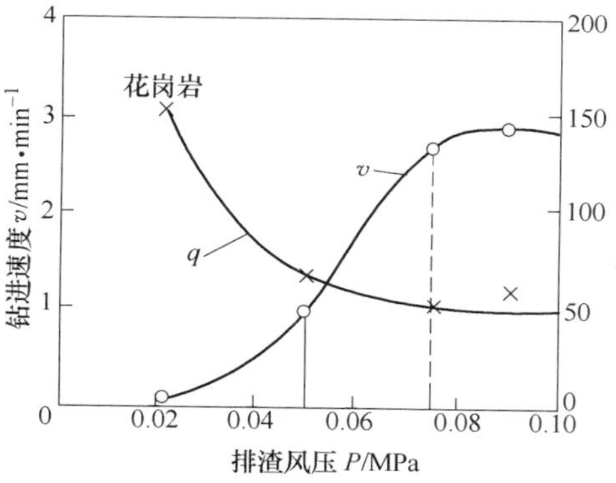

图 10-7　排渣风压与钻进速度和孔底岩渣量的关系

钻杆直径一般要比孔径小 25mm 左右，但在多数情况下要小 50mm 左右，因此，当风量和风压不足时，可以通过增加钻杆直径来提高排渣回风速度。

综上所述，当排渣压气系统采用螺杆空压机时，应根据排渣速度和钻杆与孔壁之间的环形空间这两个条件来选择空压机的风量。推荐的排渣速度一般为 30 ~37m/s；而钻杆与孔壁之间的环形径向间隙一般保持在 50 ~ 75mm 范围内。

10.3　总体设计

在总体设计中对露天矿用牙轮钻机总的要求有：

（1）技术性能。穿透率、精度、强度和刚度、可靠性和使用寿命、操作性、环境融合性。

（2）经济性能：效率、使用经济性、成本、制造维修、外形尺寸和质量。

（3）美学性能：造型、色泽等。

总体设计的主要内容有：总布置设计、总体结构方案的选择、总体尺寸和质量的确定、人-机-环境设计、操控宜人设计、造型色彩设计等。

因此，在设计之初，首先应取得总体设计的逻辑模型，如图 10-8 所示。

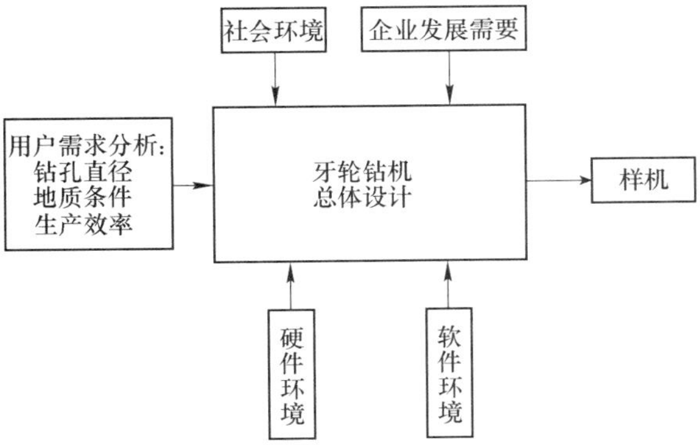

图 10-8 牙轮钻机总体设计的逻辑模型

10.3.1 总体设计的选择与分析

10.3.1.1 总体设计的依据和内容

露天矿用牙轮钻机的总体设计要依据设计任务书中所规定的设计要求，如产品的用途、规格性能和使用条件以及当前我国的技术经济政策和制造条件等，合理地选择机型，确定整机性能参数及各部件的结构形式，进行总体布置，确定最佳的总体设计方案。

总体设计与各部件设计之间是全局与局部的关系。总体设计必须为各部件设计提供依据和条件；各部件设计是在总体设计的统一要求下进行的。总体设计还要协调解决各部件设计中可能遇到的问题。由此可见，总体设计是牙轮钻机设计的一个极其重要的环节。

一台牙轮钻机与其他机器一样，都是由许多零件、部件相互组合而成的整体。它的性能如何，不仅取决于各个零件、部件设计得是否合理，更主要的是决定于各部件性能的相互配合与协调。因此，钻机的总体设计对钻机的整机性能起着决定性的作用。

10.3.1.2 总体结构方案的选择

为了拟定钻机的总体设计方案，在确定了牙轮钻机的原始设计参数和主要工作参数之后，就要在分析对比的基础上选定各部件的结构形式和传动方式，进行总体结构方案的初步设计。然后通过运动学和动力学论证优化设计方案，使其更加完善。

牙轮钻机的工作条件较差，如环境温度变化大，粉尘多，还有风、雪、雨的干扰。钻机的作业工况经常变化，如启动频繁、外载荷波动较大、经常出现冲击振动、过载堵转等现象。这些使用环境和工作特点对钻机各部件的设计和选用，都提出了特殊的要求。

总体结构方案的选择主要包括了动力装置的选择和传动系统的选择。

10.3.1.3 动力装置的选择

牙轮钻机常用的动力装置，按动力种类可分为：内燃机驱动、电力驱动及复合驱动；按整机所用原动机的数目可分为：单机驱动和多机驱动；按原动机的特性可分为：具有固定特性的驱动和具有可变特性的驱动。

在选择动力装置时，要考虑的因素有：钻机生产率和各机构所需功率的大小；各种工作机构对原动机提出的要求；动力装置的经济指标；动力装置的结构尺寸和质量；操纵控制方式和运行的方便程度；能源的来源及可靠程度等。应综合上述因素，根据具体条件和实施可能来确定选用的动力装置。

各种动力装置的特性曲线如图 10-9 所示。

（1）内燃机驱动。内燃机多应用于中、小型牙轮钻机上。其主要优点是钻机移动不受

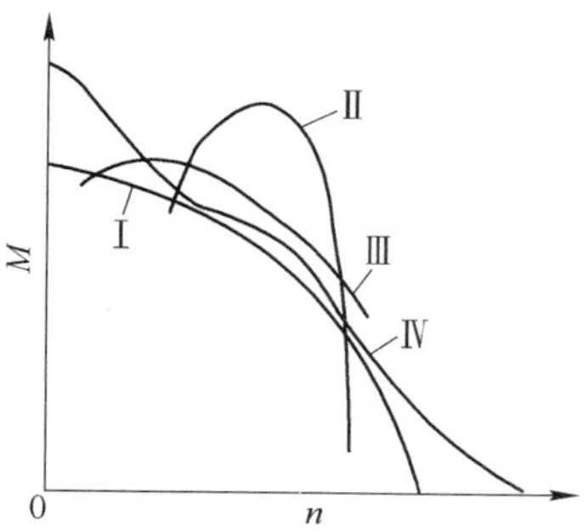

图 10-9　各种动力装置的特性曲线
Ⅰ—直流电动机；Ⅱ—交流电动机；Ⅲ—内燃机；
Ⅳ—柴油机-液力变矩器系统

外界能源的限制，随时随地可以启动；效率高、体积小、重量轻、造价低。其主要缺点是不能有载启动，转速不能大幅度地调整；过载性能差，要根据机构的最大力矩来选择和确定功率，使用效率低，不能逆转；要求工人使用、操纵、维护技术水平较高。

（2）电动机驱动。电动机驱动在牙轮钻机上普遍使用。其主要特点是使用电能比较经济、方便，易于实现调速和逆转，可以采用多台电动机驱动，简化了传动系统。它可分为交流电动机驱动、交流变频电动机驱动和直流电动机驱动。

（3）复合驱动。复合驱动有两种形式：柴油机-电动机驱动，主要用于缺少电力的场所，这种驱动的外特性与电动机一样，一般用在大、中型钻机上；柴油机（电动机）-液压传动，是一种发展较快的驱动形式，在中、小型钻机上应用较多。

（4）单发动机驱动。由一个发动机驱动多个工作机构的动作；各机构的动力接换，靠传动系统中的分动箱和各种离合器、制动器来实现。如果采用电力传动，其逆转靠电动机反转来实现。

（5）多发动机驱动。各主要工作机构都由自已独立的原动机驱动。这种驱动方式使传动系统简化，减少了传动链长度，省掉了逆转器及离合器等部件。多发动机驱动的传动系统应用于大、中型钻机上，动力主要是电力。

由上述分析可知：电力驱动多应用于钻机工作地点比较固定、电源易于得到的地方；内燃机驱动多应用于流动性较大的钻机上。

10.3.1.4　传动系统的选择

牙轮钻机中常用的传动形式有 3 种：机械传动、液压传动和压气传动。

（1）机械传动。结构简单、传动可靠；加工及制造比较容易、成本低；但矿山机械传动系统中有较大的扭振和冲击。这是钻机应用最普遍的传动形式。

（2）液压传动。结构简单、体积小；传动平稳可靠，操纵、控制方便，可以无级调速。这是钻机中应用较多的传动形式。由于泄漏、裂管等问题给使用带来一些麻烦。过去，大型钻机多用机械传动，小型钻机则较多地用液压传动，但现在很多的大型钻机也使用了全液压传动。

（3）压气传动。结构简单、清洁，成本低；但工作不平稳，冲击性较大，动作不够可靠。压气传动应用在钻机辅助的操纵及控制系统。

当前，主流牙轮钻机的传动形式已经发展为以机、电、液一体化的传动形式为主。

在钻机的总体设计中，对机械传动系统的选择要求是：集中传动时，经常动作的机构应靠近发动机；同时动作的机构应有独立的传动系统；选择适当的离合器与制动器控制各个机构，确保传动的安全可靠；传动机构的布置紧凑、检修方便；合理分配传动比，传动件要少，传动效率要高。

10.3.1.5　回转加压传动系统的分析

牙轮钻机的回转加压系统有 3 种形式：底部回转间断加压式回转加压系统、底部回转连续加压式回转加压系统和顶部回转连续加压式回转加压系统。

(1) 底部回转间断加压式回转加压系统。图 10-10 是由石油、勘探用钻机移植来的比较早期的一种钻机结构形式，也称卡盘式钻机。这种钻机有一个液压卡盘，通过油缸将钻杆卡住，两者再一起回转，并向下运动实现钻进动作。由于回转机构设在钻架底部，加压是间断的，因此称为底部回转间断加压。这种钻机的加压是通过卡爪与钻杆之间的摩擦力传递的，因此加压能力小；又由于间断动作，所以钻机生产率比较低。这类钻机目前使用越来越少。

(2) 底部回转连续加压式回转加压系统。如图 10-11 所示，这种钻机是将回转机构设在钻架底部的平台上。回转机构通过六方的或带有花键的主钻杆带动钻具旋转，加压则是通过链条链轮组或钢绳滑轮组来实现的。由于钻机的回转机构设在钻机底部的平台上，钻架不承受扭矩，钻架结构重量轻，钻机稳定性好，维修也方便；但钻杆结构复杂，加工也困难。这种结构当前应用较少。

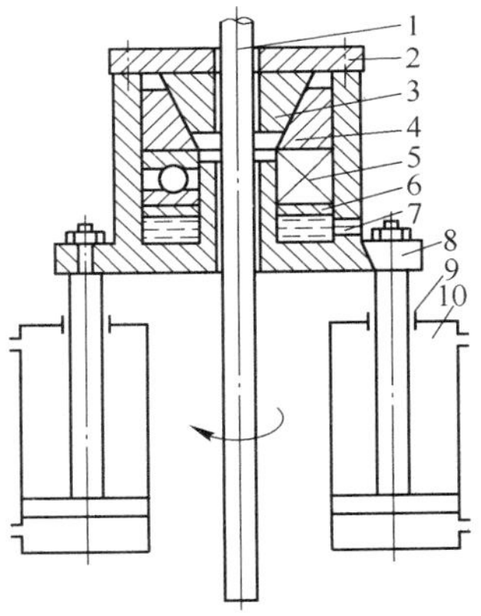

图 10-10 液压卡盘式加压钻机示意图
1—钻杆；2—卡盘盖；3—卡爪；4—楔块；
5—轴承；6—滑板；7—进油口；8—卡盘体；
9—活塞杆；10—推进油缸

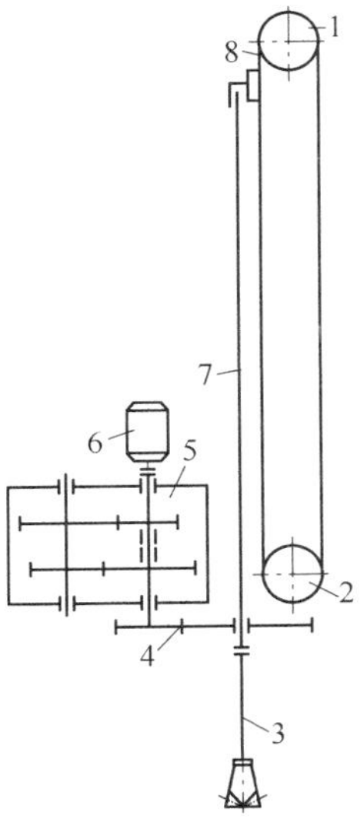

图 10-11 底部回转连续加压示意图
1—链轮；2—主动链轮；3—钻具；
4—齿轮传动机构；5—回转减速器；
6—回转电机；7—花键轴或六方轴；8—链条

(3) 顶部回转连续加压式回转加压系统。目前国内外生产和使用的牙轮钻机主要是这一种。所谓顶部回转，就是回转机构设在钻架里面，在顶部带动钻具回转。这种钻机的特点是回转机构（即回转小车）在链条链轮组或钢绳滑轮组、齿轮齿条的牵引下可以沿钻架上的轨道上下滑动，以实现连续加压或提升，故也称它为“滑架式”。它的优点是结构简单、轴压力大、钻孔效率高，因此获得了广泛的应用。

无论采用哪种形式的原动机，回转传动系统都是独立传动系统。

10.3.1.6 加压、提升、行走传动系统的分析

按目前已有牙轮钻机的加压、提升和行走部件的结构关系，可以分为集中传动系统和独立传动系统两类。

（1）集中传动系统。加压与提升、行走分别由两个原动机驱动，共用一套主传动机构。这是由于加压与提升、行走运动不是同时发生的，因此把它们合为一个传动系统。它多数用在电力驱动的大型牙轮钻机上。集中传动系统的离合器多、操作也复杂；但它具有结构紧凑、机件少、安装功率小等优点。国产的 YZ-35 型、YZ-55 型、KY-250 型、KY-310 型钻机都属于此类。

（2）独立传动系统。加压提升采用一个（机械的或液压的）传动系统，行走履带各自采用一个传动系统。独立传动系统所用机件多、占用空间大、安装功率也大，但具有机动灵活、离合机构简单、操作方便、检修容易等优点。随着传动技术的发展，现代的主流牙轮钻机的设计一般都采用了独立传动系统。

在牙轮钻机总体结构方案选定的同时，也要对各主要部件的结构进行分析、对比和选择，从而使总体方案更加充实、具体。

10.3.2　总体布置

当钻机的总体结构方案确定之后，就要进行钻机的总体布置，即合理地布置各部件在整机上的位置，以便确定各部件的位置尺寸、钻机的重量和重心坐标。

10.3.2.1　总体布置的原则

总体布置关系到钻机的使用性能和质量。因此在进行总体布置时，要遵循以下原则：

（1）有利于提高钻机的刚度、强度、抗振性和稳定性。钻机的重心要尽量低，重心位置要靠近钻机平面的几何中心。

（2）有利于提高钻机的作业效率，同时便于操作和维修，保证工作安全、可靠。

（3）有利于提高传动效率，同时传动部件结构紧凑，传动路线尽量短。

（4）应避免工作装置的布置对车架造成集中载荷。

（5）外形应美观、大方、有防护装置，同时符合运输要求。

10.3.2.2　总体布置的步骤

钻机的总体布置工作大体分为 3 个阶段：

（1）选择基准与画方块图阶段。为了确定各部件在整机上的相互位置和尺寸，必须先选定尺寸基准。钻机通常的设计基准是：以平台的上缘面为各部件上下位置的基准；以机体（或平台）的纵向对称面为各部件的左右位置基准；以通过行走机构后驱动轮或钻孔中心线轴线并与平台表面垂直的平面为前后基准。通常情况下，钻机的前、后、左、右都是以司机面向操作台的方位而确定的。

依据这些基准面布置各部件的相互位置，绘制钻机草图。根据设计任务书的要求，参考同类钻机的技术资料和初步确定的各主要部件的结构形式、外形尺寸及在整机上的布置，把各部件简化为与其外形大体相似的方块，绘制整机方块图，估算整机参数。如无资料参考时，要按原始参数计算各部件及整机部分参数，经初步选定各部件后才能确定各部件的方块图。在方块图阶段应进行多方案比较，与此同时对各部件也要进行多方案设计，最后选定一个最优总体布置方案，作为进一步设计的依据。

（2）总布置草图（控制图）阶段。在初步确定总体设计方案以后，根据它给出的各部件的控制尺寸和质量，开始各部件的设计，同时也要开始绘制总体布置草图。从方块图逐步扩充演变到有各部件的特性尺寸、相互位置、支承连接方式、操纵机构布置的总布置草图。绘制总布置草图的目的是控制和校核各部件是否协调，运动件是否互相干涉以及部件的装拆、维修、保养是否方便。设计过程中难免要修改原定的某些不合适的控制尺寸和机构，使其逐步完善。与此同时，按各传动部件布置的位置，用单线条展开图的形式，画出表达钻机各部件传动关系的钻机传动系统机构示意图。图 10-12 为 YZ-35 型牙轮钻机的传动系统示意图。

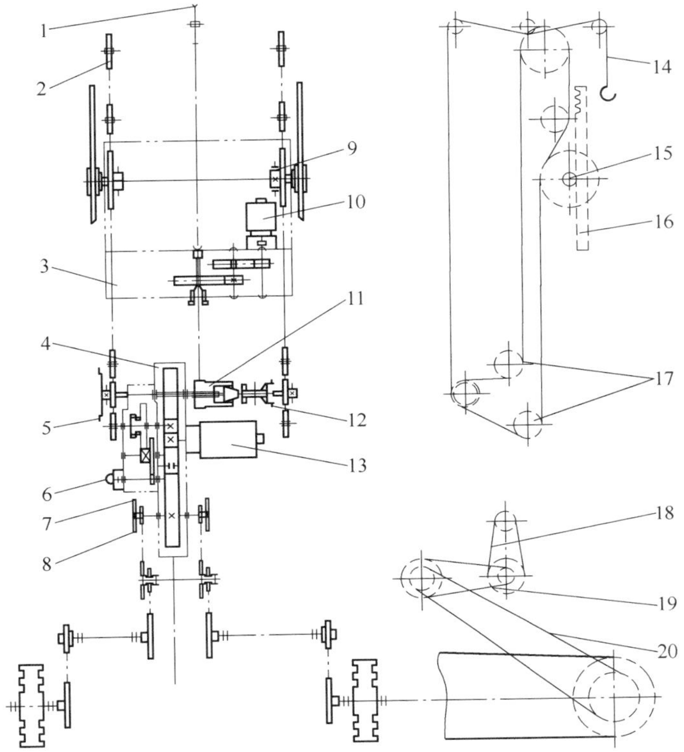

图 10-12 YZ-35 型牙轮钻机的传动系统示意图

1—顶部滑轮；2—顶部链轮；3—回转减速器；4—主传动箱；5—提升制动器；6—液压马达；7—气胎；8—行走制动器；9—防坠制动器；10—回转电机；11—辅助卷扬机；12—卷扬制动器；13—提升行走电机；14—吊具钢丝绳；15—加压齿轮；16—钻架齿条；17—张紧链轮；18—Ⅰ级链；19—Ⅱ级链；20—Ⅲ级链

(3) 总装配图阶段。当各部的部件图、零件图全部完成以后，根据这些图的尺寸绘制钻机总装配图和整机尺寸链图，在图面上进行组装，再一次检查各部件的装配情况并检查有无干涉。

10.3.2.3 主要部件的布置

A 动力装置的布置

对于单发动机（内燃机和电动机），动力装置采用前置方式。这样布置起着与工作装置相平衡的作用，增加了机体的稳定性，由于工作装置、行走装置的工作速度低、传动链长，所以动力装置的前置方式也有利于传动系统的布置。图 10-13 ~ 图 10-15 分别为采用交流变频驱动、可控硅直流供电驱动和柴油机驱动装置的三种类型的牙轮钻机动力装置的平面布置图。在采用多发动机驱动的牙轮钻机上，原动机一般与被驱动的机构连接在一起，传动链应尽量缩短。为了工作安全，将高压电气系统（如变压器、高压开关柜、控制柜等）都安设在平台的最前端。

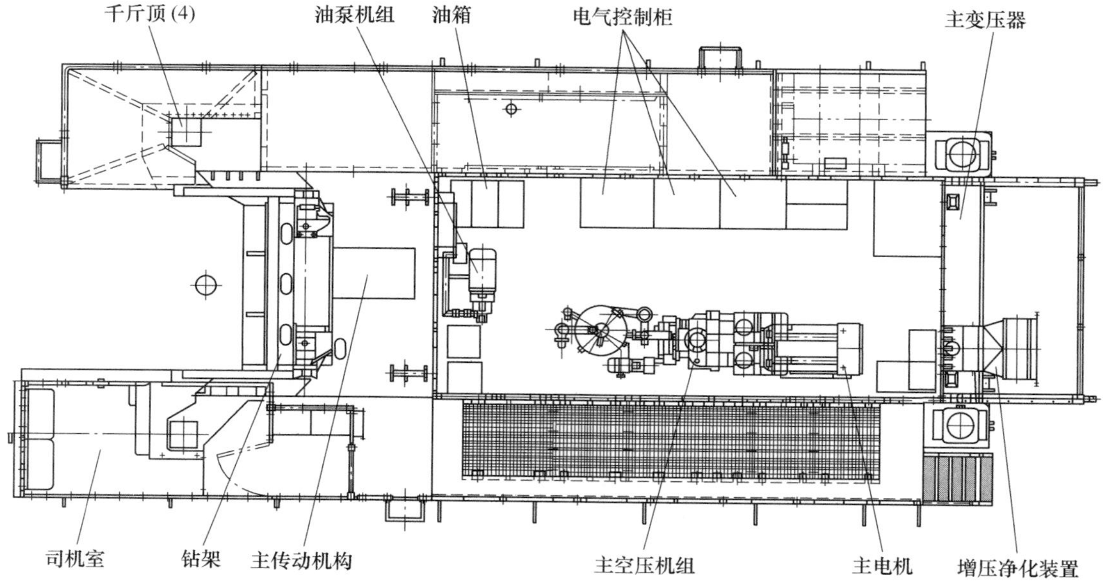

图 10-13　YZ-55D 型电动牙轮钻机平面布置图

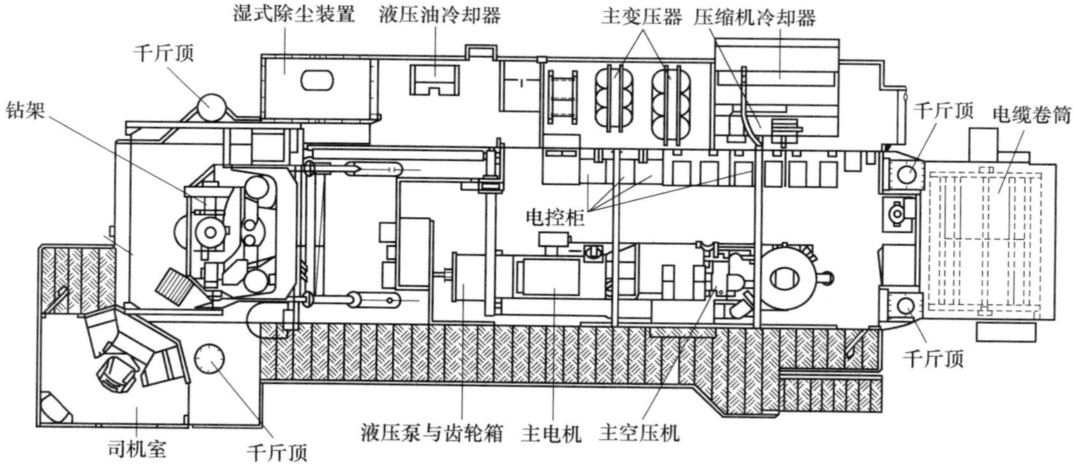

图 10-14　MD6640 型电动牙轮钻机平面布置图

B　工作装置的布置

如图 10-14 所示，为了增加钻机的稳定性和轴压力，支撑千斤顶要布置在平台的边缘；钻孔中心要尽量向钻机重心位置靠近。为了钻孔工作方便，钻孔工作装置多采用后置式的，即把钻架布置在平台后方中央，回转小车和钻杆架安放在钻架里。如果钻机设计采用了主传动机构，那么应将其毗邻钻架安装在平台后面。考虑整机的平衡，主空压机布置在平台的前方，除尘系统应与司机室对称，设在与钻孔中心靠近的左后边。为了避免废气

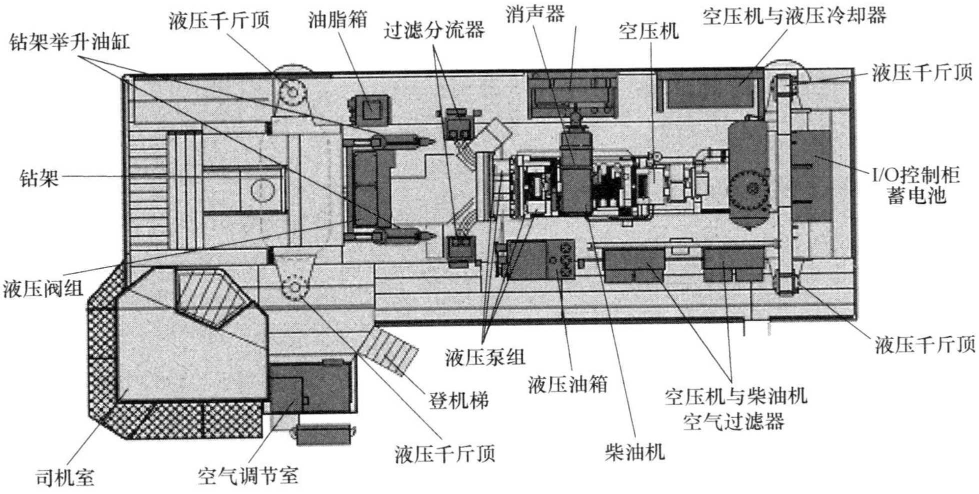

图 10-15 250XPC 柴油型牙轮钻机平面布置图

的循环，排气管末端要高出机械间一段距离。

C 行走机构的布置

行走机构承受着钻机的重量和各种行走载荷，它经常行驶在高低不平的矿场上。为了增加钻机的稳定性，减少其偏斜和颠簸，改善履带的受力状态，应使钻机的重心位置靠近在履带行走机构的几何中心上。在结构上多采用平台上与履带装置三点支承、后轴驱动、刚性连接和前轴摆动的布置方式。因此，行走机构的传动系统也应布置在平台的后方。

D 司机室与机械间的布置

如图 10-13 所示，为了观察、操作方便，司机室应靠近工作装置，按右手操作的习惯，一般把它布置在平台的右侧后边。因为液压、压气、润滑、电气系统等都要求有个干净整洁的工作环境，所以在电动型牙轮钻机中，它们都集中布置在密封的机械间内，并在机械间的侧壁上装有空气增压净化装置，机械间设在平台的中前段。为了操作和维修方便，机械间的两侧要设走台，以便把钻架、平台、司机室和机械间连接起来。低压电压控制系统则应布置在机械间的门边。

总之，考虑到钻机的稳定和平衡，各主要部件要按钻机平面的纵轴方向均匀分布重量，并以纵向对称垂直面为基准在横向上对称布置各个部件。

10.3.2.4 总体尺寸的确定

由总体布置图上所得到的钻机工作状态和行走状态的最大外形尺寸中总长、总宽、总高及行走机构的主要布置尺寸，就是钻机的总体尺寸。这些尺寸应当满足设计任务书中的要求，还应当按照铁路（包括矿山铁路）运输部门所限定的运输尺寸标准来校核（如通过隧道的可能性等）。

因为钻孔机械属于重型机械，其外形大、机器重、行走速度低，必须由铁路部门运输到矿山，因此它必须符合铁路部门规定的有关运输尺寸的要求。

对小型钻机，尽量整体运输，其外形尺寸应尽量限制在铁路部门规定的运输尺寸之内（如铁路载重平板车的尺寸范围等）。

对大、中型钻机，外形尺寸往往过大，则必须把钻机拆分成若干个部件，甚至把个别过大的部件设计成可拆卸的组合部件，以便分体运输。但是对大型部件的拆分，应当注意不要影响整机的刚度、强度。为此，应按铁路运输的尺寸要求校核钻机的总体尺寸和部件尺寸，以便对总体布置、总体尺寸作必要的调整和修改。

10.3.3　钻机的重心与稳定性

牙轮钻机的稳定性是指钻机行走或钻孔时不致发生倾翻或侧滑的性能。它不仅影响行走和钻孔作业的安全，而且与钻机生产率和司机劳动强度都有关系。良好的稳定性能够保证其他性能的充分发挥。因此稳定性是使钻机正常工作的重要条件。

在完成了总体布置设计和主要部件的布置，确定了总体尺寸后，即可开始进行钻机的稳定性计算设计。钻机穿孔时的稳定取决于前千斤顶的位置、机重及轴压，因此首先需要对钻机的重心进行计算。

10.3.3.1　静态重心坐标（以 YZ-35 型钻机为例）

钻机在平地履带着地，千斤顶全部收回的静止状态下的重心分三种状况：

（1）钻架立起，回转小车在钻架顶部，带上全部钻具（两根钻杆、稳杆器、钻头）。

（2）钻架立起，回转小车在钻架底部，带上稳杆器、钻头、两根钻杆存放在钻杆架内。

（3）钻架水平，回转小车在钻架底部，带上稳杆器、钻头、两根钻杆存放在钻杆架内。

钻机的重心坐标示意图如图 10-16 所示，该图为钻架立起时的静止状态。根据图 10-16 所列出的钻机三种静止状态的重心坐标见表 10-9。

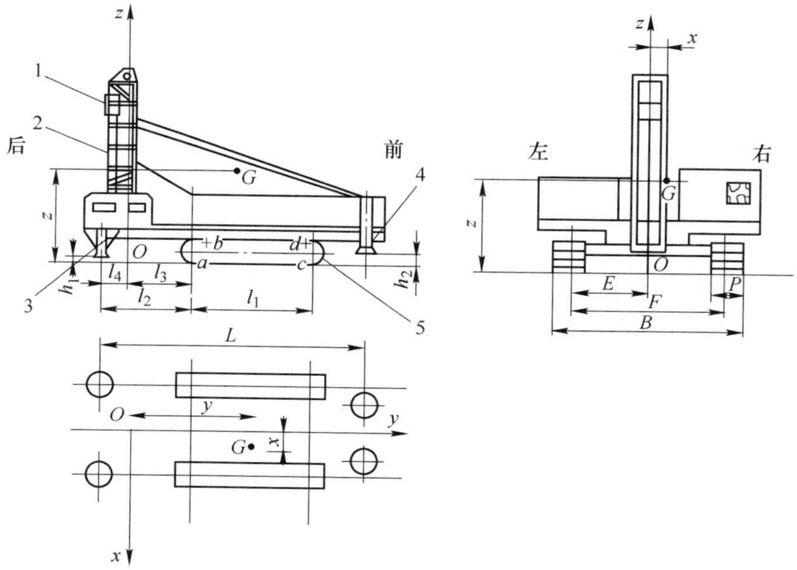

图 10-16　钻机静态重心坐标示意图

1—回转小车；2—钻具；3—后千斤顶；4—前千斤顶；5—履带

a—驱动轮中心；b—后轴中心；c—张紧轮中心；d—均衡梁中心

表 10-9 钻机静态重心坐标表

坐 标	立架、小车在上	立架、小车在下	水平、小车在下
x	0.024	0.019	0.019
y	3.109	3.125	4.465
z	4.480	3.315	2.428

L	9.62	B	4.914	h_2	0.603
l_1	5.628	F	4.0	G/kg	85000
l_2	1.10	E	2.0	Q/kN	35000
l_3	0.824	P	0.914	R_s	
l_4	0.276	h_1	0.44		

注：未注明的单位均为 m。

10.3.3.2 工作稳定性计算

钻机钻进时，必须保证钻机与炮孔的同轴度。在确定了牙轮钻机的外形尺寸、各部件的质量后，必须对钻机在钻进时的稳定性进行校核计算。

钻孔时作用在钻机上的力有：轴压力之反力 F，整机重力 W，前、后支撑千斤顶的支反力 F_A 和 F_B 等。钻机钻孔时的受力状态如图 10-17 所示。

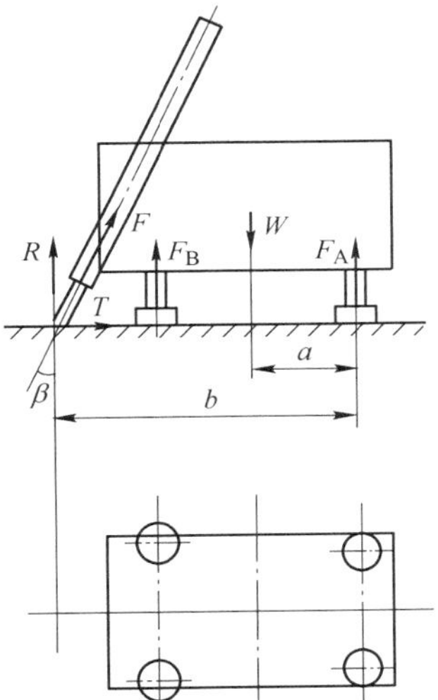

图 10-17 钻机钻孔时的受力状态

钻进时的稳定性分为两种工况进行校核：钻垂直孔时，钻机不得以后部千斤顶为回转中心在立面倾翻；打斜孔时，在轴压反力的水平分力的作用下钻机不得向后滑动。以下分别按照这两种工况计算钻机钻孔时的稳定性。

A 钻垂直孔时钻机的稳定性

钻孔时若施加的轴压力过大，则轴压力支反力 F 将通过钻具把钻机的两个后千斤顶抬起，使钻机形成三点支承，此时 $F_B=0$。随着钻具的推进，钻机将以两个前千斤顶的接地点连线为倾翻轴向发生顺时针的偏转，使钻机失稳。钻机偏转的力矩平衡方程为：

$$Wa = Rb = F\cos\beta b \tag{10-30}$$

式中 R——轴压力反力 F 之垂直分力，N；

β——钻具轴线与 R 力之间夹角，(°)；

a——钻机重力（重心）W 至前千斤顶倾翻轴线间的距离；

b——钻孔中心的垂直分力 R 至前千斤顶倾翻轴线间的距离。

因而钻机最大允许的轴压力 F 为：

$$F = \frac{Wa}{b\cos\beta} \tag{10-31}$$

如以钻机重力利用系数 $\gamma = F/W$ 表示钻机钻孔时的稳定性，则：

$$\gamma_{\text{I}} = \frac{F}{W} = \frac{a}{b\cos\beta} \tag{10-32}$$

当垂直钻孔时，$\beta=0$，则：

$$\gamma_{\mathrm{I}} = \frac{F}{W} = \frac{a}{b} \tag{10-33}$$

B　钻斜孔时钻机的稳定性

钻斜孔时，由于施加轴压力过大，后千斤顶抬起，前千斤顶的支反力 F_A 和轴压力反力的水平分力 T 分别为：

$$F_A = W - R = W - F\cos\beta$$

$$T = F\sin\beta$$

支撑千斤顶与地面的摩擦系数为 μ，则：

$$T = F_A\mu$$

因此

$$F\sin\beta = \mu(W - F\cos\beta)$$

$$\gamma_{\mathrm{I}} = \frac{F}{W} = \frac{\mu}{\mu\cos\beta + \sin\beta} \tag{10-34}$$

如果钻机实际的机重利用系数 γ 小于计算出的机重利用系数 γ_{I} 或 γ_{II}，则表明钻机钻孔时是稳定的。由此，可得到钻机钻孔时的稳定性判定原则：$\gamma_{\mathrm{I}} > \gamma$，$\gamma_{\mathrm{II}} > \gamma$，则工作稳定。

由上述分析可知，前千斤顶的位置对 γ_{I} 值有影响，对 γ_{II} 值无影响。后千斤顶因被抬起，所以对稳定性没有影响。

10.3.3.3　行走时的稳定性计算

钻机行走稳定性是指行走时钻机不倾翻的性能。钻机爬坡时的稳定性最差，故校核此种工况时的稳定性。钻机运行时钻架处于放倒状态，当钻机在坡角为 α 的路面上运行时，钻机有以履带支撑面端点 O 为中心向下倾翻的趋势，如图 10-18 所示。

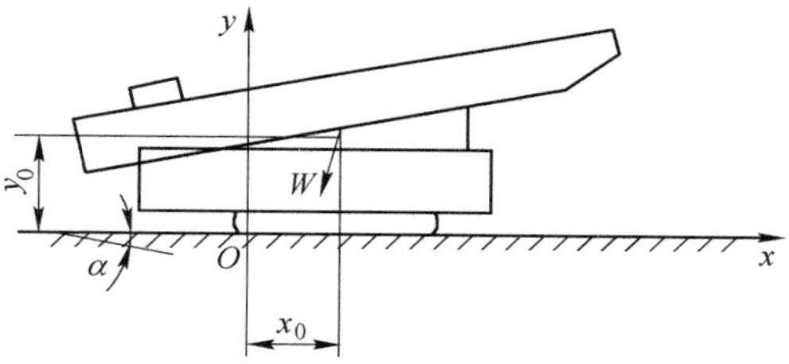

图 10-18　钻机行走稳定性计算

计算行走稳定性时，首先要确定钻机重心的位置，即按钻机处于水平位置，以履带端点 O 为坐标原点进行计算，则钻机重心的横纵坐标分别为：

$$x_0 = \frac{\sum W_i x_i}{W}\quad(\mathrm{m}) \tag{10-35}$$

$$y_0 = \frac{\sum W_i y_i}{W}\quad(\mathrm{m}) \tag{10-36}$$

式中　W_i——钻机各部的重力，N；

x_0，y_0——钻机重心的横坐标和纵坐标；

x_i，y_i——各部件重心的横坐标和纵坐标，m。

钻机绕 O 点向下倾翻时的倾翻力矩为：

$$M_q = (W\sin\alpha + F_g)y_0 + M_f \tag{10-37}$$

式中　α——爬坡角度，(°)；

F_g——惯性阻力，N；

M_f——风阻力矩，N · m。

钻机的稳定力矩为：

$$M_W = Wx_0\cos\alpha \quad (N \cdot m) \tag{10-38}$$

设钻机稳定性系数为 K，许用稳定性系数为 $[K] = 1.1 \sim 1.2$，则钻机行走稳定性的判定原则 K 值应满足：

$$K = \frac{M_W}{M_q} \geqslant [K] = 1.2 \tag{10-39}$$

10.4 工作装置设计

牙轮钻机的工作装置是指钻机在钻孔作业过程中直接参与工作过程的运动部件和固定部件，主要包括钻架及起落架装置、钻杆存储及更换装置、回转机构、加压提升机构和支撑装置。

凡已经在本书第5章中已经介绍过的机械结构分析内容，本章不再重复叙述。

10.4.1 钻架及起落架装置

牙轮钻机的钻架装置是钻机工作装置的组成部分。它的作用是承载钻机的工作机构，为回转加压小车的行走导向。钻架装置一般设置在钻机的后部，这样有利于钻凿靠近台阶边缘的炮孔，有利于在钻架放倒时减少机体长度。钻架装置由钻架、钻架起落机构、送杆机构以及钻架与平台的固定装置和人梯等辅助装置组成。

10.4.1.1 钻架的结构和封闭链条加压时的受力情况

钻架是由金属构件组成的空间桁架结构。它是承受轴压和转矩等负载的构件，因此要有足够的整体强度和刚度；它也是钻具的导向装置，因而要有足够的高度。

钻架按其高度分为标准钻架和高钻架。高钻架不需接杆就可以穿凿所需深度的炮孔，标准钻架则要再接一根钻杆方可穿凿所需深度的炮孔。

确定钻架的高度应当考虑以下几个因素：钻杆的接头长度、每根钻杆的长度、回转加压小车的高度、安全间距。

A 钻架结构

钻架结构大致可分为三部分，即上部结构、下部结构和中间钻架体。钻架一般是采用整体焊接结构，但也有的钻机（如45-R型）的钻架，其下部平台与钻架体采用螺栓连接，这样便于安装回转加压小车，否则，需将回转加压小车放入钻架后，再将钻架焊完。

目前钻架多为敞口“Π”形结构，这种结构有利于存放钻杆和维修架内的各个装置。它的基本部分是四个矩形立柱。采用齿轮齿条加压结构的钻机由于前立柱焊有与加压齿轮相啮合的齿条和作为回转加压小车的导向表面，所受负载较大，故应坚固些，通常采用由两根矩形钢管焊成的箱形结构。后面两个立柱，则视具体情况而定。

钻架的桁架节点之间的距离不宜过大，一般是1m左右。为了增加钻架的刚性，可在桁架每两个节点间焊有加强筋板，形成一种扭力箱形结构。扭力箱内部加强板使钻机在垂直钻孔和30°倾角钻孔时，都有足够的强度和平稳的负载。焊接了加强筋板结构的钻架，其节点距离可以增加到1.5m。钻架敞口的大小对其刚性，尤其是扭转刚性的影响很大，它的大小取决于回转加压小车的外形尺寸，如无特殊需要，应尽可能做得小些。

由于大孔径、大轴压的牙轮钻机的出现，回转机构的功率也不断地加大，因此，钻架结构也有所改善，特别是注意它的加固和稳定性。如 YZ-55 型牙轮钻机的钻架，采用方形钢管为骨架，并在钻架下部结构外面敷焊钢板，构成“Π”形箱体结构。

一般来讲，钻架的上部结构包括检修平台及盖板，下部结构包括前部工作平台、中部工作平台和后平台。前部工作平台作为操作、安装与检修之用，在其下面安设捕尘罩。中部工作平台是安放液压卡头用的。后平台的尺寸较小，是为便于安装和操作用的。

B　封闭链条加压时钻架的受力情况

钻架在钻进过程中所承受的负荷是较大的，而且计算这样一个金属构件也是比较复杂的。为了对钻架的内力进行计算和分析，一般可以采用结构力学中的空间桁架计算方法，将空间桁架分解成几个平面桁架，进行近似的计算。也可以采用有限元法计算，确定不同工况下的外负荷。

图 10-19 所示为封闭链条加压结构形式的钻架受力情况，钻架通过轴承与 A 形架轴铰接，并通过 B 点与平台连接，为简化计算，可以认为 B 点是可动支点，这样就可以根据力的平衡方程求出支点 A 和 B 的反力。

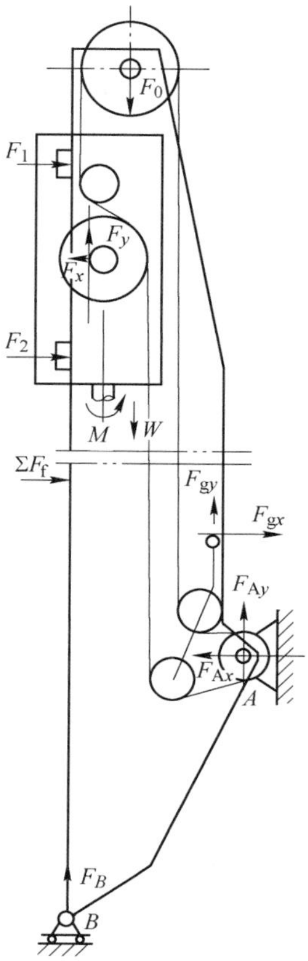

图 10-19　钻架受力情况

当正常加压钻进时，设回转加压小车位于钻架的上部，且加压链条输出最大轴压力。此时的外负荷有：钻架各部件的质量 W；链轮作用力（链条合力）F_0；加压齿轮作用力 F_x、F_y；导向轮（导向滑板）压力 F_1、F_2；均衡张紧装置作用力 F_{gx}、F_{gy}；回转加压小车转矩 M；风负荷 F_f。

当卡钻提升钻具时，回转加压小车位于钻架的下部，外负荷以提升电动机所能给出的最大提升力为依据，以此作为计算外力的出发点。此时除转矩 M 外，其他外力同正常加压钻进时一致，但具体数值不同。

风负荷可以根据风速来确定，即：

$$F_f = p_{f1}A \quad (\text{N})$$

$$p_{f1} = kp_f \quad (\text{Pa})$$

$$p_f = \frac{5}{8}v_f^2 \quad (\text{Pa})$$

式中　A——垂直于风向的迎风总面积，m^2；

p_{f1}——计算的单位风压，Pa；

k——空气动力系数，对于矩形桁架，$k=14$；

p_f——计算风压头，Pa；

v_f——风速，m/s。

10.4.1.2　钻架的典型工况

由于钻架承受的负荷在一个钻进过程中有很大变化，不仅在数值上，而且在负荷性质上和作用位置上都有很大不同，因此在分析钻架强度时需要确定若干个不同的工况分别进行分析。根据对钻机工作过程的调查和分析，确定下述四种典型工况：

（1）正常钻进工况是钻架的正常工作状况（见图 10-20a），用以进行疲劳强度分析。

按正常轴压和正常扭矩，并考虑自重和风载。为了考虑回转小车在不同位置时钻架应力的变化，分别按小车在上、中、下三个位置计算变形和应力，以便进行疲劳分析。

（2）突然卡钻工况是钻架工作中可能出现的一种瞬态工况，一般不应超过 3min。按小车在上部时作用最大轴压和最大扭矩验算最大变形和最大应力（见图 10-20b）。

（3）卡钻提升工况也是钻架工作中可能出现的一种瞬态工况（见图 10-20c）。按小车在上部时作用最大提升力和最大扭矩，验算最大变形和最大应力。

（4）钻架起升工况这是一种非工作状态，可能产生最大变形和最大应力（见图 10-20d）。

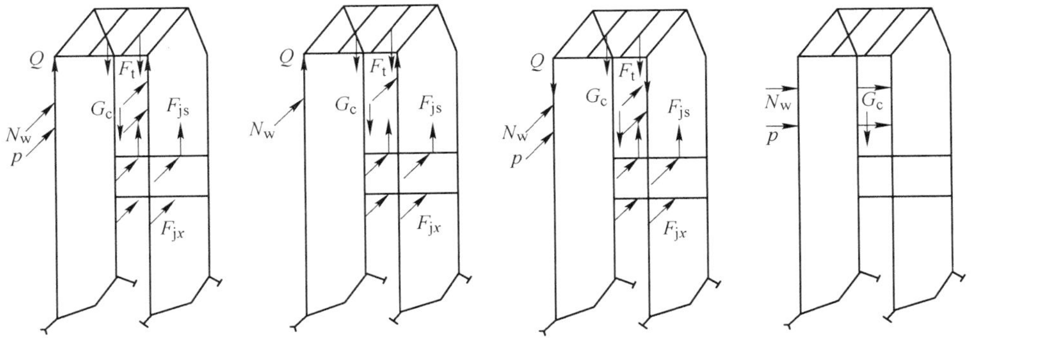

a b c d

图 10-20 钻架典型工况载荷分布

按刚刚开始起升（或落下的最后瞬间），钻架及附件的重力距起落油缸上铰点处产生力矩最大时，计算钻架的最大变形和最大应力。此外还可能有其他意外事故，如断链后小车突然下落。但载荷很难确定，故未列入典型工况。

上述典型工况除起升工况由于起升油缸速度很慢，动载相当小，可以视为静载工况外，其余三种工况实际上都是动载状态。

分析动强度有两种方法：一是用动载系数考虑动载，也就是用动载系数乘以静载荷，这是目前广泛应用的静强度分析法；另一种是动力强度分析法，就是考虑结构的弹性，将主要载荷以 $F(t)$ 函数形式输入，计算出所要求的各瞬间位移和应力（历程响应），这就要求有代表性的典型载荷曲线，这方面工作刚刚开始，还没有现成的载荷曲线可用。本书主要采用静强度分析。

10.4.1.3 有限元单元法强度分析

钻架是一个比较复杂的空间刚架金属结构，按传统的结构力学方法计算是视为空间桁架，再分解成三个平面桁架进行近似计算。显然这样误差比较大，而且计算过程非常繁琐。采用有限单元法，则可直接按空间刚架计算，能更真实地反映结构实际情况。

由于结构本身是离散的，用有限单元法计算的结果也是比较准确的。

用有限单元法进行结构强度分析归结为求解结构的动力平衡方程组：

$$[M]\{\ddot{\delta}(t)\} + [C]\{\dot{\delta}(t)\} + [K]\{\delta(t)\} = \{P(t)\} \tag{10-40}$$

式中　$[M]$——结构的质量矩阵；

$[C]$——结构的阻尼矩阵；

$[K]$——结构的刚度矩阵；

$\{\delta(t)\}$——结构的位移列阵；

$\{P(t)\}$——结构的载荷列阵。

静态分析时 $\{\ddot{\delta}(t)\}$ 和 $\{\dot{\delta}(t)\}$ 为零，即：

$$[K\{\delta\}] = \{P\} \tag{10-41}$$

进行有限元分析的步骤：

（1）将结构离散成有限个单元体，绘出力学模型图，确定主要要素；（2）选择适当的位移模式；（3）进行单元分析，建立单元刚度矩阵；（4）建立载荷列阵；（5）建立总体平衡方程；（6）求解未知点的节点位移和计算单元应力。

10.4.1.4　建立钻架的力学模型的原则

钻架的结构实际上是比较复杂的，在进行强度分析时，首先根据结构在强度和刚度方面的主要矛盾，通过适当简化，建立一个力学模型（或称计算简图）。这个模型既要能反映钻架真实的受力和约束情况，又要便于分析和计算。力学模型直接关系到计算结果是否符合实际，所以应当力求使其主要力学效果与实际结构力学效果相符，在确保安全的条件下采用比较简单易行的方案。

（1）建立钻架力学模型的原则是：

钻架力学模型的形状应与实际结构保持几何相似，但对研究的关键部分没有较大影响的，可以简化甚至忽略；钻架结构的载荷与支承条件应符合力的平衡条件；钻架的边界约束条件应符合变形连续条件；力和变形的关系应与物理特性相符。

具体在建立钻架力学模型时，从技术上还应当考虑以下几点：

以四根立柱形心为横向尺寸；以侧面横拉筋为高度尺寸；其余斜筋均以上述交点为节点；由于齿条是间断的且很短，故计算时不予考虑；忽略全部节点板和加强板；载荷全部化为集中载荷。

（2）钻架力学模型的坐标系采用右手直交坐标。总体坐标按下述方法确定：

原点 O——钻架与 A 形架铰接轴线中间处；

X 轴——水平，左右方向，由司机室向除尘器方向为正方向；

Y 轴——水平，前后方向，由机棚向司机室方向为正方向；

Z 轴——垂直向上为正方向。

（3）节点和节点约束。

钻架模型的节点，一般就是钻架上真实结构的节点。钻架工作时有四处与其他部件相关：钻架回转轴在 Y 轴和 Z 轴方向有约束，为限制 X 轴方向的刚体运动，增加了 X 轴方向的约束；固定销孔在 Y 轴和 Z 轴方向有约束；撑杆与机棚的铰接点在 Y 轴和 Z 轴方向有约束；举升油缸与钻架铰接点，考虑到工作时油缸的漏泄，故未考虑约束。

起升工况的约束有些特殊，举升油缸的上铰点只有 Y 轴方向约束。由于钻架断面为“Π”形，每个单元不仅承受轴向力，还承受弯矩，故视为梁单元。单元截面特性为 33 种，分别计算截面积和对三个轴的惯性矩。

载荷分两种情况：作用在单元上的载荷以固端力的形式输入；直接作用在节点上的载荷以节点载荷形式输入。

10.4.1.5 钻架的静刚度分析

有限元分析结果详细地给出了全部节点的位移值，根据位移值可以描绘钻架的变形图（见图 10-21），从图中可看出钻架的变形形态。

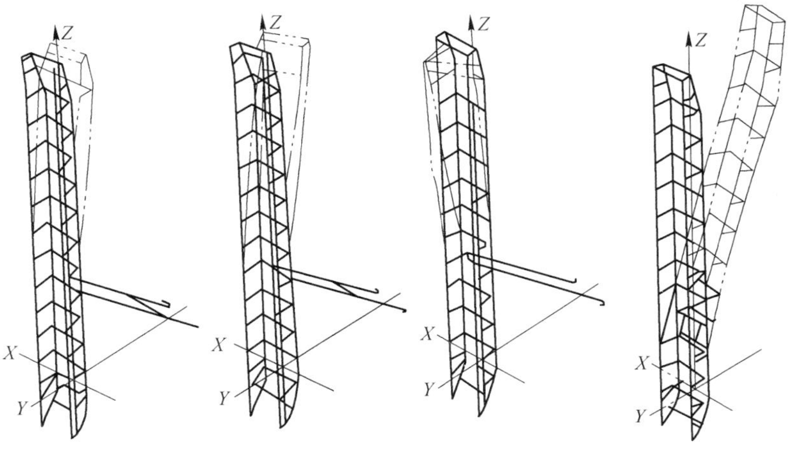

图 10-21 钻架静态变形图

（图中的实线为原形，点划线为变形后的形状）

a—正常工况；b—卡钻工况；c—卡钻提升工况；d—起升工况

根据变形图可以看出：

（1）钻架在正常作业和突然卡钻变形时，上部对下部有相对扭转，扭转方向为逆时针方向，与钻架受扭力矩方向相同；上部向机棚方向弯曲（后背）；侧面和高度方向变形都比较小。

（2）卡钻提升处理时，由于钻架承受最大提升力，使钻架向司机室方向弯曲（前弓），扭转方向仍为逆时针方向。

（3）钻架起落时，变形相当于悬臂梁的挠曲，最大变形在端部如图 10-21d 所示。

上述的各种工况的最大变形都发生在端部，最大变形值见表 10-10。

表 10-10 四种工况下钻架的最大变形值

工况		位移变形值/cm		
		ΔX	ΔY	ΔZ
正常钻进（上）		-0.7694	-2.3794	0.1957
突然卡钻		-1.2495	-2.6415	0.2257
卡钻提升		-1.2011	2.0008	-0.3389
钻架起升		-0.3144	-11.0159	0.4574
允许值	起升工况	—	6.428	—
	其余工况	2.944	2.944	

10.4.1.6　钻杆的结构与受力分析

A　钻杆的结构

在本书第 9 章的 9.1 节中已经对钻杆的结构类型做了详细介绍。由此得知，钻杆是由无缝钢管和两端的接头焊接而成的中空杆件。它由上钻杆、下钻杆所组成。下钻杆下端的圆锥内螺纹与稳杆器上端螺纹相接，其上端的圆锥外螺纹与上钻杆或回转小车的钻杆连接器相接；上钻杆上端的圆锥外螺纹与回转小车的钻杆连接器相接，其下端的圆锥内螺纹与下钻杆相接。

上、下钻杆两端接头的圆柱面上都铣有卡槽，下钻杆上接头的圆柱面上车有细颈，并在细颈上也铣出卡槽，这些卡槽供接卸钻具时，气动卡子或液压卡头将其卡住。

钻杆承受回转转矩和轴压力的作用，其外径表面又受孔壁和岩渣的强烈摩擦，工作条件非常恶劣。

B　钻杆稳定性校核

当上、下钻杆连接后，由于钻杆较长，且在钻杆工作时所受的轴压力也很大，因此除了要按不同的工况来验算钻杆的强度外，还要对钻杆进行稳定性校核。

钻杆的两端可以看成是上端固定、下端铰支的压杆，如图 10-22 所示。

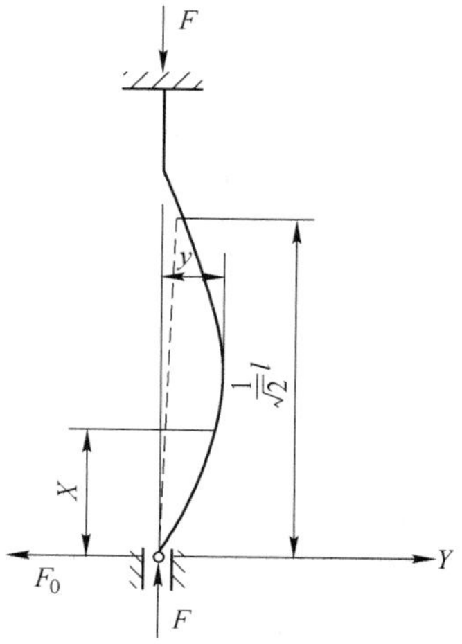

图 10-22　钻杆受压的挠曲线

此时钻杆受有一轴压力 F，当轴压力达到临界值时，钻杆由直线形式的平衡过渡到曲线形式的平衡。当钻杆挠曲后，在铰支点产生一水平支反力 F_0，根据材料力学得知：

$$EJy'' = M(x)$$

$$M(x) = -F_y - F_{0x}$$

故
$$y'' + \frac{F}{EJ}y = -\frac{F_0}{EJ}x$$

令
$$k^2 = \frac{F}{EJ},\ C_0 = \frac{F_0}{EJ}$$

得
$$y'' + k^2 y = -C_0 x$$

此式为二阶线性非齐次微分方程，该方程的通解为齐次式的通解与特积分之和，即：

$$y = C_1\cos kx + C_2\sin kx - \frac{C_0}{k^2}x$$

通过边界条件求得常数 C_1、C_2和 C_0，三个边界条件是：$y(0) = y(l) = y'(l) = 0$，代入得：

$$C_1 + 0 = 0$$

$$C_1\cos kl + C_2\sin kl - \frac{C_0}{k^2}l = 0$$

$$-C_1\sin kl + C_2\cos kl - \frac{C_0}{k^3} = 0$$

消除常数后得到：

$$\tan kl - kl = 0$$

方程式的最小根是：

$$kl = 4.49$$

所以 $$F = k^2EJ = \frac{(kl)^2}{l^2}EJ \approx \frac{(\sqrt{2}\pi)^2}{l^2}EJ = \frac{\pi^2 EJ}{\left(\frac{1}{\sqrt{2}}l\right)^2} \tag{10-42}$$

$$F_j = 2\frac{\pi^2 EJ}{l^2}$$

式中 F_j——钻杆稳定的临界轴压力，N；

E——钻杆的弹性模量，N/m^2；

J——钻杆截面的惯性矩，m^4；

l——钻杆的长度，m。

钻杆的轴压力应小于临界压力，即：

$$k_0 = \frac{E_j}{F} \tag{10-43}$$

式中 k_0——安全系数，一般可取 $k_0 = 1.8 \sim 3$。

10.4.1.7 钻杆架的结构与受力分析

A 钻杆架的结构

钻杆架一般由承杆装置、抱爪、挂钩及送杆机构等组成，60-RⅢ型钻机的钻杆架如图10-23 所示。每个钻架上一般都有两个或三个钻杆架，它们分别布置在一个以炮孔为中心的圆周上，主要是为存放及接卸钻杆而设置的。

承杆装置的下部是一个杯状的承杆座，用以承放钻杆，如图 10-24 所示。为了防止钻杆向外倾倒，在承杆装置上部有一个抱杆器，承杆座两侧对称设有两个卡爪 9，它们可在扭力弹簧 10 的作用下，通过承杆座上的缺口，卡住钻杆下部的卡槽。在承杆座中部伸进筒内一个压块 4，当钻杆放入承杆座时，推移压块向筒底方向移动，与压块连在一起贯穿钻杆架全高的拉杆 2 也随着向下移动。此时，套在拉杆上的弹簧 3 被压缩，通过拉杆向下的移动带动钻杆架上部的抱杆器抱住钻杆。当吊离钻杆时，被压缩的弹簧 3 恢复原位，将拉杆升起，带动钻杆架上部的抱杆器松开钻杆。在承杆座底部设有主弹簧 7，用于保护接头螺纹，方便接杆。主弹簧上端是钻杆托 5，钻杆下端就落在钻杆托上。为了定中心，承杆座底部设有一个定位轴 8，可将钻杆准确地送到回转机构主轴的中心。

抱杆器用于钻杆处于存放位置时，抱住钻杆上端，主要由两个抱爪 1、两个接头 2、两个拉板 3、拉杆 4 及销轴 5 等组成，如图 10-25 所示。抱爪用销轴 5 固定在架体上端。抱爪尾部与接头之间、接头与拉板之间、拉杆与拉板之间都采用铰接方式相连接。当钻杆放入承杆座时，拉杆在钻杆自重作用下向下运动，通过拉板和接头推动抱爪尾部向外移动，使抱爪抱住钻杆，钻杆处于存放位置（图 10-25 中实线位置）。当吊离钻杆时，拉杆上升，通过拉板和接头拉动抱爪尾部向中间移动，使抱爪松开钻杆（图 10-25 中虚线位置）。

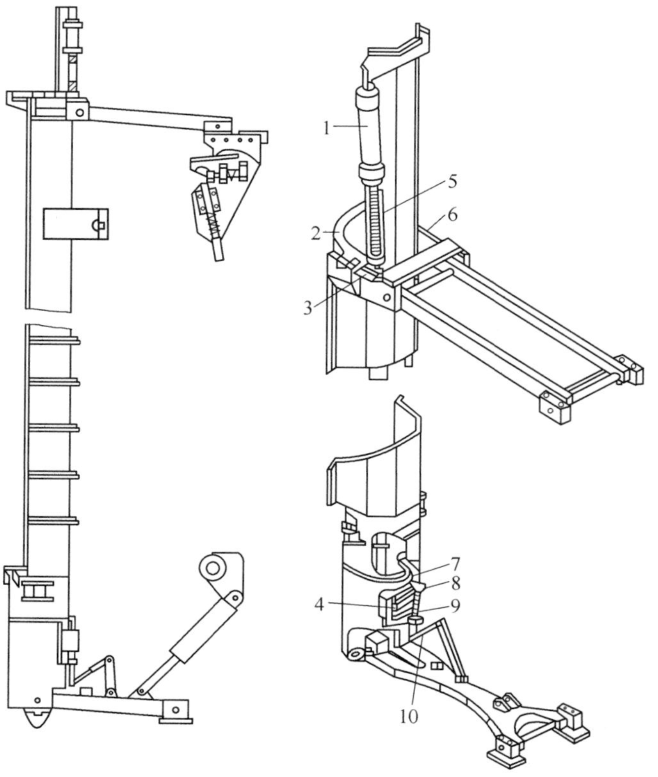

图 10-23　60-RⅢ型钻机钻杆架

1—汽缸；2—弯形栓杆；3—销轴；4—控制阀；5，9—弹簧；6—上架；7—弯杆；8—碰块；10—拉杆

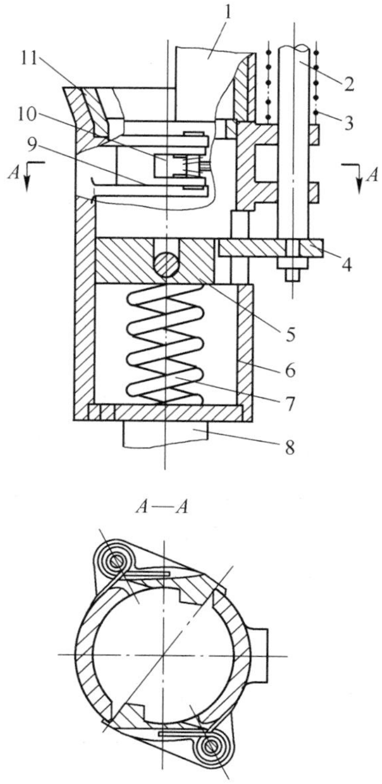

图 10-24　承杆装置

1—架体；2—拉杆；3—弹簧；4—压块；5—钻杆托；6—承杆座；7—主弹簧；8—定位轴；9—卡爪；10—扭力弹簧；11—衬套

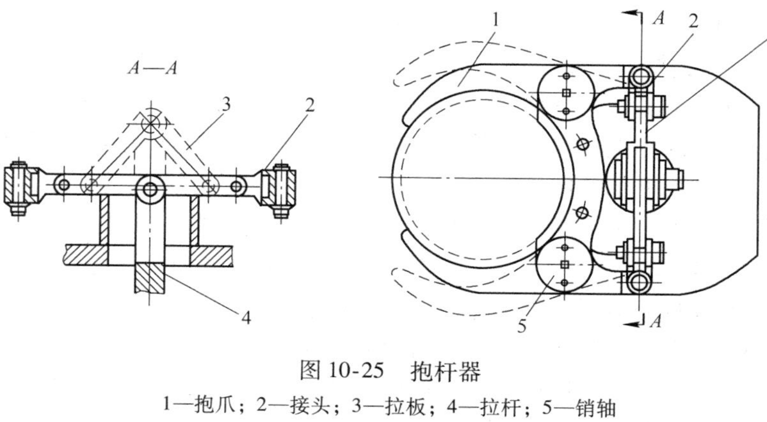

图 10-25　抱杆器

1—抱爪；2—接头；3—拉板；4—拉杆；5—销轴

送杆机构是一个平行四连杆机构，它由下连杆（主动）、上连杆（从动）、钻杆架和钻架四个杆件组成。这种机构可以在推送或收回钻杆架时使钻杆架始终保持垂直位置，并正确地对准孔位。挂钩装置是用来钩住处在存放位置的钻杆架，使之避免由于某种意外情

况而脱落。挂钩是由汽缸控制的，当钻杆架收到存放位置时，钻杆架上的锁销与锁钩相碰并将锁钩抬起，当锁销轴移过锁钩的钩头后，锁钩落下即将锁销锁住，从而锁住钻杆架。当汽缸进气使锁钩在活塞杆的作用下顺时针转动而抬起时，锁钩即脱开锁销，此时即可将钻杆架送出。挂钩装置虽然很简单，但却很重要，必须保证准确可靠，以免发生意外事故。

B 送杆机构计算

送杆机构是用油缸驱动的，当推送和收回钻杆架时，作用在油缸活塞杆上的外力是变化的。因此，应当按着油缸受力最大时的位置作为计算的依据。具体计算可以用图解法，也可以用解析法，下面介绍解析法。

送杆机构处于工作位置并开始向存放位置运动时是油缸受力最大的位置，如图 10-26 所示。油缸活塞行程 S 的计算简图，如图 10-27 所示。

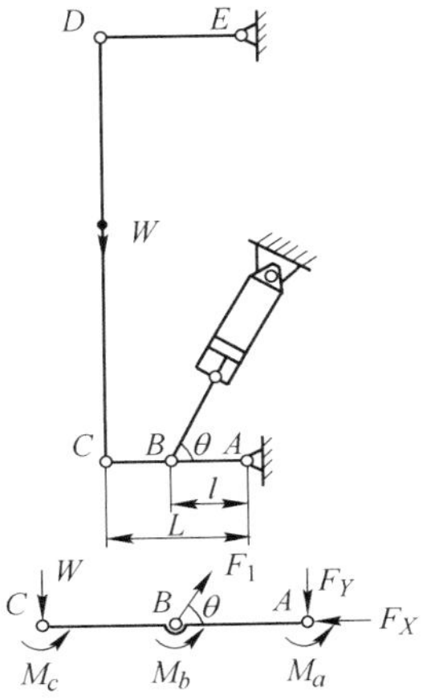

图 10-26 送杆机构受力分析

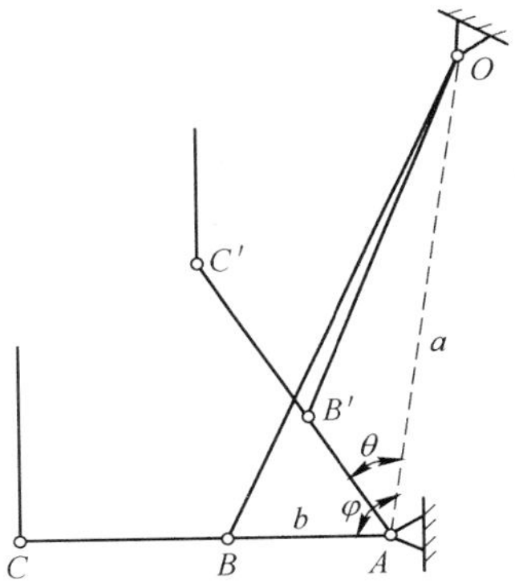

图 10-27 计算活塞行程简图

为计算方便起见，将下连杆作为分离体。当连杆绕 A 点顺时针转动时，在 A、B、C 各铰接点处分别有摩擦阻力矩 M 作用。根据力矩平衡方程有：

$$F_1 l\sin\theta = WL + M_a + M_b + M_c \tag{10-44}$$

$$F_1(l\sin\theta - \mu r_b) - W(L + \mu r_c) - F\mu r_a = 0$$

$$F = \sqrt{F_1^2 - 2F_1 W\sin\theta + W^2} \tag{10-45}$$

其中，$M_a = F\mu r_a, M_b = F_1\mu r_b, M_c = W\mu r_c$。

$$F = \sqrt{F_X^2 + F_Y^2},\ F_X = F_1\cos\theta,\ F_Y = F_1\sin\theta - W$$

式中 F_1——油缸活塞的拉力，N；

μ——铰销处滑动摩擦系数；

r_a, r_b, r_c——分别为 A、B、C 三支点销轴半径，m。

通过运算便可以求出油缸活塞拉力 F_1 的数值。

根据图 10-27，油缸活塞行程 S 可以按下式进行计算：

$$S = \overline{OB} - \overline{OB'} = \sqrt{a^2 + b^2 - 2ab\cos\varphi} - \sqrt{a^2 + b^2 - 2ab\cos\theta} \tag{10-46}$$

当已知油缸活塞的拉力 F_1 和活塞行程 S 时，即可对油缸进行设计选择。

10.4.2　回转机构设计

回转机构是牙轮钻机工作机构的重要组成部分，它的作用是驱动钻具回转，并通过减速器把电动机的转矩和转速变成符合钻孔工作需要的转矩和转速。由于钻进过程中会产生强烈的冲击和振动，因此钻机的工作条件比较恶劣，回转机构极易产生故障。为了保证钻进工作的正常进行，回转机构各零部件应具有足够的强度、刚度和可靠性，并且要求维护简单、操作方便，以利于提高钻机的钻进效率。

由本书的第5章得知，回转机构由原动机、减速器、回转加压小车、钻杆连接器以及进风接头等部件组成。电动机经过二级减速后把动力传给减速器的中空轴，后者再带动钻杆使整个钻具实现回转。排渣的压气则由压气管路经减速器上部的进风接头引入，再经中空轴、钻杆和钻头进入炮孔以进行排渣和冷却钻头。

回转机构设计的内容包括：根据钻机总体设计的要求和所提供的参数，计算原动机通过回转机构输出轴传给钻具的回转力矩和回转速度，选择原动机，设计减速器、钻杆连接器和回转小车等。

10.4.2.1　回转力矩和回转速度的计算

回转机构主要计算原动机通过回转机构输出轴传给钻具的回转力矩和回转速度。回转力矩和回转速度即为输出轴的力矩和转速，分别由以下公式计算：

$$M_T = 9.55\frac{P_h}{n_T}\eta \quad (\mathrm{kN \cdot m}) \tag{10-47}$$

$$n_T = \frac{n_h}{i} \quad (\mathrm{r/min}) \tag{10-48}$$

式中　M_T——回转力矩；

n_T——回转速度；

P_h——回转电机功率；

n_h——回转电机转速；

η——回转减速器传动效率；

i——回转减速器传动比。

另外，由于钻具在钻孔时有横向冲击力，因而对输出轴产生附加的外力和弯矩，在设计减速器和钻杆连接器时也应予以考虑。假设钻具开孔时即有一横向力 S 使钻杆偏向一侧，靠近导向套后便不再偏移，此时钻头最大偏移为 y，导向套处的偏移量即是钻杆与导向套之间的侧向间隙 Δ 值（m），如图10-28所示。钻杆全长为 l(m)，从钻杆连接器到导向套的距离为 a(m)，根据悬臂梁挠度公式，作用在中空轴上的附加外力和弯矩应分别是：

$$\Delta = \frac{Sla^2}{6EJ}\left(3 - \frac{a}{l}\right) \quad (\mathrm{m}) \tag{10-49}$$

$$S = \frac{6EJ\Delta}{a^2(3l - a)} \quad (\mathrm{N}) \tag{10-50}$$

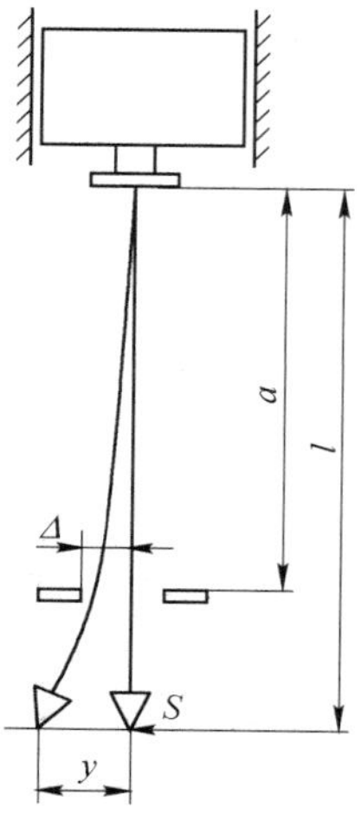

图10-28　钻杆与导向套之间的侧向间隙

$$M_W = Sl = \frac{6EJl\Delta}{a^2(3l-a)} \quad (\mathrm{N \cdot m}) \tag{10-51}$$

式中 E——钻杆的弹性模量，$\mathrm{N/m^2}$；

J——钻杆的截面惯性矩，$\mathrm{m^4}$。

10.4.2.2 原动机的类型与特点

牙轮钻机常用的原动机，按动力种类可分为内燃机驱动、电力驱动及复合驱动；按整机所用原动机的数目可分为单机驱动和多机驱动；按原动机的特性可分为具有固定特性的驱动和具有可变特性的驱动。目前牙轮钻机回转机构的动力装置主要采用直流电动机、交流变频电动机和液压马达。在本书的第 7 章的 7.1 节电控系统和 7.2 节液压系统中已经对这 3 种动力装置的特点和传动形式进行了专门论述。

10.4.2.3 原动机功率的计算和选择

A 原动机的功率计算

根据牙轮钻机总体方案的要求和给定的钻机工作参数：钻具的回转扭矩和回转速度，即可计算原动机的功率 N：

$$N = \frac{Mn_T}{10000\eta} \tag{10-52}$$

式中 η——传动效率，按回转机构的传动系统确定。

当前多数钻机的回转速度是在 0～150r/min 内无级调节，小型钻机的回转速度要高一些，可在 0～220r/min 范围内无级调节。一般来讲，钻头最高转速不应该对应于电动机的最高转速。因为牙轮钻机多用于坚硬岩石钻孔，为了充分发挥电动机的功率，应使电动机在额定转速下工作。即电动机的额定转速与在坚硬岩石上钻孔的钻具转速相适应。这个转速是钻具回转的基本转速，根据我国的具体情况，为 70～90r/min。但为了扩大钻机的使用范围，提高牙轮钻机在软岩上的钻孔效率，一般钻具的最高转速设计得要比基本转速高些。这时电动机的转速也比额定转速高。

B 原动机的选择

根据总体设计确定的回转原动机的类型和回转机构的传动形式（传动比为 i），初定原动机的转速 n：

$$n = in_T$$

按原动机的类型、功率和转速，即可选择特性相近的原动机。为了适应顶部回转机构的工作需要，这个电动机应当体积小、重量轻、耐冲击振动、可靠性好且额定转速不宜太高，否则将增加速比以及增大减速器的尺寸。

回转机构有单电机驱动的，也有双电机驱动的。当前国内、外钻机用单电机驱动较多。一般，在重型钻机中采用双电机驱动，如在 YZ-55B 和 YZ-55D 的回转机构中采用的就是双变频电机驱动。采用双电机驱动，可以减小回转小车的尺寸和钻架的高度，两电机对称布置还能使回转小车重量平衡，上下运行平稳。

如果使用液压马达作为回转机构的原动机，小型钻机一般配备一台；大中型钻机一般都配置两台，左右各一台，对称布置。

10.4.2.4 回转机构减速器的设计要求与结构形式选择

回转减速器是回转机构的核心部件。滑架式钻机的回转减速器安装在回转小车上，它的作用是把电动机的扭矩和转速变成适应钻孔需要的扭矩和转速。

国内、外牙轮钻机回转减速器的类型主要有两种：圆柱齿轮减速器和行星齿轮减速器。圆柱齿轮减速器应用比较广泛，其特点是制造容易、维护简单，但体积大和重量大、传动效率低。国内外主流牙轮钻机的回转减速器基本结构相同，都是二级圆柱齿轮减速器。行星齿轮减速器的特点是体积小、重量轻、效率高、传动比大；但是结构比较复杂、加工精度高。这种减速器在牙轮钻机的回转机构中应用得较少。

根据回转机构的工作特点，对滑架式钻机回转减速器的设计要求是：减速器为立式结构；要加强密封，防止漏油；加强连接，防止松动；同时能承受较大的轴向力和冲击力；还应有连接钻杆的减振措施。

牙轮钻机的型号不同，其回转机构减速器结构也略有不同。

A　传动轴布置与箱体形式

传动轴的布置和箱体形式是相关的。图 10-29 为回转机构减速器的典型传动形式。YZ-35 型、YZ-55 型钻机的传动轴是直线式布置，箱体是矩形上开箱式。KY-250 型和 KY-310 型钻机则是三角形布置，箱体均为圆形上开箱的结构形式。减速器的箱体有矩形和圆形两种，两种结构形式各有特点。国外主流牙轮钻机传动轴的布置一直沿用的是直线式布置方式，箱体形式则对应采用了矩形的上开箱式。图 10-30 为 MD6640 钻机回转机构传动轴的布置形式，从该图中可看到所采用的传动轴的布置是直线式布置方式，减速器的箱体为矩形上开箱式。

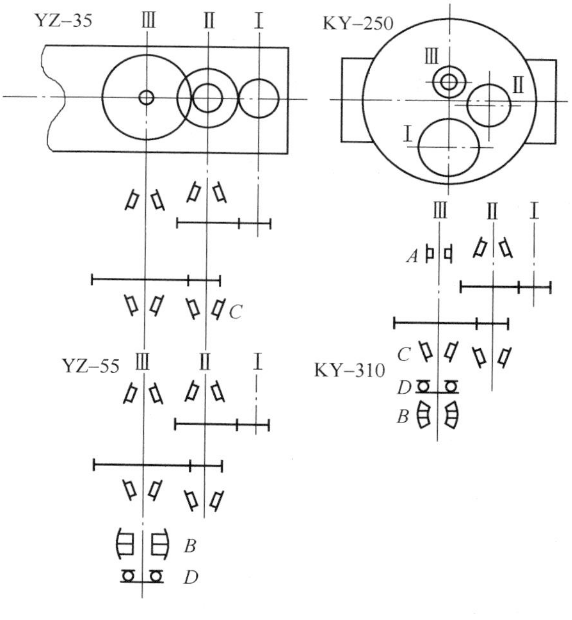

图 10-29　回转机构减速器典型传动形式

A—42228 单列向心短圆柱滚子轴承；*B*—3636 双列向心球面滚子轴承；
C—7536 单列圆锥滚子轴承；*D*—9069436 推力向心球面滚子轴承

B　空心轴的支撑形式

在空心轴的支撑形式中，以 45-R 型、YZ-35 型钻机的空心轴的支撑形式最为简单。

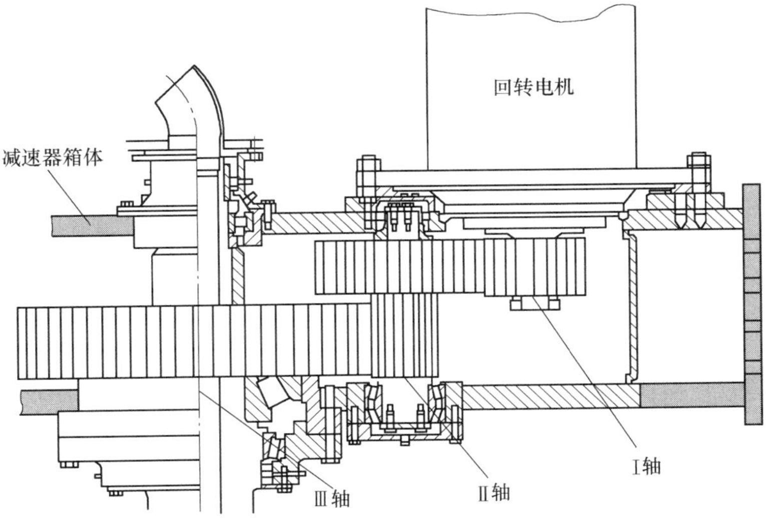

图 10-30 MD6640 钻机回转机构传动轴的布置形式

它有两套单列圆锥滚子轴承，钻机加压时，通过下端轴承将压力传给钻杆；提升钻具时，通过上端轴承将钻具提起。在使用中，加压轴承曾损坏过。YZ-55 型钻机因轴压增大，所以下端改为双列向心球面滚子轴承，并专门增加一道止推轴承来传递较大的轴向压力。KY-250 型钻机，原设计空心主轴轴承采用两套单列向心短圆柱滚子轴承，而轴压力则由一套推力向心球面滚子轴承受，使用中发现由于钻杆的冲击和偏摆，使轴承承受了较大的径向附加载荷，从而大大降低了单列向心短圆柱滚子轴承的寿命。经过改进，在止推轴承下部又增加了一道双列向心球面滚子轴承，改善了轴承的工作条件。KY-310 型钻机的轴承结构形式与改进后的 KY-250 型钻机是一致的，不同点是推力轴承外圈与减速器箱体之间留有 2.5mm 的间隙，这就完全保证推力轴承不承受任何的径向力，从而提高了轴承的寿命。

减速器用于使钻具获得合理的转速和转矩。如图 10-31 所示，它是一个二级斜齿圆柱齿轮减速器。工作时，由电动机经弹性柱销联轴器驱动齿轮 2～5，从而带动中空主轴 6 回转，然后通过钻杆连接器带动钻杆回转，使钻杆获得 1.033r/s 的回转速度。中空主轴中部的圆锥滚子轴承 12 承受提升力，单列向心推力球面滚子轴承 11 承受轴压力，称为加压轴承。中空主轴上端与排渣压气管路相接，工作时，压气经中空主轴进入钻杆和钻头，到达孔底排出孔底岩渣。

C 第一轴的结构形式

第一轴的结构形式有悬臂式和简支式两种：悬臂式的轴（见图 10-31a），即利用回转电动机伸出的轴头安装主动小齿轮，它与Ⅱ轴大齿轮啮合形成一级齿轮传动。Ⅰ轴的支点在电动机上，其结构简单，但受力不好。由于悬臂Ⅰ轴易于变形和歪斜，使Ⅰ、Ⅱ轴齿轮齿面接触不良，受力不均并常发生打牙现象，Ⅱ轴轴承也易于压碎；同时也会使电动机法兰盘和减速机箱体的连接螺栓折断。

简支式Ⅰ轴结构（见图 10-31b），是一个在减速器箱体上有双支点的轴。它和电动机输出轴用联轴器连接。这种结构改善了轴的受力和齿轮的接触情况，从而使齿轮能正常传

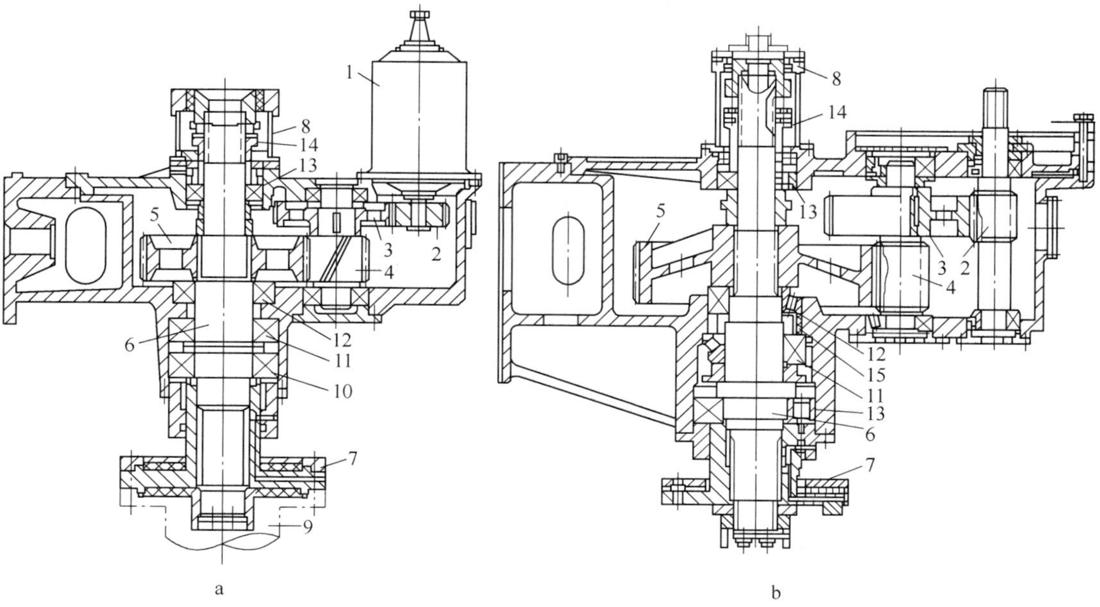

图 10-31　KY 系列钻机回转机构减速器展开图

a—KY-310 回转机构；b—KY-250 回转机构

1—回转电动机；2～5—齿轮；6—中空主轴；7—钻杆连接器；8—进风接头；9—风卡头；10—双列向心球面滚子轴承；11—单列向心推力球面滚子轴承；12—单列圆锥滚子轴承；13—单列向心短圆柱滚子轴承；14—调整螺母；15—弹簧

动，减少机件损坏。

10.4.2.5　回转减速器的特点及其设计计算

回转减速器的特点是：减速器为立式，要注意防止漏油问题；它直接承受钻具的冲击和振动，因此其结构及其中的齿轮、轴等均应有相应的加强措施；减速器的输出轴承受较大的轴向力以及因钻具横向冲击对它产生的附加力和弯矩，因此输出轴（中空轴）应能承受这些载荷；与进风接头连接的输出轴的上端必须有严密的密封装置，以防止因压气侵入减速器内，而使其密封破坏、润滑油泄漏，甚至造成轴承的烧毁。

回转机构减速器与一般减速器的设计计算区别在于：钻具在工作时有横向的冲击力对中空轴产生附加的外力和弯矩，这是设计时必须考虑的。其计算见本章 10.3.2.1 节。本节就传动比的确定、绘制传动系统图和计算各轴的转速和扭矩予以介绍。

A　确定传动比

确定传动比按照总体方案的要求，根据初步选定的原动机（额定转速为 n_H）和钻头的基本转速 n_T 计算总传动比 i：

$$i = \frac{n_H}{n_T} \tag{10-53}$$

按照所选定的减速器的结构形式和拟定的传动系统图，分配两级传动比为 i_1、i_2，并使

$$i = i_1 i_2 \qquad (i_1 < i_2)$$

如 KY-310 钻机：$n_H = 1150\text{r/min}$，$n_T = 73\text{r/min}$。

则 $i = 1150/73 = 15.75$，选取 $i_1 = 3.5$，$i_2 = 4.5$。

最后确定齿轮的齿数，验算传动比。

B　绘制减速器传动系统图

根据所选定的减速器的类型、传动的级数、箱体形式、轴和轴承的布置等，画出回转减速器的传动系统图。图 10-32 为 KY-310 钻机的回转减速器传动系统。

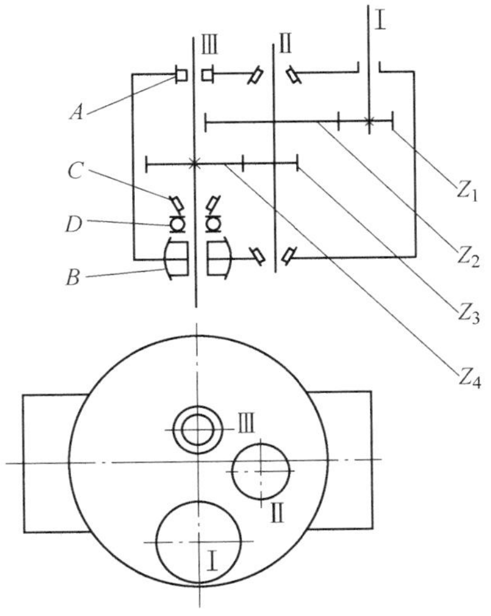

图 10-32　KY-310 钻机的回转减速器传动系统

C　计算各轴的转速 n_x 和扭矩 M_x

$$n_x = \frac{n_H}{i_x}$$

$$M_x = 10^4 \frac{N}{n_x}\eta_x \tag{10-54}$$

式中　i_x——原动机至 x 轴的传动比；

η_x——原动机至 x 轴的传动效率；

n_H——原动机的额定转速；

N——原动机的额定功率。

然后，根据前面制订的方案和提供的数据，与通用减速器设计一样，进行各齿轮、轴、轴承等零部件的设计计算，完成减速器的设计。应该指出的是：根据钻机回转减速器的工作特点和结构特点，要采取可靠的结构措施保证减速器的密封和润滑；中空主轴是减速器中的重要部件，它是受力大且结构复杂的静不定轴，对它必须周密地设计和计算。

10.4.2.6　钻杆连接器的类型与设计要求

钻杆连接器是回转机构的主要部件，它用以连接钻杆和回转减速器的输出轴、减少钻具传来的冲击振动，起弹性联轴器的作用。目前所用的钻杆连接器按其结构可分为普通钻杆连接器、浮动钻杆连接器和减振钻杆连接器 3 种类型。

由于回转机构的工作条件和工作特点，对钻杆连接器的设计要求是：

（1）能吸收钻孔时钻杆的轴向和径向振动及冲击力，缓冲性好，使钻机工作平衡，以保护钻机和钻头，提高钻头寿命；

（2）允许钻机在各种条件下使用最大的轴压力、扭矩和转速，适应的载荷范围宽；

（3）工作可靠，维修、安装方便，成本低。

（4）为了吸收钻进过程产生的振动和冲击力振动，可采用与减振器一体化的设计结构。

10.4.2.7　钻杆连接器的结构特点

A　普通钻杆连接器

普通钻杆连接器实际上就是一个牙嵌联轴器，其作用是将钻杆和回转机构减速器的中空轴（钻机输出轴）连接在一起，减缓钻具传来的冲击振动，具有弹性联轴器的功能。其结构如图 10-33 所示。

普通钻杆连接器的结构：上对轮 4 通过螺纹与中空主轴 3 连接，同时用螺栓与下对轮 1 连接。上、下对轮之间放有橡胶垫 2，两者靠相互之间的牙嵌齿啮合传递扭矩。对轮的靠面为球面，这样可以使上、下对轮的轴线相对偏转一个小角度，起到弹性连接的作用。60-RⅢ型钻机采用的就是这种连接器。KY-310 钻机采用的也是一种普通钻杆连接器，其结构与图 10-33 相近，只不过是将上对轮与中空轴的螺纹连接改成了花键连接而已。在 KY-310 钻机连接器的下部还装有风动卡头，它是由汽缸、销轴、卡爪等组成。它的作用是防止卸钻头或下部钻杆时，上部钻杆与连接器脱开。当钻孔时，也可以防止钻杆与连接器因振动而发生松动。这种结构虽然可以起到弹性连接和缓冲减振作用，但减振效果不显著，今后将被减振钻杆连接器所取代。

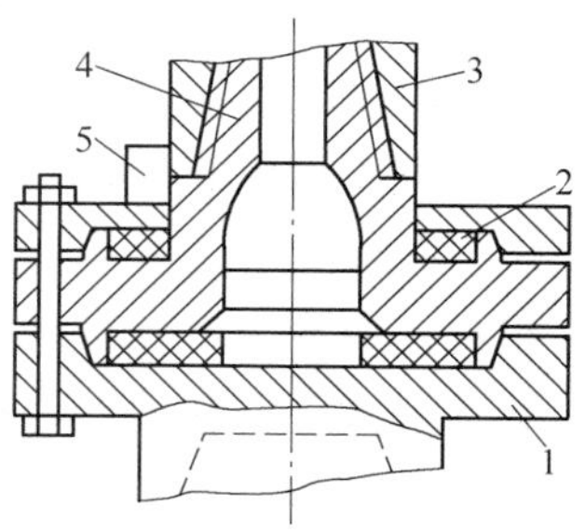

图 10-33　普通钻杆连接器

1—下对轮；2—橡胶垫；3—中空轴；4—上对轮；5—连接钢板

B　浮动钻杆连接器

浮动钻杆连接器如图 10-34 所示，其结构与 KY-310 钻机连接器基本相同，只是把其中的固定接头改为浮动接头，它在下对轮内伸缩浮动量为 60mm 左右。这样在接钻杆时，根据下部钻杆尾部螺纹的位置，浮动接头可以相应地上下浮动一个距离，以使螺纹部分正确旋合。这种结构除起到弹性连接钻杆作用外，还可避免接钻杆时回转机构压坏钻杆的螺纹。

C　减振钻杆连接器

近年来，减振钻杆连接器在国内外牙轮钻机上都得到了较为广泛的应用。实践表明：采用减振钻杆连接器后，延长了钻具组的使用寿命，提高了钻机的有效利用率，降低了钻孔作业成本。

减振钻杆连接器如图 10-35 所示。上接头与中空主轴连接，下接头与钻杆连接。当钻杆的纵向冲击振动传至下接头时，将由主减振垫吸收或减小；当扭振或横向振动由钻杆传来时，也将通过螺栓和圆柱销由主减振垫吸收和减小。这种连接器的减振效果好，大大改善了回转机构的工作条件，故也称为减振器。

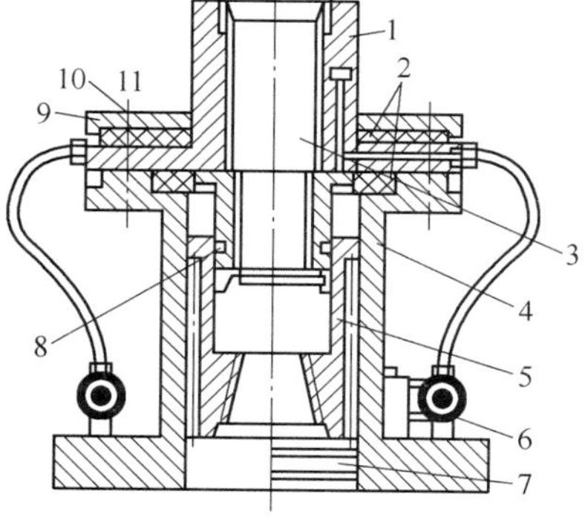

图 10-34　浮动钻杆连接器

1—上对轮；2—橡胶垫；3—中空主轴；4—下对轮；5—浮动接头；6—风动卡头；7—卡爪；8—密封圈；9—压盖；10—螺栓；11—螺母

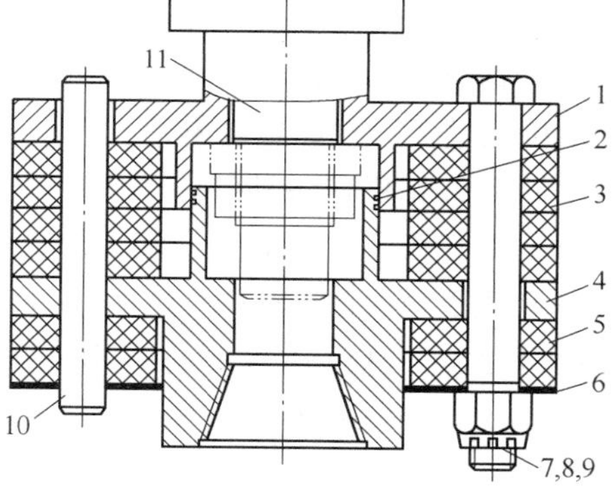

图 10-35　钻机减振钻杆连接器

1—上接头；2—O 形圈；3—主减振垫；4—下接头；5—副减振垫；6—减振环；7—螺栓；8—螺母；9—开口销；10—圆柱销；11—中空主轴

10.4.3 回转加压小车

回转小车又称为回转加压小车，用于安装和支承回转、加压提升机构，传递轴向压力和提升力，并使它们（连同钻具）沿钻架上下移动，是实现回转、加压运动和升降钻具的重要部件。由于回转加压小车集合有回转和加压两种功能，为此，本书将其单独列为一节予以阐述。

10.4.3.1 回转加压小车的种类

当前国内外所使用的滑架式钻机的回转加压小车，根据加压提升的传动元件不同可分为三种：封闭传动链条式、齿轮齿条传动式和钢丝绳传动式。其传动元件的不同将导致回转加压小车结构的不同。

根据传动链条安装位置的不同，封闭传动链条式又可分为传动链条外置式和传动链条内置式，如图 10-36 所示，大部分钻机都采用后者。

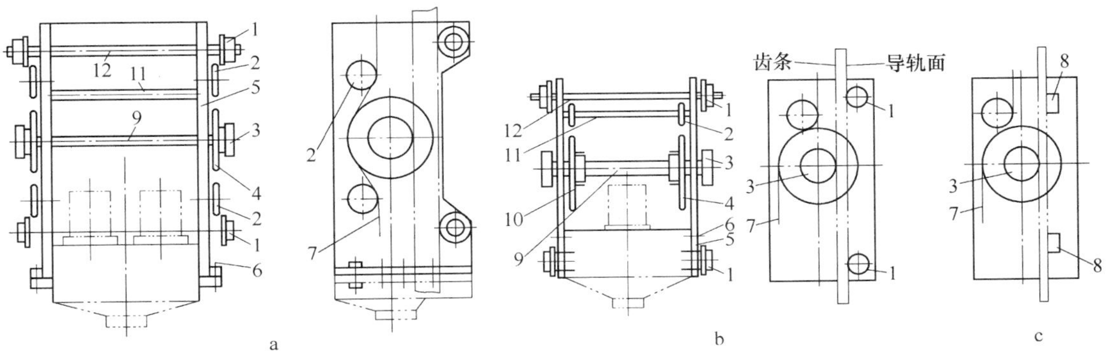

图 10-36 几种封闭传动链条式回转加压小车的结构示意图

a—HYZ-250B 型钻机；b—KY-250、YZ-35 型钻机；c—45-R 型钻机

1—导向轮；2—小链轮；3—加压齿轮；4—大链轮；5—小车体；6—连接螺栓；7—封闭链条；8—导向尼龙滑板；9—大链轮轴；10—防坠制动器；11，12—连接轴

根据回转加压小车体上所承载部件的不同，又可分为回转加压一体化小车和仅承载加压提升传动元件而无加压提升减速器的回转加压小车。

上述三种典型结构回转加压小车的总成结构详见本书第 5 章中 5.4.3.4 节的介绍。

10.4.3.2 回转加压小车的设计要求

回转加压小车支撑着许多部件，承担着很大的轴压力、提升力和扭转力矩，承受着较大的冲击振动；它既要能沿着钻架上下移动，又受到钻架空间的限制。因此对回转小车的设计要求是：结构紧凑、尺寸小、重量轻，有足够的强度和刚度；导向装置的选择布置合理、运动平稳可靠，同时要有限位缓冲装置；调整简单、装拆方便；要有防坠落保护装置。

10.4.3.3 封闭传动链条式回转加压小车的结构

图 10-36 是几种封闭传动链条式回转加压小车的结构示意图。它由小车体、大链轮、大链轮轴、导向小链轮、加压齿轮、导向轮、连接螺栓、防坠制动器及连接轴等组成。下面对其主要零部件的结构选择进行分析。

（1）小车体。用于加压提升的加压减速器和驱动电机或液压马达并没有安装在这种回转加压小车上，因此，其结构较为简单。

小车体结构如图 10-37 所示。它是一个可拆卸的焊接框架组合体，由左、右立板 10、11 和连接轴 19、20 及导向齿轮架 21 等组成。由于结构简单，国内外牙轮钻机的回转加压小车基本上都是采用这种结构。

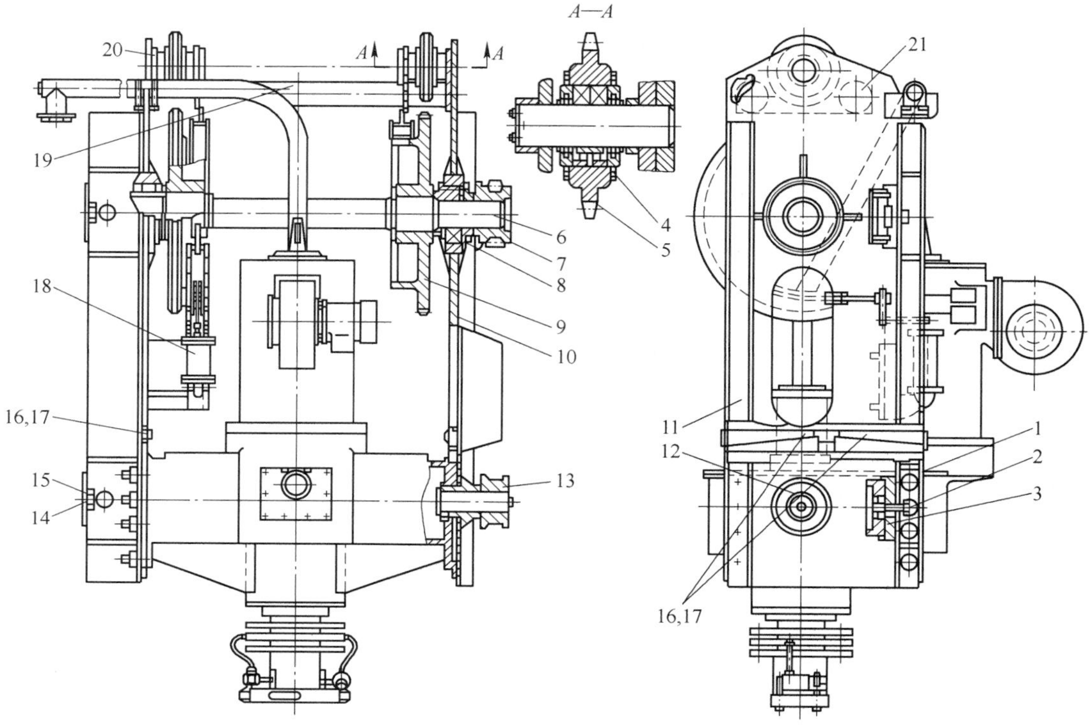

图 10-37　回转加压小车体的结构

1—导向滑板；2—调整螺钉；3—碟形弹簧；4，8—轴承；5—小链轮；6—小车驱动轴；7—加压齿轮；9—大链轮；10，11—左、右立板；12—导向轮轴；13—导向轮；14—防松架；15—螺栓；16，17—切向键装置；18—防坠制动装置；19，20—连接轴；21—导向齿轮架

（2）大链轮。大链轮是加压提升系统中的主要零件，其齿形有标准的和深齿的。国产某型钻机大链轮曾采用标准齿形，加压时经常发生链条越齿跳链现象，既不安全，又使机体受到很大冲击振动。为此，将大链轮改为采用深齿形，解决了加压跳链问题。当前国内外钻机回转加压小车的大链轮一般都选用深齿形。

（3）导向装置。回转加压小车侧面设有导向装置，其作用是使加压齿轮沿钻架上齿条滚动时保持齿面紧密接触，同时使回转小车沿钻架立柱导轨上下移动保持平稳。回转小车移动的导向方式有滑板滑动和滚轮滚动两种。

1）滑板导向装置。滑板滑动导向原理如图 10-36c 所示。当加压齿轮 3 沿齿条滚动时，齿条作用在齿轮上的径向分力使回转小车上的导向尼龙滑板 8 紧紧地压在钻架的导轨上，并沿导轨滑动。滑板导向装置的结构合理，运行安全可靠，制造工艺简单，调节容易，导向平稳，滑板磨损后更换也方便。美制45-R、60-RⅢ、61-R、国产KY-310型等钻机都采用这种滑板导向装置。

2）滚轮导向装置（图5-91）。当加压齿轮沿齿条滚动时，回转小车上的导向（橡胶）滚轮紧紧地压在钻架的导轨上，并沿导轨滚动实现导向。各种钻机导向装置的滚轮数目和布置是不同的。有4个滚轮导向的，如国产KY-250、美制GD-120等钻机，在回转小车每个角上布置一个滚轮；有12个滚轮导向的，如美制M-4、M-5钻机，在回转小车上左右各6个。4个布置在钻架导轨正面，2个布置在导轨侧面；有16个滚轮导向的，此种较多，如国产YZ-35、YZ-55型钻机、美制GD-120、45-R（后改进的）型钻机，左右各两组，每组4个滚轮（装在一个平衡支承架上）在导轨上滚动导向。

由于滚轮导向装置中的滚轮采用可以吸收振动的耐压聚酯橡胶制成，因此可以减少小车运行中的振动；滚轮架为偏心套可调式结构，因此可以调整滚轮与滚道的压紧力以及加压齿轮与齿条的间隙；滚动摩擦力较小，还降低了能耗，所以滚轮式导向装置的使用效果较好。

（4）连接装置。回转加压小车体与回转减速器的连接形式有纵向连接和侧向连接两种。一般是用螺栓、键和销作为定位连接件。

早期研制的牙轮钻机，其回转小车与回转减速器采用端面接触，如图10-36a所示。两端面用销钉定位，用螺栓纵向连接。这种连接形式结构简单、连接可靠，螺栓只承受拉力。国产的KY-250A型钻机就是采用这种结构。

有些牙轮钻机的回转小车与回转减速器采用侧面接触，如图10-36b所示。用横向螺栓连接，螺栓承受剪力。为了改善螺栓受力状态，采用了侧面切向键加螺栓的形式连接，如图10-37中的17所示。由于这种连接机构的效果较好，国内的YZ-35、YZ-55和KY-250、KY-310等钻机都是采用了这种侧向连接结构形式。

（5）防坠制动装置。如图10-37中的18所示，该装置是一种断链保护装置。当发生断链时，它能及时地制动回转小车的驱动轴，防止回转小车的坠落，避免事故的发生。防坠制动装置是钻机上必备的安全装置。

国产KY-310钻机的防坠制动装置采用一对常闭带式制动器结构，如图10-38所示。

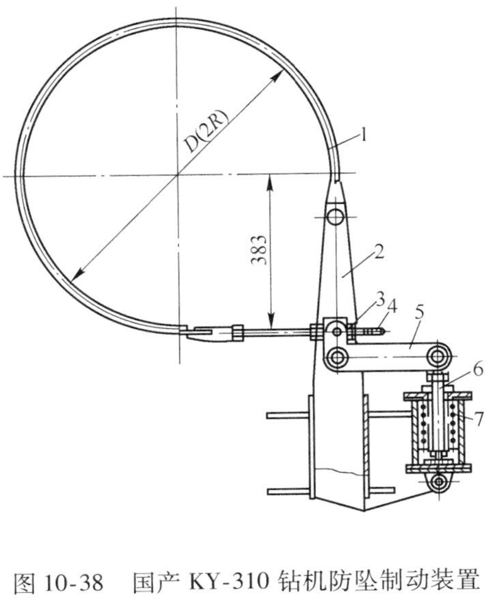

图10-38 国产KY-310钻机防坠制动装置
1—闸带；2—支承架；3—调整螺母；4—调整螺杆；5—传动杠杆；6—汽缸；7—弹簧

10.4.3.4 组合一体化的回转加压小车设计

在前面介绍的回转加压小车的结构中并没有包括用于加压提升的减速器及其原动机，而在齿条齿轮无链加压的牙轮钻机的设计中则采用了将回转和加压机构组合在一起的回转加压小车的设计结构。图10-39为加压机构与回转机构组合一体化示意图。

正如本书第5章的5.4.3.4节在介绍齿轮齿条加压型回转小车结构中提到的那样，

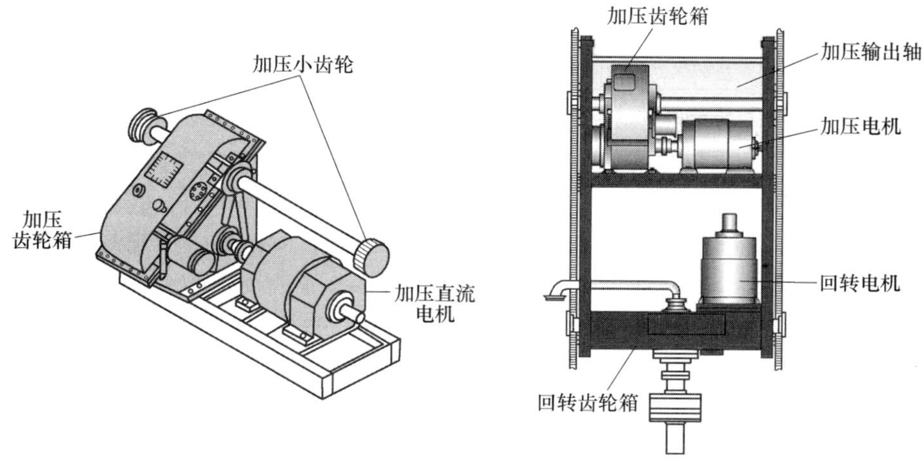

图 10-39　回转机构与加压机构组合一体化示意图

在设计布局齿条齿轮无链加压提升机构时是本着加压机构与回转机构组合一体化布局设计的。

在这里加压回转小车成为支承加压提升机构和回转机构并使其连同钻具一起沿钻架导轨上下移动的重要部件。因此，除了要精心总体布局外，在组合一体化的加压与回转机构设计中还有两个问题应当予以高度关注：一是在加压回转小车的结构设计中要着重考虑其结构的强度与刚性、运动的平稳性；二是滚轮式导向装置及间隙调整结构的设计。图 10-40 所示为加压回转小车与导轮架的结构。

图 10-40　回转加压小车与导轮架的结构

对齿条齿轮无链加压提升机构的牙轮钻机来讲，使用组合一体化的加压与回转机构是非常方便和经济的，但它只适合用在采用高钻架的大型露天矿用牙轮钻机上。由于该系统组合一体化加压回转小车尺寸的限制，并不适合用在中小型的牙轮钻机上。

上面介绍的是国外在设计齿条齿轮无链加压提升机构的牙轮钻机时所采用的回转与加

压提升一体化的小车结构。最近，国内的一家牙轮钻机制造商新研制了一款齿条齿轮无链加压提升机构的牙轮钻机，其小车的结构设计如图 10-41 所示。

10.4.4　封闭传动链条式加压提升机构

10.4.4.1　封闭传动链条式加压提升机构的设计计算

加压提升机构的设计计算包括加压速度、提升速度、轴压力和提升力等基本计算内容。在本书第 5 章中对加压提升机构的三种典型结构形式，即封闭传动链条式、齿轮齿条传动式和钢丝绳传动式的机械结构进行了分析。由其传动形式不同，其受力分析、计算方法的内容也不尽相同。尽管本章所介绍的受力分析和设计计算方法，仅是针对封闭传动链条式的加压提升机构而言，但是对加压提升机构设计计算的基本原理和思路则是相通的。

A　加压速度和提升速度

根据图 10-42，在计算加压速度时，取加压齿轮 2 与齿条 3 的啮合点作为瞬时转动中心。根据加压齿轮轴心与大链轮周边绕瞬时转动中心的角速度相等的原理，求得加压速度为：

$$v_J = v_L \frac{d_0}{d_0 + d_1} = \frac{\pi d_A d_0 n_J}{i_A(d_0 + d_1)} \quad (\mathrm{m/min}) \tag{10-55}$$

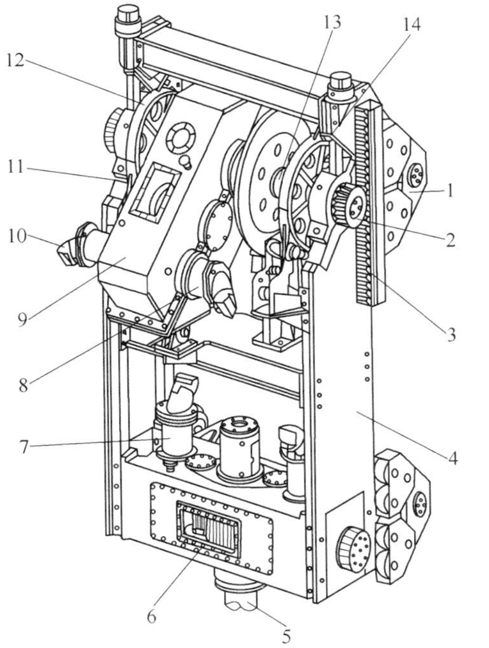

图 10-41　齿条齿轮无链加压钻机的回转加压小车结构

1—滚轮架；2—加压齿轮；3—齿条；4—小车本体；5—钻杆连接器；6—回转减速器；7—回转马达；8—提升马达；9—加压提升减速器；10—加压马达；11—拨叉；12，14—制动轮；13—加压轴

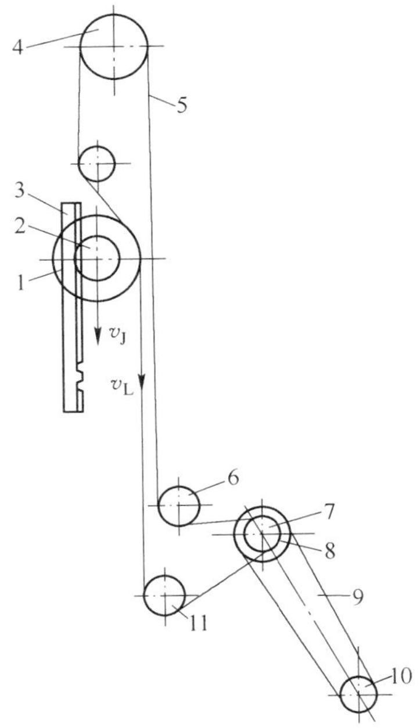

图 10-42　封闭链传动系统简图

1—大链轮；2—加压齿轮；3—齿条；4—天轮；5—链条；6，11—张紧轮；7—A 形架轴主动链轮；8—主减速器输出链从动链轮；9—主加速器输出链条；10—主减速器输出链主动链轮

$$v_L = \frac{\pi d_A}{i_A} n_J \quad (\text{m/min}) \tag{10-56}$$

式中　v_L——加压时封闭链条的线速度，m/min；

d_0，d_1——加压齿轮、大链轮节圆直径，m；

d_A——A 形架轴主动链轮节圆直径，m；

n_J——加压原动机额定转速，r/min；

i_A——从加压原动机到 A 形架轴的传动比。

实际上，封闭链条的传动比为：

$$i_L = \frac{d_0 + d_1}{d_A}$$

则

$$v_J = \frac{\pi d_0 n_J}{i_J} \quad (\text{m/min}) \tag{10-57}$$

式中　i_J——加压系统总传动比，$i_J = i_A i_L = i_1 i_2 i_L$。

i_A包括从加压原动机至主减速器输出轴的传动比 i_1 以及自输出轴至 A 形架轴的传动比 i_2。一般对于悬挂式减速器，i_A即是减速器的传动比 i_1。

同理，可求得提升速度为：

$$v_S = \frac{\pi d_A d_0 n_S}{i_A(d_0 + d_1)} \quad (\text{m/min}) \tag{10-58}$$

或

$$v_S = \frac{\pi d_0 n_S}{i_S} \quad (\text{m/min}) \tag{10-59}$$

式中　n_S——提升、行走电动机额定转速，r/min；

i_S——提升系统总传动比，$i_S = i'_A i_L$。

i'_A包括从提升电动机至主减轻输出轴的传动比以及自输出轴至 A 形架轴的传动比。

B　轴压力和提升力

取回转加压小车为分离体，如图 10-43 所示。

在回转加压小车上的作用力包括原动机施加的轴压力之反力 Q_J；链条紧边和松边拉力 T_J和 T_S；齿条对加压齿轮的垂直、水平反力 R、N；由 N 引起的钻架对滚轮的反力 N'和摩擦力 F_N；与小车回转力矩相对应的滚轮反力 W 和 F_W（W'表示另一侧钻架的反力）。由于 N 和 N'、W 和 W'相互平衡，忽略 F_N、F_W，考虑到传动效率，根据垂直方向力的平衡条件，由 $\sum Y=0$，得：

$$Q_J = 2(R + T_J - T_S)\eta_1$$

式中　η_1——大链轮及开式齿轮的效率。

取大链轮、齿轮为分离体，由 $\sum M_A=0$，得：

$$R = \frac{d_1}{d_0}(T_J - T_S)$$

所以

$$Q_J = 2\left(1 + \frac{d_1}{d_0}\right)(T_J - T_S)\eta_1$$

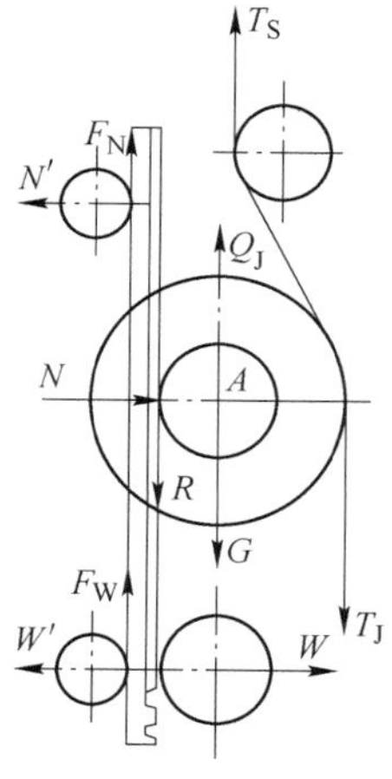

图 10-43　小车加压受力分析图

又因为 $2(T_J - T_S) = \dfrac{M_J i\eta_2}{d_A/2}$，代入上式得：

$$Q_J = \frac{2(d_0 + d_1)}{d_A d_0} M_J i\eta_1\eta_2 \quad (N) \tag{10-60}$$

$$M_J = \frac{Q_J d_A d_0}{2(d_0 + d_1) i\eta_1\eta_2} \quad (N \cdot m) \tag{10-61}$$

式中　M_J——加压原动机输出扭矩，N·m；

i——原动机至大链轮的传动比；

η_2——原动机至大链轮的传动效率；

d_0，d_1，d_A——加压齿轮、大链轮和封闭链主动轮的节圆直径，m。

考虑到回转加压小车钻具组件的重力 G 后，在孔底钻头上实际作用的轴压力即加压时的钻头载荷 F_Z 为：

$$F_Z = Q_J + G \quad (N) \tag{10-62}$$

设计钻机时，首先要按工艺要求确定合理的轴压力，然后再根据上述计算公式求出加压原动机的转矩 M_J。在此之后，要将设计计算的轴压力与钻孔工艺要求所确定的合理的轴压力进行比较，以保证原动机能满足钻孔工艺的要求。同时还要根据钻机的重力利用系数对钻机所允许的轴压力进行校核，以确保所确定的轴压力在钻机所受重力的允许范围内（具体参见本书 10.3.3.2 节的工作稳定性计算）。

提升力同样可按照与加压过程相类似的分析方法求得，计算公式为：

$$F_S = \frac{2(d_0 + d_1)}{d_A d_0} M_S i_S \eta_1 \eta_2' \quad (N) \tag{10-63}$$

式中　M_S——提升原动机输出扭矩，N·m；

i_S——提升原动机至大链轮的传动比；

η_2'——提升原动机至大链轮的传动效率；

其余符号意义与轴压力计算相同。

C　速比的分配

对于电动型封闭链传动加压的钻机来讲，其主传动机构的传动装置是为完成加压、提升和行走工作而设置的。因此在设计计算时，它应当能同时满足加压、提升和行走的运动和动力的要求。但这三者的工作情况各不相同，因而不仅要统筹兼顾，还要有所侧重。就钻进速度而言，加压是钻机的基本工作，它的速度如何，直接影响到钻机的效率，故应首先予以保证。行走速度较慢且可在一定范围内变化，原因是钻机并不经常行走且距离也并不远。如行走功率足够，可采用较高的行走速度；如行走电机功率较小，则宜用中等或较低的行走速度。提升速度也可以在较大范围内变化（10～60m/min 或更快），原因是钻架并不高（标准钻架通常为 17m 左右，高钻架为 26m 左右），且提升速度快慢对生产率的影响并不十分明显。但在同等功率下，提升速度加快，则提升力减小，这样就减弱了处理卡钻的能力。

因此在分配速比时，首先应当考虑加压的情况，同时兼顾行走；对于提升速度，只要校核一下，在适用范围内就可以了。

10.4.4.2　加压提升机构传动链条的均衡张紧装置

除了无链传动的齿轮齿条加压提升机构的钻机之外，在牙轮钻机上无论是使用链条还是使用钢丝绳作为加压提升机构的传动元件，都会在传递轴压力或提升力的过程中，由于受力后的弹性伸长、传动中的磨损及变形和制造中的误差等原因，使两条传动链条（或钢丝绳）的长度和受力不完全相同。这样在工作中传动链条（或钢丝绳）必然会出现不均衡、不平稳，甚至跳链的现象，影响回转加压小车的安全运行。所以，在钻机设计时，必须对加压提升机构的传动链条（或钢丝绳）进行均衡张紧装置的设计，以保证两条链条或钢丝绳的松边、紧边具有自动张紧功能和具有基本一致的拉力。

在本书5.4.3.2节齿条齿轮-封闭链条式加压提升机构的结构分析中已经对加压提升机构的链条均衡张紧装置做了较详细的分析和介绍，其相同之处本章不再叙述。

A　封闭链条的作用于缠绕方式

封闭链条的作用是将主机构减速器的动力传给加压小车，再经加压齿轮和齿条传给钻具。YZ-35型、YZ-55型、KY-250型、KY-310型等钻机的封闭链条缠绕基本原理是一致的。各类钻机封闭链条的缠绕方式如图5-81所示。它们都是将主传动机构传来的动力，经主动链轮驱动封闭链条运转，带动从动链轮回转，从而带动与从动链轮同轴的推压齿轮回转，推压齿轮与齿条啮合，通过回转小车给钻具施以轴压力或提升力，使钻具实现加压与提升动作。

B　均衡张紧装置及其工作原理

每条链条上均设有张紧和均衡装置，作用是使每条封闭链条都能自动地张紧且使两条封闭链条受力均匀，以保持链条在工作时不跳链，使回转加压小车运行平稳。目前国内外牙轮钻机均衡张紧装置在结构上有些差别，但其工作原理和作用都是一致的。

图10-44为KY-310型钻机的均衡张紧装置。均衡架2上装有上、下两个张紧轮4和7，它们可以在均衡架的槽内滑动，并在其上装有被压缩的上弹簧3和下弹簧6，均衡架的上端通过油缸1与钻架固定在一起，下端为自由端。链条8绕过张紧轮并与主动链轮5啮合。预紧后的链条，张紧轮4位于均衡架导槽内的最上部位置，上弹簧3被压缩到最大压缩量；张紧轮7则位于导槽内靠近上部的某一位置。

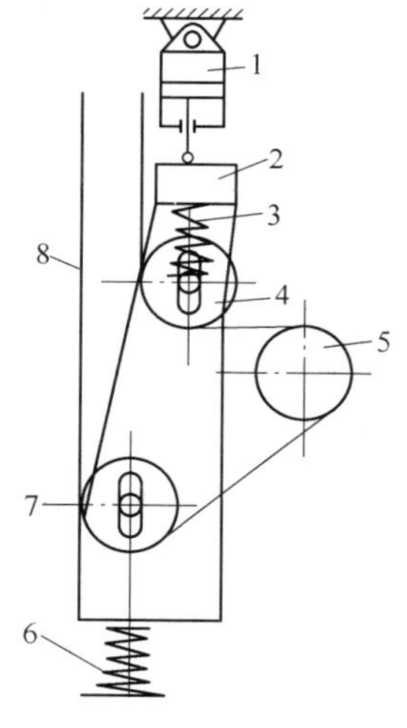

图10-44　KY-310型钻机的均衡张紧装置

1—油缸；2—均衡架；3—上弹簧；4，7—张紧轮；5—主动链轮；6—下弹簧；8—链条

图10-45所示为链条张紧装置的工作原理。

图10-45a表示张紧轮的极限位移位置，此时弹簧压缩量最小。当提升时，主动链轮顺时针旋转，与加压时相反，上张紧轮是紧边，下张紧轮是松边，因而下张紧轮下移将松弛的链条张紧。

图10-45b中，弹簧被压缩。当加压钻进时，主动链轮逆时针方向旋转，此时绕过张紧轮的链条是紧边。在紧边链条拉力作用下，张紧轮的轴上移并紧靠在均衡架导槽的上端，此时绕过张紧轮的链条为松边，所以在压缩弹簧力的作用下使张紧轮沿导槽下移，从而使松弛的链条张紧，防止了

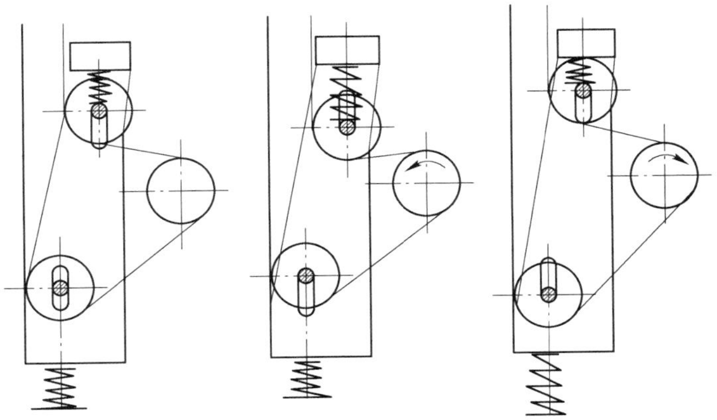

图 10-45　链条张紧装置工作原理
a—预紧；b—加压；c—提升

跳链。

图 10-45c 表示张紧轮下移的极限位置。弹簧除了将松弛的链条拉紧外，在工作时还能起到缓冲的作用。

为了使每条链条作用在回转加压小车大链轮上的拉力相等，必须使两条封闭链条上的张力相等。但链条在装配时由于链节距的误差以及工作后磨损量不同，势必引起两条封闭链条的长度不等，在这种情况下，为保证两条封闭链条所传递的拉力相同，必须采用均衡装置。

比较典型的均衡装置有三种结构形式，即双油缸均衡式、单油缸均衡式和三点铰接均衡式。

国产 YZ 系列和 KY 系列钻机的均衡装置都是采用双油缸单独加压调整，即每个均衡架上都有一个单独的油缸作用，而这两个油缸则采用并联油路控制，保证油缸作用在每个均衡架上的推力是相等的，如图 5-84a 所示。这种结构是通过安装在两个均衡架上端的两个油缸实现均衡的，这是因为两个油缸上、下腔的油路各自连通，当一侧链条受力大于另一侧时，受力大的链条就将该边的链轮和框架一起抬高，顶住油缸活塞，使油缸上腔的压力升高，通过油路向另一侧油缸上腔排油，另一侧油缸的活塞下移，压下均衡架及其链轮，拉紧了原来受力较小的链条，直到两条链条受力均匀。

单油缸的均衡装置是采用单油缸、均衡梁实现均衡的，油缸安装在均衡梁的中点，因此油缸通过均衡梁作用在均衡架上的推力是相等的，当两边的链条受力不均衡时，则作用力大的一边使均衡梁往上升，而另一边则下降，直到两边受力平衡时为止。

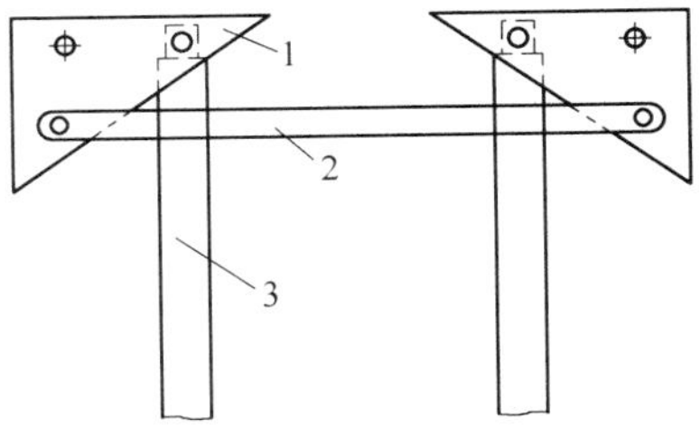

图 10-46　45-R 型钻机使用的三点铰接均衡装置
1—三角形曲柄板；2—均衡梁；3—均衡架

图 10-46 为 45-R 型钻机使用的三点铰接均衡装置。它是通过采用三角形曲柄板和均衡梁来实现均衡

调整的，两块三角形曲柄板分别通过三点铰接在钻架、均衡梁和均衡架上。当其中一条链条伸长时，则该链条的拉力下降，另一条拉力大的链条将迫使其均衡架上移，通过两块三角形曲柄板和均衡梁的相互作用，将使链条伸长一边的均衡架下移，从而使两条链条达到所受拉力相等。

C　均衡张紧装置计算

均衡张紧装置计算的内容主要有弹簧、均衡架滑槽的尺寸（即张紧轮位移量）及油缸受力大小等。

设计弹簧有两种观点：一种是在结构上保证，使弹簧仅承受开钻前的静压力及开钻后维持松边的压力；另一种是还要求弹簧承受开钻后的加压或提升时的最大载荷。显然按后一种观点设计的弹簧尺寸较大，由于弹簧承受动载，因此经常损坏。按前一种观点设计的弹簧尺寸较小，且由于加压和提升时的动载荷由不同弹簧承受，故弹簧的寿命也大为延长。

计算弹簧应计算出它的最小工作载荷 Q_1、最大工作载荷 Q_2和工作行程 h。

以下按照开始、预紧、加压、提升四种工作状态分析张紧装置的变化情况。

开始：链条装好后并未给予预紧力，上、下链轮处在弹簧作用下，弹簧的压缩量是装配时的压缩量，分别为 h'和 h''。

预紧：通过油缸给链条以预紧力 F，此时链条全长 L_q变大。下链轮上移 a 值（以开始状态为位移原点），其轮轴距导槽上边缘还有一个 Δ 值，对 45-R 型钻机，$\Delta = 12.7 \sim 38.1$mm。上链轮被拉上移一个 h_{sh}值（即上链轮导槽长度）。

加压：加压后使下链轮和上链轮都位移到极限位置。h_x 为下链轮导槽的长度。F_{y0}和 F_{y1}分别是链条紧边与松边拉力。L_y为加压时的紧边链条长度，显然此时应当以回转加压小车在钻架的最上部位置来计算 L_y的长度。

提升：F_{s0}和 F_{s1}分别是卡钻提升时链条紧边与松边的拉力。L_s为提升时链条紧边的长度，它应当按回转加压小车在钻架的最下部位置来考虑。

根据上面的分析可以知道：从开始到预紧状态，由于上、下链轮轴在导槽内产生位移 h_{sh}和 a 以及由于链条拉力变化而使链条伸长，其总量为 ΔL_j，该值是靠油缸来补偿的；从预紧到加压状态，下链轮轴位移的 Δ 值以及因拉力变化而使链条产生的伸长量：$\Delta L_y - \Delta L_j$，是靠上链轮轴位移 h_{sh}来补偿的；从预紧到卡钻提升，链条的伸长量 $\Delta L_y - \Delta L_j$是由下链轮位移 a 来补偿的。所以，根据提升时链条的伸长量，可以确定上链轮导槽长度（即上链轮弹簧的工作行程）h_{sh}值。同理，根据加压时链条伸长量可求出下链轮导槽长度 h_x（$h_x = a + \Delta$）值。

（1）按照第一种观点设计弹簧。

下弹簧计算：

最小工作载荷　　$Q_1 = K_1 F_{s1}$

最大工作载荷　　$Q_2 = K_1 F'_{y0}$　（F'_{y0} 由 $h' + h_x$ 变形而定）

工作行程　　$h = h_x$

上弹簧计算：

最小工作载荷　　$Q_1 = K_2 F_{y1}$

最大工作载荷　　$Q_2 = K_2 F'_{s0}$　（F'_{s0}由 $h' + h_{sh}$变形而定）

工作行程 $h = h_{sh}$

式中 K_1，K_2——考虑作用在链轮两边链条上的拉力方向不同对弹簧合力的影响系数（可通过作图求得），其值为 $1 < K_1 < 2$，$1 < K_2 < 2$。

当加压时下链轮所受到的链条张紧力和提升时上链轮所受到的链条张紧力 F_{s0} 都是通过均衡架传给调整油缸的，而不是由弹簧承受，所以其工作载荷要小得多。

（2）按照第二种观点设计弹簧。上、下弹簧的最大工作载荷都由弹簧承担，所以设计的弹簧不仅尺寸加大，而且也易损坏。

链条传动中的紧边与松边拉力可以按下式计算：

$$F_1 = F_0 \left[\frac{\sin\phi}{\sin(\alpha + \phi)} \right]^{n-1}$$

$$\phi = \beta - \frac{\alpha}{2} = \beta - \frac{180^\circ}{Z}$$

式中 F_1——封闭链条的松边拉力，N；

F_0——封闭链条的紧边拉力，N；

ϕ——链轮齿的齿形压力角，(°)；

Z——链轮的齿数；

α——一个链节所对应的圆心角，(°)；

β——链轮齿槽角之半，(°)；

n——链条与链轮啮合的齿数。

链条伸长量按下式计算：

$$\Delta L = \frac{F_0}{F_2/10}\delta L \tag{10-64}$$

式中 ΔL——链条伸长量，m；

F_2——链条的静破断拉力，N；

L——在紧边拉力作用下链条的长度，m；

δ——在 $F_2/10$ 的载荷下链条的试验伸长量，约为 3‰。

链条的伸长公式是在下面两个前提下列出的：当载荷超过试验载荷时，伸长量按线性变化；不计松边的伸长量。

关于油缸的受力计算、可取均衡架为分离体，分别按预紧、加压、提升三种工况计算油缸的受力的最大值设计。

10.4.4.3 主机构的计算

在本书的第 5 章中曾经介绍过齿条齿轮-封闭链条式加压提升机构与行走机构共用一个主机构作为加压提升机构的传动机构的情况。这种加压提升和行走机构之所以共用一套减速装置是由于其集中传动的设计理念所决定的。

在采用齿条齿轮-封闭链条式加压提升机构的大中型牙轮钻机上，主传动机构大多数是采用两台原动机驱动、共用一台主减速器的集中传动形式，通过加压离合器、主离合器、主制动器以及行走离合器和制动器控制相关动作，实现加压提升和行走运动。其典型的主传动机构如图 5-85 所示。

主减速器结构形式有卧式和悬挂式两种。所谓卧式，即主减速器是直接安装在主平台上，这种设计，结构简单，制造、安装方便，维修条件好，但是结构布置不紧凑，齿轮传动容易受到平台变形的影响；所谓悬挂式，即主减速器的输出轴为A形架轴，减速器悬挂在A形架轴上，省掉了一级传动链条，靠减速器下部的垂直和水平弹簧起承重和缓冲作用。悬挂式主减速器的机构简单、结构紧凑，齿轮传动的准确性和平稳性不受平台变形的影响，抗振性好；但是，其制造、装配较复杂，维修不便。

为了进一步说明其传动系统的结构，下面分别就这两种典型的加压提升主机构的传动系统予以介绍。

A　卧式减速器的主机构传动系统

KY-310型钻机采用的是卧式减速器的主机构传动系统，该系统是在国产HYZ-250型钻机的基础上，参考国外同类型钻机而设计的（现有机型已经改进为交流变频电动机驱动）。图10-47是它的传动系统图。它是由一台滑差式电动机（用于加压）和一台直流电动机（用于提升和行走）共同驱动以实现加压、提升（或下放）、行走和起重四项工作的。

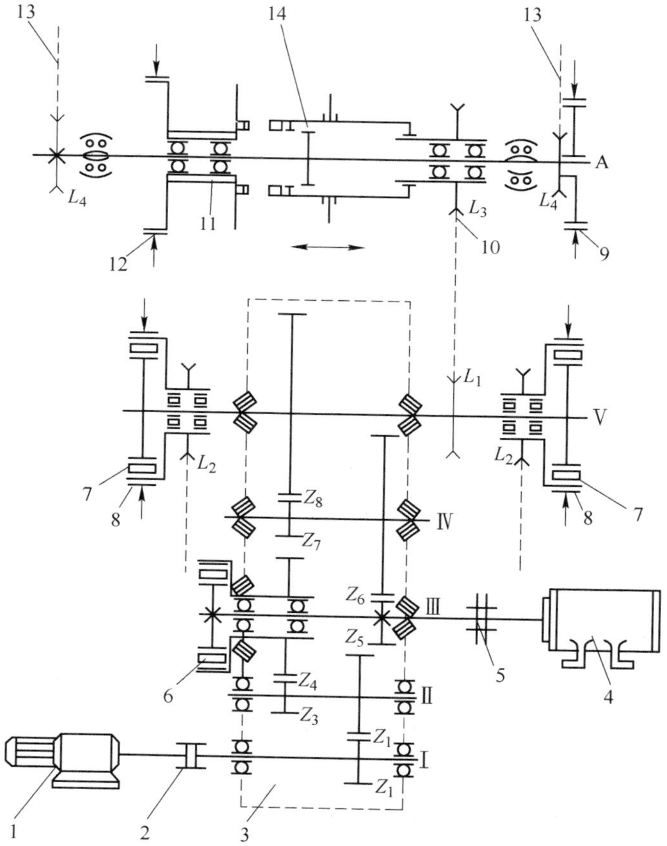

图10-47　KY-310型钻机主机构传动系统

1—加压电动机；2，5—联轴器；3—减速器；4—提升与行走电动机；6—加压离合器；7—行走离合器；8—行走制动器；9—主制动器；10—封闭短链条；11—辅助卷扬；12—辅助卷扬制动器；13—封闭长链条；14—主离合器；Z_1～Z_8—齿轮；L_1～L_4—链轮；Ⅰ～Ⅴ—轴；A—A形架轴在该系统中，已将原 KY-250 型钻机中的两个二级斜齿圆柱齿轮减速器合并为一个。主离合器用于接通或切断加压、提升、辅助卷扬提升的传动，是齿式和牙嵌式组合离合器。加压离合器用于接通或切断加压传动，为气胎离合器。行走离合器设有两个，用于接通或切断行走传动，也为气胎离合器。主传动机构设有三种制动器，即主制动器、辅助卷扬制动器、行走制动器，它们分别用于提升、辅助卷扬提升和行走时进行减速和停车，它们都是单作用闸带式制动器。该机构将主离合器、主制动器、辅助卷扬、辅助卷扬制动器等均设在 A 形架轴 A 上，该轴安装在钻机平台的 A 形架上，并且和钻架与 A 形架的铰接销轴同轴心。

整个主传动机构的工作过程如下：

加压钻进时，将主离合器的离合体右移使内外齿啮合，加压离合器气囊充气，行走离合器气囊放气，主制动器松闸，辅助卷扬制动器制动，行走制动器制动。由加压电动机驱动，经联轴器、轴Ⅰ、齿轮 Z_1、齿轮 Z_2、轴Ⅱ、齿轮 Z_3、齿轮 Z_4、加压离合器、轴Ⅲ、齿轮 Z_5、齿轮 Z_6、轴Ⅳ、齿轮 Z_7、齿轮 Z_8、轴Ⅴ、链轮 L_1、封闭短链条、链轮 L_3、主离合器、A 形架轴 A、链轮 L_4，带动封闭长链条运动。

提升钻具时，将主离合器的离合体右移使内外齿啮合，加压离合器气囊放气，行走离合器气囊放气，主制动器松闸，辅助卷扬制动器制动，行走制动器制动。由提升与行走电动机驱动，经联轴器、轴Ⅲ、齿轮 Z_5、齿轮 Z_6、轴Ⅳ、齿轮 Z_7、齿轮 Z_8、轴Ⅴ、链轮 L_1、封闭短链条、链轮 L_3、主离合器、A 形架轴 A、链轮 L_4，带动封闭长链条运动。

辅助卷扬提升时，将主离合器的离合体左移使牙嵌啮合，加压离合器气囊放气，行走离合器气囊放气，主制动器制动，辅助卷扬制动器松闸，行走制动器制动。由提升与行走电动机驱动，经联轴器、轴Ⅲ、齿轮 Z_5、齿轮 Z_6、轴Ⅳ、齿轮 Z_7、齿轮 Z_8、轴Ⅴ、链轮 L_1、封闭短链条、链轮 L_3、主离合器，带动辅助卷扬运动。

行走时，主离合器的离合体处于中间位置，加压离合器气囊放气，行走离合器气囊充气，主制动器制动，辅助卷扬制动器制动，行走制动器松闸。由提升与行走电动机驱动，经联轴器、轴Ⅲ、齿轮 Z_5、齿轮 Z_6、轴Ⅳ、齿轮 Z_7、齿轮 Z_8、轴Ⅴ、行走离合器、链轮 L_3，然后带动行走机构运行。

B 悬挂式减速器的主机构传动系统

45-R 型与 60-RⅢ型钻机采用的就是悬挂式减速器的主机构传动系统，只是齿轮轴互相间布置的位置、齿轮减速器的外形和各部件的尺寸不同；另外，其行走提升电动机不同，45-R 型为交流电动机，60-RⅢ型为直流电动机。45-R 型和 60-RⅢ型牙轮钻机的主机构传动系统基本相同，如图 10-48 所示。传动齿轮全为直齿圆柱齿轮，它们全部装在一个减速器内，在减速器上装有一台加压液压马达和一台提升与行走电动机型钻机为双定子交流电动机（60-RⅢ型钻机为直流电动机）。加压离合器用于接通或切除加压传动，为齿式离合器，离合体用花键安装于第二中间轴上。主离合器用于接通或切断加压、提升和辅助卷扬提升传动，为齿式和牙嵌式组合离合器，离合体用花键安装于齿轮上。该机构还设有主制动器和辅助卷扬制动器，它们分别用于提升和辅助卷扬提升时，进行减速和停车，都是单作用闸带式制动器。YZ-35 型和 YZ-55 型钻机的主机构传动系统除了Ⅰ、Ⅱ轴的传动比不能变速之外，其他都与 45-R 型和 60-RⅢ型钻机相同。

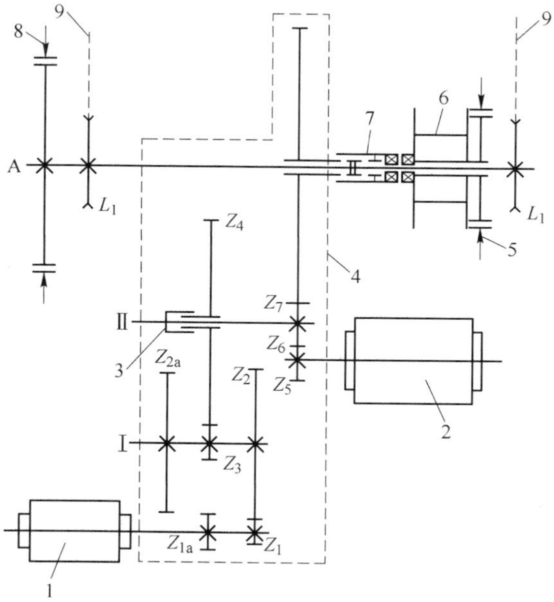

图 10-48　45-R 型和 60-RⅢ型钻机的主机构传动系统

1—加压液压马达；2—提升与行走电动机；3—加压离合器；4—减速器；5—辅助卷扬制动器；6—辅助卷扬机；7—主离合器；8—主制动器；9—封闭链条；Z_1，Z_{1a}，Z_2，Z_{2a}，Z_3 ~ Z_7—齿轮；L_1—主动链轮；Ⅰ—第一中间轴；Ⅱ—第二中间轴；A—主传动轴

整个主传动机构的工作过程为：

加压钻进时，将加压离合器的离合体右移使内外齿啮合，主离合器的离合体左移使内外齿啮合，主制动器松闸，辅助卷扬制动器制动。由加压液压马达驱动，经齿轮 Z_1（或 Z_{1a}）、齿轮 Z_2（或 Z_{2a}）、第一中间轴、齿轮 Z_3、齿轮 Z_4、加压离合器、第二中间轴、齿轮 Z_6、齿轮 Z_7、主离合器、主传动轴 A、主动链轮，带动封闭链条运动（启动加压液压马达时，通过连锁装置同时切断提升与行走电动机的电源，电动机被带着慢速空转）。

提升钻具时，将加压离合器的离合体左移使内外齿脱离啮合，主离合器的离合体左移使内外齿啮合，主制动器松闸，辅助卷扬制动器制动。由提升与行走电动机驱动，经齿轮 Z_5、齿轮 Z_6、齿轮 Z_7、主离合器、主传动轴 A、主动链轮，带动封闭链条运动。

辅助卷扬提升时，将加压离合器的离合体左移使内外齿脱离啮合，主离合器的离合体右移使牙嵌啮合，主制动器制动，辅助卷扬制动器松闸。由提升与行走电动机驱动，经齿轮 Z_5、齿轮 Z_6、齿轮 Z_7、主离合器，带动辅助卷扬机运动。

10.4.4.4　加压提升机构的制动

A　A 形架轴装置

A 形架轴装置是提升加压系统的重要部件。它既是提升加压系统主机构的支承构件，也是钻架的支承构件。A 形架的结构如图 5-44 所示，它连接在平台上，由支撑耳座、A 形架主体、主机构支座和液压缸等组成。YZ 系列钻机的 A 形架轴的构造与 KY 系列钻机的 A 形架轴类似，不同点是 KY 系列钻机是从动链轮带动 A 形架轴旋转，而 YZ 系列钻机是末级齿轮带动 A 形架轴旋转，并且主机构减速器悬挂在 A 形架轴上。KY-310 型钻机的 A

形架轴如图 10-49 所示。

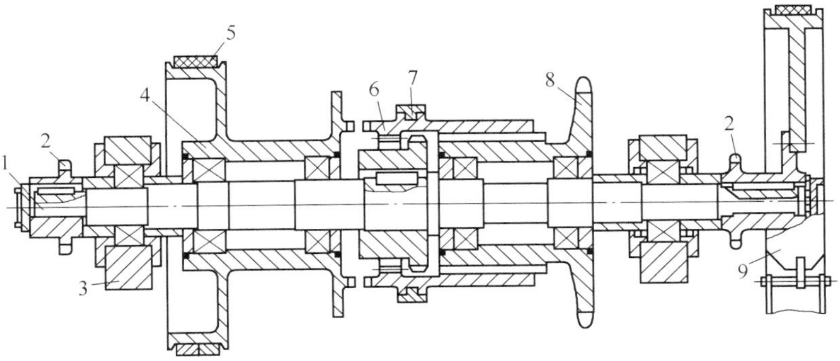

图 10-49 KY-310 型钻机的 A 形架轴装置

1—横轴；2—加压提升链轮；3—轴承支座；4—辅助卷筒；5—辅助卷筒制动器；6—离合器；7—拨叉；8—从动链轮；9—主制动器

B 提升加压机构主制动器

提升加压机构中有主制动器和辅助卷筒制动器，它们全是单作用闸带式制动器。KY-310 型钻机的主制动器构造如图 10-50 所示。这种制动器的特点是闸轮反转时较正转时的制动力矩小。主制动器和辅助制动器全是弹簧制动、压气松闸的。当钻机不工作时，制动器处于制动状态；钻机工作时，靠压缩空气将其松开。图 10-50 所示位置是主制动器在弹簧的作用下处于制动状态。为保证提升或下放回转加压小车时闸带不会因自重下垂而与闸轮产生摩擦，在闸带下部安放一固定的闸带托架，松闸时由它将闸带托起。为保证闸轮与闸带间接触均匀，将闸带设计做成两半，中间用铰链连接。

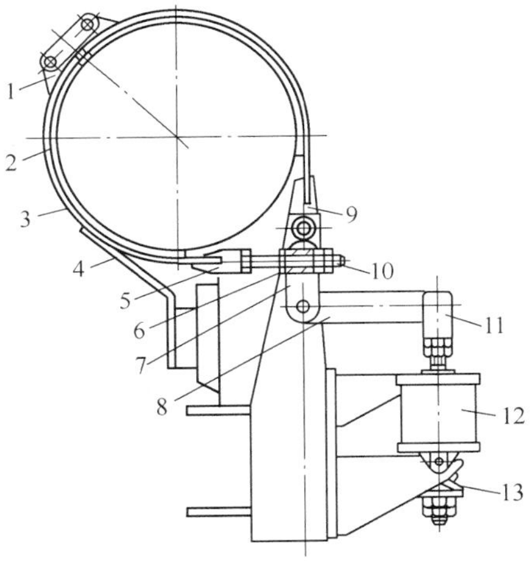

图 10-50 KY-310 型钻机的主制动器构造

1—铰链；2—制动轮；3—闸带；4—闸带托架；5，9—闸带卡头；6—轴套；7，8—杠杆；10—连接拉杆；11—活塞杆；12—汽缸；13—弹簧

45-R 型钻机的主制动器由汽缸、杠杆、拉杆和闸带所组成。其特点是既用压气松闸，也用压气制动。当压气机不能供应压气和压气动力失效时，则由弹簧制动，可起到保险作用。

制动器的构造与一般闸带制动器基本相似，制动汽缸采用薄膜式汽缸（或活塞缸），其工作原理如图 10-51 所示。

该制动器的工作状态分为三种工况：紧急制动（见图 10-51a），汽缸前后腔放气，主弹簧迫使套管活塞向左压推杆上的垫圈，使推杆伸出，实现抱闸制动；工作松闸（见图 10-51b），汽缸前腔进气，压回套管活塞及压缩主弹簧，此时后腔放气，推杆在副弹簧的作用下缩回汽缸内而松闸；工作制动（见图 10-51c），压气从后腔进入并作用在薄膜上，将推杆推出，实现制动。

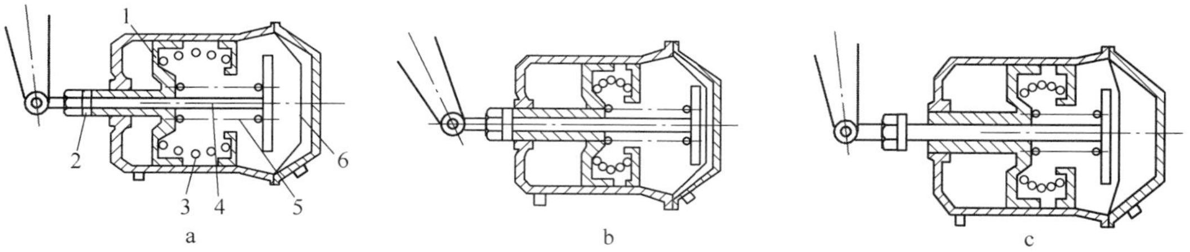

图 10-51 45-R 型钻机薄膜汽缸工作原理

a—紧急制动；b—工作松闸；c—工作制动

1—套管活塞；2—垫圈；3—主弹簧；4—推杆；5—副弹簧；6—薄膜

C 离合器

在减速器中设置了齿轮离合器和气胎离合器。齿轮离合器不能在运转中离合，特别是当构件变形时不易啮合和脱开。气胎离合器可以在运转中离合，动作灵敏、可靠。从结构上，气胎离合器可分为内涨式和外涨式两种，内涨式尺寸较大，故牙轮钻机多采用外涨式气胎离合器。

钻机的气胎离合器结构如图 10-52 所示。当动力传给减速器轴后，通过键带动传动轮转动，如此时向气胎充气，气胎涨起并推动压片使摩擦块压在制动轮内侧，借摩擦力的作用使减速器轴与制动轮形成一体，并一同转动，从而使链轮旋转，传递动力。当气胎放气时，弹簧将压片收回并与制动轮脱开，动力就不再传给链轮，此时制动轮被闸带闸紧，因而链轮制动离合器和带闸一般是用电磁式气阀来同时控制的，即当气胎充气时闸带松开、气胎放气时带闸闸紧。

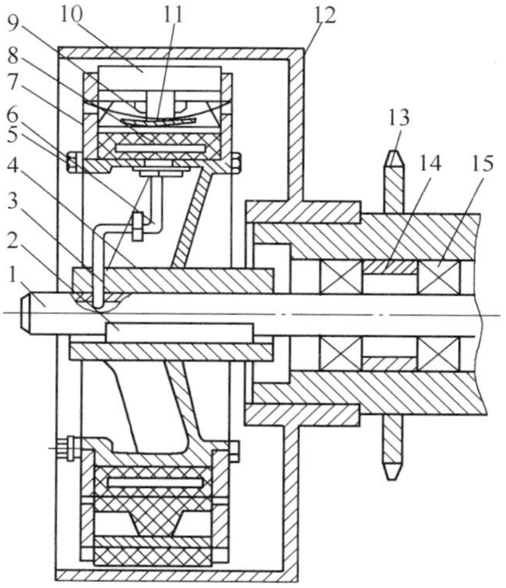

图 10-52 气胎离合器结构

1—减速器轴；2—键；3—风管；4—传动轮；5—螺栓；6—气嘴；7—挡盘；8—气胎；9—压片；10—摩擦块；11—弹簧；12—制动轮；13—链轮；14—套，15—轴承

D 拨叉系统

为了实现加压、提升和起重等动作，在 A 形架轴上装有牙嵌离合器，拨叉就是用来拨动牙嵌离合器并使其正确地同各运动件连接起来的杆件系统。拨叉系统是由汽缸、复位弹簧、回转板、拨叉轴、拨叉、行程开关等部分组成的。其动作原理如图 10-53 所示。

A 形架轴上的牙嵌离合器根据加压提升机构工作需要有三个工作位置：中立位置，此时汽缸中没有压气进入，在复位弹簧的作用下使活塞处于中立位置；离合器与链轮结合位置，此时汽缸下端进气，活塞向上运动，同时向下压复位弹簧，回转板和拨叉顺时针转动，使内齿轮啮合；离合器与辅助卷筒结合位置，此时汽缸上端进气，活塞向下运动，同时向上抬起复位弹簧，使回转板和拨叉逆时针方向转动，于是与辅助卷筒牙嵌啮合。

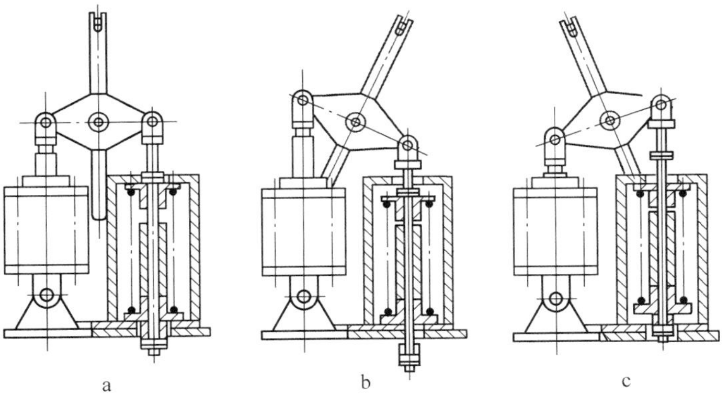

图 10-53 拨叉动作原理

a—中立位置；b—离合器与链轮结合位置；c—离合器与辅助卷筒结合位置

10.4.5 无链加压提升机构

10.4.5.1 无链加压提升机构的工作原理

A 液压油缸与钢丝绳加压提升机构的工作原理

液压油缸与钢丝绳加压提升机构的结构和基本原理详见本书 5.4.3.3 节。由此得知，液压油缸与钢丝绳加压提升机构主要由液压油缸、滑轮组、钢丝绳、钢丝绳自动张紧与磨损检测装置等构成。根据其组合结构的不同，在油缸的应用数量上有单油缸、双油缸之分；在控制方式上有开式、闭式之分；在油缸的固定方式上有缸定杆动、杆定缸动等多种形式。图 10-54 所示为液压油缸与钢丝绳加压提升机构的工作原理。

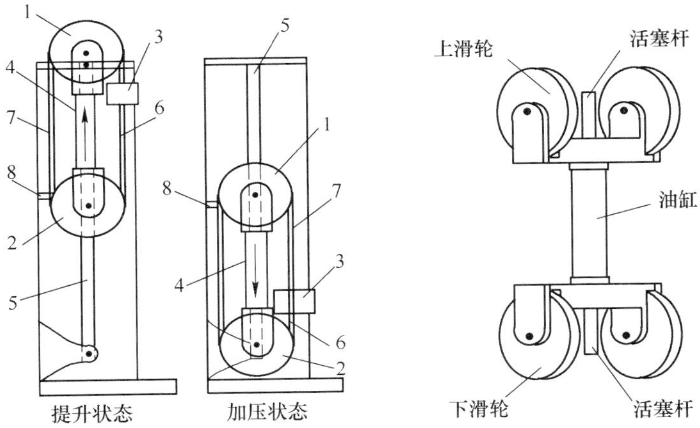

图 10-54 液压油缸与钢丝绳加压提升机构的工作原理

1—上滑轮；2—下滑轮；3—回转头；4—油缸；5—活塞杆；6—加压钢丝绳；7—提升钢丝绳；8—钢丝绳锚固头

B 齿条齿轮轴无链加压提升机构的工作原理

Caterpillar 公司钻机的“齿轮齿条 + 电机”加压机构是一种直流电机传动的齿条齿轮的无链加压提升系统，该机构与钻机的回转机构紧凑地组合在一起，可消除由于链条断裂所增加的停机时间。

加压提升机构和回转机构均安装在回转加压小车上，加压提升减速器安装在原来的大链轮轴位置，由一台调速范围较宽的直流电动机或液压马达驱动加压提升减速器，带动加压齿轮沿齿条上下运动。

“齿轮齿条 + 电机”加压提升机构取消了加压链条与链轮、链条均衡张紧装置、加压液压马达、均衡油缸和主传动机构；齿条安装在钻架正面，与由输出轴驱动的小齿轮啮合；变速箱沿钻架运动，由双联导向滚轮导向，以保持精确校整。

为了便于调整，必须保证该装置中导轮的校准精度，使其与固定在钻架本体上的齿条保持合适的接合。这项工作将通过调整位于钻架侧框架的顶部和底部的偏心轴分度手柄的运动完成。图 10-55 所示为这种结构的示意图。

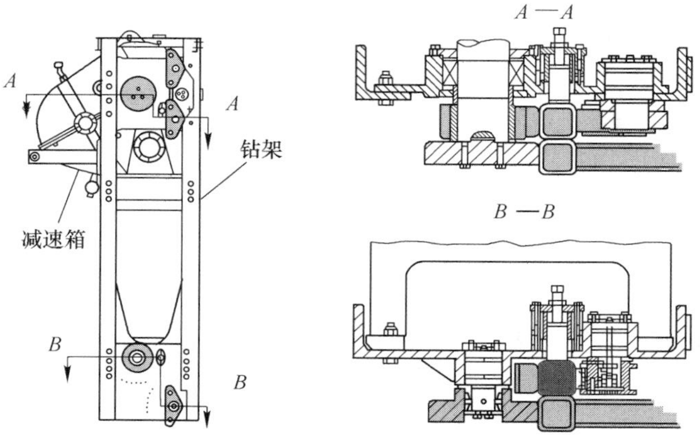

图 10-55　齿条齿轮轴无链加压提升机构的导向轮结构示意图

10.4.5.2　无链加压提升牙轮钻机的设计要点

无链加压牙轮钻机的设计与传统有链加压牙轮钻机的设计所考虑的基本问题应当是一致的，即加压力和进给速度的选择，这应当成为无链加压提升机构牙轮钻机设计关注的基本原则。无链加压牙轮钻机设计与传统有链加压牙轮钻机设计的根本区别在于其传动方式与加压提升结构的不同。

由矿用三牙轮钻头的工作原理知道，在牙轮钻头轴压力的作用下，岩石形成的断裂发生在三牙轮钻头的三个径向底面的三锥的轴线上。因此牙轮钻机所需要的加压力，对钻头是一个线性测量值。

表 10-11 给出了根据钻孔直径范围可选择的最大钻头载荷，这种载荷指的是当一个孔在垂直方向上，通过安装在牙轮钻机上钻杆（包括钻杆与回转头的重量）作用在钻头上的点载荷。设计中钻机的轴压力可以通过选定的表 10-11 中的最大钻头载荷后计算得出。

当然，岩石硬度是牙轮钻机加压速度设计中首当其冲要考虑的要素。岩石的性质不同，钻机正常钻进的压力和临界压力就不一样，其值的大小要根据经验来设定。为了使钻机能在不同性质的岩石中钻孔，并获得理想的钻孔效果，要求牙轮钻机钻孔参数能有一个可调的范围，以便能根据不同的地质条件进行调整，达到最佳的效果。在牙轮钻机的钻孔记录中，其最大穿透率，即使在软地层，约为 2m/min，而在硬地层中的穿透率为 0.3 ~ 1.2m/min。

表 10-11 牙轮钻机最大加压载荷选择表

钻孔直径范围		最大钻头载荷	
in	mm	lb/in	kN/mm
6 ~ 7.785	152 ~ 200	4000	0.700
8 ~ 10.625	203 ~ 270	6000	1.050
10.75 ~ 13.75	273 ~ 349	8000	1.400
13.75 ~ 17.5	350 ~ 445	9000	1.575

因此，在一般作业工况下，牙轮钻机设计的进给速度至少要达到 2.5m/min。

10.4.5.3 液压油缸与钢丝绳加压提升机构设计中应注意的问题

一般而言，凡是采用液压油缸与钢丝绳加压提升机构的牙轮钻机都是全液压牙轮钻机，在其设计中有以下几个问题值得注意。首当其冲的是液压缸与其固定结构的选择。

现在许多牙轮钻机的加压提升机构采用液压缸用于钻杆组的进给和提升。在这种情况下，必须特别注意提升力大小和方向的选取，因为活塞式油缸两侧的有效工作面积是不相同的。液压缸中无活塞杆腔的一侧，可以产生足够的进给力，但有活塞杆腔的一侧则可能无法产生足够的提升力来提升钻杆。

A 液压缸数量与活塞杆形式的选择

在本书 5.4.3.3 节中已经介绍过，使用液压油缸与钢丝绳加压提升机构的牙轮钻机在油缸数量的使用上有双油缸与单油缸之分；在油缸自身的结构上又有单活塞杆和双活塞杆之分；在油缸的固定结构形式上又有缸定杆动和杆定缸动之分等。

B 液压缸固定结构的选择

至于在设计上选用哪种结构形式，则需要根据钻架的结构空间、加压提升机构的行程和用户的使用要求而定。

C 钢丝绳自动张紧系统的设计

尽管钢丝绳自动张紧系统的结构和组合形式较多，但是在设计中首先要考虑的是它应当能够随时随地吸收加压提升钢丝绳受力所产生的长度延伸变长的不足，确保加压提升钢丝绳张紧力的一致性；其次是有效地减少不必要的无功损耗，大幅度降低能耗和钻机的运行成本。在此基础上做到钢丝绳自动张紧系统的结构紧凑、简单，制造成本低，安装与维修方便，工作效率高。所配备的钢丝绳自动张紧装置应使得对钢丝绳磨损的检测更容易和更方便。自动钢丝绳张紧系统可确保精确的头对齐，提高钢丝绳的使用寿命，并降低停机后锚索的张紧力，如图 5-99 所示。图 10-56 所示为采用了双活塞杆油缸加压提升的 Atlas Copco 公司牙轮钻机的钢丝绳自动张紧系统。自动张紧系统采用液压油缸保持压下和提升钢丝绳的恒定张力，该系统的显著特点是能使钢丝绳得到最大使用寿命和最少的维护。该系统吸收了冲击载荷，并且比链式系统更安全。

D 液压控制系统的设计

对于全液压牙轮钻机来讲，液压系统是钻机的核心所在。诸多的液压元件和各种控制回路构成了一个相当复杂的液压系统。

加压提升系统则是钻机液压系统的重要组成部分，系统的好坏直接影响到钻进效率、

图 10-56　双油缸加压提升的钢丝绳自动张紧系统

质量和钻机的功率消耗。在加压提升液压系统的设计中一般应包括节流进给、压力平衡进给和调压进给 3 种方式。调压进给回路能够调节钻头的压力，但在减压钻进时，系统损失较大，且不能控制进给速度；压力平衡进给回路的背压则会造成系统压力损失和发热；节流调速进给回路可控制进给速度快慢，回油背压的存在可使进给速度更加稳定，使钻速对钻压的波动的影响较小，从而减少了对钻头切削刃上的动载作用，延长钻头寿命。

以下 6 个方面是在液压系统设计中应当着重关注的问题：

（1）液压系统主要参数的确定，应注意元件参数的合理匹配，应使其尽量适应钻进过程中岩石的破碎机理，以提高钻机的工作效率和延长钻具的使用寿命。

（2）液压油的过滤精度对元件的使用寿命影响很大，从而影响整机的使用。因此，在条件允许的情况下，可选用过滤要求低的元件，而在系统的设计上，适当提高过滤精度，使设计和要求的过滤精度两者有一定裕度。

（3）为了确保全液压钻机的可靠性，选取优质可靠的液压元件极为重要，在系统方案确定后，对液压元件的选用，应进行广泛调研，通过综合对比分析，选用最优的元件。

（4）在设计管路系统时，应在采取合理结构的前提下，适当提高设计和装配的技术要求，以确保系统的密封质量。

（5）在系统设计中，应当根据系统装机的技术水平，合理选择测量元件与各类传感器。

（6）正确与合理地协调、处理、平衡好其他各控制回路与加压提升控制回路之间的逻辑程序关系。

10.4.5.4　齿条齿轮无链加压提升机构的设计中应注意的问题

齿条齿轮无链加压提升机构的设计主要应当注意以下几个问题：

（1）驱动源动力的选择。在本书前面结构分析中已经指出，齿条齿轮无链加压提升机构的原动力主要有两种，即电机和液压马达，如图 10-57 所示。一般而言，对以电力作为主动力来源的牙轮钻机，其齿条齿轮轴无链加压提升机构采用的是直流电机；而对以柴油机作为主动力来源的牙轮钻机，其齿条齿轮无链加压提升机构则会采用液压马达，这样在系统控制上则相对简易可行一些。

从图 10-57 中可以清楚地看到，对于采用齿条齿轮无链加压提升机构的牙轮钻机，由于其加压回转机构的组合一体化，无论加压机构采用的是哪一种驱动源，其总体布置基本上相同，即加压机构位于组合体的上部，回转机构的布置则位于加压机构的下方。

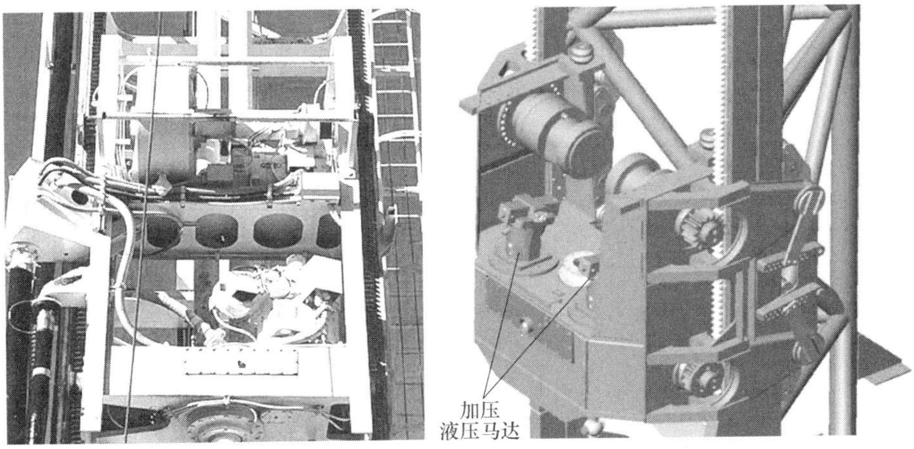

a b

图 10-57 加压驱动源各异的牙轮钻机

a—加压驱动源为电机的钻机；b—加压驱动源为液压马达的钻机

（2）加压机构的齿轮传动路线设计。无链加压牙轮钻机完全取消了传统的封闭链条和主传动机构，而采用齿轮齿条式加压提升系统，则将加压提升变速箱设计在加压回转小车的上部，加压提升的传动路线设计成 3 对齿轮的 3 级减速，采用直流电机或液压马达作动力源。在加压提升主轴外伸端安装小齿轮，使其与钻架上的齿条啮合传动，从而带动整体小车上下移动，完成钻孔作业过程中的加压提升。加压减速箱传动系统如图 10-58 所示。

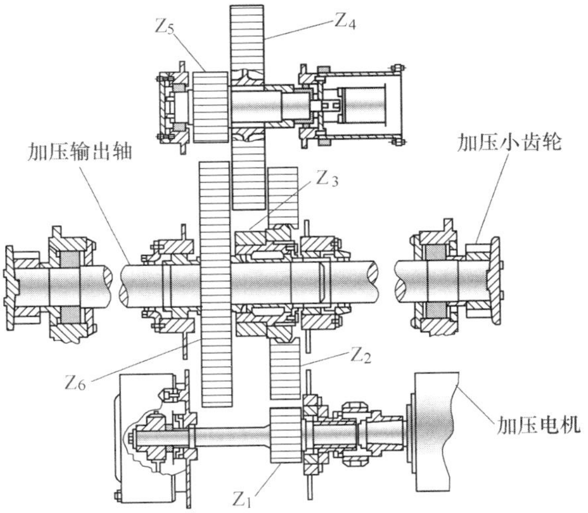

图 10-58 加压减速箱传动系统

10.4.6 压气排渣系统

10.4.6.1 压气排渣系统工作原理与计算

A 炮孔中压缩空气的流动路径

炮孔冲洗的压缩空气从位于牙轮钻机主平台上的主压缩机中产生。然后，从那里它通过回转机构引风头被输送进入旋转的钻杆的中心孔，然后进入到钻头头部，从钻头的冷却气嘴喷出，再沿着钻杆与炮孔孔壁之间的环形空间排出孔外，在其向孔外的运动过程中将破碎后的岩屑带出孔外，如图 10-59 所示。

如图 10-59 所示，当压缩空气从钻头的喷嘴出来时，对破碎后的岩屑（渣）形成撞击，通过钻头和地层之间的相互作用所形成的钻屑从而由炮孔底部升起并可能开始向上移动，这取决于作用在它们上的力。这三股力量是重力、浮力和阻力。三种力的在炮孔内的作用如图 10-59 所示。

B　主空压机能力的计算

为了冲洗炮孔，在环形空间中有效压缩空气流必须具有足够的排渣速度。一旦确定了钻杆的外径，就有必要计算钻机的主压缩机是否具有足够的排气量和运行速度。通常可以用以下方程计算压缩机所需的能力：

$$Q_d = \frac{\pi(D^2 - d^2)V_d}{4 \times 10^6} \tag{10-65}$$

$$V_d = \frac{4 \times 10^6 Q_d}{\pi(D^2 - d^2)} \tag{10-66}$$

式中　Q_d——钻机压缩机所需的排气容量，m^3/min；

D——炮孔直径，mm；

d——钻杆直径，mm；

V_d——所需排渣速度，m/min。

一般来讲，牙轮钻机的主压缩机具有足够多的排气容量，因为钻机通常是按照最大穿孔直径来选择主空压机的额定容量。

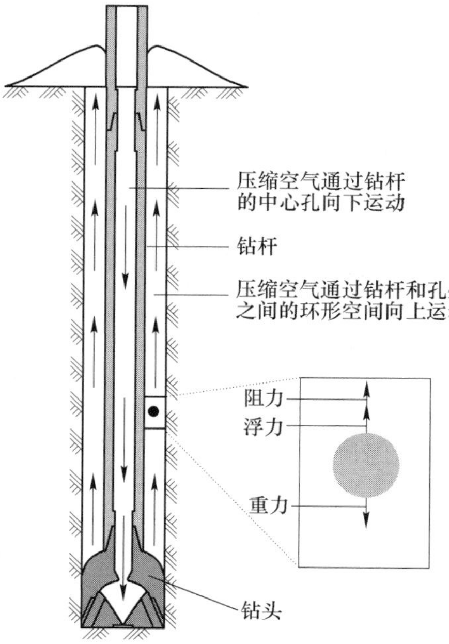

图 10-59　牙轮钻机钻孔排渣原理

C　冲洗速度的计算

空气用于从炮孔中喷吹岩屑，除了冷却钻头轴承以外，大约有20%的空气为了冷却目的而通过牙轮钻头的滚锥。两个主要因素影响孔中碎屑的冲洗效率：一是穿过牙轮钻头的空气压力损失（压差），另一个是排屑速度。压差调节分送到钻头轴承的空气，较高的压差与小直径的喷嘴有关。冲洗效率对提高穿孔率是很重要的，假如岩屑留在孔底多于一个循环，则碎屑将要重新被研磨。只有在孔底消除了碎屑，使它能连续地快速向上，碎屑才可以快速移动，足以避免堵塞钻杆与孔壁之间的环缝。用实验方法发现了当岩屑正好平衡于冲洗流束之中时的平衡空气速度。它可以由下式表示：

$$V_m = 126.2P^{\frac{1}{2}}d^{\frac{1}{2}} \tag{10-67}$$

式中　V_m——平衡空气速度，m/min；

P——碎屑的相对密度，g/cm^3；

d——碎屑的直径，mm。

如对直径为13mm、密度为2.79g/cm^3的悬浮体颗粒，平衡速度为738m/min。当速度较大为V_m时，碎屑开始从孔中向上移动。在实践中，冲洗速度为1800m/min时，足以喷吹13mm的碎屑，当碎屑较大时，就要求较高的速度，但是不推荐大于3000m/min以上的速度，因为这将发生钻杆的高磨损率。当钻软岩层如煤的剥离层时，碎屑的尺寸和形状可以非常大并且它们可以粘在一起，形成大的团块，这些可以堵塞孔壁与钻杆之间的区域。最好的状态是允许一个较大的环形面积，但通常这要求较高的风压。

10.4.6.2　排渣风量的选择

排渣风量是牙轮钻机的主要工作参数之一，其主要功能是清洗孔底、排除岩渣和冷却牙轮钻头滚动锥体的轴承。在穿孔作业时，必须有足够的风量来清洗孔底、排除岩渣和冷却钻头的轴承，才能确保穿孔作业的正常进行。因此，正确地选择并确定主空气压缩机的风量是设计牙轮钻机的一项重要工作内容。

在选择和确定主空气压缩机的风量之前，先要实现良好的排渣，钻杆与孔壁之间的环形空间必须足够大，既要方便将钻具从孔中退出又不会引起再次打磨。典型情况下，如果正确地选择使用了钻头，排渣所使用的空气压力和速度又足够大，钻杆与孔壁之间直径方向的环形间隙保证在 51 ~76 mm 范围内，牙轮钻机则可以在钻孔作业中进行良好的排渣。

排渣压缩空气的流动速度是影响排渣效果的一个重要参数，在实际应用时要根据钻孔深度、是否为斜孔、矿石种类、钻孔时矿石破碎后的粒度等因素进行选择。Bucyrus 公司建议，依照应用环境和条件的不同，牙轮钻机的排渣压缩空气的流动速度可以在 1500 ~3600m/min 之间 。

至于排渣压缩空气的压力也是非常重要的，并且也是目前争议较大的一个参数。对排渣压缩空气压力的基本要求是：既要实现将岩渣从孔底排出孔外和冷却钻头的轴承的功能，又能避免能量的过度消耗，同时还能防止岩渣的高速冲刷对钻杆造成的非正常磨损。一般来讲，钻头的压力在 275 ~445kPa 之间就能够满足绝大多数钻孔的应用。

10.4.6.3 空压机容量与排渣速度匹配设计

牙轮钻机优化设计的一个关键的环节是空气压缩机容量与排渣速度匹配设计。在钻孔作业中排渣是否顺畅与牙轮钻机的生产效率有着直接的关系，而排渣的顺畅与否又与排渣风量、排渣速度和钻杆与孔壁之间的环形空间间隙密切相关。近年来国外牙轮钻机普遍加大风量、提高排渣速度和风压。但排渣风量和排渣速度也不应过高，否则不但浪费能量，还可能产生喷砂作用，使钻头和钻杆表面加快磨损。因此，在牙轮钻机的优化设计中，应根据不同的穿孔直径和钻杆的外径来选择匹配空气压缩机的容量与排渣速度。BI 公司根据多年来的设计研制经验提出了根据牙轮钻机不同的穿孔直径和钻杆的外径来选择匹配空气压缩机的容量与排渣速度，其结果见表 10-12。

表 10-12 空压机容量与排渣速度匹配

相关空压机容量在 15.5℃（60℉）海平面高度的排渣速度									
穿孔直径与钻杆外径				空压机标准额定值/$m^3 \cdot min^{-1}$（icfm）					
穿孔直径		钻杆外径		73.6（2600）		84.9（3000）		101.9（3600）	
mm	in	mm	in	m/min	fpm	m/min	fpm	m/min	fpm
229	9.000	152	6.000	3292	10800	—	—	—	—
229	9.000	178	7.000	3000	9800	3450	11300	—	—
251	9.875	178	7.000	3000	9800	3450	11300	—	—
270	10.625	194	7.625	2650	8700	3050	10000	—	—
311	12.250	219	8.625	1900	6300	2200	7300	2650	8700
311	12.250	235	9.250	2250	7400	2600	8500	3100	10200
349	13.750	273	10.750	2000	6500	2300	7500	2750	9000
381	15.000	324	12.750	2300	7600	2700	8800	3250	10600
381	15.000	340	13.375	3150	10400	3650	11900	—	—
406	16.000	324	12.750	1550	5100	1800	5900	2150	7100
406	16.000	340	13.375	1900	6200	2150	7100	2600	8600

注：推荐的排渣速度范围为 1524 ~3658m/min（5000 ~12000fpm）。

钻具的规格是影响压缩机的一个主要因素，因此在选用压缩机容量和排渣速度匹配设计时，重要的一点就是要根据钻头的规格选择好钻杆的规格，以获得满意的排渣效果。一般来讲，在相同工况的条件下，压缩机的容量与穿孔直径和钻杆的规格成正比；但当穿孔直径（钻头规格）给定后，却有一个如何选定最优的钻杆规格（直径）的问题。在选择钻杆规格时，除了考虑钻孔直径和深度以外，还需要考虑以下因素：钻头所承载的最大负荷能力；钻杆材质的机械性能；钻头与钻杆的连接方式及强度；钻杆在钻架上的存放位置和存放方式；钻架的结构强度等。

10.4.6.4　排渣除尘装置

在排渣装置的设计上，国内外的牙轮钻机主要使用压缩空气来排出孔底的岩渣，并用其清洗和冷却牙轮钻头的轴承。使用的空气压缩机可分为两类：一级压缩的低压空压机和两级压缩的高压空压机。低压空压机多用于大中型钻机，高压空压机多用于小型钻机。

为了提高穿孔速度和钻头寿命，近年来国外牙轮钻机普遍加大风量、提高排渣速度和风压，且基本上已改用螺杆式空压机。目前，国外穿孔直径250mm以上的大中型牙轮钻机，排渣风量大都为40～100m^3/min，风压则多为0.387～0.448MPa。当然，排渣风量和排渣速度也不应过高，否则不但浪费能量，且可能产生喷砂作用，使钻头和钻杆表面加快磨损。国外钻机主要机型排渣除尘装置的技术特征见表10-13。

表10-13　国外钻机主要机型排渣除尘装置的技术特征

型　号	穿孔直径/mm	钻杆直径/mm	空气压缩机特性				除 尘 装 置
			形式	风量/m^{3}min^{-1}	风压/kPa	功率/kW	
35-R	152～229	165	双螺杆	21.24	448	*300	干式或湿式除尘器
39HR	228～311	219～273	螺杆	74.8	448	*634	干式或湿式除尘器
49HR	251～406	235～356	螺杆	73.6	483	AC448	干式或湿式除尘器
59-R	273～444	273～406	螺杆	97.6	448	AC520	干式或湿式除尘器
DM45E	130～200	114～178	螺杆	21.2	758	*525	干式或湿式除尘器
DM50E	200～251	114～178	螺杆	34	758	*525	干式或湿式除尘器
DM-H	251～381	219～273	螺杆	73.6	758	*950	干式或湿式除尘器
T60KS	228～269	177	单螺杆	45	689	*415	干式或湿式除尘器
D50KS	152～229	177	单螺杆	25.4	689	*322	干式或湿式除尘器
D90KS	229～311	273.1	单螺杆	84	551	*712	干式或湿式除尘器
1190E	229～381	273.1	单螺杆	84	551	*712	干式或湿式除尘器
SKF	152～270	114～178	螺杆	29.7	860	*338	干式或湿式除尘器
SKS	270～311	178～235	螺杆	29.7	860	*570	干式或湿式除尘器

注：表中的功率数值前注有*号标志的为该牙轮钻机柴油机的总功率。

排渣压气系统采用螺杆式空压机，应根据排渣速度及钻杆与孔壁之间的环形空间这两个条件来选择空压机的风量。排渣速度一般为30～36.67m/s；而钻杆与孔壁之间的环形径向间隙一般应保持在51～76mm范围内。

在除尘装置的设计上，主要有干式除尘和湿式除尘两种除尘方式。现在的干式除尘已基本采用脉冲袋式除尘器，旋风除尘器或离心除尘器已被淘汰。但干式除尘的不足之处是沉积在炮孔周围的岩渣，在刮风或爆破作业时会到处飞扬，变成二次尘源。在湿式除尘中，主要是采用风水混合除尘。而湿式除尘的不足之处则是除尘后会恶化孔底排渣条件，影响钻头的使用寿命和穿孔速度。

49-R 型钻机由于取消了行走链条，使捕尘罩的面积加大到 3m×3.6m，有足够的空间满足深孔排渣需要，圆锥形橡胶排渣导向装置环绕钻杆将岩渣导离炮孔边缘。

在捕尘罩设计上，Atlas Copco 公司的 DM 系列钻机采用了一种比标准略大的工作台。工作台设计采用了液压操纵捕尘罩，以减少钻机排出的灰渣产生粉尘的污染。有一个已获专利的角度钻孔成套设备，可以保证在钻进时，环状堆积的灰渣保持在捕尘罩内。

在牙轮钻机的空气压缩机系统中采用大风量、高效率的螺杆空压机，实现快速排渣，提高穿孔率是当今国外主流牙轮钻机的一个显著特点。如 Caterpillar 公司的 MD6750 钻机采用了 A-C 压缩机公司制造的 KS40LU 型溢流螺杆空压机，高效、使用寿命长（大修期长达 25000～30000h）；该空压机由一个 522kW 交流电机驱动，风量为 $102m^3/min$、压力为 2.55MPa。为延长空压机使用寿命，在行走或不需要主风期间，电机的卸载特性可减少动力损耗 50% 以上。可任选、可调节的可变风量控制，允许操作者把输出风量调到额定风量的 50%。其独立的直接注油泵可提供强制润滑，这种措施也延长了空压机寿命。

Atlas Copco 公司采用的空压机则是由英格索兰公司制造的喷油、单级非对称螺杆型，标准的设备包括有一个单独的二级进气过滤器、一个碟式进口调节阀以及全部仪器操作装置。空压机润滑系统包括油冷却器、过滤器、泵、一个综合式的油分离器、油箱和空气气包等。PV351 钻机空压机的工作范围档次为 $84.9m^3/min$、$90.6m^3/min$、$107.6m^3/min$，其对应的工作压力均为 0.76MPa。

图 10-60 为空压机可选配的电子空气调节系统（EARS）。系统旨在提供变风量控制（在系统容量范围），同时仍然保持恒定的空气压力。这可以减少电力需要，节省燃油消耗。

图 10-60 空压机电子空气调节系统（EARS）

10.5 行走机构（底盘）设计

为了便于设计，本节将钻机主平台和支撑千斤顶作为行走机构的辅助装置。综合考虑了主平台、支撑千斤顶和履带行走装置的设计。

10.5.1　主平台

平台（也称机架）是安装各部件的主体，由 A 形架轴、起落和固定钻架等装置组成。主平台的结构特点分析详见本书第 5 章的 5.7.1 节。支撑（也称稳车）千斤顶是钻机钻进时将机身抬起和调平的装置，以使钻机在比较稳固的基础上开展钻进作业。支撑千斤顶的结构特点分析详见本书第 5 章的 5.7.3 节。主平台的有限元分析及改进方案见本章的 10.8 节。

10.5.1.1　钻机主平台设计

主平台是安放各种机构和装置的基础，因而平台的布置是很重要的，一般要考虑：各机构和装置的操作、检修和安装应比较方便；各机构应尽量对称布置、平台受力力求均匀等。图 10-61 为牙轮钻机主平台的受力简图。

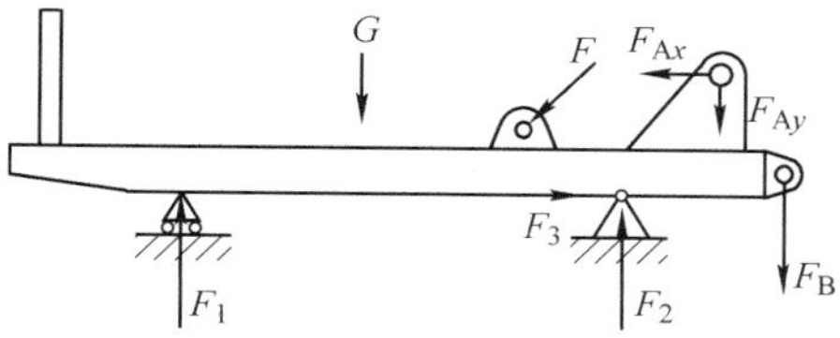

图 10-61　牙轮钻机主平台的受力简图

钻机在钻孔时，平台承受了较大的负荷，因此，要求平台的结构应具有较高的强度和刚性。一般钻机平台采用深梁工字钢作为构架，平台组件的材料多用合金钢并焊接成一个整体。平台的前部与履带行走装置的前梁铰接在一起，平台后部支撑在后梁上。

钻机工作时，平台上所受的力如图 10-61 所示：钻架作用在平台上的力 F_B，A 形架轴作用在 A 形架轴承上的力 F_{Ax}、F_{Ay}；起落钻架油缸作用力 F；机构和装置的质量 G（分布在不同位置上）；前后梁的支撑反力 F_1、F_2和 F_3。

在计算时可以认为所有的力都作用在平台的纵向中心线上，并把平台看成是一简支梁，然后进行平台的纵向弯曲计算。具体计算从略。

10.5.1.2　支撑千斤顶设计

钻机一般都有四个千斤顶，但也有布置三个的（如 HYZ-250 型钻机）。实践证明，千斤顶（前二后一）的布置方式易使钻机沿纵向中心线倾斜。因为在钻进时，往往由于钻杆轴压力过大而将钻机前部抬起，使布置在钻机前部的两个千斤顶离开地面，形成后部一个千斤顶与钻杆两点接地，使钻机沿纵向中心线倾斜。

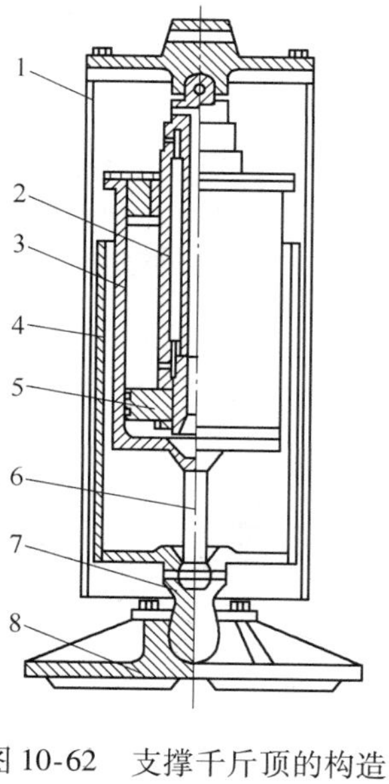

图 10-62　支撑千斤顶的构造

1—护罩；2—活塞杆；3—缸体；4—内套；5—活塞；6—缸体支铰；7—下支铰；8—支承盘

支撑千斤顶的构造如图 10-62 所示。它由油缸、支承盘和护罩等组成。为了能在不平整的地面上保持千斤顶的正常工作，油缸与支承盘间用球铰（KY-310 型）或用十字铰（45-R 型）连接，两者的作用是一致的。支承盘与地面接触的表面，有的是光滑的（HYZ-250 型），有的是带有筋条的（45-R 型、KY-310 型）。显然，后者同地面的啮合情况以及在加强支承盘的刚性方面都优于前者。

支撑千斤顶的动作原理如下：高压油进入缸体下腔后，迫使缸体、内套和支承盘一起向下移动，当支承盘与地面接触后如再继续进油，则钻机就被抬起。当缸体下腔回油时，则机体便落下。

钻机在采场钻进时，地面往往是高低不平的，为了保证钻机能够调平，要求支撑千斤顶有足够大的行程。当钻机上坡时，为防止碰坏千斤顶的支承盘，一般都使前千斤顶的抬起高度大于后千斤顶。

10.5.2 履带行走装置

牙轮钻机的调换孔位、转移台阶和避炮等工作都是由行走机构来完成的。为了更好地使用牙轮钻机，充分发挥钻机的工作效率，对行走机构的设计提出如下要求：行走装置要有足够大的牵引力，以适应矿场条件下的行走、爬坡及转弯工作的要求；行走装置要有比较合理的行走速度，既要保证行走的机动性、灵活性，又要保证马达功率及结构尺寸不要过大；行走装置要有足够大的支撑面积，以确保机器工作的稳定性及可靠性，在机器支撑面积不够大时，需要附设稳车千斤顶；行走装置的操纵、离合及制动机构应灵活可靠，否则就要降低爬坡能力或者造成事故；因为行走装置又起上部机体的支撑作用，所以必须具有足够的强度和刚度。

10.5.2.1 履带行走装置的传动结构

牙轮钻机采用主机构链式集中传动系统的履带行走装置的构造如图5-106所示。它由履带链、履带架、主动轮、张紧轮（导向轮）、支承轮、托轮、后梁（均衡梁）、前梁以及履带张紧装置等部分所组成，45-R型和60-RⅢ型钻机的履带行走装置与KY-310型的类似，都属于刚性多支点履带式行走装置。与其他类型的行走装置（如气胎式、轨轮式等）相比，履带式行走装置具有如下优点：

（1）通过性能良好，有足够大的附着力，能适应不平整的和坡度大的路面。

（2）机动性好，不需铺设轨道和平整路面，并可爬陡坡和急转弯。

（3）对支撑路面的比压小（0.05～0.1MPa）。

它的缺点是：效率较轨轮式低且功率消耗大；结构复杂、造价高；零件易磨损；速度低。

由于此种类型行走装置优点显著，因此在大型露天设备中（如牙轮钻机、潜孔钻机和电铲等）得到广泛应用。

10.5.2.2 履带行走装置主要部件的特点

履带链是由履带板铰接成的封闭链。牙轮钻机的履带链属长链节，履带板宽度 b 与链板节距 t 之比为 $b/t=2\sim3$。

履带板之间用铰销连接。铰销由铬系合金钢制成，其硬度要比履带板低些，因为它既是一个连接件，又是一个保险件，当履带链过负荷时，由于铰销先坏而保护履带板。履带板实际上是主动轮、支承轮和张紧轮的滚动“路面”，所以履带板的内表面应当是平坦光滑的，而与路面接触的外表面应有合适的形状，以保证与路面间的良好啮合。由于履带链的负荷较大且在工作中常出现偏斜现象，极易损坏，因而它常用锰钢或高韧性合金钢制成。履带板内表面的中间有突出的棱齿，它一方面与主动轮啮合，一方面限制履带板在支承轮上的横向窜动。

支承轮支撑整体机重并将其传给路面。根据履带板节距 t 与支承轮轮距 a 的比值的不同，可将履带行走装置分为多支点式和少支点式。当 $2t/a<1$ 时为少支点式，当 $2t/a>1$ 时为多支点式。目前矿山所用牙轮钻机都属于后一种结构形式。

托轮的作用是承托上段履带并使其免于过度下垂，一般在每条履带上安装 2～3 个托轮。

主动轮装在履带架的一端，行走机构的动力通过它传给履带。张紧轮（导向轮）装在履带架的另一端，当履带链条过松时，通过它张紧履带。履带链的张紧通常用螺旋副进行，也有采用轻便液压千斤顶和调整片的（如 45-R 型钻机）。

前梁与后梁既是履带架的连接部件，也是上部机架与履带行走装置的连接部件。显然，上部机架所受重力将通过前后梁、履带架传给支承轮，最后经履带传给地面。前梁同机架平台用 U 形螺栓固定，两端与履带架用轴承连接。后梁通过中间一点与机架铰接。采用三点支撑机架平台的结构是比较优越的，因为当机器运行在高低不平的地面时，两条履带都可以以前轴轴承为中心稍许转动，即后部可以相对水平面在垂直方向上有一位移，从而保证上部机体仍然处于水平状态。

履带架是履带行走装置的支承构件，除履带外，前述各零部件全部装在履带架上，它可承受上部机架所受的重力和负荷。履带架多属焊接结构，KY-310 钻机的履带架结构如图 10-63 所示。

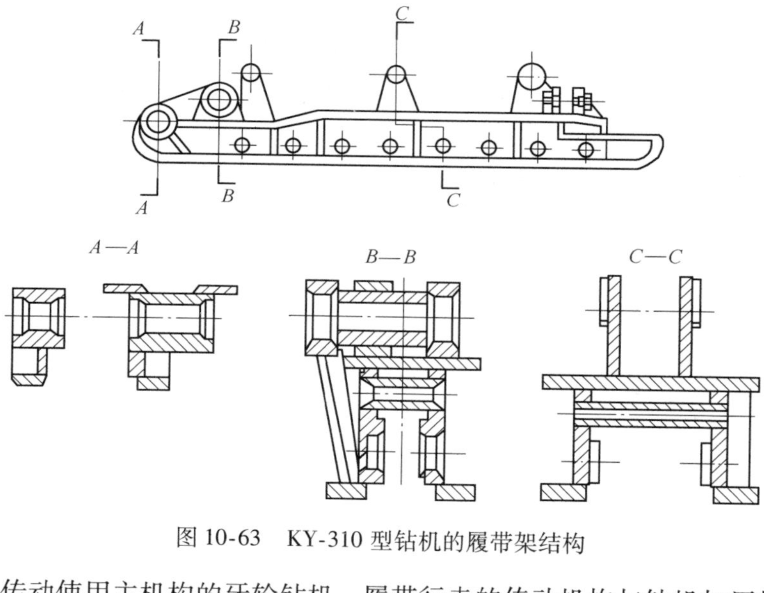

图 10-63　KY-310 型钻机的履带架结构

采用集中传动使用主机构的牙轮钻机，履带行走的传动机构与钻机加压提升机构共用一台电动机和减速器，其传动结构如下：由于履带行走机构采用了三级链传动，为保证链条的张紧，在传动系统中设有链条张紧装置，其结构如图 5-115 和图 5-116 所示。1 号、2 号链条的张紧由三个张紧螺栓和张紧块所组成。张紧螺栓从垂直和水平方向顶在张紧块上，调整张紧螺栓就可以使张紧块位移。如张紧块下移就可以张紧 1 号链条，如后移就可以张紧 2 号链条。通过调整三个螺栓可以分别调整任何一根（1 号或 2 号）链条或同时调整两根链条的张紧程度。为了保证对中，要求左右两边张紧块的移动量相等。3 号链条的张紧方法与 1 号和 2 号链条不同，需要用支撑千斤顶将钻机顶起并使履带离开地面，然后松开 U 形螺栓，卸下挡板销轴并将后梁前面的调整片取下，用轻便千斤顶顶后梁，使其相对上部平台向后移动，当 3 号链条的松紧调整适度之后，将调整片放到后梁前面顶出的间隙中，以保持调整好的位置，最后将 U 形螺栓紧好。应当注意的是后梁左右两端要填入数量相等的调整垫片。一般在 3 号链条下侧拉紧后，上侧链条达到 50 ~ 70mm 松弛垂度时，张紧便可结束。

10.5.3 履带行走装置计算

10.5.3.1 履带的接地比压

履带对地单位面积的压力，称为履带接地比压。履带行走机构接地比压的分布如图 10-64 所示。它是履带行走机构的一个非常重要的指标，因为它直接决定机器运行的通过性和工作的稳定性。履带接地比压值不能超过路面所允许的最大比压值，否则，履带将因下陷而不能正常工作和运行。

如果钻机所受重力作用在履带接地部分所包围面积的几何中心上，则履带接地比压是均匀分布的，称为平均接地比压，可以表示为：

$$\bar{p} = \frac{G}{2bL} \quad (\mathrm{Pa})$$

式中 G——钻机的质量，kg；

b——履带板宽度，m；

L——履带接地长度，m。

一般轻型挖掘机的平均接地比压为 0.05 ~ 0.06MPa；重型挖掘机的平均接地比压大约为 0.1MPa。

实际上，平均接地比压并不能完全代表机器的实际接地比压，因为机器的重心往往不能恰好与履带接地部分所包围面积的几何中心相一致。这时必须确定履带的最大接地比压和最小接地比压，才能说明机器的实际通过性和稳定性。

假定机器的重心是作用在纵向偏心距为 e 和横向偏心距为 c 的位置，如图 10-64 所示，则钻机的质量 G 分布在两条履带上的接地比压是不同的。如纵向偏心距 $e=0$ 时，则得到的接地比压如图 10-64b 所示；当 $e=e_1$ 时，得到了如图 10-64c 的分布，此时接地比压分布成梯形；当 $e=e_2$ 时，得到了三角形分布图形，如图 10-64d 所示；当 $e=e_3$ 时，则得到了图 10-64e 所示的三角形分布。从图 10-64e 中可以看出，由于重心偏离中心太远，以致使履带只有在部分接地面积上承受压力。横向偏心距 c 变化时，使两履带的最大接地比压值不同，但履带Ⅰ和履带Ⅱ的接地比压分布形式则完全相似。

在设计时，应当力求做到在任何情况下都能使履带在整个接地长度上承受重力而不致出现上述 $e=e_3$ 的情况。要保证这一点，钻机重心必须作用在图 10-65 所示的阴影部分内。此时的边界值是：$e=e_o=L/6$，$c=c_o=B/2$。

当重心在阴影内变化时，接地比压的图形是梯形（见图 10-64c），在此情况下，履带Ⅰ的最大、最小接地比压值分别为：

$$\left.\begin{aligned}\bar{p}^{\mathrm{I}}_{\max} &= \frac{G}{2bL}\left(1+\frac{2c}{B}\right)\left(1+\frac{6e}{L}\right)\\ \bar{p}^{\mathrm{I}}_{\min} &= \frac{G}{2bL}\left(1+\frac{2c}{B}\right)\left(1-\frac{6e}{L}\right)\end{aligned}\right\} \quad (\text{纵向偏心距在 } 0\leqslant e\leqslant \frac{L}{6} \text{ 范围内})$$

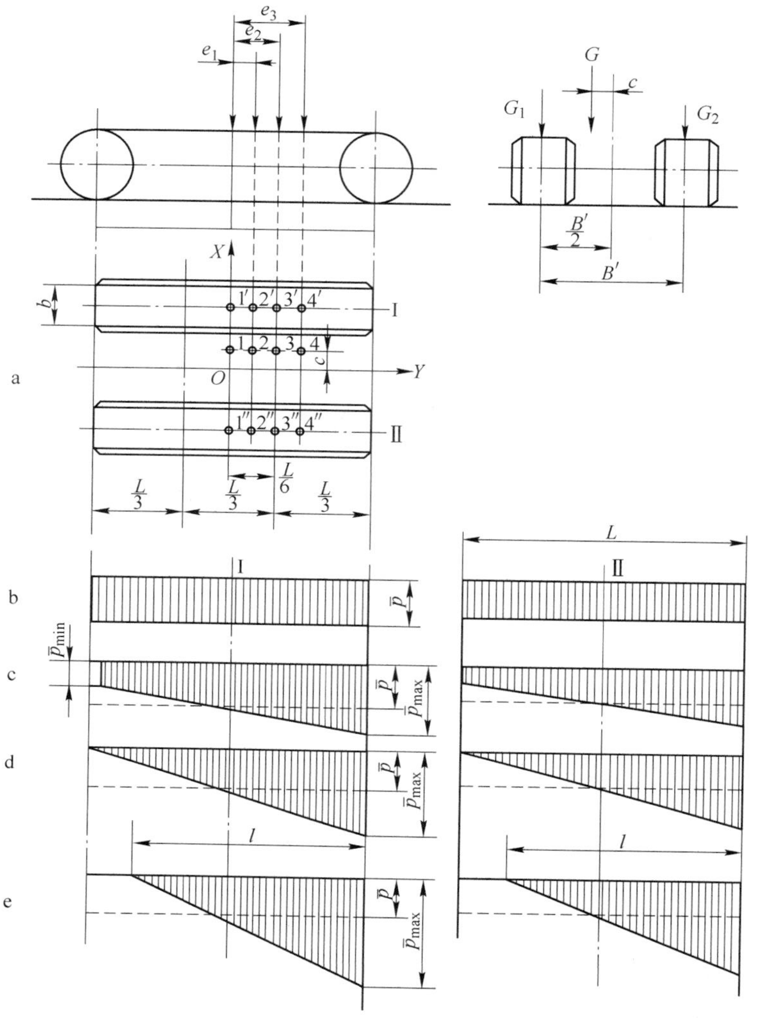

图 10-64　履带行走机构接地比压分布

履带Ⅱ的最大、最小接地比压值分别为：

$$\left.\begin{aligned}\bar{p}_{\max}^{\mathrm{II}} &= \frac{G}{2bL}\left(1-\frac{2c}{B}\right)\left(1+\frac{6e}{L}\right)\\ \bar{p}_{\min}^{\mathrm{II}} &= \frac{G}{2bL}\left(1-\frac{2c}{B}\right)\left(1-\frac{6e}{L}\right)\end{aligned}\right\}\quad（横向偏心距在 0\leqslant c\leqslant \frac{B}{2} 范围内）$$

当钻机重心超出阴影范围变化时，即接地比压呈三角形分布（见图 10-64e），此时纵向偏心距在 $L/6\leqslant e\leqslant L/2$ 范围内变化。根据三角形重心原理可知，履带承压部分的长度为：

$$l = 3\left(\frac{L}{2}-e\right)$$

同理可求得履带Ⅰ的最大、最小接地比压值分别为：

$$\bar{p}_{max}^{I} = \frac{2}{3}\frac{G\left(1+\frac{2c}{B}\right)}{2b\left(\frac{L}{2}-e\right)}$$

$$\bar{p}_{min}^{I} = 0$$

履带Ⅱ的最大、最小接地比压值分别为：

$$\bar{p}_{max}^{II} = \frac{2}{3}\frac{G\left(1-\frac{2c}{B}\right)}{2b\left(\frac{L}{2}-e\right)}$$

$$\bar{p}_{min}^{II} = 0$$

求出最大比压值后一定要与路面所允许的最大比压值进行比较。

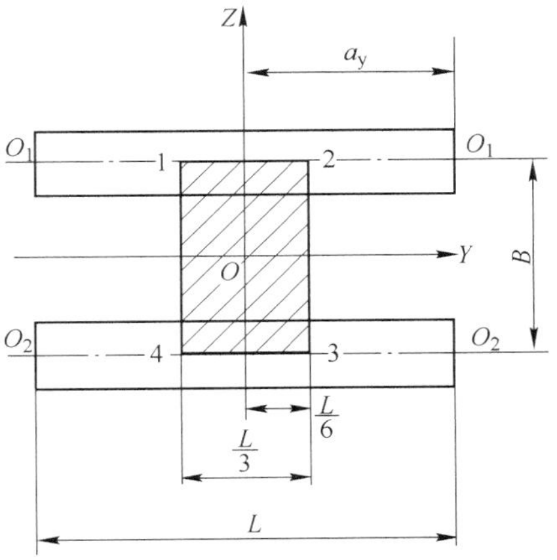

图 10-65 钻机重心作用的位置

10.5.3.2 履带行走机构尺寸的确定

钻机履带行走装置的主要尺寸可用经验公式来确定：

$$L_x = 0.0464kG^{\frac{1}{3}}$$

式中 L_x——行走装置的结构有关尺寸，m，其含义见表 10-14 参数名称栏；

k——经验系数，按表 10-14 取；

G——钻机的质量，kg。

表 10-14 行走装置有关结构尺寸的经验系数 k 值

参数名称	中型钻机	大型钻机	参数名称	中型钻机	大型钻机
行走装置宽度	0.80～0.90	1.2～1.3	履带高度	0.20～0.22	0.17～0.20
履带长度	1.10～1.20	0.60～0.70	驱动轮直径	0.16～0.17	0.14～0.17
履带板宽度	0.17～0.18	0.11～0.14	导向轮直径	0.16～0.20	0.14～0.17
履带板节距	0.06～0.07	0.05～0.06	支承轮直径	0.08～0.09	0.05～0.06

根据经验公式得到的履带行走装置应当满足以下几点要求：行走装置的接地比压要小于工作路面所允许的最大比压；直线运行时，阻力较小；满足钻机的转弯条件；满足钻机的稳定性条件。

10.5.3.3 牵引阻力的计算

图 10-66 为履带行走机构简图。履带运行时，主动轮给一力矩 M，使履带产生一牵引力 F_T，它应能克服履带机构在运行时所遇到的所有阻力，并使履带前进。因此牵引力的大小是确定发动机功率和形式的主要依据。

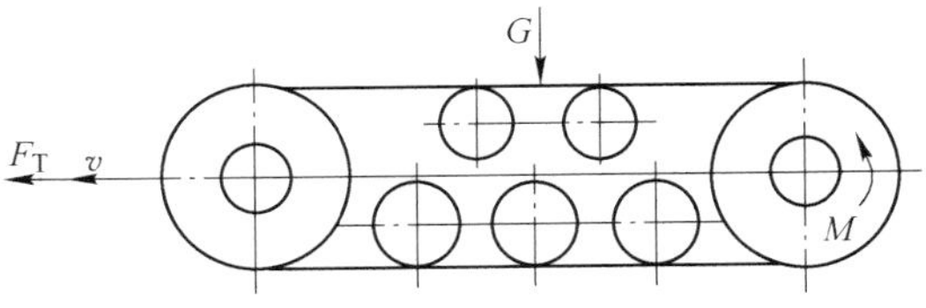

图 10-66 履带行走机构简图

牵引力的大小是由阻力的大小决定的。履带行走时需要克服以下的阻力：路面发生变形的挤压阻力 F_J、启动时的惯性阻力 F_G、风阻力 F_f、爬坡阻力 F_P、转弯阻力 F_Z、内阻力 F_N。除 F_N 决定于履带的结构形式和维护状态外，其余 5 项都决定于工作条件和周围环境。

若使履带装置能够运行，其牵引力 F_T 必须满足以下条件：

$$F_T \geqslant F_J + F_G + F_f + F_Z + F_P + F_N \quad (N)$$

A　路面的挤压阻力 F_J

当履带移动时挤压路面，地表面要产生变形使履带下沉，从而使履带与地面之间产生一单位挤压力 p_1，它与地面下沉深度有如下的关系：

$$p_1 = K_0 h \quad (Pa)$$

式中　K_0——每下沉单位深度的比阻力系数，也称为抗陷系数，N/m^3；

h——挤压深度，m。

当履带移动后，单位面积上挤压土壤的变形功为：

$$W_J = \int_0^h p_1 dh = \int_0^h K_0 h dh = \frac{1}{2} K_0 h^2 \quad (J)$$

一条履带的挤压功（相当履带移动长度为 L(m)）为：

$$W = bLW_J = \frac{1}{2} bLK_0 h^2 \quad (J)$$

式中　b——履带宽度，m。

当履带移动 L 长度后，克服路面挤压阻力 F'_J 所做的功为：

$$W' = F'_J L \quad (J)$$

显然两者应当相等，即 $W = W'$，得：

$$F'_J = \frac{W}{L} = \frac{1}{2} bK_0 h^2 \quad (N)$$

当有 n 条履带时，则总的路面挤压阻力 F_J 为：

$$F_J = nF'_J = \frac{1}{2} nbK_0 h^2 = nb \frac{p_1^2}{2K_0} \quad (N)$$

用 $p_1 = \dfrac{G}{nbL}$ 代入则得到：

$$F_J = \frac{G^2}{2nbL^2 K_0} = \frac{G}{2nbL^2 K_0} G = \varphi G \quad (N)$$

$$\varphi = \frac{G}{2nbL^2 K_0}$$

式中　φ——运行阻力系数，φ 值可根据试验方法测定；

G——钻机的质量，kg。

B　启动时的惯性阻力 F_G

钻机加速或减速运行时所引起的惯性阻力可以近似地按下式求得：

$$F_G = (0.01 \sim 0.02) G \quad (N)$$

该值的适合条件是：$v = 0.278 \sim 0.556$m/s；加速时间 $t = 3$s。

利用动量原理也可以求得：

$$F_G = K \frac{G(v - v_0)}{t} = K \frac{Gv}{t} \quad (N)$$

式中　K——系数，单发动机驱动取 1，双发动机驱动取 2；

v——运行速度，m/s；

v_0——启动时的初速度，m/s，一般 $v_0=0$。

C 风阻力 F_f

$$F_f = Ap_{f1} \quad (N)$$

式中 A——钻机承受风压的迎风面积，m^2；

p_{f1}——风压，Pa，一般可取 $p_{f1}=250\sim500$Pa。

D 爬坡阻力 F_P

当钻机在坡道上向上运行时，需要克服钻机自重在坡道方向的向下分力和克服自重垂直分力使路面发生变形的挤压阻力，故总的爬坡阻力应是：

$$F_P = G(\sin\alpha + \varphi\cos\alpha) \quad (N)$$

式中 α——路面坡角，(°)。

E 转弯阻力 F_Z

履带行走机构在转弯时所需克服的阻力包括：直线运行时的阻力；转弯时履带与路面的摩擦阻力；履带下沉时履带板侧面挤压土壤的阻力；转弯时履带机构内部所产生的附加阻力等。在计算转弯阻力时，一般只考虑履带支撑面与路面的摩擦所形成的阻力，其他几种阻力较小，只在选取系数时加以考虑。

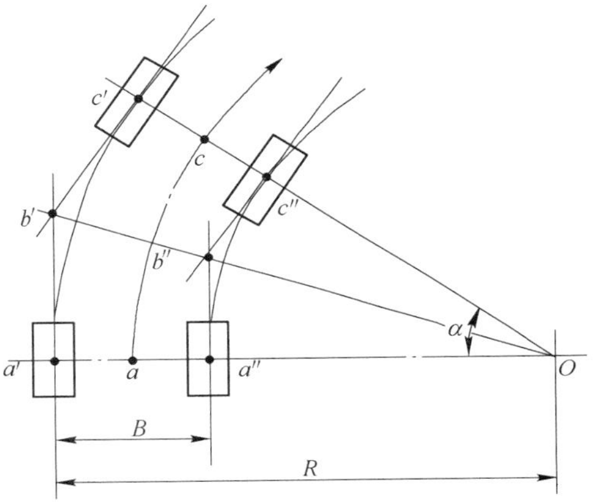

图 10-67 履带转弯示意图

如转弯时履带绕体外一点 O 转动，如图 10-67 所示。内外履带分别走了弧长：$\overset{\frown}{a''c''}=(R-B)\alpha$，$\overset{\frown}{a'c'}=R\alpha$，可以将走过的路径看成：$\overset{\frown}{a''c''}=\overline{a''b''}+\overline{b''c''}$，$\overset{\frown}{a'c'}=\overline{a'b'}+\overline{b'c'}$，只是在 b' 和 b'' 处使履带转了 α 角。内外两履带转 α 角所做的功为：

$$W = M_1\alpha + M_2\alpha = M\alpha \quad (J)$$

$$M_1 = M_2 = 1/2M$$

式中 M——两履带对地面的附着力矩，N·m。

可以认为，此时钻机重心是沿 ac 走了一段弧长为 $\overset{\frown}{ac}$ 的路程，在这段路程上转动钻机所需的功就等于克服转弯阻力所做的功，即：

$$W = F_Z\left(R - \frac{B}{2}\right)\alpha \quad (J)$$

$$F_Z\left(R - \frac{B}{2}\right)\alpha = M\alpha$$

所以
$$F_Z = \frac{2M}{2R - B}$$

附着力矩 M 是根据钻机重心的作用位置不同而不同的。当重心位置的纵向偏心距 $e < L/6$ 而横向偏心距 $c < B/2$ 时，每条履带的附着力矩则分别为：

$$M_1 = \frac{\mu GL}{8}\left(1 + \frac{2c}{B}\right)\left[1 - \left(\frac{2e}{L}\right)^2\right]^2 \quad (\mathrm{N \cdot m})$$

$$M_2 = \frac{\mu GL}{8}\left(1 - \frac{2c}{B}\right)\left[1 - \left(\frac{2e}{L}\right)^2\right]^2 \quad (\mathrm{N \cdot m})$$

$$M = M_1 + M_2 = \frac{\mu GL}{4}\left[1 - \left(\frac{2e}{L}\right)^2\right]^2 \quad (\mathrm{N \cdot m})$$

式中　μ——履带与地面之间的附着系数。

从上面公式中可以看出，总附着力矩 M 与横向偏心距无关。当 $e=0$ 时，可以得到钻机重心与履带几何形心重合时的附着力矩公式：

$$M = \frac{1}{4}\mu GL \quad (\mathrm{N \cdot m})$$

当偏心距为 $L/6 < e < L/2$ 时，而横向偏心距为 $B/2 \geqslant c$ 时，附着力矩公式为：

$$M_1 = \frac{4\mu GL}{27}\left(1 + \frac{2c}{B}\right)\left(1 - \frac{2e}{L}\right) \quad (\mathrm{N \cdot m})$$

$$M_2 = \frac{4\mu GL}{27}\left(1 - \frac{2c}{B}\right)\left(1 - \frac{2e}{L}\right) \quad (\mathrm{N \cdot m})$$

$$M = M_1 + M_2 = \frac{8\mu GL}{27}\left(1 - \frac{2e}{L}\right) \quad (\mathrm{N \cdot m})$$

所以当 $0 < e \leqslant \frac{L}{6}$ 时　　$F_Z = \frac{\mu GL}{2B}\left[1 - \left(\frac{2e}{L}\right)^2\right]^2 \quad (\mathrm{N})$

当 $\frac{L}{6} < e < \frac{L}{2}$ 时　　$F_Z = \frac{16\mu GL}{27B}\left(1 - \frac{2e}{L}\right) \quad (\mathrm{N})$

F　内阻力 F_N

计算时认为所有的机重全部由支承轮传给地面，而不由前、后的主、从动轮来传递。其内阻力应为：

$$F_N = nF'_N$$

$$F'_N = \sum_{i=1}^{7} F_i = F_1 + F_2 + \cdots + F_7$$

式中　n——履带条数，在钻机中 $n=2$；

F'_N——每条履带的内阻力，N；

F_1——支承轮轴承阻力，N；

F_2——主动轮轴承阻力，N；

F_3——从动轮（导向轮）轴承阻力，N；

F_4——支承轮滚动阻力，N；

F_5——履带经过主动轮时的弯曲阻力，N；

F_6——履带经过从动轮时的弯曲阻力，N；

F_7——履带上部分经过托轮时的阻力，N。

$F_1 \sim F_7$ 的阻力计算从略。

10.5.3.4　牵引力与电机功率的计算

牵引力是根据平地转弯和直行爬坡两种工况计算的，因为在这两种情况下行走阻力都比较大。

平地转弯牵引力：

$$F_T^{(01)} = F_J + F_G + F_f + F_Z + F_N \quad (N)$$

直行爬坡牵引力：

$$F_T^{(02)} = F_J + F_G + F_f + F_P + F_N \quad (N)$$

取前述两种情况牵引力的较大值作为行走电机功率计算的依据。电机功率为：

$$P = \frac{F_{Tmax} v}{\eta} \quad (W)$$

式中 v ——钻机运行速度，m/s；

η——行走机构传动效率，一般取为0.6～0.8。

10.5.3.5 大型牙轮钻机的履带板与驱动轮轮齿结构设计

大型和重型牙轮钻机的行走机构几乎都采用整体式履带板，履带板整体制造、拆装简单、成本低、低速行走功率损耗小。而与整体式履带啮合的驱动轮属于非共轭啮合传动，在传动过程中，节距的积累偏差主要反应在啮合齿上，啮合的齿数越多，这个偏差的影响越大，在这种情况下，整体式履带的驱动轮都采用特殊啮合方式设计，即履带节距比驱动轮节距小1%～5%，这时，只有最前面一个轮齿和即将脱出啮合的一个节销在啮合，其他节销都和各齿不接触。特殊啮合的优点是：节销退出啮合时不发生冲击，以及当履带因磨损而节距增大时，就变成正常啮合。

A 整体式履带板设计

履带工作条件恶劣，必须具有足够的强度和刚度，耐磨性能要求良好，质量较轻以减少金属的消耗量，并减轻履带运转时的动载荷，履带和地面要有良好的附着性能，保证能发出足够的牵引力，还要考虑减少行驶及转向的阻力。整体式履带板的外形结构如图10-68所示。

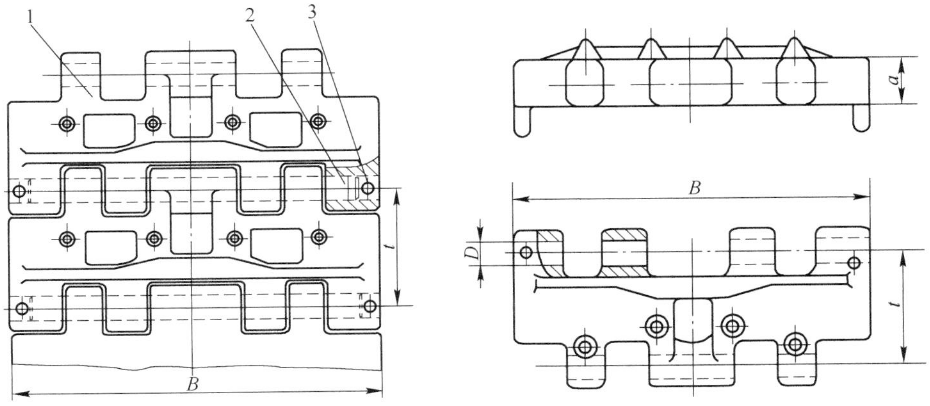

图10-68 整体履带板外形结构

1—履带板；2—销轴；3—弹性圆柱挡销

履带节距随机体自重的增加而线性增大，参照计算式为：$t = (17.5:23)\sqrt{G}$（式中，t为履带节距；G为机体自重）。履带板的宽度取决于工作条件所要求的平均接地比压，宽度越大，接地比压越小。一般参照计算公式为：$b = (0.90:1.10) \times 209 \times 4\sqrt{G}$（式中，$b$ 为履带宽度；G 为机体自重）。计算完成后可参照表 10-15 选取整体式履带板与销轴的基本尺寸。

表 10-15　整体式履带板与销轴的基本尺寸

名　称	履带节距 t	履带板宽度 B	履带板厚度 a	销孔直径 D	销轴直径 d
基本尺寸 /mm	120	250 300 370 400 450 500 520 550	40　46　50　55	21　26　31	20　25　30
	160	500 550 600 650		31　36　41	30　36　40

B　驱动轮轮齿结构设计

行走机构的整体高度决定驱动轮分度圆的大小，分度圆大小又与驱动轮齿数以及节距有关。驱动轮与履带板节距可以按照 MT/T 579—1996《悬臂式掘进机履带板及其销轴》选取，也可以根据行走机构实际情况在此标准基础上进行调整。

驱动轮的轮齿主要有两种齿形：一种是两圆弧轮齿，另一种是三圆弧-直线齿形。现就这两种驱动轮轮齿的计算介绍如下：

（1）两圆弧轮齿。

分度圆直径　$$d_0 = \frac{t}{\sin\dfrac{180^\circ}{Z}}$$

齿顶圆直径　$$d_a = d_0 + (0.8:1.0)d$$

齿根圆直径　$$d_g = d_0 - d$$

齿宽　$$b = 0.4t$$

式中　t——节距；

Z——驱动轮旋转一圈，参与啮合的工作齿数，一般选 $Z = 10 \sim 15$；

d——滚子直径（根据履带板结构确定）。

（2）三圆弧-直线轮齿。该结构源于 GB/T 1243—2006，主要不同之处在于驱动轮齿形半角 $\gamma/2$ 包含一个补偿角 γ'。补偿角 γ'越大，分度圆齿厚越小。所以在确定补偿角 γ'时，要根据履带板结构，以及强度校核公式进行调整。需要有补偿角 γ'的计算公式有：

齿顶圆弧中心 O_3的坐标　$$X = 1.3d\cos\left(\frac{180^\circ}{Z} - \gamma'\right)$$

$$Y = 1.3d\sin\left(\frac{180^\circ}{Z} - \gamma'\right)$$

齿形半角　$$\frac{\gamma}{2} = 17^\circ - \frac{64^\circ}{Z}\gamma'$$

其余公式参见 GB/T 1243—2006 所提供的公式。

C　强度校核

校核驱动轮轮齿的弯曲强度和挤压强度。

弯曲疲劳强度　$$\sigma_F \leqslant \frac{Th}{W} \leqslant [\sigma_F]$$

接触疲劳强度　$$\sigma_H = 0.418\sqrt{\frac{TE}{2b}\left(\frac{1}{d/2} - \frac{1}{R}\right)} \leqslant [\sigma_H]$$

式中 T——驱动轮圆周力；

h——齿高；

W——抗弯截面形式；

E——材料的弹性模量；

R——接触点处齿形的曲率半径。

D 两种齿形的对比

大节距且特殊啮合的整体式履带板驱动链轮轮齿，在结构设计上有很大的灵活性，在上述两种典型的驱动轮轮齿结构中，三圆弧-直线轮齿齿形与两圆弧齿形相比，该齿形包括齿沟圆弧、工作段圆弧、齿顶圆弧以及与工作段圆弧、齿顶圆弧都相切的直线段，轮齿表面过渡平滑，在与履带板啮合转动过程中冲击小，所以三圆弧-直线轮齿齿形可以作为优选齿形，通过合理选取齿宽、齿厚，以提高驱动轮的可靠性。

10.6 高原型牙轮钻机的设计

在高海拔的高原环境下，普通型的牙轮钻机由于受到大气压低、空气密度减小，含氧量降低；环境温度低、昼夜温差大；降水量低、蒸发量高、气候干燥、沙尘多；长年冻土地带面积大，冰雪冻土层厚；光照时间长、紫外线强等环境因素的影响，使其性能不能正常发挥，也给系统的使用维护带来一些新的困难和问题。为此，必须针对高原的气候特点对需要在这种特殊环境下所使用的露天矿用牙轮钻机进行专门设计。

10.6.1 海拔高度对牙轮钻机工作状态的影响

由于许多露天矿山位于1500m以上的高度，有的高达4500m高度，因此需要了解由于海拔高度的变化而对牙轮钻机工作状态的影响。

大部分环境参数和地点与海拔高度有一个对应的关系。如温度、压力和大气的密度等参数取决于海拔高度，湿度也取决于海拔高度和周围的环境。这些变化会影响牙轮钻机在钻孔过程中所涉及的许多项目的工作。

10.6.1.1 海拔高度变化对大气的影响

空气压力、温度以及空气的密度，都会随着海拔高度的增加而逐渐降低；空气稀缺则会对钻孔的效果和效率带来不同程度影响。

在牙轮钻机钻进中所必需的大气应当具有以下三个功能：

(1) 大气能提供足够的氧气进入到柴油发动机的汽缸内参与燃烧过程。

(2) 在钻孔进行过程中，钻机的各种装置所产生的热量能够被大气空气吸收。

(3) 大气空气能以被压缩的形式，通过炮孔冲洗切割去除钻进破碎过程中所产生的岩渣。

10.6.1.2 柴油发动机

以柴油机为原动机的牙轮钻机，其柴油发动机依靠燃料，在其汽缸内燃烧产生动力。燃烧，需要由发动机从大气得到的氧。如果因任何原因，可从大气中得到的氧气不足，那么燃油量少，使柴油发动机产生更小的功率。

对在高原地区使用空气燃烧的柴油发电机，其工作效率将大大下降。因此高原地区气压低、空气稀薄，柴油发电机工作时，柴油燃烧很不充分，单位用量柴油的输出功率将大大下降，同时柴油发电机的维护工作量也大大增加。与正常海拔的情况下柴油发电机的输出功率相比，在海拔 4000m 处，柴油发电机的输出功率下降约 30%。

10.6.1.3　电动机和变压器

电动马达产生的热量而转化的电能转化为机械能。以类似的方式，变压器也产生热量，而电源被从一种类型转换到另一种类型。热量从这些单位的散发到周围环境是一个相当复杂的过程，传导、对流和辐射的参与作为传热的三种模式。

在实践中，电机和变压器通过对流、传导和辐射能够平衡释放掉约 60% 的热量。而在更高的海拔，由于空气的密度小于在海平面，热量通过对流散热会大大受到影响，而对于热的传导和辐射则没有影响。海拔越高，电机温升越大，输出功率越小。但当气温随海拔的升高而降低到足以补偿海拔对温升的影响时，电机的额定输出功率可以不变。

电动机和变压器的降额取决于许多因素。高原用电动机和变压器选用的最好办法是向电动机或变压器制造商咨询，因为只有他们才知道解决方案所需要的各种参数值。

10.6.1.4　液压系统

如前面已经看到的那样，牙轮钻机的液压系统由许多部件，如液压泵、液压马达、液压缸、软管管道、阀门等组成。在高海拔地区，如果钻机的液压系统是一个闭环系统，则没有影响，只要系统的功率传输能力足够就行，但该液压系统很容易形成气泡。如果有必要的话，可以通过提供一个稍大的泄流槽来减缓。但是，如果液压系统是开放式的，则液压泵的吸入压力会降低。这就有必要提供一个加压的液压油箱或将所述液压泵置放在相对较高的位置。需要指出的是，海拔 1500m 以下的高度对液压系统不会有什么影响。

空气也带走了通过热交换器由液压系统产生的热量。由于空气的密度小，热量的耗散也比较慢。但由于对应的空气温度也低，这两个方面此消彼长，因此不需要采取任何补救措施，除非操作的高度超过 1500m。补救措施是在提供更大尺寸的液压油冷却器。

环境温度随着海拔高度的增加而降低，所对应的液压流体黏度则增加。解决这个问题的方案很简单，只要选用流动容易、黏度较低的液压油即可。

10.6.1.5　空气压缩机

实际需要的压缩机的功率也将随每个高度的不同而不同。然而，发动机输出功率的减额是在更高的速度比减小的功率比率进行压缩。因此，有必要采用一个具有更高功率的发动机。如前文所述的牙轮钻机使用的压缩机是容积式，即螺杆或叶片式压缩机。

处理这种情况的最佳指南是压缩机制造商，因为他们拥有其制造的压缩机所有的设计数据。在实践中，当用户需要牙轮钻机在某一海拔高度进行操作作业时，应及时与空压机的制造商沟通，制造商通常会建议对钻机的结构加以改变。对于压缩机来讲这些变化是：使用已达到所需要的规格较大的压缩机；或提供一种具有较大功率输出的柴油机或电动机，作为驱动压缩机的原动机。

10.6.2　高原牙轮钻机空压机的选择

10.6.2.1　高原环境对空压机的影响

相对于一般地区，高原地区最大的特点就是海拔相对要高。而海拔高的地区往往具有气压低、空气稀薄、含氧分量少、环境温度低（一般每升高 1000m，环境温度要下降 6℃左右）、着火延迟、动力性下降、排气温度上升等一系列的特点。所以在高原地区使用螺杆式空压机，相对于一般情况来讲还必须额外注意以下几点：

（1）海拔越高，螺杆式空压机的进气压力就会越低，容积流量会相应降低，功耗随之增加，容积效率随之降低。那么为了保证其使用性能，就必须根据不同海拔高度选用不同的容积流量。

（2）海拔越高，螺杆式空压机消耗功率就越高，对于电机要求也越高。因此一般海拔高的地区必须使用特殊电机才能满足工作要求。

（3）海拔越高，水的沸点就越低，同时冷却空气的风压和冷却空气质量减少。所以螺杆式空压机的冷却系统工作效率就越差，这也是需要注意的。

10.6.2.2 高原用空压机实际需要的排气量

不同的海拔高度，其大气压力不同，因此排气量也不同。环境温度每降低 3℃，排气量降低 1%。根据大气压力的不同，可参照表 10-16～表 10-18，计算所需要的空压机排气量。

高原用空压机实际需要的排气量 = 空压机额定排气量 × 相对排气系数

大气压力温度均与海拔高度有关，简称压高和温高关系。此外，气压、气温与地球经纬度有关。空压机在高原状态下工作，相对同一表压而言，其压缩比将有增加，温升也增加，容积系数变小。所以，空压机的质量生产能力应予修正。

空压机高原系数是由于高原地区的气象参数变化，导致空压机的质量生产能力和容积系数下降，以及钻机的耗风量增加的一种修正系数。因此，空压机高原系数应涉及大气密度、空压机的容积系数和钻机的耗风量等参数。

瑞典 Atlas Copco 公司认为：在 3000m 海拔高度，压缩比为 8 的空压机，为维持其有效压力，要使其体积排量增加 11.2% 左右，即每 1000m 海拔高度的体积排量平均递减 3% 左右。螺杆式空压机可小些。

10.6.2.3 高原用空压机排气量的计算

不同海拔高度空压机排气量的相对排气系数见表 10-16。

表 10-16 不同海拔高度空压机排气量的相对排气系数

海拔高度/m	相对排气系数	海拔高度/m	相对排气系数
500	0.94	2100	0.76
1000	0.89	2400	0.73
1200	0.86	2700	0.70
1500	0.82	3000	0.68
1800	0.79	3400	0.65

算法 A 的高原系数计算公式：

$$K_G = \frac{p_0 T_H}{p_H T_0}$$

算法 B 的高原系数计算公式：

$$K'_G = \varepsilon_H \frac{r_0}{r_H} = C^{\frac{H}{500}} \frac{p_0 T_H}{p_H T_0}$$

式中 T_0，T_H——分别为海平面状态和高原状态下的吸气气温，K；
p_0，p_H——分别为海平面状态和高原状态下的气压，MPa；
r_0，r_H——分别为海平面状态和高原状态下的气体常数；
ε_H——容积修正系数；
C——空压机容积修正系数，一般为 1.02～1.03；
H——海拔高度，m。

上述两种算法所得到的高原系数参见表 10-17。与算法 A 不同，算法 B 考虑了算法 A 所忽略的容积修正系数和耗风量。

表 10-17　两种算法的高原系数

海拔高度/m	算法 A 高原系数 K_G	算法 B 的高原系数 K'_G			
		中型风冷空压机	大型水冷往复式空压机	喷油螺杆式空压机	大型水冷螺杆式空压机
0	1.0	1.0	1.0	1.0	1.0
1000	1.12	1.17	1.15	1.13	1.13
2000	1.24	1.35	1.32	1.27	1.24
3000	1.37	1.60	1.54	1.45	1.43
4000	1.52	1.80	1.71	1.63	1.59

表 10-18 是使用美国 Bucyrus 公式所计算出来的不同海拔高度情况下，牙轮钻机所使用到的油浸式单杆螺杆空压机和无油式双杆螺杆空压机的排气量修正系数和功率损失，可供设计高原钻机时选择空压机参考。

表 10-18　海拔高度对螺杆空压机排气量和功率需求的影响

海拔高度/m	大气		相对湿度/%	吸气压力/bar	油浸式单杆螺杆空压机				无油式双杆螺杆空压机			
					修正系数			功耗	修正系数			功耗
	气压/bar	气温/℃			ACFM	SCFM	Total	%	ACFM	SCFM	Total	/%
0	1.0143	20	36	0.0234	1.0000	1.0000	1.0000	0.0	1.0000	1.0000	1.0000	0.0
300	0.9784	18	36	0.0207	0.9984	0.9718	0.9703	1.8	0.9998	0.9718	0.9716	1.1
600	0.9425	16	36	0.0182	0.9969	0.9438	0.9409	3.5	0.9995	0.9438	0.9433	2.9
900	0.9087	14	36	0.0160	0.9954	0.9164	0.9122	5.2	0.9991	0.9164	0.9156	4.7
1200	0.8756	12	36	0.0141	0.9940	0.8899	0.8845	6.9	0.9988	0.8899	0.8888	6.3
1500	0.8439	10	36	0.0124	0.9926	0.8636	0.8572	8.5	0.9985	0.8636	0.8623	8.0
1800	0.8128	8	36	0.0108	0.9912	0.8383	0.8309	10.1	0.9982	0.8383	0.8368	9.5
2100	0.7825	6	36	0.0094	0.9899	0.8133	0.8124	11.6	0.9979	0.8133	0.8116	11.1
2400	0.7521	4	36	0.0082	0.9887	0.7878	0.7789	13.1	0.9976	0.7878	0.7860	12.6
2700	0.7338	0	36	0.0071	0.9874	0.7638	0.7542	14.6	0.9974	0.7638	0.7618	14.0
3000	0.6969	0	36	0.0062	0.9862	0.7408	0.7305	16.1	0.9971	0.7408	0.7386	15.4

注：ACFM 表示实际流量（ft^3/min），SCFM 表示标准流量（ft^3/min）。

10.6.3 高原牙轮钻机电气设备的选择

高原地区的电气设备选择与往常的电气设备选择有许多不同之处。以往所参照的电气参数及设备数据均是在正常海拔的使用环境下得到的，不同的使用环境会对电气设备的性能产生影响。

高原气候具有常年气温低、气压低、空气稀薄、干燥、日夜温差大的特点。因此，对于电气设备的温升及绝缘两方面将会有显著影响。

10.6.3.1 高压开关设备

高原气候对高压开关设备的影响首当其冲。因为，当海拔升高时，气压随之降低，空气的绝缘强度减弱，使电器外绝缘降低而对内绝缘影响很小。由于设备的出厂试验是在正常海拔地点进行的，因此，根据 IEC 出版物 694 对于开关设备以其额定工频耐压值和额定脉冲耐压值来鉴定绝缘能力，对于使用地点超过 1000m 以上时，应作适当的校正。对于 10kV 开关柜，其额定电压为 12kV、额定工频耐压值（有效值）为 32kV（对隔离距离）和 28kV（各相之间及对地）、额定脉冲耐压值（峰值）为 85kV（对隔离距离）和 75kV（各相之间及对地）。

校正公式为：

$$\text{应选的额定工频耐压值} = (\text{额定工频耐压值}/1.1)\times\alpha$$

$$\text{应选的额定雷电脉冲耐压值} = (\text{额定雷电脉冲耐压值}/1.1)\times\alpha$$

其中，α 为校正系数。

而随着海拔的升高，空气密度降低，散热条件变差，会使高压电器在运行中温升增加，但空气温度随海拔高度的增加又相应递减，其值基本可以补偿由海拔升高对电器温升的影响，因而认为在海拔不超过 4000m 情况下，高压电器的额定电流值保持不变。但对于阀式避雷器来讲，情况就较为复杂。由于避雷器自身并不密封，其阀片的间距不可调，因此其火花间隙的放电电压易受空气密度的影响，所以应向设备厂商注明海拔高度，或使用高压型阀式避雷器。

10.6.3.2 干式变压器

对于平时常用的环氧树脂干式变压器来讲，国家标准关于以上两个因素有着明确的校正方法。根据《干式变压器》（GB 6450—1986）中第 3.2.3 条和 4.2 条的规定，对于在超过 1000m 海拔处运行，并在正常海拔进行试验的变压器，其温升限值应相应递减，超过 1000m 海拔部分以第 500m 为一级，温升限值按自冷变压器 2.5%、风冷变压器 5% 减小；额定短时工频耐受电压值同时增加 6.25%。

由于 F 级环树脂干式变压器允许温升为 100K，因此设计值控制在 70K。

10.6.3.3 低压电气设备

对于低压电气设备，情况要稍好一些。根据 JB/Z 0103—2011 标准及科研部门的调查研究，现有普通型低压电器在高原地区的使用如下：

（1）温度。现有一般低压电器产品，使用于高原地区时，其动、静触头和导电体以及线圈等部分的温度随海拔高度的增加而递增。其温升递增率为海拔每升高 100m，温升增加 0.1~0.5K，但大多数产品均小于 0.4K。而高原地区气温随海拔高度的增加而降低，其递减率为海拔每升高100m，气温降低足够补偿由海拔升高对电器温升的影响。因此，低压电器的额定电流值可以保持不变，对于连续工作的大发热量电器，可适当降低电源等级使用。

（2）绝缘耐压。普通型低压电器在海拔2500m时仍有60%的耐压裕度，且通过对国产常用继电器与转换开关等的试验表明，在海拔4000m及以下地区，均可在其额定电压下正常运行。也就是说，只有在海拔高度大于4000m时，才会提高低压电器的绝缘耐压等级。

（3）动作特性。海拔升高时，双金属片热继电器和熔断器的动作特性有少许变化，但在海拔4000m下时，均在其技术条件规定的特性曲线范围内，RTO等国产常用熔断器的熔化特性最大偏差均在容许偏差的50%以内。而国产常用热继电器的动作稳定性较好，其动作时间随海拔升高有显著缩短，根据不同的型号，分别为正常动作时间和40%～73%。也可在现场调节电流整定值，使其动作特性满足要求。通过对低压熔断器非线性的环境温度对时间电流特性曲线研究表明，熔体的载流能力在同样的较小的过载电流倍数情况下（即轻过载）熔断时间随环境温度减小而增加，在20℃以下时，变化的程度则更大；而在同样的较大的过载电流倍数情况下（即短路保护时），熔断时间随环境温度的变化可不作考虑。因此，在高原地区使用熔断器开关作为配电线路的过载与短路保护时，其上下级之间的选择性应特别加以考虑。在采用低压断路器时，应留有一定的断路与工作余量。由此可见，熔断器在高原使用环境下的可靠性和保护特性更为理想。

10.6.4　高原牙轮钻机的其他问题与对策

10.6.4.1　高原作业柴油机的功率损失

牙轮钻机在高原环境下施工受高海拔、高寒、氧气稀薄等客观条件的影响，其功率远低于平原环境的使用功率，有时甚至无法正常钻进作业，随着海拔高度的不断提高，功率损失更为严重，给钻孔作业带来困难。

为了克服柴油发动机在高海拔地区功率的损失问题，目前采用较多的方法是采用增压型发动机。增压的方式有采用普通型增压和高原恢复型增压两种。普通型增压是在原有的发动机功率基础上，降低比功率、降低燃油消耗率，但效果并不能完全满足高海拔、高寒、缺氧的要求。随着不断地探索和实验，越来越多地采用高原恢复型增压。它是通过提高增压压比，满足高海拔条件下的汽缸充气密度，提高过量空气系数，达到缸内燃油的充分燃烧，恢复平均有效压力及功率。可见高原型柴油机比普通型增压柴油机具有优越的功率补偿和性能恢复功能。

10.6.4.2　低温启动

在高原环境工作中低温启动条件比较严酷，存在的难度也较大。尤其是春秋施工季节，无法正常启动成为制约作业的重要影响因素。高原低温启动主要受三方面的影响：配套发动机的低温启动性能、启动蓄电池的低温启动性能、整机各系统部件的启动随动性能。每一方面的性能不匹配，都会制约低温启动。

为此，应采用合适的低温启动辅助措施。目前低温启动的措施有许多，但主要采用预热机体低温冷辅助启动，即增设预热机体的辅助系统，电瓶保温箱与电控冷启动装置联合使用，有效地解决了高原环境的低温启动问题，在 -40℃可正常启动，使用进口启动马达适应较频繁启动工况。在低温启动问题上针对高原地区温度低的特点还可以设计自动预热功能，当温度降至一定范围时，电脑控制实行自动预热，同时配备辅助冷启动功能，设置手动装置，需要时向发动机汽缸喷射乙醚以达到助燃的目的。同时采用免维护、耐低温、大容量及高启动能力的蓄电池，以满足低温启动的要求。

10.6.4.3 橡胶软管及密封件的寿命

在高海拔地区的野外作业，橡胶软管及密封件使用时间远低于平原地区，尤其是钻机停放在露天，由于温差的变化、非常强的紫外线照射、干燥气候的影响，极易出现密封件的低温老化、橡胶软管的开裂老化及高原环境下的爆裂等，直接影响整机的工作性能。

采用原装进口的耐低温、抗辐射的液压胶管和密封件，确保设备无渗漏现象。使用特种耐低温液压油、润滑油、润滑脂，确保整机在高原及高寒地区的正常工作。在选用橡胶软管时，对压力软管的耐压安全系数进行适当的提高，使最高工作压力为系统工作压力的 2 倍，从而提高软管的寿命，同时对一些外露的软管特别加装防紫外线的护套，确保软管的正常使用。将 O 形圈的材质改为 NBR-1D、NBR-1E 丁腈胶材质、油封材质改为 NBR-4E 丁腈胶材质，以彻底提高橡胶密封件在高寒地区的使用寿命。可同时采用在低温状态下具有良好减振性能的橡胶减振器，满足高寒地区的正常工作。

10.6.4.4 其他问题

由于气候条件的特殊性，驾驶室的密封、保温、采暖、增氧性、玻璃的除霜、空气的交换问题；覆盖件的密封、防尘、防锈、散热问题；整机底盘的抗振性能；金属材料的低温冷脆等问题在牙轮钻机在高原环境中作业时也是必须加以考虑的问题。

从改善驾驶员的工作环境和高原地区的气候特征出发，对驾驶室、覆盖件的密封性、抗风蚀、冲击等性能予以提高，充分保证作业的正常进行，同时还应考虑金属材料在低温条件下的冷脆，在金属材料的选择、热处理工艺和焊接工艺上加以改进和提高。

10.7 牙轮钻机的安全设计

10.7.1 牙轮钻机的安全本质化

所谓牙轮钻机的本质安全人性化，就是一切以人为本，在确保作业人员安全的前提下，采用先进的生产工艺技术，运用先进的安全管理理念和科学的管理模式，建立各项相关的工作标准化，实现作业系统内部的人、设备、环境的安全、和谐，从而使各类事故降到最低，最终实现钻机作业过程零事故的本质安全。

牙轮钻机的本质安全，是指设备系统本身所具有的、固有的、根本的品质特性，真正达到使人不受机器危害的实质性内容。它包括设备的结构、类型、材料、工艺、控制、防护、救助功能以及人与机械设备、人-机-环境在安全方面的总体协调和匹配关系、效能及其质量。

一般地讲，牙轮钻机安全本质化的基本内容包括：较完善的安全设计；较完善的安全工效学设计；足够的可靠性和安全质量。在这里，安全工效学或人类工效学，尽管是一门学科，但其是安全设计中解决机器适应人的重要原则。

10.7.1.1　较完善的安全设计

安全设计包括对材料的安全选择和使用，使牙轮钻机的结构本身具有较完善的安全防护和安全保护功能三方面内容。

（1）对材料的选择不但要满足其功能的要求，而且要同时满足使用过程中的安全、卫生要求。此外，还要考虑使用环境的影响和超负荷工作的可能性而留有足够的安全储备。

（2）在安全防护设计上，设计应考虑牙轮钻机的危险部件对作业人员的安全防护设计和防止异物或环境要素作用而导致机器设备故障、失灵的设备自身防护设计。

（3）安全保护设计，即为保证牙轮钻机在寿命期内安全、正常地运行的安全控制设计，涉及牙轮钻机的故障保护、超载、超限、超位及人员误操作保护等方面，是机械安全工程的重要研究内容。

10.7.1.2　较完善的安全工效学设计

正确地设计人机界面，是减少操作失误、提高工效的重要方法。尽可能从人的安全、舒适地工作和运用需要出发，合理设计牙轮钻机有关安全控制部分和操作环境，包括照明、温度、振动、噪声、粉尘和毒物、污物排放等安全卫生问题的处理手段和技术措施。

10.7.1.3　足够的可靠性和安全质量

牙轮钻机的加工、装配、制造、检修和维护必须可靠，必须保证其在寿命期内按设计的运行速度、工作负荷及环境条件下使用不发生意外故障、损坏或失灵。牙轮钻机的安全质量应主要通过设计、加工、制造、装配及维修质量控制予以保证。

10.7.1.4　安全设计的总体目标

安全设计的总体目标是使机械产品在其整个寿命期内都应是充分安全的，即在设计时就应对其制造、运输、安装、调试、设定、示教、编程、过程转换、运行、清理、查找故障、维修以及从安全的角度停止使用、拆卸及处理的各个阶段进行研究，并针对上述各阶段（除制造外）编制安全操作说明书。为确保机械安全，需从设计（制造）和使用两方面采取安全措施。凡是能由设计解决的安全措施，决不能留给用户去解决。当设计确实无力解决时，可通过使用信息的方式将遗留风险告诉用户，由用户使用时采取相应的补救安全措施。要考虑合理可预见的各种误用的安全性。采取的各种安全措施不能妨碍机器执行其正常使用功能。

10.7.2　安全设计原则与方法

10.7.2.1　进行全面的风险评价

在进行安全设计时，首先要对所设计的钻机进行全面的风险评价（包括危险分析和风险评定），以便有针对性地采取有效措施消除或减小这些危险和风险。

10.7.2.2　优先采用本质安全措施

尽量采用各种有效的先进技术措施，从根本上消除危险的存在；使钻机具有自动防止误操作的能力，使其达到不按规定程序操作就不能动作，或者即使动作也不会造成伤害事故；使钻机具有完善的自我保护功能，当其某一部分出现故障时，其余部分应能自动脱离该部分，安全地转移到备用部分或停止运行，同时发出警报并且故障在未被排除之前不会蔓延和扩大。

10.7.2.3 符合人类工效学

人机匹配是安全设计的重要问题之一，设计时必须充分考虑人机特性，使机器适合于人的各种操作，以便最大限度地减轻人的体力和脑力消耗及操作时的紧张和恐惧感，从而减少因人的疲劳和差错导致的危险。

10.7.2.4 符合安全卫生要求

钻机在整个使用期内不得排放超过规定的各种有害物质，如果不能消除有害物质的排放，必须配备处理有害物质的装置或设施。

10.7.2.5 安全设计三步法

从设计角度，在机械安全设计中实现风险减小的过程，即通过本质安全设计、确定安全防护措施、信息反馈将风险可能产生的危险最小化，又称安全设计三步法。

首先对与机械相关的危险进行考察——进行风险评价。风险评价是包括风险分析和风险评定在内的全过程。这里风险分析主要确定机器限制（机器的功能和指标）、识别（由机器可能产生的）危险和进行风险评估确定一旦发生伤害后，其可能产生的严重程度和伤害发生的概率，为风险评定提供所需的信息。风险评定则是基于风险分析，评价、确定机器是否达到风险减小的安全的目的。

风险评定也是一个重要的风险减小的步骤。当结论是通过本质安全设计、通过实施辅助防护措施、继而通过向用户提供风险信息还不能达到减小风险的话，就应该重新进行风险评价活动，或是更改机器的限值等，直至达到风险减少的目的。

10.7.3 牙轮钻机安全设计要求

10.7.3.1 一般要求

钻机应按人机工程学原理设计，从而减轻劳动强度，避免操作者的疲劳。操作者工作时应尽可能地戴防护手套、穿安全鞋及其他的人员防护装置。

如有与冷、热表面接触的危险，这些表面应装备护栏或护盖。锐边、尖角和凸出部位的设计应符合 GB/T 15706.2—2007 的要求。

机械通风口和冷却器出风口应装有保护格栅或类似的设施，防止手指或上肢触及运动部件。

管子、软管和管接头应耐压，软管应标明许用的工作压力。在司机操作位置附近的软管或管子应按 JB/T 3249—1991 的要求安装护罩，避免管子或软管爆裂伤害操作者。

钻机所用的材料应在健康和安全方面对人体无害，并与给定的环境温度相适应。制造商应在操作手册中说明钻机工作的环境温度。

钻机的部件需要手工操作时，应通过设计保证手工操作的安全。如果因为元件的形状或重量而不能安全地进行手工操作时，应采取措施，使用机械操作。

进入操作和维修位置的通道装置应符合 GB/T 17300—2010 的规定。如果门、窗或入口可自由打开或关闭，在开或关的状态应是安全的。

钻机的能源应是独立的，各独立部件应有与能源断开的装置，这种装置应明确标出。如果重新接通会危及周围的人，它们应能锁定。

钻机切断能源后，应能安全地释放遗留或储存在回路中的能量，使它周围的人无危险。某些回路可以保持与能源接通，以便夹持工件、保存信息以及内部照明等。在这种情况下，应采取专门措施保护操作者的安全。

10.7.3.2　操作位置安全要求

钻机的操作应在周围环境对人员没有危险的状态下进行。钻机行驶和作业位置应有良好的可视性，保证对人员不构成危险。

司机室应符合下列要求：司机室内工作区不能存在任何可能损伤操作者的尖角、锐边、凹凸不平的表面和凸出的部位；司机室应根据作业条件配置空调装置或安全的采暖、降温装置，保证司机室内的温度在 15～31℃范围内；应配备空气净化装置，司机室内空气中的粉尘浓度应符合标准规定的要求；在钻机作业并关闭门窗、开动空气调节与净化装置时，司机室内的噪声不应超过 85dB(A)；应采取必要的减振措施，坐垫处的加权均方根加速度修正值不应超过 $1.25m/s^2$。

门开的方向应能使司机在出现危险时快速离开司机室；司机室内的装饰材料应符合标准规定的防火要求；司机室内的照度应符合标准规定的要求；司机室和机械间的玻璃应能抗振，破碎后不伤及操作者。

10.7.3.3　控制系统

钻机的主传动系统应人为地通过启动装置才能启动。如果钻机有多个装置用于启动，这些装置应相互联动，从而可以用其中一个来完成启动。

对于气动驱动的钻机，应在主回路上设置一个截止阀，用于连接或切断动力装置与主机，以及释放系统压力。

钻机应有一个正常停机的命令装置，使其在工作过程中实现安全停机。钻机应设置总停开关，作业和行驶的每个操作位置都应有急停装置，防止突发事件引发的危险。

动力供给中断或中断后重新供给，不能导致危险的发生，并应符合下列要求：

（1）钻机只能通过人为的命令才能重新启动；如果停机的命令已经发出，钻机必须停机；设备的部件或工具不允许坠落或弹出；保护装置和防护措施应保证有效。

（2）动力供给故障或液压、气动的压力偏离设定值不允许导致危险动作与紧急停机系统失灵。控制电路的故障或控制电路的逻辑故障，不允许导致危险。

10.7.3.4　控制装置

控制装置的操作应安全、灵活、舒适，其设计配置和标志应符合标准规定的要求。

主要的控制装置应布置在操纵的舒适区域内，辅助控制装置可布置在操纵的可及范围内或危险范围外的其他位置。

如果钻机有多个操作位置，应配置一个选择开关，操作者可有目的地选择有利的操作位置。钻机应有相应的急停和安全装置，急停装置应符合标准规定的要求。

当有人员被旋转的钻具组触及或伤害的危险存在时，应在人员容易接近的旋转钻具组外围安装保护装置，人员靠近时会自动停机或发出警报。如果没有这种保护装置，应设置一段禁入区域，并明确地标明禁入标志。

钻机的主要功能应有必要的连锁，防止意外启动导致的危险。

10.7.3.5　稳定性

钻机在给定的条件下行走、作业和停机时，应有足够的稳定性，在任何方向都不能有倾翻和滑动的可能性。为此，需要考虑以下设计要素：

主平台和履带行走装置的几何形状；包括载荷在内的重量分布；由于钻机本身及其部件的运动而产生的可能使钻机倾覆的力矩的动力；振动；重心的摆动；钻机行走或作用于不同地点（如地面条件，斜坡）处的支承面的特性。

10.7.3.6 行走机构制动

钻机的行走机构在给定的各种行走速度、地面特性和坡道条件下减速、停车和保持静止状态时应能保证安全。

行走机构应有行车制动系统和辅助制动系统，或者每侧履带行走机构有一套独立的行车制动器。制动系统的性能要求应符合标准规定的要求。

钻机的停车制动系统应能使钻机在允许的最大坡道上保持静止。在规定的工作范围内，其安全系数不应低于1.2。

钻机在超过最大允许坡度的坡道上作业、行走和停止时，应配备一台牵引绞车，避免钻机在坡道上打滑。

10.7.3.7 运动部件的防护

钻机运动部件的设计、制造和安装应能避免危险，并应使人员尽可能少地在危险区域内进行人工操作。

对于人员可及范围内的旋转传动部件，如传动轴、联轴器和三角皮带等，应配置防护装置。

不经常接近的传动部件应安装固定式防护装置，防护装置应通过点焊或固定安装置放在其位置上，使其只能用扳手等辅助工具才能打开或拆掉。

需要经常维修或维护时，应安装活动的防护装置。活动防护装置应符合下列要求：当它们打开时，应尽可能固定在机器上；在它们打开的地方，应装备一个支撑机构。

如果操作者在靠近运动部件的危险区域内工作，应特别注意接卸钻杆、钻具组连接螺纹的断裂、装拆与更换钻具等带来的危险。

如果单根钻杆的质量超过25kg，钻机应有机械接卸钻杆机构或辅助卷扬装置。

带推进滑架的钻机的加压机构（除油缸或汽缸驱动的外）必须装有上下极限限位装置。

10.7.3.8 电气设备

钻机的电气设备应有一套接地保护装置。

自带变压器的钻机，应在变压器四周设置防护栏杆或将变压器布置在隔离间，并设置相应的安全标志；应尽可能配备电缆卷筒装置。未设置电缆卷筒的钻机应设置高压电缆导入装置，防止接头脱落。对于人工拖挂电缆，应采取可靠的保护措施。

蓄电池应稳固地安装在指定的位置上，不允许电解液喷溅到人或周围设备上。电极应有护罩，回路中应装有绝缘开关。蓄电池四周应装有护罩，以防钻机倾翻时电解液或蒸汽灼伤操作者。

从地面登上钻机的登梯处应铺设橡胶或塑料等绝缘材料，防止漏电对人员的伤害。

10.7.3.9 液压系统

液压系统应符合有关安全要求的规定，系统压力不能超过管路的最大许用压力，压力下降与液体泄漏不能导致危险。系统应配备温度与压力监控装置，在温度或压力超过许可范围时发出警报。

液压软管应是预制成型的。液压软管应与电线隔离开，并避开热的表面和锐边。移动的液压软管应配备导向装置。

液压油箱应有液位指示器，钻机在倾斜面上作业和行驶时，装满油液的油箱不能溢出。

10.7.3.10　气动装置

气动装置应符合有关安全要求的规定。系统压力不能超过管路的最大许用压力，压力下降与气体泄漏不能导致危险。气动系统应配备压力监控装置，在压力超过许可范围时发出警报。

气路控制系统的软管应是预制成型的。软管应与电线隔离开，并避开锐边。移动的软管应配备导向装置，并采取措施防止接头脱落，对接头脱落会导致危险的软管应进行固定。

10.7.3.11　照明

钻机应有照明装置，照亮钻机工作范围。除背景光外，钻机作业范围内的照度不应低于100lx；在黑暗无光条件下，在钻机工作范围内应有足够的照明；在接卸钻杆、钻具处，至少要保证100lx的照度；照明装置的设置应保证操作者能全程观察回转加压机构在钻架上的移动；照明应用白光；钻机在黑暗中行走，顺钻机移动方向距钻机7m内的照度不应低于10lx；司机室和机械间内操作位置的照度不应低于100lx。

10.7.3.12　防火

钻机应尽可能采用防火材料。司机室内的装饰材料应采用燃烧时不放出剧毒气体的阻燃材料。额定功率不大于50kW的钻机，至少应配备1个灭火介质不少于2kg的灭火器；额定功率大于50kW、小于200kW的钻机，至少应配备1个灭火介质不少于6kg的灭火器；额定功率不小于200kW的钻机，至少应配备2个灭火介质不少于6kg的灭火器。

灭火器应能扑灭油火和电气起火，并能有效地扑灭初期火灾。

灭火器不应放置在高温处，如电源、燃料箱附近，应放置在离操作者最近的地方。灭火器应予以适当固定，以防钻机作业和移动时翻倒。取放灭火器不应需要任何工具。

如果钻机上不只配备一个灭火器，应分别放置在不同的地方。

10.7.3.13　粉尘和废气处理

钻机应有除尘系统，钻机周围因钻机本身造成的粉尘浓度增值应按《冶金企业测尘办法》测定。司机室和机械间应安装空气净化装置，其粉尘浓度不应超过$2mg/m^3$。

钻机一开始钻孔作业，除尘装置或排渣系统应能自动运行。

露天作业的钻机，内燃机废气可直接排放。但如果作业环境中有易燃、易爆气体，排气系统应配置防止火花外射的装置。

10.7.3.14　钢丝绳与绞车安全

作为钻机组成部分的钢丝绳与绞车应满足下列最低安全要求。

钢丝绳最低安全系数：

（1）正常工况下的运动钢丝绳3.0；

（2）特殊工况下的运动钢丝绳 2.0；
（3）安装、牵引、吊挂用钢丝绳 2.5；
（4）冲击钻孔用钢丝绳 5.0（钢丝绳最小破断载荷与钻具组质量之比）；
（5）进给用钢丝绳 3.0。

直径：
（1）绞车卷筒直径不小于 16.0d；
（2）滑轮直径不小于 18.0d；
（3）辅助滑轮直径不小于 14.0d；
（4）进给系统滑轮直径不小于 12.5d。

注：d 为钢丝绳直径。

所有滑轮组均应配备防止钢丝绳松绳的装置。钢丝绳在绞车卷筒上最少缠绕 3 圈，钢丝绳末端与卷筒之间不允许用 U 形卡卡紧。

绞车最里层钢丝绳的最大拉力应在绞车标牌上标出。

绞车应装备一套工作制动系统和一套安全制动系统。

10.7.3.15 链轮和链条

钻机推进系统中的链轮和链条的安全系数（最小破断力/最大载荷）不应低于 3.5，并应有一套合适、安全的张紧装置。

10.7.3.16 钻架、钻杆与工作平台

钻架与钻杆的起落机构应装有安全装置，在起落机构出现偶然故障时能自动阻止钻架与钻杆倒下。钻架的起落与钻机主要工作状态应在操作者的视野内。

工作平台的入口处应有合适的楼梯或阶梯，四周应有护栏。高钻架应配备梯子，梯子的四周和钻架顶部应有护栏。

钻机的工作平台和进入工作平台的通道应铺设防滑地板或防滑盖板，符合标准的规定，配备的楼梯、阶梯和护栏应符合标准的规定。

10.7.4 牙轮钻机安全设计实例

10.7.4.1 司机室的安全保障与人性化

司机室的安全保障与人性化是牙轮钻机本质安全人性化的最重要的关键之一。所有操作功能和配置都要充分体现出人、设备和环境的安全和谐统一。

运用现代设计法和人机工程学原理设计钻机，以改善司机工作条件，提高设计工作效率和钻机可靠性，用人机工程学设计司机室，符合防倾翻保护系统标准（ROPS），钻机安全、舒适、防尘及减振效果好、噪声低、视野开阔；不但安全，而且舒适、防尘、减振、降低噪声和有利于空调设施，使室内色彩协调、温度适宜、视野开阔、空气新鲜；并在外观和功能方面给司机良好感觉。

如图 10-69 所示的 Atlas Copco 公司钻机司机室就是如此。隔热和加压的司机室配备有双安全玻璃和有一个符合人体工程学的座椅与安全带；其钻孔控制台具有良好的操作可视性、环绕式的钻机控制台的控制器和操作手柄触手可及；司机室的噪声不大于 80dB（A）；一个完整的 360°人行通道延伸到整个钻机，包括司机室。

图 10-69　实现了安全保障与人性化的钻机司机室

10.7.4.2　钻机的整体结构与配置的本质安全

除了上述的司机室外，各家主流钻机制造商在钻机的整体结构与配置的本质安全上也是绞尽脑汁，做足了文章。钻机整体结构与配置的本质安全主要表现在：

（1）在加压提升系统中用安全可靠的无链传动压下系统替代传统的链条传动压下系统。钢丝绳自动张力系统采用液压油缸使压下和提升的钢丝绳始终保持恒定的张紧力，钢丝绳系统吸收了冲击载荷，并且比链式系统更安全。钻架使用的加压提升钢丝绳耐磨损并可防止加压提升链条的断链事故。

（2）具有防落物保护结构（FOPS）的带有安全色的司机室有安全玻璃窗户和闭路摄像系统，带有 4 个摄像头的摄像系统可以实现对钻机四周 360°观察的可见度。广角摄像头被安装在肉眼难以观察到的非钻孔工作面的尾部。摄像系统的彩色显示器被安装在司机室内，如图 10-70 所示。

（3）所有辅助功能由触摸控制开关切换，每个功能键都标有符号描述，没有语言障碍，如图 10-71 所示。

图 10-70　闭路摄像系统

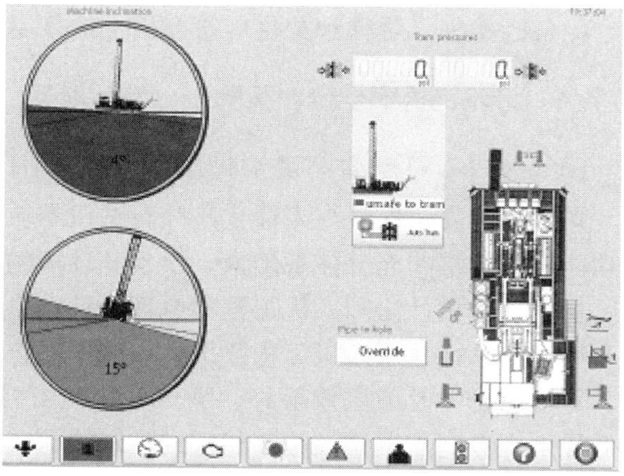

图 10-71　标有符号描述功能键的触摸屏

（4）钻杆装卸系统设计有多孔板，并位于操作者的视平线。操作者可以在司机室内控制高扭矩的液压拆卸钳和工具钳，液压扳钳的双液压缸设计减小了对钻杆和套筒的侧向弯曲扭矩，一体化设计的支撑减少了局部应力集中（见图 10-72）。

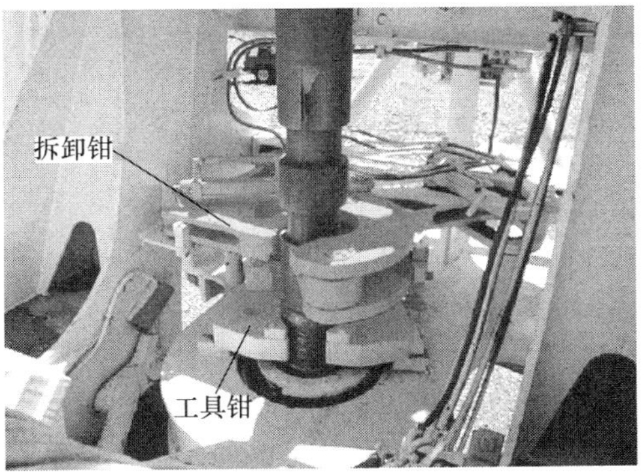

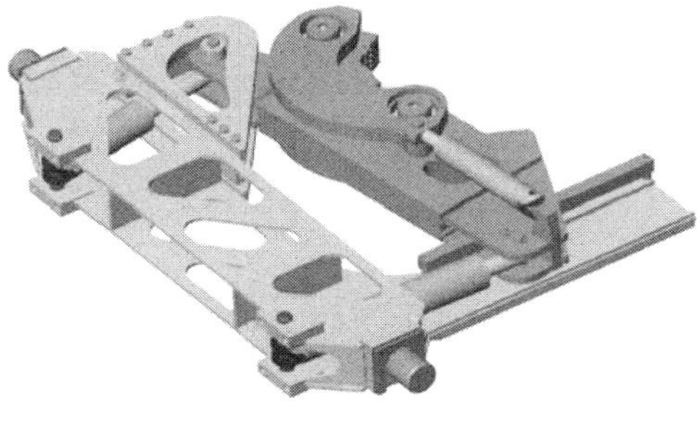

图 10-72　钻杆装卸用高扭矩液压扳钳

（5）楼梯的位置布置的方便通行，楼梯配有安全扶手（两侧），在行走时楼梯收起；否则 PLC 会通知驾驶员楼梯没有收好。所有的操作都是在司机室完成的。

（6）大型的、稳定的、使用防滑技术制造的平台后甲板提供了在各种钻进模式的情况下，包括角度钻进时，安全进入钻架区和主甲板的通道。这个大型的作业区域提供和增加了安全和维修的便利，在钻机两侧的走廊可以在每天启动检查时进入所有各个主要检查区部分，更有利于设备的检查和调整（见图 10-73）。

图 10-73　使用防滑技术制造的宽敞安全的平台后甲板

10.8　牙轮钻机的现代化设计与优化

10.8.1　现代化设计方法的应用

牙轮钻机的主流制造商都已把现代设计法用于钻机设计，国外的一些厂家一般都有专门的试验室和试验场地，科研测试手段齐全。每种新产品都经过模型实验和样机生产性模拟试验，从而使设计和制造者了解产品是否达到设计要求以及能否满足现场使用要求。图 10-74 为美国 BI 公司采用先进的 SolidWorks ™模型技术设计的 39HR 钻机的三维图形和投入使用后的 39HR 的外形图片。

10.8.1.1　计算机辅助设计方法

运用现代设计法和人机工程学原理设计钻机，以改善司机工作条件，提高设计工作效率和钻机可靠性。随着科学技术的发展，国外的牙轮钻机制造厂家都开始采用计算机辅助设计方法，以提高设计工作效率。钻机本身则围绕着增强生产能力、提高司机室可靠性、改善工作条件，不断改进结构，推出新机型。尤其是在大型钻机上，使用随机计算机来自动控制钻机主要工作参数以及对钻机主要工作过程进行监控，以提高穿孔效率、降低故障

a　　　　b

图 10-74　运用 SolidWorks ™模型技术设计的 39HR 钻机

a—39HR 钻机的三维图形；b—投入使用后的 39HR 的外形图

率和生产成本。

并为此制定了专用设计标准，包括：钻架在各种定位条件下的钻机稳定性；钻机调平能力；加压和提升时，钻架和齿轮-齿条加压机构的计算方法；辅助提升能力；回转减速器齿轮和轴承形式；履带板、履带轴和履带的长度；爬坡能力和转向方式；钻孔倾角；梯子、围栏和平台的设计规范等。

应用计算机辅助设计方法提高了钻机的设计质量和设计效率。编制了计算机程序，可以快速计算各种机械布置的变化对钻机稳定性的影响，并得出每个装配组件在三维坐标系中的重心位置。对钻架、平台、千斤顶套筒、履带、回转减速箱、加压提升减速箱建立了精确的有限元模型，可按设计寿命目标进行强度校核，也可改变结构以满足寿命目标。利用计算机辅助绘图系统设计复杂的液压和气动原理图。在零件设计中，运用专门的计算机软件，可以将库存的有关图纸进行“剪裁和拼接”，设计成新的零件图，使制图效率明显提高。

10.8.1.2　样机生产性模拟试验

值得注意的是，国外在将现代设计法用于钻机设计时，一般都有专门的试验室和试验场地，科研测试手段齐全。每种新产品都经过模型实验和样机生产性模拟试验，从而使设计和制造者了解产品是否达到设计要求以及能否满足现场使用要求。如借助汽车总体设计模型法用于钻机整体设计。根据年维修量最少、原始成本最低、重量最小三项原则，建造整机模块式构型，并在此基础上计算各单个构件的设计参数。为满足人机工程学要求，在建造全泡沫材料的操作室实体模型后，又建造了胶合板实体模型，从而对操作室的各种性能要求做出全面、科学的评价。

10.8.1.3　模块化设计与测试技术

同时在钻架设计中还参考了汽车设计的测试技术方法，使用应变仪监测钻机钻架，采集有关设计数据作为设计新钻机钻架的依据，以便确定钻架疲劳寿命和各种工作条件对此产生的影响。

现代钻机设计中多采用模块式结构，因而稍加改动就能满足各种用户的要求，如各种钻机都备有多种孔深的钻架供用户选用，这样既缩短了设计周期，又节省了大量的重复劳动。

10.8.2 设计参数的优化与匹配

10.8.2.1 主参数的设计优化与匹配

国立莫斯科矿业大学根据以上基本原则完成了可取代目前仍在生产的200～320mm级钻机的牙轮钻机的设计工作。设计的这种CБШ型钻机仍是用电力或柴油驱动的履带自行式全液压钻机，可在北极圈的严寒条件下和热带条件下用于钻孔直径200～320mm和深20～30m（不接长钻杆）以及深达60m以上（接长钻杆）的垂直炮孔和倾斜60°的炮孔。

这种钻机的特点是旋转推进和行走系统及其传动装置的基本机构、钻架和一系列部件都采用全新的技术方案，保证了钻机处于世界领先地位和在国际市场中受专利保护，钻机的使用水平将超过同类最优产品已达到的水平。表10-19为该系列钻机经过优化后匹配计算的参数值。

表10-19 匹配计算的参数值

参数	匹配计算值				
空压机的排量/$m^3 \cdot min^{-1}$	25	32	40	50	65
钻头的最优直径/mm	250	269.9	320	350	400
钻杆外径/mm	219	219.235	273	273.311	349
岩石普氏硬度系数f	6～14	6～17	6～18	6～18	6～20
钻头的合理转速/$r \cdot min^{-1}$	100～60	95～55	90～50	80～40	70～30
钻头的钻进速度/$m \cdot min^{-1}$	1.93～0.3	2～0.24	1.95～0.22	1.8～0.18	1.66～0.13
钻头许用的最大轴压/kN	280	325	400	455	550
理论凿岩速度/$m \cdot h^{-1}$	116～18	112～14.6	110～13	108～10.8	100～7.8

在使用液压机械传动的基础上实现钻机各主要传动装置的全液压化是其设计中的一大特点。采用液压机械传动能将电动机功率向各工作机构的传输效率提高0.5～1倍，尤其是有些工作机构如行走机构、钻架起落机构、稳车千斤顶等，在其工作制度很不协调的情况下，传输效率的提高将会更多，在保持电动机的装机容量等于或低于市场同类最优产品多电动机传动装置总装机容量的情况下，可使钻机各主要机组的使用寿命提高。

主要液压设备（泵、油马达）及其技术方案的完全标准化，可保证其大修和更换前的使用与钻机的使用期大致相同，保证钻机各主要机组的主要传动装置的备用功率比同类产品高0.5～1倍，而无需加大钻机的总装机容量和需用功率。

钻机的所有液压传动装置和机组（钻杆的推进和旋转、行走、钻架的起落液压缸、稳车千斤顶等）均由液压泵站和旋转头的液压机械传动装置提供动力。

根据要完成的作业工序在各个系统间重新分配泵站的功率时，依借各个机组传动装置的合理转换可达到同样的效果。这样在不增加液压设备装机容量，而相应地依靠各主要机组在低于其额定功率下工作，就可提高各系统的效能。

10.8.2.2　空压机主参数的匹配设计

主空压机是牙轮钻机的心脏，如何选择一台经济适用的主空压机是牙轮钻机设计的一项重要内容。在钻机的优化设计中，应根据不同的穿孔直径和钻杆的外径来选择匹配空压机的容量与排渣速度。其详细内容参见在本书10.4.6.3节空压机容量与排渣速度匹配设计。

10.8.3　有限元设计分析实例

在本章的10.4.1节中已经就应用现代设计方法从建模、强度分析和静刚度分析对牙轮钻机的钻架进行了优化设计。为了进一步强调现代设计方法与优化在牙轮钻机设计中的应用，本小节专门就此列举了YZ-35D牙轮钻机平台的静应力有限元分析及改进方案作为有限元设计分析的一个实例。

10.8.3.1　牙轮钻机平台受力的两种情形

牙轮钻机的静应力大致可分两种情形：一种是起架状态（竖立），钻架垂直竖立时，A形架端受力较大；另一种为落架状态（倒下），钻架倒下后，钻架的部分重量由后支承（龙门架）承担。图10-75为牙轮钻机的起、落架状态。

a

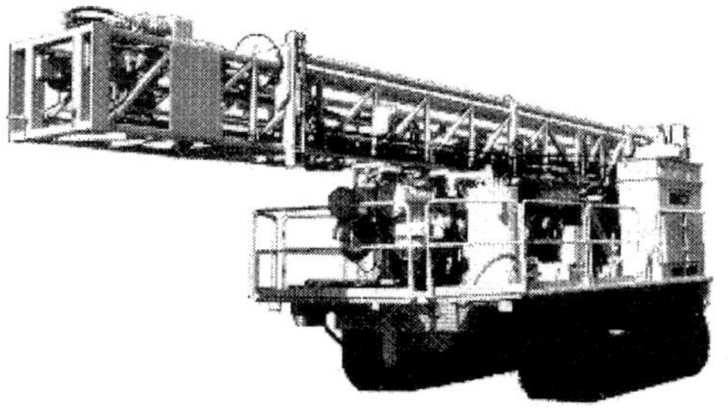

b

图10-75　牙轮钻机的起架与落架状态

a—起架状态；b—落架状态

故可以分起架和落架两种情形来进行牙轮钻机平台的静应力有限元分析；再根据静应力分析的结果，确定修改方案；按照修改方案修正模型后，再一次进行静应力有限元分析，以验证修改后的效果。

10.8.3.2　起架状态（YZ-35C）的静应力分析

（1）建立平台的约束及受力图，如图10-76a所示。

（2）建立网格，如图10-76b所示。

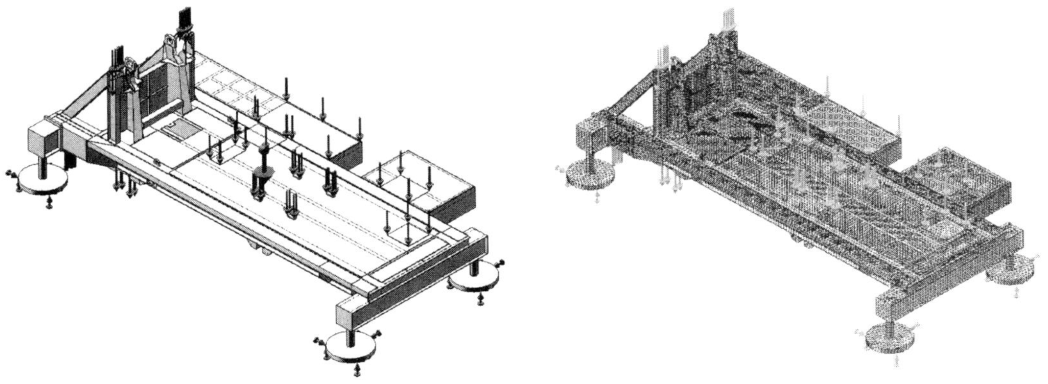

a　　　　b

图 10-76　YZ-35C 起架状态的静应力分析
a—平台的约束与受力图；b—平台网格图

（3）计算得到平台的 Mises 应力分布图，如图 10-77a 所示。计算出最大的应力接近材料的屈服极限，平台发生了较大的弹性变形，图 10-77a 中白色显示区域为最大应力区域。

（4）计算得到在应力作用下平台的位移分布图，如图 10-77b 所示。计算出最大的位移大于 10mm，图 10-77b 中白色区域为最大位移区域。

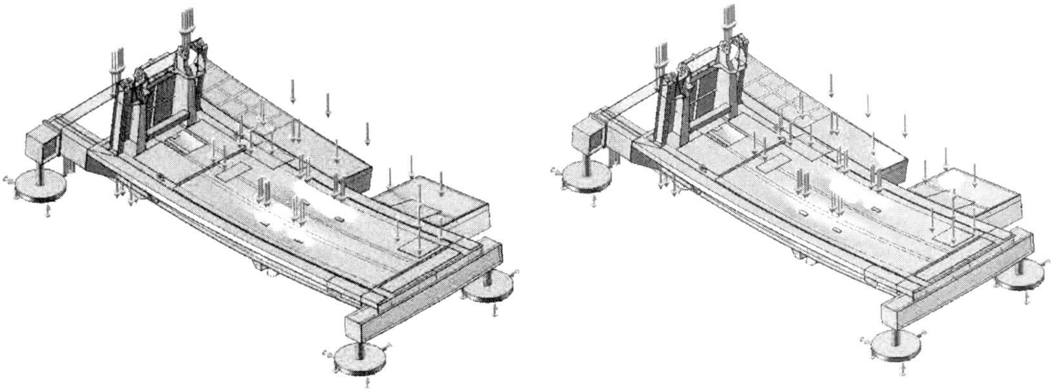

a　　　　b

图 10-77　起架状态时 YZ-35C 主平台的应力分布图与位移分布图
a—应力分布图；b—位移分布图

10.8.3.3　落架状态（YZ-35C）

前面已经就钻机的起架状态即钻架竖立的状态下原设计的主平台的约束及受力进行了分析，并按照有限元设计的要求建立了主平台的网格即有限元单元，而后求出了平台的 Mises 应力分布图，计算出最大的应力接近材料的屈服极限，找到了平台的最大应力区域和最大位移区域，求出了平台在最大应力作用下的最大位移。同此，再求出钻机落架状态的最大应力区、变形和位移。

（1）建立平台的约束及受力图，如图 10-78a 所示。

（2）建立网格，如图 10-78b 所示。

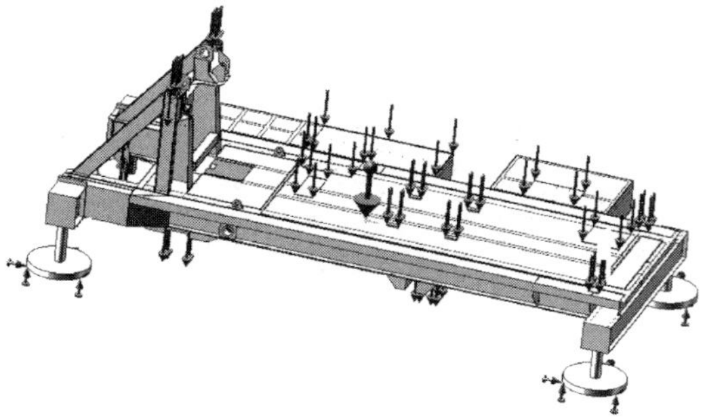

a

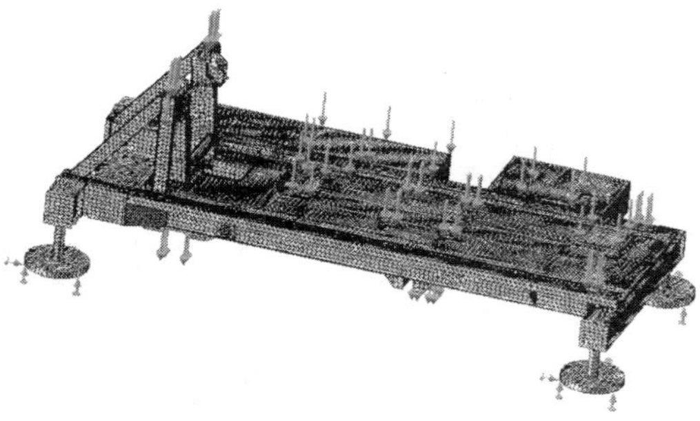

b

图 10-78　落架状态时 YZ-35C 主平台的约束受力图与网格图
a—平台的约束与受力图；b—平台网格图

（3）计算得到平台的 Mises 应力分布图，如图 10-79a 所示。计算出最大的应力更加接近平台材料的屈服极限，平台发生的弹性变形比起架状态更大，图 10-79a 中白色显示区域为最大应力区域。

（4）计算得到在应力作用下平台的位移分布图，如图 10-79b 所示。计算出最大的位移为 11mm 以上，图 10-79b 中白色区域为最大位移区域。

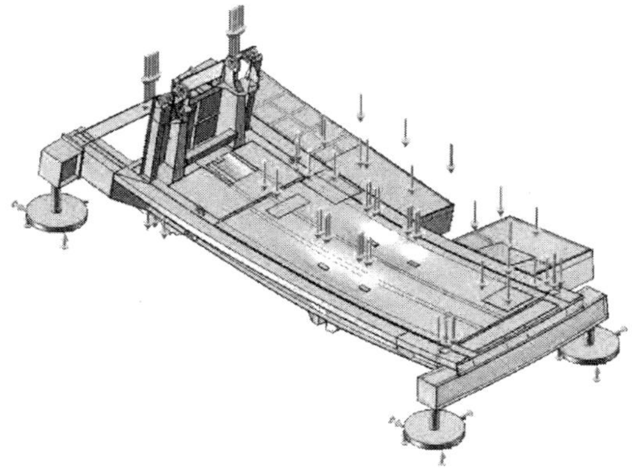

a

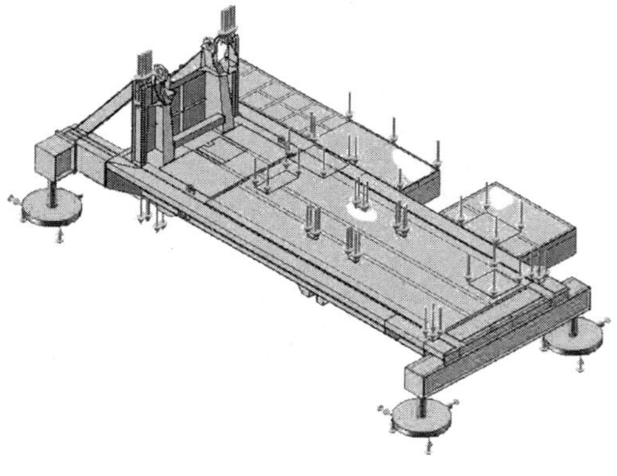

b

图 10-79　落架状态时 YZ-35C 主平台的应力分布图与位移分布图
a—应力分布图；b—位移分布图

10.8.3.4　分析及改进

通过 COSMOSWorks 的静力学分析，可以很清楚地看到，由于钻机平台为大跨度（近 10m）的结构件，平台上受力复杂，要承受包括空压机、变压器、泵站、油箱、水箱、司机室、钻架、履带及履带支架等的重量，并且变压器、水箱的重量为偏载（偏左侧），使平台的纵梁下挠非常明显。

故平台的四条纵梁需重点加强，并且需增加横梁，以增加整体刚性。图 10-80 为主平台的三维结构图，图 10-81 为主平台在经静应力有限元分析改进前后的对比图。

10.8.3.5　优化后起架状态（YZ-35D）

（1）平台的 Mises 应力分布图，如图 10-82a 所示。计算出的最大的应力没有超出材料

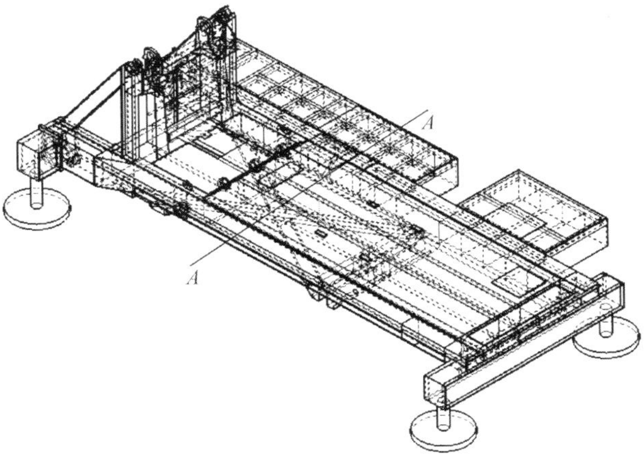

图 10-80　主平台的三维结构图

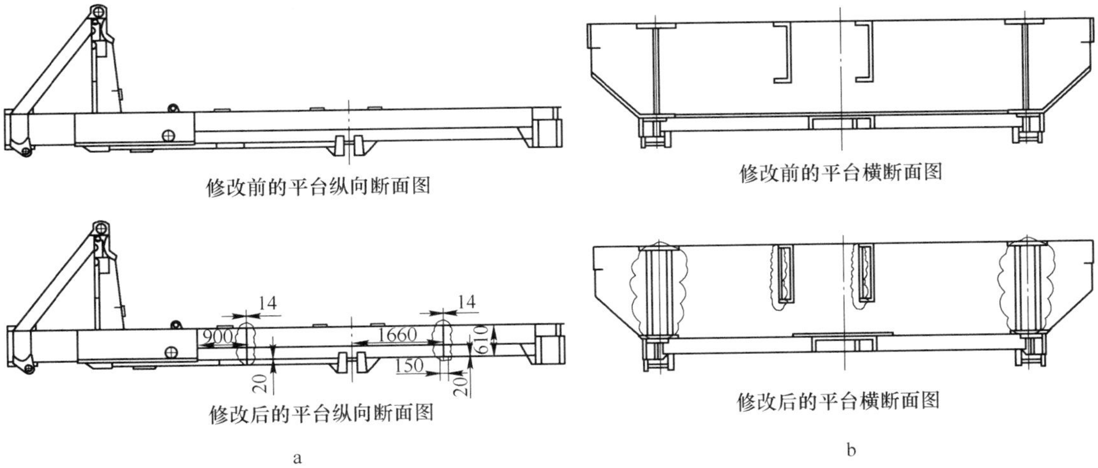

图 10-81　主平台改进前后的纵向断面图和横向断面图

a—纵向断面图；b—横向断面图

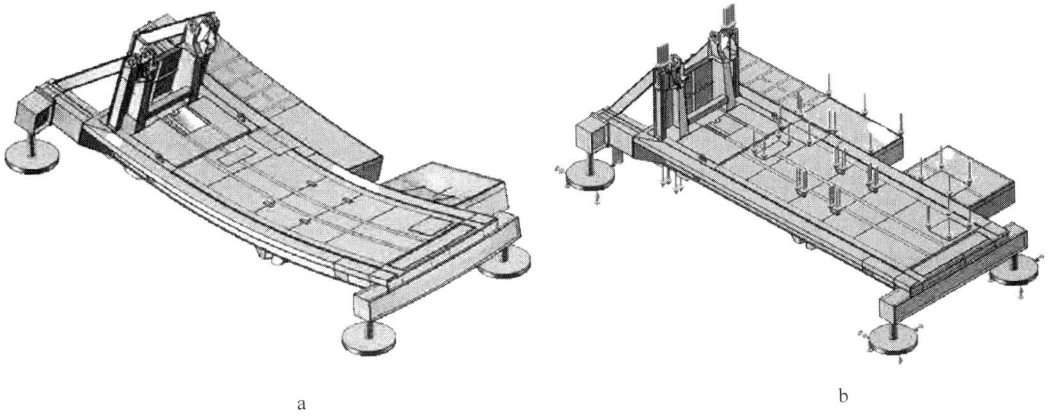

图 10-82　修改后起架状态时 YZ-35D 主平台的应力分布图与位移分布图

a—应力分布图；b—位移分布图

的屈服极限，平台整体安全系数为1.3，图10-82a中白色显示区域为最大应力区域。

（2）在应力作用下平台的位移分布图，如图10-82b所示。

计算出最大的位移小于5mm，图10-82b中白色区域为最大位移区域。

10.8.3.6　优化后落架状态（YZ-35D）

（1）平台的Mises应力分布图，如图10-83a所示。

计算出最大的应力没超出材料的屈服极限，平台整体安全系数为1.1，图10-83a中白色显示区域为应力最大应力区域。

（2）在应力作用下平台的位移分布图，如图10-83b所示。

计算出最大的位移小于6mm，图10-83b中白色区域为最大位移区域。

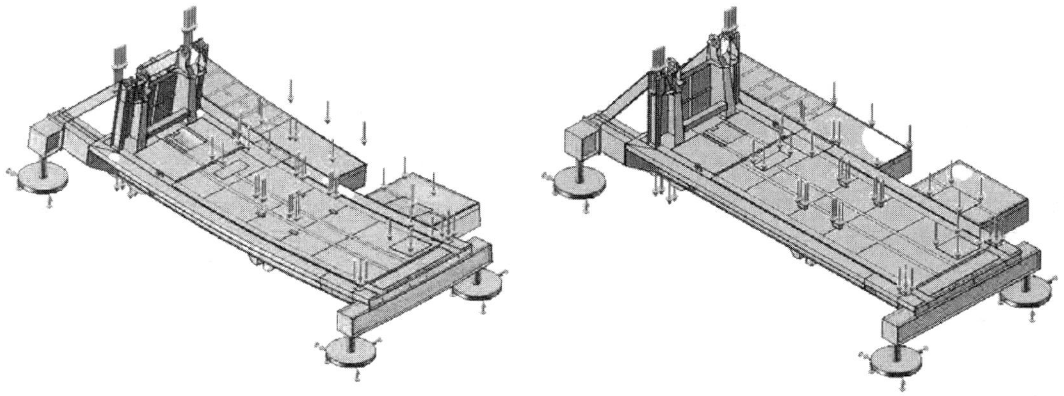

a　　　　　　　　　　b

图10-83　修改后起架状态时YZ-35D主平台的应力分布图与位移分布图

a—应力分布图；b—位移分布图

10.8.4　牙轮钻机设计软件系统

露天矿用牙轮钻机的设计包括概念设计、初步设计、详细设计。

概念设计是整个设计的关键，在概念设计阶段，将确定设计理念、设计方案、动力源种类和形式、加压形式、控制形式、传动形式等。

初步设计是在概念设计的基础上，确定钻机的总体参数：轴压力、穿孔速度、回转力矩和转速、排渣风量等，继而确定牙轮钻机的加压电机功率、回转电机功率、排渣风机的流量压力和电机功率、行走电机功率等及主要结构件的形式和强度刚度计算。

为了确定较好的方案，需要设计多种方案和方案图，以利择优；而后在确定与完成初步设计的基础上，完成详细设计与施工图设计。

东北大学在设计计算的经验基础上和在Windows XP（或Windows Win7）环境下，采用MATLAB 2011a作为程序设计语言，以MATLAB GUI（图形化用户界面）为设计平台，开发了大型牙轮钻机设计计算软件系统。该软件具有计算、查询数据库中的参数历史样本、存储、打印、人机交互、设计者自定义参数等基本功能。通过对某机型验证，该软件系统设计效率高、界面基本友好、功能满足设计要求。现就该设计软件系统介绍如下。

10.8.4.1　牙轮钻机总体设计的主题数据库

该系统要求用于设计的数据具有一致性、安全性和保密性，登录使用该系统人员信息，人机交互；运行可靠、易维护，建立运行日志和信息追踪，可修改性；信息系统分析方法采用结构化系统分析法和自顶向下设计方法、自下向上实施。

10.8.4.2　牙轮钻机设计软件系统的基本模块与功能

牙轮钻机的设计软件系统由四个基本模块构成：

（1）概念设计模块。确定设计理念、设计方案、动力源种类和形式、加压形式、控制形式、传动形式等。

（2）初步设计模块。确定数学模型和计算技术，实现科学计算软件包：确定总体参数模块（总体参数现行计算模块、企业设计经验模块、推出新方法确定总体参数模块）、历史样本查询与对比模块、综合模块、打印输入输出模块、确定各子系统参数模块，判断树模块（判断参数的合理性）。

（3）详细设计模块。

（4）样本制作模块。

10.8.4.3　牙轮钻机的软件系统的主界面与总体参数设计模块

软件实现的功能划分为 6 大部分（登录界面、总体参数及总功率设计、回转机构设计、加压提升机构设计、行走机构设计、系统帮助信息）。

牙轮钻机的软件系统的主界面由 5 个主要的系统菜单（包括“总体参数设计”、“回转机构设计”、“提升加压机构设计”“行走机构设计”，以及“总功率”和“系统帮助信息”6 大模块）和一个“关闭软件”按钮组成。当设计者在对软件系统不做任何操作的情况下，点击“关闭软件”按钮，可退出软件系统。

总体参数设计模块包括 8 个方面的模块内容：“轴压力”、“钻头转速”、“回转扭矩”、“钻孔速度”、“排渣风量”、“行走速度”、“整机重量”，以及用于保存和打印以上 7 个小模块设计得到的相应参数的“数据保存”。

图 10-84 ~ 图 10-86 分别为轴压力、回转扭矩和排渣风量的设计界面。

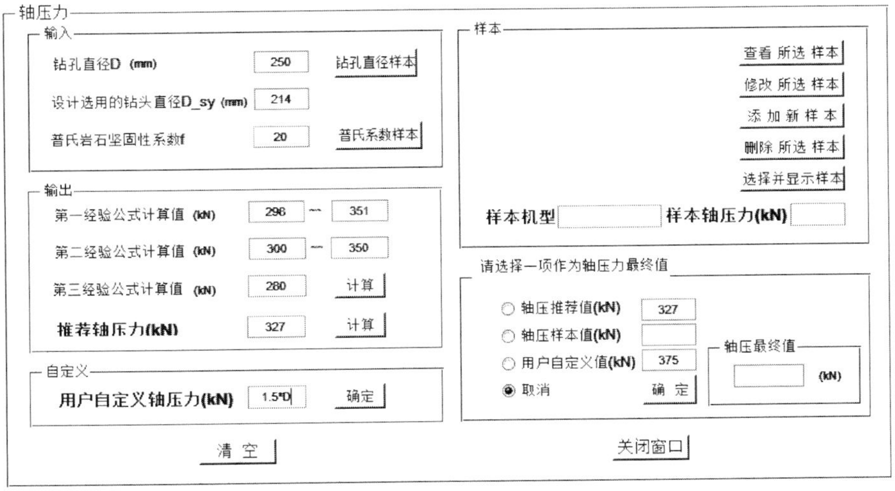

图 10-84　轴压力的设计界面

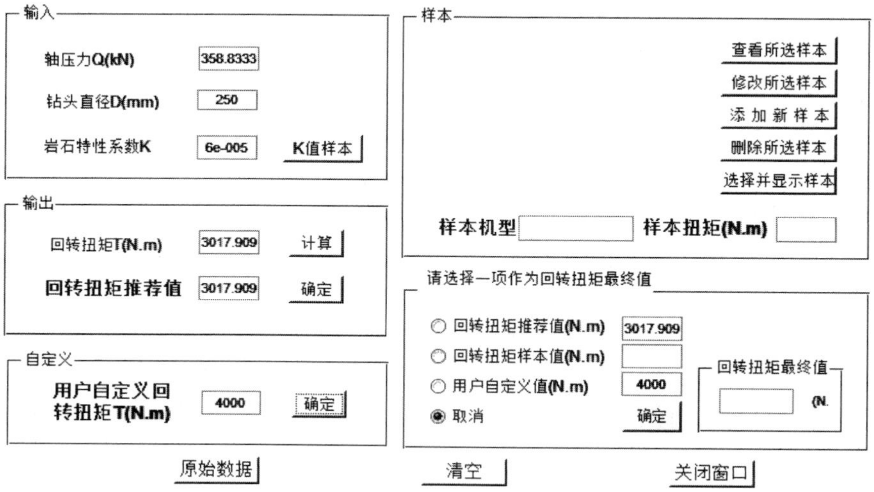

图 10-85　回转扭矩的设计界面

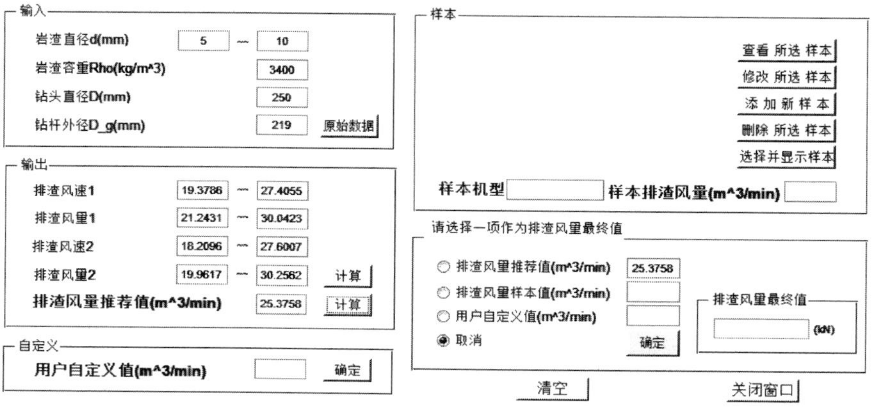

图 10-86　排渣风量的设计界面

10.8.4.4　牙轮钻机设计软件系统的详细设计模块与功能

A　回转机构设计模块

回转机构设计模块包括 5 大模块内容："回转功率及原动机选择"、"回转传动系统的设计"、"轴径的初估及校核"、"键连接的强度计算"、"滚动轴承寿命校核"。设计界面如图 10-87 所示。

回转机构传动系统设计模块包括 5 个模块内容："回转传动系统总速比的确定"、"减速器的选型及传动比的分配"、"传动装置的运动和动力参数"、"确定第一级齿轮副尺寸参数"、"确定第二级齿轮副尺寸参数"。

"确定第一级齿轮副尺寸参数" 和 "确定第二级齿轮副尺寸参数" 模块包括五个模块内容："齿轮副尺寸参数的确定"、"验算齿顶厚及重合度"、"验算齿轮的接触疲劳强度"、"验算齿轮的弯曲疲劳强度"、"尺寸参数的数据保存"。

轴径的初估及校核模块分为 "轴径的初估" 和 "轴的强度和刚度校核" 两大部分。在 "轴的强度和刚度校核" 内容下，包括 "按弯扭合成的强度计算"、"按轴的疲劳强度

图 10-87 回转机构设计模块界面

计算安全系数”、“按轴的静强度计算安全系数”、“轴的扭转刚度校核” 和 “轴的弯曲刚度校核”。

图 10-88 为回转设计模块中按齿面接触疲劳强度确定中心距并确定齿轮副尺寸参数的设计界面。

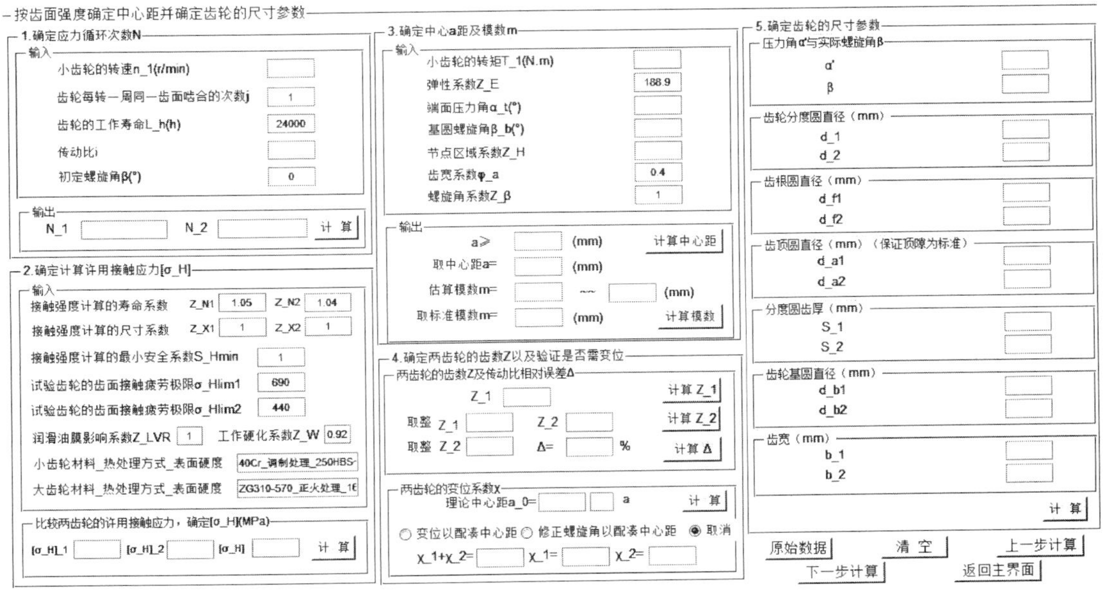

图 10-88 按齿面接触疲劳强度确定中心距并确定齿轮副尺寸参数的设计界面

B　提升加压机构设计模块

提升加压机构设计模块包括 5 大模块内容："提升加压所需功率计算"、"提升加压传动系统的设计"、"轴径的初估及校核"、"键连接的强度计算"、"滚动轴承的寿命校核"。

提升加压机构传动系统设计模块包括 9 个模块内容："提升加压传动系统总速比的确定"、"减速器的选型及传动比的分配"、"传动装置的运动和动力参数"、"确定第一级齿轮副尺寸参数"、"确定第二级齿轮副尺寸参数"、"确定第三级齿轮副尺寸参数"、"确定第一级链传动尺寸参数"、"确定第二级链传动尺寸参数"、"齿轮齿条传动设计计算及校核"。

"确定第一级齿轮副尺寸参数"、"确定第二级齿轮副尺寸参数" 和 "确定第三级齿轮副尺寸参数" 模块分别包括 5 个模块内容："齿轮副尺寸参数的确定"、"验算齿顶厚及重合度"、"验算齿轮的接触疲劳强度"、"验算齿轮的弯曲疲劳强度"、"尺寸参数的数据保存"。"确定第一级链传动尺寸参数" 和 "确定第二级链传动尺寸参数" 模块分别包含 2 个模块："链传动设计计算" 和 "链传动尺寸参数保存"。"齿轮齿条传动设计计算及校核" 模块包含 3 个模块内容："齿轮齿条尺寸参数计算"、"齿轮齿条的强度校核" 及 "齿轮齿条参数保存"。图 10-89 为提升加压机构设计模块中对传动装置的运动和动力参数的设计界面。

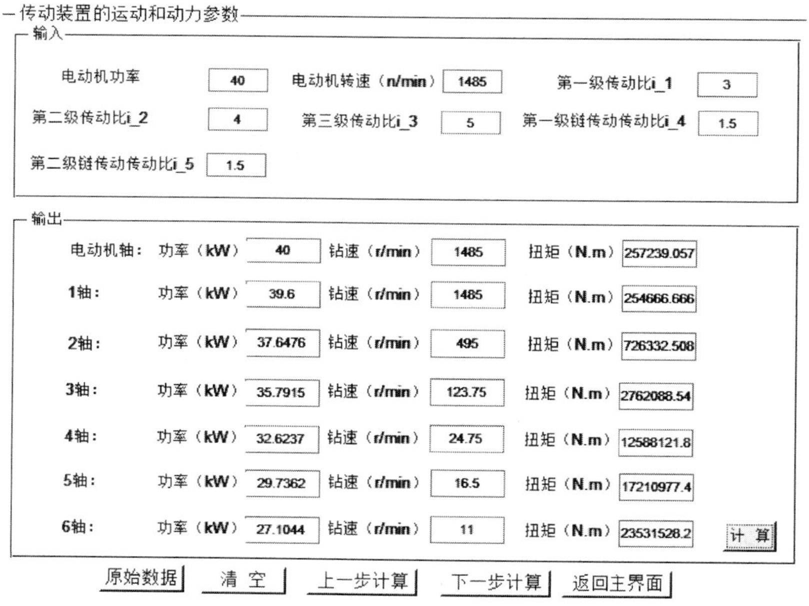

图 10-89　提升加压机构传动装置的运动和动力参数的设计界面

C　行走机构设计

行走机构传动系统设计模块包括 8 个模块内容："行走传动系统总速比的确定"、"减速器的选型及传动比的分配"、"传动装置的运动和动力参数"、"确定第一级齿轮副尺寸参数"、"确定第二级齿轮副尺寸参数"、"确定第一级链传动尺寸参数"、"确定第二级链传动尺寸参数"、"确定第三级链传动尺寸参数"。需要指出的是，这种设计模块是针对传统的主机构链条传动的模式制定的。

“确定第一级齿轮副尺寸参数”和“确定第二级齿轮副尺寸参数”分别包括5个模块内容：“齿轮副尺寸参数的确定”、“验算齿顶厚及重合度”、“验算齿轮的接触疲劳强度”、“验算齿轮的弯曲疲劳强度”、“尺寸参数的数据保存”。

“确定第一级链传动尺寸参数”、“确定第二级链传动尺寸参数”和“确定第三级链传动尺寸参数”模块分别包含2个模块：“链传动设计计算”和“链传动尺寸参数保存”。

参 考 文 献

[1] 汤铭奇. 露天采掘装载机械［M］. 北京：冶金工业出版社，1993：60～64.

[2] Gokhale B V. Rotary Drilling and Blasting in Large Surface Mines［M］. London：CRC，2011：375～386.

[3] 王智明，马宝松，等. 钻孔与非开挖机械［M］. 北京：化学工业出版社，2006：225～234.

[4] 王荣祥，李捷. 矿山工程设备技术［M］. 北京：冶金工业出版社，2005：37～54.

[5] 门玉贵. 牙轮钻机钻架强度分析［J］. 矿山机械，1985（6）：7～10.

[6] 唐田秋，陈利平. YZ-35C牙轮钻机钻架有限元及结构设计［J］. 煤矿机械，2005（1）：6～7.

[7] 萧其林. 国外牙轮钻机的技术特点与新发展（一、二）［J］. 矿业装备，2014（3，4）.

[8] 郭赟，王宇. 整体式履带行走机构驱动轮轮齿设计及CAE分析［J］. 煤矿机械，2010（1）：20～21.

[9] 朱永昌. 关于我国空压机高原系数的计算［J］. 有色金属（矿山部分），1987（4）：45～49.

[10] 梁晨，李国宾. 高原地区电气设备的选择［J］. 电世界，2001（12）：20～21.

[11] 李丽荣. 工程机械在高原环境作业中存在的问题及解决途径的探讨［J］. 机械，2005（8）：57～59.

[12] 聂北刚. 机械的本质安全与产品的可靠性［Z］. 机械安全标准与装备制造业安全生产研讨会，2005：21～23.

[13] 黄嘉琳，萧其林. JB 8912—1999 矿用炮孔钻机　安全要求［S］. 北京：中国标准出版社，2007：4～8.

[14] 东北大学机械工程与自动化学院. 牙轮钻机软件系统使用说明书［Z］. 沈阳：东北大学，2011.

11 工艺性与制造

本章内容提要： 本章就牙轮钻机的制造及工艺性进行了系统的论述，通过典型制造工艺对牙轮钻机主要零部件的制造、工艺性分析、材料特性作了详细的介绍。并对在制造过程中如何进行主要零件质量、部件装配质量和整机总装质量的控制与检验作了较为系统的阐述。

要了解零部件的工艺性与制造工艺，首先必须清楚研究对象所包括的工艺结构内容。本章叙述的工艺结构主要包括牙轮钻机主要零部件的形状结构、材料结构和精度结构。

形状结构指的是构成零部件的形体、状态和尺寸；材料结构指的是零件构成的材料种类、牌号和理化性能；精度结构指的是零部件的加工精度和组合精度。

在精度结构中加工精度是加工后零件表面的实际尺寸、形状、位置三种几何参数与图纸要求的理想几何参数的符合程度。装配精度主要包括：零部件间的尺寸精度、相对运动精度、相互位置精度和接触精度。零部件间的尺寸精度包括配合精度和距离精度。

本章将围绕工艺结构的上述内容对牙轮钻机的工艺性与制造进行阐述。

11.1 主要零部件的典型制造工艺

牙轮钻机主要零部件的质量是牙轮钻机的质量基础，典型零件的制造工艺不仅关系到其自身的质量，更关系到牙轮钻机的运行质量和使用寿命。本章首先分析了典型零件的机械加工工艺制定的原则与步骤，然后根据零件的结构类型、功能特点、加工工艺的不同将牙轮钻机常见的零件分为 5 种典型零件，并指出各类典型零件的功用以及其技术要求，从而有利于为实际制造的典型制造工艺提供依据，在此基础上提高生产效率，降低制造成本。

牙轮钻机的主要零部件可分为桁架类、架体类、箱体类、轴类、齿轮（盘套）类等 5 大类。

11.1.1 桁架类

牙轮钻机中属于桁架类结构类型的主要零部件就是钻架。钻架是牙轮钻机工作装置中最重要的工作部件，正如本书第 5 章的 5.3 节所介绍的那样，钻架总成承担了工作载荷的承接功能、钻杆存放更换功能、钻架调整功能和辅助起重功能。

A 工艺结构分析

a 形状结构

YZ 系列牙轮钻机的钻架是一种 Π 型结构的大型的桁架，如本书第 10 章曾经介绍过的那样，钻架的结构及受力情况复杂。图 11-1 为一种牙轮钻机钻架的三维结构图。钻架本体为Π型结构件，Π型开口方两边各有两根主矩形钢管、后方两边各有一根主矩形钢管，这6根矩形管为主骨架。重型的YZ-55B钻机的钻架下部为50mm厚的低合金高强度钢板，上部为桁架结构。钻架顶部有平台，安装顶部加压链轮和卷扬滑轮及检修平台。双矩形钢管上组焊有加压齿条，齿条为合金钢锻件精加工。钻架体长27m，是由低合金高强度材料焊接的结构件，组焊后的钻架经热处理退火去应力处理，保证强度和刚性防止变形和开裂。钻架通过转轴安装在钻机主平台的A形架轴孔中，钻架起落由两个同步的液压油缸操作。

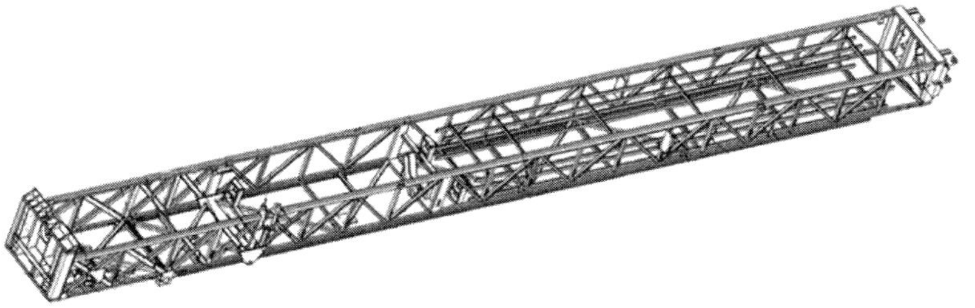

图11-1 牙轮钻机钻架的三维结构图

常用的钻架立柱的结构有角钢组合焊接型、T形钢与角钢组合焊接型和矩形钢管组合焊接型等几种，如图11-2所示。由于矩形钢管组合焊接的钻架，在同等单位质量的条件下，成品管结构的抗弯强度是T形钢和角钢组合焊接结构的两倍，所以原有的角钢组合焊接型和T形钢与角钢组合焊接型的结构已经逐渐被淘汰。

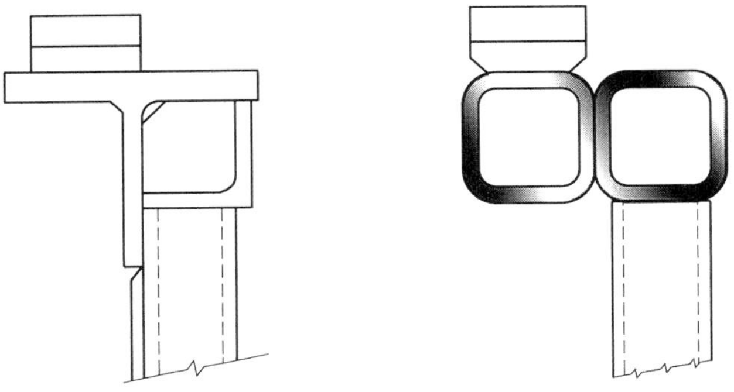

a　　b

图11-2 常用的钻架立柱组合焊接的结构形式

a—T形钢和角钢组合结构；b—矩形钢管组合结构

b 材料结构

钻架本体上所使用的材料主要为强度高、韧性好的低合金高强度的型钢和钢板，材料牌号有16Mn、Q295A、WH60，材料的种类有角钢、方钢管、槽钢、扁钢和棒材等，焊接在立柱上的齿条的材料牌号是35CrMoV。当钻机需要在严寒地域作业时，钻架本体的材料应选择低温冲击韧性较高的低合金高强度材料，型材可采用Q345D（或Q345E）、板材可采用Q460D（或Q460E）等。

c　精度结构

钻架焊后其全长直线度允差不大于 15mm；任何一面全长的扭曲度不大于 10mm；左右支撑板 $\phi110H_{11}$ 两孔及左右油缸支座之 $\phi80\ H_{11}$，两孔之同轴度不大于 1mm；且两对孔之中心线与钻架中心线垂直度不大于 1mm；两排齿条（各长 20.9m）各齿必须同步，对应齿槽中心线对后立柱 1600mm 中心线垂直度为 0.5mm；钻架焊后在运输、行走和钻进过程不产生永久变形和断裂。

B　工艺路线

钻架的工艺路线见表 11-1。

表 11-1　钻架的工艺路线

工艺路线	产品名称	零件名称	材料牌号	零件质量/kg
	牙轮钻机	钻　架	焊接件	9293
铆焊（将钻架分三大段焊接）→热处理退火→铆（三段调正）→金工划线检查→镗孔→铆焊（三段组焊）→钳（齿条定位）→铆焊（焊齿条，调正）→钳划→钳钻→钳（组装）→钳焊（定位焊）				

C　工序过程

钻架制造工艺过程见表 11-2。

表 11-2　钻架制造工艺过程

工艺过程卡片		产品名称	零件名称	材料牌号	零件质量/kg
		牙轮钻机	钻　架	焊接件	9293
工序号	工序名称	工 序 内 容			工　具
1	铆　焊	组合定位焊接钻架的相关构件，包括钻孔和焊后钳钻			焊接平板
2	组　焊	组焊钻架的相关构件，包括钻孔和焊后钳钻			
3	组　焊	按图将钻架分三大段焊接，方钢管在分段同剖面上各焊接位置相互错开大于 200mm。焊后调对，试装，保证图纸技术要求。 而后分三段拆开，打支撑			
4	热处理	分三段去应力退火			
5	铆	三段试装调正			
6	车划	全面检查，第一段以方钢管为准划加工校正线			
7	镗	第一段按线校正镗 2 – ϕ101 及 2 – ϕ80 孔部合图，注意保证各孔公差及各孔之间的形位精度			
8	车　划	全面检查，第三段以方钢管为准划加工校正线。			
9	镗	第三段按线校正扩孔 $\phi60\times45$ 及端面合图，注意保证各孔公差及各孔之间的形位精度。保证链条中心距尺寸的中心与钻架中心线（对两条方钢管而言）对称相等，对称度和垂直度满足技术条件要求			
10	铆　焊	三段组焊调正及喷砂，整体调磨。检查方钢管直线度及其与钻架中心线的对称度，检查方钢管平面度，保证满足技术条件规定的要求			

续表 11-2

工艺过程卡片	产品名称	零件名称	材料牌号	零件质量/kg
	牙轮钻机	钻　架	焊接件	9293

工序号	工序名称	工 序 内 容	工　具
11	钳	齿条定位，注意在装齿条时，严格保证两侧齿条同步。检查齿条的直线度与平面度，检查两齿条中心与钻架中心线的对称度（相对两条方钢管而言），检查齿条水平，满足技术条件要求	焊接平板
12	铆　焊	焊齿条，调正，整体调磨。检查齿条的直线度和平行度检查两齿条中心与钻架中心线的对称度（相对两条方钢管而言），检查齿条水平，满足技术条件要求	焊接平板
13	钳　划	划线各配钻孔	
14	钳　钻	配钻其余各孔	
15	钳	组装，装配时定位焊各相关零件	

D　应当关注的重点

焊接、变形与去应力处理，孔位的加工精度，关键焊接工序对制造精度的检测。

设计中对钻架焊后的要求是：(1) 全长直线度小于或等于 15mm 。(2) 任何一面全长扭曲度小于 10mm。经过结构与工艺分析，采取了控制变形的措施和焊接工艺。

E　KY 系列钻机钻架焊接变形的控制

为有效地控制焊接变形，在 KY 钻机钻架的焊接过程中，采取了以下工艺措施：

(1) 部件组装焊接。根据钻架结构复杂的特点，将近 600 个零件组成的钻架分解成横梁、支撑板、油缸支座、上下水平台和侧壁等 16 种 27 个部件。分部件组装焊接，然后视情况对各部件进行矫正或时效处理，其中支撑板油缸支座进行机械加工，最后总装。立柱及侧壁的组焊工艺如下：

1) 前后立柱的组焊接长。立柱是高钻架的关键承载构件，前立柱后立柱各两根。前立柱原设计为 120mm × 100mm × 8mm 的矩形管，由于材料有时难找，故大多数改由 125mm × 125mm × 12mm 角钢焊成；后立柱由材质均为 16Mn 的 160mm × 100mm × 12mm 角钢焊成矩形管，然后接长。前后立柱矩形管拼焊工序主要在胎具上进行。首先将角钢固定在焊胎上，两端错开 300mm 以上供接长用，再定位焊，定位焊缝长 30mm 左右。然后由两名焊工采用分中退步对称焊法焊接。焊后再根据角钢供货长度（一般 8 ~ 12m ）确定由 2 ~ 3 段拼接成 23142mm（KY-250A）或 24690mm（KY-310）长的前后立柱。四根主柱接长接头必须绝对避免在同一截面，应避免安排在钻架相邻两结点间的同一区间。接长接头采用搭接。接头应错开 300mm 以上接长工序的装焊仍用上述胎具夹紧定位。焊后用火焰稍加矫正即可。矫正后的前后立柱在全长范围内的直线度、扭曲度一般都小于 5mm（设计要求为 10mm ）。

2) 左右侧壁的组装焊接。钻架的侧壁左右完全对称。但就单一侧壁来讲其节点焊缝分布在外侧面，由于焊缝的不对称分布必然会引起侧壁向焊缝分布的一面弯曲变形甚至扭曲变形。如果变形严重，矫正将是十分困难的事，故必须事先采取控制变形措施。左右侧壁组装焊接前，先在落地平台上放样成对划立柱上各拉筋、板、座的位置线，然后将其固定，两后立柱用卡子固定在一起，前后立柱间用撑铁固定，前立柱用等高垫铁垫高，使上平面与后立柱上平面平齐。焊侧壁前先将侧壁进行反变形处理。支撑点不得少于 8 点，支撑用刚性支撑，两端用平台（约 4t ）压住，反变形量为 530mm，使侧壁弯成弧形。支撑点除最高一处预先确定外，其余各点根据各支撑点情况调整垫紧即可，处理好后即可焊接。焊接由 2 名（或 4 名）焊接工对称施焊，焊条牌号 T506，直径为 ϕ3. 2mm 、ϕ4mm。由于采用了以上措施，侧壁焊后未发现扭曲变形，直线度绝大多数都符合要求，偶尔发现个别有些超差也不太严重，用火焰在拱起的一面稍稍加热也就矫正到设计要求范围以内。

（2）钻架的总装焊接。钻架是一左右对称、前后、上下不对称的 Π 型构架。钻架的两侧壁由横梁、支撑、拉筋（角钢）在前立柱一面连接起来，上下有小平台连接，后立柱各有一条由 26 条共 21m 的小车行走加压齿条，两侧壁中下部有一对支撑板、一对背拉杆支撑和一对油缸支座。从钻架的结构特点可以看到，总装焊接的工艺要点是防止变形，保证支撑板 ϕ110 mm 和油缸支座 ϕ85mm 两对孔同心及两对孔中心线与钻架中心线垂直。

1）由于钻架左右对称，前后虽不对称但前有各联结点焊缝；后有齿条焊缝，其收缩量基本相抵，故只要严格控制装配间隙焊接时采用对称焊接，钻架整体的弯曲和扭曲变形问题即可控制在允许范围以内。为了防止 Π 型开口处由于角变形而缩小，在组装时开口处加大 6 ~ 8mm（ 上下两端 6mm 、中部 8mm ）反变形量，并用工艺撑铁或活动撑杆固定。

2）装左右支撑板和左右油缸支座时设计了两套芯轴定心定位，两对孔与钻架中心线的垂直度采用等腰三角形法解决。

3）装齿条，仍将钻架 Π 开口朝下，用齿条焊胎保证两排齿条同步。具体方法如下：首先找正钻架中心线（用一条细线或钢丝拉直），然后划出两后立柱下端第一块齿条的位置线，装好两排第一块齿条用焊胎检查，以后用焊胎逐块装配。为了防止由于焊胎和齿条误差累积造成超差，每装 6 对齿条测量一次，两排齿条对应点组成的矩形对角线长度误差必须小于 1mm。

4）焊接时顺序如下：先焊 Π 上部梁、筋支撑，再焊左右支撑板、油缸支座等，最后焊齿条。全部焊均采用 2 ~ 4 人对称施焊，用 ϕ3. 2mm 焊条焊第一遍，其余用 ϕ4mm 焊条焊接。由于采用了以上一系列措施，钻架焊后检查尺寸和几何形状均符合要求。

11. 1. 2 架体类

矿山机械设备中架体零件种类繁多，结构形状差别很大，加上尺寸、种类均较大，形状复杂。牙轮钻机上的架体类零件主要是主平台和履带支架等。其主要功用：一是作为基础件，为其他部件提供支撑；二是作为连接件，提供零部件间的连接。

11. 1. 2. 1 主平台

牙轮钻机的主平台是安装各个部件和配套设备的核心构件，除了需要为安装在平台上的各主要部件提供支撑外，上要连接钻架总成等工作装置，下要连接履带行走装置，因此对其结构强度和刚度的要求都很高。

A 工艺结构分析（工艺指示图）

图 11-3 是采用了准箱型框架结构的 YZ-35D 钻机主平台。图 11-4 为其加工示意图。

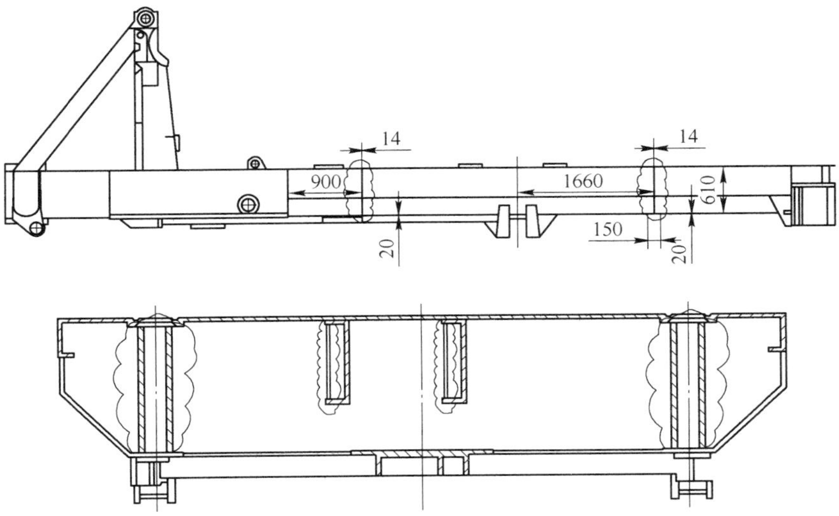

图 11-3　YZ-35D 钻机主平台的纵横截面结构图

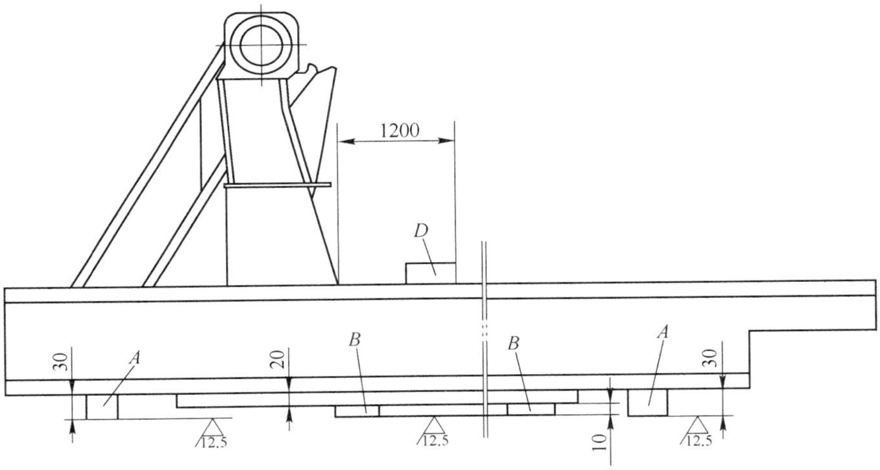

图 11-4　YZ-35D 钻机主平台加工示意图

a　形状结构

主平台是由多种规格型号的型钢焊接构成加强型的框形结构，前后为箱形，两侧为工字主梁，中部有多根横梁加强，平台的上部有 A 形架，供安装钻架转轴和主传动机构的提升加压轴，钢材全部用高强度板和型材，焊接后整体热处理退火。

b　材料结构

主平台上所使用的材料主要为强度高、韧性好的低合金高强度的型钢和钢板，材料牌号有 16Mn、Q295A、WH60，材料的种类有角钢、矩形钢管、槽钢、扁钢和棒材等。当钻机需要在严寒地域作业时，主平台的材料应选择低温冲击韧性较高的低合金高强度材料，型材可采用 Q345D（或 Q345E）、板材可采用 Q460D（或 Q460E）等。

c　精度结构

A 形架上安装主机构减速器加压轴的同轴度及其与基面的位置精度。

B　工艺路线

钻机主平台的工艺路线见表 11-3。

表 11-3　钻机主平台的工艺路线

工艺路线	产品名称	零件名称	材料牌号	零件质量/kg
	牙轮钻机	平　台	焊接件	11992
铆焊（组焊、钻开各部孔、A 形架不焊）→热处理（去应力）→铆焊→车划→铆焊（组焊 A 形架）→喷砂→油漆→车划→镗→钳→钳划→钳钻→钳				

C　工序过程

钻机主平台制造工艺过程见表 11-4。

表 11-4　钻机主平台制造工艺过程

工艺过程卡片		产品名称	零件名称	材料牌号	零件质量/kg
		牙轮钻机	平　台	焊接件	11992
工序号	工序名称	工 序 内 容			工　具
1	铆　焊	各相关待组焊的构件割孔、开孔、钻孔；钳焊和点焊；平台部分、A 形架部分，分别组焊			
2	热处理	平台部分与 A 形架部分，分别去应力退火			
3	铆　焊	分别矫正 A 形架和平台部分			
4	车　划	检查各轴套及行走箱位置，在平台上划出 A 形架的组焊位置线，并划出 A 形架上的中心线			
5	铆　焊	组焊 A 形架，并按加工工艺图焊接 A、B、D 定位板，割出退火前不能割出的各种孔			
6	喷　砂	平台和 A 形架上下内外均喷砂			
7	油　漆	喷砂完成后即油漆			
8	车　划	全面检查，划各加工线			
9	镗	（1）铣工艺图 A、B 定位面，钻各相关孔，严格保证各相关位置尺寸要求。 （2）以工艺基准 A、B 定位镗铣 2 - ϕ120H9 × 2169，3189 × 750 合图。严格保证孔的同轴度及各平面之间的平行度和垂直度。 （3）在 A 形架的轴承座上光出校活基准。 （4）扩水平轴线所示各孔、孔台端面及倒角合图，垂直轴孔所示各孔、孔台端面及倒角合图。 （5）铣各相关垂直面和平面合图，钻各孔合图			
10	钳	配钻各相关孔，转钳划，钻底孔攻丝合图			接长钻
11	钳　划	除前面工序已完成的孔外，对尚未钻的孔配钻			
12	钳	与走台、小平台试装、各部件蒙孔，定位焊接各相关件，去掉工艺图基准 D			

D　应当关注的重点

注意各孔位的加工精度与 A 形架的定位组焊，特别是要保证 A 形架上孔的同轴度。

11.1.2.2 履带支架

A 工艺结构分析

根据履带行走装置所使用的履带结构的不同，牙轮钻机的履带支架的内部结构也不尽相同。本章仅对使用整体式履带板的履带支架的工艺结构进行分析。履带支架也是一种架体类的构件，总体结构形式有开式结构（见图11-5）和闭式（箱型）结构（见图11-6）两大类。

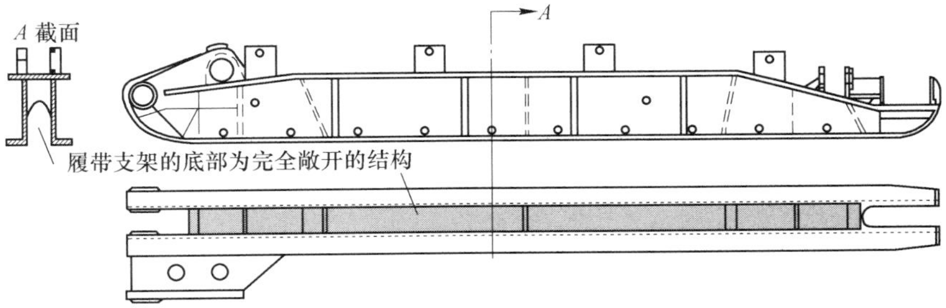

图11-5 履带支架的开式结构

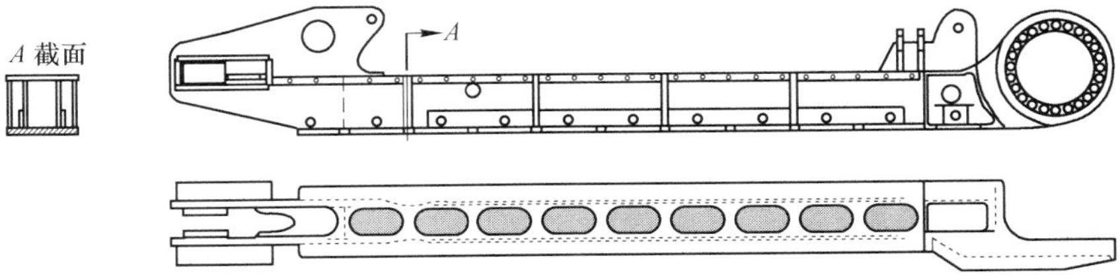

图11-6 履带支架的闭式结构

履带支架是履带行走装置的支承构件，除履带链之外，履带行走装置的其他各部零件全部装在履带支架上，它可承受钻机主平台上所有的重力和载荷。除了个别的履带支架为铸造结构外，履带支架多属焊接结构件。

a 形状结构

履带支架主要由两块主立板和两块主盖板构成的框架或箱型结构，为了提高履带支架的强度和刚度，在上下两块盖板与立板之间还垂直焊接了多块筋板。

b 材料结构

履带支架上所使用的材料主要为强度高、韧性好的低合金高强度钢板，材料牌号为Q295A、WH60，低温严寒环境时，采用Q460D（或Q460E）的板材。

c 精度结构

各孔的同轴度和相互之间的位置精度。

B 工艺路线

履带支架的工艺路线见表11-5。

表11-5 履带支架的工艺路线

工艺路线	产品名称	零件名称	材料牌号	零件质量/kg
	牙轮钻机	履带支架	焊接件	
铆（下料、组焊）→热处理→铆→车划→钻→镗→龙门铣→钳→钳焊→钳划→钳钻→钳				

C　工序过程

履带支架的制造工艺过程见表 11-6。

表 11-6　履带支架的制造工艺过程

工艺过程卡片	产品名称	零件名称	材料牌号	零件质量/kg
	牙轮钻机	履带支架	焊接件	

工序号	工序名称	工 序 内 容	工　具
1	铆　焊	下料，组焊，钻 $\phi35$ 孔、$\phi69$ 孔；割出 27 × 42 腰形孔	
2	热处理	去应力退火	
3	铆　焊	喷砂，矫正	
4	车　划	全面划线检查	
5	车　钻	钻 $R17 \times 34 \times 294$ 进刀孔	
6	镗	镗 B-B、C-C、D-D 剖面所示各孔、孔台、端面及端面距离各部合图	
7	龙门铣	铣 $R17 \times 34 \times 294$ 腰形孔合图	
8	钳	按总图与各侧盖板修合，与托轮轴组合，定位焊接支承套，配钻支承筋板上各孔	
9	钳　钻	钻各孔与各螺孔的底孔合图	
10	钳	对准油孔做出油槽，各螺孔攻丝、去毛、修整	

D　应当关注的重点

总体结构的选择，在可能的情况下，以选择图 11-6 所示的箱型（闭式）结构为好，这种结构取消了托轮间垂直的立板，从而减少了高应力对履带支架的影响，提高了履带支架的使用受命，减少了维护工作量。从工艺结构上看，这种结构的刚度比开式结构的变形小。有履带支架是成对使用，有左右之分，加工过程中应对此予以注意。

11.1.3　箱体类

箱体类零件作为机械设备的基础零件，能将安装在箱体内的相关零件连接成为一个整体，并且固定不同零件的相对位置关系和传动作用，让所有与之相关的零件按照固定的传动关系协调运作。箱体零件的质量影响着机械设备的运动精度和工作精度，还会影响机械设备的使用寿命和性能。箱体零件的设计基准是平面，其中箱体的装配基准，需要保证有较高的平面度和较低的表面粗糙度。

牙轮钻机中的箱体类零件是回转齿轮减速箱和主机构减速箱。本小节仅就回转减速箱体的加工工艺予以分析。

（1）工艺结构分析。

1）形状结构。从箱体的外形看，回转减速器的箱体有矩形和圆形两种，两种结构形式各有特点。圆形结构的减速箱，上开箱加工容易，并且可以利用圆形止口与箱体配合保证装配精度，合箱处的密封性较好；矩形减速箱便于主传动的对称布置和检修，加工简单。国外主流牙轮钻机传动轴的布置一直沿用的是直线式布置方式，箱体形式则对应采用了矩形的上开箱式。

2）材料结构。回转减速箱体分别有铸钢件和焊接件两种。铸钢件的箱体材料为ZG35CrMo，矩形结构的箱体既有铸钢件的，也有焊接件的；而圆形结构的箱体，由于其内部结构较为复杂，不便于组焊，则使用铸钢件整体铸成。

焊接件的箱体采用焊接性能好，强度高的低合金高强度的钢板焊接而成。材料牌号为Q295A、WH60，低温严寒环境时，采用低温冲击韧性高的Q460D（或Q460E）的板材。

3）精度结构。回转减速箱体的精度要求较高，除了箱体自身孔系的加工精度外，还有与之配装零件的组合面的接触精度和位置精度。

（2）工艺路线（见表11-7）。

表11-7 回转齿轮箱体的工艺路线

<table>
<tr><td rowspan="2">工艺路线</td><td>产品名称</td><td>零件名称</td><td>材料牌号</td><td>零件质量/kg</td></tr>
<tr><td>牙轮钻机</td><td>齿轮箱体</td><td>ZG35CrMo</td><td>1180</td></tr>
<tr><td colspan="5">铸钢人工时效→钳焊（焊工艺基面）→车划→龙门铣→车划→镗→钳→钳焊→热处理→喷丸→车划→龙门铣→车划→镗→钳划→钳钻→钳钻→钳</td></tr>
</table>

（3）工序过程卡片（见表11-8）。

表11-8 回转齿轮箱体的制造工艺过程

<table>
<tr><td colspan="2" rowspan="2">工艺过程卡片</td><td>产品名称</td><td>零件名称</td><td>材料牌号</td><td>零件质量/kg</td></tr>
<tr><td>牙轮钻机</td><td>齿轮箱体</td><td>ZG35CrMo</td><td>1180</td></tr>
<tr><td>工序号</td><td>工序名称</td><td colspan="3">工 序 内 容</td><td>工 具</td></tr>
<tr><td>1</td><td>铸 钢</td><td colspan="3">对已经铸造完成的箱体毛坯人工时效处理</td><td></td></tr>
<tr><td>2</td><td>钳 焊</td><td colspan="3">均布焊接4个$\phi100\times30$工艺基面</td><td>$\phi100\times30$钢板4件</td></tr>
<tr><td>3</td><td>车 划</td><td colspan="3">按技术要求划铣削粗加工线</td><td></td></tr>
<tr><td>4</td><td>龙门铣</td><td colspan="3">铣平4处工艺基面；295×45▽12.5两处铣合图，粗铣箱体外部▽12.5、▽6.3处留余量每边4mm，内接角处留四角$R5$</td><td></td></tr>
<tr><td>5</td><td>车 划</td><td colspan="3">按技术要求划镗孔粗加工线</td><td></td></tr>
<tr><td>6</td><td>镗</td><td colspan="3">粗镗主视图纵向各轴线上各孔，内端面及横向轴线上2-$\phi75$和端面留余量，每边4mm，其余不镗</td><td></td></tr>
<tr><td>7</td><td>钳</td><td colspan="3">与相关件定位钳焊</td><td></td></tr>
<tr><td>8</td><td>热处理</td><td colspan="3">去应力退火</td><td></td></tr>
<tr><td>9</td><td>喷 丸</td><td colspan="3">箱体内部喷丸处理显金属本色</td><td></td></tr>
<tr><td>10</td><td>车 划</td><td colspan="3">按技术要求划铣削精加工线</td><td></td></tr>
<tr><td>11</td><td>龙门铣</td><td colspan="3">铣工艺基面2-762.5、2-200，590方框面合图（包括倒角），确保各加工面互相平行、垂直</td><td></td></tr>
<tr><td>12</td><td>车 划</td><td colspan="3">按技术要求划镗孔精加工线</td><td></td></tr>
</table>

续表 11-8

工艺过程卡片		产品名称	零件名称	材料牌号	零件质量/kg
		牙轮钻机	齿轮箱体	ZG35CrMo	1180
工序号	工序名称	工 序 内 容			工　具
13	镗	校正，镗纵向轴线上各孔，内端面倒角及 468 和 488 合蓝图，严格控制各尺寸要求及形位公差要求			
14	钳划钻	钻各相关螺纹底孔，钻攻相关螺纹孔			
15	钳	去毛，修与左、右支架结合面			

（4）应当关注的重点。孔系的加工精度，配装零件组合面的接触精度和位置精度装配精度，与回转加压小车相关连接件结合面的形位精度。

11.1.4　齿轮类（盘套类）

牙轮钻机中有大量的齿轮（盘套）类零件，如减速器中的齿轮，传动装置中的链轮、滚轮，行走装置中的驱动轮、张紧轮、支承轮、托轮，各种装置中的轴套、盖、圈等等。

齿轮类零件是根据不同齿轮的大小确定不同的速比，来传递不同零件之间的运动速度和动力。对于齿轮类零件的技术要求主要集中在影响传递运动准确性和平稳性的方面上，还有就是要求在整个零件上载荷需要均匀分布，以防零件由于外界的高压而破损。由于齿轮类零件需要长时间转动，需要有足够的耐磨损度和耐用度，所以我们还需要对其材料的技术要求进行分析。齿轮类零件的齿面要硬，心部韧性要好，其材料要容易被热处理加工，并能在交变荷载和冲击荷载之下保持足够的强度。

盘套类零件由外圆、孔和端面组成，主要用于支撑、导向、密封设备的作用，并且有着改变速度和方向的作用。除了零件尺寸精度和表面粗糙度要根据机械设备的实际要求而调整以外，往往外圆相对孔的轴线有一定的同轴度和径向圆跳动公差，而端面相对孔的轴线有端面圆跳动的公差。为保证上述数据的精度，盘套类零件的加工一般由车削完成。

现就回转减速器中的具有代表性的末级大传动齿轮的制造工艺予以分析。

（1）工艺结构分析。

1）形状结构：该齿轮为圆盘状，通过花键孔安装在中空主轴的花键上。

2）材料结构：该类齿轮的毛坯为锻件，材料牌号为 42CrMo、35CrMoV 或 20CrMnTi。

3）精度结构：精度等级一般为 7 级，表面粗糙度 $Ra1.6\sim3.2$，齿面需磨齿。

（2）工艺路线（见表 11-9）。

表 11-9　回转减速箱齿轮的工艺路线

工艺路线	产品名称	零件名称	材料牌号	零件质量/kg
	牙轮钻机	齿轮Ⅳ	42CrMo	76
锻→车→热处理→车→车划→车钻→滚齿→钳→热处理→车→车划→插→钳→外磨→齿磨→钳				

（3）工序过程卡片（见表 11-10）。

表 11-10　回转减速箱齿轮制造工艺过程

工艺过程卡片	产品名称	零件名称	材料牌号	零件质量/kg
	牙轮钻机	齿轮Ⅳ	42CrMo	76

工序号	工序名称	工 序 内 容	工 具
1	锻	锻后光坯调质	
2	车	端面上槽子车合图，其余留余量每边 4mm，锐角倒成 6×45°	
3	热处理	调质 HB229～269	
4	车	四爪夹 ϕ185 部位校正，粗精车外圆，每边留 0.20mm，内孔均车位 ϕ140，右端面留余量 0.50mm，其余车合图；换面，车左端面和 ϕ185 及倒角合图	
5	车　划	划车钻孔	
6	车　钻	钻 6-ϕ55 合图	
7	滚　齿	按基面校正滚齿，其齿厚按上偏差每边留磨量 0.25mm	磨前滚刀
8	钳	修正齿部，去毛刺	
9	热处理	齿部高频淬火 HRC42～48，见技术要求	
10	车	以齿顶圆及基面校正，车内孔各部及右端面合图（ϕ145D7 处留磨量 0.2mm，▽6.3）	
11	车划	在非基面一端划花键加工线	
12	插	插花键槽合图	样板
13	钳	修花键孔和塞规	塞规
14	外　磨	芯轴上活磨齿顶圆合图	花键芯轴
15	齿　磨	磨齿合图	
16	钳	去毛修整	

（4）应当关注的重点：加工精度、齿面精度、齿面硬度。

11.1.5　轴类

轴类零件是一种机械设备中常见的零件，其基本结构是一个回转体，主要是用来支撑传动零件、传递扭矩、承受运转载荷，而且有保障回转精度的作用。轴类零件的长度大于直径，一般由同心轴的外圆柱面、圆锥面、内孔和螺纹及相应的端面所组成。根据结构形状的不同，轴类零件可分为光轴、阶梯轴、空心轴和曲轴等。

轴类零件的技术要求主要体现在以下几方面：轴上的支承轴颈和配合轴颈是轴类零件的主要表面。起支撑作用的轴颈为了确定轴的位置，通常对其尺寸精度要求较高（IT5～IT7）。装配传动件的轴颈尺寸精度一般要求较低（IT6～IT9）；其形状精度要符合直径公差的要求；要保证装配传动件的配合轴颈对支承轴颈的同轴度的相对位置精确，一般两者的径向圆跳动在 0.01～0.03mm 之间，精度要求高时需要保证在 0.001～0.003mm 之间；表面粗糙度要根据不同机械设备的精密程度和运转速度确定。

牙轮钻机中的轴类零件很多，主要有回转减速器中的中空轴和齿轮传动轴；加压机构中的A形架轴、主机构减速器中的加压轴和齿轮传动轴；履带行走装置中的后轴、驱动轮传动轴、张紧轮轴、支承轮轴和其他机构中的各种支承轴、传动轴等。

现就牙轮钻机中的中空轴的制造工艺予以分析。其结构如图11-7所示。

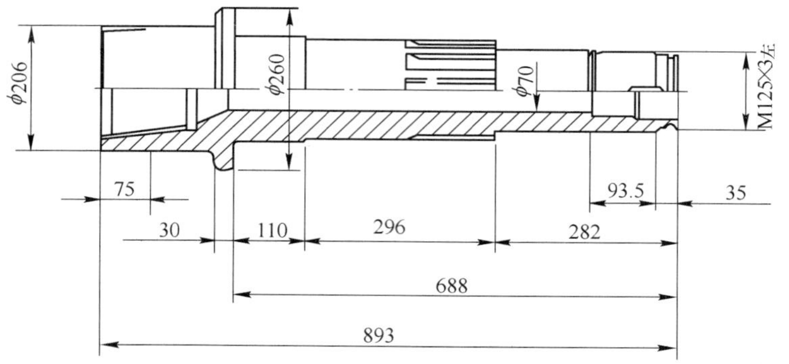

图11-7　牙轮钻机中空轴结构

（1）中空轴的作用。牙轮钻机工作时，主要是通过其回转、加压机构使钻具回转钻孔。中空轴的上端与引风接头相连，下端与钻具相连。当回转电机的驱动力通过减速器的齿轮传递到回转机构减速机的末级大齿轮（齿轮Ⅳ）后，中空轴驱动钻具回转，并把电动机的扭矩和转速传递给钻头。

（2）中空轴的材料结构。通过分析牙轮钻机工作原理，根据中空轴的工作环境、工作条件、受载及应力情况，选用了有高强度和高韧性以及有着优良的综合力学性能的35CrMoV合金钢，该材料具有良好的切削性能和热处理工艺性能。中空轴的阶梯设计从轴的右端向左依次安装轴承、轴承座、齿轮、隔套、右端轴承、引风压盖等零件。零件安装以轴肩和隔套定位，中空设计便于压缩空气通过，将破碎下来的岩石排至孔外。

（3）中空轴机械加工工艺性分析。图11-8为牙轮钻机中空传动轴工艺图。根据中空轴的特点，采用锻造方法制造毛坯。根据工艺手册中的有关数据，先确定中空轴毛坯的尺寸及加工余量，再考虑毛坯锻件及毛坯热处理后表面的氧化层、裂纹、切削加工后的内应力等因素，按中空轴毛坯工艺示意图中的有关尺寸，毛坯余量选择单边在12～15mm之间比较合适，既能保证产品的加工质量，又能提高生产效率。

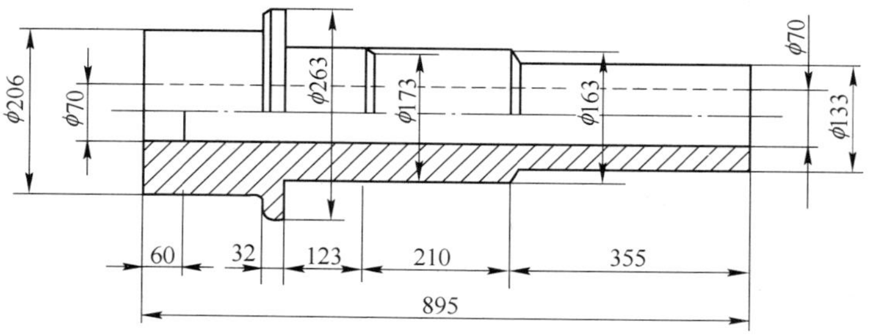

图11-8　牙轮钻机中空传动轴工艺图

（4）工艺路线（见表11-11）。

表 11-11 牙轮钻机中空轴的工艺路线

工艺路线	产品名称	零件名称	材料牌号	零件质量/kg
	牙轮钻机	中空轴	35CrMoV	125
锻→热处理→车划→ϕ80 车钻→车→ϕ100 深孔钻→ 车→外圆磨→轴铣→车→车划→ϕ80 车钻→4m 龙门铣→钳。				

（5）工序过程卡片（见表 11-12）。

表 11-12 牙轮钻机中空轴制造工艺过程

工艺过程卡片	产品名称	零件名称	材料牌号	零件质量/kg
	牙轮钻机	中空轴	35CrMoV	125

工序号	工序名称	工 序 内 容	工 具
1	锻	按工艺图锻，毛坯调质	
2	热处理	调质	
3	车 划	划两端中心孔位	
4	车 钻	钻两端中心孔	
5	车	车合工艺图	
6	深孔钻	钻深孔 ϕ70 合工艺图	深孔钻头、钻杆
7	车	在 0.3mm 范围内带光中心架位；车总长及内孔尺寸如下：总长车合蓝图，右端 $\phi90^{+0.5}$ 车成 ϕ90 +0.03 ▽6.3，ϕ82 和 30°合图，左端 $\phi164^{+0.5}$ 车成 $\phi164^{+0.03}$ ▽6.3，1:4 孔与左端内孔其余各部尺寸和锥螺纹车合图；上闷头，双顶上活车各外径如下：▽1.6 处各外圆留磨量每边 0.2 ~ 0.25mm，ϕ160dc4、ϕ204n6 留磨量每边 0.2 ~ 0.25mm，外螺纹外径留余量每边 0.25（外螺纹不车出），其余各部外径车合蓝图，不下闷头	两端闷头（左端锥螺纹配合）
8	外 磨	磨▽1.6 外圆及 ϕ160dc4、ϕ204n6 合图	
9	轴 铣	以▽1.6 外圆及 ϕ204n6 外圆校正，铣两处花键合图	加长套，花键铣刀
10	车	车外螺纹及倒角部圆角合蓝图	左螺纹环规
11	车 划	划键槽位置	
12	车 钻	钻入刀孔	
13	龙门铣	铣键槽合蓝图	
14	钳	去毛，修光键槽，修花键合环规	花键环规

（6）应当关注的重点。在牙轮钻机的轴类零件中，中空轴的结构比较复杂，精度要求高，加工过程中需要使用的刀具、工具也较多。因此，在制定其加工工艺时，特别要注意主要部位的加工方法与定位基准的选择。

1）主要部位加工方法。正如表 11-12 中的那样，中空轴 ϕ70mm 内孔由 ϕ100mm 深孔钻床钻合图，按工艺简图左端镗为 ϕ70H7 × 60mm 作为工艺基准。三处表面粗糙度为

$Ra1.6$ 的轴承位置及左端花键外圆、$\phi206n6mm$ 由磨床磨削加工外径，其余各部内、外径和螺纹由车床车削。右端 $\phi90mm$ 孔车成 $\phi90H7mm$、左端 $\phi164mm$ 锥孔车成 $\phi164H7mm$ 锥孔作为磨削加工基准。两处花键轴由铣床铣合。

2）中空轴加工过程中定位基准选择。中空轴为孔中心的通空设计结构，无法在零件本体上加工出中心孔，因此，还需借助内孔配上闷板工具来实现轴的中心孔定位，以保证以后各工序有统一的定位基准。

中空轴在粗车时，以两端中心孔作为定位基准；在深孔钻床上钻深孔时，以粗加工后的外圆为定位基准；精车及磨削时，两端内孔配上闷板，以两端闷板中心孔作为定位基准；铣两处花键部及键槽时，均以精车后的外圆为定位基准。

3）刀具及工装量具。在生产加工过程中，为确保零件的尺寸精度及定位要求，有些工序需要专用的刀具及工装量具，这些专用的刀具及工装量具需在零件正常加工前准备好。深孔钻工序钻深孔时，需要深孔钻头及相应长度的钻杆；在车床工序车各部时需要端头闷板、左端锥闷头、左螺纹环规；在轴铣两处花键时，需要花键铣刀、花键环规等刀具及工装量具。其中端头闷板与各配装孔，设计过渡配合公差进行加工，左端锥闷头右加长与左端锥孔配车。

11.1.6 履带板

11.1.6.1 工艺结构分析

从整体结构上看，牙轮钻机履带行走机构所使用的履带板主要有两种类型：一种是整体铸造的铸钢件履带板，另一种是链轨结构的组合式履带板。大型和重型牙轮钻机使用的履带板多为整体式履带板。与链轨组合使用的组合式履带板基本上都是轧制的，本节仅就整体式铸钢件的履带板制造工艺予以介绍。

（1）形状结构。从结构上分，整体式履带板有敞开式、封闭（箱型）式和半闭（半箱型）式三种形式，牙轮钻机上多采用半闭式，如图 11-9 所示。整体式履带板的材质一般为铸钢件。在履带板的内侧铸有若干个凹凸处，使泥土容易脱落，接地部分为无履刺的平滑形状。履带板与驱动轮的啮合爪可制成单块和多块式，使啮合过程能自动清除污物。这种铸造结构的履带板节距较大，强度也比组合式履带板大，因此大型和重型牙轮钻机使用的履带板多为整体式履带板。

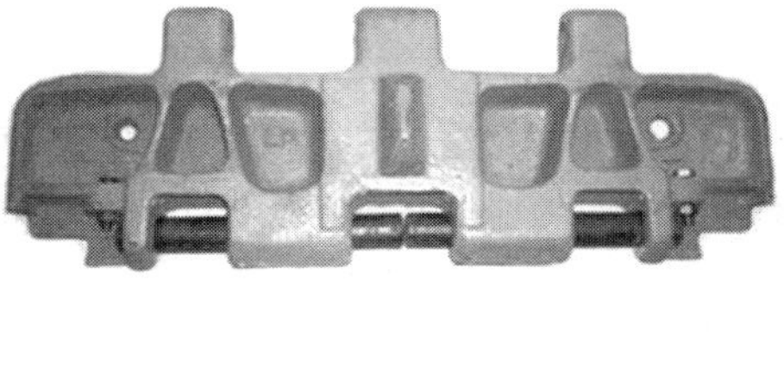

图 11-9　整体式履带板的形状结构

（2）材料结构。整体式铸钢件履带板所使用的材料以前多为 ZGMn13 高锰钢，耐磨性高，但由于其含碳量高，综合力学性能却不尽如人意。另外，还有使用 ZG35CrMo、ZG35Mn 或 ZG40MnZ 等合金铸钢件调质处理后的材料，但这些履带板在矿山经常出现断裂、层片剥落等早期失效情况。

实践证明使用低合金高强度的铸钢件制造牙轮钻机的整体式铸钢件履带板的使用效果较好，如 SD3520、ZG31CrMnSiMoRE 等。

11.1.6.2 履带板磨损失效分析

牙轮钻机履带板使用材料的失效形式有翻边、起皮剥落、磨损率高、断裂等，具体表现在：履带板销孔磨损成椭圆喇叭形，是由于磨损副在行走、超越障碍或转弯时，受交变载荷或偏载，局部应力较大而导致局部塑性变形的结果；凸台及跑道有发亮的起皮现象，呈层片剥落，是由于应力累积使亚表层开裂、扩展而形成塑性变形层堆积或起皮剥落，另外也由于淬硬层较薄及材料的 σ_s 和初始硬度偏低；销孔、跑道、踏面的磨损表面有明显的犁沟、擦伤条痕。

以上磨损机制属于微切削磨损与疲劳磨损，有针对性地设计和选择履带板的化学成分和力学性能是解决履带板在矿山经常出现断裂、层片剥落等早期失效情况的有效措施。

下面以 ZG31CrMnSiMoRE 为例来说明这个问题。

11.1.6.3 化学成分设计

化学成分设计是保证工件材质达到所要求的力学性能和工艺性能的基础。根据前述履带板的失效形式及失效分析可知，好的履带板材质应具备合理的力学性能匹配，即具有高强度和一定冲击韧性下的较高硬度。为此，国内的牙轮钻机制造商研究了立足于国内资源的低中碳铬锰硅系的复合合金化材质。其化学成分见表 11-13。

表 11-13 ZG31CrMnSiMoRE 的化学成分 （%）

元素	C	Cr	Mn	Si	Mo	RE	P	S
含量	0.28 ~ 0.34	0.6 ~ 0.8	1.0 ~ 1.2	0.5 ~ 0.9	0.2 ~ 0.4	0.03 ~ 0.05	≤0.04	≤0.04

根据上述化学成分研制的 ZG31CrMnSiMoRE 钢，强度和韧性搭配适当，性能指标（调质处理后）为：$\sigma_s = 800 \sim 900\text{MPa}$，$\sigma_b = 900 \sim 1100\text{MPa}$，$\delta_5 = 10\% \sim 15\%$，$\psi = 25\% \sim 30\%$，$\alpha_k = 60 \sim 80\text{J/cm}^2$，HRC30 ~ 45。综合力学性能和耐磨性能高于原使用铸钢，能充分满足履带板使用性能的要求。其调质处理后的力学性能见表 11-14。

表 11-14 ZG31CrMnSiMoRE 调质处理后的力学性能

热处理工艺	力学性能					
	σ_b/MPa	σ_s/MPa	δ_5/%	ψ/%	α_k （$\times10^5$）/ $\text{J}\cdot\text{m}^{-2}$	HRC
(850 ± 10)℃淬火 (530 ± 10)℃回火	942 ~ 1195	876 ~ 1124	12.2 ~ 18.4	32 ~ 51	4.6 ~ 5.9	35 ~ 45

11.1.6.4 ZG31CrMnSiMoRE 的热处理工艺

ZG31CrMnSiMoRE 的热处理工艺如图 11-10 所示。

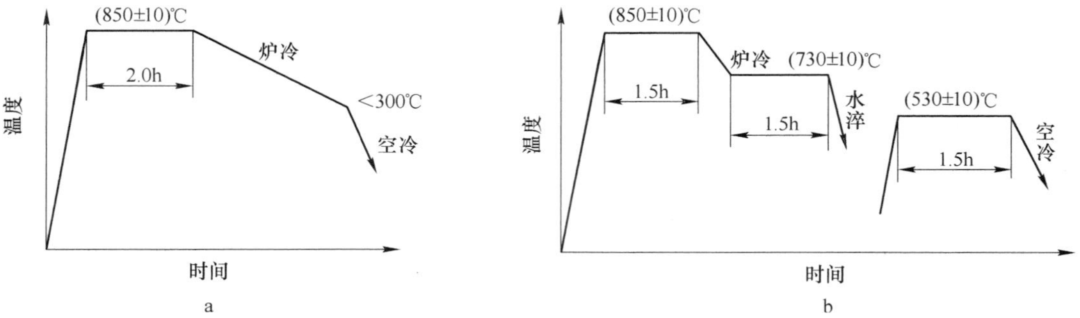

图 11-10　ZG31CrMnSiMoRE 的热处理工艺
a—退火处理工艺；b—调质处理工艺（降温水淬）

11.2　制造质量控制

11.2.1　质量控制与检验

质量控制的重点是在编制项目质量检验计划的前提下，抓好关键工序环节的质量控制，主要包括有原材料的质量控制、关键工序的质量控制和特殊工序的质量控制。

质量检验的重点是原材料与外购件的复核检验、零部件检验和总装质量检验。

11.2.1.1　项目质量检验计划

所谓项目质量检验计划，是指在生产对象投产之前，以书面的形式对检验工作所涉及的总体和具体的检验活动、程序、资源等做出的规范化安排，以便于指导检验活动，使其有条不紊地进行。

项目质量检验计划是产品生产者对整个检验和试验工作进行的系统策划和总体安排的结果，确定检验工作何时、何地、何人（部门）做什么，如何做的技术和管理活动，一般以文字或图表形式明确地规定检验站（组）的设置，资源的配备（包括人员、设备、仪器、量具和检具），选择检验和试验方式、方法和确定工作量，它是指导质量检验工作的依据。

A　编制项目质量检验计划目的

产品形成的各个阶段，从原材料投入到产品实现，有各种不同的复杂生产作业活动，同时伴随着各种不同的检验活动。这些检验活动是由分散在各生产组织的检验人员完成的。这些人员需要熟悉和掌握产品及其检验和试验工作的基本知识和要求，掌握如何正确进行检验操作，如产品和组成部分的用途、质量特性、各质量特性对产品功能的影响，以及检验和试验的技术标准，检验和试验项目、方式和方法，检验和试验场地及测量误差等。为此，需要有若干文件做载体来阐述这些信息和资料，这就需要编制检验计划来给以阐明，以指导检验人员完成检验工作，保证检验工作的质量。

现代工业的生产活动从原材料等物资投入到产品实现最后交付是一个有序、复杂的过程，它涉及不同部门、不同作业工种、不同人员、不同过程（工序）、不同的材料、物资、设备。这些部门、人员和过程都需要协同有机配合、有序衔接，同时也要求检验活动和生产作业过程密切协调和紧密衔接。为此，就需要编制检验计划来予以保证。

B 项目质量检验计划的作用

项目质量检验计划是对检验和试验活动带有规划性的总体安排，它的重要作用有：

根据产品和过程作业（工艺）要求合理地选择检验、试验项目和方式、方法，合理配备和使用人员、设备、仪器仪表和量检具；对产品不合格严重性分级，并实施管理，能够充分发挥检验职能的有效性，在保证产品质量的前提下降低产品制造成本；使检验工作的标准化，使产品质量能够更好地处于受控状态。

C 项目质量检验计划的内容

在项目质量检验计划中应当包含产品和组成部分的用途、质量特性、各质量特性对产品功能的影响，以及检验和试验的技术标准，检验和试验项目、方式和方法，检验和试验场地及测量误差等内容。

质量检验部门根据生产作业组织的技术、生产、计划等部门的有关计划及产品的不同情况来编制检验计划，其基本内容有：

编制检验流程图，确定适合作业特点的检验程序；合理设置检验站、点（组）；编制产品及组成部分（如主要零部件）的质量特性分析表，制订产品不合格严重性分级表；对关键的和重要的产品组成部分（如零部件）编制检验规程（检验指导书、细则或检验卡片）；编制检验手册；选择适宜的检验方式、方法；编制测量工具、仪器设备明细表，提出补充仪器设备及测量工具的计划；确定检验人员的组织形式、培训计划和资格认定方式，明确检验人员的岗位工作任务和职责等。

D 编制项目质量检验计划的原则

充分体现检验的目的的原则，对检验活动的指导原则，关键质量优先保证原则，综合检验成本最佳原则；进货检验、验证评审确认原则；检验计划适应性原则。

牙轮钻机的项目质量检验计划见表 11-15 所示。在实际应用时，可根据具体情况在项目质量检验计划中对表中的检查内容进一步细分检查项目。

表 11-15 牙轮钻机的项目质量检验计划（样表）

项目质量检验计划表								项目名称：牙轮钻机 项目单号：YZ0000000		
生产单号	产品名称	数量	化学成分	物理性能	无损检测	热处理检查	主要尺寸检查	总装前检查	装配检查	表面防护检查
	齿轮体	2				★	▲			
	回转机构							★	☆	★
	行走机构	1					▲	★	★	☆
	行走中间轴	1			★	★	▲			
	左履带支架	1	★	★		★	▲			
	平台及走台					★			★	☆

注：1. ★—资料见证；▲—抽查见证；☆—现场见证。

2. 无损检测可细分为着色、超探、磁探；热处理检查可细分为调质、淬火、退火、正火、硬度；总装前检查可细分为干油、稀油、组件；装配检查可细分为装配尺寸、耐压试验、功能试验；表面防护可细分为喷砂（或抛丸）、防锈、油漆等。

11.2.1.2　零件检测表卡

零件的检验包括零件长度误差检测、角度误差检测、形位误差检测、表面粗糙度检测、螺纹误差检测、齿轮误差检测、零件的综合检测等基于工作过程的内容。

编制零件检测表卡的依据是零件设计图、工艺和工艺图、技术文件规定使用的相关标准和项目质量检验计划。

11.2.2　主要零部件质量的控制与检验

11.2.2.1　零件检验记录表（卡）

（1）钻架。钻架的零件检验卡见表11-16，检验位置见该表中的示意图。

表 11-16　牙轮钻机钻架的零件检验卡

零部件检验记录	产品名称	部件名称	材料牌号	质量/kg
	牙轮钻机	钻　架	焊接组合件	9293

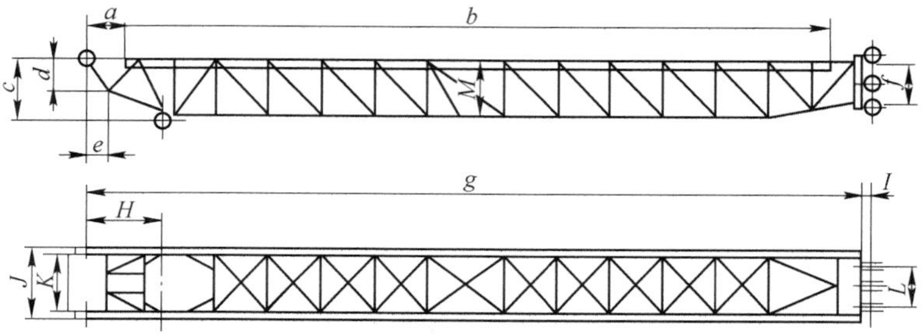

钻架检验示意图

尺寸检验（注：本节的零件检验表卡仅给出了需要检验的设计值，表卡中的实际值一栏在检测时填写，下同）

编号	设计值	实际值	编号	设计值	实际值
a	900		H	2618	
b	23748.48		I	148	
c	1365		J	2032	
d	840		K	1782（+3，-1）	
e	787		L	1422.4	
f	940		M	1224^{+1}	
g	24961				

焊　接　检　验

序号	检　验　项　目	技　术　要　求	检验结果	检验日期
1	钻架材料	A3，25，35，45，16Mn，WH60		
2	焊条代码	T7××62 Na		
3	5 号方形钢管的平直度	总长度平直度≤10mm，每 4m 平直度≤3mm		
4	4 根方形钢管的对角偏差	每截面对角偏差≤7mm		
5	两侧齿条的对角偏差	总长度对角偏差≤10mm		

续表 11-16

序号	检　验　项　目	技　术　要　求	检验结果	检验日期
6	齿条任意两节的中心线 A 架上两个 101H7 孔的中心线间的不平度	≤2mm		
7	齿条对应齿的高度偏差	≤1.5m		
8	两齿条连接处的节距偏差	≤0.5mm		
9	4 根方形钢管的对接焊接	不允许接头在钻架同一横截面上		
10	钻架中心线和两 101H7 孔直径中心线的连接线的垂直度	钻架总长度垂直度≤10mm，每 4m 垂直度≤3mm		
11	齿条对接焊的焊接要求	在端部留 15mm 不焊		
12	焊接表面质量	无裂缝、气孔或焊坑		
13	焊接外观质量	符合 JB/ZQ4000.4—1986		
14	焊后热处理	去应力退火		

（2）中空轴上接引风口、中连末级传动齿轮、下连钻具，是回转减速箱的核心零件，加工精度要求高，重点要控制好其尺寸精度和形位精度的偏差。中空轴的零件检验卡见表 11-17，检验位置见该表中的示意图。

表 11-17　牙轮钻机中空轴的零件检验卡

零部件检验记录	产品名称	零件名称	材料牌号	质量/kg
	牙轮钻机	中空轴	35CrMoVe	125

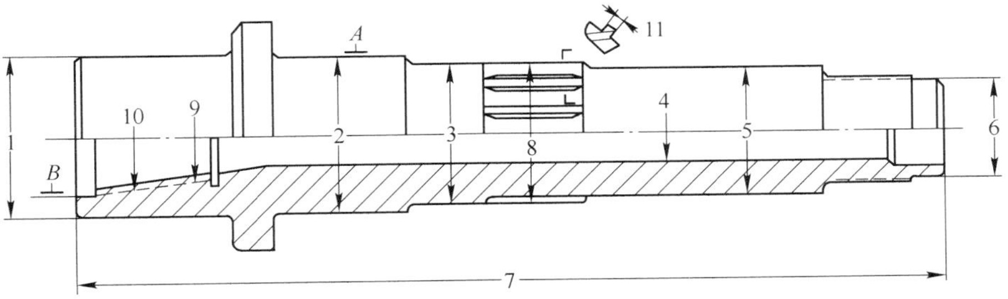

中空轴检验位置示意图

加　工　检　验

序号	尺　寸　公　差		形　位　公　差		备注
	设计值	实际值	设计值	实际值	
1	ϕ203（－0.000，－0.000）		◎ ϕ0.03 A		
2	ϕ170（0，－0.000）		↗ 0.06 A		
3	ϕ160（－0.000，－0.000）		◎ ϕ0.03 A		
4	ϕ70				
5	ϕ130（＋0.000，－0.000）		◎ ϕ0.03 A		

续表 11-17

序号	尺寸公差		形位公差		备注
	设计值	实际值	设计值	实际值	
6	ϕ115（-0.000，-0.000）		◎ ϕ0.03 A		
7	893		⊥ 0.04 B		
8	ϕ160（-0.000，-0.000）		◎ ϕ0.03 A		
9	7°7′30″（1：4）				
10	ϕ151.44				
11	22（-0.000，-0.000）				

注：调质硬度 HB229～269。

（3）主平台。主平台的零件检验卡和检验孔位示意图见表 11-18。

表 11-18　牙轮钻机主平台的零件检验卡

零部件检验记录	产品名称	部件名称	材料牌号	质量/kg
	牙轮钻机	主平台	焊接组合件	11992

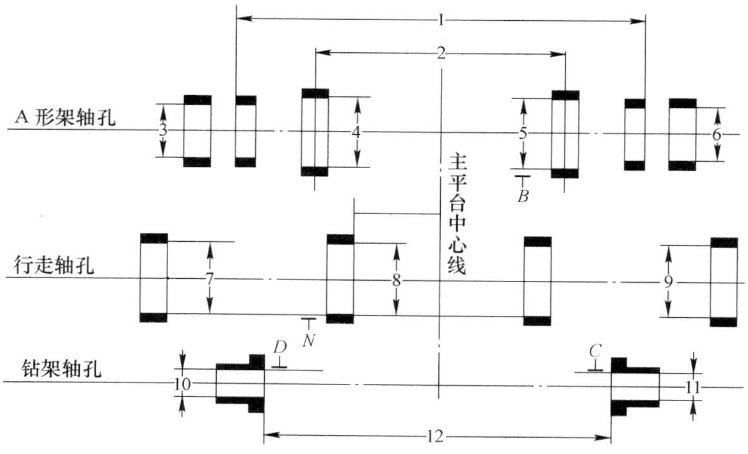

平台检验孔位示意图

加工检验

序号	尺寸公差		形位公差		备注
	设计值	实际值	设计值	实际值	
1	2028（-0.00，-0.00）				
2	1273（+0.0，+0.0）				
3	ϕ112（0.000，0）		◎ ϕ0.25 B		

续表 11-18

序号	尺寸公差		形位公差		备注
	设计值	实际值	设计值	实际值	
4	φ178（+0.00，0）		◎ φ0.20 B		
5	φ178（+0.00，0）				
6	φ112（+0.000，0）				
7	φ152.4（+0.000，0）		○ 0.015 ◎ φ0.10 N		
8	φ152.4（+0.000，0）		○ 0.015 ◎ φ0.10 N		
9	φ152.4（+0.000，0）		○ 0.015 ◎ φ0.10 N		
10	φ100（+0.000，0）		◎ φ0.10 C // 1 B		
11	φ100（+0.000，0）		// 1 B		
12	2169		⊥ 1 DC		

（4）主机构减速机壳体的零件检验卡和检验孔位示意图见表 11-19。

表 11-19　牙轮钻机主机构减速机壳体零件检验卡

零部件检验记录	产品名称	部件名称	材料牌号	质量/kg
	牙轮钻机	主机构减速机壳体	焊接组合件	1180

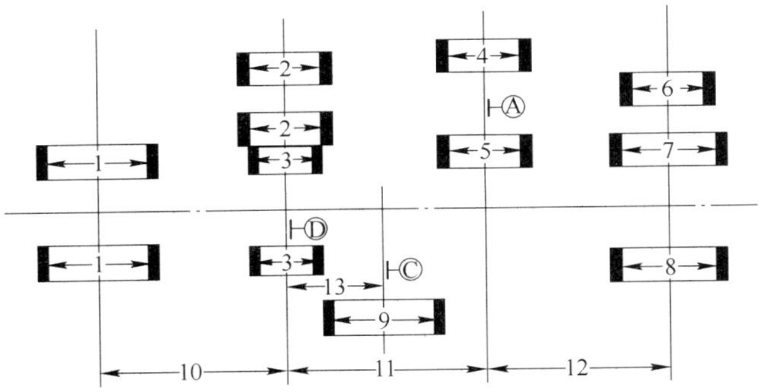

主机构轴孔检验示意图

加　工　检　验

序号	尺寸公差		形位公差		检验员
	设计值	实际值	设计值	实际值	
1	φ165（+0.00，0）		// φ0.084 D		
2	φ110（+0.000，0）		// φ0.104 A		
3	φ70（0.00，0）		// φ0.045 C		

续表 11-19

序号	尺寸公差		形位公差		检验员
	设计值	实际值	设计值	实际值	
4	ϕ145（+0.00，0）				
5	ϕ197（+0.000，0）				
6	ϕ203.2（+0.000，0）		// ϕ0.065 A		
7	ϕ235（+0.000，0）		// ϕ0.065 A		
8	ϕ254（+0.000，0）		// ϕ0.065 A		
9	ϕ500（+0.000，0）		// ϕ0.007 A		
10	501.65（±0.00）				
11	259.08（±0.00）				
12	368.3（±0.00）				
13	161.48（±0.00）				

11.2.2.2 部件检验记录表（卡）

（1）回转加压小车。与零件检验记录表（卡）不同的是，部件检验重点是检验记录各组件之间相互关系和位置的控制要求与实际状况之间的差距。表 11-20 为回转加压小车的部件检验记录卡，其检验位置见表中的示意图。

表 11-20　牙轮钻机回转加压小车的部件检验卡

部件检验记录	产品名称	部件名称	组合形式	质量/kg
	牙轮钻机	回转加压小车	装配组合	

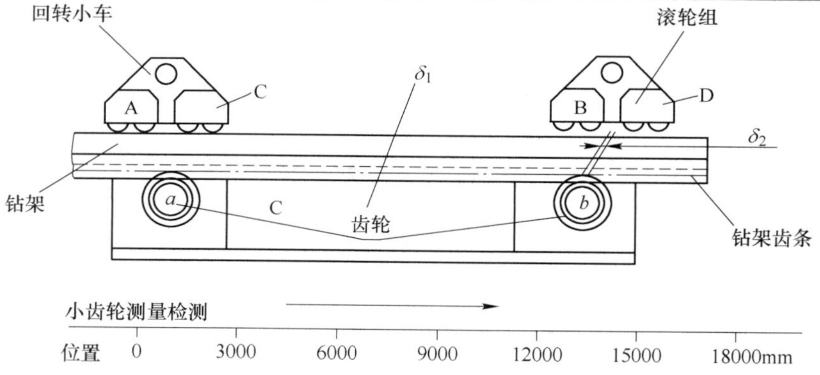

回转小车检验示意图

1. 辊子测量数据							
项　目	位置	辊子与架子间的间隙 δ_1（0～1mm）					
		3000	6000	9000	2000	15000	18000
辊子组	A						
	B						
	C						
	D						

续表 11-20

2. 小齿轮测量数据							
项　目	位置	小齿轮与架子间的侧隙 δ_2（0.2～0.8mm）					
		3000	6000	9000	2000	15000	18000
辊子组	A						
	B						
	C						
	D						

（2）主机构减速箱。表 11-21 为主机构减速箱的部件检验记录卡，检验位置见该表中的示意图。

重点应关注行走轴齿轮与中间齿轮啮合侧隙、提升轴齿轮与中间齿轮啮合侧隙、加压轴与中间齿轮啮合侧隙和接触精度高度是否符合技术要求。

主机构减速箱完成后，加压轴拨动花键配合，用手拨动灵活、无卡阻，各轴手动盘车运转灵活，加压链轮斜键锁紧可靠。

表 11-21　牙轮钻机主机构减速箱的部件检验卡

部件检验记录	产品名称	部件名称	组合形式	质量/kg
	牙轮钻机	主机构减速箱	装配组合	1180

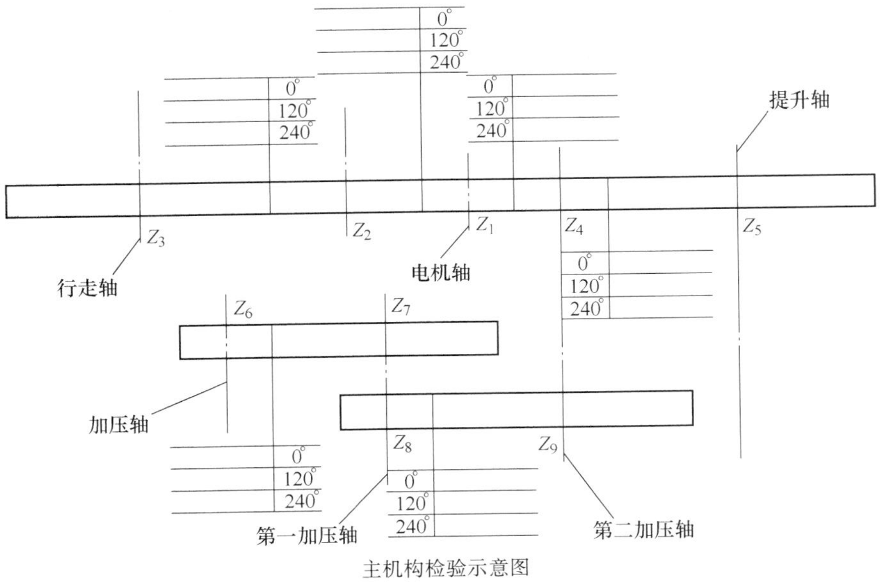

主机构检验示意图

检测测量要求		
序号	技　术　要　求	实测
1	上、下箱体对接焊缝须焊透，焊缝均匀，焊渣、飞溅物清除干净，煤油做试漏试验	
2	焊件退火处理，清除内应力（提供温度曲线图）	

续表 11-21

序号	技 术 要 求	实测
3	各连接部位必须牢固可靠，松闸、制动灵活	
4	加压轴拨动花键配合，组装后用手拨动灵活、无卡阻，各轴手动盘车运转灵活	
5	末级大齿轮做静平衡试验，不平衡力矩不大于 0. 14Nm	
6	行走轴齿轮与中间齿轮啮合侧隙为 0. 17 ~ 0. 44mm，提升轴齿轮与中间齿轮啮合侧隙为 0. 14 ~ 0. 36mm，加压轴与中间齿轮啮合侧隙为 0. 13 ~ 0. 32mm。接触精度高度方向不小于 30% 长度方向不小于 50%	
7	减速机总装后，空载运行 2h 检查各部运行情况：温升不超过 60℃；各结合面涂有密封胶不得漏油；齿轮运转平稳、无冲击声	

（3）履带行走装置。表 11-22 为履带行走装置的部件检验记录卡，检验位置见该表中的示意图。

表 11-22　牙轮钻机履带行走装置部件检验卡

部件检验记录	产品名称	部件名称	组合形式	质量/kg
	牙轮钻机	履带行走装置	装配组合	

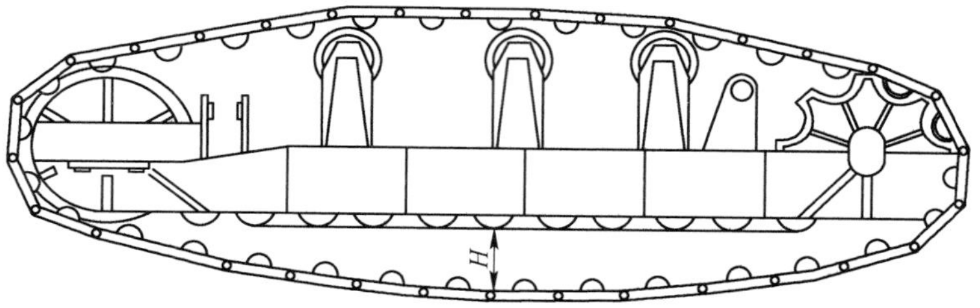

履带支架装配检验示意图

1. 左履带支架

项　目		要　求	实　测
空载试运行时间	正　转	1h	
	反　转	1h	
履带离地时下半部履带中点到离中点的下垂量（H）	0°	200 ~ 300mm	
	90°	200 ~ 300mm	
	180°	200 ~ 300mm	
	270°	200 ~ 300mm	

2. 右履带支架

项　目		要　求	实　测
空载试运行时间	正　转	1h	
	反　转	1h	
履带离地时下半部履带中点到离中点的下垂量（H）	0°	200 ~ 300mm	
	90°	200 ~ 300mm	
	180°	200 ~ 300mm	
	270°	200 ~ 300mm	

履带行走装置组装完成后，链轮必须牢固地装在轴上，并且轴肩与链轮端面的间隙不得大于0.10mm；主动轮轴必须能在轴孔自由转动，其径向间隙在0.05～0.25mm之间，其轴向间隙在1～1.5mm之间。履带松紧适度，在钻机调平时，履带离地时下半部履带中点到离中点最近的一个支承轮外缘最低点间的垂直距离在200～400mm之间。

11.2.3 整机质量的控制与检验

11.2.3.1 整机质量检验的内容

整机检验试车的内容分为机械（包括钻架、主机构、回转小车、行走、提升）、电气、气动、液压、干油集中润滑、湿式除尘、外观和整机检验记录表8个部分。

11.2.3.2 整机质量检验记录表

表11-23为整机检验记录表中机械部分钻架总成和主机构总成的检验内容，表11-24为总装试车的检验内容。

表11-23 牙轮钻机整机检验记录表（卡）

装配试车检验记录	产品名称	产品型号	机械调试	电气调试	出厂编号
	牙轮钻机	YZ0000	000	000	00000000

1 机械部分

1.1 钻架总成

序号	技术要求	实测
1	钻架整体退火（提供温度曲线），焊缝高度8mm，焊缝均匀无裂纹	
2	在钻架剖面内，由四根方钢管组成门形框架组成。 对角线长度之差不大于3mm。 四根方管在全长不直度不大于10mm，附经纬仪检测报告。 方钢管每4m长度范围的不直度不大于3mm	
3	两侧齿条在全长范围内的对角线长度之差不大于1.5mm。 两侧对应齿应同步，以孔为基准，装假轴吊线检查，两侧尺寸一致。 两段齿条相接处的节距偏差不大于0.5mm	
4	两齿条的任一对应中心线与钻架中心不平行度不大于2mm	
5	顶部两链轮、上下链盒、两均衡架间的中心线与两齿条的中心线重合	
6	卡头平台表面应与钻架结构件方向垂直，卡头平台的倾斜度不大于1°	
7	回转小车在钻机内往返动作，动作灵活无卡阻，齿条接触线无歪斜	

1.2 主机构总成

序号	技术要求	实测
1	上、下箱体对接焊缝须焊透，焊缝均匀，箱体内焊渣、飞溅物、铁屑等污物必须清除干净，箱体做试漏试验	
2	焊件退火处理，清除内应力（附退火温度曲线记录）	
3	核对轴承厂家为指定的品牌	
4	各连接部位必须牢固可靠，抱闸松闸、制动灵活，无跑偏现象	
5	加压轴拨动花键配合，组装后用手拨动灵活、无卡阻，各轴手动盘车运转灵活。加压链轮斜键锁紧可靠	

续表 11-23

序号	技　术　要　求	实测
6	末级大齿轮做静平衡试验，不平衡力矩不大于 0.14Nm	
7	行走轴齿轮与中间齿轮啮合侧隙为 0.17～0.44mm； 提升轴齿轮与中间齿轮啮合侧隙为 0.14～0.36mm； 加压轴与中间齿轮啮合侧隙为 0.13～0.32mm； 齿轮接触精度高度方向不小于 30% 长度方向不小于 50%	
8	减速机总装后试车，空载正反转运行 2h，检查各部运行情况： 轴承温升不超过 60℃； 箱体不得漏油； 齿轮运转平稳、无冲击声	

表 11-24　牙轮钻机整机检验记录表（卡）

装配试车检验记录	产品名称	产品型号	机械调试	电气调试	出厂编号
	牙轮钻机	YZ0000	000	000	00000000

8　总装试车部分

序号	技　术　要　求	实测
1	行走模拟试验：四小千斤顶将钻机顶起，履带悬空，进行直行，左拐弯、右拐弯操作，各部机构无阻滞现象，最大电流不大于 50A	
2	在平坦的粗糙地面上行走，直行时电流不大于 130A，拐弯时电流不大于 160A	
3	回转小车试验：回转小车连同钻具以 30～35m/min 的速度下降，随时可以平稳制动，而滑行距离不大于 2mm。回转小车，升降全行程动作平稳、无阻滞	
4	辅助卷筒制动试验：吊起一根钻杆，应能使其留在任何位置上，以 30～35m/min 的速度下降时随时可以平稳制动	
5	液压系统试验： 系统空载运行时，系统压力表表压应在 1.4～3.5MPa 范围内。 钻架起落各三次，起架耗时不大于 8min，落架耗时不大于 5min。 四个千斤顶将钻机顶起，检查各千斤顶的下沉情况。12h 的下沉量应不大于 4mm，24h 的下沉量不大于 7mm	
6	气控系统试验： 在无任何操作时，系统压力从 0.88MPa 降到 0.65MPa 稳压时间不少于 30min。 气控压力继电器保证当系统压力达到 0.88MPa 断开，压风机自动停机；当系统压力达到 0.65MPa 时闭合，压风机自动启动	
7	干油润滑系统耐压试验： 启动润滑系统，保压 30min。各注油器都应均匀给油，管路接头和卸荷回路无漏油，软管应无“鼓包”现象，各润滑点到油。 切断气源或电源，系统卸压，此时，注油器应复位。 各处管路不得干涉	
8	钻孔试验：在试车场地对预埋 $f=16$ 的花岗岩进行钻孔，轴压力 350kN，钻具转速 90 r/min，油压表示值为 12MPa，各部工作正常，无异常噪声，各部连锁动作应协调可靠，钻出孔的直径比钻头直径大但不大于 5mm	

续表 11-24

序号	技术要求	实测
9	钻机在钻孔作业时，作下列各项检测： 钻架顶部摆动应不大于 50mm。 平台振动的振幅应不大于 2mm，振频应不大于 12Hz，焊缝应无振裂现象。 司机室内的噪声应不大于 85dB，机房内的噪声不大于 95dB。在钻机上除司机室和机房外的噪声不大于 90dB	
10	试车完毕后，更换、清洗所有系统的过滤器滤芯	

11.2.4 焊接结构件质量的防变形控制

焊接件的焊接质量控制有其特殊值，特别是对一些结构复杂、焊接工序多、组合焊接件多的焊接结构件来讲更是如此。为此，特就钻机钻架焊接质量的防变形控制及其对应措施单独介绍如下。

11.2.4.1 前后立柱的拼焊

前后立柱是钻架制造的关键件，当成品矩形钢管缺货时，需要用角钢组合成立柱。以 KY-250 钻机钻架为例，其中后立柱用不等边角钢 160mm × 100mm × 12mm 拼焊成矩形钢 160mm × 112mm 前立柱（见图 11-11a）材质为 16Mn。拼焊工序在焊胎上进行，由焊胎对焊件刚性定位，不进行定位焊。用直径 4mm 的 J506 焊条，由两人从两端向中段连续施焊，每根焊条焊 180 ~ 220mm 的焊缝。完全冷却后，用两只氧-乙炔焰炬从中段向两端加热焊缝呈褐红色，冷却后从焊胎上取下矩形管，放在落地平板上。再用两根矩形管接长至 24m。接长工序仍利用上述焊胎，但接长处应相互插入（见图 11-11b）并气割出 45°坡口，留 2mm 钝边和 2mm 装配间隙。焊后全长扭曲小于 4mm，可满足使用要求。

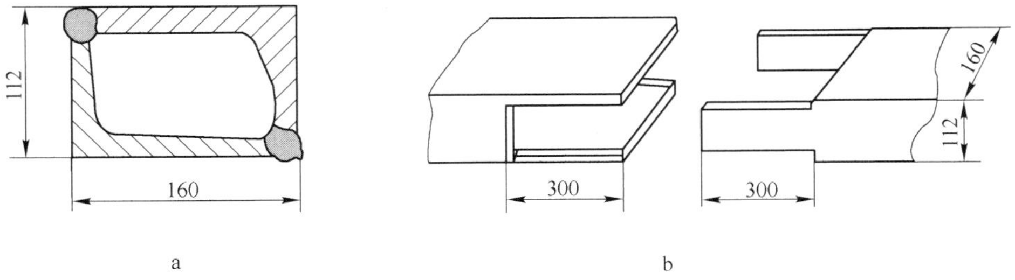

图 11-11 前后立柱的拼焊接长示意图

a—角钢拼焊；b—接长对接

4 根主柱接长接头必须绝对避免在同一截面，应避免安排在钻架相邻两结点间的同一区间。接长接头采用搭接。接头应错开 300mm 以上，接长工序的装焊仍用上述胎具夹紧定位。焊后用火焰稍加矫正即可。矫正后的前后立柱在全长范围内的直线度、扭曲度一般都小于 5mm（设计要求为 10mm）。

11.2.4.2 两侧壁组焊及焊接工艺

左右侧壁为对称件。侧壁用槽钢或角钢和钢板组成的桁架节点，将前后立柱连接起来。

左右侧壁的焊接要特别注意旁弯变形。为了克服它，落地平板上放样后，左右侧壁背靠背放置在一起，两后立柱用钢板卡子和楔铁刚性固定成整体，前立柱垫成与后立柱等高。并在前后立柱间焊临时支撑（见图 11-12）。然后，在各桁架节点进行定位焊。定位焊时、应注意角钢，槽钢和钢板与立柱贴合。定位焊缝选在焊缝接头两端和转角处。焊条直径 4mm，定位缝长 20～30mm，间距不大于 200mm 。点固后，拆除钢板卡和楔铁。

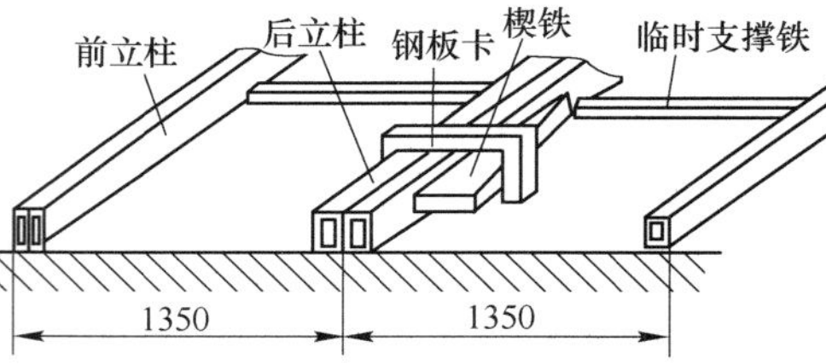

图 11-12　左右侧壁装焊定位示意图

由于侧壁的桁架节点全部分布在钻架的外侧，焊后引起下挠的弯曲变形。为了基本抵消这种交形，桁架节点焊前，先在侧架离两端 5m 处用枕木垫起，然后用两块铸铁平板（3～4t）压住两端，使侧架上拱，弯曲成均匀的弧度，支撑点不得少于 8 点，支撑用刚性支撑，获得侧壁处于上拉下压的应力状态。上拱值取 520～540mm（见图 11-13）。

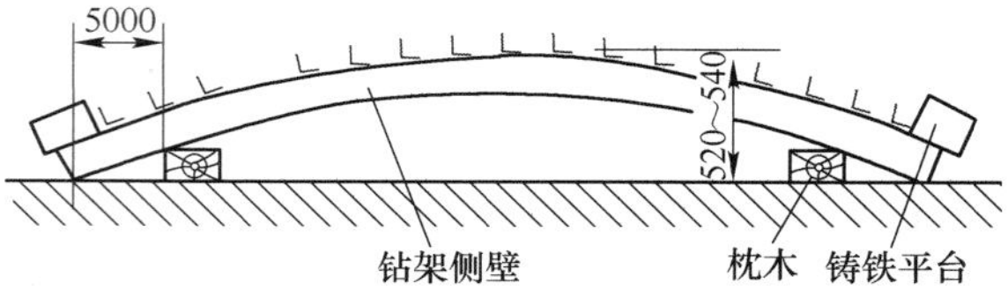

图 11-13　侧壁焊前的预变形示意图

施焊时采用较大电流，以提高生产率。焊后将侧架放于落地平板上，侧壁全长上一般能与平板贴合。若有少量不贴合（ 小于 20mm ）时，需用火焰对立柱矩形管的凸面边缘进行线状加热，直至每 1m 长度上的直线度小于 2. 5mm 。符合要求后，割去前后立柱间的支撑。

11. 2. 4. 3　钻架总体装焊工艺

从钻架的结构特点可以得出总装焊接的工艺要点是防止变形，保证支撑板 $\phi110$ 和油缸支座 $\phi85$ 两对孔同心及两对孔中心线与钻架中心线垂直。

在左、右侧壁装焊钻架前侧面的桁架节点；在后立柱内侧装焊钻杆小车的传动齿条。这道工序即为钻架总体装焊。由于钻架很长，且钻架截面为 Π 型，所以焊接变形是较复杂的。钻架总体的焊接变形情况如图 11-14 所示。主要是：前侧面节点焊后，因前立柱距离缩短而引起的纵向下挠变形（f）、前侧面节点焊后，后立柱距离缩小而引起的角变形（α）；前侧面左右节点焊接方法不当，左右侧壁下挠变形程度不等而引起的全长上的扭曲变形（e）。

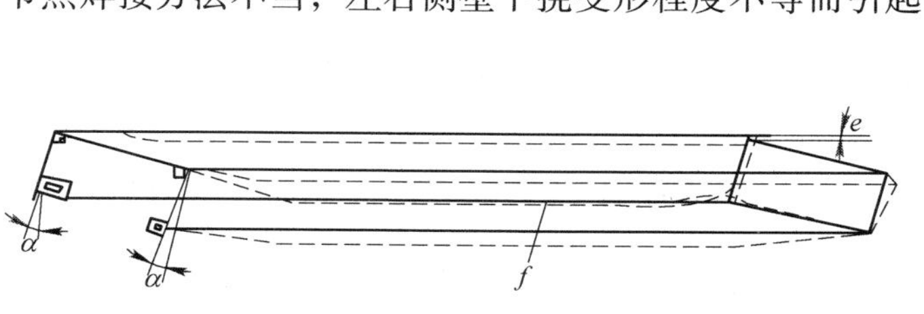

图 11-14　总体焊接变形示意图

同时考虑到两后立柱内侧装焊钻杆小车的传动齿条，两后立柱间开档为小车通道，要求两立柱平行且在同一平面上。装焊采取的防变形的措施有：

（1）将后立柱搁于落地平板上，以钻架后平面为基准。

（2）焊装前侧面桁架节点前，在两后立柱间焊临时支撑。支撑长比设计尺寸加大8mm，其目的是为将要发生的角变形预留反变形量。

（3）焊接前侧面左右桁架节点时，应左右各一人以相同的焊接电流、焊接速度及相同直径的焊条施焊。这样能显著地减小左右侧壁下挠程度不等引起的扭曲变形。

（4）解决左右侧壁相同的下挠变形。工艺安排上，特别将装焊齿条放在最后进行。钻架内侧的左右立柱矩形管上，分别焊有一条长21m的小车传动齿条，要求双面连续焊角接缝。这几条焊缝能矫直已产生的弯曲变形。但应注意左右齿条由两人对称施焊。如果还有弯曲变形，可在齿条适当位置增加一道焊缝。割去临时支撑，钻架总体完工。采用上述防变形措施后，钻架的尺寸公差和形位公差即可符合设计要求。

11.2.4.4　对焊缝金属中氢的控制

钻架结构的主要材料为16Mn，厚度为12～20mm。一般认为16Mn的可焊性良好，但是如果处理不当，仍会产生裂纹等严重的焊接缺陷。16Mn的可焊性虽然良好，但冷裂纹敏感指数较高，冷裂倾向稍大。如果能采取有效措施，将焊缝金属中的氢含量控制在2mL/100g以下，则可以不预热，可采取如下措施：对每批原材料进行复验；所有钻架主要原材料必须进行喷砂处理；选用T506焊条；焊条焊前必须经350～450℃烘干保温2h，然后保存在150℃烘箱中随用随取，取用部分用保温筒盛放，未用完的焊条放回烘箱保存；施焊前必须清理干净焊缝区两侧20～30mm内的锈迹油污等，空气湿度大时，须用氧炔焰烘烤；严格控制装配间隙必须小于2mm，定位焊缝长不得小于25mm，高度为焊缝高度的一半，但不小于5mm；取消仰焊缝和立焊缝；如果钻架在环境温度高于20℃的季节焊接时，注意避免对准焊件吹风以缓减冷却速度。

参 考 文 献

[1] 潘帝池．试论典型零件的机械加工工艺分析［J］．中国新技术新产品，2015（6）：43.
[2] 谢军，李国荣．牙轮钻机中空轴的机械加工工艺分析［J］．机械工程师，2013（11）：162～163.
[3] 黄敦行，钟柏松．牙轮钻机高钻架焊接变形的控制［J］．焊接，1990（5）：17～18.

12 综合性能试验、出厂检验与工业试验

本章内容提要： 本章将就综合性能试验、出厂检验和工业试验的内容予以介绍。综合性能试验是使用模拟试验的形式，对所涉及牙轮钻机的主要性能和参数通过模拟工况进行试验后，获取相关数据，为牙轮钻机的设计制造提供理论依据；出厂检验则是在发给用户之前对钻机的一次全面检验，其检验结果作为制造完成合格出厂的质量依据；而工业试验则是通过露天矿山现场试验的形式获取现实工况的检测记录，从性能和参数上验证被检测机型的实际运行状况与设计要求是否吻合的最终检验手段。本章从这三个方面对牙轮钻机的综合性能试验、出厂检验与工业试验分别进行了阐述。

12.1 综合性能试验

综合性能试验是在综合试验台架上通过模拟试验的形式，对所涉及牙轮钻机的主要性能和参数进行试验并获取相关数据，为牙轮钻机的设计制造提供理论依据。此项工作一般应在产品设计进入详细设计之前完成。本章拟对牙轮钻机综合性能试验的内容、方法、设备和检测控制系统予以介绍。

12.1.1 试验内容

牙轮钻机综合性能试验的内容主要包括性能参数试验和工作装置主要部件的试验。

12.1.1.1 主要参数

牙轮钻机综合性能试验台架上进行的主要参数试验主要包括钻机的加压轴压力、钻进速度、提升速度、回转扭矩、回转转速、排渣风量等。

12.1.1.2 工作装置主要部件

可以在牙轮钻机综合性能试验台架上进行使用性能试验的工作装置的主要部件有：钢丝绳-滑轮-油缸加压提升装置、齿轮齿条加压提升装置、回转装置和模拟钻具组。

12.1.2 试验方法

牙轮钻机综合性能试验台主要由钢结构框架模拟平台、钻具、回转机构、主传动机构、排渣除尘系统、监测控制系统组成。模拟平台上的钻机工作机构在模拟工况条件下对岩石进行钻孔试验。通过监测控制系统对钻机在钻孔过程中，施加在钻头上的轴压力、转速和排渣风量等主要工作参数进行试验和检测，可完成钻进参数的精确采集与数据处理；钻进参数存储、查询以及显示；系统故障或事故报警；生成实时或历史数据报表。同时，通过钻机故障检测及远程监控系统对钻机试验过程进行远程监控系统调试。该试验台能完成孔径 ϕ250mm、ϕ310mm、ϕ380mm，深度不低于 3m 的中硬岩层的模拟穿孔试验，为开

发具有国际先进水平的牙轮钻机提供保证。

12.1.3 试验设备

12.1.3.1 综合性能试验台架的作用

牙轮钻机综合性能试验台是开发高效节能、高可靠性、智能型牙轮钻机获取设计理论依据的必备条件。基于该平台在实验室内完成牙轮钻机新结构、新材料和智能控制系统的开发验证，研究牙轮钻头的破岩机理和磨损规律，根据不同岩石特性优化钻孔参数，提高穿孔效率。

12.1.3.2 综合性能试验台架的功能

（1）牙轮钻机钻进参数监测系统的研究。试验台具备监测牙轮钻机工作状态和诊断机器故障功能，可即时提供牙轮钻机作业性能的报告。它通过多种传感器把钻机的回转转速、回转扭矩、加压压力、钻进速度、钻孔深度、钻头排渣空气压力等一系列信息传递给操作人员，还可提供各参数的极限值，并可通过指令改变极值的整定，写入可编程序逻辑控制器存入内存。该监测为钻机操作人员的正确操作提供依据，对实际钻机保持较高作业效率和无故障运行具有重要意义。

（2）开发和验证新概念牙轮钻机。该试验台的回转和加压系统既可采用变频电机驱动，也可采用液压（油缸和马达）驱动，因而可搭建出全新牙轮钻机样机并试验其性能。例如在回转和推进的驱动方式的选择上，可采用全液压驱动方式，在运行过程中实现较大范围的无级变速且传动平稳。

（3）优化岩石钻进主参数，提高穿孔效率实现智能钻进。以穿孔效率高和成本低为目标自动调节钻杆回转速度和扭矩、轴压力和钻进速度及排渣风量，使钻机始终保持平稳钻机作业。在钻进过程中智能地进行故障预测、预防、处理及分析，从而实现钻进作业的自动化和智能化。

（4）钻具磨损性能研究，结合岩矿特性与钻进速度、轴压力测定值，得出钻进速度和钻头寿命的关系。

（5）与上述试验内容相关的主要部件可靠性研究。

（6）在该试验台中不包括钻机行走、钻架起落架及其润滑系统的试验。

12.1.3.3 综合性能试验台的基本参数

牙轮钻机综合性能试验台的技术参数见表12-1。

表12-1 牙轮钻机综合性能试验台的技术参数

序号	参数名称	数值
1	适应岩石硬度f	5~20
2	钻孔直径/mm	150~450
3	最大轴压力/kN	750
4	提升速度/m·min^{-1}	0~30
5	钻进速度/m·min^{-1}	0~10
6	回转扭矩/kN·m	18
7	回转速度/r·min^{-1}	0~150
8	排渣风量/m^3·min^{-1}	80
9	除尘方式	湿式或干式

12.1.3.4　综合性能试验台的工作原理

综合性能试验台的工作原理与牙轮钻机基本相同，如图 4-1 所示。钻孔时，由回转机构带动钻具回转，由加压机构向孔底施加轴压力，由回转供风机构将压气引入中空钻杆，然后由钻头的喷嘴喷向孔底，将牙轮钻头破碎下来的岩渣沿钻杆与孔壁之间的环形空间吹至孔外。依靠加压、回转机构通过钻杆，对钻头提供足够大的轴压力和回转扭矩，牙轮钻头在岩石上同时加压和回转，对岩石产生静压力和冲击动压力作用。牙轮在孔底滚动中连续地挤压、切削冲击破碎岩石；有一定压力和流量流速的压缩空气，经钻杆内腔从钻头喷嘴喷出，将岩渣从孔底沿钻杆和孔壁的环形空间不断地吹外，直至形成所需孔深的钻孔。牙轮钻机在钻孔过程中，施加在钻头上的轴压力、转速和排渣风量是保证有效钻孔的主要工作参数。合理地选配这三个参数的数值称为钻机的钻孔工作制度。合理地确定钻机的钻孔工作参数，可提高钻孔速度，延长钻头寿命和降低钻孔成本。

12.1.3.5　综合性能试验台的构成

牙轮钻机综合性能试验台主要由钻具、试验台钢结构台架、回转机构、加压提升机构、排渣除尘系统、数据采集检测处理与操作控制系统、液压气控系统七个部分组成。

（1）钻具。牙轮钻机试验台所使用的钻具主要有牙轮钻头、钻杆和稳杆器。

1）牙轮钻头。钻机通过钻杆给钻头施加足够大的轴压力和回转扭矩，牙轮钻头转动时，各牙轮又绕自身轴滚动，滚动的方向与钻头转动方向相反。牙轮齿在加压滚动过程中，对岩石产生碾压作用、周期性冲击作用和切削作用。牙轮钻头破碎岩石实际上是冲击、碾压和切削的复合作用。牙轮钻头按牙轮的数目分，有单牙轮、双牙轮、三牙轮及多牙轮的钻头。矿山主要使用三牙轮钻头，三牙轮钻头又可分为压缩空气排渣风冷式及储油密封式两种。压气排渣风冷式牙轮钻头（简称压气式钻头）是用压缩空气排除岩渣的。此种钻头使用于露天矿的钻孔作业。通常钻凿炮孔直径为 150～445mm，孔深在 20m 以下。

2）钻杆。试验所用的钻杆为模拟钻杆，两端的连接尺寸与标准钻杆相同，但长度较短，约为 4m。

3）稳杆器。稳杆器是牙轮钻进时防止钻杆及钻头摆动、炮孔歪斜、保护钻机工作构件少出故障和延长钻头寿命的有效工具。稳杆器有两种形式：辐条式及滚轮式。辐条式稳杆器由 4 根用耐磨材料做成的辐条焊在稳杆器上，有时在辐条上镶有硬质合金柱齿。辐条式稳杆器适用于岩石普氏坚固性系数 $f<16$ 的中等磨蚀性的矿岩，不宜用于钻凿倾斜炮孔。滚轮式稳杆器上装有 3 个滚轮，滚轮表面镶有硬质合金柱齿。由于滚轮摩擦阻力小，故滚轮式稳杆器使用寿命长，适用于岩石硬度高和磨蚀性强的矿岩，特别适用于斜炮孔钻进。

（2）试验台台架。试验台的台架为钢结构构件，主立柱为模拟钻架，框架横截面采用敞口“Π”形结构构件，4 根方钢管组成 4 个立柱，前立柱内面上焊有齿条（如果采用液压缸-钢缆索-滑轮组加压机构则不需要），供回转机构提升和加压，外面为回转机构滚轮滑道。框架内有钢丝绳或液压缸张紧等装置。台架的平台为模拟钻机平台的箱型框架结构，主要用于固定安装模拟钻架，布置安装综合试验台的动力和控制系统。该模拟平台采用齿轮齿条传动的轮轨式行走装置，可在水平面做前后移动，以便更换钻孔试验所使用的岩石试块。牙轮钻机综合试验台简图如图 12-1 所示。

（3）回转机构。变频调速电机（或液压马达）驱动回转机构，回转头直接带动钻具回转。回转机构与钻杆连接采用减振器，可以吸收钻孔时钻杆的轴向和径向振动，使钻机工作平衡，提高钻头寿命。

（4）加压提升机构。综合试验台采用无链式加压提升系统。该系统由安装在回转齿轮箱上部的大功率电机提供动力的齿条齿轮传动机构完成加压/提升功能（或液压缸-钢丝绳-滑轮组加压机构替代液压缸-链条给进系统）。新型无链齿条加压提升系统和无链液压推进行走系统、封闭式齿轮箱齿轮等新结构，不仅简化了结构，提高了传动效率，并且使钻头负荷趋于平稳，提高了钻头寿命，减少维修和停机次数，具有较高的作业率。无链式加压优点是钻头负载平衡，钻头寿命增加，减小了回转机构的振动和摇晃，增大了轴压力，提高了钻孔速度和提升速度，降低停机维护时间，钻孔效率明显增加。

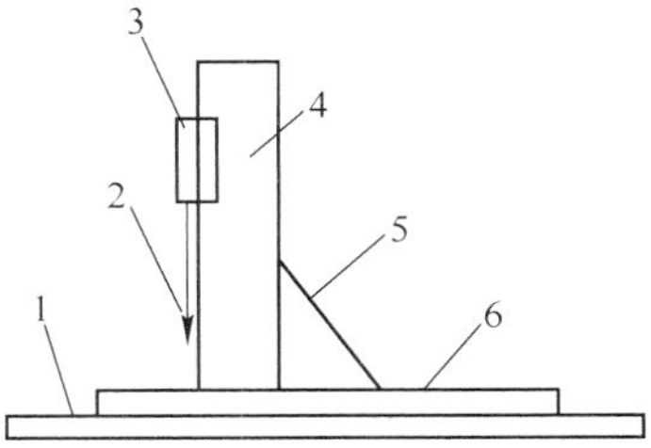

图 12-1　牙轮钻机综合试验台简图
1—轮轨装置；2—钻具；
3—回转加压装置；4—模拟钻架；
5—钻架支撑；6—模拟平台

（5）排渣除尘系统。排渣系统采用压气排渣。把岩屑携带出来需要两个过程：第一个过程是使岩屑离开井底，进入钻杆与孔壁之间的环形空间；第二个过程是依靠空气上返，将岩屑携带出地面。

在试验台架中，由于钻孔深度不深，岩屑可以往周围空间排放，因此在台架试验中，即使很小的排气量，岩屑都可以充分排出，这是与实际钻孔的不同之处。因此该试验台架不能模拟空气排量对钻速的影响，在试验台架中，可以不做模拟孔壁的试验，同时可以选择排量相对较小的空气压缩机。所以空压机选型时，主要满足压力要求。空压机排量则无太高的要求，能吹开岩屑即可。

试验台除尘系统可选用干式除尘或湿式除尘。干式除尘是利用孔口沉降、旋风除尘和脉冲布袋除尘三级除尘。湿式除尘，通常利用辅助空气压缩机压气进入水箱的双筒水罐内压气排水，与主风管排渣压气混合形成水雾压气，将岩渣中尘灰润湿后，随大颗粒排出孔外，也可用水箱中潜水泵向主风管排水方式，达到除尘目的。

（6）数据采集处理、自动检测与操作控制系统。由各种类型的传感器、动态应变仪、微机等主要仪器仪表组成。该系统可测量钻头在破岩试验过程中的钻压、扭矩、钻头转速、钻进速度、钻孔深度、钻头排渣空气压力等主要参数。

钻进参数自动检测子系统采用各种高精度智能传感器、变送器、转速仪对钻进压力、回转扭矩、排渣风量、回转速度、钻进深度及钻进速度等钻进参数进行自动采集，由信号安全隔离栅对信号进行隔离滤波，再由可编程逻辑控制器输入模块进行 A/D 转换，并将参数信号送上位机；钻机自动控制子系统将手动、自动控制信号经可编程逻辑控制器输出模块进行 D/A 转换，由信号隔离栅进行信号隔离，送电磁阀以及液压系统的先导式比例溢流阀和变量泵对钻机进行手动、自动控制。

检测控制系统具体包括以下功能：钻进参数采集与数据处理；钻进参数存储、查询以及显示；系统故障或事故报警；试验现场动态图形功能，显示试验工程实时状态；生成实时或历史数据报表；实时远程监控及数据传输。

（7）液压气控系统。液压气控系统用于操作控制回转机构提升制动、提升-加压离合、钻杆架钩锁、压气除尘、自动润滑等作用。

12.1.4　检测控制系统

综合试验台的检测控制系统主要由工业计算机控制系统硬件和软件构成。

12.1.4.1　检测控制系统硬件

工业计算机控制系统硬件由检测控制核心、钻进参数自动检测子系统、钻机自动控制子系统（包括钻机电气控制以及钻进过程自动控制）组成。钻机工业计算机控制系统整体结构如图 12-2 所示。

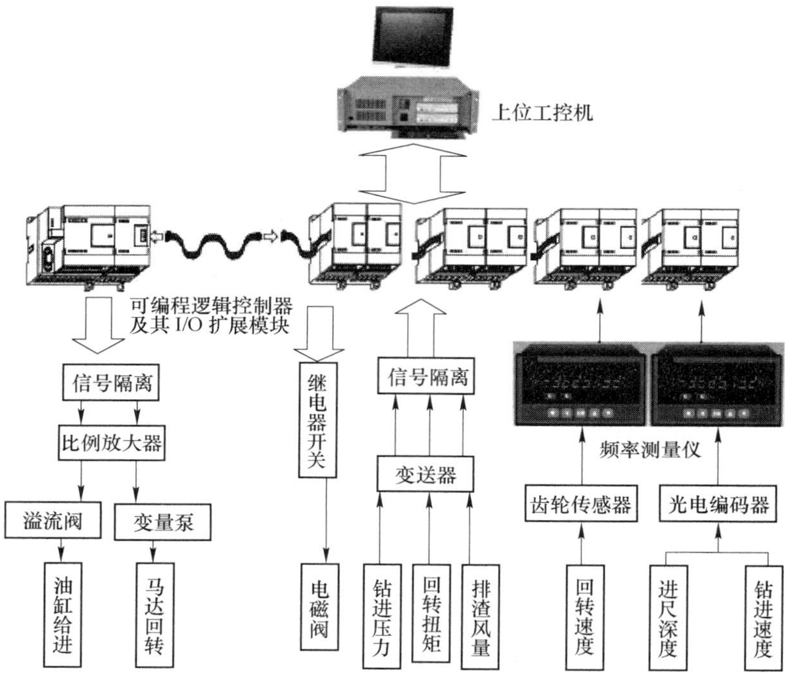

图 12-2　钻机工业计算机控制系统整体结构

控制系统采用两级分布式控制结构。第一级为上位机，采用工业控制计算机，其性能稳定、抗干扰能力强的优点适用于现场条件恶劣、情况多变、干扰源多的岩土钻凿工程。第二级为下位机，由各种传感器、变送器、接近开关以及光电编码器实时采集钻进压力、回转扭矩、排渣风量、回转速度以及进尺深度和钻进速度；由可编程逻辑控制器及其输入/输出扩展模块、智能检测仪表以及信号安全隔离栅组成钻进参数输入信号处理单元和钻机控制输出信号处理单元。钻进参数输入信号处理单元负责对钻进参数进行信号隔离、调理以及 A/D 转换，并送上位机；钻进控制输出信号处理单元负责将上位机的手动控制信号输出给钻机电气控制各继电器开关，将自动控制信号经 D/A 转换、信号隔离处理以及信号放大后输出给控制钻机油路的变量泵，控制液压马达的回转速度；控制信号输出给先导比例溢流阀，由溢流阀控制压力调节泵，进而控制钻机给进速度。

A　工控机

上位机检测控制核心应采用性能适合岩土钻凿施工的恶劣条件的 H610 工业控制计算

机，具体体现在以下几方面：

（1）岩石钻进是个连续作业的过程，尤其在自动控制钻进的过程中，要实时判断孔内工况，以防发生孔内卡钻事故的发生，对于工况异常要进行及时报警以及停机，还要连续地对钻机进行闭环控制，所以要保证系统稳定、不间断连续运行。H610 工控机的高可靠性正适用于此类要求的施工过程。

（2）钻进过程中，对于钻进系统的故障以及工况异常要及时通过监控系统反映出来，这就要求系统有很好的实时性，H610 工控机的高速计算和通信能力能够满足自动控制钻进的实时性要求。

（3）钻孔作业环境条件比较差，常遇到低温（或高温）、潮湿、多粉尘等恶劣自然条件，施工现场也会有许多诸如剧烈振动、电机电磁干扰等不利因素。工控机的超强环境适应能力以及抗干扰硬件设计，使其成为了钻机检测控制系统中控制核心的首选。

（4）钻机工业计算机控制系统所采集的钻进参数数量多，检测、控制信号种类多样，需要检测控制核心具有丰富的、多种功能的输入输出配套模板，处理多种模拟量、脉冲量以及频率量。H610 工控机的内部 PC 总线（主要包括 ISA 总线、PCI 总线）可以外接多种 I/O 设备，减少了总线竞争现象，大大提高了系统效率。

（5）H610 工控机具有强大的控制软件包功能，可以利用组态软件、系统软件以及计算机高级语言方便地开发画面丰富、功能强大、实时性好的人机交互界面，并实现数据显示、查询、报警、报表等功能，同时还可以便捷直观地在软件系统下根据功能需要开发自动控制策略。

B　串行数据接口

串行数据接口选择 RS-232 串行接口，它是与工控机通信应用最为广泛的一种串行接口，在与钻进参数检测子系统和钻机自动控制子系统中的可编程逻辑控制及扩展模块通信时，采用 RS232-RS485 转换器。

C　钻进参数自动检测子系统

钻进参数自动检测子系统包括钻进参数信号采集、模拟输入信号隔离滤波、脉冲频率信号变送转换以及 A/D 转换等部分。钻进参数信号采集选用各类传感器、变送器、光电编码器；模拟输入信号隔离滤波选用直流信号输入安全隔离栅；脉冲频率信号变送转换选用 XSM 转速频率测量仪；A/D 转换采用西门子 S7-200 可编程逻辑控制器模拟量输入扩展模块。

检测控制系统针对钻进压力、回转扭矩、排渣风量、回转速度、进尺深度以及钻进速度等钻进参数进行精确采集。

12.1.4.2　检测控制系统软件功能

检测控制系统使操作人员可以在任何时间、任何地点实时地掌控岩石钻进细节、监测状态参数，现场的流程画面、过程数据、趋势曲线、数据报表、操作记录和报警等均可实时浏览，可以实时对工程设备进行启动、停止以及参数调节等的控制操作，具体功能如下：

（1）钻进参数采集与数据处理。钻进参数由传感器检测后，可直接由 S7-200 的模拟量采集模块对模拟量钻进参数进行 A/D 转换，由 XSM 转速测量仪对数字量钻进参数进行转换，无需编写通信协议程序，钻进参数直接送上位机控制系统。

（2）钻进参数存储、查询以及显示。上位机控制软件系统，将所有钻进参数实时存入其中，在试验中的任意时刻可以对所有参数进行回顾查询，并在工程中实时显示。

（3）系统故障或事故报警。当钻机在钻进过程中出现工况异常情况，或通过策略判断可能出现事故时，通过控制系统对外部报警装置发出报警指令，同时在上位机软件系统界面进行提示。此外还可以将报警时间以及报警内容存入数据库，随时调用查看。

（4）现场动态图形功能，显示现场工程实时状态。具有人机交互界面，对钻进参数进行数据实时显示以及动画模拟，使操作人员随时监控钻进过程中的每一个参数及工况过程，并且可以进行钻进参数设定。

（5）生成实时或历史数据报表。对存入数据库的所有数据可以实时调用，生成实时参数报表，还可以根据试验需要以任意时间间隔，调用自数据库建立以来任何时间段内的所有试验参数。

12.2　出厂检验

牙轮钻机的出厂检验是在过程控制检验的基础上，根据对牙轮钻机出厂检验的技术要求和检验规则，按照相关程序进行检验和试验，获取相关的质量检验数据的书面记录，并将其检验结果作为制造完成合格出厂的质量依据。

12.2.1　整机要求

牙轮钻机出厂检验整机要求见表 12-2。

表 12-2　牙轮钻机出厂检验整机要求

序号	检验项目	技术要求
1	钻机行走	钻机应行走平稳、转弯灵活、制动可靠。钻机的行走速度应能无级调节。牙轮钻机在12°坡度下坡行走制动刹车时，其滑移量不应超过500mm
2	千斤顶	当千斤顶将钻机完全顶起时，3h 内活塞位移量不得大于3mm，并有千斤顶失稳应急措施
3	司机室和机械间	钻机应配备装有增压净化装置的司机室和机械间，司机室和机械间的增压值不得低于19.6Pa（$2mmH_2O$）
4	钻　架	应能正常实现起落。在起落过程中，钻架的运动速度应均匀，且无冲击及卡阻现象。钻机应配备机械化存送杆机构。存送杆机构的运动速度要均匀，并可调，工作位置应准确，定位锁紧装置的动作应灵活，锁紧定位应可靠
5	钻　具	作用在钻具上的轴压力应能无级调节；钻具的转速、推进和提升速度应能无级调节
6	钻机操作	工作过程中的主要操作应集中在司机室的操纵台上进行，允许在司机室外进行某些辅助作业的操作。随回转机构上下移动的管路、线缆应安装可靠、运动自如，无卡阻和缠绕
7	辅助装置	配备的辅助卷扬提升装置能够完成钻具或机械间内部件的起吊。钻机上应设置存放工具和小型备品备件的位置。钻机应有无动力拖曳牵引的结构。电力驱动钻机应有电缆自动收放系统
8	钻孔深度检测	钻机应有钻孔深度检测功能
9	检验环境条件	环境温度 -30 ~ +40℃，海拔高度不高于2000m，相对湿度小于90%

12.2.2 主要零部件要求

牙轮钻机出厂检验主要零部件要求见表12-3。

表12-3 牙轮钻机出厂检验主要零部件要求

序号	检验项目	技 术 要 求
1	主要受力件	履带行走装置横轴、回转减速箱主轴等主要锻件热处理后应进行机械性能试验。钻架、主机平台、履带支架、均衡梁、千斤顶、主传动箱等钢结构件应进行表面处理及消除内应力，主要焊缝应进行探伤
2	减速器	各减速器的清洁度：在试车2h后，润滑油经200目筛网过滤，其筛网上的沉积物经烘干后的质量不得大于1000mg。 各减速器空载运转试验2h（正、反转各1h），油温升不应超过35℃，轴承部位最高温度不应超过75℃。各减速器接合面、轴端面处不得渗漏
3	司机室	司机室的操纵台上应配备能反映钻机主要工作状态、主要运行参数的信号显示系统，可以进行参数设置；司机室内应设置指示钻机处于调平状态的装置；司机室的位置应便于司机观察钻孔作业；司机室内应装设空气调节装置，室内温度应符合标准规定的要求
4	电气系统	操纵台和电控柜应牢固定位，且应有良好的防振、防尘和防水能力。对于未设置电缆卷筒的钻机应设置电缆的导入装置。钻机上所有电气接线盒均应密封防水。钻架到回转机构上的可移动电缆线，应采用绝缘性能良好的软电缆。钻机应配备总的电源进线开关及单独照明系统
5	液压、润滑、压气控制、压气排渣及除尘系统	管路排列整齐、固定牢靠。各系统不应有泄漏，各执行元件动作灵活、平稳，无卡阻、冲击现象。可调节元件调节灵敏，设定数值准确，满足系统工作要求

12.2.3 检验规则

根据行业惯例和国家标准的规定，牙轮钻机应当进行出厂检验和型式检验。

12.2.3.1 出厂检验

每台钻机均应进行出厂检验。出厂检验项目包括：装配的正确性和完整性；涂装质量和外观质量；液压、气压系统的密封情况；电气系统的工作准确性、可靠性和安全性；钻机调平试验；调平装置承载能力试验；钻架起落试验；行走试验；钻具正、反转及调速性能试验；钻具推进及提升系统的调速试验；接卸钻杆试验；回转机构下放试验；噪声的测试；钻孔试验。

12.2.3.2 型式检验

有下列情况时应进行型式检验：新产品或老产品转厂生产时；正式生产后，如结构、材料、工艺有较大改变，可能影响产品性能时；产品长期停产后，恢复生产时；根据合同规定要求进行型式检验的。型式检验包括出厂检验和工业试验。

12.2.4 出厂检验试验方法

牙轮钻机出厂检验的试验方法与技术要求见表12-4。

表 12-4　牙轮钻机出厂检验的试验方法与技术要求

序号	试验项目	试验方法与技术要求
1	调平装置承载能力	用千斤顶将钻机调平并使两条履带完全脱离地面，3h 后活塞的位移量不小于 3mm
2	钻架起落	钻架起、落各两次，在起落过程中，钻架的运动速度应均匀，且无冲击及卡阻现象。具有角度钻孔功能的钻机按角度钻孔要求对各角度进行定位和锁定，其定位和锁定应准确、稳定、可靠
3	空负荷行走	将钻机调平，使两条履带完全脱离地面，进行正、反两个方向的空运转各 10min。观察履带运转是否平稳，有无碰撞、啃伤等现象，传动系统工作是否良好
4	负荷行走	钻架水平、竖起状态下向前、向后直行各 20m；钻架水平、竖起状态下向前、向后左右转弯各两次，其回转角度不小于 90°；在直行、转弯两项试验中，要求履带松紧适中、传动平稳、没有碰撞，驱动轮、从动轮无啃伤；对于机械传动系统的钻机，在完成直行、转弯两项试验后，需检查离合器、制动器的温度和轴承的最高温度；在 12°的坡道上连续往返两次，其单程运行距离不得小于 20m，当钻机下坡达到最大速度刹车时，钻机的滑移量应符合规定；对于机械传动系统的钻机，在试车过程中，要求离合器及制动器动作灵活、工作可靠，不允许离合器发生带车现象，也不允许制动器发生打滑现象；对于液压传动系统的钻机，在整个负荷试验过程中，液压系统无外泄漏现象，油泵无不正常噪声
5	钻具正、反转、推进及提升的调速性能	对无级调速的钻具做正、反向空转，其转速应从静止状态连续地调到最高速，再从最高速连续地调到静止状态。 分别进行钻具推进及提升试验，对于无级调速的钻具推进及提升速度应能平稳连续地从最低调到最高，再从最高调到最低
6	接卸钻杆	分别送出、收回钻杆架，并进行接、卸杆动作各两次，其运行情况应达到速度均匀、可调，工作位置应准确，锁紧装置动作灵活，锁紧定位可靠的要求
7	回转机构下放	电力提升回转机构在电机能耗制动状态自重下放
8	噪　声	按 GB/T 13325—1991 的规定进行检测
9	钻　孔	模拟矿山实际钻孔情况，连续穿孔 1～1.5m，钻机的作业性能应达到设计规定要求

12.3　工业试验

12.3.1　工业试验的目的

工业试验的目的在于检验钻机对矿山条件的适应性、零部件的可靠性、使用维护的方便性及钻孔作业的经济效果；验证经设计、制造后钻机的实际性能是否达到“设计任务书”的要求，由此对钻机做出评价。对于重大设计更改后的钻机，工业试验的目的是验证钻机的设计更改是否达到预期效果。

12.3.1.1　型式检验

所谓型式检验包括出厂检验和工艺试验。根据相关国家标准的规定：凡新产品出厂或老产品转厂生产时；正式生产后，如结构、材料、工艺有较大改变，可能影响产品性能时；产品长期停产后，恢复生产时；或用户要求进行型式检验时，除了出厂检验之外，还需要进行工业试验。

12.3.1.2 工业试验的时间和地点

工业试验的时间应不少于 3 个月。工业试验的地点应在符合钻机作业条件的矿山进行。

12.3.2 工业试验的准备

12.3.2.1 试验前提条件

进行工业试验前，钻机的整机应经制造厂检验合格，并在矿山组装调试合格，司机应经培训合格后方可进行。试验前按钻机使用说明书的要求检查钻机各部位，使之具备开机试验条件。

12.3.2.2 钻机试验时应具备的资料

（1）钻机具有主要部件性能参数合格证，需拆检件检测的有关数据及整机技术检验报告；

（2）设计任务书；

（3）工业试验大纲；

（4）使用维护说明书；

（5）有关设计图样；

（6）备件、工具及附件明细表；

（7）各种记录表。

12.3.2.3 主要测量器具

（1）转矩转速数字显示仪；

（2）荷重传感器；

（3）遥测应变仪；

（4）动态电阻应变仪；

（5）转速测量仪；

（6）功率计；

（7）液压流量计、压力表；

（8）声级计（精度为 ±2dB(A)）；

（9）照度计（精度为 0.1lx）；

（10）振动测量仪；

（11）粉尘浓度测量仪；

（12）测温仪（精度 ±2℃）；

（13）通用测量用具。

上述所用的测量器具应具有有效的检验合格证明书。

12.3.3 工业试验的内容

根据工业试验的目的和要求，牙轮钻机工业试验的内容必须能够覆盖钻机的主要工作性能参数和正常进行钻孔运行作业的全部内容。工业试验的内容详见表 12-5。

表 12-5　牙轮钻机工业试验的内容

序号	试　验　内　容
1	回转转速测试
2	轴压力（钻头负荷）测试
3	钻机作业时主要结构件应力测试
4	功率和扭矩的测试
5	回转功率和扭矩的测试
6	行走功率和扭矩的测试：钻架水平和立起时钻机平道直行；钻架水平和立起时钻机转弯；钻机爬坡时
7	钻机噪声值的测试
8	振动的测试
9	照度的测试
10	钻机除尘环保效果性能测试
11	钻机重心测试
12	钻机运转试验：传动箱的温升，轴承处、电机、油箱的温度及各结合面的密封状况；液压系统的运转试验；调平试验；钻架起落试验；钻杆分度接卸试验；压气系统的气压、动作、密封试验；排渣系统运行试验；除尘系统运行试验；辅助卷扬试验；电缆卷筒试验；自动测深试验；钻机卫星定位导航试验；远程通讯控制试验；钻进自动参数调节试验
13	回转机构防坠试验
14	钻机无动力，外力牵引行走试验
15	钻机穿孔经济技术指标统计
16	为了确定实验结束后的技术状态，钻机应进行以下拆检或检测：所有传动齿轮、齿轮轴及链轮类；行走传动四轮一带及其铜套；钻杆、稳定器状况（螺纹、弯曲、磨损、焊缝及磨损）；各类油、脂和燃油耗损及其清洁度
17	与钻机相关的安全要求的试验内容应当符合 GB 21009—2007 矿用炮孔钻机　安全要求的规定，并且应具有有效的检验合格证明书

12.3.4　工业试验的方法

在工业试验的准备工作中，一项重要的工作就是要针对牙轮钻机工业试验的内容逐项选择并确定相应的使用方法。所选择确定的试验方法应当在保证测试精度、满足测试要求的基础上尽可能做到器具简易、操作方便、方法可行、数据可靠。钻机的工业试验方法主要包括以下内容。

12.3.4.1　回转转速测试

回转转速测试应随调节器（电位器、调频调压、压力流量调节器）由低到高能实现转速均匀、连续变化。

12.3.4.2　轴压力（或钻头负荷）测试

轴压力的测试是在回转小车上接一根钻杆，让回转小车通过钻杆坐于地面上的荷重传感器上，解除使回转小车上下两端提升/压下的张紧力，此时加压动力（电机、液压马达、油缸）停止施加压力，电子秤上读数为小车和一根钻杆的重量（Q_1）。在传感器承受此重量的情况下，将电子秤读数调整归零，然后以低速、恒压送进，改变加压动力参数（电机调节、液压马达和油缸调压力），使电子秤读数指示的轴压力由零到最大（Q_2）。钻头负荷 Q = 小车及钻具重量 Q_1 + 轴压力 Q_2。

12.3.4.3 钻机作业时主要结构件应力测试

应力测定采用电测法。在钻杆、钻架、主机平台和履带支架各测试点布置电阻应变片，通过遥测应变仪和动态电阻应变仪输入计算机记录应变随工况变化的波形曲线，并进行分析和定量。

12.3.4.4 回转功率和扭矩的测试

电动机驱动回转是利用瓦特功率计测出电机功率；对电机和液压马达驱动的回转，用扭矩转速数字测量仪连接到回转减速机和钻杆之间，遥控测出钻具实际扭矩、转速和功率。

12.3.4.5 行走功率和扭矩测试

不同工况的钻机行走、爬坡对电动机驱动功率采用电机功率计测定；对液压马达驱动采用串联流量计、压力表和结合马达排量计算功率和扭矩。

12.3.4.6 钻机噪声值的测试

噪声的测试是在钻机工作状态下，依次用声级仪测出司机室操作位置、机械间和距离钻机四周 1m 处的噪声值。钻机周围处噪声值的检测按 GB/T 3768—1996 的规定进行。司机室和机械间噪声值的检测按 GB/T 13325—1991 的规定进行。

12.3.4.7 钻机振动的测试

钻机振动的测试是在钻机钻孔过程中逐渐调节钻孔主参数（回转速度、轴压力、排渣风量和风压），分别在软、硬岩工况下稳定钻进时相应的回转速度和轴压力较大值时，用振动测量仪分别测出司机室操作位置和机械间的振动值。用工程测量经纬仪测出钻架顶部的纵向和横向最大摆动值。

12.3.4.8 照度的测定

照度的测定是在夜间打开所有照明灯，用照度计分别测出司机室、机械间和沿钻机移动方向距钻机 7m 处路面的照度值。

12.3.4.9 除尘效果性能测试

除尘效果性能测试是利用粉尘浓度测量仪在各种工况下多次（每点不少于 3 次），于钻机开孔后进入正常钻进时，在司机室、机械间、排出口和钻机四周 5m 范围内各测试点取样，测出取样流量和粉尘总重量，然后按式（12-1）计算出粉尘浓度：

$$\mu = (G \times 1000)/Qt \tag{12-1}$$

式中 μ——粉尘浓度，g/m^2；

G——粉尘取样总质量，g；

Q——粉尘取样流量，L/min；

t——粉尘取样总时间，min。

开钻前，应先测出自然环境粉尘浓度，钻机的除尘效果应以开钻后测出的粉尘浓度减去开钻前的环境粉尘浓度来评价。

12.3.4.10 钻机重心的测定

钻机重心的测定是在钻架立起和放倒状态下依次将荷重传感器置于调平千斤顶下面，

进行稳车，让机重全部压在千斤顶上，记录各电子秤读数，然后计算出重心位置。

12.3.4.11　钻机运转试验

钻机运转试验项目的试验方法参照本章表 12-4 中的有关要求进行。

12.3.4.12　钻机行走制动试验

钻机行走制动系统的性能要求应符合 GB/T 19929—2014 的要求，性能试验按 GB/T 19929—2014 的要求进行。

12.3.4.13　回转机构防坠试验

回转机构防坠试验是对含有链条或钢绳的压下和提升的回转机构，并具有断链（或绳）防坠装置，采取解除链条（或钢绳）张紧，模拟断链（绳）状态，进行防坠试验。

12.3.4.14　无动力外力牵引试验

无动力外力牵引试验是当钻机无动力，需外力牵引钻机移动时，钻机可松开行走制动装置安全牵引。

参考文献

[1] 张路明，胡德坚. 露天矿用牙轮钻机和旋转钻机 [S]. 北京：中国标准出版社，2005：3～6.

[2] 张路明，茅建中. 露天矿用牙轮钻机和旋转钻机 工业试验方法 [S]. 北京：中国标准出版社，2005：2～4.

13 安装调试与使用

本章内容提要： 如何用好牙轮钻机，正确地安装调试和使用维护显得特别重要。本章系统介绍了安装与调试中的要求和注意事项、最终验收前的前期准备、现场的试验项目及方法、正确的操作使用、日常的维护保养和常见故障的分析判断及排除等内容。

13.1 安装与调试

牙轮钻机的安装根据合同的约定实施，可分别采用由设备制造供应商（卖方）、钻机用户（买方）或第三方安装等三种方式。一般来讲，由负责安装的一方，承担钻机安装调试所必需的全部零件和材料（如连接件、焊接材料、油漆、电气安装材料，首次加注的油、脂、液等）。当由卖方负责安装时，卖方应派遣技术人员携带安装工具和检验所需测试器具赴买方的设备现场，负责设备的安装并对设备安装进度和质量负责。买方负责提供必要的安装场地、起重设备、辅助设备和必要的人员配合。

13.1.1 前期准备

安装调试前的准备工作主要包括以下内容：钻机安装调试所需的技术资料与器具、进场前的道路交通、安装调试场地的准备、钻机的开箱点收交接、配套的动力能源、操作人员的资格认定或培训、安装调试大纲（或方案）的确定等。

13.1.1.1 技术资料与器具

钻机的技术文件应具备齐全，应包括钻机的操作维护使用说明书、钻机的总装配图和各大部件装配图、钻机的出厂检验合格证书、钻机的安装调试大纲（或方案）等；安装调试所需要的吊装设备和相关的检测器具等。

13.1.1.2 安装调试场地

安装调试前，要准备一个合适的安装场地。组装场地需平坦、坚实，面积为 600 ~ 800m^2，一般在工作面上即可进行。也可选择在其他地方，组装好后可行驶到工作面上。

安装场地附近应有一个临时工具房，以存放吊装工具及备品备件用。有关的安装场地的配套工程应已完工，安装施工地点及附近的有碍安装调试的杂物等应清除干净。如果钻机安装工序中有某些特殊要求时，应在安装地点采取相应的措施后，方可进行相应工序的施工。对临时建筑、运输道路、水源、电源、压缩空气、照明、消防设施、主要材料和机具及劳动力等，应有充分准备，并做出合理安排。

13.1.1.3 开箱点收和保管

新钻机到货后，由矿山的设备管理部门，会同购置部门、使用部门（或接收部门）进行开箱点收，按下列项目进行检查，并应做出记录：箱号、箱数以及包装情况；钻机的名称、型号和规格；装箱清单、钻机技术文件、资料及专用工具；钻机有无缺损件，表面有无损坏和锈蚀等；其他需要记录的情况。点收过程中，要注意检查钻机在运输过程中有无损坏、丢失，附件、随机备件、专用工具、技术资料等是否与合同、装箱单相符，并填写钻机开箱验收单，存入钻机档案，若有缺损及不合格现象应立即向有关单位交涉处理，索取或索赔。

钻机及其零、部件和专用工具，均应妥善保管，不得使其变形、损坏、锈蚀、错乱或丢失。

13.1.1.4　动能介质

安装调试前，要根据钻机原动机所需动力源的类型，做好动能介质的准备工作。对电动型钻机要根据其主变压器的输入电压等级（一般为6kV或3kV，特殊情况为10kV），提供匹配的电压等级的电源；而对柴油型的钻机则要备好安装调试所需要的柴油。

13.1.1.5　资格认定或培训

参加安装调试的人员应当具备相应的素质要求，应经过资格认定或培训。除此之外，在牙轮钻机上进行操作、维护保养和工作的人员必须做到以下几点：

（1）能胜任工作，身体方面应能正确而迅速地做出反应，以避免发生事故；智力方面，应了解和执行已建立的规章，守则和安全实践经验。在工作中要注意力集中；情绪方面，应能承受压力，防止出错；要有丰富的经验。

（2）应经过培训，即接受过有关钻机的操作和维护保养方面的培训。他们应该能阅读并理解制造厂的使用说明书，并了解所使用的钻机的额定值和工作能力。还必须理解人工信号。

13.1.1.6　安装调试大纲

钻机安装调试大纲是指导钻机现场安装调试的指南和安装调试的技术依据，其主要内容应当包括（但不限于）：安装调试的一般技术要求，组装需要使用的设备、工具及检测器具，安装调试所用材料清单，钻机启动前检查的注意事项，钻机现场安装的流程和内容，钻机调试前注意事项，钻机各部分、各系统的参数与性能的调试内容，钻机进行空载试验、负荷试验和生产能力考核的等主要内容。

钻机安装完成后的调试一般由设备制造供应商（卖方）负责，买方将根据卖方所提供的钻机验收报告书的标准进行验收。

卖方在完成钻机的调试后，应按照合同约定向买方提供钻机的调试报告，此报告包括（但不仅限于）钻机的调试参数。

13.1.2　现场安装与调试

根据国标GB/T 10598.1—2005的规定，每台钻机在出厂前均已完成了以下检验项目的出厂检验，包括：装配的正确性和完整性；涂装质量和外观质量；液压、气压系统的密封情况；电气系统的工作准确性、可靠性和安全性；调平装置承载能力试验；钻架起落试验；行走试验；钻具正、反转及调速性能试验；钻具推进及提升系统的调速试验；接卸钻杆试验；回转机构下放试验；噪声的测试；钻孔试验。

因此，现场安装与调试的主要工作是：将分解拆卸后发运到现场的牙轮钻机的各部总成组合安装为一体；进行空载试验即无载功能试验、负荷试验即有载试运转和生产能力考核。

13.1.2.1 钻机安装的一般要求

在现场安装之前，钻机已经历过长途运输，各部总成的技术状态及外部形态与出厂前相比或多或少都会有一些变化；再加上安装现场一般都是露天环境作业，粉尘、风沙难以避免。为此，在现场安装之前，应对拟安装的各个零部件按照以下要求进行检查、确认与核实。

（1）安装的配合面与摩擦面不允许有损伤，若有损伤在不影响使用性能的情况下，经双方同意后用油石或刮刀修理。

（2）钻机上各部密封用的毡圈、纸垫必须能起到密封作用，不允许有缺角和破裂，其表面须干净、平整、厚度一致。

（3）凡已经装配的部件总成的各个润滑点均已注入了适量的润滑脂或润滑油。

（4）以安装完成的各部总成上的紧固件必须拧紧，没有松动现象；紧固件中的螺钉头、螺母、垫圈与机体的接触面不得有间隙和倾斜。

（5）具有滑动配合的导向平键及花键装配后须能移动自如，不得有局部松紧不均现象。

（6）轴承在装配前须用煤油或柴油清洗干净，安装时注入适量的润滑油，用手转动轴或轴承应转动灵活。

（7）各油、气、水介质的管件在组装前须清洗干净，除去杂物。安装中须试压的管件一律按照要求试压，而后再组装。

（8）现场组焊件的焊缝应达到焊接技术要求，无裂纹、气孔、夹渣等焊接缺陷。

（9）组装后的各汽缸、风包、阀、管、接头等密封处不得渗漏，且个控制阀组装后应运转灵活。

13.1.2.2 组装用设备、工具

（1）移动式起重机：起重量不小于50t的为1台，起重量25t的为2台，对于穿孔直径小于200mm的中小型钻机用1台即可。

（2）手动或液压千斤顶大于50t的为2台。

（3）电焊机及电焊工具一套（设备已配带）。

（4）气割设备一套（割枪、氧气瓶、乙炔瓶等）。

（5）通用钳工工具：包括大小榔头、各种扳手、螺丝刀、撬堀等。

（6）电气安装工具：包括常用电工工具、油性记号笔（黑色极细）1支、焊锡丝ϕ1.5mm 1卷、电烙铁100～150W 1把、数字万用表1台、绝缘摇表1台（量程500V）。

（7）主机起吊用专用钢丝绳ϕ32mm、长度12m的为1根，8m的为2根。

（8）撑杆1件（设备配带）。

（9）枕木200mm×200mm×(2800～3200)mm，10根。

13.1.2.3 安装调试所用材料

（1）电源线：UGFP型矿用橡套软电缆10kV或6kV，3×35+1×16，≥200m，1根。

（2）液压系统用油：国产N46抗磨液压油（长城牌或统一牌）1000kg（国外品牌、

美浮、壳牌）。

（3）主空压机润滑油：喷油回转式压缩机油（一般由空压机生产商供应）200kg。

（4）回转、主传动减速机润滑油：工业闭式齿轮油 L-CKD 100，200kg。

（5）各轴承润滑点用油脂 1 号锂基脂 50kg。

（6）J506 或 J507 焊条 30kg。

（7）电气材料：高低压绝缘胶带、扎带、焊锡、焊膏等。

13.1.2.4　安装钻机

现场安装与在制造厂的总装配的安装流程基本相同，即将发运到现场的各部总成按照先下后上的组装顺序安装成一体。

由于牙轮钻机整机已在厂内全部安装调试好，只是受运输尺寸限制，将其解体运输，到达矿山后重新组装起来即可调试投产，整个工作量在 15 天左右即可完成。

牙轮钻机运输时，一般解体成主机（包括平台以及装于平台上的液压系统、主机构、电气系统、主空压机、机房等）、钻架总成（含回转小车及钻具）、行走机构三大部分，因此整机组装按下列步骤进行：

（1）组装行走机构。将左右履带总成吊至适当位置，穿上横轴，装上均衡梁，挂上末级链条。

（2）将主机吊装至行走机构上，把上横轴瓦座及均衔梁连接座等。

（3）装上从主机上拆下的行走电动机、起落架油缸、千斤顶、司机室、左右走台、水箱支架及水箱、机房净化器、电缆卷筒、空压机冷却器、各部栏杆等。

（4）将钻架总成吊装至主机上，穿上 A 形架销轴、起落架油缸销轴、背拉杆销轴。

（5）连接电、液、气、水、干油各部管路，装好所有零件并全部紧固到位，接上矿山电源。

（6）总装完成后进行全面检查，确认无误后，加油加水通电试车。

现场安装中凡已经在制造厂定位蒙过孔位的部件，安装时按照其孔位组装即可，对那些需要在安装现场配钻连接或组焊的部件，则应按照其装配要求实施。检查核实已经安装好的各部件是否符合技术要求。YZ-35 型牙轮钻机现场安装的流程与内容见表 13-1。

表 13-1　YZ-35 型牙轮钻机现场安装的流程与内容

序号	安装内容及技术要求
1	连接好行走机构的第 1、2 级链条，调整好链轮中心距及距离，而后将其放置在平整好后的装配场地，将主平台吊装与履带架上，拧紧连接螺栓和螺母
2	将走台装于主平台上，各螺栓孔对准后，拧紧螺栓
3	检查核实主机构与主平台组合及其他相关件的安装状况是否符合设计技术要求
4	将行走中间传动装置与主平台组装，并装上其他相关件
5	检查核实主空压机组装到主平台上的安装状况是否符合设计技术要求
6	检查核实与主平台相关的电气系统中的零部件的安装状况是否符合设计技术要求
7	检查核实与主平台相关的压气系统中的零部件的安装状况是否符合设计技术要求
8	检查核实与主平台相关的液压系统中的零部件的安装状况是否符合设计技术要求

续表 13-1

序号	安装内容及技术要求
9	检查核实干油润滑系统中与主平台相连接的零部件的安装状况是否符合技术要求
10	检查核实机房与主平台相连接的零部件的安装状况是否符合设计技术要求
11	组装水除尘（或干式除尘）系统和相关配套件
12	检查核实千斤顶与主平台组装连接的状况是否符合设计技术要求
13	检查核实司机室与主平台组装连接的状况是否符合设计技术要求，登机梯是否焊接牢固
14	检查核实主平台上的电器柜和变压器是否组装连接好，变压器的底座是否焊接牢固
15	接好末级行走链条，调整链轮中心线及距离，接通电流试开动，调试到便于钻架安装的位置上。主机构中的变速机构应灵敏、抱闸制动可靠，无卡阻现象，气胎离合器应保证钻机拐弯和爬坡时能正常行走
16	检查核实回转小车装入钻架内的位置是否合适，卡头平台和钻杆架及油缸是否装好
17	检查核实回转机构与钻架组装后，钻杆回转中心与小车导轨的平行度是否符合技术要求
18	检查核实卡头平台与钻架定位组装后，导向套中心与钻杆回转中心的同轴度是否符合要求
19	将包括回转机构的钻架总成与主平台组装，组装加压提升链条，将钻架支撑装置的撑杆装置分别于主平台和钻架组装好
20	测量完成钻架垂直定位，将定位套焊好后，完成捕尘围裙组装
21	全面检查各部件安装位置是否正确，所有的紧固螺栓是否紧固好，焊接处是否焊牢，各管道接头处连接是否可靠等，检查合格后即可进入钻机调试

13.1.2.5 钻机调试前注意事项

钻机调试前注意事项见表 13-2。

表 13-2 钻机调试前的注意事项

序号	调试前的注意事项
1	操作人员必须是经主管部门考核合格操作熟练的钻机司机，其他人员不得擅自上机台进行操作
2	参加调试人员必须穿戴好劳动防护用品方能进行工作
3	试车场地周围不得有障碍物，钻机离高压电源的距离不得小于 4m
4	在接触各种电器和接线端子板接头之前，必须先行停电
5	钻机上任何一个表针指向红区时，不得继续操作
6	起落钻架时，回转小车应置于钻架底部
7	钻孔作业的过程中，任何人不得在卡头平台和炮孔旁边停留
8	移动钻机行车时，应保证钻头、捕尘罩和千斤顶离开地面，行走时逐渐加速，转弯时要特别注意，切勿突然加速。突然加速会导致传动链和履带板之间产生严重的冲击，造成损坏
9	移动电缆时应特别小心，注意保持电缆不接触水，并防止电缆受外力挤压
10	试压时，严格按操作规程执行，并记录好各工作部件的性能

13.1.2.6 组装调试人员及时间

组装人员：共 7 人/台，其中领队指挥 1 人、技术人员 1 人、钳工（兼操作）2 人、电工 2 人、电焊气割 1 人。

组装及调试时间：整机组装 7～10 天，调试 7～10 天，设备试运行一周，20 天左右即可投产使用。

13.1.2.7　钻机启动前检查的注意事项

钻机在启动进行调试之前，应按照表 13-3 的内容进行检测，检查合格后方可启动钻机按照调试程序进行分部调试。

表 13-3　钻机启动前检查的注意事项

序号	启动前的检查项目内容
1	检查履带松紧度是否适度
2	行走及加压链条必须运动自如，松紧适度
3	与回转机构相连接的动力电缆（或液压管缆）和压气软管，必须运行自如、无卡阻
4	钻杆架必须锁紧
5	液压系统油箱中的油位应达到规定油位，各润滑点必须充满润滑油，水箱须加满水，酒精雾化器须注入适量酒精
6	各过滤器中不得有污物
7	应根据主空压机的使用说明，注入相应的空压机油，必要时予以热启动
8	保持所有手柄或开关处于“中间”、“零位”、“断开”或“制动”位置
9	控制器和磁力接触器动作须自如
10	各电机须按箭头方向旋转
11	启动前应事先赋予启动讯号（鸣笛）示警后才能开机

13.1.2.8　机械部分的安装调试

机械部分的安装调试主要包括回转总成、主机构总成和行走总成三大部分，其调试内容及要求见表 13-4～表 13-7。

（1）回转总成的安装调试见表 13-4。

表 13-4　回转总成的安装调试

序号	安装调试的主要内容及要求
1	调整滚轮架使滚轮压紧钻架方钢管导轨到适当程度，加压小齿轮与钻架导轨上的齿条啮合正常，小车在钻架上运行灵活可靠，没有任何卡死现象；当减速箱空心主轴输出额定扭矩对钻头施加最大轴压时，加压齿轮和空转压紧齿轮的滚盘仍应与齿条上的滚道接触
2	加压大链轮及张紧小链轮两端面均应在同一平面上
3	调整回转减速箱螺母，调整到对上下轴承产生的预紧力为最大轴压的 20%～40%
4	减速箱的结合面和输出轴不允许漏油
5	回转减速箱应进行 2h 空运转试验及整机装好后的钻孔试验，传动运行平稳，齿轮啮合良好，油温不得高于 70℃

（2）主机构总成的安装调试。对于 YZ 系列和 KY 系列钻机，主机构将加压提升和行走的传动机构集中为一体，所以其调试内容涉及对加压提升和行走功能的调试，其主要内容见表 13-5 和表 13-6。

表 13-5 主机构总成的安装调试

序 号	安装调试的主要内容及要求
1	主机构减速箱各传动轴上所需要拨动的花键应拨动灵活
2	减速箱各结合面及轴伸处不得漏油
3	各气控拨叉及制动闸应灵活可靠，主机构上抱闸和离合器的松紧程度按照表 13-6 调整到位
4	减速箱应进行 2h 的空转试验，并进行整机负荷试验，传动应平稳，齿轮啮合正常，油温不得高于 60℃

表 13-6 主机构中抱闸和离合器闸带的松紧程度调整

名 称	闸带与闸轮之间的间隙/mm	
	设计要求	实际状态
主提升抱闸	1～2	抱闸可靠
副提升抱闸	0.5～1.5	抱闸可靠
行走抱闸（左）	1～2	抱闸可靠
行走抱闸（右）	1～2	抱闸可靠
主副提升离合器	合适	拨动灵活
加压离合器	合适	拨动灵活

(3) 行走总成的安装调试。链条传动的行走总成的调试和使用液压马达 + 行星减速器传动的行走总成的调试内容有所不同，表 13-7 所列的为链条传动的行走总成的主要调试内容；而液压马达 + 行星减速器传动的行走总成的调试则主要是液压控制回路的调整。

表 13-7 行走总成的安装调试

序号	安装调试的主要内容及要求
1	传动链轮在轴上及轴在轴衬中应转动灵活，不得有任何卡阻现象
2	互相传动的链轮端面必须重复再一个平面内，其重合度在 2～3mm 内
3	链传动中心距及履带传动的松紧度调整如下： 末级行走传动链上半部：YZ-35 型、YZ-55 型均为 50～70mm； 履带下半部：YZ-35 型 200～300mm，YZ-55 型 250～350mm； 一、二级行走链上半部：调整到合适程度

13.1.2.9 液压部分的安装调试

按照油液循环的方式来区分，牙轮钻机的液压传动系统分为开式液压系统和闭式液压系统两种方式。一般而言，电动型钻机的液压传动系统为开式液压系统；全液压钻机的液压传动系统为闭式液压系统。在本书第 7 章的 7.2 节中对这两种不同的液压传动系统已经作了较详细的介绍，因此在本章中仅就下列安装调试中液压系统中带有共性特征的要求予以强调。

(1) 各工作部件必须运行可靠，压力稳定，控制调节装置性能满足设计要求，阀组操作应灵活，定位可靠。

(2) 各部件间的连接应牢固可靠，液压管线布置整齐，走向分布合理。

(3) 系统各部分在系统压力下，不得漏油。

（4）系统工作油温不得超过55℃，最高油温不超过65℃。

（5）YZ系列钻机液压系统的相关参数的调试值应控制在表13-8允许的范围内。

表13-8　YZ系列钻机液压系统的相关参数的调试值

系统调试对象	调试参数	许可值	
		YZ-35	YZ-55
液压主系统	系统溢流阀/MPa	12	12
	提升溢流阀/MPa	8	8
	卸荷阀/MPa	8	8
	均衡回路溢流阀/MPa	5	6
	空载时系统压力值/MPa	1.4~3	1.5~3
起落钻架油缸	起架时间/min	4~7	5~8
	落架/min	3~5	4~6
千斤顶油缸密封	12h下沉量/mm	4~5	4~5
	24h下沉量/mm	6~8	6~8

13.1.2.10　气控部分的安装调试

与液压系统类似，本书第7章中对气控传动系统已经作了较详细的介绍，因此在本章中仅就气控系统在YZ系列钻机安装调试中带有共性特征的要求强调如下：

（1）各气阀及操作阀必须灵活可靠，回路畅通，压力稳定。

（2）气路管线布置整齐，走向合理。

（3）气控系统各部分均不得有泄漏现象。

（4）气控压力整定值范围应控制在635~865kPa的范围内，一次保压时间为15~30min。

（5）风包安全阀调整到1MPa时卸压，其他各种阀的整定值见表13-9。

（6）各部分动作连锁检验。在下列情况下各部分动作必须连锁：提升紧急制动电磁阀动作无论正确与否；加压时，电力提升和行走无论是否达到；行走时，提升和加压无论是否达到；两个行走紧急制动电磁阀动作无论是否正确。

表13-9　YZ系列钻机气控系统中各种阀的整定值

阀的类型及其所属部位	阀的整定值/kPa	
	YZ-35	YZ-35
安全阀-辅助空压机	980	980
压力继电器-气动系统	588合~785断	588合~785断
安全阀-系统风包	980	980
减压阀-旁通回路	215	215
减压阀-集中润滑回路	412~540	412~540
减压阀-湿式除尘回路	343~393	343~393
压力继电器-加压回路连锁	176~196合	176~196合
压力继电器-行走控制润滑	176~196合	176~196合
压力继电器-主风控制除尘	98合	98合

13.1.2.11 润滑系统的安装调试

在调试过程中，对润滑系统的主要要求是：

（1）润滑系统中的硬管应清洗干净后，方可装机。

（2）风泵工作应可靠，各供油点的给油器动作灵活，给油量适当。

（3）风泵换向压力为12～13MPa，调整定时给油为一次间隔6min。

（4）泵上安全阀打开的压力为21MPa，干油压力开关的断开压力为14～16MPa，注油器的工作压力为12MPa。

（5）系统耐压试验按照以下要求进行：

1）断开卸荷阀气路，另接一不间断气源，把另一端堵上，或者把电磁气阀线圈的两根线直接接上电源线，把压力开关整定到18MPa。

2）启动马达，保压30min，检查各注油器是否都已经动作，管路接头是否有漏油和软管鼓包现象，卸荷回路是否漏油。

3）使卸荷阀的不间断气源泄气，或使电磁阀断电，系统卸压，检查注油器是否全部复位。

13.1.2.12 主空压机系统的安装调试

主空压机系统的安装调试应当满足下列要求：

（1）主空压机运转要可靠，不同的工况所要求的供风量有所不同。标准穿孔直径250mm的钻机，确保调试后的最小供风量不小于28m^3/min；标准穿孔直径310mm的钻机，确保调试后的最小供风量不小于37m^3/min，供风压力不小于275kPa。

（2）柱塞泵稀油润滑可靠，各润滑点给油量要符合要求，主空压机稀油润滑器每分钟滴油量调整达到以下要求：初运转时，轴承10～12滴，汽缸和入口20～22滴；正常运转时，轴承5～6滴，汽缸和入口10～12滴。

（3）主空压机冷却水温控制在38～63℃，排风温度不大于182℃，相关继电器开关的调定值见表13-10。

表13-10 主空压机相关继电器开关的调定值

名　称	调定值/℃	动 作 状 态
高风温开关	180	断
高水温开关	63	断
油温继电器	82	断
正常水温	38～43	工作正常

（4）主供风管路系统不允许漏风，柱塞泵不允许漏油。

（5）主空压机安全阀整定在343kPa时打开，降至304kPa时关闭。

（6）传动皮带松紧要调整适度，各根皮带的实际长度要选择一致，安装好后，要用一定的力量垂直施加在两个皮带轮中间的皮带中点处，皮带的下挠度要符合表13-11的要求。

（7）如果是冬季试车，注意在冷却水中加注50%的工业酒精。

（8）主空压机的调试运行要做好运转记录，记录表的内容见表13-12。

表 13-11　YZ 系列钻机主空压机皮带调整的下挠度

调整内容	YZ-35	YZ-55
垂直力/kPa	353 ~ 530	711 ~ 1067
下挠度/mm	20.6	17.5

表 13-12　主空压机调试运转记录

时间/min	水温/℃	排气温度/℃	排气压力/kPa	主电机		各润滑点每分钟滴油速度						
				电压/V	电流/A	轴承1	汽缸2	汽缸3	入口4	汽缸5	汽缸6	轴承7
20												
40												
60												
80												
100												
120												
调试地点环境温度：　℃　调试地点海拔高度：　m　调试时间：												

注：1 ~ 7 各点的位置以皮带轮端面开始算起。

13.1.2.13　除尘系统的安装调试

湿式除尘系统的调试应当满足以下要求：

（1）系统各部分运行稳定、可控，不得有漏风、漏水现象，静压筒需进行 392kPa 的耐压试验。

（2）注水调节灵活、方便，除尘效果良好，符合相关标准规定的要求。

（3）静压筒应作充水时间试验，当筒中水已由压气排净后，电磁阀断电（同时放气）到容器中充满水所需要的时间为 4 ~ 6min。

（4）主风停供时，供水应自动停供，停供水后，要做吹水试验，吹水后半小时检查管中应无水。

（5）当系统水温达到 21℃时，水温继电器断开；当系统容器中的水位低于给定水位时，低水位继电器断开。

13.1.2.14　电气的检查与调试

本章中对电控系统的检查与调试的介绍是针对电力驱动的牙轮钻机而言。为了便于介绍，其基本内容以 YZ 系列钻机的电控系统为主。牙轮钻机电控系统主要包括回转系统、提升/行走系统和加压系统。在我国，牙轮钻机生产厂不同，电气控制系统所采用的控制方式也各不相同，钻机的工作性能也有所不同。电气控制系统所采用的控制方式有：采用直流电动机拖动、电位计控制自饱和磁放大器系统供电；采用交流电动机拖动；采用直流电动机拖动、磁放大器控制发电机变流机组系统供电；采用直流电动机拖动、全数字控制系统供电；采用直流电动机拖动、模拟数字电路控制三相全控桥式可控硅整流电路供电。电力传动方式主要有两种，即初期的静态直流传动和后期的静态交流变频传动。

因牙轮钻机电气控制系统所采用的控制方式较多，本小节仅以 YZ 系列钻机为例，就其电气控制系统调试的主要内容简要地予以介绍。其调试内容见表 13-13。

表 13-13 YZ 系列钻机电气控制系统调试的主要内容

序号	检查调试对象	主要检查与调试参数内容及整定值
1	高压开关柜	应达到国家有关规定的安全标准，柜内导体和绝缘体应清洁干燥，带电体和外壳之间应保持足够的距离； 操作高压启动按钮和停止按钮，真空接触器吸合和断开应灵活可靠，电压表、电流表和指示灯指示正确； 调整低压侧线电压为400V，低压侧相电压为230V，低压侧电压为230V
2	主空压机启动柜	需要调整的参数有：自耦变压器的抽头过载保护电流，高风温继电器动作温度180℃，自动空气开关的短路脱扣器动作电流1200A，时间继电器延时时间15～20s，电机过载保护热继电器电流2.4A
3	回转柜 提升与行走柜	自动空气开关短路脱扣器动作电流420A； 磁放大器输出特性的调整：位移绕组电流8～12mA，电压负反馈绕组电流（电机端电压400V）20mA；电流限制绕组电流，当电动机电枢电流150A（回转柜）和200A（提升/行走柜）时为0.5mA，电动机电枢电流300A时为27mA；电流限制阻塞电压：回转柜15V，提升/行走柜20V；给定绕组电流：最小5mA，最大30mA； 回转电动机磁场绕组磁场电压：额定磁场电压190V，弱磁磁场电压158V，回转电动机磁场绕组磁场电流：额定磁场电流2.5A，弱磁磁场电流2.08A；提升/行走电动机磁场绕组磁场电压220V，磁场绕组磁场电流3.5A；磁场换向继电器吸合与释放电压：吸合电压85V，释放电压60V；回转电动机电枢电流限制起始电流150A，堵转电流（当最大给定时）350A；提升/行走电动机电枢电流限制起始电流200A，堵转电流（当最大给定时）350A； 自动空气开关的短路脱扣动作电流420A，热继电器整定电流150A；制动继电器的吸合和释放电压：吸合电压40V，释放电压12V
4	低压控制柜	油泵自动空气开关的短路脱扣器动作电流800A，空压机冷却自动空气开关的短路脱扣器动作电流150A，司机室上部电热器鼓风自动空气开关的短路脱扣器动作电流150A，机房电热器自动空气开关的短路脱扣器动作电流400A，水箱加热器自动空气开关的短路脱扣器动作电流200A，油箱加热器自动空气开关的短路脱扣器动作电流60A，空压机稀油润滑油加热器自动空气开关的短路脱扣器动作电流60A，集中干油润滑自动空气开关的短路脱扣器动作电流60A，交流控制电源自动空气开关的短路脱扣器动作电流100A，电焊机自动空气开关的短路脱扣器动作电流400A，油泵电机热继电器的整定电流44.6A，辅助空压机电机热继电器的整定电流8.8A，机房增压风扇电机热继电器的整定电流11.9A，液压油冷却风扇电机热继电器的整定电流2.8A，低压柜增压电扇电机热继电器的整定电流0.55A，空压机冷却风扇电机热继电器的整定电流8.8A，空压机冷却水泵电机热继电器的整定电流3.38A，空压机稀油润滑电机热继电器的整定电流1.2A，司机室增压风扇电机热继电器的整定电流1.5A，机房增压风扇正、反转换向时间继电器延时整定40s，机房电热器风扇断电延时时间继电器延时整定3min，油箱加热泵整定空气开关的短路脱扣器动作电流300A
5	各部分温度 继电器	高风温温度继电器接点断开温度180℃，司机室温度继电器接点断开温度20℃和接通温度17℃，机房温度继电器接点断开温度20℃和接通温度17℃，油箱温度继电器接点1断开温度82℃，油箱温度继电器接点2断开温度21℃，水箱温度继电器接点断开温度21℃，稀油润滑油温度继电器接点断开温度21℃，冷却水温温度继电器接点断开温度63℃
6	各部分压力 继电器	空压机风压压力继电器节点接通压力176kPa，辅助空压机压力继电器节点断开压力950kPa、接通压力588kPa，加压与电力提升闭锁压力继电器节点动作压力196kPa，行走压力继电器节点接通压力196kPa
7	照明箱	自动空气开关短路脱扣器动作电流100A

13. 1. 2. 15　安装调试的阶段性验收

钻机安装完成后，在买方提供必要条件的前提下，可分三个阶段对钻机进行阶段验收，即对钻机进行无载功能试验、有载试运转、生产能力考核。

（1）无载功能试验。无载功能试验是在不施加负载的情况下，对钻机所具有的各项功能的检验。在钻机安装完成后，买卖双方应对钻机每个具有独立功能的单元进行功能验收。

该项功能试验全部由卖方技术人员完成，买方参与，试验所需的仪器、设备和工具由卖方提供，试验结束后由卖方出具试验报告经买方签字确认。

（2）有载试运转。无载功能试验完成后，应在作业现场对钻机进行有载试运转。有载试运转由买方操作人员在卖方技术人员的指导下进行。有载试运转期间，对钻机采用逐步加载直至达到额定载荷的方式。

有载试运转的时间，一般不少于7天，逐步由每天一班过渡到3班作业。有载试运转过程中所需的仪器、设备和工具由卖方提供。试运转结束后由卖方出具有载试运转试验报告经买方签字确认。

（3）生产能力考核。在钻机有载试运转完成之后，随即进行钻进能力及故障率考核。考核是在满足钻机要求的作业条件和技术规格下进行的，考核期为7个工作日。考核内容包括故障率（或作业率）和单位时间钻进能力的考核。

1）设备故障率考核。

$$故障率 = 钻机故障时间 \div 计划工作时间（1天24h）\times 100\%$$

注：保养时间和非故障本身导致的停机不计故障时间。

2）单位时间钻进能力的考核。一般安装月进尺或小时平均钻进能力考核（不包括接卸钻具和钻孔移位时间）。

13. 1. 2. 16　钻机调试运行后的工作

首先断开钻机的总电路和动力源，然后做好下列钻机检查、记录工作：

（1）做好磨合后对钻机的清洗、润滑、紧固，更换或检修故障零部件并进行调试，使钻机进入最佳使用状态。

（2）做好并整理钻机安装调试精度的检查记录和其他性能的试验记录。

（3）整理钻机试运转中的情况（包括故障排除）记录。

（4）对于无法调整和消除的问题，分析原因，从钻机设计、制造、运输、保管、安装等方面进行归纳。

（5）对钻机试运转做出评定结论，处理意见，办理移交生产的手续，并注明参加试运转的人员和日期。

13. 2　验收

13. 2. 1　验收前的准备

在钻机验收前，应完成钻机下列资料的准备工作：

（1）出厂检验的相关技术、质量文件已提交。

（2）开箱点收交接报告已提交。

（3）安装调试大纲等安装调试所使用的技术文件已提交。

（4）无载功能试验、有载试运转、生产能力考核的阶段性验收文件已提交。

（5）安装调试验收报告及其相关原始记录文件。

13.2.2 钻机安装调试验收与移交

13.2.2.1 安装调试验收

钻机安装调试工程的最后验收，在钻机调试合格后进行。由钻机管理部门和工艺技术部门会同其他部门，在安装、检查、安全、使用等各方面有关人员共同参加下进行验收，做出鉴定，填写安装调试质量、工作性能检验、安全性能、试车运转记录等凭证和验收移交单，钻机管理部门和使用部门签字方可竣工。

13.2.2.2 验收后的移交

钻机验收合格后即可办理移交手续。移交的内容包括：钻机开箱验收（或钻机安装移交验收单）、钻机运转试验记录单，由参加验收的各方人员签字后及随钻机带来的技术文件，由钻机管理部门纳入钻机档案管理；随钻机的配件、备品，应填写备件入库单，送交钻机仓库入库保管。安全管理部门应就安装试验中的安全问题进行建档。

钻机移交完毕，由钻机管理部门签署钻机投产通知书，并将副本分别交钻机管理部门、使用单位、财务部门、生产管理部门，作为存档、通知开始使用、固定资产管理凭证、考核工程计划的依据。

13.2.3 现场的工业试验项目与试验方法

当合同约定需要对安装调试的牙轮钻机进行工业试验时，其试验项目的内容和方法应按照 GB/T 10598.2—2005 的规定实施，具体内容可参照本书第 12 章 12.3 节的介绍。

13.3 操作

13.3.1 适用于牙轮钻机使用的安全防护守则

适用于牙轮钻机使用的安全防护守则如下：

（1）在启动钻机和在钻机四周开始工作以前应阅读和了解安全使用说明书和钻机上的各种标签的意义。要遵照标签上的指示。所有的标签都不得移动位置，也不得污损标签的表面。如果标签被损坏了或丢失了就要及时更换。

（2）钻机的方向是以司机室端为后部（尾部），机房端钻架托架处为前部（头部）。在钻机上工作的人必须戴上护目镜，穿上防护鞋，不得穿宽松的衣服，以防夹入转动部件中。在搬运重部件、工具或尖锐物品时要戴手套。

（3）在有灰尘的条件下工作时应戴口罩。

（4）应保持钻机及其工作场地清洁，不要将润滑脂、润滑油洒泼到梯子、平台、走道等地方，以免滑倒。

（5）不要将杂物、工具、钻头等随意放置，以免碰伤或砸伤人员。

（6）要让所有警告和和信息标签保持完好，上面的文字应清晰可见。如果标签已损坏、撕坏、涂上了油漆或丢失了，必须及时更换。

（7）要让全部控制件和仪表都保持完好状态。如果碎裂或损坏了，在操作钻机以前必须更换。

（8）在启动钻机以前要进行一次全面的巡视检查。要注意液压软管或空气软管是否渗漏，电气线路是否有破损，破损的管、线要及时更换。若钻机上有已严重损坏了或断裂了的部件就不得操作钻机。

（9）钻机在工作时，操作人员不得离开操作位置。在设备运行期间要定期对它进行检查，以确保钻机运行正常。

（10）在操作钻机之前，须拧紧已松动的金属配件、螺栓和其他连接件；若它们已断裂或遗失则应更换。

（11）定期检查高压电缆有否破损、油浸老化现象，以确保安全通电。

（12）在启动钻机之前要确认所有的控制件处于中性位置，启动前须按电笛两声。

（13）钻机上所有的防护装置都要安置到位。如果已将它们拆下来进行维护保养就要更换。未将防护装置安放到位就不得操作钻机。

（14）随时都要清楚助手和注油工所在的位置。在没有看见他们以前不可移动钻机。

（15）在移动钻机之前，一定要把千斤顶收回原位，把捕尘罩和钻杆提至安全高度，并用液压卡头固定住钻杆。同时清除行进道路上的一切障碍。

（16）起落钻架时，如有可能，要将钻机放在平整坚实的地面上。在每一台千斤顶下要安装支垛（阻挡物），这样做是为了在地面断裂或软化时有一个稳定的提升平台。

（17）在起升钻架之前，一定要将可能坠落下来的工具或物件清除干净。起升钻架时要检查全部液压软管、空气软管和电缆是否有擦伤和刮碰。

（18）在采用人工移动高压电缆时，必须使用绝缘棒（或电缆钳），并配戴绝缘手套，不要使其浸在水中，要避开锋利的岩石，严禁车辆和其他机械直接从电缆上通过。

（19）在修理液压、压气系统时，须将系统中的全部压力释放出来。

（20）在钻架的锁定销取下来了或没有锁定的情况下绝不要移动钻机。不允许仅用钻架的起升油缸支撑钻架。

13.3.2 操作装置

电动型牙轮钻机的操作装置按照系统通常由操作台、高压开关柜、主空压机启动柜、车下行走控制盒和机组启动柜五部分构成，使用频率最高和控制功能最多的是操作台。

无论是电动型牙轮钻机还是柴油机驱动的全液压牙轮钻机操作台，其控制功能主要包括钻孔功能控制面板（回转、提升加压与进给）、行走功能控制面板、主空压机功能控制面板、主控仪表面板和原动机控制功能面板。对于电动型牙轮钻机，由于其电动机分别配置在回转机构、加压提升机构和主空压机等装置上，因此其控制功能一般也附着在相应的功能控制面板上，而不是像柴油机驱动的全液压钻机有专门的柴油机控制功能面板。

13.3.2.1 操作台的布置形式和功能分区

A 操作台的布置形式

按照牙轮钻机司机室的操作台的布置形式，操作台分为台式操作型和座椅式操作型。操作台由操控面板、仪表、触摸显示屏、按钮开关等主要操控元件构成。台式操作型的钻机操作的主要手柄、按钮、仪表和显示屏主要布置在操作控制台上，如图 13-1a 所示；而上述操作元件主要布置在司机室操作座椅扶手两侧的为座椅式操作型，如图 13-1b 所示。

a　　b

图 13-1　牙轮钻机司机室的台式操作台（a）和座椅式操作台（b）

按照司机室的操控系统是否使用计算机控制系统，操作台分为传统操控型和现代操控型。

传统钻机的操作控制系统，主要是靠手柄、转换开关和各种指针式仪表对钻机进行操作控制，而现代钻机除了常用的手柄和转换开关外，更多的是通过计算机对钻机进行管控。在计算机中除了钻机自身的相关数据、操作程序、作业管理、状态监测、故障诊断外，还要具备炮孔的卫星通讯定位和环境监测功能。

B　操作台控制面板的功能分区

钻机的操作台设置在司机室内，其垂直台和斜面台上安装了钻机的绝大多数操纵按钮、监控仪表和指示灯，操作台的控制功能则主要包括钻孔功能控制面板（回转、提升加压与进给）、行走功能控制面板、主空压机功能控制面板、主控仪表面板和原动机控制功能面板，如图 13-2 所示。

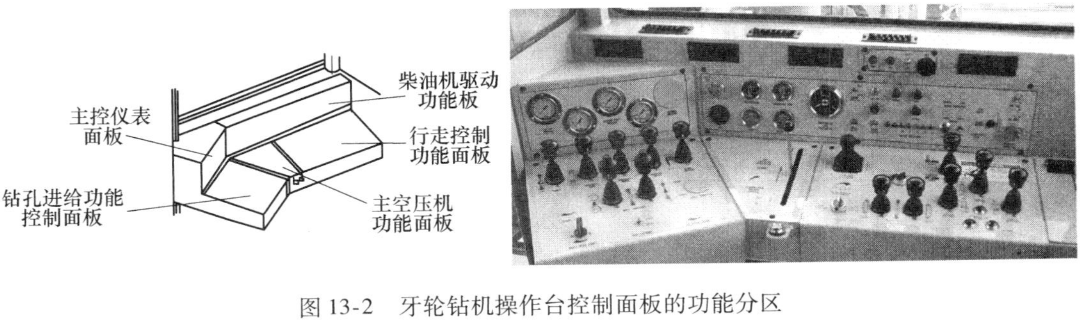

图 13-2　牙轮钻机操作台控制面板的功能分区

13.3.2.2　操作台控制面板

尽管原动力不同和传动结构不同的钻进其操作台控制面板的具体内容有所不同，但其基本控制功能却大同小异，表 13-14 以 KY-250D 牙轮钻机操作台控制面板为例，说明了其基本控制元件及其功能的具体内容。

表 13-14　牙轮钻机操作台序号功能对应表

序号	名　称	功　能
1	回转速度表	显示钻具的回转速度
2	加压速度表	显示加压速度
3	提升/行走速度表	显示提升/行走速度
4	回转电流表	显示回转电机工作电源
5	加压电流表	显示加压电机工作电流
6	提升/行走电流表	显示提升/行走电机工作电流
7	深度仪	显示钻孔孔深
8	主控温度	显示主空压机内部油液温度
9	回转调速电位器	用于调节钻具回转速度
10	加压调速电位器	用于调节钻进速度
11	提升/行走调速电位器	用于调节提升/行走速度
12	加压指示灯	加压离合器合上时灯亮
13	加压故障声光报警器	加压出现故障时报警
14	提升/行走故障声光报警器	提升/行走出现故障时报警
15	回转故障声光报警器	回转出现故障时报警
16	水箱加热指示灯	水箱加热时灯亮
17	干油泵指示灯	干油泵运行时灯亮
18	油箱加热指示灯	油箱液压油加热时灯亮
19	加热带加热指示灯	给水管加热时灯亮
20	司机室灯开关	控制司机室照明灯的开和关
21	前投光灯开关	用于控制前投光灯的开和关
22	后投光灯开关	用于控制后投光灯的开和关
23	走台灯开关	用于控制走台灯的开和关
24	车下灯开关	用于车下灯的开和关
25	机棚灯开关	用于机棚光灯的开和关
26	机棚净化开关	控制机棚净化器的运行和停止
27	机棚暖风机开关	控制机棚暖风机的运行和停止
28	左钻杆架锁二位三通手按阀	用于打开左钻杆架销
29	右钻杆架锁二位三通手按阀	用于打开右钻杆架销
30	干油泵开关	控制干油泵的运行和停止
31	湿式除尘供水开关	用于控制向湿式除尘风水包送气或关闭
32	气爪开关	控制回转接头气爪开闭（高钻架无此开关）
33	左行	左行走
34	右行	右行走
35	直行	直行走
36	深度仪开关	开：深度仪显示；关：不显示

续表 13-14

序号	名　　称	功　　能
37	辅助空压机开关	控制辅助空压机的运行和停止
38	吹洗水管开关	用于控制向水管供风吹干水管
39	油泵电机开关	控制油泵的运行和停止
40	电葫芦提按钮	按此按钮辅助卷扬提钩
41	电葫芦放按钮	按此按钮辅助卷扬放钩
42	电笛按钮	用于开车告警
43	高压停按钮	按下按钮高压电停（情况紧急时和机停时用）
44	回转故障复位按钮	故障排除后解除变频器锁定
45	提升故障复位按钮	故障排除后解除变频器锁定
46	加压故障复位按钮	故障排除后解除变频器锁定
47	主空压机停按钮	按下此按钮主空压机停
48	主空压机卸载开关	控制主空压机的卸载和加载运行
49	车上行走凸轮开关	车上操作时控制行走方向（前进/停/车下后退）
50	行走/停/提升/加压凸轮开关	用于钻机工作状态选择
51	行走（车上/停/车下）凸轮开关	车上或车下行走操作选择开关
52	提升（上/停/下）凸轮开关	控制回转小车的提升与下放
53	回转（正转/停止/反转）凸轮开关	控制回转电机正反转运行状态
54	液压系统油压表	显示液压系统压力
55	控制风压表	显示压气控制系统压力
56	排渣风压表	显示排渣系统空气压力
57	流量计调节阀	用于调节湿式除尘供水量大小
58	钻架起落（起/落）手动操纵阀	手柄前推钻架起；后拉钻架落
59	左钻杆架（送/回）手动操纵阀	手柄前推左钻杆架送出；后拉回
60	右钻杆架（送/回）手动操纵阀	手柄前推右钻杆架送出；后拉回
61	孔口罩（起/落）手动操纵阀	手柄前推孔口罩起来；后拉落
62	背拉杆（伸/缩）手动操纵阀	手柄前推背拉杆张紧；后拉松
63	液力大钳（卡/松）手动操纵阀	手柄前推液力大钳卡紧；后拉松开
64	链条张紧（松/紧）手动操纵阀	手柄前推链条张紧；后拉链条松
65	卡头（卡/松）手动操纵阀	手柄前推液压卡头卡紧；后拉松
66	左后千斤顶（起/落）手动操纵阀	手柄前推左后千斤顶起；后拉落
67	左前千斤顶（起/落）手动操纵阀	手柄前推左前千斤顶起；后拉落
68	右后千斤顶（起/落）手动操纵阀	手柄前推右后千斤顶起；后拉落
69	右前千斤顶（起/落）手动操纵阀	手柄前推右前千斤顶起；后拉落
70	主离合器手动气阀	用于操纵主抱闸及气胎离合器
71	加压离合器手动气阀	用于操纵加压离合器的离与合
72	水平仪	用于观察钻机调平状态

13.3.2.3　高压开关柜（以 YZ-55 型钻机为例，下同）

高压开关柜的操作面板上有：

（1）高压电压表——指示供电网路电压。

（2）高压电流表——指示主变压器负载电流。

（3）断电指示灯——蓝色，灯亮指示高压真空接触器已切断。

（4）通电指示灯——红色，灯亮指示主变压器高压电源已接通。

（5）停止按钮——红色，按下后高压真空接触器断开。

（6）启动按钮——红色，按下后主变压器高压电源接通。

13.3.2.4　主空压机启动柜

主空压机启动柜的控制面板上有：

（1）电流表——指示主空压机电机的启动电流和正常负载电流。

（2）启动指示灯——黄色，灯亮指示主空压机电机处于降压启动状态。

（3）工作指示灯——蓝色，灯亮指示主空压机电机已投入正常运行。

（4）电源指示灯——红色，灯亮指示主空压机电机已接通电源。

（5）启动按钮——黄色，按下后主空压机电机降压启动，其稀油润滑电机也启动运行。

（6）工作按钮——蓝色，当电流表指针由最大返回到 60A 左右时，按此按钮，主空压机电机投入正常运行。

（7）停止按钮——红色，按下后主空压机电机及其稀油润滑电机停止运行。

13.3.2.5　车下行走盒

YZ-55 型钻机的车下行走盒的控制面板包括：

（1）点动按钮——按下则接通提升行走电机及其发动机的励磁回路，提升行走电机投入工作，行走抱闸气路解除紧急制动，可以操作调速电位器，选择所需转速；松手则实现钻机制动。

（2）调速电位器——顺时针旋转手轮，提升行走电机增速；逆时针旋转手轮，提升行走电机减速。

（3）行走主令开关——手柄指针扳向左上角，则钻机“后行”；指向右上角则钻机“前进”；中间位置“停车”。

（4）左右转弯开关——手柄指针扳向左上角，则钻机“左转弯”；扳向右上角则钻机“右转弯”。

13.3.2.6　机组启动柜

机组启动柜的控制面板包括：

（1）电流表——指示机组交流电机的启动电流和正常负载电流。

（2）启动指示灯——黄色，灯亮指示机组交流电机处于降压启动状态。

（3）工作指示灯——蓝色，灯亮指示机组交流电机已投入正常运行。

（4）电源指示灯——红色，灯亮指示机组交流电机已接通电源。

（5）启动按钮——黄色，按下后机组交流电机进入降压启动，其两台直流电动机的强风冷电机也启动运行。

（6）工作按钮——蓝色，当电流表指针由最大返回到60A左右时，按此按钮，机组交流电机投入正常运行。

（7）停止按钮——红色，按下机组交流电机及直流电机、强冷风机时，电机停止运行。

13.3.3 操作程序

13.3.3.1 安全注意事项

（1）使用过程中的注意事项：

1）钻孔前，必须用千斤顶、司机室内的水平仪把钻机调至水平状态，否则不准进行作业。

2）在钻孔过程中，必须精力集中，仔细地进行操作，同时应时刻注意操作台上的所有指示仪表、指示灯的变化，根据变化调整参数，以求达到最佳钻孔效果。

3）移动高压电缆时，必须使用绝缘电缆钩子，并佩戴高压绝缘手套，穿戴好绝缘鞋，不要把电缆浸泡在水坑里，避开锋利的岩石，严禁车辆和其他机械设备直接从电缆上通过。如有必须过往设备时，必须采用挖沟方法通过，沟深要求200mm以上。

4）长距离走车（200m以上）或降段行走时，要放倒钻架，确保钻机安全运行。

5）上下坡道时均应以钻机的前端在高位，上坡时前端先上，下坡时后端（司机室）先下。下坡时速度不宜过快（可点动开关），并600mm枕木两根，防止钻机下坡失速，用枕木阻止，禁止一人操作。

6）放倒钻架前，将回转机构下放到钻架的下端，在放倒钻架前，钻架起落油缸的下腔先充油，先做一个反动作，（竖起钻架）片刻，以防钻架落空造成事故。

7）移车时，禁止钻机与采场的高空电缆相碰。道路不平，必须用推土机推平道路，并检查钻杆是否提到要求高度，用液压卡头抱住钻杆，查看千斤顶是否收回到安全位置。

8）钻孔或移车时，履带与采场边缘的最小距离应视边坡稳定情况而定，一般情况不得小于3m。钻机不准停放在坡上。

9）在使用过程中，注意加强维护保养，保证钻机正常作业，对各运转部件应经常检查，发现问题及时维修，消除事故隐患。

10）上钻架检查维护、排除故障时，必须系好安全带。

11）钻机在进行作业时，钻架小平台上和下面禁止站人，机上人员不准做与工作无关的一切操作。

12）机上人员禁止进入变压器室，必须进入时，要通过电工办理工作票，停掉高压电，挂好警示牌，方可进入。

13）钻机确认故障后，进行修理前，必须切断动力电源，并挂好“有人操作，禁止合闸”警示牌，进行检修，只保留检修电源。

（2）停机注意事项：

1）工作完毕后或离开操作室，必须把钻机停放在安全位置，切断高压电源，将所有操作手柄扳回零位置，检查确认是否存在安全隐患，及时处理。

2）停机后，对设备进行全面检查。

（3）降段注意事项：

1）牙轮钻机降段时，必须放倒钻杆架，检查制动系统或操作手柄接触器是否正常，禁止设备带故障降段，降段时必须有专人指挥。

2）降段时机械司机室在下方，降段道路的坡度应在8°～12°，道路应保证牙轮钻机在行走时保持水平状态，距边沿留有2m以上的安全距离。

3）在爆堆上降段，先用推土机推道，将道路推平压实，道路两侧土石堆应高于1.5m，防止钻机降段时发生沉降和侧翻事故。

4）冬季降段要采取防滑措施，道路边沿要有土石堆挡墙，降段时禁止牙轮钻机在横向坡度道路上运行，以免侧滑发生事故。

13.3.3.2　钻机作业前的检查

钻机开动之前，司机必须按以下规定对钻机进行全面检查，如发现问题，予以排除后钻机方可投入运行。

A　车下部分

（1）检查电柱上开关各螺丝是否紧固，刀闸接触是否良好，电缆有无破损。

（2）检查履带板、销、开口销、行走链条、履带支架、千斤顶及支承盘是否齐全、完好、正常，清除支承轮和张紧轮中的障碍物。

（3）检查地面是否有水和润滑油的痕迹，查明来源。

（4）检查捕尘罩钢绳是否松弛或损坏，捕尘围帘是否被岩渣埋上或冻在地上，检查导向套是否完好。

（5）打开风包下部的阀门，放掉聚积的油水。

（6）检查高压开关接触是否良好，瓷瓶有无裂纹及是否清洁。

B　车上部分

（1）检查电源变压器在空载运行中时，声音是否正常，瓷套管是否清洁及有无渗油、破裂和接线不良等现象。

（2）查看两个配电柜各自动开关、接触器、继电器、电阻器等各部连接螺丝及导线有无烧损、变质、脱落等现象。

（3）检查机房内各电机是否正常，螺丝是否紧固。

（4）检查主空压机润滑油泵的油位，必要时加油；清理空气过滤器的灰盒，必要时用压风吹尘；检查空压机水冷却系统是否正常，必要时加防冻剂；检查高风温、水温开关及温度计是否完好。

（5）检查辅助空压机的油池过滤器及曲轴箱油位，检查酒精雾化器，必要时添加酒精。

（6）检查液压系统油箱的油位，不足3/4时加油。

（7）检查加压链条的张紧程度是否适宜，必要时加以调整。

（8）检查各部螺丝，特别注意回转小车、回转电动机的底角、机壳、磁极的螺丝是否松动。

（9）检查回转电动机的电缆有无破损和变质现象，整流子面是否有黑迹和斑痕，硅橡胶是否变色变质，刷架固定螺丝是否松动。

（10）检查钻架上的电缆和风管，一定要运转自如。

（11）钻杆架必须锁住。

（12）检查钻头的牙轮和轴承是否完好。

（13）检查各部润滑状况、管路和接头是否损坏和泄漏。

（14）检查各抱闸是否正常，销、轴及开口销是否完好。

（15）检查各安全装置是否完好。

（16）检查所有手柄是否都在制动位置上，各种开关是否正常，各部位离合器是否断开，关闭主空压机进风口。

（17）检查双定子电机底角螺丝是否松动，外罩是否齐全，减速机油箱是否有渗漏。

（18）若较长时间停机，合闸和送电前检查各磁力接触器是否动作灵活，有无故障。

13.3.3.3　启动前的检查

（1）检查有无漏油、漏电、漏水及漏气现象，如有应及时处理。

（2）检查捕尘罩围帘是否破裂，钢绳是否松弛或脱槽。

（3）行走传动末级链是否松弛，履带是否松弛。

（4）检查辅助空压机，车下风包是否有积水，放水后将旋塞拧紧。

（5）检查钻头轴承是否转动正常，喷嘴是否畅通，轮齿是否良好。

（6）检查主传动机构减速器、回转减速器的油面高度及主空压机、辅助空压机、油气分离器、液压油箱的油面高度，并及时加油。

（7）按主、辅空压机说明书，检查主、辅空压机。

（8）检查回转电机与减速器的连接螺栓，回转接头的连接螺栓，回转电机的电缆、主风管等是否固定牢。

（9）检查气路上的气水分离器，必要时要加油、放水。

（10）采用干式除尘的钻机，则要检查干式除尘系统是否畅通，布袋是否阻塞，脉冲控制仪、脉冲阀是否良好；采用湿式除尘的钻机，检查湿式除尘系统是否畅通，水箱水位高度并及时加水。

（11）检查左、右钻杆架挂钩是否挂牢。

（12）检查钻架固定销是否松动。

（13）给各干油润滑点注油，并检查油路是否畅通。

（14）各操作手柄应在“零位”、“断开”或“制动”位置。

13.3.3.4　启动程序

（1）在外部网路电柱开关送电前，应将钻机各部开关搬到断开位置，如同一电柱开关接有其他设备的电缆时，必须分别取得联系后方可送电。

（2）合上采场高压隔离开关，并确定高压电源指示灯亮，高压开关柜送电。

（3）合上机房内两个电气柜全部开关，然后合上电气柜风扇开关；启动辅助空压机并检查是否有漏气现象；启动机房内的增压风扇。

（4）启动液压油泵，并检查液压系统是否有漏油现象；摇动主空压机润滑器手柄，并检查各油杯的油位是否正常。

（5）启动主空压机散热器风扇及水泵，待循环水正常后，启动主空压机。

13.3.3.5　钻孔

A　安全注意事项

（1）钻孔时要使用正确的工具（钻头、稳杆器、钻杆），并采用相应的辅助工具（钻杆帽、钻头帽、辅助卷扬等）进行吊装。

（2）在钻机运行时不要在钻机上进行任何修理工作。钻机停止工作时方可进行修理工作。

（3）不要让任何人爬到钻架上去。如果必须上钻架检查修理时，必须配带安全带。

（4）无论在任何情况下都不能骑坐在回转器上，不可将它当做升降机使用。

（5）钻进作业时，钻架小平台上不得站人。

（6）接卸钻杆时，一定要把钻杆架托杯下部的定位头放入下钻架的上接头中心孔里，并使钻杆及钻杆架的重量落在下钻杆的上接头上。

（7）要了解钻机的工作极限，使用时不要超过设计极限。

（8）钻机在新孔位作业前，必须检查加压链条是否有刮、挂、脱等现象，未经检查确认不得开动回转小车。

（9）钻孔时，必须用湿式或干式除尘打孔，不准不使用除尘器打干孔。钻孔过程中，注意钻机机身平衡，检查千斤顶是否有卸压情况。

B　操作程序与控制

（1）操作四个千斤顶拉杆，当油压不断升高时，表示千斤顶已落地；根据操作台面上的水平仪调节四个千斤顶，当水平仪内前后与左右的水泡都处于中间刻度线内时，停止操作。

（2）调平钻机时，四个千斤顶手柄位置是：推进则千斤顶缩回，拉出则千斤顶伸出。

（3）放下捕尘罩。

（4）主副提升离合器手柄必须放在主提升位置。

（5）按下“操作接通”按钮，使回转和提升电机接通电源。

（6）慢慢地释放主提升制动器下放钻具，使钻头徐徐接近地面。

（7）把主风阀搬到“供风”位置，主风路开始向钻头供风，同时调节水量，开孔时回转速度不宜过高。

（8）钻头钻入地面以后，合上加压离合器，并把加压马达手柄推到加压“位置”，钻动轴压调节阀手柄和调节回转电机转数，以获得所需的钻孔参数。

（9）钻孔过程中，必须随时注意负载电流表，使指针在“绿区”内运行，严禁在“红区”内作业。如遇堵转，其堵转时间不得超过4s。随时控制给定电位器有轴压控制柄，保持适当的转速和电流。

（10）钻孔过程中，必须注意回转电机是否有异常声音，温升是否超过允许值（75℃），电刷下是否冒火（火花等级不得超过3/2级）。

（11）运行中检查主空压机压力表指示是否正常，水温指示和风温指示是否正常。

（12）检查变压器和各部电动机运转声音是否正常，温升是否合适。

（13）注意观察两配电柜的异常现象，倾听异常声响和注意异常气味；如有异常，应查明原因及时处理。

（14）从孔内提出钻具时，要边旋转边提升，以免卡转。当钻完一节钻杆的行程或钻完一个孔时，要将钻杆上下升降几次，然后提出。

（15）在整个钻孔过程中，必须精力集中，小心地进行操作，同时应时刻注意操作台上所有指示仪表、指示灯的变化，并根据这些变化，调整钻孔参数，以求达到最佳穿孔效果；钻孔完毕后，应再向孔中通一会儿压缩空气，以使岩渣尽量排出孔外，减少沉渣；从孔中提起钻杆和钻头时，要边回转边提升；为避免岩渣堵塞钻头喷嘴，应切记先供风后钻进这一操作程序；停钻时，应将钻具提出孔外，以防卡钻或堵塞喷嘴；在使用千斤顶调平钻机时，切勿将千斤顶顶得太高，以增加钻机稳定性。

（16）钻机附近有大中爆破时，需将四个千斤顶收回，待爆破后再伸出继续作业。

（17）操作人员应根据采场矿岩情况合理选择钻头，做到正规作业，以得到最佳钻孔参数。

13.3.3.6　接卸钻杆

A　接杆操作

当完成第一节钻杆的钻进深度时即停止加压，使钻具在孔中升降数次以后停止回转，关闭主风阀和供水；扳动工具卡手柄，使其卡住钻杆上部的卡槽；反转回转电机的同时，与液压提升配合使钻杆和连接器分开，然后把小车提升到钻架顶部。具体操作步骤如下：

（1）将钻头拧上钻头帽，用辅助卷扬将钻头从小平台孔中吊放至地面，垫平；将稳杆器拧上钻杆帽，套上钻杆定位套；用辅助卷扬将稳杆器连同定位套吊入立架小平台孔中，用液压卡头卡住稳杆器卡槽（见图13-3）。

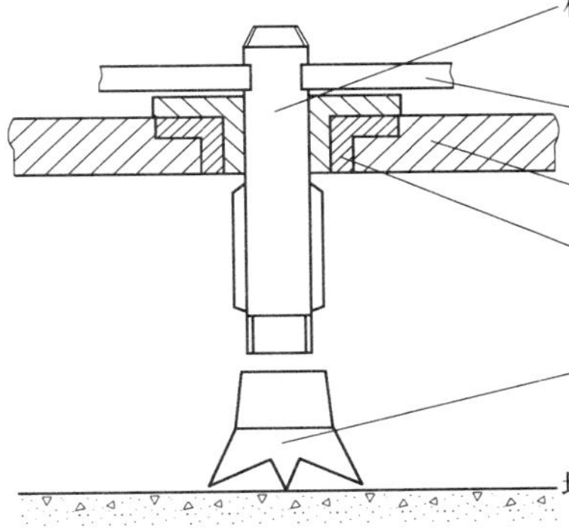

图13-3　液压卡头卡位示意图

（2）接第一根钻杆接杆步骤：

1）先把换向开关转到提升位置，将回转小车提至适当位置（超过钻杆架钻杆高度即可），按下左钻杆架锁（或右钻杆架锁），再操纵左钻杆架（或右钻杆架）的液压操纵杆序号，将钻杆架下放到钻孔中心位置，下部定位头落在稳杆器上接头中心孔内。

2）将回转小车下落到能接钻杆的位置，再操作回转机构低速运转，小车边旋转边下放（慢速），使回转接头与钻杆丝扣旋合；然后操作小车把钻杆提出钻杆托杯体，其高度只需不妨碍钻杆架收回为止；钻杆架收回后，小车边回转边下放，接稳杆器，再接上钻头；按钻进作业钻完第一根杆。

（3）接第二根钻杆接杆步骤。第一根杆钻完后，操纵液压卡头，使卡头卡住钻杆，并将主空压机卸载开关扳到卸载位置，停止向孔中供风；操作回转电机，使其反转，然后操作回转小车，边回转边提升，待小车与钻杆丝扣松开后，停止回转，并将小车提至钻杆架以上；打开存有钻杆的钻杆架销，放下存有钻杆的钻杆架，使该钻杆架的托杯定位销落入第一根钻杆的中心孔内，使钻杆架及钻杆的重量压在第一根钻杆的上接头上；下落小车，使回转接头与钻杆架里的钻杆旋合后，将钻杆提出钻杆架托杯；收回钻杆架，回转小车，边回转边下放，使第二根钻杆与第一根钻杆旋接。

（4）多根钻杆接杆。由于钻机本身只能存放2根钻杆，当有需要接2根以上的钻杆时，可在穿完2根钻杆后，放下一个钻杆架利用钻机自带的卷扬装置将钻杆从钻机外部吊入钻杆架内，再按上述方法接上钻杆，可穿更深的孔；当穿完孔后，按相反步骤卸开钻杆，并将其吊出。

接卸杆的注意事项：

（1）在螺纹旋合前，必须将螺纹擦干净，然后涂上黄干油（压延机油）。

（2）如果上下螺纹连接时太紧，可加调整垫片。

（3）在接卸钻杆时，必须使小车回转速度与下放（提升）速度相协调，以保护钻杆螺纹。

（4）钻机正常条件下工作不得超过 2 根钻杆，必要时可加 1 根钻杆，但不可长期工作，且最多不能超过 4 根钻杆（每杆钻杆的长度 8 ~ 9m）。

B　卸杆操作

钻机长距离行走，或升降工作面，必须将钻架放倒时步骤如下：

（1）待钻到预定孔深后，可将钻具提升至适当高度，操纵液压卡头，卡住第一节钻杆的上接头，操控液力大钳夹住第二根钻杆下部并转动使其与第一根钻杆连接处松动。把液压卡钳送回原处。

（2）小车反转，松开第一根钻杆上接头与第二根钻杆下接头之间的丝扣，提升小车至适当高度，打开钻杆架锁放出钻杆架。

（3）下放小车，将第二根钻杆存放于钻杆架内，打开气卡（高钻架无此机构），小车反转并缓慢提升松开其上接头，提升小车至适当高度使钻杆架回收时不会碰到小车底部，收回钻杆架，关闭气爪（高钻架无此操作）。

（4）下放小车，接上第一根钻杆上接头，松开卡头，将第一根钻杆其提升至孔外，卡住稳杆器。其余步骤与卸前一根杆相同。

（5）卸杆时，应注意在炮孔打完后，继续转动吹风，并使钻具在孔中升降数次，以免夹杆，然后提升钻具直到第一节杆提出炮孔；清除液压卡头上面的岩渣后，将钻具夹紧在卡头上，以便接头卸开时钻具能下落到凸缘上，反转回转机构卸下接头；如果在回转连接器处卸开了接头，则用吊钳在平台上卸。

（6）接头卸下后，提起回转机构和钻杆，放下钻杆架，将钻杆放在钻杆架的插座里，反转回转，从连接上卸下钻杆；钻杆卸下后，在提起回转机构，然后升起带钻杆的钻杆架返回到储藏位置，并用锁钩锁住；放下回转机构，接上卡头卡住的钻杆，提起回转机构，使钻头升到平台的底部，制动并卡紧。

13.3.3.7　起落钻架

A　安全注意事项

（1）起落钻架时，必须有人在旁边指挥和监护。

（2）落钻架前，必须卸下钻杆，并将回转小车下降底部，清除平台上的堆放物品。

（3）起落钻架前，必须检查钻架上风管、电缆、钢绳是否有刮、挂、缠绕现象。

（4）起落钻架时，钻架前面和后面不得有人。

B　操作程序与控制

（1）起落钻架前先检查：钻杆是否卸下，并存于钻杆架内，若不在，按程序将其卸下；回转小车是否处于钻架底部，若不在，按程序将其开到底部；钻机是否稳平，若没有，则按稳车操作将钻机稳平。选好平坦地面并将钻机调平后，应将回转小车下降到钻架底部。

起架前把钻架升降手柄推至“下降”位置，使油缸上腔充满油，然后再把手柄拉至“升起”位置，使钻架升起。当钻架接近垂直时，应小心进行，以防液压冲击。

(2) 起钻架操作步骤：启动油泵电机；操纵钻架起落手柄，将钻架竖起；装好钻架底部两端的固定销；操纵背拉杆油缸手柄，使背拉杆连接套伸出到适当位置。

注：若钻架支起后背拉杆依旧存在弯曲现象，则可以调整背拉杆底部的调整螺母，使其拉直；相反，若是背拉杆在钻架尚未完全支起前就已经拉直，则应适当调松。

(3) 降钻架步骤：卸下钻架底部两端的固定销；启动油泵电机；操纵背拉杆油缸，将背拉杆连接套缩回到下拉杆上；操作钻架起落手柄，注意先给钻架油缸下腔充油，即先做一个起架动作，待下腔充满油后，再操作手柄，将钻架落下。

(4) 钻架立起后，插入底部定位销。

(5) 落钻架时，要把手柄先拉至“升起”位置，使油缸下腔充满油，然后再推至“下降”位置，使钻架放倒。

13.3.3.8　移车

A　安全注意事项

(1) 在钻机移动时不要上下钻机。

(2) 在长距离移动钻机或调换工作面时，要将钻架倒下，且使回转小车置于钻杆下部。

(3) 在移动钻机以前要固定所有钻杆和工具。

(4) 在移动以前要知道所操作钻机的高度、宽度、质量和长度。

(5) 移车时，钻机勿与高空电缆相碰，勿压到进机电缆，并必须有专人照看。

(6) 钻机在爬坡时，必须放倒钻架，头（前）部先上；下坡时，尾（后）部先下（司机室端）。

(7) 在将一台钻机放到拖车上转运时，要确认拖车能承受钻机的重量，并固定牢固，不得滑动。

(8) 要随时都知道自己的助手在何处。如果见不到他们不要移动钻机。

(9) 在移动钻机时要知道如何正确地使用信号。

B　操作程序与控制

(1) 提起捕尘罩。

(2) 前后交替均匀地收回千斤顶，使带落到地面（应先收前面的）。

(3) 当确认钻头已提出孔外以后，把主提升和副提升制动器手柄放到制动位置。提升离合器和加压离合器处于断开位置。

(4) 选择好行车方向，合上行走离合器，转动调速旋钮，使钻机行走。

(5) 移车时应使主空压机系统停止运转。

(6) 在移动钻机以前要将钻具全部提到孔口外面，并离开地面大于500mm。

(7) 车下无人引导和监护时，不得移动钻机。

(8) 移车时，钻机履带外缘距掌子边不得少于3m。

（9）下坡时，司机室应在上坡端，坡度不能大于25%，钻架应放倒。钻机行走时，坡道要平直，并有足够的承压强度。

（10）稳车时，车体纵向中心线与掌子面的角度不得小于45°，千斤顶距台阶边缘不得小于2m，不允许与台阶下部的电铲相对作业。

（11）移车过程中，司机不应离开操作位置。

（12）钻机所走的路面必须用推土机推平，不得有大块障碍物和危险裂缝。长距离行车必须将回转小车下降至钻架底部，行走中不得压电缆、水管和风管，升、降段时要放倒钻架。

（13）移车前，必须检查和调整好行车制动器，无制动装置和制动失灵时，不得盲目行车。行车过程中一旦制动失灵，应迅速采取反向电机制动。

（14）没有充足的照明，夜间不得远距离行车。

（15）大角度转弯要选择平坦坚硬的地面进行，一次扭转角不应过大，而且要直行和扭转交替进行。扭转时注意附近有无其他设备和障碍物。

13.3.3.9　停机

（1）钻机要停放在平坦和受爆破影响较小的地方，并将前部朝向爆区。附近有大中爆破和较长时间停车时，千斤顶要收回。冬季停车时间较长时，各水箱和管路应采取措施，以防冻坏。

（2）钻机停车时，履带距边缘一般不小于3m，并不得停在坡道上；不要将钻机停放在伸出物的下面，也不要停放在可能发生塌方的松软地面上；绝对不要将钻机停放在没有采取阻挡措施的倾斜处。

（3）停机时钻杆必须提出地面，并使钻头与地面保持一定的距离；在离开钻机以前一定要将系统内全部压力都释放出去；将所有开关恢复到停止（或者零位或者中位），然后再关闭钻机上高压开关；断开采场高压隔离开关。

（4）如果钻机是停在钻孔位置上，须将钻杆提出孔外，用液压卡头将其卡住，并降低千斤顶，以使履带与地面接触。

13.4　维护

对于牙轮钻机的使用与维护，主要注意以下几点：

（1）准备好工作现场。钻机开进之前，应使用推土机把工作现场推平，把大块矿岩推走，以便钻机迅速开进，平稳作业。

（2）正确操作。钻机的操作比较复杂，工作制度参数（轴压力、回转速度和排渣风量）是可调节的。因此不仅要严格按规定的操作程序进行启动、钻孔、接卸钻杆、起落钻架和移车等作业，而且要根据矿岩性质选用钻头和选择合理的工作制度参数，才能提高钻机生产效率，延长钻头寿命，减少事故，降低钻孔成本。

（3）降低废孔率。将已钻成或将要钻成的孔废掉而重新钻孔是一种浪费。司机应探索掌握防止钻杆偏滑、孔壁片帮以及由此引起卡钻、掉钻头、断钻杆等故障的方法，一旦发生则妥善处理，以免造成废孔。

13.4.1 日常保养

牙轮钻机的日常维护保养

13.4.1.1 电气系统

修理或更换电气元件时，必须将电源断开；严防各种油类、破布及其他金属件洒落在电气柜中，以免引起火灾；进入电源变压器间维修，须将高压断开；检查电路时，应穿戴好绝缘、防护用品。

13.4.1.2 液压系统

液压油的正常运行温度和压力较高，足以使人受到伤害，在检查、修理液压系统时，必须采取防护措施；在修理油缸时，一定要将它们支撑好，以防油缸跌落或从钻机中滚落出来；将油管从油路上拆开时，要立即将管口堵住，以防油泼洒出来，把地面弄得很滑而难以行走；更换液压元件时一定要更换相同规格和型号的产品；不允许用压力等级低的软管替换压力等级高的软管，以免发生渗漏爆裂等事故。

13.4.1.3 机械系统

更换履带板、链条时，须用相关工具；在回转小车下面工作或检修回转小车时，须将回转小车固定住，(不仅仅靠制动器)；不要拆除或修改防护装置，设计它是为了对工作人员进行保护，防止他们受伤；更换或修理提升加压链条时，须将钻架顶部链轮固定住；上钻架、回转器等高空作业时，须系好安全带；在钻机运行时，绝不要采用人工对钻机进行润滑。

13.4.1.4 压缩机

压缩机油在正常运行时温度很高，可将人严重烧伤。在任一种热流体管路上工作或更换过滤器时都必须采取防护措施；在压缩机系统上工作之前，要释放油气桶、储气罐里和管路里的全部压力；在钻机正在运行时或在系统中仍有压力时，不得移动任何调节软管或控制软管。高压气体会导致严重的人身伤害；在使用压缩空气清洁工作区时一定要小心，高压空气是具有危险性的；当空气软管离人群很近时，不要太快地接通高压空气，如果接通的速度太快软管会跳起来并伤及人群，若软管内有水或油则更加危险。

13.4.2 主要运行部位的检查及调整

牙轮钻机主要运行部位的检查及调整内容见表13-15。

表13-15 牙轮钻机主要运行部位的检查及调整内容

运行部位	检查与调整的主要内容
回转机构	所有滚轮和滚道之间的间隙应该为零，因磨损而产生的间隙由滚轮架与轴之间的偏心套来进行调节；各滚轮及导向滑块与钻架立柱的间隙保持在2mm左右
加压装置	滑架侧面导向衬套间隙不得大于3mm，若超过3mm，可通过增加或减少调整垫片的数量来改变间隙大小；加压链条在不工作时应张紧，上、下两弹簧应处于最大工作压力状态下；加压油缸在装配后活塞动作灵活，不得有卡阻现象，油缸在油压16MPa时，油缸各处不得有渗漏现象；在安装加压装置的链条时，应使回转机构的回转接头的下表面与钻架平台的上表面距200mm，使加压油缸的活塞杆伸出4380mm，在这样的相对位置下安装链条，在张紧链条后进行空负荷试车，使加压油缸往复运动数次，借以调整其导向部分与钻架导轨的间隙，调好后，将导轨焊在钻架上，将油缸与钻架的支承固定好

续表 13-15

运行部位	检查与调整的主要内容
均衡张紧装置	加压链均衡张紧装置除了使左右两条加压链受力均匀外，同时补偿链节的磨损和链条在张力作用下的伸长量。在运行过程中要更换磨损过限和损坏的链节，每根链条上取下的链节不得超过 28 节，超过 28 节则要更换新链条；调整时，当均衡油缸伸出后，均衡架下的下链轮轴到槽顶的距离应保持在 40 ~ 60mm 之间
行走机构	履带张紧后，上部履带下垂量不大于 50mm；在两个履带螺栓之间，履带板与履带节之间的间隙不大于 0.2mm；当钻机调平、履带离开地面时，下部履带中点最近的一个支重轮外缘最低点间垂直距离 YZ-35 钻机应保证为 200 ~ 300mm，YZ-55 钻机应保证为 250 ~ 350mm

13.4.3　润滑

润滑是牙轮钻机维护保养中关键的环节，由于牙轮钻机的大多数磨损零件都需要经常添加适量的润滑剂，因此必须按照规定的程序、时间和润滑要求对牙轮钻机进行规范化的润滑作业。

在润滑过程中，注意不要企图采用延长周期加大一次注油量的办法。加油时，如果润滑脂已开始从轴承里溢出，应停止注油，对于位置较低、灰尘较大处的轴承，应注入过量的润滑脂，才能把已污染了的润滑脂挤出来。

给轴承添加润滑脂的量，应根据钻机的工作强度、轴承磨损情况和润滑脂的品质而定。每一次注入的润滑脂应能够使用到下一次润滑。

对于润滑周期为 4h 和 8h 的润滑点，应按时加油，润滑周期较长的润滑点，其润滑间隔时间可按工作制度做合适的变动。如一天两班，每班 8h，润滑周期为 40h 的可以在 32 ~ 48h 的范围内进行润滑。表 13-16 所列的是 KY-200 型牙轮钻机主要运行部位的润滑周期。

表 13-16　牙轮钻机主要运行部位的润滑周期

部件名称	润滑部位	润滑方式	油脂牌号	换油量 /kg	换油周期	加油量及加油周期
行走机构	托轮、支重轮、引导轮	稀油壶	极压锂基脂	—	—	3 个月加一次油
	行走减速机	飞溅	高极压工业齿轮油		1 年	视油标情况加油，不得低于油标最下限
回转机构	回转减速机	飞溅	高极压工业齿轮油		半年	视油标情况加油，不得低于油标最下限
	回转接头	干油枪	极压锂基脂	—	—	24h 加一次油
	回转机构与钻架后立柱的导向滑板	手动	极压锂基脂	—	—	每班涂抹一次
	卡爪风缸销轴	稀油壶	齿轮油	—	—	每班涂抹一次
辅助卷扬	电动葫芦减速器	飞溅	高极压工业齿轮油	0.7	3 个月	视油标情况加油，不得低于油标最下限
	钢丝绳及卷筒表面	手动	极压锂基脂	—	—	每周涂抹一次
	卷筒及电机等处轴承	手动	极压锂基脂	轴承座容积的 2/3	半年	—

续表 13-16

部件名称	润滑部位	润滑方式	油脂牌号	换油量/kg	换油周期	加油量及加油周期
液压卡头	缸体与外壳体间	干油枪	极压锂基脂	—	—	每 2 天注油一次
	卡头外	稀油壶	齿轮油	—	—	每班注油一次
	联板销轴	稀油壶	齿轮油	—	—	每 2 天注油一次
油缸	4 个千斤顶铰接处	干油枪	极压锂基脂	—	—	每 2 天注油一次
	钻架起落油缸铰接处	干油枪	极压锂基脂	—	—	每 2 天注油一次
钻具	钻杆、钻头的螺纹及轴肩处	手动	极压锂基脂	—	—	每次连接时涂抹一次
液压系统	液压油箱		抗磨液压油	1700	一年	视油标情况加油，不得低于油标最下限
送杆机构	小摇臂上下销轴	干油枪	极压锂基脂	—	—	1 次/2 天
	大摇臂上下销轴	干油枪	极压锂基脂	—	—	1 次/2 天
	油缸上下销轴	干油枪	极压锂基脂	—	—	1 次/2 天
	锁紧装置销轴	稀油壶	齿轮油	—	—	1 次/2 天
	托杯内卡爪销轴	稀油壶	齿轮油	—	—	1 次/2 天
	拉杆的导向孔处	稀油壶	齿轮油	—	—	1 次/2 天
	上部抱卡各铰接处	稀油壶	齿轮油	—	—	1 次/2 天
加压装置	链轮轴承及油缸的下支座轴承处	手动	极压锂基脂	—	—	每半月注油一次
	链条	稀油壶	齿轮油	—	—	每半月注油一次
	动滑轮组与钻架工字钢的导向滑板	手动	极压锂基脂	—	—	每半月注油一次
主空压机	油箱		专用锭子油	180	半年	视油标情况加油，不得低于油标最下限
辅助空压机	油箱		N68 抗磨液压油		半年	视油标情况加油，不得低于油标最下限

13.4.4 定检定修

牙轮钻机的定检，通常是指由专业点检员（或专业工程师）按照设备的点检周期依靠人体的“五感”或简单检测仪器对重要设备及重要部位实施的定期点检。

设备定修就是在设备点检的基础上，在钻机停机（停产）的条件下，按设备定修计划对钻机进行计划检修或定期的系统检修。而设备日修是指凡不影响钻机生产，随时可安排停机进行的计划检修。定修包括日修、定（年）修两种检修。

钻机的日常点检则是在日常维护保养中，由钻机的操作人员依靠人体的“五感”对设备的运行状态进行的检查。

牙轮钻机的驱动方式和结构形式不同，其定检定修的内容和要求也不尽相同，表 13-17 所列举的例子是 KY-200 全液压钻机的定检定修项目内容及周期。

表 13-17　KY-200 全液压钻机的定检定修项目内容及周期

装置类别	项　目　内　容	每　班	每　周	每　月	半　年	更换件
行走机构	支重轮、托链轮、导向轮是否漏油	■				
	主动轮、支重轮、链轨履带板、托链轮的磨损		■			
	行走减速机润滑油的加注及补充		■○		■○	润滑油
	履带的张紧度及调整		■○			
	主动轮、支重轮、履带板螺栓松动		■○			
回转机构	回转减速机啮合声音是否正常	■				
	回转机构及回转主轴处是否漏油	■				
	回转减速机换加润滑油		■○		■○	润滑油
	卡爪及弹簧的磨损程度		■			
	卡爪汽缸轴、回转接头、钻杆螺纹处、钻架后立柱的导向滑板抹润滑脂	■○				
	检查调整回转小车与滑架间隙		■○			
加压送杆装置	加压链条抹油	■○				
	加压链条是否损坏、磨损严重		■			
	链轮轴抹润滑脂			■○		
	链轮及轴磨损程度			■○		
	加压链条上、下弹簧是否损坏	■				
	送杆机构拉杆是否损坏	■				
	托杯卡爪及扭转弹簧磨损程度	■				
液压卡头	卡块与油缸间抹润滑脂	■○				
	清除卡块处毛刺	■○				
	检查挡铁是否开焊、变形	■				
	油缸体的外滑动面上加注润滑脂	■○				
液压系统	液压油的换加和油箱的清洗			■○	■○	润滑脂
	液压油回油滤芯的清洗和更换				■○	滤芯
	液压油箱油位	■○				
	各元件是否松动、有无异常噪声	■○				
	液压泵、马达、液压阀、油管、接头是否漏油、损坏	■○				
	各压力表是否损坏	■				
	联轴器及销子磨损情况		■			
	液压泵、液压马达的运转声音是否异常	■				
	各油缸铰接处抹润滑脂	■○				
	千斤顶油缸支承筒与外套的相对运动表面加润滑脂		■○			
	清洗液压油冷却器				■○ 1 年	

续表 13-17

装置类别	项目内容	每班	每周	每月	半年	更换件
空压机及压气系统	检查油位高低	■○				专用锭子油
	检查仪表、装置是否完好	■				
	清洗油过滤器一级滤网		■○			
	清洗空气过滤器滤芯，洗净后吹干			■○		
	清洗或检查减荷阀、最小压力阀和自动放空阀等零部件			■		
	彻底清洗油过滤器			■○		
	更换油过滤器纸质滤芯				■	
	清洗油冷却器芯子				■○ 1 年	
	检查各处有无漏油	■				
	检查主风路的压缩空气含油量			■		
	检查安全阀、各种仪表、电磁阀工作是否正常				■	
	酒精雾化器加酒精				■○	
	储气罐放水	■				
	各汽缸、挂钩锁紧装置是否运动正常		■			
	检查更换辅助空压机三角带			■○		三角带
电气系统	检查电机地脚螺栓及与机械连接	■○				
	检查电机接线盒、电源电缆、接地线是否良好	■				
	绕线式电机或直流电机的碳刷	■				
	检查高压电缆是否浸泡水中或埋入土和石块中	■○				
	检查电机表面、轴承温度、运行时声音是否异常	■				
	空压机电机轴承注油				■○	
	检查电压、电流是否异常	■				
	行走操作手柄是否完好	■				
其他	检查孔口罩是否破损		■			
	收尘离心风机开焊	■				
	收尘管开焊	■				
	辅助卷扬电动葫芦减速器换加油				■○	润滑油
	辅助卷扬钢丝绳磨损程度、抹油		■○			
	钢丝绳可靠地绕在卷筒上		■			
	机棚及门是否开焊变形	■				
	各处连接螺栓、地脚是否松动	■○				
	空气滤清器轴流风机电机和风叶的固定情况	■○				
	机棚是否漏雨				■	
	梯子、栏杆是否可靠	■				
	司机室各种仪表是否损坏	■				
	司机室及门是否开焊变形	■				

注：■—必须定期检查项目；○—维护保养项目。

13.5　常见故障及排除

牙轮钻机在运行作业过程中，由于对所钻凿的岩层状况判断有误、操作不当或钻机制造过程中尚未发现而存在的自身缺陷和安装调试过程中产生的一些隐患，以及使用过程中的磨损，往往会导致牙轮钻机发生各种故障。这些故障有可能涉及钻机的机械系统、液压系统、电气系统、计算机系统等方面。本节就牙轮钻机中带有共性特征的常见故障及排除方法用表格的形式进行了介绍。

13.5.1　机械系统的常见故障及其排除方法

机械系统的常见故障及其排除方法见表13-18。

表13-18　机械系统的常见故障及排除方法

故障表征	可能产生的原因	排除方法
千斤顶收不回	过高升高了钻机平台	多次反复小距离启动千斤顶，使支承筒与导向圈套合
加压链条断裂或跳链	过度磨损而未检查和某种突变载荷；张紧不够	更换链节，张紧链条
履带板断裂	某种突变载荷或履带板质量不好	更换履带板
提升、加压离合器不能正确离合	联动装置损坏，润滑不足，链齿有毛刺，汽缸薄膜或弹簧损坏	拆下修理、更换零件
行走制动离合器打滑	摩擦面有油脂，气胎风压不够，制动装置松闸失效	拆下传动件，检查原因，及时修复
回转小车振动过大	偏心滚轮与钻架滚道间隙过大	调整间隙
回转机构不能提放	链条、油缸导向部分、回转机构及钻杆受阻或卡死	定期给链条涂油，检查并处理卡死部位
引风接头处漏气漏水	装配不好或零件损坏	拆下修理，更换零件
辅助卷扬不动作	钢丝绳卡死；按钮接线、电缆线断，限位开关未复位	重新缠绕钢丝绳；定期检查电缆使用情况，接线或修复电缆，将限位开关复位
卡　钻	孔底积渣太多，孔内塌方或落进大石块	把喷嘴直径扩大，点动回转，反复提升，下放钻具，实在无法提出钻杆时，则割断钻杆
孔口塌陷	浮渣太厚，开孔参数不合适	加套筒或贴黄泥，调整开孔参数

13.5.2　液压系统的常见故障及其排除方法

液压系统的常见故障及其排除方法见表13-19。

表 13-19 液压系统的常见故障及其排除方法

故障表征	可能产生的原因	排除方法
液压系统油压不足或不上压	电磁溢流阀的电磁阀不动作，处于卸荷状态；溢流阀的调定压力由于振动或其他原因而降低了	处理阀芯不动作、更换电磁溢流阀或线圈；重新调整溢流阀的工作压力
	油箱的油位过低；油泵发生故障	经常检查油箱油位，定期加油；检修油泵或更换油泵
	油路漏油；油缸内渗、窜油	更换油路密封件；更换密封圈
液压系统不能卸荷	电磁溢流阀的工作不正常	检修或更换电磁溢流阀或阀线圈
油泵不排油	轴的旋转方向不对；泵轴和转子损坏	检查轴的旋转方向是否与定子上箭头方向相符，如不相符，随即改变旋转方向；更换损坏零件
油缸不动作或动作缓慢	换向阀组溢流阀调整不当，阀底粘着或磨损；在溢流阀阀芯或阀座之间有杂物；油从滑阀或阀体之间泄漏；油从油缸中的活塞处泄漏	清洗并重调溢流阀；拆开清洗重装；修理或更换换向阀；更换油缸活塞密封圈
液压系统噪声大	油面过低；吸油管漏气；油缸或系统内有空气；油泵损坏	经常检查油箱油位，定期加油；检修吸油管；定期清洁油箱空气滤芯，放气；检修或更换油泵

13.5.3 气控系统的常见故障及其排除方法

气控系统的常见故障及其排除方法见表 13-20。

表 13-20 气控系统的常见故障及其排除方法

故障表征	可能产生的原因	排除方法
泵送压气缓慢、保压时间太短或压力不足	过滤器堵塞；某处有泄漏	更换过滤器；检查气控管路，查出漏气元件并更换
空压机轴承烧坏	润滑不良	更换轴承，加好润滑油
耗油量过大或“喘气”	润滑油变质或质量差	清洗，更换活塞环和润滑油
汽缸薄膜损坏	正常损耗或薄膜质量不好	更换薄膜
过热	旋转反向；泵盖中阀安装不当；系统内有脏物；通风不良和环境温度过高	改变旋转方向；拆下重新装；清洗系统内部；改善通风条件

13.5.4 干油润滑系统的常见故障及其排除方法

干油润滑系统的常见故障及其排除方法见表 13-21。

表 13-21 干油润滑系统的常见故障及其排除方法

故障表征	可能产生的原因	排除方法
系统供油缓慢和不规则	预先未妥善注油，系统存留有空气，形成气塞（缓冲气垫）	打开油泵出口处排气塞、供油管端部的管塞或注油器出口处的管接头，排除空气

续表 13-21

故障表征	可能产生的原因	排除方法
注油器动作失灵	供油管路不干净，有脏杂物进入注油器	将注油器拆下清洗干净，全面清洗管路
油泵压力不足	油泵可能存在气塞或单向阀失灵	排气，拆下单向阀清洗
注油器工作不正常，注油量过多，指示杆有润滑剂渗出；排油量显著下降	注油器的活塞和阀杆填料已磨坏或 O 形圈磨损；单向阀变脏	更换填料或 O 形圈；清洗或更换注油器
注油器指示杆不能回到正常位置	供油管路规格偏小；采用了黏度大的润滑脂；气温过低使润滑脂变稠	加大供油管路规格；改用黏度低的润滑脂；加入低温添加剂；加大每个循环的注油量和延长注油时间

13.5.5　除尘系统的常见故障及其排除方法

除尘系统的常见故障及其排除方法见表 13-22。

表 13-22　除尘系统的常见故障及其排除方法

故障表征	可能产生的原因	排除方法
电磁阀中排气的同时排出回水	使用了扳动开关操作停供水	使用关闭水温调节阀实现停供水
局部冻裂	冬天停机后未将系统中的余水排除干净	修复冻裂部位并在停机后排净系统余水

13.5.6　主空压机系统的常见故障及其排除方法

主空压机系统的常见故障及其排除方法见表 13-23。

表 13-23　主空压机系统的常见故障及其排除方法

故障表征	可能产生的原因	排除方法
排渣风压太高	钻头喷嘴堵塞；孔内积渣太多，塌孔；采用湿式除尘式时堵孔；钻头喷嘴直径太小	将钻头提出孔，疏通喷嘴；降低推进速度或停止加压；减少或停止供水；把喷嘴直径扩大
电机不能启动	熔断器烧断；线路中断或接触不良；热继电器未能复位；电源相序不对	检查调整线路，使热继电器复位；检查调整线路；使热继电器复位；接好电源相序
电机虽然启动，但不能投入正常运转	启动时间太短或太长；电网电压太低；排气压力过高，压力继电器起作用，可能是排气管路堵塞，最小压力阀阀芯卡死而气量调节系统和安全阀均失灵	调整启动时间；提高电网电压；清除排气管障碍，检查最小压力阀阀芯是否卡住，并检修安全阀和气量调节系统，清除油路障碍
	打开减荷阀气门后，排气温度急剧上升，超过 120℃，温度控制器动作可能是油路堵塞，压缩腔无油进入或进油太少	继续启动压缩机直至油路畅通

续表 13-23

故障表征	可能产生的原因	排除方法
电机虽然启动，但不能投入正常运转	气候特别寒冷时，虽然启动了电热器但油过滤器、油冷却器和油路中的油还呈凝结状态，使油路暂不通	继续开动电热器，使油温升高，或使环境温度提高
运转中突然停车	排气压力过高，电流过载；排气温度过高	检查减荷系统的安全阀使其工作正常；检查油管路，使其畅通
运转中突然停车	压力控制器、温度控制器触点调整不当；电压过低，电流过载自动开关或热继电器跳闸	重新调整压力控制器、温度控制器触点位置；提高电网电压，重新调整热继电器
压缩机排气量比正常低	耗气量过大；系统管道泄漏；空气过滤器滤芯堵塞，吸气不足	检查气路是否泄漏或调整耗气量；排除漏气部位；清除空气过滤器粉尘
	减荷系统工作不正常或阀门卡住；自动放空阀密封面漏气；油气分离器滤芯堵塞；最小压力阀卡住	检修减荷系统；更换自动放空阀膜片；更换油气分离器滤芯；检修最小压力阀
压缩机油压过低	油量不足；油过滤器滤芯堵塞；油泵工作不正常；油管漏油或油管堵塞；油压表损坏	经常检查油位，定期加油；清洗油过滤器或更换滤芯；检修油泵；排除漏油部位，清洗油管路；更换油压表
压缩机排气温度大于 120℃	油冷却器污染；油压过低	清洗油冷却器；检修齿轮泵
停车后立即有大量油和气从空气过滤器喷出	止回阀不能关闭，或弹簧力不够；放空阀不放空	拆开止回阀进行修复或更换弹簧；检修放空阀或更换膜片
安全阀启跳放气	安全阀开启压力低于减荷阀减荷压力	重新调整安全阀开启压力或调整减荷压力，使两者之差大于 0.04MPa
主机进排气端面、转子轴颈、转子外圆与机壳内表面、转子型面烧损	润滑油中有脏物，且进入主机内部；径向轴承磨损；超温超压运行；油路堵塞	清洗油过滤器、空气过滤器、用调整垫圈来调整端面间隙，换轴承；重新打定位销来保证同心度，换轴承；清洗油冷却器、吸油管，定期清洗油过滤器滤芯；清洗油管路
减荷阀系统失灵	减荷阀汽缸内的弹簧断裂；电磁阀损坏；压力控制器损坏或调整不当；控制电源线路无电	更换弹簧；检修或更换电磁阀；调整压力控制器或更换新的；检修控制电源
耗油量大	油气分离器滤芯损坏；系统有漏油部位；油气分离器滤芯内的回油管堵塞；排气压力太低	更换油气分离器；排除泄漏点；清洗回油管；减小用户用气
盘车轻松，但启动有很重的声音，开关跳闸	可能是过电流继电器动作，原因是启动时减荷阀未处于关闭状态或电压太低	检修减荷阀，使其复位，提高电网电压

13.5.7 电气系统的常见故障及其排除方法

电气系统的常见故障及其排除方法见表 13-24。

表 13-24　电气系统的常见故障及其排除方法

故 障 表 征	可能产生的原因	排 除 方 法
钻机停电	采场高压断电；电缆损坏；高压熔断器保险损坏	通知线路修理接通电路；定期检查电缆使用情况，修复或更换电缆；更换保险
回转电流过高	孔内积渣太多，塌孔；钻头齿磨钝或牙轮卡死；减速箱加压轴承损坏；孔钻斜了；钻杆弯曲	降低钻进速度或停止加压，排出积渣；更换钻头；更换轴承；报废，重钻；更换新钻杆
回转柜（提升/行走柜）输出电流很大，而输出电压很低	回转电机（提升/行走电机）磁场开路；输出电缆线绝缘损伤和局部短路；电机的电枢内部短路	恢复电机的磁场电路；将已损伤和短路处的电流包好绝缘；修复或更换电机
回转柜（提升/行走柜）有电压输出而无电流输出	输出电缆线断线；电机电枢绕组开路；电机电刷损坏或换向器接触不良	修复或更换电缆线；修复电枢绕组或更换电机；更换电刷、调整弹簧压力
回转柜（提升/行走柜）输出电压明显降低或忽高忽低	个别快熔损坏；个别触发单元电路板的接插件接触不良；个别触发板上的三极管损坏或脉冲输出线开路；稳压管的稳压值降低，使给定电压明显降低	查询原因，更换快熔；去掉接插件触头上的污物，校正接插头；更换已损坏的三极管或恢复线路接线；更换稳压管
回转柜（提升/行走柜）的给定电位器没有转到最大位置就出现最大输出电压	电压负反馈电路开路；稳压管开路，造成给定电压增高；磁放大器位移电路总电源线断开，造成磁放大器无位移电流	找到开路点，重新接好；若是断线，则重新接好，若是稳压管开路，则更换稳压管；找出开路点并重新接好
电机轴承部位温升过高，或有噪声	电机与被传动的机械设备没有对中；轴承润滑干油过多或过少；干油变质硬化或污染；轴承转动不灵活或损坏；电机或被传动设备的轴弯；地脚螺栓松动	重新对中；适当去掉或添加干油；换新的干净的干油；更换轴承；检修或更换电机或被传动的设备；紧固地脚螺栓
电机过热或有噪声	电机过载；通风不良；电机冷却风叶损坏或摩擦；轴承转动不灵活或损坏；电气不对称（三相电压，电流不对称）；定子绕组接地或局部短路；电机单相运行；气隙不均匀	查过载原因或减轻负载；清理电机的通风道；更换或校正风叶；更换轴承；排除不对称故障；修复或更换电机；排除断相故障；调整转子中心
直流电机电刷烧坏或火花过大	换向不良、电刷离开中性位置、过载严重、电流变化率太快，或换向器振动、绝缘沟内有磁粉等	改善换向、调整电刷装置、避免长期超负荷运行和弱磁高速运转；或消除振动，清理换向器的绝缘沟
电机电刷碎裂、有振动噪声	换向器表面粗糙、振动大、电刷在刷握内太紧、换向片间绝缘沟槽中云母过高	修整换向器表面、下调云母、修整电刷和电刷装置，消除振动
直流电机换向器表面出现有条纹、刻纹、凹槽、节距条形痕迹以及槽条形痕迹	负载太轻、刷压不够；油、汽的污染，磁粉及其他灰尘的污染；分激补偿磁场不平衡、过载严重	适当调大弹簧压力；清理换向器及电刷；避免长期过载运行、检修电机
电机绝缘电阻降低	潮湿，油、汽、矿尘、金属屑及灰尘等的污染，绝缘磨损或擦破、脱落	清理和干燥电机，修补绝缘薄弱处

参 考 文 献

［1］舒代吉．YZ 系列牙轮钻机［M］．长沙：湖南大学出版社，1989：3～6.

［2］YZ-35 型牙轮钻机操作维护使用说明书［Z］．衡阳有色冶金机械厂，1995.

［3］KY-250D 型牙轮钻机操作说明书［Z］．南昌凯马公司，2009.

［4］KY-200 型牙轮钻机岗位培训专用教材［Z］．南昌凯马公司，2010.

14　牙轮钻机选型综合分析

本章内容提要： 本章首先介绍了牙轮钻机采购需求分析及注意事项，随后对如何评估牙轮钻机的生产能力、影响生产能力的主要因素进行了简要分析，并对牙轮钻机钻孔成本的基本概念及其构成内容进行了解析，最后就其设备选型方法进行了阐述。

14.1　采购需求分析及注意事项

14.1.1　基本分析

在露天矿山实施一项非常大的挖掘工程或大中型矿山的开采计划，除非有压倒一切的因素存在，在几乎所有情况下，钻爆法是最好的选择。要真正进行采矿作业，需要使用多种类型的设备，而首当其冲的就是爆破孔钻机。采购爆破孔钻机前，首先对下列事项必须调查了解和分析清楚：穿爆作业确定的炮孔参数？哪些钻凿方法应采用？钻机的类型是采用柴油驱动型或电力驱动型？穿爆工程需要多少台爆破孔钻机？

14.1.1.1　*采用哪种方法*

大中型的采矿项目或超大规模施工开挖，爆破孔的穿孔直径通常为170mm或更大。对于这种规格范围的爆破孔钻孔方法的选择仅限于牙轮钻机或潜孔钻机。图14-1为不同岩层硬度和爆破孔直径时，不同类型钻机的选择范围。从图中可以看到，牙轮钻机特别适用于爆破孔直径200mm以上和中硬岩层及其以上硬度岩层的范围。

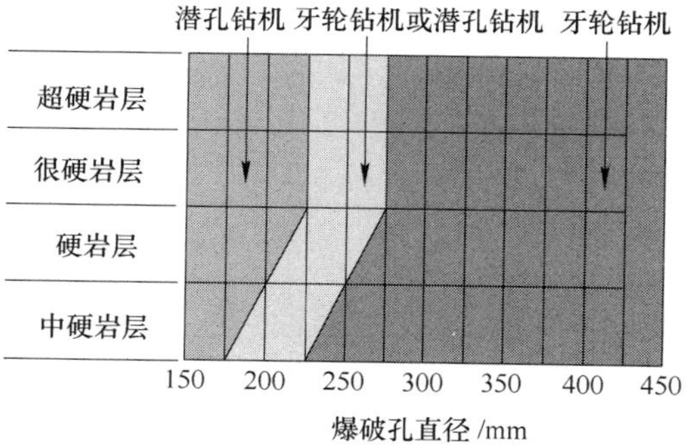

图14-1　不同岩层硬度和爆破孔直径时钻机类型的选择范围

这是必须牢记钻进方法的选择，这样基本上对需要的可能穿透率和随之而来的生产速度得到进一步核实。

可以通过将岩石样本发送到一个设备完善的实验室，以获得它们对岩层的测试结果和所测算的钻孔穿透率。当然，如果能够通过钻几个试验爆破孔并适当选择合适的牙轮钻头来完成测试，则更加能够说明问题。

但很多时候工程中实际上炮眼要钻的直径比测试试验的钻孔直径大得多。在这种情况下对穿孔速度、钻头寿命等数据的预测，是通过在150～165mm炮眼试验钻孔完成的基础上类比推算出来的。这样的预测通常是比从实验室测得的试验数据更可靠。

14.1.1.2　选择哪种类型的钻机

正如本书第1章中指出的那样，牙轮钻机主要有电-电、电-液压和柴油-液压三种主要类型。这些类型的比较和选择，完全取决于无电压波动在矿区使用不间断电源的可用性。在大多数的大型煤矿，其中电铲或拉斗铲要使用的可靠的电力供应是一定的。因此，在这种情况下，在技术上最好的选择是电-电、然后是电-液、最后是柴油-液压。

除了这种选择顺序外，还必须仔细考虑在成本方面的分析，本章14.2节专门对此进行了较为详尽的讨论。

14.1.1.3　需要多少台牙轮钻机

使用多少千克的炸药将1m的岩石破碎为适当的碎片被称为破碎系数。炸药的破碎系数取决于岩石的性质，特别是抗压强度、韧性和岩体裂隙结构，以及炮孔直径等。一旦确定了炸药的破碎系数、装填炸药的爆破孔的长度和装填密度等，即可计算出延米爆破量。

在知晓了延米爆破量和确定了钻机在作业岩层的平均穿孔效率后，所需采购的牙轮钻机数量就可以很容易地计算。当然，在这些计算中，还应当考虑可能的堵塞长度和接卸钻杆的因素。

14.1.2　采购方法与内容分析

当然，购买一台牙轮钻机，除了爆破孔的技术方面，还有许多其他因素也必须考虑。这些因素围绕：如何规范起草招（投）标文件、钻机的安装调试、关于钻机的有关手册、操作员和维护培训、必要的杂项等。

14.1.2.1　如何规范编制钻机招（投）标文件

一旦买方决定购买一台或多台牙轮钻机，必须给以牙轮钻机制造商相应的通知，以便他们可以提交一个提案。这些信息通常被称为一个投标或投标邀请书和制造商的建议，又称为报价或投标。

通常在招标方发布的招标文件中必须注明以下内容：

（1）钻机的工作地点及相关的详细信息，如钻机工作面的经纬度和海拔高度、年降雨量、大气温度的变化范围、风暴的可能性、最近的小镇、最近的机场、距离最近的港口，以及该钻机可以发货运输的途径。

（2）矿山的类型，即是否为黑色金属矿山或有色金属矿山或煤矿等。

（3）所需要钻凿爆破孔的岩石的岩体性质，通常一座大型的露天矿山会有许多不同性质的岩石。凡钻孔涉及的所有类型岩石的细节都应给出。

（4）预计每年从爆破孔钻机钻进中的计量收费。

（5）所采用的采矿方法，即是否采用装载机和拉铲或电铲和翻斗车的组合，或采用斗轮挖掘机采掘。在这两种情况下，都需要大体上提供一个炮眼的计划挖掘深度，即炮孔钻凿的最大深度和炮眼倾斜度的更多细节。

（6）电压和电力供应的频率和其在工地的连续性或所选择的钻机原动机的类型。

（7）要购买的牙轮钻机的数量。

（8）打算购买钻机的规格。

（9）钻机供应所需的时间跨度的及其安装和调试现场。

（10）有关购买的相关商务内容。

此外，还需要特别强调的是：

在招（投）标文件中，对钻机的大多数组件和子组件的介绍也应列入其中。当然，将上述内容列入牙轮钻机专门的技术附件也是可行的，关键是看哪种表述方法便于理解、更加清楚和明确。

14.1.2.2　钻机的安装与调试

小型钻机，其运输状态的长宽高的外形尺寸通常在 15m×3m×5m 的范围内。由于它们的质量通常小于 30t，因此可以采用很容易在运输拖车上的完全装配好的状态，只要目的地是约 1500km 范围内，不涉及任何转运。

然而，在许多情况下甚至这样小的钻机也可能要通过海路运输。此时，发运的模式则取决于尺寸和质量，一般要采用两个或两个以上的组件以节省运费的形式发送。

当牙轮到达工地现场时，必须将分解的组件进行组装，必须添加压载和完成某些必须在钻机安装后的焊接，才可以交付矿山投入实际使用。在这种情况下，安装和调试需要 7~15 天，并需要很多设施，如焊接、打磨等。

钻机的安装和调试任务，通常由钻机的制造商负责完成。有关钻机安装调试的具体内容参见本书第 13 章的相关内容。

14.1.2.3　钻机手册

（1）钻机的制造商通常为他们的每个牙轮钻机型号编制了三种不同类型的手册。

1）首先是操作使用手册。它提供了所有必要的程序和应采取的预防措施，并同时提供了钻孔作业和其他相关操作方法，每台钻机的钻孔主管及助理司钻必须仔细阅读该手册。

2）第二本手册为备件手册，其中包含备件与该零部件装配的组件及其零件编号和图纸清单。本手册是正确订购备件必不可少的。

3）第三本手册就是所谓的维护手册。手册包含有关操作规程、定期进行维护程序的详细说明。所有维修钻机的相关人员必须通过本手册进行深入的研究。

（2）应当注意的是，如果采购的是一台计算机化控制的牙轮钻机，则在该系统的电脑中就具有上述手册的全部内容。同样，独立手册可用于柴油发动机、压缩机和制造商在钻机配套结合的一些其他的重要组成部分。作为钻机制造商有责任将这些手册提供给钻机的购买者。购买者在采购合同中必须特别要求从制造商得到这些手册。

（3）电脑化时代的钻机手册，是在一个光盘中以 PDF 电子文件格式的形式来提供的。如果是这种情况，购买者应确保能得到三套这样的 CD（或 U 盘），除非它们是能够复制的。一些制造商保持在其网站上可以查询到这些信息，并允许其用户连接到网站。在这种情况下，用户应该从网站上下载相关的信息。

14.1.2.4　操作和维修培训

牙轮钻机的操作和维修培训，一般可以分别在制造商的培训基地和矿山作业现场进行。钻机的制造商都配备有非常适合对钻机司机和维修人员进行培训传授的服务工程师。

随着技术进步和计算机应用技术的发展，国外的主流钻机制造商已开始在牙轮钻机的操作和维修培训中使用钻机模拟培训舱（模拟训练器）。这种计算机化的模拟培训设备只不过是将一台内置有计算机的钻机操作台放置在一个特殊的培训房间里。进入培训机舱，模拟器会创建所有的视听环境，司机犹如坐在矿山采掘现场的钻机司机室内进行实际操作。在模拟操作训练的过程中，计算机会监控被培训司机的操作是否符合规定的要求，并及时对操作者给予提示或警告。当然这样的模拟训练并不能取代作业现场的实际培训。

通常对于维修人员的培训课程与钻机司机的不同。维护培训课程的重点是面向钻机正常有效维护的过程和采取预防措施的注意事项，有时这些培训课程可能还包括对钻机的小修或项修的一些内容。

14.2 牙轮钻机钻孔成本分析

在露天矿山，与钻孔和爆炸作业相关的钻炮眼的成本一直是总成本的一个主要的部分，通常达15%之多。因此，本节专门对牙轮钻机钻孔成本的基本概念及其构成内容进行了分析，以作为进行牙轮钻机的综合选型分析的重要依据。

14.2.1 成本的基本概念

为了便于理解牙轮钻机钻孔的成本分析，首先需要了解各类成本的基本概念。

14.2.1.1 各类成本的基本概念

（1）产品工厂成本。工业企业为生产某种产品在生产过程中所消耗的各种费用的总和称为该产品的总成本。采矿企业矿石的工厂成本就是矿石在开采过程中所消耗的全部费用。产品工厂成本又称为产品生产成本。

（2）产品销售成本。产品销售成本是指工业企业为生产销售某种产品所消耗各种费用的总和，即产品工厂成本与销售过程中所支付费用之和。产品销售成本又称为产品全部成本或产品完全成本。

（3）产品总成本与单位产品成本。

1）产品总成本：指企业在一定时期（月、年）内用于生产与销售一定种类和数量产品所消耗的全部费用，如月（年）度销售总成本。

2）单位产品成本：指企业生产与销售一个产品所消耗的费用和单位产品销售成本。其计算方法是以一定时期的产品产量除以相应时期的产品销售总成本。产品总成本与单位产品成本是分析与计算产品成本的重要指标。

（4）车间成本。车间成本是指企业、车间（或区段）范围内为生产一定数量产品（或劳务）所发生的生产费用。它是企业产品成本全部成本的组成部分。车间（或区段）成本核算的目的是为了加强企业内部经济核算，提高企业经济效益。

（5）班组成本。班组成本是指企业生产班（组）范围内为生产一定类型和数量产品（或提供一定劳务）所消耗的主要生产费用，一般只包括工人能核算与控制的费用。班组成本是车间成本的组成部分。班组成本核算的目的也是为了加强企业内部经济核算，提高企业经济效益。

（6）产品计划成本与实际成本。

1）产品计划成本：指企业预定在计划期达到的产品成本，如计划总成本和计划单位成本。

2）产品实际成本：指产品在生产和销售过程中实际发生的费用，如实际总成本和实际单位成本。

14.2.1.2　产品成本核算方式

在工业企业内，根据产品特点和不同要求，产品成本核算的方式通常有以下几种：

(1) 按生产费用要素核算。这种核算方式是按照生产产品发生费用的要素来划分的。产品成本按生产费用要素划分的作用，可以明确生产产品的物质消耗费用和劳动消耗费用，可以明确产品成本中各类费用要素构成的比例，便于组织各费用的支付；可以把成本计划同生产、劳动、物资供应和财务等计划有机地联系起来，以便用货币形式监督和检查其他计划的执行情况。在我国的露天煤矿一般是采用这种核算方式。其具体内容见表14-1。

表 14-1　露天煤矿生产费用要素

生产费用要素	内　容
原料与主要材料	构成产品实体的各种外购原料与主要材料，在生产过程中产生和回收的废料应扣除。在露天矿山的产品成本中不发生此项费用
辅助材料	用于产品生产与企业管理中所消耗的各种辅助材料。在露天矿产品成本中此项费用占较大比重，如炸药、雷管、坑木、修理用配件、低值易耗品、劳保用品及其他材料等
燃　料	企业生产所消耗的各种燃料。此项费用在产品核算中，有时并入辅助材料项目内
动力（电力）	企业耗用于生产活动的电力和蒸汽等费用。在露天煤矿此项费用列为电力费用
工资性费用	企业支付职工的全部工资性费用（含工资、津贴、补贴、劳务费用等）
折旧费用	企业对生产使用的所有固定资产，按规定的折旧率提取的基本折旧
其他费用	不属于上述各项的生产费用，包括大修理提成、办公费、管理费、差旅费、造林费、培训费、劳保费、利息收支相抵后的净额、租金支出、罚金支出、运输费、材料盈亏等

(2) 按成本项目核算。这种核算方式是按照费用的用途和费用发生的地点对生产产品所发生的费用进行归类的。按成本项目核算成本便于企业分析和研究降低产品成本的途径。露天金属矿山企业通常采用这种核算产品成本的方式。其具体的内容见表14-2。

表 14-2　露天金属矿企业核算产品成本的方式

成本项目	内　容
原料及主要材料	经过加工后构成产品主要实体的原料及主要材料，此费用在露天矿不发生
辅助材料	直接用于产品生产，但不构成产品实体的材料
燃　料	直接用于产品生产而消耗的各种燃料
动　力	直接用于产品生产而消耗的动力费用
工资性费用	直接掌握生产过程，从事产品生产的生产工人的工资性费用
车间经费	各车间（区段）范围内发生的具有全车间性的管理与业务费用
企业管理费	对企业进行经营管理所发生的各项管理与业务费用
销售费用	企业为销售产品而发生的各项费用

(3) 按生产过程核算。这种核算方式根据生产过程中各主要生产环节所发生的费用来核算产品成本，如将露天矿分为穿爆、采装、运输、排土、供电等生产环节，单独进行费用核算。这种核算产品成本方式的作用有助于加强区段、车间的经济核算，便于分析和挖

掘降低产品成本的途径。对生产过程中各主要生产环节的划分可根据露天矿开采工艺特点和区段组织形式来确定上述三种核算产品成本方式相互之间费用的关系。

14.2.1.3 固定费用与变动费用

产品成本内的各项费用，按其数值与产品数量增减变化的关系可分为固定费用和变动费用。

（1）固定费用。固定费用是指其数值变化与产品数量增减无直接联系的费用，又称为不变费用，如车间经费与企业管理费等。

（2）变动费用。变动费用是指其数值变化与产品数量增减有直接联系的费用，又称为可变费用，如露天矿的炸药等费用。变动费用与产量增减变化的归类，部分费用是成正比的变动，部分费用是不成正比的变动。前者可称为比例变动费用，后者可称为半比例变动费用。

（3）固定费用与变动费用的划分，一般可按以下方法进行：

1）直接法：是根据统计资料和财会人员的经验直接来划分。对于半比例变动费用，可根据产量变化的程度划为固定费用或变动费用。

2）高低点法：根据统计资料，可按下式计算：

$$单位产品变动费用=(最高总成本-最低总成本)/(最高产量-最低产量)$$

$$固定总费用=最高总成本-最高产量\times单位产品变动费用$$

14.2.2 爆破钻孔的工作模式和钻孔成本的相关因素

14.2.2.1 露天矿的工作制度和爆破孔的工作模式

在进行成本计算分析之前，首先要认识露天矿的工作制度和爆破孔的工作模式。

大中型露天矿均采用大型机械设备，投资大，设备投资一般占总投资的50%~60%。为发挥投资效益，露天矿一般采取连续工作制。

露天矿工作制度应根据开采工艺、产量规模、装备水平及地区气候条件等因素确定。

露天矿工作制度分为连续工作制（每周7天，每天3班，每班8h工作）和间断工作制（每周6天，每天3班，每班8h工作）。从设计理论及国内外矿山实践，露天矿应采用连续工作制生产，年工作日应根据开采工艺、气候条件等因素确定。

如按年工作日300天计算设备的规格及数量，与350天工作日比较投资将增加10%~15%，这是在我国当前经济条件下不能承受的。因此，本书在确定工作模式时按照一年330天考虑。

即当牙轮钻机在一年的时间内，按照年度工作日为330天，每天三班，每班8h的工作模式，钻机的理论可利用的工作时间为：$8\times3\times330=7920$h。在这段时间内牙轮钻可用于钻孔作业，或根据计划维修或进行故障修理。通常用来在这样的背景下，它被定义为可利用率，即：

$$A=T_C/(T_C+T_M+T_R)$$

式中 A——钻机的可利用率；

T_C——钻进作业，h；

T_M——钻机计划维修，h；

T_R——钻机故障修理，h。

有时可利用率也被定义为：

$$A = (T_C + T_M)/(T_C + T_M + T_R)$$

钻机的利用率是设备实际开动的时间，用设备开动时间除以正常上班时间可得到利用率。钻机可利用率是指不管钻机是否开机，只要钻机能够动起来工作就行，一般是设备日历时间减去设备保养维修停机时间除以日历时间。

至于一台钻机的保养和维修需要花费多少时间，则取决于钻机自身的质量和操作维护程序的类型以及该钻机司机操作的熟练程度和对钻机故障的判断力。

使用自动润滑系统的钻机可以提高钻机的可开动率，根据钻机类型的不同，其可开动率的增加的幅度范围为1.03～1.06倍。

此外，钻机的可利用率随钻机使用年限的增加，其利用率也会逐年下降。如果钻机在操作初期的利用率为A，那么在其运行的下一年则是：

$$A_E = (A_I - A_L)/A_I$$

式中　A_E——利用率；

A_I——第一年爆破孔的利用率；

A_L——下一年爆破孔钻机的利用率。

表14-3列出了不同类型的牙轮钻机的寿命小时数、初始可利用率、可利用率乘数和钻机的可利用率折减系数的典型值。

表14-3　不同类型钻机的可利用率和使用寿命的相关系数

规格大小系数		原动力类型系数		动能类型系数		使用寿命/h	初始可利用率系数/A_I	使用自动润滑系统后的倍增乘数M	折减系数A_R
规格	系数	类型	系数	类型	系数				
特大型	0.97	电力	0.98	电能	0.97	85000～100000	0.922082	1.06	0.92
特大型	0.97	柴油	0.96	液压	0.95	80000～95000	0.884640	1.06	0.90
大型	0.95	电力	0.98	电力	0.97	75000～90000	0.903070	1.05	0.92
大型	0.95	电力	0.98	液压	0.95	70000～90000	0.884450	1.05	0.88
大型	0.95	柴油	0.96	液压	0.95	60000～80000	0.866400	1.05	0.85
中型	0.92	电力	0.98	液压	0.95	55000～75000	0.856520	1.04	0.88
中型	0.92	柴油	0.96	液压	0.95	50000～70000	0.839040	1.04	0.85
小型	0.88	电力	0.98	液压	0.95	40000～60000	0.819280	1.03	0.85
小型	0.88	柴油	0.96	液压	0.95	30000～50000	0.802560	1.03	0.82

从这些值，其寿命周期期间的钻机可利用时间可以计算为：

$$H_C = L_D M A_I A_R$$

式中　H_C——钻机的寿命周期（循环操作时间）；

L_D——钻机寿命，h；

M——可利用率乘数；

A_I——初始可利用率；

A_R——折减系数。

表14-4列出了牙轮钻机在一个钻孔循环中所必须完成的工作步骤和内容。在该表中有些工作内容的典型时间的表述为“计算”，是指这些工作内容的典型时间，必须依据其他类似采区所给定的时间值来计算。

影响牙轮钻机钻孔成本分析的一个重要的因素，即钻孔的净穿透速度，为了正确计算炮眼钻孔成本，对此需要准确地预测。作为一台牙轮钻机的经济寿命在表14-3已经提及，表14-4所列出的牙轮钻机在一个钻孔周期内的主要活动内容及其有关的因素也与此相关。当然，上述表中所给出的数据仅可供分析时参考，更准确的数据取值则要从对象矿山的穿爆工艺中对爆破孔的穿爆指标的计算和钻机制造商的钻机技术参数中获得。

表14-4 牙轮钻机一个钻孔周期内的主要活动内容及其对应所需要的时间

序 号	循环周期内的活动	典型时间/s
1	从一个孔位置移动到其他	45
2	通过液压千斤顶将钻机调水平和竖立钻架	30
3	放下钻头，并低转速开始钻孔	20
4	钻孔完成爆破孔深度	依据计算
5	从钻机回转头上卸下钻杆	25
6	将钻机回转头向上移动到钻架的顶部	30
7	定位换杆装置与钻杆对齐	25
8	将新的钻杆连接到回转头上	20
9	换杆装置对准卸下的钻杆	15
10	将新钻杆与下部的钻杆相连接	25
11	附加上钻杆的所需号码	依据计算
12	将回转头向下移动一个钻杆的长度	40
13	使连接为一体的完整的钻杆运动	依据计算
14	从下钻杆上卸下上钻杆	30
15	换杆装置旋转定位	30
16	从回转头上卸下钻杆	25
17	移开换杆装置	18
18	将回转头降低到钻架的底部	35
19	将下部钻杆与回转头连接	25
20	拆卸掉钻杆的所需号码	依据计算
21	钻机将钻架落下到钻机本体上	25
22	一个完整的循环操作周期完成	依据计算

14.2.2.2 爆破孔钻孔成本的相关因素

在每一项业务活动中都会有成本所产生的输出。在爆破孔钻进作业中的成本输出则体现在炮孔的直径和钻孔深度方面。

正如前面所解释那样，在确定爆破孔直径和深度的基础上，同时会对其他相关设备提出相对应的生产要求，如拉斗铲、电铲、自卸车等用于采矿作业其他相关设备等。由于在钻机的整个寿命周期期间，钻孔作业的直径通常保持不变，爆破孔钻进的成本可以用货币/米的形式来表示，如可以确定为人民币元/m 或美元/m 或欧元/m 等。

即使爆破孔和岩石性质是相同的，对于不同的国家、地域、矿山，其钻孔成本都是变化的。甚至在同一座矿山，其钻孔作业的台阶不同，所产生的钻孔成本都不一样，因为钻孔成本总是取决于当地的因素。

14.2.3　牙轮钻机钻孔成本的分析

根据上述的成本的基本概念，爆破孔的钻孔成本可分为三大组成部分，即固定成本、运营成本和间接成本。下面就上述内容分别进行具体分析。

14.2.3.1　固定成本的主要内容

固定成本是拥有的牙轮钻机，并保持钻机的所有权，直到它的使用寿命终结。此外，对于所拥有的钻机，还必须按照年度购买应有保险和支付规定应当缴纳的税额。固定成本的总额不随业务量发生任何数额的变化。

在固定成本的计算中需要按照钻机预计的使用年限提取折旧，它是将固定资产的应计折旧额均衡地分摊到固定资产预定使用寿命内的一种方法。采用这种方法计算的每期折旧额相等。固定的成本也被称为拥有成本。这个成本无论所拥有的钻机是否用于生产，其成本是必然会发生的。

相对其他钻孔方法，牙轮钻机的固定成本相对较高，这是因为牙轮钻机的购买价格及其备品配件的价格都较高。钻孔成本中涉及固定成本的主要因素有：购买性支出；年度税款，关税和征费；残值。

以下是对所涉及固定成本的主要因素的详细阐述。

A　采购支出

购买支出涉及钻机采购所有的成本项目，包括牙轮钻机的购买、运输到现场、安装调试在现场开始钻孔作业。形成购买支出的明细见表 14-5。

表 14-5 所提及的大多数支出在钻机的寿命周期中仅发生一次。该表还给出按照一般商业惯例并为之款项支付的信息。

表 14-5　购买费用支出明细

序号	购买支出的项目内容	提供费用的单位	接受费用的单位
1	通过银行使用信用证的付款方式	买方银行或贷款机构	买方银行或贷款机构
2	购买费用直接支付给制造商	制造商	制造商
3	工具、器具、用于构筑物的电力架设等	买方承包商	买方承包商
4	用于构筑物的劳务费用	买方承包商	买方承包商
5	提供住宿和寄宿的架设工程费用	通常由买方通常安排	由买方接受
6	调试和完工接收费用	买方	通常由买方接受

在购买支出中，以下几点是值得注意的：

（1）大型牙轮钻机的发运通常都是分解为若干组件的形式。它们需要在矿山的工作现场组装为整机并完成调试。大型牙轮钻机在现场的安装调试一般多需要在制造商派遣经验丰富的工程师指导下完成。

（2）为了减少运输成本，中小型的钻机通常分解为上下两个部分发运，从而减少钻头的体积和运输成本。这种钻机的现场组装相当容易，往往可以通过专门提供该服务的买方或当地一些机构的服务工程师完成。制造商提供的用户服务手册通常包含所有此类信息。

（3）在海上运输，由于费用运输的计算项目的基础是海运项目的体积或物品的质量，两者所支付的费用额度是不同的，通常是需要按照收益率更多的项目向船舶代理支付运费。出于这个目的，有关组件的尺寸及质量数据应当以制造商确定的作为标准。

组件或钻机体积的计算基础是长×宽×高。在大多数情况下 $1m^3$ 体积取值为 1t，即 1000kg。因此，如果一个项目体积等于 $10m^3$ 但质量只有 3500kg，则该项目会在 $10m^3$ 体积的基础上收取运费。但是，如果一个项目重 2000kg，而体积只有 $1m^3$，则运费是根据 2000kg 的质量收取，而不是按 $1m^3$ 体积。

（4）通常情况下，买方对制造商的支付采取从银行贷款或金融机构。在这种情况下，贷款必须在一定时间内通过每月或每年的分期付款方式内偿还。分期付款价值是由银行或金融机构制定，购买者应及时了解这种分期支付给银行或金融机构的相关信息。由客户支付的利息总额可以很容易地根据标准的财务公式来计算。

在大多数的购买需要信贷的不可撤销信用证通过有利于制造商的采购中打开。此外，信用证可能需要制造商的银行确认。所有的费用在信用证开出后，通常直接向它们的银行支付购买。为了计算固定成本，这些费用必须作为成本所属的一个重要组成部分。

B 每年税收、关税及征费

每年的税收、关税及征费的支付是按照政府或当地机构按照政府所定的法律、法规和规章进行的。其具体的支付科目和额度可以很容易地通过有关政府部门或地方机构查询。

在成本计算的实际过程中，通常是按照牙轮钻机价格的百分比取值计算。

C 残值

固定资产残值是指固定资产报废时回收的残料价值，主要是在固定资产丧失使用价值以后，经过拆除清理所残留的、可供出售或利用的零部件、废旧材料等的价值。

固定资产残值在会计科目中，通过设置“固定资产清理”对其进行核算。确定固定资产应提折旧总额时，一般先扣除预计残值，然后确定折旧率。从固定资产的原值中扣除预计残值后，再加上预计的清理费用作为应提折旧总额。固定资产未来的残值一般采用预计净残值率数值的办法来确定。

固定资产净残值属于固定资产的不转移价值，不应计入成本、费用中去，在计算固定资产折旧时，采取预估的方法，从固定资产原值中扣除，到固定资产报废时直接回收。

《企业所得税暂行条例实施细则》第 31 条规定：固定资产在计算折旧前，应当估计残值，从固定资产原价中减除，残值比例在原价的 5% 以内，由企业自行确定。

当牙轮达到其使用寿命的终点就可以出售。通过这样的销售收到的金额称为残值。一台牙轮钻机的残值是要与下列因素给予适当考虑后慎重判断。

如果有一些可靠的数据可用，它们可用于确定为固定成本。当没有任何可参考的数据时，牙轮钻机的残值可以在表 14-6 的基础上计算后确定。

残值 S 可以由下面的等式来确定：

$$S = f \times 0.95 \times R \times W$$

式中　S——残值金额；

f——残值系数（表 14-6 中第 4 栏）；

R——废钢卖出价，元/kg；

W——钻机的质量，在制造商提供的资料中已表示。

式中的系数 0.95 已考虑了该钻机具有了磨损，其质量减少的事实。

表 14-6　牙轮钻机残值的构成

钻机规格	原动机类型	动力类型	残值系数 f	构成残值的理由
特大型	电力	电能	1.4	特大型电动牙轮钻机的购买者很少，这类钻机通常使用到其寿命终止时报废。然而这种电动牙轮钻机，含铜零部件的数量可观，因此可以获取比例较高的好残值与废钢值
特大型	柴油	液压	1.3	这类钻机也很少有人购买、维修和转售。由于只有一个电动机，因此不具有质量较大比例的含铜零部件
大型	电力	电力	1.4	这些钻机也很少购买、维修和转售。他们有较少的铜零部件
大型	电力	液压	1.1	这些钻机也很少购买、维修和转售。这种钻机只有一个电机，因此不具有较大比例质量的含铜零部件
大型	柴油	液压	1	这些钻机也很少购买、维修和转售。他们没有任何含铜的零部件
中型	电力	液压	1.4	这些规格较小的钻机容易购买维修和转售。比较容易得到所需的大部分其维修的组件，所涉及的钻机翻新成本和风险较低
中型	柴油	液压	1.5	这些规格较小的钻机容易购买维修和转售。比较容易得到所需的大部分其维修的组件。柴油机驱动使得这种钻机更容易销售，所涉及的钻机翻新成本和风险较低
小型	电力	液压	1.7	这种钻机的规格很小，使其购买修理和转手更加容易，其所需的大部分维修备件比较容易得到。所涉及的钻机翻新成本和风险低
小型	柴油	液压	2	这种钻机的规格很小，使其购买修理和转手更加容易，其所需的大部分维修备件比较容易得到。柴油机驱动使得这种钻机更容易出售，所涉及的钻机翻新成本和风险低

14.2.3.2　运营成本

钻机的运行成本是指维持钻机运行所发生的费用，它随着钻机使用年限增加而增加。钻机运行成本包含除了固定成本之外的生产成本、日常费用支出（开动期间消耗的润滑油脂、水、电费用）、人工成本支出等，这是最常见的成本支出，当然还包括备件费用及设备折旧费用。

当钻机开始运行，即当它的发动机或电动机被操作时，操作成本就产生了。当它在修理时，钻机停止运行。如果钻头没有配备自动润滑系统，那它必须停机进行手动润滑维护。因此，可以说钻机在所有的循环中操作都在运行。

多种成本因素形成了牙轮钻机的运营成本。该运营成本可以被划分为保养及维修成本、耗材成本、工作劳动成本、配件和钻头成本。

下面就构成运营成本的详细内容予以阐述。

A　保养及维修成本

几乎每一台牙轮钻机，其制造商都规定了根据钻机的现场操作过程中收集的数据定期进行维护的规程。按照此规程中钻机所使用的组件中的某些部分在特定的操作周期之后应当予以更换。如果钻机的用户遵循这样的维护保养规程，就可以大幅降低不定期的维护或修理费用，提供经济效益。

对于不同结构类型的钻机，这种预防性维护的规程会有所不同。预防性维护的成本是通过更换零件和劳动力使用的费用实现的。适当的保留钻机预防性维修的记录，将可以大大有助于钻机维护成本的计算，这是分析牙轮钻机维护成本的一个非常可靠的方法。

如果无法获得这些记录来估计每个台班的保养和维修成本，则可以根据表14-7中给出的维修成本系数，按照下式通过计算获取。

$$C_m = f_m P$$

式中　C_m——维护和修理费用，元/(台·班)；

f_m——维修成本倍增系数（见表14-7）；

P——钻机价格，元/台（不带附件）。

表14-7　估计每小时用于保养和维修成本的倍增系数

钻机规格	原动机类型	动力类型	维修成本倍增系数 f_m
特大型	电　力	电　能	4×10^{-5}
特大型	柴　油	液　压	5×10^{-5}
大　型	电　力	电　力	4.5×10^{-5}
大　型	电　力	液　压	5.5×10^{-5}
大　型	柴　油	液　压	5.75×10^{-5}
中　型	电　力	液　压	6×10^{-5}
中　型	柴　油	液　压	6×10^{-5}
小　型	电　力	液　压	6.5×10^{-5}

当通过使用上述公式中计算维护和修理成本时，需要注意以下几点：

（1）保养和维修成本没有考虑润滑油的消耗。

（2）在表中给出的系数值仅为判断上的逻辑基础，是任意的。为统一起见，这个成本必须在循环作业时间方面被转换为钻机预防性维修的记录。

B　耗材成本

耗材是设备日常运作、维修、维护所需要的消耗材料，即那些完全或部分燃烧或已经或丢失不能挽回的。在钻机运行期间要使用大量的耗材，主要包括有钻具消耗、机械电气易耗件损耗、动能消耗、油脂类消耗和其他消耗等。在消耗材料中，钻头是主要消耗件，占钻孔成本费用达32%~42%。牙轮钻机的主要消耗材料见表14-8。

表 14-8　牙轮钻机的主要消耗材料

消耗材料类别	对应的消耗材料主要内容
钻　具	钻头、稳杆器、钻杆
机械、电气、液压易耗件	密封圈、垫圈、滤网、滤芯、弹簧
动　能	电力或柴油
油　脂	液压油、空压机油、减速机油、润滑脂
其　他	水、工资、生产管理费等

以下分别就组成耗材成本的具体内容予以阐述。

a　动力成本

大多数牙轮钻机是由柴油发动机提供动力，这类钻机的柴油发动机的最大额定功率输出的变化范围很广，通常在 175～1120kW 之间。

大多数柴油发动机的 ASFC（平均燃油消耗率）大约是 215g/kW · h。由于柴油的密度为 0.839kg/L，ASFC 等于 0.256L/kW · h。

但在实际运行中，牙轮钻机能够从柴油发动机获取的最大功率和平均功率仅为最大额定输出功率的 75%。

因此，如果一台钻机的柴油发动机额定功率为 250kW 的功率输出，那它每小时可能消耗的柴油是 $0.256\times250\times0.75=48$L/kW · h。那么在查询到当地柴油的价格后，即可计算出这台钻机的燃料消耗成本，即动力成本。

对于电动型牙轮钻机来讲，它是通过使用一台电动机，从它的轴的一端驱动空压机，并从它的轴的另一端驱动液压泵驱动单元。由于电动机具有良好的过载能力，电机的最大输出功率为额定功率的 90%。因此，电动机的电力消耗可以 90% 替代为柴油发动机的约 75% 的额定功率，或所述电动机的额定功率为 0.75/0.90，即 0.83 或 83%。

就其功率特性而言，电机的响应速度很快。如果突然额外功率的需求出现时，柴油发动机可能需要 5s 调整到功率要求，而电动机可以在 1s 调整到要求。由于这种特征，功率的需要对电动机相比柴油发动机来讲，需要进一步向下调整为 0.9×0.95，即为 85.5%。

因此，一台配备有一个额定功率为 225kW 的电机在运行过程中每小时所消耗的电功率为 $225\times0.83\times0.95=177.4$kW。

如果牙轮钻机是全电动式，由于非工作分量抽取的功率只是简单地关断，没有涉及怠速运转，所以功率消耗少。全电动型钻机的电动机由单独的额定功率的总和比单个电机的额定功率高出约 25%，或相当于等效的柴油机的 112.5%。因此，一个全电动型钻机的动力需求可以被当做由电动机的方式安装在钻机的总功率为 0.75/1.125，即 66%。

鉴于电动机上述的快速超载能力，一台功率为 280kW 的全电动型钻机，其运行过程中每小时消耗的电能等于 $280\times0.66\times0.95=175.5$kW · h。

根据已知的当地工业用电的单位价格，即可计算出钻机每小时电力消耗的动能成本。

b　钻机润滑剂

牙轮钻机使用的钻机润滑剂有两种类型，即油脂或高黏度润滑油。

牙轮钻机的自动润滑系统采用的是高黏度润滑油。在一些钻机上所使用的润滑油脂则是按照规定的要求通过油嘴手动送入需要润滑的组件。

润滑剂的消耗量取决于所需要供给润滑剂的润滑点的数量，它与牙轮钻机的规格大小相对应。配备有自动润滑系统的钻机所需的每小时润滑油消耗量可以按照表 14-9 来选择。

表 14-9 钻机自动润滑系统的润滑油消耗量

钻机规格	原动机类型	动力类型	润滑油消耗量/L·h^{-1}
特大型	电 力	电 能	1.2
特大型	柴 油	液 压	1.1
大 型	电 力	电 力	1.06
大 型	电 力	液 压	1.06
大 型	柴 油	液 压	1.06
中 型	电 力	液 压	0.88
中 型	柴 油	液 压	0.88
小 型	电 力	液 压	0.77
小 型	柴 油	液 压	0.77

对于钻头，其中润滑剂是手动馈送，在表中所列的润滑油消耗量的值可被视为 kg/h，而不是 L/h。对于使用手动润滑方式的钻机，表 14-9 中所列的润滑剂用量的值应被视为 kg/h，而不是 L/h。每小时耗用润滑剂的成本，可以按照所购买的润滑剂的价格按照元/L 或元/kg 视情况而定。

如果将少量的润滑剂与反冲洗的压缩空气混合后，将会使牙轮钻头的使用寿命显著增加。但这样的做法，必须经过仔细的实验后方可进行，因为如果大量的润滑剂被供给，则可能会堵塞用于牙轮钻头冷却的空气通道，导致降低钻头寿命。采用间歇式的注油方式则有可能避免上述问题的发生。

当然，采用这种方式则需要额外增加钻头的润滑剂的消耗量，则需要在实验过程中收集相关的数据。

可以使用下面的公式，根据钻头直径的大小，计算用于钻头的润滑剂消耗量。

$$Q = 6 \times 10^{-3} D$$

式中 Q——钻头需要的润滑油用量，L/h；

D——钻头直径，mm。

必须注意的是，通过上述公式计算出的成本只是每个钻孔小时而不是钻机运转循环操作小时。因此，其成本必须通过使用适当的系数将其分配到钻机的循环操作小时。

钻头每小时润滑油消耗的成本，可以根据钻头润滑油的价格（元/L）计算。

C 油

油的使用取决于钻头的类型。下面的油被用于各种炮眼钻头组件：压缩机油、发动机油、液压油、变压器油。

根据牙轮钻机的不同类型，可能有以下的油品用于牙轮钻机的各种部件：压缩机油、机油、液压油和变压器油。

油品的消耗是由可移动部件之间的热摩擦功率损耗产生的。一般来讲，用户采用的是更换新油的方式，而对原有的老油则经过适当的过滤和补充所需的额外数量的新用油。因此，油品消耗的成本，在任何情况下都是由参与补充（部分或全部）的新油费用以及过滤老油的费用所构成。

这种油品过滤的时间间隔和/或补充，应遵循油品制造商的规定。

上述四种类型的油品每小时成本可通过下面的公式计算：

$$C_o = (Q_u P_n + Q_f P_f)/H$$

式中　C_o——每小时油费，元/h；

Q_u——使用的新油的量，L；

P_n——新油价格，元/L；

Q_f——使用过滤油的量，L；

P_f——过滤油价格，元/L；

H——机油更换间隔，h。

在计算油品消耗成本时，以下几点值得注意：

（1）由单一电动机驱动的牙轮钻机，通常没有任何变压器。该电机使用主电源电压直接运行。

（2）全电动型钻机有若干个电机且各自具有完全不同的额定功率。这样的钻机往往需要通过一台主变压器分配到各电机上运行。

（3）如果不存在变压器，没有变压器油。

（4）变压器油的更换时间间隔一般都很长。

如果没有或者需要用于计算各个油品成本的数据无法使用，那么可以根据牙轮钻机的类型确定所使用的全部油品的成本，一般可以按照动能（燃料）成本的12%~20%来考虑。

D　水

牙轮钻机的湿式除尘装置需要用水进行除尘，还需要用水冷却空气压缩机的散热器，对于柴油型的钻机，还需要用水冷却柴油发动机的散热器。水的用量，可以很容易地根据已经在现场使用过与该钻机类似机型的经验来估算。当然，对水的需求取决于天气条件。

如果在工作现场有足够的水可用，那么水本身的成本可忽略不计，但将水输送到钻机的成本则需要考虑。尽管水的成本通常被忽视，但在必要时也需要加以考虑，并在钻孔成本计算中使用。

E　轮胎

车载（轮胎）式牙轮钻机很少使用，由于其轮胎的价格相对较高、工作寿命低，其更换成本相对较高。因此，车载（轮胎）式牙轮钻机的轮胎被视为消耗品。

不过，与轮式装载机、卡车、平地机等设备相比，车载式牙轮钻机轮胎的磨损少得多，因为它们仅用于钻机从一个炮孔的位置移动到另一个位置。除非能够保证轮胎状况正常，否则，所有的轮胎更换应同时进行。更换轮胎的费用除以轮胎更换的时间间隔周期（小时）即为每小时的轮胎消耗成本。车载式牙轮钻机的轮胎更换间隔周期一般为8000工作小时。

14.2.3.3　配件和钻头的成本

钻孔过程中需要钻头和许多配件。这些钻具在钻孔过程中要经受严重的磨损和撕裂，因此它们需要频繁地更换。因此，这些项目的使用寿命通常是按照钻孔的深度（m）而不是使用多少小时来评价的。

这一类配件的寿命非常难预测，特别是钻头，因为它取决于所涉及的钻孔参数，以及所钻的岩石的属性等许多因素。

如果要确定它们的使用寿命，仅仅根据本章即将部分给出的数据远远不够，还必须通过多种途径获得更加准确、真实的数据。钻头及配件的生产企业往往有自己关于在各种不同的条件下钻头等钻具配件的性能记录。通过查询这些性能记录，可以掌握更多的与工作环境有关的许多细节，如岩体特性、岩石性质、相同类型的钻机在钻孔过程中的钻孔直径和深度等。通过这种方式所获得的数据将更加完善、准确和可靠。

由此可知，钻头及其他钻具配件在不同的工作条件下的使用寿命的差异是非常大的，在计算其成本消耗时，需要区别对待、单独处理。

A 钻机附件

牙轮钻机使用的主要配件有减振器、稳杆器、钻杆和副钻杆。所有这些配件在钻孔过程中都要承受到很大的进给力、力矩和振动。

由减振器的工作原理知道，在钻孔作业中减振器始终保持在炮孔之外。其寿命取决于它的结构、振动强度等环境因素。减振器的预计使用寿命见表 14-10。

表 14-10 减振器的预计使用寿命

减振器承受的轴压力/kN	减振器的预计使用寿命/m	
	剧烈振动	中等强度振动
550 ~ 600	8000	12000
300 ~ 350	6000	10000
200 ~ 250	5000	8000
139 ~ 150	3500	6500

其他配件在钻孔作业过程中始终处于炮孔内，并连续受到以非常高的速度和压力从炮孔中排出的岩屑的冲击洗刷。这种岩屑的连续冲击洗刷导致对配件的外表面的严重磨损。

如果钻孔作业的岩层非常硬且磨蚀性高，这些配件的预期寿命将会比在软岩和非研磨性岩层低得多。

这些钻机配件的寿命的粗略估计，见表 14-11。其使用寿命和成本都是按照元/m 来进行计算。

表 14-11 牙轮钻机部分钻具的使用寿命

钻 具 名 称	穿凿不同硬度岩石的使用寿命/m	
	坚硬，研磨性岩石	软，非研磨性岩石
钻杆直径 381mm，壁厚 32mm	24000	35000
钻杆直径 273mm，壁厚 25mm	20000	30000
钻杆直径 140mm，壁厚 19mm	15000	25000
焊接辐条式稳杆器直径 381mm	6500	8000
焊接辐条式稳杆器直径 251mm	4000	6000
滚轮式稳杆器直径 381mm	7500	11000
滚轮式稳杆器直径 251mm	6000	9500
副钻杆直径 381mm，壁厚 32mm	5000	7000
副钻杆直径 273mm，壁厚 25mm	3500	6500
副钻杆直径 140mm，壁厚 19mm	3000	5000

B　牙轮钻头

尽管以钻孔深度的进尺来评价牙轮钻头的使用寿命所涉及的因素很多，但由于大部分钻头的用户和制造商都能够保留和提供钻头使用的详尽记录。这些数据为牙轮钻头的选择提供了可供借鉴并值得信赖的第一手资料。

如果手头没有这样的数据，那可根据以下的经验公式对钻头的预计使用寿命进行计算。

$$L = 6800D^{1.55}P/(NK^{1.67})$$

式中　L——钻头的寿命，h/只；

D——钻头的直径，mm；

P——穿孔率，m/h；

N——回转速度，r/min；

K——钻头的轴压力，kN。

14.2.3.4　运行劳动成本

钻机的钻孔作业大多都已经采用了全自动的现代牙轮钻机的。这种钻机本身是由一个司机操作，但在大多数情况下，都还配备了一名副手帮助其工作。

运行劳动成本视具体情况而定，通过钻机的循环操作时间，对钻机司机及其副手的年度总薪酬（包括所有的福利和奖金）计算所得。

这种劳动成本的高低主要取决于当地的工资收入水平，因各地的差异很大，需要根据当地收入水平的实际情况进行计算。

14.2.4　间接成本

间接成本是指生产费用发生时，不能或不便于直接计入某一成本计算对象，而需先按发生地点或用途加以归集，待月终选择一定的分配方法进行分配后才计入有关成本计算对象的费用。间接成本属于不可控费用。

在矿山开采过程中，为生产和提供劳务而发生的各项间接费用，包括车间管理人员的工资和福利费、折旧费、修理费、办公费、水电费、机物料消耗、劳动保护费等一类的支出，由于不能划归为某台特定的生产设备如钻机、电铲或卡车等的支出，因此这一类生产活动的支出会以分摊的方式进行处理。

没有具体的公式可以给出评价的间接成本，会计单位通常是先通过“制造费用”科目对这些费用进行归集，在每个会计期间终了，再按一定的标准（如生产各种产品所耗的工时）将所归集的制造费用分配计入相关产品的生产成本之中。

14.2.5　炮孔钻孔总成本

综合上述对钻孔作业中的固定、运营和间接成本的分析和计算，可以得到牙轮钻机的爆破孔钻孔总成本，即：

总成本 = 拥有成本 + 运营成本 + 间接成本

通过使用电子表格的方式展开上述公式可以考虑到任何可能涉及的各种因素，并精确计算出牙轮钻机的钻孔总成本。

牙轮钻机穿孔成本主要取决于岩石性质、牙轮钻头寿命、电能或动能消耗量等。表14-12列举了KY牙轮钻机在$f=8\sim14$岩石中的穿孔成本，表14-13列举了45-R型和60-RⅢ型牙轮钻机在$f=8\sim14$岩石和$f=14\sim18$岩石中的穿孔费用。

表14-12　KY-310牙轮钻机在$f=8\sim14$岩石中的穿孔成本

项　　目	标准穿孔直径250mm	标准穿孔直径310mm
钻机折旧费/元·d^{-1}	177	177
钻头费/元·d^{-1}	596.7	440
维修费/元·d^{-1}	287	287
动力费/元·d^{-1}	237.6	285.2
工资性费用/元·d^{-1}	17.5	17.5
润滑油脂/元·d^{-1}	39.37	43.31
水/元·d^{-1}	0.108	0.119
车间经费（5%）/元·d^{-1}	76.76	62.5
总计/元·d^{-1}	1423.4	1312.5
进尺/m·d^{-1}	118.2	150.3
每米炮孔钻孔成本/元·m^{-1}	12.04	8.73
每吨矿岩/元·t^{-1}	0.10	0.07

表14-13　45-R型和60-RⅢ型牙轮钻机在不同岩石中的穿孔费用

项　目		45-R型钻机（标准穿孔直径250mm）	60-RⅢ型钻机（标准穿孔直径310mm）
岩石硬度系数		8～14	14～18
设备费/万元·台$^{-1}$		131	150.3
折旧费/元·(台·d)$^{-1}$		179	226
维修费/元·(台·d)$^{-1}$	机械备件	197	236.3
	电气备件	90	54.7
动力费/元·(台·d)$^{-1}$		146.95	168.25
工资性费用/元·(台·d)$^{-1}$		18.10	18.10
润滑油脂/元·(台·d)$^{-1}$		16.31	17.93
钻头费用/元·(台·d)$^{-1}$		345	449.6
钻具费（钻杆、稳杆器等）/元·(台·d)$^{-1}$		24.6	24.6
车间经费/元·(台·d)$^{-1}$		50.85	61.72
总计/元·(台·d)$^{-1}$		1067，81	1296.20
台日效率/m·(台·d)$^{-1}$		92	83
每米炮孔成本/元·m^{-1}		11.61	15.62

14.2.6　成本分析计算的注意事项

在本章的前面部分分析阐述了钻孔成本的主要内容及其计算方法，但为提高钻孔成本的计算精度还需要考虑下列因素：

（1）牙轮钻机制造商通常会给出不同的钻孔作业循环活动的典型时序。他们通常基于电动马达的速度或提供给各种运动中所使用部件的液压油量。而在实际操作中往往需要多一点的时间去完成这些运动。

（2）在钻机运行过程中有时会暂时停止运行，对钻头或其他钻杆组件进行必要的检查。在钻机暂时停止运行作业期间，压缩机可能还需要提供压缩空气。因此，仍然会产生所使用耗材的运行成本。

（3）在工作现场遇到恶劣天气时，钻机的钻孔作业循环运动需要暂时停止，当可能遇到暴风雨时，则需要将钻架落下降低到安全位置。

（4）除了暂停之外，钻孔作业的循环运行开始的时间和发动机引擎启动的时间之间总有一个滞后的时间差。

（5）环境条件在很大程度上影响钻机的钻孔成本。例如，当一台钻机是在极其寒冷的天气操作运行，那么不仅钻机自身的多个设备需要提供内置的暖通设施，还必须为钻机的操作者提供保暖衣物和手套等一些额外的物品，这些项目的开销则成为额外支出的一部分。

（6）在对岩石样品测试的基础上，可能会具有良好的预计穿透费率。但这是对垂直孔的钻进而言。如果是打斜孔（角度孔）则还需要调整。

（7）当钻机进行钻斜孔作业时，相对于垂直孔的钻进其钻头及其配件的成本都将增加，因为钻头及其配件甚至钻机本身的使用寿命都会有明显的降低。

14.3　牙轮钻机的选型原则与方法

14.3.1　牙轮钻机的选型原则与要点

首先，牙轮钻机的选择必须与矿山规模、矿岩性质、采矿装运设备相适应。

14.3.1.1　选型原则

要求牙轮钻机安全可靠、技术先进、操作简单、维护方便；牙轮钻机的系列种类多，选型应适合矿山条件，满足生产要求需考虑：

（1）地理环境。海拔高度、大气压力、年平均温度、终年历史最高和最低温度、风力、雨水和空气湿度。

（2）地质条件。主体岩石种类，其物理机械性能中的可钻性和腐蚀性。

（3）采矿岩年产量、穿孔直径、台阶高度、穿孔深度、地下水位、动力供应及钻机分布。

14.3.1.2　选型要点

（1）采矿工艺和生产要求。动力条件，以确定牙轮钻机电动或柴油机类型，大中型矿山多用电动牙轮钻机；采矿工艺要求的钻孔直径、孔深、台阶坡度，确定牙轮钻机的钻孔直径、孔深范围、爬坡能力和钻架高度。

（2）生产规模，年爆破量或年穿孔量，生产管理和采场分布，参考单台牙轮钻机在不同矿岩的可保证年最低穿孔能力，确定牙轮钻机数量。

（3）矿岩种类和环境条件。不同矿岩种类，对同型号牙轮钻机确定匹配不同的技术参数。

（4）地理环境条件，高原、寒冷炎热地区对主要配套部件：空气压缩机，除尘器、变压器，液压、气控和电控系统等应有特殊要求。

（5）安全环保和技术发展。牙轮钻机必须符合国家“矿用炮孔钻机安全要求”的标准；根据牙轮钻机现有类型选取不同的部件配套方式，如电机类型、加压动力、滑阀操纵方式及防尘类型等；适应技术现状和发展，确定电机的调控方式和钻机控制自动化程度；除钻机标准配置外另确定用户选择件。

14.3.2 牙轮钻机的技术经济指标与主要材料消耗

14.3.2.1 技术经济指标

牙轮钻机的技术经济指标受钻机类型、设备性能、钻头质量、生产管理、钻机作业率等诸多因素的影响，表 14-14 以 YZ-35 型、YZ-55 型牙轮钻机效率性能为例，展现了 YZ 系列牙轮钻机的技术经济指标。

表 14-14 YZ-35 型、YZ-55 型钻机的技术经济指标

钻机型号		YZ-35			YZ-55
矿山类别		黑色金属	有色金属	非金属	黑色金属
岩石普氏硬度系数 f		8 ~ 20	8 ~ 16	< 12	8 ~ 20
设计能力	月进尺/$m \cdot (台 \cdot 月)^{-1}$	4500 ~ 5000	5500 ~ 6000	7000	4500 ~ 5000
	年进尺/$m \cdot (台 \cdot a)^{-1}$	54000 ~ 60000	66000 ~ 72000	84000	54000 ~ 60000
可保证最低进尺能力	月进尺/$m \cdot (台 \cdot 月)^{-1}$	4000	4500	5000 ~ 6000	4000
	年进尺/$m \cdot (台 \cdot a)^{-1}$	48000	54000	60000 ~ 72000	48000
爆破能力	延米爆破量/$t \cdot m^{-1}$	105 ~ 120			125 ~ 165
	年爆破量/万吨 $\cdot a^{-1}$	567 ~ 660			675 ~ 750
	最低年爆破量/万吨 $\cdot a^{-1}$	500			600
可持续工作时间/h					
平均台时效率/$m \cdot (台 \cdot h)^{-1}$		20	24	30	19
平均台日效率/$m \cdot (台 \cdot 日)^{-1}$		200 ~ 250	220	250 ~ 300	180

14.3.2.2 对应矿岩可钻性指数的钻进速度和钻头寿命

岩石可钻性表示在牙轮钻齿作用下，岩石破碎的难易程度。确定矿岩可钻性是为合理选择和使用钻头、确定穿孔产生、预测钻头寿命提供科学依据。岩石可钻性还可作为选择穿孔设备、制定穿孔作业计划及拟定穿孔定额指标的参考。表 14-15 为我国露天金属矿山具有代表性的牙轮钻机所对应矿岩可钻性指数的钻进速度和钻头寿命。

14.3.2.3 牙轮钻机的生产能力

牙轮钻机的生产能力是技术经济指标最主要的内容。其能力的大小，除了与钻机的规格大小相关之外，主要取决于矿岩性质和钻机工作参数。表 14-16 所示为 KY 系列和 YZ 系列钻机针对不同矿岩性质的钻机生产能力。

表 14-15　我国露天金属矿山具有代表性的牙轮钻机所对应的矿岩可钻性指数与钻速和钻头寿命

矿山名称	矿岩名称	可钻性指数 $e\times10^{-4}$ mm/kg	可钻性指数 $e\times10^{-5}$ in/lb	钻速 /m·h^{-1}	钻头寿命 /m·s^{-1}	岩石硬度普氏系数 f
南芬铁矿	磁铁矿（一层铁）	2~3	4~5	3~7	150~200	>20
	磁铁矿（三层铁）	3~5	5~9	7~16	200~500	18~20
	绿泥角闪岩	6~7	10~13	15~20	600~700	12~16
大孤山铁矿	粉红色花岗岩	4~5	7~9	18~24	500~700	14~18
	灰色磁铁矿	3.4~4	6~7	16~18	300~600	16~20
齐大山铁矿	赤铁石英岩	3~4	5~7	8~13	200~300	18~20
首钢水厂矿	灰磁铁矿	4~5	7~9	20~30	400~700	14~18
	花岗斑岩	7~8	13~14	22~35	500~1000	6~10
首钢裴庄矿	灰色磁铁矿	4~6	7~10	20~32	500~700	14~17
德兴铜矿	蚀变千枚岩	7~11	13~21	24~35	600~1500	6~8
	含矿粉岩	8~10	14~20	24~30	600~1500	6~8
	花岗闪长岩	7~14	13~25	24~40	600~2500	5~6

表 14-16　KY 系列和 YZ 系列钻机针对不同矿岩性质的钻机生产能力

岩石名称	硬度系数	钻机型号	钻头直径 /mm	穿孔速度 /m·h^{-1}	年生产能力 /万米·(台·a)$^{-1}$	每米爆破量 /t·m^{-1}	爆破量 /万吨·(台·a)$^{-1}$
软到中硬：粉岩、石灰岩、页岩等	5~8	KY-250	220	26~45	5	140	700
		YZ-35	250	26~45	7.5	140	900~1100
中硬到坚硬：花岗岩、白云岩、赤铁矿等	10~14	KY-250	250	18~25	4	100	400
		YZ-35	250	25~30	5	100~110	500~550
		YZ-55	310	25~30	6	100~110	600~660
坚硬岩石：灰色磁铁矿、细晶花岗岩等	14~16	YZ-35	250	10~16	3	80	240
		KY-310	310	10~16	3.6	125	450
		YZ-55	310	10~16	4.5	135	563
极坚硬岩石：致密磁铁矿等	16~18	KY-310	310	6~8	2.5	80~90	210
		YZ-55	310	8~10	3	80~90	250

注：45-R 和 60-R 钻机的生产能力已使用国产化后所对应的 YZ-35 和 YZ-55 钻机替代。

14.3.2.4　主要材料消耗费用及其在钻孔总成本中的比率

主要材料消耗费用应包括：钻具消耗、机械电气易耗件、动力（电力或柴油）消耗、油品类消耗（液压油、空压机油、减速机油、润滑脂等）和其他（水、工资、生产管理费等）。

表 14-17 为牙轮钻机在不同硬度岩层中钻进作业的油品消耗量。主要材料消耗在钻孔成本中所占的比例见表 14-18。

表 14-17 牙轮钻机在不同硬度岩层中钻进作业的油品消耗量

岩石硬度系数	单位油品消耗/kg·(台·m)$^{-1}$			
	透平油	空压机油	压延基脂	机 油
8~14	0.0138~0.0153	0.0121	0.0052~0.0069	0.0086
10~12	0.045	0.0213	0.0107	0.0213~0.024
14~18	0.065	0.0327	0.0182	0.0436

表 14-18 各类消耗在钻孔成本中所占比例

钻机型号		KY-250	KY-310	YZ-35	YZ-55
标准钻孔直径/mm		250	310	250	310
岩层普氏硬度		8~14	8~14	8~14	14~18
维修费/%	机械备件	21.9	20.1	18.4	18.2
	电气备件			8.4	7.3
动力费/%		27.7	16.6	13.7	13.0
人工工资/%		1.3	1.3	1.4	1.4
润滑油与油脂/%		3.3	2.8	1.5	1.4
钻头费/%		33.5	41.8	32.3	34.7
钻杆、稳杆器等/%				2.3	1.9

14.3.3 牙轮钻机的选型计算

14.3.3.1 已知条件

(1) 某煤矿 A 采场矿石普氏硬度 6~12，矿石凿岩量 600 万吨，体积 166 万立方米；岩石凿岩量 4200 万吨，体积 1355 万立方米；某煤矿 B 采场矿石普氏硬度 5~10，矿石凿岩量 900 万吨，体积 250 万立方米；岩石凿岩量 5500 万吨，体积 1780 万立方米。

(2) 作业时间一年 330 天，三班作业，每班 8h 工作制。

14.3.3.2 选型要求

(1) 确定钻机的型号。

(2) 分别计算钻机的生产能力。

(3) 计算 A、B 采场所需要设备数量及总数量。

14.3.3.3 选择机型

设计和生产中矿山采剥量和矿山规模与钻孔直径关系见表 14-19。根据表 14-19 可确定该煤矿的钻孔直径选 250~310mm。在确定钻孔直径之后即可选择牙轮钻机的机型。

表 14-19 采剥总量与钻孔直径关系

采剥总量/万吨	400~500	600~1000	1500~2000	3000~4000
钻孔直径/mm	200~250	250~310	310~380	380~450

牙轮钻机的选择与爆破总量、岩石性质、装运设备等因素相关，根据炮孔直径和岩石硬度，牙轮钻机的选择见表 14-20。

表 14-20　牙轮钻机的选择

炮孔直径/mm	岩石硬度		
	中　硬	坚　硬	极　硬
250	KY-250 YZ-35 45-R	KY-250 YZ-35 45-R	YZ-35
310	YZ-55 60-R Ⅲ	KY-310 60-R Ⅲ	YZ-55 60-R Ⅲ

经上述综合分析和查询后，决定此煤矿东西采场钻孔机械选择 YZ-35 和 YZ-55 牙轮钻机。

14.3.3.4　主要技术参数的计算

A　钻机转速的确定

目前，国内外牙轮钻机的钻具转速为 0 ~ 150r/min，低转速用于接卸钻杆，大孔径和硬岩的钻孔，高转速则用于小孔径和软岩钻孔。

选 YZ-35 牙轮钻机转速 100r/min，选 YZ-55 牙轮钻机转速 80r/min。

B　轴压力的确定

合理的轴压力可根据以下经验公式计算：

$$P = fk\frac{D}{D_0}$$

k 值的取值范围为 13 ~ 15，此处取 k = 15，则有：

$$P_{YZ\text{-}35} = 12 \times 15 \times (250/214) = 210\text{kN}$$

$$P_{YZ\text{-}55} = 10 \times 15 \times (310/214) = 217\text{kN}$$

式中　P——轴压力，kN；

f——普氏岩石坚固性系数；

k——经验系数，取值范围为 13 ~ 15；

D——钻头的直径，mm。

C　钻机钻进速度的确定

牙轮钻机的钻进速度可按以下经验公式估算：

$$v = 0.375 \times \frac{Pn}{fD}$$

YZ-35 牙轮钻机的钻进速度为：

$$v = 0.375 \times \frac{Pn}{fD} = 0.375 \times \frac{210 \times 100}{12 \times 25} = 26.25\text{cm/min}$$

YZ-55 牙轮钻机的钻进速度为：

$$v = 0.375 \times \frac{Pn}{fD} = 0.375 \times \frac{217 \times 80}{10 \times 31} = 21.00\text{cm/min}$$

式中　P——钻具的轴压力，kN；

n——钻头转速，r/min；

D——钻头直径，cm；

f——普氏岩石坚固性系数（无量纲）。

14.3.3.5　生产能力计算

衡量牙轮钻机的生产能力的指标是牙轮钻机的台班生产能力与台年综合生产率。

（1）牙轮钻机的台班生产能力。牙轮钻进的台班生产能力为每台钻机每一班在工作日内钻进炮孔的米数，按经验公式计算如下：

$$A_b = 0.6vT_b\eta_b$$

YZ-35 牙轮钻机的台班生产能力为：

$$A_b = 0.6 \times 26.25 \times 8 \times 0.5 = 63.0\text{m/(台·班)}$$

YZ-55 牙轮钻机的台班生产能力为：

$$A_b = 0.6 \times 21.00 \times 8 \times 0.5 = 50.4\text{m/(台·班)}$$

式中　A_b——牙轮钻机台班生产能力，m/(台·班)；

v——牙轮钻机的钻进速度，cm/min；

T_b——每班工作时间，h；

η_b——钻机台班时间利用系数，取0.4~0.5。

（2）牙轮钻机的台年综合效率按下式计算：

$$A_a = 3A_b\eta_aN$$

YZ-35 牙轮钻机的台年综合效率为：

$$A_a = 3 \times 63.0 \times 0.8 \times 330 = 49896\text{m/(台·年)}$$

YZ-55 牙轮钻机的台年综合效率为：

$$A_a = 3 \times 50.4 \times 0.8 \times 330 = 39917\text{m/(台·年)}$$

式中　A_a——牙轮钻机的台年钻机效率，m/(台·年)；

η_a——牙轮钻机的年工作利用率，一般取0.8；

N——年度计划工作日，取330。

14.3.3.6　确定需求的设备数量

露天矿牙轮钻机的数量取决于矿山设计的年剥采总量，所选定钻机的设计年穿孔效率与每米炮孔的爆破量有关，可按下式计算：

$$E = \frac{Q_Z}{A_aq(1-e)}$$

式中　E——所需钻机的数量；

Q_Z——设计的矿山年采剥总量，t/a；

A_a——每台牙轮钻机的年穿孔效率，m/a；

q——每米炮孔的爆破量，t/m；

e——废孔率，一般取5%。

YZ-35 牙轮钻机在A、B采场各所需量是E_A、E_B，则：

$$E_A = \frac{Q_Z}{A_aq(1-e)} = \frac{600 \times 10^4}{4.9896 \times 10^4 \times 140(1-5\%)} = 0.904$$

取整 $E_A = 1$。

$$E_B = \frac{Q_Z}{A_aq(1-e)} = \frac{900 \times 10^4}{4.9896 \times 10^4 \times 140(1-5\%)} = 1.356$$

取整 $E_B=2$。

YZ-55 牙轮钻机在 A、B 采场各所需量是 E'_A、E'_B，则：

$$E'_A=\frac{Q_Z}{A_a q(1-e)}=\frac{4200\times10^4}{3.9917\times10^4\times130(1-5\%)}=8.519$$

取整 $E'_A=9$。

$$E'_B=\frac{Q_Z}{A_a q(1-e)}=\frac{5500\times10^4}{3.9917\times10^4\times130(1-5\%)}=11.156$$

取整 $E'_B=11$。

那么 A、B 采场所需设备分别是 E_A、E_B，则：

A 采场　　$E_A=E_A+E'_A=1+9=10$ 台

B 采场　　$E_B=E_B+E'_B=2+11=13$ 台

整个煤矿　　$M=E_A+E_B=10+13=23$ 台

计算钻机设备数量时，每米炮孔爆破的矿量 q 值，按表 14-21 参照选取。

表 14-21　米孔网爆破量参考指标

炮孔直径/mm	矿岩种类	每米孔爆破量/t · m^{-1}
250	矿　岩	100 ~ 140
	岩　石	90 ~ 130
310	矿　岩	120 ~ 150
	岩　石	100 ~ 130

14.3.3.7　矿山深孔爆破参数及钻机数量的综合计算

矿山深孔爆破参数及钻机数量的综合计算见表 14-22。

表 14-22　矿山深孔爆破参数及钻机数量综合计算

爆破参数	单　位	A 采场		B 采场	
		矿石	岩石	矿石	岩石
矿石硬度		$f=6\sim12$		$f=5\sim10$	
凿岩量	万吨	600	4200	900	5500
体　积	m^3	1660000	13550000	2500000	17800000
段　高	m	12	12	12	12
钻孔直径	mm	250	310	250	310
孔　距	m	7.5	8	7.5	8
排　距	m	5.5	6	5.5	6
孔　深	m	14	14	14	14
延米爆量	m^3/m	33.27	37.72	25.05	40.54
延米爆破质量	t/m	120.25	116.91	90.19	125.25
年穿孔米数	m	49896	359253	99792	439087

续表 14-22

爆破参数	单 位	A 采场		B 采场	
		矿石	岩石	矿石	岩石
年合计穿孔米数	m	409149		538879	
年穿孔数量	个	3564	25661	7128	31363
年合计穿孔数量	个	29225		38491	
钻机效率	m/(台·a)	49896	39917	49896	39917
计算台数	台	1	9	2	11
合计台数	台	10		13	
总台数	台	23			

参 考 文 献

[1] Gokhale B V. Rotary Drilling and Blasting in Large Surface Mines [M]. London: CRC, 2011: 393 ~406.
[2] 王青，史维祥. 采矿学 [M]. 北京：冶金工业出版社，2001：409 ~411.
[3] 中国矿业学院. 露天采矿手册·第二册 [M]. 北京：煤炭工业出版社，1986：65 ~66.
[4] 陈国山. 采矿技术 [M]. 北京：冶金工业出版社，2011：298 ~299.